现代工程控制论

Modern Engineering Cybernetics

韩璞 著

中国电力出版社

CHINA ELECTRIC POWER PRESS

内 容 简 介

这是一部面向控制工程学科的理论联系工程实际的著作。集作者 40 年来从事自动控制学科的理论学习、教学和科研经验以及所取得的成果，从现代工程控制实际需求的角度阐述了自动控制理论体系内容。基于自动控制理论的形成年代缺少计算机作为计算工具这一事实，在完全尊重经典和现代控制理论时期所形成的各种理论分析和设计方法的基础上，抛弃了经典控制理论中的复频域分析方法，完全依赖计算机作为计算工具，以"数字仿真"和"参数优化"作为数学方法，以现代生产过程控制为工程背景，详细地论述了现代生产过程系统的建模、分析与优化设计方法。这些分析方法同样适合于运动控制系统。

书中所用的方法自成体系，内容新颖、丰富、物理概念清楚、联系工程实际紧密。非常适合于与控制工程学科相关的理论工作者和工程设计人员阅读与参考，也可作为相关学科的高年级学生、硕士和博士研究生的参考用书。

图书在版编目（CIP）数据

现代工程控制论/韩璞著. —北京：中国电力出版社，2017.4
ISBN 978-7-5198-0615-6

Ⅰ.①现… Ⅱ.①韩… Ⅲ.①工程控制论 Ⅳ.①TB114.2

中国版本图书馆 CIP 数据核字（2017）第 071303 号

出版发行：中国电力出版社
地　　址：北京市东城区北京站西街 19 号（邮政编码 100005）
网　　址：http://www.cepp.sgcc.com.cn
责任编辑：孙　芳　　（01063412381）　　马雪倩
责任校对：太兴华
装帧设计：赵姗杉
责任印制：蔺义舟

印　　刷：三河市百盛印装有限公司
版　　次：2017 年 4 月第一版
印　　次：2017 年 4 月北京第一次印刷
开　　本：787 毫米×1092 毫米　16 开本
印　　张：47.25
字　　数：1155 千字
印　　数：0001—1500 册
定　　价：**238.00** 元

序

与韩璞兄相识是在 2001 年 4 月 30 日，教育部自动化专业教学指导委员会成立会议上，后来我们都连续三届担任教育部自动化专业教学指导委员会委员。十五年过去，韩璞兄已经年近花甲，我也年过半百，彼此的了解愈加深刻，交情愈发醇厚。其实，从家庭背景、人生经历、兴趣性格，直到外表，我们两人差异很大。但是至少有三点是共同的：自 20 世纪 80 年代大学毕业，我们都在各自的母校学习、研究、任教，韩璞兄在华北电力大学（保定），秉承"团结、勤奋、求实、创新"的校训，我在中国科学技术大学，崇尚"红专并进、理实交融"的校训，即使在担任系主任、院长的时候，我们也都坚守教授必须给本科生开设课程的本分；从大学毕业开始，四十多年，我们坚持"实践出真知"，一天都没有离开过中国的产业界、中国的自动化行业，我们既是中国最后一代农业文明的见证者，也是世界第一大工业国的建设者，我们最重要的创作是写在祖国的工厂、车间里面；过去的三十多年，我们共同经历并实践了中国自动化系统从模拟仪表转变为数字化、网络化的全部过程。

1984 年，我在中国科学技术大学学习《自动控制原理》时，我的导师彭立信先生告诉我，控制工程与控制理论之间存在一条鸿沟，一方面控制工程的飞速发展，提出许多亟待研究的问题，控制理论研究者却难以解决；另一方面，控制理论研究者提出的许多现代控制理论、控制算法，控制工程师在实践中又难以应用。过去的三十多年，随着自动化技术在各行各业的普遍应用，随着计算机技术、数字通信技术、网络技术在自动化行业的普遍应用，这条鸿沟越来越深、越来越宽。韩璞兄与我也都刻苦钻研过许多现代控制理论和控制算法，并竭尽全力在控制工程实践中应用，但是失败的教训比成功的经验更加深刻。最终，我们觉悟到，这些现代控制理论和控制算法往往是闭门造车的产物，也是随着经济全球化，某些发达国家产业转移、制造业空心化，控制理论研究"水无源，树无本"的必然结果；随着中国成为世界第一大工业国，中国的控制工程工作者已经积累的丰富的工程经验和实践案例，有能力开创新的控制理论体系，消除控制工程与控制理论之间的鸿沟，毕竟"总是先有事实，后有概念"。

韩璞兄四十年来致力于生产过程建模、仿真、控制、优化的研究与应用，在过程控制领域，尤其是电力系统自动化领域，积累了丰富的经验和工程案例。积四十年的工程、研究、教学经验，韩璞兄自立体系，成就了这一本面向控制工程学科的、求实创新、理实交融的著作。我深为韩璞兄高兴。

自动化是技术、是工程，至少，首先是工程技术。自动控制原理是控制工程工作者在长期的控制工程实践中，归纳、总结的具有普遍意义的基本规律，既能指导控制工程实践，又必须经受控制工程实践的检验。自动控制原理绝不是放之四海而皆准的真理。韩璞兄自立的自动控制原理的体系，也绝不是没有缺点、错误，但他至少不是人云亦云、言不及物。

　　"客观现实世界的变化运动永远没有完结，人们在实践中对于真理的认识也就永远没有完结"。

❶　教育部自动化类专业教学指导委员会，委员；
　　中国科学技术大学自动化系，教授；
　　中国科学技术大学工业自动化研究所，所长。

前　言

我们都生活在四维空间，我们的思想、理念、知识、理论和技术都是时间的变量。

当我读大三的时候，我们开始学习"自动控制原理"。从那时起，我懂得了自动控制理论所要解决的问题。当时我对"自动控制原理"的感觉是，它是一种非常讲究技巧的课程，前人很有智慧，为了解决系统的控制品质问题，用了很多"变换"和许多"图和表"，在不求解微分方程的情况下，就能了解到控制系统的动态响应。由于当时我知道，一个描述工程系统的微分方程是很难得到解析解的，在很多情况下，用人工根本求不出解析解。所以，我更感觉到前人的伟大之处。

读大三的第二学期，我们开始学习"过程控制"。当时我对"过程控制"的感觉是，它是面向工程的课程，它要解决实际工程问题。但是，当时我想，为什么不用"自动控制原理"的理论和方法来解决"过程控制系统"中的问题呢？我百思不得其解。后来发现，"过程控制"中所列举的控制系统都比"自动控制原理"中的复杂，在"过程控制"中，不得不用一些工程方法来解决实际系统的控制品质问题。所以，当时我接受了这样一个事实："自动控制原理"是"过程控制"的理论基础，但是要想解决实际工程问题，还必须寻找一些工程上的方法。那时，我更渴望学习到更多的"自动控制理论"，使之能直接解决实际工程问题。

在学完"自动控制原理"以后，我们开始学习"现代控制理论"。这门课是与"过程控制"同时开设的。当时我对"现代控制理论"的感觉是，它没有把时间域的微分方程变换成复频域的传递函数或频率特性函数，而是把高阶的微分方程、多输入多输出（multi-input multi-output，MIMO）系统的数学模型都用状态方程来描述，这又是一个伟大的创举，它能把系统刻画得更详细、更全面。然后，在时间域里求解状态方程。但是，求状态方程的解析解也是一件非常困难的事，所以就采用了变换状态方程的方法，把状态方程变换成各种"标准型"。"标准型"就是一种矩阵的特殊表达形式，根据"标准型"就能很容易了解到控制系统的动态特性，进而可以设计出所需的控制系统。本来"现代控制理论"是要解决多变量系统的控制问题的，但是当系统的输入输出多于 2×2 时，使用"现代控制理论"来解决这样的问题就变得非常困难，特别是被控系统的各输入输出通道的模型阶次高于 1 阶时，就越发困难，因为这时，如果把一个高于 4×4 的状态矩阵用人工的方法变换成"标准型"是非常困难的。对于生产过程中的大迟延、大惯性系统，使用"现代控制理论"中的状态反馈控制方法基本不太可能。实际上是说，"现代控制理论"不适合过程控制。事实上，"现代控制理论"的产生是建立在以计算机为基础之上的，但是"现代控制理论"形成的初期，只有一些高精尖领域才能拥有计算机，也只有在这样的领域里才能涉及"现代控制理论"，在民用领域也只能想办法用手工计算的方式来解决控制系统的分析问题，这就是"标准型"。

读大四的第一学期，我们开设了"控制系统计算机仿真"课程，控制系统计算机仿真就是求微分方程的数值解，它可以解决"自动控制原理"和"过程控制"所要解决的所有问题。为什么"自动控制原理"和"过程控制"不使用数字仿真来解决控制系统的分析与优化设计问题呢？那时每个大学最多能拥有1~2台小型计算机，而且每台小型计算机只有一个终端，即使学习了"控制系统计算机仿真"课程，也缺少计算机仿真实验环境，也只能是个别的学生能在小型计算机上进行仿真实验，那么一般的科技工作者和教师根本接触不到计算机，除了计算机专业的学生和老师以外，其他人很少使用计算机。

1981年个人计算机（PC）的问世，使得一般科技工作者都能使用计算机。在20世纪80年代，从事自动控制的科技工作者们，把经典控制理论和现代控制理论中的数学算法都编制成了计算机程序，人们称之为控制系统计算机辅助设计（CSCAD）软件包。事实上，CSCAD软件包是在20世纪70年代初开始研制的，例如瑞典Lund大学的CSCAD软件包，得到了瑞典技术发展部的支持，经过10年的努力，建立了一套较为完整的、在国际上具有领先地位的控制系统CSCAD软件包。后来在国际上也出现了许多比较著名的CSCAD软件包，例如英国的UMIST、罗马尼亚的SIPAC、匈牙利的TAPSO等。这些软件包一般都是用FORTRAN语言编写，通常运行在小型计算机上。个人计算机问世以后，有些CSCAD软件包移植到了PC上，有些直接在PC上直接开发，我国的CSCAD软件包都属于后者。CSCAD软件包除了完成控制理论中的各种数学算法计算外，更主要的功能是提供友好的人机交互界面，使得工程设计人员解决控制系统的设计问题不再感到是一件困难的事情。

但是，经典控制理论是在没有计算工具的情况下形成的，它主要依靠手工计算和一些草图对控制系统进行分析和设计。即使有了CSCAD软件，也仅仅是把绘制草图的工作变成了计算机精确绘制，并没有改变控制系统的分析与优化设计方法。因此，当控制系统计算机仿真软件包（CSS）和仿真语言（例如SIMEX、PSI、DARE-P等）发展起来以后，CSCAD软件就没有更进一步的发展。后来，我国许多高校在20世纪80年代给自动化专业硕士研究生开设的"控制系统计算机辅助设计"课程也相继取消。事实上，控制系统计算机仿真软件包和仿真语言是与CSCAD软件包同时发展起来的，它专门完成控制系统的数字仿真。确切来讲，它也是控制系统计算机辅助分析与设计软件。

仿真软件起初是用填写数据文件的方式进行人机交互，这显然是非常麻烦的，很多从事自动控制的科技工作者并不愿意使用这样的软件。1983年，IBM-PC引入中国后，作者在国内率先开发了自动控制系统数字仿真软件包ASSPP-B1。在通用仿真软件中，该软件首次使用了仿真功能"菜单"式选择、填表式控制系统组态，具有良好的人机交互方式，使得该软件在控制系统分析与优化设计方面得到了广泛的应用。后来作者又开发了仿真软件包的升级版 SSSA、MI-RTS、CTES、CAE2000，功能进一步扩大，交互更加人性化。

1985 年美国微软公司第一套 Windows 操作系统问世。在 1990～1995 年，又把视窗操作系统升级为 Windows 3.1、Windows 95 等。这时 Windows 操作系统已经被广泛应用。作者的 CAE2000 就是基于 Windows 操作系统开发的，控制系统组态方式已经改为图形化组态，简单地拖动鼠标就可完成一个控制系统的组态，进而就可以对控制系统进行各种仿真研究。

美国的 MathWorks 公司，从 1984 年成立，已经逐步成为全球科学计算和基于模型设计的软件供应商的领导者。MathWorks 公司发布的 MATLAB 主要面对科学计算、可视化以及交互式程序设计的高科技计算环境。它将数值分析、矩阵计算、科学数据可视化以及非线性动态系统的建模和仿真等诸多强大功能集成在一个易于使用的视窗环境中，为科学研究、工程设计以及必须进行有效数值计算的众多科学领域提供了一种全面的解决方案，并在很大程度上摆脱了传统非交互式程序设计语言（如 C、Fortran）的编辑模式，代表了当今国际科学计算软件的先进水平。

Simulink 是 MATLAB 最重要的组件之一，它提供一个动态系统建模、仿真和综合分析的集成环境。在该环境中，无需大量书写程序，而只需要通过简单直观的鼠标操作，就可构造出复杂的系统。Simulink 具有适应面广、结构和流程清晰及仿真精细、贴近实际、效率高、灵活等优点，并基于以上优点，Simulink 已被广泛应用于控制理论和数字信号处理的复杂仿真和设计。自从 Simulink 被广泛地在国际上应用以来，其他的控制系统仿真软件很少再有发展。

数字仿真技术不仅为控制系统的分析与优化设计提供了一种全新的时域方法，还推动了控制理论和技术向更高、更新、更智能的方向发展：

由于有了控制系统的数字仿真，计算控制系统的品质指标函数不再是一件困难的事，因此发展了基于群体智能的全局优化算法。因为，群体智能算法是建立在多次计算目标函数的基础上来完成的，而每计算一次目标函数，就必须对控制系统进行一次仿真。

由于有了控制系统的数字仿真，就可以根据对生产过程系统已有的了解，选择所需的系统传递函数模型，而不必像经典最小二乘辨识算法那样，为了求得辨识参数的最优解析解，不得不选择差分模型，因此发展了智能辨识算法。智能辨识算法不需要对要辨识的系统施加额外的扰动，利用生产过程运行的历史数据就可以得到该系统的传递函数模型。

由于有了控制系统的数字仿真，使得对自适应与预测控制、智能控制等现代控制系统的分析与优化设计更容易。因为，许多新型控制算法已经不能用传递函数来描述，所以，经典控制理论的分析方法对这些新型控制系统已经无能为力。

自从数字仿真技术发展以后，在过程控制系统里，控制系统的分析与优化设计已经不在复频域中进行，而是在时间域里进行数字仿真和直接优化，"自动控制原理"所述的控制系统复频域分析方法不再使用。由于状态反馈控制策略存在着固有缺陷，事实上"现代控制理论"也没能在生产过程控制系统中得到应用。

正因为有了这些感受，撰写一部面向控制工程学科的理论联系工程实际的著作的想法油然而生。在撰写期间，许多想法不断地在改变，不断地在求证，不断地与业内人士交流，也不断地在完善，才形成了本书的内容。

本书力求集我 40 年来从事自动控制学科的理论学习、教学和科研经验以及所取得的成果，从现代工程实际需求的角度阐述自动控制理论体系内容。在完全尊重经典和现代控制理论时期所形成的各种理论分析和设计方法的基础上，抛弃经典控制理论中的复频域分析方法，完全依赖计算机作为计算工具，以"数字仿真"和"参数优化"作为数学方法，以现代生产过程控制为工程背景，详细地来论述现代生产过程系统的建模、分析与优化设计方法。

本书第 0 章全面概述了自动控制理论的发展过程。按照人们的习惯把控制理论的发展分为经典控制理论、现代控制理论以及智能控制理论三个阶段，论述了各阶段的数学方法、研究内容、存在的缺陷以及能力范围。

第 1 章讲述了自动控制的一般概念以及一些术语的定义；生产过程的分类；自动控制系统基本组成原理；控制系统的分类；对控制系统的品质要求；工业控制器等。

第 2 章以自动控制技术发展过程为顺序，详细地阐述了控制系统的动态数学模型描述方法，包括：差分方程、微分方程、传递函数、频率特性函数、脉冲传递函数、方框图、状态方程等。讲述了差分方程的数字仿真程序设计方法，并给出了非常有实用价值的仿真计算步距（采样周期）估计经验公式；介绍了微分方程、传递函数与状态方程之间的转换方法。

第 3 章深入地论述了控制系统数字仿真技术。深入地阐述了数值积分法和离散相似法，并从物理概念上统一了两种不同的仿真算法；详细地论述了数字仿真程序设计方法；讨论了数字仿真计算稳定性以及刚性系统仿真问题。

第 4 章详细地论述了目标函数选取方法。通过介绍经典的黄金分割及单纯形优化算法以及对穷举法和群体智能优化算法的详细论述，揭示出优化算法的实质；并根据多年的实践经验，给出了可以用于实际工程的 PID 控制器最优参数估计经验公式；为了便于对系统进行分析，给出了传递函数模型变换（升降阶、消去纯迟延等）的经验公式。

第 5 章详细地论述了经典的最小二乘批处理及在线递推辨识算法，以及辨识时的工程问题；以群体智能算法作为参数优化工具，把被控系统的试验建模问题转化成参数优化问题，从而解决了不用在生产现场进行试验，使用现场运行的历史大数据就可以建立起开环或闭环以及多变量系统的传递函数模型问题；给出了智能辨识算法应用的工程实例。

第 6 章以实际工程问题为背景，以理论与实际工程相结合为目标，详细地阐述了单变量系统的分析与优化设计方法。首先介绍了控制系统的理论分析基础，进而介绍了控制系统的稳态误差分析、稳定性分析以及鲁棒性分析；深入地论述了各种 PID 控制策略、大纯迟延系统的史密斯预估控制策略及内模控制策略；深入地讨论了前馈＋反馈控制系统及双回路控制系统的优化设计问题；深入地讨论了离散时间控制系统的优化设计问题，包括采样周期对控制品质的影响、最小拍（无纹波）及大林算法控制等，并讨论了离散时间系统与连续时间系统统一性问题。

第 7 章介绍了多变量系统的数学模型描述方法；深入地讨论了状态反馈控制系统优化设计问题；论述了多变量系统的解耦控制、协调控制以及最优控制优化设计方法。

第 8 章介绍了非线性模型的线性化方法、典型硬非线性仿真程序设计方法；针对用经典控制理论分析非线性系统困难的问题，通过实例，论述了非线性系统的数值分析方法，以及非线性系统的有益应用方法。

第 9 章针对当前控制理论的研究热点，详细地论述了自适应控制、预测控制算法。介绍了自适应控制系统组成结构；详细地讨论了模型参考自适应 PID 控制系统和自调整自适应 PID 控制系统的优化设计方法；详细地阐述了作者所设计的预整定自适应控制策略；作为预测控制算法设计的实例，详细地论述了动态矩阵控制系统的优化设计方法。对于每种控制算法，都探讨了实际应用时的工程问题。

第 10 章针对当前智能控制的研究热点，以模糊控制算法为例，详细地讨论了模糊控制器的优化设计及其工程实现问题。介绍了模糊数学基础；深入地讨论了基本模糊控制器的优化设计方法；介绍了带可调整因子的模糊控制器的设计方法；作为模糊控制器实际应用的例子，详细地阐述了模糊自整定 PID 控制器的设计方法。

书中所给出的实例大多是工程实际问题，所阐述的许多方法都是我在工程研究项目中所用到的，有些算法是我首创，书中的程序可直接用于工程实际。

为了便于读者理解书中所述的内容及其在实际工程中应用，本书所论述的各种算法均配有相应的用 MATLAB 基本语句编写的算法程序，而不使用 MATLAB 的工具箱和复杂函数。所给出的源程序代码都放在了网站 http：//cscenter. ncepubd. edu. cn 上，可以免费下载（特别说明：书中的所有曲线都是通过运行这些程序而得，且图中的时间轴量纲均为"s"）。

在此特别感谢我团队的董泽教授、王东风教授，在 5 年的撰写过程中，我一旦有一些新想法时，总是会与他们讨论，直至我们达成共识时，我才会把这些内容写在本书中；感谢山东电力科学研究院教授级高工石金宝，是他给了我许多如何将控制理论与实际控制工程相结合的思想；感谢张悦讲师、孙明讲师、王晓燕讲师，孙剑、袁世通、张婷等博士生们，他们总会到工程中去实践我的一些新想法。

本书写作历时 5 年，在这 5 年里，得到了我带领团队的教师、硕士和博士研究生们，企业中的许多工程师们以及全国高校里的许多同行老师们等众多人的帮助，是与他们不断地交流，才形成了我的思想，他们对我思想的肯定，才使我有信心坚持把这部书写完，由于涉及的人员太多，这里无法——列出，在此一并向他们表示衷心的感谢。

中国科学技术大学吴刚教授详细地审阅了本书，提出了很多宝贵意见，并为本书作了序，在此向他表示衷心的感谢。

最后，特别感谢山东鲁能控制工程有限公司全体同仁们对本书的撰写与出版给予大力的支持。

写作本书的目的是讨论怎样使用计算机来解决控制理论所要解决的问题，为此起到"抛砖引玉"作用，并非表达哪些控制算法有用或没用、哪些分析方法重要或不重要。由于不同工程领域背景的人士对自动控制理论有不同的认识，加之作者水平有限，对控制理论的理解会有偏颇，论述方面可能有片面性，错误之处诚望读者指正。

作者通信地址：hanpu@ncepubd.edu.cn

作者团队网站：http：//cscenter.ncepubd.edu.cn

2017 年 1 月 1 日

目　录

第 0 章

绪　论

　　"控制"这一名词概念的本身所反映的就是人们认识自然与改造自然的渴望，控制思想与技术的存在至少已有数千年的历史。控制理论与技术也自然而然地在人们认识自然与改造自然的历史中发展起来。

　　在远古时代，人类就用石器作为工具进行生产活动，以减轻自己的劳动强度。但这些石器并没有使人类进入自动化，因为人们必须用这些工具自己去完成所要做的工作。但从那时起，人类试图用一种工具或一种装置来自动完成人类自身的工作的愿望已经出现。因此，古代人类利用自己在长期的生产和生活中积累的经验和知识，逐渐利用自然界的动力（风力、水力等）来代替人力、畜力，以及用装置代替人的脑力活动和对自然界的控制。

　　人类研制和使用最早的自动装置是自动计时装置——漏刻，它是由中国人发明的。几千年来，中国人民在自动化方面有过卓越的贡献。在中国的三国时期，使用了自动指示方向的指南车。北宋时期我国又发明了水运仪象台。

　　公元 1 世纪，古埃及和希腊的发明家也创造了教堂庙门自动开启、铜祭司自动洒圣水、投币式圣水箱等自动装置。

　　近代的自动装置更是数不胜数。如用于抽水灌溉的风车是利用自然风推动风车转动，从而达到抽水的目的。1642 年法国物理学家发明了机械式加法器；1657 年荷兰机师发明了钟表；俄国机械师在 1765 年发明了蒸汽锅炉水位保持恒定用的浮子式阀门水位调节器，现在使用的抽水马桶就是一种浮子式保持水箱水位的自动装置；在 20 世纪 20 年代后期，Bush 发明了机械式的微分方程解算器，即机械式计算机。

　　上述这些自动化装置并没有形成控制理论，也构不成控制学科。人们比较公认的是，在 1948 年麻省理工学院维纳（N. Wiener）教授发表了《控制论》著作后，才确定为控制理论已形成。但是，自动控制理论的第一篇理论论文要追溯到 J. C. Maxwell 在 1868 年发表的"论调节器"。

　　按照对"学科"的字面理解，它应该是指具有某种理论体系的研究及应用的一个领域。在该领域中，研究的对象可能千差万别，但是他们应用同一种理论体系解决问题。按照这样对学科的理解，至今也不能确切地定义出什么是"控制学科"。这并不是说"控制学科"不存在，而是在各种领域（包括工业、农业、军事、航空航天、天文、环境、社会、经济、商业、楼宇、交通、医药、家电等）都包含着控制学科的体系内容，它的应用面之广，应用到的理论之多，已经没有办法定义究竟哪些内容属于控制学科范畴。因此，在西方一些发达国家的大学里，并不单设自动化专业，也不单设控制学科科研领域，而是把他含在其他学科里。根据我国的国情以及我国的教育体制，我们国家专门设置了自动化本科专业和控制科学与工程研究生专业，在科研领域里也设置了控制学科。

　　控制学科实质上是一个工程学科，它产生于工程实践和科学实验，反过来它又应用于实际工程。纵观控制学科中的自动控制理论的发展过程，所有理论的发展都与工程上对控制的需求以及当时的科学技术水平息息相关。无论是哪一个时期，自动控制的核心思想都是建立在借助于自然界中随处可见的"反馈"现象，通过把检测到的被控信号反馈到控制器的输入，形成"负反馈"系统，进而通过控制器的作用，使之达到人们的控制目标。而自动控制理论就是研究在控制器的作用下负反馈控制系统的稳定性以及控制品质问题。

如果从 J. C. Maxwell 在 1868 年发表的"论调节器"论文算起，自动控制理论已有近150 年的发展历史。在这 150 年的发展过程中，可以把自动控制理论的发展分为三个阶段：

第一阶段：经典控制理论阶段。

1868～1950 年，把在这一时期发展的自动控制理论内容称为经典控制理论。在这一时期，使用的电子元器件是电子管，存在着体积、质量和使用寿命等诸多问题，当时又没有计算机作为计算工具，所以不得不根据经验选用合适的、简单的、工程上易于实现的控制器，采用人工做草图和表的方法，对控制系统进行分析与优化设计，进而使得控制算法能在实际工程中得以实现并能满足控制品质要求。所以，在这一时期首选的数学工具就是拉普拉斯变换（简称拉氏变换）。拉氏变换是法国数学家、天文学家拉普拉斯（Laplace）于 1812 年提出来的，主要用来求解微分方程、积分方程、偏微分方程。然而，直到 1942 年，H. Harris 才引入了传递函数的概念。有了传递函数概念，就可以把原来由研究反馈放大器稳定性而建立起来的复频率法更加抽象化，因而也就更有普遍意义了，可以把对具体物理系统，如力学、电学等系统的描述，统一用传递函数、频率响应等抽象的概念来研究。由于系统的传递函数与描述其运动规律的微分方程一一对应，因此可根据组成系统各单元的传递函数和它们之间的联结关系导出整体系统的传递函数，并用它分析系统的动态特性、稳定性，或根据给定要求综合控制系统，设计满意的控制器。以传递函数为工具分析和综合控制系统的方法称为复频域法。到目前为止，在《自动控制原理》教科书上保留下来的经典控制理论的复频域分析方法主要有：

（1）劳斯稳定性判据：在 1877 年，劳斯提出了在不求解多项式方程的情况下，就能判断出方程中是否存在位于复平面右半部的根。因而，利用这一思想，如果判断出闭环控制系统的特征方程在复平面的右半部是否存在根，就能判断出系统是否稳定。但是，这种方法的缺点是显而易见的：当控制系统较复杂时，人工求解闭环系统的特征方程是件非常困难的事，人工计算劳斯表也不容易。因此，劳斯稳定性判据的应用是非常有限的。今天的计算机能很容易求出闭环控制系统的数值解，闭环系统是否稳定一目了然。如果一定想知道特征方程在右半平面存在几个根，计算机求解特征方程的根也是非常容易的。

（2）奈奎斯特稳定性判据：美国学者 H. 奈奎斯特 1932 年提出了根据闭环控制系统的开环频率响应判断闭环系统稳定性的准则。奈奎斯特稳定性判据本质上是一种图解分析方法，在经典控制理论中，用来分析单变量线性定常系统的稳定性，是经典控制理论的主要分析和综合方法之一。20 世纪 70 年代以来，奈奎斯特稳定性判据已被推广应用于多变量系统，并称为逆奈奎斯特阵列法。奈奎斯特稳定性判据的缺陷也是显而易见的：当控制系统较复杂时，求取开环传递函数并不容易，绘制开环频率响应曲线就更加困难；实际工程系统绝对是非线性的，有些非线性还不能被忽略或被线性化（例如控制器的输出限幅特性）；虽然发展了多变量系统分析的逆奈奎斯特阵列法，但是不借助计算机，手工根本无法绘制逆奈氏图。因此，奈奎斯特稳定性判据在现代工程系统中的应用是非常有限的。控制系统的数字仿真可以解决奈奎斯特稳定判据在自动控制系统里所要解决的所有问题。

（3）伯德图：贝尔实验室的荷兰裔科学家 Bode, H. W. 在 1940 年提出了一种简单准确地绘制线性定常系统的开环频率特性函数的增益及相位半对数坐标图的方法。根据这两张图，就可以判断闭环系统的稳定性，并把这两张图称为伯德图。但伯德图与劳斯判据、奈奎斯特判据具有同样的缺陷。也同样可以用控制系统的数字仿真解决伯德图在自动控制系统里所要解决的所有问题。

（4）根轨迹法判据：在 1948 年，W. R. Evans 提出了一种求闭环系统特征根的简单方法，这一方法不直接求解特征方程，用作图的方法表示特征方程的根与系统某一参数的全部数值关系。根轨迹是开环系统的增益从零变化到无穷大时，闭环系统特征根在 s 平面上变化的轨迹，所以，可由增益的取值范围判断系统的稳定性。由此看出，根轨迹法判据与劳斯稳定性判据具有相同的功能，只是前者不仅能判断系统是否稳定，还能求出闭环系统极点的位置，进而可以得到控制系统的时域品质参数。但是，当系统较为复杂且阶次较高时，绘制闭环系统的根轨迹绝对不是一件容易的事，因此，还是使用数字仿真求解控制系统的品质更容易。

（5）脉冲传递函数：对离散时间系统进行拉普拉斯变换时，遇到了超越函数 $e^{T_s s}$，为了还能用频域法解决离散时间系统的稳定性问题，在 1952 年，哥伦比亚大学的 J. R. Ragazzini 和 L. A. Zadeh 定义了 Z 变换方法，即令 $e^{T_s s} = z$，则把离散时间系统的 s 传递函数转换成了 Z 传递函数（脉冲传递函数）。然而，对于复杂的线性连续时间系统使用频域法进行分析都比较困难，那么对于复杂的线性离散时间系统使用频域法进行分析就会更加困难，而且现代工程中的连续时间控制系统大都被离散时间控制系统所取代。因此，对于离散时间控制系统更适合使用数字仿真的方法对其进行分析。

然而，经典控制理论只限于研究单输入单输出线性定常系统，由系统的输出变量构成比例反馈律，完成系统的镇定（稳定）问题。所以经典控制理论不适合对有自衡的恒值控制系统进行分析研究。这也是经典控制理论在现代生产过程系统中应用时遇到的最大障碍。

第二阶段：现代控制理论阶段。

在 1950～1960 年蓬勃兴起的航空航天技术的推动和计算机技术飞速发展的支持下，控制理论在 1960 年前后有了重大的突破和创新，在 1960 年卡尔曼的著名文章发表以后，现代控制理论这一名称开始出现，因此把这一时期所形成的控制理论称之为现代控制理论。

现代控制理论是以线性代数和微分方程为主要数学工具，以状态空间法（state-space techniques）为基础，对控制系统进行分析与优化设计。状态空间法本质上是一种时域的方法，采用状态变量，不仅用来描述系统的外部特性，而且还用来描述和揭示系统的内部状态和性能。

状态变量是能完全描述系统运动的一组变量。如果系统的外部输入为已知，那么由这组变量的现时值就能完全确定系统在未来各时刻的运动状态。状态与状态变量的概念早就存在于经典动力学和其他一些领域，但将它系统地应用于控制系统的研究，则是在 1960 年代，R. E. 卡尔曼把状态空间法引入到系统与控制理论中来，并提出了能控性、能观测性的概念和新的滤波理论。状态空间法的引入促成了现代控制理论的建立。控制理论最基本的任务是对给定的被控系统设计能满足所期望的性能指标的闭环控制系统，即寻找反馈控制律。状态反馈和输出反馈是控制系统设计中两种主要的反馈策略，其意义分别为将观测到的状态和输出取作反馈量以构成反馈律，实现对系统的闭环控制，以达到期望的对系统的性能指标要求。在现代控制理论的状态空间分析方法中，多考虑采用状态变量来构成反馈律，即状态反馈。由于由状态变量所得到的关于系统动静态的信息比输出变量提供的信息更丰富、更全面，因此若用状态来构成反馈控制律，与用输出反馈构成的反馈控制律相比，则设计反馈律有更大的可选择范围，闭环系统能达到更佳的性能。遗憾的是，状态反馈控制采用的是比例反馈控制律，所以也不适合在有自衡的恒值控制系统中应用。如果在系统中再并入积分控制作用，又超出了现代控制理论所讨论的范畴。

在现代控制理论时期，发展起来的控制系统分析与优化设计方法还有：

(1) 动态规划法 (dynamic programming method，DP)：它是系统分析中一种常用的方法。在 20 世纪 50 年代由贝尔曼 (R. Bellman) 等人提出，用来解决多阶段决策过程问题的一种最优化方法。所谓多阶段决策过程，就是把研究问题分成若干个相互联系的阶段，由每个阶段都做出决策，从而使整个过程达到最优化。贝尔曼方程用来解决动态过程的最优问题，是关于状态变量、控制变量和时间的一个函数 (实质是泛函)。通过将多级最优决策转化为多个单级最优决策从而求取整个动态过程的最优，所以把贝尔曼方程叫作动态规划方程。

(2) 极大值原理 (maximum principle)：它是最优控制理论中用以确定使受控系统或运动过程的给定性能指标取极大值或极小值的最优控制的主要方法，能用于处理由于外力源的限制而使系统的输入 (即控制) 作用有约束的问题。在工程领域中很大一类最优控制问题都可采用极大值原理所提供的方法和原则来定出最优控制律。在理论上，极大值原理还是最优控制理论形成和发展的基础。极大值原理是 20 世纪 50 年代中期苏联学者 Л.С. 庞特里亚金提出的，他对这一原理进行了严格的数学证明。

(3) 卡尔曼滤波理论 (kalman filtering)：它是一种利用线性系统状态方程，通过系统输入输出观测数据，对系统状态进行最优估计的算法。数据滤波是去除噪声还原真实数据的一种数据处理技术，卡尔曼滤波在测量方差已知的情况下能够从一系列存在测量噪声的数据中，估计动态系统的状态。由于它便于计算机编程实现，并能够对现场采集的数据进行实时的更新和处理，因此卡尔曼滤波是目前应用最为广泛的滤波方法，在通信、导航、制导与控制等多领域得到了较好的应用。

(4) 自适应控制 (adaptive control)：按照生物自适应现象的工作原理，设计出的控制器，能自动地、适时地调节系统本身的控制规律和参数，以适应外界或内部引起的各种干扰及系统本身参数的变化，使系统运行在最佳状态。自从 20 世纪 50 年代末期由美国麻省理工学院提出第一个自适应控制系统以来，先后出现过许多不同形式的自适应控制系统，它们都有成功应用的案例。但是，其算法的非线性特性及其工程应用上的实现问题，至今还停留在试验性应用的层面上，它并没有像 PID 那样被广泛、持久地使用。

(5) 预测控制：20 世纪 70 年代，人们除了加强对生产过程的建模、系统辨识、自适应控制等方面的研究外，开始打破传统的控制思想的观念，试图面向工业开发出一种对各种模型要求低、在线计算方便、控制综合效果好的新型算法。在这样的背景下，预测控制的一种，也就是模型算法控制 (model algorithmic control，MAC) 首先在法国的工业控制中得到应用。因此，预测控制不是某一种统一理论的产物，而是从工业实践中逐渐发展起来的。同时，计算机技术的发展也为算法的实现提供了物质基础。预测控制的核心思想是通过基本的预测模型来估算系统的未来输出，进而产生未来的控制作用。由于它采用多步测试、滚动优化和反馈校正等控制策略，因而控制效果好，适用于控制不易建立精确数字模型且比较复杂的工业生产过程，因此它一出现就受到国内外工程界的重视，并已在石油、化工、电力、冶金、机械等工业部门的控制系统中得到了成功的应用。现在比较流行的算法有：模型算法控制（MAC）；动态矩阵控制（DMC）；广义预测控制（GPC）；广义预测极点（GPP）控制；内模控制（IMC）；推理控制（IC）等。

第三阶段：智能控制理论阶段。

除了上述两个阶段发展起来的控制理论以外，近40年来，根据现代工程控制的需要，又发展起来许多新型的控制系统和控制策略，如果一定要给这一时期发展起来的控制理论下一个定义的话，则称这一时期为智能控制理论阶段。

经典及现代控制理论的任务在于寻求反馈控制，使得闭环系统稳定，这就是统称的"镇定问题"。在现代工程系统中，不断提出新的控制任务，这些任务远远不可能用镇定来概括，必须发展新的概念、理论与方法。例如，车间调度控制，在工程上称为柔性制造系统（FMS）及计算机集成制造系统（CIMS），理论上出现了离散事件动态系统（DEDS）理论。尽管目前尚处于初创阶段，但要求完成的任务已远比镇定复杂多了。化工过程、车间、煤矿采掘面等各种工业过程要求实现的最简单的任务有监控、预警等，远远超出镇定的范围，拟人机器人、智能机器人及车，要求实现的任务更是多种多样的，如跟踪、代替人做各种操作以及简单的装配任务等。类似的例子几乎在每一工程技术领域中都大量存在。

自动控制就是由系统代替人来控制。随着科学技术的发展，人们的控制活动越来越多，因而控制任务也会越来越复杂和困难。学科专业的不同，受控对象的性质千差万别，所以在各门学科中相对独立地发展控制理论及方法是很自然的。太空飞行器上的空间机器人，具有自己的特点：多体系统、受非完整约束、自主控制、遥控、装配等。拟人机器人，要求具有计算机视觉、触觉、声觉、自主控制、应付复杂环境（避碰、避雨及雷电）等。机器人班组控制，要求跟踪、操作、适应复杂环境、自主控制之外，还要求能避免内力对抗、运动及力量的协调等。

上述控制系统的共同特点是控制任务复杂、实现自动控制困难，经典与现代控制理论没有能力解决这类问题，只有依据人的思维采取的控制策略，才能达到所希望的控制目标，即所谓智能控制。

从20世纪60年代起，由于空间技术、计算机技术及人工智能技术的发展，控制界学者在研究自组织、自学习控制的基础上，为了提高控制系统的自学习能力，开始注意将人工智能技术与方法应用于控制系统。从20世纪70年代初开始，傅京孙、Gloriso和Saridis等人从控制论角度进一步总结了人工智能技术与自适应、自组织自学习控制的关系，正式提出了智能控制就是人工智能技术与控制理论的交叉，并创立了人-机交互式分级递阶智能控制的系统结构。

在20世纪70年代中期前后，以模糊集合论为基础，从模仿人的控制决策思想出发，智能控制在另一个方向——规则控制（rule-based control）上也取得了重要的进展。20世纪70年代可以看作是智能控制的形成期。

进入20世纪80年代以来，由于微型计算机的迅速发展以及专家系统逐渐成熟，使得智能控制和决策的研究及应用领域逐步扩大，并取得了一批应用成果。应该特别指出，20世纪 80 年代中后期，由于神经网络的研究获得了重要进展，于是这一领域吸引了众多学科的科学家、学者。如今在控制、计算机、神经生理学等学科的密切配合下，在"智能控制论"的旗帜下，又在寻求新的合作，神经网络理论和应用研究为智能控制的研究起到了重要的促进作用。

进入 20 世纪 90 年代以来，智能控制的研究势头异常迅猛。1994 年 6 月，在美国奥兰多召开了"94IEEE 全球计算智能大会"，将模糊系统、神经网络、进化计算三方面内容综合在一起召开，引起国际学术界的广泛关注，因为这三个新学科已成为研究智能控制的重要基础。

近年来，智能控制技术在国内外已有了较大的发展，已经进入工程化、实用化的阶段。但作为一门新兴的理论技术，它还处在一个发展时期。然而，随着人工智能技术、计算机技术的迅速发展，智能控制必将迎来它的发展新时期。总之，智能控制是自动控制理论发展的必然趋势，人工智能为智能控制的产生提供了机遇。

从上述的控制理论发展的三个阶段可以看出，控制理论的发展是伴随着电子元器件和数字计算机的发展而发展的。在经典控制理论时期，根本没有计算机，1946 年数字计算机才问世，到了 1950 年，才在高精尖领域使用了计算机，那时能使用计算机的人是非常有限的。这就能理解在该时期，为什么发明了那么多的人工做草图的方法而不使用计算机的原因。然而，这一时期形成的分析方法对于现代控制理论与智能控制理论所讨论的问题已经无能为力。或者说，如果没有计算机，现代控制理论和智能控制理论也不可能发展起来。

控制理论进一步发展的未来将是，完全依赖计算机作为计算工具，以"数字仿真"和"参数优化"作为数学方法，来研究控制系统的建模、分析与优化设计方法。控制系统的任务不再是单一的稳定性问题，而是对复杂系统的整体控制要求，甚至直接对系统生产出的产品质量提出要求。控制策略也不再是控制回路中单一的控制算法，而是针对多种控制任务而设计的智能控制系统。

第 1 章

自动控制的一般概念

1.1 自动控制系统的基本概念

1.1.1 名词解释

1. 系统

系统（system）是指由相互关联、相互制约、相互影响的一些部分组成的具有某种功能的有机整体。系统可以由"实物"组成，也可以由"非实物"组成。例如，输电系统就是由实物组成的一个系统；人们为了规范自己的行为制定的各种法律法规就是由非实物组成的法律系统；而如果为了执行这些法律，必须有执法机构，这样构成的系统既有实物又有非实物。系统可大可小，如果构成系统的组成部分本身也是系统，则称其为子系统。对于一个具体的系统，系统以外的部分称为系统环境，系统与系统环境的分界称为系统边界。系统环境对系统的作用称为系统输入，系统对系统环境的作用称为系统输出，如图 1-1 所示。

随着科学技术的发展，现在所研究的系统越来越大、越来越复杂。例如研究的生物进化、生态环境、输电网络、计算机网络等都是大系统、复杂系统。

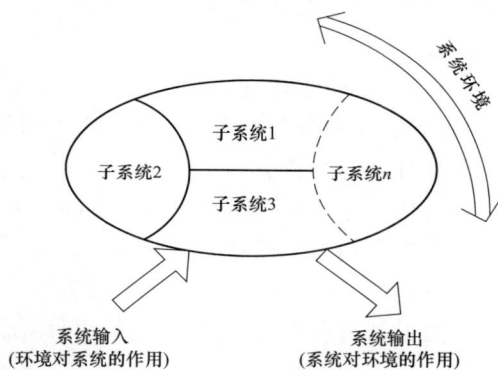

图 1-1　系统的构成

2. 信息

信息（information）是指符号、信号或消息所包含的内容，它是对事物运动状态或存在形式的不确定性的描述。信息普遍存在于自然界、人类社会和人的思维之中。在 1948 年，控制论的创始人维纳在他的著作《控制论》中指出"信息是信息，不是物质，也不是能量"，这样就把信息上升到与物质、能量同等重要的地位，成为当今世界组成的三大支柱，即物质、能量、信息。今天，为了更好地利用信息，把信息已经数字化，可以利用计算机对数字化信息进行加工处理，这样的信息称为数字信息。实际上，今天所说的信息化就是指数字信息，"大数据"所指的就是海量数字信息。

3. 数学模型

通常我们对系统的理解是能够根据实际过程分析出系统的作用原理及大致的运动过程。但仅有这种定性分析是不够的。在对系统进行分析、设计与控制时，必须要对系统进行定量的分析，研究出系统中各物理量的变化及相互作用、相互制约的关系。可以用数学表达式来描述这些物理量的变化及它们的关系，而把这种数学表达式称为系统的数学模型（mathematics model)。

4. 工程

工程（engineering）是指应用科学知识和人类拥有的技术使自然资源最好地为人类服务的一项活动。工程就是实现，科学和技术都存在于工程之中。随着科学和技术的发展，人类改造自然的能力越来越强，因此现代工程越来越庞大、复杂，消耗的人力物力也越来越多，工程所耗的时间也越来越长，但所创造的社会效益和经济效益也越来越大。

一切工程活动都是为了增进社会利益，满足社会某种目的，工程的组织者和工程技术人员是否充分理解社会现实需要，是关系到工程成败的重要因素。工程设计方案的选择和实施，往往要受到社会、经济、技术设施、法律、公众等多种因素的制约。解决现代工程技术问题，需要综合运用多种专业知识。因此，现代工程技术人员不能满足于专门知识和具体经验的纵向积累，必须广泛汲取各类知识，建成有机的知识网络，以便适应现代工程这一综合性系统的要求。对于一个成功的工程项目来说，不但在技术上是先进的和可行的，在经济上也应当是高效益的，即要求工程方案的成本最低，效益最大。

现代工程的自动化、智能化、信息化、动态化是必然的发展趋势。就现代生产过程系统来讲，它具有系统结构复杂、多变量耦合、非线性、大惯性、纯时延等特性，是公认的难于控制的系统。

1.1.2 自动化与自动控制

"控制"这一概念本身即反映了人们对征服自然与外在的渴望，控制思想与技术的存在至少已有数千年的历史。

自动化是伴随人类的发展而发展的，人类文明越进步，自动化程度就越高，自动化已成为衡量人类文明进步程度的重要标志。

在现代社会里，自动化装置的数量和种类已经到了无法统计的地步。例如，在一个现代化的家庭里都有若干台自动化装置：自动洗衣机、自动洗碗机、电饭煲、电冰箱、自动热水器等。

自动化技术的应用是非常广泛的，几乎渗透到人类社会的每一个角落。自动化不仅可以把人从繁重的体力劳动以及恶劣、危险的工作环境中解放出来，而且能充分调动人的潜在能力，使人类能更好地认识世界和改造世界，从而能推动人类文明的快速发展。

对于自动化的基本概念可以这样来描述：自动化是指机器或装置在无人干预的情况下按规定的程序或指令自动地进行操作或运行。能实现自动操作和运行的装置就称为自动化装置或自动化系统。

在自动化系统中，对有一类系统提出了特殊要求。例如，一个自动的储水塔储存水时，要求水位不能过高，也不能过低。当水位高于希望值时，自动关闭给水泵，当水位低于希望值时，自动开启给水泵。把这种系统也称为自动控制系统。

因此，从概念上讲，自动化与自动控制两者既有联系又有一定的区别。在人类社会中，人类为了更好地生存，对自然界进行改造并加以控制，使其达到为人类服务的目的。也就是说，自动控制是通过人造装置或人类为了约束自己的行为而制定的政策和法规来对人造系统或非人造系统进行控制，从而达到人所期望的目标。

自动控制的核心内容就是，通过系统输出（被控）信号形成"负反馈"系统，进而达到所希望的控制目标。而自动控制理论就是研究负反馈控制系统的稳定性及其控制品质指标问题。

负反馈控制的概念已经广泛地应用到各个领域。例如，我国为了控制人口的快速增长及社会发展的需要，每 5 年进行一次人口普查，根据普查结果制定出了计划生育政策以及其他设计到国计民生的政策，并通过法律及执法机构来实施。广义说，这也是一个自动控制系统。

现在，可以看出自动化与自动控制的差别：就从字面的意义来讲，自动化强调的是按预先给定的程序或指令完成某种操作，对于社会、生物、自然环境等非人造系统的控制问题则无能为力；而自动控制则强调给系统施加作用使系统达到一种人们所希望的目标，它既适用于人造系统也适用于非人造系统。不过，由于人们提到的自动控制常指工业工程系统的控制，所以人们习以为常地将自动控制与自动化视为同义。

这里要强调的是，非人造系统的自动控制并不能实现物理上的自动运行，这里仅仅是借助于工业自动控制系统的概念而已。

1.1.3 常系数线性系统和变系数线性系统

从理论上讲，一个系统的运动状态总可以用一个或多个数学模型来描述。例如，对于图1-2 所示的力学系统，设其外作用力为 F、输出位移为 x、位移速度为 v，且它们都随时间而变化，即它们是时间的函数；系统质量为 m、阻尼器的阻尼系数为 f（阻力与运动速度成正比）、弹簧的弹性系数为 k，且它们可能随时间而变化或不随时间而变化。根据牛顿第二定律，则可得到描述该系统的两个一阶微分方程，如式（1-1）和式（1-2）所示。

$$m \frac{\mathrm{d}v(t)}{\mathrm{d}t} + fv(t) + kx(t) = F(t) \tag{1-1}$$

$$\frac{\mathrm{d}x(t)}{\mathrm{d}t} = v(t) \tag{1-2}$$

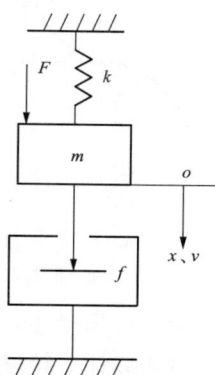

图 1-2　力学系统

把式（1-2）带入式（1-1），即可得到描述该系统的一个二阶微分方程，如式（1-3）所示。

$$m \frac{\mathrm{d}^2 x(t)}{\mathrm{d}t^2} + f \frac{\mathrm{d}x(t)}{\mathrm{d}t} + kx(t) = F(t) \tag{1-3}$$

如果式（1-3）中的系数 m、f、k 为实常数，即它们不随时间而变化，则把该方程称为常系数线性微分方程，而把它描述的系统称为常系数线性系统，或线性定常系统。

如果式（1-3）中的某一系数 m、f、k 是时间的函数，例如质量 m 随时间而变化，则把该方程称为变系数线性微分方程，而它所描述的系统被称为变系数线性系统，或线性时变系统。例如，宇宙飞船的控制系统就是一个时变系统，因为它的质量随着燃料的消耗而变化，也即它的质量是飞行时间的函数。

定义 1.1　由线性方程描述的系统称为线性系统。

线性系统的特点是满足叠加原理。即系统存在几个输入时，系统的输出等于各个输入分别作用于系统的输出之和；当系统输入增大或减小时，系统的输出也按同样比例增大或减小，如图 1-3 所示。

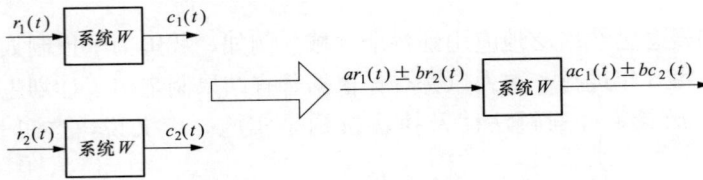

图 1-3 线性系统的叠加原理

1.1.4 非线性系统

如果在式（1-3）所描述的系统中，阻尼系数 f 是系统输出位移 x 的函数，那么微分方程就变成如式（1-4）所示的非线性微分方程：

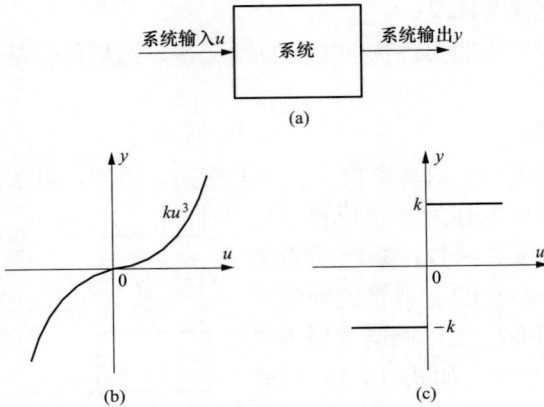

$$m \frac{\mathrm{d}^2 x(t)}{\mathrm{d}t^2} + f[x(t)] \frac{\mathrm{d}x(t)}{\mathrm{d}t} + kx(t) = F(t)$$

$$(1\text{-}4)$$

可以看到这个方程已经变为非线性的，因此称它所描述的系统为非线性系统。显然，非线性系统不满足叠加原理。

定义 1.2 由非线性方程描述的系统称为非线性系统。

非线性系统又分为硬非线性和软非线性系统：软非线性系统可由一个非线性微分方程式来描述，而硬非线性系统则不能

图 1-4 一个典型的软、硬非线性系统的例子

（a）系统方框图；（b）软非线性；（c）硬非线性

用一个方程来描述，如图 1-4（b）和图 1-4（c）所示。

对非线性系统进行分析是比较困难的，因为没有一种普适的方法可用于这种系统。

1.2 连续生产过程与间歇生产过程系统

工业生产过程是指连续不断地或间歇地生产产品的过程。当然，这些产品包括物质和能量。按其输出产品是连续的产品流还是离散的批量产品分为连续生产过程和间歇生产过程。

1.2.1 连续生产过程

连续生产过程是指在稳定条件下连续完成生产任务的生产过程。完成连续生产任务的设备或系统就称为连续生产过程系统，简称连续系统。在石油、化工、冶金、电力、轻工和食品等工业生产过程中，有许多储存原料、半成品、气（汽）体、水和油等的储料罐的料位高度都是一个随时间连续变化的过程；在热交换器中管道内的介质被管道外的高温介质加热的过程中，从管道内流出的介质温度、流量、压力等都是随时间连续变化的过程；在热裂解炉中，原油受热后被裂解为若干较轻的石油馏分，裂解过程中所需要的热量（燃料）、空气等的流量也是随时间连续变化的过程。对这些生产过程施加的控制就称为连续生产过程控制。

1.2.2 间歇生产过程

受生产设备的物理结构、产品的性质，或是其他经济和技术上的因素影响，有些工业产

品并不像电力（电能）、化工（化学组分）等产品那样，可以从生产系统中源源不断地输出，而是在生产这些产品时，需要一个或多个按一定顺序执行的操作步（无论发生在一个设备还是多个设备上）才能生产出一定量的最终产品。把生产这种产品的过程称作间歇生产过程，把完成间歇生产任务的设备或系统称作间歇生产过程系统，简称间歇系统。

在间歇生产过程中，通常是以离散的批量方式加入物料，因此物料的流动和产品的输出是不连续的，此外，间歇生产的整个过程是按一定顺序执行了一系列操作，因此间歇生产过程的设备也是间断运行的。各类金属切削和其他的机械加工都是非常典型的间歇生产过程系统。在这些系统中，工件经一次装夹后，就需要完成铣、镗、钻、铰等多种工序的加工（操作），最后才产出合格的产品[63][64]。

在间歇生产过程中，对设备或系统每操作一步，就发生了一个"事件"（即完成了一项"作业"），当所有的操作步都完成时，就构成了一组"事件"链（完成了一个或一批产品）。我们把按一定顺序执行的操作称作顺序控制或程序控制，而把由一系列操作形成"事件"链的系统（硬件和软件）称作离散事件系统。

事实上，离散事件系统比间歇系统的含义更加广泛。前者不仅包含了产品间歇生产过程系统，还包含着一些非产品的离散事件产生系统。例如，十字路口的交通信号灯、轨道交通中的道岔以及信号灯[65]、电话交换机等系统，虽然它们不是生产产品，但是每一个操作步都是离散发生的，因此它们都属于离散事件系统。如果把信号也认为是一种物质的话，那么这些系统输出的也是物品（有价值的信号），这时也可以称它们是间歇生产过程系统了。

需要指出的是，在许多离散事件系统中，某些"事件"可能还包含着连续过程。也就是说，就整个生产系统来看，它可能是离散事件系统，但某些"事件"又可能是连续发生的过程。例如，电梯的启停本来是离散事件，但是一旦电梯启动以后，运动过程又是连续的。反过来也一样，在某些连续系统中，还存在着间歇过程。因此，有些系统即可称作连续系统，又可称作间歇（离散事件）系统。工业工程系统越庞大，这两种系统相互包含的就越多。例如，在电力生产过程中，从电力输出的角度来看发电系统是连续系统，但是在这个庞大的连续系统内部还存在着许多诸如给水泵、送风机和引风机等需要程序控制的设备和系统。我们把上述这一类系统称为混杂系统。

在理论上，我们并不会去关心生产产品的整体系统是连续的还是间歇的，所关心的是生产子系统是什么类型，这涉及选择什么样的控制策略进行控制，以及怎样评价一个控制系统的控制品质。因此，以后所谈到的连续和间歇系统是指生产产品的子系统，而且在这个子系统中，仅存在一种系统类型，即要么是连续的、要么是间歇（离散）的。

以后可以把间歇过程控制系统、离散事件控制系统、顺序控制系统以及程序控制系统都理解成同义词。

控制理论要解决的是连续（离散）时间控制系统的控制品质问题。

1.2.3　过程变量

在生产过程系统中（见图1-5），有三类过程变量：

（1）被控量（或被调量）。即被控制的过程变量，它是表征设备或生产过程运行情况或状态并需要加以控制的物理量。例如液位高度、物料出口温度和流量

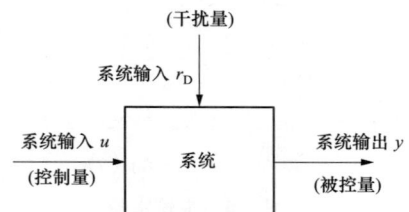

图 1-5　生产过程系统

等。被控量的期望值称为设定值或给定值。在一般情况下，系统的输出量都是被控量。

（2）控制量（或调节量）。就是对被控系统施加的作用，而且它能改变被控系统的输出，使得被控量等于或接近设定值。例如，控制液位时需要改变的阀门开度量，为控制管道内介质的温度而所需的燃料量等。在一般情况下，系统的输入量都属于控制量。

（3）干扰量。即能够影响被控量的过程变量。干扰量与控制量对被控量的影响是完全不同的，前者是由于操作环境的变化（如环境温度、物料入口温度和压力等）给系统带来的不利影响，而控制量则是为了维持被控量为某一给定值给系统施加的作用量，它有利于系统的稳定。如果干扰产生在系统的内部就称为内部扰动（简称内扰），例如环境周围的电磁信号对传感器测量信号产生的影响、管道漏流、阀门卡死等都是内扰；如果干扰产生在系统的外部，则称之为外部扰动（简称外扰），给水压力的变化对水位产生的影响、燃料量热值的变化对热交换设备管道内介质温度的影响等都属于外扰。有些干扰量可以在线测量，但绝大多数则无法测量。无论是内扰还是外扰，控制系统的作用就是将这些扰动加以消除，维持被控量为一给定值。

1.3 自动控制系统的组成

1.3.1 自动控制系统的基本组成结构及术语定义

自动控制系统是指在没有人直接参与的情况下，利用外加的设备或装置，使机器、设备或生产过程的某个工作状态或参数自动地按照预定的规律运行。被控制的机器、设备和生产过程称为被控系统（或被控对象）。

自动控制是在人工控制的基础上发展起来的。图 1-6 是水箱水位控制系统的原理图。图中 w 为给水流量，控制的任务就是以一定精度保持水箱水位 $h(t)$ 为某一期望（给定）的数值 h_0。

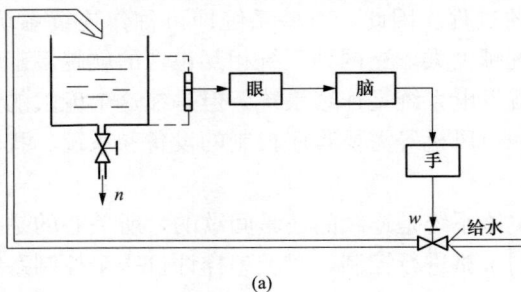

(a)

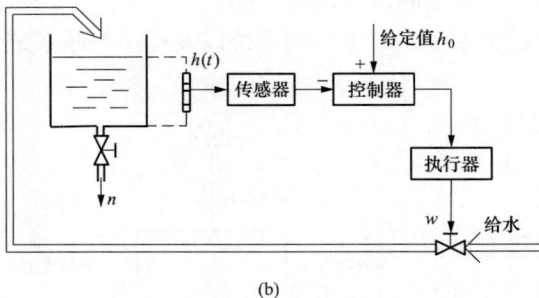

(b)

图 1-6 水箱水位控制原理图

（a）人工控制；（b）自动控制

在人工控制中，人是通过眼、脑、手这三个器官来进行水位控制的。首先用眼睛观测水箱水位的高低变化，然后用大脑分析比较实际水位是否偏离期望值，若偏离了，则经过思考（运算）按操作经验，指挥手去执行这一命令，调节给水调节阀的开度，从而把水位控制在所期望的数值上。

在自动控制中，水箱水位 $h(t)$ 经测量变送器（代替了人的眼睛）自动测量出来并按一定函数关系转换成（通常为比例关系）统一信号（电流或电压，在工业工程中，一般为 $4 \sim 20\text{mA}$ 或 $1 \sim 5\text{V}$），与水位给定值 h_0 进行比较，二者之差送入控制器（相当于人的大脑）。控制器根据偏差的正负及大小，发出一定规律的输出信号，指挥执行器（相当于人的手）去操作给水调节阀的开度，改变给水流量，从而改变水箱水位。这样不停地进行测量、比较、产生控制量、执行，维持水位为希望值。

可见一个典型的自动控制系统由下列不同功能的基本部分组成。以下为对这些部分及所涉及的术语加以定义。

（1）被控对象（被控系统或控制对象）。被控对象为系统所要控制的设备或过程（过程是指被控系统的运行状态）。它的输出是被控量，输入是控制量。

（2）给定环节。产生给定输入信号（希望信号）的环节。按生产或管理要求，被控量必须维持在希望值。该值也叫参考输入或设定值（给定值）。该环节一般含在控制环节中。

（3）测量环节。将被控量检测出来并传送给控制环节。从信号处理的功能上讲，该环节的功能是把非电量或强电量的物理量转化成弱电量，然后传送给与它相连的下一个环节。在控制系统中该环节也称为传感器或测量变送器。

在当今的计算机控制系统中，该环节还把刚得到的弱电量进一步转换成数字量，然后再送给与它相连的计算机。现在，通常称这种传感器为智能（数字）传感器。

（4）比较环节。其功能是将给定的输入信号（被控量的希望值）与测量环节得到的被控量的实际值加以比较，得到一个偏差量。该环节一般含在控制环节中。

（5）控制环节。它的功能是根据偏差量，决策如何去操作控制量，使得被控量达到所希望的目标。这一环节是自动控制系统实现有效控制的核心，因为要得到正确、有效、优秀的控制决策并不是一件很容易的事情，它要依据控制系统性能要求，遵循一定的控制规律，经过反复推导和设计才能完成。研究控制系统的主要任务就是如何设计控制环节，使系统达到希望的要求。在控制系统中该环节也称为控制器。

（6）执行环节。根据控制环节给出的控制决策，具体实现对控制量的操作（如改变阀门、挡板、转速、开关的闭合、电动机的启停等），即改变了被控对象的输入以达到对被控对象的输出进行控制的目的。从信号处理的功能上讲，该环节的功能是把接收到的弱电量转换成非电量或强电量的物理量，从这种功能上讲，它是传感器的逆过程。在控制系统中该环节也称为执行器。

与传感器一样，在当今的计算机控制系统中，该环节先把从计算机接收来的数字量转换成模拟量（弱电量），进而再把它转换成非电量或强电量的物理量。现在，通常称这种执行器为智能（数字）执行器。

（7）偏差。即被控量的测量值与给定值之间的偏差。也称这个偏差为控制误差。控制系统的最主要控制目的就是要消除这个偏差。

通过上例中的水位控制，我们可以看出，自动控制系统是由被控对象、传感器、控制器和执行器四大部分组成。

在工业生产过程中，为了便于分析并直观地表示系统各组成部分间的相互影响和信号传递关系，一般习惯上采用原理性方框图直观的表示，如图 1-7 所示。在方框图中带有箭头的线表示信号传递流向，不表示设备之间连接的物理设备，信号只能沿着箭头所指的方向传递。方块（方框）表示的是一个环节（系统中的某一部分），可以是物理设备或装置，也可以是由计算机软件实现的一种算法。从方块出来的箭头表示该环节的信号输出，反之表示该环节的信号输入。为了清楚地表达系统中流动信号之间的关系，还规定一个方框只能有一个

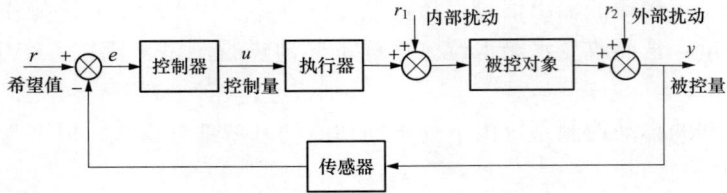

图 1-7　自动控制系统的基本组成原理方框图

输入和一个输出。

下面为一个离散事件控制系统的例子：

数控机床是一种用数字控制器（计算机）控制其动作的自动加工工件的机床（见图1-8）。它按指定的工作程序、运动速度和轨迹进行自动加工。机床的各种操作（如钻孔、扩孔、铰孔、镗孔、车端面、加工内外螺纹和铣平面等）、工艺参数和尺寸等作为希望信号，送给机床中的数字控制器（计算机），计算机又接收来自测量传感器的信号（如刀具磨损、刀具变老、切削力、功率、振动、切削温度、尺寸精度、表面粗糙度等），并进行数据预处理，而后与各个希望值进行比较产生控制信号，去控制机床、刀具和工件。当所有的离散操作都完成后，就生产出了所希望的工件。

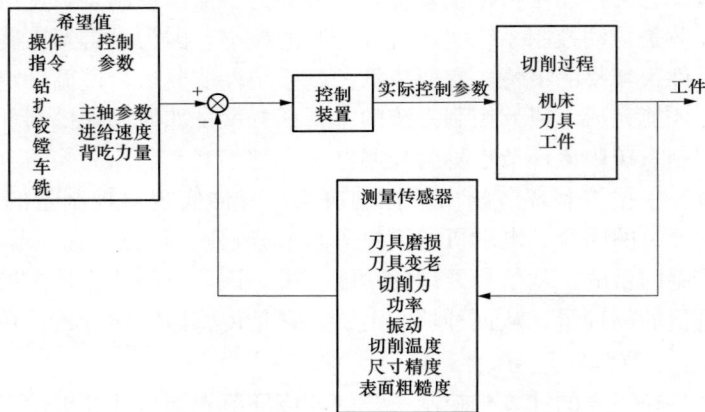

图 1-8　工件自动加工系统

从该例子中可以看到，离散事件控制系统中的给定环节并不是给出一个希望值，而是给出多个希望值和一系列的操作指令。测量环节也不能仅仅检测一个物理量，它除了检测工件的参数外，还要检测车床和刀具的许多参数，控制器根据这些（而不是一个）所测参数，才能给出各种控制指令（开关的闭合、电动机的启停等）。

事实上，数控机床是一个混杂控制系统，既有对工件进行系列操作的离散事件控制，又有对环境及工件参数的连续控制。

自动控制理论起源于自然科学，现在自动控制的概念也普遍用于社会科学。例如图 1-9 是一个学生培养质量管理系统的方框图。

在该系统中，管理决策机构（中央教育部）根据对学生培养质量的要求和检测到的学生质量（社会用人单位反馈），提出相应的政策法规（例如我国高校目前实行的"卓越工程师

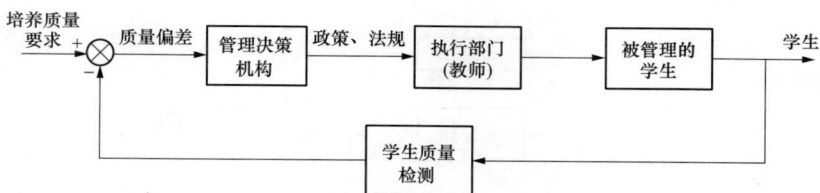

图 1-9　学生培养质量管理系统方框图

计划"),由执行部门(大学、大学管辖下的执行部门:教务处、院系、教师等)监管执行。在该系统的运行过程中,管理决策机构检测每届学生的培养质量,每年(或几年)修改一次政策法规,最终使学生达到希望的培养质量要求。可以看出这也是一个离散事件控制系统。

1.3.2　闭环控制和开环控制系统

1. 开环与前馈控制系统

当对被控系统的输出要求不高或被控系统的输出不容易测量时,控制器直接根据期望信号产生控制信号。这样的控制系统可用图 1-10 来描述。从图中可以看出控制信号流程没有形成回路,因此把这样的系统称为开环系统,其控制称为开环控制。

例如简单的电动机转速控制系统,如图 1-11 所示,受控对象为电动机,控制装置为电位器、放大器。当改变给定电压 U_n^* 时,经放大器放大后的电压 U_a 随之变化,作为被控量的电动机转速 $n(t)$ 也随之变化。就是说,系统正常工作时,应由 U_n^* 来确定 $n(t)$。

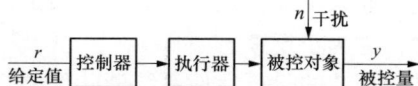

图 1-10　开环控制系统　　　　图 1-11　开环控制的调速系统

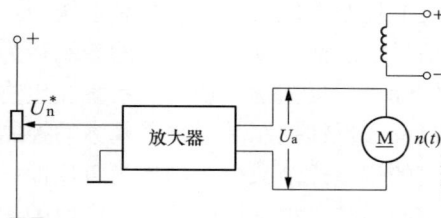

由于电网电压的波动或负载的改变等扰动量的影响使得转速 $n(t)$ 发生变化,而这种变化未能被反馈至控制装置并影响控制过程,故系统无法克服由此产生的偏差。

开环控制的特点是,系统结构和控制过程均很简单,但抗干扰能力差,控制精度不高,故一般只能用于对控制性能要求较低或无法测得被控量的场合。

许多离散事件(间歇)控制系统都是开环控制系统,其原因是这类系统的被控量很难被检测。例如,十字路口的交通信号灯系统,它很难根据人和车的流量来决定哪个方向的红绿灯亮起,它仅能按事先设计好的时间段来控制各方向上的红绿灯;自动洗衣机也是开环控制系统,因为到目前为止,还很难在线检测所洗衣物的油渍情况,所以不得不采取按时间段来控制洗衣机加水、洗涤、漂洗、脱水等各种操作。

如果系统中存在着破坏系统正常运行的干扰,而干扰又能被测量,则可利用干扰信号产生控制作用,以补偿干扰对被控量的影响,如图 1-12 所示。这种按开环补偿原理建立起来的系统称为前馈控制。前馈控制是一种主动控制方式,它能做到在干扰影响被控量之前就将其抵消。

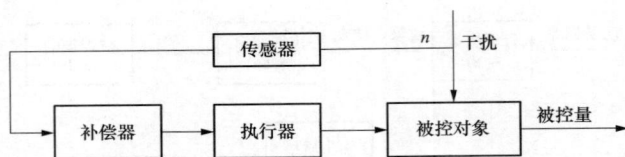

图 1-12　开环干扰补偿控制系统

单纯的前馈控制一般很难满足控制要求，这是因为系统往往存在很多干扰，不能一一补偿，而且有的干扰限于技术条件而无法检测，也就无法实现前馈补偿。因此，其控制精度受到原理上的限制。前馈控制属于开环控制。

2. 闭环控制系统

对一个系统进行控制，首先要通过传感器测得系统的输出，并把测量结果送给控制器，控制器根据期望值与测量值的偏差产生一个控制信号，并把这个信号送给执行器，执行器根据控制器送来的信号对被控系统实施控制，这一过程可以用图 1-7 来描述。从图中可以看出，控制信号流程已形成了一个回路，把这样的系统称为闭环系统，把这样的控制称为闭环控制。

在工业生产中，按照偏差控制的闭环系统种类繁多，尽管它们完成的控制任务不同，具体结构不一样，但是从检出偏差、利用偏差信号对控制对象进行控制，以减小或纠正输出量的偏差这一控制过程却是相同的。但是归纳起来，闭环系统又可以分为以下两种类型：

（1）反馈控制系统。在闭环控制系统中，将系统的实际输出和期望输出进行比较，得到一个偏差信号，从而为确定下一步的控制行为提供依据，把这时系统的实际输出信号称为反馈信号。实际上，反馈是一切自然系统、生物系统、社会系统的普遍属性，反馈的过程是信息传递的过程。反馈控制是一种最基本的控制方式。如果反馈信息（系统实际输出）是使其与期望输出的偏差逐渐减少，则称为负反馈；反之，称为正反馈。

反馈控制系统是根据被控量和给定值的偏差进行调节的，最后使系统消除偏差，达到被控量等于给定值的目的，因此也称这样的系统为负反馈系统。因为反馈控制系统是将被控量变化的信号反馈到控制器的输入端，形成一个闭合回路，所以反馈控制系统也一定是闭环控制系统。它是生产过程控制系统中最基本的一种。

现在有学者认为反馈是自动化类学科的理论核心，这也说明反馈的概念在自动化类学科中的重要性。

（2）前馈-反馈复合控制系统。在开环控制系统中，控制器直接根据期望信号产生控制信号，控制器与被控系统之间没有反馈联系的控制过程，因此把这时的期望信号称为前馈信号。实际上，在一个控制系统中，把除了系统输出以外的任何输入给控制器的外部信号都称为前馈信号。前馈信号是已知信号，它能带来系统输出趋势的未来信息，因此在一个控制系统中引入一个或多个前馈信号会改善系统的控制品质。

单独前馈控制往往难以消除静态（稳态）误差，所以工程应用中常选用前馈加反馈的控制方式。图 1-13 是前馈-反馈复合控制系统的方框图，锅炉汽包给水控制系统一般采用这种控制方式。它是在反馈控制系统的基础上增加了对主要扰动 $d(t)$ 的前馈补偿作用。

图 1-13 中的补偿环节可以是一个较简单的环节，对于控制要求较高的被控对象，补偿环节也就是一个控制器，即前馈控制器。当扰动 $d(t)$ 发生后，补偿信号能及时消除扰动对

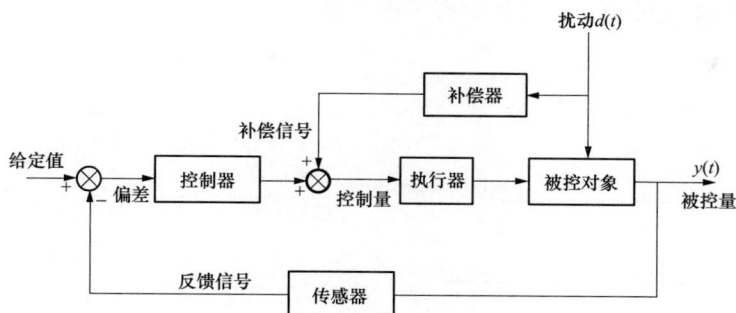

图 1-13　前馈-反馈复合控制系统方框图

被控量的影响。但是，由于干扰通道的物理特性，往往很难实现完全补偿的前馈控制。反馈回路的作用将保证被控量能较精确地等于给定值，改善了被控量 $y(t)$ 的控制精度。

1.4　对连续过程控制系统性能的基本要求

对一个控制系统的调节品质好坏进行理论分析时，必须用一个数学表达式来定量描述系统的调节品质。在连续过程控制系统中，所有的物理量（无论是系统的输入量、输出量，还是系统的中间量）都是随时间连续变化的函数，因此可以通过连续系统的输出函数曲线形状来定义控制系统调节性能的好坏，即系统的调节品质（或控制品质）。

然而，对于离散事件控制系统则不然。因为在离散事件控制系统中，系统的最终输出是离散的产品，也就不能像连续系统那样用输出函数曲线形状来定义系统的调节品质。如果不考虑离散事件中的连续过程，可以这样定义单纯的离散控制系统的调节品质：只要是系统能完成了预定的操作步，就可以说系统具有优良的控制品质。至于系统是否能生产出合格的产品，那是离散事件中的连续控制过程的控制品质以及设计制造生产设备时的技术问题，然而，后者不在控制理论分析范畴内。

因此，也就没有必要来定义离散事件控制系统的调节品质，只要定义连续系统的就够了。以下讨论的调节品质仅适合于连续系统。

1.4.1　控制系统稳定性概念

在给出稳定性概念之前，先了解一下平衡状态的概念。所谓平衡状态是指当自动控制系统未受到各种干扰（扰动 n），而且给定值（希望值 r）也不改变时，系统所处的状态。此时，被控量不发生变化，控制器的输出也保持不变。如果控制器控制的是阀门或挡板，那么在平衡状态时，阀门或挡板的开度保持不变。把系统处于平衡时的状态称为静态或稳态。

当自动控制系统受到各种干扰或人为要求给定值改变时，被控量 y 就会发生变化，偏离给定值 r。对于一个理想的控制系统来说，当给定值发生变化时，被控量应立即跟随这个变化，如图 1-14 所示。但是，在工程实际中，绝不可能做到这一点。实际上，是通过系统的自动控制作用，经过一定的过渡过程，被控量才恢复到原来的平衡状态或稳定到一个新的平衡状态（见图 1-15）。

实际上，当被控系统受到各种扰动的作用后，系统的平衡状态遭到破坏，通过控制器的

17

控制作用后，被控系统的输出响应将会有三种状态：

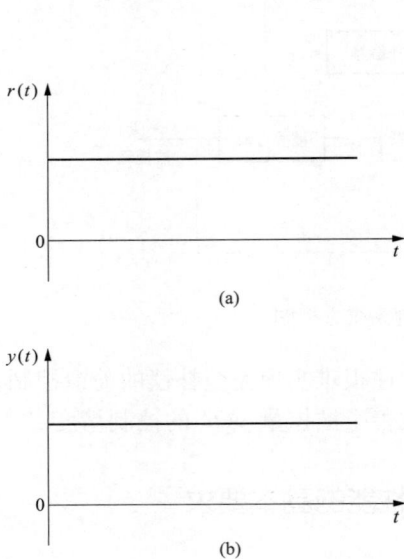

图 1-14　理想的控制效果
(a) 系统输入；(b) 系统输出

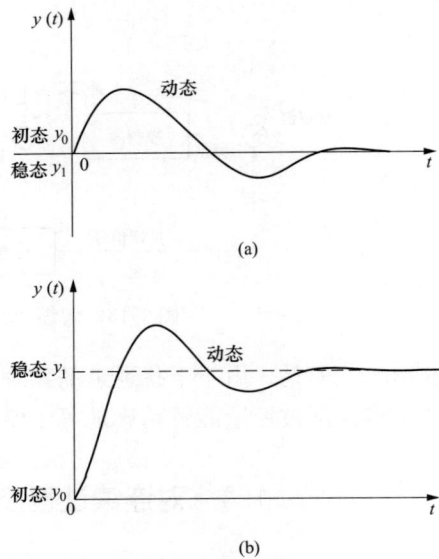

图 1-15　被控对象的实际动态过程
(a) 过渡过程结束后系统回到原来的平衡状态；
(b) 过渡过程结束后系统过渡到一个新的状态

（1）从原来的平衡状态过渡到一个新的平衡状态。把这种系统称为稳定系统，而把从一种平衡状态过渡到另一种平衡状态的过程称为过渡过程，或称为动态过程，即随时间而变的过程。在动态过程中，系统的输出被称为系统的瞬态响应，系统达到稳定后的输出称为稳态响应。

（2）系统的输出量呈现为持续不断的振荡过程。把这种系统称为临界稳定系统〔如图1-16（c）所示〕。

（3）系统的输出量无限制地偏离其平衡状态。把这种系统称为不稳定系统或发散系统〔如图 1-16（d）所示〕。

对自动控制系统最基本的要求是必须有一个平衡状态，即必须是稳定的。对于过程控制系统来说，不但要求控制系统是稳定的，还要求控制系统被控量的稳态误差（偏差）为零或在允许的范围之内。对于一个好的自动控制系统来说，稳态误差应该为零。但在实际生产过程中往往做不到完全使稳态误差为零，只能要求稳态误差越小越好。一般要求稳态误差在被控量希望值的 $\pm 2\% \sim \pm 5\%$ 之内。

1.4.2　连续过程控制系统的动态性能

自动控制系统除了要求满足稳态性能之外，还应满足动态过程的性能要求，在具体介绍自动控制系统的动态过程要求之前，先看看控制系统的动态过程（动态特性）有哪几种类型。

1. 单调过程

被控量 $y(t)$ 单调变化（即没有"正""负"的变化），缓慢地到达新的平衡状态（新的稳态值），如图 1-16（a）所示，一般这种动态过程具有较长的动态过程时间（即到达新的平衡状态所需的时间）。

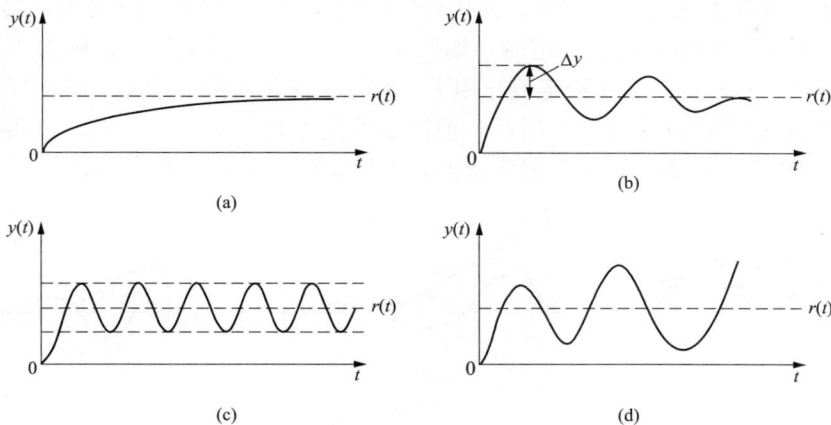

图 1-16　自动控制系统被控量的动态特性
（a）单调过程；（b）衰减振荡过程；（c）等幅振荡过程；（d）渐扩振荡过程

2. 衰减振荡过程

被控量 $y(t)$ 的动态过程是一个振荡过程，但是振荡的幅度不断在衰减，到过渡过程结束时，被控量会达到新的稳态值。在这个过程中，超出稳态值的最大幅度称为超调量，如图 1-16（b）所示的 Δy。

3. 等幅振荡过程

被控量 $y(t)$ 的动态过程是一个持续等幅振荡过程，始终不能达到新的稳态值，如图 1-16（c）所示。这种过程如果振荡的幅度较大，生产过程不允许，则认为是一种不稳定的系统；如果振荡的幅度较小，在生产过程可以允许范围内，则可认为系统是稳定的。

4. 渐扩振荡过程

被控量 $y(t)$ 的动态过程不但是一个振荡的过程，而且振荡的幅度越来越大，以致会大大超过被控量允许的误差范围，如图 1-16（d）所示，这是一种典型的不稳定过程，设计自动控制系统要绝对避免产生这种情况。

一般说来，自动控制系统如果设计得合理，其动态过程多属于图 1-16（b）的情况。为了满足生产过程的要求，我们希望控制系统的动态过程不仅是稳定的，并且希望过渡过程时间（又称调整时间）越短越好，振荡幅度越小越好，衰减得越快越好。

1.4.3　控制系统的质量（品质）指标

对于控制系统的性能不但有定性的要求，设计系统时还要有定量的要求。把对系统的定量要求称之为质量（性能）指标或品质指标。系统的输入是千差万别的，为了能对比系统性能的好坏，对于线性系统来说，总是在给系统施加一个单位阶跃定值扰动的情况下，定义各种品质指标。对于非线性系统来说，因为它不满足叠加原理，在单位阶跃定值扰动下定义的品质指标就失去了意义，通常是把非线性系统线性化后（在某一个工作点的小邻域内线性化，见第 8 章），再按着线性系统那样定义控制系统的调节品质。

1. 直接型品质指标

对自动控制系统的基本要求可以用以下三个直接型品质指标来描述。

（1）稳定性指标。稳定性是指系统处于平衡状态下，受到扰动作用后，系统恢复原有平衡状态的能力。如果系统受到给定值、内扰或外扰的作用后，经过一段时间，其被控量可以达到某一稳定状态，则称系统是稳定的，如图 1-17 所示的几种情形；否则为不稳定的，如图 1-18 所示。图 1-18（a）为在给定值作用下，被控量振荡发散的情况；图 1-18（b）、图 1-18（c）为被控量受到内扰和外扰作用后，被控量振荡发散的情况。另外，若系统出现等幅振荡〔见图 1-16（c）〕，即处于临界稳定状态，严格说也属于不稳定。

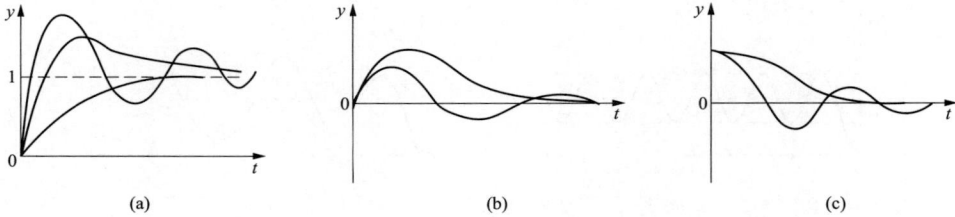

图 1-17　稳定系统的动态过程
（a）定值扰；（b）内扰；（c）外扰

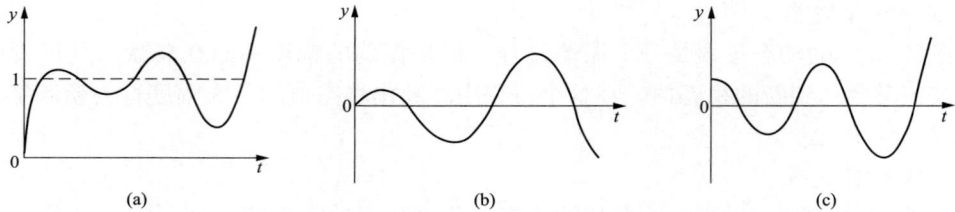

图 1-18　不稳定系统的动态过程
（a）定值扰；（b）内扰；（c）外扰

不稳定的系统无法正常工作，甚至会毁坏设备，造成重大损失。直流电动机的失磁、导弹发射的失控、运动机械的增幅振荡等都属于系统不稳定。

在实际生产中，不仅要求控制系统是稳定的，而且要求具有一定的"稳定性裕度"（见图 1-19）。稳定性裕度可以用衰减率 φ 衡量，即

$$\varphi = \frac{y_{m_1} - y_{m_3}}{y_{m_1} - r} \qquad (1-5)$$

在大多数的生产过程控制系统中，对控制品质的要求是 $\varphi \in (0.75 \sim 1.0)$，即控制过程在振荡 1~2 次后就基本结束。目前，对现代工程系统的稳定性提出了更高的要求：$\varphi \in (0.9 \sim 0.98)$。

衰减率 φ 可以表征系统的各种稳定情况，定义如下：

当 $\varphi = 1$ 时，称系统是绝对稳定的；

当 $\varphi \in (0,1)$ 时，称系统是相对稳定的；

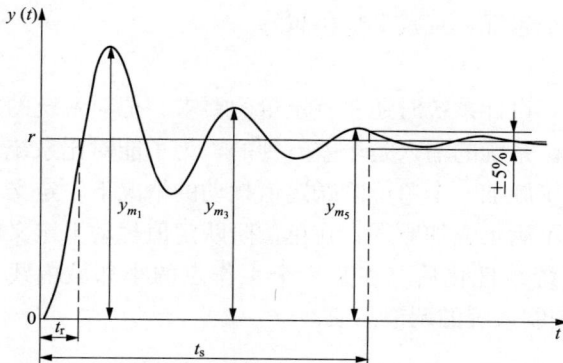

图 1-19　控制系统在定值扰动下的动态过程

当 $\varphi = 0$ 时，称系统是临界稳定的；

当 $\varphi < 0$ 时，称系统是不稳定的（发散的）。

（2）快速性指标。快速性是指控制过程的持续时间，也就是从干扰发生起至被控量又建立新的平衡状态为止的过渡过程时间。过渡过程时间越短，表明快速性越好，反之亦然。快速性表明了系统输出对输入响应的快慢程度，系统响应越快，则复现快变信号的能力越强。

在实际生产中，一般认为被控量进入偏离给定值的 $\pm 5\%$（或 $\pm 2\%$）范围内就算基本稳定了（见图 1-19 中的 t_{s}）。

系统输出响应第一次到达希望值的时间 t_{r} 称为上升时间，它从另一个角度来衡量系统响应的快慢程度，t_{r} 越小响应就越快。有时对 t_{r} 的要求比对 t_{s} 的要求还要严格，例如电网对机组升负荷的要求是很严格。但是，t_{r} 和 t_{s} 之间是有矛盾的，t_{r} 越小，振荡就越激烈，t_{s} 就可能越大。

（3）准确性指标。稳定的系统在过渡过程结束后所处的状态称为稳态。准确性是指稳态时系统期望输出量和实际输出量之差以及在整个控制过程中被控量偏离给定值的最大值，如图 1-19 所示。前者称为静态偏差，在生产过程控制系统中一般要求为零，它反映了系统的稳态精度，表示为

$$e(t \to \infty) \to 0 \tag{1-6}$$

后者称为动态偏差，它表示系统在短期内偏离给定值的最大程度，用超调量来表示

$$M_{\mathrm{p}} = \frac{y_{m_1} - r}{r} \times 100\% \tag{1-7}$$

在大多数的生产过程控制系统中，一般要求 $M_{\mathrm{p}} < 30\%$。

2. 间接型品质指标

上述的控制品质指标常常是相互矛盾的，例如如果提高过程的快速性，可能会引起系统强烈的振荡；改善了平稳性，动态过程又可能很缓慢，甚至使最终精度也很差。因此，在设计控制系统时要权衡考虑。

现在，使用计算机进行控制系统的分析与设计时，为了综合考虑这三个品质指标，通常把它们归结为一个目标函数，即综合成一个具有极值的函数，通过改变控制器的结构和参数使这个函数达到最小或最大值，从而使控制系统的控制品质达到最优。这个目标函数间接地描述了控制系统的控制性能。

通常选择的间接型目标函数是所谓的误差目标函数，即采用期望的系统响应和实际系统响应之差（图 1-7 中的 e，其响应曲线如图 1-20 所示）的某个函数作为目标函数，这实际上是对直接型性能指标做某种数学上的处理，设法将它们统一包含在一个数学表达式中，如

图 1-20　偏差 e 的响应曲线

$$Q = \int_{0}^{\infty} |e(t)| \, \mathrm{d}t \tag{1-8}$$

该公式表明，在控制系统的动态过程中，误差曲线下的绝对面积越小，控制品质就越好。但在实际计算时，不可能计算到无穷大的时间，一般计算到系统稳态为止，即计算到

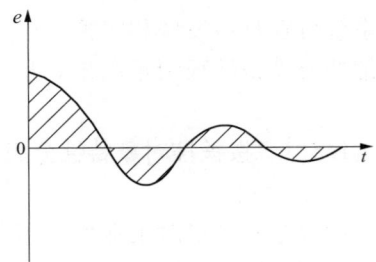

t_s。但这样带来的问题是，在计算前无法知道系统何时达到稳定，事先必须估算 t_s。这很可能导致另外的问题，即虽然 $e(t)$ 幅值较小，但调节时间较长，在有限的 t_s 时间内，同样能使 Q 达到最小。在这种情况下得到的调节品质并不是最优的。解决此问题的方法是在 $|e(t)|$ 上乘以时间 t，即加上时间权，这样一来，就可以得到所希望的突出快速性与准确性的控制系统，同时又允许难于避免的较大的初始动态偏差。

下面给出几种常用的误差型目标函数：

（1）绝对误差的矩的积分

$$Q = \int_0^{t_s} t\,|e(t)|\,\mathrm{d}t \tag{1-9}$$

（2）绝对误差的二阶矩的积分

$$Q = \int_0^{t_s} t^2\,|e(t)|\,\mathrm{d}t \tag{1-10}$$

（3）误差平方的矩的积分

$$Q = \int_0^{t_s} t e^2(t)\,\mathrm{d}t \tag{1-11}$$

（4）误差平方的二阶矩的积分

$$Q = \int_0^{t_s} t^2 e^2(t)\,\mathrm{d}t \tag{1-12}$$

显然，当选择不同的目标函数时，对同一系统，使这些目标函数达到最优时控制器的参数将是不同的。

1.5　自动控制系统的分类

随着自动控制理论和自动控制技术的不断发展，自动控制已经应用到各个领域，自动控制系统也在日益发展和完善，目前已出现了各种各样的新型的自动控制系统。要想对其进行详细的分类是件很困难的事，从不同的角度会有不同的分法。下面仅介绍几种常用的分类方法。

1.5.1　按被控对象特性分类

1. 过程控制

过程控制是指对工业生产过程实施的控制，包括连续生产过程和间歇（离散）生产过程。例如对发电过程、化工过程、炼油过程、冶金过程、工件加工过程等进行的控制都属过程控制。连续过程控制要求被控系统的输出量长期安全、稳定在希望的数值上，而离散生产过程要求能顺利完成预定的操作步即可。目前，工业生产系统日趋庞大，系统结构复杂，人已经没有能力进行手动控制，如果不进行自动控制，根本无法生产。自动控制装置已经成为大型设备不可分割的重要组成部分。现在，自动控制装置本身也已经成为重大设备和装置。当然，过程控制系统中也包含程序控制。

2. 运动控制

对运动体进行的控制称为运动（过程）控制。例如，对机器人的控制、对飞行器的控制、对导弹的控制、对运输工具的控制、对切削工件的机床控制等都属运动控制。运动控制要求运动体按希望的运动轨迹稳定运行。运动控制研究的是运动体的姿态、位置、轨迹、稳定性等。对大多数运动体的控制与对连续生产过程的控制是完全相同的，它们使用相同的控制理论对系统进行分析，它们所不同的仅仅是控制对象不同，对品质指标的要求有差异而已。然而，对许多运动体的控制（如机器人、机床、电梯等）都包含过程和程序控制。

3. 程序控制

对离散事件系统进行的控制称为程序控制（也称顺序控制）。程序控制要求被控系统按事先预定的操作步运行，例如机械加工中的数控机床、大型设备的启动、大型锅炉检修时的煤灰清扫控制、电梯的运行、轨道交通的道岔控制等均属于程序控制系统的范畴。当然，在程序控制系统中还包含着过程控制。就单纯的程序控制系统来讲，多数情况下都属于开环控制。

1.5.2　按系统输入输出的个数分类

控制系统按输入输出变量个数分类可以分为单变量控制系统和多变量控制系统。

1. 单变量控制系统

只有一个输入量和一个输出量的控制系统称为单变量控制系统，也称为单输入单输出（SISO）控制系统。它又分为单回路反馈控制系统和双回路反馈控制系统。

（1）单回路反馈控制系统。单回路反馈控制系统是过程控制中最基本的单元，是组成复杂系统的基础。许多复杂系统的分析、设计与综合中也都利用了单回路的方法。图 1-7 所示就是一个最基本的单回路反馈控制系统。为了方便理论分析，如果不对执行器和传感器的非线性特性进行研究，可以把执行器和传感器合并在被控对象里，称为广义被控对象，如图 1-21 所示。

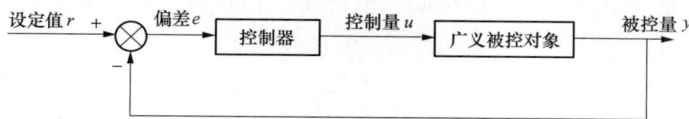

图 1-21　广义被控对象下的自动控制系统方框图

（2）双回路反馈控制系统。在被控对象的迟延和惯性都比较大（即系统对输入的响应较慢）、工艺上对调节品质要求又比较高，或者系统的内部扰动较大的情况下，单回路控制系统无法满足工艺要求，这就要求设计比较复杂的控制系统以适应这一要求。

双回路控制系统是改善控制品质的最有效的方法之一，它得到了广泛的应用。其原理方框图如图 1-22 所示。

在图 1-22 所示的双回路控制系统中，采用了两级控制器 G_{c_1} 和 G_{c_2} ，因此也称这种控制方式为串级控制。这两级控制器串在一起工作，各有其特殊任务。G_{c_1} 称为主控制器或校正控制器，它接收被调量的信号 y_1（又称主参数）。G_{c_1} 根据偏差值（$e_1 = r - y_1$）按其控制规律不断校正副控制器 G_{c_2} 的给定值 u_{c_1} 。副控制器 G_{c_2} 接受被控对象的某一中间变量的信号 y_2（又称副参数或导前信号）。选择的 y_2 要能及时反应扰动 d_2（内扰）及其控制效果。G_{c_2} 根据偏差值（$e_2 = u_{c_1} - y_2$）并按照其控制规律去控制执行机构。

在该控制系统中，整个被控对象被划为两个控制区域，即惰性区 W_1 和导前区 W_2 。串

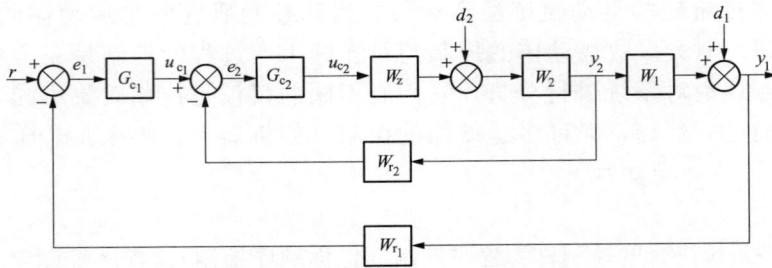

图 1-22 主蒸汽温度串级控制系统原理框图

级控制系统有两个闭合回路：由副调节器 G_{c_2}、执行机构（含阀门）W_z、对象导前区 W_2 以及内回路变送器 W_{r_2} 形成的闭环（称为副环或内回路）；由主控制器 G_{c_1}、对象惰性区 W_1、外回路变送器 W_{r_1} 以及整个副环形成的闭环（称为主环或外回路）。一般情况下，导前区的迟延和惯性与惰性区相比，其惰性要小得多，也就是说所选择的副参数 y_2 对含在内回路的扰动及控制效果的反应比主参数反应来得快。当在内回路内发生扰动时，由于副控制器的及时控制，能使这里扰动的影响迅速消除。此时，被调量 y_1 可能还未来得及变化或者变化很小。当被调量 y_1 变化时，主控制器按偏差以一定规律改变副控制器的给定值，副回路按这个给定值进行控制。比较两个回路的控制速度可以发现，副环是高速回路，主环是低速回路。

在双回路控制系统中，有时也采用单级控制方式，如图 1-23 所示。从图中可以看到，在主回路中只有一个控制器 G_c，副回路控制器由副回路反馈回路中的微分器 G_D 来代替。采用这种控制结构的目的是少用了一个控制器，在模拟控制仪表年代，少用一个控制器会减少很多仪表费用，并能减小仪表的占用空间及故障率。但在目前的计算机控制系统中，这种控制结构已经不再采用。

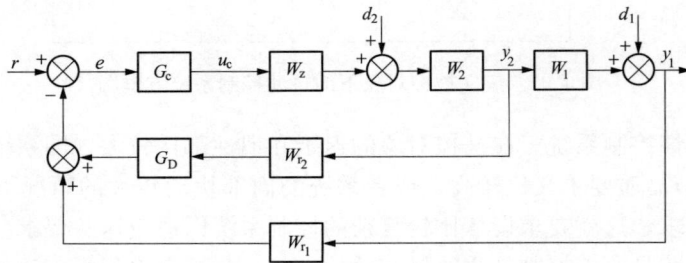

图 1-23 单级双回路控制系统方框图

在工程中，有时也用到三回路控制系统。但更多控制回路的系统是很少见到的，因为这时控制系统结构过于复杂，在工程上实现困难，也没有必要。

把多于一个回路的控制系统称为多回路控制系统。

2. 多变量控制系统

有多于一个输入量或多于一个输出量的控制系统称为多变量控制系统，也称为多输入多输出控制系统（MIMO）。例如，化工厂中的二元精馏塔控制系统是一个双输入双输出系统；

在火电厂中，机炉协调控制系统就是典型的双输入双输出多变量控制系统，钢球磨煤机控制系统就是三输入三输出的多变量控制系统。导弹等飞行器的控制、炼油等许多生产过程的控制都是多变量控制。双输入双输出控制系统原理方框图如图1-24所示。

在双输入双输出控制系统中，控制量 u_1 发生变化时，不但影响被控量 y_1，还影响被控量 y_2。同样，当控制量 u_2 发生变化时，对 y_1 和 y_2 同时产生影响。把这种被控对象称为耦合对象，如图1-24中的虚线框所示。

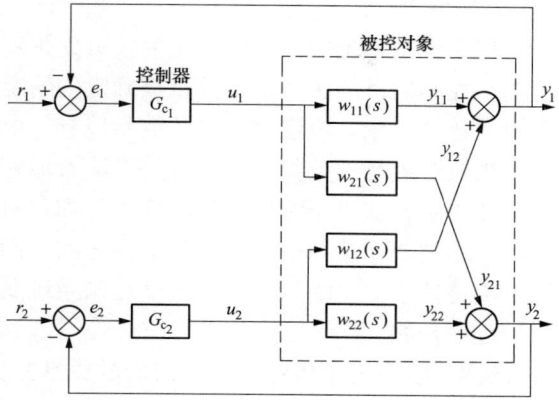

图 1-24 双输入双输出控制系统方框图

在图 1-24 中，控制器 G_{c_1} 接收偏差信号 e_1（$r_1 - y_1$）后产生控制信号 u_1，目的是控制 y_1，但控制信号间存在耦合，它对 y_2 也产生了控制作用；同理，控制器 G_{c_2} 接收偏差信号 e_2（$r_2 - y_2$）后产生的控制信号 u_2 对 y_2 和 y_1 同时产生了控制作用。这样，两个控制回路相互影响，导致寻找两个控制器的最佳参数变得相当困难，甚至在某些多变量控制系统中，就不存在一组控制器参数使得系统的两个输出都能达到希望的控制品质。因此，多变量系统的控制还是比较困难的。现在，对多变量系统进行控制通常采用的方法有协调控制和解耦控制（参见第7章）。

1.5.3　按给定值信号的特点分类

1. 恒值控制系统

若自动控制系统的任务是保持被控量恒定不变，即当系统的输出偏离给定值时，通过控制作用，总是使被控量等于恒值（给定值），则称其为恒值控制系统。这是生产过程中用得最多的一种控制系统，例如发电机电压控制，电动机转速控制，电力网的频率（周波）控制，各种恒温、恒压、恒液位等控制都是属于恒值控制系统。

2. 随动（随机）控制系统

随动控制系统又简称随动系统，它是给定信号随时间的变化规律事先不能确定的控制系统，也即随动系统的给定信号值是随机的，它的控制任务就是在各种情况下快速、准确地使被控量跟踪给定值的变化。例如自动跟踪卫星的雷达天线控制系统、导弹跟踪追寻目标时的轨迹控制系统、工业控制中的位置控制系统、工业自动化仪表中的显示记录仪等均属于随动控制系统。

现在也把随动系统扩展到随机系统。随机系统不仅给定值信号是随机的，对它的干扰或（和）系统本身的特性（参数）也是随机的。例如，由于空气的湍流在飞机的机翼结构内引起的运动和应力就属于这一类问题。在这个例子中，可以把随时间变化的气流状态看作是系统的输入，它是一个随机函数，只能知道它的统计特性。机翼的应力是系统的输出，它也是一个随机函数，也只能知道它的统计特性。这种随机系统在实际工程中还有很多。对随机系统的控制就称为随机控制。

3. 程序控制系统

在程序控制系统中，它的给定值按事先预定的规律变化，是一个已知的时间函数，或事件记录，控制的目的是要求被控量按确定的给定值的时间函数（或事件）来改变，例如机械加工中的数控机床、轨道交通中的道岔控制、电话交换机等均属于程序控制系统的范畴。

按被控对象特性分类与此种分类方法看似相同，但他们是有区别的。前者取决于被控对象的特性，后者取决于希望值的特性。例如，对于加热炉自动温度控制系统来说，因为要求加热炉的温度要保持在一定的温度范围之间，而不是保持在某一恒定的温度上，所以如果按被控对象特性来分，加热炉自动温度控制系统属于过程控制，如果按希望值的特性来分，它又属于程序控制。

1.5.4 按系统中传输信号对时间的关系分类

1. 连续时间控制系统

当系统中各元件的输入量和输出量均是随时间变化的连续量或模拟量时，就称此类系统为连续时间控制系统或模拟控制系统。连续系统的运动规律通常可用微分方程来描述。把连续时间控制系统也简称为连续控制系统。

2. 离散时间控制系统

当控制系统中某处或多处的信号是脉冲序列或数码形式时，这种系统称为离散时间控制系统或离散控制系统。通常采用数字计算机控制的系统都是离散系统，也称这类系统为数字控制系统。图 1-25 是一个典型的离散时间控制系统。

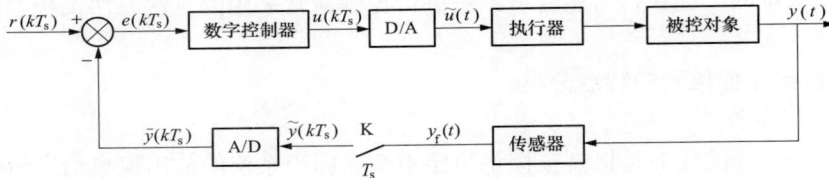

图 1-25 典型的离散时间控制系统框图

离散时间系统与离散事件系统是完全不相同的。在离散时间系统中，虽然某些过程变量是数字量（脉冲量），但它的控制对象在时间上是连续的，也就是说，被控对象的输入和输出一定是连续时间函数。而在离散事件系统中，被控对象在时间上是不连续的，它的输入和输出都是一系列"事件"，而非时间的连续函数。

随着数字计算机技术的发展，数字控制系统在控制工程中的地位日益重要，现在绝大多数的连续控制系统都已经被它取代。

数字控制系统是由数字计算机作为控制器或由其他形式的数字控制器（微处理器 MPC）去控制具有连续工作状态的被控对象的闭环控制系统（为了简便，把这两种统称为数字控制器）。因此，数字控制系统包括两大部分：工作于离散状态下的数字控制器部分和工作于连续状态下的被控对象部分，其框图如图 1-25 所示。

在图 1-25 中，通过传感器测量连续的被控信号（即输出信号），并作为负反馈信号 $y_f(t)$。数字控制系统首先通过采样开关 K 以 T_s 为周期对连续的反馈信号 $y_f(t)$ 进行采样，把它变成模拟的脉冲量序列信号 $\tilde{y}_f(kT_s)[k=0,1,2,3,\cdots,\infty]$，然后通过模/数（A/D）转换器把这些模拟的采样脉冲序列变成数字序列信号 $[\bar{y}_f(kT_s), k=0,1,2,3,\cdots,\infty]$ 送给数字控制器。继而，数字控制器根据该信号与数字序列希望值信号 $[\,r(kT_s), k = 0,1,2,3,\cdots,$ $\infty\,]$ 之间的差值，按预定的控制规律进行运算，得出数字序列控制信号 $[\,u(kT_s), k = 0,1,$ $2,3,\cdots,\infty\,]$，最后再通过数/模（D/A）转换器把 $u(kT_s)$ 转换成连续的模拟量控制信号 $\tilde{u}(t)$ 后传送给执行器，或者把数字序列信号直接输送给数字执行器（在此情况下，执行器完成数/模转换功能）去控制具有连续工作状态的被控对象，以使被控制量 $y(t)$ 满足预定的要求。

因此，与连续时间控制系统相比，在数字控制系统中，仅仅增加了采样开关 K（采样周期为 T_s）、A/D 转换器和 D/A 转换器。

在现在的数字控制系统中，已经把一些模/数（A/D）转换器放在传感器中，一些数/模（D/A）转换器放在执行器中。并把它们称为智能传感器和智能执行器，也称为现场总线仪表。

1.6 工 业 控 制 器

在闭环控制系统中，控制器按一定的规则将偏差信号转换为控制信号对被控对象实施有效的控制，其控制的有效性就是体现在前面所述的对稳定性（包括平衡性）、快速性及准确性的要求。控制器（也称调节器）的设计是构建自动控制系统最主要的任务，而控制器中的控制策略（算法）的确定又是控制器设计的核心。

在自动控制技术的发展初期，电子元器件的各项性能和质量都比较差，因此选择构成控制器的元器件是很困难的。那时就必须要求控制算法尽可能地简单，这样物理实现起来容易。然而，最简单的控制算法就是比例算法。所以，过去的一般做法是：选定控制对象及比例控制器组成初始的控制系统，如果构成的系统不能满足或不能全部满足设计要求的性能指标，再增加一个合适的元器件（或装置），按一定的方式连接到原系统中，使重新组合起来的系统完全满足设计要求。这些能使系统的控制性能满足设计要求所增添的元器件称为校正元件（或校正装置）。

随着电子技术的发展，电子元器件的性能和质量都大大提高，可以把控制器设计制造成更为复杂的控制算法，而且控制器的参数可调，还可商业化，这时已经不再使用校正装置，而是通过修改控制器中的可调参数，使得控制系统的各项性能指标满足设计要求。

在现代的控制系统中，控制设备大多由计算机来替代，因此现在的控制器并不一定是物理器件，它很可能是计算机的软件程序。所以，现在可以把控制算法设计得任意复杂，不需要增加任何校正装置（或软件）就能使控制系统的性能指标达到设计要求。

在工业工程中，对控制器的要求是结构简单、便于使用和维护、适应性强、鲁棒性强（即其控制品质对被控对象特性的变化不大敏感）、易于商品化等。虽然在现代的控制工程中，大多使用数字控制器，不存在硬件结构复杂性的问题，它仅仅是一组计算机程序，但是当选择的控制算法太复杂时，算法中需要用户调整的参数较多，要求用户有较高的控制理论知识，这样并不利于工程应用。因此，在经典控制理论时期发展起来的一些控制算法，至今还在实际工程中广泛被应用，而近些年发展起来的一些控制算法，虽然有成功应用的范例，但还处在试验性应用阶段，并没有被广泛采用[3]。

下面介绍当前在工程中广泛使用的控制器。

1.6.1 双位或开关控制器

所谓双位器（或开关控制器）的输出只有两种状态，在大多数情况下是开和关。双位或开关控制器的结构是相当简单和便宜的，所以在家用电器的控制系统中应用非常广泛。

设控制器的输出信号为 $u(t)$、输入信号（误差信号）为 $e(t)$，如图 1-26 所示，则有双位控制器的数学表达式

$$u(t) = \begin{cases} U_h & e(t) > 0 \\ U_l & e(t) \leqslant 0 \end{cases} \tag{1-13}$$

其中，U_h 和 U_l 是常数，表示控制器输出的两种状态。最简单的情况是取 $U_h = 1$（开）、$U_l = 0$（关）。

当控制器的输入 $e(t) = 1(t)$（单位阶跃函数）时，控制器输出的响应曲线如图 1-27 所示。

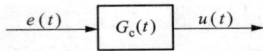

图 1-26 控制器结构框图

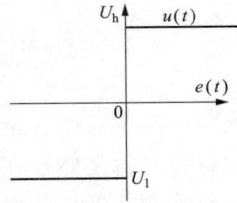

图 1-27 双位控制器的响应

但是，上述的双位控制作用会使开关元件频繁动作，在实际工程中这是绝对不允许的，在某些控制系统中也是不必要的。在这类系统中，并不是要求被控对象的输出保持在某一个恒定值上，而是要求在两个恒定值之间即可。把这样的控制系统称为双位控制系统。

在双位控制系统中，要求控制器的输出也是双位的。例如，在水塔水位控制系统中，当水位低于给定的水位下限值 H_l 时，要求控制器输出一个开启给水泵的信号；当水位达到给定的上限 H_h 时，要求控制器再输出一个关闭给水泵的信号，在其他水位时，保持给水泵的状态不变。于是有双位控制系统中的双位控制器的数学表达式：

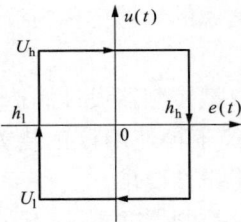

$$u(t) = \begin{cases} U_h & h(t) < H_l \\ U_l & h(t) > H_h \end{cases} \tag{1-14}$$

式中 $h(t)$——水位的实际值。

如果让控制器的输入 $e(t) = h(t)$ 时，控制器输出的响应曲线如图 1-28 所示。

图 1-28 双位控制系统中的双位控制器

1.6.2 比例控制器（P）

比例控制器将偏差信号 $e(t)$ 按比例 k_p 放大，即

$$u(t) = k_p e(t) \tag{1-15}$$

式中 k_p——比例增益。

这是最基本的控制策略，偏差大了，说明被控量太小，需要加大控制量使控制量快速增大，反之亦然。

P 控制器在单位阶跃函数作用下的响应曲线如图 1-29 所示。

1.6.3 微分控制器（D）与比例＋微分控制器（PD）

由于控制系统中被控对象及其相关环节（执行器、传感器等）存在一定的惯性或滞后，致使采用纯比例控制的系统产生振荡甚至失稳。即当偏差 $e(t)$ 为零，控制作用 $u(t)$ 为零时，但被控量还要维持一段时间原来的变化过程，形成超调；而往反向调节时，又产生反向超调。如此不断地正反调节，正反超调，产生振荡，如果 k_p 值取得不合适，会使振荡幅度越来越大，导致失稳。可见纯比例控制的系统的动态特

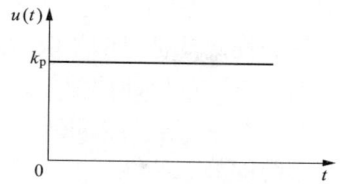

图 1-29　P 控制器在单位
阶跃函数作用下的响应曲线

性较差。解决办法是产生控制作用 $u(t)$ 时，不仅考虑偏差 $e(t)$ 的存在，同时还考虑偏差 $e(t)$ 的变化情况。偏差 $e(t)$ 的变化率就是对 $e(t)$ 取时间的微分，即微分控制器

$$u(t) = k_d \frac{\mathrm{d}e(t)}{\mathrm{d}t} \tag{1-16}$$

式中　k_d——微分增益。

当偏差 $e(t)$ 为阶跃函数时，控制器的输出 $u(0^+) = \infty$，因此纯微分控制作用是无法用模拟电子装置来实现的。只有到了今天的计算机控制年代，才能用计算机的数值计算方法近似实现纯微分控制律，见式（1-16）（参见第 4 章 4.3.1）。

D 控制器在单位阶跃函数作用下的响应曲线如图 1-30 所示。

微分控制具有预测的特性，改善了控制系统的动态特性。但是，在一般情况下，微分作用不能单独作为主控制器使用。因为只有偏差 $e(t)$ 变化时才能产生控制信号 $u(t)$，当系统趋向稳定或达到稳定时，微分器失去作用，这不利于后期的快速调解和消除静差。

常用的具有微分作用的控制器是比例与微分控制律的组合，即比例＋微分控制器（PD），其数学表达式为

$$u(t) = k_p e(t) + k_d \frac{\mathrm{d}e(t)}{\mathrm{d}t} \tag{1-17}$$

PD 控制器在单位阶跃函数作用下的响应曲线如图 1-31 所示。

图 1-30　D 控制器在单位
阶跃函数作用下的响应曲线

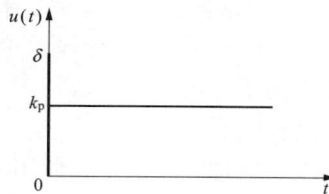

图 1-31　PD 控制器在单位
阶跃函数作用下的响应曲线

1.6.4 积分控制器（I）与比例＋积分控制器（PI）

比例控制只有偏差 $e(t)$ 不为零时才能产生控制信号，而微分控制只有在偏差 $e(t)$ 发生变化时才能产生控制信号，所以在许多场合下，P、D 或 PD 都不能消除系统的静差，即被控量不能精确地达到期望值。解决这一问题的办法是在控制作用中引入"积分项"，即积分控制器，其数学表达式为

$$u(t) = k_i \int e(t) \mathrm{d}t \tag{1-18}$$

式中　k_i——积分增益（或积分速度）。

积分控制就是对偏差取时间的积分。于是，在控制量 $u(t)$ 中包含了对历史上所产生的偏差的积累。这样即使偏差趋于零时，控制器仍会输出较大的控制量，维持住偏差为零的状态，使控制系统成为无静差的系统。可见，积分控制的作用在于消除控制系统的静差，改善控制系统的静态特性。

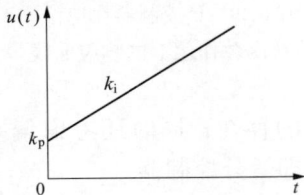

图 1-32　PI 控制器在单位阶跃函数
　　　　作用下的响应曲线

积分控制的作用可能会引起过量的超调和较大的振荡频率，以至于使系统发散，所以积分作用不应该太强。这样带来的负面影响是使调节速度变慢。为了提高调节速度并消除静差，通常采用比例与积分的组合，即比例＋积分控制器（PI），其数学表达式为

$$u(t) = k_p e(t) + k_i \int e(t)\mathrm{d}t \qquad (1\text{-}19)$$

PI 控制器在单位阶跃函数作用下的响应曲线如图 1-32 所示。

1.6.5　比例＋积分＋微分控制器（PID）

在实际的自动控制系统中，为保持系统具有良好的动态特性和静态特性，发挥 P、I、D 各自的优点，往往使控制器同时具有比例、积分、微分控制作用，构成比例＋积分＋微分控制，或称为 PID 控制，即

$$u(t) = k_p e(t) + k_i \int e(t)\mathrm{d}t + k_d \frac{\mathrm{d}e(t)}{\mathrm{d}t} \qquad (1\text{-}20)$$

式中的比例增益 k_p、积分增益 k_i 和微分增益 k_d 也分别表示了各对应项的权重，只有合理地设置和调整它们才能得到较好的控制品质。

PID 控制律蕴含着"哲学"思想：

P（比例）——根据当下（现在）的偏差实施控制；

I（积分）——根据积累（过去）的偏差实施控制；

D（微分）——根据偏差的变化率（未来）实施控制。

因此可以说，PID 控制律是依据偏差的"过去、现在、未来"而实施的控制，当代的所有新型控制策略都离不开这一思想。

PID 控制律具有以下优点：

（1）原理简单，物理概念清楚，使用方便。

（2）适应性强，可以广泛应用于化工、热工、冶金、炼油以及造纸、建材、运动体等各领域。

（3）鲁棒性强，即其控制品质对被控对象特性的变化不大敏感。

在生产过程自动控制的发展历程中，PID 控制是历史最久、生命力最强的基本控制方式。在 20 世纪 70 年代以前，除在最简单的情况下可采用开关控制外，它是唯一的控制方式。在具体实现上经历了机械式、液动式、气动式、电子式等发展阶段，但始终没有脱离 PID 控制策略。即使到了今天，随着科学技术的迅猛发展特别是电子计算机的诞生和发展，涌现出了许多新的控制策略，然而直到现在，PID 控制律由于它自身的这些优点仍然是最广泛应用的基本控制方式。

第 2 章

控制系统的动态数学模型描述

2.1 建模方法简介

为了设计一个优良的控制系统，必须充分地了解受控对象、执行机构及系统内一切元件的运动规律，即它们在一定的内外条件下所必然产生的相应运动。内外条件与运动之间存在的因果关系大部分可以用数学形式表示出来，这就是控制系统运动规律的数学描述，即所谓系统的动态数学模型，简称数学模型。数学模型是一组方程式，它能在一定的精度下确切地表达系统的动态特性。这一组方程一般由微分方程、差分方程、偏微分方程、积分方程、状态方程和传递函数等组成。究竟需要哪种数学模型来描述系统要视所研究的系统以及研究方法而定。把得到系统数学模型的过程称为系统建模。系统建模是自动化领域里的一个重要工作内容。

建立系统的数学模型时，不管是机械的、电气的、热力的，还是经济学的、生物学的系统，都必须遵循其相应的物理学、化学定律（如牛顿定律、质量守恒、能量守恒、动量守恒等）。把根据这些定律建立模型的方法称为机理建模，也称理论建模，又称"白盒"法建模。

所谓"白盒"法就是当我们要求解系统的数学模型时，需要知道系统本身的许多细节，诸如这个系统由几部分组成，它们之间怎样连接，它们相互之间怎样影响等。这种方法不注重对系统的过去行为的观察，只注重系统结构和过程的描述。只有对系统的机理有了详细的了解之后，才可能得到描述该系统的数学模型。

机理建模的优点是它具有较严密的理论依据，在任何状态下使用都不会引起定性的错误。建模时，首先对系统进行分析和类比，再做出一些合理的假设，以简化系统并为建模提供一定的理论依据，然后再根据基本的物理定律建立相应的数学模型。当对一个系统的工作机理有了清楚全面的认识，而且过程能用成熟的理论进行描述时，便可采用机理法建模[21]。

机理法建模的缺点是它没有一个普适的方法，要视所要求解的问题，根据物理意义来进行求解。

利用机理建模法对机械系统、力学系统以及电气系统建模是比较容易的，例如，对于飞机的运动，可以根据空气动力学来建立其运动方程[2]（模型）；根据电子学可以很容易建立起电气系统的动态方程[21]。但对于复杂的生产过程系统，使用机理建模法建模是比较困难的。虽然，电力生产过程、化工生产过程等复杂过程系统都根据机理建模法建立了全工况机理模型，但是这种模型精度非常粗糙，以至于仅仅用于培训操作运行人员的仿真机[4]，不适合用于整个生产过程控制策略的研究。对于生产过程系统，"黑盒"法是一种较好的建模方法。

"黑盒"法是与"白盒"法相对应的一种建模，也称其为试验建模。

所谓"黑盒"法建模，是对一个系统加入不同的输入（扰动）信号，观察其输出。根据所记录的输入、输出信号，估计出表达这个系统的输入与输出关系的一个或几个数学表达式的结构和参数。这种方法认为系统的动态特性必然表现在这些输入输出数据中，因此它根本不去描述系统内部的机理和功能，它只关心系统在什么样的输入下产生什么样的响应。这种建模方法必须通过现场试验来完成，称之为系统辨识建模方法，即试验建模。

试验建模法的优点是它是一种具有普遍意义的方法，它能适合任何复杂结构的系统及过程。其缺点是如果对被辨识系统加入的扰动信号不能激励出系统的全部内部状态，那么得到的模型精度会很差，有时根本不能代表所辨识的系统。

需要指出的是，按照对系统数学模型的理解，模型是对已存在的动态系统或欲构造的动态系统的本质特性的适当的数学描述。系统的建模问题可以归结为用一个数学模型来表示客观未知系统本质特性的一种数学运算，并利用这个模型把对系统的理解表示成实用的形式。这意味着并不期望获得与一个物理实际结构非常贴切的数学描述，所要的只是一个适合于使用的数学模型。实际上，一个实际的物理表象，可以用无穷多的数学模型来描述，物理表象与数学模型不存在一一对应的关系，我们所能做的就是从各种数学模型中选择出一种最贴近实际的物理表象[6]。

尽管如此，在建立数学模型时，还是要在模型的实用性和精确性之间做出折中考虑。即，建立什么样的数学模型，取决于模型的用途。例如：对于一个工业锅炉来讲，其内部的温度场是一个分布参数系统，如果想要研究炉内温度场的燃烧特性，必须建立分布参数的数学模型（用偏微分方程来描述）；如果想要研究温度场的控制特性，必须建立集中参数的数学模型（用常微分方程来描述），为了更精确描述炉膛的特性，也仅能是把炉膛分成几个区域，对每个区域建立其相应的常微分方程模型。还有一种情况：一个物理系统总是要存在一定的非线性，在建立模型时是否要考虑这些非线性，还是要根据模型的用途以及非线性影响模型精度的程度来决定。有时在模型中非线性是不能忽略的，但是用经典控制理论对系统进行分析时又很困难，这时，在非线性环节输入量工作点的一个小邻域内，把它线性化，按线性方程处理。但现在如果用数值解的方法对非线性系统进行分析，线性化的方法已经没有必要。

本章仅讨论控制系统的数学模型描述方法，有关系统的试验建模问题将在第 5 章讨论。

2.2　控制系统的微分方程模型

对一个动力学系统建模，最可能的方法是用机理建模，它不需要进行试验，只要对系统的机理有足够的了解，并遵循其相应的物理、化学定律，就可以得到所需要的模型。

我们所需要的是适合于对控制系统进行分析的数学模型，考虑到计算机的计算速度，以及控制的目标是集总参数（忽略系统参数沿空间的分布情况，只考虑时间导数项，即零维模型），所以通常使用微分方程模型，而不用偏微分方程模型。

建立动力及热力学系统模型时，常用的公式如下[5]：

（1）质量守恒方程。

$$\frac{\mathrm{d}}{\mathrm{d}t}(\rho V) = W_{\mathrm{in}} - W_{\mathrm{out}} \tag{2-1}$$

式中　V——系统容积；

ρ——工质密度；

W_{in}——入口质量流量；

W_{out}——出口质量流量。

（2）能量守恒方程。

$$\frac{d(\rho V H)}{dt} = W_{in} \cdot h_{in} - W_{out} \cdot h_{out} + Q_{in} \tag{2-2}$$

式中　H——焓值；

h_{in}——入口焓值；

h_{out}——出口焓值；

Q_{in}——吸热量。

（3）伯努力方程。对于不可压黏性流体，定常流动的伯努力方程为

$$Z_1 + \frac{p_1}{\rho g} + \frac{v_1^2}{2g} = Z_2 + \frac{p_2}{\rho g} + \frac{v_2^2}{2g} + h_w \tag{2-3}$$

式中　Z_1，Z_2——分别为入口及出口的高度；

v_1，v_2——分别为入口及出口平均流速；

p_1，p_2——分别为入口及出口压力；

g——重力加速度；

h_w——管道上总的能量损失，包括沿程阻力损失和局部阻力损失两部分。近似计算时，可取 $h_w = k_1 \frac{v^2}{2g}$（k_1 为总的阻力损失系数，v 为整个管道平均流速）。

当管道的高度及管内流速变化不大时，可将式（2-3）简化为

$$p_1 - p_2 = \rho g \cdot h_w = k_1 \rho \frac{v^2}{2}$$

工程上经常使用质量流量 $W = F \rho v$，F 为管道截面积。代入式（2-3）得

$$p_1 - p_2 = k_1 \cdot \rho \frac{W^2}{2F^2 \rho^2} = \frac{k_1}{F^2} \cdot \frac{W^2}{2\rho} = k_d \frac{W^2}{2\rho}$$

k_d 只与管道的长度、形状、粗糙度及流体的物性有关，通常将 k_d 称为管道的摩擦阻力，由此可得到如下关系

$$k_d \frac{W^2}{2\rho} = p_{in} - p_{out} \tag{2-4}$$

式中　p_{in}，p_{out}——分别为入口及出口压力。

若忽略密度的变化，则可得流量与差压的近似关系

$$W = C\sqrt{p_{in} - p_{out}} = C\sqrt{\Delta p} \tag{2-5}$$

（4）斯蒂芬-波尔兹曼定律。炉内高温气体与水冷壁及辐射过热器的换热以辐射传热为主，气体辐射热量满足四次方定律

$$q = \sigma \varepsilon_g T_g^4 \tag{2-6}$$

式中　ε_g——烟气黑度；

T_g——烟气温度；

σ——黑体辐射常数，$\sigma = 5.67 \times 10^{-8} \text{W}/(\text{m}^2 \cdot \text{K}^4)$。

（5）烟气-金属对流传热方程。

$$Q_1 = \alpha_1(T_g - T_m) \tag{2-7}$$

其中，α_1 为烟气与金属的对流传热系数，可按经验公式计算

$$\alpha_1 = k_1 + k_2 W_g^{0.6} \tag{2-8}$$

式中　k_1——考虑自然对流的换热系数；

　　　k_2——常数；

　　　W_g——烟气质量流量；

　T_g，T_m——分别为烟气及金属表面的平均温度。

（6）金属-工质的对流传热方程。

$$Q_2 = \alpha_2(T_m - T_s) \tag{2-9}$$

其中，α_2 为金属与工质对流传热系数，可用近似经验公式计算

$$\alpha_2 = k_3 + k_4 W_s^{0.8} \tag{2-10}$$

式中　k_3——考虑自然对流的换热系数；

　　　k_4——常数；

　　　W_s——工质质量流量；

　　　T_s——工质平均温度。

在上述公式中，有些是代数方程，它表达的是系统到达稳定的时候输入与输出之间的平衡关系。因此，在建立动态模型时，还要考虑建立这种平衡关系的过程，即从输入开始变化，到达输出稳定时的动态过程。

根据上述分析，一个动力学系统总是要用微分方程的形式来描述其动态过程。下面是微分方程描述的一般表达形式

$$a_n \frac{d^n y(t)}{dt^n} + a_{n-1} \frac{d^{m-1} y(t)}{dt^{n-1}} + \cdots + a_1 \frac{dy(t)}{dt} + a_0 y(t)$$

$$= b_m \frac{d^m u(t)}{dt} + b_{m-1} \frac{d^{m-1} u(t)}{du^{m-1}} + \cdots + b_1 \frac{du(t)}{dt} + b_0 u(t) \quad n \geqslant m \tag{2-11}$$

式中　$y(t)$——系统的输出量；

　　　$u(t)$——系统的输入量；

a_0，a_1，$\cdots$，a_n——微分方程系数；

b_0，b_1，$\cdots$，b_m——微分方程系数；

　　　n——输出量的阶次；

　　　m——输入量的阶次。

这里假设输出量的阶次大于等于输入量的阶次是因为如果输入量的阶次高于输出量的阶次，那么当输入发生跳变时，将产生一个无穷大的输出[23]，物理上不存在这样的装置。

把式（2-11）描述的系统称为 n 阶系统。

2.3　控制系统的差分方程模型及其计算程序

2.3.1　差分方程模型

对于现代工程系统来讲，要想从机理上准确获得描述系统动态过程的微分方程是非常困难的。一般采用差分近似的方法来建立系统的数学模型。

下面看一个水箱水位系统的例子。

某单容水箱系统如图 2-1 所示。该系统的输入为进水管调节阀开度 $\mu_1(t)$，输出为水箱水位 $H(t)$。

建模时假定：

（1）进水管上游压力为定值，流量 $W_1(t)$ 只与阀门开度 $\mu_1(t)$ 有关，且为线性关系，即 $W_1(t) = K_1\mu_1(t)$（K_1 为阀门流量系数）。

（2）忽略流体密度变化，假定水箱等截面，面积为 F。

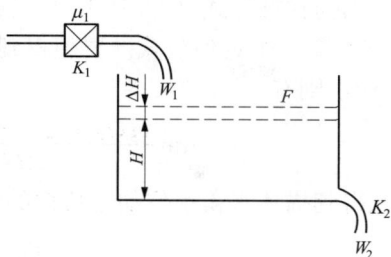

图 2-1　单容水箱系统 W_2

（3）水箱与大气相通，出口流动为自然流动，流量 $W_2(t)$ 只与水箱液位有关。

现假设：在 $t = t_0$ 时刻的水位为 $H(t_0)$，在此后的一微小时间段（Δt）内，进入水箱的水流量保持不变，则在该时段内进入水箱的水量 ΔG_1 为

$$\Delta G_1 = \Delta t \cdot K_1\mu_1(t_0) \tag{2-12}$$

根据第（3）条假设，流出水箱的水流量 $W_2(t)$ 取决于水箱水位高度所造成的压差[31]，即

$$W_2(t) = K_2\sqrt{H(t)} \tag{2-13}$$

式中　K_2——流量系数。

由此可以得到在该时间段内，流出水箱的水量 ΔG_2 的近似表示为

$$\Delta G_2 = \Delta t \cdot K_2\sqrt{H(t_0)} \tag{2-14}$$

根据质量守恒定律可知，流入水箱的水量与流出的水量的差使得水箱的水位升高。忽略了流体密度（ρ）的变化，则可以得到在这个时间段内水箱水位上升的高度：

$$\Delta H = \frac{\Delta G_1 - \Delta G_2}{\rho F} = \frac{\Delta t}{\rho F}\left[K_1\mu_1(t_0) - K_2\sqrt{H(t_0)}\right] \tag{2-15}$$

由此可得水箱水位 $H(t)$ 在 $t = t_0 + \Delta t$ 时刻的值为

$$H(t_0 + \Delta t) = H(t_0) + \Delta H$$

$$= H(t_0) + \frac{\Delta t}{\rho F}\left[K_1\mu_1(t_0) - K_2\sqrt{H(t_0)}\right] \tag{2-16}$$

称式（2-16）为求水箱水位的差分方程。该式表明，要想得到 $H(t)$ 在 $t = t_0 + \Delta t$ 时刻的值，只要计算出在时间段 Δt 内水位的增量 ΔH 再加上在 $t = t_0$ 时刻的水位值 $H(t_0)$ 即可。

令

$$t_0 = k\Delta t \qquad k = 0,1,2,\cdots（自然数） \tag{2-17}$$

并把式（2-17）带入式（2-16），可得

$$H[(k+1)\Delta t] = H(k\Delta t) + \frac{\Delta t}{\rho F}\left[K_1\mu_1(k\Delta t) - K_2\sqrt{H(k\Delta t)}\right] \tag{2-18}$$

该式即为差分方程的表达形式，并称该式为一阶差分方程。

如果已知 $t = 0$ 时刻的 $H(0)$，根据式（2-18）就可以计算出 $t = 1 \cdot \Delta t$ 时刻 $H(1 \cdot \Delta t)$ 的值；有了 $H(1 \cdot \Delta t)$ 的值后，再根据式（2-18）就可以得到 $t = 2 \cdot \Delta t$ 时刻 $H(2 \cdot \Delta t)$ 的值；以此类推，就可以得到 $H(3 \cdot \Delta t)$、$H(5 \cdot \Delta t)$、$H(5 \cdot \Delta t)$……序列的值。由此可以看出，式（2-18）是一个迭代公式，它特别适合使用计算机进行计算，只要 Δt 取得足够的小，就可以得到希望的精度。这就是差分方程的优点，它已经成为现代工程控制理论中的重要数学工具。

因为在推导式（2-16）时假设了在时间段 Δt 内，流出水箱的流量保持不变，因此，式（2-16）是一个近似公式。要想得到水箱水位动态过程的精确描述，就必须对 Δt 取极限，使 $\Delta t \to 0$，则有

$$\lim_{\Delta t \to 0} \frac{H(t_0 + \Delta t) - H(t_0)}{\Delta t} = \frac{1}{F}\left[K_1 \mu_1(t_0) - K_2 \sqrt{H(t_0)}\right] \tag{2-19}$$

由此得到描述水箱水位动态特性的微分方程

$$\dot{H}(t) + \frac{K_2}{F}\sqrt{H(t)} = \frac{K_1}{F}\mu_1(t) \tag{2-20}$$

通过上述的建模过程可以看出，建立系统动态模型时，首先得到的是近似的差分方程，通过对 Δt 取极限后才得到了精确描述的微分方程。微分方程是对系统精确描述的一种书面表达形式，是经典控制理论时代的重要数学工具。但是，现在使用计算机对系统进行分析，如果先得到的是差分方程，那么就没有必要把它再写成微分方程的形式。

即使先得到的是微分方程，使用计算机对其进行分析时，还是要把微分方程转换成差分方程的形式。

考虑式（2-21）所示的一般微分方程，即

$$\dot{y}(t) = f(t) \tag{2-21}$$

如果想要用计算机求取 $\dot{y}(t)$ 在 $t = (k+1)\Delta t$ 时刻的值，根据导数的定义[27]，则有：

$$\dot{y}[(k+1)\Delta t] = \lim_{\Delta t \to 0} \frac{\Delta y}{\Delta t} = \lim_{\Delta t \to 0} \frac{y[(k+1)\Delta t] - y(k\Delta t)}{\Delta t} \tag{2-22}$$

现在，让 Δt 等于一个足够小的数，而不是让 Δt 趋向于零，这样就可以得到近似求取 $\dot{y}[(k+1)\Delta t]$ 数值解的代数方程：

$$\dot{y}[(k+1)\Delta t] = \frac{y[(k+1)\Delta t] - y(k\Delta t)}{\Delta t} \tag{2-23}$$

显然，Δt 越小，式（2-23）就越精确。该式表明，要想求得 $\dot{y}[(k+1)\Delta t]$，只要求出时间段 Δt 和在该时间段 $y(t)$ 的差值 Δy，就可以用代数方程式（2-23）近似求得 $\dot{y}[(k+1)\Delta t]$ 的值。这就是把微分运算转化成差分（代数方程）运算的过程，并称式（2-23）为求解微分运算的差分方程。

如果要用计算机求取 $y(t)$ 在 $t = (k+1)\Delta t$ 时刻的值，根据式（2-21）和式（2-23），则有

$$\dot{y}[(k+1)\Delta t] = f[(k+1)\Delta t] = \frac{y[(k+1)\Delta t] - y(k\Delta t)}{\Delta t} \tag{2-24}$$

其中，Δt 是一个足够小的常数。整理式（2-24）即可得到

$$y[(k+1)\Delta t] = y(k\Delta t) + \Delta t \cdot f[(k+1)\Delta t] \tag{2-25}$$

此式表明，要想求取 $y(t)$ 在 $t = (k+1)\Delta t$ 时刻的值，只要已知 $t = k\Delta t$ 时刻 $y(t)$ 的值，再用式（2-21）求出 $t = (k+1)\Delta t$ 时刻 $y(t)$ 的导数值即可用式（2-25）近似求得 $y[(k+1)\Delta t]$。这样就把求解微分方程的运算转化成差分方程迭代运算。因此，把式（2-25）称为求解微分方程的差分方程。

在使用式（2-25）时可能遇到的问题是在 $f[(k+1)\Delta t]$ 中显含着 $y[(k+1)\Delta t]$ 项，式（2-25）就成了求 $y[(k+1)\Delta t]$ 的隐式，这时就必须把 $f[(k+1)\Delta t]$ 中的 $y[(k+1)\Delta t]$ 项移

到等式左边，使式（2-25）变成显式的形式。但这样做给使用带来困难。一种有效的方法是用 $f(k\Delta t)$ 代替 $f[(k+1)\Delta t]$，由此得到

$$y[(k+1)\Delta t] = y(k\Delta t) + \Delta t \cdot f(k\Delta t) \tag{2-26}$$

由图 2-2 与图 2-3 对式（2-25）、式（2-26）的几何解释可以看出，这两个公式产生的误差没有分别。

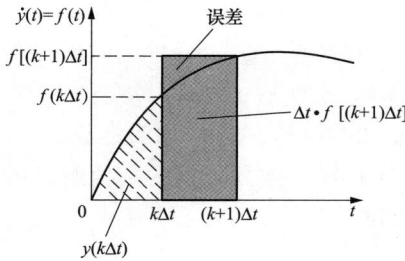

图 2-2　式（2-25）的几何解释　　　图 2-3　式（2-26）的几何解释

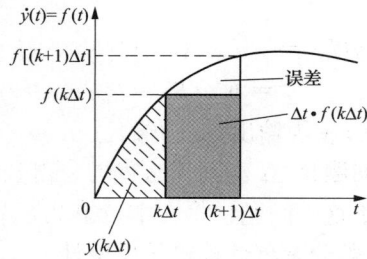

从上面的论述可以看到，与微分方程一样，差分方程也可以近似描述系统的动态过程，而且，它可以与微分方程互相转换。但是，当把差分方程转换成微分方程时，需要求 Δt 的极限，否则得到的微分方程不唯一（参见本章第 2.7 节）。实际上，差分方程是为了计算机求解用的，没有必要把它转换回微分方程。

下面考虑式（2-11）所示的微分方程一般表达式，即

$$a_n = \frac{\mathrm{d}^n y(t)}{\mathrm{d}t^n} + a_{n-1}\frac{\mathrm{d}^{n-1}y(t)}{\mathrm{d}t^{n-1}} + \cdots + a_1\frac{\mathrm{d}y(t)}{\mathrm{d}t} + a_0 y(t)$$

$$= b_m\frac{\mathrm{d}^m u(t)}{\mathrm{d}t} + b_{m-1}\frac{\mathrm{d}^{m-1}u(t)}{\mathrm{d}u^{m-1}} + \cdots + b_1\frac{\mathrm{d}u(t)}{\mathrm{d}t} + b_0 u(t) \quad n \geqslant m \tag{2-27}$$

为简便起见，把式（2-23）中的时间变量 $(k+1)\Delta t$ 改写为 $k\Delta t$，而把 $k\Delta t$ 改写为 $(k-1)\Delta t$，则有

$$\dot{y}(k\Delta t) = \frac{y(k\Delta t) - y[(k-1)\Delta t]}{\Delta t} \tag{2-28}$$

省略式（2-28）中的下标 Δt，有

$$\dot{y}(k) = \frac{y(k) - y(k-1)}{\Delta t} \tag{2-29}$$

由式（2-29）可以得到

$$\ddot{y}(k) = \frac{\dot{y}(k) - \dot{y}(k-1)}{\Delta t} = \frac{1}{\Delta t^2}[y(k) - 2y(k-1) + y(k-2)] \tag{2-30}$$

进一步可以得到

$$\dddot{y}(k) = \frac{\ddot{y}(k) - \ddot{y}(k-1)}{\Delta t} = \frac{1}{\Delta t^3}[y(k) - 3y(k-1) + 3y(k-2) - y(k-3)] \tag{2-31}$$

以此类推，就可以得到 $y^{(4)}(k)$、$y^{(5)}(k)$、$\cdots$、$y^{(n)}(k)$ 的差分表达式。

观察式（2-29）~式（2-31）不难发现，$y(t)$ 的每阶导数在 $k\Delta t$ 时刻的值都含有 $y(t)$ 在该时刻及其以前各时刻的值，因此，可以把微分方程一般表达式（2-11）转换成式（2-32）所示的差分方程一般表达式形式：

$$a_0 y(k) + a_1 y(k-1) + a_2 y(k-2) + \cdots + a_n y(k-n) = b_0 u(k) + b_1 u(k-1)$$
$$+ b_2 u(k-2) + \cdots + b_m u(k-m) \tag{2-32}$$

其中，$n \geqslant m$；a_0、a_1、a_2、$\cdots$、a_n、b_0、b_1、b_2、$\cdots$、b_m 为差分方程系数，在一般情况下，它们与式（2-11）所描述的微分方程系数是不相同的。把式（2-32）称为 n 阶差分方程。

为了编写计算程序方便，也可以把式（2-32）改写成式（2-33）所示的形式（令 $a_0 = 1$）：

$$y(k) = -a_1 y(k-1) - a_2 y(k-2) - a_3 y(k-3) - \cdots - a_n y(k-n)$$
$$= b_0 u(k) + b_1 u(k-1) + b_2 u(k-2) + \cdots + b_m u(k-m) \tag{2-33}$$

其中，$n \geqslant m$；y 为输出；u 为输入；$a_1, a_2, \cdots, a_n, b_0, b_1, b_2, \cdots, b_m$ 均为常数。

现在的问题是 Δt 小到什么程度，得到的差分方程（微分方程的数值解）的精度才是可接受的？关于这一问题，将在本章第 2.8 节来讨论。

2.3.2 差分方程计算机程序设计

前面讲述了控制系统的差分方程描述方法，有了系统的差分方程，就可以在计算机上编制差分方程的计算程序了。也把差分方程计算程序称为仿真程序（参见第 3 章）。

用数字计算机求解差分方程是非常容易的。如果得到的系统的差分方程的一般形式如式（2-33）所示，即

$$y(k) = -a_1 y(k-1) - a_2 y(k-2) - a_3 y(k-3) - \cdots - a_n y(k-n)$$
$$= b_0 u(k) + b_1 u(k-1) + b_2 u(k-2) + \cdots + b_m u(k-m) \tag{2-34}$$

由式（2-34）可知，在求解此差分方程时，要用到计算时刻 $k\Delta t$ 以前若干个采样时刻的输出值和输入值。这可以在内存中设置若干个存储单元，将这些数据存储起来，以便在计算时使用。

对于式（2-34）所描述的系统，差分方程阶次为 n，因此需要在内存中设置 n 个单元，用以存放计算时刻 $k\Delta t$ 以前的 n 个采样时刻的输出量。这些存储单元的安排如图 2-4（a）所示。

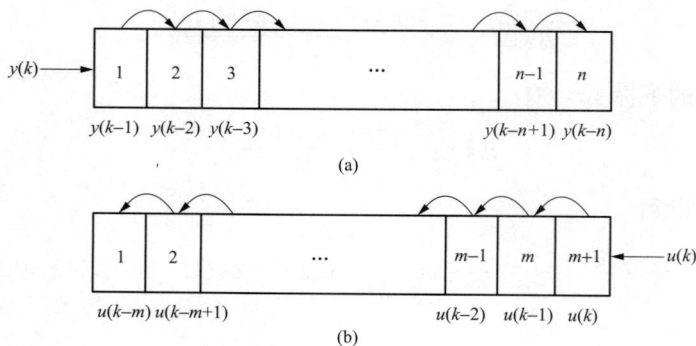

(a)

(b)

图 2-4　变量存储单元的安排
（a）输出量存储单元；（b）输入量存储单元

在计算时，计算时刻以前的 n 个输出量 $y(k-1), y(k-2), \cdots, y(k-n)$ 分别从第 1，$2, \cdots, n-1, n$ 单元中取出。取出后把各单元的内容按图示向右平移一个单元。空出来的第 1 单元存放计算出的现时刻的值 $y(k)$，供下一步计算时使用。此时，本步的 $k, k-1, k-2$，

…,$k-n+1$ 各时刻的值在下一步将变为 $k-1,k-2,\cdots,k-n$ 各时刻的值了。所以，每一次计算的操作顺序总是"取出—平移—存入"。

对于输入变量，也可采用和上述相似的方法处理。因为输入量是 m 阶的，而且公式中还需要现时刻的输入 $u(k)$，所以在内存中设置 $m+1$ 个单元用以存放 u 的现时刻及其以前 m 个采样时刻的值，其安排如图 2-4（b）所示。

在计算时，与输出量不同的是，方程右边需要有现时刻的输入值 $u(k)$。因此，在计算差分方程前，应先计算出 $u(k)$，然后把它存入第 $m+1$ 单元。计算差分方程时，现时刻以前的 m 个输入量 $u(k-1),u(k-2),\cdots,u(k-m)$ 分别从第 m，$m-1,m-2,\cdots,2,1$ 单元中取出，现时刻输入量 $u(k)$ 从第 $m+1$ 单元中取出，然后把各单元的内容按图示向左平移一个单元，准备下一步计算。所以，每次计算的操作顺序总是"存入—取出—平移"。

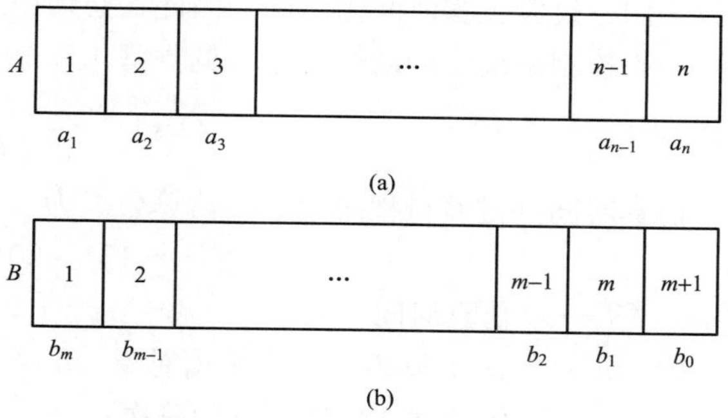

图 2-5 差分方程式（2-34）系数的存储单元

（a）数值 A 的存放单元；（b）数组 B 的存放单元

综上所述，用数组 Y 的 n 个单元存放 y 的各采样时刻值，用 U 的 $m+1$ 个单元存放 u 的各采样时刻值，如图 2-4 所示。用数组 A 的 n 个单元存放系数 $a_1,a_2,\cdots,a_n$，用 B 的 $m+1$ 个单元存放系数 $b_0,b_1,b_2,\cdots,b_m$，如图 2-5 所示。

式（2-34）的计算程序如下：

```
⋮
u = ...;                       %计算 u(k)
U(m + 1) = u;                  % 把 u(k)存入第 m + 1 单元
y = 0;                         % 累加器清零 * /
% % % % % % % % % %计算 y(k) % % % % % % % % % % % % % % % % % % % % % % % % % % % % % % % % % % % % % % % %
for k = 1: n
    y = y - A(k) * X(k);
end
for k = m + 1: -1: 1
    y = y + B(k) * U(k);
end
% * * * * * * * * *把 y 各采样时刻值向右平移一个单元 * * * * * * * * * * * * * * * *
for k = n: -1: 2
    Y(k) = Y(k - 1);
end
Y(1) = y;              % *把 Y(k)存入第 1 个单元
% * * * * * * * * * *把 u 各采样时刻值向左平移一个单元 * * * % % % % * * * * * * *
for k = 1: m; U(k) = U(k + 1); end
⋮
```

上面的程序仅仅计算一步。一个仿真程序要计算多少步（仿真时间）取决于问题的需要。如果是为了培训目的进行实时仿真[61]，那么仿真时间根据培训的时间长短来定。如果是进行仿真研究，一般仿真时间取决于系统的过渡过程时间，即从加入扰动开始到系统基本稳定为止的时间。因为系统稳态后的响应已经知道，所以取仿真时间等于系统稳态时间即可。

在仿真计算前还不知道过渡过程时间是多少，而且过渡过程时间还与控制系统中的控制器结构及参数有关，也就是说，对于同样一个控制系统，即使控制器结构已定，如果控制器参数不同，过渡过程时间也不同。因此，必须用一个经验公式[5]、[20]来估计这个参数。

如果控制系统中的被控对象（见本书 4.3.3）为

$$G(s) = \frac{k\mathrm{e}^{-\tau s}}{s^m (Ts+1)^n} \tag{2-35}$$

仿真时间（过渡过程时间）的估算公式为

$$ST = (5 \sim 20)(nT + \tau) \tag{2-36}$$

式中　　ST——仿真时间；

m—— $m \neq 0$ 表示无自平衡对象，$m = 0$ 时表示有自平衡对象；

n——传递函数惯性部分的阶次；

T——传递函数惯性部分的时间常数；

τ——纯迟延时间常数。

如果被控对象有若干个，则应以其中 nT 最大的为准。如果是无自平衡对象应当取较长的仿真时间，这是因为无自平衡对象稳定性较差。

仿真时间估计不准也不会影响仿真精度，所以可以进行多次仿真确定出合适的仿真时间。

在仿真程序中，如果用变量 DT 表示计算步距（即 Δt），用变量 ST 表示仿真时间，LP 表示计算点数，则式（2-34）的完整计算程序如下：

```
⋮
DT = ⋯; ST = ⋯; LP = ST/DT %给出计算步距、仿真时间
for i = 1: LP
    % % % % % % % % % % 计算 u(k) % % % % % % % % % % % % % % % % % %
    u = ⋯;                          %计算 u(k)
    U(m + 1) = u;            %把 u(k)存入第 m + 1 单元
    % % % % % % % % % % 计算 y(k) % % % % % % % % % % % % % % % % % %
    y = 0;                          % 累加器清零 */
    for k = 1: n; y = y - A(k) * X(k); end
    for k = m + 1: -1: 1; y = y + B(k) * U(k); end
    % * * * * *把 y 各采样时刻值向右平移一个单元 * *
    for k = n: -1: 2; Y(k) = Y(k-1); end
    Y(1) = y;              % *把 Y(k)存入第 1 个单元
    % * * * * *把 u 各采样时刻值向左平移一个单元 * * *
    for k = 1: m; U(k) = U(k+1); end
    % % % % % % % % % % % % % % % % % % % % % % % % % % % % % % % % %
end
⋮
```

2.4　线性定常系统的传递函数模型

2.4.1　传递函数概念

对于能用一个线性常微分方程描述的系统，它一定是一个单输入单输出的系统，我们所关心的是系统的输出与输入的关系，即关心的是系统的输入对输出所产生的影响。此时，可以用所谓的传递函数来描述它们之间的关系。

定义 2.1　一个用常微分方程描述的单输入单输出系统，在系统的输入输出及其它们的各阶导数的初始值全部为零的假设下，输出量的 Laplace 变换[14]（简称拉氏变换）与输入量的 Laplace 变换之比称为传递函数。

考虑由式（2-11）所描述的线性定常系统，即

$$a_n \frac{\mathrm{d}^n y(t)}{\mathrm{d}t^n} + a_{n-1} \frac{\mathrm{d}^{n-1} y(t)}{\mathrm{d}t^{n-1}} + \cdots + a_1 \frac{\mathrm{d}y(t)}{\mathrm{d}t} + a_0 y(t)$$

$$= b_m \frac{\mathrm{d}^m u(t)}{\mathrm{d}t} + b_{m-1} \frac{\mathrm{d}^{m-1} u(t)}{\mathrm{d}u^{m-1}} + \cdots + b_1 \frac{\mathrm{d}u(t)}{\mathrm{d}t} + b_0 u(t) \quad n \geqslant m \quad (2\text{-}37)$$

在全部初始条件为零时，输出量与输入量的拉氏变换之比，就是这个系统的传递函数：

$$\text{传递函数} = W(s) = \left. \frac{L[\text{输出量}]}{L[\text{输入量}]} \right|_{\text{零初始条件}}$$

$$= \frac{Y(s)}{U(s)} = \frac{b_m s^m + b_{m-1} s^{m-1} + \cdots + b_1 s + b_0}{a_n s^n + b_{n-1} s^{n-1} + \cdots + a_1 s + a_0} \frac{(\text{输入量量纲})}{(\text{输出量量纲})} \quad (2\text{-}38)$$

其中，$s = \sigma + j\omega$，即算子 s 表达的是复数域。

从上述定义可以看出，利用传递函数的概念，可以用以 s 为变量的代数方程代替微分方程来描述系统的动态特性。

在经典控制理论中，由于缺乏计算工具，不得不采用传递函数作为数学工具，对系统进行分析与设计[3]。自然地，传递函数存在着许多固有缺陷：

（1）它仅能描述单输入单输出的线性定常系统。

（2）它不能描述系统内部的任何信息，也不能反映系统的物理结构，仅能描述输出量与输入量之间的关系，因此不能用机理方法直接建立传递函数模型。

（3）它是在零初始条件下定义的，因此当用试验方法建立传递函数模型时，必须满足这个条件，给试验带来困难。

但是，自动控制理论发展到今天，传递函数仍不失作为一种重要的数学工具对系统进行分析和设计，这取决于传递函数的优势：

（1）它与微分方程一一对应，换言之，传递函数与微分方程很容易相互转换，即把微分算子 $\frac{\mathrm{d}}{\mathrm{d}t}$ 与传递函数中的算子 s 互换即可。

（2）传递函数是以 s 为变量的代数方程，容易进行传递函数之间的代数运算。

（3）虽然零初始条件给试验建模带来困难，但是，对系统进行分析时，考虑的是：

1）系统的输入量在 $t = 0^+$ 时刻（0^+ 表示输入量开始作用后的那一微小时刻）才作用于系统。

2）系统在输入量作用前的那一微小时刻（$t = 0^-$）处于稳定状态。

在这两种考虑下，系统的输入、输出及其各阶导数在 $t=0^-$ 时刻的值均为零（在本书的示例中，除非特别说明，否则，均认为零初始条件）。因此，零初始条件的限制并不影响传递函数在系统分析中的应用。即使初始条件不为零，也不会影响传递函数的应用。这是因为，如果初始条件不为零，那么这个传递函数不是通过试验得到的，而是先建立起微分方程模型，再转换成传递函数模型的，而对传递函数描述的系统进行求解时，也还是要把它再转换回微分方程的形式，传递函数仅仅是对系统的一种书面表述形式而已。换言之，虽然传递函数的定义使用了拉氏变换的概念，但是，并不是先分别求得系统输入和输出的拉氏变换，然后再求出它们之比而得到传递函数，传递函数是通过现场试验数据直接拟合而得到的[6]。因此，函数的拉氏变换在系统分析时并不很重要，只要知道施加给系统的作用函数的拉氏变换就足够了。

对控制系统进行分析时，通常给系统施加的作用函数是阶跃函数 $I(t)$、脉冲函数 $\delta(t)$、斜坡函数、正弦函数等，下面给出单位阶跃函数 $1(t)$、理想单位脉冲函数 $\delta(t)$ 的定义以及几个常用函数的拉氏变换。

定义 2.2　单位阶跃函数：$1(t) = \begin{cases} 1 & t > 0 \\ 0 & t \leqslant 0 \end{cases}$ （2-39）

定义 2.3　理想单位脉冲函数：$\delta(t) = \begin{cases} 1 & t = 0 \\ 0 & t \neq 0 \end{cases}$ （2-40）

几个常用函数的拉氏变换简表见表 2-1。

表 2-1　　　　　　　　　　几个常用函数的拉氏变换简表[14]

$f(t)$	$F(s)$	$f(t)$	$F(s)$
$\delta(t)$	1	t^2	$\dfrac{2}{s^3}$
$I(t)$	$\dfrac{1}{s}$	$\sin at$	$\dfrac{a}{s^2+a^2}$
t	$\dfrac{1}{s^2}$	e^{-at}	$\dfrac{1}{s+a}$

为便于使用传递函数对系统进行分析，下面给出拉氏变换的几个常用到的性质和定理（只考虑 $t \geqslant 0$ 时的情况），关于这些性质和定理的证明参阅文献 [14]。

1. 线性性质

若 α,β 是常数，$L[f_1(t)] = F_1(s), L[f_2(t)] = F_2(s)$，则有

$$\left. \begin{array}{l} L[\alpha f_1(t) + \beta f_2(t)] = \alpha L[f_1(t)] + \beta L[f_2(t)] \\ L^{-1}[\alpha F_1(s) + \beta F_2(s)] = \alpha L^{-1}[F_1(s)] + \beta L^{-1}[F_2(s)] \end{array} \right\} \quad (2\text{-}41)$$

2. 微分性质

若 $L[f(t)] = F(s)$，且初始值为 0，则有

$$L[\dot{f}(t)] = sF(s) \quad (2\text{-}42)$$

3. 积分性质

若 $L[f(t)] = F(s)$，则有

$$L\left[\int_0^t f(t)\mathrm{d}t\right] = \frac{1}{s}F(s) \quad (2\text{-}43)$$

4. 位移性质

若 $L[f(t)] = F(s)$，则有

$$L[e^{at}f(t)] = F(s-a) \tag{2-44}$$

5. 迟延性质

若 $L[f(t)] = F(s)$，则有

$$L[f(t-\tau)] = e^{-\tau s}F(s) \tag{2-45}$$

6. 初值定理

若 $L[f(t)] = F(s)$，则有

$$f(0) = \lim_{s \to \infty} sF(s) \tag{2-46}$$

7. 终值定理

若 $L[f(t)] = F(s)$，则有

$$f(\infty) = \lim_{s \to 0} sF(s) \tag{2-47}$$

2.4.2 典型环节的微分方程与传递函数描述

一个控制系统总是由若干个元件组合而成。从外观来看，这些元件可能是机械的，也可能是电子器件的，或者是计算机软件。但从动态性能来看，它们有着相同的数学模型。我们把具有相同动态性能的基本元件称为典型环节。通常，典型环节的数学模型具有较简单的形式。从数学上讲，任何复杂的系统总是能用这些典型的环节来组成。因此，划分出一些典型环节，将有助于表达出元件的动态特性，也为控制系统的分析与研究带来极大的方便。

1. 比例环节

比例环节的输出与输入成正比，因此也称其为放大环节。该环节的动态方程描述如式（2-48）所示，传递函数如式（2-49）所示。

动态方程

$$y(t) = K_p u(t) \tag{2-48}$$

传递函数

$$W(s) = \frac{Y(s)}{U(s)} = K_p \tag{2-49}$$

式中　K_p——比例增益（常数）。

该环节在单位阶跃函数作用下的响应曲线如图 2-6 所示。

2. 积分环节

积分环节的输出是输入量的积分。该环节的动态方程描述如式（2-50）所示，传递函数如式（2-51）所示。

微分方程

$$\dot{y}(t) = K_i u(t) \tag{2-50}$$

传递函数

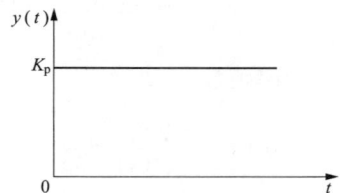

图 2-6　比例环节在单位阶跃
函数作用下的应曲线

$$W(s) = \frac{Y(s)}{U(s)} = \frac{K_i}{S} \tag{2-51}$$

式中　K_i——积分增益（常数）。

该环节在单位阶跃函数作用下的响应曲线如图 2-7 所示。

3. 纯微分环节

微分环节的输出是输入量的微分，这是一个理想的环节，工程上无法实现。该环节的动态方程描述如式（2-52）所示，传递函数如式（2-53）所示。

微分方程

$$y(t) = K_d \dot{u}(t) \tag{2-52}$$

传递函数

$$W(s) = \frac{Y(s)}{U(s)} = K_d s \tag{2-53}$$

式中　K_d——积分增益（常数）。

该环节在单位阶跃函数作用下的响应曲线如图 2-8 所示。

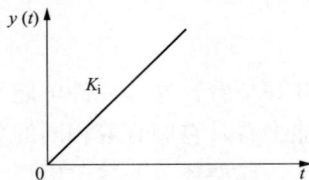

图 2-7　积分环节在单位阶跃
函数作用下的响应曲线

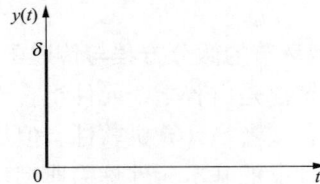

图 2-8　微分环节在单位阶跃
函数作用下的响应曲线

4. 一阶微分环节（惯性环节）

在控制工程中，经常会遇到一阶微分系统。例如，一个水槽水位系统的输出量（水位）与输入量（水流入量）的关系即可用一阶微分方程来描述（见本章第 2.3 节）；为使机械式指针仪表指示数值时不频繁摆动加入的阻尼器也是一阶微分系统；电路中的低通滤波器也是一阶微分系统[21]。一阶微分系统的动态方程描述如式（2-54）所示，传递函数如式（2-55）所示。

微分方程

$$T \frac{\mathrm{d}y(t)}{\mathrm{d}t} + y(t) = u(t) \tag{2-54}$$

传递函数

$$W(s) = \frac{Y(s)}{U(s)} = \frac{1}{1 + Ts} \tag{2-55}$$

式中　T——正常数，s。

该环节在单位阶跃函数作用下的响应曲线如图 2-9 所示。

当系统的输入 $u(t) = 1(t)$（单位阶跃函数）时，由表 2-1 可知 $U(s) = \frac{1}{s}$，由此可以得到系统的输出：

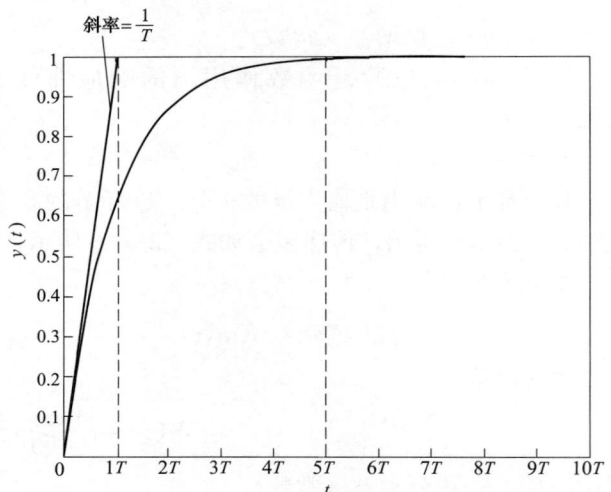

图 2-9　一阶系统的单位阶跃响应曲线

$$y(s) = \frac{1}{1+Ts} \frac{1}{s}$$

$$= \frac{1}{s} - \frac{T}{1+Ts} \tag{2-56}$$

再根据表 2-1，对式（2-56）取拉氏反变换，即可得到式（2-57）所示微分方程的解析解

$$y(t) = 1 - e^{-t/T} \quad t \geqslant 0^+ \tag{2-57}$$

这是一个指数函数，它的变化率为

$$\frac{dy(t)}{dt} = \frac{1}{T}e^{-t/T} \tag{2-58}$$

在 $t = 0^+$ 那一点上，切线的斜率（即初始响应速度）等于 $1/T$，如果系统能保持其初始响应速度不变，则当 $t = T$ 时，系统输出将达到其稳态值。但是，由式（2-58）可以看出，系统响应曲线的斜率是单调下降的，它从 $t = 0^+$ 时的 $1/T$，下降到 $t = \infty$ 时的 0，因此系统不可能在 T 时间内达到稳定，它需要经过大约 $5T$ 以上的时间才能达到稳定，如图 2-9 所示。正因为一阶系统的这一特性，通常把它称为惯性环节，把 T 称为惯性时间常数。不难看出，惯性时间常数 T 越小，系统达到稳定时间就越快，因此惯性时间常数 T 是衡量系统响应快慢的一个重要参数。

从理论上讲，人造的任何系统都存在着惯性，即当给系统施加一个阶跃函数信号时，系统的输出不可能也是阶跃函数，它一定会缓慢地跟随输入变化，只是如果相对系统中的其他环节这个惯性时间常数很小时，则可以把这个环节的惯性忽略，这样才出现了纯比例环节。

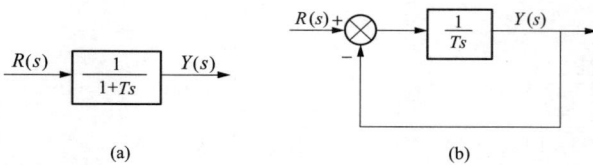

图 2-10　惯性环节的积分表示

（a）惯性环节的开环表示；（b）惯性环节的闭环表示

一阶惯性环节也可以用积分环节来表示［如图 2-10（b）所示］。但是，在工程中人们更熟悉惯性环节的特性，因此对系统进行分析时，把系统化分成惯性环节就可以了，而不是化成积分环节。

5. 典型二阶环节

在控制工程中，有些系统无论如何也不能拆分成一阶惯性系统，那样的话会使惯性时间常数出现复数或者分数阶[22]，因此至少要用二阶微分系统来描述系统中的某一部分。尽管二阶系统也可以用积分环节来表示［如图 2-11（b）所示］，但是了解典型二阶系统的特性对高阶系统的分析还是很重要的。

典型二阶微分系统的动态方程描述如式（2-59）所示，传递函数如式（2-60）所示。

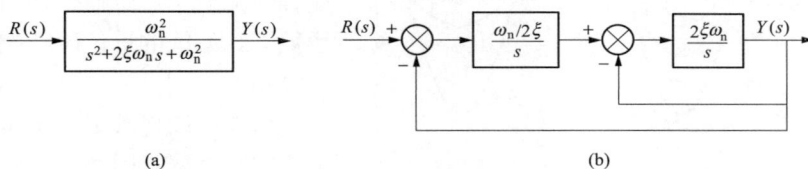

图 2-11　典型二阶微分系统的积分表示

（a）典型二阶环节的开环表示；（b）典型二阶环节的闭环表示

微分方程

$$\frac{\mathrm{d}^2 y(t)}{\mathrm{d}t^2} + 2\zeta\omega_n \frac{\mathrm{d}y(t)}{\mathrm{d}t} + \omega_n^2 y(t) = \omega_n^2 u(t) \tag{2-59}$$

传递函数

$$W(s) = \frac{Y(s)}{U(s)} = \frac{\omega_n^2}{s^2 + 2\xi\omega_n + \omega_n^2} \tag{2-60}$$

式中　　　　　ξ——阻尼系数;

ω_n——无阻尼自然频率;

$s^2 + 2\xi\omega_n s + \omega_n^2$——系统的特征多项式(参见第 6 章 6.2.4)。

当系统的输入 $u(t) = 1(t)$ 时,用拉氏反变换法可以求出式(2-60)所示微分方程的三种不同情况时的解析解。

(1) 欠阻尼情况(0<ξ<1)。

$$y(t) = 1 - \frac{e^{-\xi\omega_n t}}{\sqrt{1-\xi^2}}\sin\left(\omega_d t + \tan^{-1}\frac{\sqrt{1-\xi^2}}{\xi}\right), t \geqslant 0^+ \tag{2-61}$$

其中,$\omega_d = \omega_n\sqrt{1-\xi^2}$,并称为阻尼自然频率。

当 $\xi=0$ 时,$\omega_d=\omega_n$,系统的解析解为

$$y(t) = 1 - \cos\omega_n t, t \geqslant 0^+ \tag{2-62}$$

(2) 临界阻尼情况($\xi=1$)。

$$y(t) = 1 - e^{-\omega_n t}(1 + \omega_n t), t \geqslant 0^+ \tag{2-63}$$

(3) 过阻尼情况($\xi>1$)。

$$y(t) = 1 + \frac{\omega_n}{2\sqrt{\xi^2-1}}\left(\frac{e^{-s_1 t}}{s_1} - \frac{e^{-s_2 t}}{s_2}\right), t \geqslant 0^+ \tag{2-64}$$

其中,$s_1 = (\xi + \sqrt{\xi^2-1})\omega_n$,$s_2 = (\xi - \sqrt{\xi^2-1})\omega_n$。

综合上述三种情况,由式(2-61)~式(2-64)不难看出,如果阻尼系数 ξ 从小于 1 开始逐减,系统输出将以频率 ω_d 衰减振荡,最后稳定到 1;当阻尼减小到零时,系统输出将以频率 ω_n 等幅振荡,正因为如此,才把 ω_d 称为阻尼自然频率,ω_n 称为无阻尼自然频率。

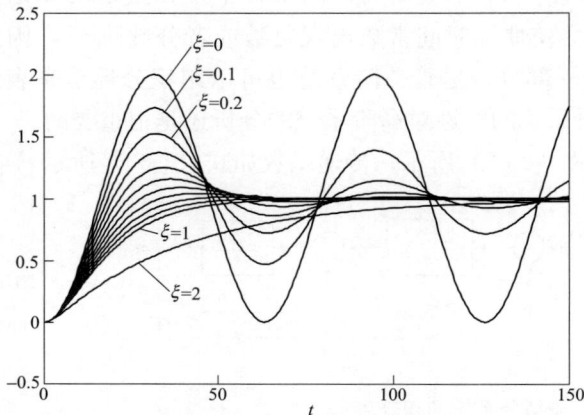

图 2-12　一个二阶微分系统的单位阶跃响应曲线

当阻尼系数从 1 开始逐渐增加时,系统输出不产生振荡,它从零开始以指数形式逐渐上升,最后稳定到 1。当阻尼系数 $\xi \geqslant 1$ 时,这个二阶系统可以拆分成两个惯性环节串联,因此此时的系统响应特性类似于一阶惯性环节。不同阻尼系数下,系统的单位阶跃响应曲线如图 2-12 所示。

前面已经得到了二阶系统在各种情况下的解析解,因此可以根据品质指标的定义,能很容易地从解析解中求出系统的各项品质指标(上升时间 t_r、峰值

时间 t_p、超调量 M_p、过渡过程时间 t_s）与系统参数（ξ 和 ω_n）之间的关系[2]。下面仅给出超调量、过渡过程时间与系统参数之间的关系（其他的可以参阅文献［2］）：

超调量

$$M_p = e^{-\frac{\xi\pi}{\sqrt{1-\xi^2}}} \tag{2-65}$$

过渡过程时间

$$t_s = \frac{4}{\xi\omega_n} \quad (2\% \text{ 误差标准}) \tag{2-66}$$

$$t_s = \frac{3}{\xi\omega_n} \quad (5\% \text{ 误差标准}) \tag{2-67}$$

这里需要特别指出的是，用解析解对一、二阶系统进行分析是经典控制论时期所采用的方法，现在已经没有必要，因为现在已经改为数字仿真方法对系统进行分析[3][5]。

6. 纯迟延环节

所谓纯迟延就是这样一个环节，当给系统施加一个作用信号时，系统的输出要经过一定的时间 τ 后才开始响应系统的输入作用，它的动态方程描述如式（2-68）所示，传递函数如式（2-69）所示。

动态方程

$$y(t) = u(t - \tau) \tag{2-68}$$

传递函数

$$W(s) = \frac{Y(s)}{U(s)} = e^{-\tau s} \tag{2-69}$$

式中　τ——纯迟延时间。

从理论上讲，与惯性环节一样，在工程中，人造的任何系统都存在着纯迟延，即当给系统施加一个作用信号时，系统的输出总是要迟延一定的时间后才开始对作用信号产生响应。但是，与系统中其他环节的惯性时间以及纯迟延时间相比，这个纯迟延时间很小时，则可以把这个环节的纯迟延忽略，当不能忽略时，也可以用高阶惯性环节来代替[6]。

2.5　控制系统的方框图模型

2.5.1　方框图的定义

传递函数仅能描述单输入单输出的系统或系统中的某一环节，当系统较复杂时，单纯的传递函数已经无能为力，此时，可以借助于方框图与传递函数的结合，来描述复杂的系统，即用方框图来描述系统中各环节之间的信号连接，在方框图的内部使用传递函数来描述该环节的动态特性。

在第 1 章 1.2 中已经提到了方框图的概念，现在根据使用者的习惯，把对方框图的画法重新规范如下：

（1）在方框图中带有箭头的线表示信号传递流向，不表示设备之间连接的物理设备。

（2）信号只能沿着箭头所指的方向传递。

（3）方框表示的是一个环节（系统中的某一部分），可以是物理设备或装置，也可以是由计算机软件实现的一种算法。

（4）从方块出来的箭头表示该环节的信号输出。

（5）进入方框图的箭头表示该环节的信号输入。

（6）一个方框最多只能有一个输入；如果有多个信号进入到同一个方框内，则应该用相加符号（见图 2-13）来描述。

（7）一个方框最多只能有一个输出；如果一个方框的输出要流向多个环节（包括自身），则应该用分支符号（见图 2-14）来描述。

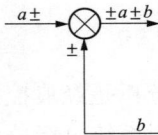

图 2-13　方框图的相加运算

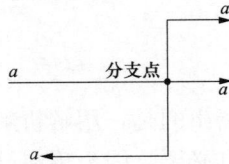

图 2-14　方框图的分支点

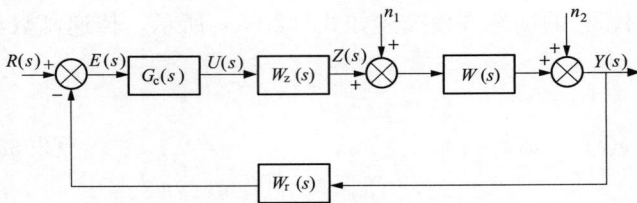

图 2-15　控制系统的方框图描述

（8）方框内是该环节的数学描述，大多数情况下是传递函数。

例如，对于图 1-7 所描述的系统，可以用图 2-15 所示的方框图来描述。

在图 2-15 中，$G_c(s)$ 代表控制器的传递函数，$W_z(s)$ 代表执行器的传递函数，$W_r(s)$ 代表传感器的传递函数，$W(s)$ 代表被控对象的传递函数，n_1,n_2 分别代表系统的内部和外部扰动。

2.5.2　方框图运算

1. 方框图的相加点与分支点

方框图的相加或相减运算如图 2-13 所示，其中"$\otimes$"是加法运算符号。每个箭头上的加号或减号表示信号是相加还是相减的，进行相加或相减的量应具有相同的量纲。

方框图中的分支点如图 2-14 所示，在该点上来自方框的信号将同时流向其他的方框或相加点。

2. 方框图的并联与串联运算

按着方框图的定义，当两个方框来自同一个输入，它们的输出相加时［见图 2-16（a）］，那么系统的整体传递函数是这两个方框内的传递函数之和［见图 2-16（b）］，并称这样的系统为并联系统。

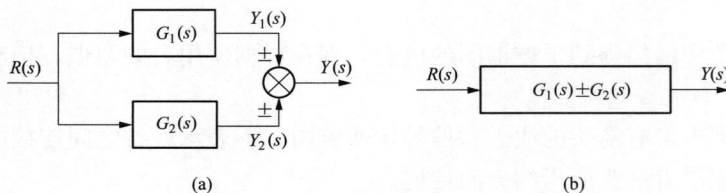

(a)　　　　　　　　　　　　　　　　(b)

图 2-16　方框图的并联运算

（a）两个方框图并联；（b）传递函数相加（减）

如果一个方框的输出 $Z(s)$ 是另一个方框的输入 $Z(s)$［见图 2-17（a）］，那么可以消去中间点 $Z(s)$，系统的整体传递函数是这两个方框内的传递函数乘积［见图 2-17（b）］，并称这样的系统为串联系统。

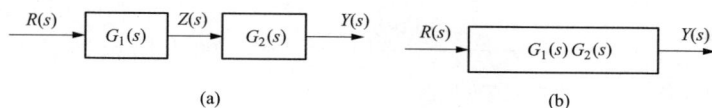

图 2-17　方框图的串联运算

（a）方框图串联；（b）传递函数相乘

2.5.3　开环传递函数与闭环传递函数

在经典控制理论时期，通常在复频域对控制系统进行分析[3]。为了方便，有时通过系统的开环特性来分析系统的闭环特性，这时就需要知道系统的开环传递函数和闭环传递函数。

1. 开环传递函数

在图 2-15 中，断开环节 $W_r(s)$ 与相加点的连接时，系统输入 $R(s)$ 与输出 $Y(s)$ 之间的传递函数称为开环传递函数。即开环传递函数

$$W_{开}(s) = \frac{Y(s)}{R(s)} = G_c(s)W_z(s)W(s) \tag{2-70}$$

2. 闭环传递函数

在图 2-15 中，系统输入 $R(s)$ 与输出 $Y(s)$ 之间的传递函数称为闭环传递函数。根据方框图的运算规则，有

$$Y(s) = R(s) - W_r(s)Y(s) \tag{2-71}$$

整理可得系统的闭环传递函数

$$W_{闭}(s) = \frac{Y(s)}{R(s)} = \frac{W_{开}(s)}{1+W_{开}(s)} \tag{2-72}$$

3. 误差传递函数

在图 2-15 中，$E(s)$ 是系统的控制误差，因此，把误差 $E(s)$ 输入 $R(s)$ 之间的传递函数称为误差传递函数。根据方框图的运算规则，有

$$E(s) = R(s) - G_{开}W_r(s)E(s) \tag{2-73}$$

整理可得系统的误差传递函数

$$W_{误差}(s) = \frac{1}{1+W_{开}(s)W_r(s)} \tag{2-74}$$

2.5.4　规范化方框图

现代工程中的控制系统往往是庞大、复杂的，复频域分析方法已经无能为力，现在采用的方法是在时间域里求出控制系统的数值解来对系统进行分析与设计[3]。因此，现代的控制系统分析并不需要求其开环传递函数和闭环传递函数，恰恰相反，需要的是把控制系统的方框图更详细化。

定义 2.4　仅含比例环节的闭合回路称为代数环。

定义 2.5　在方框图中的所有方框内的传递函数仅为比例、积分、微分、惯性和纯迟延的环节，且不存在代数环，则把此方框图称为规范化方框图。

定义规范化方框图的目的是使方框图更能详细地描述系统，而且容易使用计算机求解

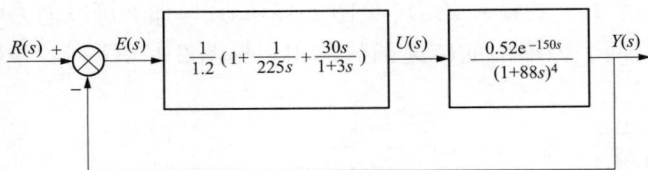

图 2-18　某单回路系统方框图

（参见本书第 3 章）。参考文献[5] 和 [20] 中，定义规范化方框图中仅包含积分环节，但是通过多年的应用发现只要把方框内的传递函数化为一阶系统就可以了。

考虑图 2-18 所示的系统，可以利用方框图的运算规则，把它变换成图 2-19 所示的规范化方框图的形式。

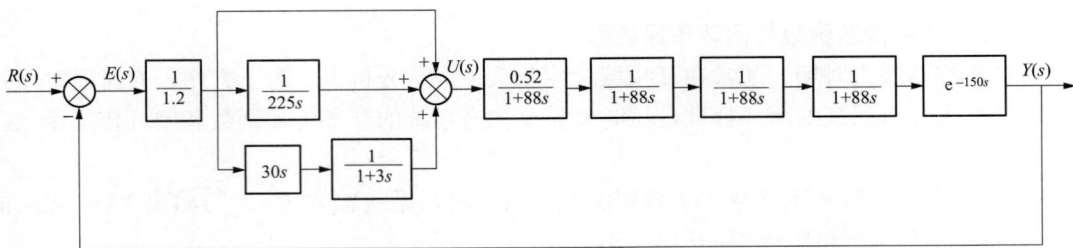

图 2-19　图 2-18 所示的单回路系统的规范化方框图

2.6　控制系统的状态空间模型

在现代控制理论时期（20 世纪 60～80 年代），为了描述复杂的系统，用状态空间描述代替了经典控制理论的传递函数描述[2]。这是因为传递函数仅能描述单输入单输出系统，即系统的外部描述，状态空间描述可以描述多输入多输出的系统，即系统的内部描述。

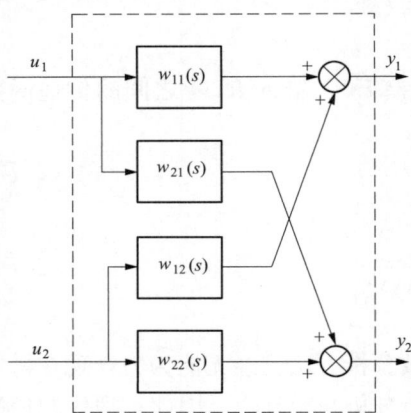

图 2-20　2×2 被控系统方框图

然而，在现代工程系统中，都有许多个被控量和控制量。在理论上总希望一个给定的控制量只影响它自己的被控量。遗憾的是，在许多情况下一个控制量除了影响它所对应的被控量以外，往往还会干扰系统中的其他被控量。这时就可以说，系统的各"输入—输出"通道之间存在耦合，或者说各控制量之间相互关联。把这样的被控系统称作耦合系统。以 2×2（双输入双输出）系统为例，如果各通道间存在耦合，那么第一个输入（控制量）发生变化时，不但使与它对应的第一个输出（被控量）发生变化，还会使得第二个输出也发生变化，因此第一个输入与第一个输出之间存在着一个传递函数，第一个输入与第二个输出之间也存在着一个传递函数。同理，第二个输入与第二个输出之间存在着一个传递函数，第二个输入与第一个输出之间也存在着一个传递函数（见图 2-20）。

对于现代工程系统来讲，用状态空间来描述多输入多输出系统并不是一种好的方法。这是因为，通道中的传递函数往往是高阶的、复杂的，如果把它转换成状态方程，并不是一件轻松的事。因此，在实际应用中，人们还是习惯用传递函数加方框图的形式来描述复杂的系统[11]（即传递函数矩阵）。这种描述方式不但能了解系统的内部情况，还能知道组成系统各环节的连接情况。

现在对系统的分析需要求其数值解。在此情况下，起初不管用什么样的模型来描述控制系统，对其求数值解时都必须把原始的数学模型转换成一阶微分方程组的形式，而一阶微分方程组就是状态空间模型[5]。

本节只讨论多变量系统的状态空间描述方法，有关传递函数矩阵描述方法参阅本章 2.6.10。

2.6.1　状态与状态变量

对于图 1-2 所示的力学系统，利用牛顿第二定律得到的描述该系统的微分方程模型如式（1-1）和式（1-2）所示。现在把它们改写成式（2-75）和式（2-76）所示的形式。

$$\frac{\mathrm{d}v(t)}{\mathrm{d}t} = -\frac{f}{m}v(t) - \frac{k}{m}x(t) + \frac{1}{m}F(t) \tag{2-75}$$

$$\frac{\mathrm{d}x(t)}{\mathrm{d}t} = v(t) \tag{2-76}$$

式（2-75）描述的是系统的输入[外作用力 $F(t)$]与系统的内部状态[位移速度 $v(t)$]之间的动态关系；式（2-76）描述的是系统的内部状态 $v(t)$ 与系统的输出[位移 $x(t)$]之间的动态关系。也可以这样来理解上述的两个方程式：当外力 $F(t)$ 作用于系统后（$t \geq 0^+$），先使物体 m 产生位移速度，再在位移速度的作用下使物体产生位移。当然，这两个作用是同时发生的，这样解释是为了更好地理解两个方程的关系。

位移和位移速度能完全描述这个物体的运动状态，只要知道 $x(0^-)$、$v(0^-)$ 及 $F(t \geq 0^+)$，就能确定这个物体在任何时间（$t \geq 0^+$）的行为。

那么，现在的问题是：是否需要更多的变量来描述这个力学系统。例如，再设一个变量 a 来描述物体的加速度，那么由式（2-75）可得到

$$a(t) = -\frac{f}{m}v(t) - \frac{k}{m}x(t) + \frac{1}{m}F(t) \tag{2-77}$$

式（2-77）是一个代数方程，当已知任何时候的 $F(t)$、$v(t)$ 和 $x(t)$ 时，$a(t)$ 就随之确定，换言之，$a(t)$ 与 $F(t)$、$v(t)$ 和 $x(t)$ 呈线性关系，而且它们之间不存在动态过程。因此，在这个系统中，多设一个加速度变量 a 是没有必要的。

定义 2.6　能完全确定系统动态行为（状态）的最小一组变量被称为系统的状态变量。

可以这样来解读状态变量：如果至少需要 n 个变量 x_1，x_2，…，x_n 才能描述动态系统的行为（状态），即一旦给出 $t \geq 0^+$ 时的输入量，并且给定 $t = 0^-$ 时的初始状态，就可以完全确定系统的未来状态，则这 n 个变量就是描述该系统的一组状态变量。

状态变量未必是物理上可直接或间接测量的量。但为了设计反馈控制系统时方便，最好选择容易测量的量作为状态变量。

应当指出，状态（动态行为）这个概念不限于物理系统中的应用，它也被用于生物学、社会学等其他一些系统。此外，在实际应用时，按定义要求"状态变量是描述系统动态行为的最小一组变量"这个条件也是没有必要的。就像上述的例子一样，即使多设了一个状态变量（加速度 a），虽然没有必要，但也不会影响通过数值解的方法对系统进行分析。

这种在选择状态变量方面的自由性，是状态空间法的一个优点，但是带来的缺点是描述

系统的状态变量组不是唯一的。

定义 2.7   把描述系统的 n 个状态变量（x_1，x_2，$\cdots$，x_n）构成的向量 $X(t)$ 称为状态向量，即

$$X(t) = \begin{bmatrix} x_1(t) \\ x_2(t) \\ \vdots \\ x_n(t) \end{bmatrix} \tag{2-78}$$

2.6.2 状态空间方程模型

定义 2.8   如果描述系统的 n 个状态变量为 x_1，x_2，$\cdots$，x_n，那么由 x_1 轴，x_2 轴，$\cdots$，x_n 轴所组成的 n 维空间称为状态空间。

系统的任何动态行为（状态）都可以用状态空间中的一点来表示。

在现代的状态空间分析中，涉及状态变量、中间变量、输入变量以及输出变量。

1. 状态变量

由本章第 2.4 节的分析可知，任何一个复杂的控制系统总可以通过若干个典型环节来构成。在假设系统的输出量的阶次大于或等于输入量的阶次的前提下，构成系统最基本的典型动态环节是积分环节（参见本章第 2.8 节）。积分环节是一个储能（记忆）单元，它的输出能够记忆输入量的值，所以这些积分环节的输出量可以作为状态变量，用它们来描述系统的内部状态。

假设控制系统中有 r 个输入变量 $u_1(t), u_2(t) \cdots, u_r(t)$，又设系统中共有 n 个积分器（环节），并把它们的 n 个输出 $x_1(t), x_2(t), \cdots, x_n(t)$ 作为状态变量，通过上述分析可以得到描述系统的一阶微分方程组，即

$$\begin{aligned}
\dot{x}_1(t) &= f_1[x_1(t), x_2(t), \cdots, x_n(t); u_1(t), u_2(t), \cdots, u_r(t); t] \\
\dot{x}_2(t) &= f_2[x_1(t), x_2(t), \cdots, x_n(t); u_1(t), u_2(t), \cdots, u_r(t); t] \\
&\vdots \\
\dot{x}_n(t) &= f_n[x_1(t), x_2(t), \cdots, x_n(t); u_1(t), u_2(t), \cdots, u_r(t); t]
\end{aligned} \tag{2-79}$$

定义 2.9   把由状态变量和输入变量组成的描述系统的一阶微分方程组称为状态方程。

如果设状态向量如式（2-78）所示，输入向量为

$$U(t) = \begin{bmatrix} u_1(t) \\ u_2(t) \\ \vdots \\ u_r(t) \end{bmatrix} \tag{2-80}$$

则有状态向量的导数函数向量为

$$F(t) = \begin{bmatrix} f_1[X(t); U(t); t] \\ f_2[X(t); U(t); t] \\ \vdots \\ f_n[X(t); U(t); t] \end{bmatrix} \tag{2-81}$$

状态方程的向量表示为

$$\dot{X}(t) = F[X(t); U(t); t] \tag{2-82}$$

如果状态向量函数 $F(t)$ 中显含时间 t，则称系统为时变系统，否则称系统为定常（时不变）系统。

例如，对于一架飞机线性化了的纵向运动方程可表示为[57]

$$\begin{cases} \Delta \dot{u} = X_u \Delta u + X_\omega \Delta \omega - g \Delta q + X_\delta \Delta \delta + X_{\delta_T} \Delta \delta_T - X_u u_g - X_\omega \omega_g \\ \Delta \dot{\omega} = Z_u \Delta u + Z_\omega \Delta \omega + u_0 \Delta q + Z_\delta \Delta \delta + Z_{\delta_T} \Delta \delta_T - Z_\omega \omega_g \\ \Delta \dot{q} = M_u \Delta u + M_\omega \Delta \omega + M_q \Delta q + M_\delta \Delta \delta + M_{\delta_T} \Delta \delta_T - M_u u_g - M_\omega \omega_g - M_g q_g \\ \Delta \dot{\theta} = \Delta q \end{cases} \tag{2-83}$$

其中，$\Delta u, \Delta \omega, \Delta q, \Delta \theta$ 为描述飞机飞行状态的变量（偏差量），分别是机体 x_b 轴方向的速度、机体 z_b 轴方向的速度、俯仰方向速度以及俯仰角；$\Delta \delta$ 和 $\Delta \delta_T$ 分别为空气动力控制量和推力控制量；u_g, ω_g, q_g 分别为大气对机体在 x_b 轴方向、z_b 轴方向、俯仰方向上产生的扰动；其他为飞机本体空气动力学特性参数（常数）。

如果用向量 $X(t)$ 描述飞机飞行的 4 个状态变量，即

$$X(t) = \begin{bmatrix} \Delta u \\ \Delta \omega \\ \Delta q \\ \Delta \theta \end{bmatrix}$$

用向量 $U(t)$ 描述飞机的 2 个控制输入量，即

$$U(t) = \begin{bmatrix} \Delta \delta \\ \Delta \delta_T \end{bmatrix}$$

用向量 $\xi(t)$ 描述对飞机三个方向产生的扰动量，即

$$\xi(t) = \begin{bmatrix} u_g \\ \omega_g \\ q_g \end{bmatrix}$$

并令

$$A = \begin{bmatrix} X_u & X_\omega & 0 & -g \\ Z_u & Z_\omega & u_0 & 0 \\ M_u & M_\omega & M_q & 0 \\ 0 & 0 & 1 & 0 \end{bmatrix}$$

$$B = \begin{bmatrix} X_\delta & X_{\delta_T} \\ Z_\delta & Z_{\delta_T} \\ M_\delta & M_{\delta_T} \\ 0 & 0 \end{bmatrix}$$

则，可以把式（2-83）改写成矩阵的形式，即

$$\dot{X}(t) = AX(t) + BU(t) + C\xi(t) \tag{2-84}$$

2. 中间变量

把一个复杂系统写成式（2-79）的形式有时是很困难的，既然是用计算机求其数值解，

那么就没有必要把系统写成式（2-79）的形式。考虑到方便性，可以引进若干个中间变量，让这些中间变量为状态变量和输入变量的函数。例如，如果引入 q 个中间变量，则有中间方程组，即

$$
\begin{aligned}
z_1(t) &= w_1[x_1(t), x_2(t), \cdots, x_n(t); u_1(t); u_2(t), \cdots, u_r(t); t] \\
z_2(t) &= w_2[x_1(t), x_2(t), \cdots, x_n(t); u_1(t); u_2(t), \cdots, u_r(t); t] \\
&\vdots \\
z_q(t) &= w_q[x_1(t), x_2(t), \cdots, x_n(t); u_1(t); u_2(t), \cdots, u_r(t); t]
\end{aligned}
\tag{2-85}
$$

设中间向量

$$
Z(t) = \begin{bmatrix} z_1(t) \\ z_2(t) \\ \vdots \\ z_q(t) \end{bmatrix}
\tag{2-86}
$$

中间向量的函数向量

$$
W(t) = \begin{bmatrix} w_1[X(t); U(t); t] \\ w_2[X(t); U(t); t] \\ \vdots \\ w_q[X(t); U(t); t] \end{bmatrix}
\tag{2-87}
$$

则有中间方程的向量表示，即

$$
Z(t) = W[X(t); U(t); t]
\tag{2-88}
$$

在此情况下，状态方程的向量表达式如式（2-89）所示。

$$
\dot{X}(t) = F[X(t); U(t); Z(t); t]
\tag{2-89}
$$

如果状态向量函数 $F(t)$ 中显含时间 t，则称系统为时变系统，否则称系统为定常系统。

3. 输入变量与状态可控性

定义 2.10　假设控制系统中有 r 个输入变量，把状态空间中的所有状态变量都与这些输入量的某一个或多个直接或间接关联的系统称为状态可控系统。

如果系统中的某个状态变量与系统的所有输入量都不直接或间接关联，那么系统中的这个状态是不受输入量控制的，简称这个状态不可控。只有系统的所有状态都是可控的，那么这个系统才完全可控。

除非控制系统中的某个状态变量不重要而不需要控制，否则，系统的所有状态可控是设计控制系统时的必要条件。

考虑由下列状态方程确定的系统：

系统 1：
$$
\begin{aligned}
\dot{x}_1 &= -5x_1 + x_2 + u \\
\dot{x}_2 &= -6x_1 + 2u
\end{aligned}
$$

状态变量 x_1 和 x_2 都与输入量 u 直接关联，因此这两个状态都是可控的，该系统状态完全可控。

需要指出的是：如果用参考文献［2］及其他所有的《自动控制原理》书籍中给出的判定方法得出的结论是该系统不完全可控。这是因为，通过求解系统 1 的微分方程组可以得到

$x_2=2x_1$，这说明在该系统中设多了一个状态变量，使得两个状态线性相关。换句话说，当求得 x_1 的动态过程后，x_2 的动态也就随之确定了，它们之间不存在动态关系。但这并不影响两个状态都受系统输入的控制。因此，按照可控性定义该系统是完全可控的。

$$\dot{x}_1=-6x_1+x_2$$

系统 2：
$$\dot{x}_2=-11x_1+x_3+u$$

$$\dot{x}_3=-6x_1+3u$$

状态变量 x_2 和 x_3 都与输入量 u 直接关联，因此这两个状态 x_2 和 x_3 可控。而状态 x_1 与 x_2 直接关联，那么 x_1 就与输入量 u 间接关联，因此 x_1 也是可控的，该系统完全可控。

与系统 1 一样，如果用参考文献［2］及其他所有的《自动控制原理》书籍中给出的判定方法得出的结论是该系统不完全可控。究其原因也是一样的：通过求解系统 2 的微分方程组可以得到 $x_3\equiv3x_2-9x_1$，这说明在该系统中设多了一个状态变量，使得状态 x_3 与 x_1、x_2 线性相关。这不影响所有的状态都受系统输入的控制，因此该系统完全可控。

$$\dot{x}_1=-9x_1+x_2+u$$

系统 3：
$$\dot{x}_2=-26x_1+x_3+5u$$

$$\dot{x}_3=-24x_1+6u$$

状态变量 x_1、x_2 和 x_3 都与输入量 u 直接关联，因此，这三个状态都可控，该系统完全可控。

当求解该微分方程组时，可以得到 $x_3=2x_2-4x_1$，$x_2=5x_1$。这说明在该系统中设多了两个状态变量，使得三个状态线性互相关。用参考文献［2］及其他所有的《自动控制原理》书籍中给出的判定方法会得出该系统不完全可控的结论。

$$\dot{x}_1=-2x_1+x_2+u_2$$

$$\dot{x}_2=-2x_2+x_3$$

系统 4：
$$\dot{x}_3=-2x_3+3u_1$$

$$\dot{x}_4=-5x_4+x_5$$

$$\dot{x}_5=-5x_5+2u_1+u_2$$

状态变量 x_1 与输入量 u_2 直接关联，因此状态 x_1 可控；状态变量 x_3 与输入量 u_1 直接关联，因此状态 x_3 可控；状态变量 x_5 与输入量 u_1 和 u_2 都直接关联，因此状态 x_5 可控。状态变量 x_2 与 x_3 直接关联，那么 x_2 就与输入量 u_1 间接关联，因此状态 x_2 也是可控的；状态变量 x_4 与 x_5 直接关联，那么 x_4 就与输入量 u_1 和 u_2 间接关联，因此状态 x_4 也是可控的。由此得到该系统完全可控。

$$\dot{x}_1=-x_1+x_2+4u_1+2u_2$$

系统 5：
$$\dot{x}_2=-x_2$$

$$\dot{x}_3=-3x_3+3u_1$$

状态变量 x_1 与输入量 u_1，u_2 直接关联，因此，状态 x_1 可控；状态 x_3 与输入量 u_1 直接关联，因此，状态 x_3 可控。而状态 x_2 与输入量 u_1，u_2 不直接关联也不间接关联，所以，状态 x_2 是不可控的，该系统不完全可控。

$$\dot{x}_1 = -2x_1 + x_2 + 4u$$

$$\dot{x}_2 = -2x_2 + x_3 + 2u$$

系统 6：　　　　$$\dot{x}_3 = -2x_3 + u$$

$$\dot{x}_4 = -5x_4 + x_5 + 3u$$

$$\dot{x}_5 = -5x_5$$

在该系统中，状态 x_5 与输入不直接关联也不间接关联，因此状态 x_5 不可控，该系统不完全可控。

4. 输出变量与输出可控性

尽管状态变量描述了系统内部所有状态的动态行为，但是最终关心的是系统的输出而不是系统的状态，因此应该用一些变量来描述系统的输出。

定义 2.11　把描述系统输出的变量称为输出变量。

输出变量是状态变量、中间变量及输入变量的函数。

设系统有 m 个输出量 $y_1(t), y_2(t), \cdots, y_m(t)$，则有输出方程组：

$$y_1(t) = g_1[x_1(t), x_2(t), \cdots, x_n(t); u_1(t), u_2(t), \cdots, u_r(t); z_1(t), z_2(t), \cdots, z_q(t); t]$$
$$y_2(t) = g_2[x_1(t), x_2(t), \cdots, x_n(t); u_1(t), u_2(t), \cdots, u_r(t); z_1(t), z_2(t), \cdots, z_q(t); t]$$
$$\vdots$$
$$y_m(t) = g_m[x_1(t), x_2(t), \cdots, x_n(t); u_1(t), u_2(t), \cdots, u_r(t); z_1(t), z_2(t), \cdots, z_q(t); t]$$

$$(2\text{-}90)$$

设输出向量

$$Y(t) = \begin{bmatrix} y_1(t) \\ y_2(t) \\ \vdots \\ y_m(t) \end{bmatrix} \tag{2-91}$$

输出向量的函数向量

$$G(t) = \begin{bmatrix} g_1[X(t); U(t); Z(t); t] \\ g_2[X(t); U(t); Z(t); t] \\ \vdots \\ g_m[X(t); U(t); Z(t); t] \end{bmatrix} \tag{2-92}$$

则有输出方程的向量表示：

$$Y(t) = G[X(t); U(t); Z(t); t] \tag{2-93}$$

如果输出向量函数 $G(t)$ 中显含时间 t，则称系统为时变系统，否则称系统为定常系统。

在实际的控制系统设计中，需要控制的是系统的输出，而不是系统的状态。那么系统的所有输出与该系统输入量的某一个或多个直接或间接关联，这个系统的输出才是完全可控的，并称这样的系统为输出可控。

与状态可控性一样，除非控制系统中的某个输出变量不重要而不需要控制，否则，系统的所有输出可控是设计控制系统时的必要条件。

考虑由下述方程确定的系统：

系统 1：　　　　状态方程
$$\dot{x}_1 = -4x_1 + x_2 + u$$
$$\dot{x}_2 = 2x_1 - 3x_2 + 2u$$

　　　　　　　　输出方程　　　　$y = x_1$

　　状态变量 x_1 和 x_2 都与输入量 u 直接关联，因此这两个状态都是可控的，该系统状态完全可控。系统输出 y 与 x_1 直接关联，与输入量 u 就间直接关联，因此该系统输出可控。

$$\dot{x}_1 = -x_1 + x_2 + 4u$$

系统 2：　　　　状态方程　　$\dot{x}_2 = -x_2$
$$\dot{x}_3 = -2x_3 + 3u$$

　　　　　　　　输出方程　　　　$y = 2x_3$

　　状态变量 x_1 和 x_3 都与输入量 u 直接关联，因此这两个状态都是可控的。状态 x_2 与输入不直接关联也不间接关联，因此状态 x_2 不可控，该系统不完全可控。但是，系统输出 y 与状态 x_3 直接关联，而 x_3 与输入量 u 直接关联，那么系统输出 y 就与输入量 u 间接关联，因此该系统输出可控。

$$\dot{x}_1 = -2x_1 + x_2 + u$$

系统 3：　　　　状态方程　　$\dot{x}_2 = -x_2$
$$\dot{x}_3 = -2x_3 + u$$

　　　　　　　　输出方程　　　　$y = x_2$

　　系统输出 y 与状态 x_2 直接关联，但是 x_2 与输入量 u 既不直接关联也不间接关联，因此，系统输出 y 就与输入量 u 不直接关联也不间接关联，因此该系统输出不可控。

$$\dot{x}_1 = -4x_1$$

系统 4：　　　　状态方程
$$\dot{x}_2 = x_1 - 3x_2 + u$$

　　　　　　　　输出方程　　　　$y = x_1 + u$

　　虽然这个系统中的状态 x_1 与输入没有关系而不可控，但是系统输出 y 与输入 u 直接关联，因此该系统输出是可控的。

　　5. 状态变量的可观性

　　在设计控制系统时，最关心的是系统的输出。系统的这些输出都应该是可以直接或间接测量的，否则就没有必要设计这个输出。

　　定义 2.12　如果通过观测到的系统输出过程，就能确定出系统中每一个状态的动态行为，则称该系统为完全可观测的。

　　根据可观性定义不难看出，只有系统中的所有状态变量与系统的输出量都直接或间接关联时，这个系统才是完全可观测的，否则，系统是不完全可观测的。

　　在实际应用时，要求系统的状态完全可观测是没有必要的。这是因为，如果某一状态不可观测，那么这个状态与系统输出不直接关联也不间接关联，这说明该状态在系统中是多余的，不起作用，它不影响系统的运行。

　　考虑由下述方程确定的系统：

$$\dot{x}_1 = x_1 + x_2$$
系统 1：　　　　状态方程
$$\dot{x}_2 = -2x_1 - 3x_2 + u$$

输出方程 $y=x_1$

状态变量 x_1 与系统输出量 y 直接关联，因此状态 x_1 可观测。状态变量 x_2 与 x_1 直接关联，所以状态 x_2 与输出 y 间接关联，状态 x_2 也是可观测的。该系统的状态是完全可观测的。

$$\dot{x}_1 = -6x_1 + x_2 + u$$

系统 2：   状态方程 $\dot{x}_2 = -11x_1 + x_3 + 5u$

$$\dot{x}_3 = -6x_1 + 4u$$

输出方程 $y=x_1$

状态变量 x_1 与输出量 y 直接关联，因此状态 x_1 是可观测的。状态 x_2 和 x_3 都与状态 x_1 直接关联，状态 x_2 和 x_3 与输出量 y 就间接关联，因此这两个状态也是可观测的。该系统完全可观。

需要指出的是：如果用参考文献［2］及其他所有的《自动控制原理》书籍中给出的判定方法得出的结论是该系统不完全可观。这是因为，通过求解系统 2 的微分方程组可以得到 $x_1 = x_2 - x_3$，这说明在该系统中设多了一个状态变量，使得 x_1 与 x_2 和 x_3 线性相关。假如多设的状态变量是 x_3，那么 x_3 的动态过程完全由 x_1 和 x_2 来确定，因此只要状态 x_1 和 x_2 可观测，状态 x_3 就可观测。所以，按照可观性定义该系统是完全可观的。

2.6.3 状态空间模型的矩阵表示

如果状态方程式（2-82）、中间方程式（2-88）和输出方程式（2-93）描述的是线性系统，当消去中间变量时，则可以得到线性系统状态方程的矩阵表示

$$\dot{X}(t) = A(t)X(t) + B(t)U(t) \tag{2-94}$$

$$Y(t) = C(t)X(t) + D(t)U(t) \tag{2-95}$$

式中，$A(t)$ 称为状态矩阵，且

$$A(t) = \begin{bmatrix} a_{11}(t) & a_{12}(t) & \cdots & a_{1n}(t) \\ a_{21}(t) & a_{22}(t) & \cdots & a_{2n}(t) \\ \vdots & \vdots & & \vdots \\ a_{n1}(t) & a_{n2}(t) & \cdots & a_{nn}(t) \end{bmatrix} \tag{2-96}$$

$B(t)$ 称为输入矩阵，且

$$B(t) = \begin{bmatrix} b_{11}(t) & b_{12}(t) & \cdots & b_{1r}(t) \\ b_{21}(t) & b_{22}(t) & \cdots & b_{2r}(t) \\ \vdots & \vdots & & \vdots \\ b_{n1}(t) & b_{n2}(t) & \cdots & b_{nr}(t) \end{bmatrix} \tag{2-97}$$

$C(t)$ 称为输出矩阵，且

$$C(t) = \begin{bmatrix} c_{11}(t) & c_{12}(t) & \cdots & c_{1n}(t) \\ c_{21}(t) & c_{22}(t) & \cdots & c_{2n}(t) \\ \vdots & \vdots & & \vdots \\ c_{m1}(t) & c_{m2}(t) & \cdots & c_{mn}(t) \end{bmatrix} \tag{2-98}$$

$D(t)$ 称为直接传递矩阵，且

$$D(t) = \begin{bmatrix} d_{11}(t) & d_{12}(t) & \cdots & d_{1r}(t) \\ d_{21}(t) & d_{22}(t) & \cdots & d_{2r}(t) \\ \vdots & \vdots & & \vdots \\ d_{m1}(t) & d_{m2}(t) & \cdots & d_{mr}(t) \end{bmatrix} \qquad (2\text{-}99)$$

式（2-94）和式（2-95）所描述的系统的方框图如图 2-21 所示。

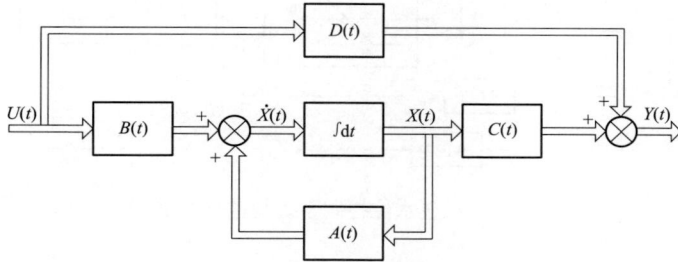

图 2-21　在状态方程表示下的线性连续时间系统的方框图

如果矩阵 $A(t)$、$B(t)$、$C(t)$ 和 $D(t)$ 中不显含时间 t，则称该系统为定常系统。在此情况下，方程式（2-94）和方程式（2-95）可以简化为

$$\dot{X}(t) = AX(t) + BU(t) \qquad (2\text{-}100)$$

$$Y(t) = CX(t) + DU(t) \qquad (2\text{-}101)$$

也可以简写成

$$\dot{X} = AX + BU \qquad (2\text{-}102)$$

$$Y = CX + DU \qquad (2\text{-}103)$$

在实际工程应用中，把一个系统的状态空间描述写成矩阵表示形式是没有必要的，有时是不可能的（例如系统中含有非线性环节）。矩阵表示仅仅是为了使用者进行理论推导时方便。如果使用计算机对系统进行分析，还是要把状态空间的矩阵表示改写为微分方程组的描述形式，这样容易把对系统的描述输入给计算机。

考虑用状态方程来描述方框图，如图 2-22 所示的某锅炉汽包水位控制系统。

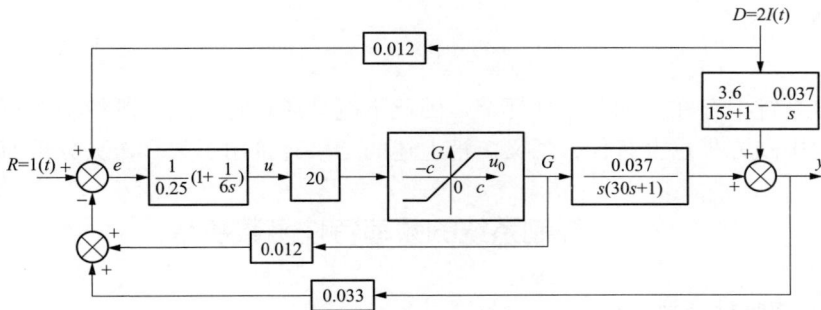

图 2-22　某锅炉汽包水位控制系统

首先把图 2-22 所示的汽包水位控制系统化成规范化方框图，如图 2-23 所示。然后按图示设状态变量和中间变量，则可得到该系统的状态方程、中间方程和输出方程：

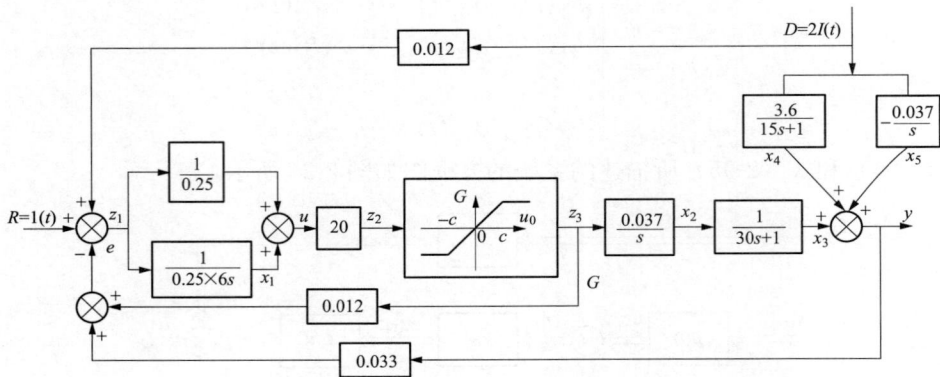

图 2-23　汽包水位控制系统规范化方框图

状态方程

$$\dot{x}_1 = \frac{1}{0.25 \times 6} z_1$$

$$\dot{x}_2 = 0.037 z_3$$

$$\dot{x}_3 = -\frac{1}{30} x_3 + \frac{1}{30} x_2$$

$$\dot{x}_4 = -\frac{1}{15} x_4 + \frac{3.6}{15} D$$

$$\dot{x}_5 = -0.037 D$$

中间方程

$$z_1 = R + 0.012D - 0.012 z_3 - 0.033(x_3 + x_4 + x_5)$$

$$z_2 = 20 \left(x_1 + \frac{1}{0.25} z_1 \right)$$

$$z_3 = \begin{cases} c, z_2 > c \\ z_2, \mid z_2 \mid \leqslant c \\ -c, z_2 < -c \end{cases}$$

输出方程

$$y = x_3 + x_4 + x_5$$

由于在该系统中存在饱和非线性环节，因此不能写成矩阵形式。既然不能写成矩阵的形式，那么消去中间方程也没有什么意义。把上述的结果直接用于数字仿真分析即可。

2.7　控制系统的频率特性函数模型

2.7.1　频率特性函数概念

在数学中，为了把较复杂的运算转化为较简单的运算，常常采用数学变换的方法[14]。例如，为了求解微分方程，对微分方程进行 Laplace 变换，就得到了传递函数。同样，可以对微分方程进行 Fourier[14] 变换，得到的将是频率特性函数。

定义 2.13　一个用常微分方程描述的单输入单输出系统，输出量的 Fourier 变换（简称傅氏变换）与输入量的 Fourier 变换之比称为系统的频率特性函数（简称频率特性）。

因为傅氏变换的区间是（$-\infty$，$+\infty$），对于式（2-11）所示的系统，不管初始条件如何，输出量与输入量的傅氏变换之比，就是这个系统的频率特性

$$\text{频率特性函数} = G(j\omega) = \frac{F[\text{输出量}][\text{输入量量纲}]}{F[\text{输入量}][\text{输出量量纲}]}$$

$$= \frac{Y(j\omega)}{U(j\omega)} = \frac{b_m(j\omega)^m + b_{m-1}(j\omega)^{m-1} + \cdots + b_1 j\omega + b_0}{a_n(j\omega)^n + a_{n-1}(j\omega)^{n-1} + \cdots + a_1 j\omega + a_0} \quad (2\text{-}104)$$

$$= |G(j\omega)| e^{j\angle G(j\omega)} = Me^{j\phi}$$

其中，$|G(j\omega)| = M$ 称为系统的幅频特性函数，$\angle G(j\omega) = \phi$ 称为系统的相频特性函数，它们都是频率 ω 的函数。

根据复数定义[25]，可知

$$G(j\omega) = \text{Re}(\omega) + j\text{Im}(\omega) \quad (2\text{-}105)$$

$$M = |G(j\omega)| = \sqrt{\text{Re}(\omega)^2 + \text{Im}(\omega)^2} \quad (2\text{-}106)$$

$$\phi = \angle G(j\omega) = \tan^{-1}\frac{\text{Im}(\omega)}{\text{Re}(\omega)} \quad (2\text{-}107)$$

从拉氏变换和傅氏变换的定义可知，傅氏变换使用的算子是 $j\omega$，拉氏变换使用的算子是 $s = \sigma + j\omega$，因此可以把频率特性单纯地理解为传递函数在虚轴上的那一部分。

从以上的讨论可以得到下面的结论：频率特性与传递函数、微分方程一样，也能表征系统的运动规律。频率特性是在频率域描述系统，传递函数是在复数域描述系统，而微分方程是在时间域描述系统。这三种模型之间存在着如图 2-24 所示的关系。

可以证明[2][15]，频率特性描述的恰恰是系统在正弦函数（周期函数）作用下的稳态响应。通过对下面系统的数值分析也可以证实这一点。

设某系统的传递函数如图 2-25 所示。

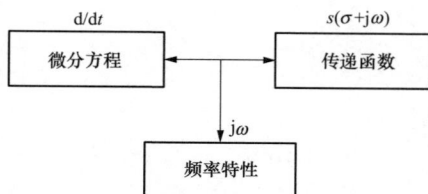

图 2-24　三种模型之间的关系　　　　图 2-25　某系统传递函数

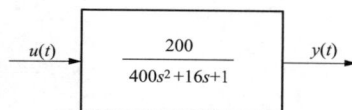

当输入信号 $u(t) = 2\sin(0.314t)$ 时，按照本书第 3 章求微分方程数值解的方法，可以得到该系统在正弦函数作用下的响应，如图 2-26 所示。

从图 2-26 中不难看出，稳定的线性系统在正弦输入信号 $R_0\sin(\omega_0 t)$ 的作用后，当系统达到稳态时，将得到一个与输入信号同频率的正弦输出，只是产生了一个相移 ϕ[2][15]，即

$$y(t) = M\sin(\omega_0 t + \phi) \quad (2\text{-}108)$$

其中，M 为系统输出的幅值，且

$$M = R_0 |G(j\omega)| \quad (2\text{-}109)$$

ϕ 为系统输出与输入信号的相角差，且

$$\phi = \angle G(j\omega) \quad (2\text{-}110)$$

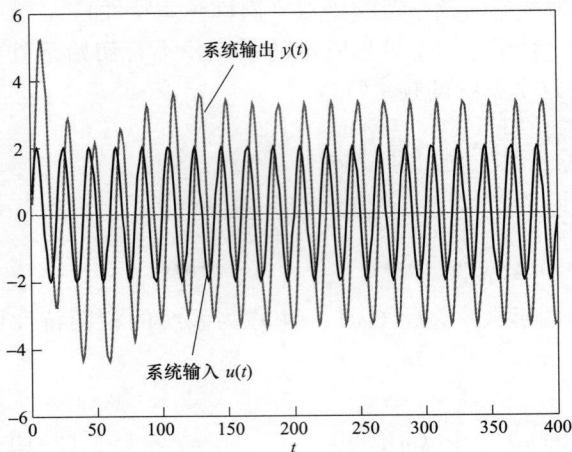

图 2-26　系统在正弦函数作用下的响应

由此可以得到

$$G(\mathrm{j}\omega) = \frac{Y(\mathrm{j}\omega)}{U(\mathrm{j}\omega)} = M\mathrm{e}^{\mathrm{j}\phi} \quad (2\text{-}111)$$

称 $G(\mathrm{j}\omega)$ 为系统的正弦传递函数，即频率特性函数。

如果相角 ϕ 为正，称该系统相位超前；如果相角 ϕ 为负，称该系统相位滞后，在工业工程系统中，绝大多数系统属于相位滞后系统。

与传递函数描述一样，负相角 ϕ 也能描述一个系统对输入的响应快慢。负相角越大，响应就越慢，这里的 ϕ 相当于传递函数中的惯性时间常数，它也是衡量系统响应快慢的一个重要参数。

由于频率特性函数之间的运算可以用近似的作图方法[2]完成，因此在没有计算机应用的经典控制理论年代里，通常采用频率特性作为系统的数学模型。

与传递函数一样，虽然频率特性函数的定义使用了傅氏变换的概念，但是并不是先求得系统输入和输出的傅氏变换，然后再求出它们之比而得到频率特性函数。频率特性函数要么是由传递函数转换过来的，要么是通过现场试验数据直接拟合而得到的[10]。

但是，频率特性的缺点也是显而易见的：用理论建模方法不容易得到频率特性模型；用试验建模方法进行频率特性试验[10]存在很多困难[6]；即使是从传递函数或微分方程转换成的频率特性函数，但是当系统较复杂时，用手工计算频率特性函数中的 M 和 ϕ 也是相当困难的。因此，在现代工程系统控制中，很少使用频率特性进行系统的分析[3]。频率特性分析方法主要用于信号分析与处理[32]、[79]。

2.7.2　频率特性函数运算

假设

$$G_1(\mathrm{j}\omega) = M_1\mathrm{e}^{\mathrm{j}\phi_1} = \mathrm{Re}_1 + \mathrm{jIm}_1 \quad (2\text{-}112)$$

$$G_2(\mathrm{j}\omega) = M_2\mathrm{e}^{\mathrm{j}\phi_2} = \mathrm{Re}_2 + \mathrm{jIm}_2 \quad (2\text{-}113)$$

$$G(\mathrm{j}\omega) = M\mathrm{e}^{\mathrm{j}\phi} = \mathrm{Re} + \mathrm{jIm} \quad (2\text{-}114)$$

频率特性函数之间的运算关系如下所述。

1. 频率特性串联

如果系统的频率特性如图 2-27（a）所示，那么系统整体的频率特性函数是两个频率特性函数相乘，如图 2-27（b）所示，即

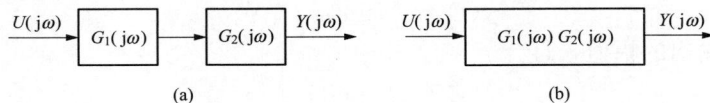

图 2-27　频率特性串联

（a）方框图串联；（b）频率特性函数相乘

$$G(\mathrm{j}\omega) = Me^{\mathrm{j}\phi} = M_1 M_2 e^{\mathrm{j}(\phi_1 + \phi_2)} \tag{2-115}$$

也即

$$M = M_1 M_2 \tag{2-116}$$

$$\phi = \phi_1 + \phi_2 \tag{2-117}$$

2. 频率特性并联

如果系统的频率特性如图 2-28（a）所示，那么，系统整体的频率特性函数是两个通道频率特性函数相加，如图 2-28（b）所示，即

$$G(\mathrm{j}\omega) = Me^{\mathrm{j}\phi} = G_1(\mathrm{j}\omega) + G_2(\mathrm{j}\omega) \tag{2-118}$$

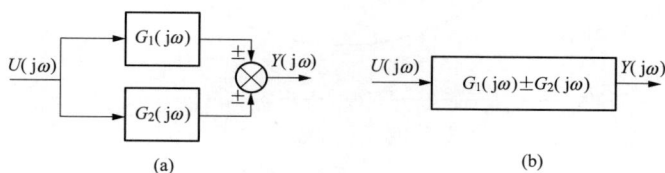

图 2-28　频率特性函数相加减

（a）方框图并联；（b）频率特性函数相加（减）

其中：

$$M = |G(\mathrm{j}\omega)| = |G_1(\mathrm{j}\omega) + G_2(\mathrm{j}\omega)|$$

$$= |(\mathrm{Re}_1 + \mathrm{Re}_2) + \mathrm{j}(\mathrm{Im}_1 + \mathrm{Im}_2)| \tag{2-119}$$

$$= \sqrt{(\mathrm{Re}_1 + \mathrm{Re}_2)^2 + (\mathrm{Im}_1 + \mathrm{Im}_2)^2}$$

$$\phi = \angle G(\mathrm{j}\omega) = \tan^{-1} \frac{\mathrm{Im}_1 + \mathrm{Im}_2}{\mathrm{Re}_1 + \mathrm{Re}_2} \tag{2-120}$$

2.7.3　频率特性函数曲线

频率特性函数是以频率 ω 为变量的复数函数，因此可以在复平面上画出 $\omega \in [0, \infty)$ 区域上的频率特性函数曲线，亦称为奈奎斯特图（曲线）。

对于图 2-25 所描述的系统，当取 $\omega = [0, \infty)$ 时，可以得到其频率特性函数，即

$$M(\omega) = \frac{200}{\sqrt{(1 - 400\omega^2)^2 + (16\omega)^2}} \tag{2-121}$$

$$\phi(\omega) = -\tan^{-1} \frac{16\omega}{1 - 400\omega^2} \tag{2-122}$$

把极坐标表达式（2-121）、式（2-122）转换成直角坐标的形式，即

$$\mathrm{Re} = M\cos(\phi) \tag{2-123}$$

$$\mathrm{Im} = M\sin(\phi) \tag{2-124}$$

由式（2-123）、式（2-124）即可得到该系统的奈奎斯特曲线图，如图 2-29 所示。

频率特性曲线是在没有计算机的年代里用做草图的方式来分析系统稳定性的，虽然现在可以通过计算机来精确绘制频率特性曲线，但是用人工的方法把一个用传递函数描述的复杂

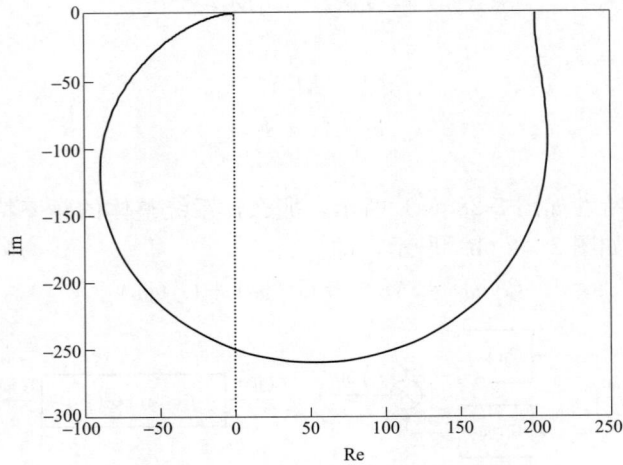

图 2-29　图 2-25 所示系统的奈奎斯特曲线图

系统转换成用频率特性描述的形式也是一件相当困难的事，也是没有必要做的一件事。既然可以用计算机求得系统时域的数值解，就没有必要再到频率域来分析系统。对于自动控制系统来讲，有了数字计算机，完全可以在时域里做想要做的事，这就是本书的全部思想。

2.8　脉冲传递函数模型

2.8.1　离散时间（采样）控制系统的构成

现在绝大多数的模拟（连续的物理量）控制系统都已经被数字控制系统（即离散时间控制系统）所替代。在这样的控制系统中，加入了采样开关、A/D 转换器、D/A 转换器，并由数字计算机（包括微型机、微处理器）代替模拟的控制器，组成的控制系统方框图如图 1-25 所示。

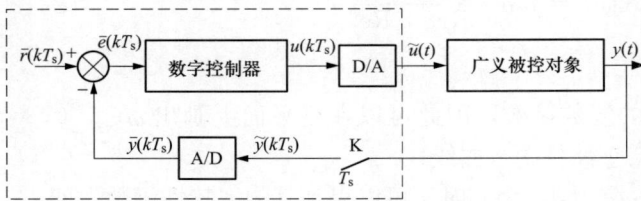

图 2-30　离散时间控制系统方框图

为了对离散时间控制系统进行分析，把图 1-25 所示的离散时间控制系统中的传感器和执行器放在被控对象里，构成广义被控对象，并简称被控对象，由此得到图 2-30 所示的离散时间控制系统方框图。

2.8.2　采样与保持过程及其数学模型

在离散时间控制系统中，总存在一个连续信号变换成离散信号的过程，这样的过程称为采样过程。实现这个采样过程的装置称为采样开关或采样器[24]。采样开关可以用一个按周期 T_s 闭合的开关来表示，每次闭合的持续时间为 τ。这样一个采样过程如图 2-31（a）、图 2-31（b）所示。

采样开关的闭合时间 τ 通常远远小于采样周期 T_s，即 $\tau \ll T_s$，因此，可以认为 $\tau = 0$。这样，采样开关就可以用一个理想采样开关来代替，如图 2-31（c）所示。因此，连续的模拟输入信号 $y(t)$ 经过采样器 K 后，变成模拟的脉冲序列信号

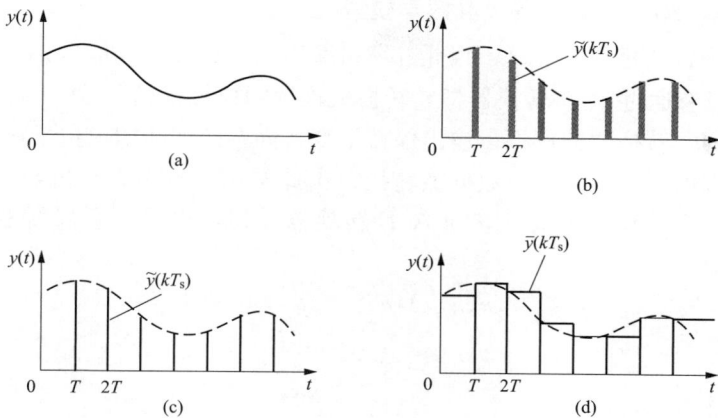

图 2-31　连续信号的采样与保持过程

(a) 连续过程；(b) 采样过程；(c) 理想采样过程；(d) 保持过程

$$\tilde{y}(t) = y(t)\delta_{T_s}(t) \tag{2-125}$$

其中，$\delta_{T_s}(t)$ 是以 T_s 为周期的单位脉冲序列，其数学表达式为

$$\delta_{T_s}(t) = \sum_{k=0}^{\infty} \delta(t-kT_s) \tag{2-126}$$

式中　T_s——采样周期；

k——自然数，即 0，1，2，3，…。

据此可以得到

$$\tilde{y}(t) = \sum_{k=0}^{\infty} y(kT_s)\delta(t-kT_s) \tag{2-127}$$

模/数（A/D）转换器（其电路实现方法参见文献［24］）的作用是把采集到的模拟脉冲序列 $\tilde{y}(t)$ 变换成相应的数字脉冲序列 $\bar{y}(t)$ 供给 A/D 转换器后面的计算机使用。在转换过程中，计算机接收到的数据保持不变，即在此期间的值等于前一个采样点的数据值［如图2-31（d）的实线所示］，即计算机接收到的实际信息是

$$\bar{y}(t) = \tilde{y}(kT_s) \quad kT_s \leqslant t < (k+1)T_s \tag{2-128}$$

正因为如此，才把模数转换器称作保持器。

从图 2-31（d）也可以看到，在每个采样间隔内，A/D 转换器的输出是一个矩形脉冲，因此如果给 A/D 转换器输入一个理想单位脉冲函数 $\delta(t)$，其输出也可以表示为

$$g_h(t) = 1(t) - 1(t-T_s) \tag{2-129}$$

对式（2-129）取拉氏变换，可得

$$G_h(s) = \frac{1-e^{-T_s s}}{s} \tag{2-130}$$

由式（2-125）可知，$\tilde{y}(t)$ 是 $\delta_{T_s}(t)$ 序列［其幅值为 $y(kT_s)$］的函数，因此，A/D 转换器（保持器）的 s 传递函数就是式（2-130）。

2.8.3 数/模（D/A）转换器及其数学模型

在计算机里进行的是数字计算，因此计算机输出的是数字序列信号 $\bar{u}(kT_s)$（$t=0,1T_s$，$2T_s,\cdots,kT_s$），只有通过 D/A 转换器把它转换成连续的模拟量信号 $\tilde{u}(t)$ 后，才能输送给执行器。在转换期间，转换器的模拟量输出保持不变，即在此期间的模拟量输出一直等于前一个数字信号的数据值，直至下一个数据被转换。由此看出，虽然计算机与 D/A 转换器之间不存在采样开关，但从功能上看，它与 A/D 转换器一样，也是一个保持器。从数学上讲，它的数学模型也是

$$\tilde{u}(t) = u(kT_s), kT_s \leqslant t < (k+1)T_s \tag{2-131}$$

其传递函数仍为式（2-130）。

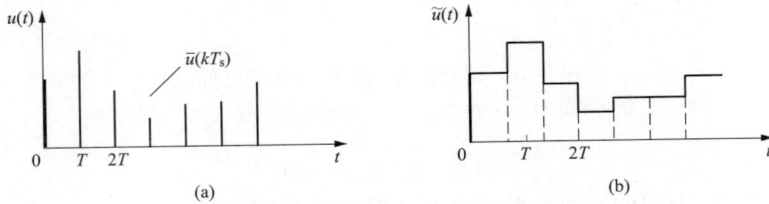

图 2-32　数模转换过程

（a）数字输出序列；（b）保持过程

2.8.4 采样定理及采样周期的选择

一个连续的模拟量信号被采样成为离散的模拟量信号后，接下去又被转换成离散的数值序列信号，此时的数值序列信号已经不能代表连续的模拟量信号，这是因为在两个采样点之间的信息全部被丢失。如果想用采样后的数值序列代替连续的模拟量信号，就必须使采样周期 T_s 为无穷小，这在工程中是做不到的，也是没必要的。如果使 T_s 足够的小（不是为 0），而且被采样的信号没有跳变，那么在两个连续采样点之间的任何一点的值与这两个连续采样点的值都相差无几，这时，两个连续采样点中间任何一点的值都可以用第一个采样点的值来近似代替，如式（2-128）所示。

现在的问题是如何选取采样周期 T_s，才能做到使采集到的数据序列无失真地再现出被采样的模拟信号。

假如被采样的是正弦曲线信号 $\sin\left(\dfrac{2\pi}{T}t\right)$（如图 2-33 所示），显然，要想再现出原来正弦曲线的形状，采样周期 T_s 必须满足：

$$T_s < \frac{T}{2} \tag{2-132}$$

式中　T——正弦函数的周期。

即使采样周期满足了式（2-132）的条件，但再现后的信号（如图 2-33 中的实折线所示）还是不能满足需要，

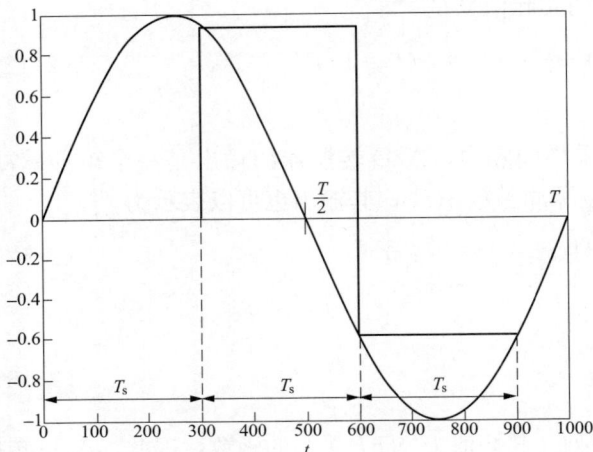

图 2-33　正弦曲线被采样和保持

式（2-132）仅仅是最低条件，还需更小的采样周期。

大量的实验表明[5][20]，如果在被采样信号的一个周期内能采集到 $200 \sim 500$ 个点，那么用再现后的信号代替被采样的信号，其精度可以达到合理的、可以接受的程度。由此，可以得到近似估算采样周期的近似公式如式（2-133）所示。

$$T_s = \frac{T}{500} \sim \frac{T}{200} \quad (2\text{-}133)$$

对于图 2-33 所描述的正弦信号曲线，如果选择 $T_s = T/200 = 1000/200 = 5$，则可以得到正弦信号被采样前及采样保持后的曲线，如图 2-34 所示。从该图上可以看到，采样前和采样保持后的两条曲线基本重合在一起，只是有一点"小毛刺"，这在工程上与干扰信号相比，可以忽略这些"小毛刺"，这样的精度是完全可以接受的。

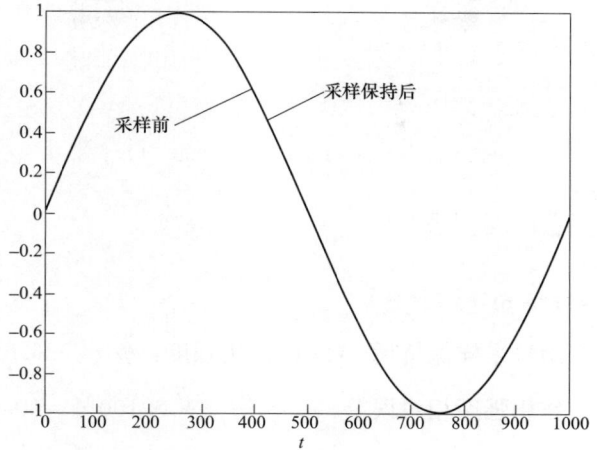

图 2-34　采样周期 $T_s = 5$ 时采样前后的对比

为了定量来分析采样保持后的精度，下面给出两个定义。

定义 2.14　把在某一时间段内，一个函数曲线下的绝对面积称为这个函数的作用强度。即函数 $y(t)$ 的作用强度为

$$p = \int_0^T |y(t)| \, dt \quad (2\text{-}134)$$

式中　p——作用强度；

T——考虑的时间段。

该定义表明，在一段时间内，一个函数对一个系统施加作用时的强度大小。虽然不同的函数会有相同的作用强度，但是，用作用强度来衡量一个函数被采样保持前后的精度是有意义的。这是因为一个函数被采样保持前后的形状基本是相似的，只是相似程度大小而已，而作用强度恰好表达了这个相似程度。

按此定义，对于函数

$$y(t) = \sin\left(\frac{2\pi}{1000}t\right)$$

在区间 $t \in [0, 1000]$ 内的作用强度为

$$p_0 = \int_0^{1000} \left| \sin\left(\frac{2\pi}{1000}t\right) \right| dt = \frac{2000}{\pi} = 636.62$$

根据 2.8.2 的讨论可知，$y(t)$ 被采样保持后的数字脉冲序列 $\bar{y}(t)$ 的作用强度为：

$$q = \sum_{k=0}^{1000/T_s} \left| \sin\left(\frac{2\pi}{1000}kT_s\right) \right| T_s$$

通过下面的程序就可以计算出 $\bar{y}(t)$ 的作用强度及其与原函数 $y(t)$ 的作用强度之间的相对误差。

```
% 正弦函数作用强度计算程序
clear all;
p = 0; dt = 5; lp = 1000/dt;
for i = 1: lp
    t = i * dt;
    p = p + dt * abs(sin(2 * 3.14159/1000 * t));
end
p0 = 2000/3.14159
p
e = (p0 - p)/p0 * 100
```

函数采样保持后 $\bar{y}(t)$ 的作用强度：$ep = 636.59$

作用强度相对误差：$e_p = \dfrac{p_0 - p}{p_0} \times 100\% = 0.0082\%$

这说明，如果把正弦函数施加给一个系统，对系统的作用大小与原函数的作用大小仅仅相差 0.0082%。

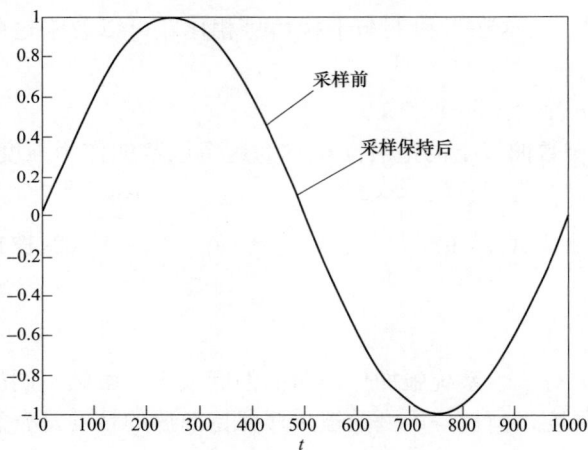

图 2-35 采样周期 $T_s = 2$ 时采样前后的对比

如果选择 $T_s = T/500 = 1000/500 = 2$，则可以得到正弦信号被采样前及采样保持后的曲线，如图 2-35 所示。

从图 2-35 中不难看到，采样前及采样保持后的曲线已经重合在一起，用人眼已经分辨不出两条曲线的差别。

选择采样步长 $T_s = 2$ 时，仍使用程序 simu _ ep. m，即可计算出采样保持后的作用强度 $p = 636.61$，作用强度相对误差 $e_p = 0.0013\%$。

由此可以看出，随着采样周期的减小，作用强度相对误差也随之减小，由此也可以证明，作用强度可以描述采样保持精度。

需要指出的是，采样精度不仅与采样周期有关，还与被采样信号的周期及其变化率有关，上述的精度仅仅是在信号周期 $T = 1000$ 时的情况。

对于非正弦函数的周期信号以及非周期信号都不能使用式（2-133）来估计采样周期。但是，根据傅氏级数的概念可知，任何函数（如果是非周期函数可以认为其周期为无穷大）只要满足收敛定理的条件，都可以展开成傅氏级数。在此情况下，可以理解为，任何复杂运动都可以看成是许多不同频率的简谐振动的叠加[26]。因此，只要知道简谐振动的最高频率（与谐振周期成反比），就可以按此频率来估计采样周期，这就是 Shannon（香农）定理。

定理 2.1 香农定理：

当且仅当采样频率 ω_s 满足

$$\omega_s \geqslant 2\omega_{max} \tag{2-135}$$

或 $$T_s \leqslant \frac{T_{\min}}{2} \tag{2-136}$$

式中 $\omega_{\min}$、$T_{\min}$——分别为信号简谐振动的最高频率和最小周期。

由采样得到的离散序列信号，才能够无失真地再现出原来的连续信号。

值得指出的是，香农定理是在 1948 年正式确定的，它是为了信号处理而提出的。给出的仅仅是采样时的最低约束条件，这个公式并不能给出具体选择方法。

可是，怎样才能求出简谐振动的最高频率（或最小周期）呢？

现在，来观察式（2-57）所示的函数，即

$$y(t) = 1 - e^{-t/T} \quad t \geqslant 0^+$$

该函数的特性曲线如图 2-36 所示。

如果对该函数进行拓展，可以得到图 2-36 所示的周期函数，其周期为 $5T$。

按采样周期估计公式（2-133），可以得到该函数的采样周期：

$$T_s = \frac{5T}{500} \sim \frac{5T}{200} = \frac{T}{100} \sim \frac{T}{40} \tag{2-137}$$

在本章 2.4.2 中的 4 中我们已经知道，式（2-57）是惯性环节 $\frac{1}{1+Ts}$ 在其输

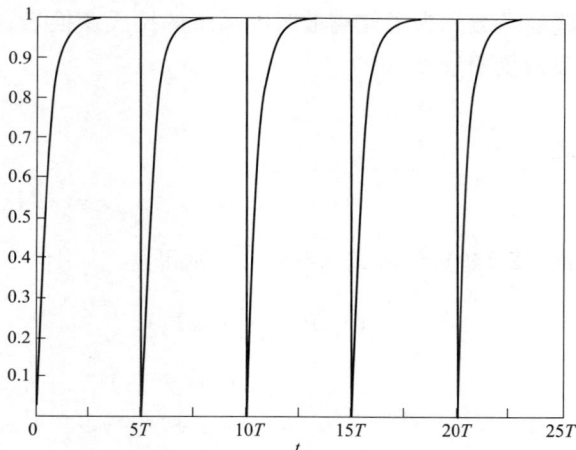

图 2-36　函数 $y(t) = 1 - e^{-t/T}$ 的拓展曲线

入为单位阶跃函数时的响应，因此在估算控制系统中的采样周期时，没有必要去估计被采样信号的最小简谐振动周期，只要知道系统中的最小惯性时间常数，就可以估算出采样周期。经验表明[5][20]，如果系统中的惯性环节是高阶的，则可以加大采样周期。由此，可以得到采样周期的估计公式（2-138）。

设：系统中的惯性环节为 $\frac{Ke^{-\tau s}}{(Ts+1)^n}$

则，采样周期的经验估计公式为

$$T_s = \frac{nT}{100} \sim \frac{nT}{40} \tag{2-138}$$

式中　T_s——采样周期；

T——惯性时间常数；

n——惯性阶次；

K——增益。

如果系统中有若干个惯性环节，则应以其中 nT 最小的为准。

2.8.5　Z 变换以及脉冲传递函数

1. Z 变换定义

在离散时间控制系统里增加了采样开关 K、A/D 转换器和 D/A 转换器，如果用经典控制理论进行分析，就必须对它们进行拉氏变换。

在本章 2.8.2 中已经知道，连续信号 $y(t)$ 经过采样器后得到的脉冲量序列信号 $\tilde{y}(kT_s)$

可以表示为式（2-127）的形式，即

$$\tilde{y}(t) = \sum_{k=0}^{\infty} y(kT_s)\delta(t - kT_s)$$

对此式进行拉氏变换可得

$$\tilde{Y}(s) = \sum_{k=0}^{\infty} y(kT_s)e^{-kT_s s} \qquad (2\text{-}139)$$

由式（2-139）可以看出，$\tilde{Y}(s)$ 与 $y(kT_s)$ 直接相关，但增加了 $e^{-kT_s s}$ 部分，使得 $\tilde{Y}(s)$ 成为 s 的超越函数。为了使离散时间系统的拉氏变换表达形式简化，隐去 $e^{-kT_s s}$ 部分，因此引入一个新的复变量 z，令

$$z = e^{T_s s} \qquad (2\text{-}140)$$

反之

$$s = \frac{1}{T_s}\ln z \qquad (2\text{-}141)$$

将式（2-140）代入式（2-139），则得：

$$\begin{aligned}
\tilde{Y}(z) &= \sum_{k=0}^{\infty} y(kT_s)z^{-k} \\
&= y(0) + y(T_s)z^{-1} + y(2T_s)z^{-2} + y(3T_s)z^{-3}\cdots \\
&= a_0 + a_1 z^{-1} + a_2 z^{-2} + a_3 z^{-3}\cdots
\end{aligned} \qquad (2\text{-}142)$$

其中，$a_0 = y(0)$、$a_1 = y(T_s)$、$a_2 = y(2T_s)$、$a_3 = y(3T_s)$、$\cdots$。把 $\tilde{Y}(z)$ 称为采样序列信号 $y(kT_s)$ 的 Z 变换。

定义 2.15 对离散时间序列函数取拉氏变换，并令拉氏算子

$$s = \frac{1}{T_s}\ln z$$

则把得到的以 z 为变量的函数称为离散时间序列函数的 Z 变换。

值得注意的是，对于一个连续时间函数也可以进行 Z 变换，但这时已经假想了被变换的函数已经被采样。

因为 Z 变量是一个复变量，所以可以表示为

$$z = e^{T_s s} = e^{T_s(\sigma + j\omega)} = e^{T_s \sigma}e^{jT_s \omega} = \mid z \mid e^{j\theta} \qquad (2\text{-}143)$$

其中，$\mid z \mid = e^{T_s \sigma}$ 是复变量 z 的模（幅值）；$\theta = \omega T_s$ 是复变量 z 的相角。

虽然在这里给出了 Z 变换的定义，但是求取一个函数的 Z 变换并不是一件容易的事。

考虑单位阶跃函数 $1(t)$ 或理想单位脉冲序列 $\delta_{T_s}(t)$，它们的采样序列值均为 1，即 $1(kT_s) = \delta_{T_s}(kT_s) = 1, k = 0,1,2,\cdots$。将其代入式（2-142）即可得到它们的 Z 变换：

$$1(z) = \delta_{T_s}(z) = Z[1(t)] = \sum_{k=0}^{\infty} z^{-k} = 1 + z^{-1} + z^{-2} + z^{-3} + \cdots \qquad (2\text{-}144)$$

利用无穷等比级数求和公式[26]，可以得到 $1(t)$ 和 $\delta_{T_s}(t)$ 的 z 变换的闭合形式为

$$1(z) = \delta_{T_s}(z) = \frac{z}{z - 1} \qquad (2\text{-}145)$$

并不是所有函数的 Z 变换都可以写成闭合形式，在人的能力范围内也仅能给出非常有限的一些函数的 Z 变换闭合形式，参见文献 [15] [27] [28] [29] 中的 Z 变换表，下面给

出几个常用函数的 Z 变换。

表 2-2   **几个常用函数的 Z 变换简表**

$f(t)$	$F(z)$	$f(t)$	$F(z)$
$\delta(t)$	1	$\dfrac{1}{2}t^2$	$\dfrac{T_s^2 z(z+1)}{2(z-1)^3}$
$\delta(t-kT_s)$	z^{-k}		
$\delta_{T_s}(t)$	$\dfrac{z}{z-1}$	$\sin at$	$\dfrac{z\sin aT_s}{z^2-2z\cos aT_s+1}$
$1(t)$	$\dfrac{z}{z-1}$		
t	$\dfrac{T_s z}{(z-1)^2}$	e^{-at}	$\dfrac{z}{z-\mathrm{e}^{-aT_s}}$

  由此例也可以看出，单位阶跃函数和理想单位脉冲序列函数在时域特性上是两个不同的函数，但它们确有相同的 Z 变换。其实原因很简单，Z 变换要变换的是连续函数的采样序列，不同的函数可能会有相同的采样序列，所以这样的两种函数的 Z 变换是相同的。

  这给 Z 变换的反变换带来困难，Z 反变换不唯一，它描述的仅仅是原函数的采样序列，采样点中间的信息已经全部丢失。从这点上说，Z 变换不是完全可逆的。

  为便于使用 Z 变换对系统进行分析，下面给出 Z 变换的几个常用到的基本定理和性质（只考虑 $t \geqslant 0$ 时的情况），关于这些定理和性质的证明参阅文献［15］。

  （1）线性性质。若 α,β 是常数，$\mathrm{Z}[f_1(t)]=F_1(z),\mathrm{Z}[f_2(t)]=F_2(z)$ ，则有

$$\mathrm{Z}[\alpha f_1(t)+\beta f_2(t)]=\alpha F_1(z)+\beta F_2(z) \tag{2-146}$$

  （2）实数位移性质。若 $\mathrm{Z}[f(t)]=F(z)$ ，则有

$$\left.\begin{aligned} \mathrm{Z}[f(t-kT_s)]&=z^{-k}F(z) \\ \mathrm{Z}[f(t+kT_s)]&=z^k\Big[F(z)-\sum_{n=0}^{k-1}x(nT_s)z^{-n}\Big] \end{aligned}\right\} \tag{2-147}$$

式中 k ——正整数。

  （3）复数位移性质。若 $\mathrm{Z}[f(t)]=F(z)$ ，则有

$$\mathrm{Z}[f(t)\mathrm{e}^{\pm at}]=F(z\mathrm{e}^{\pm aT_s}) \tag{2-148}$$

  （4）初值定理。若 $\mathrm{Z}[f(t)]=F(z)$ ，则有

$$f(0)=\lim_{z\to\infty}F(z) \tag{2-149}$$

  （5）终值定理。若 $\mathrm{Z}[f(t)]=F(z)$ ，则有

$$f(\infty)=\lim_{z\to 1}(z-1)F(s) \tag{2-150}$$

2. 脉冲（Z）传递函数

假设离散时间系统的方框图如图 2-37 所示。

在该系统中，连续的输入信号 $u(t)$ 经过采样开关 I 后变成离散序列信号 $u(kT_s)$ ，输入给连续环节 $G(s)$ ，从该环节输出的信号仍为连续

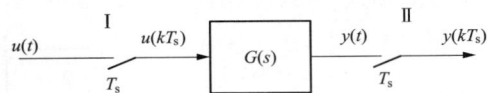

图 2-37   离散时间系统

信号 $y(t)$ ，后经采样开关 II 后变成了离散序列信号 $y(kT_s)$ 。

  定义 2.16   线性定常系统输出 $y(t)$ 的 Z 变换 $Y(z)$ 与输入 $u(t)$ 的 Z 变换 $U(z)$ 之比，称为系统的脉冲传递函数，或者叫作 Z 传递函数。

根据式（2-142）所示的 Z 变换一般表达式的形式，可以得到脉冲传递函数的一般表达式为

$$G(z) = \frac{Y(z)}{U(z)} = \frac{b_0 + b_1 z^{-1} + b_2 z^{-2} + \cdots}{a_0 + a_1 z^{-1} + a_2 z^{-2} + a_3 z^{-3} + \cdots} \tag{2-151}$$

由此可以得到

$$(a_0 + a_1 z^{-1} + a_2 z^{-2} + a_3 z^{-3} + \cdots)Y(z) = (b_0 + b_1 z^{-1} + b_2 z^{-2} \cdots)U(z) \tag{2-152}$$

再根据迟延定理以及 Z 变换的定义，取上式的反 Z 变换（令 $a_0 = 1$），并整理，可以得到：

$$y(k) = -a_1 y(k-1) - a_2 y(k-2) - \cdots + b_0 u(k) + b_1 u(k-1) + b_2 u(k-2) + \cdots$$
$$\tag{2-153}$$

由此看出，Z 传递函数描述的是系统的差分方程，它更接近时域解。

在工程上，不会让 $k = \infty$，因此，Z 传递函数的分子和分母的阶次都是有限的，这样可以把式（2-153）改写为

$$y(k) = -a_1 y(k-1) - a_2 y(k-2) - \cdots - a_n y(k-n)$$
$$+ b_0 u(k) + b_1 u(k-1) + b_2 u(k-2) + \cdots + b_m u(k-m), n \geqslant m \tag{2-154}$$

对式（2-154）两边取 Z 变换，经整理后可得到常用的脉冲传递函数的一般表达式为

$$G(z) = \frac{Y(z)}{U(z)} = \frac{b_0 + b_1 z^{-1} + b_2 z^{-2} + \cdots + b_m z^{-m}}{a_0 + a_1 z^{-1} + a_2 z^{-2} + \cdots + a_n z^{-n}}, n \geqslant m \tag{2-155}$$

不难看出，式（2-154）与式（2-33）完全相同。这说明：对于式（2-11）所描述的连续系统，如果用本章 2.3.1 所述的直接近似方法得到的差分方程式（2-33），与对式（2-11）取 z 变换得到的差分方程式（2-55）是完全相同的，这也就是为什么在微分方程表达式（2-11）里要求 $n \geqslant m$，而在差分方程表达式（2-55）里也要求 $n \geqslant m$ 的原因。此外，对式（2-11）所示系统使用不同的近似方法得到的差分方程系数可能与用 Z 变换方法得到的差分方程系数会有不同，但它们都是对连续系统的一种近似，只是精度不同而已（参见第 3 章）。

值得注意的是，只有在满足下述的情况下，上述的结论才是正确的：在实际工程中，连续信号被采样后不是直接输入给计算机，一定要加入 A/D 转换器，把模拟的采样序列信号转换成数字序列信号，然后输入给与它相连的计算机。在转换过程中，计算机接收到的数据保持不变，即在连续的两个采样点之间计算机接收到的值一直是第一个采样点的数据值。也就是说，在图 2-37 所示离散系统中的 $G(s)$ 一定含有 A/D 环节（见图 2-38）。此外，即使 $G(s)$ 描述的是一个连续环节，因为它在 A/D 环节后面，所以该环节一定是用计算机来实现的，那么该环节的输出一定是离散数据序列，因此，在图 2-37 中的采样开关 II 是不存在的，也是没有必要的，而且如果要把环节 $G(s)$ 的输出输送给一个连续环节，那么就一定要在 $G(s)$ 后面加入 D/A 转换器（见图 2-38）。

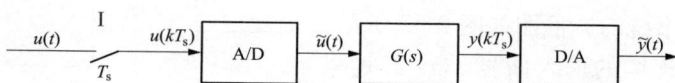

图 2-38　实际工程中的离散时间系统

现在的计算机运算速度以及 A/D 和 D/A 的转换速度是非常快的，在工程上完全能达到式（2-138）对采样周期的要求。由本章 2.8.4 的分析可知，在此情况下，用差分方程描述的离散时间系统与用微分方程描述的连续时间系统的动态特性可以达到相当高的相似程度

（取决于采样周期）。因此，可以用连续系统的分析方法来分析离散系统，这时脉冲传递函数就失去了存在的意义。

2.8.6 Z传递函数运算以及开环与闭环系统的脉冲传递函数

在前面讲述 Z 变换的定义时已经知道，如果对一个连续时间函数进行 Z 变换，那么就一定要对被变换的函数进行采样。换句话说，如果要把一个用 s 传递函数描述的连续时间控制系统转换成用 Z 传递函数描述的形式，那么一定要对连续部分进行采样，但这样已经改变了原系统，而且在过程控制工程中也不存在这样的系统（仅采样，不保持）。实际工程中，总是在采样开关后面加入 A/D 转换器，如图 2-38 所示。

从上面的分析可以看到，并不能随意地对一个系统中某一环节的输入和输出取 Z 变换，只有这个环节被采样时，才可以对它的输入和输出进行 Z 变换，也即才能用 Z 传递函数来描述该环节。这就是 Z 变换的原则，也是 Z 传递函数的运算规则。

考虑如图 2-39 所示的系统。

对于图 2-39（a），环节 $G_1(s)$ 和 $G_2(s)$ 的输入和输出都已经被采样，因此可以对它们的输入和输出分别进行 Z 变换，进而得到它们的 Z 传递函数，即

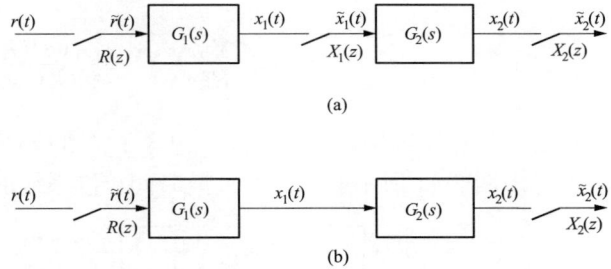

图 2-39 环节串联的开环系统
（a）相连的两个环节之间有采样开关；
（b）相连的两个环节之间无采样开关

$$\left.\begin{array}{l} \dfrac{X_1(z)}{R(z)} = Z[G_1(s)] = G_1(z) \\[3mm] \dfrac{X_2(z)}{X_1(z)} = Z[G_2(s)] = G_2(z) \end{array}\right\} \qquad (2\text{-}156)$$

而

$$\frac{X_2(z)}{R(z)} = G_1(z)G_2(z) \qquad (2\text{-}157)$$

而对于图 2-39（b），环节 $G_2(s)$ 的输入没有被采样，因此不能单独对它的输入进行 Z 变换。在图 2-39 中，被采样的是整体环节 $G_1G_2(s)$ 的输入和输出，所以如果对该系统的信号进行 Z 变换，也只能变换整体环节 $G_1G_2(s)$ 的输入和输出。因此，只能得到

$$\frac{X_2(z)}{R(z)} = Z[G_1(s)G_2(s)] = G_{12}(z) \qquad (2\text{-}158)$$

显然，式（2-157）中的 $G_1(z)G_2(z)$ 不等于式（2-158）中的 $G_{12}(z)$，即

$$Z[G_1(s)]Z[G_2(s)] \neq Z[G_1G_2(s)] \qquad (2\text{-}159)$$

按照此规则能很容易地求出各种系统的闭环 Z 传递函数。

考虑图 2-40 所示的单回路离散时间

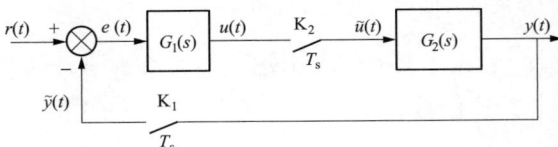

图 2-40 单回路离散时间控制系统方框图

控制系统的闭环 Z 传递函数。

对于该系统，环节 $G_1(s)$ 和 $G_2(s)$ 的输入输出都已经被采样，因此可以对它们的输入和输出分别进行 Z 变换，进而得到它们的 Z 传递函数，即

$$\left.\begin{array}{l} \dfrac{U(z)}{E(z)} = Z[G_1(s)] = G_1(z) \\[3mm] \dfrac{Y(z)}{U(z)} = Z[G_2(s)] = G_2(z) \end{array}\right\} \tag{2-160}$$

由此得到该系统的闭环 Z 传递函数：

$$\frac{Y(z)}{R(z)} = \frac{G_1(z)G_2(z)}{1 + G_1(z)G_2(z)} \tag{2-161}$$

在实际工程系统中，环节 $G_1(s)$ 包含了 A/D 转换器，环节 $G_2(s)$ 包含了 D/A 转换器。再考虑图 2-41 所示的双回路离散时间控制系统的闭环 Z 传递函数。

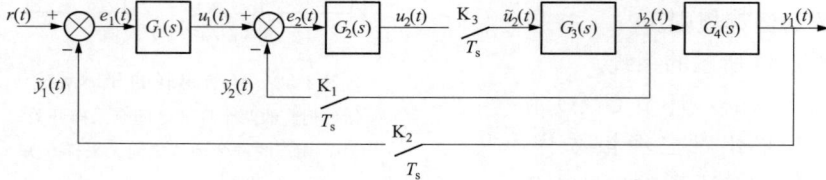

图 2-41 双回路离散时间控制系统方框图

图 2-41 所示的是一个实际工程中的双回路系统，分析系统方框图可知，环节 $G_2(s)$ 接收的是数字信号 $\tilde{y}_2(t)$ 和 $G_1(s)$ 的输出 $u_1(t)$，$\tilde{y}_2(t)$ 和 $u_1(t)$ 必须是同类型信号，系统才能正常工作，因此环节 $G_1(s)$ 的输出 $u_1(t)$ 也必须是数字信号，这相当于在 $u_1(t)$ 处有一个采样开关，实际上，$G_1(s)$ 和 $G_2(s)$ 是两个数字控制器；而环节 $G_3(s)$ 和 $G_4(s)$ 在物理上是连接在一起的，它们之间没有物理上的分界点，只是有一个测点而已，因此在它们之间不可能加入任何物理设备。所以，实际工程中的双回路离散时间控制系统方框图应该如图 2-42 所示。

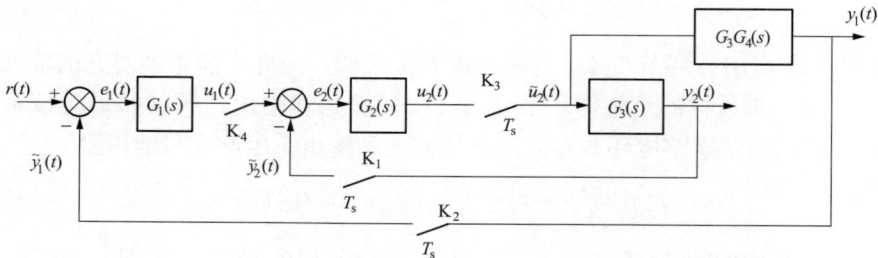

图 2-42 工程实际中的双回路离散时间控制系统方框图

从图 2-42 中可以看到，环节 $G_1(s)$、$G_2(s)$、$G_3(s)$ 和 $G_4(s)$ 中都应该包含着 A/D 转换器或 D/A 转换器，而且可以对每个环节求取 Z 传递函数。

令

$$\left.\begin{array}{l} \dfrac{U(z)}{E_1(z)} = Z[G_1(s)] = G_1(z) \\[3mm] \dfrac{U_2(z)}{U_1(z)} = Z[G_2(s)] = G_2(z) \\[3mm] \dfrac{Y_2(z)}{U_2(z)} = Z[G_3(s)] = G_3(z) \\[3mm] \dfrac{Y_1(z)}{U_2(z)} = Z[G_3 G_4(s)] = G_3 G_4(z) \end{array}\right\} \qquad (2\text{-}162)$$

根据方框图的运算规则有

$$\begin{cases} U_2(z) = [R(z) - Y_1(Z)]G_1(z)G_2(z) - U_2(z)G_2(z)G_3(z) \\ Y_1(z) = U_2(z)G_3 G_4(z) \end{cases} \qquad (2\text{-}163)$$

整理此式，则有系统的闭环 Z 传递函数

$$\frac{Y_1(z)}{R(z)} = \frac{G_1(z)G_2(z)G_3 G_4(z)}{1 + G_2(z)G_3(z) + G_1(z)G_2(z)G_3 G_4(z)} \qquad (2\text{-}164)$$

在本章 2.5 中已经谈到，使用计算机对系统进行分析时，求取系统的闭环传递函数是没有必要的。这里仅仅是让我们来理解使用 Z 传递函数的方法和意义。

2.9　非线性系统的数学模型

连续系统包括线性系统与非线性系统。在定义 1.2 中已经定义了非线性系统。前面所讨论的连续系统数学模型的描述方法对一切线性连续系统都是适用的，但对于某些非线性连续系统则不尽然。

在工程中遇到的非线性系统通常有两种：硬非线性系统和软非线性系统。软非线性系统可由非线性微分方程式来描述，硬非线性系统则不能用一个方程来描述。

表 2-3 与表 2-4 列举了几个软、硬非线性元件（环节）的例子及描述方程式。

表 2-3　　　　　　　　　　　　　软非线性元件的例子及描述式

框　图	方程式
	$y = \dfrac{u^2 + u^5}{\sqrt{u}}$
	$y = ku^2$
	$y = ku^3$

表 2-4 　　　　　　　　　　　　硬非线性元件的例子及描述式

框　图	普通名称	方程式
	继电器	$y = \begin{cases} -y_0, & u < 0 \\ y_0, & u \geqslant 0 \end{cases}$
	具有不灵敏区的继电器	$y = \begin{cases} y_0, & u \geqslant c \\ 0, & -c < u < c \\ -y_0, & u \leqslant -c \end{cases}$
	限幅器	$y = \begin{cases} c, & u > c \\ u, & |u| \leqslant c \\ -c, & u < -c \end{cases}$
	不灵敏区	$y = \begin{cases} u-c, & u > c \\ 0, & |u| \leqslant c \\ u+c, & u < -c \end{cases}$
	齿轮间隙	$y = \begin{cases} u-c, & u-u^0 > 0 \text{ 且 } y^0 \leqslant u-c \\ u+c, & u-u^0 < 0 \text{ 且 } y^0 \geqslant u+c \\ y^0, & \text{其他} \end{cases}$ 其中 u^0 为前一微小时刻的输入， y^0 为前一微小时刻输出

软的非线性系统常用如下的一阶微分方程组表示

$$\dot{X}(t) = F[X(t);U(t);Z(t);t] \tag{2-165}$$

式中　$X(t)$ ——n 维状态向量；

$U(t)$ ——m 维的输入向量；

$Z(t)$ ——q 维的中间向量；

t ——系统的时间变量。

如果 t 不是一个显变量，则式（2-165）是定常系统，且可简化为

$$\dot{X}(t) = F[X(t);U(t);Z(t)] \tag{2-166}$$

硬的非线性系统常用如下的一阶微分方程组表示

$$
\begin{cases}
\dot{x}_1 = f_1[X(t),U(t),Z(t);t] \\
\dot{x}_2 = f_2[X(t),U(t),Z(t);t] \\
\qquad\qquad\vdots \\
\dot{x}_j = \begin{cases} f_{j1}[X(t),U(t),Z(t);t], \Phi_1[X(t),U(t),Z(t);t] \geqslant 0 \\ \qquad\qquad\vdots \\ f_{jk}[X(t),U(t),Z(t);t], \Phi_k[X(t),U(t),Z(t);t] \geqslant 0 \end{cases} \\
\qquad\qquad\vdots \\
\dot{x}_{n-1} = f_{n-1}[X(t),U(t),Z(t);t] \\
\dot{x}_n = f_n[X(t),U(t),Z(t);t]
\end{cases}
\tag{2-167}
$$

式中　　$X(t)$——n 维状态向量；

$\qquad\quad U(t)$——m 维的输入向量；

$\qquad\quad Z(t)$——q 维的中间向量；

$\qquad\qquad t$——系统的时间变量；

$f_1,\cdots,f_n$——系统函数，f 的部分分量 $f_{j1}\sim f_{jk}$ 可能为不连续函数，其不连续性由条件函数 $\Phi_1,\cdots,\Phi_k$ 的状态决定。

2.10 微分方程、传递函数与状态方程之间的转换

无论是对控制系统进行理论分析，还是求其数值解，经常需要把微分方程、传递函数及方框图描述转换成状态方程描述的形式。下面来介绍它们之间的转换方法。

2.10.1 微分方程与状态方程之间的转换

1. 输入函数无导数项

考虑由如下微分方程描述的系统：

$$\dddot{y} + 2\ddot{y} + 3\dot{y} + 4y = 5u$$

初始条件：$y(0)=1, \dot{y}(0)=2, \ddot{y}(0)=3$

令：$x_1 = y, x_2 = \dot{y}, x_3 = \ddot{y}$,则

$$\dot{x}_1 = x_2, \dot{x}_2 = x_3, \dot{x}_3 = -4x_1 - 3x_2 - 2x_3 + 5u$$

写成矩阵形式，即可得

状态方程：
$$
\begin{bmatrix} \dot{x}_1 \\ \dot{x}_2 \\ \dot{x}_3 \end{bmatrix} =
\begin{bmatrix} 0 & 1 & 0 \\ 0 & 0 & 1 \\ -4 & -3 & -2 \end{bmatrix}
\begin{bmatrix} x_1 \\ x_2 \\ x_3 \end{bmatrix} +
\begin{bmatrix} 0 \\ 0 \\ 5 \end{bmatrix} u
$$

输出方程：
$$
y = \begin{bmatrix} 1 & 0 & 0 \end{bmatrix}
\begin{bmatrix} x_1 \\ x_2 \\ x_3 \end{bmatrix}
$$

状态变量初值：
$$
\begin{cases}
x_1(0) = y(0) = 1 \\
x_2(0) = \dot{y}(0) = 2 \\
x_3(0) = \ddot{y}(0) = 3
\end{cases}
$$

考虑微分方程式（2-168）所描述的一般系统：

$$\frac{\mathrm{d}^n y(t)}{\mathrm{d}t^n} + a_{n-1}\frac{\mathrm{d}^{n-1}y(t)}{\mathrm{d}t^{n-1}} + \cdots + a_1\frac{\mathrm{d}y(t)}{\mathrm{d}t} + a_0 y(t) = b_0 u(t) \tag{2-168}$$

按照上述设状态变量的方法，即令 $x_1 = y, x_2 = \dot{y}, \cdots, x_n = y^{(n-1)}$），则可以得到状态方程描述的一般表达式为

$$\begin{bmatrix} \dot{x}_1 \\ \dot{x}_2 \\ \vdots \\ \dot{x}_{n-1} \\ \dot{x}_n \end{bmatrix} = \begin{bmatrix} 0 & 1 & 0 & \cdots & 0 \\ 0 & 0 & 1 & \cdots & 0 \\ \vdots & \vdots & \vdots & \ddots & \vdots \\ 0 & 0 & 0 & & 1 \\ -a_0 & -a_1 & -a_2 & \cdots & -a_{n-1} \end{bmatrix} \begin{bmatrix} x_1 \\ x_2 \\ \vdots \\ x_{n-1} \\ x_n \end{bmatrix} + \begin{bmatrix} 0 \\ 0 \\ \vdots \\ 0 \\ b_0 \end{bmatrix} u \tag{2-169}$$

输出方程为

$$y = \begin{bmatrix} 1 & 0 & \cdots & 0 \end{bmatrix} \begin{bmatrix} x_1 \\ x_2 \\ \vdots \\ x_n \end{bmatrix} \tag{2-170}$$

状态变量初值为

$$\begin{bmatrix} x_1(0) \\ x_2(0) \\ \vdots \\ x_n(0) \end{bmatrix} = \begin{bmatrix} y(0) \\ \dot{y}(0) \\ \vdots \\ y^{(n-1)}(0) \end{bmatrix} \tag{2-171}$$

2. 输入函数有导数项

考虑由如下微分方程描述的系统：

$$\dddot{y} + 2\ddot{y} + 3\dot{y} + 4y = 5\ddot{u} + 6\ddot{u} + 7\dot{u} + 8u$$

初始条件：$y(0) = 1, \dot{y}(0) = 2, \ddot{y}(0) = 3$ \tag{2-172}

式中　u——单位阶跃函数。

此方程不能用上述公式及方法直接求得，因为等式右侧含有导数项，所以改用下述的降阶法。

对式（2-172）两边同时取不定积分一次，把不能积分的项移到等式右边，得到

$$\ddot{y} + 2\dot{y} + 3y = 5\ddot{u} + 6\dot{u} + 7u + \int (8u - 4y)\mathrm{d}t \tag{2-173}$$

令：

$$\dot{x}_3 = 8u - 4y \tag{2-174}$$

并把式（2-174）代入式（2-173），得到

$$\ddot{y} + 2\dot{y} + 3y = 5\ddot{u} + 6\dot{u} + 7u + x_3 \tag{2-175}$$

用同样的方法对式（2-175）两边再积分一次并整理，得到

$$\dot{y} + 2y = 5\dot{u} + 6u + \int (7u + x_3 - 3y)\mathrm{d}t \tag{2-176}$$

令：

$$\dot{x}_2 = 6u + 3x_3 - 3y \tag{2-177}$$

并把式（2-177）代入式（2-176），得到

$$\dot{y} + 2y = 5\dot{u} + 6u + x_2 \tag{2-178}$$

同理，对式（2-178）两边再积分一次并整理，得到

$$y = 5u + \int (6u + x_2 - 2y)\mathrm{d}t \tag{2-179}$$

令：

$$\dot{x}_1 = 6u + x_2 - 2y \tag{2-180}$$

并把它代入式（2-179），得到

$$y = 5u + x_1 \tag{2-181}$$

把式（2-181）代入式（2-180）、式（2-177）及式（2-174），即可得到该系统的状态方程描述：

$$
\begin{aligned}
\dot{x}_1 &= -2x_1 + x_2 - 4u \\
\dot{x}_2 &= -3x_1 + x_3 - 8u \\
\dot{x}_3 &= -4x_1 - 12u
\end{aligned}
\tag{2-182}
$$

输出方程为

$$y = x_1 + 5u \tag{2-183}$$

由式（2-175）、式（2-178）及式（2-181）可得各状态变量的初值：

因为 $u(t) = I(t)$，所以 $u(0) = \dot{u} = \ddot{u}(0) = 0$

$x_1(0) = y(0) - 5u(0) = 1 - 5 \times 0 = 1$

$x_2(0) = \dot{y}(0) + 2y(0) - 5\dot{u}(0) - 6u(0) = 2 + 2 \times 1 - 5 \times 0 - 6 \times 0 = 4$

$x_3(0) = \ddot{y}(0) + 2\dot{y}(0) + 3y(0) - 5\ddot{u}(0) - 6\dot{u}(0) - 7u(0)$

$\qquad = 3 + 2 \times 2 + 3 \times 1 - 5 \times 0 - 6 \times 0 - 7 \times 0 = 10$

根据上述方法，不难证明，对于微分方程式（2-184）描述的一般系统

$$y^{(n)} + a_{n-1}y^{(n-1)} + \cdots + a_1 y^{(1)} + a_0 y = b_n u^{(n)} + b_{n-1}u^{(n-1)} + \cdots + b_0 u$$

$$y(t)\,|_{t=0} = y(0), \dot{y}(t)\,|_{t=0} = y_1(0), \ddot{y}(t)\,|_{t=0} = y_2(0), \cdots, y^{(n-1)}(t)\,|_{t=0} = y_{n-1}(0)$$

$$\tag{2-184}$$

其状态方程描述为

$$
\begin{bmatrix} \dot{x}_1 \\ \dot{x}_2 \\ \vdots \\ \dot{x}_{n-1} \\ \dot{x}_n \end{bmatrix}
=
\begin{bmatrix}
-a_{n-1} & 1 & 0 & \cdots & 0 \\
-a_{n-2} & 0 & 1 & \cdots & 0 \\
\vdots & \vdots & \vdots & & \vdots \\
-a_1 & 0 & 0 & \cdots & 1 \\
-a_0 & 0 & 0 & \cdots & 0
\end{bmatrix}
\begin{bmatrix} x_1 \\ x_2 \\ \vdots \\ x_{n-1} \\ x_n \end{bmatrix}
+
\begin{bmatrix}
b_{n-1} - b_n a_{n-1} \\
b_{n-2} - b_n a_{n-2} \\
\vdots \\
b_1 - b_n a_1 \\
b_0 - b_n a_0
\end{bmatrix}
u
\tag{2-185}
$$

输出方程为

$$y = x_1 + b_n u \tag{2-186}$$

状态变量初值为

$$x_j(0) = \sum_{i=1}^{j} \left[a_{n-i+1} y^{(j-i)}(0) - b_{n-i+1} u^{(j-i)}(0) \right], j = 1, 2, 3, \cdots, n \tag{2-187}$$

注意，当输入函数 u 在 $t=0$ 时有跃变时，一般 y 及其各阶导数在 $t=0$ 处也有跃变，即

$u(0^-) \neq u(0^+)$ 时，y 及其各阶导数的 0^- 时刻的值可能不等于 0^+ 时的的值。那么式（2-187）的初值代入 0^+ 时刻的值还是代入 0^- 时刻的值呢？

可以证明[23]，代入 0^+ 时刻的值和代入 0^- 时刻的值所求的状态变量的初值是相同的。不过要注意，y 与 u 要么同时是 0^+ 时刻的，要么就同时是 0^- 时刻的。而一般给出的初值都是 0^- 时刻的值。由参考文献［23］可知，当式（2-184）的初始条件为

$$y(t)\mid_{t=0^-} = y(0^-) \text{、} y^{(1)}(t)\mid_{t=0^-} = y^{(1)}(0^-) \text{、} \cdots \text{、} y^{(n-1)}(t)\mid_{t=0^-} = y^{(n-1)}(0^-) \text{ 时，} y(t) \text{ 及其}$$

各阶导数在 $t=0^+$ 时刻的初值可由式（2-199）求得

$$y^{(n-1)}(0^+) = y^{(k)}(0^-) + \sum_{j=0}^{k-1} a_{n-k+j} [y^{(j)}(0^-) - y^{(j)}(0^+)] - \sum b_{n-k+j} [u^{(j)}(0^-) - u^{(j)}(0^+)]$$

$$(2\text{-}188)$$

其中，$k=0$，1，2，$\cdots$，$n-1$；$y^{(0)}(t) = y(t)$；$\sum\limits_{j=0}^{-1} a_{n-k+j} [y^{(j)}(0^-) - y^{(j)}(0^+0)] = 0$。

需要说明的是，一个系统的状态方程形式不是唯一的，所设的状态变量不同，得到的状态方程也不同。式（2-188）的初值公式仅适用于式（2-185）所述的状态方程形式。有的状态方程求初值很麻烦。不管状态方程的形式怎样，所得到的系统解最终是相同的。

2.10.2　传递函数与状态方程之间的转换

对于某些用传递函数描述的系统，可以把它转化成微分方程的形式后套用式（2-185），即可得到其状态方程描述。但有时把传递函数转化为微分方程是比较麻烦的。所以下面讲述两种直接从传递函数转化为状态方程的方法。

1. 串联法

考虑由传递函数式（2-189）所描述的系统，即

$$\frac{y(s)}{u(s)} = \frac{1}{s(s+1)(s+2)(s+3)} \qquad (2\text{-}189)$$

$$y(0)=1, y^{(1)}(0)=2, y^{(2)}(0)=3, y^{(3)}(0)=4$$

把由式（2-189）描述的系统改变成图 2-43 的形式，并按图所示设状态变量 x_1、x_2、x_3、x_4。

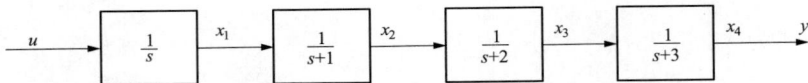

图 2-43　式（2-189）所描述系统的方框图描述

从图 2-43 不难看出：

$\dfrac{x_1}{u} = \dfrac{1}{s}$，则

$$\dot{x}_1 = u \qquad (2\text{-}190)$$

$\dfrac{x_2}{x_1} = \dfrac{1}{s+1}$，则

$$\dot{x}_2 = -x_2 + x_1 \qquad (2\text{-}191)$$

$\dfrac{x_3}{x_2} = \dfrac{1}{s+2}$，则

$$\dot{x} = -2x_3 + x_2 \tag{2-192}$$

$\dfrac{x_4}{x_3} = \dfrac{1}{s+3}$，则

$$\dot{x}_4 = -3x_4 + x_3 \tag{2-193}$$

即系统的状态方程描述为

$$\begin{bmatrix} \dot{x}_1 \\ \dot{x}_2 \\ \dot{x}_3 \\ \dot{x}_4 \end{bmatrix} = \begin{bmatrix} 0 & 0 & 0 & 0 \\ 1 & -1 & 0 & 0 \\ 0 & 1 & -2 & 0 \\ 0 & 0 & 1 & -3 \end{bmatrix} \begin{bmatrix} x_1 \\ x_2 \\ x_3 \\ x_4 \end{bmatrix} + \begin{bmatrix} 1 \\ 0 \\ 0 \\ 0 \end{bmatrix} u \tag{2-194}$$

输出方程为

$$y = x_4 \tag{2-195}$$

状态变量初始条件可从式（2-194）和式（2-195）求得

$$x_4(0) = y(0) = 1$$

$$x_3(0) = \dot{x}_4(0) + 3x_4(0) = \dot{y}(0) + 3x_4(0) = 5$$

$$x_2(0) = \dot{x}_3(0) + 2x_3(0) = \ddot{y}(0) + 3\dot{y}(0) + 2x_3(0) = 19$$

$$x_1(0) = \dot{x}_2(0) + x_2(0) = \dddot{y}(0) + 3\ddot{y}(0) + 2[\ddot{y}(0) + 3\dot{y}(0)] + x_2(0) = 50$$

由于这种方法是把对象化成串联的形式，因此称为串联法。

2. 并联法

也可以把由式（2-189）描述的系统改变成图 2-44 所示的形式，并按图所示设状态变量 x_1，x_2，x_3，x_4。

从图 2-44 中不难看出：

$\dfrac{x_1}{u} = \dfrac{1}{6s}$，即

$$\dot{x}_1 = \frac{1}{6}u \tag{2-196}$$

$\dfrac{x_2}{u} = -\dfrac{1}{2}\dfrac{1}{s+1}$，即

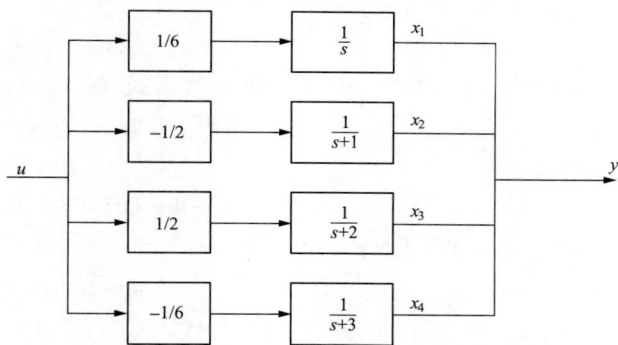

图 2-44　式（2-189）所描述系统的另一种方框图描述

$$\dot{x}_2 = -x_2 - \frac{1}{2}u \tag{2-197}$$

$\dfrac{x_3}{u} = \dfrac{1}{2}\dfrac{1}{s+2}$，即

$$\dot{x}_3 = -2x_3 + \frac{1}{2}u \tag{2-198}$$

$\dfrac{x_4}{u} = -\dfrac{1}{6}\dfrac{1}{s+3}$，即

$$\dot{x}_4 = -3x_4 - \frac{1}{6}u \tag{2-199}$$

则系统的状态方程描述为

$$\begin{bmatrix} \dot{x}_1 \\ \dot{x}_2 \\ \dot{x}_3 \\ \dot{x}_4 \end{bmatrix} = \begin{bmatrix} 0 & & & \\ & -1 & & \\ & & -2 & \\ & & & -3 \end{bmatrix} \begin{bmatrix} \dfrac{1}{6} \\ -\dfrac{1}{2} \\ \dfrac{1}{2} \\ -\dfrac{1}{6} \end{bmatrix} u \tag{2-200}$$

输出方程为

$$y = x_1 + x_2 + x_3 + x_4 \tag{2-201}$$

统状态变量初始值的计算方法如下：

由式（2-201）可得

$$x_1(0) + x_2(0) + x_3(0) + x_4(0) = y(0) \tag{2-202}$$

对式（2-202）微分一次，得

$$\dot{y} = \dot{x}_1 + \dot{x}_2 + \dot{x}_3 + \dot{x}_4 \tag{2-203}$$

把式（2-196）～式（2-199）代入式（2-203），得

$$-x_2 - 2x_3 - 3x_4 = \dot{y} \tag{2-204}$$

所以，有

$$-x_2(0) - 2x_3(0) - 3x_4(0) = \dot{y}(0) \tag{2-205}$$

对式（2-204）微分一次，得

$$-\dot{x}_2 - 2\dot{x}_3 - 3\dot{x}_4 = \ddot{y} \tag{2-206}$$

再把式（2-196）～式（2-199）代入式（2-206），得

$$x_2 + 4x_3 + 9x_4 = \ddot{y} \tag{2-207}$$

所以，有

$$x_2(0) + 4x_3(0) + 9x_4(0) = \ddot{y}(0) \tag{2-208}$$

对式（2-207）微分一次，得

$$\dot{x}_2 + 4\dot{x}_3 + 9\dot{x}_4 = \dddot{y} \tag{2-209}$$

再把式（2-196）～式（2-199）代入式（2-209），得

$$-x_2 - 8x_3 - 27x_4 = \dddot{y} \tag{2-210}$$

所以，有

$$-x_2(0) - 8x_3(0) - 27x_4(0) = \dddot{y}(0) \tag{2-211}$$

联立式（2-202）、式（2-205）、式（2-208）和式（2-211），解得

$$状态变量初始值 \begin{cases} x_1(0) = \dfrac{25}{3} \\ x_2(0) = -\dfrac{31}{2} \\ x_3(0) = 11 \\ x_4(0) = -\dfrac{17}{6} \end{cases} \tag{2-212}$$

由于该种算法是把对象化成并联的形式，因此称这种方法为并联法。由并联法得到的状态矩阵是对角阵。

可以看出，用这两种方法求状态方程比较容易，但求初值比较麻烦。但对于大多数过程控制系统而言，研究的都是零初始条件，那么无论怎样设状态变量，其初始值也为零，所以这两种方法还是有实用价值的。

2.10.3 系统方框图与状态方程之间的转换

上面简单地介绍了由微分方程和传递函数求状态方程的方法。但是，在设计控制系统时，经常采用方框图来描述控制系统，而不是微分方程。所以下面介绍从系统方框图直接求得状态方程的方法。

在本章 2.5.3 中已经谈到，现代工程中的控制系统往往会很复杂而且庞大，对这样的系统求其开环传递函数和闭环传递函数都是件不容易的事，而且也没有必要，既然能用计算机进行分析，那么把方框图描述的系统转换成一阶微分方程组（即状态方程）就行了。

把系统方框图转换成状态方程是比较容易的。用本章 2.5.3 介绍的方法，把方框图化成规范化方框图的形式，在每一个动态环节后设状态变量，即可得到状态方程描述。

考虑图 2-18 所描述的系统，它的规范化方框图如图 2-19 所示，按图 2-45 所示设状态变量 x_1、x_2、$\cdots$、x_7，则可以得到该系统的各状态方程。

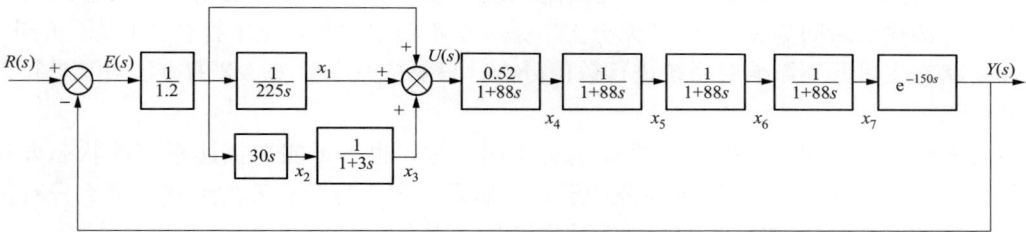

图 2-45　图 2-18 所示系统状态变量的设置

$\dfrac{x_1}{E} = \dfrac{1}{1.2 \times 225s}$，即

$$\dot{x}_1 = \frac{1}{1.2 \times 225} e \tag{2-213}$$

$\dfrac{x_2}{E} = \dfrac{30}{1.2} s$，即

$$x_2 = \frac{30}{1.2} \dot{e} \tag{2-214}$$

$\dfrac{x_3}{x_2} = \dfrac{1}{1+3s}$，即

$$\dot{x}_3 = -\frac{1}{3} x_3 + \frac{1}{3} x_2 \tag{2-215}$$

$\dfrac{x_4}{U} = \dfrac{0.52}{1+0.88s}$，即

$$\dot{x}_4 = -\frac{1}{88} x_4 + \frac{0.52}{88} u \tag{2-216}$$

$\dfrac{x_5}{x_4} = \dfrac{1}{1+88s}$，即

$$\dot{x}_5 = -\frac{1}{88} x_5 + \frac{1}{88} x_4 \tag{2-217}$$

$\dfrac{x_6}{x_5}=\dfrac{1}{1+88s}$ ，即

$$\dot{x}_6=-\dfrac{1}{88}x_6+\dfrac{1}{88}x_5 \tag{2-218}$$

$\dfrac{x_7}{x_6}=\dfrac{1}{1+88s}$ ，即

$$\dot{x}_7=-\dfrac{1}{88}x_7+\dfrac{1}{88}x_6 \tag{2-219}$$

中间方程

$$e=R-y \tag{2-220}$$

$$u=\dfrac{1}{1.2}e+x_1+x_3 \tag{2-221}$$

输出方程

$$y=x_7(t-150) \tag{2-222}$$

从严格意义上讲，x_2 不属于系统的一个状态变量，在实际中不存在这种状态，这只是一种数学上的抽象。换句话说，x_2 不能决定系统的某一状态，因为当该环节的输入为阶跃函数时，它的输出瞬间为无穷大，"无穷大"是一个不确定的数，这不符合"状态"的定义。但这样设状态变量并不影响对系统进行数值分析，只要按照本章 2.3.2 的方法对其进行差分变换就可以了。

因为多设了一个状态变量 x_2，即使消去中间变量，也不可能把描述系统的状态方程组式（2-213）～式（2-219）改写成矩阵的形式。如果一定要写成矩阵的形式，那么只有把图 2-18 变换成图 2-46 的形式，并按图示设状态变量，则有

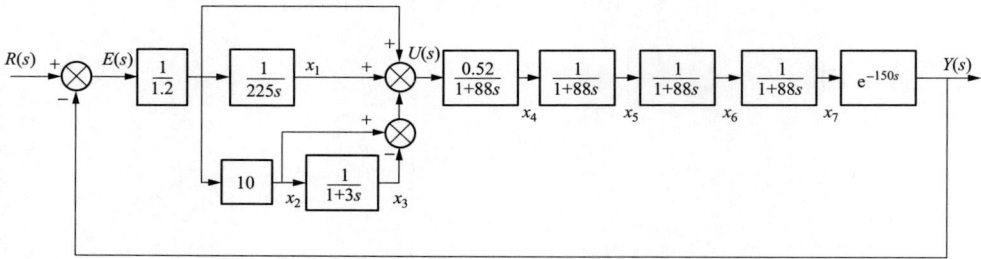

图 2-46　消去 x_2 后的系统方框图

$\dfrac{x_3}{E}=\dfrac{10}{1.2(1+3s)}$ ，即 x_3 的状态方程为

$$\dot{x}_3=-\dfrac{1}{3}x_3+\dfrac{10}{1.2\times 3}e \tag{2-223}$$

而中间变量 u 为

$$u=\dfrac{11}{1.2}r-\dfrac{11}{1.2}y+x_1-x_3 \tag{2-224}$$

其他状态方程、中间方程及输出方程保持不变。

联合式（2-223）、式（2-213）～式（2-219），并消去中间变量，即可得到系统状态方程的矩阵表示：

$$
\begin{bmatrix} \dot{x}_1 \\ \dot{x}_3 \\ \dot{x}_4 \\ \dot{x}_5 \\ \dot{x}_6 \\ \dot{x}_7 \end{bmatrix} =
\begin{bmatrix}
0 & 0 & 0 & 0 & 0 & 0 \\
0 & -\dfrac{1}{3} & 0 & 0 & 0 & 0 \\
\dfrac{0.52}{88} & -\dfrac{0.52}{88} & -\dfrac{1}{88} & 0 & 0 & 0 \\
0 & 0 & \dfrac{1}{88} & -\dfrac{1}{88} & 0 & 0 \\
0 & 0 & 0 & \dfrac{1}{88} & -\dfrac{1}{88} & 0 \\
& & & & \dfrac{1}{88} & -\dfrac{1}{88}
\end{bmatrix}
\begin{bmatrix} x_1 \\ x_3 \\ x_4 \\ x_5 \\ x_6 \\ x_7 \end{bmatrix} +
\begin{bmatrix}
\dfrac{1}{1.2\times 225} & -\dfrac{1}{1.2\times 225} \\
\dfrac{10}{1.2\times 3} & -\dfrac{10}{1.2\times 3} \\
\dfrac{11}{1.2} & -\dfrac{11}{1.2} \\
0 & 0 \\
0 & 0 \\
0 & 0
\end{bmatrix}
\begin{bmatrix} r \\ y \end{bmatrix}
$$

$$(2\text{-}225)$$

以及输出方程

$$y = x_7(t-150) \tag{2-226}$$

上述方法并不能保证所求得的状态方程组是最小的一组。对于线性系统来说，不能保证求得的系统矩阵是满秩的。但对于求取系统的数值解来说，并不要求所求得的状态方程组是系统的最小描述。所以，上述方法是实用的。

在工程上，把方框图描述的系统变换成用状态方程矩阵描述的形式是没有必要的，用计算机求解时还是要把矩阵的形式改换成微分方程组的形式。即使如上面的方法把系统的描述写成了矩阵的形式，但还是不能满足状态方程矩阵的要求，因为该系统含有纯迟延环节，在式（2-225）中，不得不使用系统的输

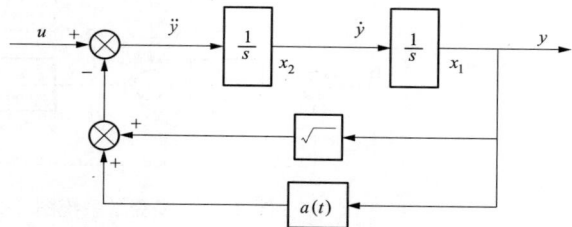

图 2-47　具有软非线性的控制系统框图

出 y 作为状态方程的输入。而如果系统中存在非线性环节，就更不可能把状态方程写成矩阵的形式。

具有软非线性的控制系统框图如图 2-47 所示。

按图示设状态变量 x_1、x_2，则有状态方程式（2-227）和输出方程式（2-228）。

$$
\begin{cases}
\dot{x}_1 = x_2 \\
\dot{x}_2 = -\sqrt{x_1} - a(t)x_1 + u
\end{cases}
\tag{2-227}
$$

$$y = x_1 \tag{2-228}$$

式（2-227）是不能用矩阵表示的。

下面考虑图 2-48 所示的多变量系统的方框图描述。

把图 2-48 化成规范化方框图的形式，如图 2-49 所示，并按图示设状态变量，则可得到该系统的状态方程描述：

85

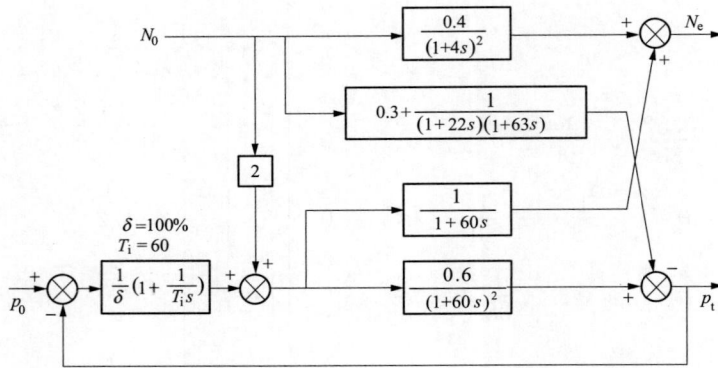

图 2-48 多变量系统的方框图描述

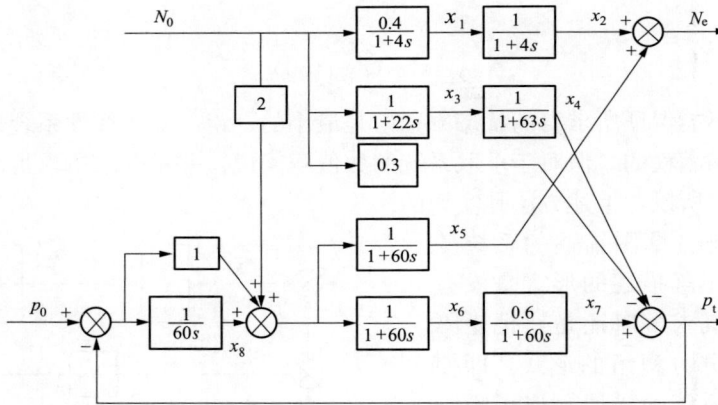

图 2-49 多变量系统图 2-48 的规范化方框图

$$
\begin{bmatrix} \dot{x}_1 \\ \dot{x}_2 \\ \dot{x}_3 \\ \dot{x}_4 \\ \dot{x}_5 \\ \dot{x}_6 \\ \dot{x}_7 \\ \dot{x}_8 \end{bmatrix} =
\begin{bmatrix}
-\dfrac{1}{4} & 0 & 0 & 0 & 0 & 0 & 0 & 0 \\[6pt]
\dfrac{1}{4} & -\dfrac{1}{4} & 0 & 0 & 0 & 0 & 0 & 0 \\[6pt]
0 & 0 & -\dfrac{1}{22} & 0 & 0 & 0 & 0 & 0 \\[6pt]
0 & 0 & \dfrac{1}{63} & -\dfrac{1}{63} & 0 & 0 & 0 & 0 \\[6pt]
0 & 0 & 0 & \dfrac{1}{60} & -\dfrac{1}{60} & 0 & -\dfrac{1}{60} & \dfrac{1}{60} \\[6pt]
0 & 0 & 0 & \dfrac{1}{60} & 0 & -\dfrac{1}{60} & -\dfrac{1}{60} & \dfrac{1}{60} \\[6pt]
0 & 0 & 0 & 0 & 0 & \dfrac{0.6}{60} & -\dfrac{1}{60} & 0 \\[6pt]
0 & 0 & 0 & \dfrac{1}{60} & 0 & 0 & -\dfrac{1}{60} & 0
\end{bmatrix}
\begin{bmatrix} x_1 \\ x_2 \\ x_3 \\ x_4 \\ x_5 \\ x_6 \\ x_7 \\ x_8 \end{bmatrix} +
\begin{bmatrix}
\dfrac{0.4}{4} & 0 \\[6pt]
0 & 0 \\[6pt]
\dfrac{1}{22} & 0 \\[6pt]
0 & 0 \\[6pt]
\dfrac{2.3}{60} & \dfrac{1}{60} \\[6pt]
\dfrac{2.3}{60} & \dfrac{1}{60} \\[6pt]
0 & 0 \\[6pt]
\dfrac{0.3}{60} & \dfrac{1}{60}
\end{bmatrix}
\begin{bmatrix} N_0 \\ P_0 \end{bmatrix}
$$

(2-229)

其输出方程为

$$\begin{bmatrix} N_e \\ p_t \end{bmatrix} = \begin{bmatrix} 0 & 1 & 0 & 0 & 1 & 0 & 0 & 0 \\ 0 & 0 & 0 & -1 & 0 & 0 & 1 & 0 \end{bmatrix} \begin{bmatrix} x_1 \\ x_2 \\ x_3 \\ x_4 \\ x_5 \\ x_6 \\ x_7 \\ x_8 \end{bmatrix} + \begin{bmatrix} 0 & 0 \\ -0.3 & 0 \end{bmatrix} \begin{bmatrix} N_0 \\ P_0 \end{bmatrix} \tag{2-230}$$

从该系统的状态方程式（2-239）和输出方程式（2-230）中可以看到，方程中的系数矩阵的元素多数为 0，即四个系数矩阵全部是稀疏矩阵，而且阶次还很高，这对理论分析是很不利的。即使使用计算机求解，把如此多的 0 输入给计算机，也是一件麻烦的事。因此，对于现代工程中的复杂系统，不建议用矩阵的形式来描述系统的状态方程和输出方程。

在现代工程系统中，通常使用传递函数阵来描述较为复杂的系统。在这种情况下，更没有必要把这个转递函数矩阵转换成状态方程的矩阵表示形式。

例如，在图 2-50 所描述的脱丁烷精馏塔系统中[62]，主要被控制量是塔顶丁烷成分 D 和塔底丙烷成分 B；控制量是回流量 LR 和蒸汽量 V_s；二次被控制量是塔的第 1（z_1）、3（z_2）、8（z_3）、14（z_4）、16（z_5）块塔板温度；扰动量是进料中的乙烷（d_1）、丙烷（d_2）、丁烷（d_3）、戊烷（d_4）和己烷（d_5）。

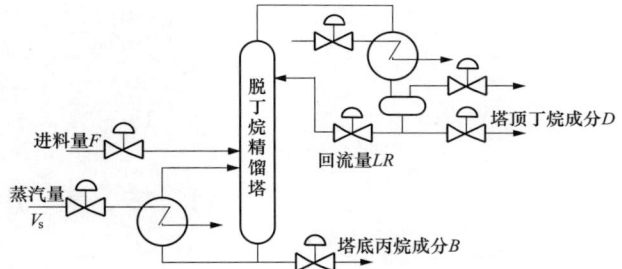

图 2-50　脱丁烷精馏塔两端产品的质量控制

对于这样的复杂系统，一般使用传递函数矩阵来表示系统的动态模型，而不是用状态方程来表示。文献［62］给出了该系统的传递函数矩阵模型，即

$$Y(s) = B(s)D(s) + G_p(s)U(s)$$
$$Z(s) = A(s)D(s) + G_{ps}(s)U(s) \tag{2-231}$$

其中：

被控量向量：$Y(s) = \begin{bmatrix} D(s) \\ B(s) \end{bmatrix}$，$Z(s) = \begin{bmatrix} z_1(s) & z_2(s) & z_3(s) & z_4(s) & z_5(s) \end{bmatrix}^T$

控制量向量：$U(s) = \begin{bmatrix} LR(s) \\ V_s(s) \end{bmatrix}$

扰动量向量：$D(s) = \begin{bmatrix} d_1(s) & d_2(s) & d_3(s) & d_4(s) & d_5(s) \end{bmatrix}^T$

转递函数矩阵：

$$A(s) = \begin{bmatrix} \dfrac{-7.99}{9s+1} & \dfrac{-9.78}{9s+1} & \dfrac{-5.28}{5s+1} & \dfrac{3.59}{8s+1} & \dfrac{6.09}{5s+1} \\[2mm] \dfrac{-11.29}{12s+1} & \dfrac{-15.91}{12s+1} & \dfrac{-4.23}{5s+1} & \dfrac{3.63}{8s+1} & \dfrac{4.75}{5s+1} \\[2mm] \dfrac{-18.28}{5s+1} & \dfrac{-16.43}{10s+1} & \dfrac{-0.47}{5s+1} & \dfrac{3.96}{3s+1} & \dfrac{4.60}{1.5s+1} \\[2mm] \dfrac{-42.02}{50s+1} & \dfrac{-35.92}{70s+1} & \dfrac{4.45}{65s+1} & \dfrac{1.10}{70s+1} & \dfrac{0.46}{75s+1} \\[2mm] \dfrac{-50.47}{25s+1} & \dfrac{-25.26}{75s+1} & \dfrac{3.15}{70s+1} & \dfrac{0.62}{78s+1} & \dfrac{0.32}{80s+1} \end{bmatrix}$$

$$G_{ps}(s) = \begin{bmatrix} \dfrac{7.47}{8s+1} & \dfrac{9.80}{15s+1} & \dfrac{8.28}{30s+1} & \dfrac{36.0}{65s+1} & \dfrac{30.0}{67s+1} \\[2mm] \dfrac{2.70}{4s+1} & \dfrac{3.79}{5s+1} & \dfrac{2.30}{18s+1} & \dfrac{6.82}{70s+1} & \dfrac{3.46}{70s+1} \end{bmatrix}^{T}$$

$$B(s) = \begin{bmatrix} \dfrac{-0.188}{72s+1} & \dfrac{-0.163}{72s+1} & \dfrac{0.0199}{70s+1} & \dfrac{0.0043}{80s+1} & \dfrac{0.002}{85s+1} \\[2mm] \dfrac{0.0174}{15s+1} & \dfrac{0.0259}{13s+1} & \dfrac{0.0045}{4s+1} & \dfrac{-0.00029}{3s+1} & \dfrac{-0.0099}{3s+1} \end{bmatrix}$$

$$G_{p}(s) = \begin{bmatrix} \dfrac{-0.173}{70s+1} & \dfrac{0.0305}{75s+1} \\[2mm] \dfrac{0.015}{18s+1} & \dfrac{-0.00768}{7s+1} \end{bmatrix}$$

2.11 本 章 小 结

控制系统的数学模型一般用微分方程、差分方程、状态方程、传递函数、频率特性函数以及脉冲传递函数来描述。但是,最常用、最直观的是方框图加传递函数的形式。在经典控制理论时期,对系统进行分析时,常常采用传递函数和频率特性函数。而在当今时代,用方框图加传递函数来描述控制系统,对系统进行分析时,再把它转换成差分方程。

微分方程描述的是单输入单输出系统,它的一般表达形式为

$$a_n \frac{\mathrm{d}^n y(t)}{\mathrm{d}t^n} + a_{n-1} \frac{\mathrm{d}^{n-1} y(t)}{\mathrm{d}t^{n-1}} + \cdots + a_1 \frac{\mathrm{d}y(t)}{\mathrm{d}t} + a_0 y(t)$$
$$= b_m \frac{\mathrm{d}^m u(t)}{\mathrm{d}t} + b_{m-1} \frac{\mathrm{d}^{m-1} u(t)}{\mathrm{d}u^{m-1}} + \cdots + b_1 \frac{\mathrm{d}u(t)}{\mathrm{d}t} + b_0 u(t) \quad n \geqslant m \tag{2-232}$$

它的缺点是很难从机理上准确获得描述系统动态过程的微分方程。所以,实际上是先建立系统的差分方程,取极限再变成微分方程。差分方程是对系统动态的一种近似描述,它的一般表达形式为

$$y(k) = -a_1 y(k-1) - a_2 y(k-2) - a_3 y(k-3) - \cdots - a_n y(k-n)$$
$$= b_0 u(k) + b_1 u(k-1) + b_2 u(k-2) + \cdots + b_m u(k-m) \tag{2-233}$$

差分方程能很容易使用计算机求解,因此使用计算机对系统进行分析时,总是要把方框图加传递函数描述的系统转换成差分方程。

传递函数的定义是:在全部初始条件为零时,系统输出量与输入量的拉氏变换之比,它

的一般表达形式为

$$传递函数 = W(s) = \frac{L[输出量]}{L[输入量]}\bigg|_{零初始条件}$$

$$= \frac{Y(s)}{U(s)} = \frac{b_m s^m + b_{m-1}s^{m-1} + \cdots + b_1 s + b_0}{a_n s^n + b_{n-1}s^{n-1} + \cdots + a_1 s + a_0}\frac{(输入量量纲)}{(输出量量纲)}$$

$$(2\text{-}234)$$

零初始条件对传递函数的应用并不受影响,因为对系统进行分析时,考虑的就是系统在稳定时受到激励信号作用后的响应。在现代工程系统中,由于系统庞大、结构复杂、变量较多,因此传递函数并不是由理论建模得到的,它是通过现场试验而获得的。

频率特性函数的定义是:输出量的 Fourier 变换与输入量的 Fourier 变换之比,它的一般表达形式是

$$频率特性函数 = G(j\omega) = \frac{F[输出量][输入量量纲]}{F[输入量][输出量量纲]}$$

$$= \frac{Y(j\omega)}{U(j\omega)} = \frac{b_m(j\omega)^m + b_{m-1}(j\omega)^{m-1} + \cdots + b_1 j\omega + b_0}{a_n(j\omega)^n + a_{n-1}(j\omega)^{n-1} + \cdots + a_1 j\omega + a_0} \quad (2\text{-}235)$$

$$= |G(j\omega)|\, e^{j\angle G(j\omega)} = Me^{j\phi}$$

由于频率特性函数之间的运算可以用近似的作图方法完成,因此在没有计算机应用的经典控制理论年代里,通常采用频率特性作为系统的数学模型。但是,频率特性函数并不是由理论建模得到的,它也是通过现场试验而获得,或者是由传递函数转换过来的。虽然在《自动控制原理》教科书中,总是使用频率特性函数对系统进行分析,但在现代工程控制系统中却很少使用。

一般用脉冲传递函数来描述离散时间系统,它的定义是系统输出 $y(t)$ 的 Z 变换 $Y(z)$ 与输入 $u(t)$ 的 Z 变换 $U(z)$ 之比。它的一般表达式为

$$G(z) = \frac{Y(z)}{U(z)} = \frac{b_0 + b_1 z^{-1} + b_2 z^{-2} + \cdots + b_m z^{-m}}{a_0 + a_1 z^{-1} + a_2 z^{-2} + \cdots + a_n z^{-n}} \quad (2\text{-}236)$$

由于计算机的运算速度以及 A/D 转换器和 D/A 转换器的转换速度加快,用差分方程描述的离散时间系统与用微分方程描述的连续时间系统的动态特性可以达到相当高的相似程度,因此可以用连续系统的分析方法来分析离散系统,脉冲传递函数已经失去了存在的意义。

在现代控制理论时期,用状态方程来描述多输入多输出系统。它的一般表达式为

$$\begin{cases}
\dot{x}_1 = f_1[X(t), U(t), Z(t); t] \\
\dot{x}_2 = f_2[X(t), U(t), Z(t); t] \\
\qquad\qquad \vdots \\
\dot{x}_j = \begin{cases} f_{j1}[X(t), U(t), Z(t); t], \Phi_1[X(t), U(t), Z(t); t] \geqslant 0 \\ \qquad\qquad \vdots \\ f_{jk}[X(t), U(t), Z(t); t], \Phi_k[X(t), U(t), Z(t); t] \geqslant 0 \end{cases} \\
\qquad\qquad \vdots \\
\dot{x}_{n-1} = f_{n-1}[X(t), U(t), Z(t); t] \\
\dot{x}_n = f_n[X(t), U(t), Z(t); t]
\end{cases} \quad (2\text{-}237)$$

但是，随着控制系统越来越复杂，人们还是愿意用传递函数阵来描述系统。其一般表达式为

$$Y(s) = B(s)D(s) + G_p(s)U(s)$$
$$Z(s) = A(s)D(s) + G_{ps}(s)U(s)$$

(2-238)

仿真时间（过渡过程时间）的估算公式为

$$ST = (5 \sim 20)(nT + \tau)$$

(2-239)

采样周期的经验估计公式为

$$T_s = \frac{nT}{100} \sim \frac{nT}{40}$$

(2-240)

第 3 章

微分方程的数值解（数字仿真）

对控制系统进行分析的最有效方法是求解描述控制系统的微分方程。在经典控制理论时期，由于没有计算机，用手工计算很难求出控制系统的解析解或数值解，因此在那个年代人们不得不用手工计算和借助一些草图及表格的帮助对控制系统进行分析，如波特图（Bode）、奈奎斯特图（Nyquist）、尼柯尔斯（Nichls）图以及 M 圆等。

1981 年个人计算机（PC 机）的问世，使得一般科技工作者都能使用计算机。自此开始，科技工作者们把经典控制理论中的各种图表分析方法编制成了通用的计算机计算软件，由这些软件来完成各种图和表的绘制，帮助人们对控制系统进行分析。因此，称这些软件为控制系统计算机辅助设计软件（CSCAD）[5]、[13]、[17]、[48]。但是，CSCAD 软件并没有改变控制系统的分析与设计方法，也没有解决现代工程控制系统分析与设计所遇到的困难。

微型计算机出现以后，也发展起来了控制系统数字仿真技术。跟随着出现了大量的仿真软件包（通用仿真程序）和各种仿真语言[20]。这些软件具有非常友好的人机界面，使得那些不懂计算机编程的人员也可以使用这些软件，来解决他们所遇到的各种系统分析难题。在 20 世纪 90 年代，当美国 MathWorks 公司推出了 MATLAB 软件系统以后，更是把数字仿真技术的应用推向了极致。自此以后，控制系统的分析与设计方法逐渐转为在时间域里直接求取控制系统的数值解及其最优参数，经典控制理论中的复频域分析方法逐渐被淡出。

因此，数字仿真和参数优化就成了现代工程系统分析与优化设计的重要数学工具。

3.1 数字仿真概念

仿真的事例每天都在我们身边发生。例如，当我们每天早晨起床的时候，在我们的大脑中总要预想一下在我们周围将要发生的事情：今天将要遇到什么事、什么人，将怎样处理这些事情。这一想象过程会使我们更有效地处理遇到的各种情况。

上述的过程包含了仿真的全部过程。在大脑中设想出的人和事，就是一个建立模型的过程，上述模型可叫作"直觉模型"。接下去设想出的处理这些人和事的过程就是一个仿真行为。从此例中可以看出，仿真包括两大过程：建模和仿真。

人们总是用"直觉模型"去更好地了解实际，去做计划，去考虑各种可能性，去与其他人交换思想，去开发某些想法的行动计划，或去证实某些不能实现的想法。

"直觉模型"仅仅是一个思维过程，在很大程度上并不严密，它只能给出一个粗略的定性结论。在做仿真研究时，总是要把"直觉模型"转化成物理模型或数学模型（见第 2 章），然后在这两种模型上进行各种实验研究。因此，可以给出下面的仿真定义：

定义 3.1 所谓仿真就是建立在模型基础上的实验技术。

建模和仿真是人类处理实际问题的一种有效工具，它和人类历史同时存在。甚至几千年前，人们造船和机械设备时，也是先用一个小的船或机械设备的模型进行试验。儿童的玩具总是离不开真实世界的仿真，这些玩具通常是人、动物、物体和交通工具的模型。这里所说的船、机械设备、儿童玩具的模型，即所谓物理模型。物理模型是与被仿真对象几何相似的实物。在物理模型上进行的实验研究称为物理仿真。

所谓几何相似就是把真实的系统按比例放大或缩小，其模型的状态向量与原物理系统的状态完全相同。除此之外，在进行物理仿真时，还应达到性能相似以及环境相似这两个重要的必要条件。环境相似是指人工在实验室里产生与所研究对象在自然界中所处环境类似的条件，比如，在实验室建造跨海大桥的物理模型时，还应该建造出与跨海大桥物理位置相似的自然环境，包括气候、地震、风力场等。

对于复杂系统，建立物理模型是比较困难的，有时是不可能的。由于其造价较高，精度较低，不适应数据变化，且开发周期长，所以较少应用。物理仿真主要用于非常重要（比如航天器）和重大（比如大型跨海大桥）的系统以及不易求得系统数学模型的系统。而建立数学模型相对比较容易，造价低，开发周期相对较短，对于模型的修改有很强的适应能力。所以，利用数学模型进行实验研究比较容易，并把它称作数学仿真。

数学仿真实质上就是通过数字计算机对数学模型进行求解的过程。在数字计算机普遍应用的今天，数学仿真已得到了广泛的应用。

具体到控制系统的数学仿真就是对控制系统的数学模型在数字计算机上求解的过程，更具体一点说，就是使用计算机求解出用各种动态方程描述的控制系统的数值解。因此，把数学仿真也称作数字仿真。

根据第 2 章的分析可知，一个控制系统总可以用微分方程、差分方程、状态方程以及传递函数等来描述。而把微分方程转化成差分方成，进而编制数值计算程序是比较容易的。因此，只要能把用其他模型形式描述的系统转化成用微分方程描述的形式，即可容易地得到求取控制系统数值解的差分方程。

根据上述分析，求解控制系统数值解的步骤如下：

数学模型→微分方程→差分方程→设计仿真程序→运行结果及验证

数字仿真结果（微分方程的数值解）可以通过图形曲线或数据表的形式表示出来。

3.2 连续系统的离散化

控制系统的动态数学模型有多种描述方式，而无论用哪种描述方式，最终都可以转换成状态方程描述的形式。

设一线性定常系统为

$$\dot{X} = AX + BU \tag{3-1}$$
$$Y = CX + DU \tag{3-2}$$

式中　　X——$n \times 1$ 维状态向量；

U——$r \times 1$ 维输入向量；

A——$n \times n$ 维状态矩阵；

B——$n \times r$ 维输入矩阵；

Y——$m \times 1$ 维输出向量；

C——$m \times n$ 维输出矩阵；

D——$m \times r$ 维传递矩阵。

可以用图 3-1 所示的方框图来描述该系统。

为了将这个连续系统变成离散系统并与原系统相似，在系统的入口和出口处各加上一个采样周期（在数值计算时把它称为计算步距）为 T 的采样开关，在入口处再加入一个保持器（H）和补偿器（c），如图 3-2 所示。

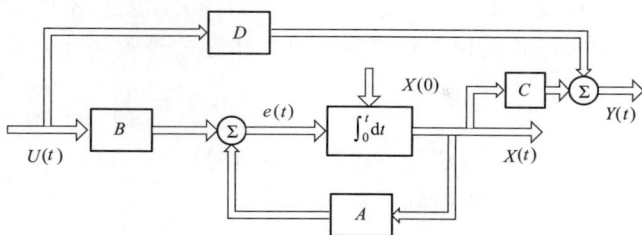

图 3-1 一般线性定常系统的方框图

系统的输入信号 $U(t)$ 离散后经过了一个再现环节 H，使得离散后的信号又基本再现了原样。但此时的 $U_h(t)$ 已经是 $U(t)$ 的一种近似，不论使用什么样的保持器，也不可能恢复成原来的函数。为了提高再现（恢复）后的精度，有时在保持器后面（或前面）加入一个补偿器 c。

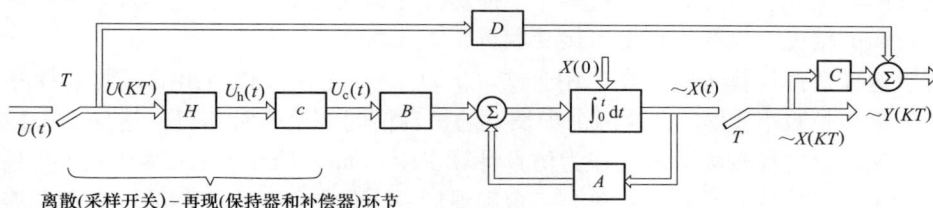

图 3-2 式（3-1）、式（3-2）所示系统的离散相似系统框图

图 3-2 所示系统中的 $\sim X(t)$ 与原系统（图 3-1）中的 $X(t)$ 是相似的，而该系统中的 $\sim Y(KT)$ 序列与原系统的 $Y(t)$ 在 $t = 0, T, 2T, \cdots$ 各时刻的值是相似的，它们的相似程度取决于使用的再现环节。如果采样周期 T 选择得足够小，在采样点上各时刻的值就能代表系统的解析解值，把这些点连成曲线就能代表解析解曲线。

由图 3-2 所示的离散结构即可导出连续系统离散后的离散数学模型，即差分方程。由于这个过程使得离散系统与连续系统相似，因此称为离散相似法。

由于在离散化过程中，人为虚拟地加入了采样开关、保持器及补偿器，并不是物理上存在这些环节，因此称它们为虚拟采样开关、虚拟保持器及虚拟补偿器，而把该离散化过程称为虚拟离散化过程。虚拟离散化过程仅仅是为了推导连续系统的离散化方程（差分方程）而已，因此，为了叙述上的简洁，以后不再提及"虚拟"二字。

严格地讲，系统输出处的采样开关后面也应加上再现环节，才能与原系统相似。但是在仿真时，用计算机也只能得到离散序列的解，所以输出处的再现环节加与不加对于离散解序列都是一样的。实际上输出处的采样开关加与不加也无所谓，只要认为离散后的系统与原系统在采样点上的输出值近似相等就行了。

与离散时间控制系统相比，连续控制系统的离散相似系统与离散时间控制系统是类似的，它们的不同仅在于离散时间控制系统离散的仅仅是控制器部分，而连续系统的离散化不仅离散了控制器部分，还离散了被控对象部分。因此，在第 2 章给出的离散时间控制系统中的采样周期（T_s）估计公式（2-138）同样也适用于连续系统离散化时采样周期（T）的估计，即离散化后仿真计算时的计算步距的经验估计公式为

$$T = \frac{n\tau}{100} \sim \frac{n\tau}{40} \tag{3-3}$$

式中　T——计算步距（虚拟采样周期）；

　　　τ——惯性时间常数；

　　　n——惯性阶次。

如果系统中有若干个惯性环节，则应以其中 $n\tau$ 最小的为准。

在一般的情况下，使用者按上述区间选择一个适当的计算步距，其仿真结果是令人满意的。一般来说，计算步距选择得越小，计算精度就越高。但步距太小，也可能由于计算机的舍入误差占了主导地位而降低了计算精度[4]。虽然现在的计算机字节已经变得很长（32～64位），舍入误差的问题可以忽略，但是减小计算步距就会增加计算点数，计算时间就会增长，存取数据的时间也会增长，而且，由于在内存中存取数据算法的问题，所增长的时间并不是按比例增长的，因此仿真计算点数过多，会使仿真计算速度变得很慢。因此，在仿真计算时并不追求过高的精度，只要工程上可接受就行了。

也可以这样选择计算步距：在应用公式（3-3）时，先在公式给出的区间选择一个初始步长，然后把步长减小 1/2，在这两个步长下的仿真精度如果非常相近，达到了可以接受的程度，那么就可以选择较大的步长作为仿真计算步距。如果不满足要求继续减小步长。

过去常用的保持器有零阶、一阶、三角和滞后三角保持器。由于一阶、三角和滞后三角保持器结构较复杂，物理上也很难实现，精度也不高[20]，因此实际应用较少，而且现在计算机的计算速度已经足够的快，减小计算步距同样能提高计算精度，没必要把保持器设计得那么复杂，因此，现代工程中最常使用的是零阶保持器。

零阶保持器的定义式为

$$U_h(t) = U(kT), kT \leqslant t < (k+1)T \tag{3-4}$$

由于这种保持器的结构及使用它得到的离散模型都比较简单，故其计算速度较快，因此零阶保持器在实际工程及仿真中都得到了广泛的应用。从零阶保持器的定义式（3-4）中不难看出，零阶保持器就是 A/D 转换器、D/A 转换器。

但是，使用这种保持器时应注意，任何信号通过它都会使信号的高频分量产生明显的相滞后，通常由零阶保持器再现的函数 $U_h(t)$ 比 $U(t)$ 平均滞后 $\frac{T}{2}$。这意味着，使用零阶保持器会给仿真结果带来较大的误差。经零阶保持器再现后的函数 $U_h(t)$ 如图 3-3 所示。

从上面的保持器特性可以看出，要想使保持器引起的失真足够小，采样频率就要足够高。也就是说，在仿真计算时，为了使结果准确，计算步距就得足够小。这样势必要增加计算时间。为了使计算速度较快又不使误差过大，应当加入一个补偿环节（这是快速仿真计算的范畴，参见文献［4］［20］）。从图 3-3 中可以看出，零阶保持器再现后的信号一般都有相位移，曲线上升时，再现后信号的幅值有所衰减，曲线下降时，幅值有所增加。所以通常采用超前装置进行补偿，即采用超前半个周期的补偿（即取 $c = e^{\frac{T_s}{2}}$）去抵消零阶再现过程引

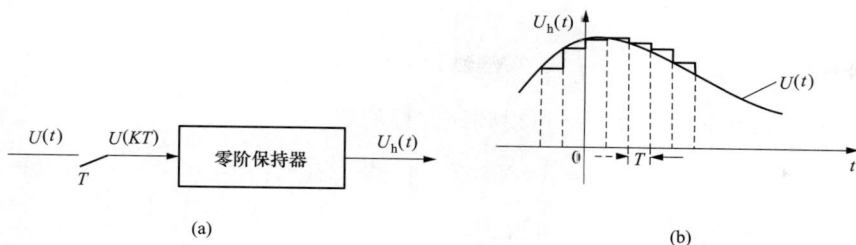

图 3-3　零阶保持器再现后的函数 $f_h(t)$

(a) 原理框图；(b) 函数曲线

入的滞后影响，而幅值不进行补偿。

在仿真中所采用的补偿器的数学表达式形式，一般为

$$c = \lambda e^{rT_s} \tag{3-5}$$

式中　λ——幅值补偿；

　　　γ——相位补偿，它们均为正数。

研究表明[20]，λ 和 γ 通常都取 1 较为合适。

3.3　离散系统差分方程的求取

3.3.1　离散-再现环节在系统的入口处

在第 3.2 节中，已经叙述了怎样把一个连续系统变成与其相似的离散系统。有了这个离散相似系统后，就可以求出连续系统的离散化数学模型。离散化数学模型是用差分方程表示的，它的求解方法如下：

设线性定常系统的状态方程描述如式（3-6）所示。

$$\dot{X}(t) = AX(t) + BU(t) \tag{3-6}$$

式中　A，B——常数阵。

对式（3-36）所示方程两边进行拉氏变换，可得

$$sX(s) - X(0) = AX(s) + BU(s)$$

移项并引入单位矩阵 I，得

$$(sI - A)X(s) = AX(0) + BU(s)$$

以 $(sI - A)^{-1}$ 左乘等式两边，可得

$$X(s) = (sI - A)^{-1}X(0) + (sI - A)^{-1}BU(s) \tag{3-7}$$

对上式两边取拉氏反变换，求得方程的解为

$$X(t) = \Phi(t)X(0) + \int_0^t \Phi(t - \tau)BU(\tau)\mathrm{d}\tau \tag{3-8}$$

其中，$\Phi(t)$ 为转移矩阵，且

$$\Phi(t) = L^{-1}(sI - A)^{-1} \tag{3-9}$$

也可以用另一种方法得到状态方程的解：

在式（3-6）两边同乘 e^{-At}，经整理得

$$e^{-At}[\dot{X}(t) - AX(t)] = e^{-At}BU(t) \tag{3-10}$$

95

上式可改写成

$$\frac{\mathrm{d}}{\mathrm{d}t}\big[\mathrm{e}^{-At}X(t)\big] = \mathrm{e}^{-At}BU(t) \tag{3-11}$$

对式（3-11）两边积分并整理，可得到该方程的解

$$X(t) = \mathrm{e}^{At}X(0) + \int_0^t \mathrm{e}^{A(t-\tau)}BU(\tau)\mathrm{d}\tau \tag{3-12}$$

比较解式（3-8）与式（3-12），可得到

$$\varPhi(t) = \mathrm{e}^{At} = L^{-1}\big[(sI - A)^{-1}\big] \tag{3-13}$$

其中矩阵指数定义式为

$$\mathrm{e}^{At} = I + At + \frac{A^2}{2!}t^2 + \cdots \tag{3-14}$$

下面来求系统的离散解：

对于式（3-12），当 $t = kT$ 时

$$X(kT) = \mathrm{e}^{Akt}X(0) + \int_0^{kT} \mathrm{e}^{A(kT-\tau)}BU(\tau)\mathrm{d}\tau \tag{3-15}$$

当 $t = (k+1)T$ 时

$$X[(k+1)T] = \mathrm{e}^{A[(k+1)T]}X(0) + \int_0^{(k+1)T} \mathrm{e}^{A[(k+1)T-\tau]}BU(\tau)\mathrm{d}\tau \tag{3-16}$$

用式（3-16）减去 e^{AT} 乘式（3-15）并整理可得

$$X[(k+1)T] = \mathrm{e}^{At}X(kT) + \int_{kT}^{(k+1)T} \mathrm{e}^{A[(k+1)T-\tau]}BU(\tau)\mathrm{d}\tau \tag{3-17}$$

在推导式（3-17）的过程中未作任何近似的假设，该式是一种精确的离散值计算公式。但是，当 $U(\tau)$ 是一个复杂的函数时，该式右端的积分是难以求得的。由于该积分的积分区间长度仅为 T，当 T 较小时，一般来说 $U(\tau)$ 在这个积分区间的变化是不大的。因此，可以加入采样及再现环节，以使 $U(\tau)$ 在积分区间内为一个简单的特殊函数，从而使该积分计算容易进行。

当使用零阶保持器时，取补偿器的系数 $\lambda = 1$，$r = 0$（即不进行补偿），则有

$$U(t) \approx U_h(t) \qquad kT \leqslant t < (k+1)T \tag{3-18}$$

将式（3-18）及式（3-4）代入式（3-17），并变换积分区间，得

$$X[(k+1)T] = \mathrm{e}^{AT}X(kT) + \left(\int_0^T \mathrm{e}^{At}B\mathrm{d}t\right)U(kT) \tag{3-19}$$

令 $\varPhi(T) = \mathrm{e}^{AT}$，$\varPhi_m(T) = \int_0^T \mathrm{e}^{At}B\mathrm{d}t$

则式（3-19）可改写为

$$X[(k+1)T] = \varPhi(T)X(kT) + \varPhi_m U(kT) \tag{3-20}$$

该式即为采用零阶保持器再现时系统的差分方程解。

如果系统的 A、B 阵是已知的，则离散化后的 $\varPhi(T)$、$\varPhi_m(T)$ 阵也就可以求出。这样，利用式（3-20）在已知各状态变量初始值的情况下，可以十分容易地求出不同采样时刻的状态变量的数值。

当取补偿器的系数 $\lambda = 1$，$r = 1$（即超前一拍补偿）时，零阶保持器下的差分方程则为

$$X[(k+1)T] = \Phi(T)X(kT) + \Phi_m(T)U[(k+1)T] \tag{3-21}$$

为了书写简便，可以省去式（3-20）和式（3-21）中差分变量的时间下标中的 T，则可以把式（3-20）和式（3-21）改写成

$$X(k+1) = \Phi(T)X(k) + \Phi_m(T)U(k) \tag{3-22}$$

$$X(k+1) = \Phi(T)X(k) + \Phi_m(T)U(k+1) \tag{3-23}$$

考虑图 3-4 所示的控制系统在环节入口 e 处加入一个采样开关及保持器，并变换方框图，得到的离散相似系统如图 3-5 所示。

按图示设状态变量，可得该系统的状态空间描述为

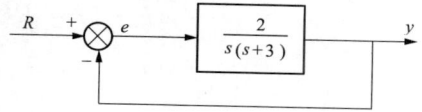

图 3-4 某控制系统框图

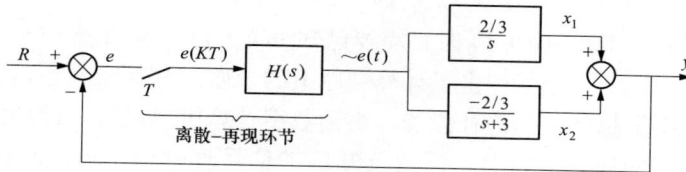

图 3-5 图 3-4 所示系统的离散相似系统

$$\begin{bmatrix} \dot{x}_1 \\ \dot{x}_2 \end{bmatrix} = \begin{bmatrix} 0 & 0 \\ 0 & -3 \end{bmatrix} \begin{bmatrix} x_1 \\ x_2 \end{bmatrix} + \begin{bmatrix} \dfrac{2}{3} \\ -\dfrac{2}{3} \end{bmatrix} e \tag{3-24}$$

$$e = R - y \tag{3-25}$$

$$y = x_1 + x_2 \tag{3-26}$$

状态矩阵 $A = \begin{bmatrix} 0 & 0 \\ 0 & -3 \end{bmatrix}$，输入矩阵 $B = \begin{bmatrix} \dfrac{2}{3} \\ -\dfrac{2}{3} \end{bmatrix}$，则

$$e^{At} = L^{-1}[(SI-A)^{-1}] = L^{-1}\left[\begin{pmatrix} s & 0 \\ 0 & s+3 \end{pmatrix}^{-1} \right] = \begin{bmatrix} 1 & 0 \\ 0 & e^{-3t} \end{bmatrix}$$

$$\Phi(T) = e^{AT} = \begin{bmatrix} 1 & 0 \\ 0 & e^{-3T} \end{bmatrix}$$

$$\Phi_m(T) = \int_0^T e^{At} B\, dt = \int_0^T \begin{bmatrix} 1 & 0 \\ 0 & e^{-3t} \end{bmatrix} \begin{bmatrix} \dfrac{2}{3} \\ -\dfrac{2}{3} \end{bmatrix} dt = \begin{bmatrix} \dfrac{2}{3}T \\ \dfrac{2}{9}(e^{-3T}-1) \end{bmatrix}$$

$$\Phi_n(T) = \frac{1}{T}\int_0^T e^{At} B(T-t)\, dt = \frac{1}{T}\int_0^T \begin{bmatrix} 1 & 0 \\ 0 & e^{-3t} \end{bmatrix} \begin{bmatrix} \dfrac{2}{3} \\ -\dfrac{2}{3} \end{bmatrix} (T-t)\, dt = \begin{bmatrix} \dfrac{T}{3} \\ \dfrac{2}{27T}(1-e^{-3T}) - \dfrac{2}{9} \end{bmatrix}$$

采用零阶保持器时系统解的差分方程为

$$e(k) = R(k) - y(k)$$

$$x_1(k+1) = x_1(k) + \frac{2}{3}Te(k)$$

$$x_2(k+1) = \mathrm{e}^{-3T}x_2(k) + \frac{2}{9}(\mathrm{e}^{-3T} - 1)e(k)$$

$$y(k+1) = x_1(k+1) + x_2(k+1)$$

(3-27)

采用零阶保持器+超前一拍的补偿器时系统解的差分方程为

$$e(k+1) = R(k+1) - y(k+1)$$

$$x_1(k+1) = x_1(k) + \frac{2}{3}Te(k+1)$$

$$x_2(k+1) = \mathrm{e}^{-3T}x_2(k) + \frac{2}{9}(\mathrm{e}^{-3T} - 1)e(k+1)$$

$$y(k+1) = x_1(k+1) + x_2(k+1)$$

(3-28)

在式（3-28）中，计算 $e(k+1)$ 时，需要已知 $y(k+1)$，而计算 $y(k+1)$ 时，又需要已知 $x_1(k+1)$ 和 $x_2(k+1)$，这就产生了计算顺序上的矛盾。究其原因是，在闭环控制系统中的反馈求和点后使用了超前一拍的补偿器，由于数字计算机"串行"计算的原因，计算反馈求和点后第一个环节的现时刻值时，需要已知反馈信号现时刻的值，而这个值是无法得到的。解决式（3-28）计算顺序矛盾的方法是，把计算 $e(k+1)$ 时的 $y(k+1)$ 近似为 $y(k)$。不难看出，此时式（3-28）已经变为式（3-27），这与不加超前一拍的补偿器是相同的。

如果把采样开关和保持器加在系统入口 R 处，得到的离散相似系统方框图如图 3-6 所示。

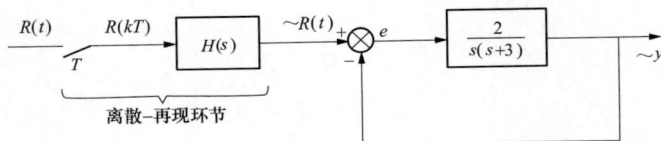

图 3-6　图 3-4 所示系统的另一种离散相似系统

把图 3-6 变换成图 3-7 所示形式，并按图示设状态变量，则可得到该系统的状态空间描述。

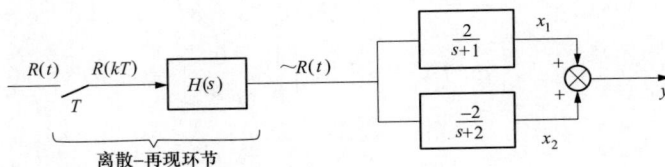

图 3-7　图 3-4 的变换形式

$$\begin{bmatrix} \dot{x}_1 \\ \dot{x}_2 \end{bmatrix} = \begin{bmatrix} -1 & 0 \\ 0 & -2 \end{bmatrix} \begin{bmatrix} x_1 \\ x_2 \end{bmatrix} + \begin{bmatrix} 2 \\ -2 \end{bmatrix} R$$

(3-29)

$$y = x_1 + x_2$$

(3-30)

状态矩阵 $A = \begin{bmatrix} -1 & 0 \\ 0 & -2 \end{bmatrix}$，输入矩阵 $B = \begin{bmatrix} 2 \\ -2 \end{bmatrix}$，则

$$e^{At} = \begin{bmatrix} e^{-t} & 0 \\ 0 & e^{-2t} \end{bmatrix}$$

$$\Phi(T) = \begin{bmatrix} e^{-T} & 0 \\ 0 & e^{-2T} \end{bmatrix}$$

$$\Phi_m(T) = \begin{bmatrix} 2(1-e^{-T}) \\ e^{-2T}-1 \end{bmatrix}$$

于是得到零阶保持器时的差分方程

$$\left.\begin{aligned} x_1(k+1) &= e^{-T}x_1(k) + 2(1-e^{-T})R(k) \\ x_2(k+1) &= e^{-2T}x_2(k) + (e^{-2T}-1)R(k) \\ y(k+1) &= x_1(k+1) + x_2(k+1) \end{aligned}\right\} \tag{3-31}$$

由此可见，采样器及保持器的位置不同，得到的差分方程也不相同。但应注意，不论离散-再现环节加到哪里，被离散-再现的信号都应该是状态方程中的输入量。

从保持器的定义式可以看出，零阶保持器能无失真地再现阶跃输入信号，即当输入信号为阶跃函数时，导出的差分方程是精确的，因此式（3-31）是图 3-4 所示系统的精确数值解。

显然，当系统输入 R 为阶跃函数时，把离散-再现环节放在系统入口 R 处（如图 3-6 所示），采用零阶保持器得到的差分方程是绝对准确的，而把离散-再现环节加在环节入口 e 处（如图 3-5 所示），采用同样的保持器，其差分方程并不是准确的。这样看来，仿真时离散-再现环节最好放在系统入口处。但应注意到，当系统阶次较高时，求 e^{At} 是很困难的，所以实际上并不都是把离散-再现环节加在系统入口处。此外，为了容易求出 e^{At}，应适当选择状态方程（在上面的例子中，有意识地选择状态阵为对角阵）。但有时求 e^{At} 是容易的，而不容易求状态变量的初值（在系统初始条件不为零的情况下），这时必须把两种因素权衡一下，再对所用状态方程做出选择。

从上面的例子中可以看到，在系统初值全为零的条件下，转化系统的状态矩阵为对角矩阵时，求 e^{At} 是很容易的。

当 e^{At} 不容易求取时，可以近似求取。可按 e^{At} 的定义式（3-14）取其到 t 的前若干次项，即可得到不同精度的差分方程。显然，取 t 的阶次越高，得到的差分方程就越精确。例如，取其到 t 的 4 次项，则有

$$e^{At} \approx I + At + \frac{A^2}{2!}t^2 + \frac{A^3}{3!}t^3 + \frac{A^4}{4!}t^4 \tag{3-32}$$

而

$$\Phi(T) = e^{AT} \approx I + TA + \frac{T^2}{2}A^2 + \frac{T^3}{6}A^3 + \frac{T^4}{24}A^4 \tag{3-33}$$

$$\Phi_m(T) = \int_0^T e^{At}B\,dt \approx \left(TI + \frac{T^2}{2}A + \frac{T^3}{6}A^2 + \frac{T^4}{24}A^3\right)B \tag{3-34}$$

在实际使用时，可在仿真计算前，根据式（3-33）和式（3-34）把 $\Phi(T)$ 和 $\Phi_m(T)$ 一同算出（借助于计算机计算这些矩阵多项式是很容易的，见程序 simu331.m），仿真计算就变成了十分简单的代数运算了。

```
%计算 Φ(T)和 Φₘ(T)的程序 simu331.m
    ⋮
n = …; %取到 T 的阶次
m = …; %系统的阶次
A = ……; B = ……;
df1 = DT * A;
df = eye(m);
fai = eye(m);
for i = 1: n
    df = df * df1/i;
    fai = fai + df;
end
dfm = eye(m);
faim = eye(m);
for i = 1: n - 1
    dfm = dfm * df1/(i + 1);
    faim = faim + dfm;
end
faim = DT * faim * B;
    ⋮
```

根据经验公式（3-3）和式（2-36）可以得到对该系统进行仿真时的计算步距：

$$T = \frac{n\tau}{100 \sim 40} = \frac{1}{3 \times (100 \sim 40)} \approx 0.05$$

以及仿真时间：

$$ST = (5 \sim 20)n\tau = \frac{5 \sim 20}{3} \approx 7$$

当取 $R = 1(t)$ 时，按照 2.3.2 介绍的差分方程计算程序的设计方法，可以得到该系统在不同离散化方法下的仿真程序 simu332.m（注：在本书的所有仿真程序中，用 DT 代替计算步距）。

```
%图 3-4 所示系统在不同离散化方法下的仿真程序 simu332.m
clear all;
DT = 0.05; ST = 7; LP = ST/DT; R = 1;
a1 = exp( - DT); a2 = exp( - 2 * DT); a3 = exp( - 3 * DT);
x11 = 0; x12 = 0; x21 = 0; x22 = 0; x3 = [0; 0];
p1 = 0; p2 = 0; p3 = 0;
em1 = 0; em3 = 0;
% * * * * * * * * * *近似求取差分方程系数阵* * * * * * * * * * * * * * * * * *
A = [ - 1 0; 0 - 2]; B = [2; - 2];
n = 4; m = 2;
```

```
df1 = DT * A;
df = eye(m);
fai = eye(m);
for i = 1: n
    df = df * df1/i;
    fai = fai + df;
end
dfm = eye(m);
faim = eye(m);
for i = 1: n - 1
    dfm = dfm * df1/(i + 1);
    faim = faim + dfm;
end
faim = DT * faim * B;
% $ $ $ $ $ $ $ $ $ $ $ $ $ $ $计算各种离散方法下的差分方程$ $ $ $ $ $ $ $ $ $ $ $ $ $ $ $ $ $
for i = 1: LP
    %计算离散-再现环节在系统 e 处的差分方程
    e = R - x11 - x12;
    x11 = x11 + 2/3 * DT * e;
    x12 = a3 * x12 + 2/9 * (a3 - 1) * e;
    %计算精确解的差分方成(离散-再现环节在 R 处)
    x21 = a1 * x21 + 2 * (1 - a1) * R;
    x22 = a2 * x22 + (a2 - 1) * R;
    %把离散-再现环节放在 R 处,近似求系数阵展开式到 t 的 4 次项
    x3 = fai * x3 + faim * R;
    y1(i) = x11 + x12;
    y2(i) = x21 + x22;
    y3(i) = x3(1) + x3(2);
    t(i) = DT * i;
    p1 = p1 + DT * abs(y1(i));    %计算离散-再现环节在系统的 e 处的作用强度
    p2 = p2 + DT * abs(y2(i));    %计算精确解的作用强度
    p3 = p3 + DT * abs(y3(i));    %系数近似计算时的作用强度
    e1 = abs((y2(i) - y1(i))/y2(i)) * 100;
    e3 = abs((y2(i) - y3(i))/y2(i)) * 100;
    if e1>em1; em1 = e1; end    %计算离散-再现环节在系统的 e 处时的最大相对精度
    if e3>em3; em3 = e3; end    %计算近似系数时的最大相对精度
end
%输出仿真结果(系统输出响应曲线)及作用强度和最大相对精度
ep1 = abs((p2 - p1)/p2) * 100
ep3 = abs((p2 - p3)/p2) * 100
em1
em3
plot(t, y1, 'g', t, y2, 'r', t, y3, 'k')
```

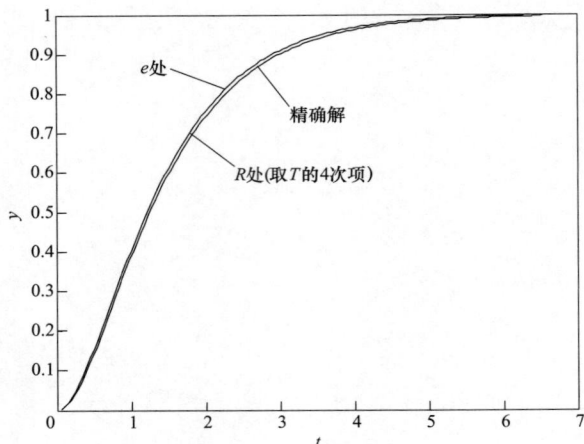

图 3-8　不同离散方法下的仿真结果
（系统输出响应曲线）

仿真结果如图 3-8 所示。

从图 3-8 中可以看出，把离散-再现环节加在系统的 e 处得到的数值解与该系统的精确解（离散-再现环节在系统的输入 R 处）达到了较好的吻合程度。当取精确解析式中的 e^{At} 到 t 的四次项时，已经与精确解完全重合在一起。

我们仍可以延用函数的相对作用强度概念来定量分析系统的仿真精度。

定义 3.2　把系统在过渡过程时间段内，系统输出曲线下的绝对面积称为这个系统的作用强度。即系统输出 $y(t)$ 的作用强度为

$$p = \int_0^{t_s} |y(t)| \, \mathrm{d}t \tag{3-35}$$

式中　p——作用强度；

t_s——考虑的时间段。

假设系统在精确解下的作用强度为 p_0，数值解下的作用强度为 p，则系统数值解的相对作用强度为

$$ep = \left| \frac{p_0 - p}{p_0} \right| \times 100\% \tag{3-36}$$

作用强度没有考虑系统数值解的相位滞后，如果要考虑相位滞后，可以用数值解的相对最大误差来衡量。

定义 3.3　数值解的最大相对误差：

$$e_{\max} = \max\left\{ \left| \frac{y(kT) - \bar{y}(kT)}{y(kT)} \right| \times 100\% \right\}, \ k = 0, 1, 2, 3, \cdots \tag{3-37}$$

式中　$y(kT)$——原系统的精确解在采样点 kT 时刻的值；

$\bar{y}(kT)$——系统的数值解。

根据上述定义，可以得到该系统不同离散化方法下的仿真精度（计算程序见 simu332.m）：

离散-再现环节加在系统的 e 处：

相对作用强度：d$ep\_e = 0.44\%$；

最大相对误差：$e_m\_e = 1.04\%$；

离散-再现环节加在系统的 R 处（近似到 T 的 4 次项）：

相对作用强度：d$ep\_R = 6.24 \times 10^{-6}\%$；

最大相对误差：$e_m\_R = 0.0032\%$。

由此看出，系统数值解的相对作用强度和最大相对误差都能反应系统的仿真精度。但

是，相对作用强度反应的是整体仿真精度，而最大相对误差反应的是最大瞬时仿真精度，所以用相对作用强度来反应仿真精度会更好些。

从上面的仿真结果也可以看到，把离散-再现环节加在系统的输入 R 处要比加在系统的 e 处精度高，而且在 R 处时，近似到 T 的 4 次项就能达到很高的精度，因此通常把在 R 处离散化时近似到 T 的 4 次或更高次项的数值解作为精确解。

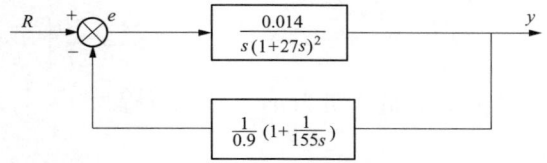

图 3-9　某控制系统方框图

再考虑图 3-9 所示控制系统加入内扰 $[R = 1(t)]$ 时系统输出的响应曲线。

对于这种复杂系统加一个离散-再现环节常常是不够用的，因为那样求 e^{AT} 阵比较困难，用人工来求甚至是不可能的。为此，先把图 3-9 所示系统方框图进行规范化，然后在每个基本环节中加入离散-再现环节，如图 3-10 所示。

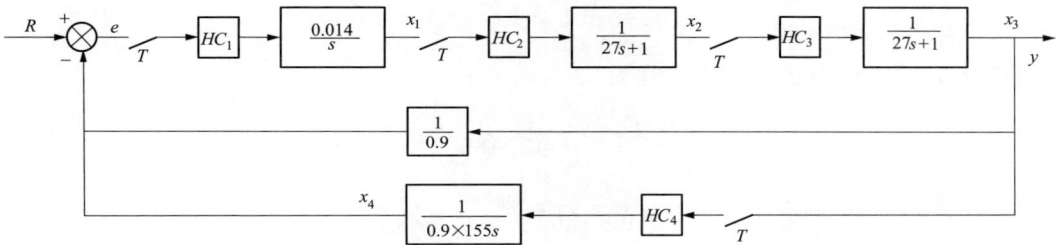

图 3-10　图 3-9 所示系统的离散相似系统

由于每个离散-再现环节都对原来的信号进行了近似，因此这个离散相似系统对原信号进行了四次近似。这样一来，就不如在系统中仅加入一个离散-再现环节精确。可以指出，离散-再现环节加得越多，所得到解的精确程度就越差，但求差分方程时就越简单。为了提高计算精度，可以减小计算步距。

由图 3-10 可知，对于 x_1，输入量为 e，状态方程为

$$\dot{x} = 0.014e \tag{3-38}$$

其状态矩阵 $A=0$，输入矩阵 $B=0.14$，则

$$\Phi(t) = 1$$

$$\Phi(T) = 1$$

$$\Phi_{\mathrm{m}}(T) = \int_0^T 0.014\mathrm{d}t = 0.014T$$

对于 x_2，输入量为 x_1，状态方程为

$$\dot{x} = -\frac{1}{27}x_2 + \frac{1}{27}x_1 \tag{3-39}$$

状态矩阵 $A=\dfrac{1}{27}$，输入矩阵 $B=\dfrac{1}{27}$，则

$$\Phi(t) = e^{-\frac{t}{27}}$$

$$\Phi(T) = e^{-\frac{T}{27}}$$

$$\Phi_m(T) = \frac{1}{27}\int_0^T e^{-\frac{t}{27}}dt = 1 - e^{-\frac{T}{27}}$$

对于 x_3，输入量为 x_2，状态方程为

$$\dot{x}_3 = -\frac{1}{27}x_3 + \frac{1}{27}x_2 \tag{3-40}$$

状态矩阵 $A = -\dfrac{1}{27}$，输入矩阵 $B = \dfrac{1}{27}$，则

$$\Phi(t) = e^{-\frac{t}{27}}$$

$$\Phi(T) = e^{-\frac{T}{27}}$$

$$\Phi_m(T) = \frac{1}{27}\int_0^T e^{-\frac{t}{27}}dt = 1 - e^{-\frac{T}{27}}$$

对于 x_4，输入量为 x_3，状态方程为

$$\dot{x}_4 = \frac{1}{0.9 \times 155}x_3 \tag{3-41}$$

状态矩阵 $A = 0$，输入矩阵 $B = \dfrac{1}{0.9 \times 155}$，则

$$\Phi(t) = 1$$

$$\Phi(T) = 1$$

$$\Phi_m(T) = \int_0^T \frac{1}{0.9 \times 155}dt = \frac{T}{0.9 \times 155}$$

中间变量：

$$e = R - \frac{1}{0.9}x_3 - x_4 \tag{3-42}$$

系统输出：

$$y = x_3 \tag{3-43}$$

根据式（3-20）和式（3-21），即可得到使用零阶保持器及零阶保持器＋超前一拍补偿器下的差分方程，如式（3-44）、式（3-45）所示。

零阶保持器下的差分方程为

$$\left. \begin{array}{l} x_1(k+1) = x_1(k) + 0.014Te(k) \\[4pt] x_2(k+1) = e^{-\frac{T}{27}}x_2(k) + (1 - e^{-\frac{T}{27}})x_1(k) \\[4pt] x_3(k+1) = e^{-\frac{T}{27}}x_3(k) + (1 - e^{-\frac{T}{27}})x_2(k) \\[4pt] x_4(k+1) = x_4(k) + \dfrac{T}{0.9 \times 155}x_3(k) \\[4pt] e(k) = R(k) - \dfrac{1}{0.9}x_3(k) - x_4(k) \\[4pt] y(k+1) = x_3(k+1) \end{array} \right\} \tag{3-44}$$

零阶保持器＋超前一拍补偿器下的差分方程为

$$
\left.
\begin{aligned}
x_1(k+1) &= x_1(k) + 0.014Te(k+1) \\
x_2(k+1) &= \mathrm{e}^{-\frac{T}{27}}x_2(k) + (1 - \mathrm{e}^{-\frac{T}{27}})x_1(k+1) \\
x_3(k+1) &= \mathrm{e}^{-\frac{T}{27}}x_3(k) + (1 - \mathrm{e}^{-\frac{T}{27}})x_2(k+1) \\
x_4(k+1) &= x_4(k) + \frac{T}{0.9 \times 155}x_3(k+1) \\
e(k+1) &= R(k+1) - \frac{1}{0.9}x_3(k+1) - x_4(k+1) \\
y(k+1) &= x_3(k+1)
\end{aligned}
\right\}
\tag{3-45}
$$

在该式中，计算 $e(k+1)$ 时，需要已知 $x_3(k+1)$ 和 $x_4(k+1)$，因此在设计仿真程序时，需要把计算 $e(k+1)$ 的公式改为

$$
e(k+1) = R(k+1) - \frac{1}{0.9}x_3(k) - x_4(k) \tag{3-46}
$$

根据式（3-38）~式（3-44），可以得到该系统的状态空间描述，即

$$
\left.
\begin{aligned}
\dot{X} &= AX + B \\
y &= x_3
\end{aligned}
\right\}
\tag{3-47}
$$

其中：

$$
A = \begin{bmatrix}
0 & 0 & -\dfrac{0.014}{0.9} & -0.014 \\[2mm]
\dfrac{1}{27} & -\dfrac{1}{27} & 0 & 0 \\[2mm]
0 & \dfrac{1}{27} & -\dfrac{1}{27} & 0 \\[2mm]
0 & 0 & \dfrac{1}{0.9 \times 155} & 0
\end{bmatrix}, \quad
B = \begin{bmatrix}
0.014 \\
0 \\
0 \\
0
\end{bmatrix}
$$

根据式（3-47），即可得到把离散-再现环节加在 R 处时的差分方程：

$$
X(k+1) = \Phi(T)X(k) + \Phi_\mathrm{m}(t)U(k) \tag{3-48}
$$

取式（3-48）中的 $\Phi(T)$ 和 $\Phi_\mathrm{m}(T)$ 到 T 的 6 次项，作为该系统的精确解，即

$$
\Phi(T) = I + TA + \frac{T^2}{2}A^2 + \frac{T^3}{6}A^3 + \frac{T^4}{24}A^4 + \frac{T^5}{120}A^6 + \frac{T^6}{720}A^6 \tag{3-49}
$$

$$
\Phi_\mathrm{m}(T) = \left(TI + \frac{T^2}{2}A + \frac{T^3}{6}A^2 + \frac{T^4}{24}A^3 + \frac{T^5}{120}A^4 + \frac{T^6}{720}A^5 \right)B \tag{3-50}
$$

根据式（3-44）、式（3-45）及式（3-48）即可得到对该系统离散化时加补偿器前后的数值解以及精确解的仿真程序 simu333.m（取计算步距 $T = 0.5$，仿真时间 $ST = 1200$）。该系统的仿真结果如图 3-11 所示。

```
% 加补偿器前后的数值解以及精确解的仿真程序 simu333.m
clear all;
DT = 0.5; ST = 1200; LP = ST/DT; R = 1;
a = exp( - DT/27);
x10 = 0; x20 = 0; x30 = 0; x40 = 0;
```

```
x11 = 0; x21 = 0; x31 = 0; x41 = 0;
x = [0; 0; 0; 0]; DTA = 0.084; Ti = 155;
A = [0 0 -0.0014/DTA -0.0014; 1/27 -1/27 0 0; 0 1/27 -1/27 0; 0 0 1/DTA/Ti 0];
B = [0.0014; 0; 0; 0];
n = 6; m = 4;
p1 = 0; p2 = 0; p = 0;
% * * * * * * * * * * 近似求取差分方程系数 * * * * * * * * * * * * * * * * * * * *
df1 = DT * A;
df = eye(m);
fai = eye(m);
for i = 1: n
    df = df * df1/i;
    fai = fai + df;
end
dfm = eye(m);
faim = eye(m);
for i = 1: n - 1
    dfm = dfm * df1/(i + 1);
    faim = faim + dfm;
end
faim = DT * faim * B;
% $ $ $ $ $ $ $ $ $ $ $ $ $ $ $计算离散相似解以及精确解 $ $ $ $ $ $ $ $ $ $ $ $ $ $ $ $ $
for i = 1: LP
    %零阶保持器下的差分方程
    e = R - 1/DTA * x30 - x40;
    x1 = x10 + 0.0014 * DT * e;
    x2 = a * x20 + (1 - a) * x10;
    x3 = a * x30 + (1 - a) * x20;
    x4 = x40 + DT/DTA/Ti * x30;
    x10 = x1; x20 = x2; x30 = x3; x40 = x4;
    y1(i) = x3;
    p1 = p1 + DT * abs(y1(i));
    %零阶保持器 + 超前一拍补偿器
    e = R - 1/DTA * x31 - x41;
    x11 = x11 + 0.0014 * DT * e;
    x21 = a * x21 + (1 - a) * x11;
    x31 = a * x31 + (1 - a) * x21;
    x41 = x41 + DT/DTA/Ti * x31;
    y2(i) = x31;
    p2 = p2 + DT * abs(y2(i));
    %精确解
    x = fai * x + faim * R;
```

```
    y(i) = x(3);
    t(i) = DT * i;
    p = p + DT * abs(y(i));
end
ep1 = abs((p - p1)/p) * 100 %计算零阶保持器时系统的相对作用强度
ep2 = abs((p - p2)/p) * 100 %计算零阶保持器 + 超前一拍补偿器时系统的相对作用强度
% 输出仿真结果
plot(t, y1, ':', t, y2, t, y, 'r'); hold on;
```

运行仿真程序 simu333.m 还可以得到：

零阶保持器时的相对作用强度：$ep_1 = 2.65\%$。

零阶保持器＋超前一拍补偿器时的相对作用强度：$ep_2 = 0.98\%$。

从图 3-11 中的系统响应曲线或上面计算出的相对作用强度都可以看出，加入超前一拍补偿器后，仿真精度得到了很大的提高。这是因为，在对图 3-9 所示系统离散化时，加入了 4 个离散-再现环节，如果不加入补偿器，每个离散-再现环节对被离散的信号都产生一定的滞后，而补偿后，

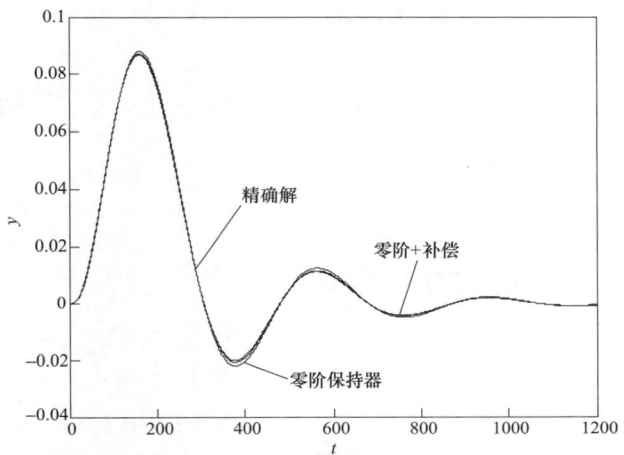

图 3-11 图 3-9 所示系统的仿真结果

对被离散的信号都产生一定的超前，但是由于数字计算机串行计算的原因，在反馈求和点后的第一个环节 $\dfrac{0.0014}{s}$ 不能进行超前一拍的补偿，因此从闭环系统来看，有些信号进行了超前补偿，有些信号没有补偿，滞后—超前相互作用使闭环系统的整体仿真精度得到了提高。也正因为如此，在对闭环系统进行仿真时，加入超前一拍的补偿器能提高仿真精度，而不必考虑差分方程的计算顺序（如果差分方程右侧的超前项还没有计算，那么就自然地使用了该超前项的前一时刻的值）。

3.3.2 规范化方框图中基本环节的差分方程

对于绝大多数的控制系统，都可以把它化成规范化方框图的描述形式。那么根据规范化方框图的定义，在方框图中仅含有比例、积分、微分、惯性和纯迟延环节，因此可以事先求出这些环节的差分方程的通用式，以后套用即可，就不需要每次求解差分方程了。

1. 积分环节

积分环节示意图如图 3-12 所示。

状态方程为

$$\dot{x} = k_i u \tag{3-51}$$

离散化后差分方程中的系数为

$$\left.\begin{array}{l}\Phi(t) = 1 \\ \Phi(T) = 1 \\ \Phi_{\mathrm{m}}(T) = k_{\mathrm{i}}T\end{array}\right\} \tag{3-52}$$

根据式（3-20）即可得到积分环节在零阶保持器下的差分方程

$$x(k+1) = x(k) + k_{\mathrm{i}}Tu(k) \tag{3-53}$$

2. 惯性环节

惯性环节示意图如图 3-13 所示。

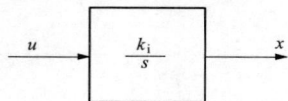

图 3-12　积分环节示意图　　　　图 3-13　惯性环节示意图

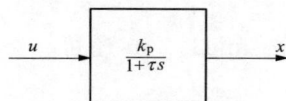

状态方程为

$$\dot{x} = -\frac{1}{\tau}x + \frac{k_{\mathrm{p}}}{\tau}u \tag{3-54}$$

离散化后差分方程中的系数为

$$\left.\begin{array}{l}\Phi(t) = \mathrm{e}^{-\frac{t}{\tau}} \\ \Phi(T) = \mathrm{e}^{-\frac{T}{\tau}} \\ \Phi_{\mathrm{m}}(T) = k_{\mathrm{p}}(1 - \mathrm{e}^{-\frac{t}{\tau}})\end{array}\right\} \tag{3-55}$$

根据式（3-20）可得到惯性环节在零阶保持器下的差分方程，即

$$x(k+1) = \mathrm{e}^{-\frac{T}{\tau}}x(k) + k_{\mathrm{p}}(1 - \mathrm{e}^{-\frac{T}{\tau}})u(k) \tag{3-56}$$

3. 微分环节

微分环节示意图如图 3-14 所示。

描述方程为

$$x = k_{\mathrm{d}}\dot{u} \tag{3-57}$$

利用微分的定义式，可直接得到微分环节在零阶保持器下的差分方程，即

$$x(k+1) = \frac{k_{\mathrm{d}}}{T}[u(k+1) - u(k)] \tag{3-58}$$

如果计算 $x(k+1)$ 时还不知道 $u(k+1)$，那么就用式（3-59）代替。

$$x(k+1) = \frac{k_{\mathrm{d}}}{T}[u(k) - u(k-1)] \tag{3-59}$$

4. 纯迟延环节

纯迟延环节示意图如图 3-15 所示。

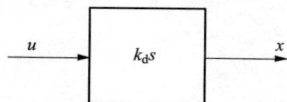

图 3-14　微分环节示意图　　　　图 3-15　纯迟延环节示意图

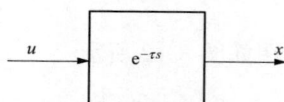

描述方程为

$$x(t) = u(t - \tau) \tag{3-60}$$

可以直接写出它的差分方程，即

$$x(k+1) = u(k+1-m) \tag{3-61}$$

其中，$m = \langle \frac{\tau}{T} \rangle$ 为纯迟延步数（整数）。

注：尖括号 $\langle \ \rangle$ 表示其内部的数值按四舍五入的原则取整。

纯迟延环节的仿真程序如下：

```
    ⋮
u = ...;                          %计算 u[(k+1)T]
x = DX(m);                        %从第 m 单元取出 u[(k+1-m)T]
for k = m: -1: 2; DX(k) = DX(k-1); end   %把迟延环节的存储单元向右平移一个单元
DX(1) = u;                        % * 把 u[(k+1)T] 存入第 1 个单元
    ⋮
```

考虑图 3-16 所示系统在 $R = 1(t)$ 作用下的系统响应。

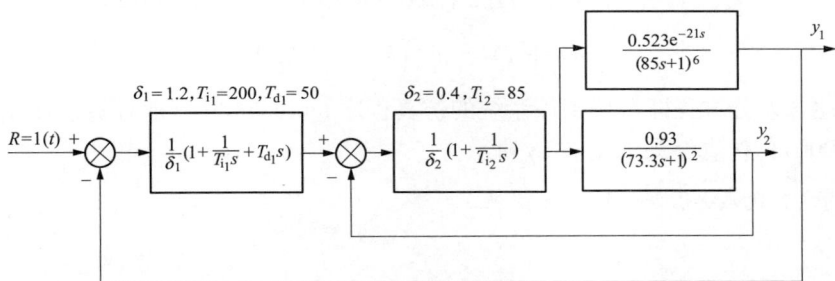

图 3-16　某串级控制系统

把图 3-16 所示的系统转换成图 3-17 所示的规范化方框图的形式，并按图示设状态变量，对每个环节使用零阶保持器＋超前一拍补偿器的离散化过程，根据前面所述的各种典型环节的差分方程，很容易得到该系统各环节离散化后的差分方程以及中间方程如下：

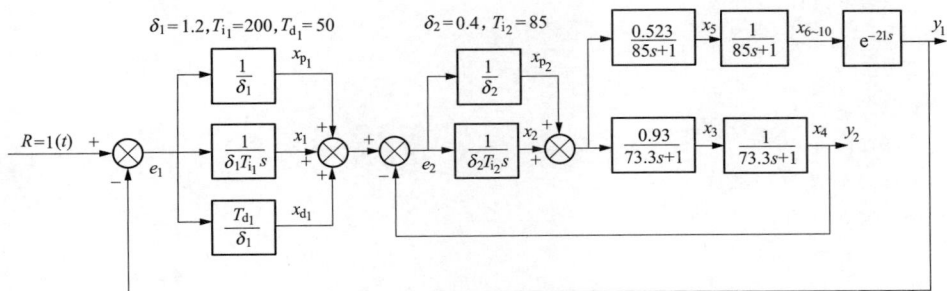

图 3-17　图 3-16 所示系统的规范化方框图

$$e_1(k+1) = R(k+1) - y(k)$$

$$x_{p_1}(k+1) = \frac{1}{\delta_1} e_1(k+1)$$

$$x_1(k+1) = x_1(k) + \frac{T}{\delta_1 T_{i_1}} e_1(k+1)$$

$$x_{d_1}(k+1) = \frac{T_{d_1}}{\delta_1} \frac{e_1(k+1) - e_1(k)}{T}$$

$$x_{\text{PID1}}(k+1) = x_{p_1}(k+1) + x_1(k+1) + x_{d_1}(k+1)$$

$$e_2(k+1) = x_{\text{PID1}} - x_4(k)$$

$$x_{p_2}(k+1) = \frac{1}{\delta_2} e_2(k+1)$$

$$x_2(k+1) = x_2(k) + \frac{T}{\delta_2 T_{i_2}} e_2(k+1)$$

$$x_{\text{PI2}}(k+1) = x_{p_2}(k+1) + x_2(k+1)$$

$$x_3(k+1) = e^{-\frac{T}{73.3}} x_3(k) + 0.93(1 - e^{-\frac{T}{73.3}}) x_{\text{PI2}}(k+1)$$

$$x_4(k+1) = e^{-\frac{T}{73.3}} x_4(k) + (1 - e^{-\frac{T}{73.3}}) x_3(k+1)$$

$$x_5(k+1) = e^{-\frac{T}{85}} x_5(k) + 0.523(1 - e^{-\frac{T}{85}}) x_{\text{PI2}}(k+1)$$

$$x_{6\sim10}(k+1) = e^{-\frac{T}{85}} x_{6\sim10}(k) + (1 - e^{-\frac{T}{85}}) x_{5\sim9}(k+1)$$

$$y(k+1) = x_{10}\left(k+1-\frac{21}{T}\right)$$

根据上述各差分方程即可得到该系统的仿真程序 simu334.m（取计算步距 $T=1$，仿真时间 $ST=2000$），仿真结果如图 3-18 所示。

```
% 图 3-16 所示系统的数字仿真程序 simu334.m
clear all;
DT = 1; ST = 2000; LP = ST/DT; R = 1;
x(1: 10) = 0;
DTA1 = 1.2; Ti1 = 200; Td1 = 50;
DTA2 = 0.4; Ti2 = 85;
m = fix(21/DT);
DX(1: m) = 0; y = 0; e0 = 0;
a1 = exp( - DT/73.3); a2 = exp( - DT/85);
for i = 1: LP
    % 计算 PID1
    e1 = R - y;
    xp = e1/DTA1;
    x(1) = x(1) + DT/DTA1/Ti1 * e1;
    xd = Td1/DTA1 * (e1 - e0)/DT;
    xpid = xp + x(1) + xd;
    % 计算 PI2
    e0 = e1;
    e2 = xpid - x(4);
    x(2) = x(2) + DT/DTA2/Ti2 * e2;
    xp = e2/DTA2;
    xpi = xp + x(2);
```

```
%计算内回路被控对象
x(3) = a1 * x(3) + 0.93 * (1 - a1) * xpi;
x(4) = a1 * x(4) + (1 - a1) * x(3);
%计算外回路被控对象
x(5) = a2 * x(5) + 0.523 * (1 - a2) * xpi;
x(6: 10) = a2 * x(6: 10) + (1 - a2) * x(5: 9);
%计算纯迟延
y = DX(m);
for k = m: -1: 2; DX(k) = DX(k - 1); end
DX(1) = x(10);
%存储系统输出
y1(i) = y; y2(i) = x(4); t(i) = i * DT;
end
plot(t, y1, t, y2, ': ')
```

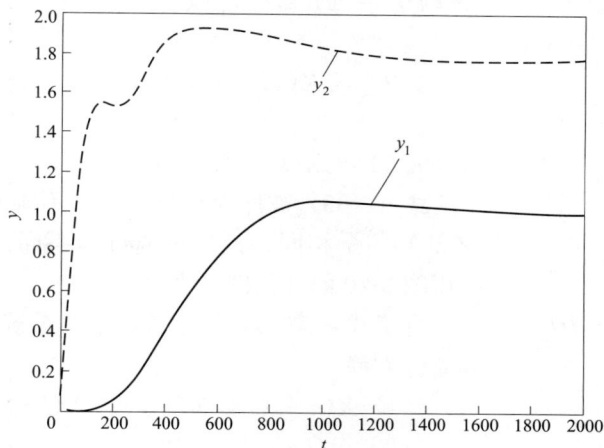

图 3-18 图 3-16 所示系统的仿真结果

3.3.3 离散-再现环节在系统的积分器处

1. 欧拉公式

对于式（3-1）和式（3-2）所示的系统，把离散-再现环节加在系统的积分器处，得到的离散相似系统如图 3-19 所示。

从图 3-19 中，可得到

$$X(t) = X(0) + \int_0^t e_h(t) dt \tag{3-62}$$

当 $t = kT$ 时，得

$$X(kT) = X(0) + \int_0^t e_h(t) dt \tag{3-63}$$

当 $t = (k + 1)T$ 时，得

$$X[(k + 1)T] = X(0) + \int_0^{(k+1)T} e_h(t) dt \tag{3-64}$$

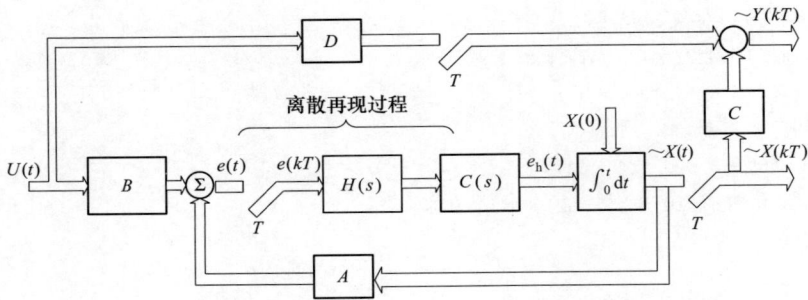

图 3-19　线性定常系统的另一种离散相似系统方框图

用式（3-64）减去式（3-63），得

$$X[(k+1)T] = X(kT) + \int_{kT}^{(k+1)T} e_h(t)\,dt \qquad (3\text{-}65)$$

当取 $H(s)$ 为零阶保持器，$C(s) = 1$ 时，即

$$e_h = e(kT) \qquad kT \leqslant t < (k+1)T \qquad (3\text{-}66)$$

把式（3-66）代入式（3-65），得

$$X[(k+1)T] = X(kT) + Te(kT) \qquad (3\text{-}67)$$

简记为（下同）

$$X(k+1) = X(k) + Te(k) \qquad (3\text{-}68)$$

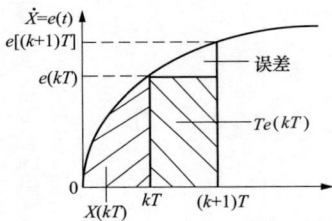

图 3-20　欧拉公式的几何解释

式（3-68）被称为欧拉公式。不难看出式（3-68）与式（2-26）完全相同，只是求取过程不同而已。欧拉公式也可以用图 3-20 的几何图形来解释。

有了式（3-68），就很容易求出系统式（3-1）、式（3-2）的差分方程

$$X(k+1) = (I + AT)X(k) + TBU(k) \qquad (3\text{-}69)$$

$$Y(k+1) = CX(k+1) + DU(k+1) \qquad (3\text{-}70)$$

从图 3-20 中可以看出，欧拉法精度较低，但是它的公式非常简单，不用求 $\Phi(T)$ 和 $\Phi_m(T)$，因此在大型系统的实时仿真中它的应用非常广泛[60]。

2. 梯形公式

为了提高仿真精度，离散-再现环节采取图 3-21 所示的形式。图中表示，$e_h(t)$ 取第（1）路（实线部分）与第（2）路信号之和，为了使补偿后的幅值不变（仅补偿相位），在每一路

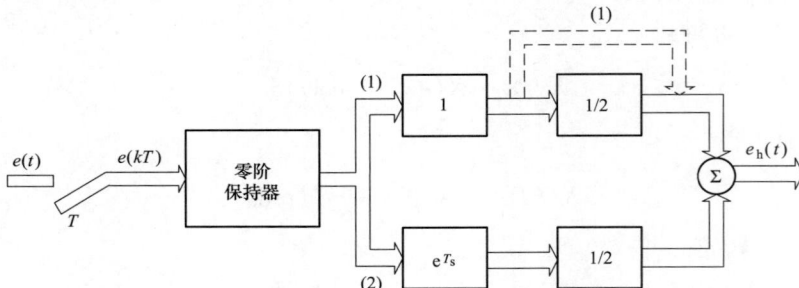

图 3-21　梯形公式的离散-再现环节方框图

中加入了一个 $\frac{1}{2}$ 的衰减环节，使两路信号的权值之和等于 1，即

$$e_h = \frac{1}{2}\{e(kT) + e[(k+1)T]\} \qquad kT \leqslant t < (k+1)T \qquad (3\text{-}71)$$

把式（3-71）代入式（3-65）可得

$$X(k+1) = X(k) + \frac{T}{2}[e(k) + e(k+1)]$$

$$(3\text{-}72)$$

式（3-72）称为梯形公式，其几何解释如图 3-22 所示。

由式（3-1）可知

$$e(k) = AX(k) + BU(k) \qquad (3\text{-}73)$$

$$e(k+1) = AX(k+1) + BU(k+1)$$

$$(3\text{-}74)$$

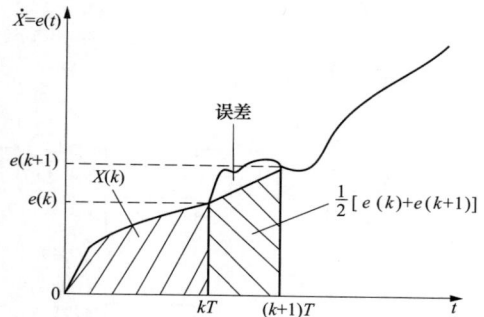

图 3-22 梯形公式的几何解释

把式（3-73）、式（3-74）代入式（3-72），则可得到式（3-1）所示系统的差分方程为

$$X(k+1) = \left(I + \frac{T}{2}A\right)X(k) + \frac{T}{2}AX(k+1) + \frac{T}{2}B[U(k) + U(k+1)] \qquad (3\text{-}75)$$

式（3-75）是一个隐式，因为求 $X(k+1)$ 时，等式右边还有未知数 $X(k+1)$。为了得到该式的显式形式，可把含 $X(k+1)$ 的项移到方程左边，再整理而得到，即系统解的显式公式为

$$X(k+1) = \left(I - \frac{T}{2}A\right)^{-1}\left(I + \frac{T}{2}A\right)X(k) + \frac{T}{2}\left(I - \frac{T}{2}A\right)^{-1}B[U(k+1) + U(k)]$$

$$(3\text{-}76)$$

显然，式（3-76）要比式（3-69）的精度高些。但是，当系统阶次较高时，求 $\left(I - \frac{T}{2}A\right)^{-1}$ 是比较困难的。为此，在计算式（3-76）时，需要先估算 $X(k+1)$ 的值，记为 $X_0(k+1)$。此时，可以用欧拉公式估计 $X_0(k+1)$。即估算 $X_0(k+1)$ 时，设定离散-再现过程只有第（1）路信号（图 3-21 的虚线部分），根据式（3-69）则有

$$X_0(k+1) = X(k) + Te(k) \qquad (3\text{-}77)$$

把 $X_0(k+1)$ 称为 $X(k+1)$ 的一次预报值。用 $X_0(k+1)$ 代替 $X(k+1)$，代入式（3-74），则有

$$e(k+1) = A[X(k) + Te(k)] + BU(k+1) \qquad (3\text{-}78)$$

把式（3-73）、式（3-78）代入式（3-72）可得到系统解的显式公式为

$$X(k+1) = \left(I + TA + \frac{T^2}{2}A^2\right)X(k) + \left(\frac{T}{2}I + \frac{T^2}{2}A\right)BU(k) + \frac{T}{2}BU(k+1) \qquad (3\text{-}79)$$

式（3-79）没有矩阵求逆的运算，所以比式（3-76）容易计算。

综合式（3-72）～式（3-74）及式（3-77）可得到近似的梯形公式，也称为预报校正公式（或称为二阶龙格-库塔公式，简称 RK2）

$$X(k+1) = X(k) + \frac{T}{2}[e(k)+e(k+1)]$$

$$e(k) = AX(k) + BU(k)$$

$$X_0(k+1) = X(k) + Te(k)$$

$$e(k+1) = AX_0(k+1) + BU(k+1)$$

(3-80)

考虑图 3-33 所示的某多变量系统。

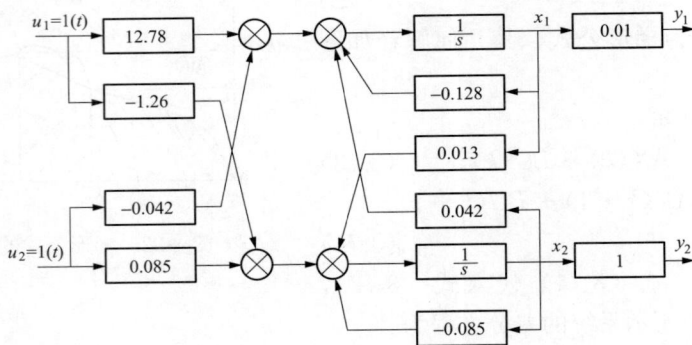

图 3-23　某多变量系统结构框图

由图 3-23 可得到该系统的状态方程及输出方程为

$$\dot{X} = AX + BU$$
$$Y = CX$$

其中：

$$X = \begin{bmatrix} x_1 \\ x_2 \end{bmatrix}, U = \begin{bmatrix} u_1 \\ u_2 \end{bmatrix}, Y = \begin{bmatrix} y_1 \\ y_2 \end{bmatrix}$$

$$A = \begin{bmatrix} -0.128 & 0.042 \\ 0.013 & -0.085 \end{bmatrix}, B = \begin{bmatrix} 12.78 & -0.042 \\ -1.26 & 0.085 \end{bmatrix}, C = \begin{bmatrix} 0.01 & 0 \\ 0 & 1 \end{bmatrix}$$

取仿真时的计算步距：$T = \dfrac{1}{0.12771 \times (100 \sim 40)} \approx 0.1$

仿真时间：$ST = \dfrac{1}{0.08533} \times (5 \sim 20) \approx 80$

依据式（3-80）可以得到该系统的仿真程序如 simu335.m 所示，仿真结果如图 3-24 所示。

```
% 图 3-23 所示多变量系统的数字仿真程序 simu335.m
clear all;
DT = 0.1; ST = 80; LP = ST/DT;
X = [0; 0]; X1 = [0; 0]; X2 = [0; 0]; U = [1; 1];
A = [-0.128 0.042; 0.013 - 0.085];
B = [12.78 - 0.042; - 1.26 0.85];
C = [0.01 0; 0 1];
```

114

```matlab
% 计算精确解的差分方程系数
n = 6; m = 2;
p1 = 0; p2 = 0; p = 0;
df1 = DT * A;
df = eye(m);
fai = eye(m);
for i = 1: n
    df = df * df1/i;
    fai = fai + df;
end
dfm = eye(m);
faim = eye(m);
for i = 1: n - 1
    dfm = dfm * df1/(i + 1);
    faim = faim + dfm;
end
faim = DT * faim * B;
for i = 1: LP
    % 计算欧拉公式
    e = A * X1 + B * U;
    X1 = X1 + DT * e;
    y11(i) = X1(1); y12(i) = X1(2);
    p1 = p1 + (abs(y11(i)) + abs(y12(i))) * DT;
    % 计算梯形公式
    e0 = A * X2 + B * U;
    X20 = X2 + DT * e0;
    e1 = A * X20 + B * U;
    X2 = X2 + DT/2 * (e + e1);
    y21(i) = X2(1); y22(i) = X2(2);
    p2 = p2 + (abs(y21(i)) + abs(y22(i))) * DT;
    % 计算精确解
    X = fai * X + faim * U;
    y01(i) = X(1); y02(i) = X(2); t(i) = i * DT;
    p = p + (abs(y01(i)) + abs(y02(i))) * DT;
end
ep1 = abs((p - p1)/p) * 100      % 计算欧拉公式的相对作用强度
ep2 = abs((p - p2)/p) * 100      % 计算梯形公式的相对作用强度
% 输出仿真结果
plot(t, y11, ': ', t, y21, ': ', t, y01, ': ', t, y12, t, y22, t, y02)
```

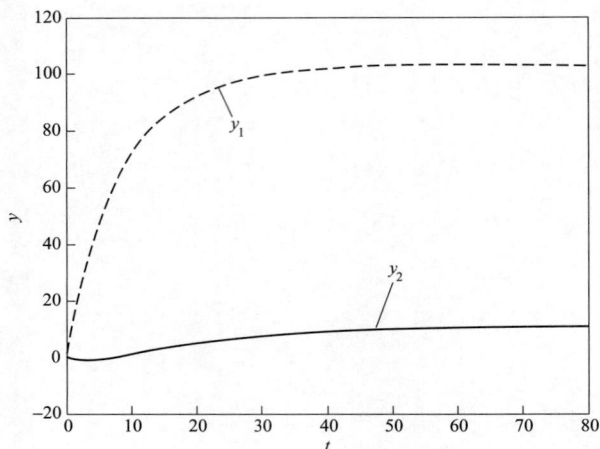

图 3-24　多变量系统仿真结果

如果用离散-再现过程在系统的输入 $U = \begin{bmatrix} u_1 \\ u_2 \end{bmatrix}$ 处，取其差分方程系数到 T 的 6 次项作为该系统的精确解，而且定义该系统的作用强度为

$$p = \int_0^{ST} (|y_1(t)| + |y_2(t)|)\,\mathrm{d}t$$

则可以得到：

欧拉公式的相对作用强度：$ep_1 = 0.073\%$；

梯形公式的相对作用强度：$ep_2 = 0.066\%$。

由此看出，无论是欧拉公式还是梯形公式，它们都有很高的仿真精度，而梯形公式的精度更高些。但是，欧拉公式是两个公式，梯形公式是四个公式，从计算速度上讲，欧拉公式比梯形公式要快大约两倍。如果把计算步距缩小到 0.05，欧拉公式的计算速度已与梯形公式在计算步距为 0.1 时接近，但相对作用强度已达到 $ep_1 = 0.036\%$，这比梯形公式的精度还高。这也说明，如果想提高计算精度，并不需要把公式变得复杂，减小计算步距也同样能达到提高计算精度的目的，而且计算速度还不会减慢。

3. 龙格-库塔（Runge-Kutta）公式

在非实时仿真中，有时需要更高的精度。下面再介绍一种更为精确的方法及其离散-再现过程。

如果取如图 3-25 所示的离散-再现环节，图中表示，$e_h(t)$ 取第（1）、第（2）、第（3）路（实线部分）与第（4）路信号之和，为了使补偿后的幅值不变（仅补偿相位），在第（1）路和第（4）路中各加入了一个 $\dfrac{1}{6}$ 的衰减环节，在第（2）路和第（3）路中各加入了一个 $\dfrac{1}{3}$

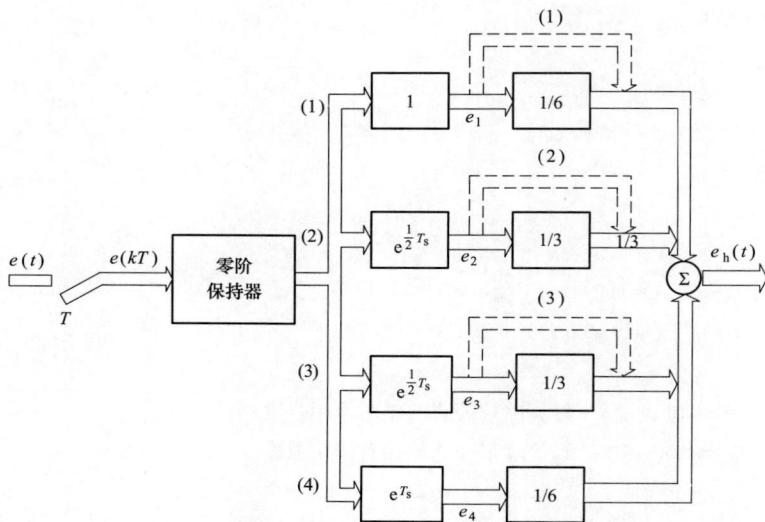

图 3-25　四阶龙格-库塔公式的离散-再现环节方框图

的衰减环节，使四路信号的权值之和等于 1，即

$$e_{\mathrm{h}}(t) = \frac{1}{6}(e_1 + 2e_2 + 2e_3 + e_4), \quad kT \leqslant t < (k+1)T \tag{3-81}$$

把式（3-81）代入式（3-65）可得

$$X(k+1) = X(k) + \frac{T}{6}(e_1 + 2e_2 + 2e_3 + e_4) \tag{3-82}$$

由图 3-1 及图 3-25 可有

$$e_1 = AX(k) + BU(k) \tag{3-83}$$

$$e_2 = AX\left(k+\frac{1}{2}\right) + BU\left(k+\frac{1}{2}\right) \tag{3-84}$$

$$e_3 = AX\left(k+\frac{1}{2}\right) + BU\left(k+\frac{1}{2}\right) \tag{3-85}$$

$$e_4 = AX(k+1) + BU(k+1) \tag{3-86}$$

由于计算式（3-82）中的 $X(k+1)$ 时，需要已知 e_2、e_3、e_4 中的 $X\left(k+\frac{1}{2}\right)$、$X(k+1)$。

因此，在计算式（3-82）之前应先估算 e_2、e_3、e_4 中 $X\left(k+\frac{1}{2}\right)$ 和 $X(k+1)$ 的近似值 $X_0\left(k+\frac{1}{2}\right)$ 和 $X_0(k+1)$。在估算 e_2 中的 $X\left(k+\frac{1}{2}\right)$ 时，e_1 已经已知，所以设定离散-再现过程只有第（1）路信号（图 3-25 中的虚线部分），使用欧拉公式进行估计，则

$$X_0\left(k+\frac{1}{2}\right) = X(k) + \frac{T}{2}e_1 \tag{3-87}$$

把式（3-87）代入式（3-84），得

$$e_2 = A\left[X(k) + \frac{T}{2}e_1\right] + BU\left(k+\frac{1}{2}\right) \tag{3-88}$$

估算 e_3 中的 $X\left(k+\frac{1}{2}\right)$ 时，e_2 已经已知，而且 e_2 是由 e_1 估算而得到的，在 $\left(k+\frac{1}{2}\right)T$ 时刻，e_2 要比 e_1 更精确，所以设定离散-再现过程只有第（2）路信号（图 3-25 中的虚线部分），使用欧拉公式进行估计，则

$$X_0\left(k+\frac{1}{2}\right) = X(k) + \frac{T}{2}e_2 \tag{3-89}$$

把式（3-89）代入式（3-85），得

$$e_3 = A\left[X(k) + \frac{T}{2}e_2\right] + BU\left(k+\frac{1}{2}\right) \tag{3-90}$$

同理，估算 e_4 中的 $X(k+1)$ 时，e_3 已经已知，而且它比 e_2 更精确，所以设定离散-再现过程只有第（3）路信号（图 3-25 中的虚线部分），使用欧拉公式进行估计，则

$$X_0(k+1) = X(k) + Te_3 \tag{3-91}$$

把式（3-91）代入式（3-86），得

$$e_4 = A[X(k) + Te_3] + BU(k+1) \tag{3-92}$$

把式（3-82）、式（3-83）、式（3-88）、式（3-90）及式（3-92）称为四阶龙格-库塔公式（简称 RK4），即

$$X(k+1) = X(k) + \frac{T}{6}(e_1 + 2e_2 + 2e_3 + e_4)$$

$$e_1 = AX(k) + BU(k)$$

$$e_2 = A\left[X(k) + \frac{T}{2}e_1\right] + BU\left(k + \frac{1}{2}\right)$$

$$e_3 = A\left[X(k) + \frac{T}{2}e_2\right] + BU\left(k + \frac{1}{2}\right) \tag{3-93}$$

$$e_4 = A\left[X(k) + Te_3\right] + BU(k+1)$$

如果系统的输入 U 为阶跃函数，则

$$U(k) = U\left(k + \frac{1}{2}\right) = U(k+1) \tag{3-94}$$

把式（3-94）代入式（3-93）并整理可得

$$X(k+1) = \left(I + TA + \frac{T^2}{2}A^2 + \frac{T^3}{6}A^3 + \frac{T^4}{24}A^4\right)X(k)$$

$$+ \left(TI + \frac{T^2}{2}A + \frac{T^3}{6}A^2 + \frac{T^4}{24}A^3\right)BU(k) \tag{3-95}$$

式（3-95）是四阶龙格-库塔公式在输入为阶跃时的整体表示，在仿真前，先求出差分方程的系数，仿真时就只有简单的代数运算了，这样仿真的速度要比用分离式公式时的速度快。

如果把离散-再现环节加在系统的入口处，使用零阶保持器，按式（3-33）和式（3-34）取 $\Phi(T)$ 和 $\Phi_m(T)$ 到 T 的 4 次项，可得到式（3-1）所描述系统的差分方程为

$$X(k+1) = \left(I + TA + \frac{T^2}{2}A^2 + \frac{T^3}{6}A^3 + \frac{T^4}{24}A^4\right)X(k)$$

$$+ \left(TI + \frac{T^2}{2}A + \frac{T^3}{6}A^2 + \frac{T^4}{24}A^3\right)BU(k) \tag{3-96}$$

容易看出，式（3-95）与式（3-96）是完全相同的。由此可见，使用零阶保持器比使用四阶龙格-库塔公式要精确。同理，取 $\Phi(T)$ 和 $\Phi_m(T)$ 到 T 的 2 次项，所得到的差分方程即是梯形公式，取 $\Phi(T)$ 和 $\Phi_m(T)$ 到 T 的 1 次项，所得到的差分方程即是欧拉公式。

无论是欧拉公式、梯形公式还是四阶龙格-库塔公式，在其推导过程中，都是在系统所有积分器的入口构造一个离散-再现环节，因此把这几种公式也称为数值积分公式。最初的数值积分公式来源于数值计算[31]，上述的推导过程完全是为了揭示数字仿真的实质。

利用上述的方法，构造不同的离散-再现-补偿环节，就可以得到各种不同的数值积分公式（差分方程）。

尽管如此，在实际应用时，还是不希望把差分方程变得太复杂，特别是系统较庞大时，还是希望离散化过程越简单越好。

考虑图 3-26 所示的控制系统。为了验证各种算法的仿真精度，对系统做定值单位阶跃

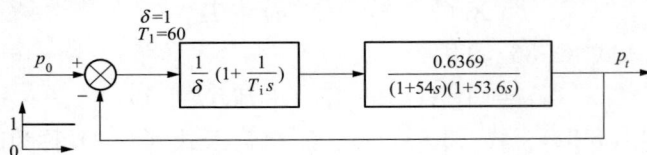

图 3-26　某单回路控制系统方框图

扰动 $p_0 = 1(t)$，并把在系统的入口处使用零阶保持器时得到的差分方程，取其系数到 T 的 6 次项作为系统的精确解，即精确解的差分公式为

$$X(k+1) = \Phi(T)X(k) + \Phi_m(T)U(k) \tag{3-97}$$

其中：

$$\Phi(T) = e^{AT} \approx I + TA + \frac{T^2}{2}A^2 + \frac{T^3}{6}A^3 + \frac{T^4}{24}A^4 + \frac{T^5}{120}A^5 + \frac{T^6}{720}A^6$$

$$\Phi_m(T) = \int_0^T e^{At}B\,\mathrm{d}t \approx \left(TI + \frac{T^2}{2}A + \frac{T^3}{6}A^2 + \frac{T^4}{24}A^3 + \frac{T^5}{120}A^4 + \frac{T^6}{720}A^5 \right)B$$

把图 3-26 转换成图 3-27 所示的规范化方框图的形式，并按图 3-27 所示设状态变量 x_1、x_2、x_3，则有系统的状态方程

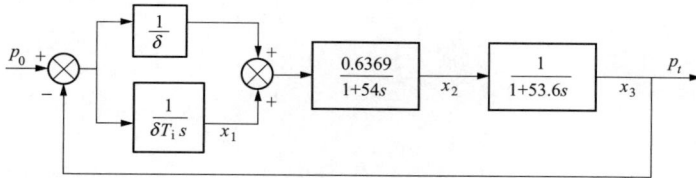

图 3-27　图 3-26 所示系统的规范化方框图

$$\dot{X} = AX + Bp_0 \tag{3-98}$$

$$p_t = x_3 \tag{3-99}$$

其中：

$$A = \begin{bmatrix} 0 & 0 & -\dfrac{1}{\delta T_i} \\ \dfrac{0.6369}{54} & -\dfrac{1}{54} & -\dfrac{0.6369}{54\delta} \\ 0 & \dfrac{1}{53.6} & -\dfrac{1}{53.6} \end{bmatrix} \qquad B = \begin{bmatrix} \dfrac{1}{\delta T_i} \\ \dfrac{0.6369}{54\delta} \\ 0 \end{bmatrix}$$

根据精确解差分公式（3-97）及式（3-69）、式（3-80）及式（3-93），即可得到各种数值积分公式下的仿真程序及其仿真精度（取计算步距 $T = 1$，仿真时间 $ST = 600$）。

```
%图 3-26 所示系统在各种数值积分公式下的仿真程序 simu336.m
clear all;
DT = 1; ST = 600; LP = ST/DT;
DTA = 0.38; Ti = 54; p0 = 1
p = 0; p1 = 0; p2 = 0; p4 = 0;
x = [0 0 0]'; x1 = x; x2 = x; x4 = x;
A = [0 0 -1/DTA/Ti; 0.6369/54 -1/54 -0.6369/54/DTA; 0 1/53.6 -1/53.6];
B = [1/DTA/Ti; 0.6369/54/DTA; 0];
%计算精确解差分方程系数
n = 6; m = 3;
df1 = DT * A;
df = eye(m);
fai = eye(m);
for i = 1: n
```

```
        df = df * df1/i;
        fai = fai + df;
end
dfm = eye(m);
faim = eye(m);
for i = 1: n - 1
    dfm = dfm * df1/(i + 1);
    faim = faim + dfm;
end
faim = DT * faim * B;
for i = 1: LP
        %计算精确解
        x = fai * x + faim * p0;
        y(i) = x(3);
        t(i) = i * DT;
        p = p + abs(x(3)) * DT;
        %计算欧拉公式
        x1 = x1 + DT * (A * x1 + B * p0);
        y1(i) = x1(3);
        p1 = p1 + abs(x1(3)) * DT;
        %计算梯形公式
        e21 = A * x2 + B * p0;
        x20 = x2 + DT * e21;
        e22 = A * x20 + B * p0;
        x2 = x2 + DT/2 * (e21 + e22);
        y2(i) = x2(3);
        p2 = p2 + abs(x2(3)) * DT;
        %计算四阶龙格-库塔公式
        e41 = A * x4 + B * p0;
        x42 = x4 + DT/2 * e41;
        e42 = A * x42 + B * p0;
        x43 = x4 + DT/2 * e42;
        e43 = A * x43 + B * p0;
        x44 = x4 + DT * e43;
        e44 = A * x44 + B * p0;
        x4 = x4 + DT/6 * (e41 + 2 * e42 + 2 * e43 + e44);
        y4(i) = x4(3);
        p4 = p4 + abs(x4(3)) * DT;
end
ep1 = abs(p - p1)/p * 100        %计算欧拉公式的相对作用强度
ep2 = abs(p - p2)/p * 100        %计算梯形公式的相对作用强度
ep4 = abs(p - p4)/p * 100        %计算龙格-库塔公式的相对作用强度
```

```
%输出仿真结果
plot(t, y, 'r', t, y1, 'g', t, y2, 'b', t, y4, 'k')
```

从仿真运行结果可知：

欧拉公式的相对作用强度：$ep_1 = 0.084\%$。

梯形公式的相对作用强度：$ep_2 = 2.55 \times 10^{-6}\%$。

四阶龙格-库塔公式的相对作用强度：$ep_4 = 1.52 \times 10^{-8}\%$。

从图 3-28 中的系统响应曲线和上面计算出的相对作用强度都可以看出，欧拉公式、梯形公式以及四阶龙格-库塔公式都有很高的仿真精度，特别是梯形公式和四阶龙格-库塔公式已经非常接近精确解。

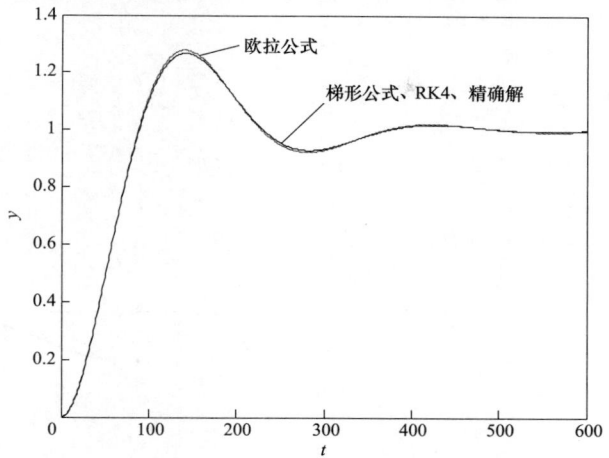

图 3-28　图 3-26 所示系统在各种数值积分公式下的仿真结果

下面考虑高阶系统 $\dfrac{Y(s)}{R(s)} = \dfrac{3s^3 + 25s^2 + 72s + 80}{s^4 + 8s^3 + 40s^2 + 96s + 80}$ 的单位阶跃响应。

根据式（2-196）可以得到该系统的状态方程描述，即

$$\begin{bmatrix} \dot{x}_1 \\ \dot{x}_2 \\ \dot{x}_3 \\ \dot{x}_4 \end{bmatrix} = \begin{bmatrix} -8 & 1 & 0 & 0 \\ -40 & 0 & 1 & 0 \\ -96 & 0 & 0 & 1 \\ -80 & 0 & 0 & 0 \end{bmatrix} \begin{bmatrix} x_1 \\ x_2 \\ x_3 \\ x_4 \end{bmatrix} + \begin{bmatrix} 3 \\ 25 \\ 72 \\ 80 \end{bmatrix} r$$

其输出方程为

$$y = x_1$$

根据四阶龙格-库塔整体表达公式（3-95），可以得到该系统的仿真程序 simu337.m。从该系统的状态方程中可以看出，只有状态 x_1 是惯性环节的输出，且惯性时间常数为 $\dfrac{1}{8}$，因此可以选择该系统的计算步距为 $T = \dfrac{1}{8 \times (100 \sim 40)} \approx 0.002$，仿真时间 $ST = 3$。仿真结果如图 3-29 所示。

```
%高阶系统仿真程序 simu337.m
clear all;
DT = 0.002; ST = 3; LP = ST/DT;
A = [-8 1 0 0; -40 0 1 0; -96 0 0 1; -80 0 0 0];
B = [3 25 72 80]';
a0 = eye(4); a1 = DT * A; a2 = a1 * DT * A/2; a3 = a2 * DT * A/3; a4 = a3 * DT * A/4;
```

```
A0 = a0 + a1 + a2 + a3 + a4;
B1 = DT * eye; B2 = DT/2 * B1; B3 = DT/3 * B2; B4 = DT/6 * B3;
B0 = (B1 + B2 + B3 + B4) * B;
x = [0 0 0 0]';
for i = 1, LP
    x = A0 * x + B0 * 1;
    y(i) = x(1); t(i) = i * DT;
end
plot(t, y); hold on;
```

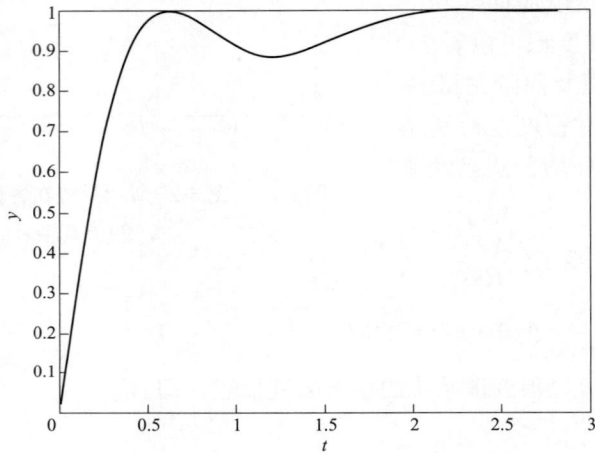

图 3-29   高阶系统单位阶跃响应曲线

3.4   非线性系统数值积分公式

假设非线性系统的状态空间描述为

$$\dot{X} = F[X(t), U(t), t] \tag{3-100}$$

式（3-100）的离散相似系统框图如图 3-30 所示。

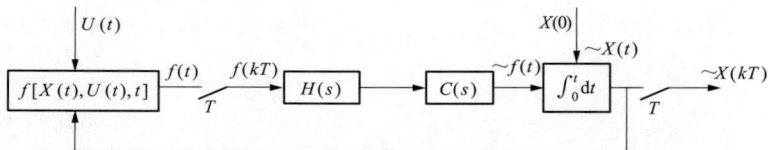

图 3-30   非线性系统的离散相似系统

图 3-30 与图 3-5 的形式相同，因此按着线性系统同样的方法加入不同的离散-再现环节，即可得到各种积分公式，这些公式列于表 3-1 中。

表 3-1 $\dot{X}(t)=F[X(t),\,U(t),\,t]$ 的几种数值积分公式

算法名称	积分公式（差分方程）	总体截断误差
欧拉公式（RK1）（可用于实时仿真）	$X(k+1)=X(k)+Tf[X(k),U(k),kT]$	$O(T)$
梯形公式（预报-校正、RK2）	$X(k+1)=X(k)+\dfrac{T}{2}(f_1+f_2)$ $f_1=f[X(k),U(k),kT]$ $f_2=f[X(k)+Tf_1,u(k+1),(k+1)T]$	$O(T^2)$
三阶龙格-库塔公式（RK3）（可用于实时仿真）	$X(k+1)=X(k)+\dfrac{T}{4}(f_1+3f_3)$ $f_1=f[X(k),U(k),kT]$ $f_2=f\left[X(k)+\dfrac{T}{3}f_1,U\left(k+\dfrac{1}{3}\right),\left(k+\dfrac{1}{3}\right)T\right]$ $f_3=f\left[X(k)+\dfrac{2T}{3}f_2,U\left(k+\dfrac{1}{3}\right),\left(k+\dfrac{1}{3}\right)T\right]$	$O(T^3)$
四阶龙格-库塔公式（RK4）	$X(k+1)=X(k)+\dfrac{T}{6}(f_1+2f_2+2f_3+f_4)$ $f_1=f[X(k),U(k),kT]$ $f_2=f\left[X(k)+\dfrac{T}{2}f_1,U\left(k+\dfrac{1}{2}\right),\left(k+\dfrac{1}{2}\right)T\right]$ $f_3=f\left[X(k)+\dfrac{T}{2}f_2,U\left(k+\dfrac{1}{2}\right),\left(k+\dfrac{1}{2}\right)T\right]$ $f_4=f[X(k)+f_3,U(k+1),(k+1)T]$	$O(T^4)$
实时四阶龙格-库塔公式（RK4）（可用于实时仿真）	$X(k+1)=X(k)+\dfrac{T}{24}(-f_0+15f_1-5f_2+5f_3+10f_4)$ $f_0=f[X(k),U(k),kT]$ $f_1=f\left[X(k)+\dfrac{T}{5}f_0,U\left(k+\dfrac{1}{5}\right),\left(k+\dfrac{1}{5}\right)T\right]$ $f_2=f\left[X(k)+\dfrac{2T}{5}f_1,U\left(k+\dfrac{2}{5}\right),\left(k+\dfrac{2}{5}\right)T\right]$ $f_3=f\left[X(k)-\dfrac{2T}{5}f_0+f_1,U\left(k+\dfrac{3}{5}\right),\left(k+\dfrac{3}{5}\right)T\right]$ $f_4=f\left[X(k)+\dfrac{3}{10}f_0+\dfrac{1}{2}f_3,U\left(k+\dfrac{4}{5}\right),\left(k+\dfrac{4}{5}\right)T\right]$	$O(T^4)$

在表 3-1 中，总体截断误差 $O(T^r)$ 表示：当在系统的输入处加入离散-再现环节时，截取其差分方程系数 $\Phi(T)$ 和 $\Phi_m(T)$ 到 T 的前 r 次项而产生的误差（这是因为，对于线性系统来说，截取到 T 的不同次项，就可以得到不同的数值积分公式，参见本章的 3.3.3）。显然，截取的阶次 r 越高，系统的解越精确，称 $O(T^r)$ 中的 r 为各种数值积分公式的阶次[20][31]。

实时仿真所用的算法与非实时仿真所用的算法稍有不同，前者求 $X(k+1)$ 时不能用到 X 和 U 的某些先前值。在实时仿真计算时，如果当前时刻还没计算就要求知道该时刻或更前时刻的值，这显然是不可能的。因此，并非所有的算法都能直接用于实时仿真。为了便于使用，在表 3-1 中注明了哪些算法可用于实时仿真。

考虑如图 3-31 所示的某导弹控制系统在 $r=0.035I(t)$ 作用下的系统响应。

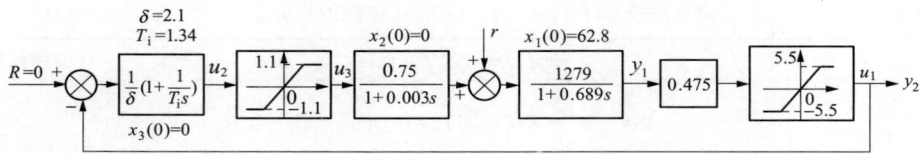

图 3-31　某导弹控制系统框图

按图示设状态变量，则可以得到该系统的状态空间描述：

状态方程

$$\dot{x}_1 = -\frac{1}{0.689}x_1 + \frac{1279}{0.689}x_2 + \frac{1279}{0.689}r$$

$$\dot{x}_2 = -\frac{1}{0.003}x_2 + \frac{0.75}{0.003}u_3$$

$$\dot{x}_3 = -\frac{1}{\delta T_i}u_1$$

中间方程

$$u_1 = \begin{cases} 5.5 & 0.475x_1 > 5.5 \\ 0.475x_1 & |0.475x_1| \leqslant 5.5 \\ -5.5 & 0.475x_1 < -5.5 \end{cases}$$

$$u_2 = x_2 - \frac{1}{\delta}u_1$$

$$u_3 = \begin{cases} 1.1 & u_2 > 1.1 \\ u_2 & |u_2| \leqslant 1.1 \\ -1.1 & u_2 < -1.1 \end{cases}$$

输出方程

$$y_1 = x_1$$

$$y_2 = u_2$$

初始条件

$$x_1(0) = 62.8$$

$$x_2(0) = 0$$

$$x_3(0) = 0$$

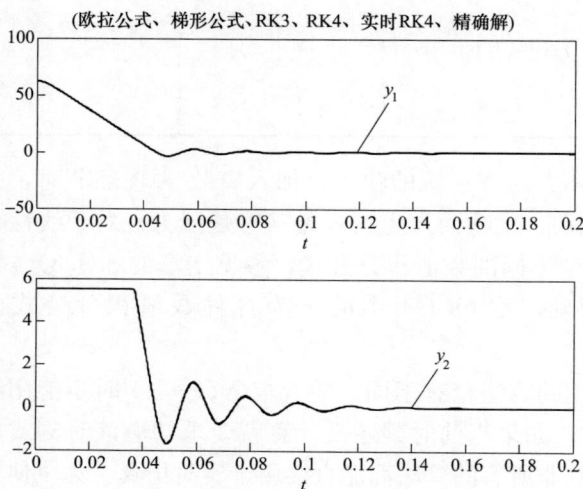

图 3-32　图 3-31 所示系统在各种数值积分
公式下的仿真结果

根据表 3-1 中的各种数值积分公式，则可得到该系统的仿真程序 simu341.m 及其计算状态方程导数函数子程序 fx.m，仿真结果如图 3-32 所示。

取计算步距 $T = \dfrac{0.003}{100 \sim 40} = 0.00005$，仿真时间 $ST = 0.2$。

```
%图 3.31 所示系统在各种数值积分公式下的仿真程序 simu341.m
clear all;
DT = 0.00005; ST = 0.2; LP = ST/DT;
x1 = [62.8 0 0]';
x2 = [62.8 0 0]';
x3 = [62.8 0 0]';
x4 = [62.8 0 0]';
x41 = [62.8 0 0]';
p1 = 0; p2 = 0; p3 = 0; p4 = 0; p41 = 0;
for i = 1: LP
    t(i) = i * DT;
    %RK1
    [dx1 U1] = dx_nonl1(x1, (i-1) * DT);
    x1 = x1 + DT * dx1;
    y11(i) = x1(1); y12(i) = U1(1);
    p1 = p1 + abs(y11(i) * DT);
    %RK2
    [dx1 U2] = dx_nonl1(x2, (i-1) * DT);
    [dx2 U2] = dx_nonl1(x2 + DT * dx1, i * DT);
    x2 = x2 + DT/2 * (dx1 + dx2);
    y21(i) = x2(1); y22(i) = U2(1);
    p2 = p2 + abs(y21(i) * DT);
    %RK3
    [dx1 U3] = dx_nonl1(x3, (i-1) * DT);
    [dx2 U3] = dx_nonl1(x3 + DT/3 * dx1, (i-2/3) * DT);
    [dx3 U3] = dx_nonl1(x3 + 2/3 * DT * dx2, (i-1/3) * DT);
    x3 = x3 + DT/4 * (dx1 + 3 * dx3);
    y31(i) = x3(1); y32(i) = U3(1);
    p3 = p3 + abs(y31(i) * DT);
    %RK4
    [dx1 U4] = dx_nonl1(x4, (i-1) * DT);
    [dx2 U4] = dx_nonl1(x4 + DT/2 * dx1, (i-1/2) * DT);
    [dx3 U4] = dx_nonl1(x4 + DT/2 * dx2, (i-1/2) * DT);
    [dx4 U4] = dx_nonl1(x4 + DT * dx3, i * DT);
    x4 = x4 + DT/6 * (dx1 + 2 * dx2 + 2 * dx3 + dx4);
    y41(i) = x4(1); y42(i) = U4(1);
    p4 = p4 + abs(y41(i) * DT);
    %实时 RK4
    [dx0 U41] = dx_nonl1(x41, (i-1) * DT);
    [dx1 U41] = dx_nonl1(x41 + DT/5 * dx0, (i-4/5) * DT);
    [dx2 U41] = dx_nonl1(x41 + DT * 2/5 * dx1, (i-3/5) * DT);
    [dx3 U41] = dx_nonl1(x41 - DT * 2/5 * dx0 + DT * dx1, (i-2/5) * DT);
```

```
    [dx4 U41] = dx _ nonl1(x41 + DT * 3/10 * dx0 + DT/2 * dx3, (i - 1/5) * DT);
    x41 = x41 + DT/24 * ( - dx0 + 15 * dx1 - 5 * dx2 + 5 * dx3 + 10 * dx4);
    y411(i) = x41(1); y412(i) = U41(1);
    p41 = p41 + abs(y411(i) * DT);
end
% 计算仿真精度
p0 = 1.5378;
ep1 = abs(p1 - p0)/p0
ep2 = abs(p2 - p0)/p0
ep3 = abs(p3 - p0)/p0
ep4 = abs(p4 - p0)/p0
ep41 = abs(p41 - p0)/p0
% 输出仿真结果
subplot(2, 1, 1), plot(t, y11, t, y21, 'g', t, y31, 'c', t, y41, 'r', t, y411, 'k');
subplot(2, 1, 2), plot(t, y12, t, y22, 'g', t, y32, 'c', t, y42, 'r', t, y412, 'k');
```

```
% 计算状态方程导数子程序 dx _ nonl1. m
function [dx U] = dx(x, t)
u1 = 0. 475 * x(1);
if u1>5. 5; u1 = 5. 5; end
if u1< - 5. 5; u1 = - 5. 5; end
u2 = x(2) - 1/2. 1 * u1;
u3 = u2;
if u2>1. 1; u3 = 1. 1; end
if u2< - 1. 1; u3 = - 1. 1; end
U = [u1 u2 u3];
f(1) = - 1/0. 689 * x(1) + 1279/0. 689 * (x(2) + 0. 035);
f(2) = - 1/0. 003 * x(2) + 0. 75/0. 003 * u3;
f(3) = - 1/2. 1/1. 34;
dx = f ';
```

当以四阶龙格-库塔公式（取 $T = 0.000005$）作为精确解时，可得到其他算法的仿真精度（相对作用强度）。

欧拉公式的相对作用强度：$ep_1 = 0.0018\%$；

梯形公式的相对作用强度：$ep_2 = 9.0891 \times 10^{-4}\%$；

三阶龙格-库塔（RK3）公式的相对作用强度：$ep_3 = 9.0221 \times 10^{-4}\%$；

四阶龙格-库塔（RK4）公式的相对作用强度：$ep_4 = 9.0174 \times 10^{-4}\%$；

实时四阶龙格-库塔（实时 RK4）公式的相对作用强度：$ep_{41} = 9.0288 \times 10^{-4}\%$。

从图 3-32 中的系统响应曲线以及相对作用强度都可以看出，表 3-1 中的各种数值积分公式都有很高的仿真精度，用人眼已经看不出它们与精确解存在着误差，而且随着总体截断误差阶次的升高，仿真精度也越来越高。但是，比较各种算法的精度不难发现，除了欧拉公式以外，其他算法的精度已经相差无几，因此在工程中，没必要选择太复杂的算法。

从仿真程序 simu341.m 中不难看出，这是一个通用程序，对于不同的系统，改变求导函数子程序即可。这也正是数值积分法的优点。

考虑图 3-33 所示的某随动系统简化方框图在 RK4 下的数值解。系统的摩擦非线性特性如图 3-34 所示。系统输入为斜坡函数 $r=10t$，且摩擦非线性特性为：

当 $\dot{c}>0$ 时，$f=F_0$；

当 $\dot{c}<0$ 时，$f=-F_0$；

当 $\dot{c}=$ 时，$f=c$ 且 $|f|\leqslant kF_0(k=2,F_0=1)$。

由图 3-33 和图 3-34 可得到该系统的状态方程：

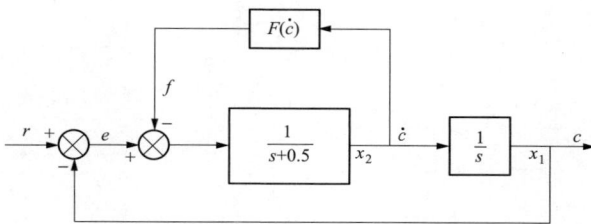

图 3-33　随动系统简化框图

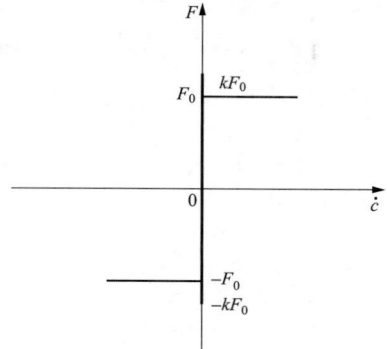

图 3-34　统的摩擦非线性特性

$$\begin{cases} \dot{x}=x_2 \\ \dot{x}_2=10t-x_1-0.5x_2-\begin{cases} 1 & (x_2>0) \\ -1 & (x_2<0) \\ 10t-x_1 & (x_2=0 \text{ and } |10t-x_1|\leqslant 2) \\ 2 & (x_2=0 \text{ and } |10t-x_1|>2) \\ -2 & (x_2=0 \text{ and } |10t-x_1|<-2) \end{cases} \\ c=x_1 \end{cases}$$

根据表 3-1 中的四阶龙格-库塔公式，可得到该系统的仿真程序 simu342.m（计算步距 $T=0.02$，仿真时间 $ST=15$）及其计算状态方程导数函数的子程序 dx_nonl2.m。仿真结果如图 3-35 所示。

```
% 图 3-33 所示非线性系统在 RK4 下的仿真程序 simu342.m
clear all；
DT = 0.02；ST = 15；LP = ST/DT；
x4 = [0 0]';
p4 = 0；
for i = 1：LP
    t(i) = i * DT；
    r(i) = 10 * t(i)；
    % RK4
    [dx1] = dx_nonl2(x4, (i-1) * DT)；
    [dx2] = dx_nonl2(x4 + DT/2 * dx1, (i-1/2) * DT)；
    [dx3] = dx_nonl2(x4 + DT/2 * dx2, (i-1/2) * DT)；
    [dx4] = dx_nonl2(x4 + DT * dx3, i * DT)；
    x4 = x4 + DT/6 * (dx1 + 2 * dx2 + 2 * dx3 + dx4)；
    y4(i) = x4(1)；
```

```
    p4 = p4 + abs(y4(i) * DT);
end
p0 = 1.0282e + 003;
ep4 = abs(p4 - p0)/p0
plot(t, r, 'k', t, y4)
```

```
%计算状态方程导数函数子程序 dx_nonl2.m
function [dx] = fx(x, t)
f(1) = x(2);
e = 10 * t - x(1) - 0.5 * x(2);
if x(2)>0; f(2) = e - 1; end
if x(2)<0; f(2) = e + 1; end
if x(2) = = 0
    e0 = 10 * t - x(1);
    f(2) = e - e0;
    if e0>2; f(2) = e - 2; end
    ife0< - 2; f(2) = e + 2; end
end
dx = f';
```

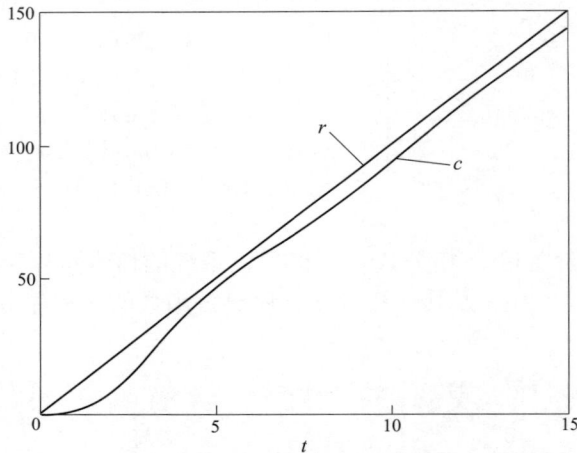

图 3-35　图 3-33 所示系统的仿真结果

当以四阶龙格-库塔公式（取 $T = 0.001$）作为精确解时，RK4 下的仿真精度（相对作用强度）：$ep_4 = 0.0013\%$。

从图 3-35 中的系统响应曲线和上面计算出的相对作用强度都可以看出，四阶龙格-库塔公式的仿真精度是非常高的。

3.5　离散时间控制系统的数字仿真

3.5.1　离散时间控制系统的数学模型

由第 2 章的分析可知，与连续时间控制系统相比，在离散时间控制系统中，仅仅增加了由计算机代替模拟仪表部分所需要的采样开关、A/D 转换器和 D/A 转换器（如图 2-30 所示），被控对象部分与连续时间控制系统相同。因此，除计算机内部的数学模型一般用 Z 传递函数描述外，其他部分仍用 s 传递函数来描述。

Z 传递函数的一般表达形式如式（2-155）所示，即

$$G(z) = \frac{Y(z)}{U(z)} = \frac{b_0 + b_1 z^{-1} + b_2 z^{-2} + \cdots b_m z^{-m}}{a_0 + a_1 z^{-1} + a_2 z^{-2} + \cdots a_n z^{-n}}$$

s 传递函数的一般表达式如式（2-48）所示，即

$$G(s) = \frac{b_m s^m + b_{m-1} s^{m-1} + \cdots + b_1 s + b_0}{a_n s^n + a_{n-1} s^{n-1} + \cdots + a_1 s + a_0}$$

在离散时间控制系统中，如果数字控制器部分用 Z 传递函数来描述，那么，在这个 Z 传递函数中应该包含了采样开关和 A/D 转换器部分（参见第 2 章第 2.8 节），我们所需要做的就只剩下求取用 s 传递函数描述部分的差分方程了。

求取 s 传递函数的差分方程有两种方法：一是用 Z 变换法，二是用前面讲述的离散-相似法。用 Z 变换法求取差分模型时，需要求 s 传递函数的 Z 变换，当 s 传递函数较复杂时，对其求 Z 变换是很困难的，有时是不可能的。通过本章的第 3.3 节分析可知，任何复杂系统都可以用离散-相似法很容易地求得其差分模型。因此，现在离散-相似法在连续和离散时间控制系统中都发挥着巨大的作用。

在实际工程中，被控对象绝大多数是连续时间系统，对于连续时间被控系统来说，即使用计算机来进行控制，施加给被控对象的作用函数也一定是连续的。因此，在离散时间控制系统中，数字控制器 $G_c(s)$ 的输入包含采样开关和 A/D 转换器（零阶保持器），输出包含 D/A 转换器（零阶保持器），如图 3-36 所示。

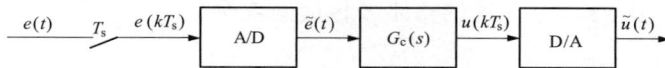

图 3-36　实际工程中的离散时间系统

对数字控制系统进行分析时，如果给出的是数字控制器的 s 传递函数模型，要想得到它的 Z 传递函数 $G_c(z)$，就必须求取 A/D 转换器 $\left(\frac{1-\mathrm{e}^{-T_s s}}{s}\right)$ 与 $G_c(s)$ 乘积的 Z 变换（把 D/A 转换器放在其后面的连续环节里），这给系统分析带来困难。从图 3-36 中不难看出，连续模型 $G_c(s)$ 的前面已经有了物理的采样开关和保持器，那么就可以用本章第 3.3 节的方法，直接使用物理采样开关和保持器对连续模型 $G_c(s)$ 进行离散化，进而得到差分方程。同样，对于数字控制器后面的连续环节，它的输入已经有了 D/A 保持器，因此也可以用离散化的方法求取其差分方程。

考虑图 3-37 所示的离散时间控制系统的整体 Z 传递函数模型 $\frac{y(z)}{R(z)}$。

根据方框图 3-37 可知

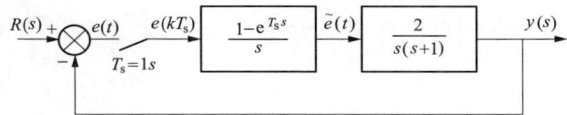

图 3-37　某离散时间控制系统

$$\frac{y(z)}{R(z)} = \frac{G(z)}{1+G(z)} \tag{3-101}$$

式中:

$$G(z) = \frac{Y(z)}{E(z)} = Z\left[\frac{1-\mathrm{e}^{-T_s s}}{s}\,\frac{2}{s(s+1)}\right] = Z\left[2(1-\mathrm{e}^{-T_s s})\left(\frac{1}{s^2}-\frac{1}{s}+\frac{1}{s+1}\right)\right] \tag{3-102}$$

由式 (3-102)，查表 2-1，并应用拉氏变换的性质可得

$$G(z) = 2Z[t-I(t)+\mathrm{e}^{-t}-(t-T_s)+I(t-T_s)-\mathrm{e}^{-(t-T_s)}] \tag{3-103}$$

由式 (3-103)，查表 2-2，并应用 Z 变换的性质可得

$$G(z) = 2\left[\frac{T_s z}{(z-1)^2}-\frac{z}{z-1}+\frac{z}{z-\mathrm{e}^{-T_s}}-\left(\frac{T_s z}{(z-1)^2}-\frac{z}{z-1}+\frac{z}{z-\mathrm{e}^{-T_s}}\right)z^{-1}\right]$$

$$= 2\,\frac{(T_s-1+\mathrm{e}^{-T_s})z+(1-\mathrm{e}^{-T_s}-T_s\mathrm{e}^{-T_s})}{(z-1)(z-\mathrm{e}^{-T_s})} \tag{3-104}$$

把式 (3-104) 代入式 (3-101)，则可以得到

$$\frac{y(z)}{R(z)} = \frac{G(z)}{1+G(z)}$$

$$= \frac{2[(T_s-1+\mathrm{e}^{-T_s})z+(1-\mathrm{e}^{-T_s}-T_s\mathrm{e}^{-T_s})]}{z^2+[2(T_s-1+\mathrm{e}^{-T_s})-(1+\mathrm{e}^{-T_s})]z+[2(1-\mathrm{e}^{-T_s}-T_s\mathrm{e}^{-T_s})+\mathrm{e}^{-T_s}]} \tag{3-105}$$

从上面的推导过程可以看出，用 Z 变换法求取 s 传递函数的差分模型是比较困难的，当被控对象复杂时，这一过程就更加困难。

下面用离散-相似法来求取系统的整体 Z 传递函数模型 $\dfrac{y(z)}{R(z)}$。

把系统图 3-37 变换成图 3-38 所示的形式。

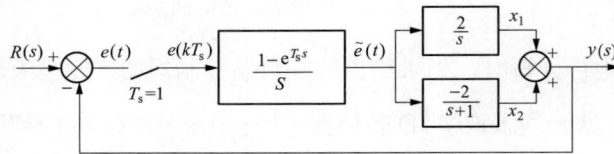

图 3-38　图 3-37 所示系统的变换形式

在环节 $\dfrac{2}{s}$ 和 $\dfrac{-2}{s+1}$ 的入口处有一个共同的采样开关和保持器，因此可以对这两个基本环节分别使用离散化差分方程式 (3-53) 和式 (3-56)，即

$$x_1[(k+1)T_s] = x_1(kT_s)+2Te(kT_s) \tag{3-106}$$

$$x_2[(k+1)T_s] = \mathrm{e}^{-T_s}x_2(kT_s)-2(1-\mathrm{e}^{-T_s})e(kT_s) \tag{3-107}$$

而

$$e(kT_s) = R(kT_s)-y(kT_s) \tag{3-108}$$

130

$$y\big[(k+1)T_s\big] = x_1\big[(k+1)T_s\big] + x_2\big[(k+1)T_s\big] \tag{3-109}$$

对式（3-106）～式（3-109）两边取 Z 变换，并整理则可以得到相应的 Z 传递函数：

$$e(z) = R(z) - y(z) \tag{3-110}$$

$$\frac{x_1(z)}{e(z)} = \frac{2T_s}{z-1} \tag{3-111}$$

$$\frac{x_2(z)}{e(z)} = \frac{-2(1-e^{-T_s})}{z-e^{-T_s}} \tag{3-112}$$

$$y(z) = x_1(z) + x_2(z) \tag{3-113}$$

合并式（3-110）～式（3-113），经整理则可以得到该系统的整体 Z 传递函数模型：

$$\frac{y(z)}{R(z)} = \frac{2\big[(T_s-1+e^{-T_s})z + (1-e^{-T_s}-T_se^{-T_s})\big]}{z^2 + \big[2(T_s-1+e^{-T_s})-(1+e^{-T_s})\big]z + \big[2(1-e^{-T_s}-T_se^{-T_s})+e^{-T_s}\big]}$$

$$\tag{3-114}$$

比较式（3-105）和式（3-114）不难发现，这两个 Z 传递函数是完全相同的。

根据式（3-114）可以得到，当取 $R=1(t)$、仿真时间 $ST=20$ 时，该系统的仿真程序 simu351.m 以及仿真结果（见图3-39）。该系统的精确解是对连续部分使用离散相似法，取计算步距 $T=0.01$ 时而得到的。

```
%图 3-37 所示离散时间系统的仿真程序 simu351.m
clear all;
Ts = 1; ST = 20; LP = ST/Ts; DT = 0.01;
y0 = 0; y1 = 0; R0 = 0; R = 1; n = 0; x1 = 0; x2 = 0; y2 = 0;
a = exp( - Ts); b = Ts - 1 + a; c = 1 - a - Ts * a; a1 = exp( - DT);
for i = 1: LP
    y = - (2 * b - (1 + a)) * y0 - (2 * c + a) * y1 + 2 * b * R + 2 * c * R0;
    y1 = y0; y0 = y; R0 = R; Y1(i) = y;
    %计算精确解 * * * * * * * * * * * * * * * * * * * * * * * * * * * * * * * *
    e = R - y2;
    for j = 1: Ts/DT
        x1 = x1 + 2 * DT * e;
        x2 = a1 * x2 - 2 * (1 - a1) * e;
        n = n + 1;
        y2 = x1 + x2;
        Y2(n) = y2; t(n) = n * DT;
    end
        %%%%%%%%%%%%%%%%%%%%%%%%%%%%%%%%%%%%%%%%%%%
end
plot(Y1, 'g'); hold on;
plot(t, Y2); hold on;
```

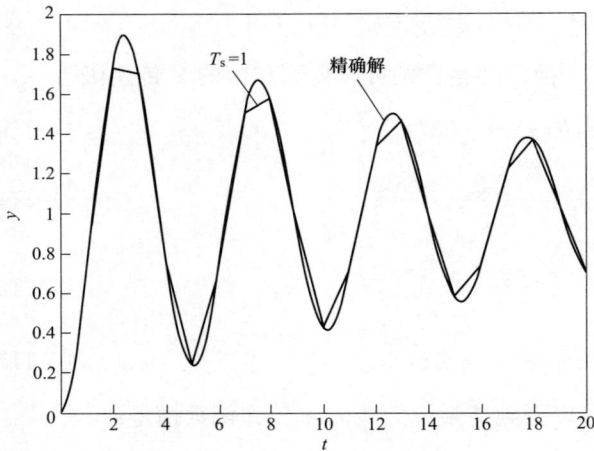

图 3-39　图 3-38 所示离散时间系统的仿真结果

从图 3-39 中的仿真结果可以看到，系统的输出已经变成了折线，这不符合工程实际。被控对象含有惯性环节，因此其输出应该是连续光滑的。分析图 3-39 中的系统输出曲线不难发现，该曲线在采样时间点（$t = kT_s$）上与系统的精确解重合在一起，这说明在这些点上系统的仿真结果是精确的，只是在两个采样点之间的数据没有计算，画曲线时，只好连接了相邻的两个采样点，由此出现了折线的情况。

再考虑图 3-40 所示的离散时间控制系统的数值解。数字控制器的数学模型为 $D(z) = \dfrac{2.72 - z^{-1}}{1 + 0.717 z^{-1}}$。

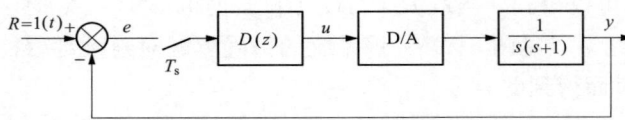

图 3-40　具有数字控制器的离散时间控制系统

在该系统中，直接给出了控制器的 Z 传递函数，因此该传递函数包含了 A/D 转换器。该环节的差分方程为

$$u[(k+1)T_s] = -0.717u(kT_s) + 2.72e[(k+1)T_s] - e(kT_s) \tag{3-115}$$

该差分方程的计算步距必须选取物理采样开关的采样周期 T_s。

环节 $\dfrac{1}{s}$ 前面有了物理的 D/A 保持器，因此可以使用这个物理保持器对环节 $\dfrac{1}{s}$ 离散化，得到的差分方程为

$$x_1[(k+1)T_s] = x_1(kT_s) + T_s u(kT_s) \tag{3-116}$$

该差分方程的计算步距也必须是物理的采样周期 T_s。

在环节 $\dfrac{1}{s+1}$ 前面加入一个采样周期为 T 的虚拟采样开关和一个零阶保持器 $H_0(s)$（见图 3-41），得到的差分方程为

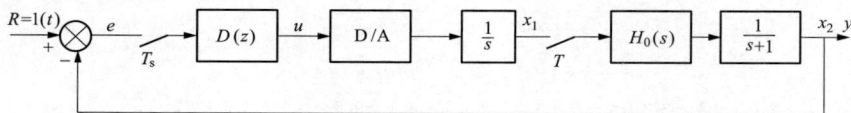

图 3-41　图 3-40 所示离散时间系统的离散化

$$x_2[(k+1)T] = e^{-T}x_2(kT) + (1 - e^{-T})x_1(kT) \tag{3-117}$$

该式中的计算步距应该按照估算计算步距的经验公式（3-3）来选，即

$$T = \frac{n\tau}{100 \sim 40} = 0.01$$

根据式（3-115）～式（3-117）可以得到该系统的仿真程序 simu352.m 以及仿真结果（见图 3-42）。

```
%图 3-40 所示离散时间系统的仿真程序 simu352.m
clear all;
Ts = 1; ST = 10; LP = ST/Ts; DT = 0.01;
R = 1; n = 0; x1 = 0; x2 = 0; u = 0; e0 = 0;
a = exp( - DT);
for i = 1: LP
    e = R - x2;
    u = - 0.717 * u + 2.72 * e - e0;
    e0 = e;
    x1 = x1 + Ts * u;
    for j = 1: Ts/DT
      x2 = a * x2 + (1 - a) * x1;
      n = n + 1;
      y2(n) = u;
      y(n) = x2; y1(n) = x1; t(n) = n * DT;
    end
end
plot(t, y, t, y1, 'g')
```

该仿真结果不仅出现了折线，而且还发散。该系统的数字控制器是按最小拍响应设计得到的（参见第 6 章），其结果应该是稳定的，这说明仿真结果是错误的。分析差分方程式（3-116）不难发现，该方程的计算步距选择的是 D/A 转换器的物理采样周期，在实际系统中，环节 $\frac{1}{s}$ 的输出不存在，它与环节 $\frac{1}{s+1}$ 串在一起构成整个被控对象 $\frac{1}{s(s+1)}$，其输出是光滑连续的，而在仿真时仅仅计算了 20 个点，因此仿真

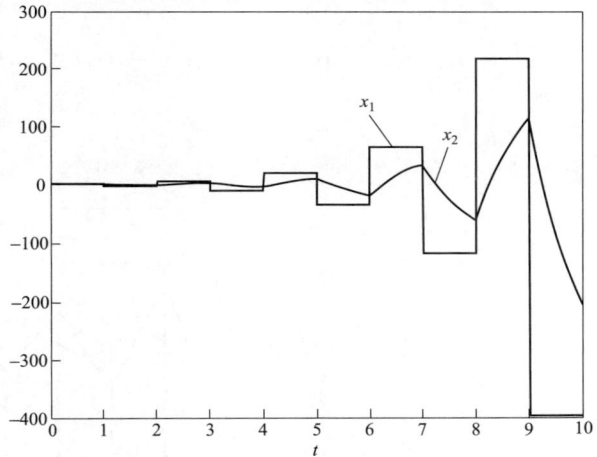

图 3-42 图 3-40 所示系统的仿真结果

计算出的环节 $\frac{1}{s}$ 的输出是方波折线（见图 3-42），导致环节 $\frac{1}{s+1}$ 的输出也是折线，这给仿真计算带来了较大的误差，才使得仿真结果发散。

综上分析，可以得到这样的结论：在连续的被控对象前面，无论是否存在物理上的采样

开关及保持器，仿真计算时，在被控对象的每一个环节前面都必须加入虚拟的采样开关及保持器，而且，虚拟采样开关的采样周期（计算步距）要按经验公式（3-3）来估计。

因此，图 3-41 所示系统正确离散化后的系统方框图如图 3-43 所示。

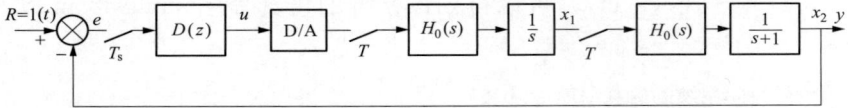

图 3-43　图 3-41 所示系统正确离散化后的系统方框图

式（3-116）变为

$$x_1\big[(k+1)T\big] = x_1(kT) + T_s u(kT) \tag{3-118}$$

根据式（3-116）～式（3-118），可以得到该系统的仿真程序 simu353.m，仿真结果如图 3-44 所示。

```
% 正确离散化后的系统仿真程序 simu353.m
clearall;
Ts = 1; ST = 10; LP = ST/Ts; DT = 0.01;
R = 1; n = 0; x1 = 0; x2 = 0; u = 0; e0 = 0;
a = exp( - DT);
for i = 1: LP
    e = R - x2;
    u = - 0.717 * u + 2.72 * e - e0;
    e0 = e;
    for j = 1: Ts/DT
      x1 = x1 + DT * u;
      x2 = a * x2 + (1 - a) * x1;
      n = n + 1;
      y(n) = x2; y1(n) = x1; y2(n) = u; t(n) = n * DT;
    end
end
plot(t, y, t, y1, 'g', t, y2, 'k'); hold on;
```

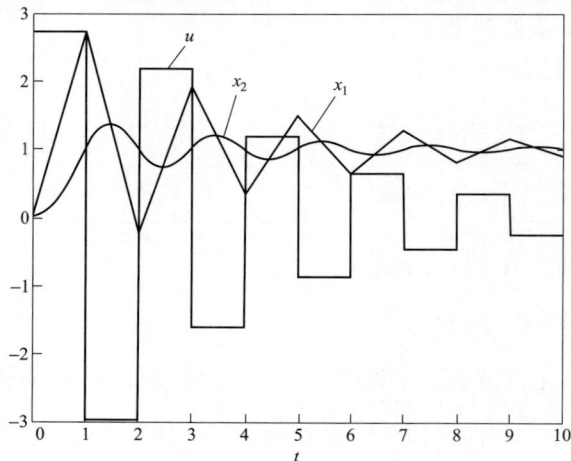

图 3-44　正确离散化后的仿真结果

3.5.2 离散时间控制系统的数字仿真程序设计

离散时间控制系统与连续控制系统的仿真程序不同的是：连续时间控制系统中的每一个环节都有相同的计算步距，且按经验公式（3-3）来估计；离散时间控制系统中的离散部分的计算步距必须选择物理上的采样周期，连续部分的计算步距应该按经验公式（3-3）来估计。现在的计算机运算速度以及 A/D 转换器和 D/A 的转换速度是非常快的，在工程上完全能达到式（3-3）对采样周期的要求，因此在此情况下设计出的离散时间系统的采样周期完全可以用作连续部分的计算步距。

过去计算机的运算速度以及 A/D 转换器和 D/A 的转换速度都比较慢，因此设计的采样周期都比较大，满足不了式（2-138）的要求，有时在双回路控制系统中使用双速采样周期（即多速采样控制系统）。因此，如果假设各物理采样开关的采样周期 T_{s_1}、T_{s_2}、$\cdots$、T_{s_n} 和连续对象部分的计算步距 T 满足

$$T_{s_1} > T_{s_2} > \cdots > T_{s_n} > T$$

则可以得到离散时间控制系统的数字仿真程序结构有如 simu354.m 所示的形式。

```
% 多速采样离散时间控制系统仿真程序结构 simu354.m
clear all;
DT = ...;% 连续对象部分的计算步距 T
Ts1 = ...; Ts2 = ...; ...; Tsn = ...;% 各采样开关的采样周期
ST = ...;% 仿真时间
⋮
for i1 = 1: ST/Ts1
    ...;% 计算步距为 Ts1 下的差分方程
    for i2 = 1: Ts1/Ts2
        ...;% 计算步距为 Ts2 下的差分方程
    ⋮
        for im = 1: Tsn/DT
    ...;% 被控对象(计算步距为 T)的差分方程
        end
    end
end
⋮
```

考虑图 3-45 所示的某多速采样控制系统在 $R = 1(t)$ 作用下的响应。其中：$T_{s1} = 25s$，$T_{s_2} = 5s$，$D_{PI}(z) = \dfrac{2.2 - 1.577z^{-1}}{1 - z^{-1}}$，$D_{PID}(z) = \dfrac{3.45 - 2.82z^{-1}}{1 - 1.275z^{-1} + 0.275z^{-2}}$。

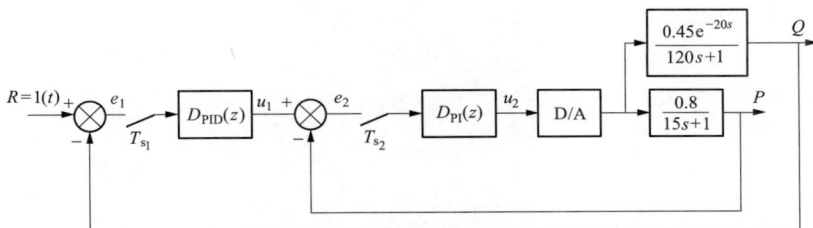

图 3-45　多速采样控制系统方框图

根据前面的分析，在连续对象部分的前面加入虚拟的采样开关和零阶保持器，得到图3-46 所示的离散化方框图。

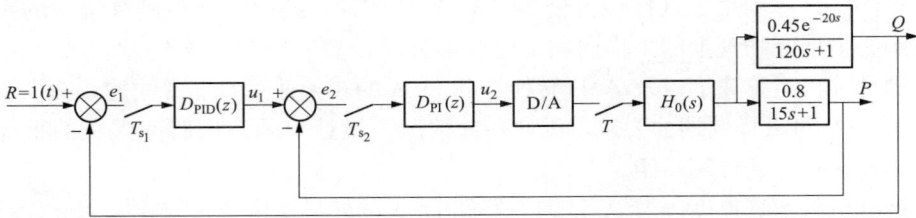

图 3-46　图 3-45 所示系统的离散化方框图

根据图 3-46 则可得到系统的差分方程：

计算步距为 T_{s_1} 部分：

$$e_1(kT_{s_1}) = R(kT_{s_1}) - Q(kT_{s_1})$$

$$e_1[(k-1)T_{s_1}] = R[(k-1)T_{s_1}] - Q[(k-1)T_{s_1}]$$

$$u_1(kT_{s_1}) = 1.275u_1[(k-1)T_{s_1}] - 0.275u_1[(k-2)T_{s_1}]$$
$$+ 3.45e_1(kT_{s_1}) - 2.82e_1[(k-1)T_{s_1}]$$

计算步距为 T_{s_2} 部分：

$$e_2(kT_{s_2}) = u_1(kT_{s_2}) - P(kT_{s_2})$$

$$e_2[(k-1)T_{s_2}] = u_1[(k-1)T_{s_2}] - P[(k-1)T_{s_2}]$$

$$u_2(kT_{s_2}) = u_2[(k-1)T_{s_2}] + 2.2e_2(kT_{s_2}) - 1.577e_2[(k-1)T_{s_2}]$$

计算步距为 T 部分：

$$P[(k+1)T] = e^{-\frac{T}{15}}P(kT) + 0.8(1 - e^{-\frac{T}{15}})u_2(kT)$$

$$Q[(k+1)T] = e^{-\frac{T}{120}}Q(kT) + 0.45(1 - e^{-\frac{T}{120}})u_2\left[(k - \frac{20}{T})T\right]$$

取被控对象部分的计算步距 $T = \dfrac{15}{(50 \sim 10)} \approx 1$、仿真时间 $ST = 5 \times 120 = 600$，仿真程序如 simu355.m 所示，仿真结果如图 3-47 所示。

```
% 多速采样控制系统仿真程序 simu355.m
clear all;
Ts1 = 25; Ts2 = 5; DT = 1; ST = 600; R = 1;
P = 0; Q = 0; e101 = 0; e201 = 0;
u101 = 0; u102 = 0; u201 = 0;
a1 = exp( - DT/120); a2 = exp( - DT/15);
m = 20/DT; DX(1 : m) = 0; i = 0;
for i1 = 1: ST/Ts1
    % 计算步距为 Ts1
    e10 = R - Q;
    u10 = 1.275 * u101 - 0.275 * u102 + 3.45 * e10 - 2.82 * e101;
    e101 = e10; u102 = u101; u101 = u10;
    for i2 = 1: Ts1/Ts2
```

```
    %计算步距为 Ts2
    e20 = u10 - P;
    u20 = u201 + 2.2 * e20 - 1.577 * e201;
    e201 = e20; u201 = u20;
    for i3 = 1: Ts2/DT
        %计算步距为 T
        Q = a1 * Q + 0.45 * (1 - a1) * DX(m);
        P = a2 * P + 0.8 * (1 - a2) * u20;
        for k = m: -1: 2; DX(k) = DX(k - 1); end
        DX(1) = u20;
        i = i + 1;
        y1(i) = P; y2(i) = Q; t(i) = i * DT;
    end
  end
end
plot(t, y1, t, y2, 'g')
```

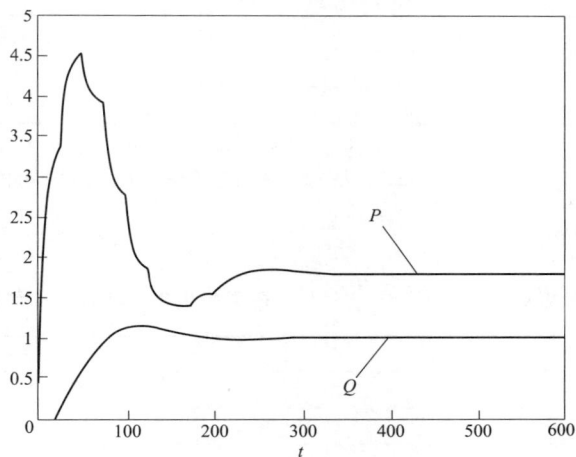

图 3-47　多速采样控制系统的仿真结果

3.6　仿真计算的稳定性分析

3.6.1　计算步距对系统稳定性的影响

控制系统的数字仿真，实质上就是将给定的微分方程变换为差分方程，然后将该差分方程在数字计算机上求解。尽管原来系统的差分方程是稳定的，但是由于变换的方法及所取的计算步距不同，最后求得的差分方程的解可能是不稳定的。这样，在数字计算机上求得的数值解也将是发散的。下面对这个问题做一些专门讨论。

差分方程的解与微分方程的解类似，均可分为特解及一般解。因此，在讨论差分方程稳定性时，可以只研究与自由运动有关的这一部分。

现考察一阶常系数微分方程式：

$$\tau \dot{y}(t) + y(t) = u(t) \tag{3-119}$$

其中，惯性时间常数 τ 大于 0，即该系统是稳定系统。

如果用欧拉公式，可得到微分方程的数值解：

$$y(k+1) = y(k) + \frac{T}{\tau}\big[u(k) - y(k)\big] \tag{3-120}$$

式中　　T——计算步距。

为了研究这个解的稳定性，考查齐次解：

$$y(k+1) = \left(1 - \frac{T}{\tau}\right)y(k) \tag{3-121}$$

当 $\left|1 - \dfrac{T}{\tau}\right| > 1$（即 $T > 2\tau$）时，差分方程式（3-121）的解是不稳定的。对于式（3-121）表 3-2 列出了 $T = 3\tau$，$y(0) = 1$ 时的解序列。

表 3-2　　差分方程式 $y(k+1) = \left(1 - \dfrac{T}{\tau}\right)y(k)$ 在 $T = 3\tau$、$y(0) = 1$ 时的解序列

k	$y(k+1)$
0	-2
1	4
2	-8
3	16
⋮	⋮

但是当 $\left|1 - \dfrac{T}{\tau}\right| < 1$ 时（即 $T < 2\tau$），差分方程式（3-121）是稳定的。表 3-3 列出了 $T = 1.9\tau$，$y(0) = 1$ 时的解序列。

表 3-3　　差分方程式 $y(k+1) = \left(1 - \dfrac{T}{\tau}\right)y(k)$ 在 $T = 1.9\tau$、$y(0) = 1$ 时的解序列

k	$y(k+1)$
0	-0.9
1	0.81
2	-0.729
3	0.6561
⋮	⋮

由此可见，采用欧拉公式仿真时，如果步长超过某一个限度，数字解将是不稳定的。同理，也可以证明其他的各种数值积分公式都存在数值解不稳定问题，它们对计算步距都是有限制的。但是差分方程的阶次越高，允许的计算步距越大，请参阅文献 [20]。

对于方程式（3-119），如果采用离散相似法，在输入处加入采样开关及零阶保持器，可得到系统的差分方程：

$$y(k+1) = \mathrm{e}^{-\frac{T}{\tau}}y(k) + (1 - \mathrm{e}^{-\frac{T}{\tau}})u(k) \tag{3-122}$$

为了研究系统解的稳定性，考查齐次解：

$$y(k+1) = \mathrm{e}^{-\frac{T}{\tau}}y(k) \tag{3-123}$$

不难看出，T 无论取何值，$\mathrm{e}^{-\frac{T}{\tau}}$ 都不会大于 1，即对任意的计算步长，解序列都是稳定的。

所以，从仿真系统稳定性角度看，状态方程离散化方法要比数值积分方法好，其特点是，如果原来的微分方程是稳定的，则通过这种方法所得到的差分方程也是稳定的。因此，许多快速仿真算法都是由离散相似法推导出来的[5]。

3.6.2 "代数环"对系统稳定性的影响

如果在控制系统中含有"代数环"，即该闭环的阶次为零，时间常数也为零，根据式（3-3）得到的计算步距也应为零，但这是不可能做到的，如果根据其他环节来估算计算步距，那么可能会使"代数环"的输出发散，给整个控制系统的仿真结果带来较大的误差。

考虑系统方框图（见图 3-48）中有"代数环"的情况。

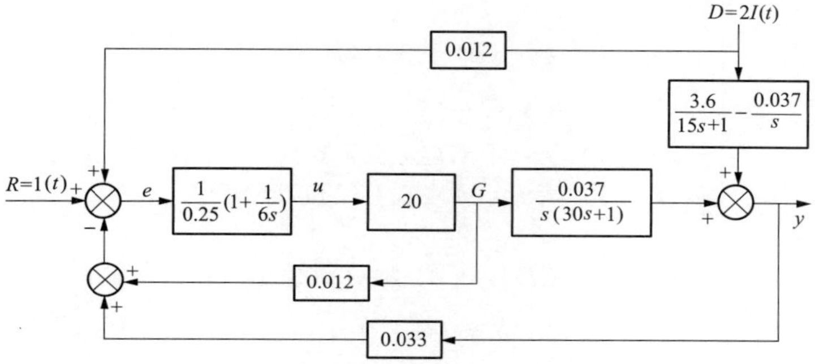

图 3-48　含有"代数环"的控制系统

在此系统中，含有一个"代数环"，如图 3-49 所示。

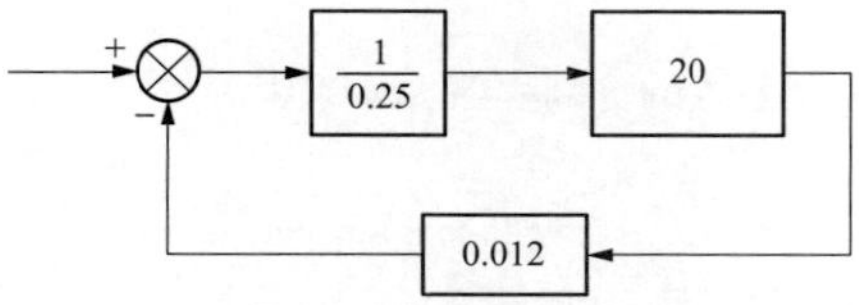

图 3-49　系统图 3-48 中的"代数环"

把图 3-48 所示的系统转换成规范化方框图如图 3-50 所示的形式，并按图示设状态变量和中间变量，则可得到该系统的状态方程及其零阶保持器下的差分方程：

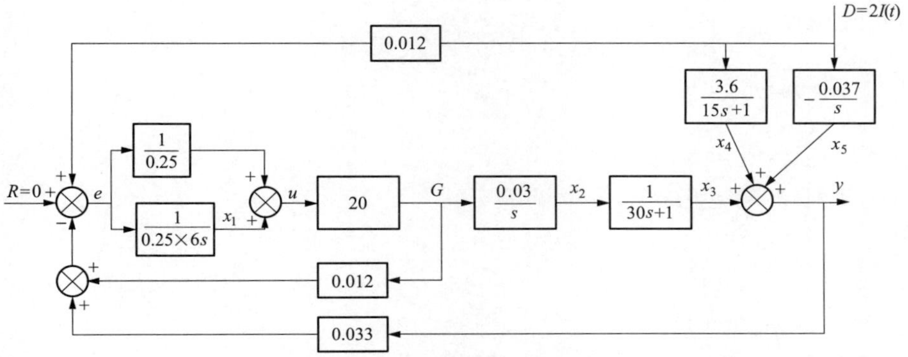

图 3-50　图 3-48 变换后的方框图

状态方程：

$$\begin{cases} \dot{x}_1 = \dfrac{2}{3}e \\ \dot{x}_2 = 0.03G \\ \dot{x}_3 = -\dfrac{1}{30}x_3 + \dfrac{1}{30}x_2 \\ \dot{x}_4 = -\dfrac{1}{15}x_4 + \dfrac{3.6}{15}D \\ \dot{x}_5 = -0.037D \end{cases} \tag{3-124}$$

其差分方程：

$$\begin{cases} x_1(k+1) = x_1(k) + \dfrac{2}{3}Te(k) \\ x_2(k+1) = x_2(k) + 0.03TG(k) \\ x_3(k+1) = \mathrm{e}^{-\frac{T}{30}}x_3(k) + (1 - \mathrm{e}^{-\frac{T}{30}})x_2(k) \\ x_4(k+1) = \mathrm{e}^{-\frac{T}{15}}x_4(k) + 3.6(1 - \mathrm{e}^{-\frac{T}{15}})D(k) \\ x_5(k+1) = x_5(k) - 0.037TD(k) \end{cases} \tag{3-125}$$

中间方程：

$$e = R + 0.012D - 0.01G - 0.03(x_3 + x_4 + x_5) \tag{3-126}$$

$$u = \frac{e}{0.25} + x_1 \tag{3-127}$$

$$G = 20u \tag{3-128}$$

按环节 $\dfrac{1}{30s+1}$ 取计算步距 $T = 1$、仿真时间 $ST = 600$，则有该系统的仿真程序 simu356.m 及其仿真结果如图 3-51 所示。

```
% 图 3-48 所示含有"代数环"的控制系统的仿真程序 simu356.m
clear all;
DT = 1; ST = 600; LP = ST/DT;
a = exp(-DT/30); b = exp(-DT/15); c = exp(-DT);
d = exp(-DT * 0.48/5.88);
x1 = 0; x2 = 0; x3 = 0; x4 = 0; x5 = 0; G = 0; R = 0; D = 2;
for i = 1: LP
    e = R + 0.012 * D - 0.012 * G - 0.033 * (x3 + x4 + x5);
    x1 = x1 + 2/3 * DT * e;
    u = e/0.25 + x1;
    G = 20 * u;
    x2 = x2 + 0.037 * DT * G;
    x3 = a * x3 + (1 - a) * x2;
    x4 = b * x4 + 3.6 * (1 - b) * D;
    x5 = x5 - 0.037 * DT * D;
    y = x3 + x4 + x5;
    y1(i) = y; y2(i) = G; t(i) = i * DT;
end
subplot(2, 1, 1), plot(t, y1)
subplot(2, 1, 2), plot(t, y2)
```

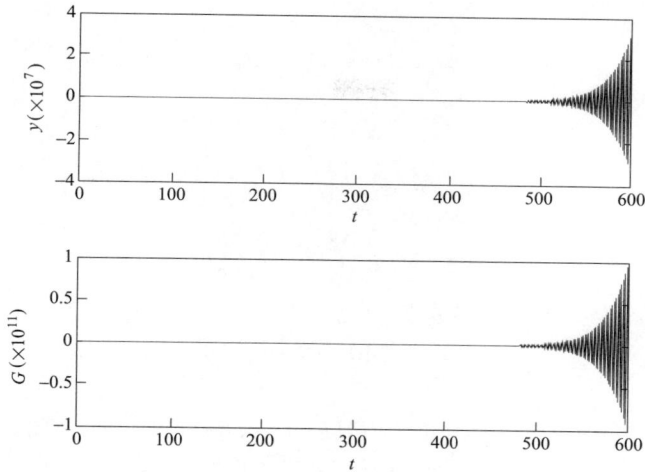

图 3-51 有"代数环"时的仿真结果

从仿真结果可以看出，由于计算步距取得太大的原因，导致仿真结果发散。解决这个问题最简单的方法是在代数环中插入一个小惯性环节（这里所说的小惯性是指人为加入的惯性环节的时间常数远远小于系统中最小的时间常数），消去"代数环"，例如在该系统中把环节 20 改为小惯性环节 $\dfrac{20}{1+s}$（与环节 $\dfrac{1}{30s+1}$ 相比这是一个小惯性），这样求 G 的代数方程式（3-128）就变成了微分方程，即

$$\dot{G} = -G + 20u \tag{3-129}$$

其零阶保持器下的差分方程为

$$G[(k+1)] = \mathrm{e}^{-T}G(kT) + 20(1-\mathrm{e}^{-T})u(kT) \tag{3-130}$$

而系统中的其他方程不变。

另外一种消去"代数环"的方法是求"代数环"的闭环传递函数，如果是纯"代数环"，闭环后的传递函数是个比例环节，否则是一个含有微积分项的环节。对于图 3-48 所示的系统消去"代数环"后，变成了图 3-52 所示的形式。

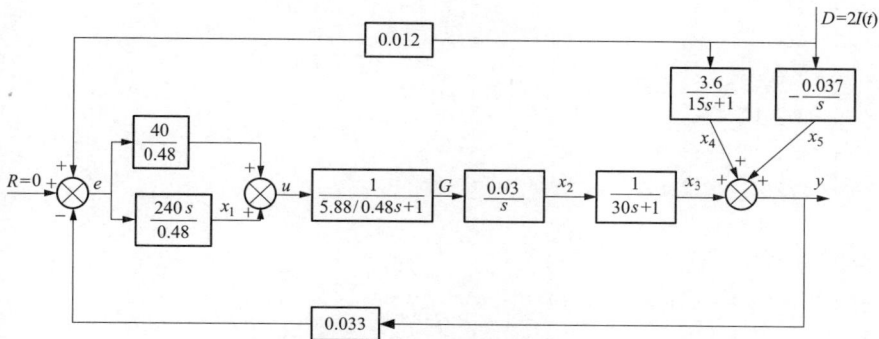

图 3-52 "代数环"闭环后的系统方框图

按图示设"代数环"变换后部分的状态变量和中间变量（其他部分同前），则可得到该

部分的中间方程和状态方程：

$$e = R + 0.012D - 0.033(x_3 + x_4 + x_5) \tag{3-131}$$

$$x_1 = \frac{240}{0.48}\dot{e} \tag{3-132}$$

$$u = \frac{40}{0.48}e + x_1 \tag{3-133}$$

$$\dot{G} = -\frac{0.48}{5.88}G + \frac{0.48}{5.88}u \tag{3-134}$$

式（3-132）和式（3-134）的差分方程为

$$x_1[(k+1)] = \frac{240}{0.48}\frac{e[(k+1)T] - e(kT)}{T} \tag{3-135}$$

$$G[(k+1)T] = e^{-\frac{5.88}{0.48}T}G(kT) + (1 - e^{-\frac{5.88}{0.48}T})u(kT) \tag{3-136}$$

  根据差分方程式（3-125）、式（3-130）、式（3-135）及式（3-136）可以得到加入小惯性和等效比例环节两种消去"代数环"方法下的仿真程序 simu357.m，仿真结果如图 3-53 所示。由于加入了小惯性，因此在程序中选择计算步距 $T = 0.01$，并把在此计算步距下"代数环"闭环后的仿真结果作为精确解，由此得到，与精确解相比，加入小惯性后的仿真误差仅仅为 $e_\mathrm{p} = 2.2\%$，这个精度是完全可以接受的。因此，加入小惯性的方法是非常实用的。

```
% 加入小惯性和"代数环"闭环两种方法的对比 simu357.m
clear all;
DT = 0.01; ST = 600; LP = ST/DT; R = 0; D = 2;
a = exp( - DT/30); b = exp( - DT/15); c = exp( - DT); d = exp( - DT * 0.48/5.88);
% 加入小惯性后的系统仿真
x1 = 0; x2 = 0; x3 = 0; x4 = 0; x5 = 0; e0 = 0; G = 0; p1 = 0;
for i = 1: LP
    e = R + 0.012 * D - 0.012 * G - 0.033 * (x3 + x4 + x5);
    x1 = x1 + 2/3 * DT * e;
    u = e/0.25 + x1;
    G = c * G + 20 * (1 - c) * u;
    x2 = x2 + 0.037 * DT * G;
    x3 = a * x3 + (1 - a) * x2;
    x4 = b * x4 + 3.6 * (1 - b) * D;
    x5 = x5 - 0.037 * DT * D;
    y = x3 + x4 + x5; p1 = p1 + abs(y) * DT;
    y11(i) = y; y12(i) = G; t(i) = i * DT;
end
% 闭环后的系统仿真
x1 = 0; x2 = 0; x3 = 0; x4 = 0; x5 = 0; e0 = 0; p2 = 0;
for i = 1: LP
    e = R + 0.012 * D - 0.033 * (x3 + x4 + x5);
    x1 = 240/0.48 * (e - e0)/DT;
    e0 = e;
```

```
        u = 40/0.48 * e + x1;
        G = d * G + (1 - d) * u;
        x2 = x2 + 0.037 * DT * G;
        x3 = a * x3 + (1 - a) * x2;
        x4 = b * x4 + 3.6 * (1 - b) * D;
        x5 = x5 - 0.037 * DT * D;
        y = x3 + x4 + x5; p2 = p2 + abs(y) * DT;
        y21(i) = y; y22(i) = G; t2(i) = DT * i;
end
ep = abs(p2 - p1)/p2 * 100
subplot(2, 1, 1), plot(t, y11, t2, y21, 'c')
subplot(2, 1, 2), plot(t, y12, t2, y22, 'c')
```

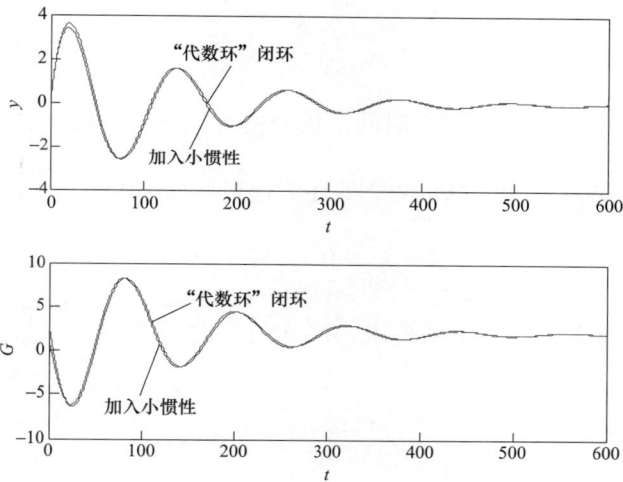

图 3-53 消去 "代数环" 后的仿真结果对比

3.6.3 刚性 (Stiff) 系统数字仿真的稳定性分析

所谓刚性系统就是在用微分方程描述一个响应过程中，往往又包含着多个相互作用但变化速度相差悬殊的子过程。如果用传递函数来描述这类过程，那么 "刚性问题" 表现在各环节的惯性时间常数相差较大。例如，宇航飞行器自动控制系统一般包含两个相互作用但响应速度相差悬殊的子系统，一个是控制飞行器质心运动的系统，当飞行器速度较大时，质心运动惯性较大，因而相对来说变化缓慢；另一个是控制飞行器运动姿态的系统，由于惯性小，相对来说变化很快，因而整个系统就是一个刚性系统。

考虑图 3-54 所示的某试验力控制系统。

按图 3-54 所示设状态变量，根据式 (2-185)，可以得到该系统的中间方程和状态方程：

$$u_e = u_i - 10^{-5} F_L \tag{3-137}$$

$$\Delta i = 0.035 u_e \tag{3-138}$$

$$\begin{bmatrix} \dot{x}_1 \\ \dot{x}_2 \end{bmatrix} = \begin{bmatrix} -2 \times 0.3 \times 628 & 1 \\ -628^2 & 0 \end{bmatrix} \begin{bmatrix} x_1 \\ x_2 \end{bmatrix} + \begin{bmatrix} 0 \\ 0.05567 \times 628^2 \end{bmatrix} \Delta i \tag{3-139}$$

143

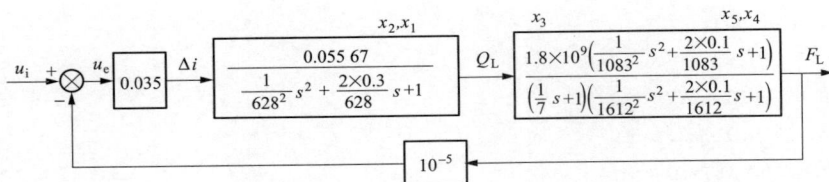

图 3-54   某试验力控制系统

$$Q_L = x_1 \qquad (3\text{-}140)$$

$$\dot{x}_3 = -7x_3 + 7 \times 1.8 \times 10^9 Q_L \qquad (3\text{-}141)$$

$$\begin{bmatrix} \dot{x}_4 \\ \dot{x}_5 \end{bmatrix} = \begin{bmatrix} -2 \times 0.1 \times 1612 & 1 \\ -1612^2 & 0 \end{bmatrix} \begin{bmatrix} x_4 \\ x_5 \end{bmatrix} + \begin{bmatrix} 2 \times 0.1 \times 1083 - 2 \times 0.1 \times 1612 \\ 1083^2 - 1612^2 \end{bmatrix} x_3$$

$$\qquad (3\text{-}142)$$

$$F_L = \frac{1612^2}{1083^2}(x_4 + x_3) \qquad (3\text{-}143)$$

在该系统中，3 个动态环节的惯性时间常数分别为 $\frac{1}{628}$、$\frac{1}{7}$ 和 $\frac{1}{1612}$，它们相差悬殊，这属于"刚性"系统。如果按时间常数为 $\frac{1}{7}$ 的环节选择计算步距

$$T = \frac{1/7}{(100 \sim 40)} \approx 0.002$$

仿真结果是发散的，仿真精度达不到要求，而如果按时间常数为 $\frac{1}{1612}$ 的环节来选择计算步距

$$T = \frac{1/1612}{(100 \sim 40)} \approx 0.000005$$

可能会使仿真计算所花费的时间比较长。解决该问题的方法是按小惯性选择计算步距，按大步距存储数据（因为存储数据花费的时间较长）。但是，如果要求存储所有得到的计算数据，那么可以对快慢环节选择不同的计算步长，但这样做提高的计算速度是有限的，而仿真精度却下降很多（参见图 3-55），因此不建议用此方法。

对于该系统，选择小计算步距 $T = 0.000005$，大计算步距和存储数据间隔 $DT_1 = 0.002$，仿真时间 $ST = 0.2$，仿真程序为 simu358.m，仿真结果如图 3-55 所示。

```
% 图 3-54 所示刚性系统的仿真程序 simu358.m
clear all;
DT = 0.000005; DT1 = 0.002; ST = 0.2; LP = ST/DT1; LP1 = DT1/DT;
x(1:5) = 0; FL = 0;
for i = 1: LP
    for j = 1: LP1
        ue = 1 - FL * 1e - 5;
        di = 0.02 * ue;
        dx(1) = -2 * 0.3 * 628 * x(1) + x(2);
```

```
        dx(2) = - 628 * 628 * x(1) + 0.05567 * 628 * 628 * di;
        x(1) = x(1) + DT * dx(1);
            x(2) = x(2) + DT * dx(2);
    % end
    QL = x(1);
    dx(3) = - 7 * x(3) + 7 * 1.8e9 * QL;
    x(3) = x(3) + DT * dx(3);
    % x(3) = x(3) + DT1 * dx(3);
    % for j = 1 : LP1
    dx(4) = - 2 * 0.1 * 1612 * x(4) + x(5) + (2 * 0.1 * 1083 - 2 * 0.1 * 1612) * x(3);
        dx(5) = - 1612 * 1612 * x(4) + (1083 * 1083 - 1612 * 1612) * x(3);
        x(4) = x(4) + DT * dx(4);
        x(5) = x(5) + DT * dx(5);
        FL = 1612 * 1612/1083/1083 * (x(4) + x(3));
    end
    y(i) = FL; t(i) = i * DT1;
end
plot(t, y)
```

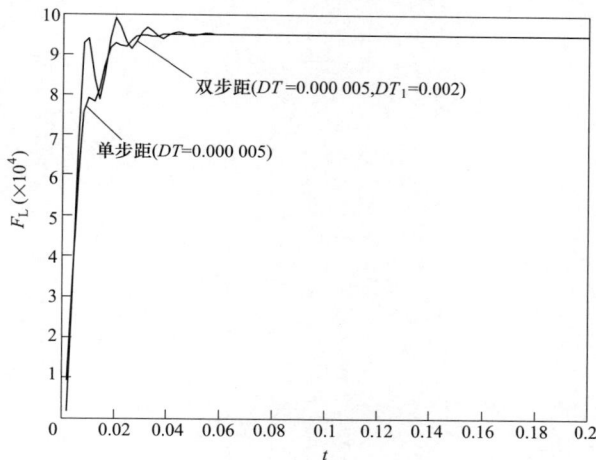

图 3-55　刚性系统的仿真结果

再次考虑图 3-31 所示的某导弹控制系统。

在该系统中的两个惯性环节的时间常数分别为 0.003 和 0.689，它们相差近 230 倍，因此属于刚性系统。按大时间常数选择计算步距 $T = 0.005$，按小时间常数选择计算步距 $T = 0.00005$。如果对每个环节用离散相似法和欧拉公式进行仿真，则可以得到该系统的仿真程序 simu359，仿真结果如图 3-56 所示。

```
% 某导弹系统在离散相似法和欧拉公式下的仿真程序 simu359.m
clear all;
```

```
DT = 0.005；ST = 0.2；LP = ST/DT；
x1 = 62.8；x2 = 0；x3 = 0；
a2 = exp( - DT/0.003)；a1 = exp( - DT/0.689)；
for i = 1：LP
    e = 0.035 + x2；
    x1 = a1 * x1 + 1279 * (1 - a1) * e；
    u4 = 0.475 * x1；
    u1 = u4；
    if u1>5.5；u1 = 5.5；end
    if u1< - 5.5；u1 = - 5.5；end
    x3 = x3 - DT/2.1/1.34 * u1；
    u2 = x3 - u1/2.1；
    u3 = u2；
    if u3>1.1；u3 = 1.1；end
    if u3< - 1.1；u3 = - 1.1；end
    x2 = a2 * x2 + 0.75 * (1 - a2) * u3；
    y(i) = x1；t(i) = i * DT；
end
x1 = 62.8；x2 = 0；x3 = 0；
for i = 1：LP
    e = 0.035 + x2；
    dx1 = - 1/0.689 * x1 + 1279/0.689 * e；
    x1 = x1 + DT * dx1；
    u4 = 0.475 * x1；
    u1 = u4；
    if u1>5.5；u1 = 5.5；end
    if u1< - 5.5；u1 = - 5.5；end
    x3 = x3 - DT/2.1/1.34 * u1；
    u2 = x3 - u1/2.1；
    u3 = u2；
    if u3>1.1；u3 = 1.1；end
    if u3< - 1.1；u3 = - 1.1；end
    dx2 = - 1/0.003 * x2 + 0.75/0.003 * u3；
    x2 = x2 + DT * dx2；
    y1(i) = x1；t(i) = i * DT；
end
plot(t, y, t, y1, '：')
```

从仿真结果（见图 3-56）中可以看出，当按小时间常数选择计算步距时，欧拉公式与离散相似法得到的输出曲线几乎重合在一起，具有相当高的仿真精度；而当按大时间常数选择计算步距时，离散相似法的仿真精度还是可以接受的，而欧拉公式的仿真结果是发散的，我们不可能接受这样的结果。由此看出，离散相似法比较适合刚性系统的仿真。

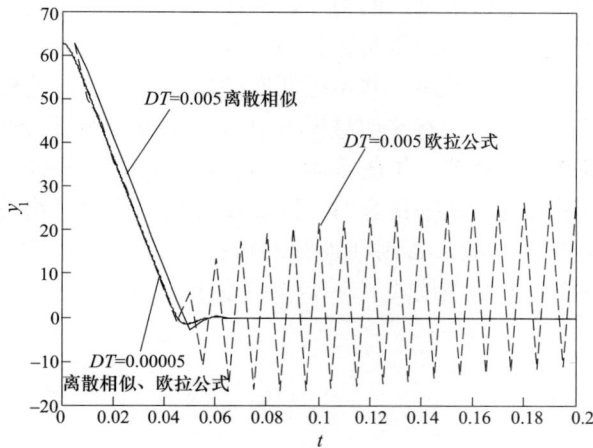

图 3-56　图 3-31 所示系统在不同计算步距下的仿真结果

3.7　本　章　小　结

由于数字计算机不能对微分方程直接求解，必须将微分方程化成与其近似的差分方程才能求得数值解，即差分方程数值解在其采样点上的值和原微分方程在同一时刻的解析解值近似相等。因此，连续系统的仿真问题，实际上就是将描述该系统的微分方程（或状态方程）化成相似的差分方程（或离散状态方程）的问题。把后者称作仿真模型。

离散-再现过程加入的位置不同，得到的差分方程有很大的不同，这构成了两种不同的方法：离散相似法——关注的是怎样把离散后的信号进行再现；数值积分法——关注的是怎样构造一个积分器。但从本质上说，它们所做的都是把信号离散化后，再进行再现（恢复）。在许多其他的仿真著作中，这两种方法是从两个完全不同的角度来分析的。从本章的讨论中可以看出，它们均可以通过在连续系统的不同位置加采样开关，并选用适当的保持器和补偿器而得到。也就是说，它们有着明显的内在联系，在理论上也是统一的，但是它们又有完全不同的特点。

常用的古典数值积分法是收敛的，计算步距在一定范围内也是稳定的。但是计算误差比离散相似法大。数值积分法有一个极大的优点，即不管系统多复杂，只要能求出它的微分方程或状态方程，均可用一个通用的仿真模型来求解。如果选择了适当的方法和计算步距，可以把计算精度控制在需要的范围内。这一点恰恰是离散相似法做不到的。对于要求精度不高的实时仿真培训系统，则可采用欧拉法；要求精度高一些的非实时仿真则可采用阶次高一些、步距小一些的数值积分法，当然计算时间要长一些；对于要求精度较高的实时仿真系统，则应采用现代数值积分法[20]。

由于计算机技术的发展，计算机的计算速度以惊人的速度提高，计算机寄存器字节已经变得很长（32～64 位），这样舍入误差的问题就可以忽略，因此现在仿真算法已经变得不重要，为了提高仿真精度，减小计算步距即可。但是，计算步距太小，使得仿真计算点数过多，计算时间就会增长，存取数据的时间也会增长，而且由于在内存中存取数据算法的问题，所增长的时间并不是按比例增长的，因此随着计算步距的减小，仿真计算速度变得很慢。所以，在仿真计算时并不追求过高的精度，只要工程上可接受就行了。如果一定要求很高的仿真精度，那么可以使用较小的步长进行仿真计算，使用较大的步长存储数据。

由于数字计算机串行计算的原因，并不是所有的信号都能进行超前补偿。但从闭环系统来看，有些信号进行了超前补偿，有些信号没有补偿，会使闭环系统的整体仿真精度提高。在一个闭环系统中，多处使用超前一拍的零阶保持器，较适合于刚性（Stiff）系统的仿真。

在对离散时间控制系统进行数字仿真时，除非设计控制系统时物理采样开关的采样周期是按经验公式（2-138）来估计的，否则在连续的被控对象部分一定要另外加入虚拟的采样开关和保持器，而且采样周期必须按式（2-138）来估计。

第4章

最优化理论与方法

4.1　最优化问题的一般描述

无论做任何工作，人们总希望选用所有可能方案中最优的方案，这就是最优化问题。

自然地，最优化问题将面临着怎样提出"最优目标"以及在该目标下选择什么样的"优化策略"使之达到这个目标这两个子课题。前者属于所要优化问题领域的范畴，究竟提出什么样的目标要视具体问题而定。在今天计算机普遍应用的年代，一般都用计算机解决最优化问题，此时就必须把所提出的"最优目标"写成具有极值的函数（即目标函数）及其约束等式和不等式（约束条件）。后者是优化方法论的问题，即最优化方法（也称作运筹学方法）。不同类型的最优化问题可以有不同的最优化方法，即使同一类型的问题也可有多种最优化方法，反之某些最优化方法可适用于不同类型的优化问题。然而，如果目标函数已确定，那么无论用什么最优化方法，得到的最优解应该是相同的，只是找到最优解所花费的时间不同而已。

具体来说，最优化问题的数学模型描述如下所述。

4.1.1　单目标优化问题的数学描述

若目标函数用 $Q(a)$ 来表示，需要寻优的参数向量用 $a(r$ 维) 来表示，则对于数学模型

$$\dot{X}(t) = f[X(t), a, t] \tag{4-1}$$

式中　$X(t)$ —— n 维状态向量；

　　　　f —— n 维系统运动方程的结构向量；

　　　　t ——时间变量。

所描述的控制系统要求满足下列约束条件：

不等式约束：$H(a) \leqslant 0(q$ 维)；

等式约束：$G(a) = 0(p$ 维)；

等式终端约束：$S(a, t_f) = 0$（w 维，t_f 为终端时间）。

最优化问题的解就是在 r 维空间内，从 m 个空间点中搜寻到一个点（即一组参数）

$$a = a^* \tag{4-2}$$

使目标函数式

$$Q(a^*) = \max/\min\{Q(a_k)\} \quad k = 1, 2, 3, \cdots, m \tag{4-3}$$

成立。

一般把最优化问题的解称为最优解。如果只考察约束集合中某一局部范围内的优劣情况，则称此时的解为局部最优解。如果考察的是整个约束集合中的情况，则称此时的解为总体最优解，或称全局最优解。

4.1.2 多目标优化问题的数学描述

在现代工程系统中，往往面临着多目标优化问题。例如，对于火力发电厂优化运行来说，不但要求最大的锅炉效率（即最小的发电煤耗），还要求最小的污染物排放。因此，多目标优化问题是现代工程控制理论的重要研究内容。

多目标优化问题可以描述如下：

设优化问题有 o 个目标，则可以用 $Q_1(a),Q_2(a),\cdots,Q_o(a)$ 来表示这 o 个目标函数，需要寻优的参数向量用 a（r 维）来表示，对于式（4-1）所示的数学模型来说，最优化问题的解就是在 r 维空间内，从 m 个空间点中搜寻到一个点（即一组参数）

$$a = a^* \tag{4-4}$$

使 o 个目标函数式

$$Q_i(a^*) = \max/\min\{Q_i(a_k)\} \quad i = 1,2,3,\cdots,o; \ k = 1,2,3,\cdots,m \tag{4-5}$$

同时成立。

在工程实际中，目标函数式（4-5）是很难有解的，也就是说，不可能找到一组参数 a^*，使式（4-5）中的所有目标函数 $Q_{1\sim o}(a^*)$ 同时达到最小或最大。工程中的实际做法是通过对这些目标进行加权，得到偏重某些目标的优化控制结果。

4.1.3 最优化问题的求解方法

最优化问题的求解方法一般可以分间接法和直接法。

1. 间接法

所谓间接法就是，当目标函数和约束条件有明显的解析表达式时，先用求导数的方法或变分法求出必要条件，得到一组方程或不等式，再求解这组方程或不等式。

多变量函数 $Q(a)$ 极值的充分必要条件是：

（1）极值点，目标函数的梯度为 0，即

$$\nabla Q(a) = \begin{bmatrix} \dfrac{\partial Q}{\partial a_1} & \dfrac{\partial Q}{\partial a_2} & \cdots & \dfrac{\partial Q}{\partial a_n} \end{bmatrix}^{\mathrm{T}} = 0 \tag{4-6}$$

（2）该点的目标函数的二阶偏导数 Hessie 阵

$$H(a) = \begin{bmatrix} \dfrac{\partial^2 Q}{\partial a_1^2} & \dfrac{\partial^2 Q}{\partial a_1 \partial a_2} & \dfrac{\partial^2 Q}{\partial a_1 \partial a_n} \\[3mm] \dfrac{\partial^2 Q}{\partial a_2 \partial a_1} & \dfrac{\partial^2 Q}{\partial a_2^2} & \dfrac{\partial^2 Q}{\partial a_2 \partial a_n} \\[3mm] \dfrac{\partial^2 Q}{\partial a_n \partial a_1} & \dfrac{\partial^2 Q}{\partial a_n \partial a_2} & \dfrac{\partial^2 Q}{\partial a_n^2} \end{bmatrix} \tag{4-7}$$

为正定时，$Q(a)$ 有最小值。间接寻优法就是先寻找满足上述两个条件的参数点，则得到的参数点即是最优参数点。

遗憾的是在实际工程中，多数优化问题的目标函数和约束条件都不能直接写成解析表达式，因此间接法不适合于实际工程应用。

2. 直接法

所谓直接法就是，当目标函数较为复杂或者不能用变量显函数描述时，按一定规律改变

优化变量 a，直接计算目标函数 $Q(a)$ 的值，然后判断是否达到最小（或最大），若是，则停止搜索；否则，再改变 a，直到满足为止。这样经过 m 次迭代搜索到最优点。

对于一维搜索问题（单变量极值问题），主要用消去法。其基本思路是：逐步缩小搜索的区间，直至最小点（或最大点）存在的范围达到允许的误差范围为止。收缩搜索区间示意图如图 4-1 所示。

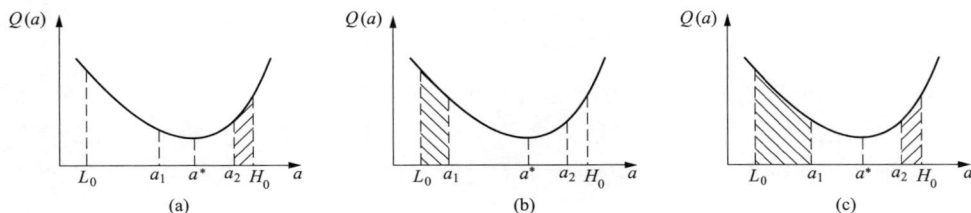

图 4-1　收缩搜索区间示意图

(a) $Q(a_1) < Q(a_2)$；(b) $Q(a_1) > Q(a_2)$；(c) $Q(a_1) = Q(a_2)$

设目标函数 $Q(a)$ 的起始搜索区间为 $[L_0, H_0]$，且在该区间内只有一个极小值存在，在该区间内任取两点 a_1, a_2，最优点为 a^*，则有以下三种情况：

（1）$Q(a_1) < Q(a_2)$，如图 4-1(a) 所示，则最优点 a^* 在区间 $[L_0, a_2]$ 内，从而可以将区间 $[a_2, H_0]$ 消去，使得搜索范围由 $[L_0, H_0]$ 缩小到 $[L_0, a_2]$，令 $L_1 = L_0, H_1 = a_2$ 继续进行下一步搜索。

（2）$Q(a_1) > Q(a_2)$，如图 4-1(b) 所示，则最优点 a^* 在区间 $[a_1, H_0]$ 内，从而可以将区间 $[L_0, a_1]$ 消去，使得搜索范围由 $[L_0, H_0]$ 缩小到 $[a_1, H_0]$，令 $L_1 = a_1, H_1 = H_0$ 继续进行下一步搜索。

（3）$Q(a_1) = Q(a_2)$ 如图 4-1(c) 所示，则最优点 a^* 在区间 $[a_1, a_2]$ 内，从而可以将两边的区间去掉，使得搜索范围由 $[L_0, H_0]$ 缩小到 $[a_1, a_2]$，令 $L_1 = a_1, H_1 = a_2$ 继续进行下一步搜索。

这样经过 m 次迭代后，搜索区间为 $[L_m, H_m]$，且 $a^* \in [L_m, H_m]$。

若收敛标准为 $|H_m - L_m| < \varepsilon$，$\varepsilon$ 为预定的误差要求，当满足上述标准后，可取

$$a^* = \frac{L_m + H_m}{2} \tag{4-8}$$

根据确定 a_1、a_2 方法的不同，产生了许多单变量函数的寻优方法，最经典的方法是"黄金分割法"（见本章第 4.6 节）。

对于多维搜索问题（多变量极值问题）主要应用的是爬山法（最经典的方法是"单纯形法"，见本章第 4.7 节）。

为了理解爬山法，可以设想一个盲人在爬山，在他每向前走一步时，都要把拐杖向前试探几下，然后向较高的那一点迈出一步。因此，爬山者每走一步都需要做两件事：一是选择前进的方向，二是选择前进的步长。可以用式（4-9）来描述这种爬山过程：

$$a_{k+1} = a_k + h_k p_k \quad k = 1, 2, \cdots \tag{4-9}$$

式中　a_k——爬山者（优化变量）在第 k 步时所处的位置（第 k 点）；

a_{k+1}——爬山者在第 $k+1$ 步时所处的位置（第 $k+1$ 点）；

p_k ——爬山者走向下一点（第 $k+1$ 点）时的前进方向；

h_k ——相应的前进步长。

式（4-8）看似简单，实则不然。难点在于前进方向和步长的选择上。如果可以把目标函数写成解析式，那么就可以选择梯度方向作为前进的方向。如果要求解的是极小值问题，那么就选择负梯度方向作为前进方向，即对于极小值问题，选择

$$p_k = -\left.\frac{\partial Q(a)}{\partial a}\right|_{a=a_k} \tag{4-10}$$

把这种选择前进方向的方法称为梯度法，又称为最速下降法，它是在 1847 年由著名数学家 Cauchy 给出的，它是解析法中最古老的一种优化算法，其他解析方法或是它的变形，或是受它的启发而得到的，因此它是最优化方法的基础。作为一种基本的算法，它在最优化方法中占有重要地位。

如果选取 $h_k = \eta$（为一常数），则可以把式（4-9）改写成

$$a_{k+1} = a_k + \eta\left(-\left.\frac{\partial Q(a)}{\partial a}\right|_{a=a_k}\right) \quad k = 1, 2, \cdots \tag{4-11}$$

这就是最速下降法搜索前进时的迭代公式，很多优化算法都是由此衍化而来的。

遗憾的是，在大多数现代工程系统的优化问题中，不能把目标函数 $Q(a)$ 直接写成解析式的形式。因此，实际应用时，还是使用式（4-9），通过其他的方法，来选择合适的 h_k 和 p_k，进行迭代计算。

下面以求目标函数 $Q(a)$ 最小值为例，来说明爬山法的步骤：

（1）预置参数初始点 $a_k (k = 0)$，求解系统的运动方程 $\dot{X}(t) = f[X(t), a_k, t]$，计算目标函数 $Q(a_k)$。

（2）确定 $a_{k+1} = a_k + h_k p_k$ $(k = 1, 2, \cdots)$（各变量意义同前）。

（3）计算 $\dot{X}(t) = f[X(t), a_{k+1}, t]$ 和 $Q(a_{k+1})$。

（4）比较 $Q(a_k)$ 及 $Q(a_{k+1})$，若 $|Q(a_{k+1}) - Q(a_k)| \leqslant \varepsilon$（其中 ε 为预定的误差要求），则停止搜索，否则，让 $k = k + 1$，转步（2）继续搜索，直到满足误差要求。

一般地，目标函数的寻优往往不是经过几次就能实现的，至少要经过几十次甚至上百千万次的搜索（取决于搜索算法），而每次搜索都要对系统进行一次仿真计算。因此，必须选择收敛性好，收敛速度快的搜索方法，尽量减少计算目标函数值的次数；另外，还要选择快速数字仿真方法或并行处理技术进行仿真以提高搜索速度。

由于计算机技术的快速发展，最优化方法产生了巨大的变化。在过去计算机没有普遍应用的年代，人们研究最优化方法的目的是尽量减少计算目标函数的次数，即迭代次数，以达到快速搜寻到最优目标点的目的，那时，单纯形法已经成为最优化问题的重要数学工具。而今天，计算机的速度已经足够得快，除了大系统之外，对于一般系统的优化问题，在普通的计算机上就可以完成。因此，现在最优化方法的研究目的是在给定的搜索空间内，如何快速地找到全局最优解。目前，常用的几种全局搜索方法有遗传算法、蚁群算法、粒子群等搜索算法，而把这三种方法统称为群体智能算法。实际上，如果计算机的计算速度足够得快，穷举法（见本章第 4.5 节）是最好的全局搜索算法。然而，随着寻优变量个数的增加，穷举法的目标函数仿真计算工作量呈指数增加，在今天所使用的计算机上，当寻优变量较多时，还

是不能用穷举法。

4.2　控制系统参数优化目标函数的选取

对于一个控制系统而言，最优化问题就是如何使设计的控制系统在满足一定设计约束条件下，其某个指标函数达到最优（最小或最大）。

在控制系统设计中有三类最优化问题：一类是在控制对象已知，控制器的结构、形式也已经确定的情况下，调整控制器的参数，使得控制系统的调节品质最好，此时一般使用 PID 或变形 PID 控制律的控制器（参见第 6 章）；另一类是在控制对象已知或者有一个近似的初始模型的情况下，寻找最优控制作用，使系统的调节品质最好，这就要寻找最优控制器的结构、形式及参数，由于这类问题是要确定最佳函数（控制器结构），因此被称为函数最优化问题，对于这类问题的典型控制算法有自适应控制与预测控制（参见第 9 章）；第三类问题是当被控对象未知时，不需要求出被控对象特性，直接寻找最优控制策略使控制品质最佳（如模糊控制，参见第 10 章）。

对于常规的 PID 控制系统，最优化问题就是参数优化问题，即选择什么样的控制器参数能够使调节品质达到最佳，在此情况下也称控制器参数优化问题为参数整定。通过大量的实践和积累，人们得到了一些控制器参数整定的经验法则。其中最典型的 Z-N 法则至今仍在工程中应用。然而在实际应用中，这些法则普遍存在一些问题：不仅其效果依赖于个人经验，而且需耗费大量的时间进行现场试验。随着过程控制系统趋于庞大和复杂，现场试验变得越来越困难，因此随着计算机技术在控制领域的普及，人们开始追逐尽量减少现场试验，利用生产现场运行中的大量数据来建立过程数学模型[6]，然后使用各种优化算法来解决控制系统参数优化（整定）的问题。

控制系统的性能指标是衡量和比较控制系统工作性能的准则，在优化算法中它体现在目标函数的选取上。衡量控制系统性能的指标包括"稳定性""准确性"和"快速性"三个方面，实际上这是一个多目标优化问题。其中稳定性是首先要保证的，只有稳定的系统才具有实际使用意义。不同的控制对象，对调节品质的要求是各有侧重的，这就形成了各类不同的目标函数。在工程上，一般有两种选取目标函数的方法。第一类是直接按系统的品质指标提出调节品质型目标函数，常见的有指定衰减率型目标函数和指定超调量型目标函数等，即直接在多目标函数中，选择一个侧重的目标作为单目标，其他的目标作为约束条件。第二类为误差积分型目标函数，是基于系统的给定值与被调量之间的偏差的积分而提出的目标函数，它是几种调解品质的综合，即把一个多目标优化问题归一处理成单目标优化问题。

在经典控制理论年代，还使用频率域品质指标作为目标函数，常用的有相角裕量和幅值裕量。但是，这种指标在实际工程中是很难给出。因此，如果使用计算机对控制系统进行分析（一般是在时间域进行），频率域品质指标就失去了应用价值。

4.2.1　直接型目标函数

对于图 4-2 所示的控制系统，假设在给定值阶跃扰动下的响应曲线如图 4-3 所示，根据控制系统的直接型品质指标，则可以得到各种品质指标下的目标函数。

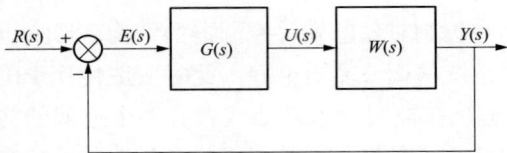

图 4-2 优化控制系统的结构

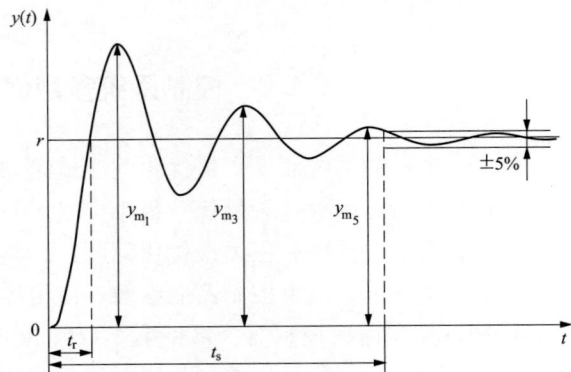

图 4-3 控制系统在给定值阶跃扰动下的响应曲线

1. 超调量型目标函数

超调量型目标函数可以表示为

$$Q(a) = \min\{[M_p(a) - M_{pb}]^2\} \tag{4-12}$$

不等式约束

$$\begin{cases} 0.75 < \varphi(a) < 1 \\ t_s(a) < t_{sm} \end{cases} \tag{4-13}$$

式中　$Q(a)$ ——目标函数；

　　　a ——需要寻优的参数向量（r 维）；

　　　M_p ——阶跃响应曲线的超调量；

　　　M_{pb} ——期望达到的超调量；

　　　φ ——阶跃响应曲线的衰减率；

　　　t_s ——阶跃响应曲线的过渡过程时间；

　　　t_{sm} ——允许的最大过渡过程时间。

2. 衰减率型目标函数

衰减率型目标函数可以表示为

$$Q(a) = \min\{[\varphi(a) - \varphi_b]^2\} \tag{4-14}$$

不等式约束

$$\begin{cases} M_p(a) < M_{pm} \\ t_s(a) < t_{sm} \end{cases} \tag{4-15}$$

式中　$Q(a)$ ——目标函数；

　　　a ——需要寻优的参数向量（r 维）；

　　　φ ——阶跃响应曲线的衰减率；

　　　φ_b ——希望达到的衰减率；

　　　M_p ——阶跃响应曲线的超调量；

　　　M_{pm} ——允许的最大超调量；

　　　t_s ——阶跃响应曲线的过渡过程时间；

　　　t_{sm} ——允许的最大过渡过程时间。

3. 过渡过程时间型目标函数

过渡过程时间型目标函数可以表示为

$$Q(a) = \min\{[t_s(a) - t_{sb}]^2\} \tag{4-16}$$

不等式约束
$$\begin{cases} M_p(a) < M_{pm} \\ 0.75 < \varphi(a) < 1 \end{cases} \tag{4-17}$$

式中　$Q(a)$ ——目标函数；

　　　a ——需要寻优的参数向量（r 维）；

　　　t_s ——阶跃响应曲线的过渡过程时间；

　　　t_{sb} ——希望达到的过渡过程时间；

　　　φ ——阶跃响应曲线的衰减率；

　　　M_p ——阶跃响应曲线的超调量；

　　　M_{pm} ——允许的最大超调量。

在实际工程中，一般希望过渡过程时间越短越好，因此这种目标函数应用较少。

4. 综合品质指标型目标函数

上述这三种目标函数所描述的品质指标比较单一，而且相互间还有矛盾，实际上很少使用这三种目标函数。

可以把几种品质指标综合在一起，构成综合型目标函数。例如，把上升时间、过渡过程时间及超调量综合在一起，可以得到一种综合型目标函数[5]，即

$$Q(a) = \min\left\{\left[w_1 \frac{t_r(a)}{t_{rm}} + w_2 \frac{t_s(a)}{t_{sm}}\right]\left[1 + \frac{D_{max}}{0.01}\right]\right\} \tag{4-18}$$

惩罚函数为

$$D_{max} = \begin{cases} 0 & M_p(a) < M_{pm} \text{ 时} \\ M_p(a) - M_{pm} & M_p(a) > M_{pm} \text{ 时} \end{cases} \tag{4-19}$$

式中　Q ——目标函数；

　　　a ——需要寻优的参数向量（r 维）；

　　　t_r ——阶跃响应曲线的上升时间；

　　　t_{rm} ——允许的最大上升时间；

　　　t_s ——阶跃响应曲线的过渡过程时间；

　　　t_{sm} ——允许的最大过渡过程时间；

　　　M_p ——阶跃响应曲线的超调量；

　　　M_{pm} ——允许的最大超调量；

　w_1, w_2 ——加权系数。

在实际应用时，t_{rm}、t_{sm} 以及 w_1、w_2 都是很难确定的，所以这种目标函数也很少被使用。

4.2.2　间接型目标函数

误差积分型目标函数，也被称为误差积分准则，一般是在单位阶跃扰动下，系统的给定值 $r(t)$ 与输出值（被调量）$y(t)$ 之间的偏差 $e(t)$ 的某个函数的积分数值（见图 4-4）。因为

它间接地反映了控制系统的品质指标，所以也称误差积分型目标函数为间接型目标函数。间接型目标函数是以单目标函数表达多目标问题。常用的间接型目标函数有如式（1-9）～式（1-12）所示的几种形式，对这几个公式进行差分并整理如下：

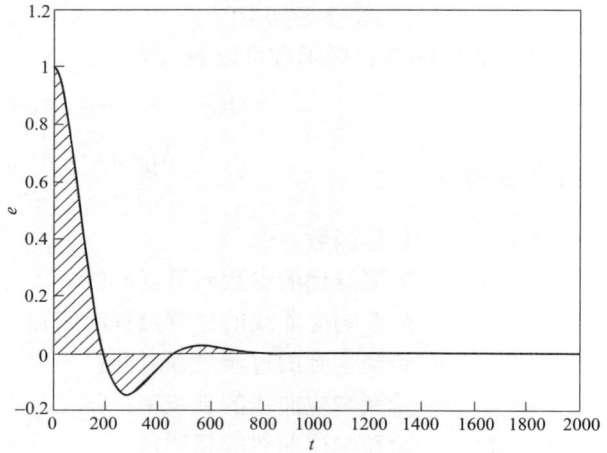

图 4-4　控制系统在给定值阶跃扰动下偏差 e 的响应曲线

（1）绝对误差的矩的积分。

$$Q(a) = \int_0^{t_s} t|e(t)|\,dt$$
$$\approx \sum_{k=1}^{M} k\Delta t|e(k\cdot\Delta t)|\Delta t$$

$$(4\text{-}20)$$

（2）绝对误差的二阶矩的积分。

$$Q(a) = \int_0^{t_s} t^2|e(t)|\,dt \approx \sum_{k=1}^{M}(k\cdot\Delta t)^2|e(k\cdot\Delta t)|\Delta t \tag{4-21}$$

（3）误差平方的矩的积分。

$$Q(a) = \int_0^{t_s} te^2(t)\,dt \approx \sum_{k=1}^{M}k\Delta te^2(k\cdot\Delta t)\Delta t \tag{4-22}$$

（4）误差平方的二阶矩的积分。

$$Q(a) = \int_0^{t_s} t^2 e^2(t)\,dt \approx \sum_{k=1}^{M}(k\cdot\Delta t)^2 e^2(k\cdot\Delta t)\Delta t \tag{4-23}$$

式中　Δt ——仿真计算步距；

M ——仿真计算点数，且 $M=<t_s/\Delta t>$；

t_s ——估算出的可能的过渡过程时间。

实践表明，"随着被控对象的不同，上述几种目标函数下的寻优效果也是不同的"[31]。

在采用误差积分准则优化 PID 参数的过程中，会发现有的参数虽然能使系统具有较好的阶跃响应指标，但在调节过程中，控制器的输出呈现剧烈的振荡或过大的调节幅度。为了避免这一现象，防止控制能量变化过大，需要对上述目标函数进行修正，将积分项中加入控制器输出量 $u(t)$ 或者其平方 $u^2(t)$。以绝对误差的矩的积分目标函数为例，修正后的目标函数常为

$$Q(a) = \int_0^{t_s}[c_1 t|e(t)|+c_2|u(t)|]dt$$
$$\approx \sum_{k=0}^{M}[c_1 k\Delta t|e(k\cdot\Delta t)|+c_2|u(k\cdot\Delta t)|]\Delta t$$

$$(4\text{-}24)$$

或

$$Q(a) = \int_0^{t_s}[c_1 t|e(t)|+c_2 u^2(t)]dt$$
$$\approx \sum_{k=0}^{M}[c_1 k\Delta t|e(k\cdot\Delta t)|+c_2 u^2(k\cdot\Delta t)]\Delta t$$

$$(4\text{-}25)$$

式中　c_1, c_2 ——分别为误差和控制量在目标函数中的权值。

式（4-24）在积分项中加入了控制器输出量的绝对值以防止控制器输出量变化过大，而式（4-25）则是加入了控制器输出量的平方值，目的是防止控制器输出的能量过大[5]。

4.2.3　综合型目标函数

在实际工程中，人们常常以直接型品质指标，如衰减率、超调量等，作为衡量控制系统优劣的依据，因为这些指标容易理解，也容易给出。例如，电力行业热工自动化标准化委员会早在 2006 年就制定了《火力发电厂模拟量控制系统验收测试规程》，在该规程中，明确规定了火电厂主要控制系统的动态品质指标。但是，如果采用直接型目标函数进行优化，往往造成调节时间较长或振荡时间较长。而采用误差积分型目标函数进行优化时，又很可能达不到人们对某些品质指标的期望。因此，可以考虑将两类目标函数相结合，从而得到一类综合型的目标函数，这也是用单目标来表达多目标问题的一种方法。一种典型的综合型目标函数如下式：

$$Q = \left\{ d_1 \int_0^{t_s} \left[c_1 t \, | e(t) | + c_2 u^2(t) \right] dt \right\} + \left\{ d_2 \, | M_p - M_{pm} | \right\} \tag{4-26}$$

式中　d_1, d_2 ——分别为积分型目标函数和指标型目标函数的权值。

4.2.4　控制系统动态品质指标计算程序

对于图 4-2 所示的控制系统，施加单位阶跃函数 $r(t) = 1(t)$，根据第 1 章给出的各种品质指标定义及其式（4-5）、式（4-7），可以得到控制系统动态品质指标的计算子程序 O_quality. m。程序中：数组 y 存放系统的单位阶跃响应数据，数组 t 存放系统时间，DT 为计算步距，LP 为仿真计算点数。

```
%计算品质指标子程序 O_quality. m
function [Mp, tr, ts, FAI, Tp, E1, E2, E3] = quality(DT, LP, y, t)
%Mp-超调量，ts-过渡时间，tr-上升时间，FAI-衰减率
%Tp-振荡周期，E1、E2、E3-峰值标志
tr = 0; i = 0; flg = 0;
while (tr = = 0)&(i<LP)
    i = i + 1;
    if y(i)>1&tr = = 0; tr = i; end
end
i1 = 2;
ym1 = y(1);
while (i1< = LP)&(y(i1)> = ym1)
    ym1 = y(i1); i1 = i1 + 1;
end
i1 = i1 - 1;
ym2 = ym1; i2 = i1;
while (i2< = LP)&(y(i2)< = ym2)
    ym2 = y(i2); i2 = i2 + 1;
end
i2 = i2 - 1;
```

```
ym3 = ym2; i3 = i2;
while (i3 < = LP)&(y(i3) > = ym3)
    ym3 = y(i3); i3 = i3 + 1;
end
i3 = i3 - 1;
ts = LP;
while y(ts)>0.98&y(ts)<1.02; ts = ts - 1; end
if i1 = = LP
    % 系统单调上升
    Mp = (ym1 - 1) * 100; FAI = 0;
    tr = tr * DT; ts = i1 * DT; Tp = ts;
    E1 = 0; E2 = 0; E3 = 0; flg = 1;
end
if (i1<LP)&(ym3>ym1)
    % 系统发散
    Mp = 10^5; FAI = - 1;
    tr = tr * DT; ts = 10^10; Tp = DT * (i3 - i1);
    E1 = 1; E2 = 1; E3 = 1; flg = 1;
end
if (i1<LP)&(i2 = = LP)
    % 系统单峰
    Mp = (ym1 - 1) * 100; FAI = (ym1 - y(i2))/(ym1 - 1);
    tr = DT * tr; ts = DT * ts; Tp = 0;
    E1 = 1; E2 = 0; E3 = 0; flg = 1;
end
if (i2<LP)&(i3 = = LP)
    % 系统双峰
    Mp = (ym1 - 1) * 100; FAI = (ym1 - y(i3))/(ym1 - 1);
    tr = DT * tr; ts = DT * ts; Tp = 0;
    E1 = 1; E2 = 1; E3 = 0; flg = 1;
end
if (i1<LP)&(i2<LP)&(i3<LP)&(ym1>ym3)
    % 系统正常
    Mp = (ym1 - 1) * 100; FAI = (ym1 - ym3)/(ym1 - 1);
    tr = DT * tr; ts = DT * ts; Tp = DT * (i3 - i1);
    E1 = 1; E2 = 1; E3 = 1; flg = 1;
end
if flg = = 0
    % 系统不正常
    Mp = 0; tr = 0; ts = 0; FAI = 0; Tp = 0; E1 = 0; E2 = 0; E3 = 0;
end
```

4.3　优化系统的数学模型描述

在一般情况下，对控制系统进行理论分析时，把控制系统分成两部分，一部分是控制器，另一部分是被控对象部分，如图 4-2 所示。目前，在工业控制系统中，绝大多数还是使用 PID 控制律，因此描述所要优化的控制系统时仅需要 PID 控制律以及被控对象两部分的数学模型。

4.3.1　工业 PID 控制律的数学模型描述

在第 1 章中已经介绍了工业上常用的 PID 控制律，其微分方程描述如式（1-20）所示，即

$$u = k_{\text{p}}e + k_{\text{i}}\int edt + k_{\text{d}}\frac{de}{dt} \tag{4-27}$$

对式（4-37）取拉氏变换并整理，可得到 PID 控制律的传递函数描述式，即

$$G(s) = k_{\text{p}} + \frac{k_{\text{i}}}{s} + k_{\text{d}}s \tag{4-28}$$

式（4-28）不能用模拟电子装置来实现，模拟电子装置仅能做到的是实际微分，即实际 PID 控制律的传递函数为

$$G(s) = \frac{1}{\delta}(1 + \frac{1}{T_{\text{i}}s} + \frac{T_{\text{d}}s}{1 + \alpha T_{\text{d}}s}) \tag{4-29}$$

式中　δ——比例带；

　　T_{i}——积分时间；

　　T_{d}——微分时间；

　　α——常系数，一般取 0.1～1。

可以用数值计算的方法近似实现纯微分控制律，即

$$u_{\text{d}}[(k+1)T] = \frac{k_{\text{d}}}{T}\{e[(k+1)T] - e(kT)\} \tag{4-30}$$

式中　T——采样周期（计算步距）；

　　u_{d}——纯微分控制器的输出。

然而，在实际应用时人们还是喜欢用式（4-29）作为 PID 控制律的传递函数。其原因有两个：一是实际微分是在理想微分的基础上加入了一个阻尼器（惯性环节），这样，当控制器的输入激烈变化时，可以阻止微分器产生过大输出；二是可以增加微分控制作用的持续时间。

4.3.2　被控对象的数学模型描述

在工业生产过程系统中，一般把被控对象按其动态特征分为两类：有自平衡能力被控对象（简称有自衡能力对象）和无自平衡能力被控对象（简称无自衡能力对象）。

所谓有自衡能力对象是指当被控对象的输入（控制量）发生变化时，系统的原来平衡状态遭到破坏，被控对象的输出（被控量）逐渐变化后，不需要人为地对其进行调节，被控量最终能够自动地稳定在一个新的平衡点上。在工业生产过程中，绝大多数被控对象都属于有自衡能力对象，如锅炉中的蒸汽温度系统、炉膛压力系统、主蒸汽压力系统等。

所谓无自平衡能力被控对象是指当被控对象的输入（控制量）发生变化使原来的平衡状态遭到破坏后，如果不加以调节，被控量自己不会稳定在一个新的平衡点上。在运动控制系

统中，有许多被控对象都属于无自衡能力对象，如飞行器姿态控制系统中的被控对象、工业锅炉中的汽包水位被控对象等。

对于有自衡能力和无自衡能力对象都可以用传递函数模型来描述，即

$$W(s) = \frac{K}{s^m (1 + Ts)^n} e^{-\tau s} \tag{4-31}$$

式中　　K——对象静态增益（无自衡时为静态变化速度）；

　　　　τ——纯迟延时间；

　　　　T——过程的时间常数；

　　　　n——对象的阶次；

　　　　m——对象的阶次。

对于有自衡对象，$m = 0$；对于无自衡对象，$m \neq 0$。

例如，有自衡能力对象 $W(s) = \dfrac{2e^{-5s}}{(1 + 40s)^4}$、无自衡能力对象 $W(s) = \dfrac{0.005e^{-5s}}{s(1 + 40s)}$ 的仿真程序如 simu431.m 和 simu432.m 所示，这两种被控对象的阶跃响应曲线形状如图 4-5 所示。

```
% 有自衡能力对象 simu431. m
clear all;
DT = 1;  ST = 800;  LP = ST/DT;
k = 2;  T = 40;  Tao = 5;  n = 4;
a = exp( - DT/T);  b = 1 - a;  md = fix(Tao/DT);
x(1: n) = 0;  xd(1: md) = 0;  u = 1;
for i = 1: LP
    x(1) = a * x(1) + k * b * u;
    x(2: n) = a * x(2: n) + b * x(1: n - 1);
    y(i) = xd(md);  t(i) = i * DT;
    for j = md: - 1: 2
        xd(j) = xd(j - 1);
    end
    xd(1) = x(n);
end
plot(t, y)
```

```
% 无自衡能力对象 simu432. m
clear all;
DT = 1;  ST = 400;  LP = ST/DT;
k = 0.005;  T = 40;  Tao = 5;
a = exp( - DT/T);  b = 1 - a;  md = fix(Tao/DT);
x(1: 2) = 0;  xd(1: md) = 0;  u = 1;
for i = 1: LP
    x(1) = x(1) + k * DT * u;
    x(2) = a * x(2) + b * x(1);
```

```
y(i) = xd(md); t(i) = i * DT;
for j = md; - 1; 2
    xd(j) = xd(j-1);
end
xd(1) = x(2);
end
plot(t, y)
```

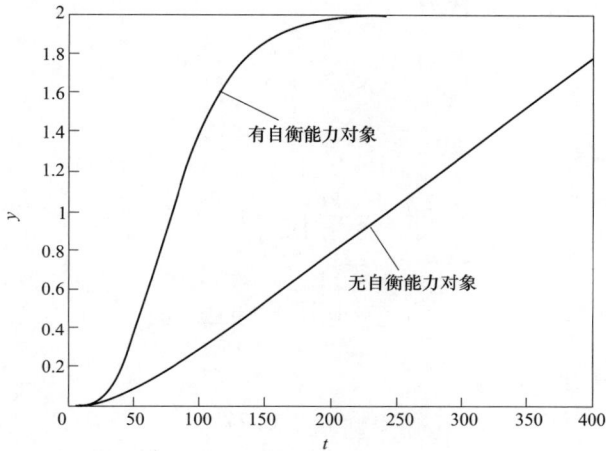

图 4-5　有自衡能力和无自衡能力对象的阶跃响应曲线形状

4.3.3　对象的阶次、时间常数以及纯迟延时间之间的转换

在设计控制系统时，为了方便，有时需要降低对象的阶次或去掉纯迟延。此时，如果不要求有特别高的精度，可用下面的非常简单的方法进行升降阶以及纯迟延与系统阶次相互转换处理。但这里要遵守的原则是：为了能有较好的精度，当消去纯迟延时，应该使系统阶次升高，对于大迟延系统（$\tau/T > 0.3$），消去纯迟延可能会带来较大的误差；如果把一个较高阶的系统降为较低阶的系统，最好加入纯迟延。

经验公式 4.1　传递函数变换公式：

仍设被控对象的传递函数如式（4-31）所示，即

$$W(s) = \frac{K}{s^m (1+Ts)^n} e^{-\tau s}$$

则可以把原传递函数式（4-31）转化成

$$W_1(s) = \frac{K}{s^m (1+T_1 s)^{n_1}} e^{-\tau_1 s} \tag{4-32}$$

两式中的参数关系为

$$nT + \tau = n_1 T_1 + \tau_1 \tag{4-33}$$

如果要消去纯迟延，即让 $\tau_1 = 0$，则

$$n_1 = <2\frac{\tau}{T} + 1> + n \tag{4-34}$$

推论：如果传递函数为

$$W(s) = \frac{K}{(1 + T_1 s)(1 + T_2 s) \cdots (1 + T_n s)} \tag{4-35}$$

则可以把它转换成高阶等容惯性的形式：

$$W_1(s) = \frac{K}{(1 + Ts)^n} \tag{4-36}$$

其中：

$$T = \frac{T_1 + T_2 + \cdots + T_n}{n}$$

例如，消去被控对象传递函数为

$$W(s) = \frac{5.77}{(224.18s + 1)^2} e^{-86s}$$

的纯迟延。

根据式（4-34）则有

$$n_1 = < 2 \times \frac{86}{224.18} + 1 > + 2 = 4$$

而 T_1 则为

$$T_1 = \frac{2 \times 224.18 + 86}{4} = 133.6$$

消去纯迟延后的传递函数为

$$W_1(s) = \frac{5.77}{(1 + 133.6s)^4}$$

原始传递函数与消去纯迟延后的传递函数对比时的仿真程序如 simu433.m 所示，对比结果如图 4-6 所示。与原系统对比时的相对作用强度 $ep = 0.0973$。由此可见，消去纯迟延后的传递函数能很好地代替原传递函数。

```
% 传递函数变换处理前后的对比程序 simu433.m
% 原传递函数 W(s) = K * exp( - Tao * s)/(Ts + 1)^n
% 变换后传递函数 W(s) = K/(T1s + 1)^n1
clear all;
DT = 1；ST = 2000；LP = ST/DT；p = 0；p0 = 0；
% % % % % % % % % % % % % % % % % % %原系统参数 % % % % % % % % % % % % % % % % % %
K = 5.77；T = 224.18；n = 2；Tao = 86；
% % % % % % % % % % % % % % % % % % %变换后系统参数 % % % % % % % % % % % % % % % % %
n1 = round(2 * Tao/T + 1) + n
T1 = (n * T + Tao)/n1
% % % % % % % % % % % % % % % % % % %原系统仿真 % % % % % % % % % % % % % % % % % % %
Dm = fix(Tao/DT)；
if Dm > 0；x _ del(1：Dm) = 0；end
x(1：n) = 0；u = 1；
A = exp( - DT/T)；B = 1 - A；
for k = 1：LP
    x(1) = A * x(1) + K * B * u；
```

```
    if n>1; x(2: n) = A * x(2: n) + B * x(1: n-1); end
    if Dm>0
        y(k) = x_del(Dm);
        for j = Dm: -1: 2; x_del(j) = x_del(j-1); end
        x_del(1) = x(n);
    else
        y(k) = x(n);
    end
    t(k) = k * DT;
    p = p + DT * abs(y(k));
end
% * * * * * * * * * * * * * * * * * * * * *变换后系统仿真* * * * * * * * * * * * * * * * * *
x1(1: n1) = 0;
A = exp( -DT/T1); B = 1 - A;
for k = 1: LP
    x1(1) = A * x1(1) + K * B * u;
    x1(2: n1) = A * x1(2: n1) + B * x1(1: n1-1);
    y1(k) = x1(n1); p0 = p0 + DT * abs(y1(k));
end
%%%%%%%%%%%%%%%%%%%%%%%%%%%%%%%%%%%%%%%%%%%%%
ep = abs((p - p0)/p) * 100
plot(t, y, t, y1, ': '); hold on;
```

下面考虑把传递函数为

$$W(s) = \frac{1}{(s+1)(s+2)(s+3)(s+4)}$$

的多容对象转换成等容高阶惯性的形式。

根据式（4-33），可以得到近似的高阶惯性环节：

$$W_1(s) = \frac{K_1}{(1+T_1 s)^4}$$

其中：

$$K_1 = \frac{1}{2 \times 3 \times 4} = 0.0417$$

$$T_1 = (1 + \frac{1}{2} + \frac{1}{3} + \frac{1}{4})/4 = 0.5208$$

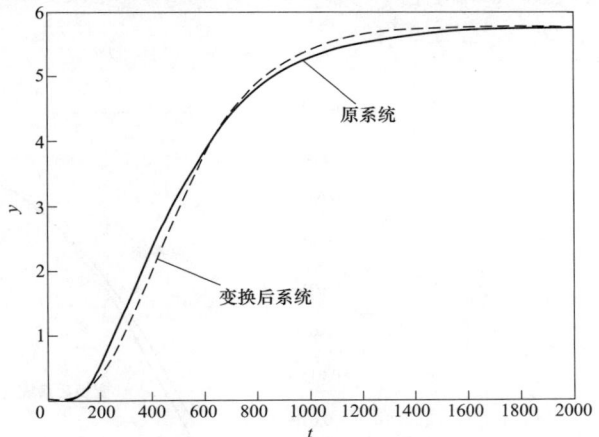

图 4-6 传递函数变换处理前后的对比

原始多容传递函数式与等容传递函数式对比时的仿真程序如 simu434.m 所示，对比结果如图 4-7 所示。取计算步距 $DT = 0.001$，与原系统对比时的相对作用强度 $ep=1.1049$。

```
% 多容对象传递函数变换程序 simu434.m
% 原系统传递函数 W(s) = 1/[(s + 1)(s + 2)(s + 3)(s + 4)]
% 变换后传递函数 W1(s) = 0.0417/(0.5208s + 1)^4
clear all;
DT = 0.01; ST = 6; LP = ST/DT; p = 0; p0 = 0; x(1:4) = 0; z(1:4) = 0;
n = 4; K1 = 0.0417; T1 = 0.5208;
a = exp( - DT/T1); b = 1 - a; r = 1;
for k = 1: LP
   %%%%%%%%%%%%%%%%%%%%%% 原系统仿真 %%%%%%%%%%%%%%%%%%%
   x(1) = x(1) + DT * ( - x(1) + r);
   x(2) = x(2) + DT * ( - 2 * x(2) + x(1));
   x(3) = x(3) + DT * ( - 3 * x(3) + x(2));
   x(4) = x(4) + DT * ( - 4 * x(4) + x(3));
   y(k) = x(4);
   t(k) = k * DT;
   p = p + DT * abs(y(k));
   % * * * * * * * * * * * * * * * * * * * * 变换后系统仿真 * * * * * * * * * * * * * * * *
   z(1) = a * z(1) + K1 * b * r;
   z(2:4) = a * z(2:4) + b * z(1:3);
   y1(k) = z(4); p0 = p0 + DT * abs(y1(k));
end
%%%%%%%%%%%%%%%%%%%%%%%%%%%%%%%%%%%%%%%%%%%%%%
ep = abs((p - p0)/p) * 100
plot(t, y, t, y1, 'r')
```

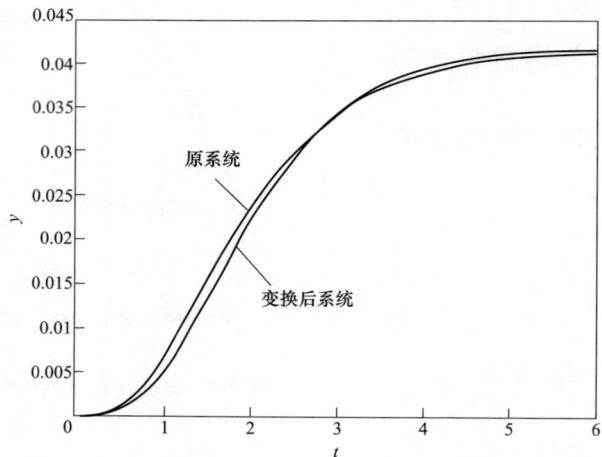

图 4-7　多容对象等容处理前后的单位阶跃响应曲线

4.4 经验整定公式

通过大量的仿真试验表明[18]，可以用经验公式来估计 PID 控制律的参数，而且能达到电力行业标准给出的品质指标。

由经验公式得到的控制器参数值可直接用于实际控制系统，作为粗略的整定参数，运行时再进行细调；也可作为各种优化算法进行参数寻优时的初值以及估计寻优参数区间。

4.4.1 有自平衡能力被控对象的经验整定公式

对于有自平衡能力被控对象

$$W(s) = \frac{K}{(1+Ts)^n} \mathrm{e}^{-\tau s} \tag{4-37}$$

其控制器

$$G(s) = \frac{1}{\delta}\left(1 + \frac{1}{T_i s} + \frac{T_d s}{1 + aT_d s}\right) \tag{4-38}$$

参数的经验整定公式为

$$\delta = \alpha K(\beta + n_1) \tag{4-39}$$

$$T_i = \gamma(nT + \tau) \tag{4-40}$$

$$T_d = \frac{T_i}{4 \sim 8} \tag{4-41}$$

$$a = 0.1 \sim 1 \tag{4-42}$$

其中：

$$n_1 = \begin{cases} <2\dfrac{\tau}{T}+1> + n, & \tau > 0 \\ n, & \tau = 0 \end{cases}$$

$$\alpha = 0.081, \ \gamma = 0.6$$

$$\beta = \begin{cases} 5, & n_1 = 1 \\ 8, & n_1 = 2 \\ 10, & n_1 = 3 \\ 11, & n_1 = 4 \\ 12, & n_1 \geqslant 5 \end{cases}$$

微分作用的强弱（T_d 的大小）要视现场情况而定，为防止控制器输出剧烈变化，当测量噪声较大时，切除微分作用。

下面来讨论被控对象各参数发生变化时，对控制品质产生的影响。

考虑图 4-8 所示的有自衡对象的单回路控制系统。根据经验整定公式［式（4-39）和式(4-40)］，即可得到该系统的仿真程序 simu441.m。

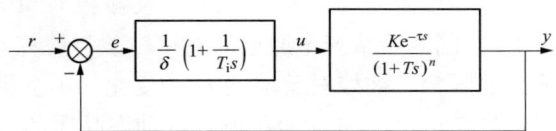

图 4-8　有自衡对象的单回路控制系统

```
% 有自衡对象的单回路控制系统仿真程序 simu441.m
clear all;
DT = 1；ST = 2000；LP = ST/DT；
K = 0.8；n = 2；T = 200；Tao = 0；
if Tao>0
    n1 = n + fix(2 * Tao/T + 1);
else
    n1 = n;
end
if n1> = 5；Bta(n1) = 12；end
if n1<5；Bta = [5 8 10 11]；end
Afa = 0.081；Gma = 0.6；
DTA = Afa * K * (Bta(n1) + n1)；Ti = Gma * (n * T + Tao);
A = exp(-DT/T)；B = 1 - A；Md = fix(Tao/DT);
xi = 0；x(1: n) = 0；R = 1；z = 0；
if Md>0；x_del(1: Md) = 0；end
for i = 1: LP
    e = R - z；
    xp = e/DTA；
    xi = xi + DT/DTA/Ti * e；
    u = xp + xi；
    x(1) = A * x(1) + K * B * u；
    if n>1；x(2: n) = A * x(2: n) + B * x(1: n-1)；end
    if Md>0
        z = x_del(Md);
        for j = Md: -1: 2；x_del(j) = x_del(j-1)；end
        x_del(1) = x(n)；
    else
        z = x(n)；
    end
    y(i) = z；t(i) = i * DT；r(i) = R；U(i) = u；
end
[Mp, tr, ts, FAI, Tp, E1, E2, E3] = O_quality(DT, LP, y, t)
plot(t, y, t, r, ': ')；hold on；
```

从经验整定公式 [式（4-39）] 及被控对象通用传递函数式 [式（4-31）] 中不难看出，加入 PI 控制器后系统主通道的整体增益与被控对象的增益无关，因此如果不考虑实际控制器输出的限幅，被控对象增益 K 的变化，不会影响系统的控制品质。

首先来讨论 T 变化对控制系统动态品质的影响。

当选取 $K = 0.8$，$n = 2$，$\tau = 0$，T 从 10～200 变化时，系统的单位阶跃响应曲线如图 4-9 所示，动态品质指标见表 4-1。

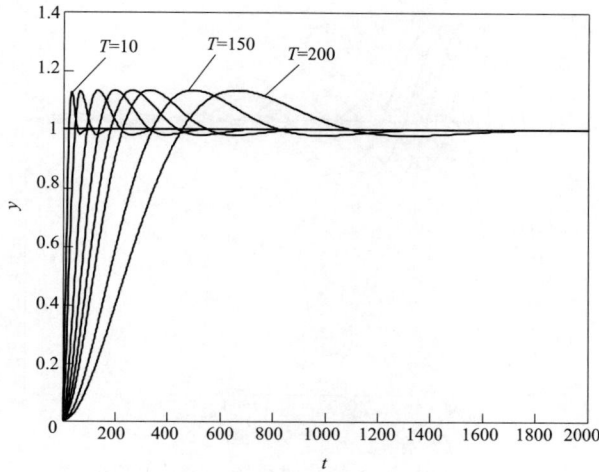

图 4-9 T 从 $10 \sim 200$ 变化时系统的单位阶跃响应曲线

表 4-1 T 变化时系统在经验公式下的动态品质指标

T	10	20	40	60	80	100	150	200
φ	0.98	0.98	0.98	0.98	0.98	0.98	0.98	0.98
M_p（%）	12.7	13.0	13.2	13.3	13.3	13.3	13.3	13.4
t_r	22	45	90	136	181	226	340	453
t_s	49	100	203	305	408	510	766	1022

从表 4-1 可以看出，当对象的阶次 n 固定时，无论 T 怎样变化，系统的衰减率 φ 和超调量 M_p 基本保持不变，而上升时间 t_r 大约是 T 的两倍，过渡过程时间 t_s 大约是 T 的 5 倍。t_r 和 t_s 与 T 近似呈线性关系，因此可以改变 α 和 γ，使动态品质达到工程上所希望的值。

下面讨论 n 变化对控制系统的动态品质的影响。

选取 $K = 0.8$，$T = 40$，$\tau = 0$，n 从 2～8 变化时，系统的阶跃响应曲线如图 4-10 所示，动态品质指标见表 4-2。

表 4-2 n 变化时系统在经验公式下的动态品质指标

n	2	3	4	5	6	7	8
φ	0.98	0.90	0.82	0.77	0.74	0.73	0.74
M_p（%）	13.2	23.7	30.9	34.7	35.9	35.3	33.6
t_r	90	133	182	235	292	351	414
t_s	203	556	943	1226	1740	2049	2330

从表 4-2 可以看出，随着被控对象阶次的升高，如果不改变式（4-39）中的系数，经验公式下的许多动态品质指标很难满足工程要求（$0.75 < \varphi < 1$，$M_p < 20\%$），因此被控对象阶次不同，经验整定公式（4-39）中的系数 β 也应该随之而改变。表 4-3 列出了通过仿真实验得到的 β 随 n 变化的值[34]，以及系统在经验公式下的动态品质指标。

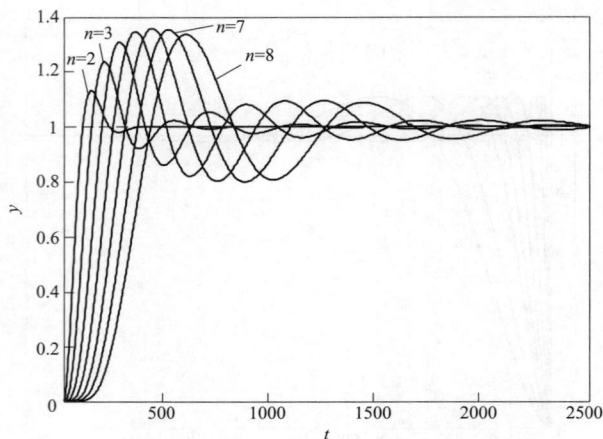

图 4-10　n 从 2~8 变化时系统的阶跃响应曲线

表 4-3　　　　　　　　　　　β 随 n 变化时系统在经验公式下的动态品质指标

β	5	8	10	11	12	12	12	12
n	1	2	3	4	5	6	7	8
φ	0.99	0.98	0.94	0.91	0.90	0.88	0.87	0.86
M_p（%）	5.1	13.2	17.1	18.7	17.3	17.4	17.1	15.8
t_r	41	90	151	213	283	346	412	483
t_s	103	203	463	631	800	1182	1386	1567

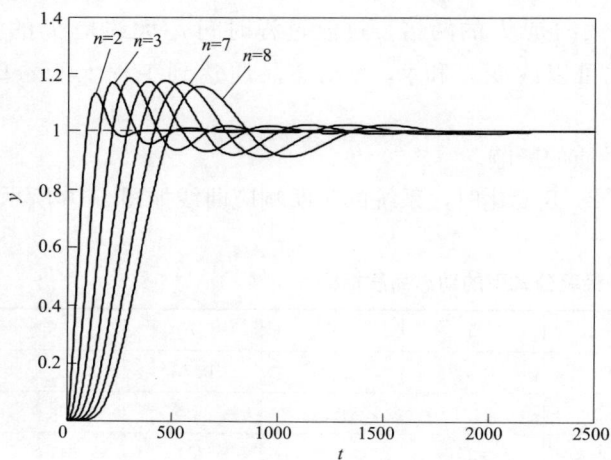

图 4-11　β 随 n 变化时系统的单位阶跃响应曲线

从表 4-3 中可以看出，随着被控对象阶次的不同而改变 β 值后，各阶次下的动态品质指标均满足了工程要求[20]。各阶次下的动态响应曲线如图 4-11 所示。

最后来讨论 τ 变化对控制系统的动态品质的影响。

通过本章 4.3.3 的分析可知，当被控对象含有纯迟延时，可以用式（4-33）消去纯迟延，但此时必须用式（4-34）进行升阶处理，才能保证消去纯迟延后的精度。由式（4-33）可知，消去纯迟延前后的 $nT+\tau$ 保持不变，所以消去纯迟延不影响 T_i 的选择，而 δ 的选择按消去纯迟延后的系统参数考虑即可，即式（4-39）。

选取 $K=0.8$，$n=3$，$T=60$，τ 从 0~100 变化时，系统的阶跃响应曲线如图 4-12 所示，动态品质指标见表 4-4。

表 4-4 　　　　　　　　　　　τ 变化时系统在经验公式下的动态品质指标

τ	5	10	20	40	60	80	100
φ	0.96	0.95	0.93	0.93	0.92	0.88	0.88
M_p（%）	12.8	13.8	16	13.8	14	17.3	16.4
t_r	259	261	267	313	346	346	402
t_s	724	743	777	860	938	1007	1303

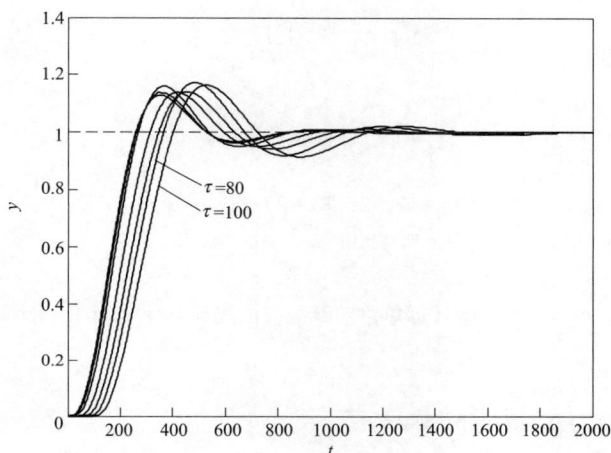

图 4-12　τ 从 0～100 变化时系统的单位阶跃响应曲线

　　从上述各种情况下的分析结果可以看出，经验公式（4-39）和式（4-40）整定下的控制器参数能满足工程要求。

　　下面考虑结构如图 4-13 所示的某 300MW 热电机组主蒸汽温度串级控制系统[33]。用经验公式整定控制器参数如下：

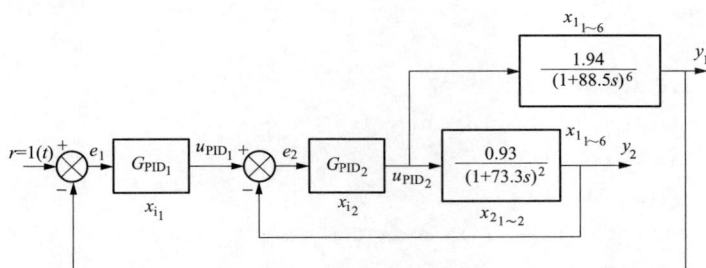

图 4-13　某 300MW 热电机组主蒸汽温度串级控制系统

　　根据经验公式（4-39）和式（4-40），可以得到内回路控制器的参数

$$\delta_2 = 0.081 \times 0.93 \times (8+2) = 0.75$$

$$T_{i2} = 0.6 \times 2 \times 73.3 = 88$$

　　内回路整定完成后，可以认为是一个快速环节，它仅仅是改善了整体被控对象的特性，整定外回路时可以忽略内回路的存在，所以仍可以用式（4-39）和式（4-40）再来估计外回

路控制器的参数，即

$$\delta_1 = 0.081 \times 1.94 \times (12 + 6) = 2.83$$

$$T_{i_1} = 0.6 \times 6 \times 88.5 = 318.6$$

按图示设状态变量和中间变量，在该组参数下，可得到仿真计算程序 simu442.m（取计算步距 $T=3$、仿真时间 $ST=3000$），控制系统的单位阶跃响应曲线及品质指标如图 4-14 所示。从仿真结果可以看出，经验公式整定下的参数具有较好的调节品质。

```
% 双回路系统仿真计算程序 simu442.m
clear all
DT = 3; ST = 3000; LP = ST/DT;
% 用经验公式计算 DTA1，Ti1，DTA2，Ti2
k1 = 1.94; n1 = 6; T1 = 88.5; k2 = 0.93; n2 = 2; T2 = 73.3;
DTA1 = 0.081 * k1 * (12 + n1); Ti1 = 0.6 * T1 * n1;
DTA2 = 0.081 * k2 * (8 + n2); Ti2 = 0.6 * T2 * n2;
% ##################计算单位阶跃响应曲线##############
A1 = exp(-DT/T1); B1 = 1 - A1;
A2 = exp(-DT/T2); B2 = 1 - A2;
x1(1: n1) = 0; x2(1: n2) = 0; xi1 = 0; xi2 = 0;
for i = 1: LP
    e1 = 1 - x1(n1);
    xp1 = e1/DTA1;
    xi1 = xi1 + DT * e1/DTA1/Ti1;
    upi1 = xp1 + xi1;
    e2 = upi1 - x2(n2);
    xp2 = e2/DTA2;
    xi2 = xi2 + DT * e2/DTA2/Ti2;
    upi2 = xp2 + xi2;
    x1(1) = A1 * x1(1) + k1 * B1 * upi2;
    x1(2: n1) = A1 * x1(2: n1) + B1 * x1(1: n1 - 1);
    x2(1) = A2 * x2(1) + k2 * B2 * upi2;
    x2(2: n2) = A2 * x2(2: n2) + B2 * x2(1: n2 - 1);
    y1(i) = x1(n1); y2(i) = x2(n2); u(i) = upi2; t(i) = i * DT; r(i) = 1;
end
[Mp, tr, ts, FAI, Tp, E1, E2, E3] = O_quality(DT, LP, y1, t)
plot(t, y1, t, y2, t, u, '--', t, r, '-. ')
```

下面考虑用经验公式（4-39）和式（4-40）整定图 4-15 所示系统的多容对象的单回路控制器参数。

在本章第 4.3 节中已经把被控对象处理成等容高阶惯性的形式，即

$$W_1(s) = \frac{0.0417}{(1 + 0.5208s)^4}$$

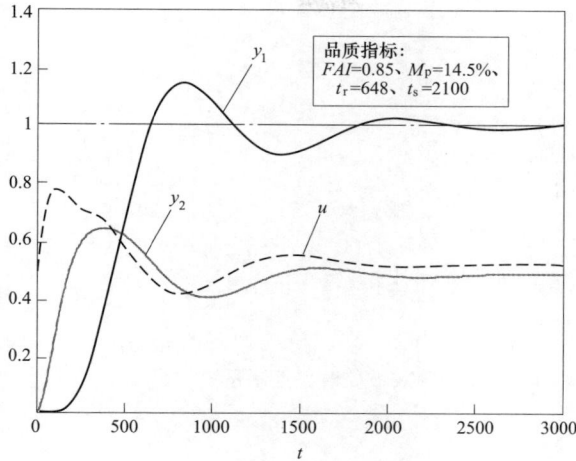

图 4-14　经验公式整定下的系统的阶跃响应曲线及品质指标

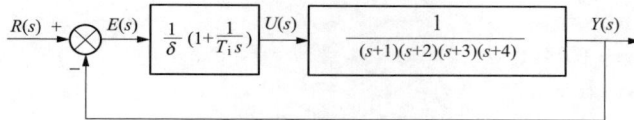

图 4-15　多容对象的单回路控制系统

根据经验整定公式（4-39）和式（4-40），可以得到该系统的 PI 控制器最优参数为

$$\delta = 0.081 \times 0.0417 \times (11 + 4) = 0.0507$$

$$T_i = 0.6 \times \left(1 + \frac{1}{2} + \frac{1}{3} + \frac{1}{4}\right) = 1.25$$

仍取计算步距 $DT = 0.01$，仿真时间 $ST=12$。仿真程序为 simu443.m。单位阶跃定值扰动下的仿真结果如图 4-16 所示。从该图中可以看到，按等效的等容高阶惯性环节来使用经验整定公式，可以得到较好的控制品质（图 4-16 中 y、y_1 分别为原始被控对象时及等效被控对象时，整定参数下控制系统的输出）。由此说明，传递函数等效变换经验公式（4-33）、有自衡对象控制器参数经验整定公式［式（4-39）和式（4-40）］都具有非常广泛的适应能力。

```
%经验公式整定多容对象控制器(PI)参数 simu443.m
%多容被控对象 W(s)＝1/[(s＋1)(s＋2)(s＋3)(s＋4)]
clear all;
DT＝0.01; ST＝10; LP＝ST/DT; p＝0; p0＝0; x(1：4)＝0; z(1：4)＝0;
DTA＝0.0507; Ti＝1.25;
xi＝0; zi＝0;
%%%%%%%%%%%%%%%%%%%%%%%等效对象参数%%%%%%%%%%%%%%%%%%%%%%%%%
n＝4; K1＝0.0417; T1＝0.5208;
a＝exp(－DT/T1); b＝1－a; r＝1;
for k＝1：LP
    %%%%%%%%%%%%%%%%%%%%%%%%%原控制系统仿真%%%%%%%%%%%%%%%%%%%%%
    e1＝r－x(4);
    xp＝e1/DTA;
```

```
xi = xi + DT/DTA/Ti * e1;
xpi = xp + xi;
x(1) = x(1) + DT * ( - x(1) + xpi);
x(2) = x(2) + DT * ( - 2 * x(2) + x(1));
x(3) = x(3) + DT * ( - 3 * x(3) + x(2));
x(4) = x(4) + DT * ( - 4 * x(4) + x(3));
y(k) = x(4);
t(k) = k * DT;
p = p + DT * abs(y(k));
 % * * * * * * * * * * * * * * * * * * *等效被控对象控制系统仿真 * * * * * * * * *
z1 = r - z(4);
zp = z1/DTA;
zi = zi + DT/DTA/Ti * z1;
zpi = zp + zi;
z(1) = a * z(1) + K1 * b * zpi;
z(2: 4) = a * z(2: 4) + b * z(1: 3);
y1(k) = z(4); p0 = p0 + DT * abs(y1(k));
end
 % % % % % % % % % % % % % % % % % % % % % % % % % % % % % % % % % % % % % % % %
[Mp, tr, ts, FAI, Tp, E1, E2, E3] = O_quality(DT, LP, y, t)
[Mp, tr, ts, FAI, Tp, E1, E2, E3] = O_quality(DT, LP, y1, t)
ep = abs((p - p0)/p) * 100
plot(t, y, t, y1, 'r')
```

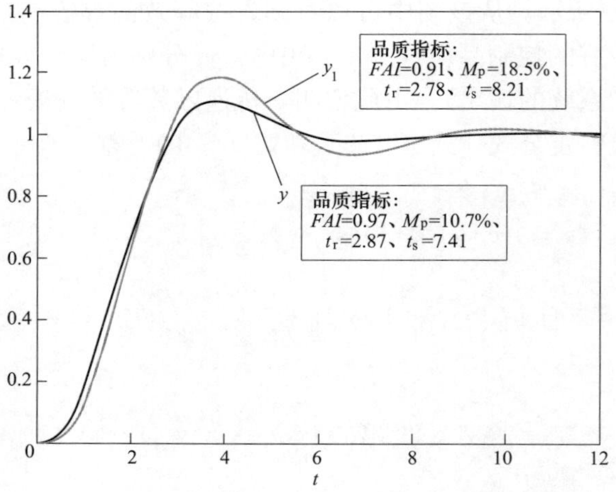

图 4-16　多容有自衡对象经验公式整定参数下的仿真结果

4.4.2　无自衡能力被控对象的经验整定公式

无自衡能力控制系统的结构如图 4-17 所示。

对于无自衡被控对象

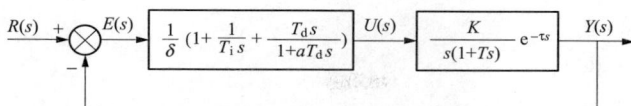

图 4-17 无自衡能力控制系统的结构框图

$$W(s) = \frac{K}{s(1+Ts)} e^{-\tau s}$$

其控制器

$$G(s) = \frac{1}{\delta} \left(1 + \frac{1}{T_i s} + \frac{T_d s}{1 + aT_d s} \right)$$

的参数经验整定公式为

$$\delta = \alpha K \left(\frac{T}{10} + \frac{\tau}{5} \right) \tag{4-43}$$

$$T_i = \beta(T + \tau) \tag{4-44}$$

$$T_d = \frac{T_i}{4 \sim 8} \tag{4-45}$$

$$a = 0.1 \sim 1 \tag{4-46}$$

其中：

$$\alpha = \begin{cases} 5 & M_p < 40\% \\ 9.5 & M_p < 30\% \end{cases}$$

$$\beta = 10$$

微分作用的强弱（T_d 的大小）要视现场情况而定，为防止控制器输出剧烈变化，当测量噪声较大时，切除微分作用。

下面来讨论系数 α 和 β 的选取方法。

对于图 4-17 所示的系统，其仿真程序为 simu444.m。

```
% 无自衡对象的单回路控制系统仿真程序 simu444.m
clear all；
DT = 1；ST = 1600；LP = ST/DT；
K = 0.08；T = 40；Tao = 0；
Afa = 9.5；Bta = 10；
DTA = Afa * K * (T/10 + Tao/4)；Ti = Bta * (T + Tao)；
A = exp( - DT/T)；B = 1 - A；Md = fix(Tao/DT)；
xi = 0；x(1：2) = 0；R = 1；z = 0；
if Md>0；x _ del(1：Md) = 0；end
for i = 1：LP
    e = R - z；
    xp = e/DTA；
    xi = xi + DT/DTA/Ti * e；
    u = xp + xi；
```

```
x(1) = x(1) + DT * K * u;
x(2) = A * x(2) + B * x(1);
if Md>0
    z = x_del(Md);
    for j = Md: -1: 2; x_del(j) = x_del(j-1); end
    x_del(1) = x(n);
else
    z = x(2);
end
y(i) = z; t(i) = i * DT; r(i) = R; U(i) = u;
end
[Mp, tr, ts, FAI, Tp, E1, E2, E3] = o_quality(DT, LP, y, t)
plot(t, y, t, r, ': '); hold on;
```

当选取 $K=0.08$，$T=40$，$\tau=0$，$\beta=10$，系数 α 从 5～10 变化时，系统的单位阶跃响应曲线如图 4-18 所示，动态品质指标见表 4-5。

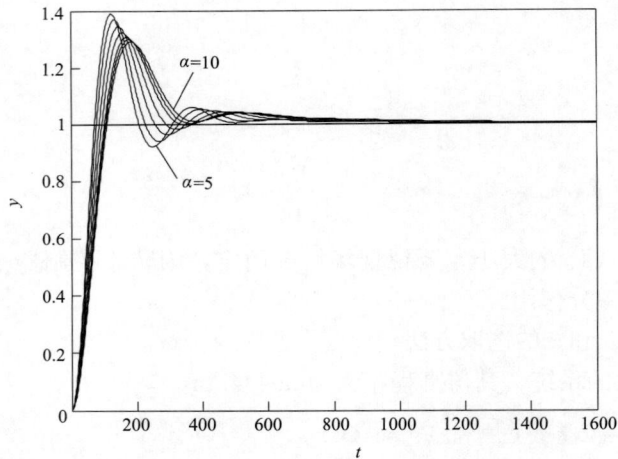

图 4-18　系数 α 变化时系统的单位阶跃响应曲线

表 4-5　　　　　　　　　　α 变化时系统在经验公式下的动态品质指标

α	5	6	7	8	9	9.5	10
φ	0.83	0.85	0.85	0.86	0.85	0.85	0.85
$M_p(\%)$	39.9	36.9	34.4	32.4	30.7	29.9	29.2
t_r	70	78	86	94	102	106	110
t_s	433	491	553	625	709	750	785

从表 4-5 中不难看出，随着 α 的增加（即比例作用减弱），衰减率基本不变，超调量逐渐减小，而调节时间 t_s（过渡过程时间）增长。也就是说，如果要减小调节时间，就必须牺牲超调量（M_p 增大），反之亦然。例如，如果要求超调量 $M_p < 40\%$，那么选取 $\alpha = 5$ 即可，

此时的调节时间 $t_s=433$；如果要求超调量 $M_p<30\%$，那么选取 $\alpha=9.5$ 即可，此时的调节时间 $t_s=750$，调节时间几乎增长了一倍。

当选取 $K=0.08,T=40,\tau=0,\alpha=9.5$，系数 β 从 5~10 变化时，系统的单位阶跃响应曲线如图 4-19 所示，动态品质指标见表 4-6。

表 4-6 β 变化时系统在经验公式下的动态品质指标

β	5.3	6	7	8	9	10
φ	0.91	0.90	0.88	0.87	0.86	0.85
$M_p(\%)$	39.9	37.6	34.9	32.9	31.3	29.9
t_r	100	101	103	104	105	106
t_s	626	638	658	681	710	750

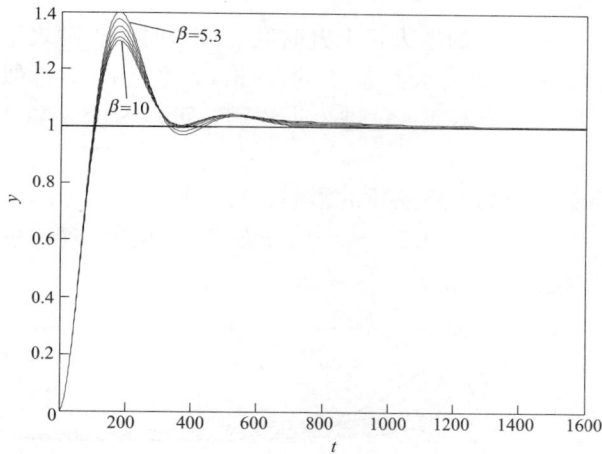

图 4-19 系数 β 变化时系统的单位阶跃响应曲线

从表 4-6 中不难看出，随着 β 的增加（即积分作用减弱），超调量逐渐减小，上升时间 t_r 基本保持不变，调节时间有所增长，但 β 对调节时间的影响要比 α 小。因此，要想减小调节时间，应该改变 α 的值，要想减小超调量，也应该改变 α 的值。

综上分析，如果要求系统的超调量 $M_p<40\%$，则可以选择 $\alpha=5$，$\beta=10$；如果要求 $M_p<30\%$，选择 $\alpha=9.5$，$\beta=10$。这样得到的调节时间最短。

下面来讨论被控对象参数变化时对控制系统动态品质的影响。

从经验整定公式（4-44）及被控对象通用传递函数式（4-43）中不难看出，加入 PI 控制器后系统主通道的整

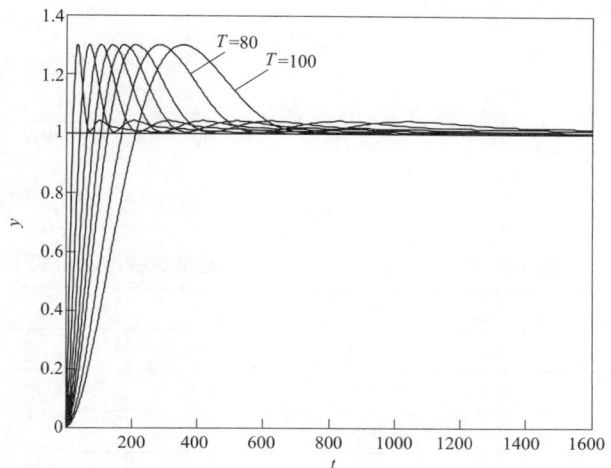

图 4-20 T 从 10~100 变化时系统的阶跃响应曲线

体增益与被控对象的增益无关，因此如果不考虑实际控制器输出的限幅，被控对象增益 K 的变化，不会影响系统的控制品质。

现在来讨论 T 变化对控制系统动态品质的影响。

当选取 $K=0.08$，$\tau=0$，$\alpha=9.5$，$\beta=10$，T 从 10～100 变化时，系统的阶跃响应曲线如图 4-20 所示，动态品质指标见表 4-7。

表 4-7　　　　　　　　　　　T 变化时系统在经验公式下的动态品质指标

T	10	20	30	40	50	60	80	100
φ	0.85	0.85	0.85	0.85	0.85	0.85	0.85	0.85
$M_p(\%)$	30.0	29.9	29.9	29.9	29.9	29.9	29.9	29.9
t_r	21	42	64	85	106	127	170	212
t_s	149	299	449	600	750	900	1200	1501

从表 4-7 可以看出，随着 T 的增大，上升时间和调节时间也随之增大，而且上升时间 t_r 大约是 T 的 2 倍，过渡过程时间 t_s 大约是 T 的 15 倍，t_r 和 t_s 与 T 近似呈线性关系。系统的衰减率 φ 和超调量 M_p 基本保持不变。这进一步说明，可以改变 α 和 β，使动态品质达到工程上所希望的值。

再来看 τ 变化对控制系统的动态品质的影响。

当选取 $K=0.08$，$T=30$，$\alpha=9.5$，$\beta=10$，τ 从 5～50 变化时，系统的阶跃响应曲线如图 4-21 所示，动态品质指标见表 4-8。

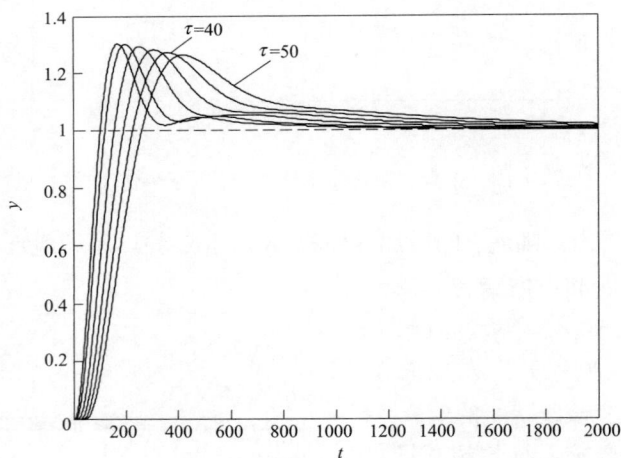

图 4-21　τ 从 5～50 变化时系统的阶跃响应曲线

表 4-8　　　　　　　　　　　τ 变化时系统在经验公式下的动态品质指标

τ	5	10	20	30	40	50
φ	0.84	0.83	0.80	0.98	0.96	0.94
$M_p(\%)$	30.2	29.9	28.5	27.1	26.0	25.1
t_r	82	100	135	170	205	240
t_s	618	759	1024	1280	1533	1783

从表4-8中，可以看出，加入纯迟延后，为了保证超调量在30%左右，大幅度地增加了调节时间。这也进一步说明了具有纯迟延的被控对象难于控制的原因。

下面考虑用经验整定公式式（4-43）、式（4-44）整定图 4-22 所示系统的控制器参数。

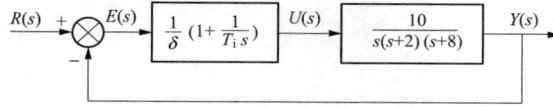

图 4-22　多容无自衡系统

根据传递函数等效变换经验公式（4-33）可以得到被控对象的变换形式：

$$W(s) = \frac{\dfrac{10}{2\times 8}}{s\left[\left(\dfrac{1}{2}+\dfrac{1}{8}\right)s+1\right]} = \frac{0.625}{s(0.625s+1)}$$

再根据经验整定公式式（4-43）和式（4-44）即可得到最优控制器参数：

$$\delta = 9.5 \times 0.625 \times \frac{0.625}{10} = 0.3711$$

$$T_i = 10 \times 0.625 = 6.25$$

取计算步距 $DT = 0.01$、仿真时间 $ST = 10$，仿真程序为 simu445.m。定值单位阶跃扰动下的仿真结果如图 4-23 所示。从该图中可以看到，按等效的一阶惯性环节来使用经验整定公式，可以得到较好的控制品质（图 4-23 中 y、y_1 分别为原始被控对象时及等效被控对象时，整定参数下控制系统的输出）。由此说明，无自衡经验整定公式［式（4-43）和式（4-44）］以及传递函数等效变换经验公式［式（4-33）］对控制器参数整定及无自衡对象等效变换都有很强的适应能力。

```
%经验公式整定多容无自衡对象控制器(PI)参数 simu445.m
%多容无自衡对象 W(s) = 1/[s(s + 2)(s + 8)]
clear all;
DT = 0.001; ST = 10; LP = ST/DT; p = 0; p0 = 0; x(1: 3) = 0; z(1: 2) = 0;
DTA = 0.3711; Ti = 6.25;
xi = 0; zi = 0;
a1 = exp( - DT * 2); b1 = 1 - a1; a2 = exp( - DT * 8); b2 = 1 - a2;
%%%%%%%%%%%%%%%%%%%%%等效被控对象参数%%%%%%%%%%%%%%%%%
n = 4; K1 = 0.625; T1 = 0.625;
a = exp( - DT/T1); b = 1 - a; r = 1;
for k = 1: LP
    %%%%%%%%%%%%%%%%%%%%%原始被控对象%%%%%%%%%%%%%%%%%
    e1 = r - x(3);
    xp = e1/DTA;
```

```
xi = xi + DT/DTA/Ti * e1;
xpi = xp + xi;
x(1) = x(1) + DT * K1 * xpi;
x(2) = a1 * x(2) + b1 * x(1);
x(3) = a2 * x(3) + b2 * x(2);
y(k) = x(3);
t(k) = k * DT;
p = p + DT * abs(y(k));
% * * * * * * * * * * * * * * * * * * * *等效被控对象* * * * * * * * * * * * * * * * * * *
z1 = r - z(2);
zp = z1/DTA;
zi = zi + DT/DTA/Ti * z1;
zpi = zp + zi;
z(1) = z(1) + DT * K1 * zpi;
z(2) = a * z(2) + b * z(1);
y1(k) = z(2); p0 = p0 + DT * abs(y1(k));
end
%%%%%%%%%%%%%%%%%%%%%%%%%%%%%%%%%%%%%%%%%%%%%%%%%%%%
[Mp, tr, ts, FAI, Tp, E1, E2, E3] = O_quality(DT, LP, y, t)
[Mp, tr, ts, FAI, Tp, E1, E2, E3] = O_quality(DT, LP, y1, t)
ep = abs((p - p0)/p) * 100
plot(t, y, t, y1, 'r') ; hold on ;
```

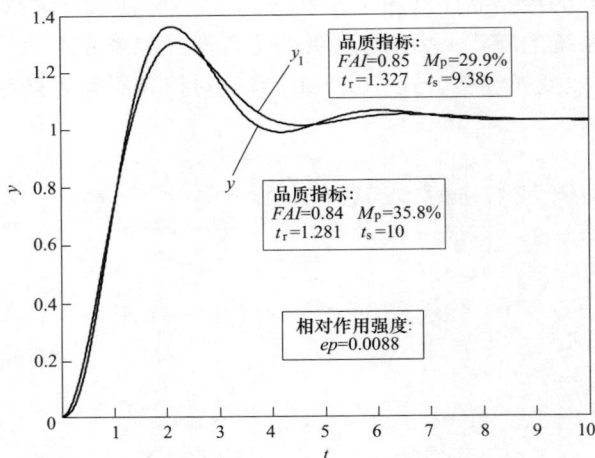

图 4-23　多容无自衡对象经验公式整定参数下的仿真结果

4.5　穷　举　法

穷举法，也称枚举法或称为暴力破解法，过去是用来破译密码的一种方法，即将密码进行逐个推算直到找出真正的密码为止。穷举法是利用计算机运算速度快的特点，对要解决问

178

题的所有可能情况，一个不漏地进行检验，从中找出符合要求的答案，因此穷举法是通过牺牲时间来换取答案的全面性，也就是说我们破解任何一个密码也都只是一个时间问题。

穷举法用于参数优化时，就是要先计算出优化空间中所有点的目标函数值，然后从中选择出最小目标函数值所对应的参数值即可。该方法简单、容易理解、编程也很容易。使用该方法所需要解决的问题是怎样选择优化参数的区间和计算步长。对于两个参数的优化问题，可以用图 4-24 来描述。

对于参数优化区间，可以根据本章第 4.4 节中的经验整定公式，选择一组初始参数，作为优化参数的中心点，再在其两侧选择一定的区间作为优化参数的上下限。优化参数的计算步长要视优化精度以及要优化的参数个数来决定。当优化的参数较多，而且又要求有较高的精度，这时参数的计算步长就必须较小，这样会导致计算时间过长。由于计算时间随寻优参数的个数增加呈指数增长，在现有的普通计算机上，人们很难承受多于 4 个变量的寻优问题。解决此问题的方法是：先在初始的寻优区间内使用较大的计算步长进行寻优，当得到较粗略的最优参数后，再在参数的一个小区间内使用小步长进行寻优。

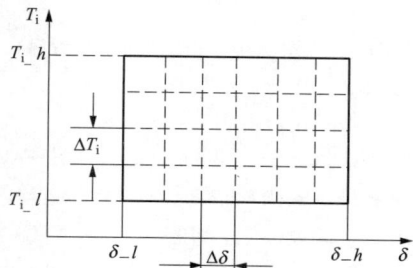

图 4-24　两个参数优化问题的图形描述
δ, T_i—要优化的两个变量；δ_l, δ_h,
$\Delta\delta$—优化变量 δ 的寻优下限、上限及步长；
T_i_l, T_i_h, ΔT_i—优化变量
T_i 的寻优下限、上限及步长

在实际工程中，优化控制器参数时，并不能给出具体的控制品质指标希望值，仅能给出品质指标的一个希望范围。要求有自衡系统的超调量 $M_p < 20\%$，无自衡系统超调量 $M_p < 40\%$，衰减率在 $0.75 \sim 0.98$ 之间，而上升时间和过渡过程时间越小越好。在此情况下，用穷举法寻优时，就没有必要再用本章第 4.2 节给出的各种优化目标函数，只要比对每次优化出的品质指标，选择一组参数满足"超调量 $M_p < 20\%$（或 $M_p < 40\%$）、衰减率在 $0.75 \sim 0.98$ 之间、过渡过程（或上升）时间最短"的参数即可。在这里，不要求上升时间与过渡过程时间同时达到最小的原因是：上升时间与超调量及过渡过程时间之间都存在着矛盾，即当要求减小上升时间时，超调量可能就会增大，过渡过程时间可能就会变长，反之亦然。为了同时满足这两个参数最小，只有牺牲过渡过程时间，此时要求超调量不要过小就能使上升时间减小，因此要求 $10\% < M_p < 20\%$ 就能达到此目的。

根据以上的分析，则可得到穷举法优化控制器参数程序 O2 _ enumeration. m。

```
%穷举法寻优主程序(单控制器)O2 _ enumeration. m
clear all;
global DT LP k n0 A B Md t y u
global FAI _ l FAI _ h Mp _ l Mp _ h Um FAI Mp tr ts umax
DT = 3；ST = 3000；LP = ST/DT；
%%%%%%%%%%%%%%%%%%%%%%%%%%被控系统结构参数%%%%%%%%%%%%%%%%%%%%
k = 4. 36；n0 = 2；T = 192；Tao = 152；
A = exp( - DT/T)；B = 1 - A；Md = fix(Tao/DT)；
%%%%%%%%%%%%%%%%%%%%%%%%%%初始参数%%%%%%%%%%%%%%%%%%%%%%%%%%%
X = [5.3 321]；%优化变量的初始值
```

```
X_LLimits = [2，200]；%优化变量的下限
X_HLimits = [7，400]；%优化变量的上限
DTA_X = [0.1 1]；
[Q] = Obj_simu451(x)；%调用仿真子程序，并计算品质指标
plot(t, y, ': ', t, u,':')
x_o = x；ts_o = ts；
Mp_l = 10；Mp_h = 20；FAI_l = 0.90；FAI_h = 0.98；Um = 2；%设置约束条件
%%%%%%%%%%%%%%%%%%%%%%%%%搜索开始%%%%%%%%%%%%%%%%%%%%%%%%
for i1 = X_LLimits(1)：DTA_X(1)：X_HLimits(1)
    for i2 = X_LLimits(2)：DTA_X(2)：X_HLimits(2)
        x = [i1，i2]；
        [Q] = Obj_simu451(x)；%调用仿真子程序，并计算品质指标
        if (FAI>FAI_l)&(FAI<FAI_h)&(Mp>Mp_l)&(Mp<Mp_h)&(ts<ts_o)
            x_o = x；ts_o = ts；
        end
    end
end
x_o
[Q] = Obj_simu451(x_o)；%调用仿真子程序，并计算品质指标
hold on；plot(t, y, t, u)
```

考虑图 4-25 所示的某 300MW 循环流化床锅炉的床温控制系统。

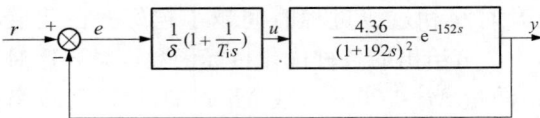

图 4-25　某 300MW 循环流化床锅炉的
床温控制系统方框图

要求控制品质指标为

$$\begin{cases} 0.9 < \varphi < 0.98 \\ 10\% < M_p < 20\% \\ [t_s]_{\min} \\ |u_{PID}| < 2 \end{cases} \tag{4-47}$$

根据经验公式［式（4-39）和式（4-40）］，可以得到该系统的控制器初始参数为

$$\delta = 0.081 \times 4.36 \times (11+4) = 5.3$$
$$T_i = 0.6 \times (2 \times 192 + 152) = 321$$

据此，即可选择出它们的优化区间为

$$\delta \in (2,7)，T_i \in 200,400$$

选择 δ 的计算步距 $\Delta\delta = 0.1$，T_i 的计算步距 $\Delta T_i = 1$。该系统的目标函数计算子程序为 Obj_simu451.m。

```
% 图 4-25 所示某 300MW 循环流化床锅炉的床温控制系统仿真计算子程序 Obj_simu451.m
function [Q] = Obj_simu451(V)
global DT LP k n0 A B Md t y u
global FAI_l FAI_h Mp_l Mp_h Um FAI Mp tr ts umax
%###################计算单位阶跃响应曲线###################
xi = 0; x(1：n0) = 0; z = 0; Q = 0;
```

```
if Md>0; x_del(1: Md) = 0; end
for i=1: LP
    e = 1-z;
    xp = e/V(1);
    xi = xi + DT/V(1)/V(2) * e;
    upi = xp + xi;
    x(1) = A * x(1) + k * B * upi;
    if n0>1; x(2: n0) = A * x(2: n0) + B * x(1: n0-1); end
    if Md>0
        z = x_del(Md);
        for j = Md: -1: 2; x_del(j) = x_del(j-1); end
        x_del(1) = x(n0);
    else
        z = x(n0);
    end
    y(i) = z; t(i) = i * DT; u(i) = upi;
    Q = Q + 0.02 * t(i) * abs(e) * DT + 0.98 * abs(u(i) * u(i));
end
%%%%%%%%%%%%%%%%%%%%%%%%%%%计算品质指标%%%%%%%%%%%%%%%%%%%%%%%%
umax = abs(max(u));
[Mp, tr, ts, FAI, Tp, E1, E2, E3] = O_quality(DT, LP, y, t);
if FAI<FAI_l; Q = Q + 10^30; end
if FAI>FAI_h; Q = Q + 10^20; end
if Mp<Mp_l; Q = Q + 10^15; end
if Mp>Mp_h; Q = Q + 10^25; end
if umax>Um; Q = Q + 10^20; end
```

优化结果为

$$\delta = 6.7, \ T_i = 294$$

初始参数（经验公式）下及优化后的单位阶跃响应曲线及品质指标如图 4-26 所示。

从优化结果可以看出，各项品质指标都达到了工程要求，而且控制器输出的变化也较小，这正是工程上所需要的。

通过上面的优化例子可以看出，穷举法非常适合多目标优化问题。

下面用穷举法再来优化图 4-13 所示的某 300MW 热电机组主汽温控制系统。

根据经验公式整定出的初始控制器

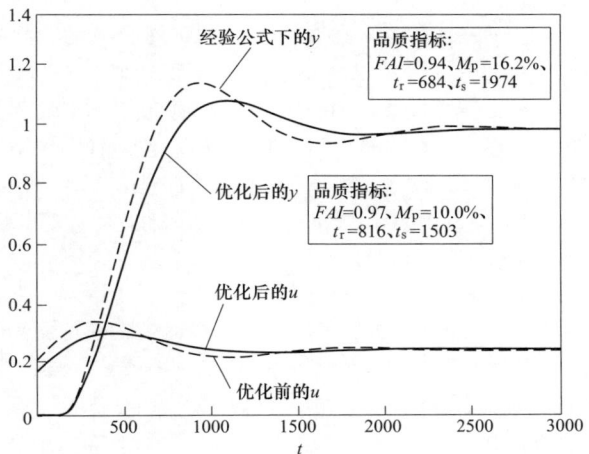

图 4-26　初始参数及优化后的阶跃响应曲线及品质指标

181

参数为

$$\delta_1 = 0.081 \times 1.94 \times (12+6) = 2.83$$
$$T_{i_1} = 0.6 \times 6 \times 88.5 = 318.6$$
$$\delta_2 = 0.081 \times 0.93 \times (8+2) = 0.75$$
$$T_{i_2} = 0.6 \times 2 \times 73.3 = 88$$

由上述参数可以选择各参数的初始优化区间

$$\delta_1 \in (1,4), T_{i_1} \in (200,400),$$
$$\delta_2 \in (0.5,1.0), T_{i_2} \in (50,150)$$

各参数的初始计算步距选为

$$\Delta\delta_1 = 0.5, \ \Delta T_{i_1} = 10,$$
$$\Delta\delta_2 = 0.1, \ \Delta T_{i_2} = 10$$

要求控制品质指标为

$$\begin{cases} 0.76 < \varphi < 0.98 \\ 10\% < M_p < 20\% \\ [t_s]_{\min} \end{cases} \tag{4-48}$$

图 4-13 所示的某 300MW 热电机组主汽温控制系统的品质指标计算子程序为 Obj _ simu452. m，穷举法寻优主程序为 O4 _ enumeration. m。

```
%穷举法寻优主程序(双控制器)O4 _ enumeration. m
clear all;
global DT LP k1 n1 k2 n2 A1 B1 A2 B2 y1 y2 u t
global FAI _ l FAI _ h Mp _ l Mp _ h Um FAI Mp tr ts umax
DT = 3; ST = 3000; LP = ST/DT;
%%%%%%%%%%%%%%%%%%%%%%%%%%%被控系统结构参数%%%%%%%%%%%%%%%%%%%%%
k1 = 1. 94; n1 = 6; T1 = 88. 5; k2 = 0. 93; n2 = 2; T2 = 73. 3;
A1 = exp( - DT/T1); B1 = 1 - A1;
A2 = exp( - DT/T2); B2 = 1 - A2;
%%%%%%%%%%%%%%%%%%%%%%%%%初始参数%%%%%%%%%%%%%%%%%%%%%%%%
x = [2. 83 318. 6 0. 75 88]; %优化变量的初始值
X _ LLimits = [1, 200, 0. 5, 50]; %优化变量的下限值
X _ HLimits = [4, 400, 1. 0, 150]; %优化变量的上限值
DTA _ X = [0. 5 10 0. 1 10];
[Q] = Obj _ simu452(x); %调用仿真计算子程序，并求出品质指标
plot(t, y1, t, u, ':')
x _ o = x; ts _ o = ts;
Mp _ l = 10; Mp _ h = 20; FAI _ l = 0. 76; FAI _ h = 0. 98; Um = 2; %设置约束条件
%%%%%%%%%%%%%%%%%搜索开始%%%%%%%%%%%%%%%%%%%%%%%%%%%%%
for i1 = X _ LLimits(1): DTA _ X(1): X _ HLimits(1)
    for i2 = X _ LLimits(2): DTA _ X(2): X _ HLimits(2)
        for i3 = X _ LLimits(3): DTA _ X(3): X _ HLimits(3)
            for i4 = X _ LLimits(4): DTA _ X(4): X _ HLimits(4)
```

```
                    x = [i1, i2, i3, i4];
                    [Q] = Obj_simu452(x); %调用仿真计算子程序，并求出品质指标
                    if (FAI>FAI_l)&(FAI<FAI_h)&
                        (Mp>Mp_l)&(Mp<Mp_h)&(ts<ts_o)
                        x_o = x; ts_o = ts;
                    end
                end
            end
        end
end
x_o
[Q] = Obj_simu452(x_o); %调用仿真计算子程序，并求出品质指标
hold on;
plot(t, y1, t, u, ': ', t, 1,':')


%双回路系统仿真计算子程序 Obj_simu452.m
function [Q] = Obj_simu452(V)
global DT LP k1 n1 k2 n2 A1 B1 A2 B2 y1 y2 u t
global FAI_l FAI_h Mp_l Mp_h Um FAI Mp tr ts umax
DTA1 = V(1); Ti1 = V(2); DTA2 = V(3); Ti2 = V(4);
%##################计算单位阶跃响应曲线##################
x1(1:n1) = 0; x2(1:n2) = 0; xi1 = 0; xi2 = 0; Q = 0;
for i = 1: LP
    e1 = 1 - x1(n1);
    xp1 = e1/DTA1;
    xi1 = xi1 + DT * e1/DTA1/Ti1;
    upi1 = xp1 + xi1;
    e2 = upi1 - x2(n2);
    xp2 = e2/DTA2;
    xi2 = xi2 + DT * e2/DTA2/Ti2;
    upi2 = xp2 + xi2;
    x1(1) = A1 * x1(1) + k1 * B1 * upi2;
    x1(2:n1) = A1 * x1(2:n1) + B1 * x1(1:n1-1);
    x2(1) = A2 * x2(1) + k2 * B2 * upi2;
    x2(2:n2) = A2 * x2(2:n2) + B2 * x2(1:n2-1);
    y1(i) = x1(n1); y2(i) = x2(n2); u(i) = upi2; t(i) = i * DT;
    Q = Q + 0.02 * t(i) * abs(e1) * DT + 0.98 * u(i) * u(i) * DT;
end
%%%%%%%%%%%%%%%%%%%%%%%%%计算品质指标%%%%%%%%%%%%%%%%%%%%%%%%%
umax = abs(max(u));
[Mp, tr, ts, FAI, Tp, E1, E2, E3] = O_quality(DT, LP, y1, t);
if FAI<FAI_l; Q = Q + 10^30; end
```

```
if FAI>FAI _ h; Q = Q + 10~20; end
if Mp<Mp _ l; Q = Q + 10~15; end
if Mp>Mp _ h; Q = Q + 10~25; end
if umax>Um; Q = Q + 10~20; end
```

第一次优化完成后得到的最优参数为

$$\delta_1 = 2.5, T_{i_1} = 310, \delta_2 = 0.5, T_{i_2} = 50$$

据此，可以选择第二次寻优时各参数的优化区间为

$$\delta_1 \in (2,3), T_{i_1} \in (300,320), \delta_2 \in (0.2,0.5), T_{i_2} \in (20,50)$$

第二次寻优时各参数的计算步距选为

$$\Delta\delta_1 = 0.1, \Delta T_{i_1} = 2, \Delta\delta_2 = 0.05, \Delta T_{i_2} = 1$$

由此可以得到最终的优化结果为

$$\delta_1 = 2.2, T_{i_1} = 308, \delta_2 = 0.2, T_{i_2} = 30$$

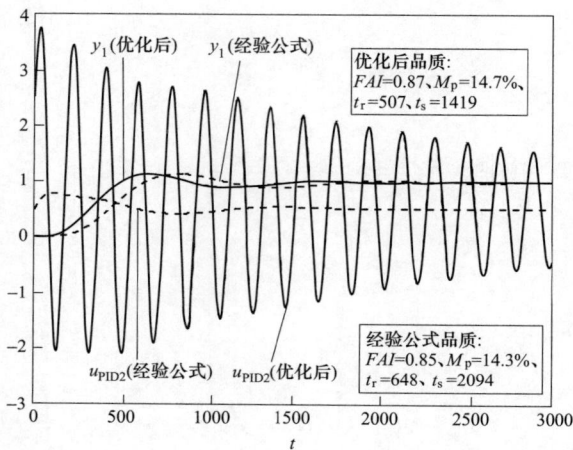

图 4-27 经验公式参数及优化后的
阶跃响应曲线以及品质指标

经验公式参数下及优化后的阶跃响应曲线以及品质指标如图 4-27 所示。

从图 4-27 中不难看出，为了缩短上升时间和过渡过程时间，在满足衰减率和超调量的前提下，牺牲的是控制器的输出，即控制器的幅值变大、振荡激烈，这种结果是工程上所不能接受的。因此，尽管优化后上升时间和过渡过程时间都缩短了很多，但从工程适用的角度看，还不如经验公式下的参数好。此外，从优化结果还可以看出，副控制器的比例带 δ_2 已经达到了它的给定下限值，这说明 δ_2 还可以继续减小，这样还可以缩短上升时间和过渡过程时间，但是这样做会使控制器的输出幅值继续增大，振荡会更激烈。因此，内、外回路控制器参数同时优化的方法是不可取的。

为了克服控制器输出幅值过大、振荡激烈的问题，可以在优化目标中加入对控制器输出幅值的限制，例如在式（4-48）中，加入约束

$$|u(t)_{PID2}|_{max} < U_m \tag{4-49}$$

式中　U_m——常数，表示控制器输出的最大允许值。

为了克服多个变量寻优时计算工作量太大的问题，可以参照工程整定双回路的方法，分两步进行优化：先把外回路断开，对内回路采用与外回路不同的优化目标，例如，要求内回路的超调量可以增加到 $M_p < 30\%$，过渡过程时间越短越好，据此目标对内回路进行单独优化；得到内回路控制器参数后，再根据对外回路的要求优化主控制器参数。

对于图 4-13 所示的主蒸汽温度控制系统，当断开外回路后，要求内回路的品质指标为

$$\begin{cases} 0.76 < \varphi < 0.98 \\ 10\% < M_p < 30\% \\ t_s = [t_s(i)]_{min} \\ |u(t)_{PID2}|_{max} < 2 \end{cases} \tag{4-50}$$

副回路控制器参数优化区间及计算步距设置为

$$\delta_2 \in (0.5, 1.0), \ T_{i_2} \in (50, 150)$$
$$\Delta\delta_2 = 0.01, \ \Delta T_{i_2} = 1$$

由此，可以优化出内回路的最佳参数值为

$$\delta_2 = 0.65, \ T_{i_2} = 99$$

现在恢复内回路工作，并把副控制器参数设置为刚得到的最佳参数值，选取外回路的品质指标为

$$\begin{cases} 0.76 < \varphi < 0.98 \\ 10\% < M_p < 20\% \\ t_s = [t_s(i)]_{min} \\ |u(t)_{PID2}|_{max} < 2 \end{cases} \tag{4-51}$$

主回路控制器参数优化区间及计算步距设置为

$$\delta_1 \in (1, 4), \ T_{i_1} \in (200, 400)$$
$$\Delta\delta_1 = 0.05, \ \Delta T_{i_1} = 1$$

由此，可以优化出外回路的最佳参数值：

$$\delta_1 = 2.55, \ T_{i_1} = 364$$

在主、副控制器最优参数下的阶跃响应曲线及其品质指标如图 4-28 所示。

从图 4-28 中不难看出，通过内外回路分别优化，不仅大大减少了目标函数

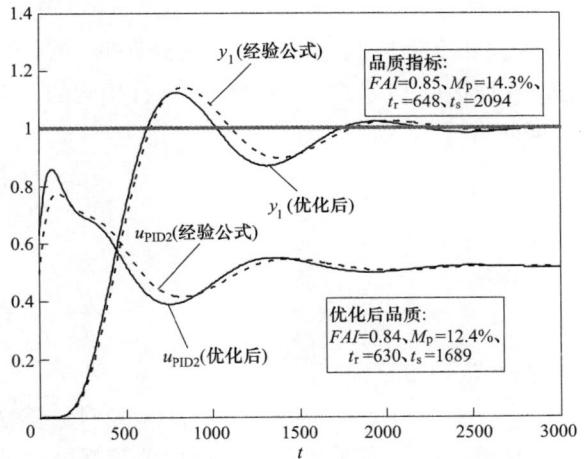

图 4-28　最优参数下的阶跃响应曲线及其品质指标

的计算次数（由整体优化时的 20000000 次减少到 9000 次），还使得控制器输出的幅值及其振荡频率满足工程要求。

4.6　黄金分割法

虽然在现代工程系统中，所面临的大多是多变量函数的寻优问题，但是任何多变量函数优化算法都需要大量的数值计算，特别是在缺少计算机的年代，人的手工计算已经无能为力，因此那时必须把多变量函数的寻优问题转化成单变量的寻优问题，即把多变量函数的寻优问题归结为反复地求解一系列单变量函数的寻优问题。所以，单变量函数优化算法发展得较早。即使现在有了计算机作为计算工具，在现代工程系统的优选学问题中［如用最少的科学试验（物理、化学等）次数，达到希望的结果］，单变量函数的优化算法，特别是黄金分割（0.618）法仍具有非常大的实用价值。

单变量函数的寻优一般使用消去法，从本章 4.1.3 中"2. 直接法"对消去法的分析可知，消去法的实质就是怎样分割一条线段。当割除一部分线段后，最优点仍保留在所剩的线段（区间）内，在新的区间内再选两点，继续割除一部分线段。那么，我们自然会想到，当割除一部分线段后，a_1 和 a_2 中的一点也保留在所剩的线段内，为了减少第二次搜索时计算目标函数的次数，利用所剩点（a_1 或 a_2）的信息，再选择一点 a_3 就够了。但随机选取 a_1 和 a_2 时，并不能保证每次消去的线段具有相同的比例，也就是说，得到最优解时所计算目标函数的次数都不相同。而黄金分割法就是选择合适的 a_1 和 a_2 的位置，使每次消去的线段具有相同的比例，从而保证了得到最优解所需的固定的计算目标函数次数。

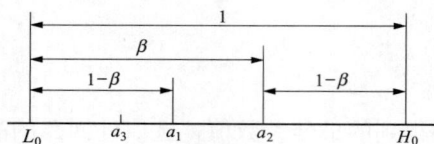

图 4-29 黄金分割法的分割点位置

现假设起始搜索区间 $[L_0, H_0]$ 的长度为 1 个单位长，如图 4-29 所示。选择一个正实数 β，在区间 $[L_0, H_0]$ 内，选两点

$$a_1 = L_0 + (1 - \beta)(H_0 - L_0) \tag{4-52}$$

$$a_2 = L_0 + \beta(H_0 - L_0) \tag{4-53}$$

第一次搜索后，无论删掉哪一段，如删掉 $[a_2, H_0]$，再在新区间 $[L_0, a_2]$ 中选择新的一点 a_3，使 a_3、a_1 在新区间 $[L_0, a_2]$ 中的位置与 a_1、a_2 在原区间 $[L_0, H_0]$ 中的位置具有相同的比例，保证每次迭代都以同一 β 的比率缩小区间，据此有

$$\frac{\overline{L_0 a_1}}{\overline{L_0 a_2}} = \frac{\overline{L_0 a_2}}{\overline{L_0 H_0}} \tag{4-54}$$

即

$$\frac{1 - \beta}{\beta} = \frac{\beta}{1} \tag{4-55}$$

求解方程式（4-55）可得

$$\beta = 0.618 \text{（舍去负根）} \tag{4-56}$$

这样第二次搜索时计算一次目标函数就可以了。

设目标函数 $Q(a)$ 的起始搜索区间为 $[L_0, H_0]$，且在该区间内只有一个极小值存在，在该区间内，按式（4-52）和式（4-53）选取两点 a_1, a_2，计算目标函数 $Q(a_1)$ 和 $Q(a_2)$，则有以下三种情况：

（1）当 $Q(a_1) > Q(a_2)$ 时，区间收缩为 $[a_1, H_0]$，在这个新区间上，区间端点及分割点（新区间上的点用 * 号表示）为

$$L_0^* = a_1$$

$$H_0^* = H_0$$

$$\begin{aligned}
a_1^* &= L_0^* + 0.382(H_0^* - L_0^*) \\
&= a_1 + 0.382(H_0 - a_1) \\
&= [L_0 + 0.382(H_0 - L_0)] + 0.382[H_0 - L_0 - 0.382(H_0 - L_0)] \\
&= L_0 + 0.618(H_0 - L_0) \\
&= a_2
\end{aligned}$$

186

$$a_2^* = L_0^* + 0.618(H_0^* - L_0^*) \tag{4-57}$$

（2）当 $Q(a_1) < Q(a_2)$ 时，区间收缩为 $[L_0, a_2]$，在这个新区间上，区间端点及分割点为

$$\begin{aligned}
L_0^* &= L_0 \\
H_0^* &= a_2 \\
a_1^* &= L_0^* + 0.382(H_0^* - L_0^*) \\
a_2^* &= L_0^* + 0.618(H_0^* - L_0^*) \\
&= L_0 + 0.618(a_2 - L_0) \\
&= L_0 + 0.618[L_0 + 0.618(H_0 - L_0) - L_0] \\
&= L_0 + 0.382(H_0 - L_0) \\
&= a_1
\end{aligned} \tag{4-58}$$

（3）当 $Q(a_1) = Q(a_2)$ 时，无论区间收缩到 $[a_1, H_0]$ 还是 $[L_0, a_2]$，最小点都不会丢掉，前者新区间上的分割点用式（4-57）计算，后者用式（4-58）计算。

当得到新的分割点后，继续进行下一步搜索。这样每分割一次，区间收缩 0.618 倍，因此，也称黄金分割法为 0.618 法。

当分割 N 次后，区间收缩为 $[L_0^{*N}, H_0^{*N}]$，且

$$(H_0^{*N} - L_0^{*N}) = 0.618^N (H_0 - L_0) \tag{4-59}$$

当 L_0^{*N} 与 H_0^{*N} 比较接近时，取区间 $[L_0^{*N}, H_0^{*N}]$ 的中间点作为最优点即可，即

$$a^* = \frac{L_0^{*N} + H_0^{*N}}{2} \tag{4-60}$$

如果用 ε 表示分割后的剩余区间与原始区间之比，即

$$\varepsilon = \frac{H_0^{*N} - L_0^{*N}}{H_0 - L_0} \tag{4-61}$$

则给定 ε 后，就可计算出分割次数为

$$N = \frac{\lg \dfrac{H_0^{*N} - L_0^{*N}}{H_0 - L_0}}{\lg 0.618} = \frac{\lg \varepsilon}{\lg 0.618} \tag{4-62}$$

进而就可得到计算目标函数的次数为

$$M = N + 1 \tag{4-63}$$

黄金分割法主程序如 O_618main.m 所示。

```
% 黄金分割法主程序 O_618main.m
clear;
global  DT ST LP k A1 A2 Dm Ti t y u umax
global FAI_l FAI_h Mp_l Mp_h Um FAI Mp tr ts
DT = 3; ST = 3000; LP = ST/DT; E = 0.01;
%############二阶惯性加纯滞后系统参数##################
k = 0.5; Tao = 120; Dm = Tao/DT; Ti = 540;
A1 = exp(-DT/300); A2 = exp(-DT/120);
%####################搜索开始 ##################
```

```
Mp_l=10；Mp_h=20；FAI_l=0.76；FAI_h=0.98；Um=2；%设置约束条件
L0=0.1；H0=5；
L1=L0；H1=H0；
a1=L1+0.382*(H1-L1);
a2=L1+0.618*(H1-L1);
[Q1]=Obj_simu461(a1);[Q2]=Obj_simu461(a2);
while (H1-L1)/(H0-L0)>E
    if Q1>Q2
        L1=a1；H1=H1;
        a1=a2；Q1=Q2;
        a2=L1+0.618*(H1-L1);
        [Q2]=Obj_simu461(a2);
    else
        L1=L1；H1=a2;
        a2=a1；Q2=Q1;
        a1=L1+0.382*(H1-L1);
        [Q1]=Obj_simu461(a1);
    end
end
a=(L1+H1)/2
%%%%%%%%%%%%%%%%%%%%%计算品质指标%%%%%%%%%%%%%%%%%%%%%%%%
[Q]=Obj_simu461(a);
plot(t,y,t,u)
```

考虑图 4-30 所示的二阶惯性加纯滞后被控系统，采用 PI 控制律进行控制，且取 $T_i = 540$。

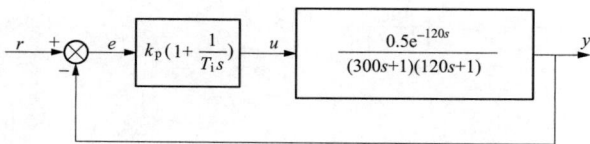

图 4-30　二阶惯性加纯滞后被控系统框图

目标函数选为

$$Q = \int_0^{t_s} t|e|\,\mathrm{d}t \qquad (4\text{-}64)$$

约束条件为

$$\begin{cases} 0.76 < \varphi < 0.98 \\ 10\% < M_p < 20\% \\ |u(t)|_{\max} < 2 \end{cases} \qquad (4\text{-}65)$$

由于黄金分割法仅能求解单目标函数问题，因此必须把约束条件也变成目标函数。最简单也是最有效的一种方法是"罚函数法"。例如，对于式（4-65）所描述的约束，可以变为罚函数，即

$$Q_1 = \begin{cases} 10^{30} & \varphi < 0.76 \\ 0 & 0.76 \leqslant \varphi \leqslant 0.98 \\ 10^{20} & \varphi > 0.98 \end{cases}$$

$$Q_2 = \begin{cases} 10^{15} & M_{\mathrm{p}} < 10\% \\ 0 & 10\% \leqslant M_{\mathrm{p}} \leqslant 20\% \\ 10^{25} & M_{\mathrm{p}} > 20\% \end{cases}$$

$$Q_3 = \begin{cases} 10^{20} & |U|_{\max} \geqslant 2 \\ 0 & |U|_{\max} < 2 \end{cases}$$

目标函数式（4-64）就变为

$$Q = \int_0^{t_s} t\,|e|\,\mathrm{d}t + \sum_{i=1}^{3} Q_i \tag{4-66}$$

在罚函数中，对每个品质指标的惩罚值不在同一个数量级上，目的是区分每个品质指标的重要性。

该系统的品质指标计算子程序为 Obj _ simu461. m。优化结果为 $k_{\mathrm{p}} = 3.0$，单位阶跃响应曲线及品质指标如图 4-31 所示。

```
%二阶惯性加纯滞后被控系统仿真程序 obj _ simu461. m
function [ Q ] = obj _ simu461(kp)
global   DT LP A1 A2 Dm t y u umax
global FAI _ l FAI _ h Mp _ l Mp _ h Um FAI Mp tr ts
x1 = 0; x2 = 0; xi = 0; y0 = 0; Q = 0;
Dx(1: Dm) = 0;
for i = 1: LP
    e = 1 - y0;
    xp = kp * e;
    xi = xi + DT * kp/Ti * e;
    u(i) = xp + xi;
    x1 = A1 * x1 + 0.5 * (1 - A1) * u(i);
    x2 = A2 * x2 + (1 - A2) * x1;
    y0 = Dx(Dm);
    for j = Dm: - 1: 2; Dx(j) = Dx(j - 1); end
    Dx(1) = x2;
    y(i) = y0; t(i) = DT * i;
     Q = Q + t(i) * abs(e) * DT; %计算目标函数
end
umax = abs(max(u));
[Mp, tr, ts, FAI, Tp, E1, E2, E3] = O _ quality(DT, LP, y, t);
if FAI<FAI _ l; Q = Q + 10^30; end
if FAI>FAI _ h; Q = Q + 10^20; end
if Mp<Mp _ l; Q = Q + 10^15; end
if Mp>Mp _ h; Q = Q + 10^25; end
if umax>Um; Q = Q + 10^20; end
```

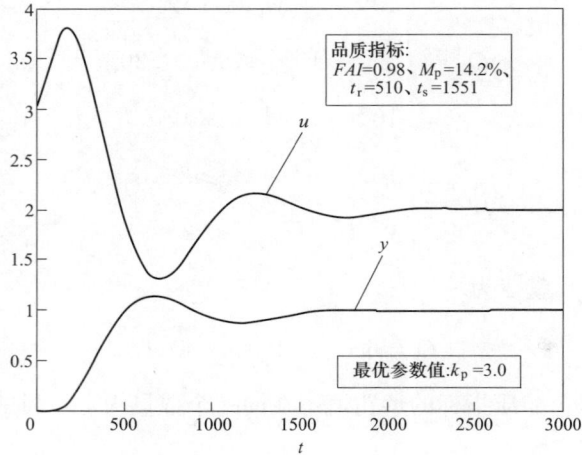

图 4-31　单位阶跃响应曲线及品质指标

从上面的分析可以看出，黄金分割法的实质是黄金比例，又称黄金律，是指事物各部分间一定的数学比例关系，即将整体一分为二，较大部分与较小部分之比等于整体与较大部分之比，其比值约为 1∶0.618，即长段为全段的 0.618。0.618 被公认为最具有审美意义的比例数字。上述比例是最能引起人的美感的比例，因此被称为黄金分割。

黄金分割法起源于 17 世纪，但是到了 19 世纪黄金分割这一名称才逐渐通行。黄金分割数有许多有趣的性质，人类对它的实际应用也很广泛。1953 年，美国数学家基弗率先提出了将黄金分割法（或 0.618 法）用于优选学中，20 世纪 70 年代由数学家华罗庚用折纸法展现了 0.618 分割在优选学中的实现方法，并在中国推广应用，取得了很好的经济效益和社会效益。

21 世纪再次论述黄金分割法的目的不在于将其用于参数优化，而是为了将其用于求解现代工程中的优选学问题。

4.7　单纯形法

运筹学（operations research，又被称为作业研究）问题是一个古老问题，而现代"运筹学"起源于二次世界大战，它是一门应用数学学科，利用统计学和数学模型等方法，去寻找复杂问题中的最佳或近似最佳的解答。运筹学经常用于解决现实生活中的复杂问题，特别是改善或优化现有系统的效率，比如机械动作合理安排、计算机的多线程、高层建筑材料的合理分配、不同动植物的共同养殖等。运筹学所要解决的问题通常有生产问题、投资问题、分配问题、设点选择问题、网络问题、库存问题等[34]。运筹学已经成为自动化类学科的重要组成部分。

单纯形法以其算法简单、容易手工计算的特性成为求解运筹学中线性规划问题的通用方法。根据单纯形法的原理，在线性规划问题中，决策变量（控制变量）$x_1, x_2, \cdots, x_n$ 的值称为一个解，满足所有的约束条件的解称为可行解。使目标函数达到最大值（或最小值）的可行解称为最优解。这样，一个或多个最优解能在整个由约束条件所确定的可行区域内使目标函数达到最大值（或最小值）。求解线性规划问题的目的就是要找出最优解。

用单纯形法求解线性规划问题所需的迭代次数主要取决于约束条件的个数。现在一般的线性规划问题都是应用单纯形法标准软件在计算机上求解，对于具有 10^6 个决策变量和 10^4 个约束条件的线性规划问题已经能在计算机上解得。

单纯形法可以求解多变量优化问题，而且需要迭代计算的次数也较少，因此在 20 世纪 70 年代，许多学者也把单纯形法用于求解多变量函数优化问题，特别是在缺少计算机应用的年代，更显示出单纯形法在求解多变量函数优化问题上的重要性。

4.7.1　单纯形法的工作原理

单纯形法的基本思想就是盲人爬山法（见本章 4.1.3）。以二元函数为例，假如要求解的是最小值问题，而且目标函数仅有一个极值点存在，如图 4-32 所示。首先在平面上选 1、2、3 三点，构成一个三角形（即所谓初始单纯形），计算这三点的函数值，并对它们的大小进行比较，假设其中 Q_1 最大，在 1 点的对面取一点 4，1、2、3、4 构成一个平行四边形。由于 Q_1 最大，则将其扬弃，在剩下三点（2、3、4 构成新的单纯形）中的最大点（比如 2 点）的对面再取一点 5，2、3、4、5 点又构成一个新的平行四边形，由于 Q_2 最大，故再将 2 点扬弃，在剩下三点（3、4、5 又构成新的单纯形）中的最大点（比如 3 点）的对面再取一点 6，3、4、5、6 又构成一个新的平行四边形，如此一直循环下去，最后可找到最小点 X^*。

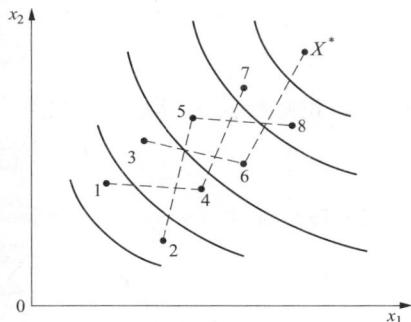

图 4-32　单纯形法寻优过程

从上面论述的单纯形法的搜索思路可知，单纯形法并不真像盲人爬山那样，每一步都走向试探点中的最优点，而是走向次坏点，在次坏点的对面选择新点。它这样做的目的是尽量保存过去点的信息，在少计算目标函数次数的情况下，指明下一步的前进方向。

下面介绍单纯形算法的实现步骤。

1. 选择初始单纯形

对于一般的 n 元函数 $Q(X)$（X 为 n 维向量），可取 n 维空间的 $n+1$ 个点，构成初始单纯形。这 $n+1$ 个点应使 n 个向量 X_1-X_0，X_2-X_0，$\cdots$，X_n-X_0 线形无关。如果取的点少，或上述 n 个向量有一部分线形相关，那么就会使搜索极小点的范围局限在一个低维空间内，如果极小点不在这个空间内，那就搜索不到了。

若已选定单纯形初始点 X_0，则

$$X_i = X_0 + h_i P_i \qquad i = 1, 2, \cdots, n \qquad (4\text{-}67)$$

其中：

$$X_i = [x_{1i}, x_{2i}, \cdots, x_{ni}]^T$$
$$X_0 = [x_{10}, x_{20}, \cdots, x_{n0}]^T$$
$$H = [h_1, h_2, \cdots, h_n]$$
$$P_i = [0, 0, \cdots, 0, 1_i, 0, \cdots, 0]^T$$

2. 计算各点的目标函数值

$$Q_i = Q(X_i) \qquad i = 0, 1, 2, \cdots, n \qquad (4\text{-}68)$$

比较诸函数值的大小，选出最好的点 X_L，最差的点 X_H 和次最差的点 X_G，其对应的目标函数值分别为 Q_L、Q_H 和 Q_G，即

$$Q_L = Q(X_L) = \min Q_i \quad i = 0,1,2,\cdots,n \tag{4-69}$$

$$Q_H = Q(X_H) = \max Q_i \quad i = 0,1,2,\cdots,n \tag{4-70}$$

$$Q_G = Q(X_G) = \min Q_i \quad i = 0,1,2,\cdots,H-1,H+1,\cdots,n \tag{4-71}$$

3. 求反射点（即新的点）X_R

所谓反射点即被扬弃点"对面"的点。以图 4-33 所示的二维情况为例，假设 X_0 为要扬弃的点（即 $X_H = X_0$），则线段 $\overline{X_1 X_2}$ 中间点 X_c 的坐标为

$$x_{ic} = \frac{1}{2}(x_{i1} + x_{i2}) \quad i = 1,2 \tag{4-72}$$

如果是 n 维的情况，则

$$x_{ic} = \frac{1}{n}\sum_{j=1}^{n} x_{ij} \quad i = 1,2,\cdots,n \tag{4-73}$$

同样，X_c 也是线段 $\overline{X_0 X_R}$ 的中间点，故有

$$x_{ic} = \frac{1}{2}(x_{iH} + x_{iR}) \quad i = 1,2,\cdots,n \tag{4-74}$$

由式（4-73）和式（4-74）可得到

$$x_{iR} = \frac{2}{n}\sum_{j=1}^{n} x_{ij} - x_{iH} \quad i = 1,2,\cdots,n \tag{4-75}$$

即，[反射点] $= 2 \times$ [留下点的平均值] $-$ [去掉的点]。因此，一般情况下反射点的计算公式为

$$x_{iR} = \frac{2}{n}\Big(\sum_{j=0}^{n} x_{ij} - x_{iH}\Big) - x_{iH} \quad i = 1,2,\cdots,n \tag{4-76}$$

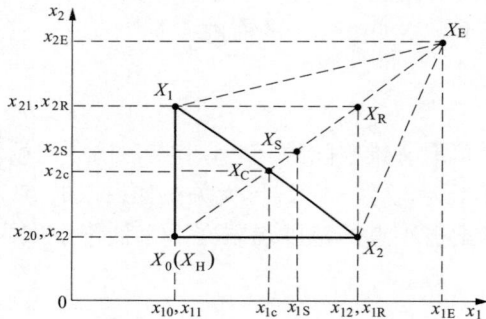

图 4-33 二维情况下反射点、扩张点、
收缩点计算示意图

根据式（4-76）再计算出 $Q_R = Q(X_R)$。

求出反射点后，可能会出现以下两种情况：

（1）若 $Q_R > Q_G$，说明 X_R 点前进得太远，需要对单纯形进行压缩。

所谓单纯形的压缩就是沿原来的反射方向后退一些，也即离最坏点近一点（见图 4-33），由此得到

$$X_H - X_S = \lambda(X_H - X_R)$$

即

$$X_S = (1-\lambda)X_H + \lambda X_R \tag{4-77}$$

式中 X_S ——压缩后的点；

λ ——压缩因子，$0 < \lambda < 1$，为了避免 X_S 与 X_c 重合，要求 $\lambda \neq 0.5$（X_S 与 X_c 重合会使单纯形的空间维数降低，这是不利于搜索的）。

在压缩前，要判断一下 Q_H 与 Q_R 哪个大，如果 $Q_R > Q_H$，先交换 X_R 和 X_H，然后再进行压缩。

求到压缩点后，用压缩点代替反射点，即让 $X_R = X_S$，再次计算 $Q_R = Q_S = Q(X_S)$。

若单纯形压缩后，目标函数值仍很大，即 $Q_S > Q_G$，则说明原先的单纯形取得太大了，应将它们的所有边都缩小，构成新的单纯形。具体做法是，以最好点为中心收缩一半，即

$$X_i = X_L + \frac{1}{2}(X_i - X_L) = \frac{X_L + X_i}{2} \qquad i = 0,1,2,\cdots,n \qquad (4\text{-}78)$$

得到新的单纯形各顶点坐标后，转向步骤"2. 计算各点的目标函数值"。

（2）若 $Q_R < Q_G$，则说明 X_R 点可能前进得不够，此时可沿反射方向再多前进一些到 X_E，即对单纯形进行扩张。

由图 4-33 可以得到扩张点

$$X_H - X_E = \mu(X_H - X_R)$$

即

$$X_E = (1-\mu)X_H + \mu X_R \qquad (4\text{-}79)$$

式中　μ——常数，且 $\mu > 1$。

扩张是否合理需要进行检验。在扩张前，先粗略估计一下扩张后的目标函数值，为了不计算目标函数，假设 Q 与 X 呈线性关系，如图 4-34 所示，则有

$$\frac{Q_H - Q_E}{X_H - X_E} = \frac{Q_H - Q_R}{X_H - X_R} = \mu \qquad (4\text{-}80)$$

由式（4-80）可以得到

$$Q_E = (1-\mu)Q_H + \mu Q_R \qquad (4\text{-}81)$$

式（4-81）表明，如果 $(1-\mu)Q_H + \mu Q_R < Q_L$，表明可以扩张，此时，按式（4-78）计算扩张点及其 Q_E，否则不进行扩张。

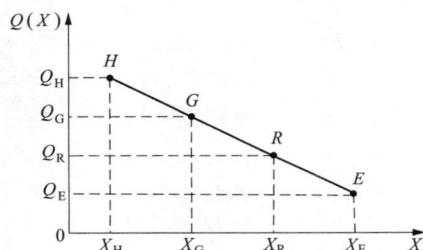

图 4-34　Q 与 X 呈线性关系的情况

扩张前的目标函数估计是非常粗略的，扩张后，还需检验一下扩张是否成功。当 $Q_E < Q_L$ 时，说明扩张是成功的，此时用扩张点代替反射点，即让 $X_R = X_E$，再次计算 $Q_R = Q_E = Q(X_E)$，否则，不进行扩张，仍使用原来的反射点。

4. 用反射点代替最坏点

即让 $X_{N+1} = X_R, Q_{N+1} = Q_R$。

5. 搜索结束判断

对多变量函数进行寻优时，经过数次搜索后，没有一个剩余的空间，只是所得到的目标函数离最优点越来越近了。那么，只有用最好点与最坏点的目标函数值的接近程度来判断搜索是否成功，即搜索终止准则是

$$\frac{Q_H - Q_L}{Q_L} < \varepsilon \qquad (4\text{-}82)$$

当式（4-82）成立时，则认为搜索成功，终止迭代过程。式中 ε 表示精度，是一个预先给定的充分小的正数，可取 $0.0001 < \varepsilon < 0.01$。

当经过 K 次搜索后，仍不能满足式（4-82）时，则认为搜索失败，结束搜索。

鉴于单纯形法对初值的敏感性[35]，应该根据本章第 4.5 节的经验公式来确定各控制器参数的初始值及其选择范围。如果不能用经验公式来估计参数值，可以通过多次单独运行计算目标函数子程序，用试凑法估计出参数的初始值和它们的大致范围。

单纯形法寻优主程序如 O_Simplex_main.m 所示。

```
%单纯形法寻优主程序 O_Simplex_main.m
global DT LP k n0 A B Md t y u
global FAI_l FAI_h Mp_l Mp_h Um FAI Mp tr ts umax
%%%%%%%%%%%%%%%%%%%%%%%控制系统的结构参数%%%%%%%%%%%%%%%%%%%%%%%
DT = 3; ST = 3000; LP = ST/DT;
k = 4. 36; n0 = 2; T = 192; Tao = 152;
A = exp(-DT/T); B = 1-A; Md = fix(Tao/DT);
%%%%%%%%%%%%%%%%%%%%%%%%单纯形法的控制参数%%%%%%%%%%%%%%%%%%%%%%
x0 = [5. 3 321]; % 设置寻优变量初始值
[Q0] = Obj_simu451(x0);
plot (t, y, ':', t, u, ':')
hold on;
N = 2;%设置优化变量个数
X_LLimits = [2, 200];%设置寻优参数下限
X_HLimits = [7, 400];%设置寻优参数上限
DTA_X = [0. 1 1]; % 单纯形步长
Eps = 0. 001;%寻优精度
Lamd = 0. 7;% 压缩因子
Miu = 1. 5;% 扩张因子
S = 500;%最大迭代次数
FAI_l = 0. 76; FAI_h = 0. 98; Mp_l = 10; Mp_h = 20; Um = 2;% 对品质指标的约束
%%%%%%%%%%%%%%%%%%%%%%%%%%确定初始单纯形%%%%%%%%%%%%%%%%%%%%%%%%%%%
for i = 1: N + 1
    x(:, i) = x0;
end
for i = 2: N + 1
    x(i-1, i) = x(i-1, i)+DTA_X(i-1);
end
for i = 1: N + 1
    [Q(i)] = Obj_simu451(x(:, i));%计算单纯形各顶点目标函数值
End
%###################迭代开始############################
##
K = 0;
while K<S
    K = K+1;
    %求最坏点 XH
    [QH, iH] = max(Q);
    Xt = x(:, N + 1); x(:, N + 1) = x(:, iH); x(:, iH) = Xt;
    Qt = Q(N + 1); Q(N + 1) = Q(iH); Q(iH) = Qt;
```

```matlab
%求最好点 XL
[QL, iL] = min(Q);
Xt = x(:, 1); x(:, 1) = x(:, iL); x(:, iL) = Xt;
Qt = Q(1); Q(1) = Q(iL); Q(iL) = Qt;
%求次坏点 XG
[QG, iG] = max(Q(1: N));
Xt = x(:, N); x(:, N) = x(:, iG); x(:, iG) = Xt;
Qt = Q(N); Q(N) = Q(iG); Q(iG) = Qt;
if (Q(N + 1) - Q(1))/Q(1) > Eps    %迭代终止判断
    %计算反射点
    Xr = 2 * ((sum(x'))' - x(:, N + 1))/N - x(:, N + 1);
    for i = 1: N
        if Xr(i) < X_LLimits(i); Xr(i) = X_LLimits(i); end
        if Xr(i) > X_HLimits(i); Xr(i) = X_HLimits(i); end
    end
    [Qr] = Obj_simu451(Xr);
    if Qr > Q(N)    %单纯形压缩
        if Qr > Q(N + 1)    %交换 R、H
            Xt = x(:, N + 1); x(:, N + 1) = Xr; Xr = Xt;
            Qt = Q(N + 1); Q(N + 1) = Qr; Qr = Qt;
        end
        Xs = (1 - Lamd) * x(:, N + 1) + Lamd * Xr;
        [Qs] = Obj_simu451(Xs);
        X(:, N + 1) = Xs; Q(N + 1) = Qs;
        if Qs >= Q(N)    %单纯形收缩
            for i = 2: N + 1
                x(:, i) = (x(:, 1) + x(:, i))/2;
                for j = 1: N
                    if x(j, i) < X_LLimits(j); x(j, i) = X_LLimits(j); end
                    if x(j, i) > X_HLimits(j); x(j, i) = X_HLimits(j); end
                end
            end
            for i = 1: N + 1
                [Q(i)] = Obj_simu451(x(:, i));
            end
        end
    else    %单纯形扩张
        if (1 - Miu) * Q(N + 1) + Miu * Qr < Q(1)    %可以扩张
            Xe = (1 - Miu) * x(:, N + 1) + Miu * Xr;
            for i = 1: N
                if Xe(i) < X_LLimits(i); Xe(i) = X_LLimits(i); end
                if Xe(i) > X_HLimits(i); Xe(i) = X_HLimits(i); end
```

```
            end
            [Qe] = Obj _ simu451(Xe);
            if Qe<Qr    %判断扩张是否合理
                x(:, N + 1) = Xe; Q(N + 1) = Qe; %扩张
            else
                x(:, N + 1) = Xr; Q(N + 1) = Qr; %不扩张
            end
        end
    end
    else
        K = 500;
    end
end
%显示优化结果
x(:, 1)
[Q] = Obj _ simu451(x(:, 1));
plot(t, y, t, u)
```

对于图 4-25 所示的某 300MW 循环流化床锅炉的床温控制系统，目标函数选为

$$Q = \int_0^{t_s} t |e| \, \mathrm{d}t + \sum_{i=1}^{3} Q_i \tag{4-83}$$

罚函数如下

$$Q_1 = \begin{cases} 10^{30} & \varphi < 0.76 \\ 0 & 0.76 \leqslant \varphi \leqslant 0.98 \\ 10^{20} & \varphi > 0.98 \end{cases}$$

$$Q_2 = \begin{cases} 10^{15} & M_p < 10\% \\ 0 & 10\% \leqslant M_p \leqslant 20\% \\ 10^{25} & M_p > 20\% \end{cases}$$

$$Q_3 = \begin{cases} 10^{20} & |U|_{max} \geqslant 2 \\ 0 & |U|_{max} < 2 \end{cases}$$

该系统的目标函数计算子程序仍为 Obj _ simu451. m。优化结果为

$$\delta = 5.94, \ T_i = 323.3$$

最优参数下的单位阶跃响应曲线及品质指标如图 4-35 所示。

下面再用单纯形法优化图 4-13 所示某 300MW 热电机组主蒸汽温度串级控制系统的控制器参数 δ_1、T_{i_1}、δ_2、T_{i_2}。

为了限制控制器的输出，目标函数选为

$$Q = 0.02 \int_0^{t_s} [t |e_1(t)| + 0.98 u_{PID2}^2(t)] \mathrm{d}t + \sum_{i=1}^{3} Q_i \tag{4-84}$$

罚函数如下：

196

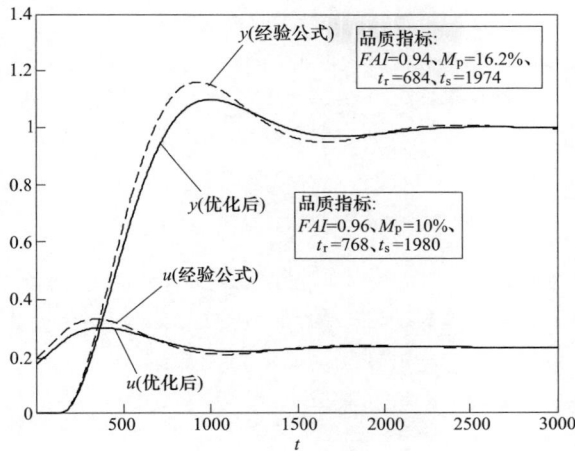

图 4-35　最优参数下的单位阶跃响应
曲线及品质指标

$$Q_1 = \begin{cases} 10^{30} & \varphi < 0.76 \\ 0 & 0.76 \leqslant \varphi \leqslant 0.98 \\ 10^{20} & \varphi > 0.98 \end{cases}$$

$$Q_2 = \begin{cases} 10^{15} & M_\mathrm{p} < 10\% \\ 0 & 10\% \leqslant M_\mathrm{p} \leqslant 20\% \\ 10^{25} & M_\mathrm{p} > 20\% \end{cases}$$

$$Q_3 = \begin{cases} 10^{20} & |U|_{\max} \geqslant 2 \\ 0 & |U|_{\max} < 2 \end{cases}$$

把单纯形法寻优主程序（O＿Simplex＿main. m）的初始参数设置部分修改成如下形式。

```
% 单纯形法寻优主程序 O_Simplex_main. m
clear all;
global DT LP k1 n1 k2 n2 A1 B1 A2 B2 y1 y2 u t
global FAI_l FAI_h Mp_l Mp_h Um FAI Mp tr ts umax
%%%%%%%%%%%%%%%%%%%%%%%%控制系统的结构参数%%%%%%%%%%%%%%%%%%%%%%%
DT = 3; ST = 3000; LP = ST/DT;
k1 = 1.94; n1 = 6; T1 = 88.5; k2 = 0.93; n2 = 2; T2 = 73.3;
A1 = exp( - DT/T1); B1 = 1 - A1;
A2 = exp( - DT/T2); B2 = 1 - A2; ke = 0; ks = 0;
%%%%%%%%%%%%%%%%%%%%%%%%单纯形法的控制参数%%%%%%%%%%%%%%%%%%%%%%%
x0 = [2.83 318.6 0.75 88]; % 设置寻优变量初始值(方法 1)
% x0 = [1.0 200 0.1 50]; %(方法 2)
% x0 = X_LLimits(:) + rand * (X_HLimits(:) - X_LLimits(:)); %(方法 3)
N = 4; %设置优化变量个数
```

```
X_LLimits = [1, 200, 0.1, 50];%设置寻优参数下限
X_HLimits = [4, 400, 1.0, 150];%设置寻优参数上限
DTA_X = [0.02 1 0.01 1];% 单纯形步长
Eps = 0.001;% 寻优精度
Lamd = 0.5;% 压缩因子
Miu = 1.5;% 扩张因子
S = 500;% 最大迭代次数
FAI_l = 0.76; FAI_h = 0.98; Mp_l = 10; Mp_h = 20; Um = 2;% 对品质指标的约束
%%%%%%%%%%%%%%%%%%%%%%%%%%计算初始点的品质指标############################
[Q0] = Obj_simu452(x0);
plot(t, y1, ':', t, y2, ':', t, u, ':')
hold on;
%%%%%%%%%%%%%%%%%%%%%%%%确定初始单纯形%%%%%%%%%%%%%%%%%%%%%%%%%%%%%
<以下程序中的目标函数计算程序改为调用 Obj_simu452，其他同前>
```

由此得到的控制器的最优参数值为

$$\delta_1 = 2.92、T_{i_1} = 321.7; \delta_2 = 0.69、T_{i_2} = 86.9$$

最优参数下的品质指标，以及响应曲线如图 4-36 所示。

从图 4-36 中可以看出，单纯形法的优化结果与穷举法的结果非常接近，在工程中，是看不出它们的区别的。

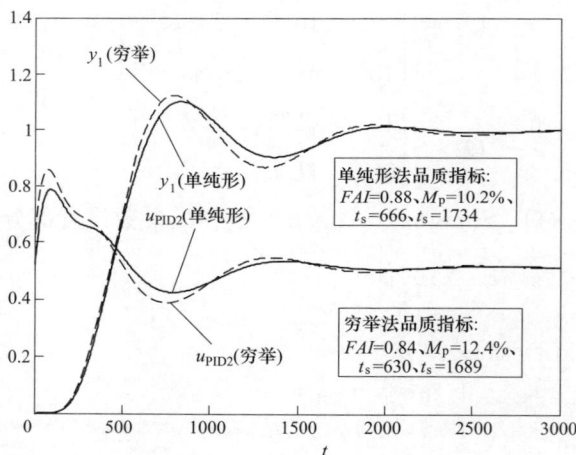

图 4-36　图 4-13 所示某 300MW 热电机组主蒸汽温度串级控制系统用单纯形法优化的结果

4.7.2　单纯形的初始步长对优化结果的影响

下面仍以图 4-13 所示系统为例，来分析一下单纯形的初始步长对优化结果的影响。

选取经验公式下的最优参数值作为初始值，即：

$$\delta_{10} = 2.83、T_{i_{10}} = 318.6; \delta_{20} = 0.75、T_{i_{20}} = 88$$

选取不同量级的三种初始步长分别进行优化，优化结果及品质指标列于表 4-9 中，响应曲线如图 4-37 所示。

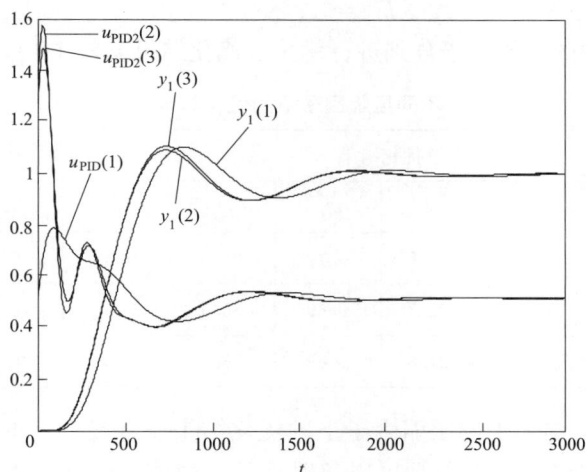

图 4-37 不同初始步长下的最优响应曲线

表 4-9 不同初始步长下的优化结果

组序	初始步长				优化结果				品质指标			
	$\Delta\delta_1$	ΔT_{i_1}	$\Delta\delta_2$	ΔT_{i_2}	δ_1	T_{i_1}	δ_2	T_{i_2}	φ	M_p	t_r	t_s
(1)	0.02	1	0.01	1	2.92	321.7	0.69	86.9	0.88	10.2	666	1734
(2)	0.2	5	0.1	5	2.50	336.1	0.30	95.0	0.91	9.1	588	1566
(3)	1	10	1	10	2.50	329.7	0.33	93.5	0.89	10.6	582	1566

　　单从系统输出响应曲线（见图 4-37）来看，第（2）和第（3）组初始步长下的优化结果比较接近，控制器的输出也比较接近，它们的动态品质指标也较好，但是它们是通过增大控制器输出的幅值和振荡频率来提高控制系统的调节品质的。然而，在第（1）组初始步长下，虽然上升时间和调节时间都较长，但是控制器的输出幅值较小，变化也比较平缓，从实际工程应用角度来看，这一组参数更好。

　　初始步长影响优化结果的原因是，本试验所优化的是多极值目标函数[35]，单纯形法仅能解决单极值目标函数的优化问题，当单纯形的初始步长选择得较大时，初始单纯形的顶点就会分布在一个较大的区域，因此它就有可能在另一个区域寻找最佳参数。如果所优化的是单极值函数，那么初始步长影响的仅是参数精度，而不是优化效果。由此可见，当优化多极值函数时，应该选择较大的初始步长，这有利于全局搜索。

4.7.3　压缩因子和扩张因子对优化效果的影响

　　通过对单纯形法的工作原理分析不难看出，压缩因子与扩张因子也都会影响优化效果。下面仍以图 4-13 所示某 300MW 热电机组主蒸汽温度串级控制系统为例，来分析一下压缩因子和扩张因子对优化效果的影响。

　　仍选取经验公式下的最优参数值作为初始值，即：

$$\delta_{10} = 2.83、T_{i_10} = 318.6；\delta_{20} = 0.75、T_{i_20} = 88$$

初始步长选为

$$\Delta\delta_1 = 0.02、\Delta T_{i_1} = 1;\ \Delta\delta_2 = 0.01、\Delta T_{i_2} = 1$$

（1）选取三种不同的压缩因子分别进行优化，优化结果见表 4-10。

表 4-10 不同压缩因子下的优化结果

组序	压缩因子	优化结果				品质指标			
	λ	δ_1	T_{i_1}	δ_2	T_{i_2}	φ	M_p	t_r	t_s
（1）	0.75	2.92	321.7	0.70	85.3	0.88	10.3	666	1734
（2）	0.50	2.92	321.7	0.69	86.9	0.88	10.2	666	1734
（3）	0.25	2.92	321.8	0.69	86.5	0.88	10.0	669	1734

从表 4-10 中可以看出，不同压缩因子下的优化结果非常接近，也仅仅是参数的精度不同而已，而且在工程中这个精度差别可以忽略不计。因此，压缩因子对优化效果的影响较小。所以，一般选取 $\lambda = 0.5$ 即可。

（2）选取三种不同的扩张因子分别进行优化，优化结果见表 4-11。

表 4-11 不同扩张因子下的优化结果

组序	扩张因子	优化结果				品质指标			
	μ	δ_1	T_{i_1}	δ_2	T_{i_2}	φ	M_p	t_r	t_s
（1）	2	2.91	321.7	0.68	87.0	0.88	10.0	666	1731
（2）	1.5	2.92	321.7	0.69	86.9	0.88	10.2	666	1734
（3）	1.2	2.92	321.7	0.69	85.7	0.88	9.9	669	1734

从表 4-11 中可以看出，扩张因子与压缩因子一样，只影响到参数的精度，对优化效果的影响较小。所以，一般选取 $\mu = 1.5$ 即可。

4.7.4 优化参数初始值对优化效果的影响

仍以图 4-13 所示某 300MW 热电机组主蒸汽温度串级控制系统为例，用三种方法选择优化参数的初始值：

（1）用经验公式法计算出控制器参数的初始值，则有

$$\delta_{10} = 2.83、T_{i_1 0} = 318.6;\ \delta_{20} = 0.75、T_{i_2 0} = 88$$

（2）选择参数搜索区间的中间点作为初始值，则有

$$\delta_{10} = 2.5、T_{i_1 0} = 300;\ \delta_{20} = 0.45、T_{i_2 0} = 100$$

（3）在优化参数搜索空间内随机选取初始值，即

$$X_0 = X\_LLimits + rand() * (X\_HLimits - X\_LLimits)$$

式中 X_0 —— 表示 $[\delta_{10}\quad T_{i_1 0}\quad \delta_2 0\quad T_{i_2 0}]$；

$X\_LLimits, X\_HLimits$ —— 各寻优参数的下限和上限。

用上述三种方法得到的初始值分别进行寻优，得到的优化结果见表 4-12，其相应优化结果下的响应曲线如图 4-38 所示。

表 4-12 不同初始值下的优化结果

组序	初始值				优化结果				品质指标			
	δ_{10}	$T_{i_1 0}$	δ_{20}	$T_{i_2 0}$	δ_i	T_{i_1}	δ_2	T_{i_2}	φ	M_p	t_r	t_s
(1)	2.83	318.6	0.75	88	2.91	321.7	0.69	86.9	0.88	10.2	666	1734
(2)	2.5	300	0.45	100	2.80	310.1	0.31	94.6	0.94	6.6	636	1620
(3)	3.80	386.8	0.94	143.4	3.80	386.8	0.94	143.4	—	—	—	—

从表 4-12 可以看出，由于本试验所优化的是多极值目标函数，因此初始值的选取对单纯形法的寻优效果将产生较大的影响。选取参数的搜索区间中间点作初始值时，其值比较接近经验公式给出的值，所以这两种选取初始值的优化效果基本相同。用随机法选取初始值时，随机性很大，有时会搜索失败。所以，对于多极值目标函数来讲，用经验公式确定优化参数的初始值是一种较好的方法。

如果用随机法选取初始值，加大单纯形的初始步长，可以提高搜索成功率。

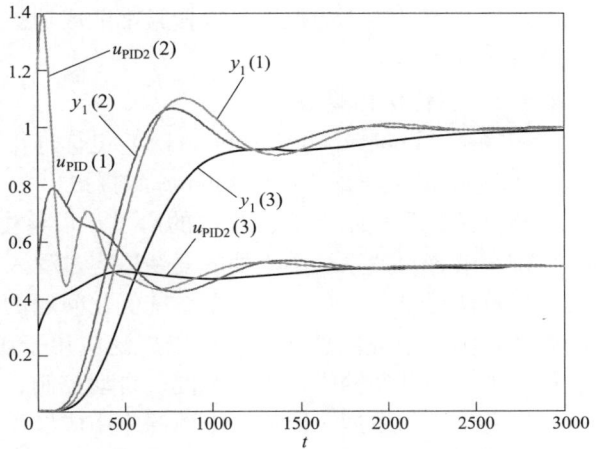

图 4-38 不同初始参数值下的最优响应曲线

4.8 群体智能优化算法

黄金分割法和单纯形法用于求解函数最优值时，都存在一个致命的缺点，那就是它们不能求解具有多极值的目标函数，也就是说他们仅能解决局部最优问题。而在现代工程系统中，所面临的不仅是多目标优化问题，而且每个目标函数本身也可能是多值的，因此，目前需要解决的是多目标全局最优化问题。

群体智能优化算法可以满足求解多目标全局最优化问题的需要。

所谓群体智能就是在自然界中，群体生活的昆虫和动物利用群体的优势，在没有集中控制的前提下，通过相互间的简单合作所表现出的惊人的完成复杂行为的能力，即展现出的智能行为。人们从中得到启发，参考群体生活的昆虫、动物的社会行为，提出了模拟生物系统中群体生活习性的群体智能优化算法。在群体智能优化算法中，每一个个体都是具有经验和智慧的智能体（Agent），个体之间存在互相作用机制，通过相互作用形成强大的群体智慧来解决复杂的问题[36]-[38]。

目前人们常用的而且投入精力去研究的群体智能优化算法主要有模拟生物进化的遗传优化算法、模拟蚂蚁行为的蚁群优化算法、模拟鸟类行为的粒子群优化算法等。这些群体智能优化算法本质上是一种概率搜索，它不需要问题的梯度信息，它们是在整个搜索空间内随机地寻找最好点。群体智能优化算法不像爬山法（单纯形法）那样，一个人从某一起始点出发，按照一定规则下的前进方向和步长搜索前进。群体智能优化算法更像是一群人在爬山，每个人都从不同的起始点（随机选取）出发，在搜索前进过程中，根据同伴的信息以及自己已经获得的信息，确定自己下一步搜索前进的方向和步长。就这样在整个搜索空间内，群体相互协作，完成搜索全局最优点的任务。

从群体智能优化算法的搜索过程不难看出，群体智能优化算法所需要计算目标函数的次数要远大于单纯形法，但要比穷举法少得多。

因为群体智能优化算法是随机搜索算法，因此它存在着一个固有缺陷：每次搜索会得到不同的结果，而且还不能保证每次搜索都能成功。这使得对群体智能优化算法进行更深入的研究遇到了"瓶颈"。

4.8.1 遗传优化算法

遗传算法（genetic algorithm，GA）也称进化算法，起源于 20 世纪 60 年代初期，主要由美国 Michigan 大学的 John Holland 教授提出。

遗传算法是受达尔文的进化论的启发，借鉴生物进化过程而提出的一种启发式搜索算法。从试图解释自然系统中生物的复杂适应过程入手，模拟生物进化的机制来构造人工系统的模型。算法提供了一种求解复杂系统优化问题的通用框架，它不依赖于问题的具体形式，对问题的种类有很强的鲁棒性，所以广泛应用于函数优化、组合优化、模式识别、图像处理、信号处理、神经网络、生产调度、自动控制、机器人控制、机器学习等众多学科领域。随后经过几十年的发展，取得了丰硕的应用成果和理论研究的进展，特别是近年来世界范围形成的进化计算热潮，计算智能已成为人工智能研究的一个重要方向，以及后来的人工生命研究兴起，使遗传算法受到广泛的关注[6][40]。

1. 遗传算法的基本原理

遗传算法的基本思想是利用达尔文的"物竞天择、优胜劣汰、适者生存"的自然选择和自然遗传机理，通过数学的方法来描述生物进化过程，从而达到在搜索空间内找到最优点的目的。

为了能更好地理解遗传算法，表 4-13 中给出了生物遗传学概念与遗传算法中的对应关系。

表 4-13　　　　　　　　　生物遗传学概念与遗传算法中的对应关系

生物遗传学概念	遗传算法中的作用	生物遗传学概念	遗传算法中的作用
适者生存	留住最优目标值	适应性	适应度函数值
个体	解	种群	每代中的所有个体（解）
染色体	解的编码	遗传（基因重组）	交叉操作（得到新解）
基因	解中每一分量的特征	变异	编码某一分量发生变化

众所周知，生物进化的三原因是：

遗传：子代与父代相似，子代中保留了父代的部分优秀品质。

变异：子代与父代不相似，子代中包含了父代中所没有的品质，使得群体中的品质更具多样性。

选择与淘汰：选择群体中较为优秀的个体，使其有更多的机会传给下一代；淘汰那些较差的个体，使得所剩群体的品质更加优秀。

遗传算法就是按着生物进化的思想，从代表问题可能潜在解的一个初始种群开始，通过随机选择（复制）种群中的个体，采用"优胜劣汰、适者生存"的原则，计算所有个体的适应度（fitness），选择适应度高（优秀）的个体（使其有更多的机会传给下一代）进行交叉（遗传）操作（体现了自然界中群体内个体之间的信息交换），然后再进行变异操作（在群体中引入新的变种确保群体中信息的多样性），至此形成了新的种群（下一代）。就这样，种群一代一代地进化，适应度低的个体会被逐步淘汰，而适应度高的个体会越来越多，那么经过N代的自然选择后，保存下来的个体都是适应度很高的，其中很可能包含繁殖过程中产生的适应度最高的那个个体。

　　种群中的每个个体实际上是染色体带有特征的实体。染色体作为遗传物质的主要载体，即多个基因的集合，其内部表现是某种基因组合。它决定了个体的形状的外部表现，因此在一开始需要实现从表现型到基因型的映射，即编码工作。由于仿照基因编码的工作很复杂，往往需要进行简化，如二进制编码。因此，在遗传算法中，需要做初始种群的编码和末代种群的解码工作。

　　根据上述的分析，可以得到遗传算法的计算流程，如图4-39所示。

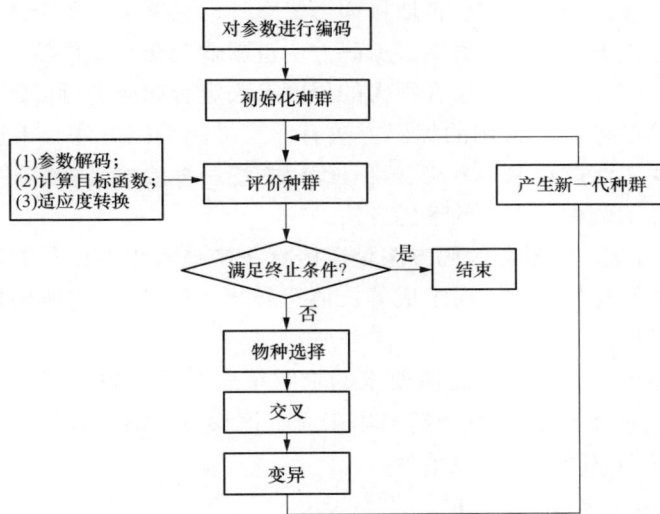

图4-39　遗传算法的计算流程

　　根据图4-39可以得到遗传算法的具体求解步骤：

　　（1）参数编码：遗传算法一般不直接处理问题空间的参数，而是将待优化的参数集进行编码，比如用二进制将参数集编码成由0或1组成的有限长度的字符串。

　　（2）初始种群的生成：随机地产生 n 个个体组成一个群体，该群体代表一些可能解的集合。GA的任务是从这些群体出发，模拟进化过程进行择优汰劣，最后得出优秀的群体和个体，满足优化的要求。

　　（3）适应度函数的设计：遗传算法在运行中基本上不需要外部信息，只需依据适应度函数来控制种群的更新。根据适应度函数对群体中的每个个体计算其适应度，为群体进化的选择提供依据。设计适应度函数的主要方法是把问题的目标函数转换成合适的适应度函数。

（4）选择：按一定概率从群体中选择 M 对个体，作为双亲用于繁殖后代，产生新的个体加入下一代群体。即适应于生存环境的优良个体将有更多繁殖后代的机会，从而使优良特性得以遗传。选择是遗传算法的关键，它体现了自然界中适者生存的思想。

（5）交叉：对于选中的用于繁殖的每一对个体，随机地选择同一整数 j，将双亲的基因码链在此位置相互交换。交叉体现了自然界中信息交换的思想。

（6）变异：按一定的概率从群体中选择若干个个体，随机选择其某一位进行取反操作。变异模拟了生物进化过程中的偶然基因突变现象。

（7）对产生的新一代群体进行重新评价、选择、杂交和变异。如此循环往复，使群体中最优个体的适应度和平均适应度不断提高，直至最优个体的适应度达到某一界限或最优个体的适应度和平均适应度值不再提高，则迭代过程收敛，算法结束。

2. 遗传算法的实现方法

遗传算法的实现涉及参数编码、种群设定、适应度函数和遗传操作等几个要素的选择和设计。

（1）编码。编码是应用遗传算法时首先要考虑的问题，也是设计遗传算法时的一个关键步骤。编码方法除了决定了个体的染色体排列形式之外，它还决定了个体从搜索空间的基因型变换到解空间的表现型时的译码方法，编码方法也影响到交叉操作数、变异操作数等遗传操作数的运算方法。因此，编码方法在很大的程度上决定着如何进行群体的遗传进化运算以及遗传算法进化计算的效率。常用的编码方法有：二进制编码方法、十进制浮点数编码方法、格雷码编码方法、浮点数编码方法、符号编码方法、多参数级联编码方法、多参数交叉编码方法等。下面介绍两种最常用的编码方法。

1）二进制编码方法。二进制编码方法是遗传算法中最常用的一种编码方法，它使用的编码符号集是由二进制符号 0 和 1 所组成的二值符号集 {0，1}，它所构成的个体基因型是一个二进制编码符号串。

二进制编码符号串的长度与问题所要求的求解精度有关。假设某一参数的取值范围是 $[U_{min}, U_{max}]$，用长度为 l 的二进制编码符号串来表示该参数，则它总共能够产生 $2^l - 1$ 种不同的编码，若使参数编码时的对应关系为

0000...0000 U_{min}
0000...0001 $U_{min} + \delta$
             $\vdots$
1111...1111 U_{max}

则二进制编码的编码精度为

$$\delta = \frac{U_{max} - U_{min}}{2^l - 1}$$

假设某一个体的编码为 b_l、b_{l-1}、b_{l-2}、$\cdots$、b_2、b_1，则对应的译码公式为

$$x = U_{min} + \left(\sum_{i=1}^{l} b_i \cdot 2^{i-1} \right) \cdot \delta \tag{4-85}$$

二进制编码方法具有编码和译码操作简单易行，便于实现交叉、变异等遗传操作，符合最小字符集编码原则，而且便于利用模式定理对算法进行理论分析等优点，是一种被广泛采

纳的编码方法。

2）十进制浮点数编码方法。十进制浮点数编码方法，是指个体的每个基因值用某一范围内的一个十进制浮点数来表示，个体的编码长度等于其决策变量的个数。即假定有 N 个待寻优变量，则把 N 个十进制浮点数排列在一起形成一个码长为 N 的个体，即第 i 个个体为

$$u_i = w_1 \mid w_2 \mid \cdots \mid w_N$$

式中　竖线 $\mid$ ——左右的两个个体排列在一起。

因为它使用的是决策变量的真实值，所以十进制浮点数编码方法也叫真值编码方法。

（2）种群设定。群体设定的主要问题是群体规模（群体中包含的个体数目）的设定。作为遗传算法的控制参数之一，群体规模和交叉概率、变异概率等参数一样，直接影响遗产算法的效能。当群体规模 n 太小时，遗传算法的搜索空间中解的分布范围会受到限制，因此搜索有可能停止在未成熟阶段，引起未成熟收敛（premature convergence）现象，具体表现在得到的是局部最优解。较大的群体规模可以保持群体的多样性，避免未成熟收敛现象，减少遗传算法陷入局部最优解机会，但较大的群体规模意味着较高的计算成本。在实际应用中应当综合考虑这两个因素，选择适当的群体规模。

初始群体的设定一般采用如下策略：

1）根据对问题的了解，设法把握最优解在整个问题空间中的可能分布范围，然后在此范围内设定初始群体。

2）先随机生成一定数目的个体，然后从中挑选出最好的个体加到初始群体中。重复这一过程，直到初始群体中个体数目达到预先确定的规模。

（3）适应度函数。遗传算法的适应度函数不受连续可微的限制，其定义域可以是任意集合。对适应度函数的唯一硬性要求是，对给定的输入能够计算出可以用来比较的非负输出，以此作为选择操作的依据。下面介绍适应度函数设计的一些基本准则和要点。

1）目标函数映射成适应度函数。一个常用的办法是把优化问题中的目标函数映射成适应度函数。在优化问题中，有些是求费用函数（代价函数）$J(x)$ 的最小值，有些是求效能函数（或利润函数）$J(x)$ 的最大值。由于在遗传算法中要根据适应度函数值计算选择概率，因此要求适应度函数的值取非负值。

控制系统参数优化问题是一个非负目标函数的最小值问题，可采用变换转换为适应度函数，即

$$f(x) = \frac{1}{J(x)}$$

2）适应度函数的尺度变换（scaling）。在遗传算法中，群体中个体被选择参与竞争的机会与适应度有直接关系。在遗传进化初期，有时会出现一些超常个体。若按比例选择策略，则这些超常个体有可能因竞争力太突出而控制选择过程在群体中占很大比例，导致未成熟收敛，影响算法的全局优化性能。此时，应设法降低这些超常个体的竞争能力，这可以通过缩小相应的适应度函数值来实现。另外，在遗传进化过程中（通常在进化迭代后期），虽然群体中个体多样性尚存在，但往往会出现群体的平均适应度已接近最佳个体适应度的情形，在这种情况下，个体间竞争力减弱，最佳个体和其他大多数个体在选择过程中有几乎相等的选择机会，从而使有目标的优化过程趋于无目标的随机漫游过程。对于这种情形，应设法提高

个体间竞争力，这可以通过放大相应的适应度函数值来实现。这种对适应度的缩放调整即为适应度尺度变换。

目前常用的个体适应度尺度变换方法主要有三种：线性尺度变换、乘幂尺度变换和指数尺度变换。

a. 线性尺度变换。设原适应度函数为 f，调整后的适应度函数为 f'，则线性尺度变换可采用式（4-86）表示。

$$f' = af + b \qquad (4\text{-}86)$$

其中系数 a、b 的选择应满足两个条件：其一，变换后适应度函数平均值 $\overline{f'}$ 与原适应度函数平均值 $\overline{f}$ 相等，以保证群体中适应度接近于平均适应度的个体能够有期待的数量被遗传到下一代群体中；其二，变换后适应度函数最大值 f'_{max} 等于原适应度函数平均值 $\overline{f}$ 的指定倍数，以保证群体中最好的个体能够期望复制 C 倍到新一代群体中，即

$$f'_{max} = C\overline{f} \qquad (4\text{-}87)$$

式中　C——最优个体期望值达到的复制数。

线性尺度变换公式中的系数 a、b 可根据两点式确定，即利用

$$\begin{cases} \overline{f'} = \overline{f} \\ f'_{max} = C\overline{f} \end{cases} \qquad (4\text{-}88)$$

确定：

$$\begin{cases} a = \dfrac{C-1}{f_{max} - \overline{f}}\,\overline{f} \\[4mm] b = \dfrac{f_{max} - C\overline{f}}{f_{max} - \overline{f}}\,\overline{f} \end{cases} \qquad (4\text{-}89)$$

利用上式做线性尺度变换时有可能出现负适应度。这时，可以简单地把原适应度函数最小值 f_{min}，映射到变换后适应度函数最小值 f'_{min}。但此时仍要保持 $\overline{f'} = \overline{f}$。在进行尺度变换前，先对变换后适应度的非负性进行判别。若 $f_{min} > 0$，即

$$f_{min} > \dfrac{C\overline{f} - f_{max}}{C-1} \qquad (4\text{-}90)$$

则采用式（4-89）计算 a、b 的值。否则，利用

$$\begin{cases} \overline{f'} = \overline{f} \\ f'_{min} = 0 \end{cases} \qquad (4\text{-}91)$$

可得：

$$\begin{cases} a = \dfrac{\overline{f}}{\overline{f} - f_{min}} \\[4mm] b = -\dfrac{f_{min} \cdot \overline{f}}{\overline{f} - f_{min}} \end{cases} \qquad (4\text{-}92)$$

b. 幂函数尺度变换。幂函数尺度变换定义如下：

$$f' = f^k \tag{4-93}$$

其幂指数 k 与所求的问题有关，并且在算法的执行过程中需要不断对其进行修正，才能使尺度变化满足一定的伸缩要求。

c. 指数尺度变换。指数尺度变换定义为

$$f' = e^{kf} \tag{4-94}$$

其系数 k 决定了选择的强制性，k 越小，原有适应度较高的个体的新适应度就越与其他个体的新适应度相差较大，亦即越增加了选择该个体的强制性。

（4）遗传操作。遗传操作包括以下三个基本遗传算子：选择、交叉和变异。这三个遗传算子有如下特点：

1）它们都是随机化操作。因此，群体中个体向最优解迁移的规则和过程是随机的。但是需要指出，这种随机化操作和传统的随机搜索方法是有区别的。遗传操作进行的是高效有向的搜索，不同于一般随机搜索方法所进行的无向搜索。

2）遗传操作的效果除了与编码方法、群体规模、初始群体以及适应度函数的设定有关外，还与上述三个遗传算子所取的操作概率有关。

3）三个遗传算子的操作方法随具体求解问题的不同而异，也与个体的编码方式直接相关。

在遗传算法中，交叉算子因其全局搜索能力而作为主要算子，变异算子因其局部搜索能力而作为辅助算子。遗传算法通过交叉和变异这一对既相互配合又相互竞争的操作而使其具备兼顾全局和局部的均衡搜索能力。当群体在进化中陷于搜索空间中某个超平面而仅靠交叉不能摆脱时，通过变异操作可有助于这种摆脱。

下面来介绍三个遗传算子的操作方法：

1）选择算子。从群体中选择优质个体，淘汰劣质个体的操作称为选择。选择算子亦称为再生算子（reproduction operator）。选择操作建立在群体中个体的适应度进行评估的基础上。目前常用的选择方法有如下几种：

a. 适应度比例方法（fitness proportional model）。适应度比例方法是目前最基本也是最常用的选择方法，也称为轮盘赌选择（roulette selection）或蒙特卡罗选择（monte carlo selection）。在这种选择机制中，个体每次被选中的概率与其在群体环境中的相对适应度成正比。

设群体规模为 n，其中第 i 个个体的适应度为 f_i，则其被选择的概率为

$$P_{Si} = \frac{f_i}{\sum\limits_{i=1}^{n} f_i} \tag{4-95}$$

选择概率 P_{Si} 是第 i 个个体的相对适应度。个体适应度越大，其被选择的概率就越高，反之亦然。

其选择过程可描述如下：

（a）依次累计群体内各个体的适应度，得相应的适应度累计值 S_i，最后一个适应度累计值为 S_n；

（b）在 $[0, S_n]$ 区间内产生均匀分布的随机数 R；

（c）依次用 S_i 与 R 相比较，第一个使得 S_i 大于或等于 R 的个体 i 入选；

(d) 重复（b）、（c）直至所选择个体数目满足要求。

这一选择操作是依据相邻两个适应度累计值的差值，即

$$\Delta S_i = S_i - S_{i-1} = f_i \tag{4-96}$$

进行的，式中 f_i 为第 i 个个体的适应度。事实上，适应度 f_i 越大，ΔS_i 的距离越大，随机数落在这个区间的可能性越大，第 i 个个体被选中的机会越多。从统计意义上讲，适应度越大的个体被选择的机会越大。适应度小的个体尽管被选中的概率小，但仍有可能被选中，从而有利于保持群体的多样性。

b. 最佳个体保留方法（elitist model）。该方法首先按适应度比例选择方法执行遗传算法的选择操作，然后将当前解群体中适应度最高的个体直接复制到下一代群体中。它的主要优点是能够保证遗传算法终止时得到的结果一定是历代出现过的具有最高适应度的个体。但是，这也隐含了一种危险，即局部最优个体的遗传基因会急剧增加而使进化有可能陷于局部最优解。

c. 期望值方法（expected）。在执行轮盘赌选择机制时，适应度高的个体可能被淘汰，而适应度低的个体可能被选择。若想限制这种随机误差的影响，可以采用期望值方法，步骤如下：

（a）首先计算群体中每个个体在下一代生存的期望数目，即

$$R_i = \frac{nf_i}{\sum\limits_{j=1}^{n} f_i} \tag{4-97}$$

（b）按期望值 R_i 的整数部分安排个体被选中的次数。而对期望值 R_i 的小数部分，可按确定方式或随机方式进行处理。确定方式是将 R_i 的小数部分按值的大小排列，从大到小依次选择，直到被选择个体数达到群体规模为止。随机方式可按轮盘赌选择机制进行，直到选满为止。

以上介绍的是常用的几种选择方法。在具体使用时，应根据求解问题的特点适当选用，或将几种选择机制混合运用。

如果采用十进制浮点数编码，可以按下述的方法进行选择操作[41]：

a. 计算每一个个体的目标函数；

b. 若是最小化目标函数，则把它们由小到大排序，若是极大化目标函数，则由大到小排序，用序号充当适应值；

c. 把序号在前的 m 个个体复制两份，淘汰序号在最后面的 m 个个体，序号在中间的 $n-2m$ 个个体复制一份。

例如，如果按目标函数的大小排序后，n 个个体的排列顺序为

$$u_1, u_2, \cdots, u_{m-1}, u_m, u_{m+1}, \cdots, u_n \tag{4-98}$$

则选择（复制）出的新种群为

$$u_1, u_2, \cdots, u_{m-1}, u_m, u_1, u_2, \cdots, u_m, u_{m+1}, u_{m+2}, \cdots, u_{n-m} \tag{4-99}$$

显然，m 的选取原则是

$$m < \frac{n}{3} \tag{4-100}$$

2）交叉算子。遗传算法中起核心作用的是遗传操作的交叉算子。交叉是指对两个父代个体的部分结构进行重组而生成新个体的操作。交叉算子的设计应与编码设计协调进行，使之满足交叉算子的评估准则，即交叉算子需保证前一代中优质个体的性状能在下一代的新个体中尽可能地得到遗传和继承。

对二值编码来说，交叉算子包括两个基本内容：一是从由选择操作形成的配对库（mating pool）中，对个体随机配对，并按预先设定的交叉概率 P_c 决定每对是否需要交叉操作。二是设定配对个体的交叉点（cross site），并对配对个体在这些交叉点前后的部分结构进行交换。

常用的二进制编码的基本交叉算子有三种：

a. 单点交叉（one - point crossover）。在个体串中随机设定一个交叉点，然后对两个配对个体在该点前后的部分结构进行互换，生成两个新个体。例如：

个体 A：$10010\!\uparrow\!111 \rightarrow 10010000$　个体 A'

个体 B：$00111\!\uparrow\!000 \rightarrow 00111111$　个体 B'

在本例中，交叉点设置在第5和第6个基因座之间。交叉时，该交叉点后的两个个体的码串互相交换。于是，个体 A 的第1～第5个基因与个体 B 第6～第8个基因组成一个新的个体 A'。同理，可得到新个体 B'。交叉点是随机设定的，若染色体长为 l，则可能有 $l-1$ 个交叉点设置。

b. 二点交叉（two - point crossover）。首先随机设定两个交叉点，再对两个配对个体在这两个交叉点之间的码串进行互换，生成两个新个体。例如：

个体 A：$10\!\uparrow\!0101\!\uparrow\!11 \rightarrow 10111011$　个体 A'

个体 B：$00\!\uparrow\!1110\!\uparrow\!00 \rightarrow 00010100$　个体 B'

若个体长为 l，则对于二点交叉来说，可能有 $\dfrac{1}{2}(l-1)(l-2)$ 种交叉点的设置。

c. 一致交叉（uniform crossover）。一致交叉是通过设定屏蔽字（mask）来决定新个体的基因继承两个旧个体中哪个个体的对应基因。当屏蔽字中的某位为1时，则交叉该位所对应的父本的基因，否则不交换。下面给出一个一致交叉的例子：

个体 A：$100\underline{1}0\underline{1}1\underline{1} \rightarrow 10111010$　个体 A'

个体 B：$00\underline{1}1\underline{1}00\underline{0} \rightarrow 00010101$　个体 B'

屏蔽字：00101101

如果采用十进制浮点数编码，可以按下述的方法进行选择操作：

假设一对旧个体为 A、B，交叉操作完成后生成的新个体为 A'、B'，则

$$\begin{cases} A' = (1-\alpha) \cdot A + \beta \cdot B \\ B' = (1-\beta) \cdot B + \alpha \cdot A \end{cases} \tag{4-101}$$

其中，α、β 为 $(0,1)$ 区间上均匀分布的随机数。如果在新个体 A'、B' 中的基因值（优化变量）超越了该变量的上下边界，则取该基因值为其边界值。

3）变异算子。变异算子的作用是改变群体中个体串的某些基因座上的基因值。对于由字符串 $\{0,1\}$ 生成的二值码串来说，变异操作就是把基因座上的基因值取反，即 $1 \rightarrow 0$ 或 $0 \rightarrow 1$。

变异算子操作的步骤为：首先在群体中所有个体的码串范围内随机地确定基因座，然后按预先设定的变异概率 P_m 对这些基因座的基因值进行变异。

下面先来介绍针对二进制码串的几个常用的变异算子。

a. 基本变异算子。执行基本变异操作时，首先在个体码串中随机挑选一个或多个基因座，然后以概率 P_m 对这些基因座的基因值做变动。例如

个体 A：$1\,0\,0\,1\,1\,\underline{1}\,1\,0 \rightarrow 1\,0\,\underline{1}\,1\,1\,1\,\underline{0}\,\underline{0}$　　个体 A'

b. 逆转算子。逆转算子的基本操作是，在个体码串中随机挑选两个逆转点，然后将两个逆转点间的基因值以概率 P_i 逆向排序。例如

个体 A：$1\,0\,\underline{1\,1\,0\,1\,0}\,0\,0 \rightarrow 1\,0\,\underline{0\,1\,0\,1\,1}\,0\,0$　　个体 A'

在此例中，通过逆转操作，个体 A 中从基因座 3 到基因座 7 之间的基因排列得到逆转，即从序列 11010 变成 01011。

逆转操作可以等效为一种变异操作，但它的真正目的在于实现一种重新排序（reordering）。在自然界生物的基因重组中就有这种机制。又希望这种重新排序不影响个体的性能，即适应度，为此必须把基因值的意义与基因座的位置独立开来，以保证经过重新排序的个体其适应度不变。例如，可采用如下个体扩展表示法

编号：　$1\,2\,3\,4\,5\,6\,7\,8\,9$　　$1\,2\,7\,6\,5\,4\,3\,8\,9$

个体 A：$1\,0\,\underline{1\,1\,0\,1\,0}\,0\,0 \rightarrow 1\,0\,\underline{0\,1\,0\,1\,1}\,0\,0$　　个体 A'

在本例中，每个基因都用整数 1～9 编号。这些编号标明了各个基因的译码含义。例如，基因 6 的译码含义是 8。经过逆转操作后，基因 6 虽然被移动，但它的译码含义仅与其编号有关，而与基因座位置无关，所以它的译码含义仍为 8（而不是 32）。这样对经过扩展表示的个体 A 施行逆转操作后，生成的个体 A' 的基因被重新排列，但其适应度仍然与原个体保持一致。

c. 自适应变异算子。自适应变异算子与基本变异算子的不同之处在于其变异概率 P_m 不像基本变异算子那样始终保持不变，而是随群体中个体的多样性程度的改变或其他指标的变化而适应调整。这些参照指标可以根据具体问题设定。例如，可以把交叉操作所得两个新个体的 Hamming 距离作为参照指标，Hamming 距离越小，P_m 越大，反之 P_m 越小。

对于十进制浮点数编码来说，可以按下面的方法来进行变异操作：

假如要把个体 A 变异成个体 A'，则

$$A' = N(A, \sigma)$$

其中，$N(A, \sigma)$ 表示均值为 A、方差为 σ 的正态分布的随机数。如果在新个体 A' 中的基因值超越了该变量的上下边界，则取该基因值为其边界值。

文献 [41] 给出了一种更为简单的变异操作方法，即

$$A' = \begin{cases} A + k_m \cdot \gamma \cdot (X_h - A) & r = 0 \\ A - k_m \cdot \gamma \cdot (A - X_l) & r = 1 \end{cases} \tag{4-102}$$

式中　r——其值等于 0 或 1 的一个随机数；

　　　γ——$[0,1]$ 区间上均匀分布的随机数；

　　　k_m——$(0,1)$ 区间上的一个常系数，k 越大，变异参数的幅值变化就越大。

如果在新个体 A' 中的基因值超越了该变量的上下边界，则取该基因值为其边界值。

3. 基于二进制编码的遗传算法实现程序及应用

（1）遗传算法程序。基于二进制编码的遗传算法寻优主程序如程序 O _ GA2 _ main. m 所示。

```
% 基于二进制编码的遗传算法寻优主程序 O _ GA2 _ main. m
clear all;
global DT LP k1 n1 k2 n2 A1 B1 A2 B2 y1 y2 u t
global FAI _ l FAI _ h Mp _ l Mp _ h Um FAI Mp tr ts umax
%%%%%%%%%%%%%%%%%%%%控制系统的结构参数%%%%%%%%%%%%%%%%%%%%%
DT = 3; ST = 3000; LP = ST/DT;
k1 = 1. 94; n1 = 6; T1 = 88. 5; k2 = 0. 93; n2 = 2; T2 = 73. 3;
A1 = exp( - DT/T1); B1 = 1 - A1;
A2 = exp( - DT/T2); B2 = 1 - A2;
%###################遗传算法的控制参数####################
PopSize = 60; ; % 种群规模
MaxGen = 60; % 遗传代数
L = 10; % 编码长度
C = 1. 5; % 尺度变换系数
Pc = 0. 6; % 交叉概率
Pm = 0. 002; % 变异概率
N = 4; % 优化变量个数
X _ LLimits = [1, 200, 0. 1, 50]; % 设置寻优参数下限
X _ HLimits = [4, 400, 1. 0, 150]; % 设置寻优参数上限
FAI _ l = 0. 76; FAI _ h = 0. 98; Mp _ l = 10; Mp _ h = 20; Um = 2; % 对品质指标的约束
%%%%%%%%%%%%%%%%%%%%迭代开始%%%%%%%%%%%%%%%%%%%%%
Chrom = round(rand(PopSize, N * L)); % 随机产生初始种群的染色体
forK = 1: MaxGen
    for s = 1: PopSize    % 种群产生
      m = Chrom(s,:);
      % 解码
      for i = 1: N
        m1 = m(1 + L * (i - 1): 1: L * i);
        DigVal = 0; b = 1;
        for j = 1: L
            DigVal = DigVal + m1(j) * b;
            b = b * 2;
        end
        x(s, i) = X _ LLimits(i) + (X _ HLimits(i) - X _ LLimits(i)) * DigVal/(2^L - 1);
      end
      [J(s)] = Obj _ simu452(x(s,:)); % 求目标函数
    end
    Fit0 = (1. /J);    % 转换成适应度函数
```

```matlab
%%%%%%%%%%%%%%%%%%%%%%适应度函数线性尺度变化%%%%%%%%%%%%%%%%%%%%%%%%
    f_avg = sum(Fit0)/PopSize;
    f_max = max(Fit0);
    f_min = min(Fit0);
if f_min>(C*f_avg-f_max)/(C-1)
        a = (C-1)/(f_max-f_avg)*f_avg;
        b = (f_max-C*f_avg)/(f_max-f_avg)*f_avg;
    else
        a = f_avg/(f_avg - f_min);
        b = - (f_min*f_avg)/(f_avg-f_max);
    end
    Fit = a*Fit0+b;
    %###################轮盘赌式选择###################
    Sn = sum(Fit); %求适应值之和
    Si = cumsum(Fit); %求适应度累计值 Si
    for newin = 1: PopSize
        i = 1;
        R = rand*Sn; %产生随机数
        while   R > Si(i)
            i = i+1;
        end
        TempChrom(newin,:) = Chrom(i,:); %第 i 个个体入选
    end
    Chrom = TempChrom;
    %*********************单点交叉操作*********************
    for i = 1: 2:(PopSize-1)
        R = rand;
        if Pc>R
            j0 = ceil(N*L*rand); %随机获取交叉点起始位置
            for j = j0: N*L
                TempChrom(i, j) = Chrom(i+1, j);
                TempChrom(i+1, j) = Chrom(i, j);
            end
        end
    end
    %&&&&&&&&&&&&&&&&& 变异操作*********************
    for i = 1: PopSize
        for j = 1: N*L
            R = rand;
            if Pm>R
                TempChrom(i, j) = 1 - TempChrom(i, j);
            end
```

```
        end
    end
    Chrom = TempChrom;
    Jlist(K) = min(J);
end
%%%%%%%%%%%%%%%%%%%输出结果%%%%%%%%%%%%%%%%%%%%%
[BestFit, BestId] = max(Fit);
Result = x(BestId,:)
[Q] = Obj _ simu452(Result);
plot(t, y1, t, y2,':', t, u,'--')
```

（2）应用实例。下面应用遗传算法优化图 4-13 所示某 300MW 热电机组主蒸汽温度串级控制系统的控制器参数 δ_1、T_{i_1}、δ_2、T_{i_2}。目标函数同式（4-82），遗传算法的控制参数选为种群规模 $n = 60$、遗传代数 $G_m = 60$、编码长度 $l = 10$、尺度变换系数 $C = 1.5$、交叉概率 $P_c = 0.6$、变异概率 $P_m = 0.002$、寻优参数下限 $U_{min} = [1,200,0.1,50]$、寻优参数上限 $U_{max} = [4,400,1.0,150]$，计算目标函数子程序仍为 Obj _ simu452. m。

对该程序运行 10 次，得到的优化结果见表 4-14，系统响应曲线如图 4-40 所示。

表 4-14　　　　　　　　　　二进制编码下的遗传算法 10 次运行的结果

运行次数	优化结果				品质指标				
	δ_1	T_{i_1}	δ_2	T_{i_2}	φ	M_p	t_r	t_s	u_{max}
（1）	3.85	214.1	0.28	80.7	0.96	10.0	693	1686	1.18
（2）	2.59	334.6	0.44	82.6	0.89	10.1	600	1596	1.18
（3）	2.80	288.6	0.41	76.1	0.89	12.0	603	1608	1.21
（4）	2.73	324.9	0.59	89.2	0.86	12.4	627	1674	0.90
（5）	3.42	235.5	0.33	81.2	0.94	11.2	654	1689	1.17
（6）	3.74	240.8	0.51	100.5	0.95	10.3	726	1812	0.73
（7）	3.24	227.3	0.26	51.6	0.94	12.9	609	1632	1.72
（8）	3.05	249.9	0.25	50.2	0.93	10.1	612	1584	1.88
（9）	2.74	354.3	0.69	142.6	0.90	10.3	705	1857	0.68
（10）	3.01	276.2	0.39	94.7	0.91	10.8	639	1668	1.10

从表 4-14 中可以看出，由于在遗传算法中，各个算子都是随机操作，因此每次运行程序时，会得到不同的运行结果。但是，除第（6）、第（7）、第（8）次运行结果以外，其他 7 次得到的最优控制器参数都在同一个等级上，控制品质指标都比较接近。第（6）次运行结果中的 T_{i_2} 偏大，因此过渡过程时间较长；第（7）、第（8）次运行结果中的 δ_2 偏小，因此控制器输出幅值较大。

尽管如此，从综合控制效果来看（见图 4-40），这 10 组参数下的动态品质比较接近，虽然有的控制器输出较大，但也在允许的范围内。因此，优化出的每组参数都是可以接受的。而且，在工程中是区别不开这些输出响应之间差别的。由此说明，遗传算法的收敛性较好，适合多极值问题的求解，即具有较强的全局搜索能力。

综合考虑上升时间、过渡过程时间以及控制器输出的最大幅值，第 2 次运行结果是最好的。把这次结果与经验公式法、穷举法、单纯形法相比较，它们所得到的最优控制器参数都在同一个等级上，因此它们的控制品质是非常接近的（见图 4-41）。这 4 种结果在工程上都是可以接受的，而且工程上是分辨不出它们之间的差别的。

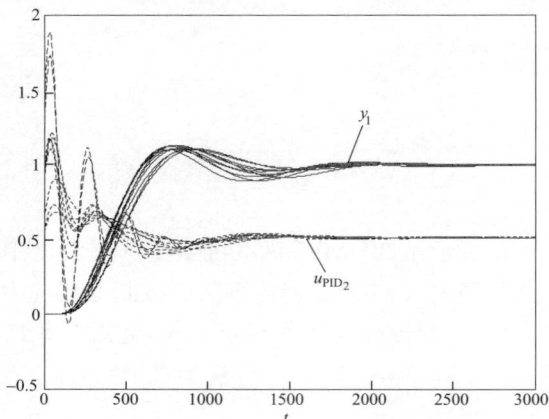

图 4-40　十次运行结果的系统响应曲线　　　图 4-41　4 种优化算法下系统的单位阶跃响应曲线

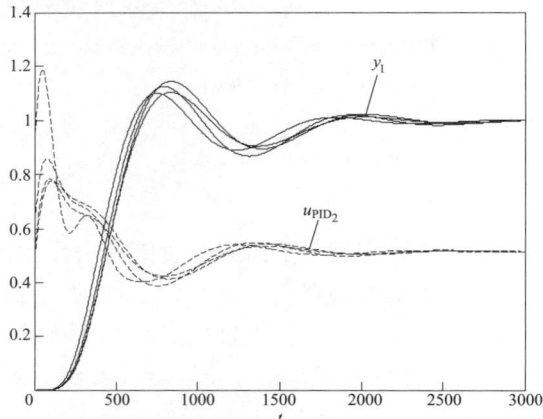

如果精确地去综合考虑上升时间和过渡过程时间，遗传算法的优化结果是最好的。但这并不能说明遗传算法好于其他算法，它是通过牺牲控制器输出（由于 δ_2 最小，因此 u_{PID2} 最大）的幅值和振荡频率来减小上升时间和过渡过程时间的，如图 4-41 所示，而且这个结果在很大程度上取决于目标函数的选取。虽然单纯形法和遗传算法使用了同一个目标函数，但是单纯形法是在局部寻优，遗传算法是在全局寻优，所以这两种方法的优化结果产生了差异。从这一点上说，穷举法是最好的优化方法，因为它不但可以在全局寻优，而且它的优化结果是可以人为控制的。

4．二进制编码遗传算法的控制参数选取

从前两节的遗传算法设计与实现的过程中可以看出，在使用遗传算法时，有一些参数值，诸如种群规模、遗传代数、尺度变换系数、交叉概率、变异概率、编码长度、寻优变量的区间等都必须人为地来确定，而且这些参数会影响到算法的优化性能。这给遗传算法的应用带来麻烦。下面仍以图 4-13 所示系统的控制器参数优化为例，目标函数保持不变，分析一下这些参数的选取方法。

（1）种群规模与遗传代数。从直观上看，种群规模越大，算法的计算时间（收敛时间）就越长，而算法收敛到最优解的可能性就会越大[42]，即全局搜索能力就越强。

种群规模与遗传代数的乘积就是遗传计算的整体规模，也就是说，这个乘积决定了算法在解空间中寻找最优解时的计算点数。因此，种群规模与遗传代数对算法的性能有同样的影响，选择时要整体考虑，当选择较大的种群规模时，就可以选择较小的遗传代数。

当把遗传计算的整体规模选取得非常大时，遗传算法就演变成了穷举法了。例如，对于 4 个优化变量的系统，用穷举法优化时，每个变量计算 100 点，那么就需要计算 $100 \times 100 \times 100 \times 100 = 1$ 亿点。而如果用遗传算法进行优化时，选取种群规模为 10000，遗传代数为 10000，那么遗传计算的整体规模也是 $10000 \times 10000 = 1$ 亿点。因此，不能选择过大的遗传计算整体规模，那样会使遗传算法失去意义。

下面分别选取不同的整体规模，选择与前面相同的控制参数，各种整体规模下的运行结果列于表 4-15 中，系统响应曲线如图 4-42 所示。

表 4-15   不同整体规模下的优化结果

种群规模× 遗传代数	最优参数				品质指标				
	δ_1	T_{i_1}	δ_2	T_{i_2}	φ	M_p	t_r	t_s	u_{max}
10×10	3.57	309.4	0.92	89.6	0.95	4.1	828	1929	0.60
20×20	3.58	244.6	0.82	52.4	0.93	11.6	678	1743	0.82
30×30	2.73	302.6	0.38	86.5	0.90	10.8	606	1605	1.26
40×40	3.95	201.6	0.24	51.3	0.97	10.0	687	1245	1.52
50×50	2.90	337.8	0.84	77.0	0.87	10.0	672	1743	0.76
60×60	3.24	271.6	0.58	78.9	0.91	10.7	669	1725	0.84
70×70	2.92	293.8	0.41	104.8	0.91	10.3	642	1680	1.04
80×80	3.29	227.6	0.19	69.9	0.94	11.6	624	1635	1.99
90×90	2.72	301.8	0.46	59.1	0.90	10.3	597	1575	1.28
100×100	2.94	315.0	0.55	143.4	0.91	10.2	699	1821	0.77

虽然从表 4-15 中看不出选取整体规模大小的规律，但是有两点是可以肯定的：一是，整体规模不能过小（10×10），这会使得在解空间中搜索到的点数变少，这等同于缩小了搜索空间，因此容易使算法"早熟"，得到的就可能不是全局中的最优解；二是，并不是整体规模越大越好，整体规模越大，在解空间中搜索到的点数就越多，虽然算法容易收敛（见图 4-42），但出现"早熟"的可能性也会增大，如在本试验中选取整体规模为 80×80 时，与其他整体规模下的最优参数相比，它得到的并不是全局最优的解（控制器输出幅值过大）。

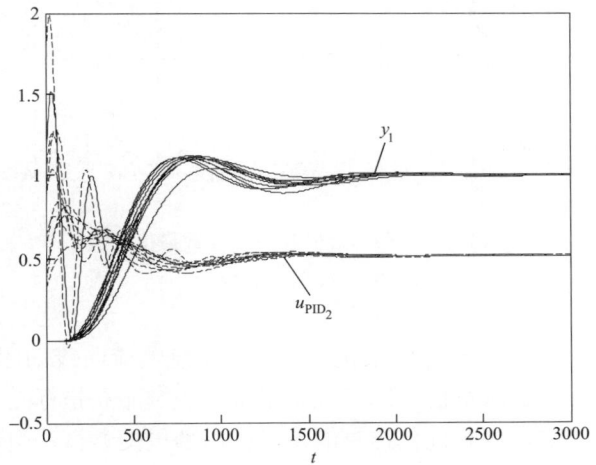

图 4-42 不同整体规模最优参数下的系统响应曲线

下面选取遗传计算的整体规模为 3600 点，分别选取不同的种群规模和遗传代数，算法的控制参数同前，得到的优化结果见表 4-16，相应的系统响应曲线如图 4-43 所示。

表 4-16   不同种群规模和遗传代数下的优化结果

种群规模× 遗传代数	最优参数				品质指标				
	δ_1	T_{i_1}	δ_2	T_{i_2}	φ	M_p	t_r	t_s	u_{max}
10×360	2.75	328.4	0.48	148.4	0.91	10.2	669	1755	0.90
20×180	3.75	234.9	0.45	101.5	0.95	10.5	717	1794	0.79

种群规模×	最优参数				品质指标				
遗传代数	δ_1	T_{i_1}	δ_2	T_{i_2}	φ	M_p	t_r	t_s	u_{max}
30×120	2.67	340.8	0.50	126.8	0.89	10.2	651	1719	0.91
40×90	3.38	230.5	0.19	81.4	0.95	10.1	648	1638	1.87
60×60	2.82	308.5	0.67	53.6	0.89	10.2	612	1608	1.05
90×40	2.84	318.8	0.74	58.5	0.88	10.1	627	1638	0.95
120×30	2.92	263.3	0.23	101.4	0.92	11.6	609	1617	1.74
180×20	3.43	230.5	0.29	63.4	0.95	10.5	648	1650	1.39
360×10	3.59	224.0	0.36	56.0	0.95	10.2	663	1662	1.21

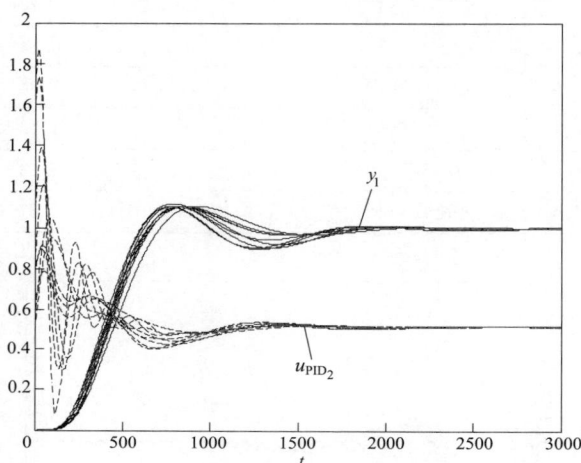

图 4-43　不同种群规模和遗传代数最优参数下
的系统响应曲线

从表 4-16 和图 4-43 中可以看出，与表 4-15 的试验结果一样，该试验并不能说明怎样选取种群规模和遗传代数，它们各种组合的优化效果是相同的。这只能说明在一定的整体规模下，当选择较大的种群规模时，就可以选择较小的遗传代数。

从直觉上和大量的试验都表明，随着寻优变量的增多，整体规模也应该加大，可取

$$整体规模 = 1000 \times N \qquad (4\text{-}103)$$

式中　N——寻优变量个数。

（2）尺度变换系数。选取整体规模为 60×60 点，其他控制参数同前。尺度变换系数分别取为 $C = 1.2$、1.5、1.8、2 时，得到的最优参数下的系统响应曲线如图 4-44 所示。从该图上可以看出，虽然控制器的输出幅值不同，但是系统的控制品质指标是非常接近的，这个幅值在工程上也是可以接受的，而且优化结果的差异是由随机搜索算法引起的。由此说明，该参数对遗传算法优化效果的影响非常小。一般把 C 取在 $1.2 \sim 2$ 之间都可。

（3）交叉概率。选取整体规模为 60×60 点、尺度变换系数为 $C = 1.5$，其他控制参数同前。分别取交叉概率为 $P_C = 0.3$、0.4、0.5、0.6、0.7、0.8、0.9，得到的最优参数下的系统响应曲线如图 4-45 所示。从该图中可以看出，与尺度变换系数试验结果一样，该参数对遗传算法优化效果的影响较小。所以，一般取交叉概率 $P_C = 0.3 \sim 0.9$ 即可。

（4）变异概率。选取整体规模为 60×60 点，尺度变换系数为 $C = 1.5$，交叉概率为 $P_C = 0.6$，其他控制参数同前。分别取变异概率为 $P_m = 0.001$、0.005、0.01、0.05、0.1、0.3、0.5，得到的最优参数下的系统响应曲线如图 4-46 所示。从该图中可以看出，与前两个参数的试验结果一样，该参数对遗传算法优化效果的影响较小，所以一般取变异概率 $P_m = 0.001 \sim 0.5$ 即可。

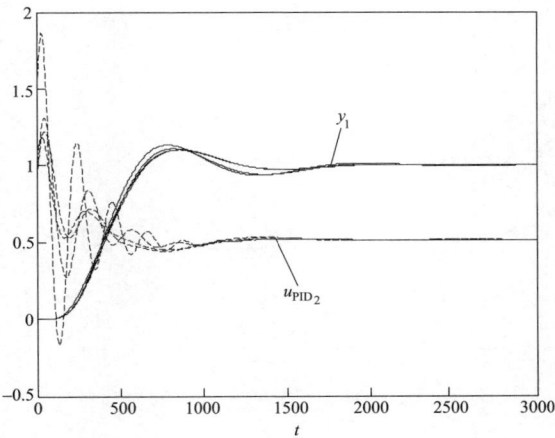

图 4-44　$C=1.2$、1.5、1.8、2 时最优参数下的响应曲线

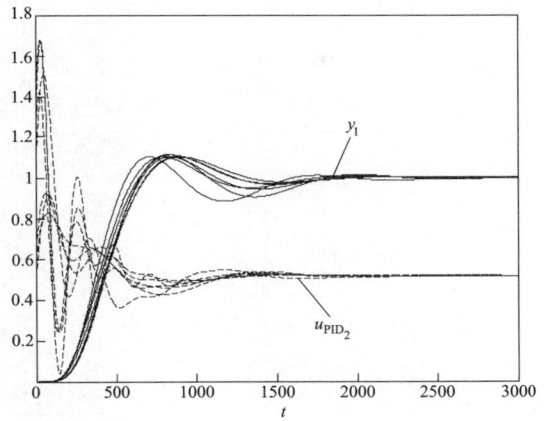

图 4-45　$P_C = 0.3$、0.4、0.5、0.6、0.7、0.8、0.9 时最优参数下的响应曲线

（5）编码长度及其寻优变量区间。编码长度不会影响搜索效率，它只影响优化参数的分辨率。一般情况下，选择编码长度 $l = 10$ 即可，此时的分辨率是 $\frac{1}{1024}$。由于 PID 控制器具有很强的参数鲁棒性，所以对 PID 来说这一分辨率已经足够的高。

一般会认为增大寻优变量区间，会使搜索成功率上升。其实不然，这个结论仅适合于穷举法，只有穷举法才能搜索到解空间中的每一个角落。除穷举法之外的任何优化算法，都会随着解空间的增大，陷入局部极小区域（即"早熟"现象）的可

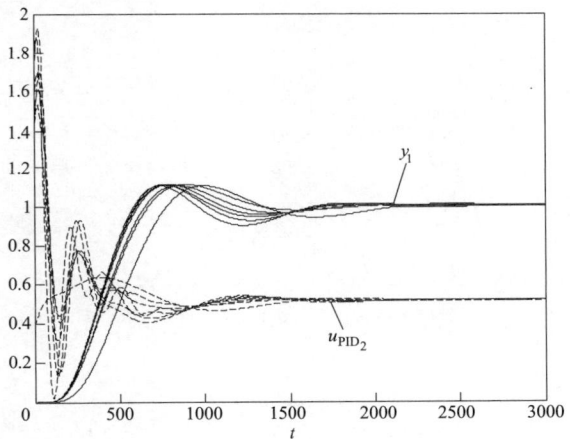

图 4-46　$P_m = 0.001$、0.005、0.01、0.05、0.1、0.3、0.5 时最优参数下的响应曲线

能性也增大。因此，如果能用本章第 4.4 节的经验公式估计出优化参数的一个大概初始值，以此为中心，在其两侧选择一定的范围作为寻优变量区间，则可以减小"早熟"概率。如果不能用经验公式估计参数的初始值，那么可以先在一个很大的空间中搜索，当找到一个相对较好的解以后，就可以以此解为中心，在其两侧选定一个较小的寻优变量区间。

"早熟"现象是搜索算法的固有缺陷，许多学者都对该问题进行过较为深入的研究，也取得了很多理论上的成果，但是，这些研究仅建立在几个标准的目标函数上，而在实际工程中，优化问题的目标函数是千差万别的，而且同一种优化算法对不同目标函数的搜索效果是非常不同的，所以许多理论研究成果很难在实际工程优化问题中得到应用。

5. 基于十进制浮点数编码的遗传算法实现程序及应用

（1）遗传算法程序。基于十进制编码的遗传算法寻优主程序如程序 O＿GA10＿main．m 所示。

```matlab
%基于十进制编码的遗传算法寻优主程序 O_GA10_main.m
clear all;
global DT LP k1 n1 k2 n2 A1 B1 A2 B2 y1 y2 u t
global FAI_l FAI_h Mp_l Mp_h Um FAI Mp tr ts umax
%%%%%%%%%%%%%%%%%%%%%%控制系统的结构参数%%%%%%%%%%%%%%%%%%%%%%%%
DT = 3; ST = 3000; LP = ST/DT;
k1 = 1.94; n1 = 6; T1 = 88.5; k2 = 0.93; n2 = 2; T2 = 73.3;
A1 = exp(-DT/T1); B1 = 1 - A1;
A2 = exp(-DT/T2); B2 = 1 - A2;
%#################遗传算法的控制参数##################
PopSize = 60; ; %种群规模
MaxGen = 60; %遗传代数
m = 12; %复制个体数
Pc = 0.6; %交叉概率
Pm = 0.002; %变异概率
Km = 0.5; %变异操作数
N = 4; %优化变量个数(编码长度)
X_LLimits = [1, 100, 0.1, 50]; %设置寻优参数下限
X_HLimits = [4, 400, 1.0, 150]; %设置寻优参数上限
FAI_l = 0.76; FAI_h = 0.98; Mp_l = 10; Mp_h = 20; Um = 2; %对品质指标的约束
%%%%%%%%%%%%%%%%%%%%随机产生初始种群的染色体%%%%%%%%%%%%%%%%%%%
Chrom = rand(PopSize, N);
for s = 1: PopSize
    for i = 1: N
        x(s, i) = X_LLimits(i) + (X_HLimits(i) - X_LLimits(i)) * Chrom(s, i);
    end
end
%%%%%%%%%%%%%%%%%%%%迭代开始%%%%%%%%%%%%%%%%%%%%%%
for K = 1: MaxGen
    for s = 1: PopSize
        [J(s)] = Obj_simu452(x(s,:)); %求目标函数
    end
    %%%%%%%%%%%%%%%%%%%%%%按目标函数从小到大排序#####%%%%%%%%%%%%%%
    for s = 1: PopSize - 1
        [f_min fm] = min(J(s: PopSize));
        fm = fm + s - 1;
        J(fm) = J(s); J(s) = f_min;
        Tempx = x(s,:); x(s,:) = x(fm,:); x(fm,:) = Tempx;
    end
    %################选择(复制前 m 个个体)#################
    M_Tempx = x(m + 1: PopSize - m,:);
    x(m + 1: 2*m,:) = x(1: m,:);
    x(2*m + 1: PopSize,:) = M_Tempx;
```

```
%******************单点交叉操作********************
for i = 1: 2: (PopSize - 1)
    R = rand;
    if Pc>R
        j0 = ceil(N * rand);%随机获取交叉点位置
        for j = j0: N
            a = rand; b = rand;%获取交叉操作随机数
            x1 = (1 - a) * x(i, j) + b * x(i + 1, j);
            x2 = (1 - b) * x(i + 1, j) + a * x(i, j);
            x(i, j) = x1; x(i + 1, j) = x2;
            if x(i, j)<X_LLimits(j); x(i, j) = X_LLimits(j); end
            if x(i, j)>X_HLimits(j); x(i, j) = X_HLimits(j); end
            if x(i + 1, j)<X_LLimits(j); x(i + 1, j) = X_LLimits(j); end
            if x(i + 1, j)>X_HLimits(j); x(i + 1, j) = X_HLimits(j); end
        end
    end
end
% &&&&&&&&&&&&&&&&&&& 变异操作 &&&&&&&&&&&&&&&&&&&&
for i = 1: PopSize
    for j = 1: N
        R = rand;
        if Pm>R
            rm = round(rand); arf = rand;%获取变异操作随机数
            if rm = = 0
                x(i, j) = x(i, j) + Km * arf * (X_HLimits(j) - x(i, j));
            else
                x(i, j) = x(i, j) - Km * arf * (x(i, j) - X_LLimits(j));
            end
            if x(i, j)<X_LLimits(j); x(i, j) = X_LLimits(j); end
            if x(i, j)>X_HLimits(j); x(i, j) = X_HLimits(j); end
        end
    end
end
end
%%%%%%%%%%%%%%%%%%%%%%%%输出结果%%%%%%%%%%%%%%%%%%%%%%%%
Result = x(1,:)
[Q] = Obj_simu452(Result);
plot(t, y1, t, u, '--')
```

（2）应用实例。下面仍以图 4-13 所示某 300MW 热电机组主蒸汽温度串级控制系统的控制器参数优化为例，目标函数保持不变，遗传算法控制参数中的复制个体数 $m = 12$，变异操作数 $k_m = 0.8$，其他同程序 O_GA2_main.m。

该程序的 10 次运行结果列于表 4-17 中，系统响应曲线如图 4-47 所示。

表 4-17　　　　　　　　十进制编码下的遗传算法 10 次运行的结果

运行次数	最优参数				品质指标				
	δ_1	T_{i_1}	δ_2	T_{i_2}	φ	M_p	t_r	t_s	u_{max}
（1）	2.69	319.0	0.25	50.0	1.07	3.3	636	1569	2.12
（2）	3.41	228.8	0.28	50.0	0.95	10.0	645	1626	1.57
（3）	3.05	249.5	0.26	50.0	0.93	10.4	609	1587	1.82
（4）	3.08	181.9	0.30	50.0	0.87	31.3	528	2247	1.72
（5）	3.18	302.4	0.29	50.0	0.94	1.9	—	—	1.59
（6）	2.96	265.3	0.22	65.8	0.93	8.6	618	1581	1.95
（7）	3.00	261.9	0.37	52.1	0.92	10.2	612	1593	1.44
（8）	2.74	278.8	0.31	60.4	0.91	11.3	582	1560	1.67
（9）	3.09	263.7	0.27	50.0	0.95	6.5	645	1587	1.75
（10）	2.82	275.0	0.41	89.1	0.88	5.7	594	1641	1.15

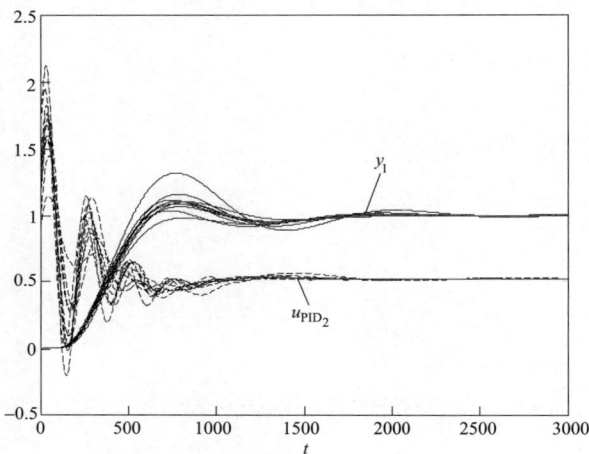

图 4-47　最优参数下的响应曲线

从表 4-17 中可以看出，第（4）、第（5）次的超调量不满足要求，第（1）次的控制器输出幅值太大，这三次搜索结果都是不可用的，也即搜索是失败的。因此，与二进制编码相比，十进制编码的收敛性较差，而且从综合控制品质来看，也不如二进制编码的好。

4.8.2　蚁群优化算法

受到自然界中真实蚁群集体行为的启发，意大利学者 M. Dorigo 于 1991 年在法国巴黎召开的第一届欧洲人工生命会议上最早提出了蚁群算法的基本模型。1992 年，M. Dorigo 又在其博士论文中进一步阐述了蚁群算法的核心思想[5]。

Dorigo 等人充分利用了蚁群搜索食物的过程与著名的旅行商问题（TSP）之间的相似性，吸取了昆虫王国中蚂蚁的行为特性。通过人工模拟蚂蚁搜索食物的过程，即通过个体之间的信息交流与相互协作最终找到从蚁穴到食物源的最短路径，有效地解决了 TSP 问题。

自从在 TSP 等离散型组合优化问题上取得成效以来，蚁群算法已陆续渗透到其他问题领域中，如二次分配问题、Job-Shop 问题、网络路由选择、车辆调度问题、机器人视线规划等，并表现出良好的性能，显示出其强大的生命力和美好的发展潜力。较强的鲁棒性、寻找路径过程的并行性以及易于与其他启发算法结合的优越性，使得蚁群算法吸引了越来越多研究者的注意，不断对其进行更深入的研究。但是，由于群体智能搜索算法存在的固有缺陷，使得对蚁群算法的理论研究遇到的困难越来越大，因此现在也仅能是把对蚁群算法的研究集中在它的应用上。

1. 蚁群算法的基本原理

（1）真实蚂蚁的集体行为。生物学家研究发现，蚂蚁在觅食过程中会留下一种分泌物，即信息素（pheromone）。蚂蚁根据路径上的信息素浓度进行路径选择，同时会在所经过的路径上释放信息素，信息素的浓度随时间慢慢挥发，因此相同时间内，从巢穴到食物源所走的路径越短，信息素残留的浓度就越高，再次被蚂蚁选中的概率就越大。蚁群的集体行为构成了一种学习信息的正反馈机制，蚂蚁之间通过这种信息交流寻求通向食物的最短路径。蚁群算法正是模拟了这样的优化机制，即通过个体之间的信息交流与相互协作最终找到最优解。蚁群优化算法包含两个基本阶段：适应阶段和协作阶段。在适应阶段，各候选解根据积累的信息不断调整自身结构。在协作阶段，候选解之间通过信息交流，以期望产生性能更好的解。

下面简单阐述真实蚂蚁觅食的行为，并以此机制为基础提出基本蚁群算法的模型。这将有助于理解人工蚂蚁的产生机理，也有助于理解算法的机制。蚁群算法的主要生物性特征如下：

1）自组织。自组织是描述微观模式，是微观角度的相互作用和过程。在社会性昆虫中，自组织是指每个昆虫具有自我行为的能力。整个组织中没有监视者，不需去组织协调每个昆虫的行为，整个蚁群的行为井然有序。通过简单个体之间的相互作用，就能获得复杂的智能行为。

蚂蚁群体通过众多的简单个体之间的相互作用，能够适应环境的改变。在一个或者几个蚂蚁个体停止工作时，仍然能够保持整个系统的正常功能，具有很好的抗干扰能力。在社会性昆虫环境中，自组织依赖于以下机理：

a. 正反馈。正反馈是指昆虫在解决问题时能够收敛到好的方案的一种机制。在觅食行为中，是蚂蚁找到从蚁穴到食物源的一条最近路径。蚂蚁是通过在所发现的食物源与蚁穴之间移动时，沿途释放一种挥发性信息素。正反馈机制是因为蚂蚁能够感知到释放的信息素，并依赖本能跟随其他蚂蚁所释放的信息素前进。这些蚂蚁在同一条路径上再次释放信息素，进一步加强了已经存在信息素强度。通过这种方式提高了其他蚂蚁沿此路径前进的概率，因此产生所谓的正反馈机制。

b. 负反馈：负反馈是抵消正反馈作用的一种机制，是蚂蚁释放的信息素自然挥发的过程。在蚁群算法中负反馈机制就是指信息素的挥发，这种机制使得蚂蚁能够及时离开效果差的方案而搜索其他更好的路径。负反馈机制需要蚂蚁在前进过程中连续不断地释放信息素，才能保持路径上的信息素，否则在路径上信息素挥发完之后，将导致路径被"遗忘"。

c. 随机性：自组织能力依赖于随机性，是发现新路径的一种关键性因素。不仅通过随机性构造解，随机性同时也具有关键性作用，因为随机性能发现新的解。一个蚂蚁迷失方向，没有沿原路径前进，或许就会发现一个更好、更接近于蚂蚁穴的食物源，或者一条到食物源的更理想路径。

2）间接通信。自组织能力主要描述蚂蚁群体中所观察到的微观模式。间接通信主要是指蚂蚁系统中个体之间的相互作用，通过影响环境，以一种间接、异步的方式在蚂蚁之间相互交流消息，并对环境的变化做出反应，而不需要在同一时间、同一地点与其他蚂蚁进行消息交流。

蚂蚁群体里的个体在前进的过程中，沿途释放信息素，其他蚂蚁能够感知这种信息素并能跟随信息素前进，这就构成一种间接的、异步的通信模式。一个蚂蚁能够与曾经到过此路径的蚂蚁进行信息交流，并进一步吸引其他蚂蚁沿此路径前进，形成一种正反馈机制。

综上所述，通过蚂蚁之间的间接通信，利用正反馈机制，蚁群就能发现蚂蚁穴到食物源之间的最短路径。初始蚂蚁以相同概率随机漫游，在某一时刻，蚂蚁发现了食物源并沿原路返回蚂蚁穴，这就会加强了路径上的信息素值，从而吸引更多的蚂蚁沿此路径前进。这种正反馈机制最终确保了几乎所有的蚂蚁沿同一路径前进，形成了从蚂蚁穴到食物源的路径。

（2）人工蚂蚁的集体行为。在蚁群优化算法中，一个有限规模的人工蚂蚁群体，可以相互协作地搜索用于解决优化问题的最优解。每只蚂蚁（一个可行解）根据问题所给出的准则，从被选的初始状态出发建立一个可行解，或是解的一个组成部分。在建立问题的解决方案时，每只蚂蚁都收集关于问题特征（例如在 TSP 问题中路径的长度）和自身行为规则（例如蚂蚁倾向于沿着信息素强度高的路径移动）的信息。蚂蚁既能够共同地行动，又能独立地工作，显示了一种相互协作的行为。它们不使用直接通信，而是用信息素指引着蚂蚁之间的信息交换。人工蚂蚁使用一种结构上的贪婪启发法搜索可行解，每只蚂蚁都能够找出一个解，但很可能是较差解。蚁群中的所有个体同时建立了很多不同的解决方案，找出高质量的解是群体中所有个体之间相互协作的结果。

人工蚂蚁并不试图完全地模拟真实蚂蚁的行为，它们具有真实蚂蚁所没有的能力，例如，人工蚂蚁就具有记忆它们所经历路径的能力。

所谓蚂蚁的记忆功能就是，能够存储关于蚂蚁过去的信息，便于携带有用的信息用于计算所生成方案的优劣度，而且为控制解决方案的可行性奠定了基础。在一些组合优化问题中，利用蚂蚁的记忆可以避免将蚂蚁引入不可行的状态。例如在 TSP 问题中，利用蚂蚁的记忆可以记录蚂蚁已经走过的城市，并将它们置于一个禁忌表中，禁止蚂蚁重复经过这些城市，进而能够满足 TSP 问题的约束条件，从而有效地避免了将蚂蚁引入不满足 TSP 问题约束条件的状态。因此，蚂蚁可以仅仅使用关于局部状态的信息和可行状态行为的信息，就能建立可行的解决方案。

在基本蚁群算法中，人工蚂蚁的行为可以如下描述：人工蚂蚁相互协作在所求问题的解空间中搜索可行解，这些人工蚂蚁按照人工信息素浓度的大小和基于问题的启发式信息，在问题空间移动以构造问题的可行解。在此，信息素类似于一种分布式的长期记忆，这种记忆不是局部地存在于单个的人工蚂蚁中，而是全局地分布于整个问题的解空间中。当人工蚂蚁在问题空间中移动时，它们在其经过的路径上留下信息素，这些信息素反映了人工蚂蚁在问题空间觅食（即解的构造）过程中的经历。人工蚂蚁在解空间中逐步移动从而构造问题解，同时，它们根据解的质量在其路径上留下相应浓度的信息素。蚁群中的其他蚂蚁倾向于沿着信息素浓度大的路径前进，同样蚂蚁在这些路径上留下自己的信息素，这就形成一种正反馈形式的强化学习机制，这种正反馈机制将指引蚁群找到高质量的问题解。

除人工蚂蚁的觅食行为外，蚁群优化算法包括另外一种机制，即信息素挥发。遗忘（forgetting）是一种高级的智能行为，作为遗忘的一种形式，路径上的信息素随着时间不断挥发将驱使人工蚂蚁搜索解空间中新的领域，从而避免求解过程过早的收敛于局部最优解。

蚁群算法必须具有运行终止标准，即所求的解达到预定的条件后，算法停止继续求解。

2. 基本蚁群算法的实现方法

蚁群算法提出的初期被用来解决 TSP 问题，又称为旅行推销员问题、货郎担问题。TSP 问题是数学领域中著名问题之一。它假设一个旅行商人要拜访 n 个城市，他必须选择所要走的路径，路径的限制是每个城市只能拜访一次，而且最后要回到原来出发的城市。路径的选择目标是要求得的路径路程为所有路径之中的最小值。

下面先来讨论蚁群算法用于求解 TSP 问题时的实现方法。

首先引入以下符号：

m ——蚁群中蚂蚁（可行解）的总数目，每只蚂蚁代表一个可行解；

n ——TSP 规模（即城市数目）；

d_{ij} ——城市 i 和城市 j 之间的距离（$i,j = 1,2,3,\cdots,n$）。若城市 i 的坐标为 (x_i, y_i)，则城市 i 到 j 的距离为：$d_{ij} = \sqrt{(x_i - x_j)^2 - (y_i - y_j)^2}$；

$b_i(t)$ —— t 时刻，位于城市 i 的蚂蚁数；

$\eta_{ij}(t)$ —— t 时刻，蚂蚁从城市 i 转移到城市 j 的期望度，为启发式因子。在 TSP 问题中 $\eta_{ij}(t) = 1/d_{ij}$，称为能见度；

$\tau_{ij}(t)$ —— t 时刻，在城市 i 和城市 j 之间的路径上的信息素量。在算法的初始时刻，将 m 只蚂蚁随机放在 n 个城市，并设各条路径上的信息素量 $\tau_{ij}(t) = C$（C 为常数）；

$P_{ij}^k(t)$ —— t 时刻，蚂蚁 k 从城市 i 转移到城市 j 的概率。位于城市 i 的蚂蚁 k（$k = 1,2,3,\cdots,m$）选择路径时按概率 $P_{ij}^k(t)$ 决定转移方向，即

$$P_{ij}^k(t) = \begin{cases} \dfrac{\tau_{ij}^{\alpha}(t)\eta_{ij}^{\beta}(t)}{\sum\limits_{s \in allowed(k)} \tau_{is}^{\alpha}(t)\eta_{is}^{\beta}(t)} & j \in allowed(k) \\ 0 & \text{其他} \end{cases} \tag{4-104}$$

式中 α, β ——分别表示路径上的信息素量和启发式因子的重要程度；

$allowed(k)$ ——蚂蚁 k 下一步允许选择的城市。

蚂蚁每经过一个城市，就将其放入禁忌表（tabu list）中。禁忌表记录了在 t 时刻蚂蚁已经走过的城市，不允许该蚂蚁在本次循环中再经过这些城市，由此满足了蚂蚁必须经过所有 n 个不同的城市这个约束条件。当本次循环结束后，禁忌表被用来计算该蚂蚁当前所建立的解决方案（即蚂蚁所经过的路径长度）。之后，禁忌表被清空，该蚂蚁又可以自由地进行选择。

蚂蚁走过 n 个城市后，完成了一次循环，即走完了一步。蚂蚁在走过的路径上会留下信息素，路径上的信息素也会被挥发，因此，在每只蚂蚁完成对 n 个城市的遍历后，要对各条路径上的信息素进行调整，即

$$\tau_{ij}(t + \Delta t) = \rho\tau_{ij}(t) + \Delta\tau_{ij}(t) \tag{4-105}$$

$$\Delta\tau_{ij}(t) = \sum_{k=1}^{m} \Delta\tau_{ij}^k(t) \tag{4-106}$$

式中 ρ ——信息素残留系数，从走完上一步到完成本步后信息素会被部分挥发，因此 ρ 的取值范围应在 0 到 1 之间；

$\tau_{ij}(t + \Delta t)$ ——走完本步后留在 i 到 j 路径上的信息素；

$\tau_{ij}(t)$ ——走完上一步后留在 i 到 j 路径上的信息素；

$\Delta\tau_{ij}(t)$ ——从走完上一步到完成本步后信息素增量；

$\Delta\tau_{ij}^k(t)$ ——第 k 只蚂蚁在本次循环中留在路径 (i,j) 上的信息素量。

不难看出，式（4-105）很像爬山法中的式（4-9），因此说群体智能搜索算法更像是一群人在爬山，他们共同完成搜索最佳点的任务。

根据信息素更新策略的不同，Dorigo M 曾给出三种不同的实现方法，分别称之为 Ant-Cycle 模型、Ant-Quantity 模型及 Ant-Density 模型，其差别就在于 $\Delta\tau_{ij}^k(t)$ 的求法不同。

在 Ant-Cycle 模型中

$$\Delta\tau_{ij}^k(t)=\begin{cases}\dfrac{Q}{L_k}&\text{若第 }k\text{ 只蚂蚁在 }t\text{ 到 }t+\Delta t\text{ 时刻经过路径}(i,j)\\[2mm]0&\text{其他}\end{cases}\tag{4-107}$$

在 Ant-Quantity 模型中

$$\Delta\tau_{ij}^k(t)=\begin{cases}\dfrac{Q}{d_{ij}}&\text{若第 }k\text{ 只蚂蚁在 }t\text{ 到 }t+\Delta t\text{ 时刻经过路径}(i,j)\\[2mm]0&\text{其他}\end{cases}\tag{4-108}$$

在 Ant-Density 模型中

$$\Delta\tau_{ij}^k(t)=\begin{cases}Q&\text{若第 }k\text{ 只蚂蚁在 }t\text{ 到 }t+\Delta t\text{ 时刻经过路径}(i,j)\\[2mm]0&\text{其他}\end{cases}\tag{4-109}$$

式中 　Q——信息素强度，在一定程度上影响算法的收敛速度；

$\quad\quad L_k$——第 k 只蚂蚁在本次循环中所走路径长度。

三者的区别是：式（4-108）、式（4-109）利用的是整体信息，即蚂蚁完成一次周游后，更新所有路径上的信息素；而式（4-107）利用的是局部信息，即蚂蚁每走一步都要进行信息素的更新。由于在求解 TSP 问题中，式（4-107）的性能较好，因此通常将式（4-107）作为蚁群算法的基本模型。

基本蚁群算法解决 TSP 问题时的运行过程如下：m 只蚂蚁同时从某城市出发，根据（4-104）的状态转移概率公式选择下一个旅行的城市。每到达一个城市后，将其放入禁忌表中。一次遍历完成后，由式（4-105）更新各条路径上的信息素量，反复执行上述过程，直至终止条件成立。基本蚁群算法流程图如图 4-48 所示。

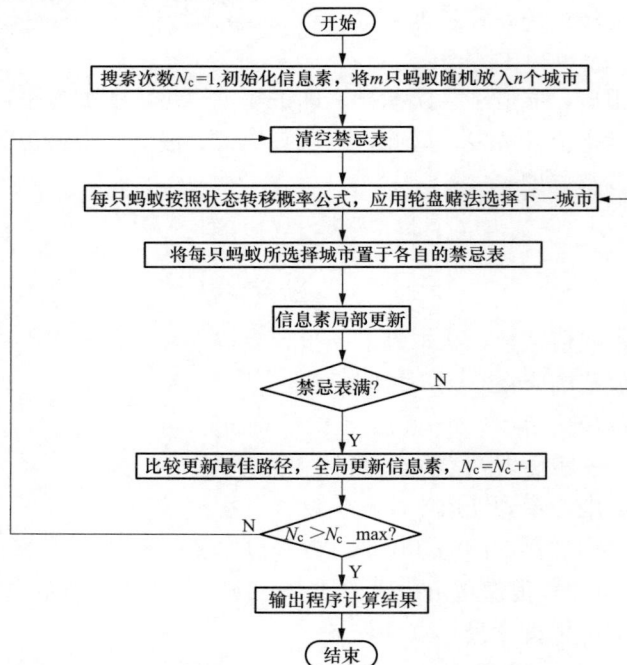

图 4-48　基本蚁群算法流程图

N_c—搜索次数；N_{c_max}—允许的搜索次数

蚁群算法提出主要用于解决 TSP 问题，在解决离散域的组合优化问题中有较好表现。经过近些年的发展和不断深入研究，蚁群算法在解决连续域函数优化问题时也取得了较好的成果。在控制系统参数优化方面，很多学者提出了不同的方法，成功地将蚁群算法运用到 PID 控制器参数优化中，并且取得了较好的控制效果。其中比较典型的方法有：将离散域中的"信息量存留"的过程拓展为连续域中的"信息分布函数"，运用网格划分将解空间离散化；或将每个解分量的可能值组成一个动态的候选组，并记录每个候选组的信息量等。

下面讲述一种更接近基本蚁群算法的方法，将 PID 控制器参数优化问题转换成 TSP 问题。

（1）编码规则。蚁群算法是从解决离散域组合优化问题而来的，因此如果用于求解连续空间优化问题，首先要解决的是参数的编码问题。

首先定义一个有向多重图，如图 4-49 所示。其城市节点集合为 $\{C_1, C_2, \cdots, C_S\}$。其中 C_1 为起始节点，终点未记录在内。每个城市只与相邻城市之间有路径相连，且每两相邻城市之间存在 10 条可选的路径，分别标以数值 0，1，2，$\cdots$，9（代表可行解某一位的可能数值）。蚁蚁从起始节点 C_1 出发，只能向前做单向运动，不会重复经历任何城市，因此无需设置禁忌表。

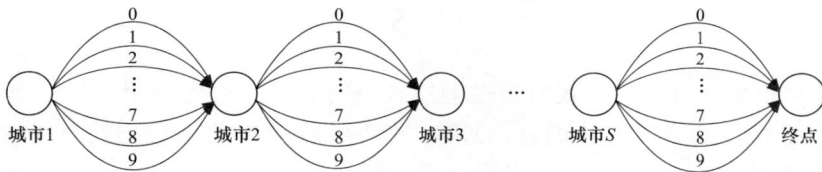

图 4-49　蚁群算法的参数编码

假设一个寻优变量 x_i 用标幺值 e_i 来表述（即 $0 \sim 1$ 之间的值），且每个变量需要 L（编码长度）个城市来描述，即

$$e_i = 0. c_1 c_2 \cdots c_i, \ i = 1, 2, \cdots, N \tag{4-110}$$

式中　N——连续空间优化问题的维数；

　　　c_i——小数点后的第 i 位。

描述一只蚁蚁（一个可行解）所需要的城市个数则为

$$S = LN \tag{4-111}$$

每只蚁蚁从起点开始，每向前走向一个城市都有 10 条路可以选择，即每位的可能值是 $c_m = 0 \sim 9 (m = 1, 2, \cdots, L)$。蚁蚁每经过 L 个城市，则得到对应解中的一个变量 e_i，且 e_i 的可能值为

$$e_i = \frac{c_1}{10} + \frac{c_2}{10^2} + \cdots + \frac{c_L}{10^L} \tag{4-112}$$

e_i 的最大可能值则为

$$\max(x_i) = \frac{9}{10} + \frac{9}{10^2} + \cdots + \frac{9}{10^L} = 0.99\cdots9^L$$

由此看出，L 越大则精度越高。每只蚁蚁依次遍历全部城市并到达终点后，即得到一个问题

的解 $E = \{e_i \mid i = 1, 2, \cdots, N\}$。

设第 k 只蚂蚁的某次遍历所形成的轨迹为 $\{c_{k1}, c_{k2}, \cdots, c_{ks}\}$，则该蚂蚁的遍历过程所对应的解可由下式计算，即

$$e_i = \sum_{m=1}^{L} \frac{c_{kj}}{10^m} \qquad i = 1, 2, \cdots, N; \; j = (i-1)L + m \tag{4-113}$$

$$x_i = (x_{iH} - x_{iL}) \cdot e_i + x_{iL} \tag{4-114}$$

式中　c_{kj}——蚂蚁 k 从第 j 个城市出发时所选择的 10 条路径之一，取值在 $0 \sim 9$ 之间；

x_{iH}，x_{iL}——分别为变量 x_i 取值范围的上、下限。

（2）优化过程。首先，将各条路径上的信息素用相同的数值初始化。随即令各只蚂蚁由同一起点开始逐次进行遍历活动。与 TSP 问题类似，蚂蚁按照状态转移概率公式选择由每座城市出发所采取的路径。对于第 t 次遍历，设蚂蚁 k 从城市 i 移动到下一城市选择第 j 条路径的概率为 $P_{ij}^k(t)$，其值采用式（4-115）计算，即

$$P_{ij}^k(t) = \frac{\tau_{ij}(t)}{\sum\limits_{p=1}^{L} \tau_{ip}(t)} \tag{4-115}$$

一次遍历结束后，对每只蚂蚁所走过的路径进行评价。首先利用式（4-113）和式（4-114）求得对应的解，并求取相应的目标函数。然后记录下到目前为止的最佳路径。接下来采用下式对各只蚂蚁所经路径上的信息素进行更新，即

$$\tau_{ij}^k(t+1) = \rho_1 \tau_{ij}^k(t) + \Delta \tau_{ij}^k(t) \tag{4-116}$$

$$\Delta \tau_{ij}^k(t) = \begin{cases} \dfrac{Q}{Q_k} & \text{若第 } k \text{ 只蚂蚁在 } t \text{ 到 } t + \Delta t \text{ 时刻经过路径}(i, j) \\ 0 & \text{其他} \end{cases} \tag{4-117}$$

为了加强最佳路径对蚂蚁行为的影响，采用下式对该其信息素进行强化，即

$$\tau_{ij}^k(t+\Delta t) = \rho_2 \tau_{ij}^k(t) + \Delta \tau_{ij}^k(t) \tag{4-118}$$

$$\Delta \tau_{ij}^k(t) = \begin{cases} \dfrac{Q}{Q_{\text{best}}} & \text{若第 } k \text{ 只蚂蚁在 } t \text{ 到 } t + \Delta t \text{ 时刻经过路径}(i, j) \\ 0 & \text{其他} \end{cases} \tag{4-119}$$

信息素更新完成后，进入下一次遍历，直到达到最大遍历次数 N_C 为止。最后，输出在历次遍历过程中所选出的最佳路径所对应的解。

从上面的分析可以看出，蚂蚁个数和遍历次数决定了蚁群算法计算目标函数的规模。因此，蚂蚁个数和遍历次数的选取原则同遗传算法中的种群规模和遗传代数。

蚁群优化算法主程序如程序 O_Ant_main.m 所示。

```
%蚁群优化算法主程序 O_Ant_main.m
clear all;
global DT LP k1 n1 k2 n2 A1 B1 A2 B2 y1 y2 u t
global FAI_l FAI_h Mp_l Mp_h Um FAI Mp tr ts umax
```

```
%%%%%%%%%%%%%%%%%%%%%%控制系统的结构参数%%%%%%%%%%%%%%%%%%%%%%%%%%%
DT = 3；ST = 3000；LP = ST/DT；
k1 = 1.94；n1 = 6；T1 = 88.5；k2 = 0.93；n2 = 2；T2 = 73.3；
A1 = exp( - DT/T1)；B1 = 1 - A1；
A2 = exp( - DT/T2)；B2 = 1 - A2；
%#####################蚁群算法的控制参数####################
N = 4；%优化变量个数
City = 24；%城市个数，优化变量总位数
Dig = City/N；%每个变量位数
Path = 10；%路径个数
N_max = 30；%遍历次数
AntSize = 40；%蚂蚁个数
q1 = 1000.0；%信息素强度
q2 = 1500.0；%信息素强度
rou1 = 0.8；%信息素挥发率
rou2 = 1.0；%信息素强化率
X_LLimits = [1，200，0.1，50]；%设置寻优参数下限
X_HLimits = [4，400，1.0，150]；%设置寻优参数上限
FAI_l = 0.76；FAI_h = 0.98；Mp_l = 10；Mp_h = 20；Um = 2；%对品质指标的约束
%%%%%%%%%%%%%%%%%%%%%%%%%信息素初始化%%%%%%%%%%%%%%%%%%%%%%%%%
tao = ones(City, Path) * 100.0；
bestsolution = 1e15；
%#######################迭代开始#########################
for nc = 1：N_max
    for k = 1：AntSize
        for i = 1：City
            drand = rand(1)；
            partsum = sum(tao(i,:))；
            part = 0.0；
            for j = 1：Path    %%轮盘赌方式选择路径
                part = part + tao(i, j)/partsum + 0.0001；
                if drand< = part
                    break；
                end
            end
            route(k, i) = j；%第 j 条路径被选中
        end
    end
    %评价每只蚂蚁的路径(译码并计算目标函数)
    for k = 1：AntSize
        [x] = evaluesolution(City, route(k,:), N)；
        for i = 1：N
```

```
x1(i) = X _ LLimits(i) + (X _ HLimits(i) - X _ LLimits(i)) * x(i);
        end
[solution(k)] = Obj _ simu452(x1);
End
% 从蚁群遍历过的所有路径中找出最好的路径
    for k = 1: AntSize
        if solution(k)<bestsolution
            bestsolution = solution(k);
            for s = 1: City
                bestroute(s) = route(k, s);
            end
        end
    end
    detatao = zeros(City, AntSize);
% 以蚂蚁为单位局部更新信息素
for k = 1: AntSize
        for s = 1: City
            detatao(s, route(k, s)) = q1/solution(k);
        end
        for i = 1: City
            for j = 1: Path
                tao(i, j) = rou1 * tao(i, j) + detatao(i, j);
            end
        end
    end
    % 更新最佳路径的信息素
    for s = 1: City
        detatao(s, bestroute(s)) = q2/bestsolution;
        tao(s, bestroute(s)) = rou2 * tao(s, bestroute(s)) + detatao(s, bestroute(s));
    end
end
% 输出结果
[x] = evaluesolution(City, bestroute, N);
for i = 1: N
x1(i) = X _ LLimits(i) + (X _ HLimits(i) - X _ LLimits(i)) * x(i);
end
[J] = Obj _ simu452(x1);
plot(t, y1, t, u, ' - -')
```
路径评价子程序为 evaluesolution. m。
```
% 路径评价子程序 evaluesolution. m
function [x] = evaluesolution(City, route, N)
n = 0;
```

```
for i = 1: N; x(i) = 0; end
% 解码
Dig = City/N;
for i = 1: City
    m = mod(i - 1, Dig);
    if m = = 0&n<N
        n = n + 1;
    end
    x(n) = x(n) + (route(i) - 1)/10∧(m + 1);
end
```

下面仍以图 4-13 所示某 300MW 热电机组主蒸汽温度串级控制系统控制器参数优化为例，目标函数保持不变，蚁群算法控制参数见程序 O_Ant_main.m。计算目标函数子程序仍为 Obj_simu452.m。

对该程序运行 10 次，得到的优化结果见表 4-18，系统响应曲线如图 4-50 所示。

表 4-18   蚁群算法 10 次运行的结果

运行次数	优化结果				品质指标				
	δ_1	T_{i_1}	δ_2	T_{i_2}	φ	M_p	t_r	t_s	u_{max}
（1）	3.93	209.2	0.28	73.1	0.97	10.0	696	1671	1.20
（2）	2.87	300.5	0.47	84.2	0.90	10.1	633	1650	1.03
（3）	2.85	270.1	0.20	90.2	0.92	10.4	603	1587	1.99
（4）	2.78	281.4	0.33	55.7	0.91	10.0	594	1563	1.61
（5）	3.55	230.1	0.39	61.1	0.95	10.2	666	1674	1.12
（6）	2.72	285.7	0.29	60.7	0.91	10.0	588	1554	1.76
（7）	3.71	223.5	0.31	87.1	0.96	10.2	687	1704	1.12
（8）	3.75	209.9	0.22	60.4	0.96	10.3	672	1650	1.59
（9）	2.56	287.5	0.33	54.1	0.88	13.9	552	1521	1.75
（10）	3.53	228.5	0.38	54.5	0.95	10.0	660	1656	1.20

与遗传算法一样，算法中含有随机操作，因此每次运行程序时，会得到不同的运行结果，通过多次运行选择一组较好的参数即可。

从综合控制效果来看（如表 4-18 及图 4-50 所示），这 10 组参数下的动态品质比较接近，虽然有的控制器输出较大，但也在允许的范围内。因此，优化出的每组参数都是可以接受的，而且在工程中是很难区别这些输出响应之间差别的。由此说明，蚁群算法的收敛性较好，同样适合多值目标函数的优化问题。

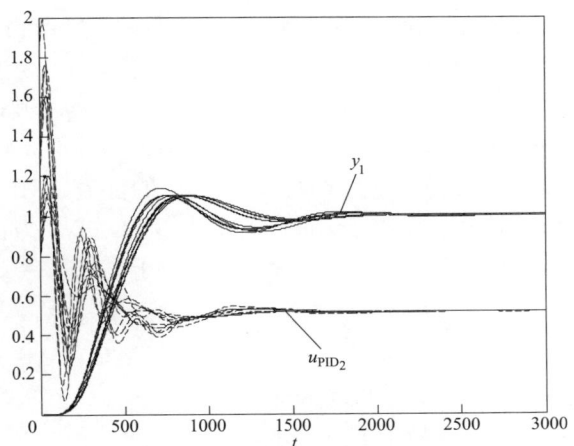

图 4-50 蚁群算法最优参数下的系统响应曲线

4.8.3　粒子群优化算法

粒子群优化算法（PSO）是由 James Kennedy 和 Russell Eberhart 设计的一种仿生优化计算方法，它的设计思想主要来源于人工生命和进化算法。PSO 作为一种通过对自然界中生物捕食现象的模拟而提出的群体智能算法，采用了基于种群的全局搜索策略和简单的速度-位移模式，相对于遗传算法，避免了复杂的遗传操作，使其便于实现，计算速度快，因此得到了广泛的关注和研究。

粒子群算法是一种较好的全局优化算法，它主要用来优化复杂的非线性函数，稍加修改，也可以用来解决组合优化问题。PSO 算法简单，不用像遗传算法那样对每一个特定的问题设计出相应的编码方案，在计算机上很容易实现。与遗传算法和蚁群算法类似，粒子群算法也不需要待优化函数可导、可微，甚至不要求知道待优化函数的具体表达式，只要通过编程能够得出待优化函数值（适应度），此方法就是适用的。

粒子群算法是通过对某种群体搜索现象的简化模拟而设计的，就目前来说，它的数学理论基础还比较薄弱，缺乏严格意义上的数学证明，正是因为如此，粒子群优化算法缺乏可信性，它不一定能够保证所得解的可行性和最优性，甚至在很多情况下无法阐述其与最优解的近似程度。上述这些是群体智能优化算法的固有缺陷，因此对它的研究也主要集中在实际应用上。

1. 粒子群算法原理

（1）PSO 基本思想。PSO 的基本思想是把每一个优化问题的解都看成是搜索空间中的粒子，所有的粒子都有一个被优化的函数决定的适应值（fitness value），每个粒子还有一个速度向量决定它们飞翔的方向和距离，然后粒子们就追随当前的最优粒子在解空间中进行搜索。PSO 首先初始化一群随机粒子（初始速度、位移及其决定的适应值都随机化），然后通过迭代搜索最优解。在每一次迭代中，粒子通过跟踪两个最优值来更新自己，第一个就是粒子本身目前所找到的最优解 X_{best_i}，即个体最优值。每个粒子都具有记忆能力，X_{best_i} 是它们记住的各自曾经达到的最好位置。另一个最优值是整个种群目前找到的最优解 X_{best_g}，即全局最优值，其中假设群体之间存在着某种通信方式，每个粒子都能够记住目前为止整个群体的最好位置。

基本粒子群算法的实现方法如下：

假设在一个 N 维的目标搜索空间中 [N 维相当于 $Q(X)$ 中未知因子个数，也就是优化参数个数]，有 m 个粒子组成的一个群体（即 m 组可能解），其中第 i 个粒子的位置表示为向量 $X_i = (x_{i1}, x_{i2}, \cdots, x_{iN})$，$i = 1, 2, \cdots, m$；其速度也是一个 N 维的向量，记为 $V_i = (v_{i1}, v_{i2}, \cdots, v_{iN})$。随机产生一组 X_i，作为初始种群，将 X_i 带入目标函数 $Q(X_i)$ 就可以计算出其适应值，根据适应值的大小衡量 X_i 的优劣。对于最小化问题，目标函数值越小，对应的适应值就越好。设粒子 i 走过若干步以后，迄今为止经历的最优位置记为 $X_{\text{best}_i} = (x_{i_1}, x_{i_2}, \cdots, x_{i_N})$，相应的适应值记为 Q_{best_i}，则粒子 i 前进一步后的最好位置由式（4-120）来确定。

$$X_{\text{best}_i}(t + \Delta t) = \begin{cases} X_{\text{best}_i}(t) & Q[X_i(t + \Delta t)] > Q_{\text{best}_i} \\ X_i(t + \Delta t) & Q[X_i(t + \Delta t)] \leqslant Q_{\text{best}_i} \end{cases} \tag{4-120}$$

式中　t——当前位置时刻；

$t + \Delta t$——粒子前进一步后的时刻。

在寻优过程中，粒子群前进了若干步后，所经历的最优位置记为 $X_{\text{best}_g} = (x_{g1}, x_{g2}, \cdots,$

x_{gN}），其对应的适应值即全局最优解记为 Q_{best_g}，则每个粒子根据式（4-121）来更新自己的速度，即

$$v_{ij}(t+\Delta t) = v_{ij}(t) + c_1 r_1 [X_{best_{ij}} - x_{ij}(t)] + c_2 r_2 [X_{best_{gj}} - x_{ij}(t)] \qquad (4\text{-}121)$$

式中　i——$1,2,\cdots,m$；

　　　　j——$1,2,\cdots,N$；

　　　　t——当前位置时刻；

　$t+\Delta t$——粒子前进一步后的时刻；

　　　　c_1——认知因子；

　　　　c_2——社会因子；

　r_1, r_2——$0\sim1$之间的随机数；

　c_1, c_2——分别代表了向自身极值和全局极值推进的加速权值，大量实验表明，一般取 $c_1=c_2=2$ 比较好，但实际上加速权值是可以变化的，而且如何变化将直接影响寻优过程。

在速度更新时，不应该超出给定的速度范围，即要求 $V_i \in [-V_{max}, V_{max}]$，单步前进的最大值 V_{max} 根据粒子的取值区间长度来确定。

根据爬山法的原理，有了飞行速度（前进步长），就可以按着式（4-9）的结构形式来更新自己的位置（前进一步），即：

$$x_{ij}(t+\Delta t) = x_{ij}(t) + v_{ij}(t+\Delta t) \qquad (4\text{-}122)$$

式中根据实际问题来确定粒子的取值范围 $x_{ij} \in [x_{ij_{min}}, x_{ij_{max}}]$。

根据式（4-121）及式（4-122），一步一步地走下去，直至达到要求，取得极值。

由以上的分析可以看出，粒子群中的粒子个数和它们的前进步数决定了粒子群算法计算目标函数的规模。因此，粒子个数和前进步数的选取原则同遗传算法中的种群规模和遗传代数。

（2）PSO 算法流程。基本 PSO 算法流程如下：

1）初始化，包括定义初始种群（速度-位移模型以及种群大小等），进化代数，还有一些修正改进算法中可能用到的常量。

2）评价种群。计算初始种群各个粒子的适应度。

3）求出当前的 X_{best_i} 和 X_{best_g}。

4）进行速度和位置的更新。

5）评价种群。计算新种群中粒子适应度。

6）比较 X_{best_i} 和 X_{best_g}，若优越则替换。

7）判断算法结束条件（包括精度要求和前进步数要求）。满足则跳出循环，不满足则跳 4）继续执行。

2. 标准粒子群算法

标准粒子群算法是指带惯性权重的 PSO，它是对基本粒子群算法最早的一种改进，这种改进启发其他研究者更加深入地研究粒子群优化机制和其他更加有效的方法。

标准 PSO 主要是在速度公式（4-121）中引入了惯性权重 ω，即

$$v_{ij}(t+\Delta t) = \omega v_{ij}(t) + c_1 r_1 [X_{best_{ij}} - x_{ij}(t)] + c_2 r_2 [X_{best_{gj}} - x_{ij}(t)] \qquad (4\text{-}123)$$

惯性权重 ω 是为了平衡全局搜索和局部搜索而引入的，惯性权重代表了原来速度在下一

步中所占的比例，ω 较大时，前一速度的影响较大，全局搜索能力比较强；ω 较小时，前一速度的影响较小，局部搜索能力比较强。合适的 ω 值在搜索速度和搜索精度方面起着协调作用。因此，一般采用惯性权重递减策略，即在算法的初期取较大的惯性权值 ω 以对整个问题空间进行有效的搜索，算法进行后期惯性权值 ω 较小以有利于算法的收敛。惯性权重递减公式为

$$\omega = \omega_{\max} - \frac{\omega_{\max} - \omega_{\min}}{T_{\max}} t \tag{4-124}$$

式中　　$\omega_{\max}, \omega_{\min}$ ——分别为 ω 的最大、最小值，ω 的取值范围通常取在 $0.8 \sim 1.2$ 之间；

　　　　$T_{\max}, t$ ——分别是最大的前进步数和当前已走过的步数。

另外 Clerc 提出的收缩因子法也是一种标准的 PSO 算法。他是把基本的速度公式见式 (4-122) 改变为

$$v_{ij}(t + \Delta t) = \gamma v_{ij}(t) + c_1 r_1 \left[X_{\mathrm{best}_{ij}} - x_{ij}(t) \right] + c_2 r_2 \left[X_{\mathrm{best}_{gj}} - x_{ij}(t) \right] \tag{4-125}$$

其中

$$\gamma = \frac{2}{\left| 2 - \varphi - \sqrt{\varphi^2 - 4\varphi} \right|} \tag{4-126}$$

其中，$\varphi = c_1 + c_2$，且 $\varphi > 4$。

通常情况下取 $c_1 = c_2 = 2.05$，$\varphi = 4.1$，此时 $\gamma = 0.7298$。实验结果表明两种方法差不多，收缩因子很有效率，但是在有些情况下无法得到全局极值点。

在下面给出的粒子群优化算法程序中，采用标准 PSO 算法，即选择式 (4-123) 作为速度公式，同时惯性权重 ω 采用递减策略，即通过式 (4-124) 来决定 ω。

粒子群优化算法主程序如程序 O_pso_main.m 所示。

```
%粒子群优化算法主程序 O_PSO_main.m
clear all;
global DT LP k1 n1 k2 n2 A1 B1 A2 B2 y1 y2 u t
global FAI_l FAI_h Mp_l Mp_h Um FAI Mp tr ts umax
%%%%%%%%%%%%%%%%%%%%%%%%控制系统的结构参数%%%%%%%%%%%%%%%%%%%%%%%%%
DT = 3; ST = 3000; LP = ST/DT;
k1 = 1.94; n1 = 6; T1 = 88.5; k2 = 0.93; n2 = 2; T2 = 73.3;
A1 = exp(-DT/T1); B1 = 1 - A1;
A2 = exp(-DT/T2); B2 = 1 - A2;
%###################粒子群算法的控制参数###################
N = 4;%优化变量个数
M = 100;%粒子个数
Tmax = 100;%最大前进步数
wx = [0.8 1.2];%惯性权重区间
c = [2 2];%认知及社会因子
X_LLimits = [1, 100, 0.1, 50];%寻优参数下限
X_HLimits = [4, 400, 1.0, 150];%寻优参数上限
Vmax = [0.2, 5, 0.05, 5];%优化变量速度限制
FAI_l = 0.76; FAI_h = 0.98; Mp_l = 10; Mp_h = 20; Um = 2;%对品质指标的约束
```

```
%&&&&&&&&&&&&&&&&&&&&&&&&寻优变量初始值&&&&&&&&&&&&&&&&&&&&&&&&&
X = rand(N, M);
V = zeros(N, M);
for i = 1: M
    for j = 1: N; X(j, i) = X_LLimits(j) + (X_HLimits(j) - X_LLimits(j)) * X(j, i); end
    [Q(i)] = Obj_simu452(X(:, i)); %计算目标函数
end
Qbi = Q; Xbi = X;
Qbg = Q(1); Xbg = X(:, 1);
for i = 2: M
    if Qbg>Q(i); Qbg = Q(i); Xbg = X(:, i); end
end
%%%%%%%%%%%%%%%%%%%%%%%迭代开始%%%%%%%%%%%%%%%%%%%%%%%%%%%%%%%%
for T = 1: Tmax
    w = wx(2) - (wx(2) - wx(1))/Tmax * T;
    for i = 1: M
        for j = 1: N
            V(j, i) = w * V(j, i) + c(1) * rand(1) * (Xbi(j, i) - X(j, i));
            V(j, i) = V(j, i) + c(2) * rand(1) * (Xbg(j) - X(j, i)); %更新速度
            if V(j, i)>Vmax(j); V(j, i) = Vmax(j); end
            if V(j, i)< - Vmax(j); V(j, i) = - Vmax(j); end
        end
        X(:, i) = X(:, i) + V(:, i); %更新位置
        for j = 1: N
            if X(j, i)<X_LLimits(j); X(j, i) = X_LLimits(j); end
            if X(j, i)>X_HLimits(j); X(j, i) = X_HLimits(j); end
        end
        [Q(i)] = Obj_simu452(X(:, i)); %计算目标函数
        %确定粒子 i 的最优解
        if Qbi(i)>Q(i); Qbi(i) = Q(i); Xbi(:, i) = X(:, i); end
        %确定粒子群全局最优解
        if Qbg>Qbi(i); Qbg = Qbi(i); Xbg = Xbi(:, i); end
    end
end
%%%%%%%%%%%%%%%%%%%%%%%输出结果%%%%%%%%%%%%%%%%%%%%%%%%%%%%%%%%
Xbg
[Qbg] = Obj_simu452(Xbg); %计算目标函数
plot(t, y1, t, u, '--')
```

下面仍以图 4-13 所示某 300MW 热电机组主蒸汽温度串级控制系统控制器参数优化为例，目标函数保持不变，粒子群算法控制参数见程序 O_PSO_main.m。计算目标函数子程序仍为 Obj_simu452.m。

对该程序运行 10 次，得到的优化结果见表 4-19，系统响应曲线如图 4-51 所示。

表 4-19 　　　　　　　　　　　粒子群算法 10 次运行的结果

运行次数	优化结果				品质指标				
	δ_1	T_{i_1}	δ_2	T_{i_2}	φ	M_p	t_r	t_s	u_{max}
（1）	2.95	258.0	0.24	54.1	0.93	10.1	603	1575	1.97
（2）	2.99	255.3	0.22	62.1	0.93	10.0	609	1584	1.99
（3）	3.05	252.4	0.20	77.1	0.93	10.1	618	1602	1.96
（4）	3.03	252.1	0.21	65.0	0.93	10.1	615	1590	1.96
（5）	3.21	243.1	0.18	96.8	0.94	10.0	636	1629	1.96
（6）	3.13	242.5	0.22	52.3	0.94	10.0	621	1593	1.99
（7）	3.04	252.6	0.20	79.0	0.93	10.2	615	1602	1.99
（8）	3.11	249.4	0.18	96.8	0.94	10.1	627	1620	1.99
（9）	3.09	249.4	0.19	80.9	0.94	10.1	621	1608	1.97
（10）	3.16	248.0	0.18	118.0	0.94	10.1	639	1638	1.99

与其他算法一样，算法中含有随机操作，因此每次运行程序时，会得到不同的运行结果。但是，从综合控制效果来看（如表 4-19 及图 4-51 所示），这 10 组参数下的动态品质已经非常接近，因此说明与遗传算法和蚁群算法相比，粒子群算法的收敛性最好。

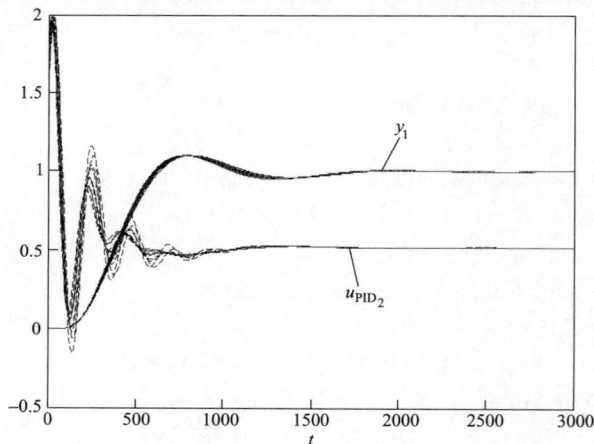

图 4-51　最优参数下的系统响应曲线

4.9　多变量控制系统参数优化

现代工程系统的特点是庞大、复杂、变量之间耦合严重，绝大多数系统都是多变量系统。因此，现代工程控制理论所面临的最大问题就是多变量控制系统的建模与优化控制问题。有关多变量系统的建模问题将在第 5 章讨论，控制系统优化设计问题将在第 7 章讨论，本章仅就怎样使用前面所述的各种优化算法来优化多变量系统控制器的参数进行讨论。

在实际的多变量控制系统中，无论控制量是什么物理量，它的下限和上限对应着相应的控制器输出的下限和上限。而对各控制器的输出都做了"归一化"处理，即把控制器的输出限制在区间（0% ~ 100%）内。因此，优化时所给出的被控对象传递函数的量纲应该是%/%。如果是按此量纲给出的被控对象传递函数，则各被控量的输出幅值基本会在同一数量级上。如果对各被控量的调节品质要求也相同，则可以设计一个总体目标函数，同时优化所有控制器的参数。

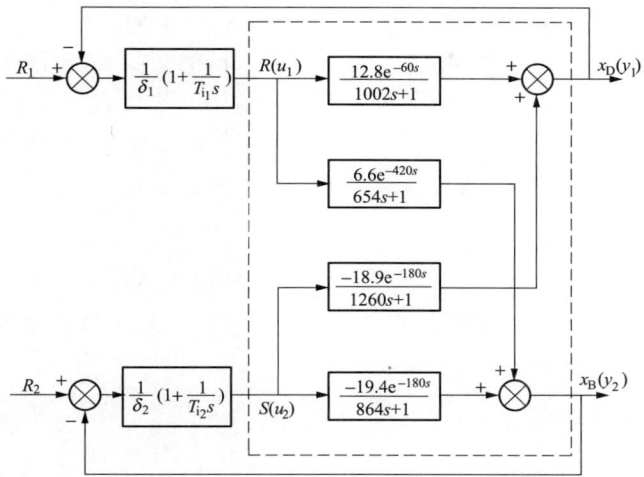

图 4-52　二元精馏塔控制系统方框图

下面考虑文献［52］给出的一个二元精馏塔分离甲醇和水混合物系统（见图 4-52）控制器参数的优化问题。

首先以每个主通道作为被控对象，用经验公式法粗略估计出相应通道中的控制器参数作为优化时的初始值，再根据这个初始值选择优化参数区间：

对于 $R \rightarrow x_D$ 通道，被控对象的传递函数为

$$\frac{x_D}{R} = \frac{12.8 e^{-60s}}{1002s + 1}$$

根据经验公式式（4-39）和式（4-40）即可得到控制器 PI_1 的初始参数：

$$\delta_1 = 0.081 \times 12.8 \times (8 + 2) = 10.368,\ T_{i_1} = 0.6 \times (1002 + 60) = 637.2$$

据此，可以选定 PI_1 参数的论域选为

$$\delta_1 \in (1, 12),\ T_{i_1} \in (200, 700)$$

对于 $S \rightarrow x_B$ 通道，被控对象的传递函数为

$$\frac{x_B}{S} = \frac{-19.4 e^{-180s}}{864s + 1}$$

根据经验公式式（4-39）和式（4-40）即可得到控制器 PI_2 的初始参数：

$$\delta_2 = -0.081 \times 19.4 \times (8 + 2) = -15.714,\ T_{i_2} = 0.6 \times (864 + 180) = 626.4$$

据此，可以选定 PI_2 参数的论域选为

$$\delta_2 \in (-20, -5),\ T_{i_2} \in (200, 700)$$

选取目标函数

$$Q = \int_0^{t_s} t(|e_1(t)| + |e_2(t)|) \mathrm{d}t + \sum_{i=1}^4 Q_i \tag{4-127}$$

罚函数如下：

$$Q_1 = \begin{cases} 10^{30}, & \varphi_1 < 0.76 \\ 0, & 0.76 \leqslant \varphi_1 \leqslant 0.98 \\ 10^{20}, & \varphi_1 > 0.98 \end{cases}$$

$$Q_2 = \begin{cases} 10^{15}, & M_{P_1} < 5\% \\ 0, & 5\% \leqslant M_{P_1} \leqslant 20\% \\ 10^{25}, & M_{P_1} > 20\% \end{cases}$$

$$Q_3 = \begin{cases} 10^{30}, & \varphi_2 < 0.76 \\ 0, & 0.76 \leqslant \varphi_2 \leqslant 0.98 \\ 10^{20}, & \varphi_2 > 0.98 \end{cases}$$

$$Q_4 = \begin{cases} 10^{15}, & M_{P_2} < 5\% \\ 0, & 5\% \leqslant M_{P_2} \leqslant 20\% \\ 10^{25}, & M_{P_2} > 20\% \end{cases}$$

使用粒子群算法对该系统进行优化，粒子群算法初始化部分程序如 O_PSO_main_491.m 所示。

```
% 粒子群优化算法主程序 O_PSO_main_491.m
clear all;
%###############粒子群算法的控制参数###############
N = 4;% 优化变量个数
M = 60;% 粒子个数
Tmax = 60;% 最大前进步数
wx = [0.8 1.2];% 惯性权重区间
c = [2 2];% 认知及社会因子
X_LLimits = [1, 200, -20, 200];% 寻优参数下限
X_HLimits = [12, 700, -5, 700];% 寻优参数上限
Vmax = [0.5, 10, 0.5, 10];% 优化变量速度限制
%###############其他部分同 O_PSO_main.m###############
```

二元精馏塔控制系统目标函数计算子程序为 Obj_MIMO_simu491.m。

```
% 二元精馏塔控制系统目标函数计算子程序 Obj_MIMO_simu491.m
function [Q] = Obj_MIMO_simu491 (V)
% clear all;
DT = 3; ST = 6000; LP = ST/DT;
FAI_l = 0.9; FAI_h = 0.99; Mp_l = 5; Mp_h = 20;% 设置品质指标约束
%%%%%%%%%%%%%%控制系统结构参数%%%%%%%%%%%%%%
r = 2; q = 2;
K = [12.8 -18.9; 6.6 -19.4];
T = [1002 1260; 654 864];
Tao = [60 180; 420 180];
R = [1 1];
%%%%%%%%%%%%%%设置控制器参数%%%%%%%%%%%%%%
% DTA = [10.4 -15.7]; Ti = [637 626];% 初始参数
% DTA = [6.3 -15.7]; Ti = [636 627];% 整体优化时最优参数
% DTA = [1.37 -11.6]; Ti = [438 635];% 单独优化时最优参数
```

```matlab
DTA (1) = V (1); Ti (1) = V (2);
% DTA (1) = 1.37; Ti (1) = 438; % 优化 PI2 时
DTA (2) = V (3); Ti (2) = V (4);
% DTA (2) = -15.7; Ti (2) = 627; % 优化 PI1 时
%%%%%%%%%%%%%%%%%%%%%%%设置初始值################
xi (1: 2) = 0; z (1: 2) = 0; x = zeros (q, r); Q = 0;
for i = 1: q
    for j = 1: r
        A (i, j) = exp (-DT/T (i, j)); B (i, j) = 1 - A (i, j);
    end
end
LD = round (Tao/DT);
for i = 1: q
    for j = 1: r
        x_del (i, j, 1: LD (i, j)) = 0;
    end
end
%%%%%%%%%%%%%%%%%%%%%%%%%%%开始仿真计算%%%%%%%%%%%%%%%%%%%%%%%%%%%%
for k = 1: LP
    for j1 = 1: r
        % 控制器仿真计算
        e (j1) = R (j1) - z (j1);
        xi (j1) = xi (j1) + DT/DTA (j1) /Ti (j1) * e (j1);
        u (j1, k) = e (j1) /DTA (j1) + xi (j1);
        % 惯性部分仿真计算
        for j2 = 1: q
            x (j2, j1) = A (j2, j1) * x (j2, j1) + K (j2, j1) * B (j2, j1) * u (j1, k);
        end
    end
    % 纯迟延部分仿真计算
    for j1 = 1: q
        for j2 = 1: r
            for j = 1: LD (j1, j2) -1; x_del (j1, j2, j) = x_del (j1, j2, j+1); end
            x_del (j1, j2, LD (j1, j2)) = x (j1, j2);
        end
    end
    % 计算系统输出
    for i = 1: q
        yy (i, k) = 0;
        for j = 1: r; yy (i, k) = yy (i, k) + x_del (i, j, 1); end
        z (i) = yy (i, k);
    end
```

```
    t0 (k)  = k * DT;
    Q = Q + t0 (k)  *  (abs (e (1))  + abs (e (2)))  * DT;
end
[Mp, tr, ts, FAI, Tp, E1, E2, E3] = O_quality (DT, LP, yy (1,:), t0);
if FAI<FAI_l; Q = Q + 10∧30; end
if FAI>FAI_h; Q = Q + 10∧20; end
if Mp<Mp_l; Q = Q + 10∧15; end
if Mp>Mp_h; Q = Q + 10∧25; end
[Mp, tr, ts, FAI, Tp, E1, E2, E3] = O_quality (DT, LP, yy (2,:), t0);
if FAI<FAI_l; Q = Q + 10∧30; end
if FAI>FAI_h; Q = Q + 10∧20; end
if Mp<Mp_l; Q = Q + 10∧15; end
if Mp>Mp_h; Q = Q + 10∧25; end
% subplot (2, 2, 1), plot (t0, u (1,:), 'b'); hold on;
% subplot (2, 2, 3), plot (t0, yy (1,:), 'b'); hold on;
% subplot (2, 2, 2), plot (t0, u (2,:), 'b'); hold on;
% subplot (2, 2, 4), plot (t0, yy (2,:), 'b'); hold on;
```

优化时，让 $r_1 = r_2 = 1(t)$，得到的优化结果为

$$\delta_1 = 6.3, \ T_{i_1} = 636; \ \delta_2 = -15.7, \ T_{i_2} = 627$$

最优参数下的系统阶跃响应曲线如图 4-53 所示。

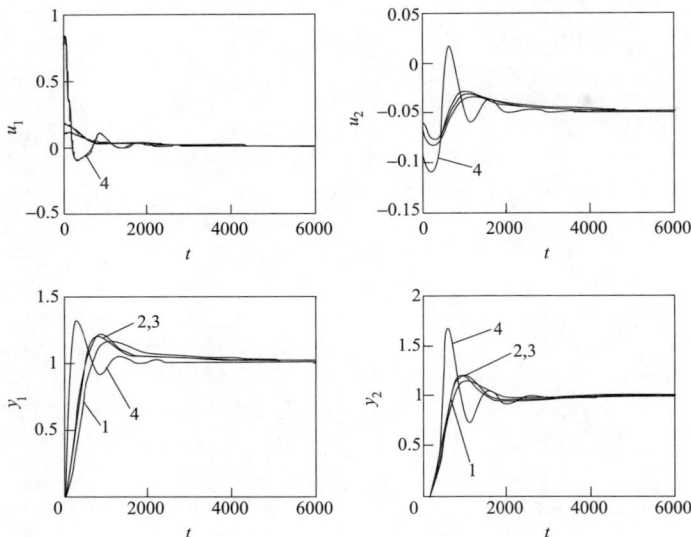

图 4-53　二元精馏塔控制系统在最优参数下的响应曲线

1—经验公式；2—整体优化；3—同时定值扰分别优化；4—分别定值扰分别优化

由于同时对两个控制器进行优化，把对两个系统输出的控制品质要求综合在一起，形成一个整体目标函数，如式（4-127）所示。如果式（4-127）中的 $e_1(t)$ 和 $e_2(t)$ 的幅值不在同一个数量级上，那么很有可能一个输出的品质指标在目标函数中起主导作用，而另一个输出

的品质指标不起作用（本例中就是这种情况）。此外，如果对每个系统输出品质指标的要求不同时，就不容易给出整体目标函数。因此，通常是对每个控制器分别进行优化。

具体的优化方法是：先选择一个控制器进行优化，另外通道中的控制器参数固定在初始参数上。当该通道优化完成后，再选择另一个控制器进行优化，固定已经优化过的通道控制器参数。依此类推，优化出所有通道中的控制器参数。

现在先来优化控制器 PI_1 的参数：

取 $\delta_2 = -15.7$，$T_{i_2} = 626$；PI_1 参数的论域及目标函数同前。选取 $r_1 = 1(t)$，$r_2 = 0$ 时，得到的 PI_1 的最优参数为

$$\delta_1 = 1.37, \quad T_{i_2} = 438$$

选取 $r_1 = 1(t)$，$r_2 = 1$ 时，得到的 PI_1 的最优参数为

$$\delta_1 = 6.3, \quad T_{i_2} = 636$$

现在再来优化控制器 PI_2 的参数：

如果选取 $r_1 = 0$，$r_2 = 1(t)$，则使 $\delta_1 = 1.38$，$T_{i_1} = 438$；PI_2 参数的论域及优化目标函数同前。得到的 PI_2 的最优参数为

$$\delta_2 = -11.6, \quad T_{i_2} = 635$$

如果选取 $r_1 = 1$，$r_2 = 1(t)$，则使 $\delta_1 = 6.3$，$T_{i_2} = 636$；PI_2 参数的论域及优化目标函数同前。得到的 PI_2 的最优参数则为

$$\delta_2 = -17.9, \quad T_{i_2} = 541$$

在各种优化策略的最优参数下，系统仿真响应曲线如图 4-53 所示。

现在来分析各种优化结果：

从图 4-53 中可以看出，经验公式优化方法与整体优化方法，以及同时加入定值扰动但分别优化时的优化结果比较接近。经验公式法是按着单回路进行整定的，另一个输入对该回路产生的扰动作为外扰；整体优化方法是把对系统的两个输出控制品质要求综合成一个目标函数，而且目标函数中 $e_1(t)$ 的幅值高于 $e_2(t)$ 的一个数量级，因此在优化时实际上只有对第一个输出的品质要求在起作用。因此，这种方法的优化结果与经验公式的基本相同。同时加入定值扰动但分别优化时，先得到了 PI_1 的参数，当优化 PI_2 时，第一个回路已经正常工作，虽然目标函数是按 $e_2(t)$ 来计算的，但是 $u_1(t)$ 对系统输出 $y_2(t)$ 起主导作用，这与按总体目标函数计算时非常接近，因此优化结果与经验公式的比较接近，与整体优化结果非常接近。而当分别加入定值扰动，逐一优化各控制器参数时，目标函数都是按各自的偏差来设计的，优化时，由于其他回路的给定值为零，对当前优化回路的扰动较小，不起主要作用，因此按此方法优化出的结果与其他方法的相差较大。从图（4-53）中也可以看出，这种优化方法使调节速度得到了大幅度的提高，但是超调量大大增加。这又一次说明，调节速度与超调量是相互矛盾的两个品质指标。

4.10　本　章　小　结

最优化问题的求解方法一般可以分间接法和直接法。间接法是当目标函数和约束条件有明显的解析表达式时，先用求导数的方法或变分法求出必要条件，得到一组方程或不等式，再求解这组方程或不等式。然而，在实际工程中，多数优化问题的目标函数和约束条件都不

能直接写成解析表达式，因此间接法不适合于工程应用。

直接法是当目标函数较为复杂或者不能用变量显函数描述时，按一定规律改变优化变量 a，一般采用的是爬山法，即直接计算目标函数 $Q(a_{k+1})\left[a_{k+1}=a_k+h_kp_k,(k=1,2,\cdots)\right]$ 的值，来达到搜索到最优点的目的。在现代工程中，通常使用该方法。

在经典控制理论时期，最常用的直接优化算法是单变量的黄金分割法和多变量的单纯形法。现在，计算机的计算速度已经足够得快，黄金分割法已经不再用于控制系统参数优化，仅用在现代工程系统的优选学问题（物理、化学试验）中。

单纯形法以其算法简单、容易手工计算的特性成为求解运筹学中线性规划问题的通用方法。现在一般的线性规划问题都是应用单纯形法标准软件在计算机上求解，对于具有 10^6 个决策变量和 10^4 个约束条件的线性规划问题已能在计算机上解得。

单纯形法可以求解多变量优化问题，而且需要迭代计算的次数也较少，因此，在 20 世纪 70 年代，许多学者也把单纯形法用于求解多变量函数优化问题，特别是在缺少计算机应用的年代，更显示出单纯形法在求解多变量函数优化问题上的重要性。但是，单纯性法仅适合于单值目标函数的寻优，即它是一种局部优化算法，不适合于全局优化问题。

随着计算机的计算速度提高，穷举法的实际应用越来越多，现在 1～3 个参数的优化问题可以使用穷举法来完成。

目前，群体智能优化算法主要有模拟生物进化的遗传优化算法、模拟蚂蚁行为的蚁群优化算法、模拟鸟类行为的粒子群优化算法等。虽然有些文献表明对鱼群算法有些研究，但是该方法与粒子群算法如出一辙，没有优越性，因此实际应用的并不多。

群体智能优化算法本质上是一种概率搜索，它不需要问题的梯度信息，它们是在整个搜索空间内随机地寻找最好点。群体智能优化算法不像爬山法（单纯形法）那样，一个人从某一起始点出发，按照一定规则下的前进方向和步长搜索前进。群体智能优化算法更像是一群人在爬山，每个人都从不同的起始点（随机选取）出发，在搜索前进过程中，根据同伴的信息以及自己已经获得的信息，确定自己下一步搜索前进的方向和步长。就这样在整个搜索空间内，群体相互协作，完成搜索全局最优点的任务。

群体智能优化算法的缺点是显而易见的，由于是随机搜索，不可能每次都能找到最优点，因此群体智能优化算法不能用于实时在线优化控制问题。

本章给出的两个参数优化经验整定公式是非常有效的。有自平衡能力被控对象的经验整定公式如式（4-39）～式（4-42）所示；无自衡能力被控对象的经验整定公式如式（4-43）～式（4-46）所示。实践表明，它们都具有很强的适应能力。

本章给出的传递函数等效变换经验公式也是非常有效的，它为经验整定参数公式打下基础，扩大了经验整定公式的适用范围，也给系统分析带来极大的方便。

对于串级控制系统，由于选择目标函数困难，不能同时优化主、副控制器的参数，必须先优化内回路控制器，然后再优化外回路控制器。

对于多变量控制系统，如果不同的输入对同一个输出的作用不在同一个数量级上，使得设计总体目标函数更加困难，从而导致不同的优化方案会有不同的优化结果。

第 5 章

生产过程系统建模理论与方法

5.1 建模方法综述

控制理论在实际工程中的应用总离不开生产设备或过程的数学模型。因此，系统建模就成为自动化领域里的一个重要内容。根据研究的对象差异，经过多年的经验积累，形成了机理建模（白盒）和试验建模（黑盒）两种建模方法。机理建模法不是一种"普适"的方法，需要有与所求解问题领域相关的较深厚的理论知识。控制理论经过多年的发展，已经形成了以传递函数模型为基础的控制系统分析与设计方法，而由机理建模法得到的一般是差分方程，通过取极限才转换成微分方程（或状态方程）模型。因此，试验建模理论与方法就成为现代工程控制理论中的重要理论和技术。

因为试验建模法根本不去关心系统的内部情况，对任何要辨识的系统都认为是一个"黑盒子"，因此，能很容易地形成各种"普适"的系统辨识建模方法。

用试验法建立系统的数学模型，经典的辨识方法有阶跃响应法、脉冲响应法、频率响应法、最小二乘法以及相关（统计）分析法。阶跃响应法是在系统的输入加入阶跃扰动，得到系统动态特性的阶跃响应曲线，即飞升曲线，然后根据飞升曲线估算出系统的传递函数模型。阶跃响应曲线能比较直观地反映系统的动态特性，特征参数可直接取自记录曲线而无需经过中间转换。

但是，在生产现场中，真正的阶跃扰动是很难实现的，一般是斜坡加阶跃。所以，在很多时候使用近似脉冲扰动。脉冲扰动作用下的系统动态特性曲线叫作矩形脉冲响应曲线，此方法也称为脉冲响应法。在 20 世纪，要取得系统的传递函数模型，还需将该脉冲响应曲线转换成阶跃响应曲线，再由该等效的阶跃响应曲线求得系统的传递函数模型。这一过程是非常繁琐的。

由于试验方法简单、抗干扰能力强，阶跃响应法和脉冲响应法是应用最广泛的系统辨识方法。

所谓频域法是在系统的输入加入一个正弦信号（也可以是其他的任意信号），记录其输出，该输出是时域响应，再根据这些实验数据推算出它的频率响应曲线[10]。有了频率响应后，就可以利用 Bode 图求出系统的传递函数。由于不能直接测得系统的频率响应，必须通过计算得到，而且求取传递函数时也必须近似求得，因此频率响应法比较繁杂，精度也较差，有较少的实际应用。

最小二乘法是在 18 世纪末由高斯提出来的。后来，最小二乘法就成了估计理论的奠基石。所谓最小二乘法，就是系统在一定的输入激励下，测得系统的实际输出，同时把这个输入作用在一个假定的模型上，记录下这个模型的输出，当实际输出与模型输出的偏差的平方和（二乘）达到最小时，这个模型输出能最好地接近实际过程的输出。这个模型就是我们所

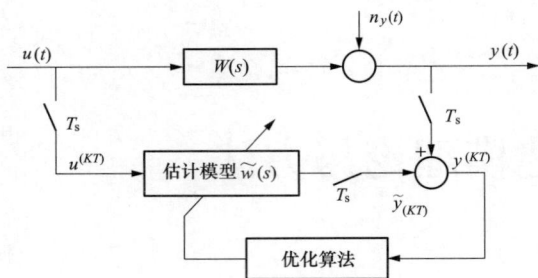

图 5-1　辨识系统结构框图

要辨识的系统模型。这一过程可以用图 5-1 来表述。

虽然在 19 世纪初就有了最小二乘法，但最小二乘辨识方法在工程上的应用却是在 20 世纪计算机被发明以后（20 世纪 60～70 年代以后），其原因还是缺乏计算工具的问题。到了 20 世纪 80 年代 PC 机出现后，人们才又开始致力于最小二乘辨识算法以及基于最小二乘算法和相关分析算法发展起来的一些其他算法，如相关最小二乘、广义最小二乘、增广最小二乘、辅助变量、极大似然[13]等辨识算法在实际工程中的应用研究。

相关分析法的理论基础是，当系统存在随机干扰时，在系统输入加入一个任意的扰动信号，测取系统的实际输入和输出，用数值计算的方法近似计算出它们之间的互相关函数，在一定条件下，这个互相关函数等价于真实的输出与输入之间的互相关函数。因此，可以通过这个互相关函数求得系统的脉冲响应。

虽然相关统计分析法已经成为一种重要的系统辨识方法（例如，具有代表性的相关最小二乘辨识算法），然而在实际应用时，为了能容易地求取系统的输入与输出的互相关函数，进而求得系统的数学模型（脉冲响应），要求加入到系统输入的扰动信号并不是任意的，一般要求加入的信号是均值为零的白噪声（或伪随机二进制序列，即 M 序列）[13]。这就给实际应用带来许多困难：一是怎样产生白噪声；二是怎样叠加到系统中去。即使在现代的生产过程控制系统中使用了计算机控制系统［分散控制系统（DCS）、现场总线控制系统（FCS）等］，这两个困难得以解决，但是辨识时对试验条件的许多苛刻要求[17]：随机信号的幅值应该较大，否则对系统产生不了激励；为了克服其他信号的影响，需要预激励，而且激励的时间还很长；在进行激励时，要求系统运行稳定，不要有其他因素干扰；要求被辨识的系统是单输入的，如果是多输入的系统，必须保证其他输入保持不变等，阻碍了该方法的实际应用。

因此，尽管最小二乘类的辨识算法理论发展得比较完善，由于上述的各种原因，这种方法在像发电生产过程、化工生产过程、炼油生产过程[3]等这种惯性时间常数大、稳定运行时间短、结构复杂的系统中很难应用，致使这类算法在工业中的应用一直踌躇不前。

系统辨识的过程实质上就是函数拟合的过程，这里包括函数的结构和参数。如果我们对系统有较为深入的了解，那么可以先给出系统模型描述函数的结构，然后辨识出函数中的参数即可。如果系统的输入 $u(t)$ 发生的变化（不论是人为干扰的还是自动控制的结果）能够激励系统输出也发生变化，而且 $u(t)$ 激励的时间足够长，能激励出系统的全部状态，那么就可以把模型辨识的问题转化成参数优化的问题（如图 5-1 所示）。

假设在时间域里，系统输入与输出的关系为

$$y(t) = f[u(t)] \tag{5-1}$$

令 $t = kT_s$，$(k = 1, 2, \cdots, m$，T_s 为采样周期；m 为采样点数$)$，代入式（5-1）有

$$y(kT_s) = f[u(kT_s)] \quad k = 1, 2, \cdots, m \tag{5-2}$$

现在的问题是，当测得实际系统的 m 组输入输出数据 $u(kT_s)$ 和 $y(kT_s)$ 时，怎样估计

一个能与 f 达到合理匹配的已知函数 f_g，使采集到的数据满足

$$y(kT_s) = f_g[u(kT_s)] \quad k = 1, 2, \cdots, m \tag{5-3}$$

f_g 即为所求的系统模型，它在一定精度上可以代表系统的真实模型 f。

估计模型 f_g 是在系统的输入输出都是确定量的前提下的数学模型，实际中系统往往存在各种难以精确描述的因素，比如：数学模型中未加考虑的各种干扰作用；模型线性化和其他近似假设引起的误差；输入量和输出量的测量误差等。因此，输入输出的量测数据不可能完全满足式（5-3），实际系统的估计模型应该用

$$y(kT_s) = f_g[u(kT_s)] + e(kT_s) \quad k = 1, 2, \cdots, m \tag{5-4}$$

来描述。其中 $e(kT_s)$ 称为残差。

显然，残差 $e(kT_s)$ 与估计模型 f_g 的参数有关，对参数的估计不同，就会产生不同的残差。但无论用什么方法对参数进行估计，所需要的是残差 $e(kT_s)$ 的绝对值越小越好，即希望 $e(kT_s)$ 趋向于零。因此，定义误差指标函数为

$$
\begin{aligned}
Q &= \sum_{k=1}^{m} \{y(kT_s) - f_g[u(kT_s)]\}^2 = \sum_{k=1}^{m} e^2(kT_s) \\
&= \sum_{k=1}^{m} [y(kT_s) - \tilde{y}(kT_s)]^2
\end{aligned}
\tag{5-5}
$$

式中　　$\tilde{y}(kT_s)$——把采集到的输入序列 $u(kT_s)$ 作用到估计模型 f_g 上时所产生的模型输出。

使式（5-5）中的 Q 达到极小值时的模型参数即为所求，并称为最小二乘估计。

最早使用最小二乘辨识时，由于缺少计算工具，必须手工完成各种数学计算，因此不得不选取差分方程模型式（5-27）作为估计模型，通过求出式（5-5）的解析解，才能得到所要辨识的参数。这就是最小二乘类辨识算法的核心思想。

现在计算机已经普遍应用到各个领域，计算机的速度已经足够地快，又发展了许多全局搜索智能优化算法（见本书第4章），为了求解式（5-5）中目标函数 Q 的最小值，就没有必要选择差分方程模型式（5-27），求出 Q 的解析解。现在，可以根据问题领域的工程经验，选择一种合适的估计模型结构，在系统运行的历史数据中，或人为地给系统加入各种扰动所得到的数据中，找出一组适合于辨识的输入、输出数据 $\{u(kT_s), y(kT_s)\}$，选择一种比较成熟的优化算法即可求解出系统的数学模型。这就是当代的智能辨识方法[42]-[48]。由于用该种辨识方法需要人为给出模型的结构，因此也称这种方法为"灰盒法"。

从对当代智能辨识方法的分析中可以看出，如果对系统进行离线辨识，经典的各种辨识方法都可以用智能辨识方法来代替。

5.2　估计模型的选择

确定模型的结构需要有被辨识系统的先验知识，以使所获模型能以最高精度满足要求。模型结构的选择是建模工作中最重要的阶段，它是决定模型质量关键性的一步。模型的结构选定以后，尽管还可以采用不同的估计模型参数的方法，但是最终的模型质量就已经基本确定。

在本书第2章已经谈到"一个实际的物理表象，可以用无穷多的数学模型来描述，物理

表象与数学模型不存在一一对应的关系，所能做的就是从各种数学模型中选择出一种来近似描述实际的物理表象"，在本书第 4 章的传递函数互相转换的经验公式（4-33）及式（4-34）中，也证明了这一点。因此，没有必要把估计模型选择得太复杂，只要选择适合工程的需要即可。

对于一般的过程系统而言[12]、[51]、[52]，可以选择式（5-6）作为被辨识系统的模型结构，即

$$W(s) = \frac{K(\alpha + \beta s)\mathrm{e}^{-\tau s}}{s^m(Ts+1)^n} \tag{5-6}$$

式中　K ——系统增益；

　　　τ ——纯迟延时间常数；

　　　T ——系统惯性时间常数；

　　　n ——惯性部分的阶次；

　　　β ——微分时间常数。

当系统为无自平衡时 $m=1$，$n=1$，有自平衡时 $m=0$。当 $\alpha=0$，$m=0$ 时，为零稳态系统。

由式（5-6）可以简化成以下几种模型结构。

1. 高阶系统

绝大多数的生产过程系统是属于有自平衡能力系统，并且属于高阶惯性环节。一般可认为它是等容高阶系统，定义它为 I 型系统，即

$$W(s) = \frac{K}{(Ts+1)^n} \tag{5-7}$$

式中　n ——整数。

差分方程为

$$x_1(k+1) = \mathrm{e}^{-DT/T}x_1(k) + K(1-\mathrm{e}^{-DT/T})u(k)$$
$$x_{2\sim n}(k+1) = \mathrm{e}^{-DT/T}x_{2\sim n}(k) + (1-\mathrm{e}^{-DT/T})x_{1\sim n-1}(k+1) \tag{5-8}$$
$$y(k+1) = x_n(k+1)$$

式中　DT ——仿真计算步距，由式（2-138）可以估算出。

辨识时模型仿真及目标函数计算子程序为 Id _ Obj _ I. m。

```
%模型结构 I：W(s) = v1/(v2s + 1)∧v3
%计算辨识优化目标函数子程序 Id _ Obj _ I. m
function [Q, y1] = objq(V)
global Ts m u y　%Ts _ 采样周期，m _ 采样点数，u—y _ 系统的输入输出数据序列
Q = 0;
n = round(V(3)); %求取对象阶次
%计算差分方程及目标函数
x(1：n) = 0;
DT = Ts；%模型仿真计算步距
A = exp( - DT/V(2)); B = 1 - A;
for k = 1：m
    for i = 1：Ts/DT
```

```
                x(1) = A * x(1) + V(1) * B * u(k);
                for j = 2: n; x(j) = A * x(j) + B * x(j-1); end
        end
    y1(k) = x(n);
    Q = Q + (y(k) - y1(k)) * (y(k) - y1(k));
end
```

2. 多容惯性系统

如果要描述有自平衡对象的细节，可以用多容惯性系统，定义它为 II 型系统，即

$$W(s) = \frac{K}{(T_1 s + 1)(T_2 s + 1) \cdots (T_n s + 1)} \tag{5-9}$$

差分方程为

$$x_1(k+1) = e^{-DT/T_1} x_1(k) + K(1 - e^{-DT/T_1}) u(k)$$

$$x_{2 \sim n}(k+1) = e^{-DT/T_{2 \sim n}} x_{2 \sim n}(k) + (1 - e^{-DT/T_{2 \sim n}}) x_{1 \sim n-1}(k+1) \tag{5-10}$$

$$y(k+1) = x_n(k+1)$$

辨识时模型仿真及目标函数计算子程序为 Id _ Obj _ II. m。

```
%模型结构 II: W(s) = v1/[(v2s + 1)(v3s + 1)(v4s + 1)(v5s + 1)(v6s + 1)] v7 阶次
%仿真及目标函数计算子程序 Id _ Obj _ II.m
function [Q, y1] = objq(V)
global Ts m u y    %Ts _ 采样周期，m _ 采样点数，u—y _ 系统的输入输出数据序列
Q = 0;
n = round(V(7)); %求取模型阶次
%计算差分方程及目标函数
x(1: n) = 0;
DT = Ts; %模型仿真计算步距
for i = 1: n
    A(i) = exp( - DT/V(i + 1));
    B(i) = 1 - A(i);
end
for k = 1: m
    for i = 1: Ts/DT
        x(1) = A(1) * x(1) + V(1) * B(1) * u(k);
        for j = 2: n
            x(j) = A(j) * x(j) + B(j) * x(j-1);
        end
    end
    y1(k) = x(n);
    Q = Q + (y(k) - y1(k)) * (y(k) - y1(k));
end
```

3. 具有纯迟延的高阶惯性系统

当系统存在纯迟延时，可以加入纯迟延环节，定义它为Ⅲ型系统，即

$$W(s) = \frac{Ke^{-\tau s}}{(Ts+1)^n} \tag{5-11}$$

差分方程为

$$x_1(k+1) = e^{-DT/T}x_1(k) + K(1-e^{-DT/T})u(k)$$
$$x_{2\sim n}(k+1) = e^{-DT/T}x_{2\sim n}(k) + (1-e^{-DT/T})x_{1\sim n-1}(k+1) \tag{5-12}$$
$$y(k+1) = x_n(k+1-\tau/DT)$$

辨识时模型仿真及目标函数计算子程序为 Id _ Obj _ Ⅲ. m。

```
%模型结构 Ⅲ: W(s) = v1 * e∧(-v4)/(v2s+1)∧v3
%仿真及目标函数计算子程序 Id _ Obj _ Ⅲ. m
function [Q, y1] = objq(V)
global Ts m u y   %Ts _ 采样周期，m _ 采样点数，u—y _ 系统的输入输出数据序列
Q = 0;
n = round(V(3)); %计算模型阶次
%计算差分方程及目标函数
x(1: n) = 0;
DT = Ts; %模型仿真计算步距
A = exp(-DT/V(2)); B = 1 - A;
LD = round(V(4)/Ts);
if LD>0; x _ del(1: LD) = 0; end
for k = 1: m
  for i = 1: Ts/DT
       x(1) = A * x(1) + V(1) * B * u(k);
       for j = 2: n; x(j) = A * x(j) + B * x(j-1); end
  end
    y0 = x(n);
    if LD>0
       y0 = x _ del(1);
       for j = 1: LD-1; x _ del(j) = x _ del(j+1); end
       x _ del(LD) = x(n);
  end
    y1(k) = y0;
    Q = Q + (y(k) - y1(k)) * (y(k) - y1(k));
end
```

4. 无自平衡能力系统

对于汽包水位系统等少数无自平衡能力对象，其传递函数可用式（5-13）来描述，并定义它为Ⅳ型系统，即

$$W(s) = \frac{Ke^{-\tau s}}{s(Ts+1)} \tag{5-13}$$

差分方程为

$$x_1(k+1) = x_1(k) + KDTu(k)$$
$$x_2(k+1) = e^{-DT/T}x_2(k) + (1-e^{-DT/T})x_1(k+1) \tag{5-14}$$
$$y(k+1) = x_2(k+1-\tau/DT)$$

辨识时模型仿真及目标函数计算子程序为 Id_Obj_IV.m。

```
%模型结构Ⅳ：G(s) = v1 * e( - v3s)/s(v2s + 1)
%仿真及目标函数计算子程序 Id_Obj_IV.m
function [Q，y1] = objq(V)
global Ts m u y  %Ts_采样周期，m_采样点数，u—y_系统的输入输出数据序列
Q = 0；
%计算差分方程及目标函数
x(1：2) = 0；
DT = Ts；%模型仿真计算步距
A = exp( - DT/V(2))；B = 1 - A；
LD = round(V(3)/Ts)；
if LD＞0；x_del(1：LD) = 0；end
for k = 1：m
    for i = 1：Ts/DT
        x(1) = x(1) + V(1) * DT * u(k)；
        x(2) = A * x(2) + B * x(1)；
    end
    y0 = x(2)；
    if LD＞0
        y0 = x_del(1)；
        for j = 1：LD-1；x_del(j) = x_del(j+1)；end
        x_del(LD) = x(2)；
    end
    y1(k) = y0；
    Q = Q + (y(k) - y1(k)) * (y(k) - y1(k))；
end
```

5. 零稳态系统

对于具有微分作用的系统，当系统趋于稳态时，输出趋近于零，把这种系统定义为 V 型系统，并称为零稳态系统，即

$$W(s) = \frac{Ks}{(Ts+1)^n} \tag{5-15}$$

差分方程为

$$x_1(k+1) = e^{-DT/T}x_1(k) + \frac{K}{T}(1-e^{-DT/T})u(k)$$
$$x_{2\sim n}(k+1) = e^{-DT/T}x_{2\sim n}(k) + (1-e^{-DT/T})x_{1\sim n-1}(k+1) \tag{5-16}$$
$$y(k+1) = [x_{n-1}(k+1) - x_n(k+1)]/DT$$

辨识时模型仿真及目标函数计算子程序为 Id_Obj_V.m。

```
%模型结构 V: W(s) = v1s/(v2s + 1)∧v3
%仿真及目标函数计算子程序 Id_Obj_V.m
function [Q, y1] = objq(V)
global Ts m u y   %Ts_采样周期，m_采样点数，u—y_系统的输入输出数据序列
Q = 0;
n = round(V(3));  %计算模型阶次
%计算差分方程及目标函数
x(1: n) = 0;
DT = Ts;  %模型仿真计算步距
A = exp( - DT/V(2));  B = 1 - A;
for k = 1: m
    for i = 1: Ts/DT
        x(1) = A * x(1) + V(1)/V(2) * B * u(k);
        for j = 2: n; x(j) = A * x(j) + B * x(j - 1); end
    end
    y1(k) = x(n - 1) - x(n);
    Q = Q + (y(k) - y1(k)) * (y(k) - y1(k));
end
```

6. 逆向响应系统

在工程中，存在一种逆向相应系统，它的表象是，在阶跃扰动作用下，系统的输出先朝着与最终趋向相反的方向变化，然后才朝着最终趋向变化。在经典控制理论里，称这种系统为非最小相位系统[27]-[29]。汽包锅炉的蒸汽量阶跃扰动引起的汽包水位变化就是逆向响应过程，在热工里被称为"虚假水位"；循环流化床锅炉一次风阶跃扰动引起的床温变化也是一个典型的逆向响应过程[47]。逆向响应系统的传递函数如式（5-17）或式（5-19）所示，定义它为Ⅵ型和Ⅶ型系统。

Ⅵ 型:
$$W(s) = \frac{K_1}{s}e^{-\tau_1 s} - \frac{K_2}{Ts + 1}e^{-\tau_2 s} \tag{5-17}$$

差分方程为
$$x_1(k + 1) = x_1(k) + K_1 \cdot DT \cdot u(k)$$
$$x_2(k + 1) = e^{-DT/T}x_2(k) + K_2(1 - e^{-DT/T})u(k) \tag{5-18}$$
$$y(k + 1) = x_1(k + 1 - \tau_1/DT) - x_2(k + 1 - \tau_2/DT)$$

辨识时模型仿真及目标函数计算子程序为 Id_Obj_Ⅵ.m。

```
%模型结构 Ⅵ: G(s) = v1 * e( - v2s)/s - v3 * e( - v5s)/(v4s + 1)
%仿真及目标函数计算子程序 Id_Obj_Ⅵ.m
function [Q, y1] = objq(V)
global Ts m u y   %Ts_采样周期，m_采样点数，u—y_系统的输入输出数据序列
Q = 0;
%计算差分方程及目标函数
```

```
x(1, 2) = 0;
DT = Ts; %模型仿真计算步距
A = exp( - DT/V(4)); B = 1 - A;
LD1 = round(V(2)/Ts); LD2 = round(V(5)/Ts);
if LD1>0; x _ del1(1, LD1) = 0; end
if LD2>0; x _ del2(1, LD2) = 0; end
for k = 1, m
    for i = 1, Ts/DT
        x(1) = x(1) + V(1) * DT * u(k);
        x(2) = A * x(2) + V(3) * B * u(k);
    end
    y10 = x(1); y20 = x(2);
    if LD1>0
        y10 = x _ del1(1);
        for j = 1, LD1 - 1; x _ del1(j) = x _ del1(j + 1); end
        x _ del1(LD1) = x(1);
    end
    if LD2>0
        y20 = x _ del2(1);
        for j = 1, LD2 - 1; x _ del2(j) = x _ del2(j + 1); end
        x _ del2(LD2) = x(2);
    end
    y1(k) = y10 - y20;
    Q = Q + (y(k) - y1(k)) * (y(k) - y1(k));
end
```

Ⅶ 型:
$$W(s) = \frac{K_1 \mathrm{e}^{-\tau_1 s}}{(T_1 s + 1)^{n_1}} - \frac{K_2 \mathrm{e}^{-\tau_2 s}}{(T_2 s + 1)^{n_2}} \tag{5-19}$$

差分方程为

$$x_1(k+1) = \mathrm{e}^{-DT/T_1} x_1(k) + K_1(1 - \mathrm{e}^{-DT/T_1})u(k)$$

$$x_{2 \sim n_1}(k+1) = \mathrm{e}^{-DT/T_1} x_{2 \sim n_1}(k) + (1 - \mathrm{e}^{-DT/T_1})x_{1 \sim n_1 - 1}(k+1)$$

$$z_1(k+1) = \mathrm{e}^{-DT/T_2} z_1(k) + K_2(1 - \mathrm{e}^{-DT/T_2})u(k) \tag{5-20}$$

$$z_{2 \sim n_2}(k+1) = \mathrm{e}^{-DT/T_2} z_{2 \sim n_2}(k) + (1 - \mathrm{e}^{-DT/T_2})z_{1 \sim n_2 - 1}(k+1)$$

$$y(k+1) = x_n(k+1 - \tau_1/DT) - z_n(k+1 - \tau_2/DT)$$

辨识时模型仿真及目标函数计算子程序为 Id _ Obj _ Ⅶ. m。

```
%模型结构 Ⅶ: G(s) = v1 * e∧( - v4)/(v2s + 1)∧v3 - v5 * e∧( - v8)/(v6s + 1)∧v7
%仿真及目标函数计算子程序 Id _ Obj _ Ⅶ.m
```

```
function [Q, y1] = objq(V)
global Ts m u y   %Ts_采样周期，m_采样点数，u—y_系统的输入输出数据序列
Q = 0;
n1 = round(V(3)); n2 = round(V(7)); %计算模型阶次
%计算差分方程及目标函数
x(1: n1) = 0; z(1: n2) = 0;
DT = Ts; %模型仿真计算步距
A1 = exp( - DT/V(2)); B1 = 1 - A1; A2 = exp( - DT/V(6)); B2 = 1 - A2;
LD1 = round(V(4)/Ts); LD2 = round(V(8)/Ts);
if LD1>0; x_del1(1: LD1) = 0; end
if LD2>0; x_del2(1: LD2) = 0; end
for k = 1: m
    for i = 1: Ts/DT
        x(1) = A1 * x(1) + V(1) * B1 * u(k);
        for j = 2: n1; x(j) = A1 * x(j) + B1 * x(j - 1); end
    end
    y10 = x(n1);
    if LD1>0
        y10 = x_del1(1);
        for j = 1: LD1 - 1; x_del1(j) = x_del1(j + 1); end
        x_del1(LD1) = x(n1);
    end
    for i = 1: Ts/DT
        z(1) = A2 * z(1) + V(5) * B2 * u(k);
        for j = 2: n2; z(j) = A2 * z(j) + B2 * z(j - 1); end
    end
    y20 = z(n2);
    if LD2>0
        y20 = x_del2(1);
        for j = 1: LD2 - 1; x_del2(j) = x_del2(j + 1); end
        x_del2(LD2) = z(n2);
    end
    y1(k) = y10 - y20;
    Q = Q + (y(k) - y1(k)) * (y(k) - y1(k));
end
```

7. 高阶有理函数系统

对于一般的线性定常系统可用有理函数来描述，它是两个多项式之比，把它定义为Ⅷ型系统，即

$$W(s) = \frac{b_n s^n + b_{n-1} s^{n-1} + \cdots + b_1 s + b_0}{s^n + a_{n-1} s^{n-1} + \cdots + a_1 s + a_0} e^{-\tau s} \tag{5-21}$$

其状态方程描述为

250

$$\begin{bmatrix} \dot{x}_1 \\ \dot{x}_2 \\ \vdots \\ \dot{x}_{n-1} \\ \dot{x}_n \end{bmatrix} = \begin{bmatrix} -a_{n-1} & 1 & 0 & \cdots & 0 \\ -a_{n-2} & 0 & 1 & \cdots & 0 \\ \vdots & \vdots & \vdots & & \vdots \\ -a_1 & 0 & 0 & \cdots & 1 \\ -a_0 & 0 & 0 & \cdots & 0 \end{bmatrix} \begin{bmatrix} x_1 \\ x_2 \\ \vdots \\ x_{n-1} \\ x_n \end{bmatrix} + \begin{bmatrix} b_{n-1} - b_n a_{n-1} \\ b_{n-2} - b_n a_{n-2} \\ \vdots \\ b_1 - b_n a_1 \\ b_0 - b_n a_0 \end{bmatrix} u \qquad (5\text{-}22)$$

输出方程为

$$y_0 = x_1 + b_n u$$
$$y = y_0(t - \tau) \qquad (5\text{-}23)$$

由式（3-78）可得到欧拉公式下的差分方程为

$$X(k+1) = (I + DT \cdot A)X(k) + DT \cdot Bu(k)$$

$$y_0(k+1) = x_1(k+1) + b_n u(k+1) \qquad (5\text{-}24)$$

$$y(k+1) = y_0\left(k + 1 - \frac{\tau}{DT}\right)$$

其中：$A = \begin{bmatrix} -a_{n-1} & 1 & 0 & \cdots & 0 \\ -a_{n-2} & 0 & 1 & \cdots & 0 \\ \vdots & \vdots & \vdots & & \vdots \\ -a_1 & 0 & 0 & \cdots & 1 \\ -a_0 & 0 & 0 & \cdots & 0 \end{bmatrix}$, $B = \begin{bmatrix} b_{n-1} - b_n a_{n-1} \\ b_{n-2} - b_n a_{n-2} \\ \vdots \\ b_1 - b_n a_1 \\ b_0 - b_n a_0 \end{bmatrix}$。

　　该传递函数比较通用，它可以描述任何系统。但是，Ⅰ～Ⅶ型传递函数中参数的物理意义很明显，工程技术人员容易掌握，而变换为Ⅷ型后，传递函数中的参数多，并失去了物理意义，而且式（5-21）中的系数 a 和 b 数量级差别很大，这给确定参数优化区间带来很大的困难。在第 4 章已经讨论过，智能优化算法对参数的区间比较敏感，因此容易使辨识失败。此外，由于计算时的误差，使某些参数发生微小的变化时，可能会使本来是最小相位系统变成非最小相位系统（直观的解释是：由于计算误差，导致传递函数中的某些系数由正小数变成负小数），使系统成为"病态"。这些因素都会导致辨识失败。因此，使用智能算法进行辨识时，尽量不使用该模型结构，如果使用，也要尽量使用低阶模型。

```
%仿真及目标函数计算子程序 Id_Obj_VIII.m
%模型结构 VIII：W(s) = e∧(-v12)[v11s∧5 + v10s∧4 + ... + v7s + v6]/[s∧5 + v5s∧(n-1) + ...
%v2s + v1]  v13_阶次
function [Q, y1] = objq(V)
global Ts m u y  %Ts_采样周期，m_采样点数，u-y_系统的输入输出数据序列
Q = 0;
n = round(V(13)); %计算模型阶次
%%%%%%%%%%%%%%%%%%%%%%%%%%求状态方程系数 A、B、C、D阵 %%%%%%%%%%%%%%%%%%%%%%%%%%
A = zeros(n);
```

```
for i = 1: n − 1; A(i, 1) = − V(n + 1 − i); end
A(n, 1) = − V(1);
for i = 1: n − 1; A(i, i + 1) = 1; end
for i = 1: n; B(i, 1) = V(6 + n − i) − V(6 + n) * V(n + 1 − i); end
%$$$$$$$$$$$$$$$$$$$$$$$求差分方程系数$$$$$$$$$$$$$$$$$$$$$$$$$$$$$$$
DT = Ts; %模型仿真计算步距
A1 = eye(n) + DT * A;
B1 = DT * B;
%################计算差分方程及目标函数################
if V(12)>DT; LD = round(V(12)/Ts); x_del(1: LD) = 0; end
x(n, 1) = 0;
for k = 1: m
    for i = 1: Ts/DT
        x = A1 * x + B1 * u(k);
    end
    y0 = x(1) + V(6 + n) * u(k);
    y1(k) = y0;
    if V(12)>DT
        y1(k) = x_del(1);
        for j = 1: LD − 1; x_del(j) = x_del(j + 1); end
        x_del(LD) = y0;
    end
    Q = Q + (y(k) − y1(k)) * (y(k) − y1(k));
end
```

8. 离散时间系统

对式（5-21）进行双线性变换，得到

$$s = \frac{2}{T_s} \frac{1 - z^{-1}}{1 + z^{-1}} \tag{5-25}$$

即可得到描述离散时间系统的通用 Z 传递函数模型，定义它为IX型，即

$$W(z) = \frac{\beta_n + \beta_{n-1} z^{-1} + \cdots + \beta_1 z^{-(n-1)} + \beta_0 z^{-n}}{1 + \alpha_{n-1} z^{-1} + \cdots + \alpha_1 z^{-(n-1)} + \alpha_0 z^{-n}} z^{-d} \tag{5-26}$$

式中　d ——纯迟延拍数，即采样周期 T_s 的倍数。

其差分方程为

$$y(k) = -\alpha_{n-1} y(k-1) - \alpha_{n-2} y(k-2) - \cdots - \alpha_0 y(k-n)$$

$$+ \beta_n u(k-d) + \beta_{n-1} u(k-1-d) + \cdots + \beta_0 u(k-n-d)$$

$$= \beta_n u(k-d) + \sum_{i=1}^{n} \left[\beta_{n-i} u(k-i-d) - \alpha_{n-i} y(k-i) \right] \tag{5-27}$$

与Ⅷ型模型一样，它可以描述任何一个系统。但也与Ⅷ型传递函数存在一样的缺点：参数多、物理意义不明显、系数 α 和 β 数量级差别很大、确定参数优化区间困难。此外，差分方程本来就丢掉了一些有用信息，它的精度要比前面的 s 传递函数模型差。由于它的这些缺陷，使得最小二乘类辨识算法容易失败。因此，不主张使用该模型结构。

```
%仿真及目标函数计算子程序 Id_Obj_IVV.m
%模型结构 IVV:
%W(z) = z^(-v(12))[v(6) + v(7)z^(-1) + ... + v(10)z^(-4) + v(11)z^(-5)]/
% [1 + v(1)z^(-1) + v(2)z^(-2) + v(3)z^(-3) + v(4)z^(-4) + v(5)z^(-5)]   v(13)_系统阶次
function [Q, y1] = objq(V)
global Ts m u y   %Ts_采样周期，m_采样点数，u—y_系统的输入输出数据序列
Q = 0;
n = round(V(13));%求取模型阶次
LD = round(V(12));%求纯迟延拍数
%求解差分方程并计算目标函数
y1(1: n + LD) = 0;
for k = n + LD + 1: m
    y1(k) = V(6) * u(k);
    for i = 1: n
        y1(k) = y1(k) + V(6 + i) * u(k - i - LD) - V(i) * y1(k - i);
    end
    Q = Q + (y(k) - y1(k)) * (y(k) - y1(k));
end
```

至此，我们已经介绍了九种模型结构，要视实际系统情况而定。在过去使用最小二乘类的辨识算法时，不得不使用Ⅸ型结构。经典控制理论分析方法是建立在 s 传递函数基础上的，因此又不得以把 Z 传递函数模型用双线性变换法转换成 s 传递函数模型Ⅷ的形式。现在使用了智能优化的辨识方法，Ⅷ和Ⅸ型的模型结构就失去了意义。

下面给出几种传递函数的阶跃响应曲线形状图形，如图 5-2 所示。

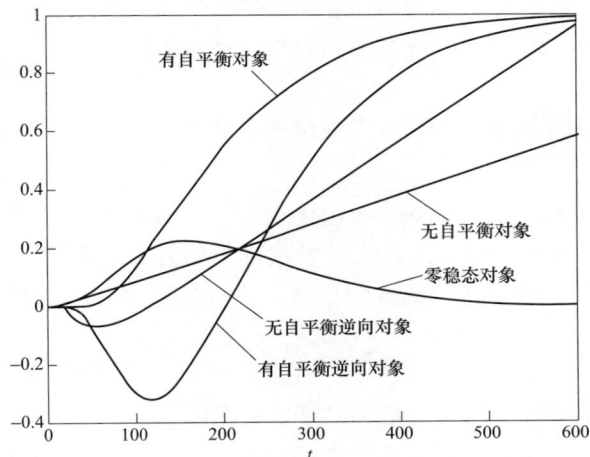

图 5-2　几种传递函数的阶跃响应曲线形状图形

5.3 最小二乘法辨识算法

为了某些控制算法（如自适应控制、预测控制等）在线实时控制的需要，本节讨论最小二乘法辨识算法。

5.3.1 最小二乘批处理算法

系统辨识的问题就是在已知 N 组系统输入输出数据的情况下，进行曲线回归的问题。在没有计算机的年代里，根据图 5-1 所示的系统辨识结构，不得不选用差分方程来描述系统的动态模型，利用间接优化的方法（见第 4 章 4.1.3 中的"1. 间接法"）求取动态模型的参数。

现假设系统可由 n 阶常系数线性差分方程式（5-28）来描述，即

$$y(kT_s) = -a_1y[(k-1)T_s] - a_2y[(k-2)T_s] - \cdots - a_ny[(k-n)T_s]$$
$$+ b_1u[(k-1)T_s] + \cdots + b_nu[(k-n)T_s] \tag{5-28}$$

式中　T_s——采样周期。

省略 T_s，把式（5-28）简化写成式（5-29）所示的形式，即

$$y(k) = -a_1y(k-1) - a_2y(k-2) - \cdots - a_ny(k-n) + b_1u(k-1) + \cdots + b_nu(k-n) \tag{5-29}$$

在上述的差分方程中，假设系统输入的阶次低于系统输出的阶次是因为在实际工程中不可能有输入阶次高于输出阶次的系统，即实际工程中不存在纯微分系统。如果系统输入与输出同阶次，可以把它分解成纯比例系统与一个输入阶次低于输出阶次的系统之和。

在式（5-29）中，有 $2n$ 个系数（$a_1, a_2, \cdots, a_n, b_1, \cdots, b_n$）需要求取，因此至少要有 $2n$ 个方程才能求得这些系数。此外，在每个方程中都要用到现时刻以前的 n 个时刻的值，所以至少要测得 $3n$ 组系统输入输出数据 $[u(i), y(i), i = 1, 2, \cdots, N, N \geqslant 3n]$，才能估计出参数 $a_1, a_2, \cdots, a_n, b_1, \cdots, b_n$ 的值。

上述模型是在系统的输入输出都是在"真实量"的前提下的数学模型，在采集数据时总会存在测量误差及其干扰噪声，因此在实际系统的模型中应该加入这个误差项，即应该用式（5-30）来描述

$$y(k) = -a_1y(k-1) - a_2y(k-2) - \cdots - a_ny(k-n) + b_1u(k-1) + \cdots + b_nu(k-n) + e(k) \tag{5-30}$$

其中 $e(k)$ 称为残差。为了使式（5-30）中变量的下标不出现零和负数，要求 $k = n+1, n+2, \cdots, N$。

显然，残差 $e(k)$ 与模型的系数 $a_1, a_2, \cdots, a_n, b_1, \cdots, b_n$ 有关，对这些系数的估计不同，就会产生不同的残差。但无论用什么方法对参数进行估计，所需要的是残差 $e(k)$ 的绝对值越小越好，即希望 $e(k)$ 趋向于零。因此，仍选择式（5-5）作为误差指标函数，即

$$Q = \sum_{k=n+1}^{N} e^2(k) \tag{5-31}$$

使 Q 达到极小的参数估计即为所求（最小二乘估计 RLS）。

若令

$$\theta = \begin{bmatrix} a_1 \\ \vdots \\ a_n \\ b_1 \\ \vdots \\ b_n \end{bmatrix}, Y = \begin{bmatrix} y(n+1) \\ y(n+2) \\ \vdots \\ y(N) \end{bmatrix}, E = \begin{bmatrix} e(n+1) \\ e(n+2) \\ \vdots \\ e(N) \end{bmatrix} \tag{5-32}$$

$$X = \begin{bmatrix} -y(n)\cdots -y(1) & u(n)\cdots u(1) \\ -y(n+1)\cdots -y(2) & u(n+1)\cdots u(2) \\ \cdots & \cdots \\ -y(N-1)\cdots -y(N-n) & u(N-1)\cdots u(N-n) \end{bmatrix} \tag{5-33}$$

其中 θ 是需要估计的 $2n$ 维参数向量，Y 是 $(N-n)$ 维系统输出数据向量，e 是 $(N-n)$ 维残差向量，X 是 $(N-n)\times 2n$ 输入输出数据矩阵。由此，可以把式（5-30）和（5-31）重新表示为

$$Y = X\theta + E \tag{5-34}$$

$$Q = E^{\mathrm{T}}E \tag{5-35}$$

现在已经把问题变为已知 Y 和 X 求解 θ 使 Q 达到极小的最优化问题。

将式（5-34）代入式（5-35），可得

$$\begin{aligned} Q &= (Y-X\theta)^{\mathrm{T}}(Y-X\theta) \\ &= Y^{\mathrm{T}}Y - \theta^{\mathrm{T}}X^{\mathrm{T}}Y - Y^{\mathrm{T}}X\theta + \theta^{\mathrm{T}}X^{\mathrm{T}}X\theta \end{aligned} \tag{5-36}$$

将 Q 对 θ 求导，得

$$\frac{\partial Q}{\partial \theta} = -2X^{\mathrm{T}}Y + 2X^{\mathrm{T}}X\theta \tag{5-37}$$

令式（5-37）中的 $\dfrac{\partial Q}{\partial \theta} = 0$，可得到求解 θ 的最小二乘估计 $\hat{\theta}$ 的方程，得

$$X^{\mathrm{T}}X\hat{\theta} = X^{\mathrm{T}}Y \tag{5-38}$$

如果矩阵 $X^{\mathrm{T}}X$ 非奇异，可解得

$$\hat{\theta} = (X^{\mathrm{T}}X)^{-1}X^{\mathrm{T}}Y \tag{5-39}$$

但是，式（5-39）中包含了矩阵求逆的运算，如果 $X^{\mathrm{T}}X$ 接近奇异，将产生较大的计算误差；如果 $X^{\mathrm{T}}X$ 奇异，即向量方程式（5-38）中的某两行线性相关，此时不能求逆，也就无法计算 $\hat{\theta}$；如果根据式（5-38）直接求解 $\hat{\theta}$，向量方程式（5-38）已经低于 $2n$ 个，此时就不能得到唯一解，这已经失去求解 $\hat{\theta}$ 的意义。这就是为什么最小二乘辨识算法要求有特殊激励信号的原因。

5.3.2 最小二乘批处理算法程序设计

根据式（5-39）可以很容易得到最小二乘批处理辨识算法程序 Id＿RLS＿B.m。

```
% 最小二乘批处理辨识算法程序 Id＿RLS＿B.m
clear;
```

```
%%%%%%%%%%%%%%%%%%%%%%%%%%读取系统时间及输入输出数据%%%%%%%%%%%%%%%%
load DATA_Step_io t0 u0 y0;
N = length(u0);%读取数据个数
%%%%%%%%%%%%%%%%%%%%%%%%%%数据滤波%%%%%%%%%%%%%%%%%%%%%%%%%%%%%
yl = 0; a = exp(-0.1); ul = 0; b = exp(-0.1);
for i = 1: N
    yl = a * yl + (1 - a) * y0(i); ul = b * ul + (1 - b) * u0(i);
    y10(i) = yl; u10(i) = ul;
end
%%%%%%%%%%%%%%%%%%%%%%%%%抽取采样数据并形成Y阵%%%%%%%%%%%%%%%%%%%
n = 4;%设置系统的阶次
Ts = 10;%设置采样数据抽取间隔
m = 0;
for i = 1: Ts: N
    m = m + 1;
    u(m) = u0(i);
    %u(m) = u10(i); %使用滤波后的数据时
    y(m) = y0(i);
    %y(m) = y10(i); %使用滤波后的数据时
    t(m) = t0(i);
end
y1 = y(n + 1: m); Y = y1';%形成Y阵
%####################形成X阵并计算参数cita#####################
for i = 1: m - n
    for j = 1: n
        x(i, j) = -y(n + i - j); x(i, j + n) = u(n + i - j);
    end
end
cita = (x' * x) \ x' * Y
%##################辨识结果验证##############################
z(1: m) = 0; p = 0;
for k = n + 1: m
    for j = 1: n
        z(k) = z(k) - cita(j) * z(k - j) + cita(n + j) * 1;
end
p = p + Ts * abs(z(k));%计算辨识结果的作用强度
end
[t1, y1, p0] = simu_Step(m, Ts);%调用原传递函数单位阶跃响应曲线仿真子程序
ep = abs((p0 - p)/p0) %计算辨识结果的相对作用强度
plot(t1, y1, 'r', t, z)
%###################结束###############################
```

256

5.3.3 最小二乘辨识的工程问题

1. 采样周期的选择

采样周期的选择取决于被辨识对象的主要频带中的最高频率（或截止频率）。但是在辨识前估计出最高频率或截止频率都是非常困难的，所以还是靠经验或试验来确定采样周期。

经验公式 5.1 采样周期估计经验公式

$$T_s = \frac{T_f}{500} \sim \frac{T_f}{100} \tag{5-40}$$

式中 T_f——系统在阶跃扰动作用下可能的过渡过程时间。

为了不丢失有用的信息，应当采用较小的采样周期。但是，当采样周期选得过小时，会使采样点邻近的数据基本相等，容易使式（5-39）所示矩阵 X 中的多行元素近似相等，这样会使矩阵 $X^T X$ 接近奇异，从而使得辨识精度变差，甚至导致辨识失败。由此也可以说明，不能使用阶跃函数作用下的系统响应数据作为最小二乘法辨识数据。这是因为当阶跃响应趋向稳态时，各采样点上的输入输出数据都基本相等，会使 $X^T X$ 接近奇异或奇异。

如果采样周期过大，丢掉了系统的一些有用信息，而使模型变得粗糙，表现为系统降为低阶系统，也可能导致辨识失败。

为了说明上述问题，现在来考虑图 5-3 所示的某超超临界机组燃料量对主蒸汽压力传递函数的模型辨识问题。

先在已知模型的输入端加入一个方波扰动信号，在模型的输出端加入一个最大幅值为 0.001 的随机

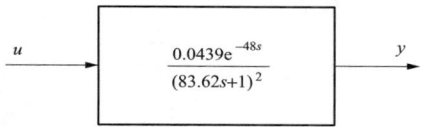

图 5-3　主蒸汽压力系统

数，用来模拟在工业现场中实际测量时的随机干扰，得到的 N 组输入、输出数据存放于数据文件 DATA_Step_io 中。原传递函数的单位阶跃响应仿真子程序为 simu_Step.m，方波扰动数据生成程序为 DATA_Step_uy.m。取计算步距 $DT=1$ 时，方波信号作用下的系统仿真响应曲线如图 5-4 所示。

```
%方波信号激励下生成辨识用数据程序 DATA_Step_uy.m
%传递函数 G(s) = 0.0439exp(-48s)/(83.62s+1)^2
clearall;
DT = 1; ST = 2000; N = ST/DT; R = 1;
LD = fix(48/DT);
x1 = 0; x2 = 0; x_del(1: LD) = 0;
A = exp(-DT/83.62);
for k = 1: N
  if k>700&k<1400; R = 0; end
  if k>1400; R = 1; end
  x1 = A*x1 + 0.0439*(1-A)*R;
  x2 = A*x2 + (1-A)*x1;
  y0(k) = x_del(LD) + 0.001*rand(1);%加入实际测量时的随机扰动
  for j = LD: -1: 2; x_del(j) = x_del(j-1); end
  x_del(1) = x2;
  u0(k) = R; t0(k) = k*DT;
```

```
end
% y0(500:502) = y0(500:502) + 0.05; %加入粗大值
saveDATA _ Step _ io t0 u0 y0; %存储系统的仿真响应数据
subplot(2, 1, 1), plot(t0, u0)
subplot(2, 1, 2), plot(t0, y0)
```

```
%原传递函数(变参数)的单位阶跃响应仿真子程序 simu _ Step.m
%传递函数 G(s) = 0.0439exp( - 48s)/(83.62s + 1)∧2
function [t0, y0, p0] = simu _ Step(m, Ts)
DT = 1; R = 1;
K = 0.0439; T = 83.62; Tao = 48;
LD = Tao/DT;
x1 = 0; x2 = 0; x _ del(1:LD) = 0;
a = 1; R = 1; p0 = 0;
for k = 1: m
    % if mod(k, 100) = = 0&Ta<6; K = K + 0.002; T = T + 2; a = a + 1; end    %变参数时
    A = exp( - DT/T);
    for i = 1: Ts
        x1 = A * x1 + K * (1 - A) * R;
        x2 = A * x2 + (1 - A) * x1;
        for j = LD: - 1: 2; x _ del(j) = x _ del(j - 1); end
        x _ del(1) = x2;
    end
    t0(k) = k * Ts; y0(k) = x _ del(LD);
    p0 = p0 + Ts * abs(y0(k)); %计算作用强度
end
```

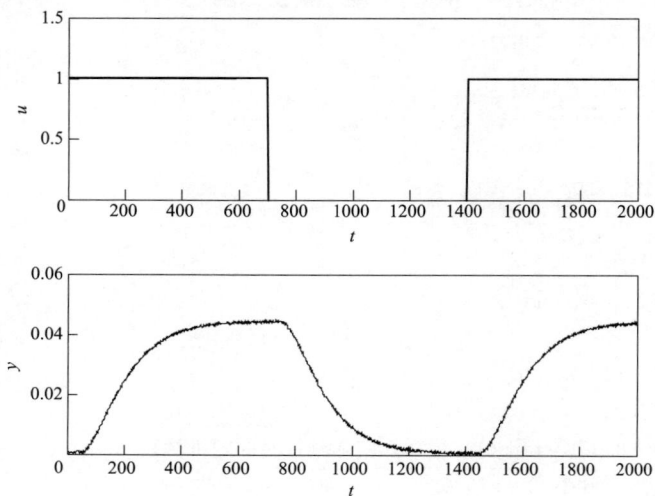

图 5-4　方波信号作用下系统的仿真响应曲线

根据第 4 章第 4.2 节可知，对于大纯迟延对象可以用高阶对象代替，因此辨识上面的系统时，假想对象的阶次为 4，仅辨识时间常数和增益即可。最小二乘法使用的辨识模型结构为式（5-29），即

$$y(k) = -a_1 y(k-1) - a_2 y(k-2) - \cdots - a_n y(k-n) + b_1 u(k-1) + \cdots + b_n u(k-n)$$

因此，现在辨识的参数是 $\theta^{\mathrm{T}} = [a_1, a_2, a_3, a_4, b_1, b_2, b_3, b_4]$。

分别选取不同的数据采样周期，辨识结果列于表 5-1 中，辨识响应曲线与原仿真数据曲线对比如图 5-5 所示。

表 5-1　　　　　　　　　　　　　不同采样周期下的辨识结果

T_s	1	10	50
a_1	−0.4002	−0.9865	−0.6482
a_2	−0.2746	−0.4361	−0.0220
a_3	−0.1977	−0.2467	−0.1447
a_4	−0.1217	−0.1946	0.0953
b_1	0.0000	0.0003	0.0002
b_2	0.0003	−0.0005	0.0058
b_3	−0.0007	−0.0003	0.0056
b_4	0.0007	0.0014	0.0028

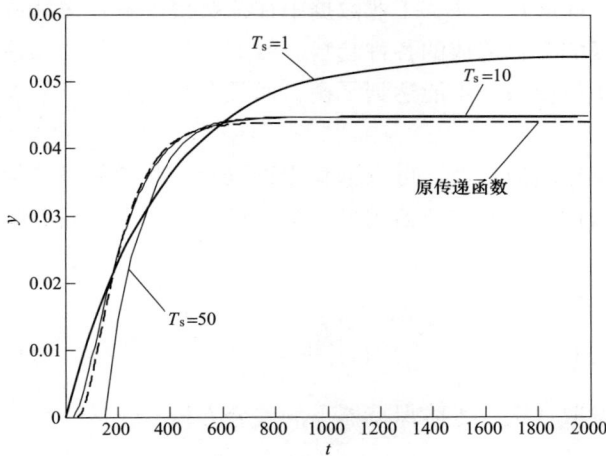

图 5-5　不同采样周期下的辨识结果与原传递函数的比较

从辨识结果对比曲线图 5-5 中不难看出，当采样周期较小（$T_s = 1$）时，辨识出的传递函数增益较差（这是因为矩阵 $X^{\mathrm{T}} X$ 接近奇异），当采样周期较大（$T_s = 50$）时辨识出的传递函数惯性时间常数较差，只有 $T_s \approx 10$，辨识结果才是可以接受的，采样周期选择得太小或太大都可能会导致辨识失败。

下面把模型的随机干扰增大到 0.005，以及取消随机干扰，取 $T_s = 2$，两种情况下的辨识结果如图 5-6 所示。

从图 5-6 中不难看出，随机干扰对辨识精度的影响是非常大的，因此必须加以消除。

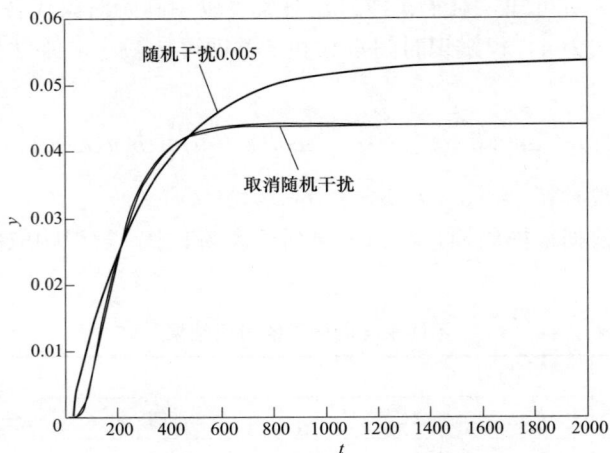

图 5-6 随机干扰对辨识效果的影响

2. 数据预处理

从现场采集来的数据通常都含有直流或低频成分，最小二乘类的辨识方法都无法消除它们对辨识精度的影响。此外，数据中的高频成分对辨识也是不利的。因此，对采集来的数据一般都要进行零初始值和剔除低频成分等预处理。

（1）数据滤波。在系统辨识时，要求输入输出数据是平稳的、正态的、零均值的，即数据的统计特性与统计时间起点无关。工业数据中往往会出现各种漂移或缓慢变化，例如进料成分的变化和周围温度的变化造成的各种趋势。数据的趋势变化和漂移对估计结果有严重影响。它们的低频特性不仅使系统不能达到平衡，而且会在低频段产生模型误差。因此，需要从数据中剔除。

对输入输出数据进行高通滤波，可以消除漂移以及一些低频段的信息。滤波器的频带应该覆盖过程的动力学特性。高通滤波器的另一个优点是，对于有斜坡和漂移的数据，高通滤波器会使数据更平稳。

高通滤波器的传递函数为

$$F_h(s) = \frac{s}{s + \omega_{ch}} \qquad (5\text{-}41)$$

为了使计算不会发散，选取零阶保持器下的差分方程

$$\left.\begin{array}{l} f_1(k+1) = e^{-T_s\omega_{ch}} f_1(k) + (1 - e^{-T_s\omega_{ch}}) u(k) \\ y_h(k+1) = u(k) - f_1(k+1) \end{array}\right\} \qquad (5\text{-}42)$$

式中 ω_{ch} ——高通滤波器的截止频率；

$u(k)$ ——需要滤波的数据；

$y_h(k)$ ——通过高通滤波后的输出。

此外，从工业现场采集到的数据都含有高频干扰噪声，表现为数据曲线上有许多"毛刺"，虽然很多辨识算法都能很好地抑制这些干扰噪声，但当"毛刺"较大时，对辨识结果会产生严重影响。可以用低通滤波器消减这些"毛刺"。

低通滤波器的传递函数为

$$F_1(s) = \frac{\omega_{\mathrm{cl}}}{s + \omega_{\mathrm{cl}}} \qquad (5\text{-}43)$$

其零阶保持器下的差分方程为

$$y_1(k+1) = \mathrm{e}^{-T_s\omega_{\mathrm{cl}}} y_1(k) + (1 - \mathrm{e}^{-T_s\omega_{\mathrm{cl}}})u(k) \qquad (5\text{-}44)$$

式中　ω_{cl}——低通滤波器的截止频率；

　　$u(k)$——需要滤波的数据；

　　$y_1(k)$——通过低通滤波后的输出。

如果数据需要高低通（带通）滤波，把上述的两个滤波器串联即可。

但是，在辨识前还不知道系统的主要频带，因此参数 ω_{cl} 和 ω_{ch} 的选择是很困难的。在实际应用中，一般是根据对系统的先验了解，按第 3 章估算计算步距的方法来估计这两个参数。

例如，当加入最大幅值为 0.005 的噪声（随机干扰）时，选取低通滤波器的 $\omega_{\mathrm{cl}} = 0.1$，辨识结果如图 5-7 所示。

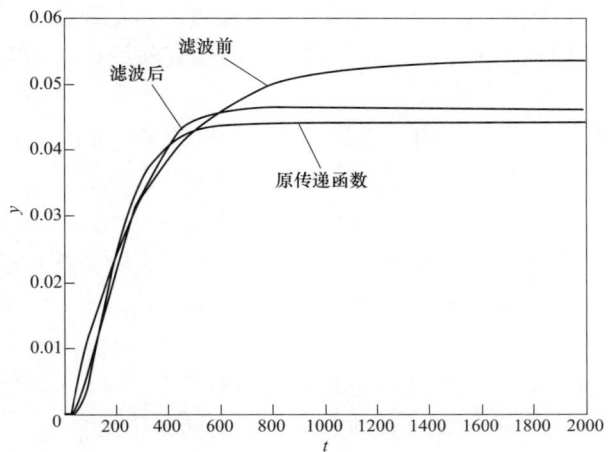

图 5-7　滤波前与滤波后辨识结果的对比

（2）零初始值处理。从现场采集来的数据是在系统稳定（平衡点）的情况下，加入激励信号后得到的系统的输入 $u(k)$ 和输出 $y(k)$ 数据。如果不对数据进行零初始值处理，就等于假设平衡点在系统实际的零值点，显然对于绝大多数生产过程这种假设是不正确的，实际采集的未经处理的输入输出数据的"零点"可能完全是任意的。因此，要想使用采集来的数据，来求解与信号零点无关的方程，就必须找到这个"零点"，然后剔除。

在前面讲述的带通滤波中，高通滤波器已经滤掉了缓慢变化或不变（直流分量）的信号，即做到了零均值化处理。如果没进行过高通滤波，可以用下面的方法进行零初始值处理。

当系统数据采集起始于系统运动的某个平衡态，这个平衡态就能当作已知的平衡态（直流分量），即系统输入输出的"零点"。此时，零初始值后的数据为

$$\begin{cases} u^*(k) = u(k) - \dfrac{1}{N}\sum_{i=1}^{N} u(i) \\[2mm] y^*(k) = y(k) - \dfrac{1}{N}\sum_{i=1}^{N} y(i) \end{cases} \qquad (5\text{-}45)$$

式中　N——零初始点数据个数，一般取 4～6 点即可。

（3）粗大值处理。在工业生产环境中，传感器和数据采集装置的暂时失灵会导致采集到的数据幅值远超过实际信号的范围，把此时的数据称为粗大值。粗大值对辨识结果可能会造成相当大的潜在影响，必须加以剔除。粗大值处理一般有差分法、多项式逼近法和最小二乘

法。低通滤波也能消除粗大值的一定影响，但不能完全剔除。

下面是一种低阶差分法。

假设原始数据 $u(i)$ 的前 4 点是正常数据，那么从第 5 点开始，满足式（5-46）的点则可视为粗大值，即

$$|u(i) - u(i-1)| > \frac{\gamma}{n} \sum_{j=1}^{n} |u(i-j) - u(i-j-1)| \tag{5-46}$$

其中，$i = 5, 6, \cdots, M$，M 为数据点数；$n < 4$，为差分阶次；γ 为粗大值因子，随跃变点的幅值而变化，一般为 5～10 的常数，可以通过试验获得。

在使用式（5-46）时，如果第 i 点前的某一点已经是粗大值，那就用比它更前的一点代替，直至找到 4 个正常数据点。

通过观察剔除粗大值以后的数据曲线，很容易看出是否把所有的粗大值都已剔除。如果还残留粗大值，减小 γ 的值，再做进一步的剔除。

如果第 i 点被剔除，则该点可用其前后正常的两点插值粗略代替，即

$$\tilde{y}_i = (y_{i+p} + y_{i-f})/2 \tag{5-47}$$

式中　y_{i-f}——第 i 点前面离其最近的某一正常点；

　　　y_{i-p}——第 i 点后面离其最近的某一正常点；

　　　$\tilde{y}_i$——第 i 点被替代后的值。

如果是对数据进行实时处理，当发现第 i 点是粗大值后，可用第 i 点前面离其最近的两个正常点的外推公式来代替，即

$$\tilde{y}_i = 2y_{i-1} - y_{i-2} \tag{5-48}$$

式中　$\tilde{y}_i$——第 i 点被替代后的值；

y_{i-1}、y_{i-2}——第 i 点前面离其最近的两个正常点。

在处理数据中，连续跃变点很少有超过 4 点的，因此在剔除粗大值时，当有 4 个以上的点连续为粗大值时，认为这个粗大值是阶跃信号，不做剔除处理，当成正常值。

粗大组处理 MATLAB 程序为 R _ Value. m。

```
粗大组处理程序 R _ Value. m
clear;
load DATA _ Step _ io t0 u0 y0;% 读取要处理的数据
% x = u0;
x = y0;% 处理数据 y0 时
plot(x)
holdon;
M = length(x);% 读取数据个数
gam = 10;% 置粗大值因子
F = zeros(1, M);% 置粗大值标志为 0。是粗大值为 1，否为 0
N = zeros(1, 4);
%%%%%%%%%%%%%%%%%%%% 检测粗大值 %%%%%%%%%%%%%%%%%%%%%%%%%%%
for i = 5: M
    j = 0; l = i - 1; N(1) = l;
```

```
    while (l> = 1)&(j<4)
        if F(l) = = 0; j = j + 1; N(j) = l; end
        l = l - 1;
    end
    s = 0;
    for n = 2: j; s = s + abs(x(N(n)) - x(N(n-1))); end
    s = s/(j-1);
    si = abs(x(i) - x(N(1)));
    if si>gam * s; F(i) = 1; end
end
%%%%%%%%%%%%%%%%%%%%%%%%%剔除粗大值处理%%%%%%%%%%%%%%%%%%%%%%%
nd = 0; %置不需要剔除标志。需要剔除为 0,否为 1
for i = 5: M - 3
    if F(i) = = 1
        if nd = = 0
            if F(i + 1) = = 0
                x(i) = (x(i + 1) + x(i - 1))/2;
            else
                if F(i + 2) = = 0
                    x(i) = (x(i + 2) + x(i - 1))/2;
                    x(i + 1) = x(i);
                else
                    if F(i + 3) = = 0
                        x(i) = (x(i + 3) + x(i - 1))/2;
                        x(i + 1) = x(i);
                        x(i + 2) = x(i);
                    else
                        nd = 1;
                    end
                end
            end
        end
    else
        nd = 0;
    end
end
% u0 = x;
y0 = x; %处理数据 y0 时
plot (x, 'r')
legend('原始数据', '处理后的数据')
save DATA _ Step _ io t0 u0 y0;
```

现在，在程序 DATA _ Step _ uy.m 中加入语句

```
y0(500：502) = y0(500：502) + 0.01;
```

产生一个含有粗大值的数据文件，通过程序 R _ Value.m 处理后的结果如图 5-8 所示。

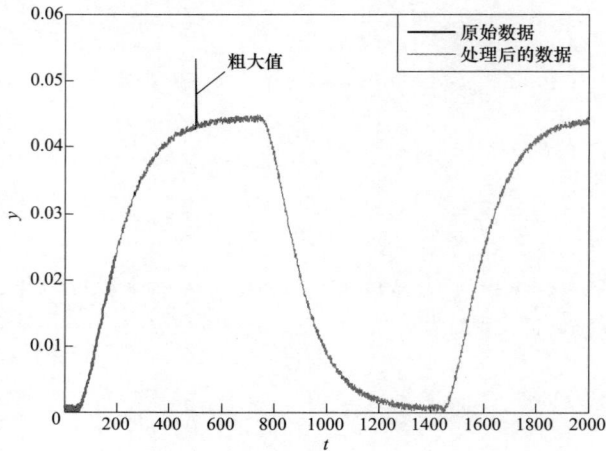

图 5-8　粗大值处理结果

3. 模型阶次的确定

最小二乘辨识算法设定了模型的结构类型并假设阶次已知。实际上，模型的结构和阶次在多数情况下是不可能预先知道的。因此，确定模型的结构和阶次已经成为系统辨识不可回避的一个难题。

针对最小二乘法而言，模型结构已经确定，仅讨论模型阶次的确定方法即可。

在文献［13］中给出了利用 Hankel 矩阵的秩、行列式比、残差的方差、Akaike 准则、最终预报误差准则等五种方法来估计模型的阶次，除此以外，还有许多其他的模型阶次估计方法。在工程中比较实用的方法是，先简单地假定系统阶次为 $n = 1,2,3,\cdots$，然后再比较在不同阶次下，系统模型与观测数据拟合得好坏。

拟合好坏的定量指标可以用第 3 章定义的相对作用强度来描述，即

$$ep = \left| \frac{p_0 - p}{p_0} \right| \times 100\% \tag{5-49}$$

式中　ep ——相对作用强度；

　　p_0 ——系统观测数据下的作用强度；

　　p ——观测模型下的作用强度。

对于由程序 DATA _ Step _ uy.m 所生成的系统观测数据（随机扰动最大幅值为 0.001，不进行滤波），选取采样周期 $T_s = 10$，在不同阶次下得到的辨识模型的相对作用强度见表 5-2。

表 5-2　　　　　　　　　　不同阶次下得到的辨识模型的相对作用强度

模型阶次 n	4	5	6	7	8
相对强度 ep	7.6×10^{-3}	5.7091×10^{-4}	3.5098×10^{-4}	1.4×10^{-3}	2.4×10^{-3}

从表 5-2 中可以看出，当模型的阶次 $n = 6$ 时，相对作用强度 ep 达到了最小值，因此可

以选择阶次 $n = 6$ 。但是，虽然从表 5-2 中可以看出各模型相对作用强度的差别，从工程上讲，并辨别不出图 5-9 中这些模型的不同，因此为了使用方便，选择较低阶（$n = 4$）的模型即可。

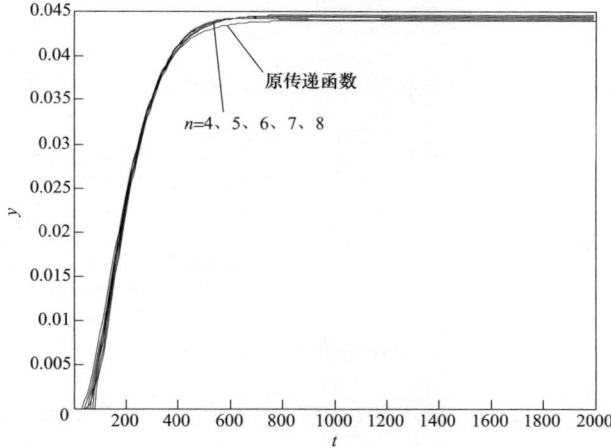

图 5-9　不同阶次下的辨识结果

4. 辨识用的输入信号条件

前面已经分析，对于任何辨识算法，可辨识的一个最低要求是在整个观测周期上，过程的所有模态必须被输入信号充分激励。但是，对于最小二乘类辨识方法来说，由于使用了差分方程模型，为了求解模型参数，需要输入输出数据矩阵 X ，且 $X^T X$ 必须是非奇异的，奇异或接近奇异都会使 $X^T X$ 的逆不存在或误差太大，导致辨识失败，因此要求由输入输出数据形成的矩阵 X 的某些行或某些列的数据不能相等或近似相等。这就进一步要求输入信号要不断变化，使得所激励出的系统输出也不断变化，才不会使 $X^T X$ 矩阵某些行与行之间、列与列之间的数据相等或近似相等，把这个要求称为可辨识性条件。对单输入单输出过程来说，可辨识性的充分必要条件可归结成输入信号必须满足 $2n$ 阶持续激励条件[48]。所谓 $2n$ 阶信号是指，当模型的阶次为 n 时，信号在激励过程中至少要正反变化 $2n$ 次。可以这样理解 $2n$ 阶条件：当系统阶次较高时，其输出变化就较缓慢，因此就需要输入信号变化的次数多些。满足这些要求的时域激励信号有白噪声、二进制伪随机序列、逆重复伪随机序列、广义二进制噪声等[13]。

根据开环可辨识条件[48]，阶跃信号是一阶持续激励信号，不能用来激励式（5-29）描述的过程，也就是说，阶跃信号不能当作辨识的输入信号。这就给输入信号的产生带来困难。在工业生产过程中，近似的阶跃信号是最容易产生的，可以通过人工改变系统中的阀门、挡板、电动机等控制设备的开度或转速来产生近似的阶跃激励，而且由此产生的信噪比还很大，许多辨识方法都用它来作为激励信号，诸如飞升曲线法、脉冲响应法、智能辨识法等。实际上，$2n$ 阶持续激励条件只是系统可辨识的充分条件，而非必要条件。如果测试信号满足 $2n$ 阶持续激励条件，则系统是可辨识的，反之，若系统是可辨识的，不一定要求测试信号满足 $2n$ 阶持续激励条件（如在前面的例子中，选择模型阶次 $n = 4$，但激励信号仅仅是 2 阶的），该条件的必要性只是在最小二乘法范围内得到了证明[48]，因此也只适用于最小二乘类辨识算法。

最大长度二位式序列（M序列）是二位式随机序列信号中的一种，它满足最小二乘辨识激励信号的要求，信号产生也很简单，在 20 世纪 80～90 年代，已经成为普遍应用的激励信号。

5. M 序列的产生方法

（1）M序列的产生原理。四位移位寄存器原理线路图如图 5-10 所示。

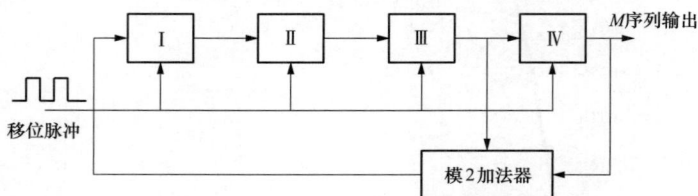

图 5-10　四位移位寄存器原理线路图

线路图由四位移位寄存器和"模 2 加法器"组成，每一位寄存器是一个双稳触发器，它有"1"和"0"两种状态，"模 2 加法器"就是去掉进位位的逻辑加法，即

$$0 \oplus 0 = 0, 0 \oplus 1 = 1, 1 \oplus 0 = 1, 1 \oplus 1 = 0$$

它也有"1"和"0"两种状态。当每个移位脉冲来到时，前一位寄存器的内容就移到下一位寄存器，从最后一位寄存器移出的内容作为输出。最后两级的输出进行模 2 相加后作为第 1 级寄存器的输入。以此不断地加入移位脉冲，就能得到一个随机输出序列，见表 5-3。

表 5-3　四位移位寄存器的输出序列

脉冲数	1	2	3	4	5	6	7	8	9	10	11	12	13	14	15	16	17	18	19
1级	1	0	0	0	1	0	0	1	1	0	1	0	1	1	1	1	0	0	0
2级	1	1	0	0	0	1	0	0	1	1	0	1	0	1	1	1	1	0	0
3级	1	1	1	0	0	0	1	0	0	1	1	0	1	0	1	1	1	1	0
4级	1	1	1	1	0	0	0	1	0	0	1	1	0	1	0	1	1	1	1

不难看出，这样产生的序列是有周期的，其周期为 $L = 2^n - 1$，n 是移位寄存器的级数。因此，称它为伪随机二进制序列。

但是，如果反馈选择得不合适，得到的序列周期会比 L 短，例如在图 5-10 中，如果取第 2、第 4 级的输出进行模 2 相加再反馈，则周期只有 6。把移位寄存器的级数一定时，能获得的最大周期二位式序列称为 M 序列。

当 $n = 5 \sim 8$ 时，能获得最大序列长度的可能反馈组合方式是[49]

$$\{5 \ 4 \ 2 \ 1; \ 6 \ 5 \ 3 \ 2; \ 7 \ 6 \ 5 \ 2; \ 8 \ 7 \ 5 \ 3\}$$

在计算机里，"模 2 加法器"可以用乘法来处理，即将移位寄存器输出的"1"和"0"用"−1"和"+1"来代替，此时模 2 相乘就变为

$(+1) \oplus (+1) = +1, (+1) \oplus (-1) = -1, (-1) \oplus (+1) = -1, (-1) \oplus (-1) = +1$

"模 2 加法器"的输出也是"−1"和"+1"。

（2）M序列参数的选择。

1）M序列幅值。M序列幅值的选择应保证系统在该信号激励下输出可测，并且要保证

有较大的信噪比，以提高辨识精度。一般可以选取阶跃扰动时的最大允许值。如果是具有正负极性的 M 序列信号，其幅值还可再大些[17]。但是，幅值不能过大，过大的激励会使系统的响应超出约束范围，影响产品质量或者离开线性假设的区域。

2）M 序列脉冲宽度。M 序列脉冲宽度是指 M 序列脉冲中最小的宽度，也称为 M 序列钟周期 Δt。一般选择 Δt 为采样周期 T_s 的整数倍。钟周期 Δt 与幅值一样能影响辨识效果。Δt 过窄时，信号值的状态频繁发生变化，对系统产生不了激励，脉冲过宽，序列变化频率较慢，要想得到真正的白色噪声激励，必须加大序列周期，使得辨识时间过长，可能会对系统产生不良影响，而且系统不可能长时间稳定在一个工况下，所以辨识精度也会下降。一般选择

$$\Delta t = (2 \sim 8)T_s \tag{5-50}$$

3）M 序列长度。M 序列要足够长，才能激励出系统的全部状态。激励时间与系统的惯性时间常数有关。惯性较大的系统需要激励的时间较长，反之亦然。一般选择系统在阶跃信号激励下的过渡过程时间 t_s。

可是，在辨识前，系统的阶次 n 和惯性时间常数 T 也是未知数，根本无法得到。因此，在工程上，t_s 要通过实际运行经验来估计。或者是根据对系统的了解，估计出系统的惯性时间常数 T 和阶次 n，再用第 2 章的经验公式（2-36）来估计采样时间，即

$$T_s = (5 \sim 20)nT \tag{5-51}$$

如果估计出 t_s，M 序列长度则可取为

$$L = \langle t_s/\Delta t \rangle \tag{5-52}$$

进一步可估算出移位寄存器的级数

$$M_1 = \langle \log_2(L+1) \rangle \tag{5-53}$$

4）M 序列生成程序。

采样周期 $\qquad\qquad\qquad T_s = 10s$；

钟周期 $\qquad\qquad\qquad \Delta t = 2T_s = 20s$；

移位寄存器级数 $\qquad M_1 = \log_2\left(\dfrac{t_s}{\Delta t} + 1\right) = \log_2\left(\dfrac{800}{20} + 1\right) \approx 5$；

M 序列长度 $\qquad\qquad L = 2^{M_1} - 1 = 31$；

M 序列幅值 $\qquad\qquad a = 1$（阀门开度的 10%）。

M 序列生成 MATALAB 程序为 M_S.m

```
%M序列生成程序M_S.m
clear;
Ts=10;%设置采样周期
n=5;%设置移位寄存器级数
a=1;%设置M序列幅值
m=20;%设置钟周期
M=2^n-1;%计算M序列长度
K=[5 4 2 1; 6 5 3 2; 7 6 5 2; 8 7 5 3];%n从5级到8级时的移位寄存器反馈组合方式
S(1: n)=-1;
```

```
L = 0;
for l = 1: M
    for j = 1: m
        L = L + 1;
        u(L) = a * S(n); t(L) = L * Ts;
    end
    s1 = S(K(n-4, 1)) * S(K(n-4, 2)) * S(K(n-4, 3)) * S(K(n-4, 4));
    for i = 1: n - 1
        S(n+1-i) = S(n-i);
    end
    S(1) = s1;
end
save DATA_MS Ts t u;
plot(t, u)
```

产生的数据曲线如图 5-11 所示。

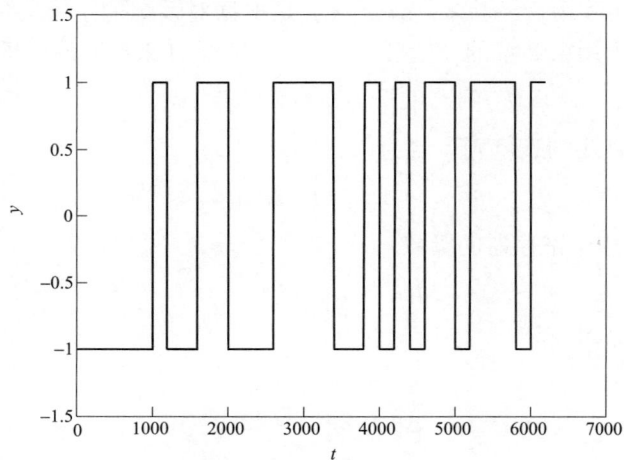

图 5-11 M 序列数据曲线

现在，把图 5-3 所描述的被辨识系统，改为使用上面产生的 M 序列信号作为激励信号，其数据生成程序为 DATA_M_uy.m。取被辨识模型部分的仿真计算步距 $DT=1$ 时，系统的仿真响应曲线如图 5-12 所示。

```
% M 序列信号激励下生成辨识用数据程序 DATA_M_uy.m
% 传递函数 G(s) = 0.0439exp(-48s)/(83.62s + 1)^2
clear all;
load DATA_Ms Ts t u; % 读取 M 序列数据
N = length(u); % 读取 M 序列数据
DT = 1;
K = 0.0439; T = 83.62; Tao = 48;
LD = Tao/DT;
x1 = 0; x2 = 0; x_del(1: LD) = 0;
```

```
a = 1; m = 0;
for k = 1: N
    % if mod(k, 100) = = 0; K = K + 0.002; T = T + 2; a = a + 1; end % 变参数时
    A = exp( - DT/T);
    for i = 1: Ts
        m = m + 1;
        x1 = A * x1 + K * (1 - A) * u(k);
        x2 = A * x2 + (1 - A) * x1;
        y0(m) = x _ del(LD) + 0.001 * rand(1); % 加入实际测量时的随机扰动
        for j = LD: - 1: 2; x _ del(j) = x _ del(j - 1); end
        x _ del(1) = x2;
        u0(m) = u(k); t0(m) = m * DT;
    end
end
save DATA _ M _ io t0 u0 y0; % 存储系统的仿真响应数据
subplot(2, 1, 1), plot(t0, u0)
subplot(2, 1, 2), plot(t0, y0)
```

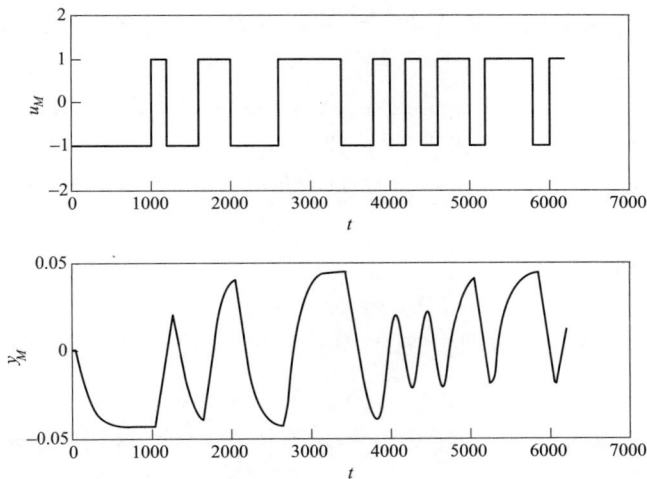

图 5-12 M 序列信号激励下的系统响应曲线

u_M—M 序列的输入；y_M—M 序列的输出

对于由程序 DATA _ M _ uy. m 所生成的系统观测数据，选取采样周期 $T_s = 10$，在不同阶次下辨识得到的辨识模型的相对作用强度见表 5-4。

表 5-4 M 序列信号激励下辨识结果的相对作用强度

模型阶次 n	4	5	6	7	8	9
相对强度 ep	0.0927	0.0504	0.0224	0.0089	0.0056	0.0056

从表 5-4 中可以看出，当模型的阶次 $n = 8$ 时，相对作用强度 ep 达到了最小值，因此可以选择阶次 $n = 8$。从图 5-13 中的阶跃响应曲线上看，也可以选择 $n = 7$。

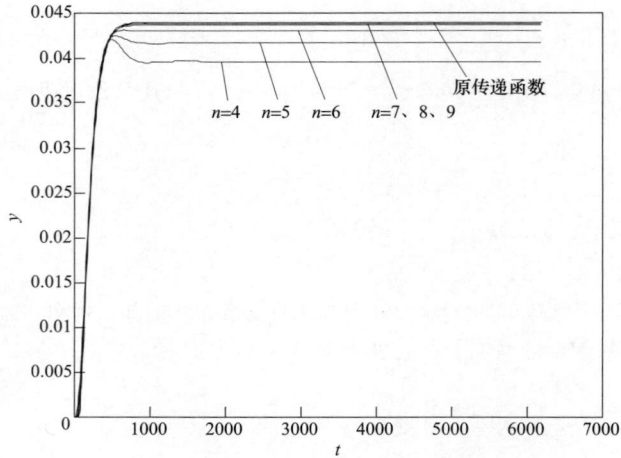

图 5-13　M 序列信号激励时各阶次下的辨识结果

通过上述的实验分析可以看到，激励信号、测量噪声等对辨识结果都会产生较大的影响，因此最小二乘辨识方法在工程中的应用受到了限制。

5.3.4　最小二乘递推算法

在实际工程中，为了避免求 $X^T X$ 的逆运算，也为了在线辨识的目的，一般使用递推算法。现推导如下：

式（5-34）所示的向量方程是一个包含 $(N-n)$ 个方程的方程组。这个方程组的最后一个方程是式（5-30）中的 $k = N$ 时的方程，即

$$y(N) = -a_1 y(N-1) - \cdots - a_n y(N-n) + b_1 u(N-1) + \cdots + b_n u(N-n) + e(N)$$

$$(5-54)$$

由此，可以将式（5-34）改写成

$$Y_N = X_N \theta + E_N \tag{5-55}$$

该式表达的是由 N 组输入输出数据构成的 $(N-n)$ 个方程的方程组。此时的参数估计为

$$\hat{\theta}(N) = (X_N^T X_N)^{-1} X_N^T Y_N \tag{5-56}$$

如果得到一组新的测量数据 $y(N+1)$ 和 $u(N+1)$，则可得到一个新的方程

$$\begin{aligned} y(N+1) &= -a_1 y(N) - \cdots - a_n y(N+1-n) + b_1 u(N) + \cdots + b_n u(N+1-n) + e(N+1) \\ &= x(N+1)\theta + e(N+1) \end{aligned} \tag{5-57}$$

其中，$x(N+1) = [-y(N) - \cdots - y(N+1-n) \quad u(N) + \cdots + u(N+1-n)]$。

将式（5-55）与式（5-57）合并到一起，即可得到由 $(N+1)$ 组输入输出数据构成的 $(N-n+1)$ 个方程的方程组，用矩阵表示为

$$Y_{N+1} = X_{N+1} \theta + E_{N+1} \tag{5-58}$$

其中：

$$Y_{N+1} = \begin{bmatrix} Y_N \\ y(N+1) \end{bmatrix}, \ E_{N+1} = \begin{bmatrix} E_N \\ e(N+1) \end{bmatrix}, \ X_{N+1} = \begin{bmatrix} X_N \\ x(N+1) \end{bmatrix} \tag{5-59}$$

从而得到新的最小二乘估计为

$$\hat{\theta}(N+1) = (X_{N+1}^T X_{N+1})^{-1} X_{N+1}^T Y_{N+1} \tag{5-60}$$

令

$$P_N = (X_N^{\mathrm{T}} X_N)^{-1} \tag{5-61}$$

则

$$
\begin{aligned}
P_{N+1}^{-1} &= X_{N+1}^{\mathrm{T}} X_{N+1} \\
&= \begin{bmatrix} X_N^{\mathrm{T}} & x^{\mathrm{T}}(N+1) \end{bmatrix} \begin{bmatrix} X_N \\ x(N+1) \end{bmatrix} \\
&= P_N^{-1} + x^{\mathrm{T}}(N+1)x(N+1)
\end{aligned} \tag{5-62}
$$

根据式（5-56）及式（5-61）有

$$P_N^{-1}\hat{\theta}(N) = X_N^{\mathrm{T}} Y_N \tag{5-63}$$

将式（5-59）、式（5-62）及式（5-63）带入式（5-60）可得

$$
\begin{aligned}
\hat{\theta}(N+1) &= P_{N+1}\left[X_N^{\mathrm{T}} Y_N + x^{\mathrm{T}}(N+1)y(N+1) \right] \\
&= P_{N+1}\left[P_N^{-1}\hat{\theta}(N) + x^{\mathrm{T}}(N+1)y(N+1) \right] \\
&= P_{N+1}\left[(P_{N+1}^{-1} - x^{\mathrm{T}}(N+1)x(N+1))\hat{\theta}(N) + x^{\mathrm{T}}(N+1)y(N+1) \right] \\
&= \hat{\theta}(N) + P_{N+1}x^{\mathrm{T}}(N+1)\left[y(N+1) - x(N+1)\hat{\theta}(N) \right]
\end{aligned} \tag{5-64}
$$

引用矩阵求逆公式

$$(A + BCD)^{-1} = A^{-1} - A^{-1}B(C^{-1} + DA^{-1}B)^{-1}DA^{-1}$$

令　$A = P_N^{-1}, B = x^{\mathrm{T}}(N+1), C = 1, D = x(N+1)$

式（5-62）则变换成

$$
\begin{aligned}
P_{N+1} &= (P_N^{-1} + x^{\mathrm{T}}(N+1)x(N+1))^{-1} \\
&= P_N - P_N x^{\mathrm{T}}(N+1)\left[1 + x(N+1)P_N x^{\mathrm{T}}(N+1) \right]^{-1} x(N+1)P_N
\end{aligned} \tag{5-65}
$$

令

$$K_{N+1} = P_N x^{\mathrm{T}}(N+1)\left[1 + x(N+1)P_N x^{\mathrm{T}}(N+1) \right]^{-1} \tag{5-66}$$

即

$$K_{N+1}\left[1 + x(N+1)P_N x^{\mathrm{T}}(N+1) \right] = P_N x^{\mathrm{T}}(N+1) \tag{5-67}$$

将式（5-66）代入式（5-65）得

$$P_{N+1} = P_N - K_{N+1}x(N+1)P_N = \left[I - K_{N+1}x(N+1) \right]P_N \tag{5-68}$$

将式（5-68）代入式（5-64）可得

$$
\begin{aligned}
\hat{\theta}(N+1) &= \hat{\theta}(N) + \left[P_N - K_{N+1}x(N+1)P_N \right]x^{\mathrm{T}}(N+1)\left[y(N+1) - x(N+1)\hat{\theta}(N) \right] \\
&= \hat{\theta}(N) + \left[P_N x^{\mathrm{T}}(N+1) - K_{N+1}x(N+1)P_N x^{\mathrm{T}}(N+1) \right]\left[y(N+1) - x(N+1)\hat{\theta}(N) \right]
\end{aligned} \tag{5-69}
$$

将式（5-67）代入式（5-69）可得

$$
\begin{aligned}
\hat{\theta}(N+1) = \hat{\theta}(N) + &\left[K_{N+1} + K_{N+1}x(N+1)P_N x^{\mathrm{T}}(N+1) - K_{N+1}x(N+1)P_N x^{\mathrm{T}}(N+1) \right] \cdot \\
&\left[y(N+1) - x(N+1)\hat{\theta}(N) \right]
\end{aligned}
$$

$$= \hat{\theta}(N) + K_{N+1}[y(N+1) - x(N+1)\hat{\theta}(N)] \tag{5-70}$$

归纳上述的推导，可以得到一组最小二乘估计的递推公式

$$\left.\begin{array}{l} \hat{\theta}(N+1) = \hat{\theta}(N) + K_{N+1}[y(N+1) - x(N+1)\hat{\theta}(N)] \\ K_{N+1} = P_N x^{\mathrm{T}}(N+1)[1 + x(N+1)P_N x^{\mathrm{T}}(N+1)] - 1 \\ P_{N+1} = [I - K_{N+1}x(N+1)]P_N \end{array}\right\} \tag{5-71}$$

式（5-71）表明：新的参数估计值 $\hat{\theta}(N+1)$ 等于上一次的参数估计值 $\hat{\theta}(N)$ 加修正项 $K_{N+1}[y(N+1) - x(N+1)\hat{\theta}(N)]$。其中 $[y(N+1) - x(N+1)\hat{\theta}(N)]$ 是量测到一组新数据 $y(N+1)$ 和 $u(N+1)$ 后构成新方程式（5-57）的估计误差（残差），K_{N+1} 是估计误差的加权矩阵。由此可见，递推算法的基本思想与第 4 章讲述的最优化方法十分类似，公式形式也十分相似。这里的 $K_{N+1}[y(N+1) - x(N+1)\hat{\theta}(N)]$ 相当于式（4-9）中的 $h_k p_k$。

上述的最小二乘估计，虽然在估计参数过程中并没有保存过去的数据，但加权矩阵 K_{N+1} 是由过去的输入输出数据递推而来，因此过去数据的影响一直对现时刻的递推结果起作用，把这种情况称作无限增长记忆。

理论上，随着观测数据的增多，估计次数的增加，递推算法应给出更精确的参数估计，但是，随着估计次数的增加，计算 K_{N+1} 公式中的协方差阵 P_N 将越来越小，最后可能趋近于零，这时 K_{N+1} 也将趋近于零，因此递推公式中的修正项 $K_{N+1}[y(N+1) - x(N+1)\hat{\theta}(N)]$ 也将趋近于零，它已经不能起到修正作用了，换句话说，随着估计次数的不断增加，新的观测数据将不再改变参数估计结果，这就是数据饱和现象[13]。

此外，在时变参数条件下，参数时变信息显然寄存于新的观测数据之中，与先前的观测数据关系不大。为了反应参数的时变性，应强化当前观测数据对参数估计的作用，弱化先前观测数据对参数估计的影响。

鉴于上述两种原因，应当采用渐消记忆策略，或反过来说，采用"即时学习"策略，即把最小二乘递推公式中的协方差阵 P_N 乘上一个学习因子 λ，则由式（5-71）可得到实时最小二乘递推公式

$$\left.\begin{array}{l} \hat{\theta}(N+1) = \hat{\theta}(N) + K_{N+1}[y(N+1) - x(N+1)\hat{\theta}(N)] \\ K_{N+1} = P_N x^{\mathrm{T}}(N+1)\left[\dfrac{1}{\lambda} + x(N+1)P_N x^{\mathrm{T}}(N+1)\right] - 1 \\ P_{N+1} = \lambda[I - K_{N+1}x(N+1)]P_N \end{array}\right\} \tag{5-72}$$

其中，学习因子 $\lambda \geqslant 1$，选择不同的 λ 就得到不同的学习效果，λ 越大，学习得越快，当 $\lambda = 1$ 时，式（5-72）便退化为普通的最小二乘递推公式（5-71）。

从式（5-72）中不难看出，由于 $\lambda > 1$，随着迭代次数的增加，K_{N+1} 的幅值增益倍数将越来越大，从而解决了数据饱和及参数时变的问题。此式的递推算法可用于实时辨识时变参数，所以也称它为实时最小二乘法。

现在讨论利用递推最小二乘公式进行参数估计时，式（5-72）中 $\hat{\theta}_{(N)}$ 和 P_N 的初始值选

取问题。

递推最小二乘估计公式是由批处理算法演变而来的，它的思想是在 N 组输入输出数据对参数进行估计的基础上，加入一组新数据后再进行估计。所以，自然会想到利用 $N(3n)$ 组量测到的数据，根据批处理算法计算出 $\hat{\theta}(N)$ 和 P_N 的初始值。但这样做还是有矩阵求逆的问题，特别是在激励的初始阶段系统响应很缓慢，更容易造成矩阵不能求逆。

一种简单的确定初始值的方法是选择

$$\hat{\theta}(N) = 0, \ P_N = \alpha I$$

式中　　α——尽量大的数；

$\quad\quad I$——单位矩阵；

$\quad\quad N$——数值等于 n。

可以证明[16]，当 $\alpha \to \infty$ 时，按递推公式算得的 $\hat{\theta}_{3n}$ 和 P_{3n} 与上面用批处理算法求得的结果相同。当 N 很大时，α 的选择便不太重要了。

最后归纳出利用最小二乘的递推算法估计系统参数的步骤如下：

(1) 给定系统阶次 n，学习因子 λ，读取系统的输入输出数据 $u(i),y(i)(i=1,2,\cdots,M)$；

(2) 置 $N = n$，$\hat{\theta}(N) = 0$，$P_N = 10^{10}I$；

(3) 形成行向量 $x(N+1)$；

(4) 计算 K_{N+1}；

(5) 读取新量测的数据 $y(N+1)$ 和 $u(N+1)$，计算 $\hat{\theta}(N+1)$，P_{N+1}；

(6) 所有的量测数据处理完后结束程序，否则，置 $N = N+1$，转步骤 (3)。

递推最小二乘辨识算法 MATLAB 程序如 I_RLS_RT.m 所示。

```
%实时递推最小二乘辨识程序 I_RLS_RT.m
clear;
load DATA_Step_io t0 u0 y0;%读取系统时间及输入输出数据
N = length(u0);%读取采样点数
%%%%%%%%%%%%%%%%%%%%%%%数据滤波%%%%%%%%%%%%%%%%%%%%%%%%%%%%%
yl = 0; a = exp(-0.1); ul = 0; b = exp(-0.1);
for i = 1: N
    yl = a * yl + (1-a) * y0(i); ul = b * ul + (1-b) * u0(i);
    yl0(i) = yl; ul0(i) = ul;
end
%%%%%%%%%%%%%%%%%%%%%抽取采样数据%%%%%%%%%%%%%%%%%%%%%%%
Ts = 10;%设置抽取周期
m = 0;
for i = 1: Ts: N
    m = m + 1;
    %u(m) = u0(i);
    u(m) = ul0(i);%使用滤波后的数据时
    %y(m) = y0(i);
```

```
    y(m) = y10(i);%使用滤波后的数据时
        t(m) = t0(i);
end
%%%%%%%%%%%%%%%%%%%%%%设置初始参数%%%%%%%%%%%%%%%%%%%%%%
n = 4; lamd = 1.01; %置系统的阶次及学习因子
PN = 10e10 * eye(2 * n);
cita = zeros(2 * n, 1);
MatixI = eye(2 * n); a = 1;
%%%%%%%%%%%%%%%%%%%%%%%%%%%%%%%%%%%%%%%%%%%%%%%%%%%%%%
for N = n: m − 1
    for i = 1: n
        x(i) = − y(N − i + 1); x(i + n) = u(N − i + 1);
    end
    K = PN * x'/(1/lamd + x * PN * x'); %计算 K(N + 1)
    cita = cita + K * (y(N + 1) − x * cita); %计算参数 cita
    PN = lamd * (MatixI − K * x) * PN; %计算 PN(N + 1)
    % if mod(N, 100) = = 0; citaRT(a,:) = cita; a = a + 1; end   %存放不同时间段的辨识结果
end
cita
%###################辨识结果验证###############################
z(1: m) = 0; p = 0; %a = 1; %cita = citaRT(1,:)
for k = n + 1: m
    % if mod(k, 100) = = 0&a<6; a = a + 1; cita = citaRT(a,:); end
    for j = 1: n
        z(k) = z(k) − cita(j) * z(k − j) + cita(n + j) * 1;
    end
    p = p + Ts * abs(z(k)); %计算辨识结果的作用强度
end
[t1, y1, p0] = simu_Step(m, Ts); %调用原传递函数单位阶跃响应曲线仿真子程序
ep = abs((p0 − p)/p0)   %计算辨识结果的相对作用强度
plot(t1, y1, 'r', t, z, 'b'); hold on;
%#######################结束###############################
```

对于图 5-3 所示的系统，即

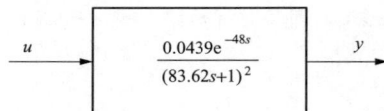

$$u \longrightarrow \boxed{\dfrac{0.0439e^{-48s}}{(83.62s+1)^2}} \longrightarrow y$$

由方波信号作用下生成的系统响应数据存放在数据文件 DATA_Step_io 中。取阶次为 $n = 4$，采样周期为 $T_s = 10$，辨识结果如图 5-14 所示。

下面看一下递推最小二乘辨识方法辨识时变参数时的效果。

假设传递函数的增益为时变参数，即

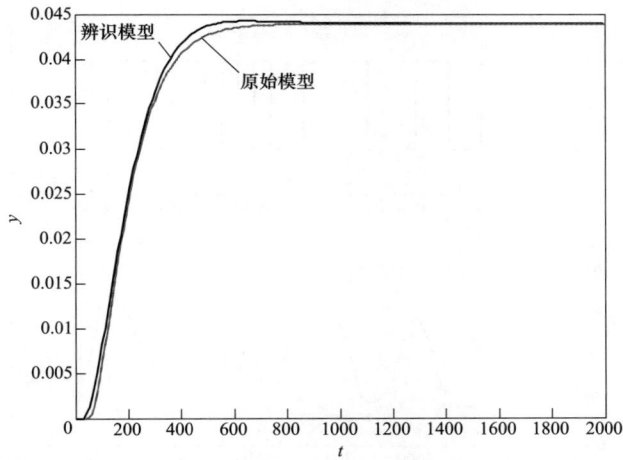

图 5-14 递推最小二乘辨识算法时的辨识结果

$$K(t) = \begin{cases} 0.0439 & t \in [0,1000) \\ 0.0459 & t \in [1000,2000) \\ 0.0479 & t \in [2000,3000) \\ 0.0499 & t \in [3000,4000) \\ 0.0519 & t \in [4000,5000) \\ 0.0529 & t \geqslant 5000 \end{cases}$$

惯性时间常数也为变参数，即

$$T(t) = \begin{cases} 83.62 & t \in [0,1000) \\ 85.62 & t \in [1000,2000) \\ 87.62 & t \in [2000,3000) \\ 89.62 & t \in [3000,4000) \\ 91.62 & t \in [4000,5000) \\ 93.62 & t \geqslant 5000 \end{cases}$$

在辨识用数据生成程序 DATA _ M _ uy. m 中加入语句：

```
if mod(k, 100) = = 0；K = K + 0.002；T = T + 2；a = a + 1； end
```

则可以得到 M 序列信号作用下系统变参数时的仿真响应曲线，如图 5-15 所示。

下面使用程序 DATA _ M _ uy. m 产生的数据，用递推最小二乘算法对其进行辨识，选取采样周期 $T_s = 10$，阶次 $n = 7$，在不同的学习因子下，得到的辨识模型的相对作用强度见表 5-5。

表 5-5   时变模型辨识结果的相对作用强度

学习因子 λ	1	1.01	1.02	1.03
相对强度 ep	0.0699	0.0359	0.0361	失败

从表 5-5 可以看出，相对作用强度 ep 随着学习因子而变化，但是 λ 在 $1.00 \sim 1.03$ 区间内，ep 的变化是非常小的（见图 5-16），当 λ 大于一定值时（本系统 $\lambda = 1.03$），辨识会失败。

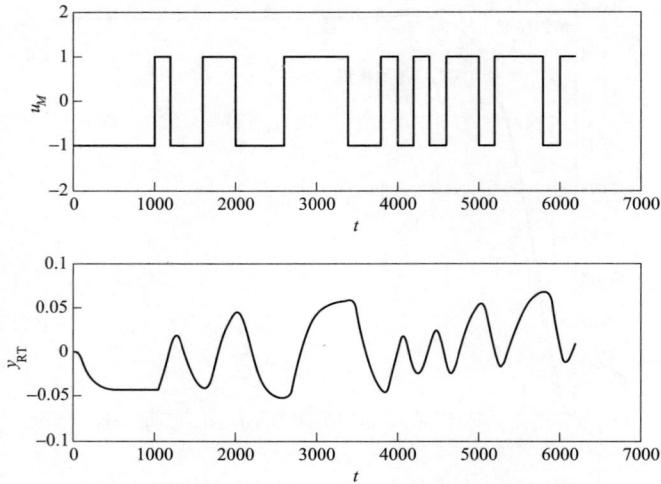

图 5-15 M 序列信号作用下系统变参数时的仿真响应曲线

u_M—辨识系统的输入 u 为 M 序列信号；y_{RT}—辨识系统的输出 y 为实时数据

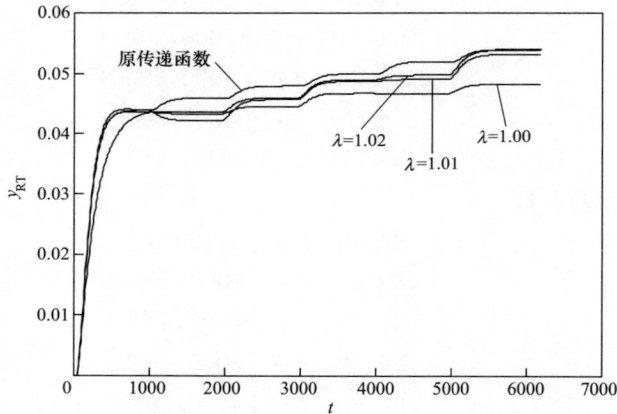

图 5-16 不同学习因子下的辨识结果

由此看出，在工程应用时，参数 λ 是非常难以选择的。

前面已经谈到，递推辨识算法主要是用于在线实时辨识，其目的是满足在线优化控制算法的需要。然而，在线优化控制算法都在闭环状态下运行，因此递推辨识算法必须满足闭环系统辨识的需要。下面来看一下，递推最小二乘辨识算法在闭环控制系统中的辨识效果。

考虑图 5-17 所示的闭环控制系统，使用递推最小二乘辨识算法辨识被控对象的数学模型。

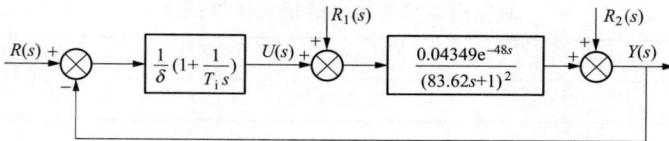

图 5-17 某主蒸汽压力闭环控制系统

首先使用第 4 章的经验整定公式 ［式（4-39）～式（4-42）］，估计出该系统的最优控制器参数

$$\delta = 0.053, \ T_i = 129.1$$

取仿真计算步距 $DT = 1$；仿真时间 $ST = 2000$；给定值扰动。其辨识用数据生成程序为 DATA _ C _ io5315. m，生成的数据曲线如图 5-18 所示。

```
%原闭环系统的仿真子程序 DATA _ C _ io5315. m
%传递函数 G(s) = 0.0439exp(- 48s)/(83.62s + 1)∧2
clear all;
DT = 1; ST = 3000; LP = ST/DT;
K = 0.0439; T = 83.62; Tao = 48;
LD = Tao/DT; A = exp(- DT/T); B = 1 - A;
DTA = 0.053; Ti = 129.1; R = 1; R1 = 0;
x1 = 0; x2 = 0; xi = 0; y = 0; x _ del(1: LD) = 0;
for k = 1: LP
  % if k>500; R1 = 1; end
  e = R - y;
  xp = e/DTA;
  xi = xi + DT/DTA/Ti * e;
  upi = xp + xi;
  x1 = A * x1 + K * B * (upi + R1);
  x2 = A * x2 + B * x1;
  y = x _ del(LD);
  for j = LD: - 1: 2; x _ del(j) = x _ del(j-1); end
  x _ del(1) = x2;
  t0(k) = k * DT; u0(k) = upi + 0.5 * rand(1); y0(k) = y + 0.05 * rand(1);
end
save DATA _ C _ io5315 t0 u0 y0; % 存储系统的仿真响应数据
subplot(2, 1, 1), plot(t0, u0)
subplot(2, 1, 2), plot(t0, y0)
```

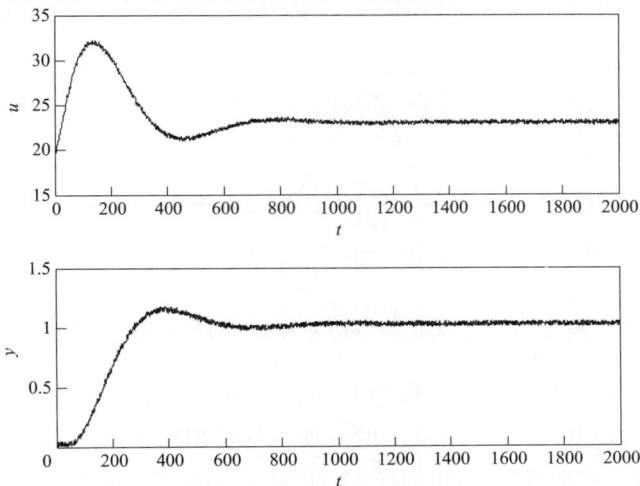

图 5-18　主蒸汽压力闭环控制系统仿真响应曲线

选取模型阶次为 $n = 4$、学习因子 $\lambda = 1.01$，辨识结果见表 5-6。辨识结果的精度对比如图 5-19 所示。

表 5-6　　　　　　　　　　　　　闭环系统的辨识结果

θ	a_1	a_2	a_3	a_4	b_1	b_2	b_3	b_4
参数	-0.7628	-0.0393	-0.1842	-0.0509	-0.0360	-0.0207	0.0302	-0.0121

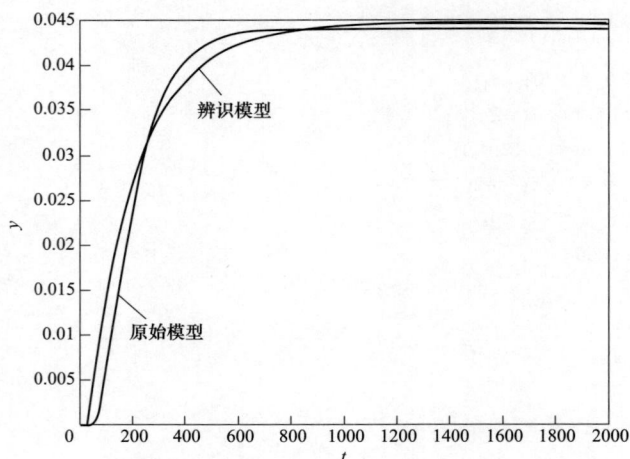

图 5-19　定值扰动下闭环系统的辨识结果

如果让 $r = 0$，当 $t > 500$ 后，加入 $r_1 = 1$，生成的数据曲线如图 5-20 所示。

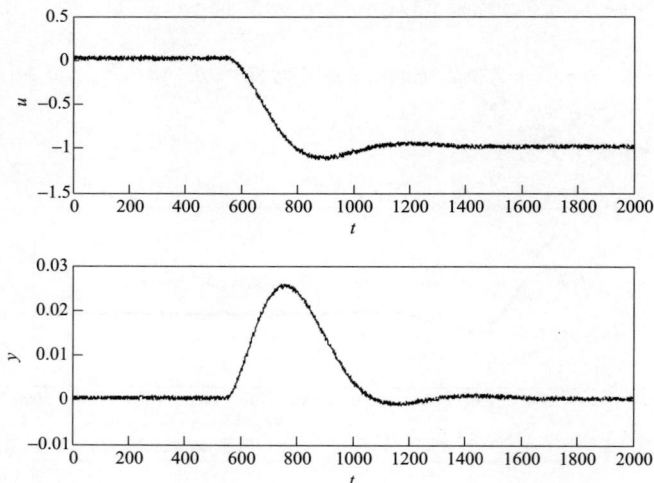

图 5-20　$t > 500$ 以后加入 $r_1 = 1$ 生成的数据曲线

使用图 5-20 所示的闭环数据，由程序 I_RLS_RT.m 辨识出的结果如图 5-21 所示。

从图 5-21 中可以看出，当 $n = 3,4,5$ 时，所有的辨识结果都是不能接受的。如果给系统同时加入内扰和外扰 [响应曲线如图（5-22）所示]，由此数据进行的辨识是失败的。

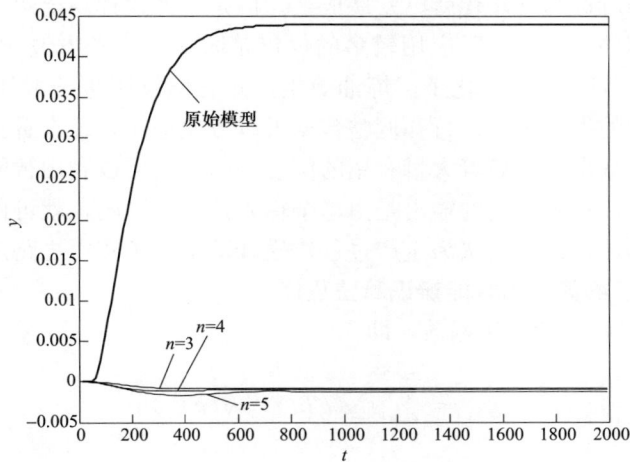

图 5-21 加入内扰 $r_1 = 1$ 时的辨识结果

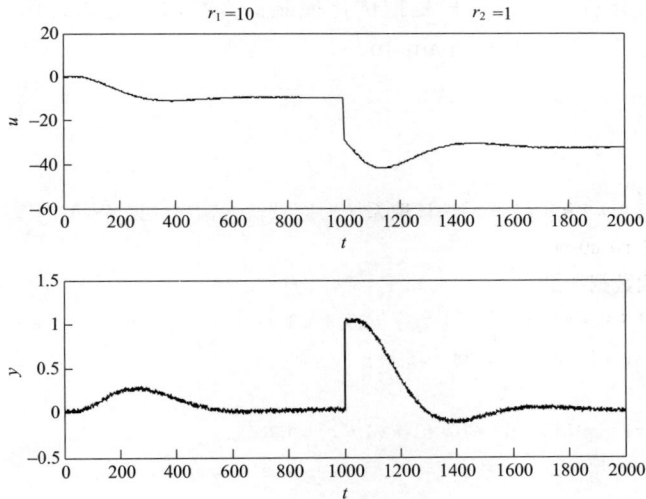

图 5-22 加入内、外扰动时控制系统的响应曲线

由此说明，最小二乘算法与施加的输入信号有相当大的关系。当系统闭环运行时，系统的运行状态已经不受控。对于大多数过程控制系统来说，闭环运行时，给定值一般是不发生变化的，然而，控制系统的内扰和外扰又都无法测量，所能测到的也仅仅是控制器的输出（或阀位反馈信号）和被控对象的输出（包含外部扰动产生的响应）。也就是说，系统闭环运行时所测得的被控对象输入、输出数据不满足辨识条件。因此，事实上最小二乘类辨识算法并不能用于闭环系统的在线辨识。致使像自适应控制[50]这一类需要在线辨识的控制算法，至今还不能得到广泛的应用。

5.4 智能辨识方法

机理建模过于复杂，试验建模又必须得到现场的配合，因为这些因素的存在，虽然最小二乘类辨识理论在 20 世纪 80 年代就已发展成熟，但是生产过程系统建模实际上仍然停留在理论层面，实际应用并不多，实际应用较多的仅仅是阶跃响应和方波响应建模法。20 世纪 90 年代以后，国内大部分电力、化工、炼油等生产过程陆续引进分散控制系统和厂级监控信息系统，使得大量的生产过程运行和调整数据可以方便地保存、查看。通过对海量的现场运行数据分析，发现数据中隐藏着大量有用的信息。因此，可以利用智能优化技术，不去考虑激励信号源的形式，只要系统的输出是由这个输入信号激励的，就可以根据输入输出数据拟合出系统的传递函数。这一方法为生产过程建模开辟了一条实用之路。

5.4.1　基于粒子群算法的智能辨识算法程序

只要对式（5-5）所示的目标函数，即

$$Q_{min} = \sum_{k=1}^{N} \left[y(kT_s) - \widetilde{y}(kT_s) \right]^2$$

使用全局搜索算法进行参数优化，即可得到系统模型参数。本节仅讨论使用粒子群算法进行参数辨识时的一些问题，其他优化算法的使用与粒子群算法是相同的。粒子群算法辨识主程序与第 4 章的优化程序相近，只是把优化控制器参数改为优化传递函数参数而已。粒子群优化算法辨识程序为 Id _ PSO _ main. m。

```
%粒子群优化算法辨识 Id _ PSO _ main. m
clear all;
global Ts m u y
%%%%%%%%%%%%%%%%%%%%%%%读取系统时间及输入输出数据%%%%%%%%%%%%%%%%
load DATA _ C _ io5315 t0 u0 y0;
N = length(u0);%读取数据个数
%%%%%%%%%%%%%%%%%%%%%%数据滤波%%%%%%%%%%%%%%%%%%%%%%%%%%%%%
yl = 0; a = exp( - 0.1); ul = 0; b = exp( - 0.1);
for i = 1: N
    yl = a * yl + (1 - a) * y0(i); ul = b * ul + (1 - b) * u0(i);
    y10(i) = yl; u10(i) = ul;
end
%%%%%%%%%%%%%%%%%%%%%%%抽取采样数据%%%%%%%%%%%%%%%%%%%%%%%%%
Ts = 10;%设置抽取间隔
m = 0;
for i = 1: Ts: N
    m = m + 1;
    u(m) = u0(i);
    %u(m) = u10(i);%使用滤波后的数据时
    y(m) = y0(i);
    %y(m) = y10(i);%使用滤波后的数据时
    t(m) = t0(i);
end
plot(t, y, ': b'); hold on;
%###################粒子群算法的控制参数################
```

```
N = 4；% 优化参数个数，随模型类型而变化
M = 60；% 粒子个数
Tmax = 60；% 最大前进步数
w = 0.6；% 遗忘因子
c = [1.2 1.2]；% 认知及社会因子
% &&&&&&&&&& 寻优变量区间 G(s) = V1/(V2s + 1)∧V3 &&&&&&&&&&&&&&&&&
V_LLimits = [0.01, 50, 2, 20]；% 寻优参数下限
V_HLimits = [0.1, 150, 4, 80]；% 寻优参数上限
DVmax = [0.05, 5, 1, 5]；% 优化变量速度限制
% &&&&&&&&&&&&&&&&&&&&& 寻优变量初始值 &&&&&&&&&&&&&&&&&&
V = rand(N, M);
DV = zeros(N, M);
for i = 1: M
    for j = 1: N; V(j, i) = V_LLimits(j) + (V_HLimits(j) - V_LLimits(j)) * V(j, i); end
    [Q(i), y1] = Id_Obj_III(V(:, i));% 计算目标函数
end
Qbi = Q; Vbi = V;
Qbg = Q(1); Vbg = V(:, 1);
for i = 2: M
    if Qbg>Q(i); Qbg = Q(i); Vbg = V(:, i); end
end
%%%%%%%%%%%%%%%%%%%%%%%%迭代计算%%%%%%%%%%%%%%%%%%%%%%%%%%%%%%
for T = 1: Tmax
    for i = 1: M
        for j = 1: N
            DV(j, i) = w * DV(j, i) + c(1) * rand(1) * (Vbi(j, i) - V(j, i));
            DV(j, i) = DV(j, i) + c(2) * rand(1) * (Vbg(j) - V(j, i));% 更新速度
            if DV(j, i)>DVmax(j); DV(j, i) = DVmax(j); end        % 速度限制
            if DV(j, i)< - DVmax(j); DV(j, i) = - DVmax(j); end
        end
        V(:, i) = V(:, i) + DV(:, i);% 更新位置
        for j = 1: N
            if V(j, i)<V_LLimits(j); V(j, i) = V_LLimits(j); end % 位置限制
            if V(j, i)>V_HLimits(j); V(j, i) = V_HLimits(j); end
        end
        [Q(i), y1] = Id_Obj_III(V(:, i));% 计算目标函数
        % 确定粒子群 i 的最优解
        if Qbi(i)>Q(i); Qbi(i) = Q(i); Vbi(:, i) = V(:, i); end
        % 确定粒子群全局最优解
        if Qbg>Qbi(i); Qbg = Qbi(i); Vbg = Vbi(:, i); end
    end
```

```
end
%%%%%%%%%%%%%%%%%%%%%%%%%%输出结果%%%%%%%%%%%%%%%%%%%%%%%%%%%%%
Vbg
[Qbg, y1] = Id _ Obj _ III(Vbg);
plot(t, y1, 'r')
legend('实测数据', '辨识结果')
```

例如，对于图 5-18 所示的闭环系统响应数据曲线，采用智能辨识算法程序 Id _ PSO _ main. m 进行辨识。选取被控对象的数学模型为Ⅲ型结构，即

$$W(s) = \frac{Ke^{-\tau s}}{(1+Ts)^n}$$

选取各参数的论域如下：

$$K \in [0.01, 0.1]$$
$$T \in [50, 150]$$
$$n \in [2, 4]$$
$$\tau \in [20, 80]$$

辨识结果为

$$\widetilde{W}(s) = \frac{0.044\ 5e^{-59s}}{(85.3s+1)^2}$$

与原传递函数

$$W(s) = \frac{0.043\ 9e^{-49s}}{(83.62s+1)^2}$$

相比，达到了非常高的拟合程度。辨识结果与实测数据的比较如图 5-23 所示。

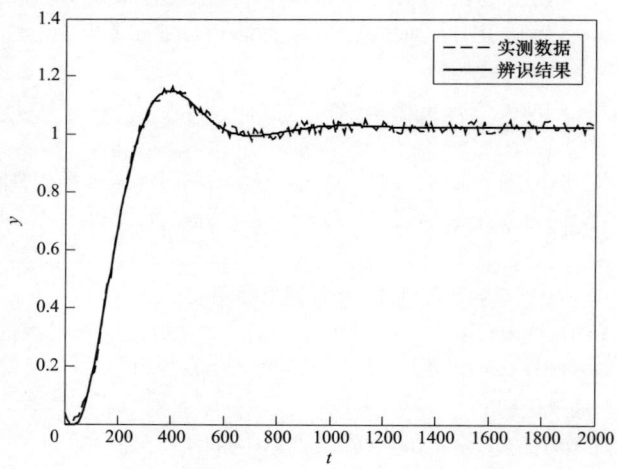

图 5-23　辨识结果与实测数据的比较

5.4.2 智能辨识方法的工程问题

1. 激励信号与采样周期

智能辨识方法关心的只是输入对输出是否产生了足够的激励作用，并不关心输入信号的形式，任何信号激励下的数据都可以用于辨识。因此，闭环系统中的被控对象辨识难题就很容易地得到了解决。

现在考虑图 5-24 所示的精馏塔塔顶成分控制系统[51]的被控对象模型辨识问题。

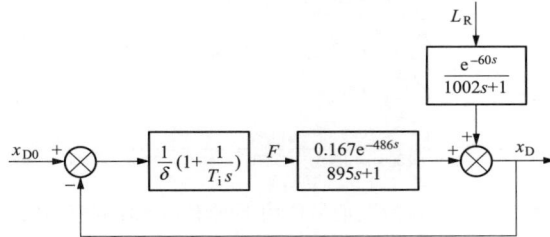

图 5-24 精馏塔塔顶成分控制系统

F —进料量；L_R —回流量；x_D —塔顶成分

使用第 4 章的经验整定公式 [式（4-39）～式（4-42）]，可以估计出该系统的最优控制器参数

$$\delta = 0.135, \; T_i = 828.6$$

取仿真计算步距 $DT = 1$，过渡过程时间 $ST = 4000$，在系统的输出端加入最大幅值为 0.05 的实际测量时的随机噪声，其辨识用数据生成程序为 DATA _ Step _ 514.m，仿真响应曲线如图 5-25 所示。

```
%阶跃信号激励下生成辨识用数据程序 DATA _ Step _ 514.m
%传递函数 G(s) = 0.167exp(－486s)/(895s＋1)
clearall;
DT = 1; ST = 4000; LP = ST/DT; R = 1;
LD = 486/DT;
xi = 0; x = 0; z = 0; x _ del(1: LD) = 0;
A = exp(－DT/895);
DTA = 0.135; Ti = 828.6;
for k = 1: LP
  e = R－z;
  xp = 10 * e; xi = xi + DT * e/DTA/Ti;
  upi = xp + xi;
  x = A * x + 0.167 * (1－A) * upi;
  z = x _ del(LD) + 0.05 * rand(1); %加入实际测量时的随机噪声
  for j = LD: －1: 2; x _ del(j) = x _ del(j－1); end
  x _ del(1) = x;
  t0(k) = k * DT; u0(k) = upi; y0(k) = z;
end
saveDATA _ Step _ 514 t0 u0 y0; %存储系统的仿真响应数据
subplot(2, 1, 1), plot(t0, u0)
subplot(2, 1, 2), plot(t0, y0)
```

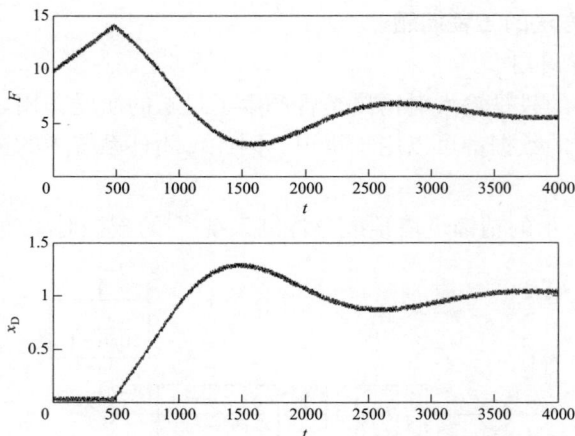

图 5-25　单位阶跃信号作用下的闭环系统响应曲线

取优化变量的区间为

$$K \in (0.05, 1), T \in (500, 1200), n \in (1, 2), \tau \in (200, 600)$$

选取Ⅲ型对象，分别取采样周期 $T_s = 1$、$T_s = 10$、$T_s = 50$，相应的辨识结果如图 5-26～图 5-28 所示，辨识结果见表 5-7。

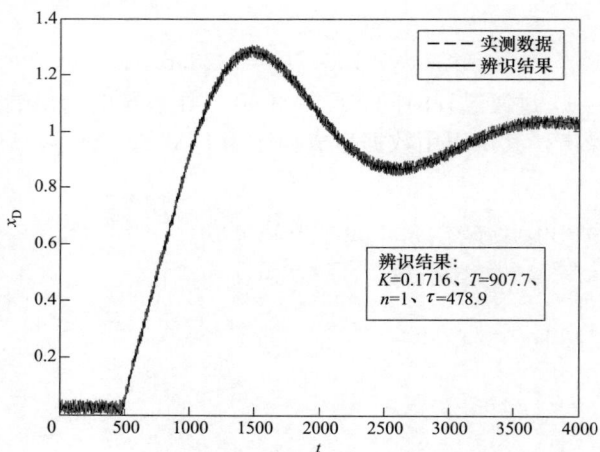

辨识结果：
$K=0.1716$、$T=907.7$、$n=1$、$\tau=478.9$

图 5-26　选取Ⅲ型对象（$T_s = 1$）时的辨识结果

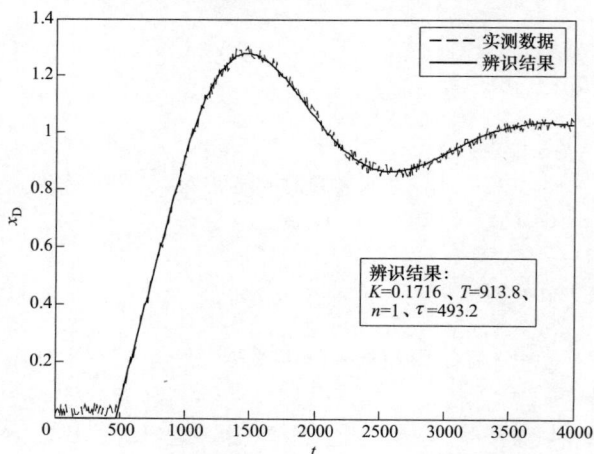

辨识结果：
$K=0.1716$、$T=913.8$、$n=1$、$\tau=493.2$

图 5-27　选取Ⅲ型对象（$T_s = 10$）时的辨识结果

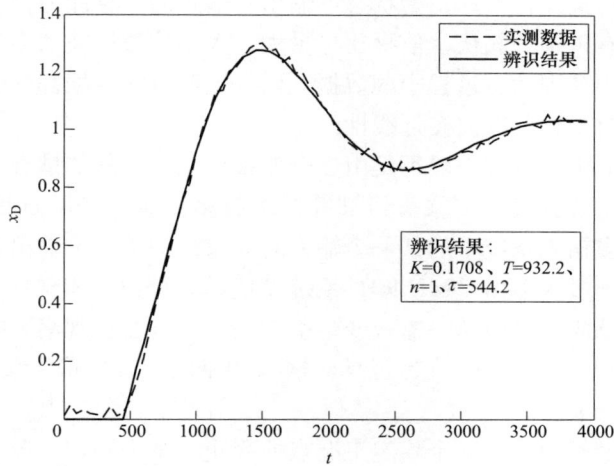

图 5-28　选取Ⅲ型对象（$T_s = 50$）时的辨识结果

表 5-7　　　　　　　　　　　不同采样周期下的辨识结果

$\dfrac{Ke^{-\tau s}}{(Ts+1)^n}$	K	T	n	τ
原传递函数参数 V	0.167	895	1	486
$T_s = 1$ 时的辨识结果 V^*	0.171 6	908	1	479
相对误差 $=\dfrac{\lvert V-V^* \rvert}{V}\times 100\%$	2.75	1.45	0	1.44
$T_s = 10$ 时的辨识结果 V^*	0.171 2	899	1	499
相对误差 $=\dfrac{\lvert V-V^* \rvert}{V}\times 100\%$	2.51	0.45	0	2.67
$T_s = 50$ 时的辨识结果 V^*	0.170 8	932	1	531
相对误差 $=\dfrac{\lvert V-V^* \rvert}{V}\times 100\%$	2.28	3.97	0	9.26

从表 5-7 的辨识结果可以看出，随着采样周期的增大，惯性时间常数和纯迟延时间常数的辨识精度有所下降，增益和系统阶次不受影响。从辨识结果的响应曲线（见图 5-26～图5-28）上看，这三种步长下的辨识结果都是可以接受的。

由此可以看出，智能辨识方法并不像最小二乘法那样，对激励信号和采样周期的要求都比较苛刻，这种方法对激励信号和采样周期几乎不做要求，这给系统辨识的实际应用带来极大的方便，也大大地增加了辨识成功率。

2. 采样数据选取原则及其预处理

用于模型辨识的数据能不能正确反映输入输出之间的关系是辨识结果好坏的关键，利用生产运行数据进行模型辨识首先需要对所关注对象的结构、特性有深刻认识，确定感兴趣和关键的变量，其次观察对比大量历史曲线，遴选出可用的数据，剔除坏的数据和无价值的数据，选择标准需要注意以下几点：

（1）传递函数的定义是在某一初始状态下输出对输入的转移能力，是针对偏差的转移能力，所以输入数据应有一定的起伏，信噪比尽量大，太小的数据波动会被干扰噪声淹没。最好选取系统运行负荷小范围动态过程中的数据，以保证所有的数据都处于变化过程中，并能使被控系统在这个负荷变化范围内接近线性。

（2）现代工程中的生产过程一般都是由多个变量交织在一起的耦合系统组成，即它是一个较为复杂的多变量系统。最小二乘类辨识算法求解多变量系统的辨识问题还存在许多困难。因此，都是选择多输入系统中的某一个输入对应系统的某一个输出进行辨识，让其他输入尽量保持不变，即把多入多出（MIMO）系统变成单入单出（SISO）系统来处理。因此，选择的输出变量的波动应该是由单一输入变量引起的，这就要求观察影响输出变量的所有因素，根据经验判断出输出变量的响应是否是对输入变量的正确反应。关于 MIMO 系统的辨识问题参见本章第 5.5 节。

（3）采样数据段最好起始于某个稳定工况点或终止于某个稳定工况点。如果起始于某个工况点，数据序列反映的是系统从某一稳态开始的动态过程，这样便于在进行辨识工作时确定所采样数据的"零初始值"点；如果是终止于某个稳定工况点，由于各状态变量的初始值不确定，就必须把各状态变量的初始值与模型参数合为一体进行辨识，这样增加了辨识参数的个数，降低了辨识结果的收敛性。

与最小二乘法一样，当选择了数据后，需要对其进行预处理，包括数据滤波、零初始值处理、粗大值剔出等。但是，智能辨识是通过全局搜索的方法找出最能代表输入输出关系的一组参数，本质上这是曲线拟合问题，因此如果选择Ⅰ～Ⅶ型模型结构，曲线形状就已经确定，这些模型本身就是低通滤波器，因此智能辨识方法就不需要数据滤波和粗大值剔出，仅按式（5-45）进行零初始值处理就行了。

现在来考虑某 135MW 循环流化床热电机组，喷水量变化对应主蒸汽温度变化［如图 5-29（a）、图 5-29（b）所示］的模型辨识问题。输入输出数据存在文件 u0.txt 和 y0.txt 中，数据采样间隔 $T_s = 5\text{s}$。

读取现场记录数据及零初始值处理程序如下：

```
%读取数据及零初值化处理 Read _ DATA _ uy. m
clear;
%*****读取现场数据*****************************
u0 = load('u0.txt'); y0 = load('y0.txt');
%*****零初值化处理*****************************
m = length(y0);
Ts = 5;%设置采样周期
N = 5;%设置初始值点数
u1 = 0; y1 = 0;
for i = 1: N; u1 = u1 + u0(i); y1 = y1 + y0(i); end
u1 = u1/N; y1 = y1/N;
for i = 1: m
    t(i) = (i-1) * Ts; u(i) = u0(i) - u1; y(i) = y0(i) - y1;
end
```

```
subplot(2, 2, 1), plot(t, u0), title('减温水流量')
subplot(2, 2, 2), plot(t, y0), title('主蒸汽温度')
subplot(2, 2, 3), plot(t, u), title('处理后的减温水流量')
subplot(2, 2, 4), plot(t, y), title('处理后的主蒸汽温度')
u0 = u; y0 = y; t0 = t;
saveRead _ DATA _ io t0 u0 y0;
```

读取的数据及零初值处理后的结果如图 5-29（c）、图 5-29（d）所示。

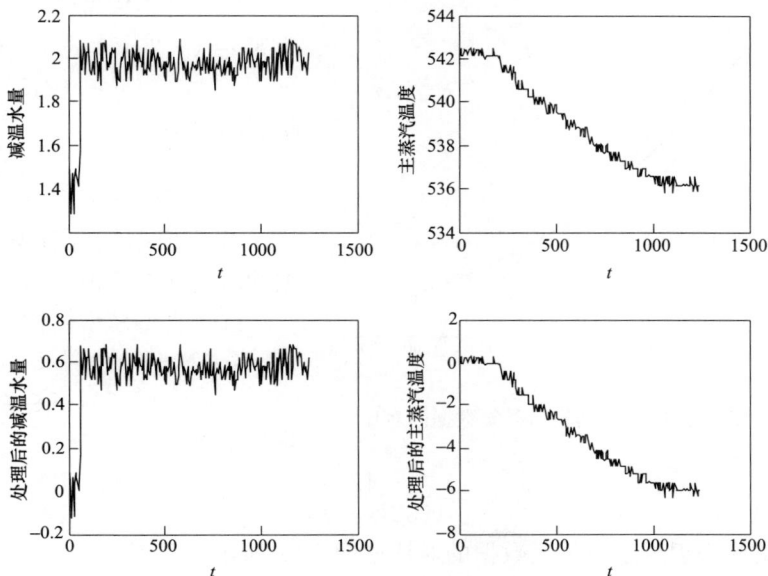

图 5-29　现场试验数据及零初始值处理后的数据曲线

选择Ⅰ型模型结构，参数论域取为

$$K \in (-20,0), \ T \in (5,500), \ n \in (2,5)$$

辨识结果

$$G(s) = \frac{-11.4}{(195s + 1)^3}$$

辨识结果响应曲线如图 5-30 所示。

从图 5-30 中可以看出，辨识结果具有较好的精度。

由于 PSO 算法公式中有些系数是随机数，因此每次运行程序时，会得到不同的运行结果，通过多次运行选择一组较好的参数即可。

3. 模型结构及参数区间的选择

智能辨识所做的是曲线拟合，因此根据使用者的经验选择Ⅰ～Ⅶ型模型结

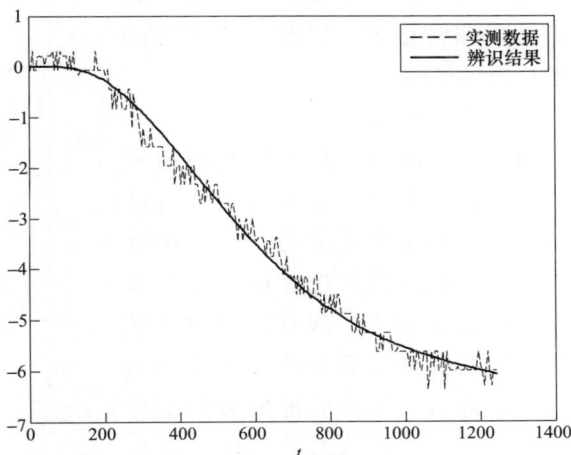

图 5-30　Ⅰ型模型结构辨识结果与采集数据的对比

构即可。这 7 种模型结构中的参数物理意义明显，能很容易地确定各参数的区间。此外，这 7 种模型结构的曲线形状已经固定（参见图 5-2），辨识时的目标函数是单峰值的，因此可以选取较大的参数区间，而不影响辨识效果。

不主张使用Ⅷ型和ⅣV型模型结构，因为这两种模型参数太多，物理意义又不明显，很难选择参数的区间。

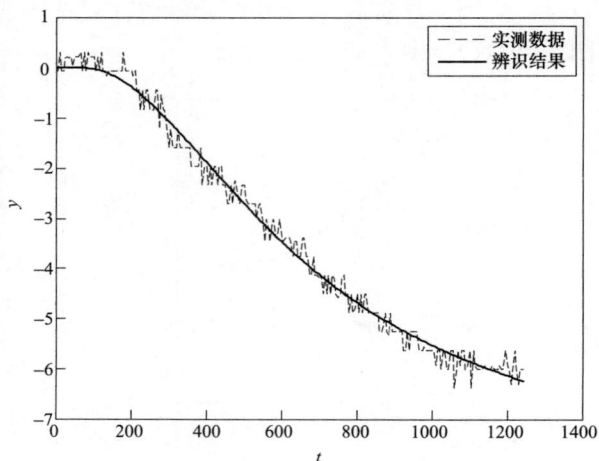

图 5-31　Ⅱ型模型结构辨识结果与采集数据的对比

下面仍考虑喷水量变化对应主蒸汽温度变化的模型辨识问题。

选择Ⅱ型模型结构，选择论域
$$K \in (-20, 0), \quad T_{1\sim5} \in (0, 400),$$
$$n \in (2, 5)$$
辨识结果为
$$G(s) = \frac{-12.6}{(279s+1)(368s+1)(32s+1)}$$

Ⅱ型模型结构辨识结果与采集数据的对比如图 5-31 所示。

选择Ⅲ型模型结构，选择论域
$$K \in (-20, 0), \quad T \in (0, 400),$$
$$n \in (2, 5), \quad \tau \in (5, 200)$$
辨识结果
$$G(s) = \frac{-12.6}{(321s+1)^2} e^{-36s}$$

Ⅲ型模型结构辨识结果与采集数据的对比如图 5-32 所示。

对比三种辨识结果的增益与时间常数，得
$$K_{\text{I}} = -11.4, \quad T_{\text{I}} = nT = 3 \times 195 = 585$$
$$K_{\text{II}} = -12.6, \quad T_{\text{II}} = T_1 + T_2 + T_3 = 279 + 368 + 32 = 679$$
$$K_{\text{III}} = -12.6, \quad T_{\text{III}} = nT + \tau = 2 \times 321 + 36 = 678$$

可知，Ⅱ型与Ⅲ型模型结构下的辨识结果非常接近，因此这两种辨识结果是更可信的。

4. 辨识结果验证

当辨识完成后，必须对辨识结果进行验证，只有验证了的模型才是可以使用的。验证方法非常简单：再取另外的一个时间段，把这段的输入加在辨识出的模型上，观察模型输出是否与采集到的输出数据达到了较好的拟合程度即可。如果验证模型是不合格的，那很可能是选取的数据不包含系统的全部状态，或者是该系统的输

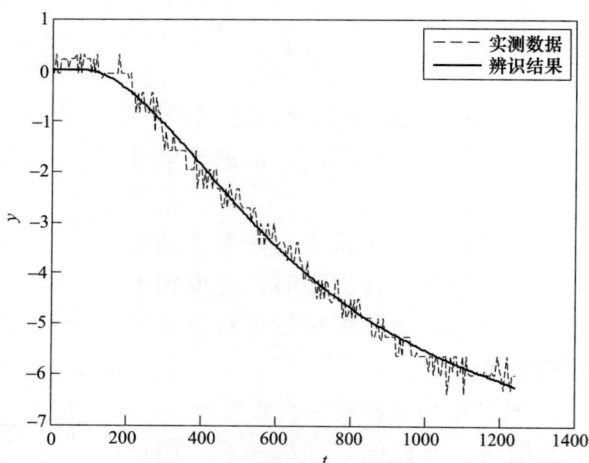

图 5-32　Ⅲ型模型结构辨识结果与采集数据的对比

出不完全是由本输入引起的。对于本例，由于采集的数据较少，没有更多的实测数据来进行模型验证。

对于上述的主蒸汽温度系统，虽然没有另外的数据来验证模型的有效性，但是，该系统的输出是由阶跃函数激励的，这种激励有很强的抗随机噪声干扰的能力，此外智能辨识方法是曲线拟合方法，辨识前已经确定了模型结构，而这些模型本身就是低通滤波器，有很强的抗噪声能力，用智能辨识算法辨识阶跃响应模型，具有很高的辨识精度，所以上述的辨识结果是可以接受的。

5. 开环系统试验建模工程实例

下面考虑某 660MW 二次再热超超临界机组现场试验建模问题[77]。

(1) 燃料量扰动试验。

1) 读取现场记录数据及零初始值处理。图 5-33 示出了某 660MW 二次再热超超临界机组协调控制系统被控对象结构框图。这是一个多输入多输出系统，为了进行阶跃响应试验，让负荷控制系统工作在手动状态。在 550MW 负荷点上，给机组施加了给煤量扰动。燃料量从 245.462t/h 逐步减少到 233.2t/h，负荷从 543.5MW 逐步下降到 525MW、主蒸汽压力从 25.146MPa 逐步下降到 24.28MPa、分离器温度从 443.806℃ 逐步下降到 426℃、分离器压力从 26.885MPa 逐步下降到 25.95MPa。为了保证机组的正常运行，经过大约 2900s 后，又使燃料量回到接近原来的流量上。整个试验持续了 7200s。实测的输入输出试验数据存放于数据文件"550MW 燃料量阶跃试验.mat"中。数据采样周期为 $T_s = 1.8s$。数据存放结构如下：

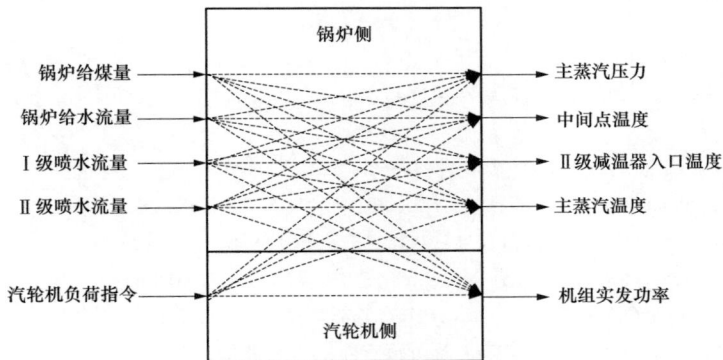

图 5-33 协调控制系统被控对象结构框图

Untitled（:，1）	Untitled（:，2）	Untitled（:，3）	Untitled（:，4）	Untitled（:，5）
燃料量（t/h）	机组负荷（MW）	主蒸汽压力（MPa）	分离器温度（℃）	分离器压力（MPa）

读取现场记录数据及零初始值处理程序为 Read _ DATA _ SH550MW. m。

```
% 读取数据及零初值化处理 Read _ DATA _ SH550MW. m
clear;
%%%%%%%%%%%%%%%读现场数据%%%%%%%%%%%%%%%%%%%%%%%%%%%%%%%
load('550MW 燃料量阶跃试验.mat');
u0 = untitled(:, 1);           % 燃料量 t/(t/h)
y00(1,:) = untitled(:, 2);     % 机组负荷 MW
```

```matlab
y00(2,:) = untitled(:, 3);        % 主蒸汽压力 MPa
y00(3,:) = untitled(:, 4);        % 分离器温度℃
y00(4,:) = untitled(:, 5);        % 分离器压力 MPa
m = length(u0);  % 读取采样点数
Ts = 1.8;        % 设置采样周期
for i = 1: m; t0(i) = i * Ts; end
subplot(5, 2, 1), plot(t0, u0), title('燃料量 t/(t/h)'); hold on;
subplot(5, 2, 3), plot(t0, y00(1,:)), title('机组负荷 MW'); hold on;
subplot(5, 2, 5), plot(t0, y00(2,:)), title('主蒸汽压力 MPa'); hold on;
subplot(5, 2, 7), plot(t0, y00(3,:)), title('分离器温度℃'); hold on;
subplot(5, 2, 9), plot(t0, y00(4,:)), title('分离器压力 MPa'); hold on;
%##############零初值化处理###############################
N = 5;                   % 设置初始值点数
u1 = 0;  y1(1: 4) = 0;
for i = 1: N
    u1 = u1 + u0(i);
    for j = 1: 4;  y1(j) = y1(j) + y00(j, i); end
end
u1 = u1/N;
for j = 1: 4;  y1(j) = y1(j)/N; end
for i = 1: m
    u0(i) = u0(i) - u1;
    for j = 1: 4;  y00(j, i) = y00(j, i) - y1(j); end
end
subplot(5, 2, 2), plot(t0, u0), title('燃料量 t/(t/h)'); hold on;
subplot(5, 2, 4), plot(t0, y00(1,:)), title('机组负荷 MW'); hold on;
subplot(5, 2, 6), plot(t0, y00(2,:)), title('主蒸汽压力 MPa'); hold on;
subplot(5, 2, 8), plot(t0, y00(3,:)), title('分离器温度℃'); hold on;
subplot(5, 2, 10), plot(t0, y00(4,:)), title('分离器压力 MPa'); hold on;
save DATA _ SH550MW _ CCS t0 u0 y00;  % 存储零初始值处理后的数据
```

读取的数据及零初值处理后的结果显示在图 5-34 中。处理后的数据存放在数据文件 DATA _ SH550MW _ CCS. mat 中。

从理论上讲,当燃料量回升以后,机组负荷、主蒸汽压力等都应回到原来的参数上,但是从图 5-34 中可以看到,试验结果并非如此。其原因是,当燃料量减小后,锅炉内的热交换器吸热量减小,导致主蒸汽压力下降,进入汽轮机的主蒸汽流量跟随其下降,使得机组负荷下降。在这个变化过程中,主蒸汽温度控制系统已经切为手动,喷水流量恒定,所以主蒸汽温度也会下降,蒸汽的焓值(表达能量的参数)跟随其下降。焓值的下降使得汽轮机的功率再次下降。而当燃料量再增加时,虽然锅炉内的热交换器吸热量也在增加,但是增加的热量一部分用来补充蒸汽焓值的缺失(增加锅炉的蓄热量),另一部分才会用来提高主蒸汽压力,进而增加机组功率。上述过程的表象就是,燃料量减小使机组负荷下降的速度要比燃料量增加使机组负荷上升的速度快,图 5-34 中的燃料量曲线和机组负荷曲线也证实了这一点。

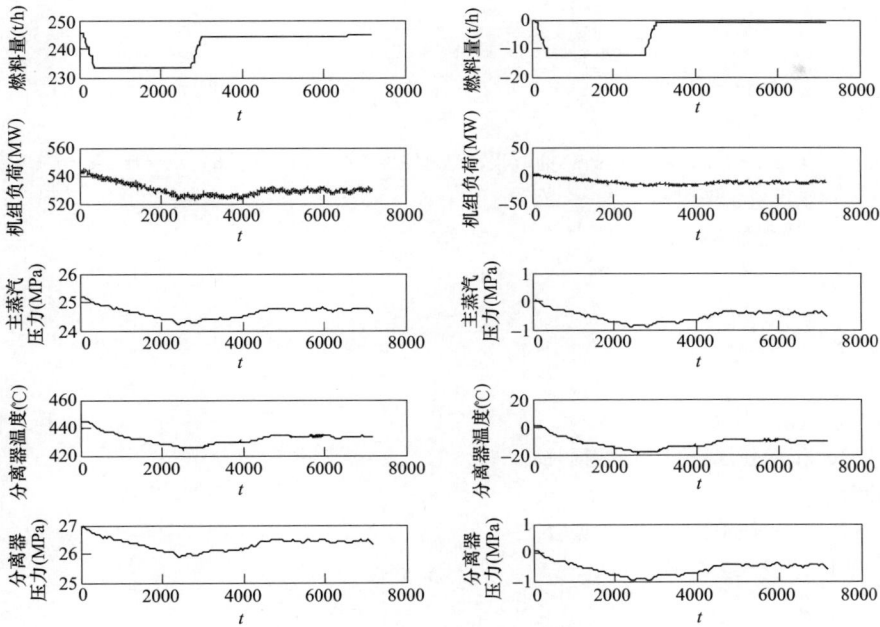

图 5-34　550MW 负荷点下燃料量扰动后的实测数据曲线

因此，燃料量的增加与减少对负荷通道的数学模型是不相同的。

综上分析，并不是所有采集到的数据都是可以利用的，在这里，我们只选择燃料量减小后的 1600 点（1600×1.8＝2880s）的数据作为辨识用数据，辨识出的模型仅仅适合于燃料量减小的情况。

2）模型结构的选择及目标函数的计算。当减小燃料量时，就减小了锅炉内的热量，主蒸汽压力就会下降；机组发电功率也随之减小；分离器温度会降低、压力也会降低。此外，燃料量的变化引起的各输出量变化都是有自平衡的。因此，可以选择高阶惯性环节作为每个通道的标准传递函数，即选取被控对象的数学模型为Ⅰ型结构

$$W(s) = \frac{K}{(1 + Ts)^n}$$

从图 5-34 中可以看到，各输出的幅值不在同一个数量级上，因此对每个通道分别进行辨识。模型仿真及目标函数计算子程序为 Id ＿ Obj ＿ I. m。

3）粒子群辨识算法主程序。

```
%粒子群优化算法辨识 Id＿PSO＿main.m
clear all;
global Ts m u y
%%%%%%%%%%%%%%%%%%%%%%%读取系统时间及输入输出数据%%%%%%%%%%%%%%%%
load DATA＿SH550MW＿CCS t0 u0 y00;
y0 = y00(1,:);
N = length(u0);%读取数据个数
%%%%%%%%%%%%%%%%%%%%%%%%%%数据滤波%%%%%%%%%%%%%%%%%%%%%%%%%%%%
yl = 0; a = exp(-0.1); ul = 0; b = exp(-0.1);
```

```
for i = 1: N
    yl = a * yl + (1 − a) * y0(i); ul = b * ul + (1 − b) * u0(i);
    y10(i) = yl; u10(i) = ul;
end
%%%%%%%%%%%%%%%%%%%%%%抽取采样数据%%%%%%%%%%%%%%%%%%%%%%%%%%%
Ts = 1.11;          %设置采样周期
L = 1;              %设置抽取间隔
Ts = Ts * L;
m = 0;
for i = 1: L: N
    m = m + 1;
    %u(m) = u0(i);
    u(m) = u10(i);  %使用滤波后的数据时
    %y(m) = y0(i);
    y(m) = y10(i);  %使用滤波后的数据时
    t(m) = t0(i);
end
plot(t, y, ': b'); hold on;
%###############粒子群算法的控制参数###################
N = 3;%优化参数个数,随模型类型而变化
M = 100;%粒子个数
Tmax = 100;%最大前进步数
w = 0.6;%遗忘因子
c = [1.2 1.2];%认知及社会因子
%&&&&&&&&&&&寻优变量区间 G(s) = V1/(V2s + 1)^V3 &&&&&&&&&&
V _ LLimits = [0, 100, 2];%寻优参数下限
V _ HLimits = [1, 800, 4];%寻优参数上限
DVmax = [0.5, 5, 1];%优化变量速度限制
%&&&&&&&&&&&&&&&&&&&&&&&&&&&&其他部分同前 &&&&&&&&&&&&&&&&&&&&&&&&&
```

4) 参数论域的选择及其辨识结果。根据图 5-34,可以估计出各通道传递函数参数的论域,运行粒子群优化算法辨识主程序 Id _ PSO _ main. m 即可得到各通道的辨识结果:

a. 燃料量——机组负荷:

$$K \in (1,2), \ T \in (100,800), \ n \in (2,4)$$

辨识结果为

$$W(s) = \frac{1.54}{(592s + 1)^2} \quad \text{MW}/(\text{t}/\text{h})$$

燃料量——机组负荷与原采集的数据曲线辨识结果对比如图 5-35 所示。

b. 燃料量——主蒸汽压力:

$$K \in (0,0.1), \ T \in (100,800), \ n \in (2,4)$$

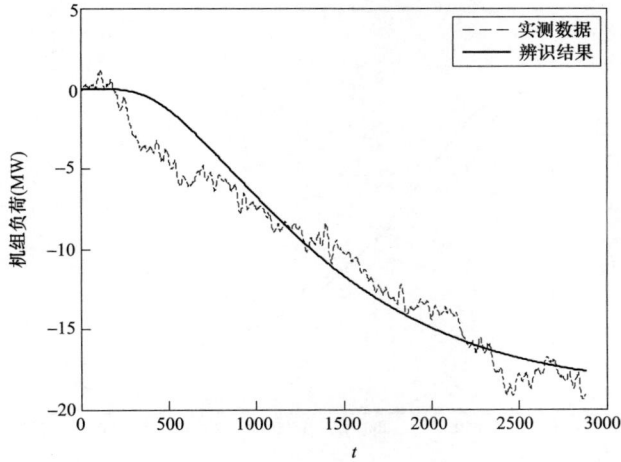

图 5-35 燃料量——机组负荷与原采集的数据曲线辨识结果对比

辨识结果为

$$W(s) = \frac{0.071\,2}{(514s+1)^2} \quad \text{MPa}/(\text{t/h})$$

燃料量——主蒸汽压力与原采集的数据曲线辨识结果对比如图 5-36 所示。

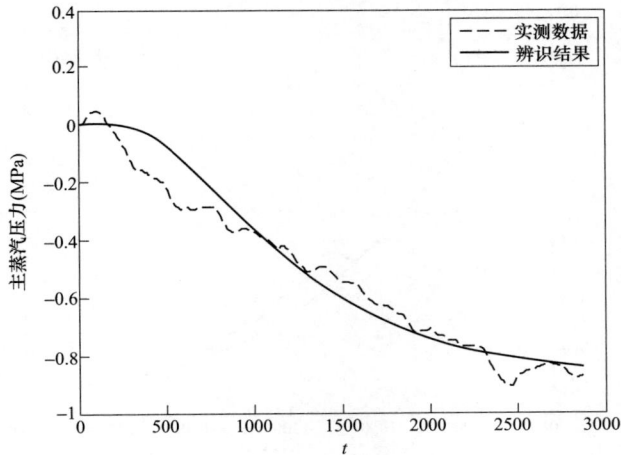

图 5-36 燃料量——主蒸汽压力与原采集的数据曲线辨识结果对比

　　c. 燃料量——分离器温度：
$$K \in (1,2), T \in (100,800), n \in (2,4)$$

辨识结果为

$$W(s) = \frac{1.41}{(424s+1)^2} \quad \text{℃}/(\text{t/h})$$

燃料量——分离器温度与原采集的数据曲线辨识结果对比如图 5-37 所示。
　　d. 燃料量——分离器压力：
$$K \in (0,0.1), T \in (100,800), n \in (2,4)$$

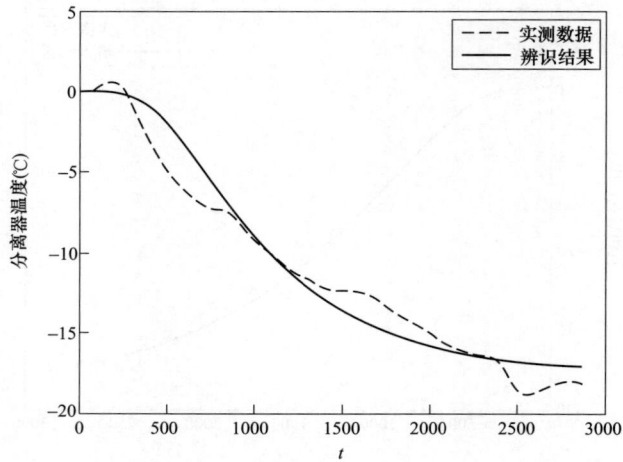

图 5-37　燃料量——分离器温度与原采集的数据曲线辨识结果对比

辨识结果为

$$W(s) = \frac{0.077\ 1}{(513s + 1)^2} \qquad \text{MPa/(t/h)}$$

燃料量——分离器压力与原采集的数据曲线辨识结果对比如图 5-38 所示。

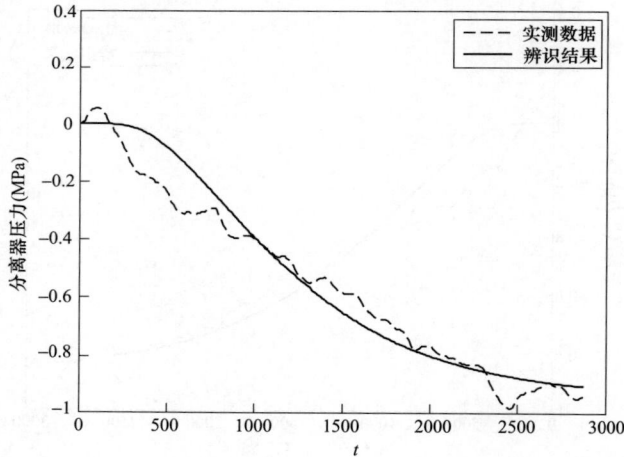

图 5-38　燃料量——分离器压力与原采集的数据曲线辨识结果对比

　　（2）给水流量扰动试验。与燃料量扰动试验相同，在机组的 550MW 负荷点上，给机组施加了给水量扰动。给水流量从 1598.2t/h 逐步增加到 1629.7t/h，负荷从 558MW 经过一定的延迟后逐步上升到 565MW，然后下降到 561MW；主蒸汽压力从 25.477MPa 经过一定的延迟后上升到 25.8MPa，再逐步下降到 25.6MPa；分离器温度从 446.717℃经过一定的延迟后下降到 440.3℃；分离器压力从 27.346MPa 经过一定的延迟后上升到 27.77MPa，再下降到 27.46MPa。待负荷、主蒸汽压力、分离器温度和压力基本稳定后，给水流量再下降到 1599.3 t/h。整个试验持续了 2220s。实测的输入输出试验数据存放于数据文件"550MW给水量阶跃试验.mat"中。数据采样周期为 $T_\mathrm{s} = 1.11$。数据存放结构如下：

Untitled（:, 1）	Untitled（:, 2）	Untitled（:, 3）	Untitled（:, 4）	Untitled（:, 5）
给水流量（t/h）	机组负荷（MW）	主蒸汽压力（MPa）	分离器温度（℃）	分离器压力（MPa）

读取现场记录数据及零初始值处理程序仍为 Read _ DATA _ SH550MW. m，只要把程序中的读取数据语句改为"load('550MW给水量阶跃试验.mat')"即可。读取的数据及零初值处理后的结果显示在图 5-39 中。处理后的数据仍存放在数据文件 DATA _ SH550MW _ CCS.mat 中。

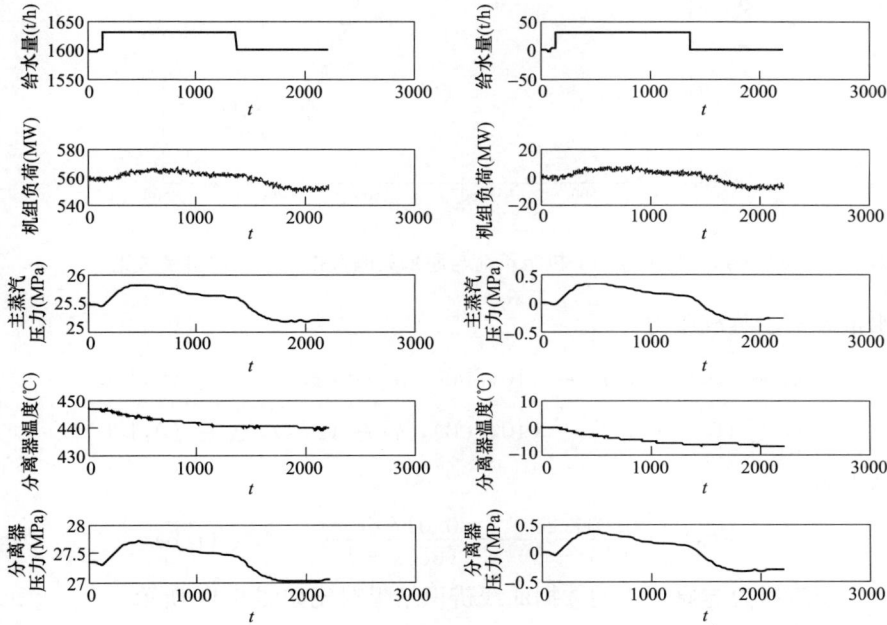

图 5-39　550MW 负荷点下给水量扰动后的实测数据曲线

从图 5-39 中可以看出，当给水量增加时，机组负荷、主蒸汽压力、分离器压力先是升高，然后降低；而分离器温度先是下降，然后升高。所以，选取这四个被控对象的数学模型都为Ⅶ型结构

$$W(s) = \frac{K_1 e^{-\tau_1 s}}{(T_1 s + 1)^{n_1}} - \frac{K_2 e^{-\tau_2 s}}{(T_2 s + 1)^{n_2}}$$

仍使用粒子群优化算法辨识程序 Id _ PSO _ main. m，模型仿真及目标函数计算子程序为 Id _ Obj _ VII. m。模型参数论域的选择及其辨识结果如下：

1) 给水量——机组负荷：

$$K_1 \in (0,1), T_1 \in (100,500), n_1 \in (2,4), \tau_1 \in (0,100)$$

$$K_2 \in (0,1), T_2 \in (100,500), n_2 \in (2,4), \tau_2 \in (0,100)$$

辨识结果为

$$W(s) = \frac{0.424 e^{-39s}}{(241s + 1)^2} - \frac{0.5 e^{-79s}}{(232s + 1)^4} \quad \text{MW/(t/h)}$$

给水量——机组负荷与原采集的数据曲线辨识结果对比如图 5-40 所示。

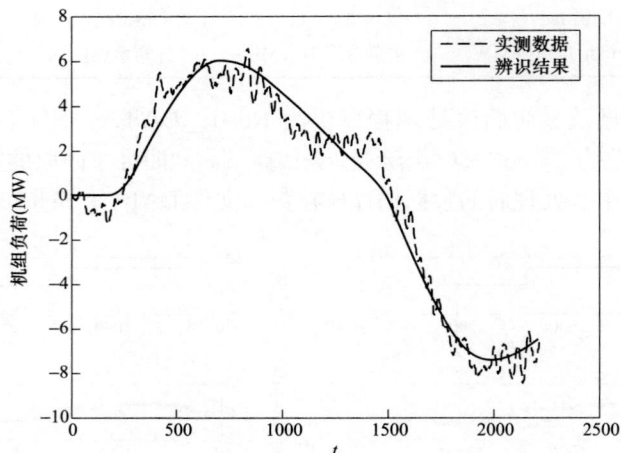

图 5-40　给水量——机组负荷与原采集的数据曲线辨识结果对比

2)给水量——主蒸汽压力：

$$K_1 \in (0,0.1),\ T_1 \in (10,800),\ n_1 \in (2,4),\ \tau_1 \in (0,100)$$

$$K_2 \in (0,0.1),\ T_2 \in (10,800),\ n_2 \in (2,4),\ \tau_2 \in (0,100)$$

辨识结果为

$$W(s) = \frac{0.012\ 2\mathrm{e}^{-46s}}{(40s+1)^3} - \frac{0.017\ 6\mathrm{e}^{-39s}}{(685s+1)^2}\quad \mathrm{MPa/(t/h)}$$

给水量——主蒸汽压力与原采集的数据曲线辨识结果对比如图 5-41 所示。

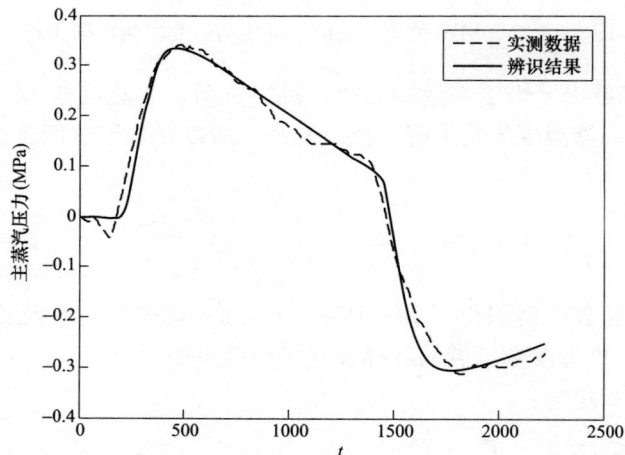

图 5-41　给水量——主蒸汽压力与原采集的数据曲线辨识结果对比

3)给水量——分离器温度：

$$K_1 \in (-1,0),\ T_1 \in (10,800),\ n_1 \in (2,4),\ \tau_1 \in (0,100)$$

$$K_2 \in (0,1),\ T_2 \in (10,800),\ n_2 \in (2,4),\ \tau_2 \in (0,100)$$

辨识结果为

296

$$W(s) = \frac{0.555\mathrm{e}^{-80s}}{(241s+1)^3} - \frac{1}{(507s+1)^2} \quad \text{℃/(t/h)}$$

给水量——分离器温度与原采集的数据曲线辨识结果对比如图 5-42 所示。

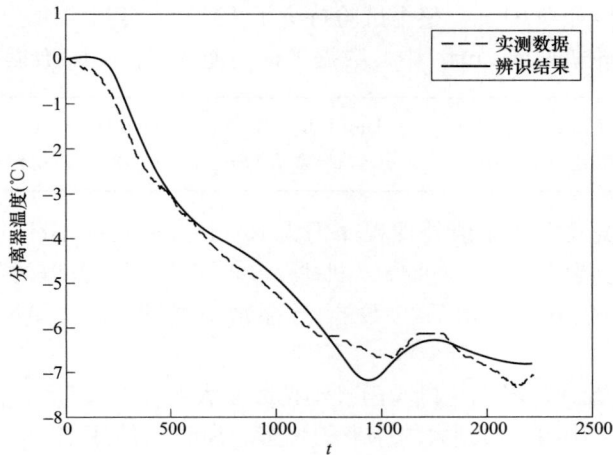

图 5-42　给水量——分离器温度与原采集的数据曲线辨识结果对比

4)给水量——分离器压力：

$$K_1 \in (0,0.1),\ T_1 \in (10,800),\ n_1 \in (2,4),\ \tau_1 \in (0,100)$$
$$K_2 \in (0,0.1),\ T_2 \in (10,800),\ n_2 \in (2,4),\ \tau_2 \in (0,100)$$

辨识结果为

$$W(s) = \frac{0.011\,1}{(36s+1)^4} - \frac{0.017\,2\mathrm{e}^{-18s}}{(473s+1)^3} \quad \text{MPa/(t/h)}$$

给水量——分离器压力与原采集的数据曲线辨识结果对比如图 5-43 所示。

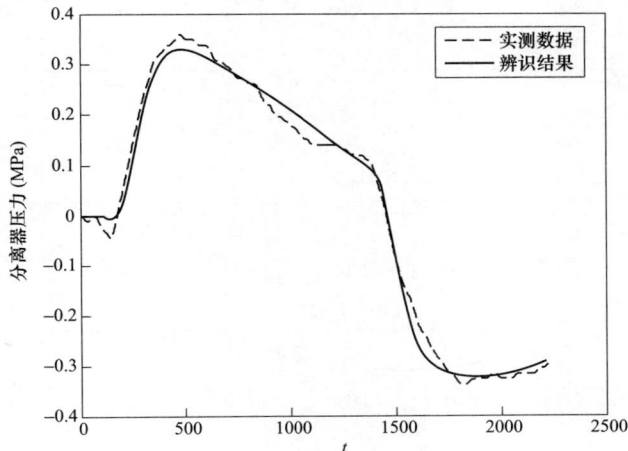

图 5-43　给水量——分离器压力与原采集的数据曲线辨识结果

　　(3)汽轮机阀门开度（DEH 流量指令）扰动试验。与燃料量扰动试验相同，在机组的
550MW 负荷点上，给机组施加了汽轮机阀门开度（DEH 流量指令）扰动。汽轮机阀门开度

从 94.157%关到 91.084%，机组负荷从 538MW 迅速下降到 527MW 后逐步上升到 538；主蒸汽压力从 24.686MPa 逐步上升到 25.73MPa；机组分离器温度从 449.431℃先逐步上升到 453.2℃再降到 452.5℃；机组分离器压力从 26.464MPa 逐步上升到 27.44MPa。待负荷基本稳定后，阀门开度再开到 94%。整个试验持续了 1380s。实测的输入输出试验数据存放于数据文件"550MW 汽轮机试验.mat"中。数据采样周期为 $T_s = 1$。数据存放结构如下：

Untitled(:, 1)	Untitled(:, 2)	Untitled(:, 3)	Untitled(:, 4)	Untitled(:, 5)
汽轮机阀门开度(%)	机组负荷(MW)	主蒸汽压力(MPa)	分离器温度(℃)	分离器压力(MPa)

读取现场记录数据及零初始值处理程序仍为 Read_DATA_SH550MW.m，只要把程序中的读取数据语句改为" load('550MW汽轮机试验.mat')"即可。读取的数据及零初值处理后的结果显示在图 5-44 中。处理后的数据仍存放在数据文件 DATA_SH550MW_CCS.mat 中。

从图 5-44 中可以看到，当汽轮机阀门扰动持续了大约 790s 以后，机组负荷等参数已经基本稳定，此时，才又让阀门回到大约原来的位置。所以，使用前 790 点的数据进行建模，使用后 590 点的数据进行验模。

此外，从图 5-44 中还可以看到，在汽轮机阀门变化以前，分离器温度就一直上升，它没有起始一个"零点"（稳态）。此外，当激励信号持续了大约 715s 以后，温度又立即进入稳态，这种情况不合分离器的物理特性。因此，采集到的分离器温度数据不能用于模型辨识。

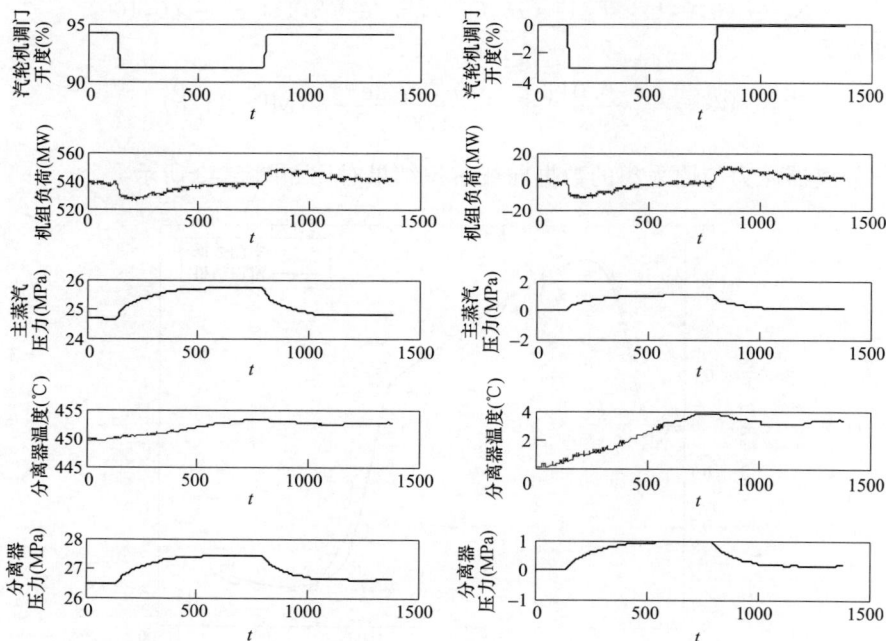

图 5-44　550MW 负荷点下汽轮机调节门扰动后的实测数据曲线

1）汽门开度——机组负荷。从图 5-44 中的汽轮机调门开度曲线以及负荷响应曲线可以看出，该通道的数学模型应为Ⅷ型结构，即

$$W(s) = \frac{K_1 e^{-\tau_1 s}}{(T_1 s + 1)^{n_1}} - \frac{K_2 e^{-\tau_2 s}}{(T_2 s + 1)^{n_2}}$$

其仿真及目标函数计算子程序为 Id＿Obj＿VII.m。

模型参数论域的选择及其辨识结果如下：

$$K_1 \in (0,10)，T_1 \in (0,100)，n_1 \in (2,4)，\tau_1 \in (0,100)$$
$$K_2 \in (0,10)，T_2 \in (0,200)，n_2 \in (2,4)，\tau_2 \in (0,100)$$

辨识结果为

$$W(s) = \frac{3.42}{(1s + 1)^2} - \frac{3.25 e^{-72s}}{(96s + 1)^2} \quad \text{MW}/\%$$

汽门开度——机组负荷与原采集的数据曲线辨识结果对比如图 5-45 所示。

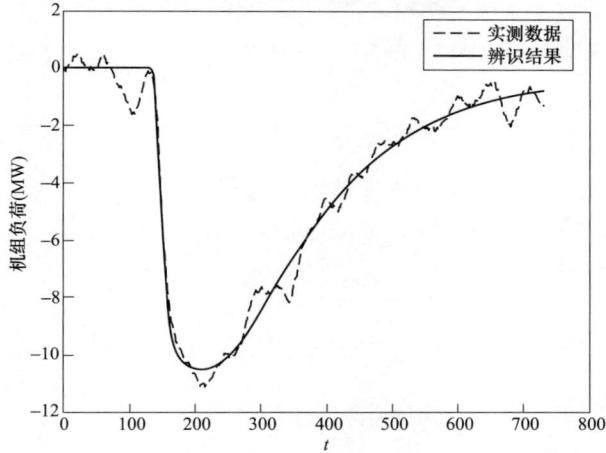

图 5-45　汽门开度——机组负荷与原采集的数据曲线辨识
结果对比

VII 型模型验证程序如 Id＿Vrification＿VII＿SH.m 所示，模型验证结果如图 5-46 所示。

```
%辨识模型验证程序 Id＿Vrification＿VII＿SH.m
clear all;
load DATA＿SH550MW＿CCS t0 u0 y00;
m = length(u0)；y0 = y00(1,:);
V = [3.42 1 20 3.25 96 2 72];
Ts = 1;
n1 = round(V(3))；n2 = round(V(7))；%计算模型阶次
x(1: n1) = 0；z(1: n2) = 0;
DT = Ts；%模型仿真计算步距
A1 = exp(-DT/V(2))；B1 = 1 - A1；A2 = exp(-DT/V(6))；B2 = 1 - A2;
LD1 = round(V(4)/Ts)；LD2 = round(V(8)/Ts);
if LD1>0；x＿del1(1: LD1) = 0；end
if LD2>0；x＿del2(1: LD2) = 0；end
for k = 1: m
    for i = 1: Ts/DT
```

```
        x(1) = A1 * x(1) + V(1) * B1 * u0(k);
        for j = 2: n1; x(j) = A1 * x(j) + B1 * x(j-1); end
    end
    y10 = x(n1);
    if LD1>0
        y10 = x_del1(1);
        for j = 1: LD1-1; x_del1(j) = x_del1(j+1); end
        x_del1(LD1) = x(n1);
    end
    for i = 1: Ts/DT
        z(1) = A2 * z(1) + V(5) * B2 * u0(k);
        for j = 2: n2; z(j) = A2 * z(j) + B2 * z(j-1); end
    end
    y20 = z(n2);
    if LD2>0
        y20 = x_del2(1);
        for j = 1: LD2-1; x_del2(j) = x_del2(j+1); end
        x_del2(LD2) = z(n2);
    end
    y1(k) = y10 - y20;
end
plot(t0, y0, ': b', t0, y1, 'r'); hold on;
```

从图 5-46 中的验模曲线可以看出，模型的增益 K_1、K_2 以及惯性时间常数 T_2 的辨识误差较大。究其原因是，当把汽轮机阀门关小后，没等到负荷完全稳定，就又把汽轮机阀门开大，没把系统的所有模态都激励出来（下面所辨识的三个模型与此情况相同）。

2）汽门开度——主蒸汽压力。从图 5-44 中的汽轮机调门开度曲线以及主蒸汽压力响应曲线可以看出，该通道的数学模型应为Ⅲ型结构，即

$$W(s) = \frac{Ke^{-\tau s}}{(Ts+1)^n}$$

其仿真及目标函数计算子程序为 Id_Obj_III.m。

模型参数论域的选择及其辨识结果如下：

$$K \in (-1,0), \quad T \in (0,100),$$
$$n \in (2,4), \quad \tau \in (0,100)$$

辨识结果为

$$W(s) = \frac{-0.327}{(47s+1)^2} \quad \text{MPa}/\%$$

汽门开度——主蒸汽压力与原采集的数据曲线辨识结果对比如图 5-47 所示。

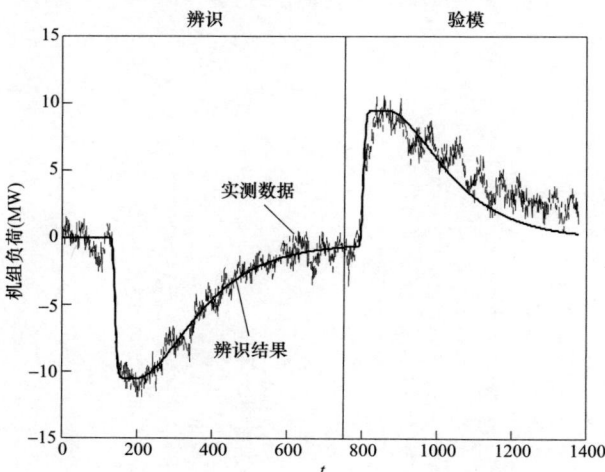

图 5-46　汽门开度——机组负荷的模型验证

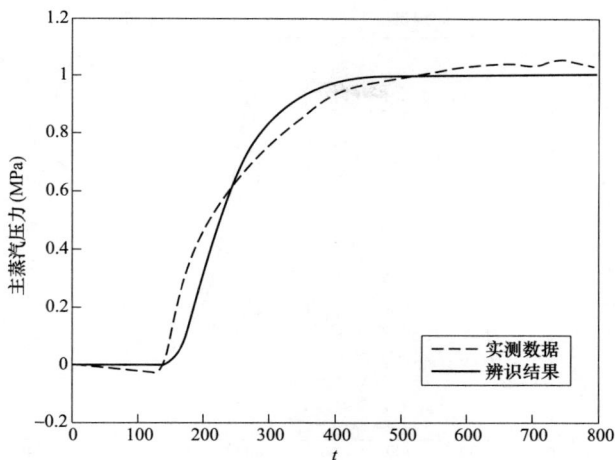

图 5-47　汽门开度——主蒸汽压力与原采集的数据曲线辨识结果对比

Ⅲ型模型验证程序如 Id＿Vrification＿Ⅲ＿SH.m 所示，模型验证结果如图 5-48 所示。

```
%辨识模型验证程序 Id＿Vrification＿Ⅲ＿SH.m
clear all;
load DATA＿SH550MW＿CCS t0 u0 y00;
m = length(u0)；y0 = y00(2,:);
V = [-0.327 47 2 0];
Ts = 1;
n = round(V(3))；%计算模型阶次
DT = Ts；%模型仿真计算步距
n = round(V(3))；%计算模型阶次
x(1: n) = 0;
A = exp(-DT/V(2))；B = 1-A;
LD = round(V(4)/Ts);
if LD>0；x＿del(1: LD) = 0；end
for k = 1: m
    for i = 1: Ts/DT
        x(1) = A * x(1) + V(1) * B * u0(k);
        for j = 2: n; x(j) = A * x(j) + B * x(j-1)； end
    end
    y10 = x(n);
    if LD>0
        y10 = x＿del(1);
        for j = 1: LD-1; x＿del(j) = x＿del(j+1)； end
        x＿del(LD) = x(n);
    end
    y1(k) = y10;
end
plot(t0, y0, ': b', t0, y1, 'r')； hold on;
```

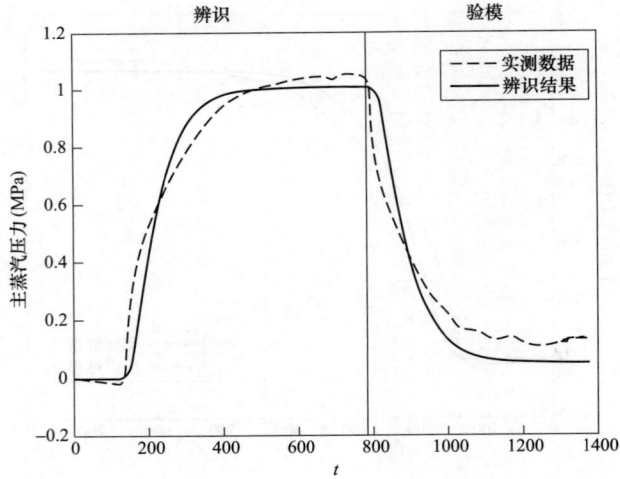

图 5-48　汽门开度——主蒸汽压力的模型验证

3）汽门开度——分离器压力。从图 5-44 中的汽轮机调门开度曲线以及分离器压力响应曲线可以看出，该通道的数学模型也应为Ⅲ型结构，即

$$W(s) = \frac{Ke^{-\tau s}}{(Ts+1)^n}$$

其仿真及目标函数计算子程序为 Id _ Obj _ Ⅲ. m。

模型参数论域的选择及其辨识结果如下：

$$K \in (-1,0),\ T \in (0,100),\ n \in (2,4),\ \tau \in (0,100)$$

辨识结果为

$$W(s) = \frac{-0.306}{(56s+1)^2} \qquad \text{MPa/\%}$$

汽门开度——主蒸汽压力与原采集的数据曲线辨识结果对比如图 5-49 所示。

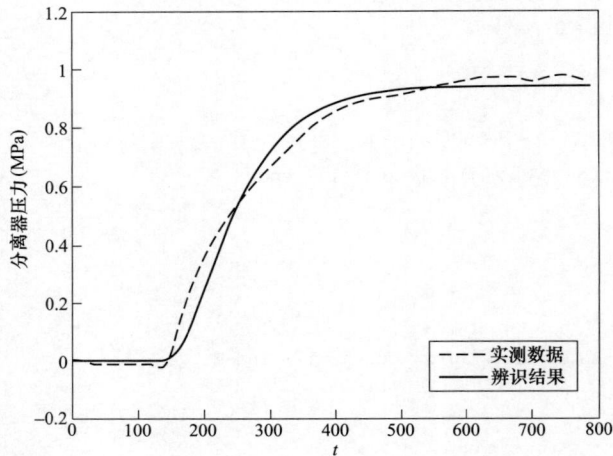

图 5-49　汽门开度——分离器压力与原采集的数据曲线辨识结果对比

Ⅲ型模型验证程序如 Id _ Vrification _ Ⅲ _ SH. m 所示，模型验证结果如图 5-50 所示。

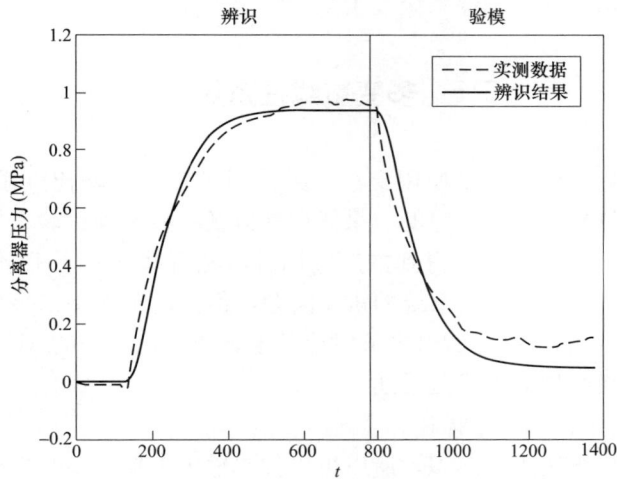

图 5-50　汽门开度——分离器压力的模型验证

可以把前面所述的 660MW 二次再热超超临界机组各项现场试验建模结果整理成表 5-8 所示的形式。

表 5-8　　　　　660MW 二次再热超超临界机组（开环运行时）试验建模结果

输出	机组负荷（MW）	主蒸汽压力（MPa）	分离器温度（℃）	分离器压力（MPa）
燃料量 (t/h)	$\dfrac{1.54}{(592s+1)^2}$	$\dfrac{0.071\,2}{(514s+1)^2}$	$\dfrac{1.41}{(424s+1)^2}$	$\dfrac{0.077\,1}{(513s+1)^2}$
给水量 (t/h)	$\dfrac{0.424\mathrm{e}^{-39s}}{(241s+1)^2}-\dfrac{0.5\mathrm{e}^{-79s}}{(232s+1)^4}$	$\dfrac{0.012\,2\mathrm{e}^{-46s}}{(40s+1)^3}-\dfrac{0.017\,6\mathrm{e}^{-39s}}{(685s+1)^2}$	$\dfrac{0.555\mathrm{e}^{-80s}}{(241s+1)^3}-\dfrac{1}{(507s+1)^2}$	$\dfrac{0.011\,1}{(36s+1)^4}-\dfrac{0.017\,2\mathrm{e}^{-18s}}{(473s+1)^3}$
汽门开度 (%)	$\dfrac{3.42}{(1s+1)^2}-\dfrac{3.25\mathrm{e}^{-72s}}{(96s+1)^2}$	$\dfrac{-0.327}{(47s+1)^2}$	—	$\dfrac{-0.306}{(56s+1)^2}$

文献 [77] 还给出了 550MW 负荷点"一级过热减温水扰动""二级过热减温水扰动""550MW 烟气挡板扰动"等以及其他负荷点的现场试验数据。其辨识方法与上述实例相同。这里不再赘述。

通过上述的工程辨识实例可以看出，对复杂的生产过程系统进行开环辨识并不是一件容易的事。复杂的生产过程系统都是强耦合系统，处于安全性考虑，对于某一系统进行辨识时，并不能把相耦合的系统都解出自动，这些相耦合着的系统都会对被试验的系统产生影响。此外，有很多系统都不能长期工作在"手动"状态，因此，当给某些系统施加扰动以后，还不等被扰动的系统稳定下来以后，就会通过自动控制的方式把被扰动的系统恢复到扰动前的状态。也就是说，前面给出的试验数据并不完全是系统被某一输入"全激励"的结果。由此推断，虽然从图 5-35～图 5-38、图 5-40～图 5-43 以及图 5-45～图 5-50 中可以看到，辨识结果具有较好的精度，但是辨识所得的模型与真实系统还存在一定的误差。

综上所述，对某一系统进行开环辨识时，以下三条原则对辨识的精度是至关重要的：

（1）保证被辨识的系统只受一个输入的影响，让其他输入尽量保持不变。

（2）无论给系统施加什么样的激励信号，都要使"激励"的时间足够长，以确保激励出系统的所有模态。

（3）在加入激励信号前，确保系统处于某个稳定工况点。

5.5　多变量线性系统辨识

在本章第5.3节里已经讨论了使用最小二乘法对单输入单输出（SISO）系统的辨识问题，最小二乘类辨识算法对激励信号源、采样周期以及一些其他试验条件的苛刻要求，致使最小二乘类辨识算法没有在工程中得到推广应用。虽然有些文献[13]讨论过使用最小二乘类算法进行多输入多输出（MIMO）系统的辨识问题，但是由于最小二乘算法的固有缺陷，使其更难用于 MIMO 系统的辨识。所以本节讨论基于智能优化算法的 MIMO 系统辨识问题。

5.5.1　MIMO 系统的数学模型描述

MIMO 系统可以用图 5-51 来描述。

因为使用智能优化算法进行辨识，所以可以像单输入单输出系统那样，使用传递函数来描述系统的输入与输出之间的动态关系。对于一个 $r \times q$ 的 MIMO 系统，就需要有 $r \times q$ 个传递函数来描述所有的输入与所有输出之间的对应关系。

例如，对于文献［52］给出的一个二元精馏塔分离甲醇和水混合物的系统，系统的输出变量是从精馏塔塔顶和塔底产品中甲醇组分的重量分率 x_D 和 x_B，系统的输入变量是回流量 R 和进入再沸器的蒸汽流量 S。该系统的传递函数模型描述如图 5-52 所示。

图 5-51　r 个输入 q 个输出的
MIMO 系统

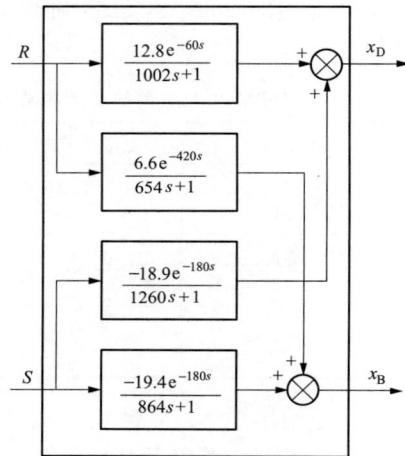

图 5-52　二元精馏塔系统传递函数模型描述

$r \times q$ 的 MIMO 系统为 VV 型系统，假设每个通道的传递函数都用式（5-73）来描述：

$$W_{ij} = \frac{K_{ij}\,\mathrm{e}^{-\tau_{ij}s}}{T_{ij}s+1} \quad i = 1,2,\cdots,r;\ j = 1,2,\cdots,q \tag{5-73}$$

则辨识时模型的仿真及目标函数计算子程序为 Id_Obj_VV.m。

```
%仿真及目标函数计算子程序 Id_Obj_VV.m
%模型结构 VV：y(1：m) = G(1：r, 1：q) * u(1：r)；传递函数结构 K * e∧( - Tao * s)/(Ts + 1)
function [Q, yy] = objq(V)
global Ts m u1 u2 y1 y2
r = 2；q = 2；%设置系统的输入输出个数
```

```matlab
u = [u1; u2]; y = [y1; y2];
K = [V(1) V(7); V(4) V(10)];
T = [V(2) V(8); V(5) V(11)];
Tao = [V(3) V(9); V(6) V(12)];
x = zeros(q, r);
DT = 5; %设置仿真计算步距，应小于等于 Ts
for i = 1: q
    for j = 1: r
        A(i, j) = exp(-DT/T(i, j)); B(i, j) = 1 - A(i, j);
    end
end
LD = round(Tao/Ts);
l = 0;
for i = 1: q
    for j = 1: r
        l = l + 1; c(i, j) = l; x_del(l, 1: LD(i, j)) = 0;
    end
end
%%%%%%%%%%%%%%%%%%%%%%%%%%%%%%仿真迭代计算%%%%%%%%%%%%%%%%%%%%%%%%%%%%%
Q = 0;
for k = 1: m
    for i = 1: Ts/DT
        %计算惯性环节
      for j1 = 1: q
            for j2 = 1: r
                x(j1, j2) = A(j1, j2) * x(j1, j2) + K(j1, j2) * B(j1, j2) * u(j2, k);
            end
        end
        %计算纯迟延环节
        for j1 = 1: q
            for j2 = 1: r
                for j = 1: LD(j1, j2) - 1
                    x_del(c(j1, j2), j) = x_del(c(j1, j2), j+1);
                end
                x_del(c(j1, j2), LD(j1, j2)) = x(j1, j2);
            end
        end
    end
    %计算各输出及目标函数
for i = 1: q
        yy(i, k) = 0;
        for j = 1: r; yy(i, k) = yy(i, k) + x_del(c(i, j), 1); end
```

```
      end
      t(k) = k * Ts;
      for j = 1：q；Q = Q + abs((y(j, k) − yy(j, k)) * (y(j, k) − yy(j, k)))；end
end
```

5.5.2 MIMO 系统的辨识算法

MIMO 系统辨识问题和 SISO 系统一样，也是利用生产运行系统中的输入输出数据，在定义的目标函数下，通过搜索目标函数的最小值，来达到寻找与系统特性等价的数学模型的目的。

对于 MIMO 系统，可以按式（5-74）定义目标函数：

$$Q_{\min} = \sum_{l=1}^{m} \sum_{k=1}^{S} \gamma_l \left[y_l(kT_s) - \tilde{y_l}(kT_s) \right]^2 \tag{5-74}$$

式中　　m——系统输出变量个数；

　　S——采样点数；

　　T_s——采样周期；

　　γ_l——各输出在目标函数中的加权值，目的是使各输出在目标函数中所占比例在同
　　　　　　一个数量级上。

大量试验表明，在实际中，当各个输出的幅值不在同一数量级时，加权值 γ_l 是很难选择的，因此建议对每个输出分别进行辨识，其目标函数为

$$Q_{\min} = \sum_{k=1}^{S} \left[y_l(kT_s) - \tilde{y_l}(kT_s) \right]^2 \quad l = 1, 2, \cdots, m \tag{5-75}$$

根据式（5-74）或式（5-75）所示的目标函数，任何一种全局搜索优化算法都可以用于系统辨识。从理论上讲，穷举法是最好的一种辨识算法，它可以搜索到参数空间中的每一个点，只要是系统中的被控对象被充分激励，就一定能找到描述系统模型的最佳参数。

但是，MIMO 系统需要辨识的参数过多，对于图 5-53 所示的双输入双输出系统来说，就有 12 个变量需要辨识，如果每个变量的辨识精度为 1%，也就是说，每个变量都在其寻优区间内计算 100 个点，那么 12 个变量就需要计算目标函数 10^{24} 次，这是一个天文数字，现在世界上最快的计算机也满足不了这一要求，因此还是需要各种智能优化算法来解决 MIMO 系统的辨识问题。

5.5.3 MIMO 系统辨识的工程问题

1. 对激励信号源和通道传递函数相关性的要求

从理论上讲，MIMO 系统辨识的工程问题与 SISO 系统是完全相同的，但是 MIMO 系统中的各通道间相互耦合，即系统的每个输入对某一输出都会同时产生作用，而我们所能测到的输出是所有输入共同作用的结果，因此在辨识时，就要分辨出所测得的输出是由哪个输入作用产生的结果。

下面以图 5-53 所示的 2×1 系统为例来说明这个问题。

从图 5-53 中可以看出，输出与两个输入的关系为

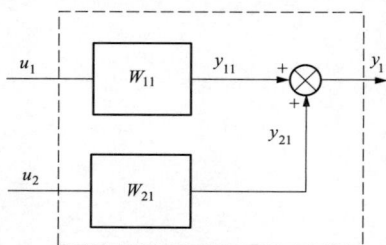

图 5-53　2×1 的被辨识系统

$$y_1 = W_{11}(s)u_1 + W_{21}(s)u_2 \tag{5-76}$$

辨识时，如果两个输入 u_1 和 u_2 呈线性关系，那么 $u_1 = ku_2$（k 为某一常数），此时

$$y_1 = [kW_{11}(s) + W_{21}(s)]u_2 = W(s)u_2 \qquad (5\text{-}77)$$

在方括号内的 $W_{11}(s)$ 和 $W_{21}(s)$ 是待辨识的传递函数。

如果按式（5-77）的模型结构进行辨识，辨识结果 $W(s)$ 反映的是 $W_{11}(s)$ 与 $W_{21}(s)$ 的和，无论 $W(s)$ 有多精确，它也反映不出 $W_{11}(s)$ 与 $W_{21}(s)$ 在 $W(s)$ 中各自所持有的比重。

同理，如果两个通道的传递函数是线性相关的，即

$$W_{11}(s) = kW_{21}(s) \qquad (5\text{-}78)$$

把式（5-78）代入式（5-76），可得

$$y_1 = W_{21}(s)(ku_1 + u_2) \qquad (5\text{-}79)$$

从式（5-79）中不难看出，即使选择了 u_1 和 u_2 线性无关，只要 $W_{11}(s)$ 与 $W_{21}(s)$ 线性相关，那么，还是辨识不出 $W_{11}(s)$ 与 $W_{21}(s)$。

因此，为了不使式（5-76）变成式（5-77）或式（5-79），那么要求 u_1 和 u_2、$W_{11}(s)$ 与 $W_{21}(s)$ 必须线性无关，这样才能保证每个输入对输出产生的影响得以分辨。

如果两个输入 u_1 和 u_2 都发生了变化，无论它们是否相关，只要输出近似不变，那就说明这两个通道模型是互相关的。因此，这两个通道不能同时辨识。

下面考虑图 5-52 所示系统中的 $R \rightarrow x_D$ 和 $S \rightarrow x_D$ 两个通道的辨识问题。

先用程序 DATA _ Step _ 2 _ 1. m 模拟出从现场中采集到的辨识用数据。在程序中，两个输入都是单位阶跃函数 $[u_1 = u_2 = 1(t)]$，在系统的输出加

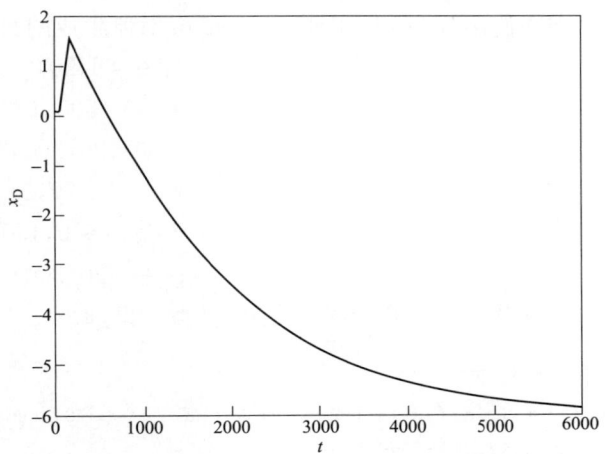

图 5-54　系统的两个输入都为单位阶跃函数时的系统响应

入最大幅值为 0.1 的随机扰动，模拟现场的随机噪声，系统响应曲线如图 5-54 所示。

```
% 生成辨识用数据程序 DATA _ Step _ 2 _ 1. m
clear all;
load DATA _ MS1 Ts t u1; % 读取 u1 数据
load DATA _ MS2 Ts t u2; % 读取 u2 数据
u10 = u1(1: 1200); u20 = u2(1: 1200);
% u10(1: 1200) = 1; u20(1: 1200) = 1;
DT = 5; ST = 6000; LP = ST/DT;
A1 = exp( - DT/1002); B1 = 1 - A1; A2 = exp( - DT/1260); B2 = 1 - A2;
LD1 = round(60/DT); LD2 = round(180/DT);
x1 = 0; x2 = 0; xd1(1: LD1) = 0; xd2(1: LD2) = 0;
for k = 1: LP
    t0(k) = k * DT;
    x1 = A1 * x1 + 12.8 * B1 * u10(k);
```

```
    y1(k) = xd1(1);
    for j = 1: LD1 - 1: xd1(j) = xd1(j + 1); end
    xd1(LD1) = x1;
    x2 = A2 * x2 - 18.9 * B2 * u20(k);
    y2(k) = xd2(1);
    for j = 1: LD2 - 1: xd2(j) = xd2(j + 1); end
    xd2(LD2) = x2;
    y0(k) = y1(k) + y2(k) + 0.1 * round(1);
end
save DATA_Step_2_1 t0 u10 u20 y0;
subplot(3, 1, 1), plot(t0, u10, 'b')
hold on; subplot(3, 1, 2), plot(t0, u20, 'b')
hold on; subplot(3, 1, 3), plot(t0, y0, 'b')
```

现在使用程序 Id_PSO_main.m 对所生成的数据进行辨识,辨识参数区间选为

$$
\left.\begin{array}{l}
k_1 \in (5, 20) \\
T_1 \in (500, 1200) \\
\tau_1 \in (20, 200) \\
k_2 \in (-20, 0) \\
T_2 \in (500, 1500) \\
\tau_2 \in (20, 200)
\end{array}\right\} \tag{5-80}
$$

仿真及目标计算子程序为 Id_Obj_2_1.m。

```
%模型结构 III + III
%G(s) = V1 * e∧(-V4)/(V2s + 1)∧V3 + V5 * e∧(-V8)/(V6s + 1)∧V7
%仿真及目标计算子程序 Id_Obj_2_1.m
function [Q, y1] = objq(V)
global Ts m u1 u2 y
%%%%%%%%%%%%%%%%%%%%%%%%%%%%%%参数初始化%%%%%%%%%%%%%%%%%%%%%%%%%%%%%%%
Q = 0;
n1 = round(V(3)); n2 = round(V(7)); %获取模型阶次
x1(1: n1) = 0; x2(1: n2) = 0;
DT = 5; %设置仿真步距
A1 = exp(-DT/V(2)); B1 = 1 - A1; A2 = exp(-DT/V(6)); B2 = 1 - A2;
LD1 = round(V(4)/Ts); LD2 = round(V(8)/Ts);
x1_del(1: LD1) = 0; x2_del(1: LD2) = 0;
%&&&&&&&&&&&&&&&&&&&&&&&& 仿真计算 &&&&&&&&&&&&&&&&&&&&&&&&&&&&&&&&&
for k = 1: m
    for i = 1: Ts/DT
        x1(1) = A1 * x1(1) + V(1) * B1 * u1(k);
        for j = 2: n1; x1(j) = A1 * x1(j) + B1 * x1(j - 1); end
        x2(1) = A2 * x2(1) + V(5) * B2 * u2(k);
```

```
            for j = 2：n2；x2(j) = A2 * x2(j) + B2 * x2(j - 1)；end
    end
    for j = 1：LD1 - 1；x1 _ del(j) = x1 _ del(j + 1)；end
    x1 _ del(LD1) = x1(n1)；
    for j = 1：LD2 - 1；x2 _ del(j) = x2 _ del(j + 1)；end
    x2 _ del(LD2) = x2(n2)；
    y1(k) = x1 _ del(1) + x2 _ del(1)；
    Q = Q + (y(k) - y1(k)) * (y(k) - y1(k))；
end
```

辨识结果的响应曲线如图 5-55 所
示，其传递函数为

$$x_D = \frac{9.7e^{-20}}{700s + 1}R + \frac{-15.6e^{-110}}{1171s + 1}S$$

$$(5-81)$$

而原始传递函数为

$$x_D = \frac{12.8e^{-60}}{1002s + 1}R + \frac{-18.9e^{-180}}{1260s + 1}S$$

$$(5-82)$$

当把辨识结果分离后，每个通道的辨
识结果与其原传递函数对比如图 5-56
所示。

从图 5-55 上看，系统的输出已经
很好地逼近了原始值，单从这一点看，

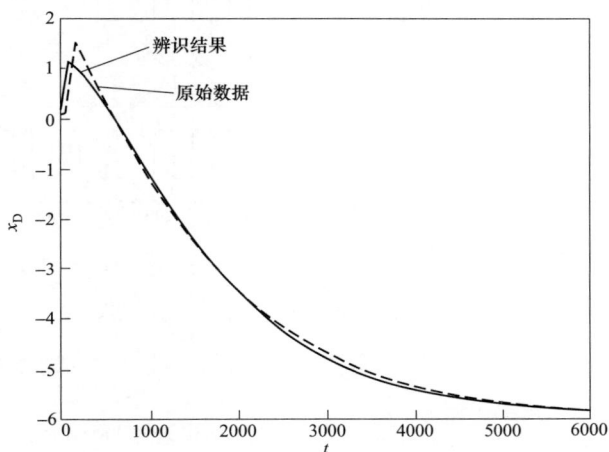

图 5-55　阶跃信号激励下的总体辨识结果

辨识结果是可以接受的。但是，从图 5-56 上看，以及对比式（5-81）与式（5-82），可以看
出，两个子通道的模型已经大大地偏离了原始模型，因此这个辨识结果是不能被接受的。产
生此结果的原因是两个输入信号线性相关，$W_{11}(s)$ 与 $W_{21}(s)$ 是随机得到的。由此说明，对

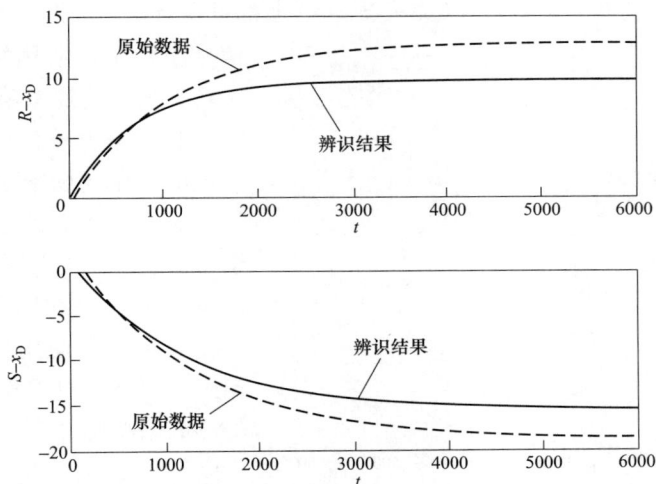

图 5-56　各通道的辨识结果与原始传递函数的对比

MIMO 系统进行辨识时，要求给系统施加的激励信号必须两两互不相关。

下面考虑给图 5-52 所示系统施加两个互不相关的 M 序列信号，这两个 M 序列信号由程序 M_S.m 产生，在程序 DATA_Step_2_1.m 中加入程序语句：

```
load DATA_MS1 Ts t u1; % 读取 u1 数据
load DATA_MS2 Ts t u2; % 读取 u2 数据
u10 = u1 (1: 1200); u20 = u2 (1: 1200);
```

即可得到两个互不相关的 M 序列信号激励下的系统输出响应，如图 5-57 所示。

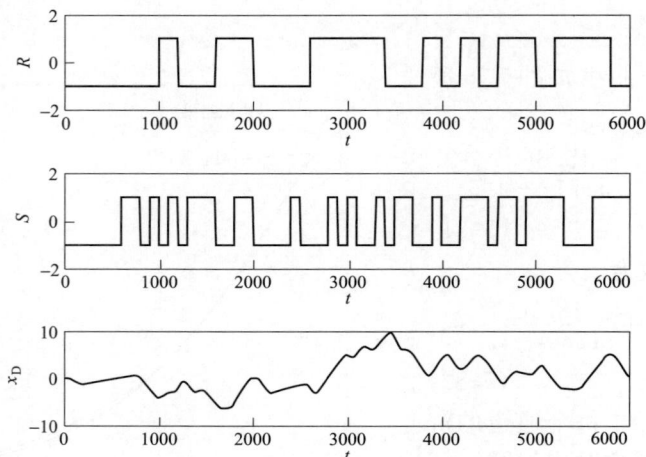

图 5-57　两个互不相关的 M 序列信号激励下的系统输出响应

辨识参数的区间仍选择式（5-80），辨识出的传递函数为

$$x_{\mathrm{D}} = \frac{12.7\mathrm{e}^{-65}}{999s+1}R + \frac{-19.6\mathrm{e}^{-187}}{1311s+1}S \tag{5-83}$$

其响应曲线与原传递函数的对比如图 5-58 所示。把辨识结果分离后，每个通道的辨识结果与其原传递函数对比如图 5-59 所示。

对比式（5-82）与式（5-83），以及从图 5-59 上都可以看出，在两个互不相关的 M 序列信号激励下，使用智能优化的辨识方法具有很高的辨识精度。

2. 闭环系统的辨识问题

由于在现场中很难加入 M 序列信号，而且，我们追求的是通过被辨识系统的实际运行数据来辨识系统模型，而系统一般是在闭环情况下工作，因此，应该考虑使用闭环系统的运行数据来辨识被控对象模型的问题。

如果将图 5-52 所示的开环系统进行闭环，如图 5-60 所示，不难看出，无论系统的两个定值输入 r_1 和 r_2 是否

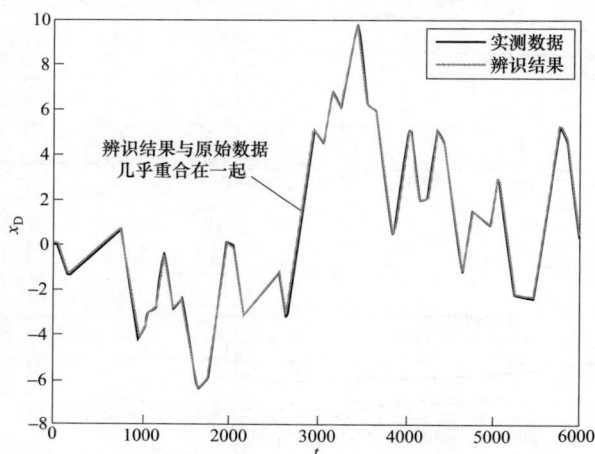

图 5-58　M 序列信号激励下的辨识结果与原始数据的对比

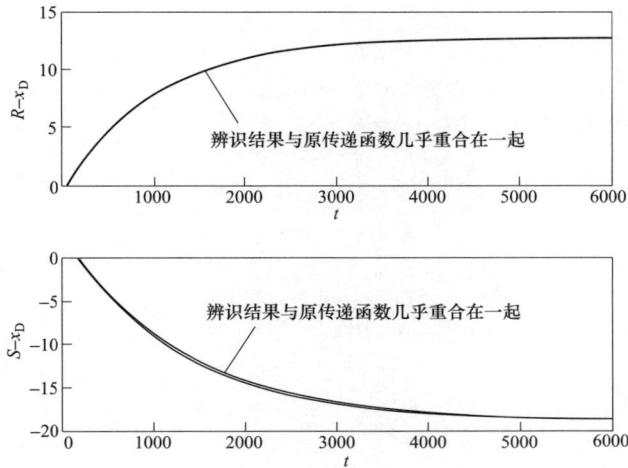

图 5-59 M 序列信号激励下的辨识结果与原始传递函数的对比

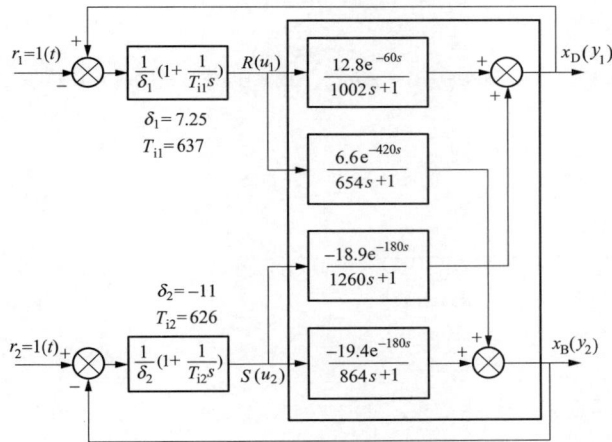

图 5-60 图 5-52 所示系统的闭环结构图

相关，闭环系统产生的两个控制器的输出 u_1 和 u_2 肯定互不相关，因此使用闭环系统控制器的输出数据，可以满足 MIMO 系统辨识时对激励信号的要求条件。这个结论使我们感到欣慰：智能辨识方法解决了困扰我们多年的闭环系统辨识的难题。

  该系统仿真数据生成程序为 DATA ＿ MIMO ＿ 2 ＿ 2.m。在系统的输入输出分别加入最大幅值为 0.005 和 0.01 的随机扰动，模拟现场的随机噪声。在两个定值阶跃函数作用下的系统响应曲线如图 5-61 所示。

```
% 双输入双输出闭环系统的数据生成程序 DATA ＿ MIMO ＿ 2 ＿ 2.m
clear all;
%%%%%%%%%%%%%%%%%%%设置系统结构参数 %%%%%%%%%%%%%%%%%%%%%%%%%%%%%%
r = 2; q = 2;
K = [12.8 -18.9; 6.6 -19.4];
T = [1002 1260; 654 864];
```

311

```matlab
Tao = [60 180; 420 180];
DTA = [7.25 -11]; Ti = [637 626];
%%%%%%%%%%%%%%%%%%%%%%%%设置初始值###########################
x = zeros(q, r); DT = 1; m = 4000;
xi(1: 2) = 0; z(1: 2) = 0;
for i = 1: q
    for j = 1: r
        A(i, j) = exp(-DT/T(i, j)); B(i, j) = 1 - A(i, j);
    end
end
LD = round(Tao/DT);
l = 0;
for i = 1: q
    for j = 1: r
        l = l + 1; c(i, j) = l; x_del(l, 1: LD(i, j)) = 0;
    end
end
%%%%%%%%%%%%%%%%%%%%%%%%%%%%仿真计算%%%%%%%%%%%%%%%%%%%%%%%%%%%%%%
for k = 1: m
    for j1 = 1: r
        %计算控制器
        e(j1) = 1 - z(j1);
        xi(j1) = xi(j1) + DT/DTA(j1)/Ti(j1) * e(j1);
        u(j1, k) = e(j1)/DTA(j1) + xi(j1);
        %计算惯性环节
        for j2 = 1: q
            x(j2, j1) = A(j2, j1) * x(j2, j1) + K(j2, j1) * B(j2, j1) * u(j1, k);
        end
    end
    %计算纯迟延环节
    for j1 = 1: q
        for j2 = 1: r
            for j = 1: LD(j1, j2) - 1; x_del(c(j1, j2), j) = x_del(c(j1, j2), j + 1); end
            x_del(c(j1, j2), LD(j1, j2)) = x(j1, j2);
        end
    end
    %计算输出
    for i = 1: q
        yy(i, k) = 0;
        for j = 1: r; yy(i, k) = yy(i, k) + x_del(c(i, j), 1); end
        z(i) = yy(i, k);
    end
```

```
    t0(k) = k * DT;
  end
end
%加入测量噪声
for i = 1: m
  u10(i) = u(1, i) + 0.005 * rand(1); u20(i) = u(2, i) + 0.005 * rand(1);
  y10(i) = yy(1, i) + 0.01 * rand(1); y20(i) = yy(2, i) + 0.01 * rand(1);
end
save DATA_MIMO_2_2 t0 u10 u20 y10 y20;
subplot(2, 1, 1), plot(t0, u10, 'g')
hold on; subplot(2, 1, 2), plot(t0, y10, 'g')
hold on; subplot(2, 1, 1), plot(t0, u20)
hold on; subplot(2, 1, 2), plot(t0, y20)
```

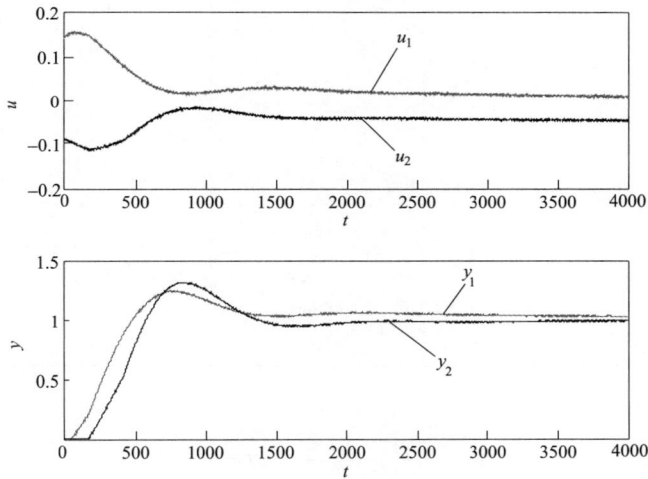

图 5-61 2×2 闭环系统的单位阶跃响应曲线

由于 y_1 和 y_2 的值在同一数量级上，因此选择式（5-74）作为目标函数。

取各辨识参数的区间（见表 5-9），辨识得到的传递函数模型参数见表 5-10，与原始模型单位阶跃响应曲线的对比如图 5-62 所示。

表 5-9   **辨识参数的区间及速度限制**

传递函数 $\dfrac{Ke^{-\tau s}}{Ts+1}$		参数下限	参数上限	速度限制
W_{11}	K_{11}	5	20	1
	T_{11}	600	1500	10
	τ_{11}	50	200	10
W_{12}	K_{12}	2	10	1
	T_{12}	600	1500	10
	τ_{12}	100	500	10

传递函数 $\dfrac{Ke^{-\tau s}}{Ts+1}$		参数下限	参数上限	速度限制
W_{21}	K_{21}	-25	-10	1
	T_{21}	600	1500	10
	τ_{21}	100	500	10
W_{22}	K_{22}	-25	-10	1
	T_{22}	600	1500	10
	τ_{22}	100	300	10

表 5-10   **2×2 的 MIMO 系统的辨识结果**

传递函数 $\dfrac{Ke^{-\tau s}}{Ts+1}$		原始参数	辨识结果	相对误差
W_{11}	K_{11}	12.8	13.5	$e_{k11}=5.5$
	T_{11}	1002	1155	$e_{(T+\tau)11}=18.36$
	τ_{11}	60	102	
W_{12}	K_{12}	6.6	7.2	$e_{k12}=9.1$
	T_{12}	654	661	$e_{(T+\tau)12}=3.7$
	τ_{12}	420	409	
W_{21}	K_{21}	-18.9	-18.5	$e_{k21}=2.1$
	T_{21}	1260	1212	$e_{(T+\tau)21}=4.8$
	τ_{21}	180	159	
W_{22}	K_{22}	-19.4	-20.2	$e_{k22}=4.1$
	T_{22}	864	958	$e_{(T+\tau)22}=9.5$
	τ_{22}	180	185	

注   增益相对误差 $e_K = \dfrac{|K-K^*|}{K} \times 100\%$;

时间常数相对误差 $e_{T+\tau} = \dfrac{|(T+\tau)-(T^*+\tau^*)|}{T+\tau} \times 100\%$。

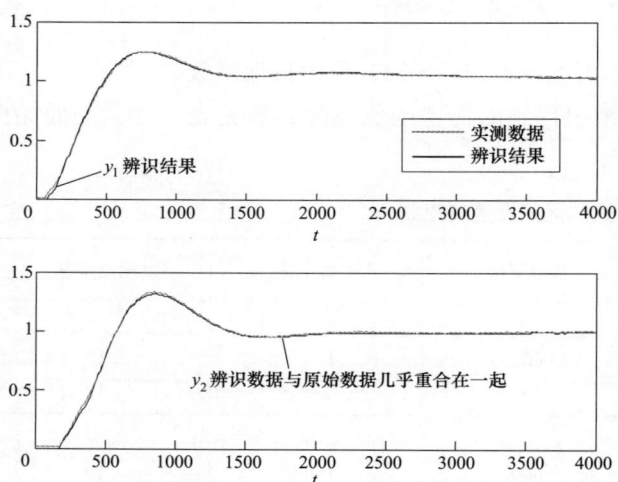

图 5-62   大参数区间下的辨识结果与原始数据的对比

根据第 4 章 4.3.3 的分析可知, T 和 τ 可以相互转换, 它们代表的物理概念比较相似, 所以在表 5-10 中对比的是时间常数 $T+\tau$。

从辨识结果的单位阶跃响应曲线上(见图 5-62)可以看出, y_2 的响应曲线与原始数据基本重合, 说明与 y_2 关联的两个通道($R \to x_B$ 和 $S \to x_B$)的辨识结果精度是可以接受的; y_1 的响应曲线的初始阶段与原始数据重合得较差, 稳态时重合得较好, 由此说明, 与 y_1 关联的两个通道($R \to x_D$ 和 $S \to x_D$)传递函数中的增益(k_{11}、k_{21})

辨识精度较高,时间常数辨识精度较差。通过表 5-10 对辨识结果的精度分析也可以证明前述的结论。

在实际辨识过程中,我们并不知道 $T_{11}+\tau_{11}$ 和 $T_{21}+\tau_{21}$ 谁的精度差,所以再次辨识时,大幅度缩小其他参数的寻优区间,这 4 个参数的寻优区间基本保持不变,见表 5-11。

表 5-11 收缩后的辨识参数区间及速度限制

传递函数 $\dfrac{Ke^{-\tau s}}{Ts+1}$		参数下限	参数下限	速度限制
W_{11}	K_{11}	12	15	1
	T_{11}	600	1200	10
	τ_{11}	50	100	10
W_{12}	K_{12}	6	8	1
	T_{12}	600	800	10
	τ_{12}	390	420	10
W_{21}	K_{21}	−20	−17	1
	T_{21}	600	1300	10
	τ_{21}	100	200	10
W_{22}	K_{22}	−21	−19	1
	T_{22}	700	1100	10
	τ_{22}	100	200	10

辨识结果的阶跃响应曲线如图 5-63 所示,模型参数见表 5-12。

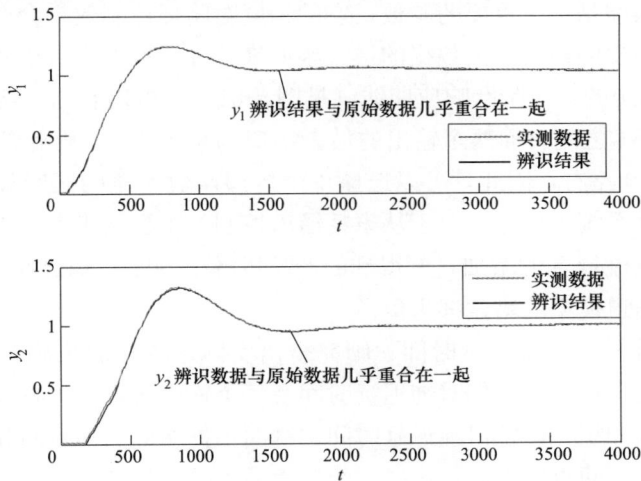

图 5-63 收缩参数区间后的辨识结果与原始数据的对比

表 5-12 收缩辨识参数区间后的辨识结果

传递函数 $\dfrac{Ke^{-\tau s}}{Ts+1}$		原始参数	辨识结果	相对误差
W_{11}	K_{11}	12.8	12.8	$e_{k11}=0$
	T_{11}	1002	1017	$e_{(T+\tau)11}=7.8$
	τ_{11}	60	74	

传递函数 $\dfrac{Ke^{-\tau s}}{Ts+1}$		原始参数	辨识结果	相对误差
W_{12}	K_{12} T_{12} τ_{12}	6.6 654 420	7.0 715 405	$e_{k12}=6.1$ $e_{(T+\tau)12}=4.3$
W_{21}	K_{21} T_{21} τ_{21}	-18.9 1260 180	-19.4 1286 195	$e_{k21}=2.7$ $e_{(T+\tau)21}=3.1$
W_{22}	K_{22} T_{22} τ_{22}	-19.4 864 180	-20.1 900 200	$e_{k22}=3.6$ $e_{(T+\tau)22}=5.3$

从图 5-63 中可以看出，辨识结果下的 y_1 和 y_2 与原始数据几乎重合在一起，因此该辨识结果是可以接受的。从表 5-12 中可以看出，辨识出的每个模型参数都有较高的精度。

3. 寻优参数区间的选择

在 5.5.3 "1. 对激励信号源和通道传递函数相关性的要求" 中，通过使系统的各个输入两两互不相关的方法来分辨出各输入对输出的作用结果。从对图 5-52 所示系统的辨识过程中也可以看到，选择好寻优参数的区间，同样可以达到此目的。

辨识模型中的增益是一个重要的参数，它的精度对闭环控制效果会产生较大的影响。对于该参数可以通过给出的输入输出数据的最大幅值来估计。例如，对于图 5-60 所描述的 2×2 闭环系统，从该系统的单位阶跃响应曲线（见图 5-61）上可以看到，两个输入的最大幅值均在 $\{-0.15，0.15\}$ 之间，而两个输出的最大幅值均小于 1.5，由此断定，四个通道模型中的增益幅值都在 10 左右，因此，可以选择 4 个传递函数增益的区间都为 $\{5，20\}$，增益的正负很容易由实际系统来确定。对于从事精馏塔控制的工程技术人员来说，他们都知道随着进入再沸器的蒸汽流量 S 的增加，所得到的产品甲醇 x_D 和 x_B 随之而下降，由此可知，$S\rightarrow x_D$、$S\rightarrow x_B$ 两个通道模型的增益都为负。

对于惯性时间常数 T 和纯迟延时间 τ 则完全由实际工程经验来确定。对于一个从事系统运行的工程技术人员来说，他们对纯迟延时间及每个输出对各输入响应的总时间是有所知的，根据他们的经验知识先确定出纯迟延时间，继而根据响应的总时间和纯迟延时间估计出惯性时间，以这两个时间点为中心，选择一个较大的参数区间即可。

如果选择的辨识模型结构是高阶惯性加纯迟延，根据第 4 章 4.3.3 的分析可知，可以选择一个固定阶次（一般 2 阶即可），不对模型阶次进行辨识。由阶次带来的系统响应滞后，由纯迟延时间和惯性时间常数来补偿。

当完成一次辨识后，与原始数据达到较好拟合程度的系统输出，所对应的各个输入通道的辨识结果都是可以接受的。对于与原始数据不能达到较好拟合程度的系统输出所对应的各输入通道，需要再次辨识。再次辨识时，大大地压缩可以接受模型的参数区间，不被接受模型的参数区间保持不变。

5.6　实际工程系统试验建模案例

5.6.1　1000MW 超超临界直流炉机组负荷系统模型辨识

火力发电厂 1000MW 超超临界直流炉机组的负荷系统是典型的多变量系统。系统的输入分别是：高调门开度 u_1、给水流量 u_2 和总燃料量 u_3；系统的输出分别为汽轮机功率 y_1、中间点温度 y_2 和主蒸汽压力 y_3。被控对象的系统结构如图 5-64 所示。

该系统可用式（5-84）所示的传递函数阵来描述

$$\begin{bmatrix} y_1(s) \\ y_2(s) \\ y_3(s) \end{bmatrix} = \begin{bmatrix} W_{11}(s) & W_{21}(s) & W_{31}(s) \\ W_{12}(s) & W_{22}(s) & W_{32}(s) \\ W_{13}(s) & W_{23}(s) & W_{33}(s) \end{bmatrix} \begin{bmatrix} u_1(s) \\ u_2(s) \\ u_3(s) \end{bmatrix}$$

$$(5-84)$$

选取该机组正常运行过程中的某 45h 时间段内的运行数据存放于以下数据文件中（采样周期 $T_s=10$）：

高调门开度 u_1：data_step_io1.mat;

给水量 u_2　　：data_step_io2.mat;

总给煤量 u_3　：data_step_io3.mat;

功率 y_1　　　：data_step_io4.mat;

中间点温度 y_2：data_step_io5.mat;

主蒸汽压力 y_3：data_step_io6.mat。

1. 读取现场数据并显示原始数据曲线

读取现场数据及显示原始数据曲线程序为 Read_DATA_3_3_XZ_P1.m。原始数据的曲线如图 5-65 所示。

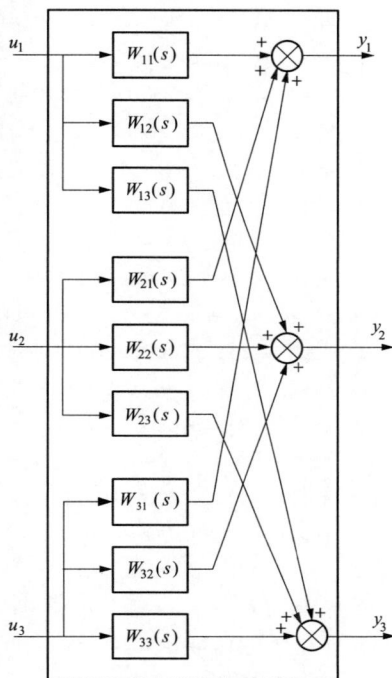

图 5-64　火电厂 1000MW 超超临界机组的负荷系统结构

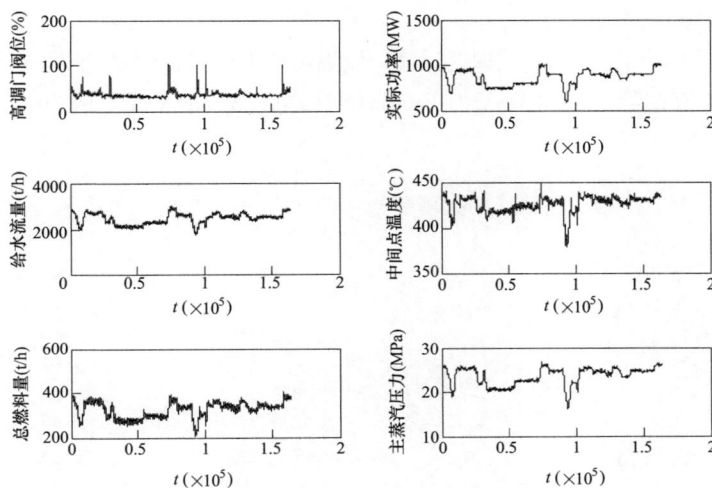

图 5-65　协调控制系统现场运行数据曲线

```
%读取现场数据及显示原始数据曲线程序 Read _ DATA _ 3 _ 3 _ XZ _ P1. m
clear all; close all; clc;
% * * * * * * * * * * * * * * * * * * * *读取现场数据* * * * * * * * * * * * * * * * * * * * * * * * * * *
load('data _ step _ io1. mat'); % 高调门开度
load('data _ step _ io2. mat'); % 给水流量
load('data _ step _ io3. mat'); % 总给煤量
load('data _ step _ io4. mat'); %功率
load('data _ step _ io5. mat'); % 中间点温度
load('data _ step _ io6. mat'); % 主蒸汽压力
% * * * * * * * * * * * * * * * * * *%存储原始数据并显示数据曲线 * * * * * * * * * * *
n = length(u1); %读取数据点数
Ts = 10; % % 设置实际采样周期
for i = 1: n; t(i) = i * Ts; end
save DATA _ u _ y _ 1 Ts n t u1 u2 u3 y1 y2 y3;
subplot(3, 2, 1); plot(t, u1);
title('高调门开度'); ylabel('M/%');
subplot(3, 2, 3); plot(t, u2);
title('给水流量'); ylabel('W/(t. h⁻1)');
subplot(3, 2, 5); plot(t, u3);
title('总燃料量'); ylabel('C/(t. h⁻1)');
subplot(3, 2, 2); plot(t, y1);
title('实际功率'); ylabel('Pe/MW');
subplot(3, 2, 4); plot(t, y2);
title('中间点温度'); ylabel('c0');
subplot(3, 2, 6); plot(t, y3);
title('主蒸汽压力'); ylabel('MPa');
```

2. 原始数据的零初始值处理

从图 5-65 中可以看出，各曲线基本上都是从稳态开始的，因此可以选取前 10 个点的平均值作为初始值。零初始值处理程序为 Read _ DATA _ 3 _ 3 _ XZ _ P2. m，零初始值处理后的数据曲线如图 5-66 所示。

```
%零初始值处理程序 Read _ DATA _ 3 _ 3 _ XZ _ P2. m
clear all; close all; clc;
load DATA _ u _ y _ 1 Ts n t u1 u2 u3 y1 y2 y3;
% * * * * * * * * * * * * * * * * * * * * *零初始化处理* * * * * * * * * * * * * * * * * * * * * * * * * *
N = 10; % 设置初始点个数
u100 = 0; u200 = 0; u300 = 0; y100 = 0; y200 = 0; y300 = 0;
for i = 1: N
    u100 = u100 + u1(i); u200 = u200 + u2(i); u300 = u300 + u3(i);
    y100 = y100 + y1(i); y200 = y200 + y2(i); y300 = y300 + y3(i);
end
```

```
u100 = u100/N; u200 = u200/N; u300 = u300/N;
y100 = y100/N; y200 = y200/N; y300 = y300/N;
for i = 1: n
    u10(i) = u1(i) - u100; u20(i) = u2(i) - u200; u30(i) = u3(i) - u300;
    y10(i) = y1(i) - y100; y20(i) = y2(i) - y200; y30(i) = y3(i) - y300;
end
save DATA _ u _ y _ 2 Ts n t u10 u20 u30 y10 y20 y30;
%%%%%%%%%%%%%%%%%%显示零初始值处理后的数据曲线%%%%%%%%%%%%%%%%%%%
subplot(3, 2, 1); plot(t, u10);
title('高调门开度'); ylabel('M/%');
subplot(3, 2, 3); plot(t, u20);
title('给水流量'); ylabel('W/(t.hr-1)');
subplot(3, 2, 5); plot(t, u30);
title('总燃料量'); ylabel('C/(t.hr-1)');
subplot(3, 2, 2); plot(t, y10);
title('实际功率'); ylabel('Pe/MW');
subplot(3, 2, 4); plot(t, y20);
title('中间点温度'); ylabel('c0');
subplot(3, 2, 6); plot(t, y30);
title('主蒸汽压力'); ylabel('MPa');
```

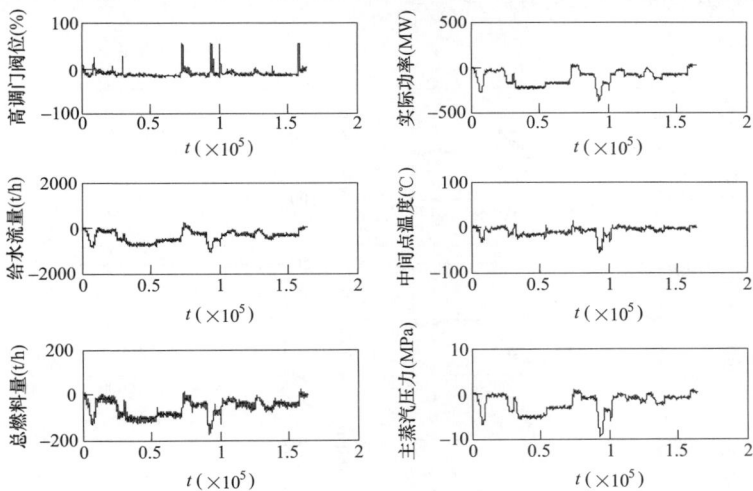

图 5-66　原始数据经零初始值处理后的曲线

3. 截取辨识用数据

从图 5-66 中可以看出,在各曲线起始时的 15000s 内,曲线从稳态开始有较大的起伏,然后趋于稳定。因此,可以截取 10~15000s 时间段内的数据作为辨识用的原始数据,如图 5-67 所示,后面的数据作为校验模型数据。截取中间数据段程序为 Read _ DATA _ 3 _ 3 _ XZ _ P3. m。

```
% 截取中间数据段程序 Read_DATA_3_3_XZ_P3. m
clear all; close all; clc;
load DATA_u_y_2 Ts n t u10 u20 u30 y10 y20 y30;
C1 = 1; C2 = 1500; L = C2 - C1 + 1; % 设置中间数据段区间
u11 = u10(C1: C2); u21 = u20(C1: C2); u31 = u30(C1: C2);
y11 = y10(C1: C2); y21 = y20(C1: C2); y31 = y30(C1: C2);
for i = 1: L; t1(i) = i * Ts; end
save DATA_Id_u_y_XZ Ts L t1 u11 u21 u31 y11 y21 y31;
%%%%%%%%%%%%%%%%%%%%显示中间段数据曲线%%%%%%%%%%%%%%%%%%%
subplot(3, 2, 1); plot(t1, u11);
title('高调门开度'); ylabel('M/%');
subplot(3, 2, 3); plot(t1, u21);
title('给水流量'); ylabel('W/(t. h-1)');
subplot(3, 2, 5); plot(t1, u31);
title('总燃料量'); ylabel('C/(t. h-1)');
subplot(3, 2, 2); plot(t1, y11);
title('实际功率'); ylabel('Pe/MW');
subplot(3, 2, 4); plot(t1, y21);
title('中间点温度'); ylabel('c0');
subplot(3, 2, 6); plot(t1, y31);
title('主蒸汽压力'); ylabel('MPa');
```

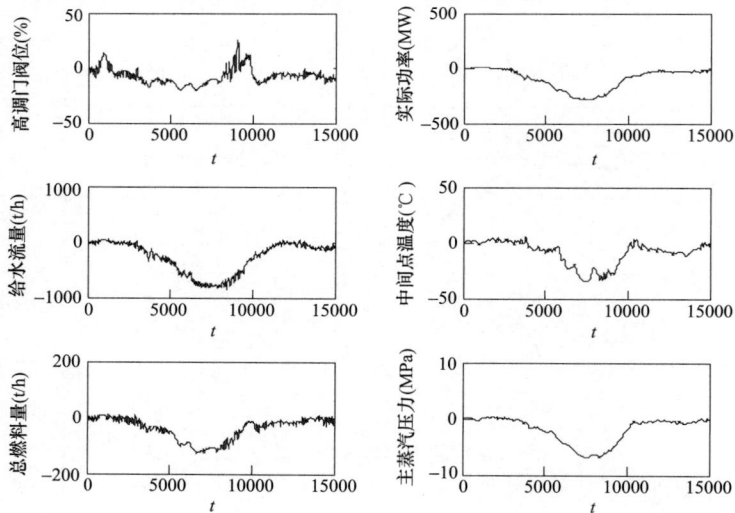

图 5-67 截取的辨识用数据

4. 模型结构的选择及目标函数的计算

在选择模型结构以前，先来简单分析一下各个输入量单独扰动时，对系统的各个输出产生的影响：

320

（1）当汽轮机调门开大时，汽轮机进汽增加，功率增加；中间点温度会降低；主蒸汽压力会降低。

（2）当给水流量增加时，导致过热器出口蒸汽流量增加，功率会增加；中间点温度会下降；主蒸汽压力会下降。

（3）当燃料量增加时，锅炉总能量增加，功率也会增加；中间点温度会升高；主蒸汽压力也会升高。

综上分析，以及根据初步的辨识实验，可以选择无纯迟延的二阶惯性环节作为每个通道的标准传递函数，即

$$W(s) = \frac{k}{(Ts+1)^2} \tag{5-85}$$

从图 5-67 中可以看到，各输出的幅值相差较大，因此，选择式（5-75）作为目标函数，对每个输出分别进行辨识。模型仿真及目标函数计算子程序为 Id _ Obj _ 3 _ 3 _ XZ. m。

```
% 仿真及目标函数计算子程序 Id _ Obj _ 3 _ 3 _ XZ. m
function [Q, y0] = objq(V)
global Tsm u1 u2 u3 y1 y2 y3
DT = 5; % 仿真计算步距（DT＜Ts）
u = [u1; u2; u3]; y = [y1; y2; y3];
K = [V(1) V(4) V(7); V(2) V(5) V(8); V(3) V(6) V(9)];
T = [V(10) V(13) V(16); V(11) V(14) V(17); V(12) V(15) V(18)];
x = zeros(3, 3); z = x;
for i = 1: 3
    for j = 1: 3
        A(i, j) = exp(-DT/T(i, j)); B(i, j) = 1 - A(i, j);
    end
end
%%%%%%%%%%%%%%%%%%%%% 仿真计算 %%%%%%%%%%%%%%%%%%%%%%%%%%%
Q = 0;
for k = 1: L
    for i = 1: Ts/DT
        % 计算每个环节
        for j1 = 1: 3
            for j2 = 1: 3
                x(j1, j2) = A(j1, j2) * x(j1, j2) + K(j1, j2) * B(j1, j2) * u(j2, k);
                z(j1, j2) = A(j1, j2) * z(j1, j2) + B(j1, j2) * x(j1, j2);
            end
        end
    end
    % 计算每个输出
    y0(1, k) = z(1, 1) + z(1, 2) + z(1, 3);
    y0(2, k) = z(2, 1) + z(2, 2) + z(2, 3);
    y0(3, k) = z(3, 1) + z(3, 2) + z(3, 3);
```

```
    t(k) = k * Ts;
    % 求目标函数
    Q = Q + (y(1, k) - y0(1, k)) * (y(1, k) - y0(1, k));
    % Q = Q + (y(2, k) - y0(2, k)) * (y(2, k) - y0(2, k));
    % Q = Q + (y(3, k) - y0(3, k)) * (y(3, k) - y0(3, k));
end
```

5. PSO 辨识程序的初始化部分

数据读取、粒子群算法控制参数及辨识参数区间设置程序为 Id _ PSO _ main _ XZ. m，粒子群算法程序的其他部分同前。

```
% 粒子群优化算法辨识主程序 Id _ PSO _ main _ XZ. m
clear all;
global Tsm u1 u2 u3 y1 y2 y3
%%%%%%%%%%%%%%%%%%%%% 读取现场系统时间及输入输出数据 %%%%%%%%%%%%%%%%%%%%
load DATA _ Id _ u _ y _ XZ Ts L t1 u11 u21 u31 y11 y21 y31;
%%%%%%%%%%%%%%%%%%%%%%%% 抽取现场数据 %%%%%%%%%%%%%%%%%%%%%%%%%%%
Ns = 2; % 设置抽取现场数据间隔
Ts = Ts * Ns; % 计算新的采样周期 = 存储现场数据时的采样周期 X 抽取数据间隔
m = 0;
for i = 1: Ns: L
    m = m + 1;
    u1(m) = u11(i); u2(m) = u21(i); u3(m) = u31(i);
    y1(m) = y11(i); y2(m) = y21(i); y3(m) = y31(i);
    t(m) = m * Ts;
end
subplot(3, 1, 1), plot(t, y1); hold on;
subplot(3, 1, 2), plot(t, y2); hold on;
subplot(3, 1, 3), plot(t, y3); hold on;
% ################# 粒子群算法的控制参数 #################
N = 18; % 辨识参数个数
M = 100; % 粒子个数
Tmax = 200; % 最大前进步数
w = 0.6; % 遗忘因子
c = [1.2 1.2]; % 认知及社会因子
% &&&&&&&&&&&&&&&&& 选择参数区间 &&&&&&&&&&&&&&&&&&&&&&&
%           k11, k12, k13, k21, k22, k23, k31, k32, k33
V _ L _ k = [0.01 0.00001 - 0.5  0.1 0.00001 0.000001 0.5 0.01 0.01];
V _ H _ k = [2  0.5 - 0.0001 1 0.1 0.1 5 1 1];
%           T11, T12, T13, T21, T22, T23, T31, T32, T33
V _ L _ T = [1 100 10 10 100 10 10 100 100];
V _ H _ T = [10 2000 2000 100 1000 2000 1000 1000 1000];
```

```
DVmax = [1 0.1 1 1 0.1 0.05 0.1 0.01 0.02 10 10 10 10 10 10 10 10 10];%速度限制
V_LLimits = [V_L_k V_L_T];
V_HLimits = [V_H_k V_H_T];
%%%%%%%%%%%%%%%%%%%%%%%%%%%以下部分同前%%%%%%%%%%%%%%%%%%%%%%%%%%%%%%%%%
```

6. 参数区间的选择与调整

根据现场数据曲线图 5-67 中的输入输出曲线幅值的对比，以及对 1000MW 机组特性的了解，选择一组较大的初始参数区间（如程序 Id_PSO_main_XZ.m 所示），使用图 5-67 所示的现场数据对系统中的每一个输出分别进行辨识。

当得到一组参数后，观察辨识出的曲线与原始数据曲线是否达到了希望的要求。在一般情况下，一次辨识是得不到令人满意结果的。当辨识结果不满足要求时，对已经达到下限或上限的辨识参数的区间要进行多次修改、扩大，直到得到一组可接受的参数为止。该系统的辨识结果如图 5-68 所示，各通道传递函数见表 5-13。

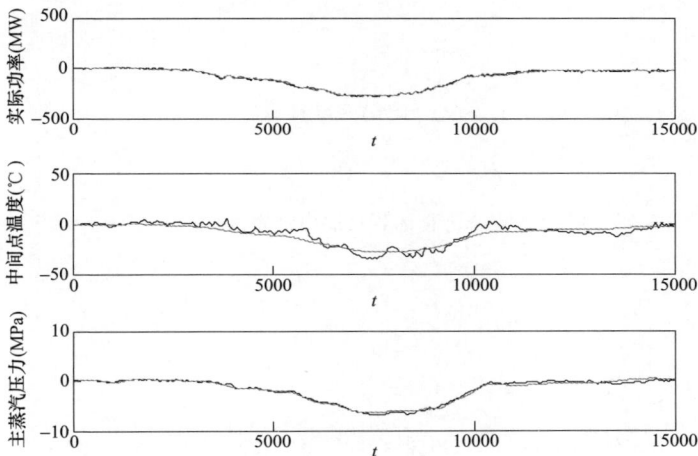

图 5-68　辨识结果与原始数据的对

表 5-13　　　　　　某 1000MW 超超临界机组负荷系统（闭环运行时）传递函数模型

输　　入	高调门阀位 u_1 （%）	给水流量 u_2 （t/h）	总燃料量 u_3 （t/h）
机组功率 y_1（MW）	$\dfrac{0.618}{(1s+1)^2}$	$\dfrac{0.171}{(23s+1)^2}$	$\dfrac{1.151}{(184s+1)^2}$
中间点温度 y_2（℃）	$\dfrac{0.219}{(1010s+1)^2}$	0	$\dfrac{0.214}{(385s+1)^2}$
主蒸汽压力 y_3（MPa）	$\dfrac{-0.0605}{(101s+1)^2}$	0	$\dfrac{0.0622}{(224s+1)^2}$

7. 模型验证

使用截取后的数据作为校验模型数据，模型验证程序为 Id_Vrification_3_3_XZ.m，验证结果如图 5-69 所示。由该图可见辨识结果具有较高的精度。

```matlab
%辨识模型验证程序 Id_Vrification_3_3_XZ.m
clear all;
load DATA_u_y_2 Ts n t u10 u20 u30 y10 y20 y30;
% load DATA_Id_u_y_XZ Ts L t1 u11 u21 u31 y11 y21 y31;
DT = 5;%仿真计算步距
u = [u10; u20; u30];
%%%%%%%%%%%%%%%%%%%%%%%%%%%%辨识结果%%%%%%%%%%%%%%%%%%%%%%%%%%%%%%%%
V1 = [0.618 0.219 -0.0605 0.171  0  0  1.151  0.214 0.0622];
V2 = [1  1010 101  23  1000  1000  184  385  224];
V = [V1 V2];
K = [V(1) V(4) V(7); V(2) V(5) V(8); V(3) V(6) V(9)];
T = [V(10) V(13) V(16); V(11) V(14) V(17); V(12) V(15) V(18)];
%##################################################################
q = 3; r = 3; x = zeros(q, r); z = x;
for i = 1: r
    for j = 1: q
        A(i, j) = exp(-DT/T(i, j)); B(i, j) = 1 - A(i, j);
    end
end
%%%%%%%%%%%%%%%%%%%%%%%%%%仿真计算及输出结果%%%%%%%%%%%%%%%%%%%%%%%%%
for k = 1: n
    for i = 1: Ts/DT
        %计算各环节
        for j1 = 1: q
            for j2 = 1: r
                x(j1, j2) = A(j1, j2) * x(j1, j2) + K(j1, j2) * B(j1, j2) * u(j2, k);
                z(j1, j2) = A(j1, j2) * z(j1, j2) + B(j1, j2) * x(j1, j2);
            end
        end

    end
    %计算各输出
    y0(1, k) = z(1, 1) + z(1, 2) + z(1, 3);
    y0(2, k) = z(2, 1) + z(2, 2) + z(2, 3);
    y0(3, k) = z(3, 1) + z(3, 2) + z(3, 3);
end
subplot(3, 1, 1); plot(t, y10); hold on;
subplot(3, 1, 2); plot(t, y20); hold on;
subplot(3, 1, 3); plot(t, y30); hold on;
subplot(3, 1, 1); plot(t, y0(1,:), 'r');
title('实际功率'); ylabel('Pe/MW');
subplot(3, 1, 2); plot(t, y0(2,:), 'r');
```

```
title('中间点温度'); ylabel('c0');
subplot(3, 1, 3); plot(t, y0(3,:), 'r');
title('主蒸汽压力'); ylabel('MPa');
```

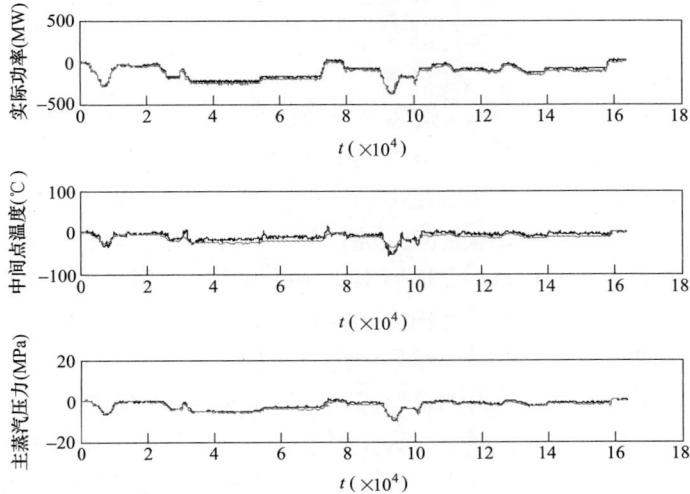

图 5-69　辨识结果验证

8. 辨识结果分析

下面来分析一下几个特殊通道的辨识结果：

（1）汽门开度对应的功率通道。从理论上讲，当汽轮机调门开大时，汽轮机进汽增加，功率会迅速增加。但是，如果燃料量不变，锅炉总能量就保持没变，当汽轮机进汽量增加的同时，主蒸汽压力会迅速下降，导致功率跟随其迅速下降。这样，经过一段时间后功率会恢复到原来的水平附近。因此，这一通道的传递函数结构应该为式（5-86）所示的形式：

$$W_{u_1 \to y_1} = k_1 - \frac{k_2}{(Ts+1)^n} \tag{5-86}$$

可是，在实际机组运行时，高调门开大的目的是要增加功率，这时不可能不增加燃料量，燃料量的增加也会使功率增加，功率增加中的一部分用来抵消高调门增加时使功率减小的那一部分（惯性部分），从而导致了从输出功率的角度看，式（5-86）中并不存在惯性环节。因此，高调门和燃料量对机组功率的影响应该用图 5-70 来描述。

图 5-70 说明，通过输出 y_1 所观察到的是 y_{11} 和 y_{22}，y_{12} 和 y_{21} 在内部相互抵消，从外部观察不到。因此，利用机组正常运行（闭环）时的数据，y_{12} 和 y_{21} 这两个输出是不可辨识的。因此，从表 5-11 中看到 $u_1 \to y_1$ 通道的辨识结果是 $W_{11}(s) = 0.618$。

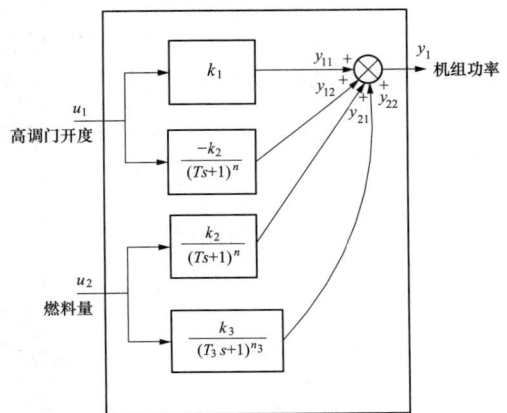

图 5-70　高调门和燃料量与功率之间关系的方框图描述

325

那么，$u_1 \rightarrow y_{12}$ 和 $u_2 \rightarrow y_{21}$ 这两个通道的传递函数对我们是否有用呢？对系统进行辨识的目的是要找出系统输入与输出之间的动态关系，进而对其进行控制。而这两个通道中的传递函数对输出并不产生影响，因此这两个传递函数对于系统分析与控制来说是没有用处的。所以，只要能辨识出 $u_1 \rightarrow y_{11}$ 和 $u_2 \rightarrow y_{22}$ 这两个通道的传递函数即可达到我们辨识的目的。

由此，也可以得到推论：如果各控制器的参数不在最优状态，那么随着控制器参数的不同，辨识结果也会有所不同。

如果一定要知道 $u_1 \rightarrow y_{12}$ 和 $u_2 \rightarrow y_{21}$ 这两个通道的传递函数，那么只有进行 SISO 系统的开环辨识了。即，使燃料量保持不变，开大或关小高调阀，辨识出 $u_1 \rightarrow y_{12}$ 通道中的负惯性环节。但是，在机组正常运行时，一般是不允许进行这种试验的。

（2）给水流量对应的中间点温度通道。同上，给水流量的增加本来导致的是中间点温度下降，但是给水量增加的同时，为了保证燃水比保持不变，燃料量也随之增加，而燃料量的增加又会使中间点的温度升高，这两个输入相互作用，致使从系统输出（中间点温度）看，给水量不影响中间点温度。因此，辨识结果的传递函数为 $W_{22}(s) = 0$。

（3）给水流量对应的主蒸汽压力通道。同上，当给水流量增加时，导致过热器出口蒸汽流量增加，主蒸汽压力随之下降。但是，为了保证燃水比，给水量增加的同时，燃料量也在增加，而燃料量的增加又会使主蒸汽压力升高，这两个输入相互作用，致使从系统输出（主蒸汽压力）看，给水量不影响主蒸汽压力。因此，辨识结果是传递函数 $W_{23}(s) = 0$。

对比表 5-8 和表 5-13，以及综合上述分析，可以得到这样的结论：对于火电机组负荷控制系统来说，开环辨识和闭环辨识的结果是不一样的。闭环辨识时，各输入相互作用，消去了传递函数中的一部分；开环辨识时，如果只允许一个输入发生变化，其他输入保持不变，则可以得到整体的传递函数。但是，在一般情况下，大型火电机组中的许多系统是不允许进行开环试验的，因此，实际上我们不能得到传递函数的全部。然而，辨识的目的是闭环控制，因此我们需要的是闭环时的传递函数，而不是开环时的传递函数，闭环辨识对我们才是有意义的。

5.6.2　1000MW 超超临界直流炉机组燃烧系统模型辨识

大型锅炉燃烧系统的工艺流程示意图如图 5-71 所示。在该系统中，主要的被控量是：炉膛压力、空气预热器进口处的剩余氧量以及主蒸汽压力；主要的控制量是总送风量、总引风量以及总燃料量。一般情况下，主蒸汽压力控制被划分在机组负荷控制系统里，因此对于燃烧系统可以认为是三输入双输出系统，送风量和引风量影响炉膛压力，送风量和燃料量影响空气预热器氧量，其方框图如图 5-72 所示。

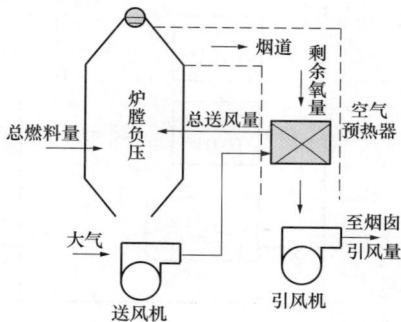

图 5-71　锅炉燃烧系统工艺流程示意图

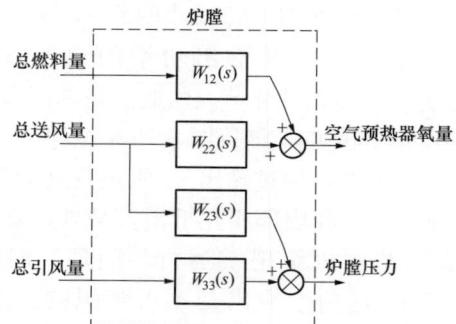

图 5-72　锅炉燃烧系统方框图

下面考虑某 1000MW 超超临界火电机组，在 90% 负荷时，负荷发生变动后的各变量响应曲线如图 5-73 所示，从该图中截取的一段数据存放于文件 uy-900-2010-8-21.txt 中。其中，总送风量、总引风量、炉膛压力及空气预热器进口氧量的响应曲线数据读取及零初始化处理程序如 Read_DATA_3_2.m，各响应曲线如图 5-74 所示。

```
% 读取数据及零初始化处理程序 Read_DATA_3_2.m
% a1—日期；a2—时间；
% a9—总燃料量；10—炉膛压力；a12—空气预热器进口氧量均值；
% a13—总送风量；a22—1 号引风机风量；a24—2 号引风机风量
clear all;
% * * * * * * * * * * * * * * 读取数据 * * * * * * * * * * * * * * * * * * * * * * * * * * * * * *
[a1, a2, a3, a4, a5, a6, a7, a8, a9, a10, a11, a12, a13, a14, a15, a16, a17, a18, a19, a20,
a21, a22, a23, a24, a25] = textread('uy - 900 - 2010 - 8 - 21.txt', '%s%s%f%f%f%f%f%f%f%
f%f%f%f%f%f%f%f%f%f%f%f%f%f%f%f');
% * * * * * * * * * * * * * * * * * * * 零初始化处理 * * * * * * * * * * * * * * * * * * * * * * *
n = length(a13);
Ts = 6；% 设置采样周期
N = 5；% 设置零初始值点数
for i = 1: n
    u1(i) = a13(n - i + 1); u2(i) = a22(n - i + 1) + a24(n - i + 1); u3(i) = a9(n - i + 1);
    y1(i) = a11(n - i + 1); y2(i) = a12(n - i + 1);
end
u100 = 0; u200 = 0; u300 = 0; y100 = 0; y200 = 0;
for i = 1: N
    u100 = u100 + u1(i); u200 = u200 + u2(i); u300 = u300 + u3(i);
    y100 = y100 + y1(i); y200 = y200 + y2(i);
end
u100 = u100/N; u200 = u200/N; u300 = u300/N; y100 = y100/N; y200 = y200/N;
for i = 1: n
    u10(i) = u1(i) - u100; u20(i) = u2(i) - u200; u30(i) = u3(i) - u300;
    y10(i) = y1(i) - y100; y20(i) = y2(i) - y200;
    t(i) = Ts * i;
end
save DATA_MIMO_2_1 Ts n u10 u20u30 y20;
subplot(3, 2, 1), plot(t, u10), title('总送风量')
subplot(3, 2, 3), plot(t, u20), title('总引风量')
subplot(3, 2, 5), plot(t, u30), title('总燃料量')
subplot(3, 2, 2), plot(t, y10), title('炉膛压力')
subplot(3, 2, 4), plot(t, y20), title('空预器氧量')
```

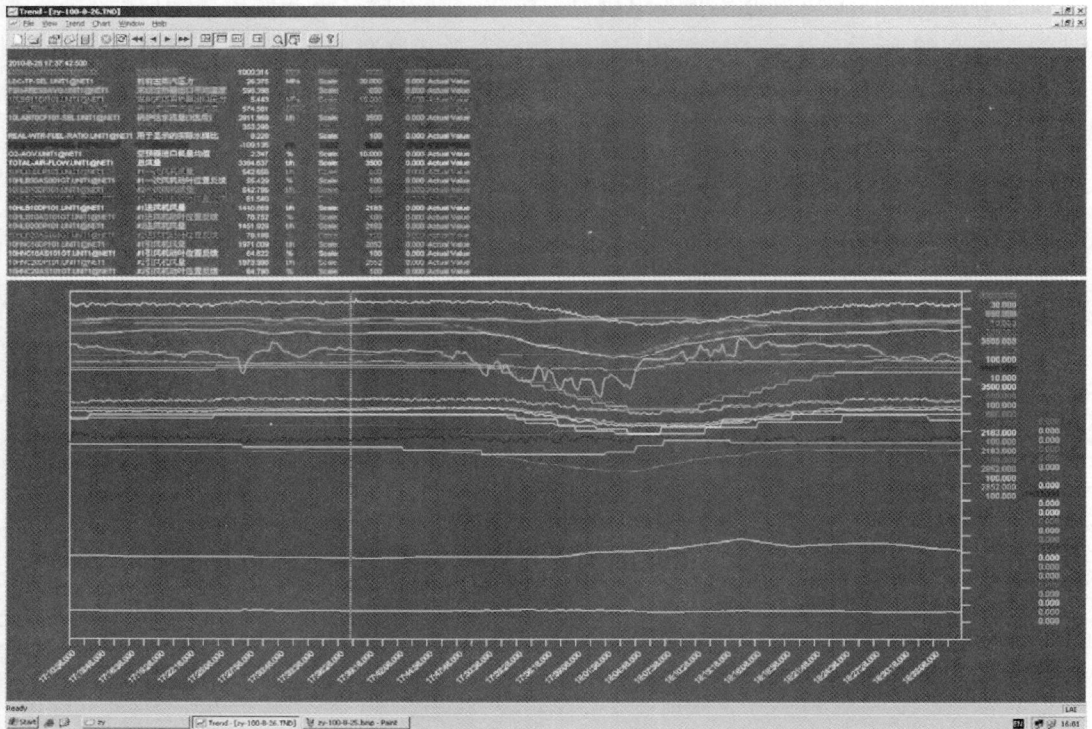

图 5-73 某 1000MW 超超临界火电机组现场运行曲线

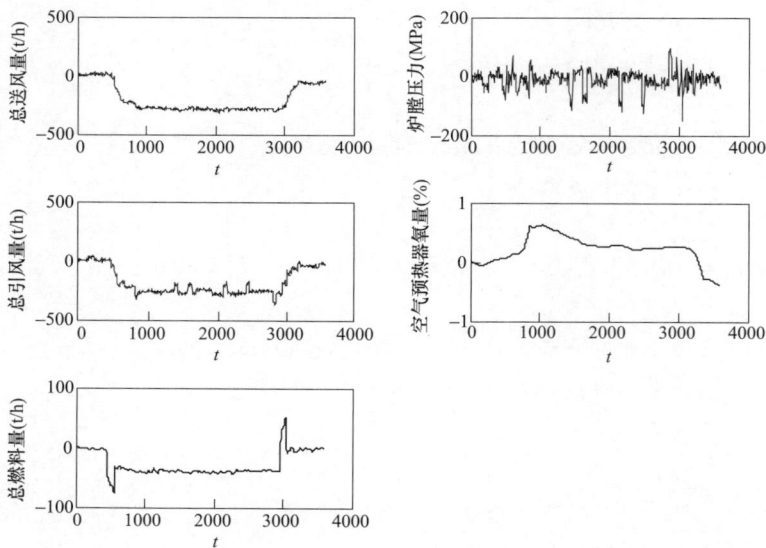

图 5-74 几个变量零初始化处理后的运行曲线

分析锅炉运行特性可知，送风量减少会使炉膛压力降低，引风量减少会使炉膛压力升高，但是，当系统闭环运行时，它们会同时变化（见图 5-74），此时，炉膛压力基本保持不变，图中曲线上的"大毛刺"是测量噪声所引起的，近似看这条曲线的均值为零。由此说明，这两个通道的传递函数是互相关的，送风量的变化抵消了引风量的变化。从图 5-74 中也可以看到，总送风量和总引风量的曲线形状以及变化幅值都比较接近，由此说明，这两个输入量也近似相关，因此这一段数据不能用于辨识炉膛压力模型。

总送风量和总燃料量变化使得空气预热器进口氧量发生了较大变化，因此这两个通道的传递函数模型互不相关，从图 5-74 中总送风量和总燃料量的变化曲线可以看出，总送风量和总燃料量互不相关，因此可以用这段数据辨识总送风量及总燃料量分别对应空气预热器进口氧量的传递函数。

选取该系统的模型结构如图 5-75 所示。

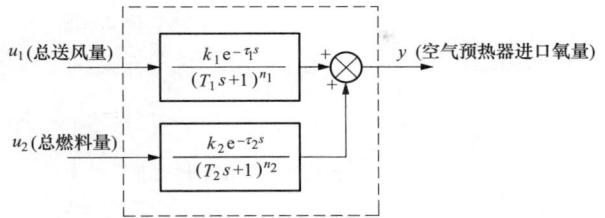

图 5-75　空气预热器氧量系统的模型结构

辨识时模型仿真及目标函数计算子程序为 Id_Obj_2_1.m。

```
%模型结构 III：G(s) = V1 * e^(-V4)/(V2s + 1)^V3
%仿真及目标函数计算子程序 Id_Obj_2_1.m
function [Q, y1] = objq(V)
global Ts m u1 u2 y
Q = 0;
n1 = round(V(3)); n2 = round(V(7)); %计算模型阶次
%计算差分方程及目标函数
x1(1: n1) = 0; x2(1: n2) = 0;
DT = 1; %模型仿真计算步距
A1 = exp(-DT/V(2)); B1 = 1 - A1; A2 = exp(-DT/V(6)); B2 = 1 - A2;
LD1 = round(V(4)/Ts); LD2 = round(V(8)/Ts);
x1_del(1: LD1) = 0; x2_del(1: LD2) = 0;
for k = 1: m
    for i = 1: Ts/DT
        x1(1) = A1 * x1(1) + V(1) * B1 * u1(k);
        for j = 2: n1; x1(j) = A1 * x1(j) + B1 * x1(j - 1); end
        x2(1) = A2 * x2(1) + V(5) * B2 * u2(k);
        for j = 2: n2; x2(j) = A2 * x2(j) + B2 * x2(j - 1); end
    end
    for j = 1: LD1 - 1; x1_del(j) = x1_del(j + 1); end
    x1_del(LD1) = x1(n1);
    for j = 1: LD2 - 1; x2_del(j) = x2_del(j + 1); end
    x2_del(LD2) = x2(n2);
    y1(k) = x1_del(1) + x2_del(1);
    Q = Q + (y(k) - y1(k)) * (y(k) - y1(k)); %计算目标函数
end
```

从图 5-74 中可以看到，总风量变化的最大幅值大约为 300，总燃料量变化的最大幅值大约为 40，空气预热器入口氧量变化的最大幅值大约为 0.6，因此 k_1 的区间可以选为 $\{0.001, 0.01\}$，k_2 的区间可以选为 $\{0.01, 0.1\}$。由于总送风量和总燃料量从进入炉膛进行燃烧，到

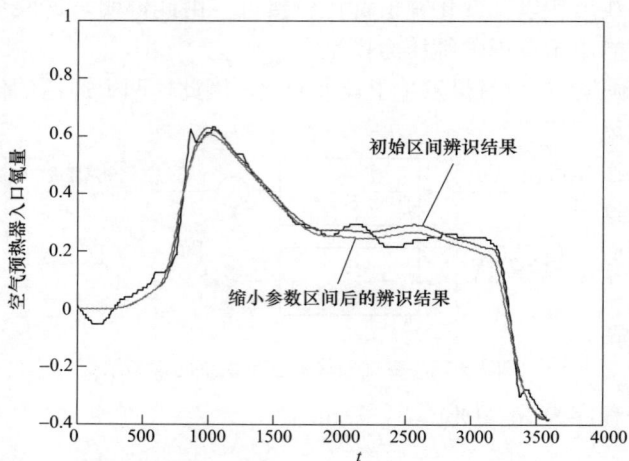

图 5-76 空气预热器系统的辨识结果与原始数据的对比

燃烧后的烟气从炉膛尾部烟道进入空气预热器，这一过程时间较长，惯性时间常数在 100s 的数量级上，因此选择辨识参数区间为

$k_1 \in (0.001, 0.01)$、$T_1 \in (100, 500)$、$n_1 \in (2,5)$、$\tau_1 \in (10, 200)$、$k_2 \in (-0.1, -0.01)$、$T_2 \in (100, 500)$、$n_2 \in (2,5)$、$\tau_2 \in (10, 200)$。辨识结果响应曲线如图 5-76 所示，传递函数模型为

$$W_1(s) = \frac{0.0045\mathrm{e}^{-82s}}{(151s+1)^3}$$

$$W_2(s) = \frac{-0.039\mathrm{e}^{-184s}}{(128s+1)^3}$$

如果把参数区间重新选择为 $k_1 \in (0.002, 0.006)$、$T_1 \in (100, 200)$、$n_1 \in (3,3)$、$\tau_1 \in (50, 100)$、$k_2 \in (-0.05, -0.02)$、$T_2 \in (100, 200)$、$n_2 \in (3,3)$、$\tau_2 \in (100, 200)$。辨识结果响应曲线如图 5-76 所示，传递函数模型为

$$W_1(s) = \frac{0.0050\mathrm{e}^{-88s}}{(157s+1)^3},$$

$$W_2(s) = \frac{-0.042\mathrm{e}^{-163s}}{(147s+1)^3}$$

它与第一次辨识结果的响应曲线比较接近，与辨识模型参数也比较接近，因此这两组辨识结果都是可以接受的。

5.6.3 600MW 亚临界火电机组燃烧系统模型辨识

闭环辨识要求相应的控制系统必须投自动，当电网的 AGC（自动发电控制）指令改变时，在炉跟机为基础的 CCS（协调控制系统）控制模式下，汽轮机调门快速动作，使得蒸汽流量率先改变，对于锅炉侧为了提供足够的蒸汽流量，保证机前蒸汽压力，燃料量和给水量要相应增加，燃料量的增加也会带来烟气含氧的变化，因此要调节送风机的动叶开度，维持含氧量的定值；同样，当含氧量降低时，需要增大送风机的动叶开度以维持其定值，风量的增加在一定程度上会使得燃烧更充分，主蒸汽压力会增加。因此，两者之间是一种耦合关系，如图 5-77 所示。

从某电厂 600MW 汽包炉的长达数周的历史运行数据中，通过初步筛选去异常工况和频繁切手动的时段数据，最终选取 AGC 指令在 300～550MW 负荷区间变化 3 天里的运行数据（采样间隔 1s），其中，总燃料量（t/h）、送

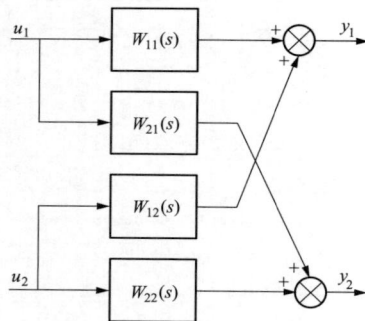

图 5-77　燃烧系统方框图

u_1—燃料量，t/h；u_2—送风机动叶指令，%；y_1—主蒸汽压力，MPa；y_2—烟气含氧量，%

风机 A 动叶控制指令（％）、主蒸汽压力（MPa）及增压风机出口烟气含氧量（％）各变量曲线如图 5-78 所示。

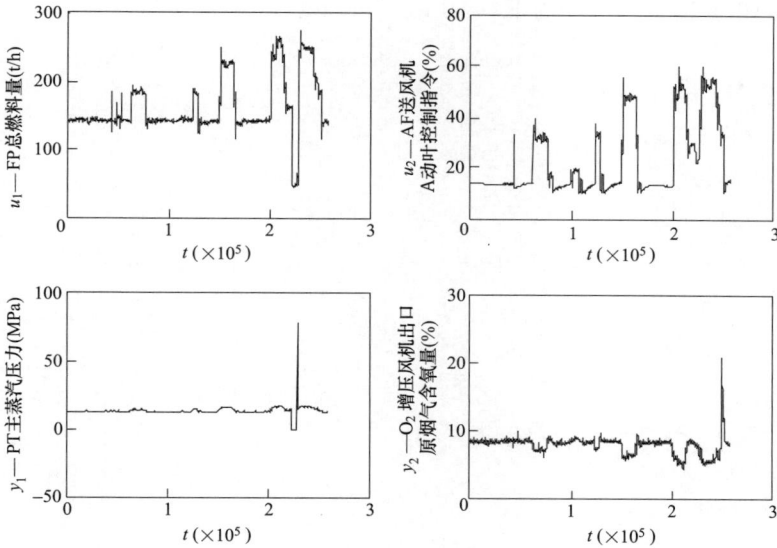

图 5-78   三日内燃烧系统历史运行数据

1. 数据筛选及预处理

通过观察实际机组的运行数据发现：

（1）燃烧系统在三天内发生过多次大波动，结合机组负荷的设定值变化和实发负荷变化，可知是因为机组在电网中负责调峰任务，负荷设定值不停的变化导致的燃烧状态不断调整。

（2）在前 6×10^5 时间里，机组负荷的设定值并没有改变，因而燃烧系统基本没有发生波动，且从输入（总燃料量和送风机动叶开度）上有较大的噪声，此段数据对于辨识是不利的。

（3）在后约 4×10^5 时间里，锅炉主蒸汽压力突变为 0（在 $2.2\times10^5\sim2.4\times10^5$ s），这在正常机炉协调状态下是不可能发生的，这说明机组在此期间出现过不良工况，此阶段因系统较为复杂，锅炉汽轮机的手动调节比较频繁，涉及外扰较多，对辨识也是不可取的。

（4）原始数据中氧量值突增的原因是炉膛内部定期的吹灰所致，对辨识不利，需做"粗大值"处理。

（5）对于传递函数的闭环动态辨识而言，控制量数据和被调量数据在连续变化的起始两个阶段均需要近似平衡状态。

综合考虑，辨识的数据选择区间在 60500～220201s，采样间距为 5s。为了尽量减少数据的失真，没有对各数据点进行高通和低通滤波处理，仅仅将氧量输出值进行了去粗大值处理。粗大值处理的目的是将短时间内远高于正常值的数据从正常数据中筛选出后剔除，对空白的数据区进行线性插值，以减少异常值对系统辨识的影响。自动去除粗大值的方法是对数据的变化率进行限制，考虑到炉膛定期短时间的吹灰导致氧量值突升，故加入时段限制，在

331

变化率突变区附近寻找正常值，当异常值的过渡时间较短且大小基本恢复至原正常值附近，判定其为粗大值。

据此设计的粗大值处理程序为 R_value_sub.m。

```
%粗大值处理程序 R_value_sub.m
function [ X ] = R_value( x )
x_Length = length(x);
Dx = zeros(1, x_Length);
R_Inc = 0; R_Dec = 0; R_N = 300; R_wid = 25;
for i = 1: x_Length - 2
    Dx(i) = x(i + 2) - x(i);
end
Dx(x_Length - 1) = Dx(x_Length - 2);
Dx(x_Length) = Dx(x_Length - 1);
%%粗大值检测且处理
for i = 1: x_Length - 2
    if Dx(i)>1&&R_Inc< = 0
        R_Inc = i;
    end
    if Dx(i)< - 1&&Dx(i + 1)> = - 1
        R_Dec = i;
    end
    if (R_Inc>0 | | R_Dec>0)&&i - R_Inc>R_N&&i - R_Dec>R_N
        R_Inc = 0;
        R_Dec = 0;
    end
    if R_Inc>R_Dec&&R_Dec>0&&R_Inc - R_Dec<R_N
        x(R_Dec - R_wid: R_Inc + R_wid) = (x(R_Dec - R_wid - 1) + x(R_Inc + R_wid + 1))/2;
        R_Dec = 0;
        R_Inc = 0;
    elseif R_Dec>R_Inc&&R_Inc>0&&R_Dec - R_Inc<R_N
        x(R_Inc - R_wid: R_Dec + R_wid) = (x(R_Inc - R_wid - 1) + x(R_Dec + R_wid + 1))/2;
        R_Dec = 0;
        R_Inc = 0;
    end
end
X = x;
```

从图 5-78 中截取的一段数据存放于文件"uy-2015-4-600MW-Combustion.txt"中。其中，总燃料量、送风机 A 动叶控制指令、主蒸汽压力及增压风机出口烟气含氧量的数据读取、粗大值及零初始化处理程序如 Read＿DATA＿2＿2.m，时间也做零初始化处理，各变量曲线如图 5-79 所示。

```
% 读取数据及零初始化处理程序 Read＿DATA＿2＿2.m
% u1—总燃料量；u2—送风机 A 动叶控制指令
% y1—主蒸汽压力；y2—增压风机出口烟气含氧量
clear all;
%＊＊＊＊＊＊＊＊＊＊＊＊＊＊读取数据＊＊＊＊＊＊＊＊＊＊＊＊＊＊＊＊＊＊＊＊＊＊＊＊＊＊＊＊＊
[u1, u2, y1, y2] = textread('uy－2015－4－600MW－Combustion.txt', '%f%f%f%f');
%＊＊＊＊＊＊＊＊＊＊＊＊＊＊＊＊＊＊零初始化处理＊＊＊＊＊＊＊＊＊＊＊＊＊＊＊＊＊＊＊＊＊＊
n = length(u1);
Ts = 5;% 设置采样周期
N = 5;% 设置零初始值点数
u100 = 0；u200 = 0；y100 = 0；y200 = 0;
y2 = R＿Value＿sub(y2);% 粗大值处理
for i = 1: N
    u100 = u100 + u1(i)；u200 = u200 + u2(i);
    y100 = y100 + y1(i)；y200 = y200 + y2(i);
end
u100 = u100/N；u200 = u200/N；y100 = y100/N；y200 = y200/N;
for i = 1: n
    u10(i) = u1(i) － u100；u20(i) = u2(i) － u200;
    y10(i) = y1(i) － y100；y20(i) = y2(i) － y200;
    t(i) = Ts * i;
end
save DATA＿MIMO＿2＿2 Ts n u10 u20 y10 y20;
subplot(2, 2, 1), plot(t, u10), title('u1－FP 总燃料量')
subplot(2, 2, 2), plot(t, u20), title('u2－AF 送风机 A 动叶控制指令')
subplot(2, 2, 3), plot(t, y10), title('y1－PT 主蒸汽压力')
subplot(2, 2, 4), plot(t, y20), title('y2－O2 增压风机出口烟气含氧量')
```

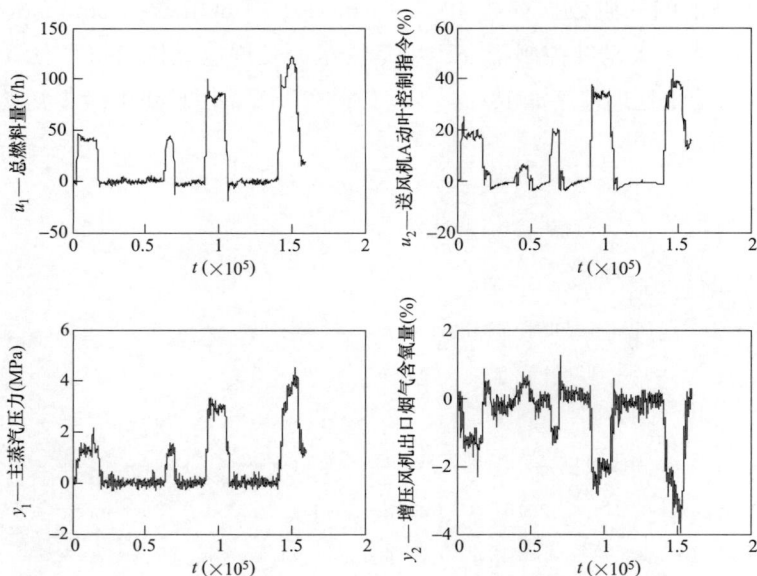

图 5-79　数据预处理后的可辨识数据曲线图

2. 模型结构确定

分析预处理后的数据可知：从数据本身变化趋势方向和理论分析基本一致——主汽压力与燃料量之间是正特性关系，而氧量与燃料量之间是负特性关系；两个输入因本身是闭环耦合系统，故总体上送风机动叶会跟随主燃料量变化相应变化，以维持燃烧需要的氧量；输出对输入均存在明显的惯性；对于氧量，燃料增加，氧量降低，而送风机动叶开度加大，氧量增大；对于主蒸汽压力，燃料增加，主蒸汽压力上升，送风机动叶开度加大，主蒸汽压力上升。

综上描述，选择四个二阶惯性环节进行解耦辨识，即

$$W(s) = \frac{K}{(Ts + 1)^2}$$

3. 参数论域的选取

通过输入和输出稳态值确定增益 K 值的范围：观察数据可知，当燃料量上升且稳定在 40t 时，主蒸汽压力上升约 1.3MPa，含氧量下降约 1.4％；当送风机动叶控制指令增大 18％ 时，主蒸汽压力上升约 1.3MPa，含氧量下降约 1.4％。因此，燃料量到主蒸汽压力的增益 K 约 0.0325，燃料量到含氧量的增益 K 约 -0.035，送风机动叶开度到主蒸汽压力的增益 K 约 0.072，送风机动叶开度到含氧量的增益 K 约 0.078。从输出的稳定时间上看，惯性时间大致都在 10～1000s。因为是耦合系统，所以每一路输出值均是两路输入作用的叠加，故最后选择参数论域为

$$K_{11} \in (0,1), K_{21} \in (-1,0)$$
$$K_{12} \in (0,1), K_{22} \in (0,1)$$
$$T_{11} \in (1,1000), T_{21} \in (1,1000)$$
$$T_{12} \in (1,1000), T_{22} \in (1,1000)$$

4. 辨识数据的区间 1～29500 个，后面的数据用于验模，辨识时模型仿真及目标函数计

算子程序为 Id ＿ Obj ＿ 2 ＿ 2. m。辨识结果如图 5-80 所示。

```
% 模型结构 I：W(s) = v1/(v2s + 1)^2
% 仿真及目标函数计算子程序 Id ＿ Obj ＿ 2 ＿ 2. m
function [Q, yy] = objq(V)
global Ts mu1 u2 y1 y2
In = 2；Out = 2；% 设置系统的输入输出个数
Q = zeros(Out, 1);
yy = zeros(Out, m);
U = [u1; u2];
Y = [y1; y2];
K = [V(1) V(3)；V(2) V(4)]
T = [V(5) V(7)；V(6) V(8)];
A = zeros(Out, In);
B = zeros(Out, In);
x1 = zeros(Out, In);
x2 = zeros(Out, In);
DT = 1；% 模型仿真计算步距
for i = 1：Out
    for j = 1：In
        A(i, j) = exp( - DT/T(i, j))；B(i, j) = 1 - A(i, j);
    end
end
for k = 1：m
    for i = 1：Ts/DT
        % 计算惯性环节
        for j1 = 1：Out
            for j2 = 1：In
                if K(j1, j2) = = 0
                    x2(j1, j2) = 0;
                else
                    x1(j1, j2) = A(j1, j2) * x1(j1, j2) + K(j1, j2) * B(j1, j2) * U(j2, k);
                    x2(j1, j2) = A(j1, j2) * x2(j1, j2) + B(j1, j2) * x1(j1, j2);
                end
            end
        end
    end
    % 计算各输出及目标函数
    for i = 1：Out
        for j = 1：In
            yy(i, k) = yy(i, k) + x2(i, j);
        end
```

```
        Q(i, 1) = Q(i, 1) + (Y(i, k) - yy(i, k)) * (Y(i, k) - yy(i, k));
    end
end
end
```

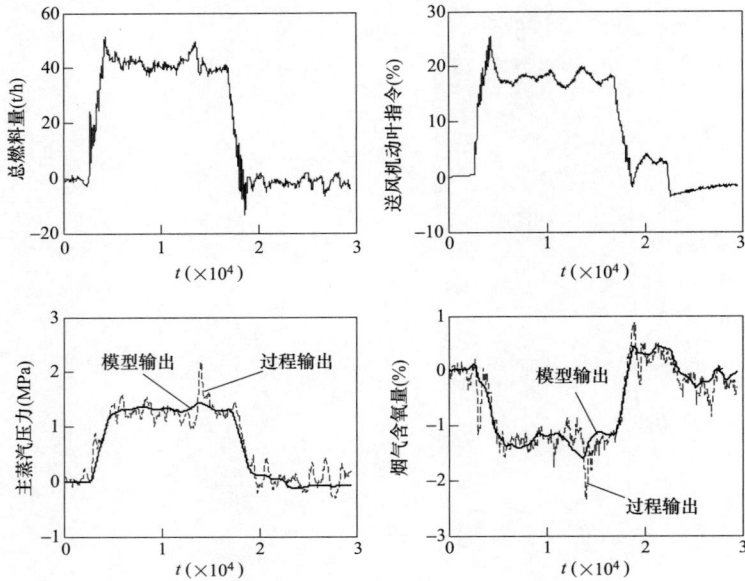

图 5-80　燃烧系统模型辨识结果

5. 辨识结果

所辨识的各通道的传递函数为

$$W_{11}(s) = \frac{0.021\,2}{(607s+1)^2}, W_{21}(s) = \frac{-0.075\,4}{(322s+1)^2},$$

$$W_{12}(s) = \frac{0.025\,4}{(162s+1)^2}, W_{22}(s) = \frac{0.103}{(441s+1)^2}$$

从最终的传递函数可知，对象中比较快的作用是送风机动叶开度对主蒸汽压力的影响，而比较慢的对象是燃料量对主蒸汽压力的影响。

6. 模型验证

为了使验证区域的输出模型曲线的初始状态和辨识区域尽量相似，模型验证的数据采用辨识区域数据作为开头（见图 5-81），其他数据为验模数据，从该图可以看出，辨识结果与实际输出基本相一致。由此说明，辨识所得到的模型具有较高的精度。

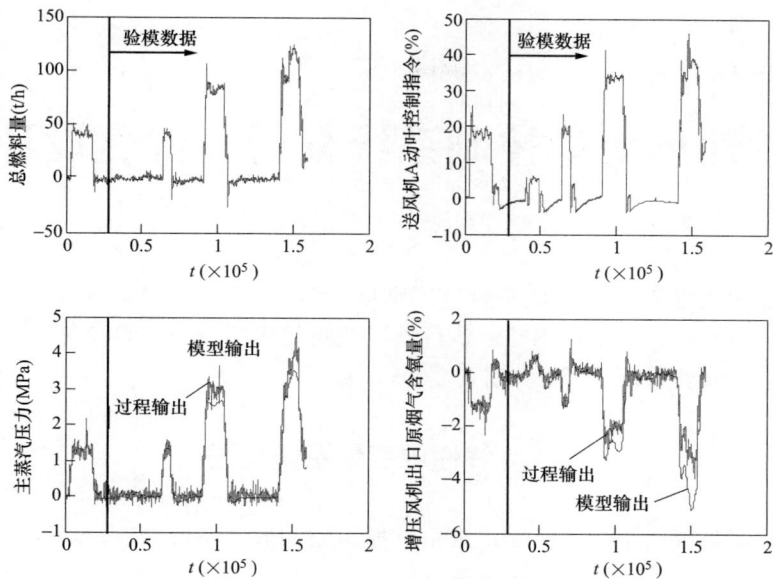

图 5-81　辨识模型的验证

5.7　本 章 小 结

经典的辨识方法有：阶跃响应法、脉冲响应法、频率响应法、最小二乘法以及相关（统计）分析法。但是，只有阶跃响应法和脉冲响应法在实际工程中得到了应用。虽然有许多学者对频率响应法、最小二乘法以及相关（统计）分析法进行了大量的研究，但是也仅仅是做了试验性的工程应用，并没有得到大范围的推广。

近些年，对智能辨识方法进行了大量的研究。智能辨识方法利用生产过程正常运行时的历史数据，使用群体智能全局搜索算法直接搜索出传递函数模型参数。这种方法，对给系统施加的输入几乎不做要求；不需要对采集的数据进行滤波、剔出粗大值等处理；对采样周期不敏感；不受系统开环和闭环的限制；也不受系统是单变量和多变量的限制，直接得到高精度的传递函数模型。

第6章

线性单变量控制系统分析与优化设计

本章所讨论的线性单变量控制系统（SISO）指的是被控对象是线性且单输入单输出，当构成闭环控制系统后，由于传感器、执行器以及阀门或挡板等控制设备的存在，所有的自动控制系统都是非线性系统。

6.1 线性单变量系统综述

假定一个控制系统的结构为已知，求出被控对象的数学模型之后，对这个系统的动态性能进行研究并给出评价，这就是分析问题。至于如何设计这个系统，使它具有希望的性能，满足某些特定的要求，这就属于设计与综合问题的范畴了。研究控制理论的最终目的是设计控制系统，但是分析是综合的基础。对于一个系统的运动规律，只有了解了它的动态特性之后，才有可能进而改造它，使它满足我们的需要。通过对大量系统的分析，我们又可以总结出一些典型的共同规律，这又可以指导我们如何去设计具体控制系统。

稳定性是对控制系统的基本要求，也是一个控制系统能否正常工作的必要条件。从物理意义上说，就是要求控制系统能稳妥地保持预定的工作状态，在各种不利因素的影响下不至于动荡不定、不受控。分析系统的稳定性是一个老问题，早在19世纪末期，法国数学家潘咖略和俄国数学家李雅普诺夫在力学中就广泛研究了运动的稳定性问题。他们所提出的理论和方法直到今天不失其意义而为大家所使用。在自动控制理论中也沿用了他们的理论，但在分析与设计方法上发生了颠覆性的变化。

控制系统的设计问题（或称综合问题）就是当被控对象的动态模型已知时，按预定的动态或其他的品质指标要求，求出控制装置（控制器）的运算形式或控制规律。

设计一个自动控制系统一般要经过以下三步：根据任务要求，选定控制对象 $W(s)$，并求得控制对象的数学模型；根据性能指标的要求，确定系统的控制规律，并设计出满足这个控制规律的控制器，初步选定构成控制器的元器件；将选定的控制对象和控制器组成控制系统，如果构成的系统不能满足或不能全部满足希望的性能指标，还必须增加合适的元件，按一定的方式连接到原系统中，使重新组合起来的系统完全满足设计要求。这些能使系统的控制性能满足设计要求所增添的元件称为校正元件 $G_c(s)$ 或校正装置。

在系统中加入校正装置的做法是在经典控制理论时期，那时没有数字控制器（计算机），元器件也是从电子管、晶体管发展到集成电路的。那个时代不得不选择较简单的控制算法，通过这些模拟电路来实现这些控制算法。因此，在经典控制理论初期（电子管时代），一般选择比例控制律，当不满足希望的性能指标时，再加入一个校正元件，由此产生了经典控制理论体系（20世纪40年代）。随着科学技术的发展，首先是用晶体管取代了20世纪40年代使用的电子管，后来又被集成电路所取代，当大规模集成电路出现后，又被数字控制器

（计算机）所替代，因此现在的控制器并不一定是物理器件，它很可能是计算机的软件程序，这样就没有必要对控制律的复杂性提出要求，校正装置也就随之不存在了。为了与经典控制论时期的术语统一，仍把系统中的

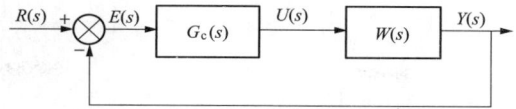

图 6-1　校正系统

被控对象部分 $W(s)$ 叫作原系统（或系统的不可变部分），而把加入了控制器（或/和校正装置）$G_c(s)$ 并形成了反馈的系统叫作校正系统（如图 6-1 所示）。为了使原系统的性能指标得到改善，选择控制器的结构和参数的过程就称为控制系统设计中的校正与综合。

由于经典控制理论时代缺少计算机作为计算工具，控制系统的解析解又很难得到，因此不得不把描述系统的微分方程转换成传递函数描述，在复频域里用做草图（对数频率特性曲线、根轨迹曲线、奈奎斯特曲线、M 圆和 N 圆、尼柯尔斯图等）的方法来估计系统的时域动态响应（过程）。这就是经典控制理论的核心内容[3]。

现在，计算机应用如此普遍，人人都可以使用计算机。在工程上，计算机可以作为控制器，实现各种控制律；在理论上，计算机可以用来求解描述控制系统的微分方程。因此，控制系统的设计就不存在校正与综合过程。经过多年的实践，已经证实了 PID 控制律是非常理想的控制算法，即使出现了许多新型的控制律（如自适应控制、预测控制、智能控制等），甚至已经形成了重要的控制理论分支，但是在实际工程应用时，它们也没能离开 PID 控制律[3]、[55]。因此，现代工程控制系统的设计步骤是：

（1）根据任务要求，选定控制对象 $W(s)$，并求得控制对象的数学模型；

（2）提出控制系统的控制品质指标；

（3）设计控制系统结构；

（4）设计控制器的结构或算法；

（5）优化出最佳的控制器参数，以满足对控制品质的要求。

由此看出，现代工程控制理论的数学工具是"数字仿真"和"参数优化"。

6.2　控制系统的理论分析基础

6.2.1　典型试验信号的选取

对系统进行理论分析的过程，就是在一定的系统输入下，求解出系统输出跟随这个输入的变化情况（过程）。实际上，控制系统的输入信号具有随机的性质，无法预先知道，而且瞬间输入量不能用解析的方法来表示。在过程控制系统中，只有希望值（设定值）发生变化时，才可用预先规定的一些特殊信号或曲线来表示。但是，为了理论分析和工程试验必须加入一些特殊的输入信号，否则就没法进行工程试验和理论分析。

在工程中和理论分析上，经常采用的试验输入信号有阶跃函数、斜坡函数、正弦函数和脉冲（方波）函数等。因为这些信号都是很简单的时间函数，所以利用它们可以很容易地对控制系统进行数学上的和实验上的分析。

下面我们来分析一下这些时间函数的特点。

1. 阶跃函数

单位阶跃函数 $1(t)$ 的定义为

$$1(t) = \begin{cases} 1 & t > 0^+ \\ 0 & t \leqslant 0 \end{cases} \qquad (6\text{-}1)$$

它的拉氏变换（见表 2-1）为 $\frac{1}{s}$。

该函数的最大特点是与其他同幅值的函数相比，它的作用强度最强。所以，对于恒值控制系统，它是最理想的试验信号。对于恒值控制系统，如果在阶跃函数作用下能满足对控制品质指标的要求，那么也会满足其他函数作用时对品质指标的要求。

由于线性系统满足叠加原理，因此对其进行分析时选择单位阶跃函数即可，而对于非线性系统可以选择其他幅值的阶跃函数。

现在是通过计算机求控制系统的数值解，因此需要知道系统各状态变量的初始值，那么也需要知道阶跃函数的初始值。在本书第 2 章 2.10.1 中已经分析过，当输入函数 u 在 $t=0$ 时有跃变时，一般 y 及其各阶导数在 $t=0$ 处也有跃变，此时 y 及其各阶导数的 0^- 时刻的值可能不等于 0^+ 时刻的值，但是 0^+ 时刻的值是输入函数作用后的结果，也就是说，在求解微分方程前，我们无法知道各状态变量在 0^+ 时刻的值，知道的只是 0^- 时刻的值。因此，求解时也需要知道阶跃函数 0^- 时刻的值，即 $1(0^-)=0$，$1(0^+)=1$。

2. 理想单位脉冲函数

理想单位脉冲函数 $\delta(t)$ 的定义为

$$\delta(t) = \begin{cases} 1 & t = 0 \\ 0 & t \neq 0 \end{cases} \qquad (6\text{-}2)$$

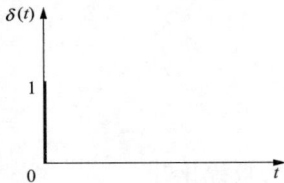

它的拉氏变换为 1，时间响应曲线如图 6-2 所示。

单位脉冲函数适合于作程序控制系统分析时的试验信号。在第 1 章 1.4.1 中已经定义过"程序控制系统的控制对象具有脉冲特征，当给定一个脉冲信号（指令）时，系统完成一个操作"，因此给系统施加一系列的脉冲信号，就可以分析出程序控制系统逻辑关系的正确性。

图 6-2　理想单位脉冲函数 $\delta(t)$ 的时间响应曲线

3. 斜坡函数与正弦函数

斜坡函数的定义为

$$f(t) = \begin{cases} Kt & t > 0 \\ 0 & t \leqslant 0 \end{cases} \qquad (6\text{-}3)$$

式中　K——斜坡的斜率。

斜坡函数的拉氏变换为 $\frac{K}{s^2}$，它的时间响应曲线如图 6-3 所示。

斜坡函数适合于控制系统的输入量随时间缓慢变化的随动系统（见第 1 章 1.4.3 的定义），这类系统的给定信号随时间的变化规律事先不能确定，或变化规律已知，但给定值不是常数。例如，导弹跟踪追寻目标时的轨迹控制系统，发电机组的负荷控制系统等，都适合使用斜坡函数作为输入信号。

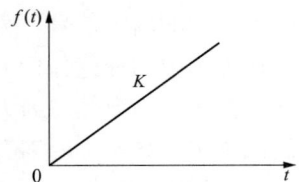

图 6-3　斜坡函数的时间响应曲线

当系统的给定信号随时间的变化规律事先不能确定，而且变化速度还很快，这时就要使用正弦函数作为系统的输入信号。因为正弦函数的频率可以人为地调整，所以可以用它来分析系统的频率响应。

正弦函数的定义为

$$f(t) = \begin{cases} A\sin(\omega t) & t > 0 \\ 0 & t \leqslant 0 \end{cases} \qquad (6\text{-}4)$$

式中　A——幅值；

　　　ω——频率。

正弦函数的拉氏变换为 $\dfrac{A\omega}{s^2 + \omega^2}$，它的时间响应曲线如图 6-4 所示。

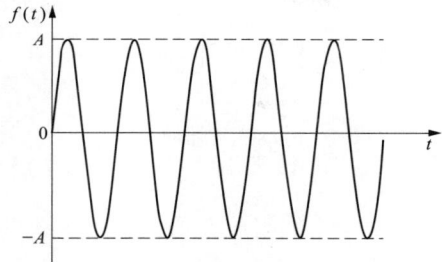

图 6-4　正弦函数的时间响应曲线

6.2.2　系统的平衡状态及各状态变量的初始值

对控制系统进行分析前，应该考虑系统的初始状态。对于过程控制系统来说，我们关心的是系统在一个平衡状态下，遭到系统内部或外部干扰破坏后，是否恢复到原来的平衡状态或达到一个新的平衡状态。下面先来分析一下系统的平衡工作状态。

基本的单回路控制系统结构框图如图 6-5 所示。

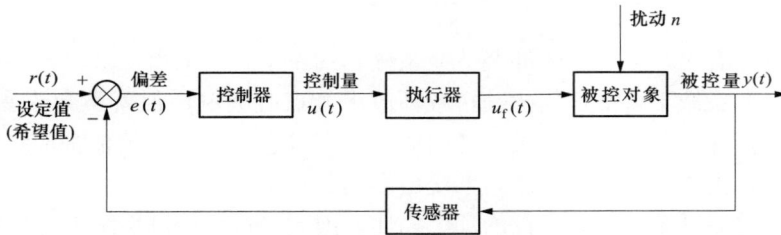

图 6-5　基本的单回路控制系统结构框图

对于正常工作的控制系统，在系统平衡状态时，被控量 $y(t)$ 一般处在某一不为零的定值上，通过传感器变换后的输出也不为零（在过程控制系统中，对于模拟仪表来说一般为 $4\sim20\text{mA}$），但此时偏差 $e(t)$ 为零，含有积分作用的控制器对输入偏差进行积累，虽然偏差为零，但控制器输出并不为零，一般也是一个 $4\sim20\text{mA}$ 的电流信号，传送给执行器。

执行器是多种多样的，而且随着科学技术的发展而发展[56]。但是，从数学模型上看，它们的结构原理是相同的。以电动执行器为例，其内部结构框图如图 6-6 所示。

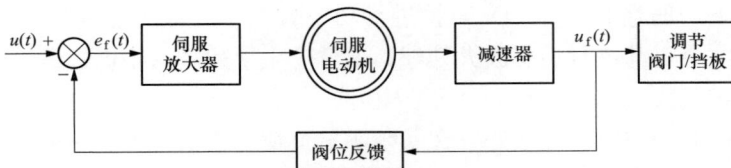

图 6-6　电动执行器结构原理框图

执行器接收来自控制器的电流信号，与阀位反馈信号（也为电流信号）进行比较，得到

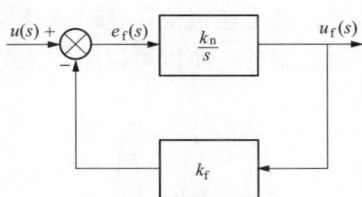

图 6-7 电动执行器的工作原理框图

差值信号 $e_f(t)$。当偏差 $e_f(t) \neq 0$ 时，$e_f(t)$ 经伺服放大器功率放大后，驱动伺服电动机正转或反转，通过减速器（增加推动力）后，带动阀门或挡板开大或关小。只有当偏差 $e_f(t) = 0$ 时，伺服电动机停止转动，从而使调节阀门/挡板稳定在一个新的位置上。

通过上述分析可知，电动执行器的工作过程可以用图 6-7 所示的方框图来描述。

图 6-7 中 $\dfrac{k_n}{s}$ 为伺服放大器、伺服电动机和减速器环节，k_f 为调节阀位置反馈环节

该系统的闭环传递函数为

$$\frac{u_f(s)}{u(s)} = \frac{\dfrac{1}{k_f}}{\dfrac{1}{k_n k_f}s + 1} \tag{6-5}$$

闭环后是一个惯性环节，在一般情况下，$\dfrac{1}{k_n k_f}$ 远小于控制系统中的其他惯性时间常数，因此，通常忽略执行器的惯性，用比例环节来描述执行器，即

$$\frac{u_f(s)}{u(s)} = \frac{1}{k_f} \tag{6-6}$$

综上分析可以看出，当通过闭环调节使系统到达一个新的平衡点时，各环节的输出并不为零。而且，只要系统不再受任何扰动，各环节平衡点时的输出值就不会改变。由此说明，平衡点时的输出值并不是各状态变量的初始值，所有状态变量的初始值都应该为 0，否则即使系统不受扰动，由于初始值的作用，系统也会动荡不定。

传递函数正是对系统零初始条件的动态描述，因此对过程控制系统进行分析时，总是假定在零初始条件下系统受扰动后的情况。

我们把系统的平衡点也称作稳态点（或静态点），此时环节的输出值也称为稳态值（或静态值），它与系统的动态过程没有关系。我们对系统的分析是分析它的动态过程，而不是静态。这里所说的稳态值与第 1 章讲述的稳态值不是同一个概念。这里的稳态值等于系统受扰动前的稳态值加上调节后的稳态响应值。

6.2.3 控制系统中的固有非线性环节

前面已经分析，不管是模拟仪表控制系统还是数字仪表控制系统，与物理设备连接的环节都有输出值限制，这就产生了饱和非线性。为使调节阀不频繁动作，执行器中的伺服放大器并不是把接收来的偏差信号 $e_f(t)$ 直接进行功率放大，只有当这个偏差信号 $e_f(t)$ 大于规定的死区时，才会对其进行功率放大处理，这就产生了死区（不灵敏区）环节。因此，一个实际的控制系统组成有如图 6-8 所示的结构形式。

为了使控制时阀门的线性度较好，在系统额定负荷工作情况下，一般把阀门调整到中间左右的位置（阀门开度 50% 左右），而仪表的输出也是调整到量程的中间点左右。因为我们研究的是控制系统的动态过程，无论平衡点的值为多少，我们总认为状态变量的初始值为 0，因此，对于 4～20mA 的仪表系统来说，控制器和传感器输出端的饱和非线性的饱和值可取为 $c = 8$。

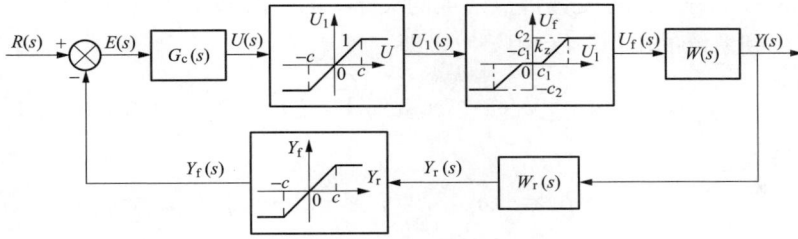

图 6-8 实际控制系统的组成结构

$W(s)$— 被控对象；$G_c(s)$— 控制器，$W_r(s)$— 传感器；k_z— 执行器与阀门的增益系数

对于带有不灵敏区的饱和非线性，不灵敏区间相对被控对象部分的惯性时间一般都比较小，因此对系统进行分析时可以忽略不灵敏区间（即让 $c_1=0$）。如果 $U_f(s)$ 的量纲是电流（mA），那么可取 $c_2=8$；如果是开度（%），则取 50%。

6.2.4　系统的瞬态（动态）响应与稳态响应

控制系统的时间响应由两部分组成：瞬态响应和稳态响应。瞬态响应是指系统从一个稳定状态到另一个稳定状态的响应过程。稳态响应是指当时间 t 趋于无穷大时系统的输出状态，它等于新的稳定状态值减去原来稳定状态值。

对一个系统进行分析主要是分析它的瞬态响应，也就是分析它的各项控制品质指标是否满足希望值。至于稳态响应，只要系统是稳定的，它的稳态值一定是一个常数。分析系统的稳态响应就是分析系统是否稳定以及稳定时的静差。

假设可以求出线性控制系统的闭环传递函数，且具有

$$\frac{Y(s)}{R(s)} = \frac{b_m s^m + b_{m-1} s^{m-1} + \cdots + b_1 s + b_0}{a_n s^n + a_{n-1} s^{n-1} + \cdots + a_1 s + a_0} \tag{6-7}$$

其中，a_0，a_1，$\cdots$，a_n 和 b_0，b_1，$\cdots$，b_m 为常数，且 $m < n$。把式（6-7）中的分母

$$a_n s^n + a_{n-1} s^{n-1} + \cdots + a_1 s + a_0 \tag{6-8}$$

称作闭环系统的特征多项式，而把

$$a_n s^n + a_{n-1} s^{n-1} + \cdots + a_1 s + a_0 = 0 \tag{6-9}$$

称作闭环系统的特征方程。

通过多项式的因式分解，总是可以把式（6-7）分解为

$$\frac{Y(s)}{R(s)} = \frac{K(s+z_1)(s+z_2)\cdots(s+z_m)}{(s+p_1)(s+p_2)\cdots(s+p_n)} \tag{6-10}$$

式中的 $-z_1$，$-z_2$，$\cdots$，$-z_m$ 被称作系统的闭环零点，$-p_1$，$-p_2$，$\cdots$，$-p_n$ 被称作系统的闭环极点。它们可能是实数，也可能是成对的共轭复数。

如果系统的输入为单位阶跃函数，即 $R(s) = \dfrac{1}{s}$，则式（6-10）可以改写成

$$Y(s) = \frac{1}{s} \cdot \frac{K(s+z_1)(s+z_2)\cdots(s+z_m)}{(s+p_1)(s+p_2)\cdots(s+p_n)} \tag{6-11}$$

因为一对共轭复数极点可以形成一个 s 的二阶多项式，所以可以把式（6-11）进一步改写成

$$Y(s) = \frac{a}{s} + \sum_{j=1}^{q} \frac{a_j}{s+p_j} + \sum_{k=1}^{r} \frac{b_k(s+\xi_k\omega_k) + c_k\omega_k\sqrt{1-\xi_k^2}}{s^2 + 2\xi_k\omega_k s + \omega_k^2} \quad (q+2r=n) \tag{6-12}$$

式中　　　　　p_j——系统的所有闭环实数极点；

$s^2+2\xi_k\omega_k s+\omega_k^2$——每对共轭复数极点形成的关于 s 的二阶多项式。

由此可以得到系统的单位阶跃响应[25]，即

$$y(t)=a+\sum_{j=1}^{q}a_j\mathrm{e}^{-p_jt}+\sum_{k=1}^{r}b_k\mathrm{e}^{-\xi_k\omega_kt}\cos\omega_k\sqrt{1-\xi_k^2}t+\sum_{k=1}^{r}c_k\mathrm{e}^{-\xi_k\omega_kt}\sin\omega_k\sqrt{1-\xi_k^2}t \quad (6\text{-}13)$$

对于实数极点

$$-p_j=-\sigma_j \qquad (j=1,2,\cdots,q) \tag{6-14}$$

如果式中的 σ_j 全为正实数，则式（6-13）中的 $\sum\limits_{j=1}^{q}a_j\mathrm{e}^{-p_jt}$ 项，当时间趋于无穷大时，它将趋于零。

对于共轭复数极点：

$$-p_k=-\sigma_k\pm j\bar{\omega}_k \qquad (k=1,2,\cdots,r) \tag{6-15}$$

如果式中的 σ_k 和 $\bar{\omega}_k$ 全为正实数，则由每对共轭复数极点形成的关于 s 的二阶多项式为

$$s^2+2\sigma_k s+(\sigma_k^2+\bar{\omega}_k^2) \qquad (k=1,2,\cdots,r) \tag{6-16}$$

把式（6-16）改写成标准的 2 阶多项式形式

$$s^2+2\xi_k\omega_k s+\omega_k^2 \qquad (k=1,2,\cdots,r) \tag{6-17}$$

其中，$\xi_k=\dfrac{\sigma_k}{\sqrt{\sigma_k^2+\bar{\omega}_k^2}}$，$\omega_k=\sqrt{\sigma_k^2+\bar{\omega}_k^2}$。由此说明，如果式（6-13）中的 ξ_k 和 ω_k 都为正实数，则式中的 $\sum\limits_{k=1}^{r}b_k\mathrm{e}^{-\xi_k\omega_kt}\cos\omega_k\sqrt{1-\xi_k^2}t$ 项和 $\sum\limits_{k=1}^{r}c_k\mathrm{e}^{-\xi_k\omega_kt}\sin\omega_k\sqrt{1-\xi_k^2}t$ 项，当时间趋于无穷大时，它们都将趋于零。于是，系统的稳态输出为 $y(\infty)=a$。

综上分析可以得到这样的结论：如果系统的闭环极点都位于 s 的左半平面（以 s 中的实部 σ 为横轴、虚部 $j\omega$ 为纵轴的平面），则系统是稳定的；只要有一个闭环极点位于 s 的右半平面，系统则是不稳定的；只要有一个闭环极点位于 s 平面的 $j\omega$ 轴上，即式（6-13）中的某一个（或几个）σ 为零，则系统是临界稳定的。

从式（6-13）中也可以看出，式中的指数项系数 p_j 和 $\xi_k\omega_k$ 决定了闭环系统是否稳定，而且，这些系数与式（6-7）中的分子多项式系数 b_0，b_1，…，b_m 无关，因此系统的稳定性是由闭环传递函数的分母多项式来决定的，分子多项式仅决定系统瞬态响应的形状。这就是把闭环传递函数的分母称作系统的特征多项式的原因。

上述的分析过程不适合计算机运算，因此现在通过数字仿真的方法来分析系统的瞬态响应和稳态响应。

考虑图 6-9 所示的某蒸汽温度控制系统。

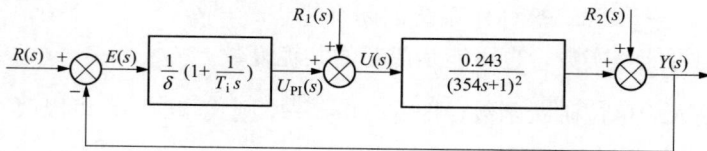

图 6-9　某蒸汽温度控制系统

要求控制品质指标为

$$\begin{cases}0.76<\varphi<0.98\\10\%<M_\mathrm{p}<20\%\\[t_\mathrm{s}]_{\min}\end{cases}$$

根据经验公式（4-39）和式（4-40），可以得到该系统的控制器初始参数：
$$\delta = \alpha K(\beta + n_1) = 0.081 \times 0.234 \times (8 + 2) = 0.19$$
$$T_i = \gamma(nT + \tau) = 0.6 \times (2 \times 354) = 425$$

据此，即可选择出它们的优化区间：
$$\delta \in (0.01, 1), T_i \in 200, 600)$$

目标函数：

$$Q = \int_0^{t_s} t|e|\,\mathrm{d}t + Q_f$$

罚函数：

如果 $\varphi < 0.76$，则让 $Q_f = 10^{30}$

如果 $\varphi > 0.98$，则让 $Q_f = 10^{20}$

如果 $M_p < 10\%$，则让 $Q_f = 10^{15}$

如果 $M_p > 20\%$，则让 $Q_f = 10^{25}$

该系统的目标函数计算子程序为 Obj_simu621.m。

```
% 目标函数计算子程序 Obj_simu621.m
function [Q, t, y] = Obj_simu621(V)
% clear all;
V(1) = 0.091; V(2) = 599;
DT = 2; LP = 2000; A = exp(-DT/354); B = 1 - A;
FAI_l = 0.76; FAI_h = 0.98; Mp_l = 10; Mp_h = 20;
xi = 0; x1 = 0; x2 = 0; y = 0; Q = 0; r = 0; r1 = 1; r2 = 0;
for i = 1: LP
    e = r - y;
    xp = e/V(1);
    xi = xi + DT * e/V(1)/V(2);
    upi = xp + xi;
    x1 = A * x1 + 0.234 * B * (upi + r1);
    x2 = A * x2 + B * x1;
    y = x2 + r2;
    Y(i) = y; U(i) = upi; t(i) = i * DT;
    Q = Q + t(i) * abs(e) * DT;
end
[Mp, tr, ts, FAI, Tp, E1, E2, E3] = O_quality(DT, LP, Y, t);
if FAI<FAI_l; Q = Q + 10^30; end
if FAI>FAI_h; Q = Q + 10^20; end
if Mp<Mp_l; Q = Q + 10^15; end
if Mp>Mp_h; Q = Q + 10^25; end
% subplot(2, 1, 1), plot(t, Y, 'b'); hold on;
% subplot(2, 1, 2), plot(t, U, 'b'); hold on;
```

使用遗传优化算法可以优化出该系统的最优控制器参数：

$$\delta = 0.091, \quad T_i = 599$$

在最优参数下控制系统的响应曲线如图 6-10 所示。其控制品质为

$$\varphi = 0.96, \quad M_p = 17\%, \quad t_r = 510, \quad t_s = 1814$$

完全符合设计要求。

下面来分析一下内扰 R_1 和外扰 R_2 的情况。

根据图 6-9 可以得到 R 作为输入时系统的闭环传递函数：

$$\frac{Y(s)}{R(s)} = \frac{0.243(T_i s + 1)}{\delta T_i s (354s + 1)^2 + 0.243(T_i s + 1)} \tag{6-18}$$

R_1 作为输入时系统的闭环传递函数：

$$\frac{Y(s)}{R_1(s)} = \frac{0.243\delta T_i s}{\delta T_i s (354s + 1)^2 + 0.243(T_i s + 1)} \tag{6-19}$$

R_2 作为输入时系统的闭环传递函数：

$$\frac{Y(s)}{R_2(s)} = \frac{\delta T_i s (354s + 1)^2}{\delta T_i s (354s + 1)^2 + 0.243(T_i s + 1)} \tag{6-20}$$

比较式（6-18）～式（6-20）可以看出，在不同的扰动情况下，它们的闭环传递函数分母是相同的，仅仅是传递函数的分子不同。由此说明，在给定值扰动下优化出的控制器参数，也适合于其他扰动，系统的稳定性是相同的，不相同的仅仅是瞬态响应的形状。在最优控制器参数下，三种不同扰动下的瞬态响应与稳态响应如图 6-10 所示。

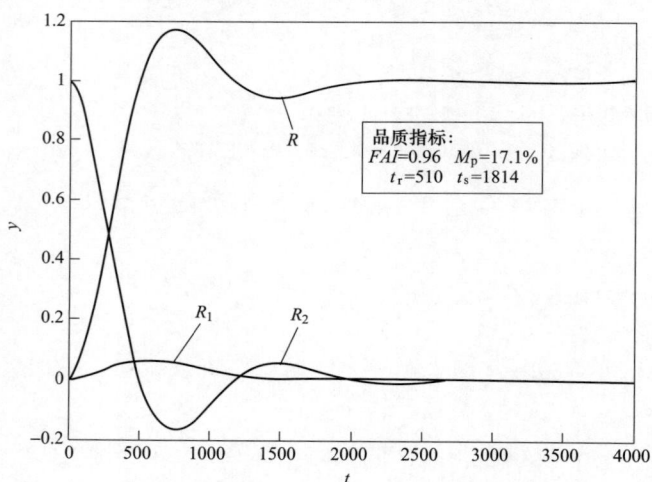

图 6-10 R、R_1 和 R_2 分别扰动时系统的响应

从图 6-10 中可以看出，给定值扰动时，系统的稳态响应达到了给定值；内、外扰动时，系统的稳态响应消除了内、外扰动的影响，回到了扰动前的稳定点。

6.3 单位反馈控制系统的稳态误差分析

控制系统中的稳态误差可能由许多因素引起。在瞬态过程中，给定值信号的变化一定会引起误差，并且还可能引起稳态误差；系统元器件中的一些缺陷，信号测量时的失真等也可能会引起稳态误差。后者引起的稳态误差，系统是无法消除的，只有由给定值或内、外扰动

引起的稳态误差，才可以通过系统的调节作用加以消除。

　　任何物理控制系统，在其对一定形式的输入信号产生响应时，都存在固有的稳态误差。一个系统对阶跃输入信号可能没有稳态误差，但是同一系统对于斜坡输入信号可能存在非零稳态误差。究竟分析什么形式的输入信号下的稳态误差，要视控制系统的用途来确定。如果分析的是恒值控制系统，那么应该分析在阶跃输入信号下的稳态误差；如果分析的是随动控制系统，就要分析在斜坡输入信号下的稳态误差。

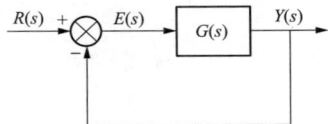

图 6-11　单回路反馈控制系统

　　如果图 6-1 所示系统的开环传递函数 G_c（s）W（s）用 G（s）来代替，如图 6-11 所示，且 G（s）具有的形式为

$$G(s) = \frac{K(T_{b_1}s+1)(T_{b_2}s+1)\cdots(T_{b_m}s+1)}{(T_{a_1}s+1)(T_{a_2}s+1)\cdots(T_{a_n}s+1)} \tag{6-21}$$

则系统的闭环传递函数为

$$\frac{Y(s)}{R(s)} = \frac{G(s)}{1+G(s)} \tag{6-22}$$

由于 $E(s) = R(s) - Y(s)$，因此，误差信号 e（t）与输入信号 r（t）之间的传递函数为

$$\frac{E(s)}{R(s)} = 1 - \frac{G(s)}{1+G(s)} = \frac{1}{1+G(s)} \tag{6-23}$$

根据拉氏变换的终值定理［见式（2-47）］，可得到系统的稳态误差为

$$e_{ss} = \lim_{t \to \infty} e(t) = \lim_{s \to 0} sE(s)R(s) = \lim_{s \to 0} \frac{sR(s)}{1+G(s)} \tag{6-24}$$

6.3.1　静态位置误差常数 K_p

　　当系统的输入为单位阶跃信号时，R（s）$= \dfrac{1}{s}$，系统的稳态误差为

$$e_{ss} = \lim_{s \to 0} \frac{s}{1+G(s)} \frac{1}{s} = \frac{1}{1+G(0)} \tag{6-25}$$

把 G（0）称作静态位置误差常数，并令

$$K_p = \lim_{s \to 0} G(s) = G(0) \tag{6-26}$$

于是，用静态位置误差常数 K_p 表示的稳态误差为

$$e_{ss} = \frac{1}{1+K_p} \tag{6-27}$$

对于 0 型系统：

$$K_p = \lim_{s \to 0} \frac{K(T_{b_1}s+1)(T_{b_2}s+1)\cdots(T_{b_m}s+1)}{s^N(T_{a_1}s+1)(T_{a_2}s+1)\cdots(T_{a_n}s+1)} = K \quad (N=0) \tag{6-28}$$

对于 1 型或高于 1 型以上的系统：

$$K_p = \lim_{s \to 0} \frac{K(T_{b_1}s+1)(T_{b_2}s+1)\cdots(T_{b_m}s+1)}{s^N(T_{a_1}s+1)(T_{a_2}s+1)\cdots(T_{a_n}s+1)} = \infty \quad (N \geqslant 1) \tag{6-29}$$

因此，对于 0 型系统，稳态误差为

$$e_{ss} = \frac{1}{1+K_p} \tag{6-30}$$

对于 1 型或高于 1 型以上的系统，稳态误差为

$$e_{ss} = \frac{1}{1+\infty} = 0 \tag{6-31}$$

6.3.2 静态速度误差常数 K_v

当系统的输入为斜率为 1 的斜坡信号时，$R(s) = \dfrac{1}{s^2}$，系统的稳态误差为

$$e_{ss} = \lim_{s \to 0} \frac{s}{1 + G(s)} \frac{1}{s^2} = \lim_{s \to 0} \frac{1}{s + s\,G(s)} = \lim_{s \to 0} \frac{1}{s\,G(s)} \tag{6-32}$$

把 $\lim\limits_{s \to 0} s\,G(s)$ 称作静态速度误差常数，并令

$$K_v = \lim_{s \to 0} s\,G(s) \tag{6-33}$$

因此，用静态速度误差常数 K_v 表示的稳态误差为

$$e_{ss} = \frac{1}{K_v} \tag{6-34}$$

对于 0 型系统：

$$K_v = \lim_{s \to 0} \frac{sK(T_{b_1}s + 1)(T_{b_2}s + 1)\cdots(T_{b_m}s + 1)}{(T_{a_1}s + 1)(T_{a_2}s + 1)\cdots(T_{a_n}s + 1)} = 0 \tag{6-35}$$

对于 1 型系统：

$$K_v = \lim_{s \to 0} \frac{sK(T_{b_1}s + 1)(T_{b_2}s + 1)\cdots(T_{b_m}s + 1)}{s(T_{a_1}s + 1)(T_{a_2}s + 1)\cdots(T_{a_n}s + 1)} = K \tag{6-36}$$

对于高于 1 型以上的系统：

$$K_v = \lim_{s \to 0} \frac{sK(T_{b_1}s + 1)(T_{b_2}s + 1)\cdots(T_{b_m}s + 1)}{s^N(T_{a_1}s + 1)(T_{a_2}s + 1)\cdots(T_{a_n}s + 1)} = \infty \quad (N \geqslant 2) \tag{6-37}$$

因此，对于 0 型系统，稳态误差为

$$e_{ss} = \frac{1}{K_v} = \frac{1}{0} = \infty \tag{6-38}$$

对于 1 型系统，稳态误差为

$$e_{ss} = \frac{1}{K_v} = \frac{1}{K} \tag{6-39}$$

对于 2 型或高于 2 型以上的系统，稳态误差为

$$e_{ss} = \frac{1}{K_v} = \frac{1}{\infty} = 0 \tag{6-40}$$

上述分析表明，0 型系统在稳定状态时，不能跟踪斜坡输入信号。1 型系统能够跟踪斜坡输入信号，但是具有一定的误差。2 型或高于 2 型的系统可以跟踪斜坡输入信号，且在稳态时的误差为零。

上述的分析方法是在不用求出系统的解析解的情况下，就可判断出系统是否存在稳态误差。实际上，当用数字仿真的方法对系统进行分析时，稳态误差一目了然（参见图 6-36），这时，上述的方法就失去了它应有的价值。

此外，上述的分析方法存在着固有缺陷：它需要求出系统的开环传递函数，当控制系统结构较复杂时，求开环传递函数是比较困难的。因此，用数字仿真的方法分析系统的稳态误差会更方便和实用。

6.4 稳 定 性 分 析

在第 1 章 1.3.1 中已经给出了控制系统稳定性的概念，以及在 6.2.2 中的系统平衡状态

概念。设计控制系统时，首先要考虑的就是系统的稳定性。经典控制理论的主要内容就是分析系统的稳定性。但是，这些稳定性分析方法已经不能满足现代工程控制系统的需要。

6.4.1 负反馈分析

要想使闭环系统稳定，首先要保证的是闭环系统是负反馈。根据大家的习惯，绘制方框图时，总是用给定值减去反馈值，但是这并不能保证控制系统是负反馈的。例如，对于图 4-13 所示的某 300MW 热电机组主蒸汽温度控制系统，由于控制方式采用的是喷水减温，因此标明被控对象的极性后，就变成了图 6-12 所示的结构形式。

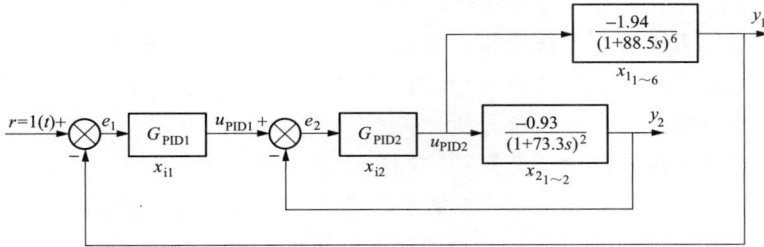

图 6-12 喷水减温控制系统

所谓负反馈就是当系统受到内部、外部或给定值的扰动而使偏差增大时，系统的输出反馈回一个使偏差减小的信号。例如，对于图 6-12 所示系统的内回路，当偏差 e_2 增大时，如果控制器 G_{PID2} 的传递函数为正（并把它称作正作用），那么，该控制器的输出 u_{PID2} 也随之增大。由于内回路中的被控对象是负对象，所以它随着 u_{PID2} 的增大而减小。进而使得偏差 e_2 进一步增大。由此判断内回路是正反馈系统。为了使内回路成为负反馈系统，必须把副控制器传递函数的极性改为负（并把它称作负作用）。同理，为了使外回路成为负反馈系统（此时副控制器已经是负作用），主控制器 G_{PID1} 必须是正作用。

通过上述分析不难看出，为了使闭环系统成为负反馈，闭合回路内的所有传递函数（含求和点）负号的乘积必须是负号。

在模拟仪表年代，要求反馈信号必须从控制器的正端子接入，这样，图 4-13 所示的主蒸汽温度控制系统方框图就变成图 6-13 所示的形式。

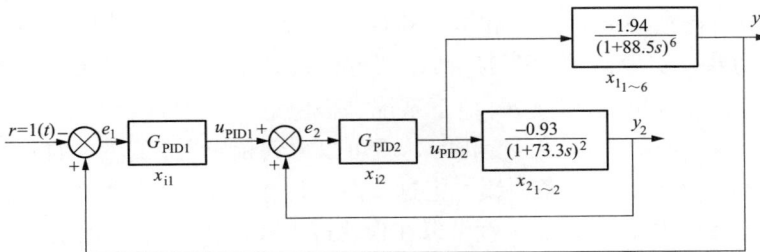

图 6-13 模拟仪表系统接线方式时的系统方框图

根据前面的分析，为了使系统的内外回路都成为负反馈系统，主、副控制器都应该是正作用。此时，为了使给定值的作用与系统输出保持一致，即随着给定值的增加系统输出也随之增加，给定值发生器（一般在手操器上）的输出信号就需要从控制器的负端子接入，如图 6-13 所示。

6.4.2 稳定参数区间分析

当保证了控制系统是负反馈后，接下来的任务就是要确定使系统稳定时控制器的参数区间。在经典控制理论时期，发展起来的几种常用的判定系统稳定性的方法有劳斯稳定判据、根轨迹法、奈奎斯特稳定判据等，但这些方法很难用于较复杂的控制系统。

1. 经典控制理论分析方法回顾

（1）劳斯稳定判据方法分析。劳斯稳定判据的基本思想是，在不分解系统闭环传递函数分母多项式因式的情况下，按着一定的规则把多项式的系数排列成一个行列式[2]，就能够确定出位于 s 右半平面的极点数，进而就可以判断出系统是否稳定。

但是，对于现代工程控制系统来说，这种方法并不实用。就图 6-12 所示的双回路控制系统来说，我们很难求出它的如式（6-7）所示形式的闭环传递函数表达式，所以劳斯稳定判据并不适合用于较复杂的控制系统分析。

即使容易得到闭环传递函数，劳斯稳定判据还是不够实用。因为劳斯稳定判据仅能得到使系统临界稳定时的控制器参数，这个参数并不能作为系统正常控制用参数。一个可用的控制系统要求有较大的稳定裕度，例如，对于火电厂热工过程控制系统来说，一般要求控制品质中的衰减率要大于 0.9[57]，临界稳定时的衰减率为零，远达不到这一要求。我们真正要寻找的是能满足一定稳定裕度的控制器参数。

（2）根轨迹法分析。在经典控制理论时期，根轨迹法也是判断闭环系统是否稳定的一种重要方法。

考虑图 6-1 所示的控制系统，系统的闭环传递函数为

$$\frac{Y(s)}{R(s)} = \frac{G_c(s)W(s)}{1 + G_c(s)W(s)} \tag{6-41}$$

式中　$G_c(s)$——控制器，且取 $G_c(s) = K_p$，即比例作用；

　　$W(s)$——被控对象传递函数，且有下面的形式：

$$W(s) = \frac{b_m s^m + b_{m-1} s^{m-1} + \cdots + b_1 s + b_0}{a_n s^n + a_{n-1} s^{n-1} + \cdots + a_1 s + a_0} \quad (m < n) \tag{6-42}$$

由此可以得到闭环系统的特征方程：

$$(a_n s^n + a_{n-1} s^{n-1} + \cdots + a_1 s + a_0) + K_p(b_m s^m + b_{m-1} s^{m-1} + \cdots + b_1 s + b_0) = 0 \tag{6-43}$$

该式是 s 的 n 次方程，只要给定一个 K_p 值，就可以得到 s 的 n 个解，而这些解就是系统的闭环极点，由此就可以判断出在该 K_p 值下系统是否稳定。

当 K_p 在 $(-\infty, +\infty)$ 区域上变化时，就可以得到相应 K_p 值下 s 的 n 个解，所有 K_p 值下的解在 s 平面上就会形成 n 条曲线，把这些曲线称作关于 K_p 的根轨迹。

如果能事先绘制出根轨迹，那么就可以在根轨迹上找出我们所希望的闭环极点，进而就可以求出在希望闭环极点上的 K_p 值。

从上述分析可以看出，根轨迹法实质上就是穷举法，它是通过根轨迹曲线穷举出系统的所有可能解。

该方法有两个致命的弱点：一是根轨迹难于绘制。即使现在有计算机软件帮助我们绘制，当系统的阶次较高时，怎样选择所希望的闭环极点也是一大难题。过去的做法通常是只考虑起主导作用的一对共轭复数极点，但这样做求到的是近似的 K_p 值，由此所得到的品质

指标也不一定能满足要求；二是该方法仅能绘制一个参数的根轨迹，而绝大多数控制系统至少有两个参数（比例带 δ 和积分时间 T_i），这时根轨迹法就失去了作用。

综上分析可以看出，根轨迹法很难用于现代工程控制系统分析。

（3）奈奎斯特稳定判据分析。奈奎斯特稳定判据是经典控制理论时期另一种重要的系统分析方法。如果图 6-1 所示控制系统中的控制器和被控对象都用频率特性函数来描述，则系统的开环频率特性为

$$G_c(j\omega)W(j\omega) = |G_c(j\omega)W(j\omega)| e^{j[\angle G_c(j\omega) + \angle W(j\omega)]} \tag{6-44}$$

当 ω 在（$-\infty$，$+\infty$）区域上变化时，根据式（6-44）就可在复平面上绘制出系统的开环频率特性函数曲线，即奈奎斯特曲线。据此，利用奈奎斯特稳定判据[2]就可判断出闭环系统是否稳定。

奈奎斯特稳定判据的缺点也是显而易见的：用人工的方法很难把一个用传递函数描述的复杂系统转换成用频率特性来描述；绘制复杂系统的开环频率特性函数曲线就更加困难。即使今天有了计算机软件帮助我们绘制，但由于频率特性分析方法是先给出控制器的参数值再绘制频率特性曲线，所以为了求解最优的控制器参数，就必须先把给定的时域指标转化为频域指标（相位裕度和增益裕度[2]：这两个指标不像时域指标物理意义那样明显，所以很难直接给出），再根据这个指标绘制出希望的频率特性曲线，然后才能从频率特性曲线上求出控制器参数。

上述过程过于复杂，这是经典控制理论时期不得不采用的方法，所以，很难在复杂的控制系统中使用。

2. 现代工程控制系统稳定性判别方法

实际上，今天有了计算机作为计算工具，无论是分析系统的绝对稳定性还是相对稳定性，都是一件非常容易的事。数字仿真和参数优化可以解决稳定性判别方面的任何问题。

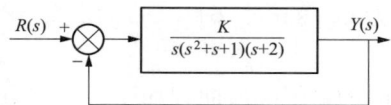

图 6-14 单回路控制系统

考虑图 6-14 所示的系统，确定 K 值的稳定范围。

把图 6-14 所示的系统转换成图 6-15 所示的形式，并按图示设置状态变量，则可以得到系统的状态方程描述：

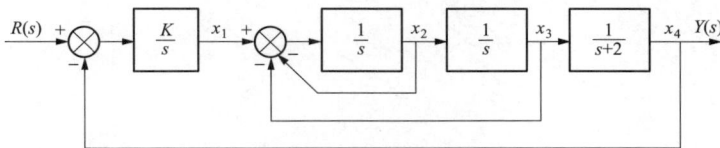

图 6-15 图 6-14 所示系统的变换形式

$$\begin{cases} \dot{x}_1 = -Kx_4 + Kr \\ \dot{x}_2 = x_1 - x_2 - x_3 \\ \dot{x}_3 = x_2 \\ \dot{x} = x_3 - 2x_4 \end{cases}$$

使用欧拉公式时的差分方程为

351

$$x_1(k+1) = x_1(k) + DT \cdot [-Kx_4(k) + Kr]$$
$$x_2(k+1) = x_2(k) + DT \cdot [x_1(k) - x_2(k) - x_3(k)]$$
$$x_3(k+1) = x_3(k) + DT \cdot x_2(k)$$
$$x_4(k+1) = x_4(k) + DT \cdot [x_3(k) - 2x_4(k)]$$

该题目的问题是确定 K 值的稳定范围，为使系统成为负反馈，首先要求 $K > 0$，然后确定出使衰减率 $\varphi = 0$ 时的 K 值。因此，可以选择目标函数：

$$Q = (\varphi - 0)^2$$

先根据经验公式（4-36）把系统中的两个惯性环节 $\dfrac{1}{s+1}$（最内环）和 $\dfrac{1}{s+2}$ 合并成一个近似的环节 $\dfrac{0.5}{1.5s+1}$，再根据这个环节用经验公式（4-44）估计出系统稳定时 K 的取值：

$$\delta = \frac{1}{K} = \alpha K \left(\frac{T}{10} + \frac{\tau}{5} \right) = 9.5 \times \frac{1.5}{10}$$

即

$$K = \frac{10}{9.5 \times 1.5} \approx 0.7$$

所以 K 值的优化区间选为

$$K \in (0, 5)$$

使用穷举法进行参数优化。K 值的计算步距选为 $\Delta K = 0.001$，被控对象的仿真计算步距 $DT = 0.001$，仿真时间 $ST = 30$。寻优主程序为 O_enumeration_641.m，目标函数计算子程序为 O_simu_641.m。优化结果为

$$K = 1.57$$

此时的系统响应曲线如图 6-16 所示。因此，使系统稳定时 K 的取值范围为

$$0 < K < 1.57$$

```
%穷举法寻优主程序 O_enumeration_641.m
clear all;
Qmin = 10^40;
for x = 0.001: 0.001: 5
    [Q] = Obj_simu641(x); %计算目标函数
    if Q<Qmin; Qmin = Q; x_o = x; end
end
x_o

%图 6-14 所示系统的目标函数计算子程序 O 就 Obj_simu641.m
function[Q] = Obj_simu641(K)
%clear all;
%K = 0.73;
FAI0 = 0;
DT = 0.01; ST = 30; LP = ST/DT;
x1 = 0; x2 = 0; x3 = 0; x4 = 0; R = 1; Q = 10^40;
for i = 1: LP
```

```
    x1 = x1 + DT * ( - K * x4 + K * R);
    x2 = x2 + DT * (x1 - x2 - x3);
    x3 = x3 + DT * x2;
    x4 = x4 + DT * (x3 - 2 * x4);
    y(i) = x4; t(i) = i * DT;
end
[Mp, tr, ts, FAI, Tp, E1, E2, E3] = O_quality(DT, LP, y, t);
if FAI>0; Q = (FAI - FAIO) * (FAI - FAIO); end
% plot(t, y); hold on;
```

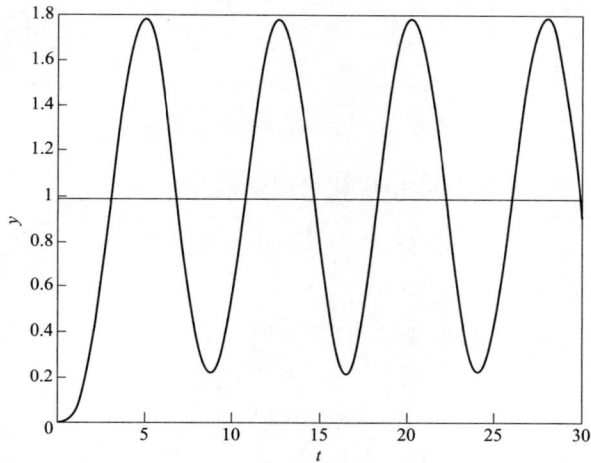

图 6-16　系统临界稳定时的单位阶跃响应曲线

如果需要求出系统衰减率 $\varphi = 0.85$ 时的 K 值，只要把目标函数计算子程序中的 $FAI = 0$ 改为 $FAI = 0.85$ 即可。优化结果为

$$K = 0.73$$

相应的系统单位阶跃响应曲线如图 6-17 所示。

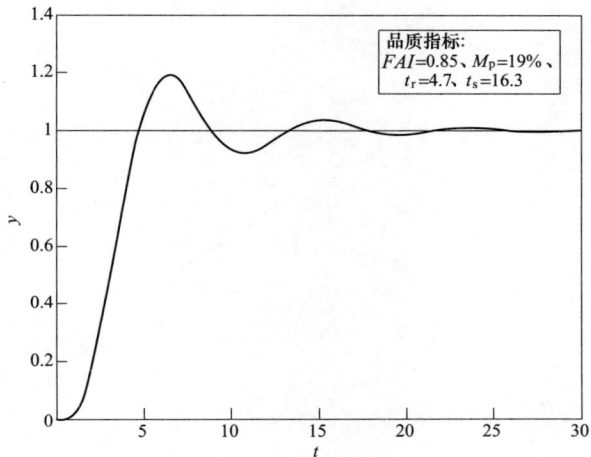

图 6-17　最优参数下的系统单位阶跃响应曲线

下面再考虑经典控制理论中的校正问题。

对于图 6-18 所示的转子绕线机控制系统[27]，设计滞后校正装置

$$G_c(s) = \frac{K(\alpha Ts + 1)}{Ts + 1}$$

使

（1）系统对斜坡输入响应的稳态误差小于 10%。

（2）系统对阶跃响应的超调量在 10% 左右。

（3）按稳态误差 $\pm 2\%$ 要求的调节时间为 3s 左右。

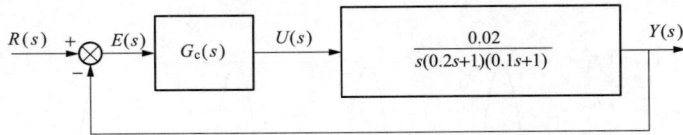

图 6-18　转子绕线机控制系统

根据上述对系统的要求，可以给出优化目标函数：

$$Q = \int_0^{t_s} t\,|e|\,\mathrm{d}t + Q_f$$

罚函数：

如果 $M_p > 11\%$，则让 $Q_f = 10^{35}$

如果 $t_s > 3$，则让 $Q_f = 10^{30}$

其他　$Q_f = 0$

该系统是一个无自平衡被控对象，而且惯性时间常数较小，又要求系统不应有过大的超调，因此应选择较大的补偿增益，提高调节速度，而且要选择较大的补偿器惯性时间常数，用以抑制系统的超调。据此，即可选择出它们的优化区间：

$$K \in (500, 2000), T \in (10, 200), \alpha \in (0.001, 5)$$

该系统的目标函数计算子程序为 Obj_simu642.m。

```
% 系统仿真计算子程序 Obj_simu642.m
function [Q] = Obj_simu642(V)
global DT LP y t Mp_h ts_h FAI Mp tr ts
K = V(1); T = V(2); a = V(3);
a1 = exp(-DT/T); a3 = exp(-DT/0.2); a4 = exp(-DT/0.1);
% ############### 计算单位阶跃响应曲线 ###############
x1 = 0; x2 = 0; x3 = 0; x4 = 0; e0 = 0; Q = 0;
for i = 1: LP
    e = 1 - x4;
    de = a * T * (e - e0)/DT; e0 = e;
    z = K * (e + de);
    x1 = a1 * x1 + (1 - a1) * z;
    x2 = x2 + DT * 0.02 * x1;
    x3 = a3 * x3 + (1 - a3) * x2;
    x4 = a4 * x4 + (1 - a4) * x3;
```

```
    y(i) = x4; t(i) = i * DT;
    Q = Q + t(i) * abs(e) * DT;
end
[Mp, tr, ts, FAI, Tp, E1, E2, E3] = O _ quality(DT, LP, y, t);
if Mp>Mp _ h; Q = Q + 10^35; end
if ts>ts _ h; Q = Q + 10^30; end
```

使用粒子群优化算法主程序 O _ PSO _ main. m，优化结果及其响应曲线如图 6-19 所示。
在该参数下，斜坡输入信号下的系统响应曲线如图 6-20 所示。

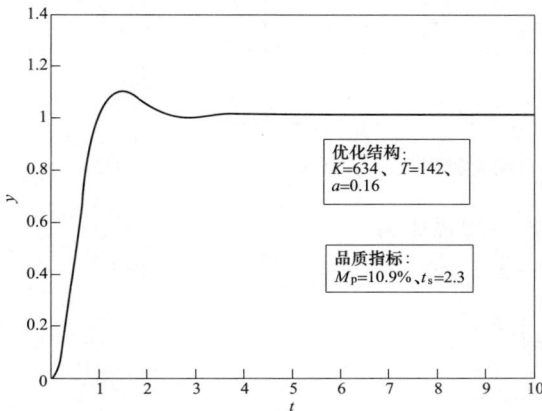

图 6-19　补偿器参数的优化结果及其响应曲线

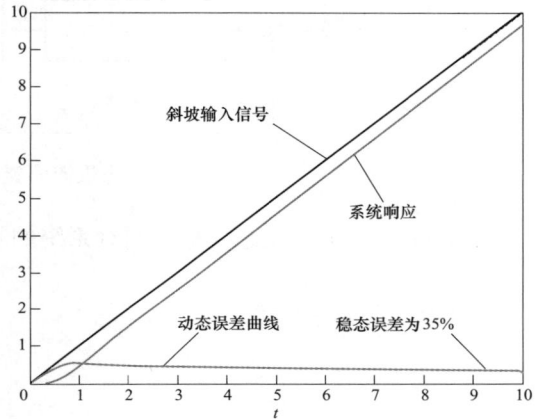

图 6-20　斜坡输入信号下的系统响应曲线

从图 6-19 和图 6-20 中不难看出，优化结果满足了对阶跃输入信号时的品质指标，但对于
斜坡输入信号，稳态误差却高达 35%，这不满足 10% 左右的要求。这是 1 型系统，为了减小
斜坡输入信号下的稳态误差，只有提高补偿增益。例如，把补偿增益从 634 提高到 3500，其他
参数保持不变，即可得到斜坡输入信号下的响应曲线，如图 6-21 所示，稳态误差为 5.9%。

但是，在该增益下，单位阶跃输入信号下的系统响应曲线及控制品质指标如图 6-22 所
示。从该图中不难看出，单位阶跃输入信号下的超调量和调节时间都满足不了要求。

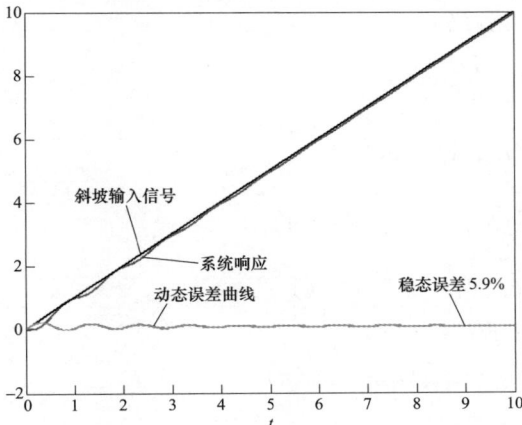

图 6-21　补偿增益提高到 3500 时的系统响应曲线

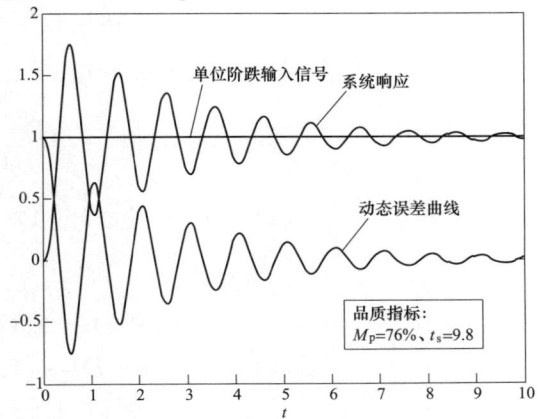

图 6-22　提高补偿增益后的单位阶跃输入下的系统响应

355

综上分析可以看出，设计控制系统时，并不能对不同形式输入信号下的品质指标同时提出要求。设计恒值控制系统时，应该提的是在阶跃输入信号下的品质指标；如果设计的是随动控制系统，就要提出在斜坡输入信号下的品质指标。

对于一般的过程控制系统来说，可以用本书第 4 章的经验公式先估算出一个初始参数值，然后在初始值的两侧选定一个参数区间即可。即使是其他的控制系统也可以使用该经验公式估计优化参数的取值区间。

考虑图 6-23 所示的飞机俯仰姿态自动驾驶仪控制系统[58]。

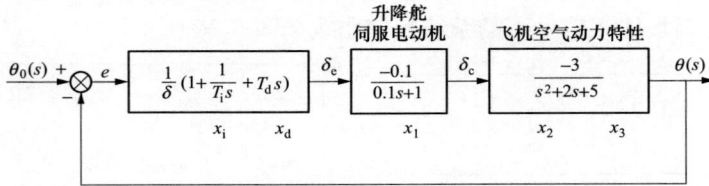

图 6-23　飞机俯仰姿态自动驾驶仪控制系统

按图 6-23 所示设状态变量，则有系统的状态方程描述为

$$e = \theta_0 - x_2$$

$$\dot{x}_i = \frac{1}{\delta T_i} e$$

$$x_d = \frac{T_d}{\delta} \dot{e}$$

$$\delta_e = \frac{1}{\delta} e + x_i + x_d$$

$$\dot{x}_1 = -\frac{1}{0.1} x_1 - \frac{0.1}{0.1} \delta_e$$

$$\dot{x}_2 = x_3$$

$$\dot{x}_3 = -5x_2 - 2x_3 - 3\delta_c$$

$$\theta = x_2$$

相应的差分方程为

$$e(k) = \theta_0(k) - x_2(k)$$

$$x_i(k+1) = x_i(k) + \frac{DT}{\delta T_i} e(k)$$

$$x_d(k+1) = \frac{T_d}{\delta \cdot DT} [e(k+1) - e(k)]$$

$$\delta_e(k+1) = \frac{1}{\delta} e(k+1) + x_i(k+1) + x_d(k+1)$$

$$x_1(k+1) = e^{-\frac{DT}{0.1}} x_1(k) - 0.1(1 - e^{-\frac{DT}{0.1}}) \delta_e(k)$$

$$x_2(k+1) = x_2(k) + DT \cdot x_3(k)$$

$$x_3(k) = x_3(k) - DT \cdot [5x_2(k) + 2x_3(k) + 3\delta_c(k)]$$

$$\theta(k+1) = x_2(k+1)$$

取计算步距 $DT = 0.001$，仿真时间 $ST = 10$，仿真及计算目标函数子程序为 Obj _

simu643. m。

```
%仿真及目标函数计算子程序 Obj_simu643.m
function [Q] = Obj_simu643(V)
global DT LP y t
%clear all;
DT = 0.001; ST = 10; LP = ST/DT;
DTA = V(1); Ti = V(2); Td = Ti/4;
%DTA = 0.0016; Ti = 2; Td = Ti/4;
a = exp(-DT/0.1);
%###################计算单位阶跃响应曲线###########
xi = 0; x1 = 0; x2 = 0; x3 = 0; e0 = 0; Q = 0;
R = 1;
for i = 1: LP
    R = sin(5 * i * DT);
    e = R - x2;
    xp = e/DTA;
    xi = xi + DT/DTA/Ti * e;
    xd = Td/DTA/DT * (e - e0); e0 = e;
    upid = xp + xi + xd;
    x1 = a * x1 - 0.1 * (1 - a) * upid;
    x2 = x2 + DT * x3;
    x3 = x3 - DT * (5 * x2 + 2 * x3 + 3 * x1);
    y(i) = x2; Yr(i) = R; t(i) = i * DT;
    Q = Q + t(i) * e * e * DT;
end
subplot(2, 1, 1), plot(t, Yr, 'g', t, y, 'b'); hold on; %
subplot(2, 1, 2), plot(t, Yr, 'b'); hold on;
```

飞机空气动力特性函数是一个典型的欠阻尼二阶环节，根据式（2-60）可知 $\xi\omega_n=1$，从式（2-61）中可以看出，影响系统稳定性的主要因素是 $e^{-\xi\omega_n t}$ 项，这里的 $\xi\omega_n$ 相当于惯性环节中的时间常数 T，因此估计控制器参数时，可以认为被控对象的总惯性时间常数为

$$T+\xi\omega_n=0.1+1=1.1$$

式中 T——升降舵伺服电动机环节中的惯性时间。

根据式（4-39）和式（4-40），可估计出控制器的初始参数为

$$\delta = \alpha K(\beta + n_1) = 0.081 \times 0.06 \times (10 + 3) = 0.063$$

$$T_i = \gamma(nT + \tau) = 0.6 \times 1.1 = 0.66$$

$$T_d = \frac{T_i}{4}$$

根据初始参数即可确定出优化参数区间为

$$\delta \in (0.001, 0.2), \quad T_i \in (0.1, 3), \quad T_d = T_i/4$$

考虑到系统的快速性指标要求，以及在系统受扰动的初始阶段，不希望有过大的超调，选择的目标函数如下：

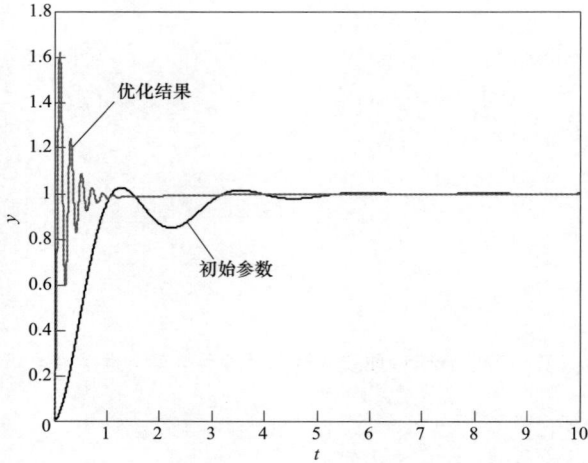

图 6-24 优化结果与初始参数的对比

$$Q = \int_0^{t_s} t e^2(t) \, \mathrm{d}t$$

利用粒子群算法优化出的控制器参数为

$$\delta = 0.0016, \quad T_i = 2.0, \quad T_d = 0.5$$

最优参数下的系统响应曲线如图 6-24 所示。

飞机飞行控制的主要品质指标是系统响应的快速性，从图 6-24 中的仿真结果可以看出，已经达到了对快速性的要求。在该参数下，给系统施加一个斜坡输入信号 $R = t$，得到的仿真结果如图 6-25 所示。从图中可以看出，系统具有快速跟踪斜坡输入信号的能力，但控制器的输出起始幅值已经很大。

如果给系统施加一个正弦输入信号 $R = \sin(5t)$，得到的仿真结果如图 6-26 所示。从图中可以看出，虽然系统具有快速跟踪频率输入信号的能力，但是控制器的输出过大，实际上是不能实现的。

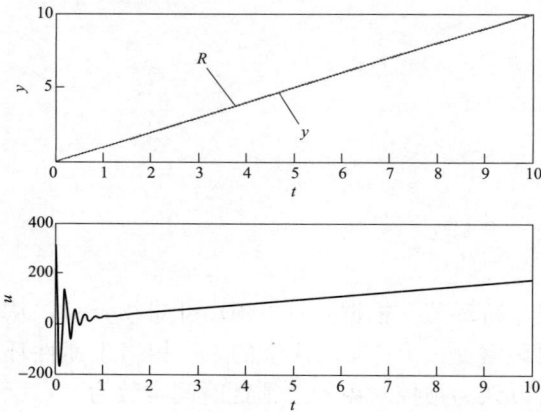

图 6-25 斜坡输入信号下的系统响应曲线

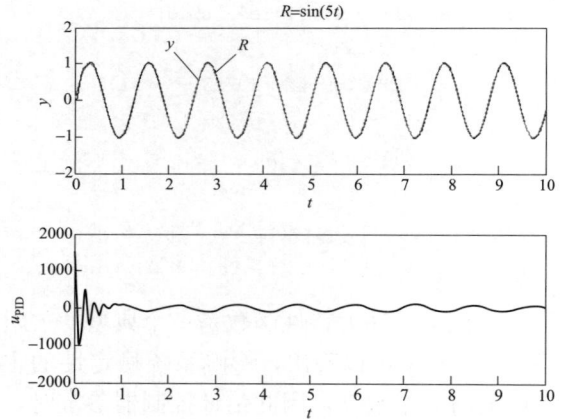

图 6-26 正弦输入信号下的系统响应曲线

下面考虑如图 6-27 所示的蒸汽温度过程控制系统。

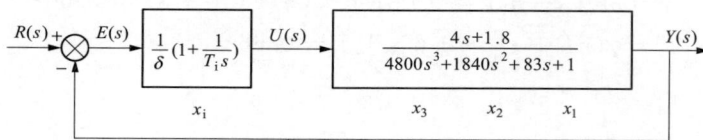

图 6-27 某蒸汽温度过程控制系统

按图示设状态变量，并根据式（2-185）即可得到该系统的状态方程描述：

$$e = r - x_1$$

358

$$\dot{x}_i = \frac{1}{\delta T_i}e$$

$$u = \frac{1}{\delta}e + x_i$$

$$\dot{x}_1 = -\frac{1840}{4800}x_1 + x_2$$

$$\dot{x}_2 = -\frac{83}{4800}x_1 + x_3 + \frac{4}{4800}u$$

$$\dot{x}_3 = -\frac{1}{4800}x_1 + \frac{1.8}{4800}u$$

$$y = x_1$$

欧拉公式下的差分方程为：

$$e(k+1) = r(k+1) - x_1(k+1)$$

$$x_i(k+1) = x_i(k) + \frac{DT}{\delta T_i}e(k)$$

$$u(k+1) = \frac{1}{\delta}e(k+1) + x_i(k+1)$$

$$x_1(k+1) = x_1(k) + DT \cdot \left[-\frac{1840}{4800}x_1(k) + x_2(k)\right]$$

$$x_2(k+1) = x_2(k) + DT \cdot \left[-\frac{83}{4800}x_1(k) + x_3(k) + \frac{4}{4800}u(k)\right]$$

$$x_3(k+1) = x_3(k) + DT \cdot \left[-\frac{1}{4800}x_1(k) + \frac{1.8}{4800}u(k)\right]$$

$$y(k+1) = x_1(k+1)$$

取计算步距 $DT=1$，仿真时间 $ST=600$，仿真及计算目标函数子程序为 Obj_simu644.m。

```
%仿真及计算目标函数子程序 Obj_simu644.m
function [Q] = Obj_simu644(V)
global DT LP y t
DT = 1; ST = 600; LP = ST/DT;
DTA = V(1); Ti = V(2);
%##################仿真及计算目标函数################
xi = 0; x1 = 0; x2 = 0; x3 = 0; Q = 0;
for i = 1: LP
    e = 1 - x1;
    xp = e/DTA; xi = xi + DT/DTA/Ti * e;
    upi = xp + xi;
    x1 = x1 + DT * (-1840/4800 * x1 + x2);
    x2 = x2 + DT * (-83/4800 * x1 + x3 + 4/4800 * upi);
    x3 = x3 + DT * (-1/4800 * x1 + 1.8/4800 * upi);
    y(i) = x1; t(i) = i * DT;
    Q = Q + t(i) * abs(e) * DT;
end
[Mp, tr, ts, FAI, Tp, E1, E2, E3] = O_quality(DT, LP, y, t);
if Mp<10; Q = Q + 10^15; end
if Mp>20; Q = Q + 10^25; end
if FAI<0.9; Q = Q + 10^20; end
if FAI>0.98; Q = Q + 10^20; end
```

该系统的被控对象部分存在一个实数极点，一对共轭复数极点。可以用下面的方法找出这个实数极点。

选择目标函数

$$Q = 4800s^3 + 1840s^2 + 83s + 1$$

只要能找到使 Q 接近于 0 的 s，这个 s 就是我们所求的实数极点。

当 $s=0$ 时，$Q=1$；当 $s=-1$ 时，$Q=-3042$。因此，在 $s \in (-1, 0)$ 区间内一定存在一个实数根。

使用穷举法进行参数优化。s 值的计算步距选为 $\Delta s = 0.001$，寻优程序为

```
% 求实根程序 O_enumeration_642.m
clear all;
Qmin = 100;
for s = -1: 0.001: 0
    Q = abs(4800*s*s*s + 1840*s*s + 83*s + 1);
    if Q<Qmin; Qmin = Q; Sb = s; end
end
Sb
```

优化结果为 $s=-0.025$。由此说明，在被控对象部分存在一个惯性环节 $\dfrac{1}{40s+1}$，而被控对象的稳态增益为 1.8，所以根据式（4-39）和式（4-40）即可估计出控制器的初始参数为

$$\delta = \alpha K(\beta + n_1) = 0.081 \times 1.8 \times (10+3) = 1.89$$
$$T_i = \gamma(nT + \tau) = 0.6 \times 83 = 49.8$$

进而可以估计出参数的寻优区间：$\delta \in (0.5, 3)$，$T_i \in (20, 200)$。根据对蒸汽温度系统的要求，可以构造综合目标函数为

$$Q = \int_0^{t_s} t|e|\,dt + Q_f$$

罚函数：

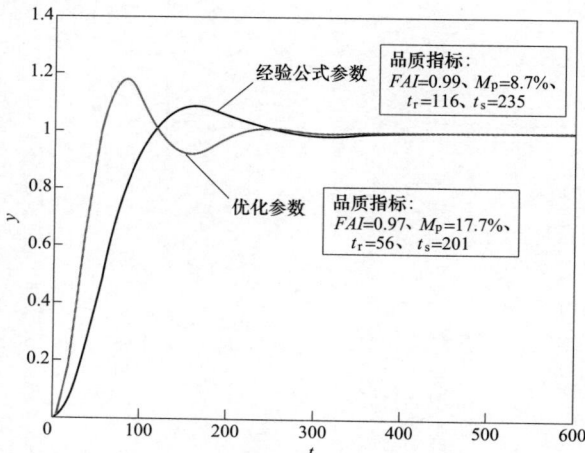

图 6-28　优化效果的对比检验

如果 $\varphi < 0.9$，则让 $Q_f = 10^{20}$

如果 $\varphi > 0.98$，则让 $Q_f = 10^{20}$

如果 $M_p < 10\%$，则让 $Q_f = 10^{15}$

如果 $M_p > 20\%$，则让 $Q_f = 10^{25}$

使用粒子群算法对该系统进行优化，得到的优化结果为

$$\delta = 0.63, \quad T_i = 83$$

优化结果与初始参数的对比如图 6-28 所示。从图中可以看出，优化结果是通过增加超调量来减小上升时间和过渡过程时间的。

从上述问题的求解过程中可以看

出，使用数字仿真和参数优化的方法，可以很容易地解决系统的绝对稳定性和相对稳定性问题。

6.5 鲁棒性分析

鲁棒性这个名字来源于英语单词 Robust，原意是强健的、健康的。按音译后，就成了"鲁棒性"。那么，在自动控制系统中表明的是什么意义呢？

在对物理系统进行仿真或控制系统设计时，总离不开物理系统的数学模型。然而，用数学模型不可能做到完美地描述实际物理系统的物理现象。即使能做到，在物理系统输入和输出随时间变化过程中，物理系统本身特性也可能会发生变化，这时得到的数学模型还是不能完美地描述物理系统的全过程。此外，当系统受到外界因素干扰时，而这种干扰往往不能用数学模型准确描述，这时，实际系统与其数学模型之间就产生了偏差。把这些偏差称作模型不确定性。系统鲁棒性所描述的就是当模型存在偏差时，控制系统适应这种偏差的能力。或者说，当一个控制系统中的参数发生摄动时系统能否保持正常工作的一种特性或属性。

这里所说的"参数摄动"就是指系统在运行过程中其参数所发生的变化。目前，在实际工程系统中所用到的控制算法大多都是建立在被控系统的固定数学模型基础上的，在系统工作过程中，当被控系统的模型参数发生摄动时，初始设计的控制器结构和参数就很可能满足不了对系统的性能指标要求。因此，控制系统的鲁棒性设计就是指：当模型参数发生摄动时，系统要维持自身的稳定性和/或某些性能指标。

如果我们讨论的鲁棒性是系统在一定的参数摄动范围内维持稳定性的特性，则称为稳定鲁棒性；如果我们讨论的特性是某些性能指标，则称为性能鲁棒性。显然，一个系统是性能鲁棒的，也必须同时是稳定鲁棒的。

系统在维持某些特性的条件下，所允许的某类参数摄动的最大度量，称为鲁棒度，又称鲁棒测度。

定义 6.1

$$参数鲁棒度 = \left| \frac{参数基准值 - 参数摄动后的值}{参数基准值} \right| \times 100\% \qquad (6\text{-}45)$$

鲁棒度对鲁棒性的程度进行了定量描述。显然，参数鲁棒度越大，允许的参数变化范围也越大。或者说，对系统的动态品质要求越低，系统的鲁棒度就越大。

一般鲁棒控制系统的设计是以一些最差的情况为基础，因此一般系统并不工作在最优状态。

考虑图 6-29 所示的某 300MW 循环流化床锅炉床温控制系统的鲁棒性。

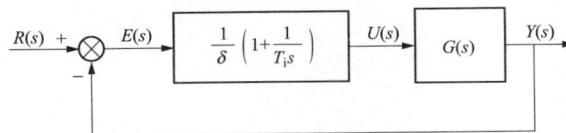

图 6-29 某 300MW 循环流化床锅炉床温控制系统

流化床中燃料量与床温关系辨识模型如表 6-1[48] 所示。

表 6-1　　　　　　　　　　　　**各工况点下燃料量与床温关系模型**

项　目	工　况　点	传递函数模型
左裤衩腿 密相区	100%负荷	$W(s) = \dfrac{3.74}{148.07s+1}e^{-276s}$
	80%负荷	$W(s) = \dfrac{6}{384.78s+1}e^{-152s}$
	60%负荷	$W(s) = \dfrac{5.77}{224.18s+1}e^{-86s}$
	40%负荷	$W(s) = \dfrac{3.78}{81.22s+1}e^{-14s}$

在目前的情况下，机组一般工作在 70%～80%负荷工况点，因此选择 80%负荷作为控制器设计的基准工况点来设计控制器参数。此时被控对象的数学模型为

$$W(s) = \frac{6}{384.78s+1}e^{-152s}$$

根据式（4-39）和式（4-40）即可估计出控制器的初始参数为

$$\delta = \alpha K(\beta + n_1) = 0.081 \times 6 \times (10+3) = 6.3$$
$$T_i = \gamma(nT + \tau) = 0.6 \times (384.78 + 152) = 322$$

进而可以估计出参数的寻优区间为

$$\delta \in (1, 10), \; T_i \in (100, 500)$$

根据对床温系统的要求，可以构造综合目标函数为

$$Q = \int_0^{t_s} t|e| \, dt + Q_f$$

罚函数：

$$如果 \varphi < 0.9, 则让 Q_f = 10^{20}$$
$$如果 \varphi > 0.98, 则让 Q_f = 10^{20}$$
$$如果 M_p < 10\%, 则让 Q_f = 10^{15}$$
$$如果 M_p > 20\%, 则让 Q_f = 10^{25}$$

仿真及计算目标函数子程序为 Obj_simu651.m。

```
% 仿真及计算目标函数子程序 Obj_simu651.m
function [Q] = Obj_simu651(V)
global DT LP y t
DT = 5; ST = 3000; LP = ST/DT;
DTA = V(1); Ti = V(2);
K = 6; T = 384.78; Tao = 152;
LD = round(Tao/DT); xd(1: LD) = 0;
A = exp(-DT/T); B = 1 - A;
% ################仿真及计算目标函数################
xi = 0; x = 0; z = 0; Q = 0;
for i = 1: LP
    e = 1 - z;
```

```
xp = e/DTA; xi = xi + DT/DTA/Ti * e;
upi = xp + xi;
x = A * x + 6 * B * upi;
z = xd(LD);
for j = LD: -1: 2; xd(j) = xd(j-1); end
xd(1) = x;
y(i) = z; t(i) = i * DT;
Q = Q + t(i) * abs(e) * DT;
end
[Mp, tr, ts, FAI, Tp, E1, E2, E3] = O_quality(DT, LP, y, t);
if FAI<0.9; Q = Q + 10^20; end
if FAI>0.98; Q = Q + 10^20; end
if Mp<10; Q = Q + 10^15; end
if Mp>20; Q = Q + 10^25; end
```

使用粒子群算法对该系统进行优化，得到的优化结果为

$$\delta = 3.7, \quad T_i = 390$$

优化结果与初始参数的对比如图 6-30 所示。从该图中可以看出，优化结果的上升时间和过渡过程时间都大大减小。

下面来检验系统的性能鲁棒性。

保持控制器参数为 $\delta = 3.7$，$T_i = 390$，把被控对象模型分别改为 40%、60%、100% 负荷工况下的模型。四种工况下的鲁棒性测试结果如图 6-31 所示。

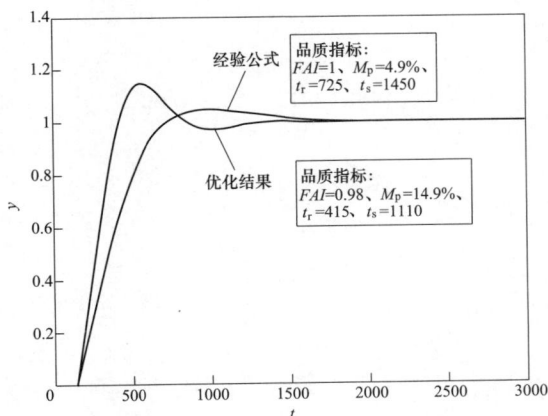

图 6-30　床温控制系统的优化结果

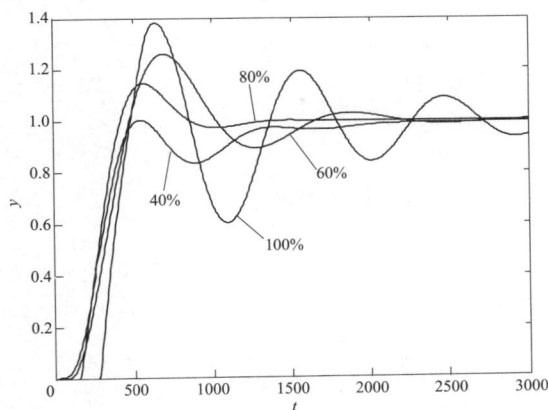

图 6-31　80% 负荷为基准点时四种工况下的鲁棒性测试结果

从图 6-31 中可以看出，在 80% 负荷下优化出的控制器参数，在其他三种负荷下，系统都是稳定的，只是控制品质指标变差，但是工程上这个品质还是可以接受的。最差的情况是100% 负荷时，按此情况，根据式（6-45）参数鲁棒度的定义，可以得到最大鲁棒度为

$$最大增益鲁棒度 = \frac{|6 - 3.74|}{6} \times 100\% = 38\%$$

$$最大时间鲁棒度 = \frac{|\ 384.78 + 152 - (148.07 + 276)\ |}{384.78 + 152} \times 100\% = 21\%$$

可见，该系统具有较强的鲁棒性。

如果以 60% 负荷作为基本点来设计控制器，被控对象的数学模型为

$$W(s) = \frac{5.77}{(224.18s + 1)^2} e^{-86s}$$

仿真及计算目标函数子程序为 Obj_simu652.m。

```
%仿真及计算目标函数子程序 Obj_simu652.m
function [Q] = Obj_simu652(V)
global DT LP y t
DT = 5; ST = 3000; LP = ST/DT;
DTA = V(1); Ti = V(2);
K = 5.77; T = 224.18; Tao = 86;
LD = round(Tao/DT); xd(1: LD) = 0;
A = exp(-DT/T); B = 1 - A;
% ########################仿真及计算目标函数##############
xi = 0; x = 0; z = 0; Q = 0; x1 = 0;
for i = 1: LP
    e = 1 - z;
    xp = e/DTA; xi = xi + DT/DTA/Ti * e;
    upi = xp + xi;
    x1 = A * x1 + K * B * upi;
    x = A * x + B * x1;
    z = xd(LD);
    for j = LD: -1: 2; xd(j) = xd(j-1); end
    xd(1) = x;
    y(i) = z; t(i) = i * DT;
    Q = Q + t(i) * abs(e) * DT;
end
[Mp, tr, ts, FAI, Tp, E1, E2, E3] = O_quality(DT, LP, y, t);
if FAI<0.9; Q = Q + 10^20; end
if FAI>0.98; Q = Q + 10^20; end
if Mp<10; Q = Q + 10^15; end
if Mp>20; Q = Q + 10^25; end
```

按着上述同样的方法可以优化出控制器的最优参数

$$\delta = 4.8, \ T_i = 429$$

系统的控制品质指标如图 6-32 所示。

在此参数下，四种工况下的鲁棒性测试结果如图 6-33 所示。

从图 6-33 中可以看出，最差的情况还是在 100% 负荷时。由此，可以得到最大鲁棒度：

$$最大增益鲁棒度 = \frac{|\ 5.77 - 3.74\ |}{5.77} \times 100\% = 35\%$$

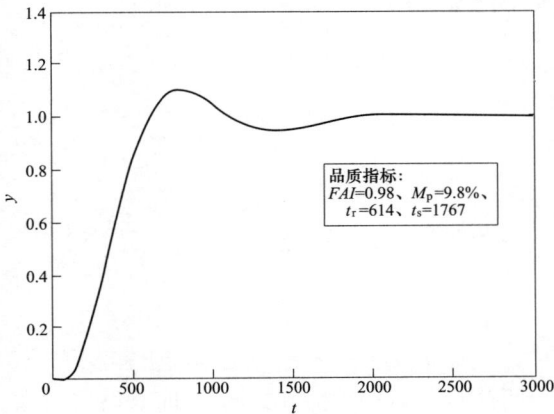

图 6-32 60％负荷点下的优化结果

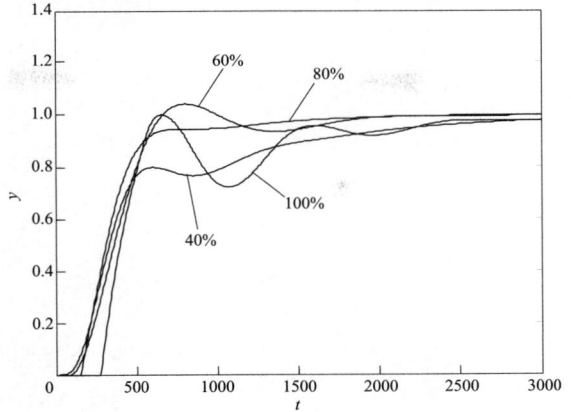

图 6-33 60％负荷为基准点时四种
工况下的鲁棒性测试结果

$$最大时间鲁棒度 = \frac{|\ 224.18 \times 2 + 86 - (148.07 + 276)\ |}{224.18 \times 2 + 86} \times 100\% = 21\%$$

可见，该系统仍具有较强的鲁棒性。

以上是在被控对象的增益和时间常数同时摄动时的鲁棒度，如果单一参数摄动，鲁棒度还可以提高。例如，在以 60％负荷作为基本点时优化出的控制器参数（$\delta = 4.8$，$T_i = 429$）下，使增益变为 $K = 2 \times 5.77 = 11.54$ 时，控制系统的响应曲线如图 6-34 所示。从该图中不难看出，增益摄动 100％时，控制品质仍能被工程上所接受。这时的增益鲁棒度已经达到了 100％。

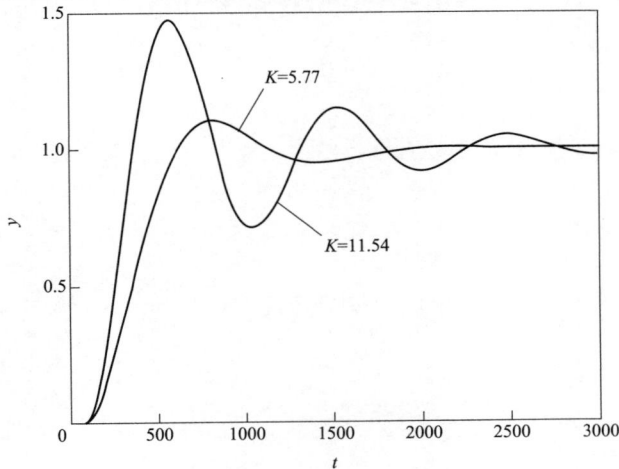

图 6-34 60％负荷为基准点增益摄动时的鲁棒性测试

6.6 PID 控 制 策 略

6.6.1 基本 PID 控制律

PID 控制律以其结构简单、便于使用和维护、适应性强、鲁棒性强、易于商品化等优点已经广泛被工业界所采用。即使到了今天的计算机控制年代，PID 控制律以其物理概念清晰、便于使用、适应性强、鲁棒性强等优势，在自动控制领域仍占据绝对主导地位。

1. 比例控制（P）

比例控制器的传递函数描述为

$$\frac{U(s)}{E(s)} = K_p \tag{6-46}$$

其差分方成描述为

$$u[(k+1)T_s] = K_p e[(k+1)T_s] \tag{6-47}$$

式中　K_p——比例增益；

　　　T_s——采样周期。

比例控制的优点是控制"及时"，当有偏差时，控制器及时按偏差的比例产生控制信号。因此，当需要提高控制系统的响应速度（减小上升时间 t_r 和过渡过程时间 t_s）时，就要增大比例增益 K_p。但此时超调量会增加。

仍考虑图 6-29 所示的某 300MW 循环流化床锅炉床温控制系统。当取 60％负荷下的数学模型时，即

$$W(s) = \frac{5.77}{(224.18s+1)^2} e^{-86s}$$

前面已经优化出控制器的参数为

$$\delta = 4.8，T_i = 429$$

其仿真程序为 simu661.m，仿真结果如图 6-35 所示。

```
% PID 控制律仿真实验程序 simu661.m
clear all;
Ts = 1; ST = 3000; LP = ST/Ts;
DTA = 4.8; Ti = 429; Td = 53;
K = 5.77; T = 224.18; Tao = 86;
LD = round(Tao/Ts); xd(1: LD) = 0;
A = exp( - Ts/T); B = 1 - A; C = exp( - Ts/0.1/Td); D = Td * (1 - C);
ui = 0; x = 0; x1 = 0; ud0 = 0; z = 0;
for i = 1: LP
    % % % % % % % % % % % % % % % PID 控制器仿真计算 % % % % % % % % % % % % % % % %
    e = 1 - z;
    up = e;
    ui = ui + Ts/Ti * e;
    ud1 = C * ud0 + D * e;
    ud = (ud1 - ud0)/Ts; ud0 = ud1;
    upi = (up + ui)/DTA; % PI 控制律
    upid = (up + ui + ud)/DTA; % PID 控制律
    % % % % % % % % % % % % % % % % % 被控对象仿真计算 % % % % % % % % % % % % %
    x1 = A * x1 + K * B * upi;
    x = A * x + B * x1;
    z = xd(LD);
    for j = LD: - 1: 2; xd(j) = xd(j-1); end
```

```
    xd(1) = x；
    y(i) = z；t(i) = i * Ts；U(i) = upi；
end
[Mp, tr, ts, FAI, Tp, E1, E2, E3] = O_quality(Ts, LP, y, t)
plot(t, y, 'b')；hold on；
```

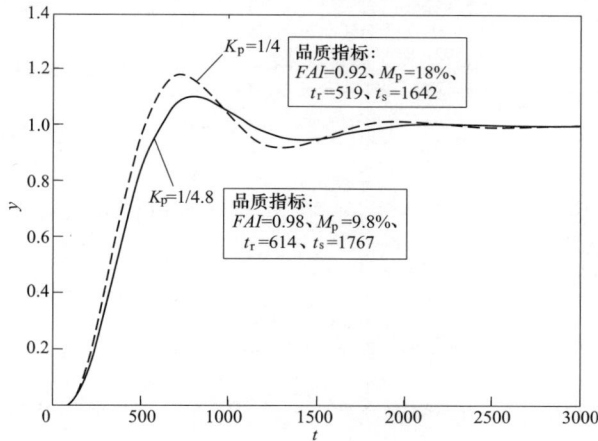

图 6-35　减小比例带（增大比例增益）后对控制品质指标的影响

从图 6-35 中可以看出，当把比例带减小（增大比例增益）到 $\delta = 4$ 时，上升时间和调节（过渡过程）时间都大为减小，即提高了调节速度，只是超调量有所增加。

比例控制的缺点是有差调节。这是因为，控制器的输出与系统偏差成比例 $\left(\dfrac{1}{\delta}\right)$，当偏差不变化时，控制器的输出也不变，而当控制器的输出达到某一个值时，这时的系统偏差恰好使控制器的输出等于刚才达到的值，这样控制器的输出将收敛到这个值上，控制对象输出也收敛于某一个值上。因此，当单独使用比例控制时，将会产生静态误差。例如，对于上述的系统单纯使用比例控制时，控制效果如图 6-36 所示。从该图中不难看出，单纯使用比例控制时，产生了较大的静态误差。

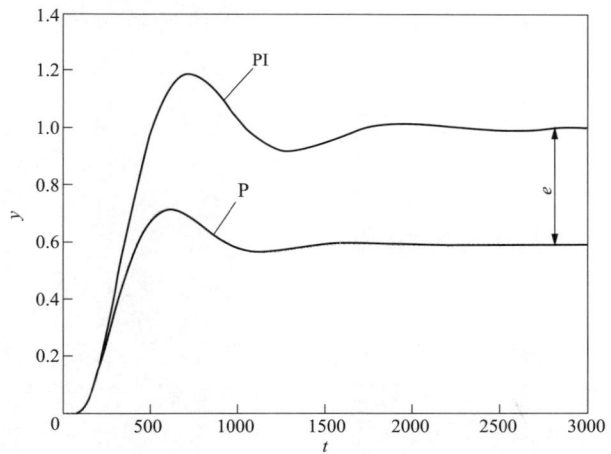

图 6-36　单纯比例控制（P）与比例积分控制（PI）的对比

2. 积分控制（I）

积分控制器的传递函数描述为

$$\frac{U(s)}{E(s)} = \frac{K_i}{s} \tag{6-48}$$

式中　K_i 称为积分增益（速度）。

其差分方成描述为

$$u[(k+1)T_s] = u(kT_s) + T_s K_i e(kT_s) \tag{6-49}$$

积分控制的特点是无差调节,即积分控制器一直累加过去的偏差,只有无偏差时,控制器才停止对偏差的累加。因此,使用积分控制可以消除系统的静态误差。

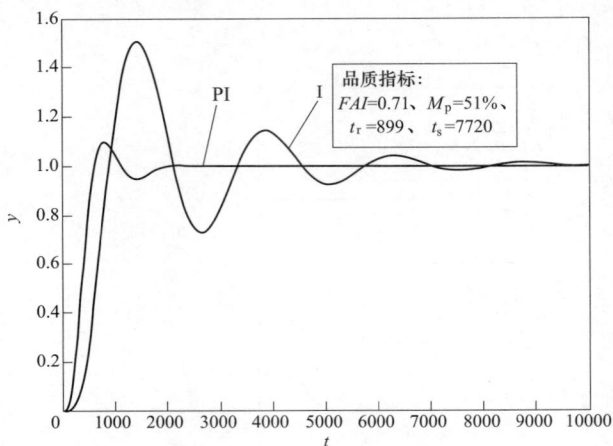

图 6-37 单纯积分控制的系统响应

仍考虑图 6-29 所示的某 300MW 循环流化床锅炉在 60%负荷下的床温控制系统。单纯使用积分控制律,选取积分器参数 $K_i = \dfrac{1}{4.8 \times 429}$,其仿真程序仍为 simu661.m,仿真结果如图 6-37 所示。从该图中可以看出,与 P 控制律相比,其上升时间、过渡过程时间大大加长,超调量也大幅度增大,稳定性变差。究其原因是,积分作用的主要目的是消除静差,缺少了比例作用后,偏差得不到及时的调节,致使调节速度大大减慢。由此说明,积分控制律不适合单独使用。为了提高调节速度和消除稳态误差,通常选择 PI 控制律,其传递函数描述为

$$\frac{U(s)}{E(s)} = K_p + \frac{K_i}{s} = \frac{1}{\delta}\left(1 + \frac{1}{T_i s}\right) \tag{6-50}$$

式中 T_i 称为积分时间。

从图 6-37 中可以看到,使用 PI 控制律,不但可以提高调节速度,还可以大大减小超调量。

3. 微分控制(D)

微分控制器的传递函数描述为

$$\frac{U(s)}{E(s)} = K_d s \tag{6-51}$$

式中 K_d——微分增益。

其差分方成描述为

$$u[(k+1)T_s] = K_d \frac{u(kT_s) - u[(k-1)T_s]}{T_s} \tag{6-52}$$

微分控制的优点也是"及时"控制,只是它根据偏差的变化率及时产生控制信号,因此也可以说,微分控制属于"未来"控制。它的缺点也是显而易见的:当偏差稳定不变时(但偏差并不为零),它的输出信号为零,因此微分控制也不能消除稳态误差。一般情况下,不单独使用微分控制律,通常它与 PI 控制律相结合构成 PID 控制,其传递函数描述为

$$\frac{U(s)}{E(s)} = K_p + \frac{K_i}{s} + K_d s = \frac{1}{\delta}\left(1 + \frac{1}{T_i s} + T_d s\right) \tag{6-53}$$

式中 T_d——微分时间。

从纯微分的近似差分方程式(6-52)可以看出,该式的近似程度取决于采样周期 T_s 的大小,T_s 越小,精度越高。但是,当偏差有跃变化时,控制器的输出也跟随阶跃变化,而且 T_s 越小,跃变的幅值就越大。这一现象是工程上所不希望的。因此,在工程上所用的是实际 PID,它用下面的传递函数代替式(6-53)中的纯微分项:

$$\frac{T_d s}{1+\alpha T_d s} \tag{6-54}$$

式中的 α 一般取为 $0.1\sim1$（模拟仪表一般取 0.1）。因此，实际 PID 的传递函数就变为

$$\frac{U(s)}{E(s)} = K_p + \frac{K_i}{s} + \frac{K_d s}{1+0.1T_d s} = \frac{1}{\delta}\left(1 + \frac{1}{T_i s} + \frac{T_d s}{1+0.1T_d s}\right) \tag{6-55}$$

其差分方成为

$$u_p[(k+1)T_s] = \frac{1}{\delta}e(kT_s)$$

$$u_i[(k+1)T_s] = u_i(kT_s) + \frac{T_s}{\delta T_i}e(kT_s)$$

$$u_{d1}[(k+1)T_s] = e^{-\frac{T_s}{0.1T_d}}u_{d0} + \frac{T_d}{\delta}(1-e^{-\frac{T_s}{0.1T_d}})e(kT_s) \tag{6-56}$$

$$u_d[(k+1)T_s] = \frac{1}{T_s}\{u_{d1}[(k+1)T_s] - u_{d0}(kT_s)\}$$

$$u_{pid}[(k+1)T_s] = u_p[(k+1)T_s] + u_i[(k+1)T_s] + u_d[(k+1)T_s]$$

仍考虑图 6-29 所示的某 300MW 循环流化床锅炉在 60% 负荷下的床温控制系统。仍选取 $\delta=4.8$，$T_i=429$，按经验公式[(4-41)]选取 $T_d=53$，其仿真程序仍为 simu661.m。PID 与 PI 控制时的控制品质比较如图 6-38 所示。从该图中容易看出，加入微分作用后，超调量和过渡过程时间大大减少。但是，这并不表明 PID 一定优于 PI。当测量信号存在较大的噪声时，噪声也会被微分器放大，导致执行器频繁动作，这在工程中也是不允许的。因此，权衡微分作用带来的利与弊，当工程系统中存在较大噪声时，一般切除微分作用。

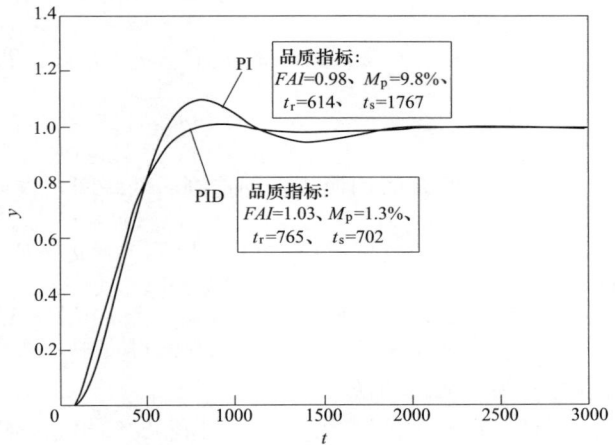

图 6-38　PID 与 PI 控制时的控制品质比较

6.6.2　抗积分饱和 PI 控制律

具有积分作用的控制器，只要积分器的输入存在偏差，其输出就会对偏差不断地进行积分。如果由于某种原因（如阀门卡死、泵故障等），这个偏差一时无法消除，然而控制器还是会继续加大（或减小）其输出，以使这个偏差被消除。这样，经过一段时间以后，控制器输出就进入了饱和状态（达到了控制器输出的上限或下限）。这种现象称为积分饱和。进入积分饱和的控制器，要等输入偏差反向后才会慢慢地从饱和状态中退出来，重新恢复控制作用。

积分饱和现象对控制系统具有很大的危害性，应该加以消除。在模拟仪表年代，为了消除积分饱和，需要另设计 PI 控制器或修改 PI 控制器内部电路[12]。现在使用数字控制器，这一工作就变得

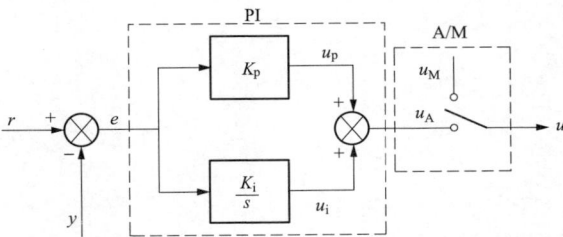

图 6-39　控制器与手操器联合使用示意图

相当容易。

在实际控制系统中，PI 控制器总是与手操器 A/M 联合使用，可以用图 6-39 来示意他们的联合结构。

联合控制器的输出取决于手操器 A/M 的输出和 PI 控制器的输出。当控制系统处于手动时（自动控制系统运行前总处于这种状态），联合控制器的输出为

$$u\big[(k+1)T_s\big] = u_M\big[(k+1)T_s\big] \tag{6-57}$$

此时，PI 控制器的输出始终跟随手操器 A/M 的输出，即

$$u_A\big[(k+1)T_s\big] = u_M\big[(k+1)T_s\big] \tag{6-58}$$

积分器的初值也跟随手操器 A/M 的输出而变化，即

$$u_i\big[(k+1)T_s\big] = u_M\big[(k+1)T_s\big] \tag{6-59}$$

在通常情况下，是人工通过手操器 A/M 先把 PI 控制器的输入偏差 $e(t)$ 调整为零后，才把控制系统投入自动。投入自动后，联合控制器的输出为

$$u\big[(k+1)T_s\big] = u_A\big[(k+1)T_s\big] \tag{6-60}$$

而

$$u_A\big[(k+1)T_s\big] = u_p\big[(k+1)T_s\big] + u_i\big[(k+1)T_s\big] \tag{6-61}$$

其中：

$$u_p\big[(k+1)T_s\big] = K_p e(kT_s) \tag{6-62}$$
$$u_i\big[(k+1)T_s\big] = u_i(kT_s) + T_s K_i e(kT_s) \tag{6-63}$$

因此，当偏差为零时切换成自动控制后的瞬间，根据式（6-62）、式（6-63）可以得到

$$u_p\big[(k+1)T_s\big] = 0$$
$$u_i\big[(k+1)T_s\big] = u_i(kT_s) = u_M(kT_s)$$

则

$$u\big[(k+1)T_s\big] = u_A\big[(k+1)T_s\big] = u_p\big[(k+1)T_s\big] + u_i\big[(k+1)T_s\big] = u_M(kT_s)$$

因为，在从手动切换成自动控制的过程中，联合控制器的输出没有发生变化，因此把该过程称之为"无扰切换"。

同理，在自动控制状态下，手操器的输出始终跟随 PI 控制器的输出，即

$$u_M\big[(k+1)T_s\big] = u_A\big[(k+1)T_s\big] \tag{6-64}$$

当从自动切换成手动控制后，得

$$u\big[(k+1)T_s\big] = u_M\big[(k+1)T_s\big] = u_A\big[(k+1)T_s\big]$$

由此看出，在从自动切换到手动控制的过程中，联合控制器的输出也没有发生变化，因此，这也是"无扰切换"。

根据上面的分析，可以得到 A/M+PI 联合控制器的仿真程序 PI_AM_simu.m。

```
% 联合控制器的仿真程序 PI_AM_simu.m
if AM = = 1
    % 在自动控制状态
    e = 1 - z;
    up = e/DTA;
    ui = ui0 + DT1/DTA/Ti * e;
    upi = up + ui;
    if upi>Upi_H; upi = Upi_H; end % PI 控制器输出上限限幅
    if upi<Upi_L; upi = Upi_L; end % PI 控制器输出下限限幅
    u = upi; % 联合控制器的输出等于 PI 控制器的输出
```

```
        um = u；%手操器的输出跟踪 PI 控制器的输出
        ui0 = ui；
    else
        %在手动控制状态
        u = um；%联合控制器的输出等于手操器的输出
        ui0 = u；%PI 控制器的输出跟踪手操器的输出
    end
    %%%%%%%%%%%%%%%%%%%%%%%仿真计算结束%%%%%%%%%%%%%%%%%%%
```

现在再来讨论积分饱和现象。

在程序 PI_AM_simu. m 中，虽然已经加入了对 PI 控制器输出的限制语句：

```
if upi>Upi_H；upi = Upi_H；end %PI 控制器输出上限限幅
if upi<Upi_L；upi = Upi_L；end %PI 控制器输出下限限幅
```

但是，并没有限制积分器的输出。这样，当 PI 控制器进入饱和状态后，积分器的输入偏差还存在，积分器还会对偏差继续进行积分，使得积分器进入深度饱和。当偏差反向后，积分器从深度饱和状态反向积分，但积分器一时还不能退出饱和状态，只有反向积分一段时间后，积分器才会从饱和状态回到正常工作状态。因此，从积分器进入饱和状态那一时刻起，让积分器就不再对偏差进行积分，当偏差反向后，积分器就会立即退出饱和状态。由此得到的抗积分饱（AW-PI）和 PI 控制器的仿真程序如 Anti_Windup_PI_simu. m 中所示。

对于图 6-29 所示的某 300MW 循环流化床锅炉在 60% 负荷下的床温控制系统，仍选取 δ =4.8，T_i=429，T_d=53，假设 PI 控制器的输出区间为 $u \in$（−0.2，0.2）。使用抗积分饱和 PI 和常规 PI 控制器，仿真结果如图 6-40 所示。

```
%抗积分饱和 PI 控制器的仿真程序 Anti_Windup_PI_simu. m
clear all；
DT = 1；ST = 3000；LP = ST/DT；
DTA = 4.8；Ti = 429；
K = 5.77；T = 224.18；Tao = 86；
LD = round(Tao/DT)；xd(1：LD) = 0；
A = exp(−DT/T)；B = 1−A；
xi0 = 0；x = 0；x1 = 0；z = 0；AM = 1；Upi_H = 0.2；Upi_L = −0.2；
for i = 1：LP
    e = 1−z；
    xp = e/DTA；
    xi = xi0 + DT/DTA/Ti * e；% xi0 为积分器前一时刻的值
    upi = xp + xi；
    if upi>Upi_H
        upi = Upi_H；%PI 控制器输出上限限幅
        xi = xi0；      %积分器不再积分
    end
    if upi<Upi_L
        upi = Upi_L；%PI 控制器输出下限限幅
        xi = xi0；      %积分器不再积分
    end
```

```
xi0 = xi;
u = upi; %联合控制器的输出等于 PI 控制器的输出
%%%%%%%%%%%%%%%%%%%%%被控对象仿真计算%%%%%%%%%%%%
x1 = A * x1 + K * B * u;
x = A * x + B * x1;
z = xd(LD);
for j = LD: -1: 2; xd(j) = xd(j - 1); end
xd(1) = x;
y(i) = z; t(i) = i * DT; U(i) = u;
end
[Mp, tr, ts, FAI, Tp, E1, E2, E3] = O_quality(DT, LP, y, t)
subplot(2, 1, 1), plot(t, y, 'b'); hold on;
subplot(2, 1, 2), plot(t, U, 'b'); hold on;
```

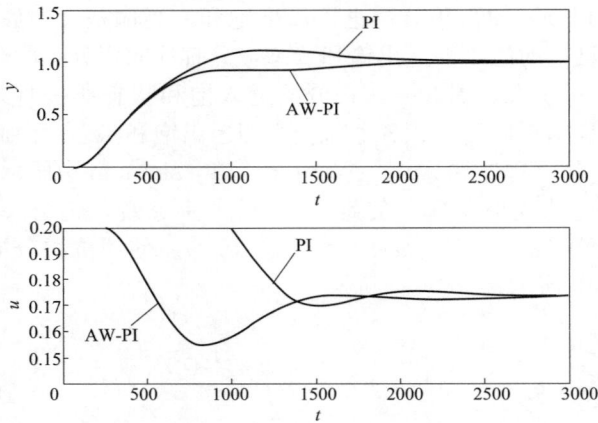

图 6-40　抗积分饱和 PI 和常规 PI 控制器的对比

从图 6-40 中可以看出，使用常规 PI 控制器时，由于控制器输出存在限幅，当积分部分进入饱和状态后，经过很长一段时间（大约 1000s）才从饱和状态中退出，PI 控制器恢复正常工作。而对于抗积分饱和 PI 控制器，当控制器进入饱和状态后，经过大约 250s 后就从饱和状态中退出，恢复正常工作。因此，抗积分饱和 PI 控制器的调节品质优于常规 PI 控制器，如图 6-40 所示。

6.6.3　微分先行 PID 控制律

考虑图 6-41 所示的常规 PID 控制系统，图中系统受到扰动和噪声的作用。当希望值发生阶跃变化时，控制系统的输出还未来得及反应，这时，偏差也为阶跃变化，阶跃信号通过 P 和 D 的作用，使控制器输出一个较大的阶跃信号，致使阀门、挡板、泵等控制设备产生较大幅度的跃变，这在工程中是人们所不希望的。为了充分发挥 PID 控制律中的各自作用，可以把 D 或 PD 移到反馈通道中，这样 D 或 PD 作用就只发生在反馈信号上，而不会发生在希望值信号上。把这样的控制律称为微分先行控制（D-PI 或 PD-I）。

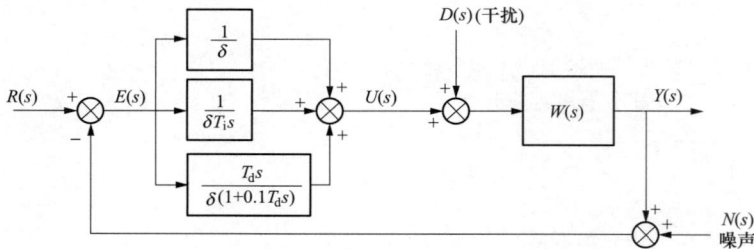

图 6-41　常规 PID 控制系统

1. D-PI 控制律

为了不使控制器的输出产生跃变，我们可以把微分作用（D）只安排在反馈通道中，这样微分作用就只发生在反馈信号上，而不会发生在希望信号上。按着这种思想构成的控制方案称作微分先行控制（D-PI），如图 6-42 所示。从该图中容易看出，D-PI 只对希望输入起作用，对于扰动和噪声 D-PI 与常规 PID 的控制效果是相同的。

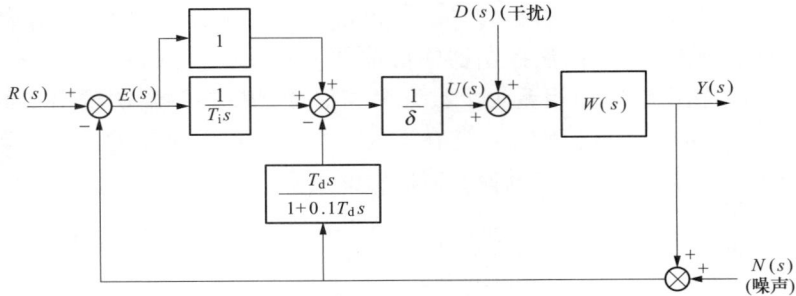

图 6-42　微分先行控制系统（D-PI）结构

考虑图 6-29 所示的某 300MW 循环流化床锅炉在 60％负荷下的床温系统使用 D-PI 控制策略。控制器参数仍选为 $\delta=4.8$，$T_i=429$，$T_d=53$。系统仿真程序如 simu662.m 所示。

```
% PID，D-PI，PD-I 控制系统仿真程序 simu662.m
clear all;
Ts = 1; ST = 3000; LP = ST/Ts;
DTA = 4.8; Ti = 429; Td = 53;
K = 5.77; T = 224.18; Tao = 86;
LD = round(Tao/Ts); xd(1: LD) = 0;
A = exp(-Ts/T); B = 1 - A; C = exp(-Ts/0.1/Td); D = Td*(1 - C);
ui = 0; x = 0; x1 = 0; ud0 = 0; z = 0;
for i = 1: LP
    %%%%%%%%%%%%%%%%%%PID，D-PI，PD-I控制器仿真%%%%%%%%%%%%%%%%%%%
    e = 1 - z;
    % up = e; % D-PI
    up = -z; % PD-I
    ui = ui + Ts/Ti*e;
    ud1 = C*ud0 - D*z; % D-PI、PD-I
    ud = (ud1 - ud0)/Ts; ud0 = ud1;
    upid = (up + ui + ud)/DTA;
    %%%%%%%%%%%%%%%%%%%%%被控对象仿真%%%%%%%%%%%%%%%%%%%%%
    x1 = A*x1 + K*B*upid;
    x = A*x + B*x1;
    z = xd(LD);
    for j = LD: -1: 2; xd(j) = xd(j-1); end
    xd(1) = x;
    y(i) = z; t(i) = i*Ts; U(i) = upid;
```

```
end
[Mp, tr, ts, FAI, Tp, E1, E2, E3] = O_quality(Ts, LP, y, t)
subplot('position', [0.2, 0.1, 0.6, 0.4]), plot(t, y, 'k'); hold on;
subplot(2, 2, 1), plot(t, U, 'k'); hold on;
```

在阶跃函数定值扰动下，D-PI 与 PID 的控制效果对比如图 6-43 所示。从该图中可以看出，就系统输出的响应曲线［见图 6-43（3）］来说，这两种控制律的控制品质相差不多，都具有比较满意的控制品质。但从控制器输出曲线［见图 6-43（a）和图 6-43（b）］上来看，这两种控制器的输出幅值却相差一个数量级。常规 PID 控制器的输出幅值较大，工程上不能接受。而 D-PI 的输出幅值较小，这在工程上是完全可以接受的。这也就是为什么在过去不容易实现 D-PI 时，而改为限制控制器输出变化率的原因。

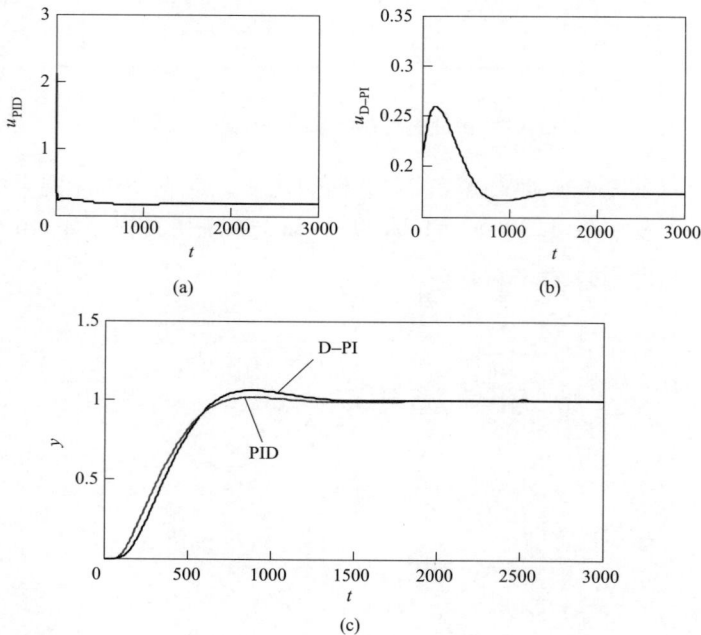

图 6-43　PID 与 D-PI 的控制效果对比曲线

（a）u_{PID}—PID 的输出；（b）$u_{D\text{-}PI}$—D-PI 的输出；（c）y—系统输出

2. PD-I 控制律

当希望值为阶跃函数时，比例作用（P）也会使控制器的输出产生跃变。按着 D-PI 的方法，可以把比例和微分作用同时移到反馈通道中，这样构成的控制方案称为比例微分先行控制（PD-I）。控制系统（PD-I）结构如图 6-44 所示。

考虑图 6-29 所示的某 300MW 循环流化床锅炉在 60％负荷下的床温系统使用 PD-I 控制策略，控制器参数仍选为 $\delta=4.8$，$T_i=429$，$T_d=53$，系统仿真程序仍如 simu662.m 所示。

在阶跃函数定值扰动下，PD-I 与 D-PI 的控制效果对比曲线如图 6-45 所示。从该图中可以看出，虽然 PD-I 控制器的输出幅值［见图 6-45（b）］得到了进一步的减小（减小的幅度并不大），但从控制系统输出曲线上看，调节速度大大减慢，这也是工程上所不希望的。综合考虑控制器输出幅值的减小与调节速度的减慢这两种控制品质的利与弊，不建议使用PD-I

374

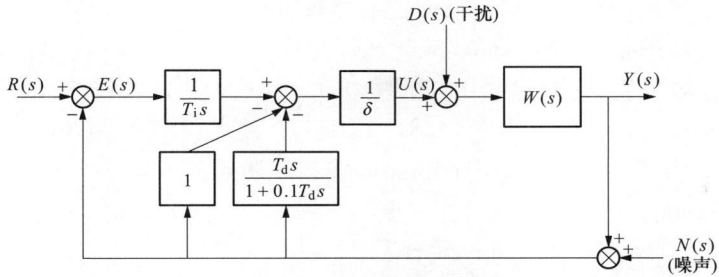

图 6-44 比例微分先行控制系统（PD-I）结构

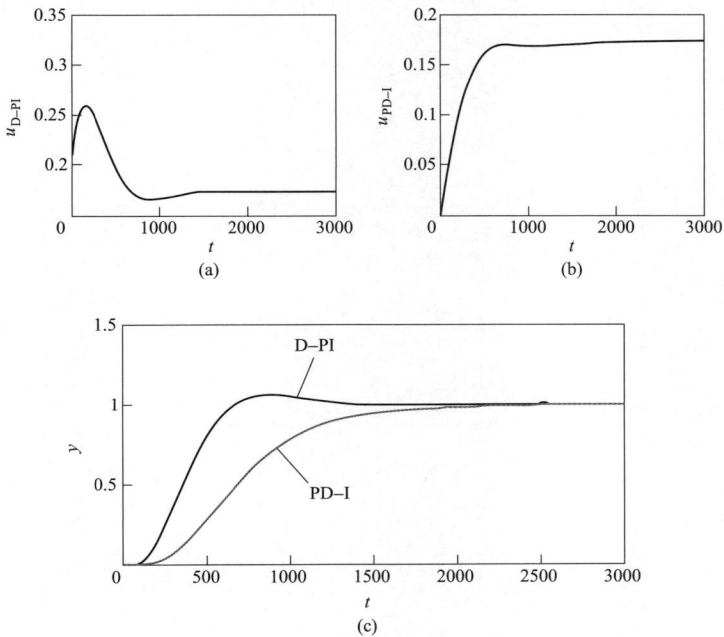

图 6-45 PD-I 与 D-PI 的控制效果对比曲线

（a）$u_{\text{D-PI}}$—D-PI 的输出；（b）$u_{\text{PD-I}}$—PD-I 的输出；（c）y—系统输出

控制策略。

6.6.4 积分分离 PID 控制律

如果在短时间内出现较大的动态偏差，那么在积分项的作用下，可能会引起过量的超调和较大的振荡频率。为此，可以采取积分分离对策。也就是当系统偏差较大时，暂时取消积分作用，一旦偏差落入一个设定区域（ε）时，再投入积分作用。

积分分离控制律的表达式为

$$\frac{U(s)}{E(s)} = \begin{cases} \dfrac{1}{\delta_1}\left(1 + \dfrac{T_{\text{d}}s}{1 + 0.1T_{\text{d}}s}\right) & |e| > \varepsilon \\[4mm] \dfrac{1}{\delta_2}\left(1 + \dfrac{1}{T_{\text{i}}s} + \dfrac{T_{\text{d}}s}{1 + 0.1T_{\text{d}}s}\right) & |e| \leqslant \varepsilon \end{cases} \tag{6-65}$$

这个控制策略是 20 世纪 80 年代以后产生的。使用它有两大困难：一是怎样选择控制作用切换区域（ε）；二是怎样整定切换前后的控制器参数。

考虑图 6-29 所示的某 300MW 循环流化床锅炉在 60％负荷下的床温系统使用积分分离控制策略。切换区域分别选为 ε＝0.1、0.2、0.3、0.4、0.5、0.6、0.7、0.8、0.9、1.0、1.1。使用 PD 控制律时，参数选为 δ＝4.8，T_d＝53；使用 PID 控制律时，其参数选为 δ＝4.8，T_i＝429，T_d＝53。系统仿真程序如 simu663.m 所示。各切换区域下定值扰动时的仿真结果如图 6-46 所示。

```
% 有自衡积分分离控制系统仿真程序 simu663.m
clear all；
Ts = 1；ST = 3000；LP = ST/Ts；
DTA = 4.8；Ti = 429；Td = 53；Eps = 1.1；
K = 5.77；T = 224.18；Tao = 86；
LD = round(Tao/Ts)；xd(1：LD) = 0；
A = exp( - Ts/T)；B = 1 - A；C = exp( - Ts/0.1/Td)；D = Td * (1 - C)；
ui = 0；x = 0；x1 = 0；ud0 = 0；z = 0；
for i = 1：LP
    %%%%%%%%%%%%%%%%%积分分离控制器仿真计算%%%%%%%%%%%%%%%%%%
    e = 1 - z；E(i) = e；
    up = e；
    ud1 = C * ud0 + D * e；
    ud = (ud1 - ud0)/Ts；ud0 = ud1；
    if abs(e)＞Eps&F = = 0
        DTA = 4.8；
        upid = (up + ud)/DTA；
    else
        DTA = 4.8；F = 1；
        ui = ui + Ts/Ti * e；
        upid = (up + ui + ud)/DTA；
    end
    if upid＞2；upid = 1；end
    if upid＜ - 2；upid = - 1；end
    %%%%%%%%%%%%%%%%%%%%被控对象仿真计算%%%%%%%%%%%%%%%%%%%
    x1 = A * x1 + K * B * upid；
    x = A * x + B * x1；
    z = xd(LD)；
    for j = LD： - 1：2；xd(j) = xd(j-1)；end
    xd(1) = x；
    y(i) = z；t(i) = i * Ts；U(i) = upid；
end
[Mp, tr, ts, FAI, Tp, E1, E2, E3] = O_quality(Ts, LP, y, t)
subplot(2, 1, 1), plot(t, E, 'r')；hold on；
subplot(2, 1, 2), plot(t, y, 'r')；hold on；
```

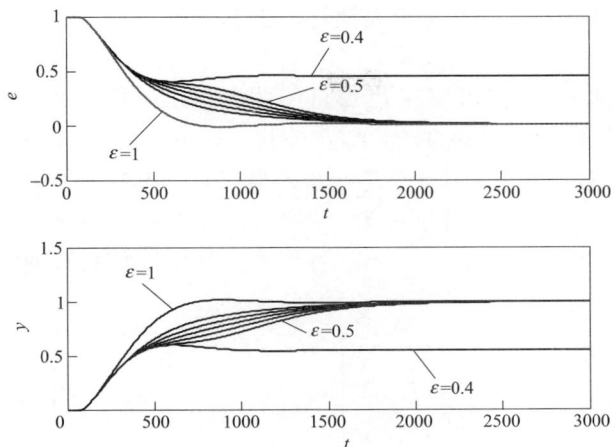

图 6-46 积分分离控制器不同切换区域下定值扰动时的仿真结果

从图 6-46 中可以看出，当 $\varepsilon \leqslant 0.4$ 时，控制系统存在较大的静态误差。这是因为，如果把切换区域选择得较小，控制系统的动态偏差还没落入这个区域，PD 控制作用的第一个调节周期就已经结束，开始反向调节，这样就不能使动态偏差落入给定的区域，从而形成较大的静态偏差。此外，当选择 $\varepsilon \geqslant 1$ 时，从一开始动态偏差就落入了给定的区域，这样就没有 PD 到 PID 的切换过程，它已经退化成了常规的 PID 控制。当切换区域在 $0.4 < \varepsilon < 1$ 区间时，控制效果有所不同，但都不如常规 PID 控制策略好。

为了保证发生 PD 到 PID 的切换过程，并使调节速度加快，当使用 PD 控制律时，加大比例作用；当偏差落入给定的区域后，再使其减小。

仍以前面的系统为例，使用 PD 控制律时，参数选为 $\delta = 1$，$T_d = 53$；使用 PID 控制律时，其参数选为 $\delta = 4.8$，$T_i = 429$，$T_d = 53$，并设置控制器输出限幅为 $|u| \leqslant 2$。系统仿真程序仍如 simu663.m 所示。切换区域分别选为 $\varepsilon = 0.1$、0.2、0.3、0.4、0.5、0.6、0.7、0.8、0.9。切换前后不同比例带时不同切换区域下的仿真结果如图 6-47 所示。

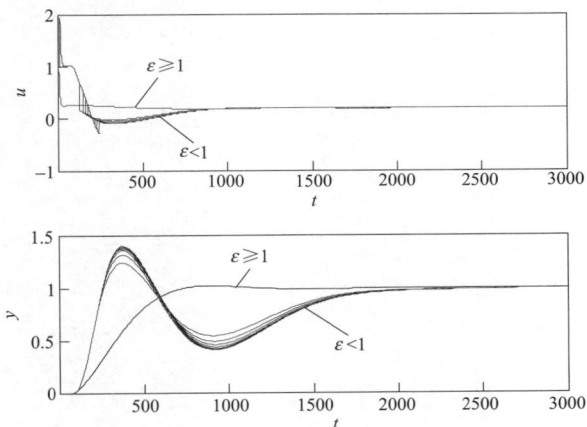

图 6-47 切换前后不同比例带时不同切换区域下的仿真结果

从图 6-47 中容易看出，由于比例作用较强，只要 $\varepsilon < 1$，就能产生 PD 到 PID 的切换。但是，切换前已给被控对象施加了很大的控制作用，当切换成 PID 后，虽然控制作用大大减弱，但由于被控对象的惯性和纯迟延都比较大，先前的控制作用会使被控对象的输出继续增大，从而导致系统过调。从图 6-47 中也可以看出，只在控制的初始阶段（大约 600s 以前），随着 ε 的不同，控制器的输出有所变化，但到了控制的后半段（600s 以后），控制器的输出趋于一致，因此 ε 的变化对控制效果影响不大，而且积分分离控制策略的控制品质远不

如常规 PID 控制策略的好。因此，对于大惯性、大迟延的被控对象，并不适合使用积分分离控制律。

下面考虑图 6-48 所示的某 100MW 燃煤机组的汽包水位控制系统，使用积分分离控制策略。根据第 4 章无自衡被控对象的经验整定公式[式(4-43)～式(4-46)]，当误差较大时，使用 PD 控制律时，参数选为 $\delta_1 = 0.1$，$T_d = 75$；当误差较小时，使用 PI 控制律，其参数选为 $\delta_2 = 0.57$，$T_i = 300$。切换区域分别选为 $\varepsilon = 0.1$、0.2、0.3、0.4、0.5、0.6、0.7、0.8、0.9、1。系统仿真程序如 simu664.m 所示。各切换区域下定值扰动时的仿真结果如图 6-48 所示。

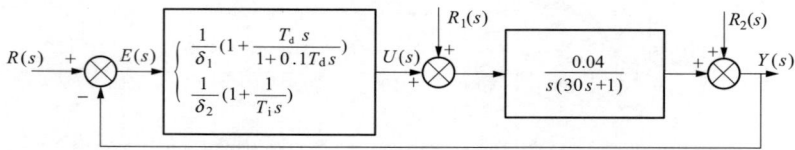

图 6-48　某 100MW 燃煤机组的汽包水位控制系统

```
% 无自衡积分分离控制系统仿真程序 simu664.m
clear all;
Ts = 1; ST = 600; LP = ST/Ts;
K = 0.04; T = 30;
Ti = 300; Td = 40;
Eps = 0.6; F = 0;
A = exp(-Ts/T); B = 1-A; C = exp(-Ts/0.1/Td); D = Td*(1-C);
ui = 0; x1 = 0; x2 = 0; ud0 = 0;
for i = 1: LP
%%%%%%%%%%%%%%%%积分分离控制器仿真计算%%%%%%%%%%%%%%%%
e = 1-x2; E(i) = e;
    up = e;
    ud1 = C*ud0 + D*e;
    ud = (ud1-ud0)/Ts; ud0 = ud1;
    if abs(e)>Eps
        DTA = 0.1;
        upid = (up + ud)/DTA;
    else
        DTA = 0.57;
        ui = ui + Ts/Ti*e;
        upid = (up + ui)/DTA;
    end
    if upid>2; upid = 2; end
    if upid< -2; upid = -2; end
%%%%%%%%%%%%%%%%%%%%%%%被控对象仿真计算%%%%%%%%%%%%%%%%%%%%
x1 = x1 + Ts*K*upid;
    x2 = A*x2 + B*x1;
```

```
    y(i) = x2; t(i) = i * Ts; U(i) = upid;
end
[Mp, tr, ts, FAI, Tp, E1, E2, E3] = O _ quality(Ts, LP, y, t)
subplot(2, 1, 1), plot(t, U, 'b'); hold on;
subplot(2, 1, 2), plot(t, y, 'b'); hold on;
```

从图 6-49 中可以看出，积分分离控制律（ε＜1）的控制品质要优于常规 PID 控制律（ε≥1）。综合考虑超调量和调节时间（上升时间和过渡过程时间），大约选择 ε＝0.6 较好，与常规 PID 控制律的比较如图 6-50 所示。从图 6-50 中可以看出，控制品质的优秀是通过牺牲控制器的输出换来的，在此情况下，积分分离控制器的输出最大幅值已经超过常规 PID 的一倍，如果继续放大对控制器输出的限制，积分分离控制器的输出最大幅值还会增大，这时控制品质也会发生变化。例如，取消对积分分离控制器输出的限制，分别取 ε＝0.1，ε＝0.6 时，与常规 PID 的控制效果比较如图 6-51 所示。

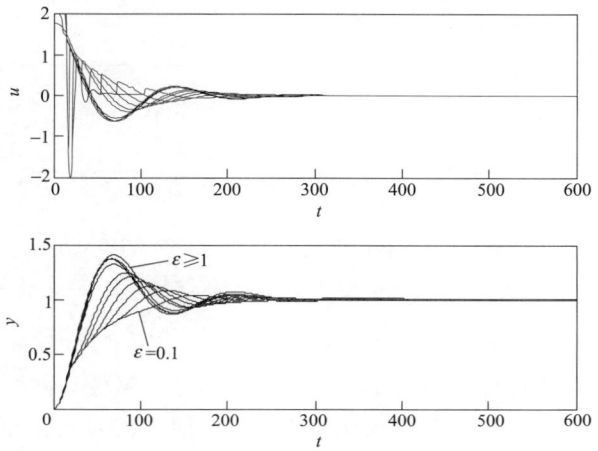

图 6-49　汽包水位系统不同切换区域下的仿真结果

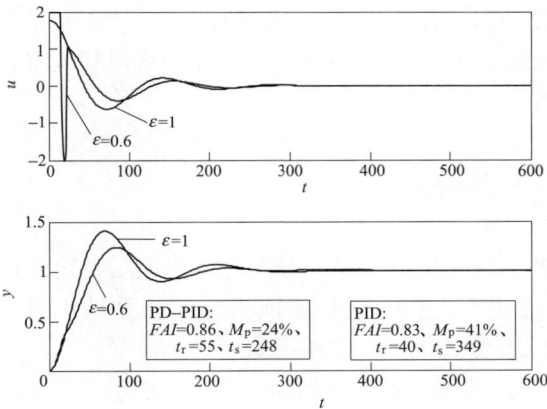

图 6-50　切换区域 ε＝0.6 时与常规 PID 控制效果的比较

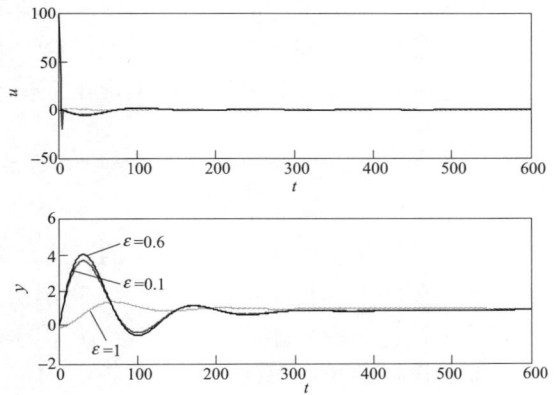

图 6-51　分别取 ε＝0.1，ε＝0.6 时与常规 PID 的控制效果比较

从图 6-51 中可以看出，当切换区域 ε＝0.1 和 ε＝0.6 时，控制品质相差不大，且都不满足工业要求。这说明切换前的 PD 控制作用太强了，把 PD 控制作用减弱到 $\delta_1＝0.57$，$T_d＝20$，与常规 PID 的控制效果比较如图 6-52 所示。

从图 6-52 中可以看到，如果取消对积分分离控制器输出的限幅，减弱 PD 控制作用后，当误差进入到 ε＝0.1 时进行切换，得到的控制品质最好。可此时，控制器的输出已经远远

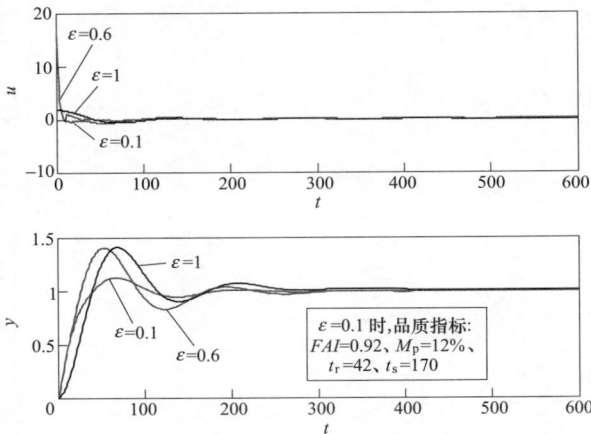

图 6-52　PD 控制作用减弱到 $\delta_1 = 0.57$，$T_d = 20$ 时
与常规 PID 的控制效果比较

超出对实际控制器的限制。

　　分析图 6-52 还可以得到：当 $\varepsilon = 0.6$ 时，进行 PD 到 PID 的切换，其控制品质略好于常规 PID 控制，但要比 $\varepsilon = 0.1$ 时差，因此可以说，误差越接近零时进行切换越好。可以把这个结论理解为：当被控系统的响应较快时，可以使用积分分离控制器，当误差较大时，使用 PD 控制律，进行快速调节；当误差接近零时，切换成 PID 控制律，开始进行消除静差的调节。

　　通过上述的有自衡和无自衡控制系统的两个实例分析可以看出，积分分离控制器在实际工程中是很难使用的。由于在控制过程中有一个从 PD 到 PID 的切换过程，因此积分分离控制器实质上已经变成非线性控制器。所以，它的控制品质不仅与被控对象特性有关，与切换前后整定的控制器参数也有关，还与扰动的位置（定值扰、内扰、外扰）和大小有关。这样就很难确定切换区域和控制器参数。

　　从图 6-48 中可以看到，定值扰 $R(s)$ 和外扰 $R_2(s)$ 实质上是在相同的地方，虽然它们的控制目的不同，但从调节误差角度来看（都是从开始的一个较大误差调节到零），它们是完全相同的。因此，对于定值扰的分析结论完全适合于外扰。

　　如果系统发生了内部扰动，当反映到调节误差时，需要经过一定的时间，而且误差是从小变大，然后通过调节再变小，因此，对于内部扰动来说，不适合使用积分分离控制策略。

　　综上所述，积分分离控制律很难在工程中应用。

6.7　前馈加反馈控制系统优化设计

　　一个控制系统首先必须是稳定的，这是必要条件，但并不是充分条件。当满足稳定条件后，最重要的是，在一定的条件下（超调量不能过大，执行机构不能大幅度频繁动作等），控制系统快速而稳妥地使被控量达到希望的值，还要消除一切内外扰动。

　　前面讲述的是在单回路控制系统结构下，怎样选择 PID 控制器的结构和参数，使控制系统的调节品质达到上述要求。

　　但是，如果控制系统中存在强扰动（如，对于汽包锅炉的水位控制系统，蒸汽量就属于强扰动），或者对控制系统的稳态精度和动态品质的要求都很高时，闭环反馈控制就难以满足要求。如果控制系统的扰动可测量，这时可以考虑使用前馈控制加反馈控制相结合的控制策略，并称为复合控制策略。这就是实际工程控制中广泛采用的方法之一。

6.7.1　按给定值扰动补偿的复合控制策略

　　有些系统要求对希望值要有足够快的响应，例如，火电机组的负荷控制系统、雷达天线跟踪系统等。因为，这时的希望值都是可测的，所以可以考虑使用前馈加反馈控制方案。此时，控制系统的方框图如图 6-53 所示。

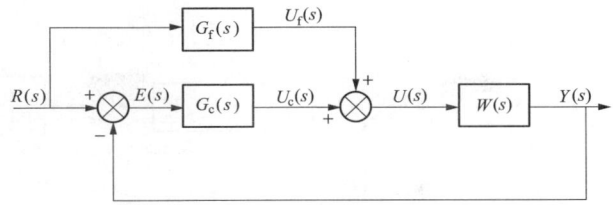

图 6-53　按给定值扰动补偿的复合控制系统方框图

在图 6-53 所示的按给定值扰动补偿的复合控制系统中，给定值输入信号一方面作为闭环系统的给定值，使被控系统的输出跟随这个给定信号，保持系统的稳态误差为零；另一方面，作为前馈信号，通过前馈补偿装置 $G_f(s)$ 直接作用于被控对象 $W(s)$，这样就不需要等到系统出现偏差后再产生控制作用，而是在给定值信号施加于控制系统的同时，就产生了补偿控制作用，因而，可以大大缩短调节时间。

从图 6-53 中可以看到，按给定值扰动补偿的复合控制系统，只对系统的给定值扰动起作用，对系统的其他扰动不起作用。

现在来讨论怎样选择前馈补偿装置 $G_f(s)$。

由图 6-53 可知

$$U_f(s) = G_f(s)R(s) \tag{6-66}$$

$$E(s) = R(s) - Y(s) \tag{6-67}$$

$$U_c(s) = G_c(s)E(s) \tag{6-68}$$

$$U(s) = U_f(s) + U_c(s) \tag{6-69}$$

$$Y(s) = W(s)U(s) \tag{6-70}$$

整理上述各式可得

$$E(s) = \frac{1 - W(s)G_f(s)}{1 + W(s)G_c(s)} R(s) \tag{6-71}$$

如果使式（6-71）中的分子为零，即

$$G_f(s) = \frac{1}{W(s)} \tag{6-72}$$

则无论给定值信号怎样变化，误差信号 $e(t)$ 恒为 0，即控制系统不存在稳态误差，也没有动态误差，系统变成了一个无惯性的高精度随动系统。把这种控制称为对给定输入信号的完全不变性控制。

实现该控制方案的关键问题是能否找到满足式（6-72）的补偿装置 $G_f(s)$。在一般情况下，被控对象的传递函数 $W(s)$ 具有比较复杂的形式，而且，其分母的阶次高于分子的阶次，这样通过式（6-72）求出的 $G_f(s)$ 的分子阶次要高于分母的阶次，因此式（6-72）中含有纯微分甚至高阶纯微分项，这在物理上是难以实现的。虽然现在可以用数值计算来实现含纯微分的前馈补偿器 $G_f(s)$，但是由于其分子的阶次高于分母的阶次，当给定值为阶跃信号时，计算机得到的 U_f 的数值解也将是一个很大的数（理论上是无穷大），因此，物理上的执行器还是不能接收此信号。

综上分析可以看出，按对给定值信号的误差全补偿条件式（6-72）选择的 $G_f(s)$，只在理论上成立，在工程实际中只能实现部分补偿。

考虑图 6-23 所示的飞机俯仰姿态自动驾驶仪控制系统，使用前馈加反馈的复合控制方案，控制系统结构框图如图 6-54 所示。

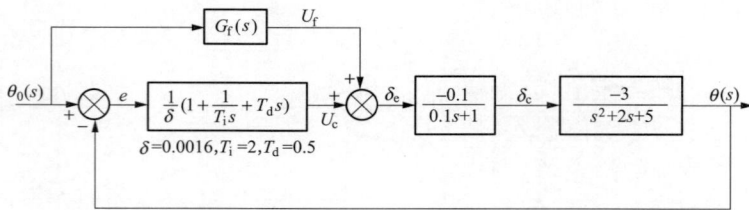

图 6-54　飞机俯仰姿态自动驾驶仪系统的前馈加反馈控制

根据误差全补偿条件式（6-72），可以得到

$$G_f(s) = \frac{10}{3}(0.1s+1)(s^2+2s+5)$$

该式可以用图 6-55 来描述。

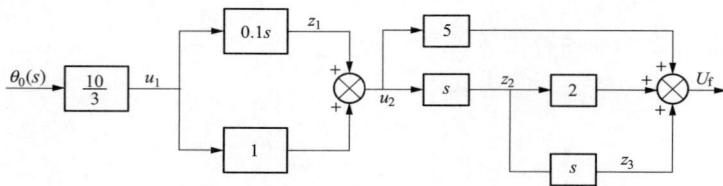

图 6-55　$G_f(s)$ 的方框图描述

按图 6-55 及图 6-23 设各状态变量，则可以得到飞机俯仰姿态自动驾驶仪前馈加反馈控制系统的仿真程序 Obj_simu671.m。该系统的仿真结果如图 6-56 所示。

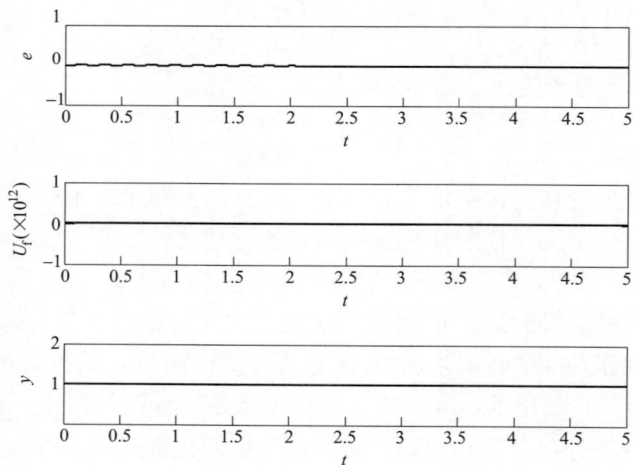

图 6-56　飞机俯仰姿态自动驾驶仪前馈加反馈控制系统的仿真结果

```
% 按给定值进行前馈补偿的控制系统仿真程序 Obj_imu671.m
Function [Q] = Obj_simu671(Uf)
clear all;
DT = 0.0001; ST = 5; LP = ST/DT;
DTA = 0.0016; Ti = 2; Td = 0.5;
```

```
a = exp( - DT/0.1);
xi = 0; x1 = 0; x2 = 0; x3 = 0; e0 = 0; Q = 0; u10 = 0; u20 = 0; z20 = 0;
for i = 1: LP
    %###############给定值前馈补偿器##############
    u1 = 10/3;
    z1 = 0.1 * (u1 - u10)/DT; u10 = u1;
    u2 = z1 + u1;
    z2 = (u2 - u20)/DT; u20 = u2;
    z3 = (z2 - z20)/DT; z20 = z2;
Uf = 5 * u2 + 2 * z2 + z3; % 动态补偿时
% Uf = 50/3; % 静态补偿时
    %###############PID控制器####################
    e = 1 - x2;
    xp = e;
    xi = xi + DT/Ti * e;
    xd = Td/DT * (e - e0); e0 = e;
    upid = (xp + xi + xd)/DTA;
    %%%%%%%%%%%%%%%%%%%被控对象仿真##########
    u = upid + Uf;
x1 = a * x1 - 0.1 * (1 - a) * u;
    x2 = x2 + DT * x3;
    x3 = x3 - DT * (5 * x2 + 2 * x3 + 3 * x1);
    y(i) = x2; E(i) = e; UF(i) = Uf; t(i) = i * DT;
end
subplot(3, 1, 1), plot(t, E, 'b'); hold on;
subplot(3, 1, 2), plot(t, UF, 'b'); hold on;
subplot(3, 1, 3), plot(t, y, 'b'); hold on;
```

从图 6-56 中可以看到，当给定值输入信号为单位阶跃函数时，系统在前馈补偿器的作用下，经过初始（0^+）时刻后，立即达到稳态值，而且，在 $t>0^+$ 以后的任意时刻，动态误差与稳态误差几乎全为零（从图 6-56 中的误差曲线上看，加入前馈补偿器后，不能使系统的稳态误差完全等于零，是由于串行计算带来的计算误差所致）。但是，在 0^+ 时刻，$U_f(0^+)$ = 10^{12}，物理装置接受不了如此大的数据，这是数值计算的结果，它取决于仿真计算步长。当仿真计算步长为无穷小时，$U_f(0^+)$ 将为无穷大

既然在一般情况下式（6-72）都是无法实现的，那么可以用静态补偿的方式来确定 $G_f(s)$。由式（6-72）可以得到按对给定值信号误差静态补偿时的前馈补偿器的表达式

$$G_f(s) = \frac{1}{W(0)} \tag{6-73}$$

根据此式，即可得到图 6-54 所示系统的前馈补偿器：

$$G_f(s) = \frac{10}{3}(0.1s + 1)(s^2 + 2s + 5) \mid_{s=0} = \frac{50}{3}$$

使用静态前馈补偿时的仿真结果如图 6-57 所示。

从图 6-57 中可以看出，使用静态前馈补偿时，并不能消除给定值变化带来的动态偏差。此外，对比使用静态前馈补偿前后的系统响应曲线（见图 6-58），可以看出，静态前馈补偿几乎没有改善该系统的控制品质。究其原因是，该系统的响应速度较快，参数优化的结果已经使 PID 控制器输出的初始值很大，静态补偿器的输出值与这个初始值相比显得微不足道，产生控制作用的主要是 PID 控制器的输出，因此对于该系统，前馈补偿器不起作用。

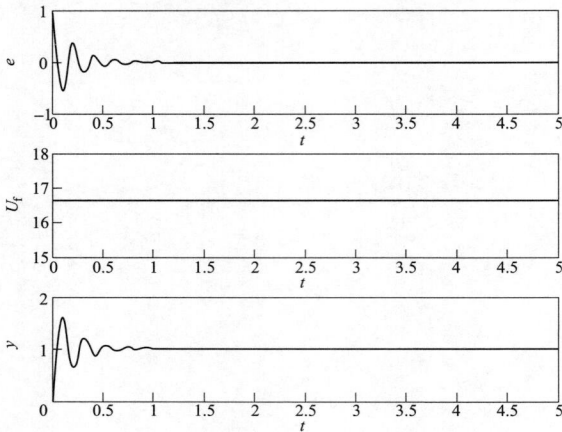

图 6-57　静态前馈补偿时的仿真结果

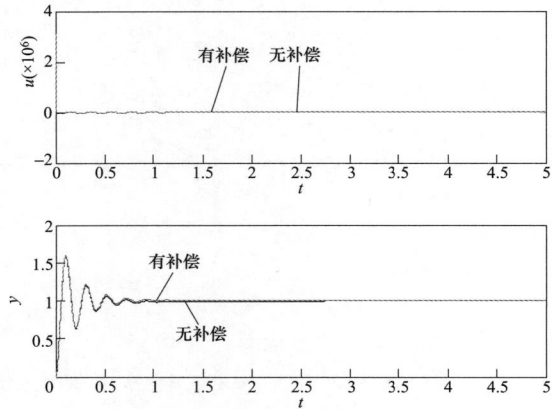

图 6-58　使用静态前馈补偿器
前、后的系统响应曲线

考虑图 6-29 所示的某 300MW 循环流化床锅炉在 60％负荷下的床温系统使用静态前馈补偿加反馈复合控制策略，如图 6-59 所示。

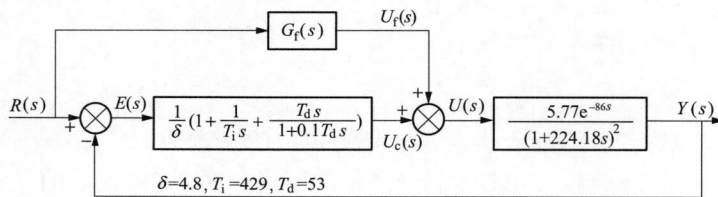

图 6-59　循环流化床锅炉床温系统前馈加反馈复合控制策略

对于该系统，根据式（6-73）可以得到

$$G_f(s) = \frac{1}{W(0)} = \frac{(1+224.18s)^2}{5.77e^{-86s}} \big|_{s=0} = \frac{1}{5.77}$$

控制器参数仍选为 $\delta = 4.8$，$T_i = 429$，$T_d = 53$。把系统仿真程序 simu661.m 中的计算 PID 输出的程序语句

```
upid = (up + ui + ud)/DTA;
```

384

改为

```
upid = (up + ui + ud)/DTA + Gf;
```

即可得到加入静态前馈补偿器后的仿真程序 Obj _ simu672. m。

```
% 按给定值进行前馈补偿的控制系统仿真程序 Obj _ imu672.m
% function [Q] = Obj _ simu(Gf)
clear all;
DT = 1;  ST = 3000;  LP = ST/DT;
DTA = 4.8;  Ti = 429;  Td = 53;
K = 5.77;  T = 224.18;  Tao = 86;
LD = round(Tao/DT);  Xd(1: LD) = 0;
A = exp( - DT/T);  B = 1 - A;  C = exp( - DT/0.1/Td);  D = Td * (1 - C);
xi = 0;  x = 0;  x1 = 0;  xd0 = 0;  z = 0;
Mp _ l = 5;  Mp _ h = 20;  FAI _ l = 0.90;  FAI _ h = 0.98;
Q = 0;
Gf = 1/5.77; % 加入定值前馈补偿
for i = 1: LP
    % % % % % % % % % % % % % % %PID 控制器仿真计算 % % % % % % % % % % % % % % % %
    e = 1 - z;
    xp = e;
    xi = xi + DT/Ti * e;
    xd1 = C * xd0 + D * e;
    xd = (xd1 - xd0)/DT;  xd0 = xd1;
    upi = (xp + xi)/DTA; %PI 控制律
    upid = (xp + xi + xd)/DTA; %PID 控制律
    upid = upid + Gf; % 加入给定值前馈补偿
    % % % % % % % % % % % % % % % % % %被控对象仿真计算 % % % % % % % % % % % % %
    x1 = A * x1 + K * B * upid;
    x = A * x + B * x1;
    z = Xd(LD);
    for j = LD: - 1: 2; Xd(j) = Xd(j - 1); end
    Xd(1) = x;
    t(i) = i * DT;  y(i) = z;  u(i) = upid;
    Q = Q + t(i) * abs(e) * DT;
end
[Mp, tr, ts, FAI, Tp, E1, E2, E3] = O _ quality(DT, LP, y, t);
if FAI<FAI _ l; Q = Q + 10^30; end
if FAI>FAI _ h; Q = Q + 10^20; end
if Mp<Mp _ l; Q = Q + 10^15; end
if Mp>Mp _ h; Q = Q + 10^25; end
subplot(2, 1, 1), plot(t, u, 'b'); hold on;
subplot(2, 1, 2), plot(t, y, 'b'); hold on;
```

从图 6-60 中可以看到，加入静态前馈补偿后，可以加快系统响应速度。但是，此时超调量过大。因此，为了提高响应速度，可以采用前馈补偿加反馈控制策略，但不能用式（6-73）来估计补偿器参数，可以根据对系统超调量的要求，用参数优化的方法找出前馈补偿器的参数。在本例中，使用穷举法来优化 G_f，优化主程序为 O_enumeration672.m。

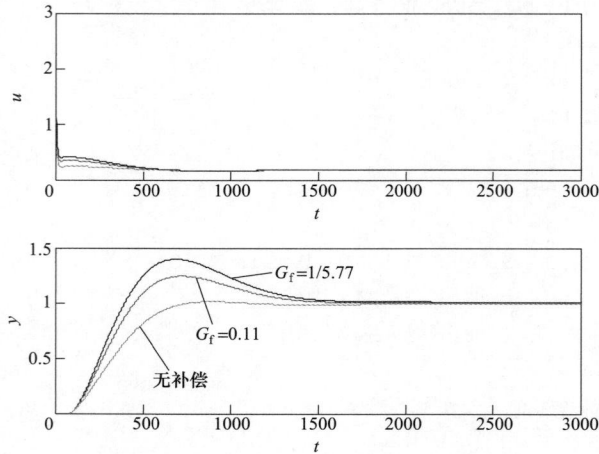

图 6-60　前馈加反馈复合控制策略的仿真结果

```
%穷举法寻优(前馈补偿系数 Uf)主程序 O_enumeration672.m
clear all;
%%%%%%%%%%%%%%%%%%%%%%%%初始参数%%%%%%%%%%%%%%%%%
x = 1/5.77;%优化变量的初始值
x_LLimits = 0.01;%优化变量的下限
x_HLimits = 0.5;%优化变量的上限
DUf = 0.01;%优化变量步长
Qmin = Obj_simu672(x);%调用仿真子程序
%%%%%%%%%%%%%%%%%%%%%%搜索开始%%%%%%%%%%%%%%%%%
for x = x_LLimits: DUf: x_HLimits
    Q = Obj_simu672(x);%调用仿真子程序
    if Q<Qmin; x_o = x; end
end
x_o
```

选取定值前馈补偿系数范围 $G_f \in (0.01, 0.5)$，运行优化主程序即可得到优化结果
$$G_f = 0.11$$
把计算出的前馈补偿系数（$G_f = 1/5.77$）、优化出的系数（$G_f = 0.11$）和不补偿（$G_f = 0$）三种情况下的仿真结果显示在图 6-59 中。从该图中可以看出，优化前馈补偿系数后，取得了较好的控制品质（调节速度得到了很大的提高，超调量在允许的范围内），而且在这三种情况下，控制器的输出都在同一个数量级上。

6.7.2　按外部扰动补偿的复合控制策略

当某些外部扰动可测量时，可以通过前馈补偿装置消除这个扰动。按外部扰动补偿的复合控制系统结构如图 6-61 所示。

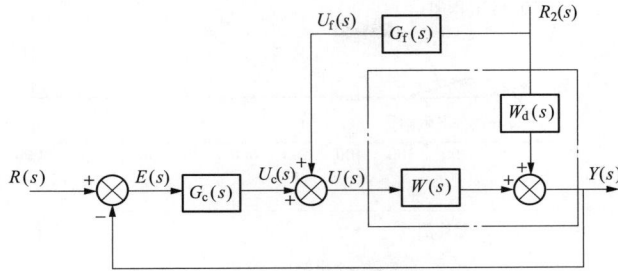

图 6-61　按外部扰动补偿的复合控制系统结构

在图 6-60 中，外部扰动 $R_2(s)$ 是一个可测量的信号，一方面，它作用于被控系统，对被控系统产生不利影响；另一方面，它作用于前馈补偿器，使其产生控制作用 $U_f(s)$，与反馈控制器的输出 $U_c(s)$ 叠加生成对被控系统的整体控制作用。其中，前馈补偿器的控制作用 $U_f(s)$ 用来抵消外扰 $R_2(s)$ 对被控系统的不利影响。

因此，为使被控系统的输出完全不受外扰 $R_2(s)$ 的影响，应该选择前馈补偿器 $G_f(s)$ 使

$$G_f(s)W(s)R_2(s) + W_d(s)R_2(s) = 0 \tag{6-74}$$

成立。即

$$G_f(s) = -\frac{W_d(s)}{W(s)} \tag{6-75}$$

考虑图 6-62 所示的某火电机组的主蒸汽温度控制系统，采用喷水减温的控制方式。燃料量 D 对主蒸汽温度的影响是可以测量的，所以把它作为前馈信号，设计全补偿前馈控制器。

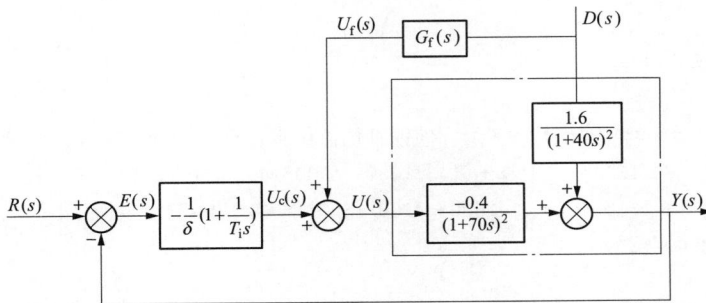

图 6-62　主蒸汽温度系统的前馈加反馈复合控制系统结构

根据式（6-75）可以得到全补偿前馈控制器：

$$G_f(s) = \frac{4(1+70s)^2}{(1+40s)^2} = 4\frac{4900s^2 + 140s + 1}{1600s^2 + 80s + 1}$$

根据第 4 章的优化方法，可以得到反馈控制器的最优参数为

$$\delta = 0.3, \ T_i = 84$$

当外扰为单位阶跃信号时（给定值 $r=0$），该系统的仿真程序为 Simu673.m。仿真结果如图 6-63 所示。

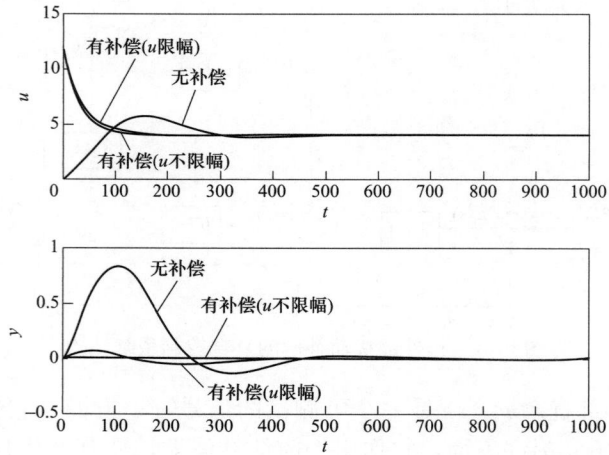

图 6-63　主蒸汽温度控制系统使用动态补偿器时的仿真结果

```
% 主蒸汽温度系统的前馈加反馈复合控制系统 Simu673. m
clearall;
DT = 1; ST = 1000; LP = ST/DT;
a1 = exp( - DT/70); b1 = 1 - a1;
a2 = exp( - DT/40); b2 = 1 - a2;
DTA = 0. 32; Ti = 42; r = 0; D = 1;
xi = 0; x1 = 0; x2 = 0; x3 = 0; x4 = 0; z1 = 0; z2 = 0; h = 0;
for i = 1: LP
    %%%%%%%%%%%%%%%%%%%%%%%控制器仿真计算%%%%%%%%%%%%%%%%%%%%%%%%
    e = r - h;
    xi = xi + DT/DTA/Ti * e;
    xpi = xi + e/DTA;
    %###################前馈补偿器仿真计算%%%%%%%%%%%%%%%%%%%%%%
    z1 = z1 + DT * ( - 80/1600 * z1 + z2 + (140/1600 - 4900/1600 * 80/1600) * D);
    z2 = z2 + DT * ( - 1/1600 * z1 + (1/1600 - 4900/1600/1600) * D);
    zd = 4 * (z1 + 4900/1600 * D);
    u = xpi - zd;
    % 控制器输出限幅
    if u>8; u = 8; end
    if u< - 8; u = - 8; end
    %%%%%%%%%%%%%%%%%%%%%%%%%被控对象仿真计算%%%%%%%%%%%%%%%%%%%%%%
    x1 = a1 * x1 + 0. 4 * b1 * u;
    x2 = a1 * x2 + b1 * x1;
    x3 = a2 * x3 + 1. 6 * b2 * D;
    x4 = a2 * x4 + b2 * x3;
    h = x2 + x4;
    y(i) = h; U(i) = u; t(i) = DT * i;
```

```
end
subplot(2, 1, 1), plot(t, U); hold on;
subplot(2, 1, 2), plot(t, y); hold on;
```

从图 6-63 中可以看到，按外部扰动加入前馈补偿器后，当产生外部扰动时，由于前馈补偿器的控制作用，几乎完全消去了外部信号扰动对被控系统输出产生的影响（从图 6-62 中的输出曲线上看，加入前馈补偿器后，不能使被控系统的输出完全等于零，是由于串行计算带来的计算误差所致）。

从图 6-63 中的复合控制器输出曲线上可以看到，当加入了前馈补偿器后，复合控制器的输出几乎增大了一倍。这个输出在工程上是无法接受的。现在对复合控制器的输出进行限幅，即使 $\max|u(t)| < 8$，由此得到的仿真结果如图 6-63 所示。从仿真曲线上容易看出，当对复合控制器的输出进行限幅后，就不能对外部扰动进行完全补偿。

与按给定值扰动设计的前馈补偿器一样，当按式（6-75）设计出的补偿器不能实现时，可以考虑使用静态补偿。根据式（6-75）则有静态补偿器：

$$G_f(s) = -\frac{W_d(0)}{W(0)} \qquad (6\text{-}76)$$

对于上述的主蒸汽温度系统，按外扰设计的静态补偿器为

$$G_f(s) = \frac{4(1+70s)^2}{(1+40s)^2}\Big|_{s=0} = 4$$

加入静态补偿器后的仿真结果如图 6-64 所示。从该图中可以看到，加入静态补偿器后，外部扰动时，其控制品质得到了很大的改善，而且与不加补偿器时相比，复合控制器的最大输出幅值仅仅略有增加。

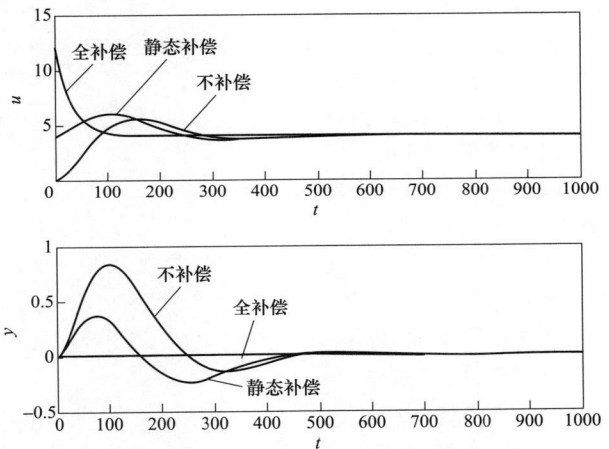

图 6-64　主蒸汽温度控制系统使用静态补偿器时的仿真结果

再来考虑某 600MW 燃煤锅炉的汽包水位控制系统，蒸汽量 R_D 是一个可以测量的物理量，可以把它作为前馈量，来设计前馈补偿控制器，如图 6-65 所示。

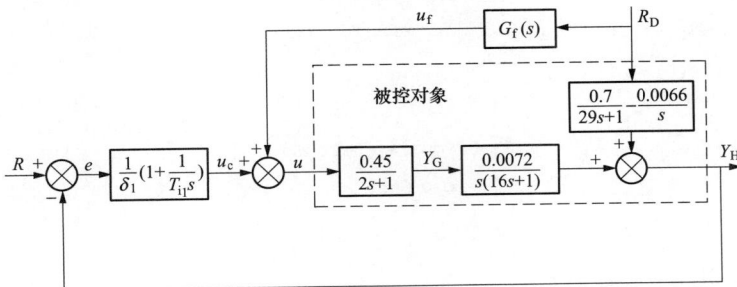

图 6-65　锅炉汽包水位前馈加反馈复合控制系统

根据式（6-75），可以得到根据蒸汽量设计的前馈补偿器：

$$G_f(s) = \cfrac{\cfrac{0.0066}{s} - \cfrac{0.7}{29s+1}}{\cfrac{0.45 \times 0.0072}{(2s+1)s(16s+1)}} = \frac{(2s+1)(16s+1)}{0.45 \times 0.0072} \times \frac{0.0066(29s+1) - 0.7s}{29s+1}$$

在该式中含有二阶纯微分项，在工程上无法实现它，因此使用静态补偿。根据式(6-76)有：

$$G_f(s) = \left. \frac{(2s+1)(16s+1)}{0.45 \times 0.0072} \times \frac{0.0066(29s+1) - 0.7s}{29s+1} \right|_{s=0} = \frac{0.0066}{0.45 \times 0.0072} = 2.04$$

汽包水位前馈加反馈复合控制系统的仿真程序为 Obj_simu674.m。

```
%汽包水位前馈加反馈复合控制系统的仿真程序 Obj_simu674.m
function [Q, DT, LP, y, t] = Obj_simu674(DTA, Ti)
% clear all;
DT = 1; ST = 800; LP = ST/DT;
a1 = exp(-DT/2); b1 = 1-a1;
a2 = exp(-DT/16); b2 = 1-a2;
a3 = exp(-DT/29); b3 = 1-a3;
R = 50; RD = 0; RG = 0;
xi = 0; x1 = 0; x2 = 0; x3 = 0; x4 = 0; x5 = 0; YH = 0; Q = 0;
DTA = 0.03; Ti = 594;
for i = 1: LP
    e = R - YH;
    xp = e/DTA;
    xi = xi + DT/DTA/Ti * e;
    upi = xi + xp;
    uf = 2.04 * RD; %加入静态前馈补偿器
    upi = xi + xp + uf;
    x1 = a1 * x1 + 0.45 * b1 * (upi + RG);
    x2 = x2 + 0.0072 * DT * x1;
    x3 = a2 * x3 + b2 * x2;
    x4 = a3 * x4 + 0.7 * b3 * RD;
    x5 = x5 - 0.0066 * DT * RD;
    YH = x3 + x4 + x5;
    y(i) = YH; YG(i) = x1; t(i) = DT * i;
    Q = Q + t(i) * abs(e) * DT;
end
% [Mp, tr, ts, FAI, Tp, E1, E2, E3] = 0_quality(DT, LP, y/50, t)
% subplot(2, 1, 1), plot(t, YG, 'b'); hold on;
% subplot(2, 1, 2), plot(t, y, 'b'); hold on;
```

下面来优化 PID 控制器参数：

选取目标函数

$$Q = \int_0^{t_s} t |e| \, dt + Q_f$$

并要求：

$$\begin{cases} 0.70 < \varphi < 0.85 \\ 5\% < M_p < 40\% \\ t_s \mid_{\min} \end{cases}$$

根据式（4-43）和式（4-44）即可估计出控制器的初始参数：

$$\delta = 0.055, \quad T_i = 162$$

估计参数的寻优区间：$\delta_1 \in$ （0.01, 0.5），$T_{i_1} \in$ （100, 600），取计算步长 $\Delta\delta = 0.01$，$\Delta T_i = 2$。其系统仿真和目标函数计算子程序为 Obj _ simu674. m。穷举法优化主程序为 O _ enumeration675. m。优化结果为

$$\delta = 0.03, \quad T_i = 594$$

在该参数下，系统在定值扰（汽包水位升高 50mm 时）下的仿真响应曲线如图 6-66 所示。从该图中可以看到，各项品质指标达到了设计要求，而且，最大给水量（693t/h）在实际工程上也是可以接受的。

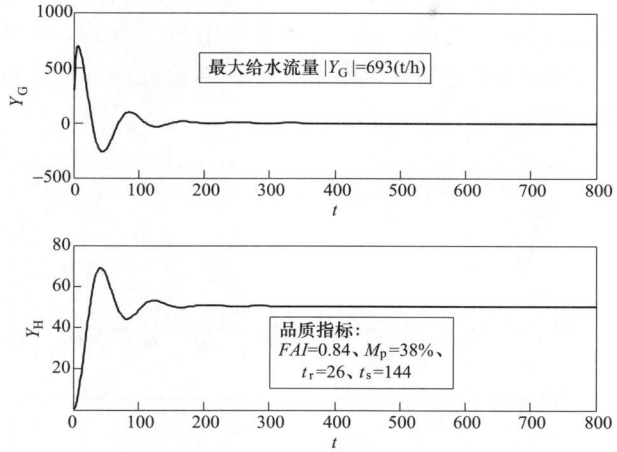

图 6-66　前馈加反馈复合控制系统在水位定值阶跃 50mm 时的响应曲线

```
% 单回路给水控制系统控制器参数优化主程序 O _ enumeration674. m
clear all;
% % % % % % % % % % % % % % % % % % % % % 初始参数 % % % % % % % % % % % % % % % % % % % % % % % % % % %
DTAb = 0.055；Tib = 162；% 优化变量的初始值
DTA _ LLimits ＝ 0.01；% 优化变量的下限
DTA _ HLimits ＝ 0.5；% 优化变量的上限
DDTA = 0.01；% 优化变量步长
Ti _ LLimits ＝ 100；% 优化变量的下限
Ti _ HLimits ＝ 600；% 优化变量的上限
DTi = 2；% 优化变量步长
[Qmin, DT, LP, y, t] = Obj _ simu674(DTAb, Tib)；% 调用仿真子程序
tsb = 800；
Mp _ l = 5；Mp _ h = 40；FAI _ l = 0.70；FAI _ h = 0.85；
% % % % % % % % % % % % % % % % % % % % 搜索开始 % % % % % % % % % % % % % % % % % % % % % % % % % % %
for DTA = DTA _ LLimits: DDTA: DTA _ HLimits
    for Ti = Ti _ LLimits: DTi: Ti _ HLimits
        [Q, DT, LP, y, t] = Obj _ simu674(DTA, Ti)；% 调用仿真子程序
        [Mp, tr, ts, FAI, Tp, E1, E2, E3] = O _ quality(DT, LP, y, t)；
        if (FAI>FAI _ l)&(FAI<FAI _ h)&(Mp>Mp _ l)&(Mp<Mp _ h)&(ts<tsb)
            Qmin = Q；DTAb = DTA；Tib = Ti；tsb = ts；
        end
```

```
        end
    end
    DTAb
    Tib
```

在上述最优参数下，加入静态补偿器后，可以得到外部扰动下（蒸汽量变化 100t/h）的仿真结果（见图 6-67）。从该图中可以看到，加入静态补偿器后，大大地提高了调节速度，而且给水量的变化量 Y_G(t/h) 与蒸汽量的变化量 R_D(t/h) 在同一个数量级上，符合工程实际要求。

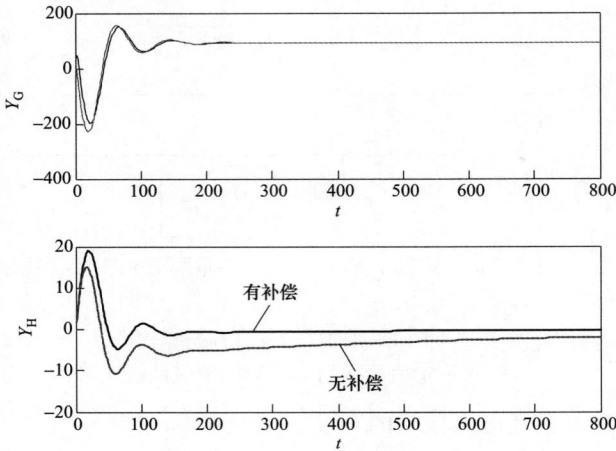

图 6-67　以蒸汽量为前馈信号的汽包水位复合控制系统

由于大中型锅炉的蒸汽量的变化会引起测量时的"虚假"水位，导致给水调节机构误动作，致使汽包水位激烈地上下波动，因此，在实际中高负荷运行的情况下，必须考虑给水量与蒸汽量相互配合，减小汽包水位的波动。

从物质平衡的角度上看，只要保证给水量永远等于蒸汽量，就可以保证汽包水位永远不变。但是，由于锅炉运行时，总要进行"排污"，蒸汽管道或给水管道有时也会泄漏，蒸汽量和给水量都存在测量误差等因素，在一般情况下，给水量与蒸汽量的测量值并不完全相等。现在，一种比较成熟的控制策略是使用串级三冲量控制结构，图 6-68 所示的是某 600MW 亚临界机组的汽包水位串级三冲量控制系统结构方框图。

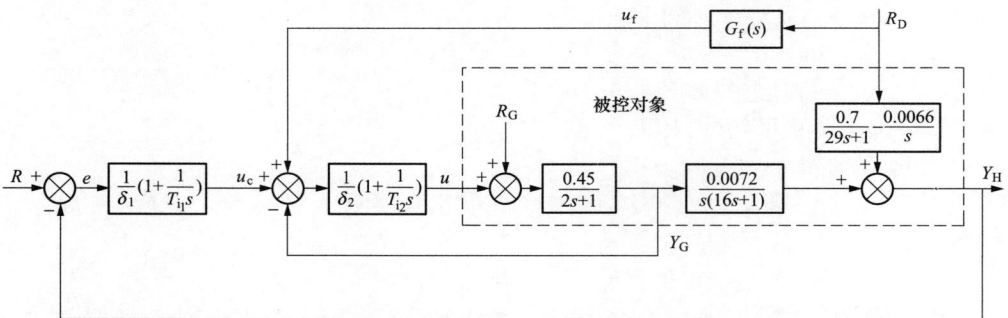

图 6-68　600MW 亚临界机组的汽包水位串级三冲量汽包水位控制系统结构方框图

这里所说的三冲量是指：汽包水位量 Y_H、给水流量 Y_G 和蒸汽流量 R_D。在该系统中，把蒸汽流量作为前馈量来设计前馈补偿器。由于蒸汽量使汽包水位的变化率与给水量使汽包水位的变化率近似相等，所以按式（6-75）设计出的补偿器增益近似为 1。给水量作为内回路的被控量，及时消除由给水机构（给水泵和调节阀）产生的内扰。汽包水位作为系统的被控量，通过外回路维持水位 Y_H 在设定值。

在第 4 章已经讨论过，对于双回路控制系统，一定要分别对内、外回路进行优化，才能得到能适合工程上应用的控制器参数。内回路是一个快速系统，优化时，只考虑调节的快速性以及给水阀门的动作幅值就够了。仍利用第 4 章的经验整定公式［式（4-43）和式（4-44）］，可以得到内回路控制器的最优参数

$$\delta_2 = 0.86, \quad T_{i_2} = 20$$

选择好内回路控制器参数后，它就等价成一个比例系数为 1 的比例环节了。所以，前馈补偿器增益为

$$G_f(s) = \frac{(16s+1)}{0.0072} \frac{0.0066(29s+1)-0.7s}{29s+1} \bigg|_{s=0} = \frac{0.0066}{0.0072} = 0.92$$

$G_f(s)$ 近似为 1，符合上述分析结果。

对于外回路，选取目标函数

$$Q = \int_0^{t_s} t |e_1| \mathrm{d}t + Q_f$$

并要求：

$$\begin{cases} 0.70 < \varphi < 0.85 \\ 5\% < M_p < 40\% \\ t_s |_{\min} \end{cases}$$

根据式（4-43）和式（4-44）可估计出控制器的初始参数：

$$\delta_1 = 0.11, \quad T_{i_1} = 160$$

进而可以估计出参数的寻优区间：$\delta_1 \in (0.01, 0.5)$，$T_{i_1} \in (100, 600)$，取计算步长 $\Delta\delta_1 = 0.01$，$\Delta T_{i_1} = 2$。其系统仿真和目标函数计算子程序为 Obj_simu675.m，穷举法优化主程序为 O_enumeration675.m。

```
% 串级三冲量控制系统的仿真程序 Obj_simu675.m
% function [Q, DT, LP, y, t] = Obj_simu675(DTA1, Ti1)
clear all;
DT = 1; ST = 800; LP = ST/DT;
a1 = exp(-DT/2); b1 = 1 - a1;
a2 = exp(-DT/16); b2 = 1 - a2;
a3 = exp(-DT/29); b3 = 1 - a3;
R = 0; RD = 100; RG = 0;
Q = 0;
xi1 = 0; xi2 = 0; x1 = 0; x2 = 0; x3 = 0; x4 = 0; x5 = 0; YH = 0;
DTA1 = 0.15; Ti1 = 580;
DTA2 = 0.86; Ti2 = 20;
for i = 1: LP
    e1 = R - YH;
    xp1 = e1/DTA1;
    xi1 = xi1 + DT/DTA1/Ti1 * e1;
    upi1 = xi1 + xp1;
    uf = 0.92 * RD; % 加入静态前馈补偿器
```

```
        e2 = upi1 + uf - x1;
        xp2 = e2/DTA2;
        xi2 = xi2 + DT/DTA2/Ti2 * e2;
        u(i) = xp2 + xi2;
        x1 = a1 * x1 + 0.45 * b1 * (u(i) + RG);
        x2 = x2 + 0.0072 * DT * x1;
        x3 = a2 * x3 + b2 * x2;
        x4 = a3 * x4 + 0.7 * b3 * RD;
        x5 = x5 - 0.0066 * DT * RD;
        YH = x3 + x4 + x5;
        y(i) = YH; YG(i) = x1; t(i) = DT * i;
        Q = Q + t(i) * abs(e1) * DT;
end
max(abs(YG))
[Mp, tr, ts, FAI, Tp, E1, E2, E3] = O_quality(DT, LP, y/50, t)
subplot(2, 1, 1), plot(t, YG, 'b'); hold on;
subplot(2, 1, 2), plot(t, y, 'b'); hold on;
```

```
%穷举法优化三冲量给水系统主控制器参数程序 O_enumeration675.m
clear all;
%%%%%%%%%%%%%%%%%%%%%%%%%%初始参数%%%%%%%%%%%%%%%%%%%%%%%%%%
DTAb = 0.11; Tib = 160; %优化变量的初始值
DTA_LLimits = 0.01; %优化变量的下限
DTA_HLimits = 0.5; %优化变量的上限
DDTA = 0.01; %优化变量步长
Ti_LLimits = 100; %优化变量的下限
Ti_HLimits = 600; %优化变量的上限
DTi = 2; %优化变量步长
[Qmin, DT, LP, y, t] = Obj_simu675(DTAb, Tib); %调用仿真子程序
tsb = 800;
Mp_l = 5; Mp_h = 40; FAI_l = 0.70; FAI_h = 0.85;
%%%%%%%%%%%%%%%%%%%%%%%%%搜索开始%%%%%%%%%%%%%%%%%%%%%%%%%%%
for DTA = DTA_LLimits: DDTA: DTA_HLimits
    for Ti = Ti_LLimits: DTi: Ti_HLimits
        [Q, DT, LP, y, t] = Obj_simu675(DTA, Ti); %调用仿真子程序
        [Mp, tr, ts, FAI, Tp, E1, E2, E3] = O_quality(DT, LP, y, t);
        if (FAI>FAI_l)&(FAI<FAI_h)&(Mp>Mp_l)&(Mp<Mp_h)&(ts<tsb)
            Qmin = Q; DTAb = DTA; Tib = Ti; tsb = ts;
        end
    end
end
DTAb
Tib
```

优化结果为

$$\delta_1 = 0.15, \quad T_{i_1} = 580$$

在该参数下，系统在定值扰（汽包水位升高 50mm 时）下的仿真响应曲线如图 6-68 所示。从该图中可以看到，各项品质指标达到了设计要求，而且最大给水量仅为 165t/h，完全满足实际要求。

从图 6-69 中还可以看到，对比单回路和三冲量两种控制方案的控制品质，似乎单回路的比三冲量的还要好，其实不然。对比两种控制方案下的最大给水量，单回路的大约是三冲量的 4 倍，从系统的稳定性来讲，工

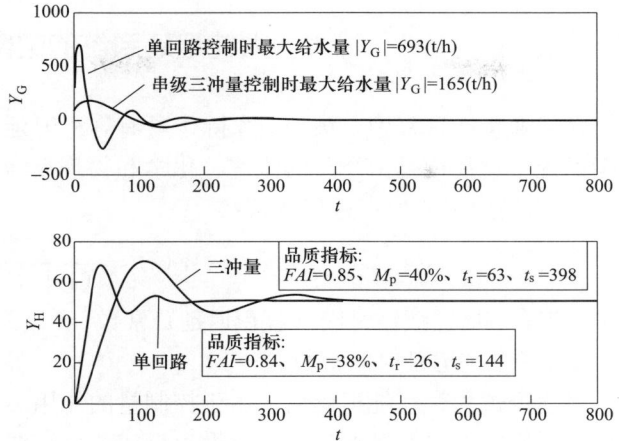

图 6-69　串级三冲量给水控制系统在
水位阶跃 50mm 时的响应曲线

程上更愿意选择三冲量控制方案，以便减小给水量的大幅度波动。

下面看一下在两种控制方案的最优参数下，都加入静态补偿器，得到的外部扰动时（蒸汽量变化 100t/h）的仿真响应曲线如图 6-70 所示。与定值扰时得到的结论相同，从系统稳定性的角度来考虑，三冲量控制方案优于单回路。

下面再看一下在两种控制方案的最优参数下，内部扰动（给水量变化 45t/h）时的控制品质，如图 6-71 所示。从该图可以看到，单回路控制系统很难消除内部扰动。

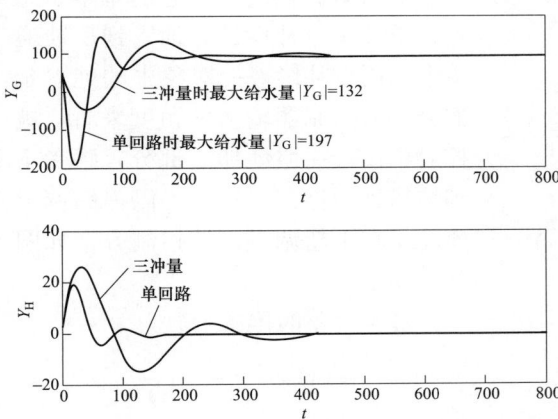

图 6-70　蒸汽量变化 100t/h 时两种
控制方案控制效果的对比

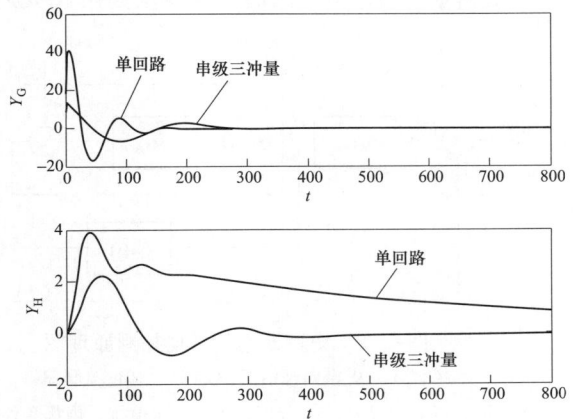

图 6-71　给水量变化 100t/h 时两种
控制方案控制效果的对比

上述的这些因素就是对于大型锅炉汽包水位系统一定要采用三冲量控制策略的原因。

通过上述的各项实验研究可以看到，当被控系统中的扰动通道和补偿通道的动态过渡时间（$n \times T$）不在同一数量级时，得到的解耦器输出可能会很大（甚至是无穷大），工程中无法实现，可能达不到全解耦的目的。

6.8 大纯迟延系统的史密斯预估控制

在工业生产过程中，被控对象除了具有容积迟延（惯性）外，往往不同程度地存在着纯时间迟延（这往往是由介质的流速、化学和物理反应过程等因素引起的）。所以，一般用式（6-77）来描述工业生产过程对象：

$$W(s) = \frac{ke^{-\tau s}}{(1+Ts)^n} \tag{6-77}$$

式中　T——描述惯性时间（容积迟延）常数；

　　　τ——纯迟延时间常数。

当生产过程存在纯迟延后，由于控制量的作用不能及时反映到被控系统的输出，从而导致控制器不能及时对被调量的变化做出反应，使得调节速度变慢、超调量增大。所以，具有纯迟延的过程被公认为是比较难控制的过程。

在第 4 章已经讨论过，为了设计控制系统时方便，可以用经验公式[式（4-33）和式（4-34）]消去纯迟延。但这时，传递函数的阶次将会升高，高阶传递函数在一定程度上可以代替纯迟延，这只是书写形式上的不同，从本质上是不能消去纯迟延的。

当纯迟延较小时，可以不用专门考虑纯迟延的问题，按一般系统进行优化设计即可。但系统存在大纯迟延时（一般认为 $\tau/T > 0.5$ 时，则说明该过程是具有大迟延的工艺过程），必须设计专门的控制算法，才能使大迟延系统的控制品质满足工业要求。

6.8.1　史密斯预估器补偿算法原理

史密斯（Smith）预估补偿算法是解决大迟延系统控制的有效方法之一。它的基本思想是，设计一个补偿器，加入到反馈通道中，用以补偿被控对象中的纯迟延部分，从控制器输入的角度来看，被控对象仅存在惯性那一部分，感受不到纯迟延的存在，从而可以提高调节速度、减小超调量。该控制方案如图6-72 所示。

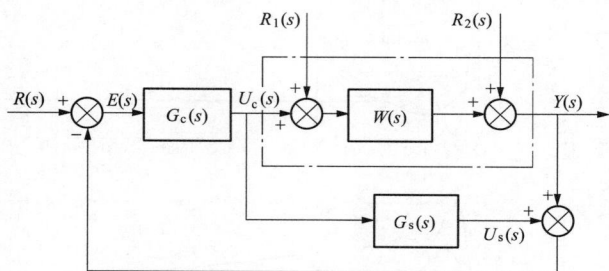

图 6-72　史密斯预估补偿控制原理图

$G_s(s)$—史密斯预估器；$G_c(s)$—PID 控制器；

$R(s)$、$R_1(s)$、$R_2(s)$—分别为系统的定值扰、内扰和外扰

被控对象的传递函数为

$$W(s) = \frac{Ke^{-\tau s}}{(1+Ts)^n}$$

根据上述的史密斯预估控制原理，预估补偿器 $G_s(s)$ 应该满足式（6-78），即

$$G_s(s) + \frac{Ke^{-\tau s}}{(1+Ts)^n} = \frac{K}{(1+Ts)^n} \tag{6-78}$$

解得：

$$G_s(s) = (1-e^{-\tau s})\frac{K}{(1+Ts)^n} \tag{6-79}$$

把式（6-79）称作史密斯预估器。

考虑图 6-29 所示的某 300MW 循环流化床锅炉在 60% 负荷下床温控制对象

$$G(s) = \frac{5.77}{(224.18s + 1)^2} e^{-86s}$$

使用史密斯预估控制策略。

根据式（6-79），可以得到斯密斯预估器：

$$G_s(s) = (1 - e^{-86s}) \frac{5.77}{(1 + 224.18s)^2}$$

由此构成的斯密斯预估控制系统如图 6-73 所示。

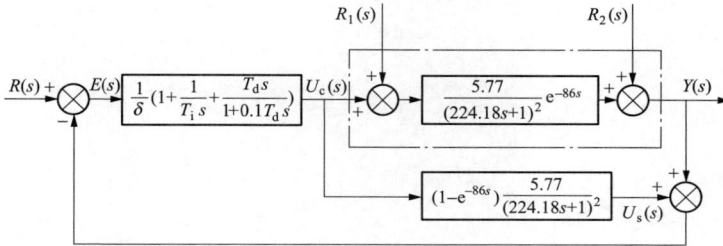

图 6-73　床温斯密斯预估控制系统

加入史密斯预估器后，整体被控对象变为

$$\frac{5.77}{(224.18s + 1)^2}$$

依此，根据式（4-39）和式（4-40）即可估计出控制器的初始参数：

$$\delta = \alpha K(\beta + n_1) = 0.081 \times 5.77 \times (8 + 2) = 4.7$$

$$T_i = \gamma(nT + \tau) = 0.6 \times 224.18 \times 2 = 269$$

进而可以估计出参数的寻优区间：

$$\delta \in (2, 8), \quad T_i \in (150, 350)$$

因为要优化的参数较少，可以使用穷举法。根据对床温系统的要求，提出以下控制品质指标：

$$\begin{cases} 0.90 < \varphi < 0.98 \\ 10\% < M_p < 20\% \\ [t_s]_{min} \end{cases}$$

其优化主程序为：O_enumeration681.m，子程序为 Obj_simu681.m。由此，可以得到优化结果：

$$\delta = 4.0, \quad T_i = 306$$

不加史密斯预估器时，优化出的参数为

$$\delta = 4.8, \quad T_i = 429$$

由此不难看出，加入史密斯预估器后，可以加大比例和积分作用（减小 δ，T_i），这样就可以提高调节速度。加入史密斯预估器前后系统响应及其控制品质指标的对比如图 6-73 所示。

```
%有史密斯预估器时穷举法优化主程序 O_ enumeration681.m
clear all;
%%%%%%%%%%%%%%%%%%%%%%%%%%%%设置控制参数%%%%%%%%%%%%%%%%%%%%%%%%%%
X_ LLimits = [2, 150];%设置优化变量下限
X_ HLimits = [8, 350];%设置优化变量上限
DTA_ X = [0.1 1];%设置优化变量步长
ts_ o = 3000;%设置初始过渡过程时间
Mp_ l = 10; Mp_ h = 20; FAI_ l = 0.76; FAI_ h = 0.98;%设置控制品质约束
%%%%%%%%%%%%%%%%%%%%%%%%%%%%搜索开始%%%%%%%%%%%%%%%%%%%%%%%%%%%%%%
for i1 = X_ LLimits(1): DTA_ X(1): X_ HLimits(1)
    for i2 = X_ LLimits(2): DTA_ X(2): X_ HLimits(2)
        x = [i1, i2];
        [DT, LP, t, y, u] = Obj_ simu681(x);%调用系统仿真子程序
        [Mp, tr, ts, FAI, Tp, E1, E2, E3] = O_ quality(DT, LP, y, t);
        if (FAI>FAI_ l)&(FAI<FAI_ h)&(Mp>Mp_ l)&(Mp<Mp_ h)&(ts<ts_ o)
            x_ o = x; ts_ o = ts;
        end
    end
end
x_ o
[DT, LP, t, y, u] = Obj_ simu681(x_ o);%调用系统仿真子程序
[Mp, tr, ts, FAI, Tp, E1, E2, E3] = O_ quality(DT, LP, y, t)
plot(t, y, t, u); hold on;
```

```
%系统仿真子程序 Obj_ simu681.m
%clear all;
function [DT, LP, t, y, u] = Obj_ simu681(V)
DT = 2; ST = 3000; LP = ST/DT;
%%%%%%%%%%%%%%%%%%%%%%%%%%%%设置被控对象参数%%%%%%%%%%%%%%%%%%%%%%%%%
K = 5.77; N = 2; T = 224.18; Tao = 86;
A = exp(-DT/T); B = 1-A; Md = fix(Tao/DT);
%%%%%%%%%%%%%%%%%%%%%%%%%%%%设置史密斯预估器参数%%%%%%%%%%%%%%%%%%%%%
Ks = 5.77; Ns = 2; Ts = 224.18; Taos = 86;
As = exp(-DT/Ts); Bs = 1-A; Mds = fix(Taos/DT);
%%%%%%%%%%%%%%%%%%%%%%%%%%%%设置仿真用初始参数%%%%%%%%%%%%%%%%%%%%%%
xi = 0; x(1: N) = 0; xs(1: Ns) = 0; y1 = 0; xd0 = 0; z = 0;
x_ del(1: Md) = 0; x_ dels(1: Mds) = 0;
V = [4.0 306]; Td = 38; C = exp(-DT/0.1/Td);
for i = 1: LP
    %%%%%%%%%%%%%%%%%%%%%%%%%%PID控制器仿真%%%%%%%%%%%%%%%%%%%%%
    E = 1-z;
    %e = 1-y1;%加入史密斯预估器后
```

```
xp = e/V(1);
xi = xi + DT/V(1)/V(2) * e;
xd1 = C * xd0 + (1 - C) * e;
xd = Td/V(1) * (xd1 - xd0)/DT; xd0 = xd1;
upid = xp + xi + xd;
%%%%%%%%%%%%%%%%%%%%%%史密斯预估器仿真%%%%%%%%%%%%%%%%%
xs(1) = As * xs(1) + Ks * Bs * upid;
xs(2: Ns) = A * xs(2: Ns) + Bs * xs(1: Ns-1);
zs = x_dels(Mds);
for j = Mds: -1: 2; x_dels(j) = x_dels(j-1); end
x_dels(1) = xs(Ns);
us = xs(Ns) - zs;
%%%%%%%%%%%%%%%%%%%%%%被控对象仿真%%%%%%%%%%%%%%%%%%%%
x(1) = A * x(1) + K * B * upid;
x(2: N) = A * x(2: N) + B * x(1: N-1);
z = x_del(Md);
for j = Md: -1: 2; x_del(j) = x_del(j-1); end
x_del(1) = x(N);
y(i) = z; t(i) = i * DT; u(i) = upid; y1 = us + z;
end
%[Mp, tr, ts, FAI, Tp, E1, E2, E3] = O_quality(DT, LP, y, t)
%plot(t, y); hold on;
```

从图 6-74 中可以看出，加入史密斯预估器后，调节速度得到了很大的提高（上升时间由 614s 减小到 564s，过渡过程时间由 1766s 减小到 1114s），超调量和衰减率都满足工业要求。

如果现在使用 PID 控制律，不加史密斯预估器时优化出的 PID 参数为

$$\delta = 4.8, \quad T_i = 429, \quad T_d = \frac{T_i}{8} \approx 53$$

加入史密斯预估器后，优化出的 PID 参数为

$$\delta = 4.0, \quad T_i = 306, \quad T_d = \frac{T_i}{8} \approx 38$$

对比加入史密斯预估器前、后的仿真结果（见图 6-75）。综合考虑四种控制品质

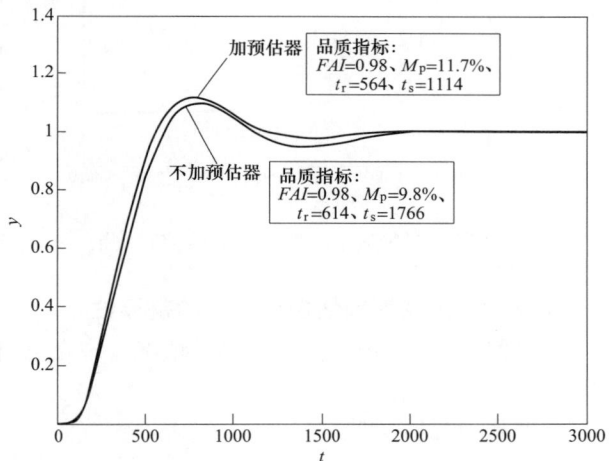

图 6-74　具有史密斯预估器的 PID 控制

指标，可以看到，加入史密斯预估器后的控制品质比不使用史密斯预估器时差。分析其原因是，PID 中的微分作用具有预测偏差变化的能力，它可以根据偏差的变化提前进行控制，虽然，在控制开始的一段时间（纯迟延时间 τ）内，偏差没有变化，但是一旦过了纯迟延时间，微分器感受到了偏差的变化，就开始进行控制，这个提前控制作用与史密斯预估器的控制效果是相同的，甚至占控制作用的主导地位，因此通过优化 PID 控制器参数，也能达到控制品质优良的目的。由此看来，微分作用也适合于具有大迟延大惯性的被控对象。但是，

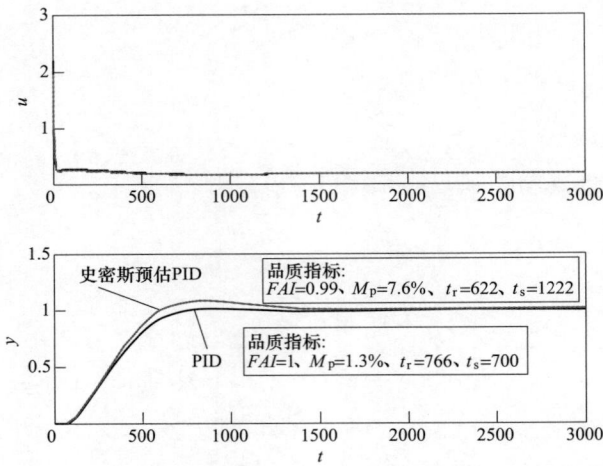

图 6-75　具有史密斯预估器的 PID 控制

微分作用对现场的测量噪声特别敏感，当现场测量噪声较大时，一般切除微分作用，这时史密斯预估器就有一定的实用价值。

现在来观察对系统施加内、外扰动时的史密斯预估器的控制效果。使用 PID 控制律，控制器参数同前。加入内部扰动时的控制效果如图 6-76 所示，加入外部扰动时的控制效果如图 6-77 所示。

从图 6-76 和图 6-77 中可以看出，内部扰动时，加入史密斯预估器后，调节速度得到明显提高，但是外部扰动时，超调量有所增大，调节速度并没有得到改善。总体来说，史密斯预估器对内外扰动控制效果的改善并不明显。

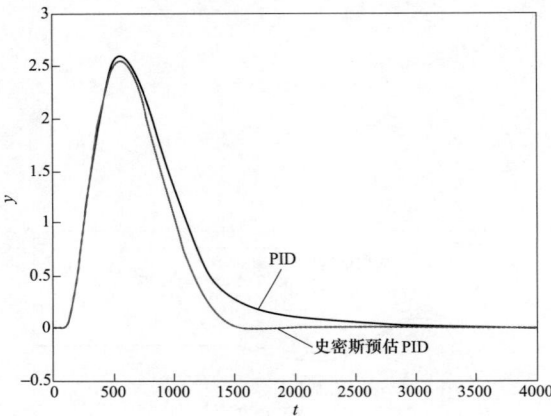

图 6-76　内部扰时加入史密斯预估器的控制效果

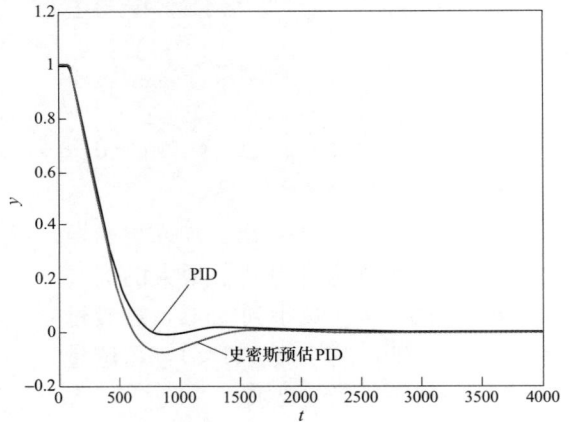

图 6-77　外部扰时加入史密斯预估器的控制效果

6.8.2　史密斯预估控制算法的鲁棒性

上面讨论的是预估模型准确的情况，现在来讨论模型失配时加入史密斯预估器时的控制效果。

假设，估计模型是

$$G_s(s) = \frac{5.77}{(224.18s+1)^2} e^{-86s}$$

而实际模型是

$$G(s) = \frac{5.77}{(244.18s+1)^2} e^{-46s}$$

或是

$$G(s) = \frac{5.77}{(204.18s+1)^2} e^{-126s}$$

按估计模型优化出的 PI 控制器参数为

$$\delta = 4.0, \quad T_i = 306$$

400

模型失配前后的控制效果如图 6-78
所示。

对比估计模型和实际模型，根据第 4
章的惯性时间常数与纯迟延时间互换经验
公式（4-33），可以看到，这不是真正意义
上的模型失配，仅仅是纯迟延时间与惯性
时间互换而已。因此，从图 6-77 中可以看
出，模型失配后，其控制品质与原来相差
不多，都是可以接受的。

如果实际模型是

$$G(s) = \frac{5.77}{(244.18s+1)^2} e^{-86s}$$

或是

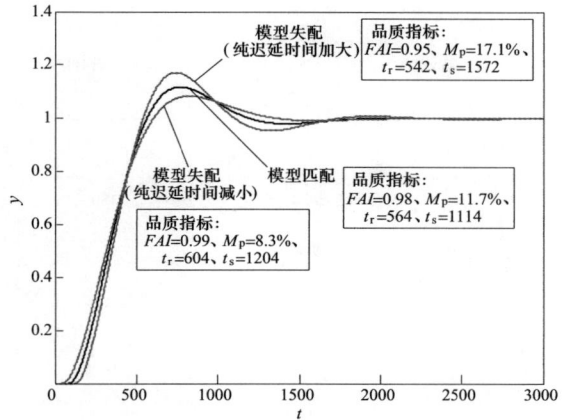

图 6-78　惯性时间和纯迟延互换失配时的控制效果

$$G(s) = \frac{5.77}{(224.18s+1)^2} e^{-126s}$$

这是真正意义上的模型失配。这里把模型的惯性时间估计小了，或者是把纯迟延时间估计短
了。模型失配前后的控制效果如图 6-79 所示。从该图中可以看到，模型失配后，控制品质
变化不大，特别是如果把惯性时间估计小时，控制品质还得到了改善。

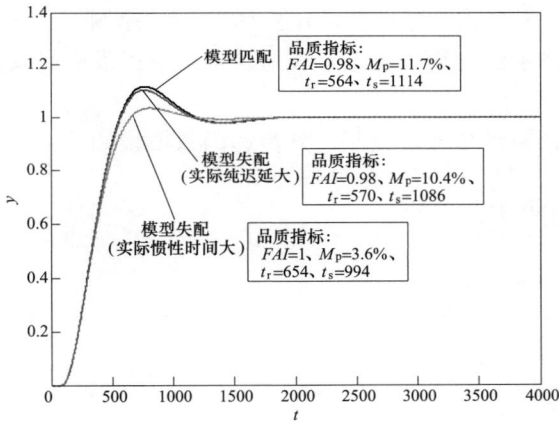

图 6-79　纯迟延时间和惯性时间分别估小时的控制效果

如果实际模型是

$$G(s) = \frac{5.77}{(204.18s+1)^2} e^{-86s}$$

或是

$$G(s) = \frac{5.77}{(224.18s+1)^2} e^{-46s}$$

这里把模型的惯性时间估计大了，或者是
把纯迟延时间估计长了。在此情况下的仿
真结果如图 6-80 所示。从该图中可以看
到，与上面的结果一样，如果把惯性时间
或纯迟延时间估计大了，其控制品质变化
不大，都是合理的、可以接受的。

如果实际模型是

$$G(s) = \frac{4.77}{(224.18s+1)^2} e^{-86s}$$

或是

$$G(s) = \frac{6.77}{(224.18s+1)^2} e^{-86s}$$

这里把模型的增益估计大了，或者是估计小了。在此情况下的仿真结果如图 6-81 所示。从
该图中可以看到，与上面的结果一样，如果模型增益失配，其控制品质变化不大，都是合理
的、可以接受的。

上述的试验结果并不能说明史密斯预估器的鲁棒性好，这种控制策略鲁棒性好是 PID
控制律的特性带来的。我们给出的结论是：史密斯预估器与 PID 控制器相结合构成的控制
策略具有较好的鲁棒性。

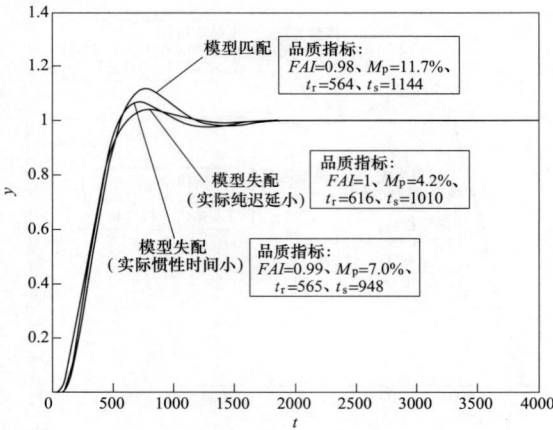

图 6-80　纯迟延时间和惯性时间
　　　　分别估大时的控制效果

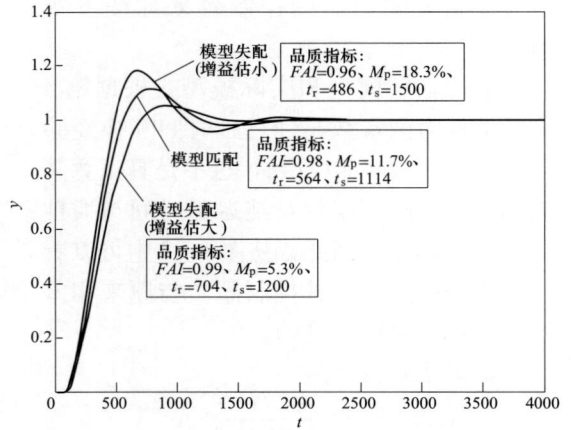

图 6-81　模型增益失配时的控制效果

6.8.3　纯迟延时间对史密斯预估控制效果的影响

上述的所有结论都是在一个特定的被控对象下得出来的，并不适合所有的被控系统。但是，分析上述的所有试验过程，不难发现，当纯迟延时间越大（即 τ/T 越大）时，加入史密斯预估器的控制品质就越好。也就是说，τ/T 越大，越适合使用史密斯预估控制。当 τ/T 较小时，考虑到使用史密斯预估器后，使控制系统变得较复杂，在这种情况下就没有必要使用史密斯预估器。

下面来考虑某大纯迟延温度系统使用史密斯预估补偿控制，其传递函数模型如下：

$$W(s) = \frac{2}{(100s+1)^2} \mathrm{e}^{-120s}$$

根据式（6-79），可以得到斯密斯预估器：

$$G_{\mathrm{s}}(s) = (1 - \mathrm{e}^{-120s}) \frac{2}{(100s+1)^2}$$

加入史密斯预估器后，整体被控对象变为

$$\frac{2}{(100s+1)^2}$$

依此，按照前面同样的方法，仍使用优化主程序 O＿681＿enumeration.m 和仿真子程序 Obj＿simu681.m，改变优化主程序中的相应的参数区间、子程序中的被控对象参数，即可得到不加史密斯预估器时的最优控制器参数：

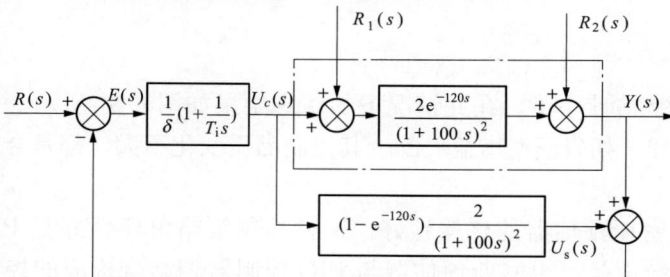

$\delta=3.8$，$T_{\mathrm{i}}=159$，$T_{\mathrm{d}}=\dfrac{T_{\mathrm{i}}}{8}\approx20$

加入史密斯预估器后的最优控制器参数：

$\delta=1.4$，$T_{\mathrm{i}}=134$，$T_{\mathrm{d}}=\dfrac{T_{\mathrm{i}}}{8}\approx17$

斯密斯预估 PID 控制系统方框图如图 6-82 所示。

图 6-82　斯密斯预估 PID 控制系统方框图

加入史密斯预估器前后，系统在各种扰动下的响应曲线及其控制品质指标的对比如图 6-83～图 6-85 所示。

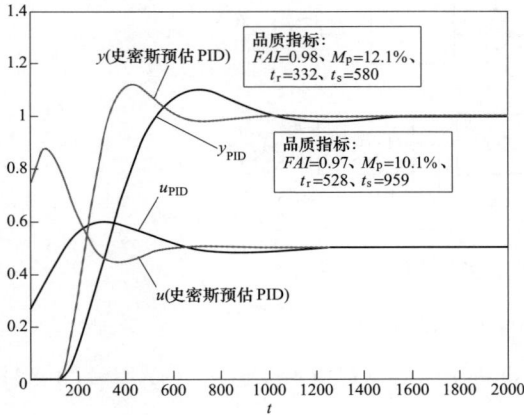

图 6-83 大纯迟延对象使用史密斯预估控制前后在给定值扰动下的响应

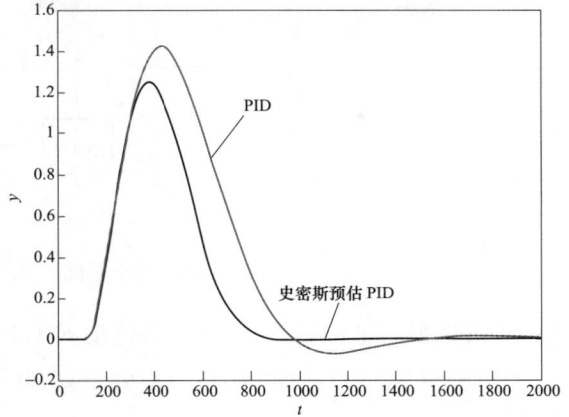

图 6-84 大纯迟延对象使用史密斯预估控制前后在内部扰动下的响应

从图 6-83 中可以看到，当 $\tau/T>1$ 时，加入史密斯预估器后，调节速度得到了很大的提高，而增加的控制器输出的最大幅值并不大，在工程上可以接受的范围内。从图 6-84 和图6-85中也可以看到，对系统施加内、外扰动时，使用史密斯预估控制，可以大大地提高调节速度、减小超调量。这就验证了前面所述的结论，即 τ/T 越大，使用史密斯预估控制改善的控制品质效果就越明显。

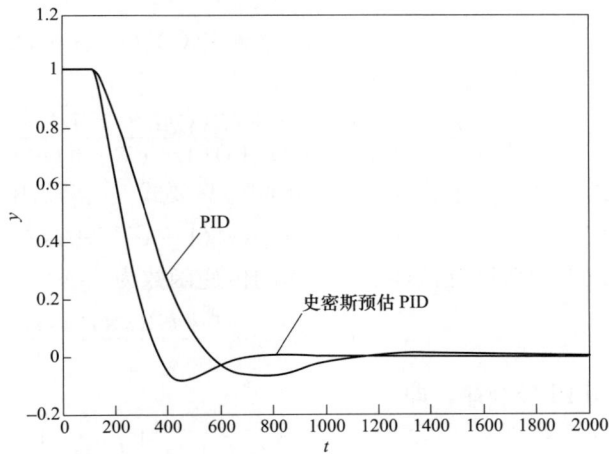

图 6-85 大纯迟延对象使用史密斯预估控制前后在外部扰动下的响应

6.8.4 完全消除内部扰动的史密斯预估补偿器

从前面的分析可以看出，史密斯预估补偿器对大纯迟延系统的控制效果改善是非常明显的。对于内部扰动来说，可以提高其控制品质，但是并不能把内部扰动完全消除。既然史密斯使用的是补偿原理，那么是否可以利用前馈补偿原理把内部扰动完全消除呢？

如果在史密斯预估补偿回路中加入一个反馈环节 $G_\mathrm{f}(s)$，如图 6-86 所示，假设被控对象的传递函数为

$$W(s) = \frac{Ke^{-\tau s}}{(1+Ts)^n} \tag{6-80}$$

则

$$G_\mathrm{s}^*(s) = \frac{K}{(1+Ts)^n} \tag{6-81}$$

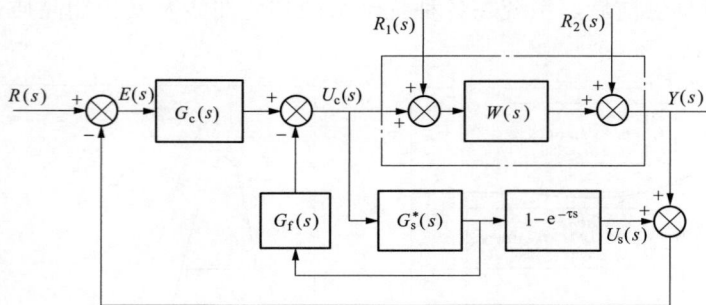

图 6-86　完全消除内扰时的史密斯预估补偿器

进一步可以得到被调量 $Y(s)$ 对内部扰动 $R_1(s)$ 的闭环传递函数为

$$U_c(s) = -G_c(s)[G_s^*(s)(1-e^{-\tau s})U_c(s) + Y(s)] - G_s^*(s)G_f(s)U_c(s) \tag{6-82}$$

整理得

$$U_c(s) = \frac{-G_c(s)}{1 + G_c(s)G_s^*(s)(1-e^{-\tau s}) + G_s^*(s)G_f(s)}Y(s) \tag{6-83}$$

而且：

$$Y(s) = W(s)[U_c(s) + R_1(s)] \tag{6-84}$$

把式（6-83）代入式（6-84）可得

$$\frac{Y(s)}{R_1(s)} = \frac{W(s)[1 + G_c(s)G_s^*(s)(1-e^{-\tau s}) + G_f(s)G_s^*(s)]}{1 + G_c(s)G_s^*(s)(1-e^{-\tau s}) + G_f(s)G_s^*(s) + G_c(s)W(s)} \tag{6-85}$$

若使系统完全不受干扰 $R_1(s)$ 的影响，只要式（6-85）中的分子为零，即

$$1 + G_c(s)G_s^*(s)(1-e^{-\tau s}) + G_f(s)G_s^*(s) = 0 \tag{6-86}$$

由此可以得到新增反馈环节 $G_f(s)$ 的传递函数为

$$G_f(s) = -\frac{1 + G_c(s)G_s^*(s)(1-e^{-\tau s})}{G_s^*(s)} \tag{6-87}$$

如果使用 PI 控制律，即

$$G_c(s) = \frac{1}{\delta}\left(1 + \frac{1}{T_i s}\right) \tag{6-88}$$

再根据式（6-87），可得到对扰动 $R_1(s)$ 的完全补偿器

$$G_f(s) = -(1+Ts)^n - \frac{1}{\delta}\left(1 + \frac{1}{T_i s}\right)(1-e^{-\tau s}) \tag{6-89}$$

从该式中可以看出，为了进行完全补偿，补偿器中含有高阶的纯微分项，在模拟仪表年代，这种补偿器是无法实现的。即使现在可以使用计算机近似计算高阶纯微分，但是计算出的幅值也是非常大的。如果对补偿器的输出进行限幅，那么就不能实现完全补偿，因此完全消除内部扰动的史密斯预估补偿器也仅仅是理论上的。

6.9　大纯迟延系统的内模控制

6.9.1　内模控制原理

内模控制（internal model control，IMC）与史密斯（smith）预估补偿控制一样，也是解决大迟延系统控制的一种有效方法。它是由 Garcia 和 Morari 于 1982 年提出的。内模控制系统结构也与史密斯预估控制系统结构一样，可以用图 6-87 来描述。

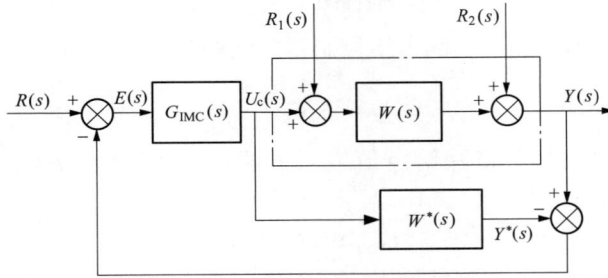

图 6-87 内模控制系统方框图

$W(s)$—被控对象的传递函数；$W^*(s)$—估计的被控对象模型；$G_{IMC}(s)$—内模控制器；$R(s)$、
$R_1(s)$、$R_2(s)$—分别为系统的给定值、内扰和外扰

现假定 $R(s) = R_1(s) = 0$，$R_2(s) \neq 0$ 且不可测，根据图 6-87 可以得到

$$U_c(s) = G_{IMC}(s)[Y^*(s) - Y(s)] \tag{6-90}$$

$$Y(s) = R_2(s) + W(s)U_c(s) \tag{6-91}$$

$$Y^*(s) = W^*(s)U_c(s) \tag{6-92}$$

整理上述三个式子可以得到

$$Y(s) = \frac{1 - G_{IMC}W^*(s)}{1 + G_{IMC}[W(s) - W^*(s)]}R_2(s) \tag{6-93}$$

同理，当 $R(s) = R_2(s) = 0$，$R_1(s) \neq 0$ 且不可测时，根据图 6-87 可以得到

$$U_c(s) = G_{IMC}(s)[Y^*(s) - Y(s)] \tag{6-94}$$

$$Y(s) = W(s)[U_c(s) + R_1(s)] \tag{6-95}$$

$$Y^*(s) = W^*(s)U_c(s) \tag{6-96}$$

$$Y(s) = \frac{W(s)[1 - G_{IMC}W^*(s)]}{1 + G_{IMC}[W(s) - W^*(s)]}R_1(s) \tag{6-97}$$

当 $R_1(s) = R_2(s) = 0$，$R(s) \neq 0$ 时，根据图 6-87 可以得到

$$U_c(s) = G_{IMC}(s)[R(s) + Y^*(s) - Y(s)] \tag{6-98}$$

$$Y(s) = W(s)U_c(s) \tag{6-99}$$

$$Y^*(s) = W^*(s)U_c(s) \tag{6-100}$$

$$Y(s) = \frac{G_{IMC}W(s)}{1 + G_{IMC}[W(s) - W^*(s)]}R(s) \tag{6-101}$$

联立式（6-93）、式（6-97）、式（6-101）可得 $R(s) \neq 0$，$R_1(s) \neq 0$，$R_2(s) \neq 0$ 时，系统的输出与三个输入的关系为

$$Y(s) = \frac{G_{IMC}W(s)}{1 + G_{IMC}[W(s) - W^*(s)]}R(s) + \frac{W(s)[1 - G_{IMC}(s)W^*(s)]}{1 + G_{IMC}[W(s) - W^*(s)]}R_1(s)$$
$$+ \frac{1 - G_{IMC}(s)W^*(s)}{1 + G_{IMC}[W(s) - W^*(s)]}R_2(s) \tag{6-102}$$

如果预估模型是精确的，即 $W^*(s) = W(s)$，则式（6-102）可简化为

$$Y(s) = G_{IMC}W(s)R(s) + W(s)[1 - G_{IMC}(s)W^*(s)]R_1(s) + [1 - G_{IMC}(s)W^*(s)]R_2(s) \tag{6-103}$$

405

无论预估模型是否精确，为使系统输出不受内扰和外扰（R_1 和 R_2）的影响，应设计内模控制器 G_{IMC}（s）使式（6-102）中的分子多项式为 0，即

$$1 - G_{IMC}W^*(s) = 0 \qquad (6\text{-}104)$$

由此可以得到完全消除内扰和外扰的内模控制器的结构为

$$G_{IMC} = \frac{1}{W^*(s)} \qquad (6\text{-}105)$$

为使系统的输出"及时"跟踪给定值输入，即要求 $Y(s) = R(s)$，则要求式（6-102）中的

$$G_{IMC}W(s) = 1 \qquad (6\text{-}106)$$

由此可以得到，当被控对象的模型精确时，使系统的输出能"无偏差"地跟踪给定值输入时的内模控制器结构为

$$G_{IMC} = \frac{1}{W(s)} \qquad (6\text{-}107)$$

实际上，不可能得到被控对象精准的数学模型，所得到的是这个精准模型在一定程度上的近似，所以式（6-107）中的 $W(s)$ 是未知的，应该用估计模型 $W^*(s)$ 代替它。此时，式（6-107）就变为

$$G_{IMC} = \frac{1}{W^*(s)} \qquad (6\text{-}108)$$

此式与式（6-105）完全相同。

综上分析，如果估计模型 $W^*(s)$ 的逆 $\dfrac{1}{W^*(s)}$ 存在，且物理上可以实现，按式（6-108）设计内模控制器，则有

$$Y(s) = 0 \qquad R(s) = 0, R_1(s) \neq 0, R_2(s) \neq 0 \qquad (6\text{-}109)$$

如果模型是精确的，按式（6-108）设计内模控制器，则有

$$Y(s) = R(s) \quad R(s) \neq 0, R_1(s) \neq 0, R_2(s) \neq 0 \qquad (6\text{-}110)$$

此外，由于内模控制系统的反馈信号是

$$Y(s) - Y^*(s)$$

当估计的模型精确时，对于给定值输入来说

$$Y(s) - Y^*(s) = 0$$

此时，控制系统变为开环控制。当估计的模型有误差时，对于给定值输入来说

$$Y(s) - Y^*(s) \approx 0$$

此时，控制系统是"近似"开环控制。因此，实现内模控制的条件还应该满足：内模控制器是稳定的、被控对象是有自衡的。

由此说明，对于工业中的无自衡被控系统不能使用内模控制律。

现在假设被控对象的传递函数（有自衡）为

$$W(s) = \frac{Ke^{-\tau s}}{(1+Ts)^n} \qquad (6\text{-}111)$$

估计的被控对象的传递函数为

$$W^*(s) = \frac{K^* e^{-\tau^* s}}{(1+T^* s)^{n^*}} \qquad (6\text{-}112)$$

根据式（6-108）即可得到内模控制器结构：

$$G_{IMC} = \frac{1}{W^*(s)} = \frac{1}{K^*}(1 + T^*s)^{n^*}e^{\tau^*s} \qquad (6\text{-}113)$$

从式（6-113）中可以看出，内模控制器中含有高阶纯微分环节以及纯超前环节，这在物理上是不可实现的，即便使用计算机计算，由于计算机串行计算的原因也是不能实现这种多步超前环节的。由此可见，对于绝大多数系统而言，内模控制是一种理想的控制算法，式（6-108）是理想内模控制器。

6.9.2 内模控制的工程实现

在实际系统中，预估模型与实际过程总会存在偏差，而且这个偏差有多大，是不能确切知道的。所以，我们所设计的内模控制器总应该为

$$G_{IMC} = \frac{1}{W^*(s)} \qquad (6\text{-}114)$$

既然估计模型 $W^*(s)$ 的结构是我们自己指定的，那么就可以指定 $W^*(s)$ 的结构形式为

$$W^*(s) = \frac{K^*}{(1 + T^*s)^{n^*}} \qquad (6\text{-}115)$$

设计内模控制器为

$$G_{IMC} = \frac{1}{W^*(s)} = \frac{1}{K^*}(1 + T^*s)^{n^*} \qquad (6\text{-}116)$$

即使式（6-116）不含有纯迟延环节，物理上该式还是不能实现的。为了消去式（6-116）中的高阶纯微分项，可以在内模控制器前或后串入一个静态增益为1的低通滤波器，如图6-87所示，滤波器的结构形式为

$$F_1(s) = \frac{1}{(1 + T_f s)^m} \qquad (6\text{-}117)$$

式中 T_f——滤波器的时间常数；

m——滤波器的阶次。

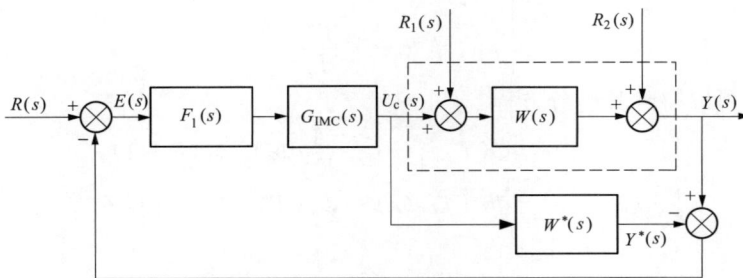

图 6-88 实际的内模控制器结构方框图

根据图 6-88，如果仍选择内模控制器为

$$G_{IMC}(s) = \frac{1}{W^*(s)}$$

则加入低通滤波后，实际的内模控制器变为

$$G_{IMC}^*(s) = \frac{F_1(s)}{W^*(s)} = \frac{(1 + T^*s)^{n^*}}{K^*(1 + T_f s)^m} \qquad (6\text{-}118)$$

滤波器的阶次 m 应该大于或等于预估模型的阶次，这样就能保证内模控制器是稳定的且可物理上实现的。

滤波器的时间常数 T_f 和阶次 m 会影响控制系统的性能。T_f 和 m 越小，系统输出对给定值的跟踪滞后就越小，系统响应越快，但是对模型误差就越敏感，系统鲁棒性越差。

为使式（6-118）中的分子阶次低于分母的阶次，至少应使 $m \geqslant n^*$。现在选取 $m = n^*$，则可以把内模控制器式（6-118）变换成图 6-89 所示的形式。

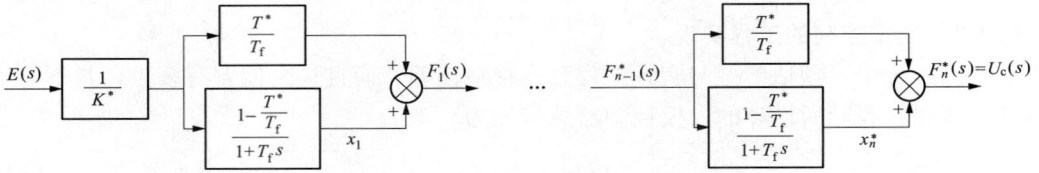

图 6-89 实际内模控制器的变换结构

按图示设状态变量，则可以得到内模控制器的状态方程

$$
\begin{cases}
\dot{x}_1 = -\dfrac{1}{T_f}x_1 + \dfrac{1}{K^*}\left(1 - \dfrac{T^*}{T_f}\right)e \\[2mm]
\dot{x}_2 = -\dfrac{1}{T_f}x_2 + \left(1 - \dfrac{T^*}{T_f}\right)f_1 \\[2mm]
\quad\vdots \\[2mm]
\dot{x}_{n^*} = -\dfrac{1}{T_f}x_{n^*} + \left(1 - \dfrac{T^*}{T_f}\right)f_{n^*-1}
\end{cases} \tag{6-119}
$$

及中间方程

$$
\begin{cases}
f_1 = x_1 + \dfrac{T^*}{K^* T_f}e \\[2mm]
f_2 = x_2 + \dfrac{T^*}{T_f}f_1 \\[2mm]
\quad\vdots \\[2mm]
f_{n^*} = x_{n^*} + \dfrac{T^*}{T_f}f_{n^*-1}
\end{cases} \tag{6-120}
$$

根据离散相似法可以得到其差分方程

$$
\begin{cases}
x_1(k+1) = \Phi(T)x_1(k) + \dfrac{1}{K^*}\Phi_m(T)e(k+1) \\[2mm]
x_2(k+1) = \Phi(T)x_2(k) + \Phi_m(T)f_1(k+1) \\[2mm]
\quad\vdots \\[2mm]
x_{n^*}(k+1) = \Phi(T)x_{n^*}(k) + \Phi_m(T)f_{n^*-1}(k+1) \\[2mm]
f_1(k+1) = x_1(k+1) + \dfrac{T^*}{K^* T_f}e(k+1) \\[2mm]
f_2(k+1) = x_2(k+1) + \dfrac{T^*}{T_f}f_1(k+1) \\[2mm]
\quad\vdots \\[2mm]
f_{n^*}(k+1) = x_{n^*}(k+1) + \dfrac{T^*}{T_f}f_{n^*-1}(k+1)
\end{cases} \tag{6-121}
$$

其中，T 为仿真计算步距；$\Phi(T) = \mathrm{e}^{-\frac{T}{T_f}}$，$\Phi_\mathrm{m}(T) = \left(1 - \dfrac{T^*}{T_f}\right)[1 - \Phi(T)]$

现在考虑图 6-9 所示的温度系统，即

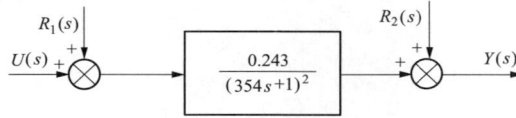

根据式（6-118），可以设计该系统的内模控制器为

$$G_{\mathrm{IMC}}(s) = \frac{(354s + 1)^2}{0.243\,(T_f s + 1)^2}$$

据此可以得到内模控制器的仿真程序 IMC_simu691.m。当分别取滤波器时间常数 $T_f = 10$、20、30、50、100、200、300 时，仿真结果如图 6-89 所示。

```
%实际内模控制系统仿真程序 IMC_simu691.m
clear all;
Ts = 1; ST = 2000; LP = ST/Ts; R = 1; R1 = 0; R2 = 0;
K = 0.234; T = 354;
Tf = 200;
xi = 0; z1 = 0; z2 = 0; DTA = 0.091; Ti = 599;
A = exp(- Ts/T); B = 1 - A;
Af = exp(- Ts/Tf); Bf = (1 - T/Tf) * (1 - Af);
x1 = 0; x2 = 0; x01 = 0; x02 = 0; ximc1 = 0; ximc2 = 0; y = 0; y0 = 0; y2 = 0;
for i = 1: LP
    %%%%%%%%%%%%%%%%%%%IMC 控制器仿真计算 %%%%%%%%%%%%%
    e = R - (y - y0);
    ximc1 = Af * ximc1 + Bf/K * e;
    f1 = ximc1 + T/Tf/K * e;
    ximc2 = Af * ximc2 + Bf * f1;
    f2 = ximc2 + T/Tf * f1;
    u = f2;
    x01 = A * x01 + K * B * u;
    x02 = A * x02 + B * x01;
    y0 = x02;
    %%%%%%%%%%%%%%%%%%%被控对象仿真计算 %%%%%%%%%%%%%
    x1 = A * x1 + K * B * (u + R1);
    x2 = A * x2 + B * x1;
    y = x2 + R2;
    Y(i) = y; t(i) = i * Ts; U(i) = u;
    %%%%%%%%%PID 控制系统仿真##################
    e2 = R - y2;
    xp = e2/DTA;
    xi = xi + Ts/DTA/Ti * e2;
    upi = xp + xi;
```

```
    z1 = A * z1 + K * B * (upi + R1);
    z2 = A * z2 + B * z1;
    y2 = z2 + R2;
    Y2(i) = y2; U2(i) = upi;
end
max(max(U))
max(max(U2))
subplot(2, 1, 1), plot(t, Y, 'b'); hold on;
subplot(2, 1, 2), plot(t, U, 'b'); hold on;
% subplot(2, 1, 1), plot(t, Y, t, Y2, 'k'); hold on; % 分析 PID 时
% subplot(2, 1, 2), plot(t, U, t, U2, 'k'); hold on; % 分析 PID 时
```

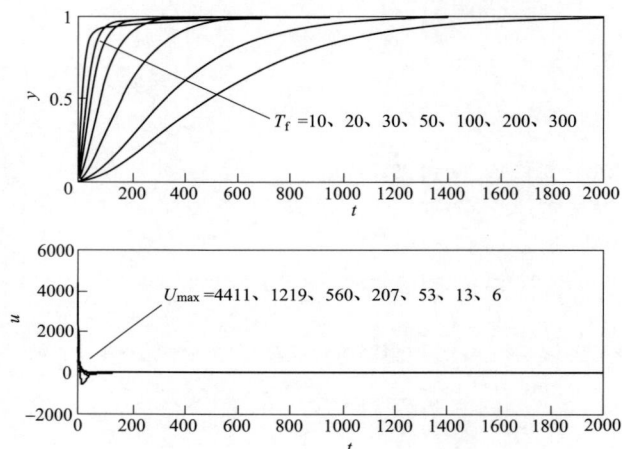

图 6-90　某蒸汽温度内模控制的仿真结果

从图 6-90（a）所示的仿真结果可以看出，实际内模控制律并不能使系统的输出"及时"跟踪给定值输入，滤波器中的时间常数 T_f 越小，y 对 R 的跟踪滞后就越小。综合考虑上升时间与过渡过程时间，$T_f = 30$ 时，控制品质最好。仅从这点上看，似乎 T_f 越小越好。其实不然，从图 6-91（b）中可以看到，当 $T_f = 10$ 时，内模控制器的输出已达 $U_{max} = 4411$，这在工程上是不能实现的。即使选取 $T_f = 30$，内模控制器的输出也已达 $U_{max} = 560$，这在工程上还是不能实现。

下面分别选取 $T_f = 30$ 和 $T_f = 200$，按本章 6.2.4 选取 PID 控制律的参数 $\delta = 0.091$，$T_i = 599$，两种控制方案控制效果的对比如图 6-91 所示。

从图 6-91 中可以看到，当在 IMC 控制律中选取 $T_f = 30$ 时，IMC 控制远远好于最优 PID 控制律的跟踪能力。但是，IMC 的输出已达 $U_{max} = 560$，工程上不能实现。而 PID 的输出仅为 $U_{max} = 12$，远远小于 IMC 的输出，工程上能够实现。当选取 IMC 控制律的 $T_f = 200$ 时，IMC 的输出 $U_{max} = 13$，已接近 PID 的输出（$U_{max} = 12$），超调量也大大减小，过渡过程时间与 PID 的比较接近，但此时的上升时间已经大大慢于 PID。

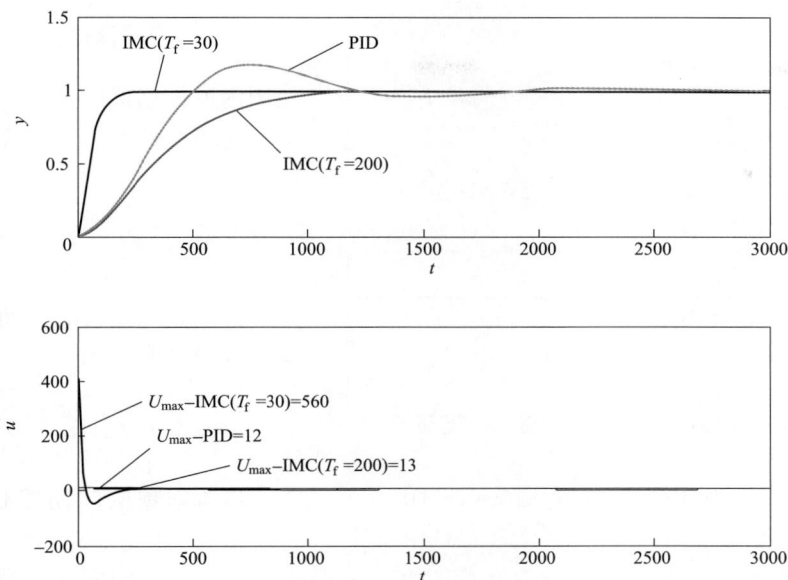

图 6-91　IMC 与 PID 控制效果的对比

当给定值扰动 $R=0$，分别加入内外扰动 (R_1,R_2) 时，IMC 与 PID 的控制品质对比如图 6-92 和图 6-93 所示。

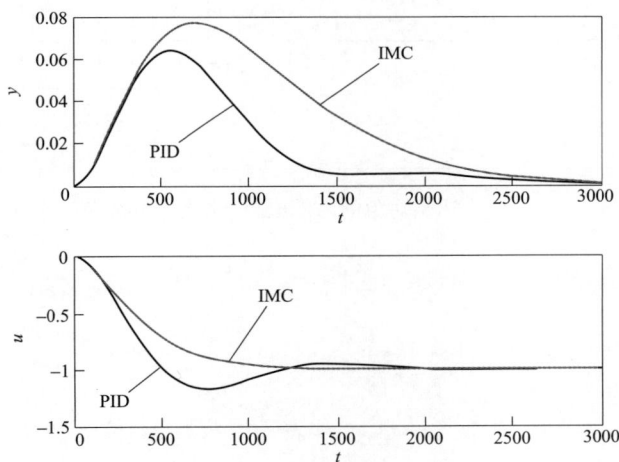

图 6-92　内扰时 IMC 与 PID 控制效果的对比

从图 6-92 和图 6-93 中可以看出，与定值扰时一样，实际的内模控制器并不能"及时"地完全消除内外扰动，它需要一定长度的调节时间，而且这个调节时间取决于滤波器的时间常数 T_f。此外，与 PID 控制律相比，控制器输出的最大幅值在同一数量级下时，IMC 消除内扰的速度要慢于 PID，消除外扰的调节速度优于 PID。

从上述的分析中再一次说明，无论什么样的控制律，为了提高调节速度，必须加大控制器的输出。换句话说，牺牲控制器的输出，换取调节速度的提高。

下面再来考虑图 6-29 所示的某 300MW 循环流化床锅炉在 60% 负荷下床温控制对象

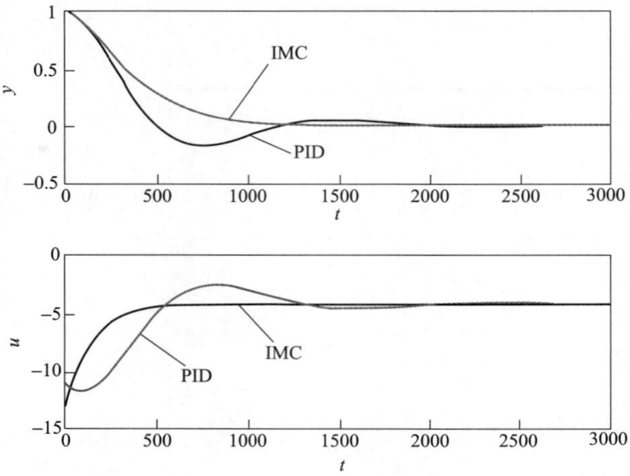

$$W(s) = \frac{5.77}{(224.18s+1)^2} e^{-86s}$$

使用内模控制律。

先用经验公式消去纯迟延，可以得到：

$$W(s) \approx \frac{5.77}{(267.18s+1)^2}$$

根据式（6-118），可以设计该系统的内模控制器为

$$G_{IMC}(s) = \frac{(267.18s+1)^2}{5.77\,(T_f s+1)^2}$$

图 6-93　外扰时 IMC 与 PID 控制效果的对比

床温对象的内模控制系统结构方框图如图 6-94 所示。

据此可以得到内模控制器的仿真程序 IMC_simu692.m。当分别取滤波器时间常数 T_f = 50、100、120、150 时，仿真结果如图 6-95 所示。

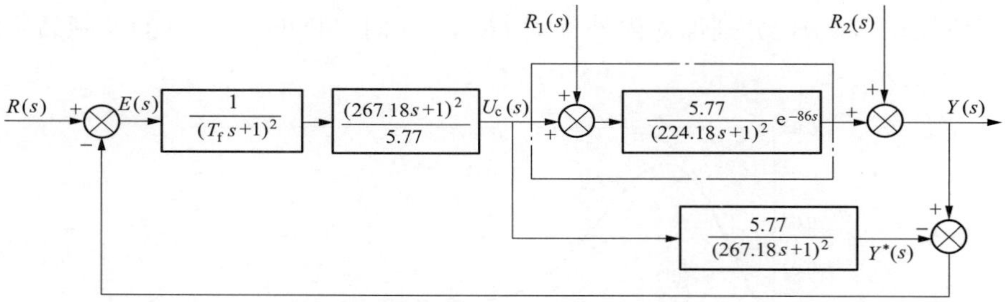

图 6-94　床温对象的内模控制系统结构方框图

```
%实际内模控制系统仿真程序 IMC_simu692.m
clear all;
Ts = 1; ST = 3000; LP = ST/Ts; R = 1;
K = 5.77; T = 224.18; Tao = 86;
K1 = K * 1; T1 = T * 1; Tao1 = 86 * 1/2; T0 = T1 + Tao1;%预估模型参数摄动
Tf = 100;
DTA = 4.8; Ti = 429; Td = 53;
LD = round(Tao/Ts); xd(1: LD) = 0; xd1(1: LD) = 0;
A = exp(-Ts/T); B = 1 - A; C = exp(-Ts/0.1/Td); D = 1 - C;
A0 = exp(-Ts/T0); B0 = 1 - A0;
Af = exp(-Ts/Tf); Bf = (1 - T0/Tf) * (1 - Af);
ui = 0; ud0 = 0;
x1 = 0; x2 = 0; x01 = 0; x02 = 0; ximc1 = 0; ximc2 = 0; z1 = 0; z2 = 0; y = 0; y0 = 0; y1 = 0;
for i = 1: LP

    %%%%%%%%%%%%%%%%%%%%%%%%%%%%IMC仿真计算%%%%%%%%%%%%%%%%%%%%%%%%%
```

```
    e = R - (y - y0);
    ximc1 = Af * ximc1 + Bf/K1 * e;
    f1 = ximc1 + T0/Tf/K1 * e;
    ximc2 = Af * ximc2 + Bf * f1;
    f2 = ximc2 + T0/Tf * f1;
    u = f2;
    x01 = A0 * x01 + K1 * B0 * u;
    x02 = A0 * x02 + B0 * x01;
    y0 = x02;
    %%%%%%%%%%%%%%%%%%被控对象仿真%%%%%%%%%%%%%%%%%%%%
    x1 = A * x1 + K * B * u;
    x2 = A * x2 + B * x1;
    y = xd(LD);
    for j = LD: -1: 2; xd(j) = xd(j - 1); end
    xd(1) = x2;
    Y(i) = y; t(i) = i * Ts; U(i) = u;
    %%%%%%%%%%%%%%%%% PID控制系统仿真%%%%%%%%%%%%%%%%%%%%%%
    e = 1 - y1;
    up = e;
    ui = ui + Ts/Ti * e;
    ud1 = C * ud0 + D * e;
    ud = Td * (ud1 - ud0)/Ts; ud0 = ud1;
    upid = (up + ui + ud)/DTA;
    z1 = A * z1 + K * B * upid;
    z2 = A * z2 + B * z1;
    y1 = xd1(LD);
    for j = LD: -1: 2; xd1(j) = xd1(j - 1); end
    xd1(1) = z2;
    Y1(i) = y1; U1(i) = upid;
end
[Mp, tr, ts, FAI, Tp, E1, E2, E3] = O_quality(Ts, LP, Y, t)
[Mp, tr, ts, FAI, Tp, E1, E2, E3] = O_quality(Ts, LP, Y1, t)
% plot(t, Y, 'b'); hold on;
max(abs(U))
max(abs(U1))
% 分析 PID 时
subplot(2, 1, 1), plot(t, Y, t, Y1); hold on;
subplot(2, 1, 2), plot(t, U, t, U1); hold on;
```

比较四种情况下的控制品质，$T_f = 100$ 时的控制效果最好：超调量、衰减率都满足现场要求，上升时间和过渡过程时间都比较小。

利用程序 IMC_simu692.m 还可以试验出当 $T_f = 41.3$ 时，系统已经变为临界振荡，当 $T_f < 41.3$ 时，系统已经开始发散。因此，选择参数 T_f 很重要，它与被控对象的时间常数有

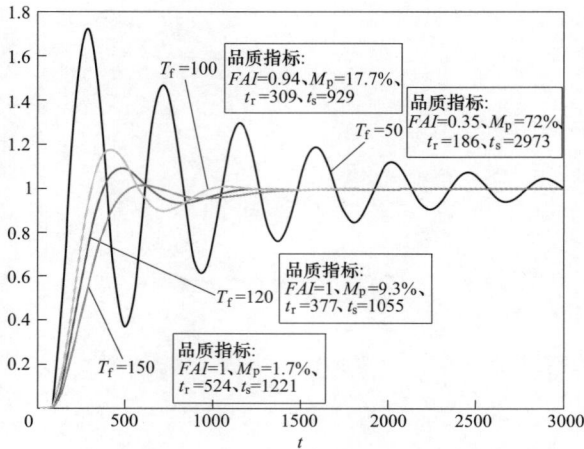

图 6-95　滤波器时间常数 T_f＝50、100、120、150 时的仿真结果

关，被控对象的时间常数越小，T_f 就可以选择得越小。

从图 6-95 中可以看出，对于该系统可以用参数优化的方法优化出最佳参数 T_f。由于仅仅优化一个参数，为了使优化搜索更有效，使用穷举法优化 T_f。

给定控制品质指标为

$$\begin{cases} 0.9 < \varphi < 0.98 \\ 10\% < M_p < 20\% \\ [t_r]_{min} \\ [t_s]_{min} \end{cases}$$

优化参数区间：$50 < T_f < 150$；步长：$\Delta t_f = 1$；初始点：$T_f = 100$。

寻优主程序为 O＿enumeration＿tf.m，仿真子程序为 Obj＿simu693.m。

```
%穷举法寻优(滤波器时间常数 Tf)主程序 O＿enumeration＿tf.m
clear all;
%%%%%%%%%%%%%%%%%%%%%%%%%%%初始参数%%%%%%%%%%%%%%%%%%%%%%%%%%%
x = 100;%优化变量的初始值
x＿LLimits = 50;%优化变量的下限
x＿HLimits = 150;%优化变量的上限
DTf = 1;%优化变量步长
[DT, LP, y, u, t] = Obj＿simu693(x);% 调用仿真子程序
[Mp, tr, ts, FAI, Tp, E1, E2, E3] = O＿quality(DT, LP, y, t) %计算品质指标
plot(t, y, 'b', t, u, 'b'); hold on;
tr＿o = tr; ts＿o = ts; x＿o = x;
Mp＿l = 10; Mp＿h = 20; FAI＿l = 0.90; FAI＿h = 0.98; %ÉèÖÃÖ¼¿ÊøÌõ¼þp
%%%%%%%%%%%%%%%%%%%%%%%%%搜索开始%%%%%%%%%%%%%%%%%%%%%%%%%%%
for x = x＿LLimits: DTf: x＿HLimits
    [DT, LP, y, u, t] = Obj＿simu693(x); % 调用仿真子程序
    [Mp, tr, ts, FAI, Tp, E1, E2, E3] = O＿quality(DT, LP, y, t);%计算品质指标
    if FAI>FAI＿l&FAI<FAI＿h&Mp>Mp＿l&Mp<Mp＿h&ts<ts＿o&tr<tr＿o
        x＿o = x; ts＿o = ts; tr＿o = tr;
    end
end
x＿o
[DT, LP, y, u, t] = Obj＿simu693(x＿o);% 调用仿真子程序
[Mp, tr, ts, FAI, Tp, E1, E2, E3] = O＿quality(DT, LP, y, t) %计算品质指标
plot(t, y, 'r', t, u, 'r'); hold on;
```

```
% 内模控制系统优化子程序 Obj＿simu693.m
function [Ts, LP, Y, U, t] = Obj＿simu692(x)
```

```
Ts = 1; ST = 3000; LP = ST/Ts; R = 1;
K = 5.77; T = 224.18; Tao = 86;
Tf = x; T0 = T + Tao/2;
LD = round(Tao/Ts); xd(1: LD) = 0;
A = exp( - Ts/T); B = 1 - A;
A0 = exp( - Ts/T0); B0 = 1 - A0;
Af = exp( - Ts/Tf); Bf = (1 - T0/Tf) * (1 - Af);
x1 = 0; x2 = 0; x01 = 0; x02 = 0; ximc1 = 0; ximc2 = 0; y = 0; y0 = 0;
for i = 1: LP
    % % % % % % % % % % % % % % % % % % % % % % IMC控制器仿真% % % % % % % % % % % % % % % %
    e = R - (y - y0);
    ximc1 = Af * ximc1 + Bf/K * e;
    f1 = ximc1 + T0/Tf/K * e;
    ximc2 = Af * ximc2 + Bf * f1;
    f2 = ximc2 + T0/Tf * f1;
    u = f2;
    x01 = A0 * x01 + K * B0 * u;
    x02 = A0 * x02 + B0 * x01;
    y0 = x02;
    % % % % % % % % % % % % % % % % % % % % 被控对象仿真% % % % % % % % % % % % % % % % % % %
    x1 = A * x1 + K * B * u;
    x2 = A * x2 + B * x1;
    y = xd(LD);
    for j = LD: -1: 2; xd(j) = xd(j-1); end
    xd(1) = x2;
    Y(i) = y; t(i) = i * Ts; U(i) = u;
end
```

优化结果如图 6-96 所示。从该图中可以看到，优化前后的控制品质指标相差很小。这说明初始参数选择得较好。实际上，在优化前已经进行了人工优化。这里仅仅说明，如果可以把对控制系统调节品质的要求写成极值函数的形式，则可以用任意一种优化方法来优化滤波器参数。

下面选取 $T_f = 96$，按本章 6.6.1 选取 PID 控制律的参数 $\delta = 4.8$，$T_i = 429$，$T_d = 53$。两种控制方案控制效果的对比如图 6-97 所示。

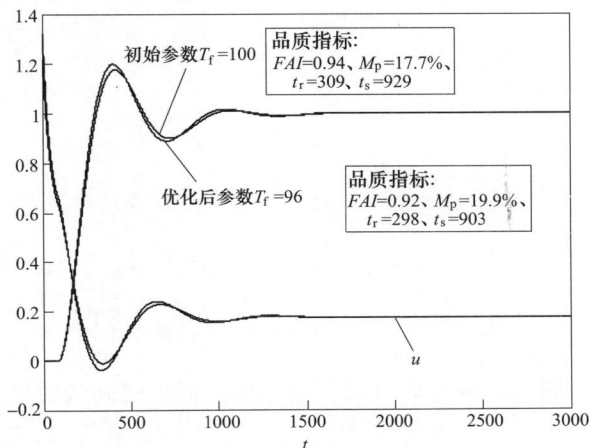

初始参数T_f=100
优化后参数T_f=96

品质指标：
FAI=0.94、M_p=17.7%、t_r=309、t_s=929

品质指标：
FAI=0.92、M_p=19.9%、t_r=298、t_s=903

图 6-96 IMC 滤波器优化后的调节品质

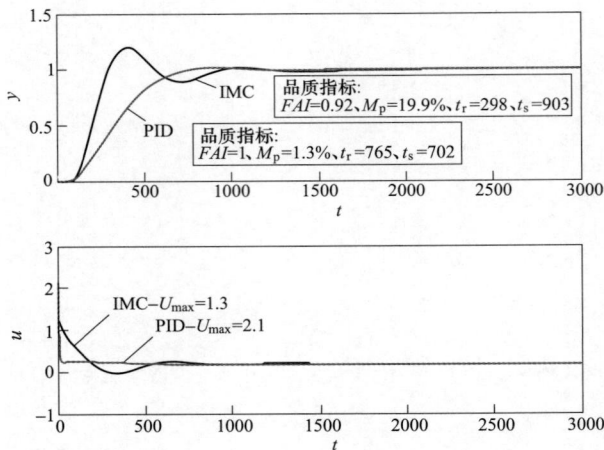

图 6-97　流化床床温系统 IMC 与 PID 控制效果的对比

从图 6-97 中可以看出，在 IMC 控制作用下的上升时间得到了大幅度的提高，而且，控制器的输出在同等量级上（IMC 的输出小于 PID 的），都是工程上可以实现的。

从本例中可以得到如下的结论：对于大纯迟延系统来说，与 PID 控制律相比，IMC 控制律可以大幅度地提高调节速度。只是，超调量有较大的增加，但在工程上可接受的范围内。因此，究竟选择什么控制策略还取决于对控制系统品质的要求。

6.9.3　内模控制律的鲁棒性分析

仍以上一节的流化床床温系统为例，选取 $T_f = 96$，来讨论 IMC 控制律的鲁棒性。

现假设预估模型中的增益摄动了 $\pm 20\%$，即，预估模型是

$$W^*(s) = \frac{5.77(1 \pm 0.2)}{(224.18s+1)^2} e^{-86s}$$

则设计的内模控制器为

$$G_{\text{IMC}}(s) = \frac{(267.18s+1)^2}{5.77(1 \pm 0.2)(100s+1)^2}$$

由此可以得到预估模型增益摄动 $\pm 20\%$ 时 IMC 的控制品质，如图 6-98 所示。从图 6-98 可以看到，当预估模型增益摄动 $\pm 20\%$ 时，其控制品质都在工程系统可接受的范围内。

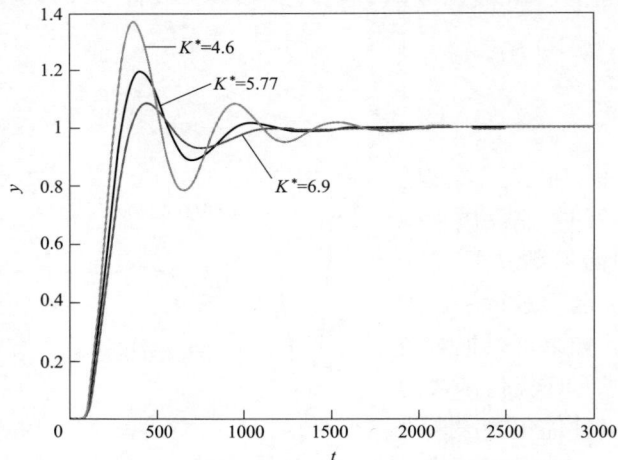

图 6-98　增益摄动 $\pm 20\%$ 时 IMC 控制效果的比较

同理，现在假设预估模型中的惯性时间常数摄动了 $\pm 20\%$，即预估模型是

$$W^*(s) = \frac{5.77}{[224.18(1 \pm 0.2)s+1]^2} e^{-86s}$$

则设计的内模控制器为

$$G_{IMC}(s) = \frac{\{[224.18(1 \pm 0.2) + 43]s + 1\}^2}{5.77(100s + 1)^2}$$

由此可以得到 IMC 的控制品质如图 6-99 所示。从该图上可以看到，当预估模型惯性时间常数摄动±20％时，其控制品质都在工程上可接受的范围内。

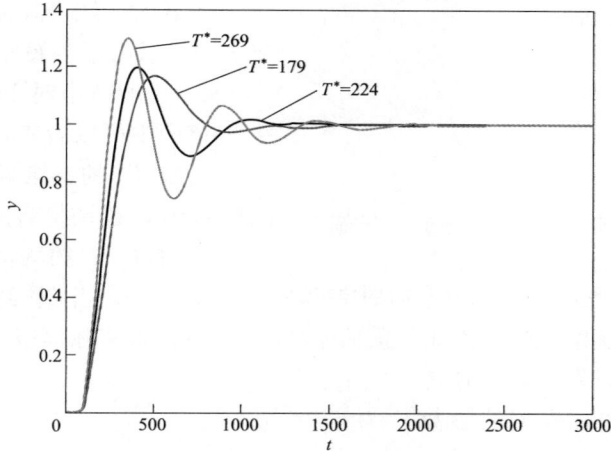

图 6-99　惯性时间常数摄动±20％时 IMC 控制效果的比较

同理，现在假设预估模型中的纯迟延时间常数摄动了±50％，即预估模型是

$$W^*(s) = \frac{5.77}{(224.18s + 1)^2} e^{-86(1 \pm 0.5)s}$$

则设计的内模控制器为

$$G_{IMC}(s) = \frac{\{[224.18 + 86(1 \pm 0.5)/2]s + 1\}^2}{5.77(100s + 1)^2}$$

由此可以得到 IMC 的控制品质如图 6-100 所示。从该图上可以看到，当预估模型纯迟延时间常数摄动±50％时，其控制品质与预估模型精确时相差不大，都在工程上可接受的范围内。

通过上述的分析，可以得到如下结论：IMC 控制律具有较好的鲁棒性，而且对纯迟延时间的鲁棒性最强。这再一次说明，IMC 控制律非常适合具有大纯迟延系统的控制。

从图 6-98 中还可以看出，当预估模型的参数 K^* 大于实际模型的参

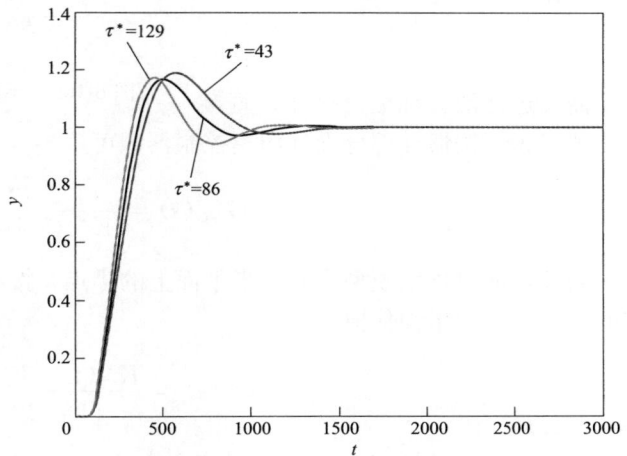

图 6-100　纯迟延时间常数摄动±20％时 IMC 控制效果的比较

数时，综合控制品质似乎会变好。那是否意味着预估模型参数 K^* 越大越好呢？图 6-101 示出了当预估模型增益逐渐增大时 IMC 的控制效果。从该图中可以看到，随着预估增益的逐

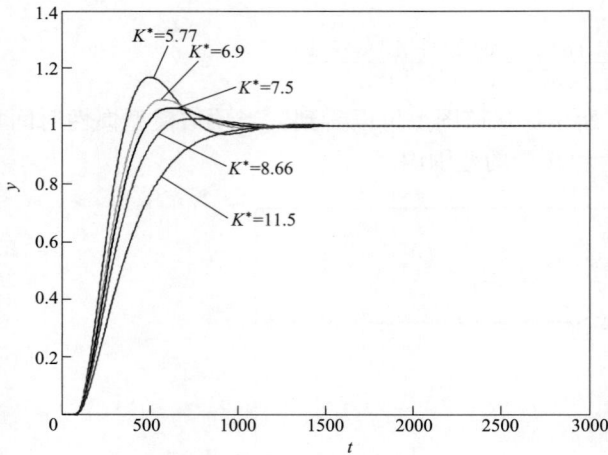

图 6-101 预估模型增益逐渐增大时 IMC 的控制效果

渐增大，调节速度逐渐减慢。如果综合考虑控制系统的调节品质，预估模型增益接近实际模型参数较好。

同理，从图 6-99 中可以看出，当预估模型的参数 T^* 小于实际模型的参数时，综合控制品质会变好。图 6-102 示出了当预估模型惯性时间常数 T^* 逐渐减小时 IMC 的控制效果。从该图中可以看到，随着预估惯性时间常数 T^* 的逐渐减小，调节速度逐渐减慢，超调量有所减小。但是，时间常数 T^* 大约为 200 时，超调量出现了极值。当 T^* 继续减小时，超调量开始增大，调节速度逐渐减慢。因此，预估模型的 T^* 越接近实际模型参数越好。

从图 6-100 中可以看出，当预估模型的参数 τ^* 小于实际模型的参数时，综合控制品质会变好。

图 6-103 所示出了当预估模型纯迟延时间常数 τ^* 逐渐减小时 IMC 的控制效果。从该图中可以看到，纯迟延时间常数 τ^* 越小，综合控制品质越好。当 $\tau^*=0$ 时，其综合控制品质最好。所以，如果预估模型为

$$W^*(s) = \frac{K^* \mathrm{e}^{-\tau^* s}}{(1+T^* s)^{n^*}}$$

(6-122)

则不需要进行消去纯迟延操作，直接忽略纯迟延，按惯性部分设计内模控制器即可

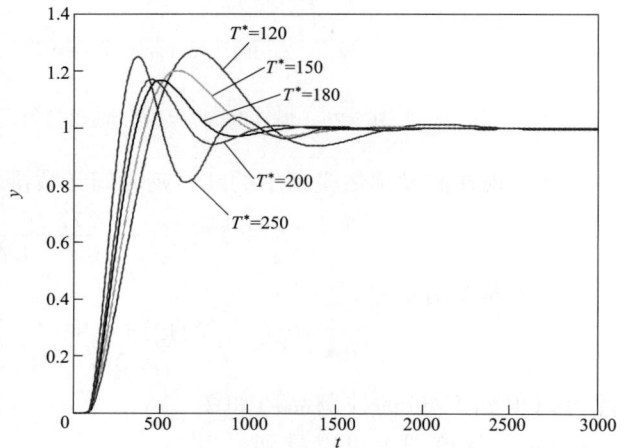

图 6-102 预估模型 T^* 逐渐减小时 IMC 的控制效果

$$G_{\mathrm{IMC}}^*(s) = \frac{(1+T^* s)^{n^*}}{K^* (1+T_{\mathrm{f}} s)^m}$$

(6-123)

同理，如果预估模型含有右半平面上的零点，按（6-104）设计出的 IMC 控制器是不稳定的。因此，如果预估模型为

$$W^*(s) = \frac{K^* (1-T_0^* s) \mathrm{e}^{-\tau^* s}}{(1+T^* s)^{n^*}}$$

(6-124)

则设计 IMC 时，忽略右半平面上的零点和纯迟延，仍按式（6-123）设计 IMC 即可。

对于图 6-29 所示的某 300MW 循环流化床床温系统，可以设计内模控制器为

$$G_{\mathrm{IMC}}(s) = \frac{(224.18s+1)^2}{5.77(96s+1)^2}$$

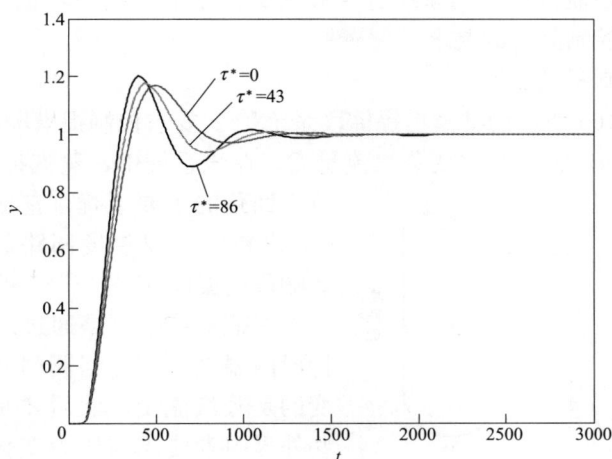

图 6-103　预估模型 τ^* 逐渐减小时 IMC 的控制效果

系统分别在给定值扰、内扰和外扰下的控制效果如图 6-104 所示。从图 6-104 中可以看出，各种扰动下的控制品质都优于 PID 控制。

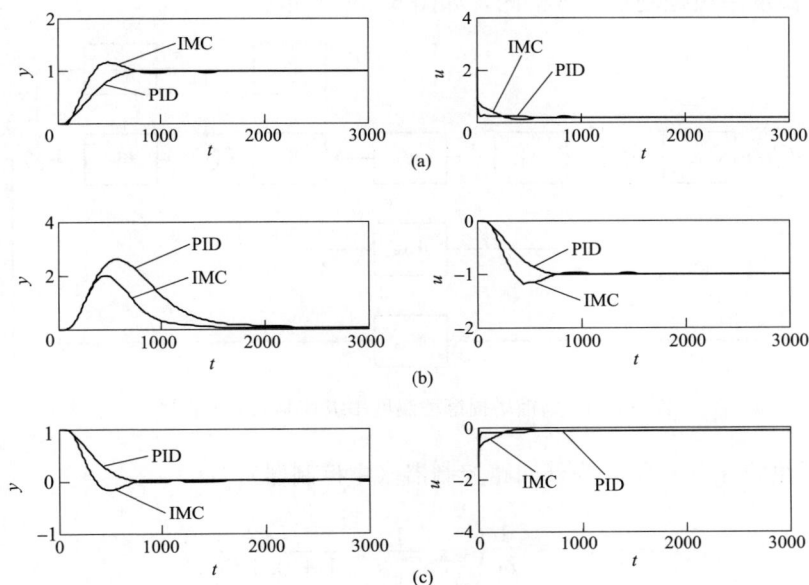

图 6-104　系统在各种扰动下的仿真结果
(a) $R(s) = 1$；(b) $R_1(s) = 1$；(c) $R_2(s) = 1$

6.10　串级双回路反馈控制系统优化设计

在本书的第 1 章 1.5.2 "1. 单变量控制系统" 中 "（2）双回路反馈控制系统" 中已经讨论过，当被控对象的纯迟延和惯性都比较大，且工艺上对调节品质要求又比较高的情况下，可以采用串级双回路控制策略。当系统存在较大的内扰和外扰时，也必须采用串级控制策略，否则满足不了对控制品质的要求。

6.10.1 串级控制系统设计

下面来考虑图 6-105 所示的精馏塔提馏段系统[59]。要求控制提馏段温度 T，控制变量为蒸汽控制阀阀门开度 u，它直接改变蒸汽流量 Q。在该系统中，蒸汽控制阀阀前压力 p_v 是蒸汽回路的主要干扰，它也直接影响蒸汽流量 Q；进料量 F 是温度回路的主要干扰，它直接影响段内温度 T。

在该系统中，是通过改变蒸汽阀门开度维持段内温度不变。当阀门开度变化时，首先改变的是蒸汽流量，然后才是段内温度。而当某些外界因素使阀前压力变化时，首先改变的也是蒸汽流量。因此，必须设计内回路，及时消除阀前压力变化对蒸汽流量产生的影响。由于进料量的变化会直接影响段内温度，因此应该设计外回路，及时消除进料量对段内温度的影响，同时维持段内温度为一给定值。据此，可以设计提馏段温度串级控制系统方框图，如图 6-106 所示。

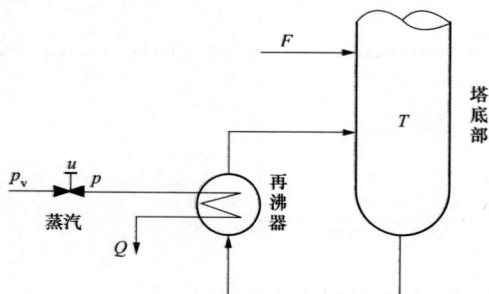

图 6-105 精馏塔提馏段工艺流程示意图

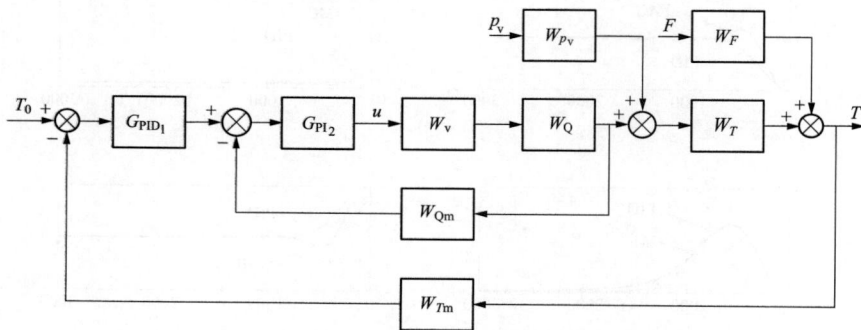

图 6-106 精馏塔提馏段温度串级控制系统方框图

T_0 为内温度设定值；G_{PID_1} 为外回路控制器（主控制器），且

$$G_{PID_1}(s) = \frac{1}{\delta_1}\left(1 + \frac{1}{T_{i_1}s} + \frac{T_{d_1}s}{1 + 0.1T_{d_1}s}\right)$$

G_{PI_2} 内回路控制器（副控制器），且

$$G_{PI_2}(s) = \frac{1}{\delta_2}\left(1 + \frac{1}{T_{i_2}s}\right)$$

W_v 执行机构（含控制阀），且 $W_v(s) = 1(\%/\%)$；

W_Q 阀门开度对蒸汽流量通道的传递函数，且 $W_Q(s) = \dfrac{0.1}{90s+1}[(t/h)/\%]$；

W_{Qm} 蒸汽流量变送器，且 $W_{Qm}(s) = 10[\%/(t/h)]$；

W_T 蒸汽流量对段内温度通道的传递函数，且 $W_T(s) = \dfrac{5\mathrm{e}^{-180s}}{(240s+1)(60s+1)}[^{\circ}\mathrm{C}/(\mathrm{t/h})]$；

W_{Tm} 温度变送器，且 $W_{Tm}(s) = \dfrac{1}{60s+1}(\%/^{\circ}\mathrm{C})$；

W_F 进料量对段内温度通道的传递函数，且 $W_F(s) = \dfrac{-0.5\mathrm{e}^{-120s}}{180s+1}[^{\circ}\mathrm{C}/(\mathrm{t/h})]$；

W_{p_v} 阀前压力对蒸汽流量通道的传递函数，且 $W_{p_v}(s) = 6[(\mathrm{t/h})/\mathrm{MPa}]$。

在本书第 4 章第 4.5 节中已经论述过，对于串级控制系统，不能对内外回路控制器一起优化，这样很难给出目标函数，而且优化结果容易使内回路激烈振荡或控制器输出幅值过大。因此，对于精馏塔提馏段温度串级控制系统也必须采取内外回路分别优化的策略。

对于图 6-105 所示的温度控制系统，内回路是一个一阶被控对象。对于一阶被控对象，当使用 PI 控制律时，系统的输出不会振荡。因此，根据经验公式［式（4-39）、式（4-40）］直接求出副回路控制器的参数即可：

$$\delta_{20} = 0.081 \times 0.1 \times 10 \times (5+1) = 0.49$$

$$T_{i0} = 0.6 \times 90 = 54$$

对于外回路，可以给定品质指标：

$$\begin{cases} 0.9 < \varphi < 0.98 \\ 10\% < M_p < 20\% \\ t_s = [t_s(i)]_{\min} \\ |u(t)_{\mathrm{PID2}}|_{\max} < 10\% \end{cases}$$

根据经验公式式（4-39）～式（4-41）可以得到主控制器参数的初始值：

$$\delta_{10} = 0.081 \times 0.5 \times (12+7) = 0.77$$

$$T_{i_{10}} = 0.6 \times 360 = 216$$

$$T_{d0} = \frac{T_{i_0}}{8} = 27$$

据此，可以设置参数优化区间及计算步距为

$$\delta_1 \in (0.01, 1), T_{i_1} \in (50, 300)$$

$$\Delta\delta_1 = 0.01, \Delta T_{i_1} = 2$$

利用穷举法优化时的主程序及子程序为 O2 _ enumeration _ 2 _ 2. m 和 Obj _ simu6101. m。

```
% 穷举法优化主程序 O2 _ enumeration _ 2 _ 2. m
clear all;
%%%%%%%%%%%%%%%%%%%%%%%%%%% 初始参数 %%%%%%%%%%%%%%%%%%%%%%%%%%%
x0 = [0.77 216 0.49 54]; % 优化变量的初始值
X _ LLimits = [0.01 50 0.01 10]; % 优化变量的下限值
X _ HLimits = [1 300 1 150]; % 优化变量的上限值
```

```
DTA_X = [0.01 2 0.1 1];
[DT LP t y u] = Obj_simu6101(x0);%调用仿真子程序
[Mp, tr, ts, FAI, Tp, E1, E2, E3] = O_quality(DT, LP, y, t);
x_o = x0; ts_o = ts;
Mp_l = 10; Mp_h = 20; FAI_l = 0.90; FAI_h = 0.98;%设置约束条件
%%%%%%%%%%%%%%%%%%%%%%%%%%%%搜索开始%%%%%%%%%%%%%%%%%%%%%%%%%%%%
for i1 = X_LLimits(1): DTA_X(1): X_HLimits(1)
    for i2 = X_LLimits(2): DTA_X(2): X_HLimits(2)
        x = [i1, i2, x0(3), x0(4)];
        [DT LP t y u] = Obj_simu6101(x);%调用仿真子程序
        umax = abs(max(u));
        [Mp, tr, ts, FAI, Tp, E1, E2, E3] = O_quality(DT, LP, y, t);
        if FAI>FAI_l&FAI<FAI_h&Mp>Mp_l&Mp<Mp_h&ts<ts_o;
            x_o = x; ts_o = ts;
        end
    end
end
x_o
[DT LP t y u] = Obj_simu6101(x_o);%调用仿真子程序
[Mp, tr, ts, FAI, Tp, E1, E2, E3] = O_quality(DT, LP, y, t)
subplot(2, 1, 1), plot(t, y, 'b'); hold on;
subplot(2, 1, 2), plot(t, u, 'b'); hold on;
```

```
%精馏塔提馏段温度串级控制系统优化子程序 Obj_simu6101.m
function [DT LP t y u] = Obj_simu6101(V)
DT = 3; ST = 3000; LP = ST/DT;
A1 = exp(-DT/90); A2 = exp(-DT/240);
A3 = exp(-DT/60); A4 = exp(-DT/60); A5 = exp(-DT/180);
Td = V(2)/8; C = exp(-DT/0.1/Td);
xi1 = 0; xi2 = 0; x1 = 0; x2 = 0; x3 = 0; x4 = 0; x5 = 0; xd0 = 0; Q = 0; T0 = 1; pv = 0; F = 0;
Md1 = 180/DT; Md2 = 120/DT;
x_del1(1: Md1) = 0; x_del2(1: Md2) = 0;
Um = 10;%控制器输出限幅
for i = 1: LP
    e = T0 - x4;
    xp1 = e;
    xi1 = xi1 + DT/V(2) * e;
    xd = C * xd0 + (1-C) * e;
    xd1 = Td * (xd - xd0)/DT; xd0 = xd;
    upid = (xp1 + xi1 + xd1)/V(1);
    e2 = upid - 10 * Q;
    xp2 = e2;
```

```
xi2 = xi2 + DT/V(4) * e2;
upi = (xp2 + xi2)/V(3);
if upi＞Um；upi = Um；end
if upi＜－Um；upi = － Um；end
x1 = A1 * x1 + 0. 1 * (1－A1) * upi;
Q = 6 * pv + x1;
x2 = A2 * x2 + 5 * (1－A2) * Q;
x3 = A3 * x3 + (1－A3) * x2;
z1 = x _ del1(Md1);
for j = Md1；－1；2；x _ del1(j) = x _ del1(j－1)；end
x _ del1(1) = x3;
x5 = A5 * x5 － 0. 5 * (1－A5) * F;
z2 = x _ del2(Md2);
for j = Md2；－1；2；x _ del2(j) = x _ del2(j－1)；end
x _ del2(1) = x5;
T = z1 + z2;
x4 = A4 * x4 + (1－A4) * T;
y(i) = x4；t(i) = i * DT；u(i) = upi;
end
```

运行优化程序，可以得到以下的优化结果：

$$\delta_1 = 0.7, T_{i_1} = 326, T_{d_1} = 41,$$
$$\delta_2 = 0.49, T_{i_2} = 54$$

单位阶跃响应曲线及品质指标如图 6-107 所示。

如果对段内温度采用单回路控制策略（见图 6-108），按着上述同样的品质指标要求，则可以优化出单回路控制系统的最优 PID 参数：

$$\delta_1 = 0.75, T_{i_1} = 354, T_{d_1} = 44$$

精馏塔提馏段温度单回路控制系统优化结果如图 6-109 所示。

图 6-107　精馏塔提馏段温度串级控制系统优化结果

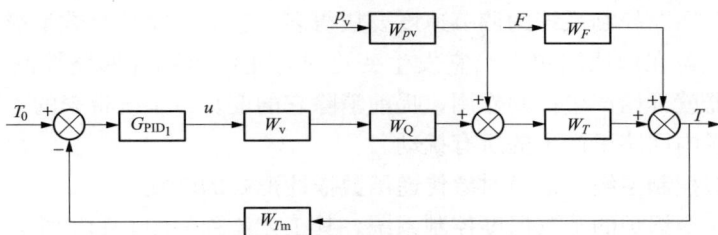

利用仿真子程序 Obj _ simu6101. m，能很容易得到在最优参数下，给定值 $T_0 = 1(t)$、

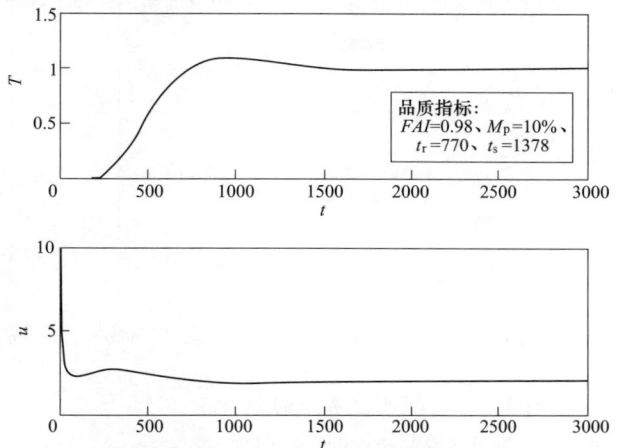

图 6-108　精馏塔提馏段温度单回路控制系统方框图

阀前压力 $p_{v0} = 0.1I(t)$、进料量 $F_0 = 1(t)$ 分别扰动时，单回路与串级控制系统的响应曲线的对比，如图 6-110～图 6-112 所示。

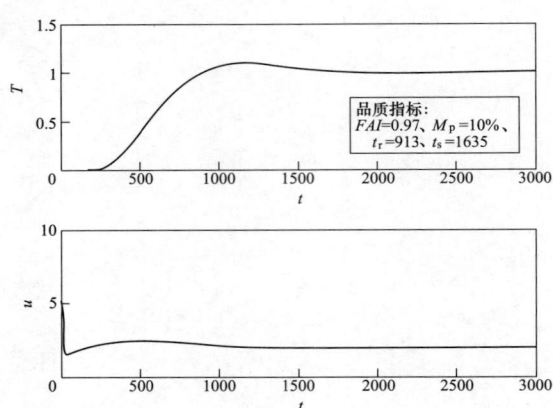

图 6-109　精馏塔提馏段温度单回路
控制系统优化结果

品质指标：
FAI=0.97、M_p=10%、
t_r=913、t_s=1635

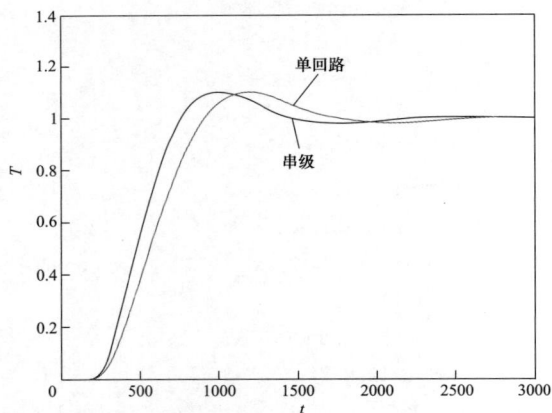

图 6-110　定值扰时单回路与串级控制
系统的响应曲线

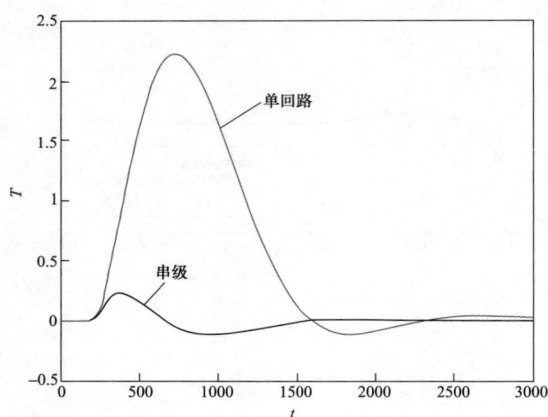

图 6-111　阀前压力扰动时单回路
与串级控制系统的响应曲线

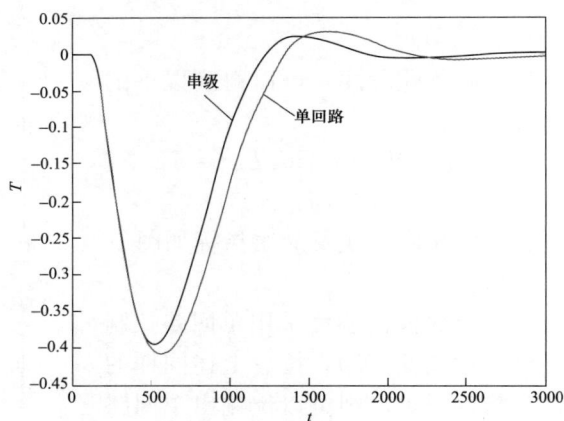

图 6-112　进料量扰动时单回路与串级
控制系统的响应曲线

从图 6-110 和图 6-112 中可以看出，定值扰和进料量扰时，串级控制系统比单回路控制系统的调节速度要快，但相差不很多。但是，从图 6-111 中可以看出，当阀前压力扰动时，串级控制系统比单回路控制系统的调节速度要快得多，它们相差一个数量级。其原因是，阀前压力扰动信号包含在内回路里，当它发生变化时，还没等到外回路控制器感受到它的变化，内回路控制器就开始产生控制作用，提前消除它的变化给系统带来的不利影响。内回路的作用就是消除在内回路里产生的所有扰动。

6.10.2　串级控制系统中被控对象传递函数描述形式的转换

下面来考虑大型锅炉的蒸汽温度控制系统，其工艺流程如图 6-113 所示。

从图 6-113 中可以看到，大型锅炉一般都有多级过热器，过热器存在较大的容积迟延和

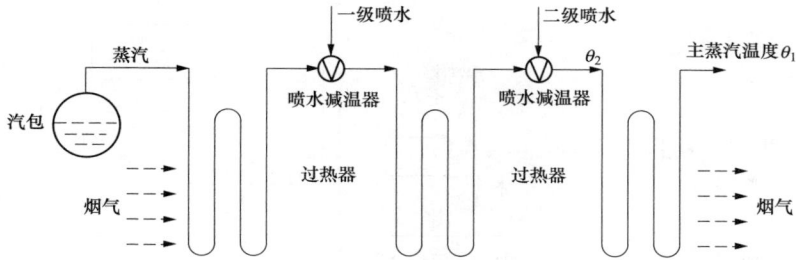

图 6-113　汽包锅炉主蒸汽温度系统工艺流程图

时间迟延，所以主蒸汽温度一般是一个大迟延、大惯性的系统。对于这样的系统一般采用多级控制策略，每一级又采用串级控制。设计这样的系统时，最重要的一步是内回路被控信号究竟取自哪里。以末级过热器为例，通常情况下，一般选择喷水减温器后的温度作为内回路反馈信号。在此情况下，设计的主蒸汽温度串级控制系统原理方框图如图 6-114 所示。

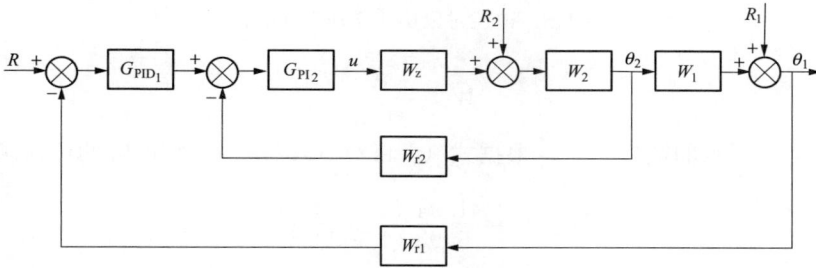

图 6-114　主蒸汽温度串级控制系统原理方框图

在该控制系统中，整个被控对象被划为两个控制区域，即"惯性区 W_1"和"导前区 W_2"。串级控制系统有两个闭合回路：由副调节器 G_{PI_2}、执行机构（含阀门）W_z、对象导前区 W_2 以及内回路温度变送器 W_{r2} 形成的闭环（称为"副环"或"内回路"）；由主控制器 G_{PID_1}、对象惯性区 W_1、外回路温度变送器 W_{r1} 以及整个副环形成的闭环（称为"主环"或"外回路"）。一般情况下，导前区的迟延和惯性比惯性区要小得多，也就是说所选择的副参数 θ_2，对含在内回路的扰动及控制效果的反应比主参数反应来得快。当内回路发生扰动时，由于副控制器的及时控制，能使这里扰动的影响迅速消除。此时，被调量 θ_1 可能还未来得及变化或者变化很小。当被调量 θ_1 变化时，主控制器按偏差以一定规律改变副控制器的给定值。比较两个回路的控制速度可以发现，副环是高速回路，主环是低速回路。

考虑图 6-115 所示的某 300MW 火电机组主蒸汽温度串级控制系统，使用串级控制策略。其中的被控对象传递函数是通过现场运行数据辨识而来的。辨识时，被控系统的输入是副控制器的输出（一般是阀门开度信号），系统的输出是导前区的输出和惯性区的输出。所以，辨识结果是导前区传递函数 W_2 和被控对象整体传递函数 W，这两个传递函数是并联的形式。

对系统进行分析时，有时需要按图 6-114 所示的形式描述被控对象（串联形式），这时就必须把图 6-115 所描述的被控对象形式转换成图 6-114 所描述的形式，如图 6-116 所示。

根据图 6-116 可以得到被控对象传递函数描述形式的转换公式：

425

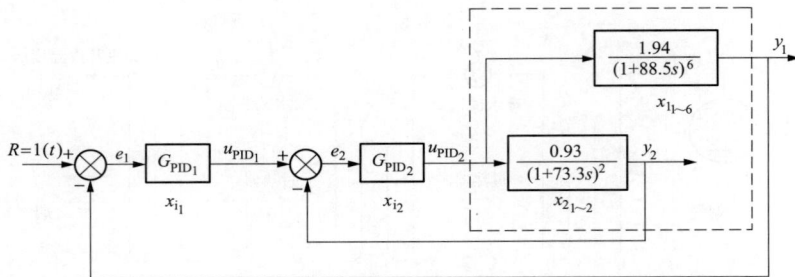

图 6-115 某 300MW 火电机组主蒸汽温度串级控制系统方框图

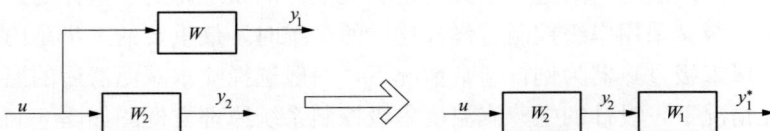

图 6-116 被控对象从并联到串联的转换

$$W_1 = \frac{W}{W_2} \qquad (6\text{-}125)$$

对于图 6-115 所示的被控对象，根据式（6-112）可以得到其惰性区的传递函数，即

$$W_1(s) = \frac{1.94}{0.93}\frac{(1+73.3s)^2}{(1+88.5s)^6}$$

该传递函数含有两个零点，结构较为复杂，给数字仿真和理论分析都会带来不便。分析过热蒸汽温度系统可知，实际上导前区和惰性区的模型结构具有相同的形式，只是惰性区的时间常数和阶次要比导前区高而以。所以，如果导前区的传递函数结构为

$$W_2(s) = \frac{K_2 \mathrm{e}^{-\tau_2 s}}{(1+T_2 s)^{n_2}} \qquad (6\text{-}126)$$

被控对象的整体传递函数为

$$W(s) = \frac{K\mathrm{e}^{-\tau s}}{(1+Ts)^n} \qquad (6\text{-}127)$$

若 $n_2 < n$，$T_2 < T$，$\tau_2 < \tau$，则可以设惰性区的传递函数结构为

$$W_1(s) = \frac{K_1 \mathrm{e}^{-\tau_1 s}}{(1+T_1 s)^{n_1}} \qquad (6\text{-}128)$$

其中：

$$K_1 = \frac{K}{K_2} \qquad (6\text{-}129)$$

$$n_1 = n - n_2 \qquad (6\text{-}130)$$

$$\tau_1 = \tau - \tau_2 \qquad (6\text{-}131)$$

对于 T_1 可以用参数优化的方法求出。设目标函数为

426

$$Q = \int_0^{t_s} |y_1 - y_1^*| \, \mathrm{d}t \qquad (6\text{-}132)$$

在被控对象的输入加入单位阶跃扰动，按目标函数式（6-132）即可优化出最佳参数 T_1。

对于图 6-115 所示的系统，如果把被控对象转换成串联的形式，则有

$$K_1 = \frac{K}{K_2} = \frac{1.94}{0.93} = 2.086$$

$$n_1 = n - n_2 = 6 - 2 = 4$$

优化 T_1 时的寻优主程序及子程序为 O1_enumeration_T1.m 和 obj_simu6102。

```
%穷举法优化惰性区参数主程序 O1_enumeration_T1.m
clear all;
%%%%%%%%%%%%%%%%%%%%%%%%%%%%初始参数%%%%%%%%%%%%%%%%%%%%%%%%%%%
x_LLimits = 50;%参数下限
x_HLimits = 150;%参数上限
DT1 = 1;%优化参数步长
xb = x_LLimits;%初始参数值
[Qb, t, y, y1] = Obj_simu6102(xb);%调用仿真子程序
%%%%%%%%%%%%%%%%%%%%%%%%%%%%迭代开始%%%%%%%%%%%%%%%%%%%%%%%%%%%
for x = x_LLimits: DT1: x_HLimits
    [Q, t, y, y1] = Obj_simu6102(x); %%调用仿真子程序
    if Q<Qb; Qb = Q; xb = x; end
end
[Q, t, y, y1] = Obj_simu6102(xb); %%调用仿真子程序
xb
plot(t, y, 'b', t, y1, 'r'); hold on;
```

```
%模型转换优化子程序 Obj_simu6102.m
function [Q t y y1] = Obj_simu6102(T1)
DT = 1; ST = 2000; LP = ST/DT; u = 1;
A2 = exp(-DT/73.3); A = exp(-DT/88.5); A1 = exp(-DT/T1);
x2(1: 2) = 0; x(1: 6) = 0; x1(1: 4) = 0; Q = 0;
for i = 1: LP
    x2(1) = A2 * x2(1) + 0.93 * (1 - A2) * u;
    x2(2) = A2 * x2(2) + (1 - A2) * x2(1);
    x1(1) = A1 * x1(1) + 2.086 * (1 - A1) * x2(2);
    x1(2: 4) = A1 * x1(2: 4) + (1 - A1) * x1(1: 3);
    x(1) = A * x(1) + 1.94 * (1 - A) * u;
    x(2: 6) = A * x(2: 6) + (1 - A) * x(1: 5);
    y(i) = x(6); y1(i) = x1(4); t(i) = i * DT;
    Q = Q + abs(y(i) - y1(i));
end
```

运行上述程序即可得到

$$T_1 = 97$$

所以，惰性区的传递函数为

$$W_1(s) = \frac{2.086}{(1 + 97s)^4}$$

被控对象串、并联形式的对比如图 6-117 所示。从该图中可以看出，变换后的模型具有相当高的精度。

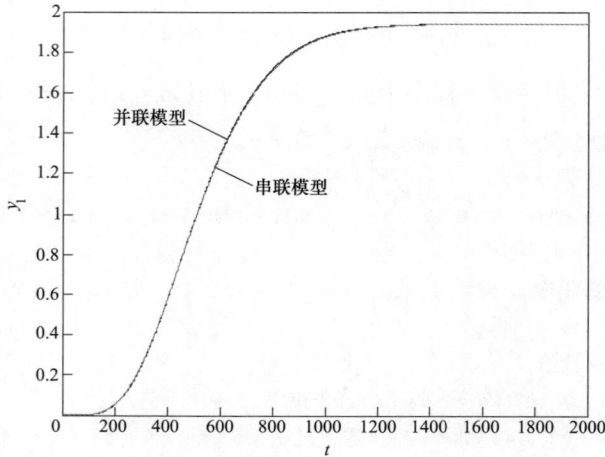

图 6-117　串、并联模型的对比

由此得到变换被控对象模型结构后的控制系统方框图如图 6-118 所示。

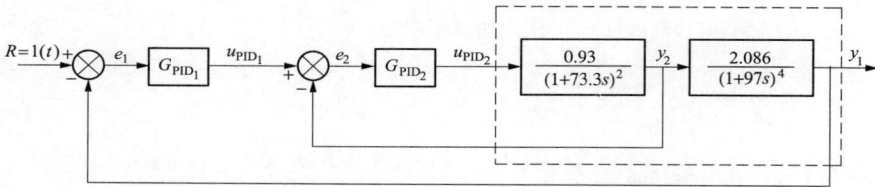

图 6-118　被控对象传递函数描述形式转换后的方框图

6.10.3　导前区模型对系统控制品质的影响

在串级控制系统中，整体被控对象模型是不可改变的，它由系统的物理设备来决定。但是，导前区模型则由设计者设置的内回路输出测点的位置来决定。前面已经分析，内回路是快速回路，它应该远离主蒸汽温度测点，离喷水减温器越近越好，但这要视过热器的现场物理条件来决定。下面来分析一下当内回路的测点靠近外回路测点后系统的控制品质变化情况。

假设由于内回路输出测点的不同，导前区的数学模型由

$$W_{2-1}(s) = \frac{0.93}{(1 + 73.3s)^2}$$

变为

$$W_{2-2}(s) = \frac{1.2}{(1 + 80s)^4}$$

被控对象的整体模型仍为

$$W(s) = \frac{1.94}{(1+88.5s)^6}$$

根据经验公式［式（4-39）～式（4-40）］，可以得到主、副控制器的初始参数为

$$\delta_1 = 0.081 \times 1.94 \times (12+6) = 2.83$$

$$T_{i_1} = 0.6 \times 88.5 \times 6 = 318.6$$

$$\delta_2 = 0.081 \times 1.2 \times (10+4) = 1.36$$

$$T_{i_2} = 0.6 \times 80 \times 4 = 192$$

选取优化参数区间为

$$\delta_1 \in (1,4),\ T_{i_1} \in (100,400);\ \delta_2 \in (0.1,2), T_{i_2} \in (50,300)$$

选取目标函数选为

$$Q = \int_0^{t_s} \left[0.02t\,|e_1(t)| + 0.98u_{\text{PID2}}^2(t) \right] \mathrm{d}t + Q_f$$

罚函数如下：

$$如果\ \varphi < 0.90,则让\ Q_f = 10^{30}$$

$$如果\ \varphi > 0.98,则让\ Q_f = 10^{20}$$

$$如果\ M_p < 10\%,则让\ Q_f = 10^{15}$$

$$如果\ M_p > 20\%,则让\ Q_f = 10^{25}$$

$$如果\ U_{\max} > 2,则让\ Q_f = 10^{20}$$

粒子群优化主程序仍为 O_PSO_main.m、目标函数计算子程序仍为 Obj_simu452.m。

当导前区对象为 W_{2-1} 时，优化结果为

$$\delta_1 = 2.87,\ T_{i_1} = 264; \delta_2 = 0.22,\ T_{i_2} = 64$$

当导前区对象为 W_{2-2} 时，优化结果为

$$\delta_1 = 3.64,\ T_{i_1} = 212;\ \delta_2 = 1.2,\ T_{i_2} = 277$$

两种模型下的控制系统响应曲线及控制品质如图 6-119 所示。从该图可以看出，内回路被控对象的惯性时间常数和阶次增大时，整体调节速度会减慢。

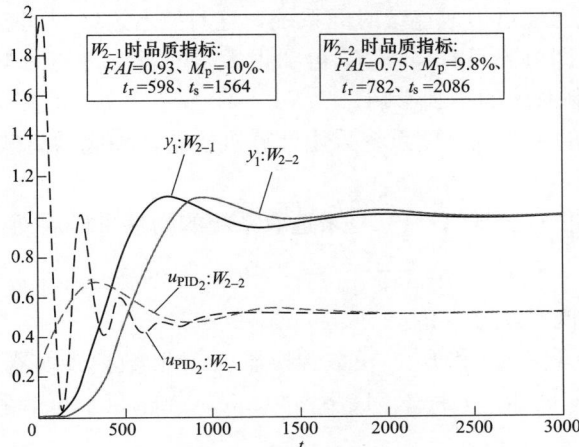

图 6-119 副回路被控对象为 W_{2-1} 和 W_{2-2} 时的最优控制品质对比

6.11 离散时间控制系统的优化设计

在现代工程控制系统中，大多数的模拟式控制器都已经被数字式控制器（计算机）所代替。由数字控制器组成的系统就是离散时间系统，如图 1-24 所示，即

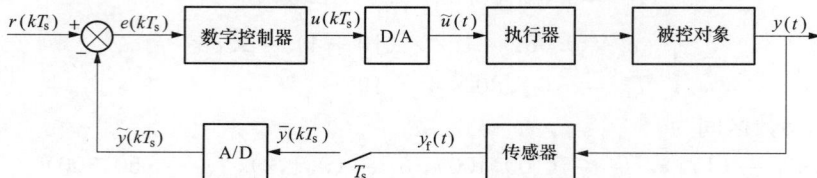

尽管现在的绝大多数系统使用计算机控制，但是 PID 控制律仍然是主流的控制策略。在经典控制理论时期产生了 Z 变换法，用以分析离散时间控制系统。但是，Z 变换法却很少在实际工程中得以应用。究其原因是，在离散时间控制系统中，只有控制器（计算机）内的控制算法是离散的，复杂的被控对象部分仍然是连续时间系统，而如果使用 Z 变换模型（脉冲传递函数）对控制系统进行分析，那么就必须求取被控对象部分的 Z 变换模型，然而这项工作是比较困难的。此外，现在计算机的计算速度是如此的快，以至于可以选择足够小的采样周期，使得离散时间系统等同于连续时间系统。因此，在实际工程应用中，还是使用连续控制系统的分析方法来分析离散时间系统。

在离散时间控制系统中，采样周期 T_s 是一个重要的物理参数。如果被控对象的响应速度非常快，以至于我们不能按要求选择采样周期，这时就需要对离散时间控制系统进行特殊的分析。即使这样，还是可以通过数字仿真的方法对离散时间系统进行分析，可以用离散相似法等求取差分方程的方法来求出脉冲传递函数。

6.11.1 采样周期 T_s 对控制品质的影响

在第 2 章里，已经给出了采样周期的经验估计公式［见式（2-138）］，即

$$T_s = \frac{nT}{100} \sim \frac{nT}{40}$$

从第 3 章中的数字仿真中可以知道，当按上述的经验公式选取采样周期 T_s 对系统进行分析时，离散时间系统已经近似成连续时间系统，这时按着连续时间控制系统的分析方法去分析离散时间控制系统即可。只有当 T_s 选得"很大"时，它才会影响到系统的控制品质，这时就要考虑 T_s 对控制系统的不利影响。

考虑图 6-115 所示的主蒸汽温度系统采用计算机控制，构成的离散时间控制系统如图 6-120 所示。

如果按采样周期的估计公式（2-138）来选取系统的物理采样周期，即

$$T_s = \frac{73.3 \times 2}{100 \sim 40} = 1.46 \sim 3.66 \approx 2$$

则可把该系统按连续时间系统来考虑。

现在假设由于采样开关 K_1 和 K_2、模数转换器 A/D 和数模转换器 D/A 的原因，不能选取 $T_s = 2$，而是 $T_s > 2$，例如：$T_s = 2$、4、8、20、30、40、50、60，我们来分析一下 T_s 对控制品质的影响。

按式（2-138）来选取被控对象部分的仿真计算步距

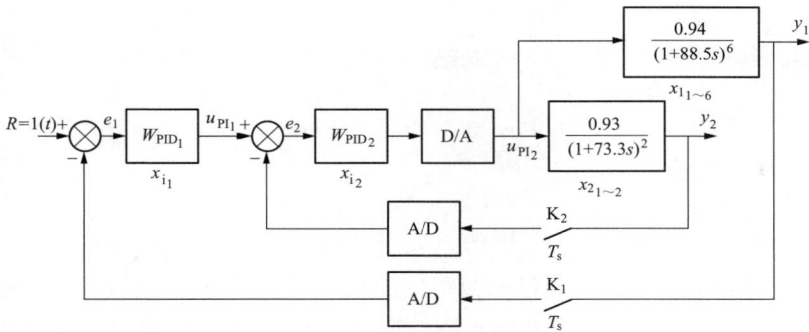

图 6-120　主蒸汽温度计算机控制系统

$$DT=2$$

选择第 4 章已经优化出的某一组控制器参数

$$\delta_1=2.74,\ T_{i_1}=279;\ \delta_2=0.31,\ T_{i_2}=60$$

仿真程序为 simu6111. m。

```
% 主蒸汽温度计算机控制系统仿真程序 simu6111. m
clear all；
DT = 2； Ts = 60； ST = 3000； LP1 = ST/Ts； LP2 = Ts/DT；
DTA1 = 2. 74； Ti1 = 279； DTA2 = 0. 31； Ti2 = 60；
k1 = 1. 94； n1 = 6； T1 = 88. 5； k2 = 0. 93； n2 = 2； T2 = 73. 3；
A1 = exp( - DT/T1)； B1 = 1 - A1；
A2 = exp( - DT/T2)； B2 = 1 - A2；
x1(1： n1) = 0； x2(1： n2) = 0； xi1 = 0； xi2 = 0； m = 0；
for i = 1： LP1
    %############数字控制器部分仿真############
    e1 = 1 - x1(n1)；
    xp1 = e1/DTA1；
    xi1 = xi1 + Ts * e1/DTA1/Ti1；
    upi1 = xp1 + xi1；
    e2 = upi1 - x2(n2)；
    xp2 = e2/DTA2；
    xi2 = xi2 + Ts * e2/DTA2/Ti2；
    upi2 = xp2 + xi2；
    %%%%%%%%%%%%%%连续被控对象部分仿真%%%%%%%%%%%%%%
    for j = 1： LP2
        x1(1) = A1 * x1(1) + k1 * B1 * upi2；
        x1(2： n1) = A1 * x1(2： n1) + B1 * x1(1： n1 - 1)；
        x2(1) = A2 * x2(1) + k2 * B2 * upi2；
        x2(2： n2) = A2 * x2(2： n2) + B2 * x2(1： n2 - 1)；
        m = m + 1；
        y1(m) = x1(n1)； y2(m) = x2(n2)； u(m) = upi2； t(m) = m * DT；
```

```
     end
  %###############################################################
end
[Mp, tr, ts, FAI, Tp, E1, E2, E3] = O_quality(DT, m, y1, t)
subplot(3, 1, 1), plot(t, y1, 'k'); hold on;
subplot(3, 1, 2), plot(t, y2, 'k'); hold on;
subplot(3, 1, 3), plot(t, u, 'k'); hold on;
```

运行仿真程序 simu6111，可以得到图 6-121 所示的仿真结果。从该图中可以看到，随着物理采样周期的增大，控制器输出波动加剧，但是，$T_s \leqslant 50$ 时的控制品质还都是可以接受的。只有当 T_s 接近 60 时，系统变为发散，这时的 T_s 不能被接受。

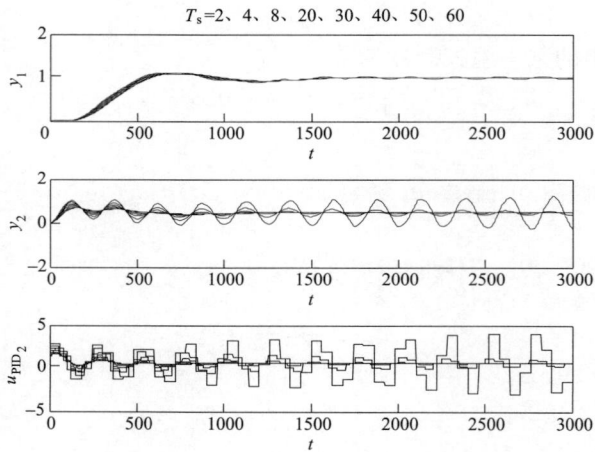

图 6-121　不同物理采样周期下的仿真结果

如果在现实中只能选取 $T_s = 60$，那么必须重新优化控制器参数。

粒子群优化主程序为 O_PSO_main6111.m，目标函数计算子程序为 Obj_simu6111.m。

```
%粒子群优化算法主程序 O_PSO_main6111.m
clear all;
%######################粒子群算法的控制参数#######################
N = 4;%优化变量个数
M = 100;%粒子个数
Tmax = 100;%最大前进步数
wx = [0.8 1.2];%惯性权重区间
c = [2 2];%认知及社会因子
X_LLimits = [1, 100, 0.1, 50];%寻优参数下限
X_HLimits = [4, 400, 2, 300];%寻优参数上限
Vmax = [0.2, 5, 0.05, 5];%优化变量速度限制
%&&&&&&&&&&&&&&&&&&&&&&& 其他部分同前 &&&&&&&&&&&&&&&&&&&&&&&
```

```matlab
%主蒸汽温度计算机控制系统参数优化仿真子程序 Obj_simu6111.m
function [Q] = Obj_simu6111(V)
% clear all;
DTA1 = V(1); Ti1 = V(2); DTA2 = V(3); Ti2 = V(4);
%%%%%%%%%%%%%%%%%%%%%%%%%%控制系统的结构参数%%%%%%%%%%%%%%%%%%%%%%%%%%%
Ts = 2; DT = 2; ST = 6000; LP1 = ST/Ts; LP2 = Ts/DT;
k1 = 1.94; n1 = 6; T1 = 88.5; k2 = 0.93; n2 = 2; T2 = 73.3;
A1 = exp(-DT/T1); B1 = 1 - A1;
A2 = exp(-DT/T2); B2 = 1 - A2;
% DTA1 = 2.74; Ti1 = 279; DTA2 = 0.31; Ti2 = 60; %TS = 2; DT = 2时的优化结果
% DTA1 = 3.24; Ti1 = 252; DTA2 = 0.27; Ti2 = 245; %TS = 60; DT = 2时的优化结果
% DTA1 = 3.46; Ti1 = 294; DTA2 = 0.44; Ti2 = 273; %Ts = DT = 100时的优化结果
% DTA1 = 3.37; Ti1 = 249; DTA2 = 0.349; Ti2 = 236; %TS = 100; DT = 2时的优化结果
FAI_l = 0.76; FAI_h = 0.98; Mp_l = 10; Mp_h = 20; Um = 2; %对品质指标的约束
x1(1:n1) = 0; x2(1:n2) = 0; xi1 = 0; xi2 = 0; Q = 0; m = 0; %状态变量初始化
for i = 1: LP1
    %################数字控制器部分仿真################
    e1 = 1 - x1(n1);
    xp1 = e1/DTA1;
    xi1 = xi1 + Ts * e1/DTA1/Ti1;
    upi1 = xp1 + xi1;
    e2 = upi1 - x2(n2);
    xp2 = e2/DTA2;
    xi2 = xi2 + Ts * e2/DTA2/Ti2;
    upi2 = xp2 + xi2;
    %%%%%%%%%%%%%%%%%%%连续被控对象部分仿真%%%%%%%%%%%%%%
    for j = 1: LP2
        x1(1) = A1 * x1(1) + k1 * B1 * upi2;
        x1(2:n1) = A1 * x1(2:n1) + B1 * x1(1:n1-1);
        x2(1) = A2 * x2(1) + k2 * B2 * upi2;
        x2(2:n2) = A2 * x2(2:n2) + B2 * x2(1:n2-1);
        m = m + 1;
        y1(m) = x1(n1); y2(m) = x2(n2); u(m) = upi2; t(m) = m * DT;
        Q = Q + 0.02 * t(m) * abs(e1) * DT + 0.98 * u(m) * u(m) * DT;
    end
    %%%%%%%%%%%%%%%%%%%%%%%%%%%%%%%%%%%%%%%%%%%%%%%%%%%%
end
umax = abs(max(u));
[Mp, tr, ts, FAI, Tp, E1, E2, E3] = O_quality(DT, m, y1, t)
if FAI<FAI_l; Q = Q + 10^30; end
if FAI>FAI_h; Q = Q + 10^20; end
if Mp<Mp_l; Q = Q + 10^15; end
```

```
if Mp>Mp_h; Q=Q+10~25; end
if umax>Um; Q=Q+10~20; end
% subplot(2, 1, 1), plot(t, y1, ': k'); hold on;
% subplot(2, 1, 2), plot(t, u, ': k'); hold on;
```

选取采样周期 $T_s=60$，被控对象部分的仿真计算步距选为 $DT=2$。优化结果为
$$\delta_1=3.24,\ T_{i_1}=252;\ \delta_2=0.27,\ T_{i_2}=245$$
最优参数下的系统响应曲线如图 6-122 所示。

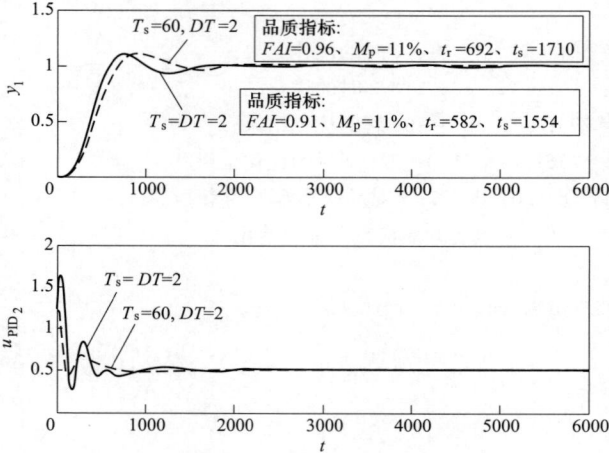

图 6-122　当 $T_s=60$ 时最优参数下的系统响应曲线

把 $T_s=2$ 时（相当于使用模拟仪表进行连续控制）最优参数下的系统响应曲线也显示在图 6-122 中。从该图中可以看出，当优化参数后，模拟和数字两种控制模式下的控制品质相差无几。

从上面的示例中还可以看出，计算机控制系统对采样周期的要求还是比较宽泛的。只是系统被采样后，相当于使被控对象产生了相位滞后，随着采样周期的逐渐增大，相位滞后就逐渐增大，控制品质逐渐变差，这时就要相应减小主、副控制器的控制作用。如果采样周期选择得过大，会使系统发散，那么在连续时间系统状态下优化出的控制器参数不能用于离散时间系统。因此，对于离散时间控制系统，只有在设定了采样周期后优化出的控制器参数才是有效的。除此之外，在第 3 章 3.5.1 中已经讨论过，对被控对象部分进行离散化求其脉冲传递函数（差分方程）时，并不能任意选取这部分的虚拟采样周期，也应该按式（2-138）来选取它，否则这个脉冲传递函数模型不能代表真实的连续时间系统，对离散时间控制系统的分析结论也可能是错误的。因此，即使在实际工程中不得不选择较大的物理采样周期，如果要用脉冲传递函数对系统进行分析，也应该用较小的计算步长来求取连续部分的差分方程。这给离散时间系统的理论分析带来很大困难。在很多文献中[59]～[61]，都假定了数字控制器部分的物理采样周期与连续被控对象部分的虚拟采样周期（计算步距）相同，这完全是为了便于系统分析而已。现在使用数字仿真的方法对系统进行分析，克服了使用脉冲传递函数进行理论分析时的缺点。因此，在现代工程控制系统的分析与设计中，并不常使用脉冲传递函数，而是采用与连续时间系统相同的方法对系统进行分析与设计。

现在来考虑优化图 6-120 所示的主蒸汽温度计算机控制系统。仍选优化主程序为 O_PSO_main6111.m，目标函数计算子程序为 Obj_simu6111.m。

当选取 $T_s=DT=100$ 时，优化结果为
$$\delta_1=3.64,\ T_{i_1}=294;\ \delta_2=0.44,\ T_{i_2}=273$$
控制品质如图 6-123 中的曲线 y_{1-1} 所示。

选取 $T_s = 100$，$DT = 2$ 时，优化结果为

$$\delta_1 = 3.37,\ T_{i_1} = 249;\ \delta_2 = 0.349,\ T_{i_2} = 236$$

控制品质如图 6-123 中的曲线 y_{1-2} 所示。

对比图 6-123 中的曲线 y_{1-1} 和曲线 y_{1-2} 可知，被控对象的仿真步长不同，即使目标函数相同，优化结果也不同，而且控制品质相差甚远。其原因是，当选择的仿真步长大大超过允许的范围时，连续部分的差分方程并不代表原来的连续系统，那么按此步长优化出的控制系统品质也不代表原系统的品质。对于图 6-123 中的曲线 y_{1-1} 来说，优化时选择的仿真步长 $DT = 100$，已经远远超出经验公式 (2-138) 给定的范围（$DT = 1.4 \sim$

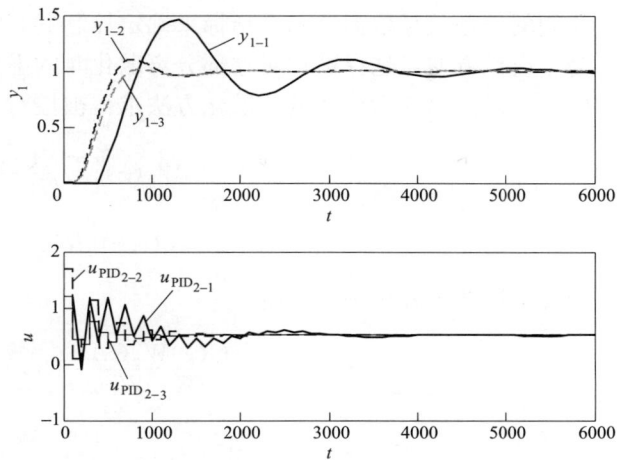

图 6-123　被控对象不同仿真步长下的优化结果

3.7）。所以这个优化结果下的响应曲线并不表示图 6-120 所示系统的实际控制品质。然而，如果一定要观察在仿真步长 $DT = 100$ 时得到的最优参数对图 6-120 所示系统的实际控制效果，那么仿真时被控对象的仿真步长必须选择 $DT = 2$ 下，其仿真结果如图 6-123 中的曲线 y_{1-3} 所示。也就是说，由于客观原因，无论采样周期 T_s 取多大，被控对象（连续）部分的仿真步长必须按式 (2-138) 来选取。

6.11.2　最小拍控制

所谓最小拍控制系统，是指系统对单位阶跃输入、单位速度输入或单位加速度输入等典型输入信号，具有最快的响应速度。对于数字控制系统来讲，最少要经过一个采样周期才能使得系统的稳态误差为零，达到输出完全跟踪输入的目的。从理论上讲，如果采样周期趋向于零，那么就相当于当有阶跃输入信号时，系统输出将无迟延的立即跟踪上这个输入。但是，从第 4 章优化的各种控制系统实例可以看到，如果要提高控制系统的调节速度，必须加大控制作用，使控制器输出量的幅值增大，这很可能要受到限幅，而且还要牺牲超调量等品质，因此最小拍控制器是一种理想控制器，在工程上不一定能够实现。但是，最小拍控制给我们提供了一种设计最优控制器的思想。

下面来讨论最小拍控制器的设计方法。

最基本的离散时间控制系统右框图如图 6-124 所示。

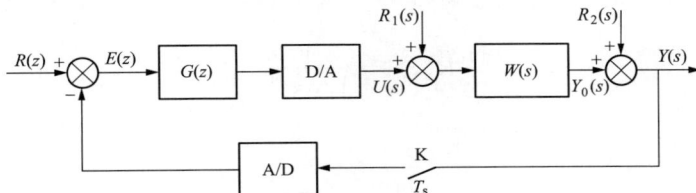

图 6-124　离散时间控制系统方框图

对最小拍控制系统的性能指标要求如下：

（1）无稳态偏差；

（2）达到稳态所需拍数（采样周期数）为最少。

我们的任务就是根据这两个指标来确定控制器 $G(z)$。

为了设计方便，选择被控对象部分离散化时的虚拟采样周期与控制器部分的物理采样周期相同。可以用第 3 章讲述的离散化方法求得被控对象部分的脉冲传递函数为

$$W_o(z) = \frac{Y(z)}{U(z)} \tag{6-133}$$

$$U(z) = G(z)[R(z) - Y(z)] \tag{6-134}$$

合并上述两式并整理，可得

$$Y(z) = \frac{G(z)W_o(z)}{1 + G(z)W_o(z)}R(z) = W_c(z)R(z) \tag{6-135}$$

其中：

$$W_c(z) = \frac{G(z)W_o(z)}{1 + G(z)W_o(z)} \tag{6-136}$$

由此可以得到

$$[R(z) - W_c(s)R(z)]G(z)W_0(z) = W_c(z)R(z) \tag{6-137}$$

整理得

$$G(z) = \frac{W_c(z)}{W_o(z)[1 - W_c(z)]} \tag{6-138}$$

由 Z 变换的终值定理式（2-161）可得

$$e(\infty) = \lim_{z \to 1}(1 - z^{-1})[1 - W_c(z)]R(z) \tag{6-139}$$

因此，无稳态偏差的条件是使式（6-139）为零。当已知输入函数 $R(z)$ 时，根据式（6-139）便可求出希望的系统闭环 Z 传递函数 $W_c(z)$。再把 $W_c(z)$ 和 $W_o(z)$ 代入式（6-138），即可求出控制器 $G(z)$。

显然，使式（6-139）为零的 $W_c(z)$ 与输入函数 $r(t)$ 的 Z 变换 $R(z)$ 有关，当输入函数 $r(t)$ 不同时，$R(z)$ 也不同，由此求出的 $W_c(z)$ 也不同，最后得到的控制器 $G(z)$ 也不同。因此，按某种输入信号设计的最小拍控制器，当输入信号形式改变后，系统性能会变坏。这也是最小拍控制器的致命弱点，它对输入信号的变化适应性较差。

现在来分析一下不同的 $R(z)$ 时的 $W_c(z)$。

单位阶跃 $1(t)$ 输入时，查表 2-2 可得

$$R(z) = \frac{1}{1 - z^{-1}}$$

单位速度 t 输入时，查表 2-2 可得

$$R(z) = \frac{T_s z^{-1}}{(1 - z^{-1})^2}$$

单位加速度 $\frac{1}{2}t^2$ 输入时，查表 2-2 可得

$$R(z) = \frac{T_s^2 z^{-1}(1+z^{-1})}{2 (1-z^{-1})^3}$$

把上述三式写成一般的形式，即

$$R(z) = \frac{A(z)}{(1-z^{-1})^m} \tag{6-140}$$

其中：当 $m=1$ 时，$A(z)=1$；当 $m=2$ 时，$A(z)=T_s z^{-1}$，当 $m=3$ 时，$A(z)=0.5T_s^2 z^{-1}(1+z^{-1})$。

将式（6-140）代入式（6-139）可得

$$e(\infty) = \lim_{z \to 1}(1-z^{-1})[1-W_c(z)] \frac{A(z)}{(1-z^{-1})^m} \tag{6-141}$$

显然，为使式（6-141）等于零，在 $[1-W_c(z)]$ 中，分子必须含有 $(1-z^{-1})^m$ 项，用以消去式（6-141）中分母的 $(1-z^{-1})^m$ 项。因此，$[1-W_c(z)]$ 应具有如下形式：

$$1-W_c(z) = (1-z^{-1})^m C(z) \tag{6-142}$$

式中 $C(z)$——不含 $(1-z^{-1})$ 因式的 z^{-1} 的多项式。

式（6-142）中的 $(1-z^{-1})^m$ 项保证了系统无静差，但是并不能保证最快。为使系统调节速度最快，应让 $C(z)=1$。否则，如果在 $C(z)$ 中含有 z^{-1} 项，那么系统的响应速度将会慢于 $C(z)=1$ 时的响应速度；如果在 $C(z)$ 中含有 z 项或者 z 的更高阶次项，那么误差传递函数 $[1-W_c(z)]$ 中的分子阶次很可能会高于分母的阶次，由此导致最小拍控制器无法计算（实现）。因此，如果取 $C(z)=1$，对于单位阶跃输入有

$$1-W_c(z) = 1-z^{-1} \tag{6-143}$$

解得

$$W_c = z^{-1} \tag{6-144}$$

把 W_c 代入式（6-138）得到单位阶跃输入时的最小拍控制器为

$$G(z) = \frac{z^{-1}}{W_o(z)[1-z^{-1}]} \tag{6-145}$$

对于单位速度输入有

$$1-W_c(z) = (1-z^{-1})^2 \tag{6-146}$$

解得

$$W_c = 2z^{-1} - z^{-2} \tag{6-147}$$

把 W_c 代入式（6-138）得到单位速度输入时的最小拍控制器为

$$G(z) = \frac{2z^{-1}(1-0.5z^{-1})}{W_o(z)[1-2z^{-1}+z^{-2}]} \tag{6-148}$$

对于单位加速度输入有

$$1-W_c(z) = (1-z^{-1})^{-3} \tag{6-149}$$

解得

$$W_c = 3z^{-1} - 3z^{-2} + z^{-3} \tag{6-150}$$

把 W_c 代入式（6-138）得到单位加速度输入时的最小拍控制器为

$$G(z) = \frac{z^{-1}(3 - 3z^{-1} + z^{-2})}{W_o(z)[1 - 3z^{-1} + 3z^{-2} - z^{-3}]} \tag{6-151}$$

考虑被控对象传递函数为

$$W_o(s) = \frac{2}{s(1+0.5s)}$$

的最小拍控制器设计（选取采样周期 $T_s = 0.5$），先求出被控对象的脉冲传递函数 $W_o(z)$：

利用离散相似法，可以得到被控对象的差分方程为

$$x_1[(k+1)T_s] = x_1(kT_s) + 2T_s u(kT_s)$$

$$x_2[(k+1)T_s] = e^{-\frac{T_s}{0.5}} x_2(kT_s) + (1 - e^{-\frac{T_s}{0.5}})u(kT_s)$$

$$y[(k+1)T_s] = x_1[(k+1)T_s] - x_2[(k+1)T_s]$$

令 $a = e^{-\frac{T_s}{0.5}}$，由此可以得到

$$\frac{X_1(z)}{U(z)} = \frac{2T_s z^{-1}}{1 - z^{-1}}$$

$$\frac{X_2(z)}{U(z)} = \frac{(1-a)z^{-1}}{1 - az^{-1}}$$

合并上面两式，被控对象的脉冲传递函数为

$$W_o(z) = \frac{z^{-1}[2T_s(1 - az^{-1}) - (1 - z^{-1})(1 - a)]}{(1 - z^{-1})(1 - az^{-1})}$$

根据式（6-145），得到单位阶跃输入时的最小拍控制器的脉冲传递函数为

$$G(z) = \frac{a_1(1 - az^{-1})}{1 - b_1 z^{-1}}$$

其中：$a_1 = \dfrac{1}{2T_s - 1 + a}$，$b_1 = a_1(2T_s a - 1 + a)$。

据此，得到最小拍控制器的差分方程为

$$u(kT_s) = b_1 u[(k-1)T_s] + a_1\{e(kT_s) - ae[(k-1)T_s]\}$$

根据式（6-148），也可得到单位速度输入时的最小拍控制器的脉冲传递函数，即

$$G(z) = \frac{2a_1(1 - az^{-1})(1 - 0.5z^{-1})}{(1 - b_1 z^{-1})(1 - z^{-1})}$$

进而得到控制器的差分方程为

$$u_0(kT_s) = b_1 u_0[(k-1)T_s] + a_1\{e(kT_s) - ae[(k-1)T_s]\}$$

$$u(kT_s) = u[(k-1)T_s] + u_0(kT_s) - 0.5u_0[(k-1)T_s]$$

前面已经讨论过，为了方便数字控制器设计，已经让被控对象部分的虚拟采样周期等于控制器部分的物理采样周期，但是对系统进行数字仿真分析时，一定要单独选取被控对象的仿真计算步距（虚拟采样周期）。对于该系统，选取

$$DT = \frac{0.5}{100 \sim 40} = 0.005 \sim 0.0125 \approx 0.005$$

而被控对象部分的差分方程变为

$$x_1[(k+1)DT] = x_1(kDT) + 2DTu(kDT)$$

$$x_2[(k+1)DT] = e^{-\frac{DT}{0.5}}x_2(kDT) + (1 - e^{-\frac{DT}{0.5}})u(kDT)$$

$$y[(k+1)DT] = x_1[(k+1)DT] - x_2[(k+1)DT]$$

仿真程序为 simu6112.m。仿真结果如图 6-125 和图 6-126 所示。

```
% 最小拍控制系统数字仿真程序 simu6112.m
clear all;
DT = 0.005; Ts = 0.5; ST = 6; LP1 = ST/Ts; LP2 = Ts/DT;
A = exp(-DT/0.5); B = 1 - A; a = exp(-Ts/0.5);
a1 = 1/(2*Ts-1+a); b1 = a1*(2*Ts*a-1+a);
x1 = 0; x2 = 0; u01 = 0; e0 = 0; u = 0; y0 = 0; m = 0;
for i = 1: LP1
    %############最小拍数字控制器仿真############
    r = 1; % 单位阶跃函数
    % r = (i-1)*Ts; % 单位速度函数
    % r = (i-1)*(i-1)*Ts*Ts/2; % 单位加速度函数
    e1 = r - y0;
    u0 = b1*u01 + a1*(e1 - a*e0); % 单位阶跃时的最小拍控制器
    u = u + 2*(u0 - 0.5*u01);        % 单位速度时的最小拍控制器
    u01 = u0; e0 = e1;
    %%%%%%%%%%%%被控对象部分数字仿真%%%%%%%%%%%%%%%
    for j = 1: LP2
        x1 = x1 + 2*DT*u0;
        x2 = A*x2 + B*u0;
        y = x1 - x2;
        for k = 1: 50
            m = m+1; t(m) = m*DT/50;
            Y(m) = y0; U(m) = u0;
            R(m) = r;
```

```
            % R(m) = m * DT/50;
            % R(m) = m * m * DT * DT/2/50/50;
        end
        y0 = y;
    end
    %###########################################
end
subplot(2, 1, 1), plot(t, R, ': r', t, Y, 'b'); hold on;
subplot(2, 1, 2), plot(t, U);
```

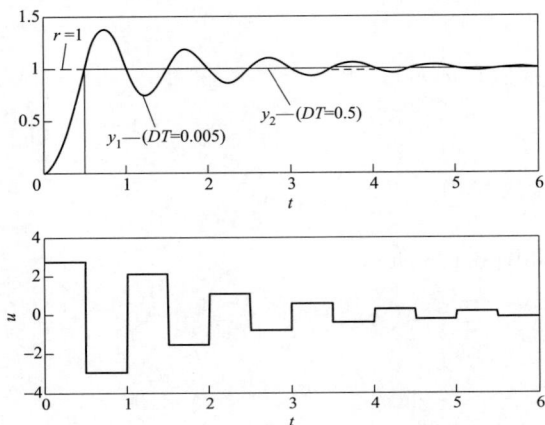

图 6-125　单位阶跃输入最小拍
控制器时的仿真结果

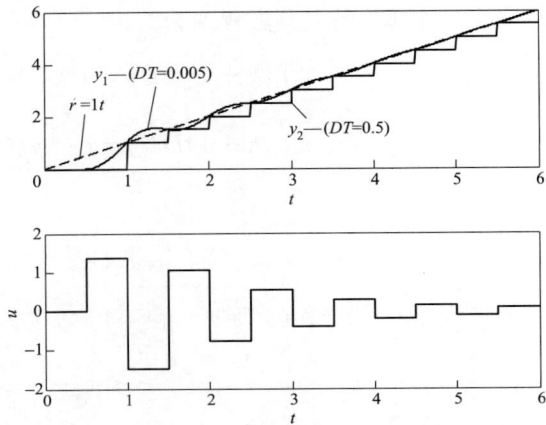

图 6-126　单位速度输入最小拍
控制器时的仿真结果

从理论上讲，当给系统加入单位阶跃扰动时，如果使用单位阶跃输入下设计出的最小拍控制器，控制系统的输出应该在一拍（$T_s = 0.5s$）内达到稳定，但从图 6-125 中的曲线 y_1 可以看出，控制系统并没有达到这样的控制品质。产生这种情况的原因是，设计最小拍控制器时，被控对象 z 传递函数的采样周期使用的是 $T_s = 0.5$，我们已经知道，要想精确地仿真被控对象部分，应该选择被控对象部分的仿真步距（或采样周期）$DT(T_s) = 0.005$，也就是说，按采样周期 $T_s = 0.5$ 而得到的被控对象 Z 传递函数模型为

$$W_o(z) = \frac{z^{-1}\left[2T_s(1-az^{-1}) - (1-z^{-1})(1-a)\right]}{(1-z^{-1})(1-az^{-1})} \quad (a = \mathrm{e}^{-\frac{0.5}{0.5}})$$

不能代表原系统

$$W_o(s) = \frac{2}{s(1+0.5s)}$$

因此，设计出的最小拍控制器并适合对原系统进行控制。

如果对最小拍控制系统仿真时，被控对象部分的仿真步距就选择了 $DT = 0.5$，那么，仿真结果如图 6-125 中的曲线 y_2 所示（控制器的输出曲线完全重合在一起）。从该图可以看到，控制系统用了一拍的时间（$T_s = 0.5$）就无超调地达到了稳定。但是这个控制结果并不是针对原来物理系统的。两种模型下的单位阶跃响应曲线如图 6-127 所示。从该图中可以看到，这两个被控对象所描述的物理特性差别是相当大的。

同理，从图 6-126 中可以看出，当给系统施加单位速度输入，使用按速度输入设计的最小拍控制器时，系统也不是经过一拍（$T_s = 0.5$）就进入稳定状态的（如图 6-126 中的 y_1 所示）。如果选择被控对象部分的仿真步距 $DT = 0.5$，仿真结果如图 6-126 中的 y_2 所示。从该图可以看到，系统经过一拍（T_s）就进入了稳定状态。

下面再来看一下，仍使用上面按单位速度输入设计出的最小拍控制器，输入改为单位阶跃和单位加速度时系统的输出和控制器的输出情况。

仍使用仿真程序 simu6112.m，把程序中的系统输入改为单位阶跃函数，即可得到输入为单位阶跃时的仿真结果，如图 6-128 所示。

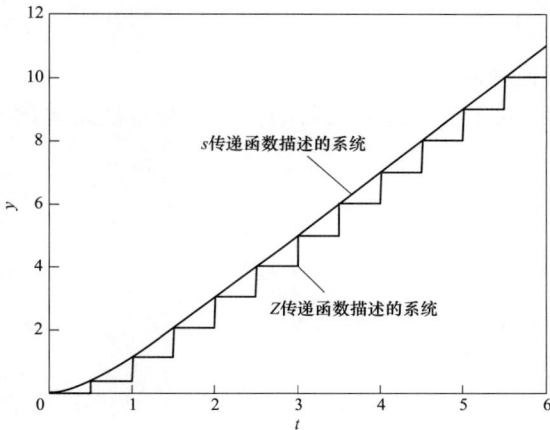

图 6-127　Z 传递函数和 s 传递函数
模型下的单位阶跃响应曲线

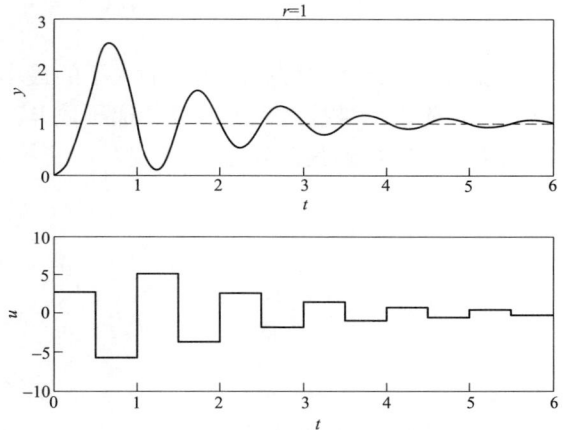

图 6-128　单位阶跃输入时最小拍
控制的仿真结果

从图 6-128 中可以看出，按单位速度输入设计的最小拍控制器，当输入改为单位阶跃函数时，系统虽然能稳定，但系统的超调量已经很大，振荡激烈，控制品质已经不能被工程上所接受。

现在把程序中的系统输入改为单位加速度函数，其仿真结果如图 6-129 所示。

从图 6-129 中可以看出，单位加速度输入时，系统输出 $y(t)$ 与输入之间 $r(t)$ 始终存在着偏差。

综上所述，实际输入信号比设计时的阶次低时，控制系统稳定性变差；比设计时的阶次高时，控制系统存在静态误差。因此，最小拍控制对输入信号的敏感性大大限制了它的实际应用。

下面来设计某 300MW 循环流化床锅炉在 60％负荷下床温最小拍控制

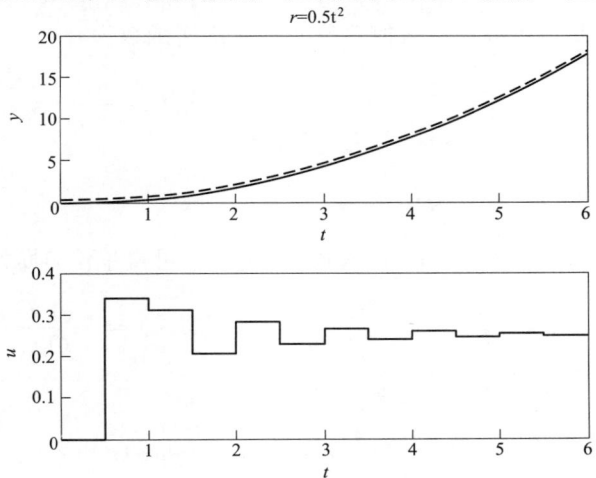

图 6-129　单位加速度输入时最小拍
控制的仿真结果

系统。

被控对象的传递函数为

$$W(s) = \frac{5.77}{(224.18s+1)^2} e^{-86s}$$

由于被控系统中存在纯迟延,那么在求得的被控系统的传递函数中,就会存在零点,这样求得的最小拍控制器的分子阶次会高于分母的阶次,即控制器具有超前控制功能,但这是无法实现的。因此必须用经验公式消去纯迟延后才能设计控制器。

在第 4 章 4.3.3 中已经把上面的传递函数变为

$$W(s) = \frac{5.77}{(1+133.6s)^4}$$

现在来设计在单位阶跃函数输入下的最小拍控制器:

(1) 先求出被控对象的脉冲传递函数 $W_o(z)$。对于消去纯迟延后的传递函数,使用离散相似法,可以得到其差分方程为

$$x_1[(k+1)T_s] = ax_1(kT_s) + 5.77bu(kT_s)$$

$$x_{2\sim4}[(k+1)T_s] = ax_{2\sim4}(kT_s) + bx_{1\sim3}[(k+1)T_s]$$

$$y[(k+1)T_s] = x_4[(k+1)T_s]$$

其中,$a = e^{\frac{T_s}{133.6}}$,$b = 1-a$。

对各式取 Z 变换即可得到

$$\frac{x_1(z)}{u(z)} = \frac{5.77bz^{-1}}{1-az^{-1}}$$

$$\frac{x_{2\sim4}(z)}{x_{1\sim3}(z)} = \frac{b}{1-az^{-1}}$$

由此,可以得到被控对象的脉冲传递函数为

$$W_o(z) = \frac{z^{-1}}{c(1-az^{-1})^4}$$

其中,$c = \frac{1}{5.77b^4}$。

(2) 将 $W_0(z)$ 代入式(6-145)可得单位阶跃函数输入下的最小拍控制器为

$$G(z) = \frac{c(1-az^{-1})^4}{(1-z^{-1})}$$

控制器的差分方程为

$$u(k) = u(k-1) + c[e(k+3) - 4ae(k+2) + 6a^2e(k+1) - 4a^3e(k) + a^4e(k-1)]$$

式中省略了时间变量中的 T_s。

(3) 选取数字控制器部分的采样周期为

$$T_s = 10$$

连续对象部分的虚拟采样周期为

$$DT = \frac{2 \times 224.18}{100 \sim 40} = 4.44 \sim 11.2 \approx 2$$

原系统的被控对象部分的差分方程为

$$x_1[(k+1)DT] = Ax_1(kDT) + 5.77BU(kDT)$$

$$x_2[(k+1)DT] = Ax_2(kDT) + Bx_1[(k+1)DT]$$

$$y[(k+1)DT] = x_2\left[\left(k+1-\frac{86}{DT}\right)DT\right]$$

其中：$A = e^{-\frac{DT}{224.18}}, B = 1-A$。

该系统的仿真程序为 simu6113.m。仿真结果如图 6-130 所示。从该图中可以看到，此系统已经发散，没有达到设计要求。

```
% 最小拍数字控制系统仿真程序 simu6113.m
% function [Y, U, t, DT, m, Q] = simu6113(Ts)
clear all;
Ts = 2;
DT = 2; ST = 3000; LP1 = ST/Ts; LP2 = Ts/DT;
%%%%%%%%%%%%%%%%%%%%%%被控对象参数及其状态变量初始化%%%%%%%%%%%%%%
n = 2; K = 5.77; T = 224.18; Tao = 86;
% n = 4; K = 5.77; T = 133.6; Tao = 0;
Tao = 86; LD = round(Tao/DT);
if LD>0; xd(1: LD) = 0; end
x(1: n) = 0; y = 0;
A = exp(-DT/T); B = 1-A;
%%%%%%%%%%%%%%%%%%%%%%%最小拍控制器参数及其初始化%%%%%%%%%%%%%%%%%
a1 = exp(-Ts/133.6); a2 = a1*a1; a3 = a2*a1; a4 = a3*a1;
b = 1-a1;
c = 1/K/b^4;
e(1: 4) = 0; u = 0;
%%%%%%%%%%%%%%%%%%%%%%%%PID控制器参数及其初始化%%%%%%%%%%%%%%%%%%%
DTA = 4.8; Ti = 429; xi = 0;
%%%%%%%%%%%%%%%%%%%%%%%%%%%%%%%%%%%%%%%%%%%%%%%%%%%%%%%%%%%%%%%%%%
m = 0; Q = 0;
r = 1; r1 = 0; r2 = 0;
for i = 1: LP1
    e0 = r-y;
    %###############最小拍数字控制器部分仿真################
    u = u+c*(e0-4*a1*e(1)+6*a2*e(2)-4*a3*e(3)+a4*e(4)); % 最小拍控制
    e(4) = e(3); e(3) = e(2); e(2) = e(1); e(1) = e0;
    % xp = e0/DTA; xi = xi+DT*e0/DTA/Ti; u = xp+xi; % PID控制
    %%%%%%%%%%%%%%%%%%%%%%%连续被控对象部分仿真%%%%%%%%%%%%%%%%%%%%%
```

```
for j = 1: LP2
    x(1) = A * x(1) + K * B * (u + r1);
    if n>1; x(2: n) = A * x(2: n) + B * x(1: n-1); end
    y0 = x(n);
    if LD>0
        y0 = xd(LD);
        for j = LD: -1: 2; xd(j) = xd(j-1); end
        xd(1) = x(n);
    end
    y = y0 + r2;
    m = m + 1;
    Y(m) = y; U(m) = u; R(m) = 1; t(m) = m * DT;
    Q = Q + (0.02 * t(m) * abs(e0) + 0.98 * u * u) * Ts;%优化时用
end
%###########################################################
end
[Mp, tr, ts, FAI, Tp, E1, E2, E3] = O_quality(DT, m, Y, t);
if FAI>0.98 | FAI<0.9; Q = Q + 10^40; end
if Mp<5 | Mp>20; Q = Q + 10^40; end
subplot(2, 1, 1), plot(t, Y, 'r'); hold on;
subplot(2, 1, 2), plot(t, U, 'r'); hold on;
```

被控对象:$W(s) = \dfrac{5.77}{(224.18s+1)^2} e^{-86s}$

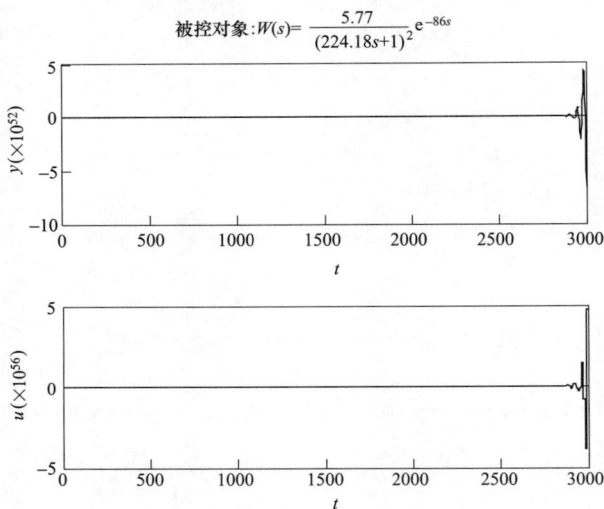

图 6-130　具有纯迟延被控对象的最小拍
控制系统仿真结果

下面来分析一下系统发散原因:

因为最小拍控制器的设计原则是,不考虑控制器的输出幅值是否受限,仅仅满足无静差和最快调节速度这两个指标。这样,当被控对象的惯性和纯迟延较大(相对采样周期),而采样周期又较小时,为了达到最小拍(一拍 T_s)控制,就必须加大控制器的输出。从能量的角度讲,为了快速调节一个较慢的系统,就必须加大对系统的驱动能量。从最小拍控制器的差分方程来看,就是加大差分方程中的系数 c。该系数类同于积分控制器中的积分速度,c 越大,积分作用就越强。在本例中,采样周期相对惯性和纯迟延时间是相当小的,就被控对象本身特性来讲,这样慢的过程要在一个小的采样周期($T_s = 10$)内就完成调节是不可能的,因此要达到此目的,只有加大系数 c(在该例中 $c = 6407.1$)。这样,当最小拍控制器的起始控制作用太强时,如果被控系统存在大迟延,在前几拍(本例是 $86/10 \approx 8$ 拍)内,系统偏差不会发生变化，控制器的输出也不会发生变化，仍然是控制器的初始输出（最大输出），当控制作用经过那一段纯迟延时间后，控制器感受到了偏差在减小，这时开始减小控制器输出，但先前的控制作用正在生效，使系统产生了严重的过调，导致了系统发散；如果系统不存在纯迟延，而是存在大惯性，那么在控制作用的起始阶段，被控对象的变化过程很缓慢，也具有纯迟延的特征，因此也会使控制系统发散。例如，如果实际的被控对象就是

$$W(s) = \frac{5.77}{(1 + 133.6s)^4}$$

那么，在前面设计出的最小拍控制器参数下，控制系统仍旧会发散，如图 6-131 所示。

按此分析，如果选择的采样周期大于或接近于惯性时间与纯迟延时间之和，那么按着上述的方法设计最小拍控制器将不会使系统发散。例如，如果选取 $T_s = 500$（已经接近惯性加纯迟延时间 $2 \times 224.18 + 86 = 534.36$），运行程序为 simu6113.m，可得到图 6-132 所示的仿真结果。从该图中可以看到，控制器的最大输出降到 0.190 8，系统已经收敛。我们也把使用 PID 控制时（$\delta = 4.8$，$T_i =$

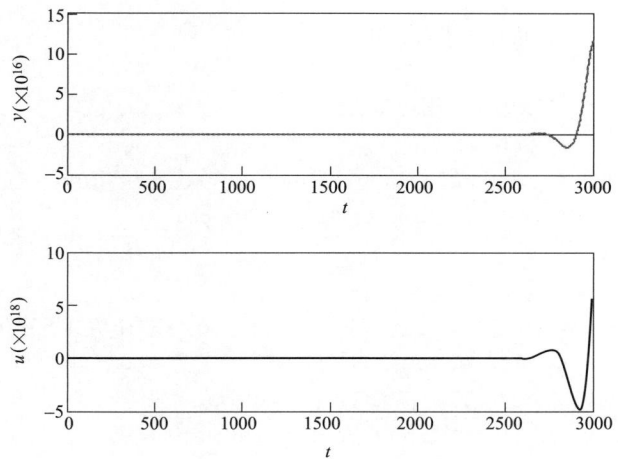

图 6-131 大惯性被控对象的最小拍
控制系统仿真结果

429）的控制系统响应曲线显示在图 6-132 中。对比两种控制策略下的控制品质可以看到，最小拍控制时的控制品质远不如于 PID 的好。最小拍控制时，为了使系统稳定，只有减缓调节速度。

从本例及上一个系统的例子分析，可以得出这样的结论：最小拍控制系统的物理采样周期与系统的惯性时间相比（上例中，$T_s = 0.5$，惯性时间常数为 0.5；本例中，$T_s = 500$，惯性时间常数为 $2 \times 224.18 + 86 = 534.36$），选择得较大时，控制系统才会收敛，但调节速度大大减慢。

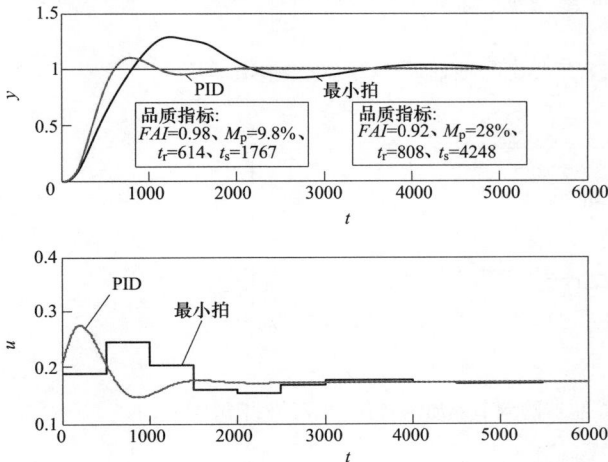

图 6-132 大采样周期（$T_s = 500$）下的最小拍
控制与 PID 控制策略的对比

既然采样周期 T_s 可以影响系统的调节品质，那么可以用任何一种优化方法来优化采样周期 T_s。

对于本例，由于只有一个要优化的参数，所以使用穷举法寻优。

被控对象的传递函数为

$$W(s) = \frac{5.77}{(224.18s + 1)^2} e^{-86s}$$

445

选取控制系统的品质指标为

$$Q = \int_0^{t_s} \left[0.02t \, | \, e(t) \, | + 0.98u \, (t)^2 \right] dt$$

被控对象部分的仿真计算步距为 $DT = 2$；

T_s 的论域为 $T_s \in$ （100，500）。

寻优主程序仍为 O_enumeration_6111.m，子程序如 simu6113.m 所示。优化结果为 $T_s = 458$。

```
%穷举法优化b主程序 O_enumeration_6111.m
clear all;
Qmin = 10^50；%调用仿真子程序
for Ts = 100：2：500
    [y, u, t, DT, LP, Q] = simu6113(Ts)；%调用仿真子程序
    if Q<Qmin; Qmin = Q; Ts_o = Ts; end
end
Ts_o
[y, u, t, DT, LP, Q] = simu6113(Ts_o)；%调用仿真子程序
[Mp, tr, ts, FAI, Tp, E1, E2, E3] = O_quality(DT, LP, y, t)
subplot(2, 1, 1), plot(t, y); hold on;
subplot(2, 1, 2), plot(t, u); hold on;
```

与模拟 PID 控制系统响应曲线的对比如图 6-133 所示。从该图中可以看到，最小拍控制器在过程控制系统中的应用并不优于 PID。

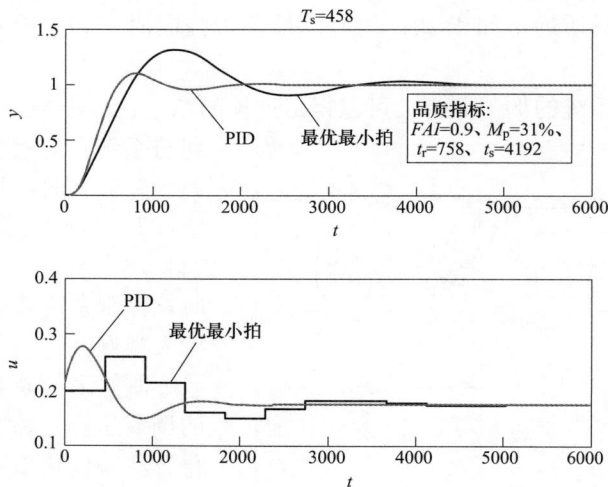

图 6-133　最优最小拍控制器的调节品质与最优 PID 的对比

在最优采样周期（$T_s = 458$）下，最优最小拍控制器消除内、外扰动的情况如图 6-134 所示。

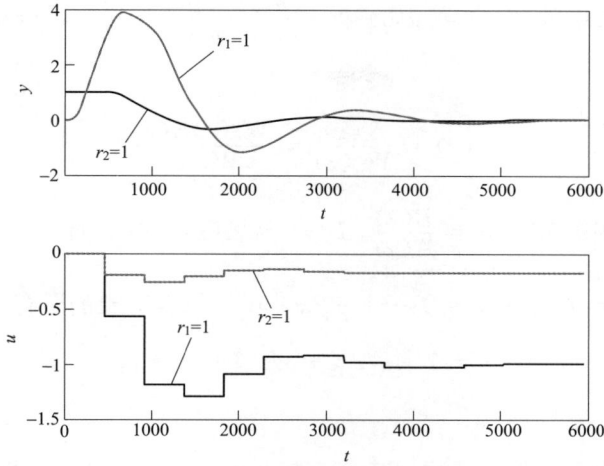

图 6-134　最优最小拍控制器消除内外扰动情况下的仿真

6.11.3　最小拍无纹波控制

最小拍控制系统的输出响应，在采样点之间存在着纹波，如果能把这个纹波消去，不仅增加了系统的稳定性，还减少了执行机构的频繁动作，这是工程上所希望的。因此，对所设计的系统，要求经过尽可能少的采样周期后（不是一拍），不仅在采样点上，而且在采样点之间也与输入量相等。这就是最小拍无纹波控制系统。

如果经过 n 拍调节，系统进入稳态后，控制器的输出量不再发生变化，那么从此以后，系统的输出也不再波动（不再产生纹波），这就实现了最小拍无纹波控制。

下面来分析最小拍无纹波控制原理：

数字控制器输出信号 $u(kT_s)$ 的 Z 变换展开式为

$$u(kT_s) = u(0T_s) + u(1T_s)z^{-1} + \cdots + u(nT_s)z^{-n} + u[(n+1)T_s]z^{-(n+1)} + \cdots$$

$$(6\text{-}152)$$

如果要求经过 n 拍调节，系统达到稳态，无纹波控制则要求 $u(nT_s), u[(n+1)T_s]\cdots$ 相等，即

$$
\begin{aligned}
u(k) &= u(0) + u(1)z^{-1} + \cdots + u(n-1)z^{-(n-1)} + u(n)(z^{-n} + z^{-(n+1)} + \cdots) \\
&= u(0) + u(1)z^{-1} + \cdots + u(n-1)z^{-(n-1)} + u(n)z^{-n}(1 + z^{-1} + z^{-2} + \cdots) \\
&= u(0) + u(1)z^{-1} + \cdots + u(n-1)z^{-(n-1)} + u(n)\frac{z^{-n}}{1-z^{-1}} \\
&= \frac{[u(0) + u(1)z^{-1} + \cdots + u(n-1)z^{-(n-1)} + u(n)z^{-n}] - [u(0)z^{-1} + \cdots + u(n-1)z^{-n}]}{1-z^{-1}} \\
&= \frac{u(0) + [u(1)-u(0)]z^{-1} + \cdots + [u(n-1)-u(n-2)]z^{-(n-1)} - [u(n)+u(n-1)z^{-n}]}{1-z^{-1}} \\
&= (1 + \delta_1 z^{-1} + \delta_2 z^{-2} + \cdots + \delta_{n-1}z^{-(n-1)} + \delta_n z^{-n}) \cdot \frac{\lambda}{1-z^{-1}}
\end{aligned}
$$

$$(6\text{-}153)$$

其中：省略了时间变量中的 T_s；$\lambda = u(0)$；$\delta_i = \dfrac{u(i) - u(i-1)}{u(0)}$ $(i = 1, 2, \cdots, n)$

由于

$$U(z) = \frac{Y(z)}{W_o(z)} = \frac{W_c(z)R(z)}{W_o(z)} \tag{6-154}$$

设被控对象脉冲传递函数 $W_o(z) = \dfrac{B(z)}{A(z)}$，$B(z)$ 与 $A(z)$ 互质，且

$$B(z) = K(1 + \beta_1 z^{-1}) \cdots (1 + \beta_b z^{-1}) z^{-l} \quad （含对象的所有零点） \tag{6-155}$$

$$A(z) = 1 + \alpha_1 z^{-1} + \alpha_2 z^{-2} + \cdots + \alpha_a z^{-a} \tag{6-156}$$

其中，$b + l \leqslant a$。

现假设输入信号为单位阶跃函数，其 Z 变换为 $R(z) = \dfrac{1}{1 - z^{-1}}$。把 $R(z)$，$B(z)$，$A(z)$ 一同代入式（6-154）可得

$$U(z) = \frac{(1 + \alpha_1 z^{-1} + \alpha_2 z^{-2} + \cdots + \alpha_a z^{-a})W_c(z)}{K(1 + \beta_1 z^{-1}) \cdots (1 + \beta_b z^{-1}) z^{-l}} \cdot \frac{1}{1 - z^{-1}} \tag{6-157}$$

要使控制器输出式（6-157）与式（6-153）具有相同的形式，则要求

$$W_c(z) = \eta(1 + \beta_1 z^{-1}) \cdots (1 + \beta_b z^{-1}) z^{-l} \tag{6-158}$$

式中 η 为待定常数，可以通过 Z 变换的终值定理获得，即

$$\lim_{z \to 1}(z - 1)W_c(z)R(z) = 1 \tag{6-159}$$

当 $W_c(z)$ 确定以后，就可以通过式（6-157）求出最小拍无纹波控制器的脉冲传递函数。

下面来考虑传递函数为

$$W_o(s) = \frac{2}{s(1 + 0.5s)}$$

的被控对象，设计单位阶跃输入时的最小拍无纹波控制器（选取采样周期 $T_s = 0.5$）。

上一节已经求出被控对象的脉冲传递函数

$$W_o(z) = \frac{z^{-1}[2T_s(1 - az^{-1}) - (1 - z^{-1})(1 - a)]}{(1 - z^{-1})(1 - az^{-1})} \quad (a = \mathrm{e}^{\frac{T_s}{0.5}})$$

$$= \frac{0.368z^{-1}(1 + 0.718z^{-1})}{(1 - z^{-1})(1 - 0.368z^{-1})}$$

根据式（6-158）可得闭环脉冲传递函数 $W_c(z)$ 的表达式

$$W_c(z) = \eta z^{-1}(1 + 0.718z^{-1})$$

再根据式（6-159），则有

$$\lim_{z \to 1}(z - 1)\eta z^{-1}(1 + 0.718z^{-1})\frac{1}{1 - z^{-1}} = 1$$

解得

$$\eta = \frac{1}{1+0.718} = 0.582$$

所以

$$W_c(z) = 0.582z^{-1}(1+0.718z^{-1})$$

$$1 - W_c(z) = 1 - 0.582z^{-1} - 0.418z^{-2} = (1-z^{-1})(1+0.418z^{-1})$$

根据式（6-138）可得

$$G(z) = \frac{W_c(s)}{W_o(s)[1-W_c(s)]} = \frac{(1-z^{-1})(1-0.368z^{-1})}{0.368z^{-1}(1+0.718z^{-1})} \cdot \frac{0.582z^{-1}(1+0.718z^{-1})}{(1-z^{-1})(1+0.418z^{-1})}$$

$$= \frac{1.582(1-0.368z^{-1})}{1+0.418z^{-1}}$$

其差分方程为

$$u(kT_s) = -0.418u[(k-1)T_s] + 1.582\{e(kT_s) - 0.368e[(k-1)T_s]\}$$

仍取被控对象部分的仿真步距 $DT = 0.005$，该系统的仿真程序如 simu6114. m 所示。仿真结果如图 6-135 所示。从该图中可以看出，经过两拍（$2T_s$）的调节，系统无纹波地进入稳定，而且控制器的输出是工程上可以接受的。

```
% 最小拍无纹波数字控制系统仿真程序 simu6114. m
clear all;
DT = 0.005; Ts = 0.5; ST = 6; LP1 = ST/Ts; LP2 = Ts/DT;
A = exp( - DT/0.5); B = 1 - A; a = exp( - Ts/0.5);
x1 = 0; x2 = 0; u = 0; y0 = 0; m = 0; e0 = 0;
r = 1; r1 = 0;
r2 = 0; % y0 = 1;
for i = 1: LP1
    % ########最小拍无纹波数字控制器仿真############
    e1 = r - y0;
    u = - 0.418 * u + 1.582 * (e1 - 0.368 * e0);
    e0 = e1;
    %%%%%%%%%%%%%%%%%%%被控对象部分数字仿真%%%%%%%%%%%%%%%
    for j = 1: LP2
        x1 = x1 + 2 * DT * (u + r1);
        x2 = A * x2 + B * (u + r1);
        y0 = x1 - x2 + r2;
        m = m + 1;
        y(m) = y0; U(m) = u; t(m) = m * DT; R(m) = r;
    end
    % ##########################################################
end
subplot(2, 1, 1), plot(t, y, 'b'); hold on;
subplot(2, 1, 2), plot(t, U, 'b'); hold on;
```

现在来观察系统存在内、外扰动时的控制效果。

仍使用程序 simu6114.m，最小拍无纹波控制器参数保持不变，对系统分别加入定值扰（$r=1$）内扰（$r_1=1$）和外扰（$r_2=1$），控制系统的仿真结果如图 6-136 所示。从该图中可以看到，定值扰和外扰时，控制系统能消除静差，而内扰时，控制系统不但没有消除静差，还使误差得以放大。

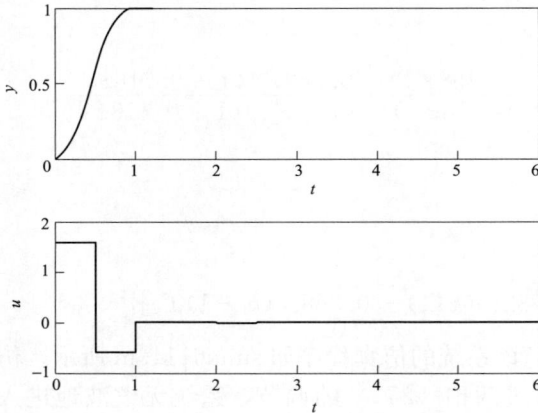

图 6-135　最小拍无纹波控制
系统仿真结果

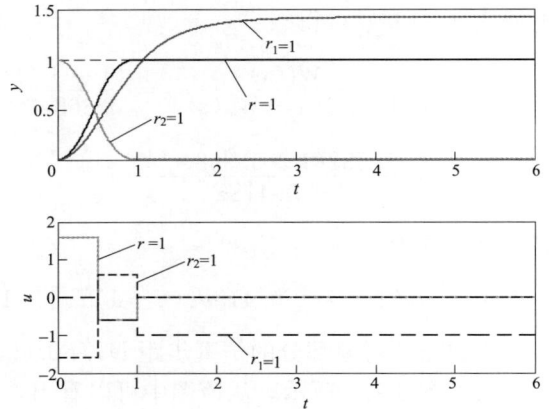

图 6-136　内、外扰时最小拍无纹波
控制系统仿真结果

产生上述情况的原因是，最小拍无纹波控制器是根据被控对象的零点，按扰动后无静差的控制原则而设计的。从式（6-155）可以看到，这里所说的无静差是指扰动求和后的点稳态时为零。即当定值扰动时，最终的控制结果满足

$$r(\infty) - y(\infty) = 0$$

也即系统达到稳态时，静差 $e(t) = r(t) - y(t) = 0$；当内扰时，最终的控制结果满足

$$r_1(\infty) + u(\infty) = 0$$

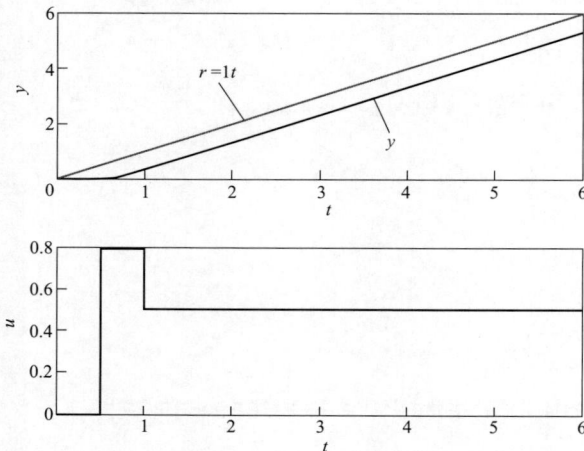

图 6-137　斜坡函数输入时最小拍无纹波
控制系统的仿真结果

也即当 $u(t) = -r_1(t)$ 时，系统已经达到稳态，此时被控对象的输出并不为零；当外扰时，最终的控制结果满足

$$r_2(\infty) + y_0(\infty) = 0$$

也即系统达到稳态时，$y_0(0) = -r_2(t)$，系统的输出 $y(t) = r_2(t) + y_0(t) = 0$。

如果保持按定值扰动设计出的最小拍无纹波控制器参数不变，把系统输入改为斜坡函数 $[r(t) = t]$，控制系统仿真结果如图 6-137 所示。从该图中可以看到，与最小拍控制策略一样，最小拍无纹波控制对输入信号同样敏感。实际输入信号比设计时的阶次高时，控制系统存在静态误差。

450

最小拍无纹波控制器不能消除内部扰动以及对输入信号敏感等缺陷，导致最小拍（无纹波）在过程控制系统中的应用还停留在实验室里。

6.11.4 大林算法控制

最小拍控制和最小拍无纹波控制都是基于无稳态偏差以及达到稳态所需拍数最少为原则而设计的。当系统存在较大的纯滞后时，又要求没有超调量或很少超调量，而调节时间也要在较少的采样周期内结束，这时大林算法是一种有效的设计方法。大林算法是美国 IBM 公司 E. B. Dahlin 在 1968 年针对具有大滞后的一阶和二阶惯性环节所提出的一种直接综合设计方法，具有良好的控制效果[61]。

下面来讨论大林算法控制器的设计方法：

假设被控对象的传递函数为

$$W_o(s) = \frac{Ke^{-\tau s}}{1 + T_o s} \tag{6-160}$$

对大林算法控制系统的性能指标要求如下：

（1）无稳态偏差；

（2）闭环系统的传递函数仍为一阶惯性环节，即

$$W_c(s) = \frac{e^{-\tau s}}{1 + T_c s} \tag{6-161}$$

式中　T_c——希望的系统闭环后的惯性时间常数。

现在的任务就是根据这两个指标来确定数字控制器 $G(z)$。

选择采样周期 T_s（使其接近被控对象的惯性时间常数），使用离散相似法对式（6-161）所描述的闭环系统进行离散化，可得

$$y(kT_s) = ay[(k-1)T_s] + br[(k-1-L)T_s] \tag{6-162}$$

其中，$a = e^{-\frac{T_s}{T_c}}$，$b = 1-a$，$L = \langle \frac{\tau}{T_s} \rangle$。

把式（6-162）转换成差分方程的形式，有

$$W_c(z) = \frac{bz^{-(L+1)}}{1 - az^{-1}} \tag{6-163}$$

把该式代入式（6-138）可得

$$G(z) = \frac{W_c(z)}{W_o(z)[1 - W_c(z)]} = \frac{1}{W_o(z)} \cdot \frac{bz^{-(L+1)}}{1 - az^{-1} - bz^{-(L+1)}} \tag{6-164}$$

用同样的方法可以得到被控对象部分的 Z 传递函数模型：

$$W_o(z) = \frac{KBz^{-(L+1)}}{1 - Az^{-1}} \tag{6-165}$$

其中，$A = e^{-\frac{T_s}{T_o}}$，$B = 1-A$，$L = \langle \frac{\tau}{T_s} \rangle$。

把式（6-165）代入式（6-154），得到数字控制器部分的 Z 传递函数模型，即

$$G(z) = \frac{b}{KB} \cdot \frac{1 - Az^{-1}}{1 - az^{-1} - bz^{-(L+1)}} \tag{6-166}$$

由此得到的数字控制器的差分方程为

$$u(kT_s) = au[(k-1)T_s] + bu[(k-L-1)T_s] + \frac{b}{KB}\{e(kT_s) - Ae[(k-1)T_s]\}$$

$$\tag{6-167}$$

被控对象部分仿真时的差分方程为

$$x[(k+1)DT] = A_1 x(kDT) + KB_1 u(kDT)$$
$$y[(k+1)DT] = x[(k+1-LD)DT] \qquad (6\text{-}168)$$

其中，$A_1 = e^{-\frac{DT}{T_o}}$，$B_1 = 1 - A_1$，$LD = <\frac{\tau}{DT}>$；$DT$ 为被控对象仿真时的计算步距。

一阶系统大林算法数字控制系统仿真程序为 simu6115.m。

```
%大林算法数字控制系统仿真程序 simu6115.m
clear all;
DT = 1; Ts = 5; ST = 300; LP1 = ST/Ts; LP2 = Ts/DT;
K = 0.45; To = 120; Tao = 20;
Tc = 30; N = fix(Tao/Ts) + 1;
A = exp( - Ts/To); B = 1 - A;
a = exp( - Ts/Tc); b = 1 - a;
A1 = exp( - DT/To); B1 = 1 - A1;
LD = round(Tao/DT); xd(1: LD) = 0;
x = 0; u0(1: N) = 0; e_1 = 0; m = 0; z = 0;
r = 1; r1 = 0; r2 = 0;
for i = 1: LP1
    %##############最小拍数字控制器部分仿真##########
    e = r - z;
    u = a * u0(1) + b * u0(N) + b/B/K * (e - A * e_1);
    e_1 = e;
    for k = N: - 1: 2; u0(k) = u0(k-1); end
    u0(1) = u;
    %%%%%%%%%%%%%%%连续被控对象部分仿真%%%%%%%%%%%%%%
    for j = 1: LP2
        x = A1 * x + K * B1 * (u + r1);
        z = xd(LD) + r2;
        for j = LD: - 1: 2; xd(j) = xd(j-1); end
        xd(1) = x;
        m = m + 1;
        y(m) = z; U(m) = u; R(m) = 1; t(m) = m * DT;
    end
    %##################################################
end
[Mp, tr, ts, FAI, Tp, E1, E2, E3] = 0_quality(DT, m, y, t)
subplot(2, 1, 1), plot(t, R, 'k', t, y, 'b'); hold on;
subplot(2, 1, 2), plot(t, U, 'b'); hold on;
```

下面考虑传递函数为

$$W_o(s) = \frac{0.45 e^{-20s}}{1 + 120s}$$

的被控对象，使用大林算法控制。选取采样周期 $T_s = 5$。

由采样周期 $T_s = 5$ 可得到 $L = 20/5 = 4$，分别取 $T_c = 10$、30、50，取被控对象仿真时的计算步距 $DT = 1$，使用仿真程序 simu6115.m，可以得到图 6-138 所示的仿真结果。

从图 6-138 中可以看出，要求的闭环系统惯性时间常数越小，即希望系统的响应越快，控制器的输出就越大。$T_c = 10$、30 时的控制器输出都是不能被接受的。与 PID 算法相比，大林算法的控制器输出最大幅值较大，因此也较少应用。

下面选取 $T_c = 50$，其他参数保持不变，使用仿真程序 simu6115.m 仿真系统分别加入定值扰、内扰和外扰时的情况。仿真结果如图 6-139 所示。从该图中可以看出，大林算法可以跟踪给定值，并能消除系统中存在的内扰和外扰。但是，消除内扰的速度较慢。

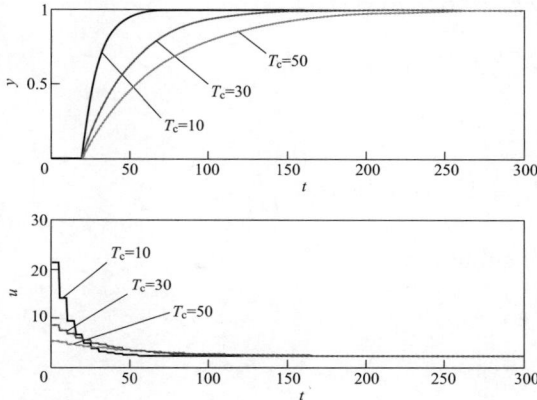

图 6-138　一阶系统大林算法数字
控制系统仿真结果

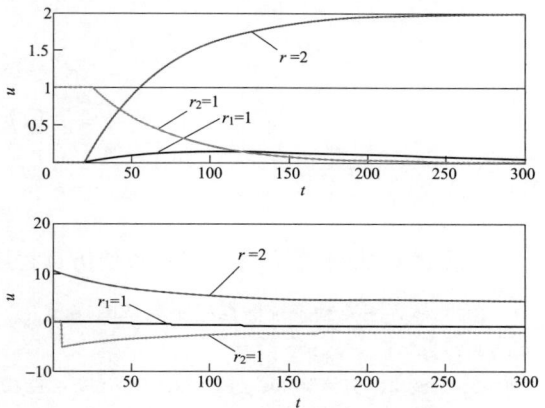

图 6-139　大林算法控制系统定值扰、
内扰和外扰时的仿真结果

下面来讨论被控对象为具有纯迟延的二阶惯性环节时的大林算法。

假设被控对象的传递函数为

$$W_o(s) = \frac{Ke^{-\tau s}}{(1 + T_{o1}s)(1 + T_{o2}s)} \tag{6-169}$$

用离散相似法可以得到被控对象部分的差分方程，即

$$x_1[(k+1)T_s] = a_1 x_1(kT_s) + Kb_1 u[(k-L)T_s]$$

$$x_2[(k+1)T_s] = a_2 x_2(kT_s) + b_2 x_1[(k+1)T_s] \tag{6-170}$$

$$y[(k+1)T_s] = x_2[(k+1)T_s]$$

其中，$\quad a_1 = e^{-\frac{T_s}{T_{o1}}}$，$b_1 = 1 - a_1$，$a_2 = e^{-\frac{T_s}{T_{o2}}}$，$b_2 = 1 - b_2$，$L = \langle \frac{\tau}{T_s} \rangle$。

根据式（6-170）可得到系统的 Z 传递函数模型，即

$$W_o(z) = \frac{Kb_1 b_2 z^{-(L+1)}}{(1 - a_1 z^{-1})(1 - a_2 z^{-1})} \tag{6-171}$$

把式（6-171）代入式（6-164），可以得到数字控制器部分的 Z 传递函数模型为

$$G(z) = \frac{b}{Kb_1b_2} \cdot \frac{(1-a_1z^{-1})(1-a_2z^{-1})}{1-az^{-1}-bz^{-(L+1)}} \qquad (6\text{-}172)$$

由此可以得到数字控制器的差分方程，即

$$u(kT_s) = au[(k-1)T_s] + bu[(k-L-1)T_s]$$

$$+ \frac{b}{Kb_1b_2}\{e(kT_s) - (a_1+a_2)e[(k-1)T_s] + a_1a_2e[(k-2)T_s]\} \qquad (6\text{-}173)$$

如果被控对象部分的仿真计算步距为 DT，则有该部分的差分方程，即

$$x_1[(k+1)DT] = A_1x_1(kDT) + KB_1u(kDT)$$

$$x_2[(k+1)DT] = A_2x_2(kDT) + B_2x_1[(k+1)DT] \qquad (6\text{-}174)$$

$$y[(k+1)DT] = x_2[(k-1-LD)DT]$$

其中，$A_1 = \mathrm{e}^{-\frac{DT}{T_{o1}}}$，$B_1 = 1-A_1$，$A_2 = \mathrm{e}^{-\frac{DT}{T_{o2}}}$，$B_2 = 1-A_2$，$LD = \langle\frac{\tau}{DT}\rangle$。

二阶系统大林算法数字控制系统仿真程序为 simu6116.m。

```
%二阶大林算法控制系统仿真程序 simu6116.m
clear all;
DT = 2; Ts = 2; ST = 3000; LP1 = ST/Ts; LP2 = Ts/DT;
%%%%%%%%%%%%%%%%%%%%%被控对象参数%%%%%%%%%%%%%%%%%%%%%%%%
K = 5.77; To1 = 224.18; To2 = 224.18; Tao = 86;
LD = round(Tao/DT); xd(1: LD) = 0;
x1 = 0; x2 = 0;
%%%%%%%%%%%%%%%%%%%%%大林算法参数%%%%%%%%%%%%%%%%%%%%%%%%
Tc = 100; L = round(Tao/Ts) + 1;
a1 = exp( - Ts/To1); b1 = 1 - a1;
a2 = exp( - Ts/To2); b2 = 1 - a2;
A1 = exp( - DT/To1); B1 = 1 - A1;
A2 = exp( - DT/To2); B2 = 1 - A2;
a = exp( - Ts/Tc); b = 1 - a;
u0(1: L) = 0; e _ 1 = 0; e _ 2 = 0;
%%%%%%%%%%%%%%%%%%%%%PI 控制器参数%%%%%%%%%%%%%%%%%%%%%%%%
DTA = 4.8; Ti = 429;
xi = 0;
%%%%%%%%%%%%%%%%%%%%%%%%%%%%%%%%%%%%%%%%%%%%%%%%%%%%%%%%%
r = 1; r1 = 0; r2 = 0; m = 0; z = 0;
for i = 1: LP1
    e = r - z;
    %###############二阶大林算法控制器仿真###############
    u = a * u0(1) + b * u0(L) + b/b1/b2/K * (e - (a1 + a2) * e _ 1 + a1 * a2 * e _ 2);
    e _ 2 = e _ 1; e _ 1 = e;
```

```
    for k = L: -1: 2; u0(k) = u0(k-1); end
    u0(1) = u;
    if u>0.5; u = 0.5; end
    %###################PID控制算法仿真###################
    xp = e/DTA;
    xi = xi + DT/DTA/Ti * e;
    %u = xp + xi;
    %%%%%%%%%%%%%%%被控对象部分的仿真%%%%%%%%%%%%%%%%%%%
    for j = 1: LP2
        x1 = A1 * x1 + K * B1 * (u + r1);
        x2 = A2 * x2 + B2 * x1;
        z = xd(LD) + r2;
        for j = LD: -1: 2; xd(j) = xd(j-1); end
        xd(1) = x2;
        m = m + 1;
        y(m) = z; U(m) = u; R(m) = 1; t(m) = m * DT;
    end
    %###############################################################
end
[Mp, tr, ts, FAI, Tp, E1, E2, E3] = O_quality(DT, m, y, t);
subplot(2, 1, 1), plot(t, R, ': r', t, y, 'r'); hold on;
subplot(2, 1, 2), plot(t, U, 'r'); hold on; max(U)
```

仍考虑图 6-29 所示的某 300MW 循环流化床锅炉床温控制系统,在 60% 负荷下,即数学模型为

$$G(s) = \frac{5.77}{(224.18s+1)^2} e^{-86s}$$

时,使用大林算法控制。

选取采样周期与被控对象部分的计算步距相等,即 $T_s = DT = 2$;闭环传递函数惯性时间常数 $T_c = 100$。使用仿真程序 simu6116m,对系统分别加入定值扰、内扰和外扰,仿真结果如图 6-140 所示。

从图 6-140 中可以看出,与一阶系统大林算法一样,它可以消除系统

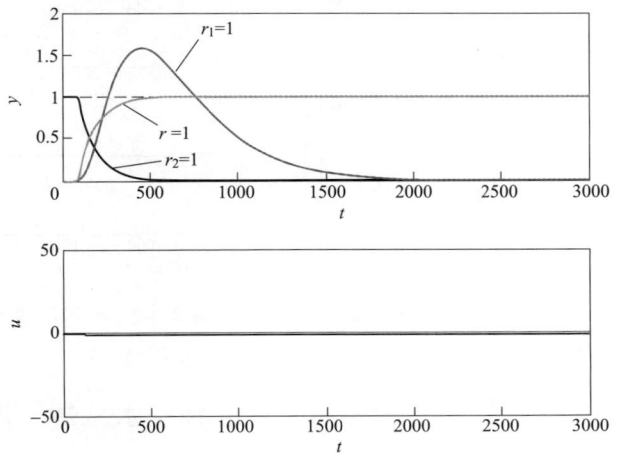

图 6-140　二阶大林算法控制系统仿真结果

中存在的内扰和外扰。但是,消除内扰时的调节速度较慢,超调也较大,这种控制品质是不能被工程上所接受的。然而,尽管能快速地跟踪给定值和消除外扰,但是控制器输出的幅值太大,工程上实现不了。

图 6-141 示出了选取闭环传递函数惯性时间常数 $T_c = 100$、200、300 时大林算法控制系

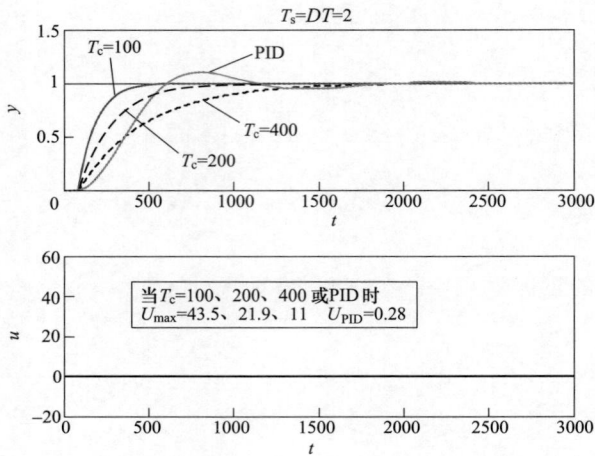

统响应曲线。为了与常规 PID 控制算法比对，在该图中也示出了 PID 控制时的控制系统响应曲线。从该图中可以看到，即使 $T_c=400$，大林算法控制器的输出最大值已经是 PID 的 39 倍，其控制品质还不如 PID 的好。如果对大林算法控制器的输出进行限幅，即让

$$|u(t)|_{\max} < 0.5$$

选择 $T_c=100$，其控制品质与 PID 的对比如图 6-142 所示。从该图中可以看出，大林算法的控制品质还不如 PID 的好。

通过上述的各种实验可以得到如

图 6-141　$T_c=100$、200、300 时二阶
大林算法与 PID 的比较

下结论：如果对大林算法控制器的输出进行限幅，其控制品质还不如 PID 的好，在工程上应用是比较困难的。

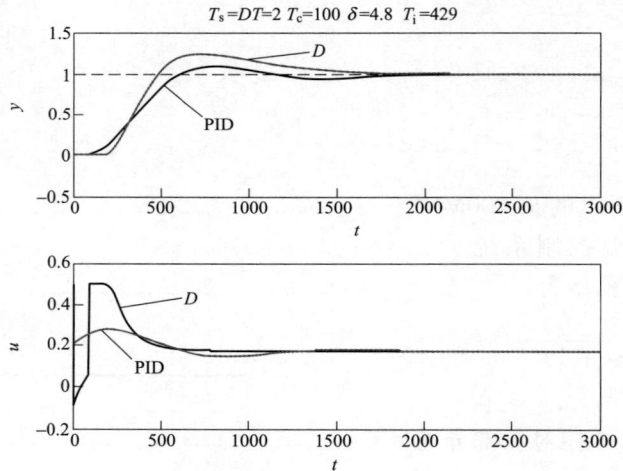

图 6-142　$T_c=100$，$|u(t)|_{\max} < 0.5$ 时二阶大林算法与 PID 的比较

6.12　本　章　小　结

一个现代工程控制系统的设计分五步进行：

（1）根据任务要求，选定控制对象 $W(s)$，并求得控制对象的数学模型；

（2）提出控制系统的控制品质指标；

（3）设计控制系统结构；

（4）设计控制器的结构或算法；

（5）优化出最佳的控制器参数，以满足对控制品质的要求。

然而，对系统进行理论分析时，总是要给系统施加一些已知的特殊信号，这些信号都是较简单的时间函数。经常采用的实验输入信号有

阶跃函数：适合于恒值控制系统分析。

斜坡函数：适合于输入量随时间缓慢变化的随动系统分析。

正弦函数：适合于系统的输入变化规律事先不能确定且变化速度还很快的系统分析。

脉冲（方波）函数：适合于程序控制系统分析。

经典控制理论时期，使用拉氏变换的终值定理可以在不用求出系统的解析解的情况下，就可判断出系统是否存在稳态误差。但是，现在用数字仿真的方法对系统进行分析，稳态误差一目了然，不用去求出系统的开环传递函数。

为了使闭环系统成为负反馈，闭合回路内的所有传递函数（含求和点）负号的乘积必须是负号。这给出了系统是否为负反馈的判别方法。

经典控制理论中的几种常用的判定系统稳定性的方法（如劳斯稳定判据、根轨迹法、奈奎斯特稳定判据等）存在的固有缺陷已经不适合现代工程系统，今天有了计算机作为计算工具，无论是分析系统的绝对稳定性还是相对稳定性，都是一件非常容易的事。数字仿真和参数优化可以解决稳定性判别方面的任何问题。

鲁棒性是指系统在一定的参数摄动范围内维持稳定性的特性（称为稳定鲁棒性），以及性能指标特性（称为性能鲁棒性）。一个系统是性能鲁棒的，也必须同时是稳定鲁棒的。

PID控制律以其结构简单、便于使用和维护、适应性强、鲁棒性强、易于商品化等优点已经广泛被工业界所采用。即使到了今天的计算机控制年代，PID控制律以其物理概念清晰、便于使用、适应性强、鲁棒性强等优势，在自动控制领域仍占据绝对主导地位。

PID控制律蕴含着"哲学"思想：

P（比例）——根据当下（现在）的偏差实施控制；

I（积分）——根据积累（过去）的偏差实施控制；

D（微分）——根据偏差的变化率（未来）实施控制。

因此可以说，PID控制律是依据偏差的"过去、现在、未来"而实施的控制，当代的所有新型控制策略都离不开这一思想。

比例（P）控制的优点是控制"及时"，缺点是有差调节；积分（I）作用的主要目的是消除静差，不适合单独使用；为了提高调节速度和消除稳态误差，通常选择PI控制律；微分控制的优点也是"及时"控制，缺点也是不能消除稳态误差，它一般与PI控制律结合使用，称为PID。抗积分饱和PI控制器可以及早从饱和的状态中退出，所以当控制器出现饱和现象时，抗积分饱和PI控制器的调节品质优于常规PI控制器。当系统存在定值扰时，为了不使阀门、挡板、泵等控制设备产生较大幅度的跃变，可以使用微分先行控制（D-PI或PD-I）。积分分离控制律是为了提高调节速度的，但是由于很难确定切换区域和控制器参数，该控制律就很难在工程中得以应用。

如果控制系统中存在强扰动，或者对控制系统的稳态精度和动态品质的要求都很高时，可以考虑使用前馈控制加反馈控制相结合的控制策略。如果要求对希望值要有足够快的响应，使用按给定值扰动补偿的复合控制策略；如果控制系统的扰动可测量时，使用按外部扰动补偿的复合控制策略。但是，完全补偿的前馈控制器在工程上往往是不能实现的，这时就要采取静态补偿的控制策略。但是，有时静态补偿又不能改善调节品质。

史密斯（Smith）预估补偿算法是解决大迟延系统控制的有效方法之一，与 PID 配合具有较好的鲁棒性。τ/T 越大，越适合使用史密斯预估控制；当 τ/T 较小时，考虑到使用史密斯预估器后，使控制系统变得较复杂，而且对内外扰动控制效果的改善并不明显，在这种情况下就没有必要使用史密斯预估器。

内模控制（IMC）与史密斯预估补偿控制一样，也是解决大迟延系统控制的一种有效方法。实现内模控制的条件是：内模控制器是稳定的、被控对象是开环稳定的。IMC 控制律具有较好的鲁棒性，特别适合大纯迟延系统的控制。可以通过参数优化的方法得到滤波器的时间常数 T_f。如果预估模型含有右半平面上的零点和纯迟延，设计 IMC 时，可以忽略它们，按惯性部分设计即可。

双回路串级控制策略可以解决被控对象的大纯迟延和大惯性问题。优化主、副控制器参数时，一定要内、外回路分别优化。如果同时优化两个回路，那么在设计目标函数时，一定要加入对副控制器输出的限幅，否则优化的结果很可能使控制器的输出越限。

在现代工程控制系统中，大多数的模拟式控制器都已经被数字式控制器（计算机）所代替。由数字控制器组成的系统称为离散时间系统。尽管现在的绝大多数系统使用计算机控制，但是 PID 控制律仍然是主流的控制策略。在经典控制理论时期产生的 Z 变换法，已经不适应于现代离散时间控制系统的分析。取而代之的是利用离散相似法求取离散时间系统的脉冲（z）传递函数模型，利用数字仿真的方法对其进行分析。采用与连续时间系统相同的方法对系统进行分析与设计。

在离散时间控制系统中，物理采样周期是比较重要的一个参数，它也会影响系统的控制品质，一般应该按经验公式选取。即使在实际工程中不得不选择了较大的物理采样周期，如果要用脉冲传递函数对系统进行分析，也应该用较小的计算步长来求取连续部分的差分方程。

最小拍控制、最小拍无纹波控制以及大林算法控制都是对具有纯迟延被控对象的有效控制方法，可以达到无稳态偏差、达到稳态所需拍数（采样周期数）为最少的控制品质。但是，它们存在着不能完全消除内扰、控制器输出幅值过大、对输入信号敏感等缺陷，而不能被实际工程所接受。

通过对数字控制算法分析，使我们充分认识到，在实际工程中，当一个被控对象的特性确定以后，由于控制器输出幅值的限制，无论采用什么算法对它实施控制时，调节速度是有极限的。如果想提高调节速度，就必须加大控制器的输出（能量），当控制器的输出达到上限时，调节速度就达到了极限。

第7章

线性多变量控制系统分析与优化设计

本章所讨论的线性多变量控制系统（MIMO）指的是被控系统是线性的、系统的输入或/和输出是多于一个的，当构成闭环控制系统后，由于传感器、执行器以及阀门或挡板等控制设备的存在，所有的自动控制系统都是非线性系统。

7.1　多变量系统的数学模型描述

20 世纪 60～70 年代，由于电子科学技术的飞速发展，推动了空间技术的发展，控制系统变得越来越复杂，描述单输入单输出系统的传递函数已不能描述现在的复杂系统，这时出现了状态空间法。特别是对于航空航天系统，很难用试验方法建模，一般采用机理分析法。对于航天器这种机械力学系统，用机理分析法建立运动体的数学模型是比较容易的，因此产生了状态空间描述取代了先前的传递函数那种外部输入输出描述，对系统的分析直接在时间域内进行，从而大大地扩充了所能处理问题的范围。

线性系统状态空间描述的一般矩阵描述形式为

$$\dot{X} = AX + BU \tag{7-1}$$

$$Y = CX + DU \tag{7-2}$$

式中　　X——$n \times 1$ 维状态向量；

　　　　U——$r \times 1$ 维输入向量；

　　　　A——$n \times n$ 维状态矩阵；

　　　　B——$n \times r$ 维输入矩阵；

　　　　Y——$m \times 1$ 维输出向量；

　　　　C——$m \times n$ 维输出矩阵；

　　　　D——$m \times r$ 维传递矩阵。

可以用方框图（见图 7-1）来描述。

状态变量可以是物理上不可测量的或不可观察的量，但就实用性来讲，如有可能，最好选择容易观测到的量作为状态变量，这样便于工程实施。

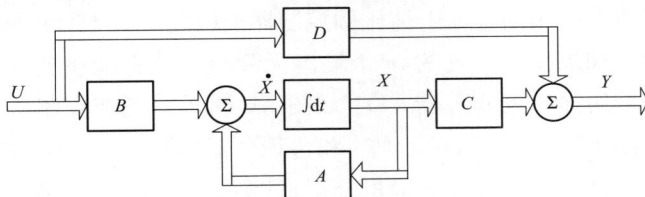

图 7-1　状态空间描述时的方框图

但是，对于现代工程中的复杂系统，使用状态方程来描述也是比较困难的，一般用传递函数矩阵来描述高阶的多变量系统，转递函数矩阵描述的一般形式如下：

$$Y(s) = A(s)U(s) + B(s)R(s) \tag{7-3}$$

$$Z(s) = C(s)U(s) + D(s)R(s) \tag{7-4}$$

其中：

$Y(s) = [Y_1(s) \quad Y_2(s) \quad \cdots Y_n(s)]^T$，系统的 n 个输出变量（系统的被控量）；

$U(s) = [U_1(s) \quad U_2(s) \quad \cdots U_m(s)]^T$，系统的 m 个输入变量（系统的控制量）；

$Z(s) = [Z_1(s) \quad Z_2(s) \quad \cdots Z_q(s)]^T$，系统的 q 个中间变量；

$R(s) = [R_1(s) \quad R_2(s) \quad \cdots R_p(s)]^T$，系统的 p 个扰动量；

$A(s)_{n \times m}, B(s)_{n \times p}, C(s)_{q \times m}, D(s)_{q \times p}$ 系统的传递函数矩阵。

如果系统的动态特性用状态方程来描述，那么就可以像经典控制理论那样从系统的输出或从系统的内部状态引出信号作为反馈量，构成闭环控制系统。这就是现代控制理论中的控制系统设计问题。如果是用传递函数矩阵来描述，那么就需要从系统的每个输出引出信号作为反馈量，构成闭环控制系统。

7.2 状态反馈控制系统优化设计

7.2.1 状态反馈控制系统结构

对于式（7-1）所描述的被控系统，如果被控系统的状态有 n 个，系统输入有 r 个，则可以把所有的状态变量乘以反馈矩阵 $K_{r \times n}$（常数阵）后负反馈到系统的 r 个输入，与系统的原输入叠加形成 r 个控制量 $U_{r \times 1}(t)$，其状态反馈控制系统如图 7-2 所示。控制系统的设计问题就变成了求状态反馈矩阵 $K_{n \times r}$ 的问题了。

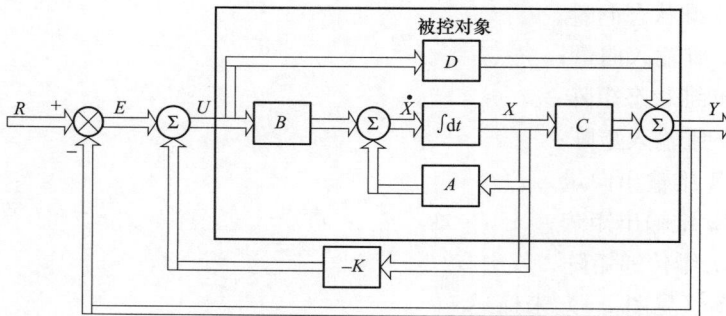

图 7-2 状态反馈控制系统框图

状态反馈控制实质上使用的是 n 个纯比例控制器。因此，对于有自衡被控对象，状态反馈控制总是有差控制。如果要求系统的 m 个输出无静差，就必须在被控系统的每个输出与其希望值的误差比较器后面加入积分器（I），如图 7-3 所示。现在控制系统的优化设计问题就变成了优化状态反馈控制器参数（$K_{r \times n}$ 阵）和各积分器参数（$K_{i_{m \times 1}}$ 阵）的问题了。

如果被控系统是无自衡的（含有一阶积分），只要是积分环节是第一个状态变量（积分环节接收的是控制器的输出），那么经过状态反馈后也会变成惯性环节，这样闭环系统中也缺少了积分作用，状态反馈控制就成了有差控制。为了实现无差控制，对于这样的系统也需要加入积分器。因此，如果被控系统的状态变量可以人为设置，为了节省积分器，不要把积分作用作为被控系统的第一个环节。

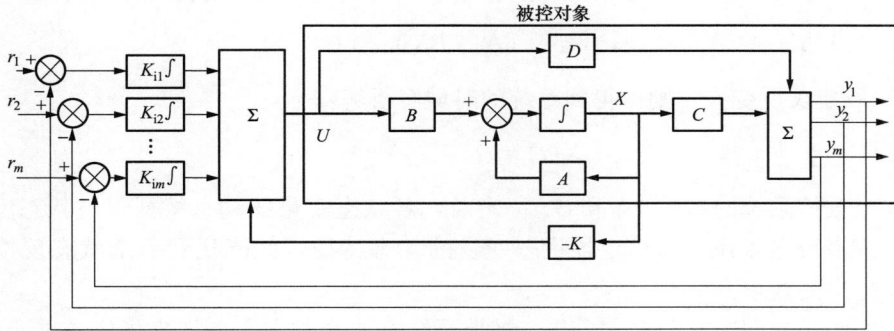

图 7-3 无静差的状态反馈控制系统

7.2.2 状态反馈控制器设计

设被控系统的状态方程描述为

$$\dot{X}(t) = AX(t) + BU(t) \tag{7-5}$$

其中：

$$X(t) = \begin{bmatrix} x_1(t) & x_2(t) & \cdots & x_n(t) \end{bmatrix}^{\mathrm{T}}$$

$$U(t) = \begin{bmatrix} u_1(t) & u_2(t) & \cdots & u_r(t) \end{bmatrix}^{\mathrm{T}}$$

$$A = \begin{bmatrix} a_{11} & a_{12} & \cdots & a_{1n} \\ a_{21} & a_{22} & \cdots & a_{2n} \\ \vdots & \vdots & & \vdots \\ a_{n1} & a_{n2} & \cdots & a_{nn} \end{bmatrix}, B = \begin{bmatrix} b_{11} & b_{12} & \cdots & b_{1r} \\ b_{21} & b_{22} & \cdots & b_{2r} \\ \vdots & \vdots & & \vdots \\ b_{n1} & b_{n2} & \cdots & b_{nr} \end{bmatrix}$$

设状态反馈矩阵为

$$K = \begin{bmatrix} k_{11} & k_{12} & \cdots & k_{1n} \\ k_{21} & k_{22} & \cdots & k_{2n} \\ \vdots & \vdots & & \vdots \\ k_{r1} & k_{r2} & \cdots & k_{rn} \end{bmatrix} \tag{7-6}$$

引入状态反馈后，控制量变为

$$U(t) = -KX(t) \tag{7-7}$$

把式（7-6）和式（7-7）代入式（7-5），得

$$\dot{X}(t) = (A - BK)X(t) \tag{7-8}$$

461

对式（7-8）取拉氏变换并整理，可得

$$X(s) = [sI - (A - BK)]^{-1}X(0) \qquad (7\text{-}9)$$

由此可知，式（7-5）所示的被控系统经过状态反馈后，闭环系统的特征方程为

$$|sI - (A - BK)| = 0 \qquad (7\text{-}10)$$

对式（7-9）取拉氏反变换，则可得到系统的时域解析解：

$$X(t) = e^{(A-BK)t}X(0) \qquad (7\text{-}11)$$

由此表明，当被控系统的参数（A 和 B）一定时，各状态变量的动态特征仅与状态反馈矩阵（K）有关。或者反过来说：即给定各状态变量的动态特征，就能找到一个状态反馈矩阵使之达到对其提出的要求。

现在需要解决的问题有两个：一是，被控系统有 n 个状态，怎样来指定这 n 个特征值；二是，用 n 个特征值仅能形成 n 阶的特征方程，那么怎样通过这 n 阶方程求出 $r \times n$ 个状态反馈增益。

第一个问题仅能通过实践经验来解决。关于第二个问题的解决办法是定义状态反馈增益矩阵

$$K = gk \qquad (7\text{-}12)$$

式中　g——$r \times 1$ 维的常数向量，可以由设计者选择；

k——$1 \times n$ 维的增益向量，由希望的特征值位置来决定。

这样就把问题简化成由 n 阶方程确定 n 个增益值的问题了。由此可以得到多输入多输出状态反馈系统的特征方程式

$$|sI - (A - Bgk)| = 0 \qquad (7\text{-}13)$$

下面来考虑传递函数为

$$W(s) = \frac{0.0002}{s(s + 0.04)}$$

的单输入单输出被控系统，采用状态反馈控制 $U(t) = -KX(t)$，设计状态反馈增益矩阵 K，使希望的闭环系统特征方程为

$$s^2 + 0.02s + 0.0004 = 0$$

为解决这个问题，先把被控系统的传递函数转换成图 7-4 所示的形式：

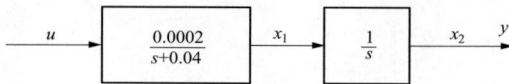

图 7-4　传递函数的变换形式

并按图示设状态变量，则可得到被控系统的状态方程描述：

$$\begin{bmatrix} \dot{x}_1 \\ \dot{x}_2 \end{bmatrix} = \begin{bmatrix} -0.04 & 0 \\ 1 & 0 \end{bmatrix} \begin{bmatrix} x_1 \\ x_2 \end{bmatrix} + \begin{bmatrix} 0.0002 \\ 0 \end{bmatrix} u$$

$$y = x_2$$

根据式（7-10）即可得到加入状态反馈后的闭环系统特征多项式：

$$|sI - A + BK| = \left| \begin{bmatrix} s & 0 \\ 0 & s \end{bmatrix} - \begin{bmatrix} -0.04 & 0 \\ 1 & 0 \end{bmatrix} + \begin{bmatrix} 0.0002 \\ 0 \end{bmatrix} \begin{bmatrix} k_1 & k_2 \end{bmatrix} \right|$$

$$= \left| \begin{matrix} s + 0.04 + 0.0002k_1 & 0.0002k_2 \\ -1 & s \end{matrix} \right|$$

$$= s^2 + (0.04 + 0.0002k_1)s + 0.0002k_2$$

把该式与希望的特征方程对比，可以得到

$$0.04 + 0.0002k_1 = 0.02$$

$$0.0002k_2 = 0.0004$$

求解上述两式，可得

$$k_1 = -100, k_2 = 2$$

状态反馈后的闭环系统方框图如图 7-5 所示。

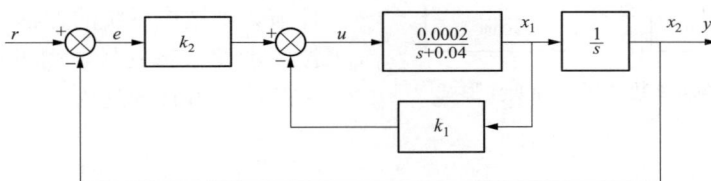

图 7-5 状态反馈后的闭环系统方框图

如图 7-5 所示系统的仿真程序为 simu721.m，仿真结果如图 7-6 所示。

```
%状态反馈控制系统仿真程序 simu721.m
clear all;
DT = 0.2; ST = 600; LP = ST/DT;
k1 = -100; k2 = 2; %要求过渡过程时间 ts = 400 时
%k1 = 1000; k2 = 200; %要求过渡过程时间 ts = 40 时
x1 = 0; x2 = 0;
for i = 1: LP
e = 1 - x2;
%状态反馈
u = k2 * e - k1 * x1;
%被控对象
    x1 = x1 + DT * (-0.04 * x1 + 0.0002 * u);
    x2 = x2 + DT * x1;
    t(i) = i * DT; U(i) = u; Y(i) = x2;
end
subplot(2, 1, 1), plot(t, U); hold on;
subplot(2, 1, 2), plot(t, Y); hold on;
```

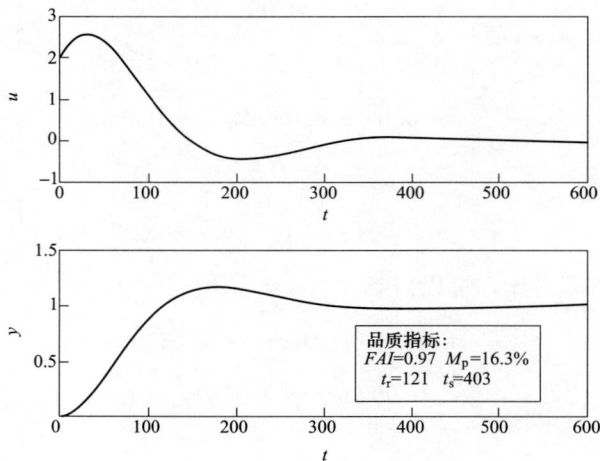

图 7-6 状态反馈系统的仿真结果

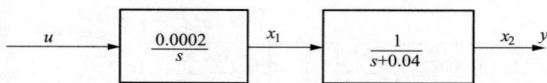

图 7-7 传递函数的另一种变换形式

如果把被控对象中的积分作为第一个环节，则被控系统的方框图如图 7-7 所示。按图示设状态变量，则可得到此时的被控系统状态方程描述为

$$\begin{bmatrix} \dot{x}_1 \\ \dot{x}_2 \end{bmatrix} = \begin{bmatrix} 0 & 0 \\ 1 & -0.04 \end{bmatrix} \begin{bmatrix} x_1 \\ x_2 \end{bmatrix} + \begin{bmatrix} 0.0002 \\ 0 \end{bmatrix} u$$

$$y = x_2$$

根据式（7-10），可得到加入状态反馈后的闭环系统特征多项式为

$$| sI - A + BK | = \left| \begin{bmatrix} s & 0 \\ 0 & s \end{bmatrix} - \begin{bmatrix} 0 & 0 \\ 1 & -0.04 \end{bmatrix} + \begin{bmatrix} 0.0002 \\ 0 \end{bmatrix} \begin{bmatrix} k_1 & k_2 \end{bmatrix} \right|$$

$$= \left| \begin{matrix} s + 0.0002k_1 & 0.0002k_2 \\ -1 & s + 0.04 \end{matrix} \right|$$

$$= s^2 + (0.0002k_1 + 0.04)s + 0.000008k_1 + 0.0002k_2$$

把该式与希望的特征方程对比，可以得到

$$0.0002k_1 + 0.04 = 0.02$$

$$0.000008k_1 + 0.0002k_2 = 0.0004$$

求解上述两式，可得

$$k_1 = -100, \ k_2 = 6$$

此时的状态反馈控制系统仿真程序为 simu722.m，仿真结果如图 7-8 所示。从该图中容

易看出，系统是有差调节。

```
%状态反馈控制系统仿真程序 simu722.m
clearall;
DT = 0.2; ST = 600; LP = ST/DT;
k1 = -100; k2 = 6;
x1 = 0; x2 = 0;
for i = 1: LP
    e = 1 - x2;
    %状态反馈
    u = k2 * e - k1 * x1;
    %被控对象
    x1 = x1 + DT * 0.0002 * u;
    x2 = x2 + DT * (-0.04 * x2 + x1);
    t(i) = i * DT; U(i) = u; Y(i) = x2;
end
subplot(2, 1, 1), plot(t, U); hold on;
subplot(2, 1, 2), plot(t, Y); hold on;
```

从该例给出的希望的闭环系统特征方程式中可以看出，被控系统是一个典型的二阶系统，与式（2-60），即

$$G(s) = \frac{Y(s)}{U(s)} = \frac{\omega_n^2}{s^2 + 2\xi\omega_n s + \omega_n^2}$$

所描述的系统具有相同形式的特征方程。因此，对于本系统

$$\omega_n = \sqrt{\omega_n^2} = \sqrt{0.0004} = 0.02,$$

$$\xi = \frac{0.02}{2\omega_n} = 0.5$$

式中　ξ——阻尼系数；

ω_n——无阻尼自然频率。

根据式（2-66）又可以得到闭环系统的过渡过程时间为

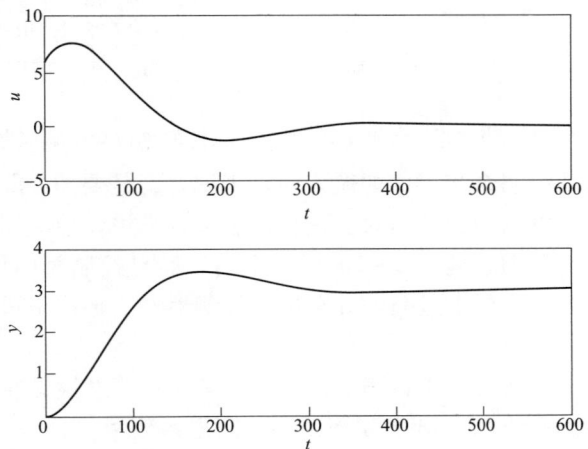

图 7-8　另一种状态方程下状态反馈系统的仿真结果

$$t_s = \frac{4}{\xi\omega_n} = 400$$

从闭环系统的单位阶跃响应曲线上（见图 7-6）也证明了这一点。由此说明，只要给出对闭环系统的品质要求，就能通过状态反馈来实现。

现在，要求闭环系统的阻尼系数 $\xi = 0.5$、过渡过程时间 $t_s = 40$，根据式（2-66）则可得到闭环系统的无阻尼自然频率

$$\omega_n = \frac{4}{\xi t_s} = 0.2$$

由此得到希望的闭环系统特征方程

$$s^2 + 0.2s + 0.04 = 0$$

把该式与闭环系统的特征方程为

$$|sI - A + BK| = s^2 + (0.04 + 0.0002k_1)s + 0.0002k_2$$

对比，可以得到

$$0.0002k_1 + 0.04 = 0.2$$
$$0.0002k_2 = 0.04$$

求解上述两式，可得

$$k_1 = 1000, \quad k_2 = 200$$

仍使用前面的仿真程序 simu721.m，可得到闭环系统的单位阶跃响应（见图 7-9）。

从图 7-9 中可以看到，系统的品质指标达到了设计要求。但是，控制器的最大输出已经达到了 $u_{max} = 200$，已经远远大于要求 $t_s = 400$ 时的值（$u_{max} = 2.6$）。这与第 6 章得到的结论是相同的：为了提高调节速度，牺牲的是控制器的输出。如果控制器的输出代表的是能量，那么该实验说明，为了提高控制系统的调节速度，就必须加大对被控系统的作用强度。对于

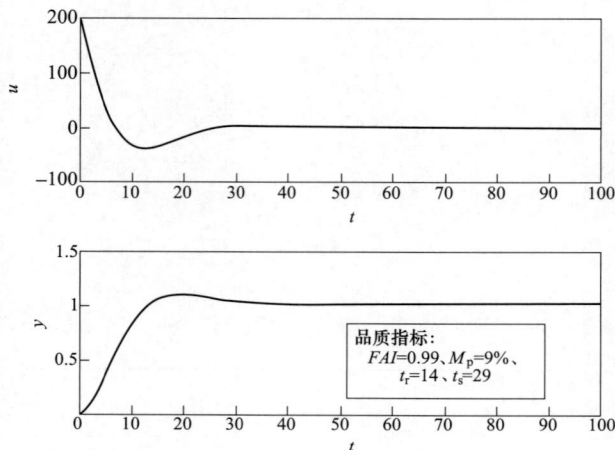

图 7-9　当要求 $t_s = 40$ 时状态反馈系统的单位阶跃响应曲线

运动控制系统（比如航天器）来说，就是要加大驱动电动机的功率，这在设计运动控制系统时就可以做到。但对于过程控制系统来说，控制器的输出往往代表的是控制阀的开度，而开度的范围总是在 0～100％范围内，而且控制阀前压力基本不变，因此，如果对控制系统的调节品质要求过高，计算出的控制器最大输出很可能超出阀门允许的开度范围，也就达不到设计要求。

下面考虑用状态反馈设计一架飞机荷兰滚动特性（飞机滚动和偏航振荡的合成特性）的增稳系统[58]。要求闭环系统的阻尼系数 $\xi = 0.5$、无阻尼自然频率 $\omega_n = 1$。

这架飞机荷兰滚动特性的状态方程描述为

$$\begin{bmatrix} \Delta \dot{\beta} \\ \Delta \dot{r} \end{bmatrix} = \begin{bmatrix} -0.049 & -0.997 \\ 1.5 & -0.21 \end{bmatrix} \begin{bmatrix} \Delta \beta \\ \Delta r \end{bmatrix} + \begin{bmatrix} 0 & 0.012 \\ -0.008 & -0.082 \end{bmatrix} \begin{bmatrix} \Delta \delta_a \\ \Delta \delta_r \end{bmatrix}$$

式中　$\Delta \beta$，Δr——分别为侧滑角和偏航角速度；

　　　$\Delta \delta_a$，$\Delta \delta_r$——分别为副翼和升降舵角度（由副翼伺服电动机和升降舵伺服电动机来控制）。

根据要求可以得到希望的闭环控制系统的特征方程为

$$s^2 + s + 1 = 0$$

根据式（7-13）可以得到状态反馈后系统的特征方程为

466

$$|SI-(A-BgK)|=\left|\begin{bmatrix} s & 0 \\ 0 & s \end{bmatrix}-\begin{bmatrix} -0.049 & -0.997 \\ 1.5 & -0.21 \end{bmatrix}+\begin{bmatrix} 0 & 0.012 \\ -0.008 & -0.082 \end{bmatrix}\begin{bmatrix} g_1 \\ g_2 \end{bmatrix}\begin{bmatrix} k_1 & k_2 \end{bmatrix}\right|$$

从该式中可以看出，常数向量 g 建立了副翼（$\Delta\delta_a$）和升降舵（$\Delta\delta_r$）之间的关系。因此，可以让 $g_1/g_2=\Delta\delta_a/\Delta\delta_r$，这个比值由控制表面的偏转角极限来确定。为了简便，可以让 g_1 或 g_2 等于 1。例如，让 $g_1=1$，$g_2=\Delta\delta_r/\Delta\delta_a=0.25$，把它们代入上面的特征方程，得

$$s^2+(0.259+0.003k_1-0.0285k_2)s+1.51+0.029k_1+0.0031k_2=0$$

把该式与希望的特征方程对比，可以得到

$$\begin{bmatrix} 0.003 & -0.0285 \\ 0.029 & 0.0031 \end{bmatrix}\begin{bmatrix} k_1 \\ k_2 \end{bmatrix}=\begin{bmatrix} 0.741 \\ -0.51 \end{bmatrix}$$

从该式中解出反馈增益为

$$k=\begin{bmatrix} -14.6 & -27.5 \end{bmatrix}$$

把 k 和 g 代入式（7-12）即可得到状态反馈阵

$$K=\begin{bmatrix} -14.6 & -27.5 \\ -36.5 & -68.75 \end{bmatrix}$$

由此可以得到飞机状态反馈控制系统方框图，如图 7-10 所示。

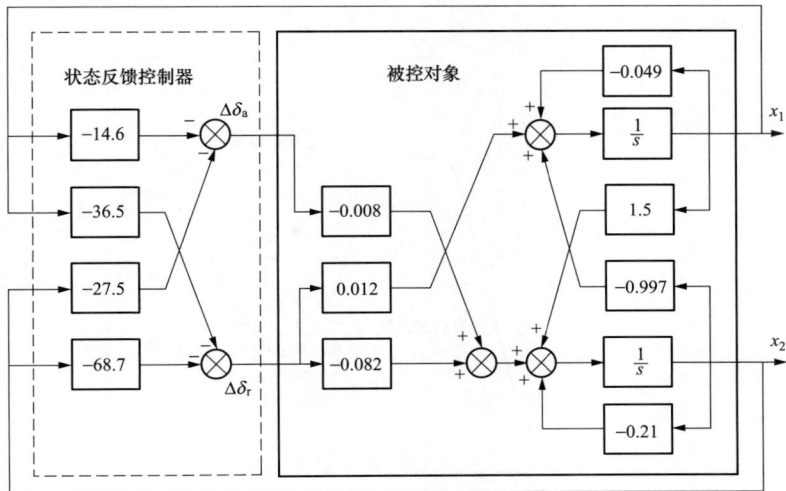

图 7-10　飞机状态反馈控制系统方框图

现在假设飞机的初始偏转角 $\Delta\beta=5$，使用梯形公式对此系统进行仿真，其仿真程序为 simu723.m。仿真结果如图 7-11 所示。从该图中可以看到，加入状态反馈后，飞机荷兰滚动的稳定性得到了非常大的提高。

```
%2X2 被控对象状态反馈控制系统的仿真程序 simu723.m
clear all;
DT = 0.01; ST = 20; LP = ST/DT;
g = [1; 0.25]; k = [-14.6 -27.5];
K = g * k;
A = [-0.049 -0.997; 1.5 -0.21]; B = [0 0.012; -0.008 -0.082];
X = [5; 0]; Z = [5; 0];
for i = 1: LP
    %%%%%%%%%%%%%%%%%有状态反馈%%%%%%%%%%%%%%%%%%%%%%%%
    U = -K * X; %状态反馈
    E1 = A * X + B * U;
    X10 = X + DT * E1;
    U = -K * X10;
    E2 = A * X10 + B * U;
    X = X + DT/2 * (E1 + E2);
    %%%%%%%%%%%%%%%%%%%%无状态反馈%%%%%%%%%%%%%%%%%%%%%%
    e1 = A * X;
    Z10 = Z + DT * e1;
    e2 = A * Z10;
    Z = Z + DT/2 * (e1 + e2);
    t(i) = i * DT; Y(i) = X(1); y(i) = Z(1);
end
plot(t, Y, 'r', t, y); holdon;
```

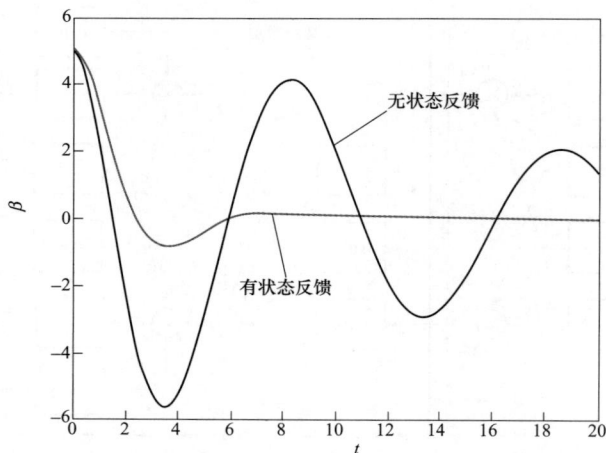

图 7-11　飞机增稳后的控制效果

现在来考虑图 7-12 所示的温度系统，采用状态反馈控制，设计状态反馈增益矩阵 K，使希望的闭环系统的阻尼系数 $\xi = 0.5$、过渡过程时间 $t_s = 80(\omega_n = 0.1)$，即希望闭环系统的特征方程为

$$s^2 + 0.1s + 0.01 = 0$$

对于图 7-12 所示的系统，加入状态反馈后的控制系统方框图如图 7-13 所示。被控对象的状态方程描述为

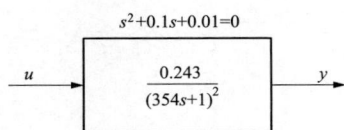

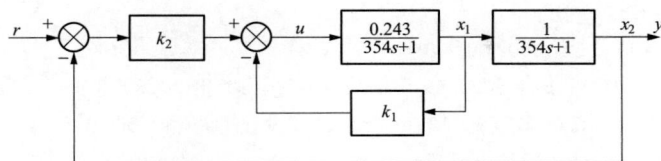

图 7-12　某温度系统　　　　　图 7-13　温度状态反馈控制系统结构框图

$$\begin{bmatrix} \dot{x}_1 \\ \dot{x}_2 \end{bmatrix} = \begin{bmatrix} \dfrac{-1}{354} & 0 \\ \dfrac{1}{354} & \dfrac{-1}{354} \end{bmatrix} \begin{bmatrix} x_1 \\ x_2 \end{bmatrix} + \begin{bmatrix} \dfrac{0.243}{354} \\ 0 \end{bmatrix} u$$

$$y = \begin{bmatrix} 0 & 1 \end{bmatrix} \begin{bmatrix} x_1 \\ x_2 \end{bmatrix}$$

状态反馈系统的特征方程为

$$|sI - A + BK| = \left| \begin{bmatrix} s & 0 \\ 0 & s \end{bmatrix} - \begin{bmatrix} \dfrac{-1}{354} & 0 \\ \dfrac{1}{354} & \dfrac{-1}{354} \end{bmatrix} + \begin{bmatrix} \dfrac{0.243}{354} \\ 0 \end{bmatrix} \begin{bmatrix} k_1 & k_2 \end{bmatrix} \right|$$

$$= \left| \begin{matrix} s + \dfrac{1 + 0.243k_1}{354} & \dfrac{0.243k_2}{354} \\ \dfrac{-1}{354} & s + \dfrac{1}{354} \end{matrix} \right|$$

$$= (s + \dfrac{1 + 0.243k_1}{354})(s + \dfrac{1}{354}) + \dfrac{0.243k_2}{354^2}$$

$$= s^2 + \dfrac{2 + 0.243k_1}{354}s + \dfrac{1 + 0.243(k_1 + k_2)}{354^2}$$

把该式与希望的特征方程对比，可得

$$\dfrac{2 + 0.243k_1}{354} = 0.1$$

$$\dfrac{1 + 0.243(k_1 + k_2)}{354^2} = 0.01$$

求解上述两式，可得

$$k_1 = 137.4, \ k_2 = 5015.5$$

该状态反馈控制系统的仿真程序为 simu724.m，仿真结果如图 7-14 所示。

```
%状态反馈控制系统的仿真程序 simu724.m
clearall;
DT = 1; ST = 1000; LP = ST/DT;
k1 = 137.4; k2 = 5015.5; %要求过渡过程时间 ts = 80 时
% k1 = 6.34; k2 = 41.12; %要求过渡过程时间 ts = 800 时
a = exp( - DT/354); b = 1 - a;
x1 = 0; x2 = 0;
for i = 1: LP
    e = 1 - x2;
    %状态反馈
    u = k2 * e - k1 * x1;
    %被控对象
    x1 = a * x1 + 0.243 * b * u;
    x2 = a * x2 + b * x1;
    t(i) = i * DT; U(i) = u; Y(i) = x2;
end
subplot(2, 1, 1), plot(t, U); holdon;
subplot(2, 1, 2), plot(t, Y); holdon;
```

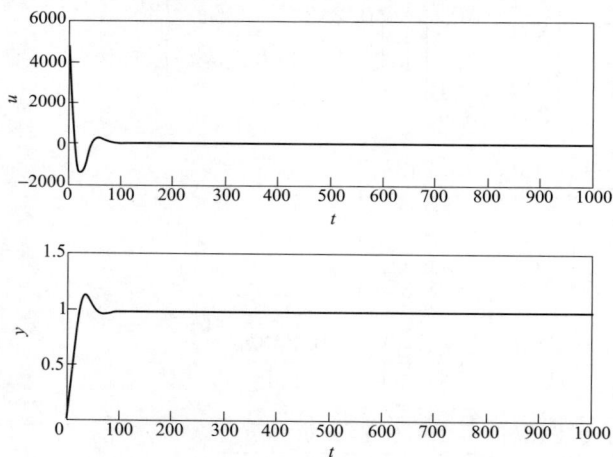

图 7-14　要求 $t_s = 80$ 时状态反馈控制系统的仿真结果

从图 7-14 中可以看到，虽然状态反馈控制系统的调节品质达到了设计要求，但是，此时控制器的最大输出已经达到了 5015.5，这已经远远大于允许的控制器输出的最大幅值（一般要求阀门开度的一次性最大变化小于 50%），因此这种设计只是理论上的，工程上无法实现。

现在降低对控制系统的品质要求，要求阻尼系数 $\xi = 0.5$、过渡过程时间 $t_s = 800(\omega_n = 0.01)$，即希望闭环系统的特征方程为

$$s^2 + 0.01s + 0.0001 = 0$$

把该式再与状态反馈系统的特征方程对比，可得

$$\frac{2 + 0.243k_1}{354} = 0.01$$

$$\frac{1 + 0.243(k_1 + k_2)}{354^2} = 0.0001$$

求解上述两式，可得

470

$$k_1 = 6.34, \ k_2 = 41.12$$

仍使用程序 simu724. m 对该参数下的系统进行仿真，仿真结果如图 7-15 所示。

从图 7-15 所示的仿真结果可以看到，控制品质达到了设计要求，控制器的最大输出已经降为 41.12%。如果要继续减小控制器的最大输出，就要继续加大要求的过渡过程时间。此外，无论怎样对系统的品质指标提出要求，由于被控对象是有自平衡的，状态反馈控制也是有差调节。

下面考虑图 7-16 所示的 2×2 系统使用状态反馈控制。

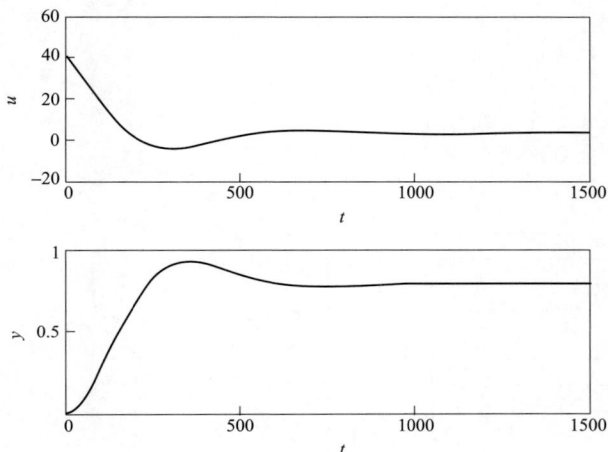

图 7-15　要求 $t_s = 800$ 时状态反馈控制系统的仿真结果

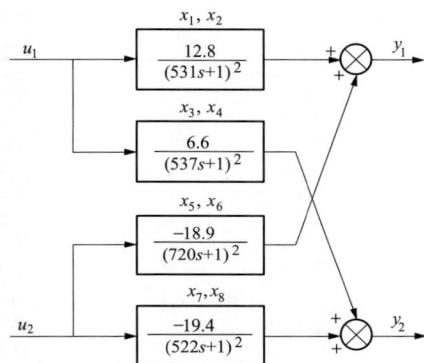

图 7-16　2×2 的多变量被控系统

按图 7-16 所示设状态变量，则可得到该系统的状态方程：

$$
\begin{bmatrix} \dot{x}_1 \\ \dot{x}_2 \\ \dot{x}_3 \\ \dot{x}_4 \\ \dot{x}_5 \\ \dot{x}_6 \\ \dot{x}_7 \\ \dot{x}_8 \end{bmatrix} =
\begin{bmatrix}
-\dfrac{1}{531} & 0 & 0 & 0 & 0 & 0 & 0 & 0 \\[2mm]
\dfrac{1}{531} & -\dfrac{1}{531} & 0 & 0 & 0 & 0 & 0 & 0 \\[2mm]
0 & 0 & -\dfrac{1}{537} & 0 & 0 & 0 & 0 & 0 \\[2mm]
0 & 0 & \dfrac{1}{537} & -\dfrac{1}{537} & 0 & 0 & 0 & 0 \\[2mm]
0 & 0 & 0 & 0 & -\dfrac{1}{720} & 0 & 0 & 0 \\[2mm]
0 & 0 & 0 & 0 & \dfrac{1}{720} & -\dfrac{1}{720} & 0 & 0 \\[2mm]
0 & 0 & 0 & 0 & 0 & 0 & -\dfrac{1}{522} & 0 \\[2mm]
0 & 0 & 0 & 0 & 0 & 0 & \dfrac{1}{522} & -\dfrac{1}{522}
\end{bmatrix}
\begin{bmatrix} x_1 \\ x_2 \\ x_3 \\ x_4 \\ x_5 \\ x_6 \\ x_7 \\ x_8 \end{bmatrix} +
\begin{bmatrix}
\dfrac{12.8}{531} & 0 \\[2mm]
0 & 0 \\[2mm]
\dfrac{6.6}{537} & 0 \\[2mm]
0 & 0 \\[2mm]
0 & -\dfrac{18.9}{720} \\[2mm]
0 & 0 \\[2mm]
0 & -\dfrac{19.2}{522} \\[2mm]
0 & 0
\end{bmatrix}
\begin{bmatrix} u_1 \\ u_2 \end{bmatrix}
$$

根据式（7-12）可知，该系统的状态反馈矩阵形式如下：

$$K_{2\times 8} = \begin{bmatrix} g_1 \\ g_2 \end{bmatrix} \begin{bmatrix} k_1 & k_2 & k_3 & k_4 & k_5 & k_6 & k_7 & k_8 \end{bmatrix}$$

其中，$k_{1\sim 8}$ 由指定的 8 个特征值的位置来确定。从此式中可以看出，该系统共有 16 个状态反馈系数，也就是说，加入状态反馈后，就有 16 条状态反馈线（见图 7-17），这种控制结构已经相当复杂，在工程上很难实现。此外，由于该系统指定 8 个特征值的位置，这在实际工程上是非常困难的。即使给出了 8 个特征值的位置（可以根据每个通道的传递函数估计出两个希望的特征值）。

例如，指定的 8 个特征值为

$$s_{1,2} = -0.002 \pm 0.0035j$$
$$s_{3,4} = -0.002 \pm 0.0035j$$
$$s_{5,6} = -0.001 \pm 0.0017j$$
$$s_{7,8} = -0.002 \pm 0.0035j$$

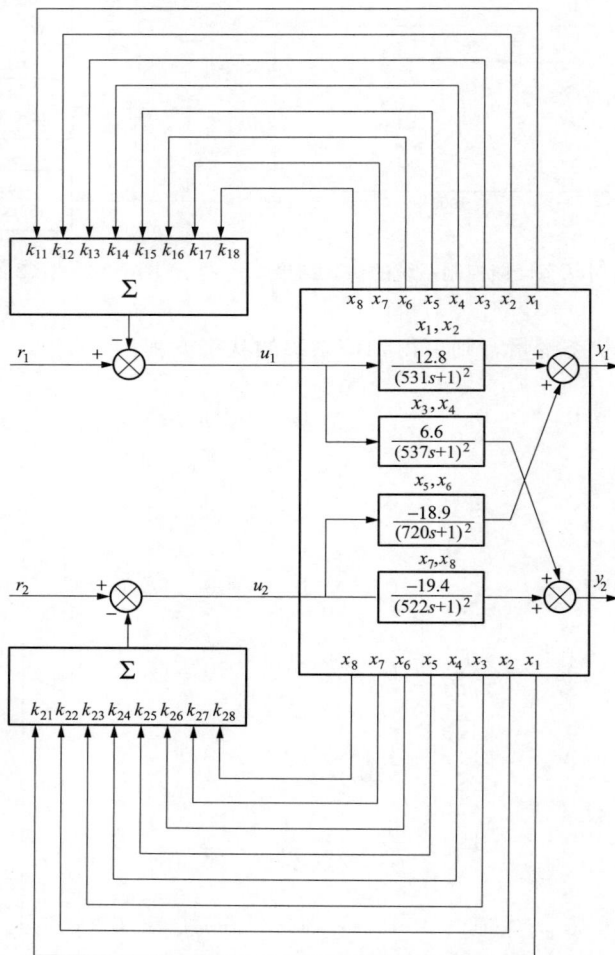

图 7-17　2×2 被控对象的状态反馈控制系统结构图

所需要的特征方程则为

$$[(s+0.004)^2 + 0.0035^2]^3[(s+0.001)^2 + 0.001^2] = 0$$

把该式写成展开式的形式是件非常困难的事。据此，在根据式（7-13），即

$$|sI - (A - Bgk)| = 0$$

求解 $K_{2\times8}$ 状态反馈矩阵就更加困难。事实上，即使是单输入单输出的被控系统，只要被控系统高于 3 阶，就很难给出状态反馈控制时所希望的特征方程。因此，现代控制理论中的状态反馈法也仅仅是在低阶的单输入单输出系统中得到了实际应用，而对于多输入多输出系统，在实际工程中应用还是非常困难的。

7.2.3 控制品质指标的选择方法

在实际工程中，对于单输入单输出的控制系统，通常给出的是时域指标，例如对于有自衡被控对象，要求的控制品质指标如下：

$$\begin{cases} 0.75 < \varphi < 0.98 \\ 10\% < M_p < 20\% \\ [t_r, t_s]_{\min} \end{cases} \tag{7-14}$$

而对于典型的二阶系统，其特征方程（参见式 2-70）为

$$s^2 + 2\xi\omega_n s + \omega_n^2 = 0 \tag{7-15}$$

方程中的系数与时域品质指标的关系如式（2-65）、式（2-66）和式（2-67）所示，即
　　超调量

$$M_p = e^{-\frac{\xi\pi}{\sqrt{1-\xi^2}}} \tag{7-16}$$

过渡过程时间

$$t_s = \frac{4}{\xi\omega_n} \quad (2\% \text{ 误差标准}) \tag{7-17}$$

$$t_s = \frac{3}{\xi\omega_n} \quad (5\% \text{ 误差标准}) \tag{7-18}$$

从图 2-12 中可以看到，当 $\xi=0.5$ 时，各项品质综合指标较好。此时，根据式（7-16）可以得到超调量 $M_p=16.3\%$，它在要求的品质指标范围内。如果再给出过渡过程时间，就可根据式（7-17）或式（7-18）得到无阻尼自然频率 ω_n。

通过上述分析，可以得到选择频域指标的方法：根据图 2-12 中曲线的形状，选取希望的 ξ（一般选取 ξ 为 0.5～0.8）；根据被控对象的时间常数，给出希望的过渡过程时间 t_s，再根据式（7-17）或式（7-18）计算出希望的无阻尼自然频率 ω_n。

但是，要求的是过渡过程时间 t_s 越小越好，实际上并不容易给出确切的 t_s。因此应该根据被控对象的时间常数，先估算一个 t_s，当设计好状态反馈阵 K 后，通过仿真观察控制器的输出是否在允许的范围内。如果在，缩小 t_s，重新设计 K；否则，加大 t_s，重新设计 K。

如此反复，直至达到可行的最小过渡过程时间。

实际上，利用穷举法能很容易地找出满足控制器输出的最小过渡过程时间。

现在再来考虑图 7-12 所示的温度系统，采用状态反馈控制，设计状态反馈增益矩阵 K，使希望的闭环系统的阻尼系数 $\xi=0.5$、控制器的最大输出 $|u_{max}|<50\%$。

根据式（7-17）可知

$$\omega_n = \frac{4}{\xi t_s}$$

即所希望的闭环系统特征方程为

$$s^2 + \frac{8}{t_s}s + \left(\frac{8}{t_s}\right)^2 = 0$$

状态反馈后闭环系统的特征方程为

$$|sI - A + BK| = s^2 + \frac{2 + 0.243k_1}{354}s + \frac{1 + 0.243(k_1 + k_2)}{354^2} = 0$$

对比上述两式可以得到：

$$k_1 = \frac{1}{0.243}\left(354 \times \frac{8}{t_s} - 2\right)$$

$$k_2 = \frac{1}{0.243}\left[\left(354 \times \frac{8}{t_s}\right)^2 - 1\right] - k_1$$

由前面的讨论可以知道，随着过渡过程时间的加长，控制器输出的最大幅值相应减小，因此，可以从某一较小的过渡过程时间要求开始，逐步加长过渡过程时间，直至控制器输出的最大幅值满足要求为止。

取过渡过程时间的论域为 $t_s \in (40, 1000)$，计算步长为 $\Delta t_s = 10$，利用穷举法优化状态反馈系数，使得过渡过程时间最短。其优化程序为 O _ ts _ simu725. m，优化结果如图 7-18 所示。

```
%最小过渡过程时间下的最优状态反馈系数优化程序 O _ ts _ simu725. m
clear all;
DT = 2；ST = 1000；LP = ST/DT;
a = exp( - DT/354)；b = 1 - a;
ts = 40；Dts = 10;
Umax = 50;
umax = 1000;
while umax＞Umax
    ts = ts + Dts;
    k1 = (354 * 8/ts - 2)/0.243;
    k2 = ((354 * 8/ts)^2 - 1)/0.243 - k1;
    x1 = 0；x2 = 0;
    for i = 1：LP
```

```
        e = 1 − x2;
        % 状态反馈
        u = k2 * e − k1 * x1;
        % 被控对象
    x1 = a * x1 + 0. 243 * b * u;
    x2 = a * x2 + b * x1;
    t(i) = i * DT; U(i) = u; Y(i) = x2;
    end
    umax = max(abs(U));
end
k1
k2
ts
umax
subplot(2, 1, 1), plot(t, U, 'b'); hold on;
subplot(2, 1, 2), plot(t, Y, 'b'); hold on;
```

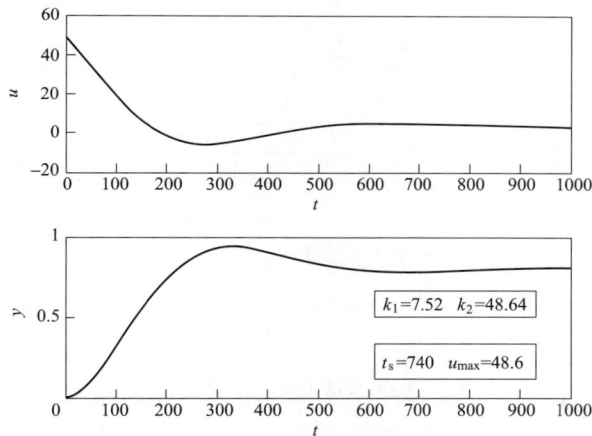

图 7-18　满足控制器输出的最小过渡过程时间下的仿真结果

　　通过上述的品质指标选择方法可以看出，对于多输入多输出系统，要想同时给出各输入对应的各输出的品质指标是相当困难的，只有把多变量系统解耦（参见 7.3）成单输入单输出系统后，才能容易地同时给出各输出的控制品质指标，即各输出对应相应输入的特征方程。

7.2.4　带有状态观测器的状态反馈控制系统设计

　　在 7.2.2 节中介绍状态反馈控制系统的设计方法时，假设所有的状态变量均是可测量的，即测量出的每个信号都可以用于反馈。而在生产过程系统中，很多被控对象都是高于一阶的，因此很多状态变量都是不可测的。这时，如果仍使用状态反馈控制，就必须估计不可测的状态变量。不可测状态变量的估计通常称为观测。估计或者观测状态变量的装置（现在都已经被计算机程序所取代）称为状态观测器，或简称观测器。带有状态观测器的状态反馈

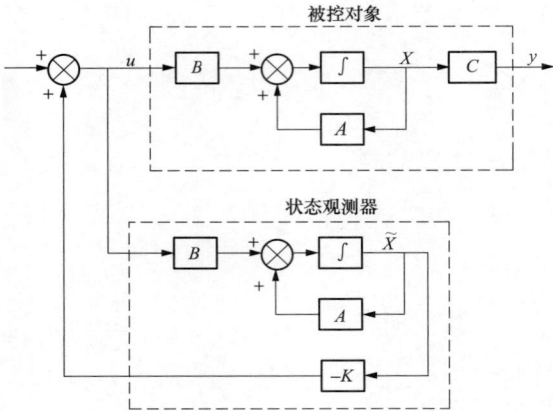

图 7-19 带有状态观测器的状态反馈
控制系统结构框图

控制系统的一般结构形式如图 7-19 所示。

在图 7-19 中，已经假想每个状态变量都是不可测的，把这种观测器称为全阶状态观测器。实际上，不需要这样复杂，只要是可以测量到的状态变量就可以直接用于状态反馈，如果不能被测量，就用模型中的状态变量作为状态反馈信号。例如，在图 7-13 所示的温度状态反馈控制系统中，显然状态变量 x_1 是不可测量的，那么就用模型的输出代替它。由此，可以得到带有状态观测器的温度状态反馈控制系统，如图 7-20 所示。

对比图 7-20 与图 7-13 可以看到，从数学模型上讲，这两个系统实际上描述的是同一个系统，所不同的只是在图 7-20 所描述的系统中，状态反馈部分包含了惯性环节的数学模型

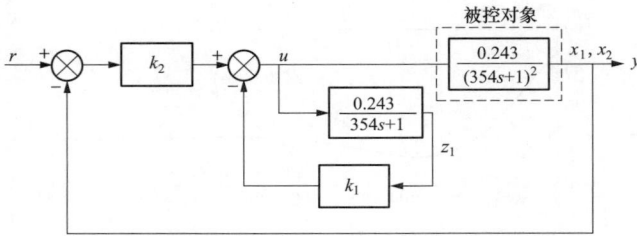

图 7-20 带有状态观测器的状态反馈控制系统

$$\frac{0.243}{354s+1}$$

而在图 7-13 中，状态反馈部分仅仅是两个比例环节。因此，按图 7-13 所设计的状态反馈矩阵，同样适合于图 7-20 所示的系统。图 7-20 所示系统的仿真程序为 simu726.m，仿真结果如图 7-21 所示。从该图中可以看到，它与图 7-14 所示的图形完全相同。

```
% 带有状态观测器的状态反馈控制系统的仿真程序 simu726.m
clearall;
DT = 1; ST = 1000; LP = ST/DT;
k1 = 6.34; k2 = 41.12; % 要求过渡过程时间 ts = 800
a = exp( - DT/354); b = 1 - a;
x1 = 0; x2 = 0; z1 = 0
for i = 1: LP
    e = 1 - x2;
    u = k2 * e - k1 * z1; % 状态反馈
    z1 = a * z1 + 0.243 * b * u; % 状态观测器
    %%%%%%%%%%%%被控对象 %%%%%%%%%%%%%%%%%%%%%%%%%%
```

```
    x1 = a * x1 + 0.243 * b * u;
    x2 = a * x2 + b * x1;
    t(i) = i * DT;  U(i) = u;  Y(i) = x2;
end
subplot(2, 1, 1), plot(t, U); holdon;
subplot(2, 1, 2), plot(t, Y); holdon;
```

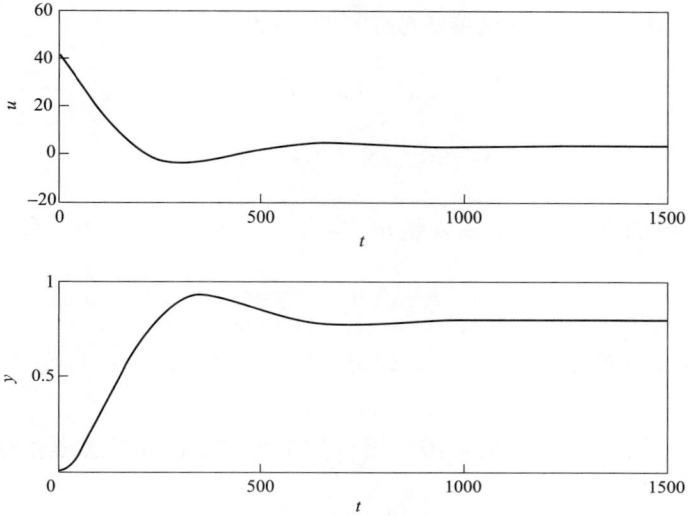

图 7-21　带有状态观测器的状态反馈控制系统仿真结果

　　在实际应用状态反馈控制时，状态观测器的精度完全依赖于被控对象模型的精度，而对象的估计模型与实际系统相比往往存在着一定的误差，而且两者的初始值也不会完全相同。因此，采用带有状态观测器的状态反馈控制策略时，应该对估计模型的误差进行补偿。由此得到的带有状态观测器的状态反馈控制系统如图 7-22 所示。

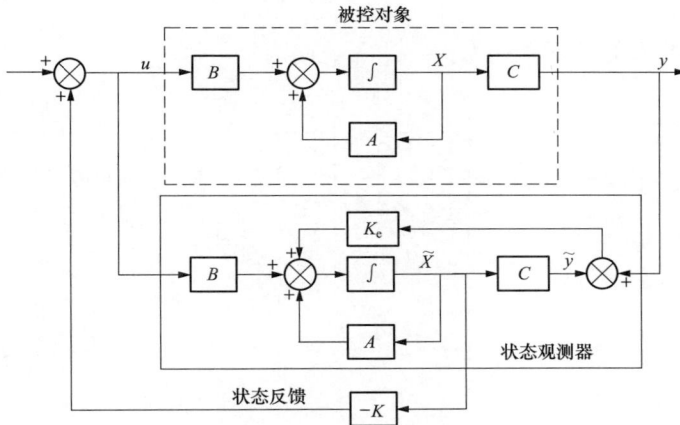

图 7-22　带有全阶状态观测器的状态反馈系统方框图

在图 7-22 中，被控对象由下列方程来描述：

$$\dot{X} = AX + Bu \tag{7-19}$$

$$y = CX \tag{7-20}$$

K_e 被称为模型误差补偿矩阵，它可以连续不断地对估计模型进行修正。下面来讨论 K_e 的求取方法。

根据图 7-22 可以得到状态观测器的数学模型，即

$$\dot{\widetilde{X}} = A\widetilde{X} + Bu + K_e(y - C\widetilde{X})$$

$$= (A - K_eC)\widetilde{X} + Bu + K_ey \tag{7-21}$$

观测器的输入是系统的输出量 y 和输入量 u，因此，式（7-21）所描述系统的特征方程为

$$|sI - A + K_eC| = 0 \tag{7-22}$$

如果能给出所希望的观测器的特征方程，就可以把给定的特征方程与式（7-22）对比，求出 K_e 的参数值。

仍考虑图 7-12 所示的温度控制系统，对被控系统的输出和观测器的输出的要求是特征方程都为

$$s^2 + 0.01s + 0.0001 = 0$$

前面已经求出状态反馈增益矩阵

$$K = \begin{bmatrix} 6.34 \\ 41.12 \end{bmatrix}$$

而对状态观测器所要求的特征方程为

$$|sI - A + K_eC| = \left| \begin{bmatrix} s & 0 \\ 0 & s \end{bmatrix} - \begin{bmatrix} \dfrac{-1}{354} & 0 \\ \dfrac{1}{354} & \dfrac{-1}{354} \end{bmatrix} + \begin{bmatrix} k_{e1} \\ k_{e2} \end{bmatrix} \begin{bmatrix} 0 & 1 \end{bmatrix} \right|$$

$$= \left| \begin{matrix} s + \dfrac{1}{354} & k_{e1} \\ \dfrac{-1}{354} & s + \dfrac{1 + 354k_{e2}}{354} \end{matrix} \right|$$

$$= \left(s + \dfrac{1}{354} \right) \left(s + \dfrac{1 + 354k_{e2}}{354} \right) + \dfrac{k_{e1}}{354}$$

$$=s^2+\frac{2+354k_{e2}}{354}s+\frac{1+354(k_{e1}+k_{e2})}{354^2}$$

把该式与要求的特征方程对比，可以得到

$$\frac{2+354k_{e2}}{354}=0.01$$

$$\frac{1+354(k_{e1}+k_{e2})}{354^2}=0.0001$$

求解上述两式则可以得到

$$K_e=\begin{bmatrix}0.0282\\0.0044\end{bmatrix}$$

所以，加入全阶状态观测器状态反馈后的控制系统方框图如图 7-23 所示。

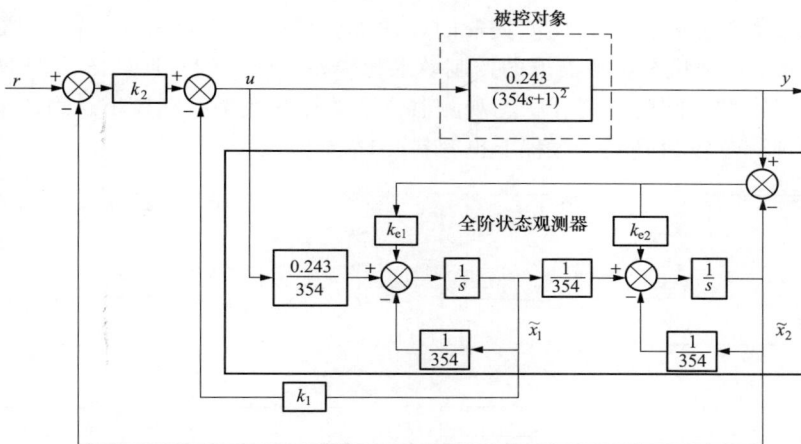

图 7-23　图 7-12 所示系统的全阶状态观测器控制系统框图

该系统的仿真程序为 simu727.m，仿真结果如图 7-24 所示。

```
% 全阶状态观测器状态反馈控制系统仿真程序 simu727.m
clear all;
DT = 1; ST = 1500; LP = ST/DT;
k1 = 6.34; k2 = 41.12; % 要求过渡过程时间 ts = 800
ke1 = 0.0282; ke2 = 0.0044;
a = exp( - DT/354); b = 1 - a; z1 = 0; z2 = 0;
x1 = 0; x2 = 0;
for i = 1: LP
    % 状态反馈
    e = 1 - z2;
```

```
    u = k2 * e − k1 * z1;
    % 全阶状态观测器
    dy = x2 − z2;
    ez1 = 0.243/354 * u + ke1 * dy − z1/354;
    z1 = z1 + DT * ez1;
    ez2 = z1/354 + ke2 * dy − z2/354;
    z2 = z2 + DT * ez2;
    % 被控对象
    x1 = a * x1 + 0.243 * b * u;
    x2 = a * x2 + b * x1;
    t(i) = i * DT; U(i) = u; Y(i) = x2;
end
subplot(2, 1, 1), plot(t, U); holdon;
subplot(2, 1, 2), plot(t, Y); holdon;
```

对比图 7-15、图 7-21 和图 7-24 可以看出，这三种不同状态观测器下的状态反馈控制系统具有完全相同的控制效果。当模型失配时，比如，模型增益变为 $k=0.2$、惯性时间常数变为 $T=300$ 时，三种状态观测器下的控制效果与模型匹配时的对比如图 7-25 所示。从该图中可以看到，当模型失配后，三种状态观测器方案的控制效果差别较小。因此，选择不可测状态变量状态观测器较为简单，工程上也容易实现。

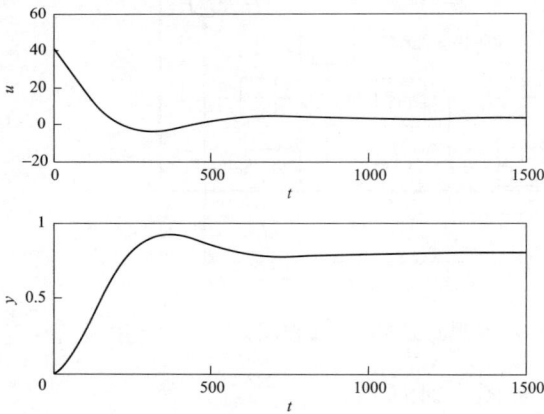

图 7-24　全阶状态观测器控制系统仿真结果　　图 7-25　模型失配时三种状态观测器下的控制效果

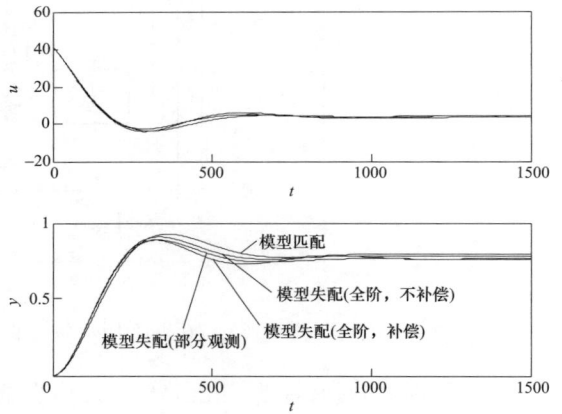

7.2.5　无静差系统的状态观测器优化设计

前面讨论的都是不考虑系统是否无静差时的状态反馈控制器设计方法，然而在绝大多数生产过程控制系统中，都是要求无静差的。因此，对于有自平衡被控对象，如果要求控制系统无静差，无论采用什么样的状态反馈控制方案，都必须在被控系统的输出与希望值的误差比较器后面串入或者并入一个积分器，然后，按第 4 章参数优化的方法优化积分器的参数 k_i，使其他控制品质指标达到希望的要求。

考虑图 7-12 所示的温度系统，采用图 7-20 所示的状态观测器，在误差比较器后面并入一个积分器后，变为图 7-26 所示的形式。

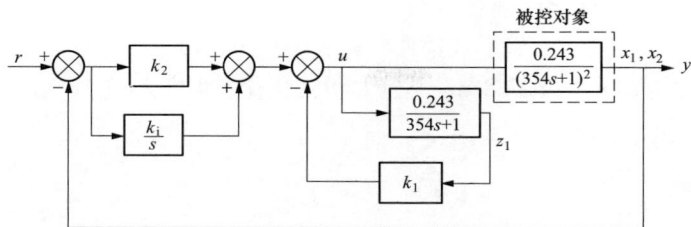

图 7-26 与状态反馈增益并联的控制系统方框图

前面已经得到状态反馈增益矩阵

$$K = \begin{bmatrix} 6.34 \\ 41.12 \end{bmatrix}$$

从图 7-26 中可以看到，状态反馈增益 k_2 与积分器联合构成 PI 控制器，因此，现在应该优化 k_2 和 k_i。

选取与图 6-9 所示系统相同的品质指标，即

控制品质指标为

$$\begin{cases} 0.90 < \varphi < 0.98 \\ 10\% < M_p < 20\% \\ [t_s]_{\min} \end{cases}$$

目标函数：

$$Q = \int_0^{t_s} t\,|e|\,\mathrm{d}t + Q_f$$

罚函数：

如果 $\varphi < 0.90$，则让 $Q_f = 10^{30}$

如果 $\varphi > 0.98$，则让 $Q_f = 10^{20}$

如果 $M_p < 10\%$，则让 $Q_f = 10^{15}$

如果 $M_p > 20\%$，则让 $Q_f = 10^{25}$

根据经验整定公式［式（4-39）和式（4-40）］可得到比例增益 k_2 和积分速度 k_i 的初始参数：

$$\delta = 0.081 \times 0.243 \times (8+2) = 0.1968$$

$$k_2 = \frac{1}{\delta} = 5.08$$

$$T_i = 0.6 \times \left(\frac{354}{1 + 0.243k_1} + 354 \right) = 232$$

$$k_i = \frac{k_2}{T_i} = 0.0219$$

据此，即可选择出它们的优化区间：

$$k_2 \in (1,10), k_i \in (0.005,1)$$

计算目标函数子程序为 Obj_simu728.m，粒子群算法优化主程序为 O_PSO_main_728.m。

```
% 积分器并联时目标函数计算子程序 Obj_simu728.m
function [Q] = Obj_simu725(V)
% clear all；
DT = 2；LP = 2000；
FAI_l = 0.90；FAI_h = 0.98；Mp_l = 10；Mp_h = 20；
k1 = 6.34；% 状态反馈系数
k2 = V(1)；ki = V(2)；
% k2 = 8.76；ki = 0.043；
a = exp(-DT/354)；b = 1-a；
x1 = 0；x2 = 0；z1 = 0；xi = 0；Q = 0；
for i = 1：LP
    e = 1-x2；
    % 并入积分器后的状态反馈控制器
    xp = k2 * e；
    xi = xi + DT * ki * e；
    xpi = xp + xi；
    u = xpi - k1 * z1；
    % 状态观测器
    z1 = a * z1 + 0.243 * b * u；
    % 被控对象
    x1 = a * x1 + 0.243 * b * u；
    x2 = a * x2 + b * x1；
    t(i) = i * DT；U(i) = u；Y(i) = x2；
    Q = Q + t(i) * abs(e) * DT；
end
[Mp, tr, ts, FAI, Tp, E1, E2, E3] = O_quality(DT, LP, Y, t)；
if FAI<FAI_l；Q = Q + 10^30；end
if FAI>FAI_h；Q = Q + 10^20；end
if Mp<Mp_l；Q = Q + 10^15；end
if Mp>Mp_h；Q = Q + 10^25；end
% subplot(2, 1, 1), plot(t, U, 'b')；hold on；
% subplot(2, 1, 2), plot(t, Y, 'b')；hold on；
```

```
% 粒子群优化算法程序 O_PSO_main_728.m
clear all；
% ###################### 蚁群算法的控制参数 ######################
N = 2；% 优化变量个数
M = 60；% 粒子个数
Tmax = 60；% 最大前进代数
```

482

```
wx = [0.8 1.2];% 惯性权重区间
c = [2 2];% 认知及社会因子
X _ LLimits = [1 0.0001];% 设置寻优参数下限
X _ HLimits = [10 0.1];% 设置寻优参数上限
Vmax = [0.1 0.001];% 优化变量速度限制
% &&&&&&&&&&&&&&&&&&&&&&&& 其他部分同 O _ PSO _ main.c&&&&&&&&&&&&
```

优化结果为

$$k_2 = 8.76, \quad k_i = 0.043$$

在该参数下的仿真响应曲线如图 7-27 所示。

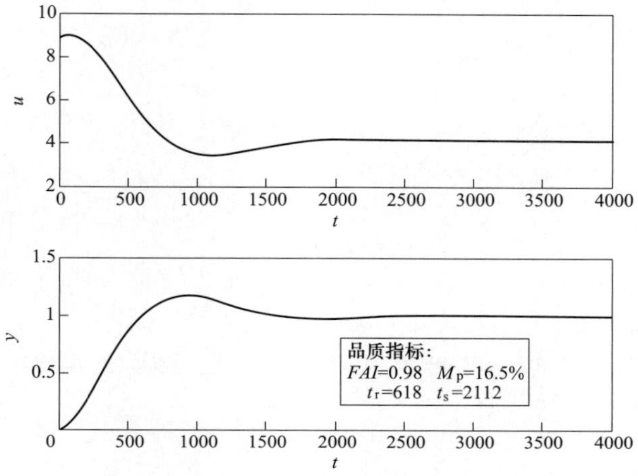

对比无静差状态反馈控制系统与 PI 控制系统（见图 6-10）的控制品质，状态反馈控制系统的调节速度大大减慢，也就是说，其控制品质还不如 PI 控制器的好。

如果把积分器串入到误差比较器后面，控制系统方框图如图 7-28 所示。

前面已经优化出并联时 $k_i = 0.043$，据此，可以估算出 k_2 的论域：

图 7-27　与状态反馈增益并联的控制系统仿真响应曲线

$$k_2 \in (0.01, 1)$$

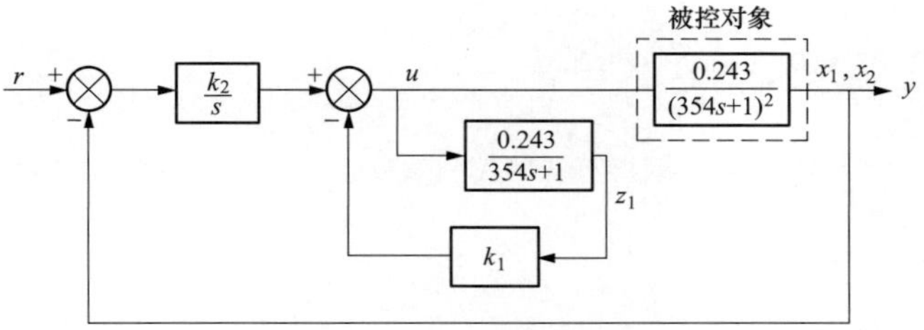

图 7-28　与状态反馈增益串联的控制系统方框图

仍使用并联时的目标函数，PSO 优化算法主程序为 O _ PSO _ main _ 729，计算目标函数子程序为 Obj _ simu729.m。

```
% 积分器串联时目标函数计算子程序 Obj _ simu729.m
function [Q] = Obj _ simu726(V)
% clear all;
DT = 2; LP = 2000;
FAI _ l = 0.90; FAI _ h = 0.98; Mp _ l = 10; Mp _ h = 20;
k1 = 6.34;% 状态反馈增益
k2 = V(1);
% k2 = 0.0125;
```

```
a = exp( - DT/354); b = 1 - a;
x1 = 0; x2 = 0; z1 = 0; xi = 0; Q = 0;
for i = 1: LP
    e = 1 - x2;
    %串入积分器后的状态反馈控制器
    xi = xi + DT * k2 * e;
    u = xi - k1 * z1;
    %状态观测器
    z1 = a * z1 + 0.243 * b * u;
    %被控对象
    x1 = a * x1 + 0.243 * b * u;
    x2 = a * x2 + b * x1;
    t(i) = i * DT; U(i) = u; Y(i) = x2;
    Q = Q + t(i) * abs(e) * DT;
end
[Mp, tr, ts, FAI, Tp, E1, E2, E3] = O_quality(DT, LP, Y, t);
if FAI<FAI_l; Q = Q + 10^30; end
if FAI>FAI_h; Q = Q + 10^20; end
if Mp<Mp_l; Q = Q + 10^15; end
if Mp>Mp_h; Q = Q + 10^25; end
% subplot(2, 1, 1), plot(t, U, 'r'); hold on;
% subplot(2, 1, 2), plot(t, Y, 'r'); hold on;
```

```
%粒子群优化算法程序 O_PSO_main_729.m
clear all;
%#####################蚁群算法的控制参数######################
N = 1; %优化变量个数
M = 60; %粒子个数
Tmax = 60; %最大前进代数
wx = [0.8 1.2]; %惯性权重区间
c = [2 2]; %认知及社会因子
X_LLimits = [0.01]; %设置寻优参数下限
X_HLimits = [1]; % 设置寻优参数上限
Vmax = [0.1]; %优化变量速度限制
% &&&&&&&&&&&&&&&&&&&&& 其他部分同 O_PSO_main.c &&&&&&&&&&&&
```

优化结果为

$$k_2 = 0.0125$$

在该参数下的仿真结果如图 7-29 所示。对比图 7-27 与图 7-29 可以看到，由于在主通道中串入积分环节后，会使闭环系统的稳定性变差，因此为使系统稳定，就必须放慢调节速度，即减小积分器的积分速度，使上升时间与过渡过程时间减慢。

从上述的实验可以看出，状态反馈控制并不适合要求无静差的有自衡的过程系统。

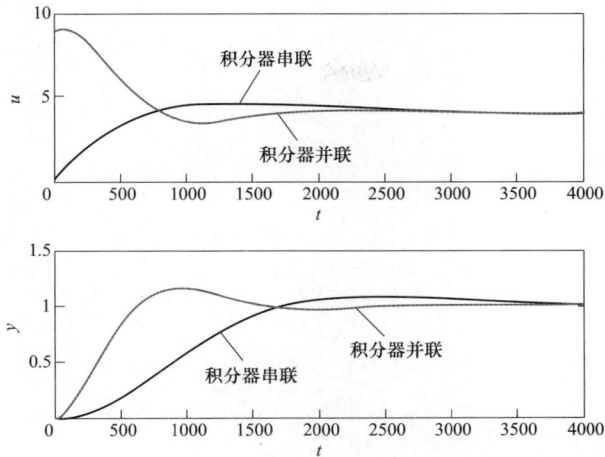

图 7-29 与状态反馈增益串联的控制系统仿真响应曲线

7.2.6 高阶或带有纯迟延系统的状态反馈控制器设计

如果被控对象是高阶的或带有纯迟延的，那么可以通过传递函数变换的近似公式式（4-33）和式（4-34），把被控对象变换成标准的二阶形式，然后再设计状态反馈控制器。

考虑图 7-30 所示的温度系统，采用状态反馈控制，设计状态反馈控制器。要求：超调量 $10\% < M_p < 20\%$；过渡过程时间 $t_s < 2000$。

先通过式（4-33）和式（4-34）把被控对象近似地转换成二阶的形式，如图 7-31 所示。

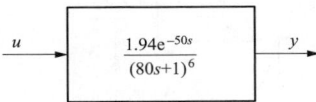

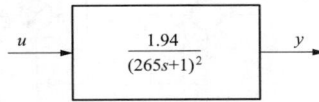

图 7-30　温度系统　　　　图 7-31　消去纯迟延和降阶后的温度系统

对于图 7-31 所示的二阶系统，选取闭环系统的阻尼系数 $\xi = 0.5$、过渡过程时间 $t_s = 1600$（$\omega_n = 0.005$），即希望闭环系统的特征方程为

$$s^2 + 0.005s + 0.000025 = 0$$

二阶温度系统（见图 7-31）的状态方程描述为

$$\begin{bmatrix} \dot{x}_1 \\ \dot{x}_2 \end{bmatrix} = \begin{bmatrix} \dfrac{-1}{265} & 0 \\ \dfrac{1}{265} & \dfrac{-1}{265} \end{bmatrix} \begin{bmatrix} x_1 \\ x_2 \end{bmatrix} + \begin{bmatrix} \dfrac{1.94}{265} \\ 0 \end{bmatrix} u$$

$$y = \begin{bmatrix} 0 & 1 \end{bmatrix} \begin{bmatrix} x_1 \\ x_2 \end{bmatrix}$$

状态反馈系统的特征方程为

$$\mid sI - A + BK \mid = \begin{vmatrix} \begin{bmatrix} s & 0 \\ 0 & s \end{bmatrix} - \begin{bmatrix} \dfrac{-1}{265} & 0 \\ \dfrac{1}{265} & \dfrac{-1}{265} \end{bmatrix} + \begin{bmatrix} \dfrac{1.94}{265} \\ 0 \end{bmatrix} \begin{bmatrix} k_1 & k_2 \end{bmatrix} \end{vmatrix}$$

$$= \begin{vmatrix} s + \dfrac{1 + 1.94k_1}{265} & \dfrac{1.94k_2}{265} \\ \dfrac{-1}{265} & s + \dfrac{1}{265} \end{vmatrix}$$

$$= \left(s + \dfrac{1 + 1.94k_1}{265} \right) \left(s + \dfrac{1}{265} \right) + \dfrac{1.94k_2}{265^2}$$

$$= s^2 + \dfrac{2 + 1.94k_1}{265} s + \dfrac{1 + 1.94(k_1 + k_2)}{265^2}$$

把该式与希望闭环系统的特征方程对比，可得

$$\dfrac{2 + 1.94k_1}{265} = 0.005$$

$$\dfrac{1 + 1.94(k_1 + k_2)}{265^2} = 0.000025$$

求解上述两式，可得

$$k_1 = -0.3479, \quad k_2 = 0.7374$$

采用并联方式的状态反馈控制系统方框图如图 7-32 所示。

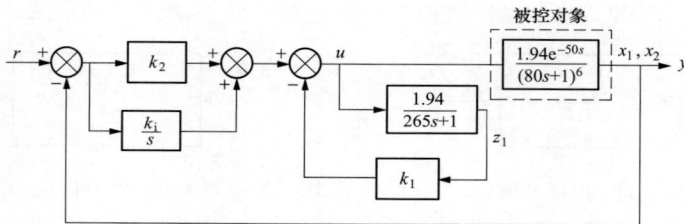

图 7-32　高阶加纯迟延对象的状态反馈控制系统方框图

根据经验整定公式式（4-39）和式（4-40），即可求出 k_2 和 k_i 的初始参数：

$$\delta = 0.081 \times 1.94 \times (12 + 7) = 2.99$$

$$k_2 = \dfrac{1}{\delta} = 0.335$$

$$T_i = 0.6 \times (80 \times 6 + 50) = 318$$

$$k_i = \dfrac{k_2}{T_i} = 0.0011$$

据此，即可选择出它们的优化区间：

$$k_2 \in (0.01, 1), \quad k_i \in (0.0001, 0.01)$$

采用穷举法进行优化，优化主程序为 O _ enumeration7210. m，计算目标函数子程序为 Obj _ simu7210. m。优化结果为

486

$$k_2 = 0.2, \quad k_i = 0.0009$$

在该参数下的仿真结果如图 7-33 所示。

```
% 状态反馈控制系统参数优化子程序 Obj_simu7210.m
function [Q] = Obj_simu727(V)
% clear all;
global DT LP t Y
k1 = -0.3479; % 状态反馈增益
k2 = V(1); ki = V(2);
% k2 = 0.2; ki = 0.0009;
DT = 2; ST = 4000; LP = ST/DT;
LD = fix(50/DT);
a = exp(-DT/80); b = 1 - a;
a1 = exp(-DT/265); b1 = 1 - a1;
xd(1: LD) = 0; x(1: 6) = 0;
x1 = 0; x2 = 0; z1 = 0; y = 0; xi = 0; Q = 0;
for i = 1: LP
    e = 1 - y;
    % 并入积分器后的状态反馈
    xp = k2 * e;
    xi = xi + DT * ki * e;
    xpi = xp + xi;
    u = xpi - k1 * z1;
    % 状态观测器
    z1 = a1 * z1 + 1.94 * b1 * u;
    % 被控对象
    x(1) = a * x(1) + 1.94 * b * u;
    x(2: 6) = a * x(2: 6) + b * x(1: 5);
    y = xd(LD);
    for j = LD: -1: 2; xd(j) = xd(j-1); end
    xd(1) = x(6);
    t(i) = i * DT; U(i) = u; Y(i) = y;
    Q = Q + t(i) * abs(e) * DT;
end
[Mp, tr, ts, FAI, Tp, E1, E2, E3] = 0_quality(DT, LP, Y, t);
% subplot(2, 1, 1), plot(t, U, 'r'); hold on;
% subplot(2, 1, 2), plot(t, Y, 'r'); hold on;
```

```
% 穷举法优化程序 0_enumeration7210.m
clear all;
global DT LP t Y
x = [0.7374 0.0011]; % 优化变量的初始值
X_LLimits = [0.1 0.0001]; % 设置寻优参数下限
```

```
X_HLimits = [1 0.01];%设置寻优参数上限
DTA_X = [0.01 0.0001];
[Q] = Obj_simu7210(x);%调用仿真子程序
[Mp, tr, ts, FAI, Tp, E1, E2, E3] = O_quality(DT, LP, Y, t);
x_o = x; ts_o = ts;
Mp_l = 10; Mp_h = 20; FAI_l = 0.90; FAI_h = 0.98;%设置参数的约束条件
for i1 = X_LLimits(1): DTA_X(1): X_HLimits(1)
    for i2 = X_LLimits(2): DTA_X(2): X_HLimits(2)
        x = [i1, i2];
        [Q] = Obj_simu7210(x);%调用仿真子程序
        [Mp, tr, ts, FAI, Tp, E1, E2, E3] = O_quality(DT, LP, Y, t);
        if (FAI>FAI_l)&(FAI<FAI_h)&(Mp<Mp_h)&(Mp>Mp_l)&(ts<ts_o)
            x_o = x; ts_o = ts;
        end
    end
end
x_o
```

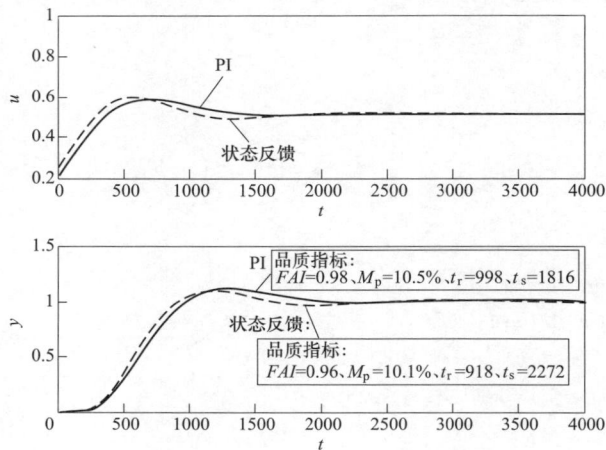

图 7-33　高阶加纯迟延系统的状态反馈控制仿真结果

从图 7-33 中可以看到，对于高阶加纯迟延系统，可以采用状态反馈控制，其控制品质略优于 PI 控制。

7.3　多变量系统的解耦控制

在第 7.2 节里讨论了多变量系统的状态反馈控制设计方法，然而，从上一小节的实例中可以看到，状态反馈法并解决不了多变量系统的控制问题。究其原因是，给出每个状态变量的特征值位置是非常困难的；即使给出了特征值位置，根据这个位置求出状态反馈增益矩阵也是非常难的一件事。例如，对于图 7-34 所示的二元精馏塔系统我们能很容易地提出对系

统两个输出 x_D 和 x_B 的品质指标要求，但是每个输入都与每个输出相关联，即所有的输入对系统的每个输出都同时产生作用（我们把这样的系统称为耦合系统——通道之间相互耦合，或者说控制量之间相互耦合），所以，无法把给出的品质指标直接转化成特征方程描述的形式，只能用式（7-12）把状态反馈简化，才能得到希望的特征方程。

如果各"输入—输出"通道之间互不影响，就可以把给出的品质指标直接转换成特征方程。所谓互不影响是指，当系统有 m 个控制量和 m 个被控量时，每个控制量 $u_i(i=1,2,\cdots,m)$ 只影响与它们相对应的被控量 $y_i(i=1,2\cdots,m)$。例如，对于图 7-34 所示的二元精馏塔系统，如果输入量 R 只影响输出量 x_D，输入量 S 只影响输出量 x_B，那么就说，通道 $R \rightarrow x_D$ 和通道 $S \rightarrow x_B$ 互不影响（互不相关），即 R 和 S 之间不存在耦

图 7-34　二元精馏塔系统传递函数模型描述

合。现在的问题是，设计一个什么样的控制器才会使得这两个通道互不相关。使各通道间互不相关的过程称为系统解耦，为解耦所设计的控制器称为解耦器。

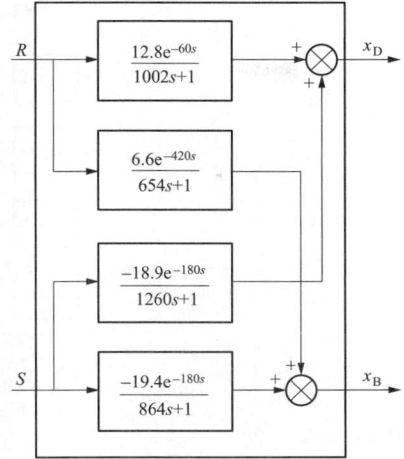

7.3.1　动态解耦器的优化设计

下面以一个典型的 2×2 系统为例，来说明耦合系统解耦器的设计方法。

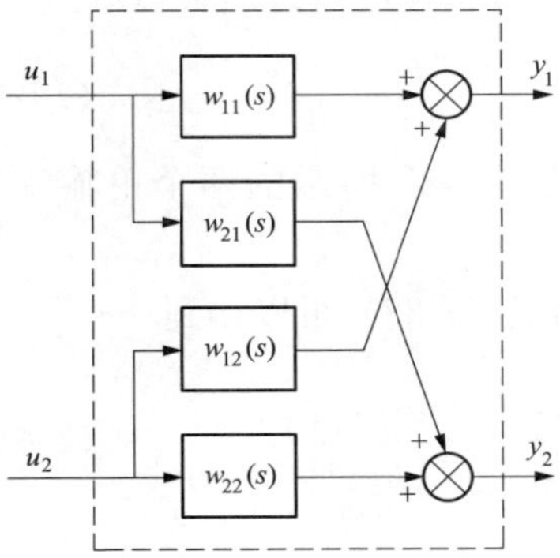

图 7-35　2×2 被控系统方框图

假设被控系统的传递函数阵描述为

$$\begin{bmatrix} y_1(s) \\ y_2(s) \end{bmatrix} = \begin{bmatrix} w_{11}(s) & w_{12}(s) \\ w_{21}(s) & w_{22}(s) \end{bmatrix} \begin{bmatrix} u_1(s) \\ u_2(s) \end{bmatrix} \tag{7-23}$$

其方框图描述如图 7-35 所示。

在系统中加入解耦器

$$K(s) = \begin{bmatrix} k_{11}(s) & k_{12}(s) \\ k_{21}(s) & k_{22}(s) \end{bmatrix} \tag{7-24}$$

后，系统的方框图变为图 7-36 所示的形式。

从数学上讲，图 7-36 所描述系统的输出 $Y(s)$ 与输入 $U(S)$ 的关系为

$$Y(s) = W(s)K(s)U(s) \tag{7-25}$$

即

$$\begin{bmatrix} y_1(s) \\ y_2(s) \end{bmatrix} = \begin{bmatrix} w_{11}(s) & w_{12}(s) \\ w_{21}(s) & w_{22}(s) \end{bmatrix} \begin{bmatrix} k_{11}(s) & k_{12}(s) \\ k_{21}(s) & k_{22}(s) \end{bmatrix} \begin{bmatrix} u_1(s) \\ u_2(s) \end{bmatrix}$$

$$= \begin{bmatrix} w_{11}(s)k_{11}(s) + w_{12}(s)k_{21}(s) & w_{11}(s)k_{12}(s) + w_{12}(s)k_{22}(s) \\ w_{21}(s)k_{11}(s) + w_{22}(s)k_{21}(s) & w_{21}(s)k_{12}(s) + w_{22}(s)k_{22}(s) \end{bmatrix} \begin{bmatrix} u_1(s) \\ u_2(s) \end{bmatrix}$$

$$\tag{7-26}$$

要想使两个通道 $u_1 \rightarrow y_1$ 和 $u_2 \rightarrow y_2$ 互不相关，那么，就应该让式（7-26）中的传递函数阵为

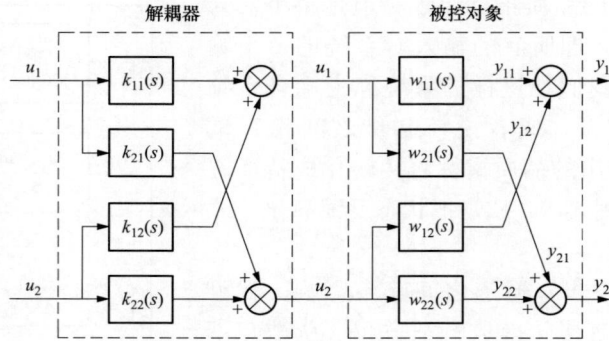

图 7-36　2×2 系统加入解耦器后的方框图

对角阵，即应使

$$w_{11}(s)k_{12}(s) + w_{12}(s)k_{22}(s) = 0 \qquad (7\text{-}27)$$

和

$$w_{21}(s)k_{11}(s) + w_{22}(s)k_{21}(s) = 0 \qquad (7\text{-}28)$$

此时

$$\begin{bmatrix} y_1(s) \\ y_2(s) \end{bmatrix} = \begin{bmatrix} w_{11}(s)k_{11}(s) + w_{12}(s)k_{21}(s) & 0 \\ 0 & w_{21}(s)k_{12}(s) + w_{22}(s)k_{22}(s) \end{bmatrix} \begin{bmatrix} u_1(s) \\ u_2(s) \end{bmatrix}$$

$$(7\text{-}29)$$

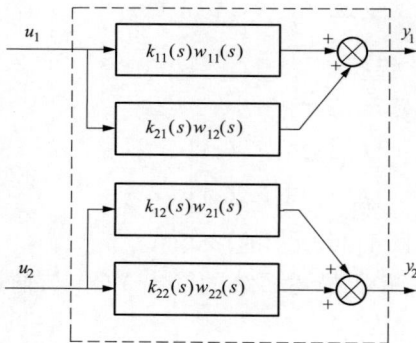

图 7-37　解耦后两个单输入单
输出系统方框图

解耦后，原系统就变成图 7-37 所示的两个单输入单输出系统的形式。

求解式（7-27）和式（7-28）可以得到

$$\frac{k_{12}(s)}{k_{22}(s)} = -\frac{w_{12}(s)}{w_{11}(s)} \qquad (7\text{-}30)$$

$$\frac{k_{21}(s)}{k_{11}(s)} = -\frac{w_{21}(s)}{w_{22}(s)} \qquad (7\text{-}31)$$

从上述的两式中，可以得到无穷组解耦阵 $K(s)$。为了工程上实现容易，一般取 $k_{11}(s) = k_{22}(s) = 1$，此时

$$k_{12}(s) = -\frac{w_{12}(s)}{w_{11}(s)} \qquad (7\text{-}32)$$

$$k_{21}(s) = -\frac{w_{21}(s)}{w_{22}(s)} \qquad (7\text{-}33)$$

式（7-32）和式（7-33）即为所求的解耦器。也把这种解耦称作全解耦（动态解耦）。

490

我们也可以从前馈信号补偿原理的角度来理解解耦器。对于图 7-36 所示的系统，u_2 对应 y_1 的关系为

$$y_1 = (w_{11}k_{12} + w_{12}k_{22})u_2 \tag{7-34}$$

为使 y_1 与 u_2 无关，应该使

$$w_{11}k_{12} + w_{12}k_{22} = 0 \tag{7-35}$$

解得：

$$\frac{k_{12}}{k_{22}} = -\frac{w_{12}}{w_{11}} \tag{7-36}$$

此式与式（7-30）完全相同。

同理，u_1 对应 y_2 的关系为

$$y_2 = (w_{21}k_{11} + w_{22}k_{21})u_1 \tag{7-37}$$

为使 y_2 与 u_1 无关，那么应该使

$$w_{21}k_{11} + w_{22}k_{21} = 0 \tag{7-38}$$

解得：

$$\frac{k_{21}}{k_{11}} = -\frac{w_{21}}{w_{22}} \tag{7-39}$$

此式与式（7-31）完全相同。由此可见，解耦与前馈补偿是同一原理。

现在来考虑图 7-34 所示的二元精馏塔系统

$$w_{11}(s) = \frac{12.8\mathrm{e}^{-60s}}{1002s + 1}, \ w_{12}(s) = \frac{-18.9\mathrm{e}^{-180s}}{1260s + 1}, \ w_{21}(s) = \frac{6.6\mathrm{e}^{-420s}}{654s + 1}, \ w_{22}(s) = \frac{-19.4\mathrm{e}^{-180s}}{864s + 1}$$

根据式（7-32）和式（7-33）即可得到该系统的解耦器为

$$k_{12}(s) = -\frac{w_{12}(s)}{w_{11}(s)} = -\frac{-\dfrac{18.9\mathrm{e}^{-180s}}{1260s + 1}}{\dfrac{12.8\mathrm{e}^{-60s}}{1002s + 1}} = 1.4766\mathrm{e}^{-120s}\frac{1002s + 1}{1260s + 1}$$

$$k_{21}(s) = -\frac{w_{21}(s)}{w_{22}(s)} = -\frac{\dfrac{6.6\mathrm{e}^{-420s}}{654s + 1}}{-\dfrac{19.4\mathrm{e}^{-180s}}{864s + 1}} = 0.3402\mathrm{e}^{-240s}\frac{864s + 1}{654s + 1}$$

解耦系统的仿真程序为 Obj_simu731.m，仿真结果如图 7-38 所示。

```
% 二元精馏塔解耦系统仿真及目标函数计算子程序 Obj_simu731.m
function [Q] = Obj_simu731(V)
% clear all;
DT = 2; ST = 4000; LP = ST/DT;
FAI_l = 0.9; FAI_h = 0.99; Mp_l = 5; Mp_h = 20; % 设置品质指标约束
```

```
%%%%%%%%%%%%%被控系统结构参数及初始化%%%%%%%%%%%%%
r = 2; q = 2;
K = [12.8 -18.9; 6.6 -19.4];
T = [1002 1260; 654 864];
Tao = [60 180; 420 180];
z(1: 2) = 0; x = zeros(q, r);
for i = 1: q
    for j = 1: r
        A(i, j) = exp( - DT/T(i, j)); B(i, j) = 1 - A(i, j);
    end
end
LD = round(Tao/DT);
for i = 1: q
    for j = 1: r
        x _ del(i, j, 1: LD(i, j)) = 0;
    end
end
%%%%%%%%%%%%%解耦器参数及初始化%%%%%%%%%%%%%%%%%%%
k12 = 1.4766; k21 = 0.3402;
a12 = 1260; b12 = 1002; tao12 = 120;
a21 = 654; b21 = 864; tao21 = 240;
A12 = exp( - DT/a12); B12 = 1 - A12;
A21 = exp( - DT/a21); B21 = 1 - A21;
x120 = 0; x210 = 0;
LD12 = fix(tao12/DT); xd12(1: LD12) = 0;
LD21 = fix(tao21/DT); xd21(1: LD21) = 0;
%%%%%%%%%%%%%%%%%%控制器参数初始化%%%%%%%%%%%%%%%
DTA1 = V(1); Ti1 = V(2); %优化 PI1 时
 % DTA2 = - 6.8; Ti2 = 699;
DTA2 = V(1); Ti2 = V(2); %优化 PI2 时
 % DTA1 = 5.5; Ti1 = 375;
xi1 = 0; xi2 = 0; z(1) = 0; z(2) = 0;
%%%%%%%%%%%开始仿真计算%%%%%%%%%%%%%%%%%%%%%%%%%%%
r1 = 1; r2 = 1; Q = 0;
for k = 1: LP
    %%%%%%%%%%%%%%%%%%%%%%%%PI控制器部分仿真计算%%%%%%%%%%%%%%%%%%%%%%
    e1 = r1 - z(1);
    xp1 = e1/DTA1;
    xi1 = xi1 + DT/DTA1/Ti1 * e1;
    u1 = xp1 + xi1;
    e2 = r2 - z(2);
    xp2 = e2/DTA2;
```

```
xi2 = xi2 + DT/DTA2/Ti2 * e2;
u2 = xp2 + xi2;
 % u1 = 1; u2 = 1; %旁路控制器
 %%%%%%%%%%%%%%%%%%%%%%%解耦器部分仿真计算%%%%%%%%%%%%%%%%%%%%%%%%
 x121 = A12 * x120 + k12 * B12 * u2;
 z12 = b12 * (x121 - x120)/DT; x120 = x121;
 z121 = z12 + x121;
 u(1, k) = u1 + xd12(LD12);
 for j = LD12: -1: 2; xd12(j) = xd12(j - 1); end
 xd12(1) = z121;
 x211 = A21 * x210 + k21 * B21 * u1;
 z21 = b21 * (x211 - x210)/DT; x210 = x211;
 z211 = z21 + x211;
 u(2, k) = u2 + xd21(LD21);
 for j = LD21: -1: 2; xd21(j) = xd21(j - 1); end;
 xd21(1) = z211;
 %%%%%%%%%%%%%%%%%%%%被控对象部分仿真计算%%%%%%%%%%%%%%%%%%%%%%%%
 %惯性部分仿真计算
 for j1 = 1: r
     for j2 = 1: q
         x(j2, j1) = A(j2, j1) * x(j2, j1) + K(j2, j1) * B(j2, j1) * u(j1, k);
     end
 end
 %纯迟延部分仿真计算
 for j1 = 1: q
     for j2 = 1: r
         for j = 1: LD(j1, j2) - 1; x_del(j1, j2, j) = x_del(j1, j2, j + 1); end
         x_del(j1, j2, LD(j1, j2)) = x(j1, j2);
     end
 end
 %计算系统输出
 for i = 1: q
     yy(i, k) = 0;
     for j = 1: r; yy(i, k) = yy(i, k) + x_del(i, j, 1); end
     z(i) = yy(i, k);
 end
 t(k) = k * DT;
 Q = Q + t(k) * abs(e2) * DT;
end
[Mp, tr, ts, FAI, Tp, E1, E2, E3] = O_quality(DT, LP, yy(2,:), t);
if FAI < FAI_l; Q = Q + 10^30; end
if FAI > FAI_h; Q = Q + 10^20; end
```

```
if Mp<Mp _ l;  Q = Q + 10^15;  end
if Mp>Mp _ h;  Q = Q + 10^25;  end
% subplot(2, 2, 1), plot(t, u(1,:), 'b'); hold on;
% subplot(2, 2, 2), plot(t, u(2,:), 'b'); hold on;
% subplot(2, 2, 3), plot(t, yy(1,:), 'b'); hold on;
% subplot(2, 2, 4), plot(t, yy(2,:), 'b'); hold on;
```

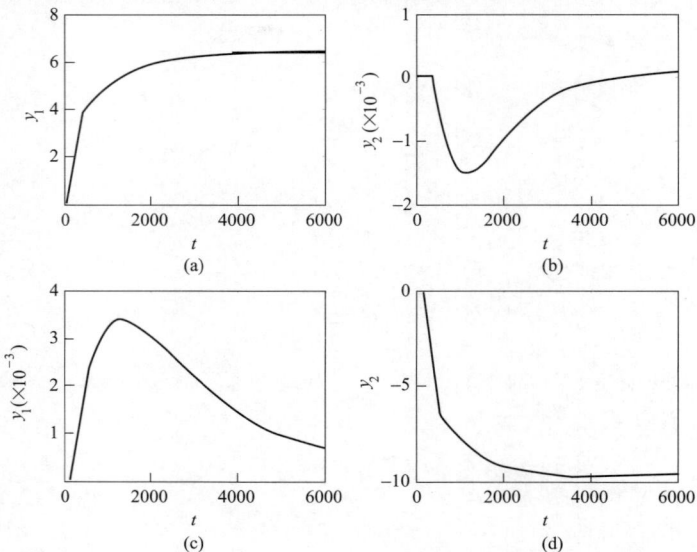

图 7-38 系统解耦后的仿真响应曲线

(a) $u_1=1$, $u_2=0$; (b) $u_1=1$, $u_2=0$; (c) $u_1=0$, $u_2=1$; (d) $u_1=0$, $u_2=1$

从图 7-38 (a) 和图 7-38 (b) 可以看到，系统加入解耦器后，当输入 u_1 阶跃变化、u_2 不变时，只有 y_1 跟随其变化，y_2 几乎不变 [从图 7-38 (b) 中看到的变化相对 y_1 来说已经非常地小，这是由于数值计算误差所致]。同理，从图 7-38 (c) 和图 7-38 (d) 中也可以看到，当输入 u_2 阶跃变化、u_1 不变时，只有 y_2 跟随其变化，y_1 几乎不变。

当被控系统解耦后，就可以按单输入单输出系统来设计闭环控制系统了。对于本例，系统解耦后可以构造出两个独立的单回路 PI 控制系统，如图 7-39 所示，而实际的解耦控制系

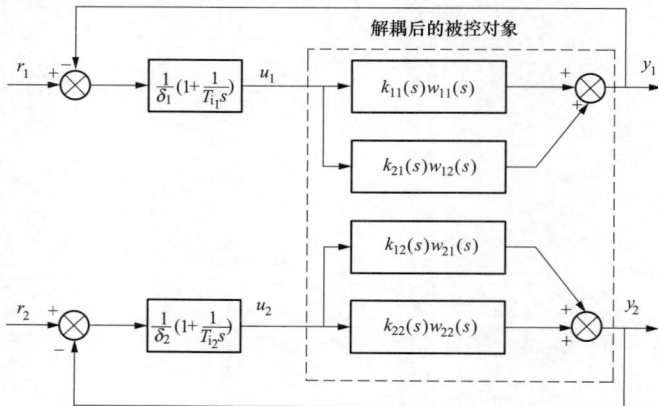

图 7-39 2×2 系统解耦后的单回路 PI 控制系统方框图

统方框图如图 7-40 所示。

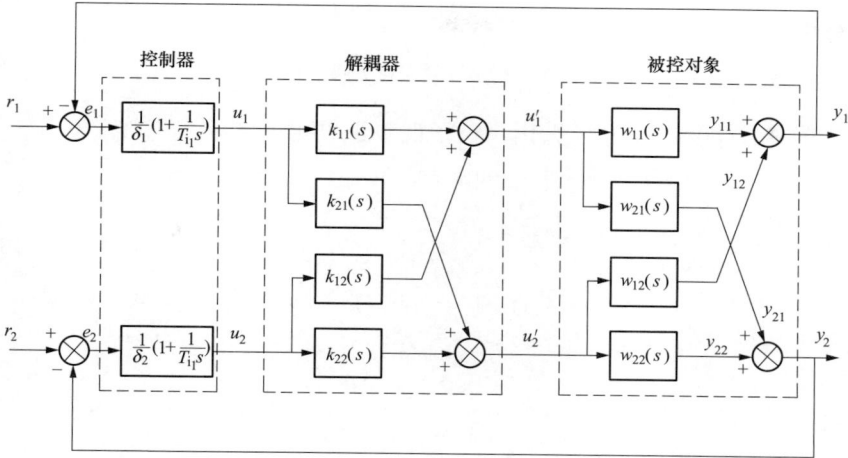

图 7-40　实际的解耦控制系统方框图

解耦后的被控对象为

$$k_{11}(s)w_{11}(s) + k_{21}(s)w_{12}(s) = \frac{12.8\mathrm{e}^{-60s}}{1002s+1} + 0.3402\mathrm{e}^{-240s}\frac{864s+1}{654s+1}\cdot\frac{-18.9\mathrm{e}^{-180s}}{1260s+1}$$

$$k_{22}(s)w_{22}(s) + k_{12}(s)w_{21}(s) = \frac{-19.4\mathrm{e}^{-180s}}{864s+1} + 1.4766\mathrm{e}^{-120s}\frac{1002s+1}{1260s+1}\cdot\frac{6.6\mathrm{e}^{-420s}}{654s+1}$$

从上述两式可以看到，每个对象都由两部分相加而成，因此可以按响应速度较快的部分，根据经验整定公式［式（4-39）和式（4-40）］，来估计 PI_1 和 PI_2 控制器的初始参数：

$$\delta_1 = 0.081 \times 12.8 \times (8+2) = 10.368,\ T_{i_1} = 0.6 \times (1002+60) = 637.2$$

$$\delta_2 = -0.081 \times 19.4 \times (8+2) = -15.714,\ T_{i_2} = 0.6 \times (864+180) = 626.4$$

由此可以得到各参数的论域为

$$\delta_1 \in (1,\ 12),\ T_{i_1} \in (200,\ 1000)$$

$$\delta_2 \in (-20,\ -5),\ T_{i_2} \in (200,\ 1000)$$

由于系统已经解耦，因此，可以对两个回路分别进行优化。优化 PI_1 时，PI_2 的参数置为初始值；当优化 PI_2 时，PI_1 的参数置为刚得到的优化结果。实际上，解耦后两个控制器已经互不相关，当优化某一控制器时，另一个控制器的参数可以任意设置。

对于 y_1 和 y_2 选取相同的目标函数：

$$Q = \int_0^{t_s} t\,|e(t)|\,\mathrm{d}t + \sum_{i=1}^{2} Q_i$$

罚函数如下：

$$Q_1 = \begin{cases} 10^{30} & \varphi < 0.76 \\ 0 & 0.76 \leqslant \varphi \leqslant 0.98 \\ 10^{20} & \varphi > 0.98 \end{cases}$$

$$Q_2 = \begin{cases} 10^{15} & M_{\mathrm{p}} < 5\% \\ 0 & 5\% \leqslant M_{\mathrm{p}} \leqslant 20\% \\ 10^{25} & M_{\mathrm{p}} > 20\% \end{cases}$$

使用粒子群算法对该系统进行优化，粒子群算法初始化部分程序为 O_PSO_main_731. m，目标函数计算子程序仍为 Obj_simu731. m。

```
%粒子群优化算法程序 O_PSO_main_731.m
clear all;
%####################粒子群算法的控制参数####################
N = 4；%优化变量个数
M = 60；%粒子个数
Tmax = 60；%最大前进步数
wx = [0.8 1.2]；%惯性权重区间
c = [2 2]；%认知及社会因子
X_LLimits = [1, 200, -20, 200]；%寻优参数下限
X_HLimits = [12, 1000, -5, 1000]；%寻优参数上限
Vmax = [2, 10, 2, 10]；%优化变量速度限制
%####################其他部分同 O_PSO_main.c####################
```

优化结果为

$$\delta_1 = 5.5, \quad T_{i_1} = 375; \quad \delta_2 = -6.8, \quad T_{i_2} = 699$$

在该参数下的单位阶跃响应曲线如图 7-41 所示。

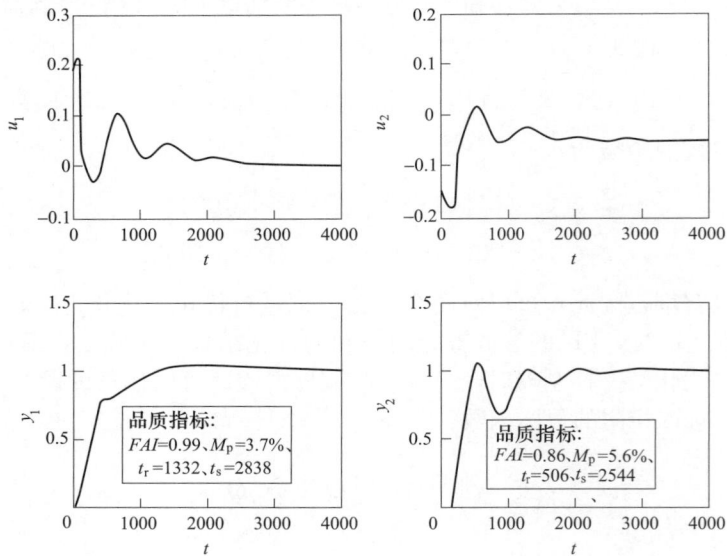

图 7-41 解耦后控制系统的单位阶跃响应曲线

在第 4 章第 4.9 节里，对于不解耦而直接进行控制的系统，已经优化出两个控制器的参数：

$$\delta_1 = 6.3, \quad T_{i_2} = 636; \quad \delta_2 = -17.9, \quad T_{i_2} = 541$$

解耦前后的控制效果对比如图 7-42 所示。

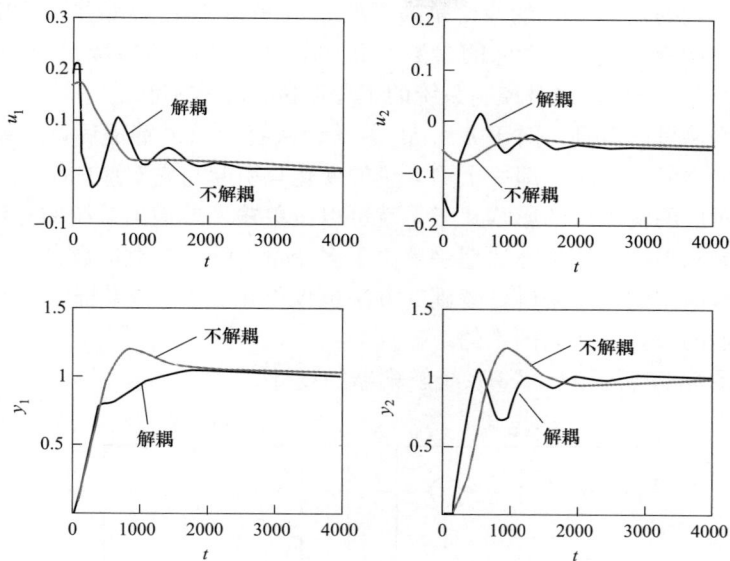

图 7-42　解耦前后控制效果的对比

从图 7-42 中可以看出，从综合品质指标来看，解耦后的控制效果要比不解耦时的好。但对于 y_2 来说，过渡过程时间过长，反向偏差过大，因此需要加大积分作用、减小比例作用（因为不容易把这样的响应曲线写成目标函数，所以人工调整这两个参数）。比如，把 PI_2 的参数调整为

$$\delta_2 = -7.5, \quad T_{i_2} = 370$$

PI_1 的参数保持不变，则可得到该系统的给定值单位阶跃响应，如图 7-43 所示。

从图 7-43 中可以看到，加大 PI_2 的积分作用、减小比例作用后，y_2 的品质指标得到了

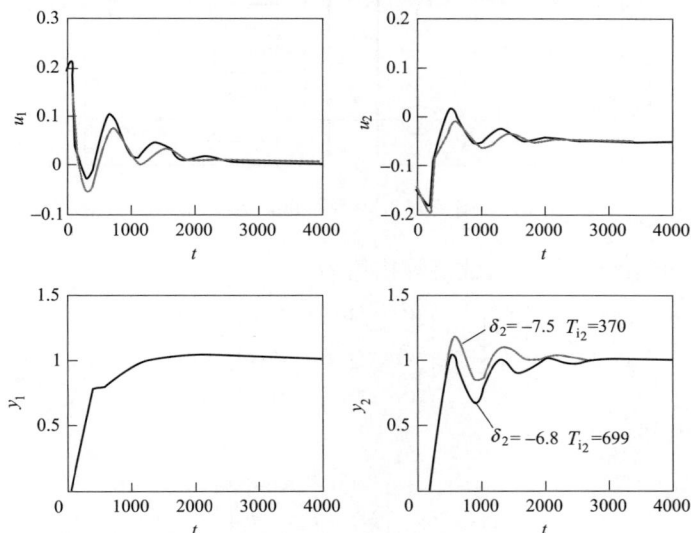

图 7-43　PI_2 的参数改变对控制系统产生的影响

很大的改善：过渡过程加快，反向误差大大减小，超调量还保持在允许的范围内（<20%）。

从图 7-43 中还可以看到，u_1、u_2 和 y_2 都随 PI_2 的参数变化而发生了变化，唯有 y_1 没有改变，这就是解耦的效果。u_1 的改变是为了消除 u_2 的改变给 y_1 带来的影响，这才是解耦的真正目的所在。如果不解耦，PI_2 的参数变化时，即使 PI_1 的参数没有改变，y_1 也会随 PI_2 参数的改变而发生变化，这对控制系统的工程调试是非常不利的。

通过上述的实例可以看到，对于 $n \times n$ 的多变量系统，通过解耦后，从系统的外部看就等同于 n 个完全独立的子系统，即一个输入量的变化只引起与它对应的输出量的变化，任一输出量只受与它对应的输入量的影响，于是就可以按单输入单输出系统的方法分别设计和调试 n 个独立的控制子系统，解耦方法似乎解决了多变量系统的控制问题。

然而，从工程应用的角度来讲，解耦的方法也仅能用在 2×2 系统上。对于更多的输入输出系统，解耦器的设计是相当困难的。

下面看一下图 7-44 所示的 3×3 系统解耦器的设计。

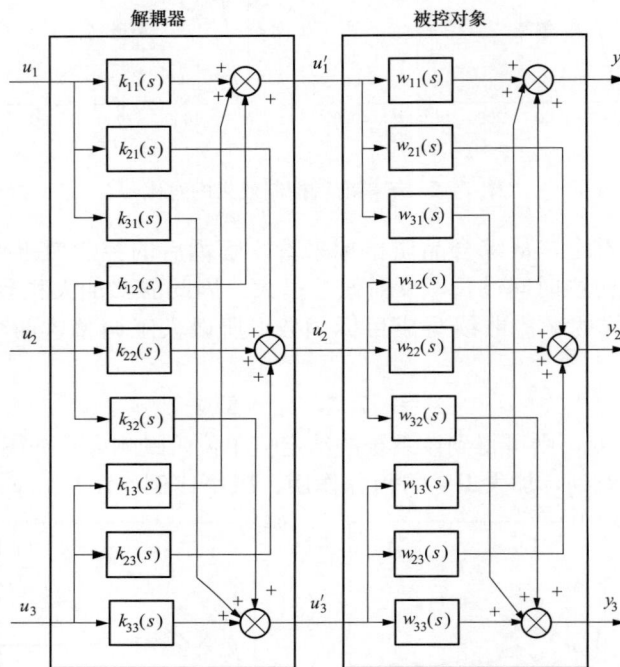

图 7-44　3×3 解耦系统

图 7-44 所示被控系统的传递函数矩阵描述为

$$\begin{bmatrix} y_1 \\ y_2 \\ y_3 \end{bmatrix} = \begin{bmatrix} w_{11} & w_{12} & w_{13} \\ w_{21} & w_{22} & w_{23} \\ w_{31} & w_{32} & w_{33} \end{bmatrix} \begin{bmatrix} u_1 \\ u_2 \\ u_3 \end{bmatrix} \tag{7-40}$$

解耦器传递函数矩阵为

$$K(s) = \begin{bmatrix} k_{11} & k_{12} & k_{13} \\ k_{21} & k_{22} & k_{23} \\ k_{31} & k_{32} & k_{33} \end{bmatrix} \tag{7-41}$$

解耦后被控系统的传递函数矩阵为

$$W(s)K(s) = \begin{bmatrix} w_{11} & w_{12} & w_{13} \\ w_{21} & w_{22} & w_{23} \\ w_{31} & w_{32} & w_{33} \end{bmatrix} \begin{bmatrix} k_{11} & k_{12} & k_{13} \\ k_{21} & k_{22} & k_{23} \\ k_{31} & k_{32} & k_{33} \end{bmatrix}$$

$$= \begin{bmatrix} w_{11}k_{11}+w_{12}k_{21}+w_{13}k_{31} & w_{11}k_{12}+w_{12}k_{22}+w_{13}k_{32} & w_{11}k_{13}+w_{12}k_{23}+w_{13}k_{33} \\ w_{21}k_{11}+w_{22}k_{21}+w_{23}k_{31} & w_{21}k_{12}+w_{22}k_{22}+w_{23}k_{32} & w_{21}k_{13}+w_{22}k_{23}+w_{23}k_{33} \\ w_{31}k_{11}+w_{32}k_{21}+w_{33}k_{31} & w_{31}k_{13}+w_{32}k_{22}+w_{33}k_{32} & w_{31}k_{13}+w_{32}k_{23}+w_{33}k_{33} \end{bmatrix}$$

$$(7\text{-}42)$$

完全解耦的条件是式（7-42）必须为对角阵，即要求

$$\begin{cases} w_{11}k_{12}+w_{12}k_{22}+w_{13}k_{32}=0 \\ w_{11}k_{13}+w_{12}k_{23}+w_{13}k_{33}=0 \\ w_{21}k_{13}+w_{22}k_{23}+w_{23}k_{33}=0 \\ w_{21}k_{11}+w_{22}k_{21}+w_{23}k_{31}=0 \\ w_{31}k_{11}+w_{32}k_{21}+w_{33}k_{31}=0 \\ w_{31}k_{13}+w_{32}k_{22}+w_{33}k_{32}=0 \end{cases} \qquad (7\text{-}43)$$

式（7-43）中有 6 个方程、9 个未知传递函数，所以有无穷多组解。为了得到唯一解，可令：

$$k_{11}=k_{22}=k_{33}=1 \qquad (7\text{-}44)$$

这样，从式（7-43）中就可解出 $K(s)$ 的其余 6 个传递函数。

上述的解耦器的设计也仅仅是理论上的。一个多变量被控系统的传递函数矩阵往往是很复杂的，人工求解 6 元多项式方程是相当困难的，即使能求解，得到的解耦器传递函数也已经变得相当复杂，在模拟仪表年代根本实现不了，即使现在使用计算机来实现解耦器，由于传递函数的复杂性，使得解耦器的计算机程序也变得相当复杂；因为这样设计出的解耦器不通用，也就无法在控制装置上设置一个通用的解耦算法模块。这些因素导致解耦算法在工程中很难使用。

7.3.2 静态解耦器的优化设计

从图 7-42 中可以看到，即使不解耦而直接进行控制，也能达到一定好的调解品质。因此，为了不使解耦器过于复杂，便于工程上实现，又可以提高调解品质，可以采取静态解耦的方法。

所谓静态解耦就是，不考虑被控对象的动态过程，只选择被控对象的稳态增益矩阵来设计解耦器。此时的解耦器也是静态的，因此前面推导出的动态解耦器公式仍然成立，只要把传递函数阵改换成传递函数稳态增益阵即可。

例如，对于图 7-34 所示的系统，其传递函数稳态增益矩阵为

$$W = \begin{bmatrix} 12.8 & -18.9 \\ 6.6 & -19.4 \end{bmatrix}$$

根据式（7-32）和式（7-33）得到的解耦器参数为

$$k_{12} = -\frac{w_{12}}{w_{11}} = -\frac{-18.9}{12.8} = 1.4766$$

$$k_{21} = -\frac{w_{21}}{w_{22}} = -\frac{6.6}{19.4} = 0.3402$$

由此可以得到静态解耦时的控制系统结构图，如图 7-45 所示。

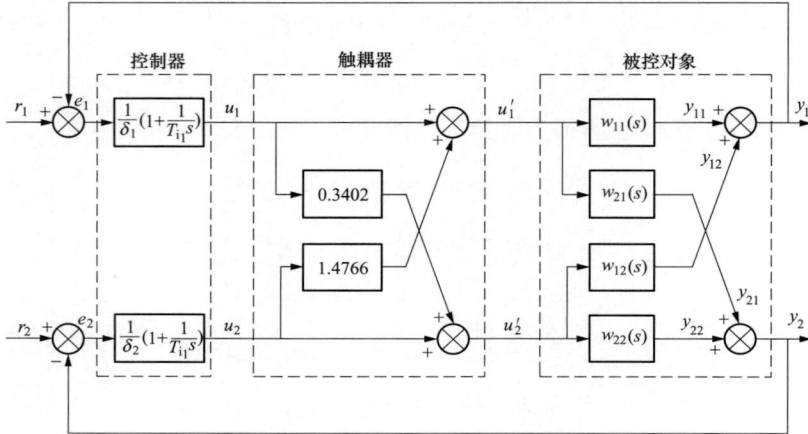

图 7-45　静态解耦控制系统方框图

静态解耦时的系统仿真程序为 Obj_simu732.m，仿真结果如图 7-46 所示。

```
%二元精馏塔静态解耦控制系统仿真程序 Obj_simu732.m
function [Q] = Obj_simu732(V)
%clear all;
DT = 3; ST = 6000; LP = ST/DT;
FAI_l = 0.9; FAI_h = 0.99; Mp_l = 5; Mp_h = 20; %设置品质指标约束
%%%%%%%%%%%%%%%被控系统结构参数及初始化%%%%%%%%%%%%%
r = 2; q = 2;
K = [12.8 -18.9; 6.6 -19.4];
T = [1002 1260; 654 864];
Tao = [60 180; 420 180];
z(1:2) = 0; x = zeros(q, r);
for i = 1: q
    for j = 1: r
        A(i, j) = exp(-DT/T(i, j)); B(i, j) = 1-A(i, j);
    end
end
LD = round(Tao/DT);
for i = 1: q
```

```
    for j = 1: r
        x_del(i, j, 1: LD(i, j)) = 0;
    end
end
%%%%%%%%%%%解耦器参数%%%%%%%%%%%%%%%%%%%%%%%%%%%%
k12 = 1.4766; k21 = 0.3402;
%%%%%%%%%%%%%%%%%%%控制器参数初始化%%%%%%%%%%%%%%%%%
%DTA1 = V(1); Ti1 = V(2); %优化 PI1 时
%DTA2 = -15.7; Ti2 = 626;
DTA2 = V(1); Ti2 = V(2); %优化 PI2 时
DTA1 = 1.75; Ti1 = 200;
xi1 = 0; xi2 = 0; z(1) = 0; z(2) = 0;
%%%%%%%%%%%%%%开始仿真计算%%%%%%%%%%%%%%%%%%%%%%%%
r1 = 1; r2 = 1; Q = 0;
for k = 1: LP
    %%%%%%%%%%%%%%%%%%%%%%%%%PI 控制器部分仿真计算%%%%%%%%%%%%%%%%%%%%%%%
    e1 = r1 - z(1);
    xp1 = e1/DTA1;
    xi1 = xi1 + DT/DTA1/Ti1 * e1;
    u1 = xp1 + xi1;
    e2 = r2 - z(2);
    xp2 = e2/DTA2;
    xi2 = xi2 + DT/DTA2/Ti2 * e2;
    u2 = xp2 + xi2;
    %u1 = 1; u2 = 1; %旁路控制器，只进行解耦
    %%%%%%%%%%%%%%%%%%%%%%%%%%解耦器部分仿真计算%%%%%%%%%%%%%%%%%%%%%%%%%
    u(1, k) = u1 + k12 * u2;
    u(2, k) = u2 + k21 * u1;
    %%%%%%%%%%%%%%%%%%%%%%%%%被控对象部分仿真计算%%%%%%%%%%%%%%%%%%%%%%%%%
    %惯性部分仿真计算
    for j1 = 1: r
        for j2 = 1: q
            x(j2, j1) = A(j2, j1) * x(j2, j1) + K(j2, j1) * B(j2, j1) * u(j1, k);
        end
    end
    %纯迟延部分仿真计算
    for j1 = 1: q
        for j2 = 1: r
            for j = 1: LD(j1, j2) - 1; x_del(j1, j2, j) = x_del(j1, j2, j + 1); end
            x_del(j1, j2, LD(j1, j2)) = x(j1, j2);
        end
    end
```

```
    %计算系统输出
    for i=1: q
        yy(i, k)=0;
        for j=1: r; yy(i, k)=yy(i, k)+x_del(i, j, 1); end
        z(i)=yy(i, k);
    end
    t(k)=k*DT;
    Q=Q+t(k)*(abs(e1)+abs(e2))*DT;
end
[Mp, tr, ts, FAI, Tp, E1, E2, E3]=O_quality(DT, LP, yy(1,:), t);
if FAI<FAI_l; Q=Q+10^30; end
if FAI>FAI_h; Q=Q+10^20; end
if Mp<Mp_l; Q=Q+10^15; end
if Mp>Mp_h; Q=Q+10^25; end
[Mp, tr, ts, FAI, Tp, E1, E2, E3]=O_quality(DT, LP, yy(2,:), t);
if FAI<FAI_l; Q=Q+10^30; end
if FAI>FAI_h; Q=Q+10^20; end
if Mp<Mp_l; Q=Q+10^15; end
if Mp>Mp_h; Q=Q+10^25; end
% subplot(2, 2, 1), plot(t0, u(1,:), 'b'); hold on;
% subplot(2, 2, 3), plot(t0, yy(1,:), 'b'); hold on;
% subplot(2, 2, 2), plot(t0, u(2,:), 'b'); hold on;
% subplot(2, 2, 4), plot(t0, yy(2,:), 'b'); hold on;
```

```
%粒子群优化算法程序O_PSO_main_732.m
clear all;
%###################粒子群算法的控制参数####################
N=4; %优化变量个数
M=60; %粒子个数
Tmax=60; %最大前进步数
wx=[0.8 1.2]; %惯性权重区间
c=[2 2]; %认知及社会因子
X_LLimits=[1, 200, -20, 200]; %寻优参数下限
X_HLimits=[10, 700, -5, 700]; %寻优参数上限
Vmax=[0.5, 10, 0.5 10]; %优化变量速度限制
%&&&&&&&&&&&&&&&&&&&&#其他部分同O_PSO_main.c#####&&&&&&&&&
```

从图 7-46 中可以看到，静态解耦只能使得系统在稳态时消除了输入信号间的相互影响。在动态过程中，起初相互间影响较大，然后慢慢减弱，直到系统达到稳态时相互间的影响才被消除。

下面来优化图 7-34 所示系统静态解耦后的控制器参数。

由于系统在动态过程中还存在着输入信号间的耦合，因此必须采取同时加入定值扰动且同时优化 PI_1 和 PI_2 的策略。根据由经验公式得到的各控制器初始参数确定各参数的论域

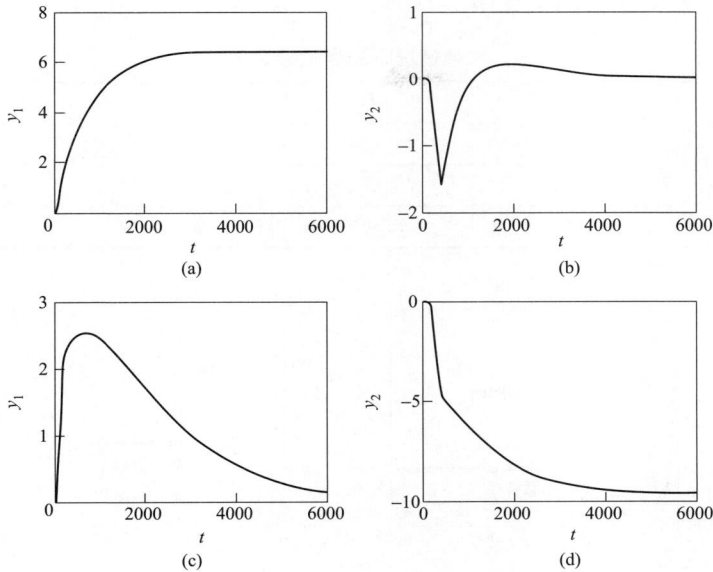

图 7-46　静态解耦后的被控系统仿真曲线

(a) $u_1=1$, $u_2=0$; (b) $u_1=1$, $u_2=0$; (c) $u_1=0$, $u_2=1$; (d) $u_1=0$, $u_2=1$

如下：

$$\delta_1 \in (1, \ 10), \ T_{i_1} \in (200, \ 700)$$

$$\delta_2 \in (-20, \ -5), \ T_{i_2} \in (200, \ 700)$$

目标函数选为

$$Q = \int_0^{t_s} t(\,|\,e_1(t)\,|+\,|\,e_2(t)\,|\,)\,\mathrm{d}t + \sum_{i=1}^{8} Q_i$$

罚函数如下：

$$Q_{1\sim4} = \begin{cases} 10^{30} & \varphi_{1,2} < 0.9 \\ 0 & 0.9 \leqslant \varphi_{1,2} \leqslant 0.99 \\ 10^{20} & \varphi_{1,2} > 0.99 \end{cases}$$

$$Q_{5\sim8} = \begin{cases} 10^{15} & M_{p1,2} < 5\% \\ 0 & 5\% \leqslant M_{p1,2} \leqslant 20\% \\ 10^{25} & M_{p1,2} > 20\% \end{cases}$$

使用粒子群算法对该系统进行优化，粒子群算法程序为 O_PSO_main_732.m，目标函数计算子程序仍为 Obj_simu732.m。优化结果为

$$\delta_1 = 4.9, \ T_{i_1} = 379; \ \delta_2 = -16.8, \ T_{i_2} = 401$$

现在，把不解耦、动态解耦和静态解耦三种情况下的最优参数列于表 7−1 中。在这三

种情况下，控制系统的仿真结果如图 7-47 所示。

表 7-1 三种情况下的最优参数值

条件	δ_1	T_{i_1}	δ_2	T_{i_2}
不解耦	6.3	636	−15.7	627
动态解耦	5.5	375	−7.5	370
静态解耦	4.9	379	−16.8	401

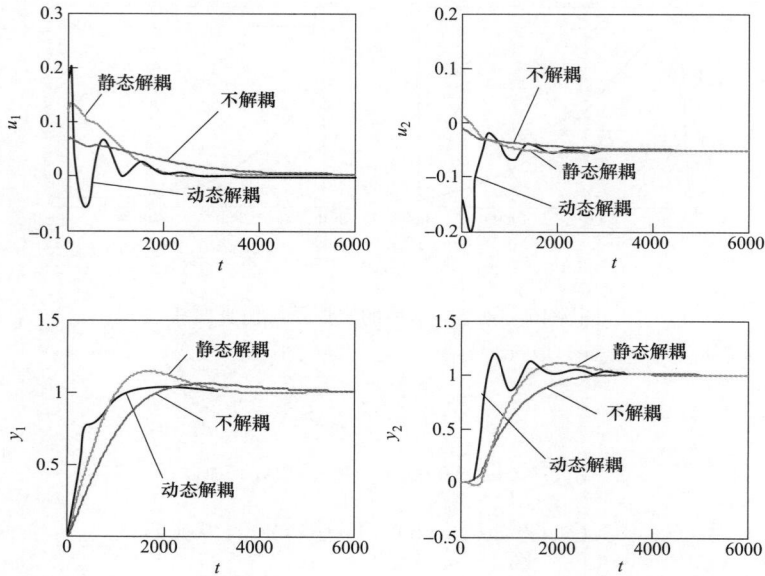

图 7-47　三种情况下控制系统的仿真响应曲线

从图 7-47 中可以看到，比较三种情况下的综合品质指标，不解耦的最差，静态解耦的优于不解耦的，动态解耦的优于静态解耦的。

通过上述的各项试验，可以得到如下的结论：解耦器有利于多变量系统的控制，如果被控系统多于 2×2 时，可以采取静态解耦策略（此时解耦器的参数可以通过计算机来求解），虽然它的调解品质差于动态解耦的，但是它好于不解耦。

前面已经论述过，解耦器相当于双向的前馈补偿器。因此，解耦器与补偿器有着相同的缺点：当被控系统中的扰动通道和补偿通道的动态过渡时间（$n \times T$）不在同一数量级时，得到的解耦器输出可能会很大（甚至是无穷大），工程中无法实现，可能达不到全解耦的目的。

考虑图 7-48 所示的某火电厂机炉负荷 2×2 系统。

根据式（7-32）可以得到

$$k_{12}(s) = -\frac{\dfrac{0.12}{(1+30s)^2}}{\dfrac{0.425}{(1+3.7s)^2} - \dfrac{0.28s}{(1+24.1s)^2}}$$

根据拉氏变换初值定理式（2-46）和终值定理式（2-47），可得到 k_{12} 在单位阶跃响应下的初

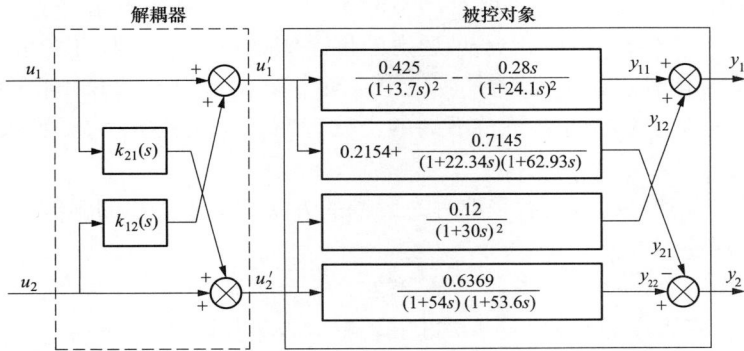

图 7-48　机炉负荷 2×2 被控系统解耦方框图

始值和终值：

$$k_{12}(0) = \lim_{s \to \infty} s \cdot \frac{1}{s} \cdot \frac{-\dfrac{0.12}{(1+30s)^2}}{\dfrac{0.425}{(1+3.7s)^2} - \dfrac{0.28s}{(1+24.1s)^2}} = 0$$

$$k_{12}(\infty) = \lim_{s \to 0} s \cdot \frac{1}{s} \cdot \frac{-\dfrac{0.12}{(1+30s)^2}}{\dfrac{0.425}{(1+3.7s)^2} - \dfrac{0.28s}{(1+24.1s)^2}} = -0.2824$$

由此说明，u_2 对 y_1 产生的影响可以通过解耦器 k_{12} 来消除。虽然解耦器 k_{12} 已经变得相当复杂，但是它还是可以通过计算机程序来实现的。

根据式（7-33）可以得到

$$k_{21}(s) = -\frac{-\left[0.2154 + \dfrac{0.7145}{(1+22.34s)(1+62.93s)}\right]}{\dfrac{0.6369}{(1+54s)(1+53.6s)}}$$

根据拉氏变换初值定理式（2-46）和终值定理式（2-47），可得到 k_{21} 在单位阶跃响应下的初始值和终值：

$$k_{21}(0) = \lim_{s \to \infty} s \cdot \frac{1}{s} \left[-\frac{-\left[0.2154 + \dfrac{0.7145}{(1+22.34s)(1+62.93s)}\right]}{\dfrac{0.6369}{(1+54s)(1+53.6s)}} \right] = \infty$$

$$k_{21}(\infty) = \lim_{s \to 0} s \cdot \frac{1}{s} \left[-\frac{-\left[0.2154 + \dfrac{0.7145}{(1+22.34s)(1+62.93s)}\right]}{\dfrac{0.6369}{(1+54s)(1+53.6s)}} \right] = 1.46$$

由此可以看出，k_{21} 的单位阶跃响应的初始值为无穷大，因此在工程上不能实现它，那么 u_1 对 y_2 产生的影响就不能被消除，即这两路解耦失败。把只有一边可以解耦的系统称为单边解耦。

实际上，从图 7-48 中能很容易地看出不能实现 k_{21} 的原因：在 $u_1 \rightarrow y_{21}$ 通道的传递函数中含有纯比例项 -0.2154，而在 $u_2 \rightarrow y_{22}$ 通道的传递函数是一个二阶的惯性环节，解耦的原理就是当 u_1 发生变化时，让 u_2 跟随其变化用以消除 u_1 对 y_2 产生的影响。可是让一个大惯性环节跟随比例环节无论如何也是做不到的，只有在数学上让 u_2 为无穷大（k_{21} 的初值），才能跟随 u_1 的变化。

要想实现双边解耦，那么只有采取静态解耦的方式。对于上述的实例，根据终值定理可以得到静态解耦器的参数：

$$k_{12} = -0.2824, \quad k_{21} = 1.46$$

解耦系统的仿真程序为 Obj_simu733.m，解耦效果如图 7-49 所示。

```
% 机炉负荷控制系统仿真程序 Obj_simu733.m
function [Q] = Obj_simu733(V)
% clear all;
DT = 1; ST = 600; LP = ST/DT;
FAI_l = 0.9; FAI_h = 0.99; Mp_l = 5; Mp_h = 20; % 设置品质指标约束
%%%%%%%%%%%%%%%%%%%%%%PI 控制器参数及初始化%%%%%%%%%%%%%%%%%%%
DTA1 = V(1); Ti1 = V(2); DTA2 = V(3); Ti2 = V(4);
% DTA1 = 0.27; Ti1 = 36; DTA2 = 0.27; Ti2 = 138; % 解耦时的最优参数
% DTA1 = 0.95; Ti1 = 13; DTA2 = 0.58; Ti2 = 102; % 不解耦时的最优参数
xi1 = 0; xi2 = 0;
%%%%%%%%%%%%%%%%%被控系统结构参数及初始化%%%%%%%%%%%%%%%%%%%%%%%
a111 = exp(-DT/3.7); b111 = 1 - a111; a112 = exp(-DT/24.1); b112 = 1 - a112;
a211 = exp(-DT/22.34); b211 = 1 - a211; a212 = exp(-DT/62.93); b212 = 1 - a212;
a12 = exp(-DT/30); b12 = 1 - a12;
a221 = exp(-DT/54); b221 = 1 - a221; a222 = exp(-DT/53.6); b222 = 1 - a222;
x111 = 0; x112 = 0; x113 = 0; x114 = 0;
x211 = 0; x212 = 0;
x121 = 0; x122 = 0;
x221 = 0; x222 = 0;
y1 = 0; y2 = 0; u10 = 0;
%%%%%%%%%%%%%%%%%%%%静态解耦器参数%%%%%%%%%%%%%%%%%%%%%%%%%%%
k12 = -0.2824; k21 = 1.46;
%%%%%%%%%%%%%%%%%%%解耦系统仿真程序%%%%%%%%%%%%%%%%%%%%%%%%%%%
r1 = 1; r2 = 1; Q = 0;
for k = 1: LP
    e1 = r1 - y1;
    xp1 = e1/DTA1;
    xi1 = xi1 + DT/DTA1/Ti1 * e1;
    upi1 = xp1 + xi1;
    e2 = r2 - y2;
    xp2 = e2/DTA2;
    xi2 = xi2 + DT/DTA2/Ti2 * e2;
    upi2 = xp2 + xi2;
```

```
        % upi1 = 0; upi2 = 1; %旁路控制器，只进行解耦
        %%%%%%%%%%%%%%%%%%%%%%%%解耦器计算%%%%%%%%%%%%%%%%%%%%%%%%%%%%%
        u1 = upi1 + k12 * upi2; % u1 = upi1;
        u2 = upi2 + k21 * upi1; % u2 = upi2;
        %%%%%%%%%%%%%%%%%%%%%%%被控对象仿真%%%%%%%%%%%%%%%%%%%%%%%%%%%%%
        x111 = a111 * x111 + 0.425 * b111 * u1; x112 = a111 * x112 + b111 * x111;
        z = 0.28 * (u1 - u10)/DT; u10 = u1;
        x113 = a112 * x113 + b112 * z; x114 = a112 * x114 + b112 * x113;
        x211 = a211 * x211 + 0.7145 * b211 * u1; x212 = a212 * x212 + b212 * x211;
        x121 = a12 * x121 + 0.12 * b12 * u2; x122 = a12 * x122 + b12 * x121;
        x221 = a221 * x221 + 0.6369 * b221 * u2; x222 = a222 * x222 + b222 * x221;
        y11 = x112 - x114; y12 = x122; y1 = y11 + y12;
        y21 = 0.2154 * u1 + x212; y22 = x222; y2 = - y21 + y22;
        U1(k) = u1; U2(k) = u2; Y1(k) = y1; Y2(k) = y2;
        t(k) = k * DT;
        Q = Q + t(k) * (abs(e1) + abs(e2)) * DT;
end
[Mp1, tr1, ts1, FAI1, Tp, E1, E2, E3] = O_quality(DT, LP, Y1, t);
if FAI1<FAI_l; Q = Q + 10^30; end
if FAI1>FAI_h; Q = Q + 10^20; end
if Mp1<Mp_l; Q = Q + 10^15; end
if Mp1>Mp_h; Q = Q + 10^25; end
[Mp2, tr2, ts2, FAI2, Tp, E1, E2, E3] = O_quality(DT, LP, Y2, t);
if FAI2<FAI_l; Q = Q + 10^30; end
if FAI2>FAI_h; Q = Q + 10^20; end
if Mp2<Mp_l; Q = Q + 10^15; end
if Mp2>Mp_h; Q = Q + 10^25; end
% subplot(2, 2, 1), plot(t, U1, 'b'); hold on;
% subplot(2, 2, 2), plot(t, U2, 'b'); hold on;
% subplot(2, 2, 3), plot(t, Y1, 'b'); hold on;
% subplot(2, 2, 4), plot(t, Y2, 'b'); hold on;
```

```
%粒子群优化算法程序 O_PSO_main_733.m
clear all;
%#################粒子群算法的控制参数###################
N = 4; %优化变量个数
M = 60; %粒子个数
Tmax = 60; %最大前进步数
wx = [0.8 1.2]; %惯性权重区间
c = [2 2]; %认知及社会因子
X_LLimits = [0.01, 1, 0.1, 20]; %寻优参数下限
X_HLimits = [1, 50, 1, 200]; %寻优参数上限
Vmax = [0.2, 5, 0.2, 5]; %优化变量速度限制
% &&&&&&&&&&&&&&&&&&&&&&&&& 其他部分同 O_PSO_main.c &&&&&&&&&&&&&&
```

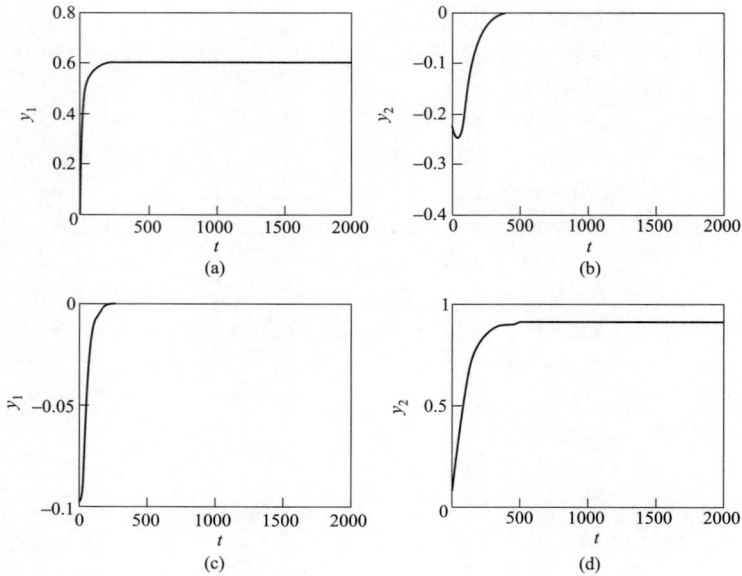

图 7-49 机炉负荷系统的静态解耦效果

(a) $u_1=1$，$u_2=0$；(b) $u_1=1$，$u_2=0$；(c) $u_1=0$，$u_2=1$；(d) $u_1=0$，$u_2=1$

从图 7-49 中可以看到，静态解耦也只能在系统稳态时消除了输入信号间的相互影响。

系统静态解耦后，采用 PI 控制策略，控制系统结构方框图如图 7-50 所示。下面来优化该系统的两个控制器参数。

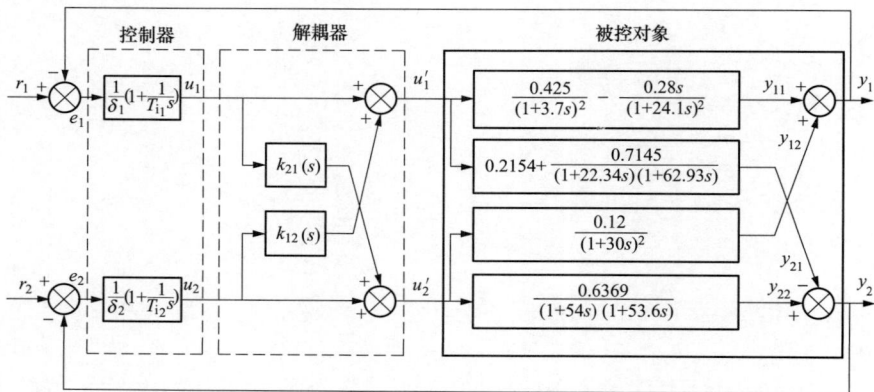

图 7-50　机炉负荷解耦 PI 控制系统方框图

由于系统在动态过程中还存在着输入信号间的耦合，因此必须采取同时加入定值扰动且同时优化 PI$_1$ 和 PI$_2$ 的策略。根据经验公式可以得到各控制器参数的论域如下：

$$\delta_1 \in (0.01,\ 1),\ T_{i_1} \in (1,\ 50)$$
$$\delta_2 \in (0.1,\ 1),\ T_{i_2} \in (20,\ 200)$$

选取目标函数：

$$Q = \int_0^{t_s} t(\,|e_1(t)| + |e_2(t)|\,)\mathrm{d}t + \sum_{i=1}^{4} Q_i$$

罚函数如下：

$$Q_{1,2} = \begin{cases} 10^{30} & \varphi_{1,2} < 0.9 \\ 0 & 0.9 \leqslant \varphi_{1,2} \leqslant 0.99 \\ 10^{20} & \varphi_{1,2} > 0.99 \end{cases}$$

$$Q_{3,4} = \begin{cases} 10^{15} & M_{p_{1,2}} < 5\% \\ 0 & 5\% \leqslant M_{p_{1,2}} \leqslant 20\% \\ 10^{25} & M_{p_{1,2}} > 20\% \end{cases}$$

使用粒子群算法对该系统进行优化，粒子群算法程序为 O_PSO_main_733.m，目标函数计算子程序为 Obj_simu733.m。优化结果为

$$\delta_1 = 0.27, \ T_{i_1} = 36; \ \delta_2 = 0.27, \ T_{i_2} = 138$$

在该参数下，控制系统的仿真结果如图 7-51 所示。

也可以利用相同的程序，得到不解耦时控制器的最优参数：

$$\delta_1 = 0.95, \ T_{i_1} = 13; \ \delta_2 = 0.58, \ T_{i_2} = 102$$

在该参数下的控制品质也显示在图 7-51 中。

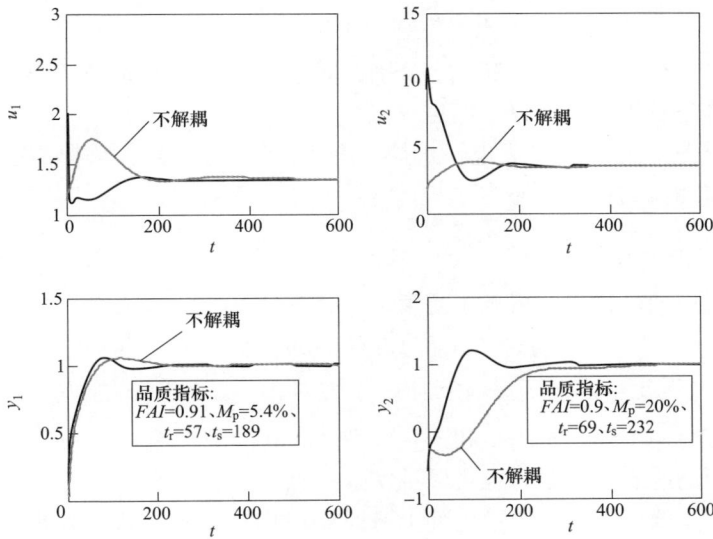

图 7-51　机炉负荷解耦控制系统的仿真结果

从图 7-51 中可以看到，被控系统静态解耦后再进行 PI 控制，取得了非常好的控制效果。与不解耦时相比，调节速度得到了大幅度的提高。

7.3.3　被控系统可解耦条件

通过上述分析可以看到，一个系统是否能被解耦，静态解耦时与两通道的增益有关，动态解耦时，还与两通道的动态时间常数有关。因此，我们可以定义干扰通道与补偿通道之间（或者说两个输入量之间）的干扰度来分析该干扰是否能被补偿，即是否能被解耦。

定义 7.1　稳态干扰度（干扰程度）

$$D_s = \frac{|k_d|}{|k_c|} \tag{7-45}$$

式中　D_s——稳态干扰度；

　　　k_d——干扰通道的稳态增益（无自平衡对象时的稳态速度）；

　　　k_c——补偿通道的稳态增益（无自平衡对象时的稳态速度）。

有了稳态干扰度还不能确定干扰通道是否能被静态补偿，还要看实际工程中干扰的大小。这给事先判断补偿的可能性带来困难。但就实际工程而言，在一般情况下，$D_s < 5$（干扰通道的绝对增益小于补偿通道的 5 倍）时干扰通道是能被补偿的，即两通道是能静态解耦的。如果 $D_s > 5$，当干扰量较大时，需要的补偿量会更大，这时补偿器（解耦器）的输出很可能超出了限幅，达不到静态解耦的目的。

下面考虑图 7-34 所示的双输入双输出被控系统静态解耦情况：

四个通道传递函数的绝对增益为

$$k_{12} = 18.9, \ k_{11} = 12.8; \ k_{21} = 6.6, \ k_{22} = 19.4$$

由此可得到分别对应两个输出的稳态干扰度

$$D_{s_{xD}} = k_{12}/k_{11} = 18.9/12.8 = 1.48$$

$$D_{s_{xB}} = k_{21}/k_{22} = 6.6/19.4 = 0.34$$

由此可以断定，与两个输出量（x_D 和 x_B）分别关联着的两个输入量（R 和 S）都是可以静态解耦的（从前面的静态解耦设计可以证实这一点）。

下面再来考虑图 7-48 所示某火电厂机炉负荷 2×2 系统的静态解耦情况：

四个通道传递函数的绝对增益为

$$k_{12} = 0.12, k_{11} = 0.425 - 0.28, k_{21} = 0.2154 + 0.7145, k_{22} = 0.6369$$

由此可得到分别对应两个输出的稳态干扰度

$$D_{s_{y_1}} = k_{12}/k_{11} = 0.12/(0.425 - 0.28) = 0.83$$

$$D_{s_{y_2}} = k_{21}/k_{22} = (0.2154 + 0.7145)/0.6369 = 1.46$$

由此也可以断定，与两个输出量（y_1 和 y_2）分别关联着的两个输入量（u_1 和 u_2）都是可以静态解耦的（从前面的静态解耦设计也可以证实这一点）。

动态解耦过程主要发生在系统输出的上升时间段内，特别是扰动发生后的起始阶段内。因此，可以考虑用扰动发生后初始的一小段时间内两个通道的作用强度来分析动态解耦情况。

对于含有纯迟延的被控系统，动态解耦器为

$$w_k = -w_d^* / w_c^* \, e^{-(\tau_d - \tau_c)} \tag{7-46}$$

式中　w_d^*，w_c^*——分别为干扰通道和补偿通道中的不含纯迟延部分的传递函数；

　　　τ_d，τ_c——分别为干扰通道和补偿通道传递函数中的纯迟延常数。

因此，如果对含有纯迟延的系统解耦，其必要条件是

$$\tau_d \geqslant \tau_c \tag{7-47}$$

定义 7.2　被控对象中干扰通道与补偿通道在同一单位阶跃函数作用下的作用强度（参

见定义 3.2）之比称为动态干扰度（干扰程度），即

$$D_d = \frac{\int_0^{t_r} |y_d| \, dt}{\int_0^{t_r} |y_c| \, dt} \tag{7-48}$$

式中　D_d——动态干扰度；

　　　y_d——干扰通道的输出；

　　　y_c——补偿通道的输出；

　　　t_r——考虑的扰动发生后的初始时间段（一般小于扰动通道的上升时间；如果扰动通道存在纯迟延 τ_d，那么 $t_r > \tau_d$）。

　　与静态解耦时一样，有了动态干扰度也不能确定干扰通道是否能被动态补偿，还要看实际工程中干扰的大小。在一般情况下，$D_d < 10$ 时，即可认为干扰通道是能被补偿的，即两通道是能动态解耦的。而在实际工程中，采用前面所述的求解动态解耦器的初值和终值的方法来判断系统能否解耦是最可靠的。

　　考虑图 7-34 所示的双输入双输出被控系统的动态解耦情况：

　　对于输出 x_D，其干扰通道（输入为 S）的传递函数为

$$w_{12}(s) = \frac{-18.9 e^{-180s}}{1260s + 1}$$

　　补偿通道（输入为 R）的传递函数为

$$w_{11}(s) = \frac{12.8 e^{-60s}}{1002s + 1}$$

由此可以得扰动通道的动态干扰度仿真计算程序 D _ simu _ 734. m。

```
% 干扰度仿真计算程序 D _ simu _ 734. m
clear all;
DT = 2; ST = 190; LP = ST/DT;
ac = exp( - DT/1002); bc = 1 - ac; kc = 12.8; xc = 0;
LDc = fix(60/DT); xdc(1: LDc) = 0;
ad = exp( - DT/1260); bd = 1 - ad; kd = - 18.9; xd = 0;
LDd = fix(180/DT); xdd(1: LDd) = 0;
% ac = exp( - DT/864); bc = 1 - ac; kc = - 19.4; xc = 0;
% LDc = fix(180/DT); xdc(1: LDc) = 0;
% ad = exp( - DT/654); bd = 1 - ad; kd = 6.6; xd = 0;
% LDd = fix(420/DT); xdd(1: LDd) = 0;
Pd = 0; Pc = 0;
for k = 1: LP
    xc = ac * xc + kc * bc;
    yc = xdc(LDc);
    for j = LDc: - 1: 2; xdc(j) = xdc(j - 1); end
    xdc(1) = xc;
    xd = ad * xd + kd * bd;
```

```
yd = xdd(LDd);
for j = LDd: -1: 2; xdd(j) = xdd(j-1); end
xdd(1) = xd;
Pd = Pd + abs(yd) * DT; Pc = Pc + abs(yc) * DT;
end
Dd = Pd/Pc
```

考虑的时间段 $t_r = 190$（略大于纯迟延时间），运行上述程序，则可以得到干扰度

$$D_{drD} = 0.0271$$

这说明对于输出 x_D 来说，在动态过程中，干扰通道的作用强度小于补偿通道，所以，该干扰通道是可以被补偿（解耦）的。

同理，根据输出 x_B 的干扰通道和补偿通道的传递函数

$$w_{21}(s) = \frac{6.6e^{-420s}}{654s+1}, \quad w_{22}(s) = \frac{-19.4e^{-180s}}{864s+1}$$

利用干扰度仿真计算程序 D_simu_734.m，考虑的时间段 $t_r = 440$（略大于纯迟延时间），则可以得到其干扰度

$$D_{drB} = 0.0032$$

这说明，对于输出 x_B，干扰通道大大地慢于补偿通道，该干扰是完全可以补偿（解耦）的。

下面再来分析图 7-48 所示某火电厂机炉负荷 2×2 系统的解耦情况。

对于输出 y_1，扰动通道和补偿通道的传递函数分别为

$$w_{12} = \frac{0.12}{(1+30s)^2}, \quad w_{11} = \frac{0.425}{(1+3.7s)^2} - \frac{0.28s}{(1+24.1s)^2}$$

对于输出 y_2，扰动通道和补偿通道的传递函数分别为

$$w_{21} = -\left[0.2154 + \frac{0.7145}{(1+22.34s)(1+62.93s)}\right], \quad w_{22} = \frac{0.6369}{(1+54s)(1+53.6s)}$$

它们的干扰度仿真计算程序为 D_simu_735.m。考虑 $t_r = 4$，运行该程序，则可以得到它们的干扰度

$$D_{d_{y_1}} = 0.0075, \quad D_{d_{y_2}} = 207.3$$

由此说明，由 u_2 对 y_1 产生的扰动可以通过补偿加以消除，而 u_1 对 y_2 产生的扰动不能被消除，即输入量 u_1 不能被解耦。从前面的动态解耦器设计可以证实这一点。

```
% 两通道相关度仿真计算程序 D_simu735.m
clear all;
DT = 1; ST = 4; LP = ST/DT;
%%%%%%%%%%%%%%%被控系统结构参数及初始化%%%%%%%%%%%%%%%%%%%%%%%%%%%%
a111 = exp(-DT/3.7); b111 = 1 - a111; a112 = exp(-DT/24.1); b112 = 1 - a112;
a211 = exp(-DT/22.34); b211 = 1 - a211; a212 = exp(-DT/62.93); b212 = 1 - a212;
a12 = exp(-DT/30); b12 = 1 - a12;
```

```
a221 = exp( - DT/54)；b221 = 1 - a221；a222 = exp( - DT/53. 6)；b222 = 1 - a222；
x111 = 0；x112 = 0；x113 = 0；x114 = 0；
x211 = 0；x212 = 0；
x121 = 0；x122 = 0；
x221 = 0；x222 = 0；
u10 = 0；
pd1 = 0；pc1 = 0；pd2 = 0；pc2 = 0；
u1 = 1；u2 = 1；
%%%%%%%%%%%%%%%%%%%%%%%%%仿真计算%%%%%%%%%%%%%%%%%%%%%%%%%%%%%%
for k = 1：LP
    x111 = a111 * x111 + 0. 425 * b111 * u1；x112 = a111 * x112 + b111 * x111；
    z = 0. 28 * (u1 - u10)/DT；u10 = u1；
    x113 = a112 * x113 + b112 * z；x114 = a112 * x114 + b112 * x113；
    x211 = a211 * x211 + 0. 7145 * b211 * u1；x212 = a212 * x212 + b212 * x211；
    x121 = a12 * x121 + 0. 12 * b12 * u2；x122 = a12 * x122 + b12 * x121；
    x221 = a221 * x221 + 0. 6369 * b221 * u2；x222 = a222 * x222 + b222 * x221；
    y11 = x112 - x114；y12 = x122；
    y21 = - 0. 2154 * u1 - x212；y22 = x222；
    pd1 = pd1 + abs(y12) * DT；pc1 = pc1 + abs(y11) * DT；
    pd2 = pd2 + abs(y21) * DT；pc2 = pc2 + abs(y22) * DT；
end
D1 = pd1/pc1
D2 = pd2/pc2
```

7.4 协 调 控 制

第7.3节讲述的多变量解耦方法，似乎是一种非常好的多变量控制系统优化设计方法。该方法可以根据被控系统的每个输出提出相应的品质指标，然后分别对解耦后的控制系统进行优化。但遗憾的是，现代工程中存在的大多数多变量系统，各通道动态特性的惯性时间和增益相差都很大，因此这样的系统都不能采用全解耦或静态解耦的控制方式。

实际上，被控过程之间的耦合并不总是有害的，有时这些耦合作用是有益的，比如升船机、龙门吊车的机械耦合有强迫同步作用。在实际系统设计中，适当地利用被控对象中固有的耦合，有可能减少所需测量元件或执行机构的数量，简化控制系统。如果不具体分析被控对象中固有耦合的利弊，片面追求完全解耦，不仅将使控制系统复杂化，解耦器也难以实现。此外，如果采用近似解耦的方式，残留的耦合有可能恶化系统的控制品质[1]。

为了提高多变量系统的调节品质，以及在实际工程中容易实现解耦控制，通常把控制器和解耦器放在同一组控制器中。把这种控制方案称为协调控制。图7-52示出了 2×2 系统的协调控制结构，其中 $G_{c_{21}}$ 和 $G_{c_{12}}$ 称为协调控制器。为了在工程中容易实现，协调控制系统中控制器的控制算法并不是按照完全解耦原理来设计的（这会使解耦器过于复杂，有时不能实现），而是直接使用PID控制律。这样虽不能保证被控系统是完全解耦的，但可以减小各输入量之间的耦合程度。

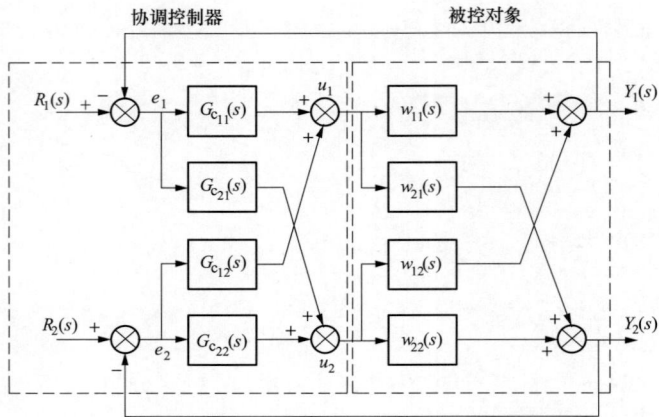

图 7-52　2×2 系统的协调控制系统原理方框图

从图 7-52 中，很容易理解协调控制的工作原理：在系统控制过程中，控制器 $G_{c_{11}}$ 接收偏差信号 e_1，产生控制信号传给控制量 u_1，用以控制输出 Y_1；控制器 $G_{c_{21}}$ 也接收偏差信号 e_1，产生控制信号传给控制量 u_2，用以消除 u_1 的变化对被控量 Y_2 产生的影响。同理，控制器 $G_{c_{22}}$ 接收偏差信号 e_2，产生控制信号传给控制量 u_2，用以控制输出 Y_2；控制器 $G_{c_{12}}$ 也接收偏差信号 e_2，产生的控制信号传给控制量 u_1，用以消除 u_2 的变化对被控量 Y_1 产生的影响。

对于图 7-48 所示的被控对象，采用协调控制策略，控制系统方框图如图 7-53 所示。

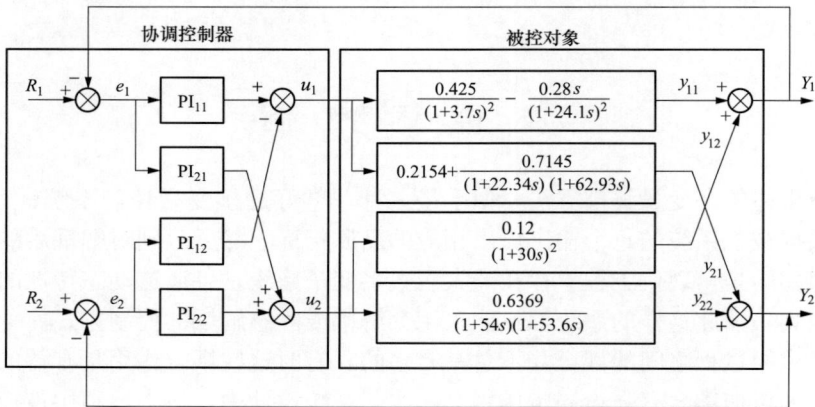

图 7-53　某燃煤机组负荷系统协调控制方案

在第 4 章已经讨论论过，对于强耦合系统，必须采取对每个输入同时加入定值扰动且同时优化所有控制器的策略。因此，应该把对系统两个输出的品质要求综合在一个目标函数里。例如，如果对机组负荷(Y_1)的要求是快速响应，对主蒸汽压力(Y_2)的要求是稳定，那么可以给出如下的目标函数：

$$Q = \int_0^{t_s} t \big[\, |e_1(t)| + |e_2(t)| \,\big] \mathrm{d}t + \sum_{i=1}^4 Q_i$$

其中，罚函数：

514

$$Q_1 = \begin{cases} 10^{30} & \varphi_1 < 0.75 \\ 0 & 0.75 \leqslant \varphi_1 \leqslant 0.90 \\ 10^{20} & \varphi_1 > 0.90 \end{cases}$$

$$Q_2 = \begin{cases} 10^{30} & \varphi_2 < 0.90 \\ 0 & 0.90 \leqslant \varphi_2 \leqslant 0.98 \\ 10^{20} & \varphi_2 > 0.98 \end{cases}$$

$$Q_3 = \begin{cases} 10^{25} & M_{p_1} > 20\% \\ 0 & 10\% \leqslant M_{p_1} \leqslant 20\% \\ 10^{20} & M_{p_1} < 10\% \end{cases}$$

$$Q_4 = \begin{cases} 10^{25} & M_{p_1} > 20\% \\ 0 & M_{p_1} \leqslant 20\% \end{cases}$$

可以按下述的方法来估算 4 个 PI 控制器的初始参数:

上一节已经优化出在静态解耦情况下两个主控制器(PI$_{11}$和 PI$_{22}$)的最优参数

$$\delta_{11} = 0.27, \ T_{i_{11}} = 36; \ \delta_{22} = 0.27, \ T_{i_{22}} = 138$$

现在保持这两个最优参数不变,仅需要优化两个协调控制器(PI$_{21}$和 PI$_{12}$)的参数即可。

由于协调控制也是根据解耦原理进行控制的,因此根据解耦公式式(7-32)和式(7-33)可以得到:

$$\frac{T_{i_{11}}s+1}{\delta_{11}T_{i_{11}}}\left[0.2154 + \frac{0.7145}{(1+22.34s)(1+62.93s)}\right] = \frac{T_{i_{21}}s+1}{\delta_{21}T_{i_{21}}} \cdot \frac{0.6369}{(1+54s)(1+53.6s)}$$

$$\frac{T_{i_{22}}s+1}{\delta_{22}T_{i_{22}}} \cdot \frac{0.12}{(1+30s)^2} = \frac{T_{i_{12}}s+1}{\delta_{12}T_{i_{12}}}\left[\frac{0.425}{(1+3.7s)^2} - \frac{0.28s}{(1+24.1s)^2}\right]$$

在上述的两个方程中,等式前后的增益和相角应该对应相等,因此有

$$\frac{1}{\delta_{11}T_{i_{11}}}(0.2154 + 0.7145) = \frac{1}{\delta_{21}T_{i_{21}}} \times 0.6369$$

$$22.34 + 62.93 - T_{i_{11}} = 54 + 53.6 - T_{i_{21}}$$

$$\frac{1}{\delta_{22}T_{i_{22}}} \times 0.12 = \frac{1}{\delta_{12}T_{i_{12}}} \times 0.425$$

$$30 \times 2 - T_{i_{22}} = 3.7 \times 2 - T_{i_{12}}$$

求解逐式可得:

$$\delta_{21} = 0.11, \ T_{i_{21}} = 58.3; \ \delta_{12} = 1.55, \ T_{i_{12}} = 85.4$$

据此，可以选定各参数的论域为

$$\delta_{21} \in (0.05, 0.5), \ T_{i_{21}} \in (20, 80); \ \delta_{12} \in (0.1, 2), \ T_{i_{12}} \in (40, 120)$$

使用粒子群算法优化控制器参数，其优化主程序为 O_PSO_main741.m，目标函数计算子程序为 Obj_simu741.m。

```
%粒子群优化算法程序 O_PSO_main_741.m
clear all;
%###################粒子群算法的控制参数####################
N = 4; %优化变量个数
M = 60; %粒子个数
Tmax = 60; %最大前进步数
wx = [0.8 1.2]; %惯性权重区间
c = [2 2]; %认知及社会因子
X_LLimits = [0.05, 20, 0.1, 40]; %寻优参数下限
X_HLimits = [0.5, 80, 2, 120]; %寻优参数上限
Vmax = [0.1, 2, 0.2, 2]; %优化变量速度限制
%&&&&&&&&&&&&&&&&&&&&&其他部分同 O_PSO_main.c &&&&&&&&&&&&&&&&
```

```
%机炉负荷协调控制系统仿真程序 Obj_simu741.m
function [Q] = Obj_simu741(V)
% clear all;
DT = 1; ST = 600; LP = ST/DT;
%%%%%%%%%%%%%%%%%%%PI 控制器参数及初始化%%%%%%%%%%%%%%%%%%%
R1 = 1; R2 = 1;
xi11 = 0; xi21 = 0; xi12 = 0; xi22 = 0; y1 = 0; y2 = 0;
DTA11 = 0.27; Ti11 = 36; DTA22 = 0.27; Ti22 = 138;
DTA21 = 0.32; Ti21 = 27.7; DTA12 = 1.5; Ti12 = 61;
%DTA21 = V(1); Ti21 = V(2); DTA12 = V(3); Ti12 = V(4);
%%%%%%%%%%%%%%被控系统结构参数及初始化%%%%%%%%%%%%%%%%%%%%%%%
a111 = exp(-DT/3.7); b111 = 1 - a111; a112 = exp(-DT/24.1); b112 = 1 - a112;
a211 = exp(-DT/22.34); b211 = 1 - a211; a212 = exp(-DT/62.93); b212 = 1 - a212;
a12 = exp(-DT/30); b12 = 1 - a12;
a221 = exp(-DT/54); b221 = 1 - a221; a222 = exp(-DT/53.6); b222 = 1 - a222;
x111 = 0; x112 = 0; x113 = 0; x114 = 0;
x211 = 0; x212 = 0;
x121 = 0; x122 = 0;
x221 = 0; x222 = 0;
u10 = 0; Q = 0;
%%%%%%%%%%%%%%%协调控制系统仿真程序%%%%%%%%%%%%%%%%%%%%
for k = 1: LP
```

```
%%%%%%%%%%%%%%%%协调控制器%%%%%%%%%%%%%%%%%%
e1 = R1 - y1；
xp11 = e1/DTA11；xi11 = xi11 + DT/DTA11/Ti11 * e1；upi11 = xp11 + xi11；
xp21 = e1/DTA21；xi21 = xi21 + DT/DTA21/Ti21 * e1；upi21 = xp21 + xi21；
e2 = R2 - y2；
xp12 = e2/DTA12；xi12 = xi12 + DT/DTA12/Ti12 * e2；upi12 = xp12 + xi12；
xp22 = e2/DTA22；xi22 = xi22 + DT/DTA22/Ti22 * e2；upi22 = xp22 + xi22；
u1 = upi11 - upi12；
u2 = upi22 + upi21；
%%%%%%%%%%%%%%%%被控对象%%%%%%%%%%%%%%%%%%%
x111 = a111 * x111 + 0.425 * b111 * u1；x112 = a111 * x112 + b111 * x111；
z = 0.28 * (u1 - u10)/DT；u10 = u1；
x113 = a112 * x113 + b112 * z；x114 = a112 * x114 + b112 * x113；
x211 = a211 * x211 + 0.7145 * b211 * u1；x212 = a212 * x212 + b212 * x211；
x121 = a12 * x121 + 0.12 * b12 * u2；x122 = a12 * x122 + b12 * x121；
x221 = a221 * x221 + 0.6369 * b221 * u2；x222 = a222 * x222 + b222 * x221；
y11 = x112 - x114；y12 = x122；y1 = y11 + y12；
y21 = 0.2154 * u1 + x212；y22 = x222；y2 = - y21 + y22；
U1(k) = u1；U2(k) = u2；Y1(k) = y1；Y2(k) = y2；
t(k) = k * DT；
Q = Q + t(k) * (abs(e1) + abs(e2)) * DT；
end
[Mp1，tr1，ts1，FAI1，Tp，E1，E2，E3] = O_quality(DT，LP，Y1，t)；
if FAI1＜0.75；Q = Q + 10^30；end
if FAI1＞0.90；Q = Q + 10^20；end
if Mp1＜10；Q = Q + 10^20；end
if Mp1＞20；Q = Q + 10^25；end
[Mp2，tr2，ts2，FAI2，Tp，E1，E2，E3] = O_quality(DT，LP，Y2，t)；
if FAI2＜0.90；Q = Q + 10^30；end
if FAI2＞0.98；Q = Q + 10^20；end
if Mp2＞20；Q = Q + 10^25；end
% subplot(2，2，1)，plot(t，U1，'g')；hold on；
% subplot(2，2，2)，plot(t，U2，'g')；hold on；
% subplot(2，2，3)，plot(t，Y1，'g')；hold on；
% subplot(2，2，4)，plot(t，Y2，'g')；hold on；
```

优化结果为

$$\delta_{21} = 0.32，T_{i_{21}} = 27.7；\delta_{12} = 1.5，T_{i_{12}} = 61$$

协调控制系统的仿真结果以及与静态解耦控制的比较如图 7-54 所示。

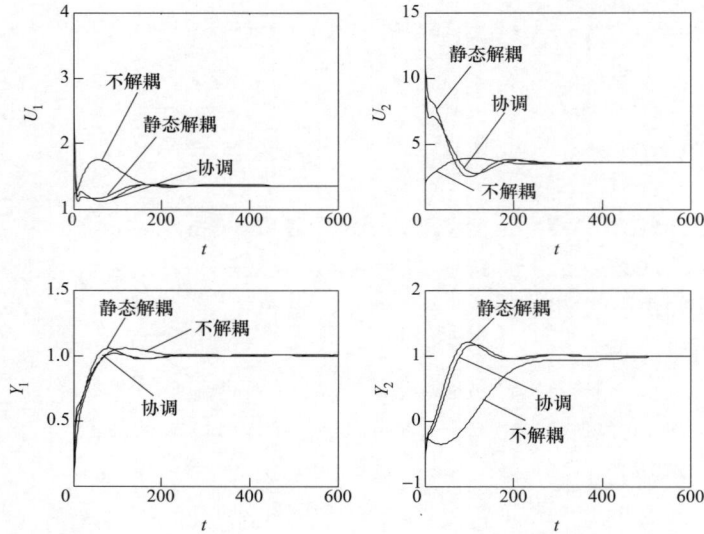

图 7-54 协调控制系统的仿真结果以及与静态解耦控制的比较

把静态解耦控制和不解耦控制下的系统响应曲线也显示于图 7-54 中。从该图中可以看到，协调控制的调节品质与静态解耦控制时的比较接近，这是由于协调控制也是按着解耦的原理来设计解耦控制器的，而不解耦时的控制品质相对较差。

既然协调控制器（$G_{c_{21}}$ 和 $G_{c_{12}}$）并不能使调节品质比静态解耦控制时好，那么也就没有必要选择这两个协调控制器为 PI 控制律（在模拟仪表年代，减少两个 PI 控制器，就可以降低设备造价，而且还可以增加系统的可靠性）。工程上的做法是，根据被控系统的特性，把协调控制器（$G_{c_{21}}$ 和 $G_{c_{12}}$）设置成简单的已知非线性函数，而非线性的参数可以根据工程经验或现场试验获得。这是火电机组负荷控制系统经常采用的一种协调控制策略。

考虑图 7-55 所示的某 1000MW 超超临界火电机组负荷系统。该系统是一个双输入双输出的耦合系统。两个输入量分别是：汽轮机调门开度 U_T 和总燃料量 U_B；两个输出量分别是发电机功率 N_e 和汽轮机前主蒸汽压力 P_t。

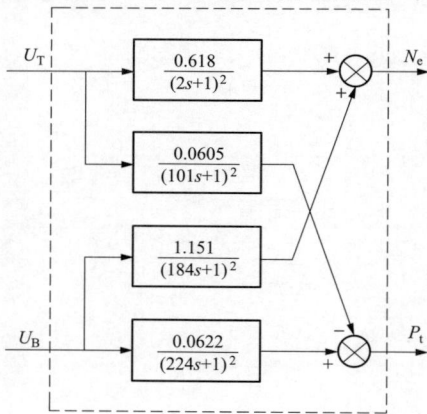

图 7-55   1000MW 超超临界火电机组
负荷系统

在火电机组中，发电机功率 N_e 被视作机组的外部参数，它反映了机组对外能量的输出量。对 N_e 的基本要求是能迅速地适应负荷变化的需要。汽轮机机前主蒸汽压力 P_t 被视作机组的内部参数，它反映了机、炉之间用汽和产汽的能量平衡与否，以及机组蓄能的大小。对 P_t 的基本要求是，在机组负荷不变时，保持为给定值；在机组负荷变动时，使其维持在给定值附近规定的范围内变化。

根据被控对象的动态特性可知，从燃料量改变到引起机组输出电功率变化的过程有较大的惯性和迟延。如果只是依靠锅炉侧来调节输出功率，就不能获得快速的负荷响应。而如果用汽轮机调门来调节输出功率，虽然会得到快速的负荷响应，但燃料量的燃烧过程不能及时跟随如此快的负荷变化，从而会导致主蒸汽压力产生较大的波动。因此，为了提高机组的负荷响应性能，可在保证机组安全运行（即主蒸汽压力在允许的范围内变化）的前提下，充分利用机组的蓄热能力，也就是在负荷变动时，通过汽轮机调门的适当动作，来加快机组初期负荷的响应速度。与此同时，锅炉侧及时（改变燃料量）跟踪输出功率的变化，使锅炉产生的蒸汽量与机组负荷保持一致。反过来，当锅炉侧的主控制器检测到压力偏差较大时，就向汽轮机侧发出指令，去改变调门开度，维持主蒸汽压力在一个允许的范围内。这就是机组负荷控制的原则，即机炉协调控制的原则。

　　某 1000MW 机组负荷协调控制系统原理方框图如图 7-56 所示。

　　当机组负荷指令改变时，汽轮机主控制器 PI_1 同时向汽轮机侧和锅炉侧发出负荷控制指令。汽轮机侧接收到该指令后，迅速改变汽轮机调门，以跟随负荷指令的变化；锅炉侧从饱和非线性的输出接收到由 PI_1 发出的指令后，迅速改变燃料量，以应对汽轮机侧的改变。当需要一次性改变的燃料量过大时（超出饱和非线性的限幅值），对这个指令进行限幅，以防锅炉灭火或不能使燃料充分燃烧。而对于锅炉侧，当汽轮机调门快速动作后，主蒸汽压力也会跟随其快速变化。当锅炉主控制器 PI_2 检测到压力偏差后，一方面向锅炉侧发出改变燃料量指令，用以平衡输出功率所需的热量；另一方面向汽轮机侧发出限制调门进一步变化的指令，其目的是防止过度利用蓄能，从而使蒸汽压力 P_t 的动态变化变小。死区常数表达的是允许主蒸汽压力在给定值附近变化的最大范围。在该范围内，利用锅炉的蓄热量来调节发电机功率。控制过程结束后，机、炉主控制器(PI_1 和 PI_2)共同保证输出电功率 N_e 与机组负荷指令 N_0 一致，主蒸汽压力恢复为给定值 P_0。

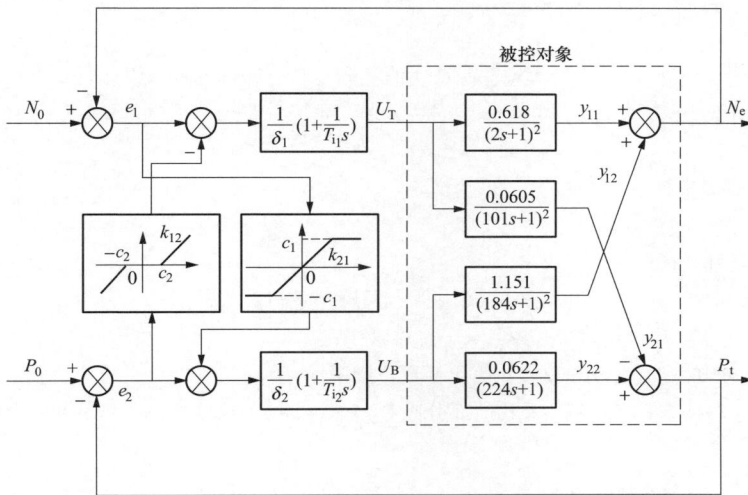

图 7-56　某 1000MW 机组负荷协调控制系统原理方框图

　　下面来优化汽轮机和锅炉主控制器及两个非线性环节的参数。

　　根据工程经验，饱和非线性中的饱和值 c_1 可以取得很大，故现在先不对其限幅；对于 1000MW 机组来说，死区非线性中的死区值一般可取 $c_2 = 0.5$(MPa)。现在所需优化的参数是 δ_1、T_{i_1}、δ_2、T_{i_2}、k_{21}、k_{12}。

与锅炉侧控制系统相比，汽轮机侧是一个快速回路控制系统，当锅炉侧刚开始调节时，汽轮机侧已经调节结束，因此选择目标函数时，只考虑锅炉侧即可。此外，这是一个非线性多变量系统，系统的动态特性不仅与系统的内部参数有关，还与给系统施加的扰动量大小有关，因此也就不能考虑用线性系统时的品质指标作为目标函数或约束条件。现在仅考虑使用锅炉侧的动态偏差构造目标函数：

$$Q = \int_0^{t_s} t \mid e_2(t) \mid \mathrm{d}t$$

且，仅在主蒸汽压力定值阶跃升高 1MPa 的情况下优化各控制器的参数。

按汽轮机和锅炉独立运行的方式估计两个主控制器的初始参数：

$$\delta_1 = 0.081 \times 0.618 \times (8+2) = 0.5, \qquad T_{i_1} = 0.6 \times 2 \times 2 = 2.4$$
$$\delta_2 = 0.081 \times 0.0622 \times (8+2) = 0.05, \qquad T_{i_2} = 0.6 \times 2 \times 224 = 269$$

据此，再根据解耦公式式（7-32）和式（7-33），则可得到

$$k_{21} = \frac{\delta_2 T_{i_2}}{\delta_1 T_{i_1}} \cdot \frac{0.0605}{0.0622} = 21.8, \quad k_{12} = \frac{\delta_1 T_{i_1}}{\delta_2 T_{i_2}} \cdot \frac{1.151}{0.618} = 0.083$$

因此，可以选择各优化参数的论域为

$$\delta_1 \in (0.1, 2) \qquad T_{i_1} \in (2, 30)$$
$$\delta_2 \in (0.01, 1) \quad T_{i_2} \in (100, 400)$$
$$k_{21} \in (5, 100) \qquad k_{12} \in (0.01, 2)$$

粒子群算法优化主程序为 O_PSO_main742.m，目标函数计算子程序为 Obj_simu742.m。

```
%粒子群优化算法程序 O_PSO_main_742.m
clear all;
%###################### 粒子群算法的控制参数 ######################
N=6;%优化变量个数
M=60;%粒子个数
Tmax=60;%最大前进步数
wx=[0.8 1.2];%惯性权重区间
c=[2 2];%认知及社会因子
X_LLimits=[0.1, 2, 0.01, 100, 5, 0.01];%寻优参数下限
X_HLimits=[2, 30, 1, 400, 200, 2];%寻优参数上限
Vmax=[0.1, 1, 0.02, 5, 2, 0.02];%优化变量速度限制
%&&&&&&&&&&&&&&&&&&&&&&& 其他部分同 O_PSO_main.c &&&&&&&&&&&&&&&
```

```
%1000MW 机炉负荷控制系统仿真程序 Obj_simu742.m
function [Q]=Obj_simu742(V)
%clear all;
DT=1; ST=3000; LP=ST/DT;
%%%%%%%%%%%%%%%%%%%%%%PI 控制器参数及初始化%%%%%%%%%%%%%%%%%%%
R1=0; kr1=0.2; R2=1; c1=100; c2=0.5;
xi1=0; xi2=0; y1=0; y2=0;
```

```
DTA1 = V(1); Ti1 = V(2); DTA2 = V(3); Ti2 = V(4); k21 = V(5); k12 = V(6);
%DTA1 = 0. 58; Ti1 = 9. 6; DTA2 = 0. 42; Ti2 = 250; k21 = 137. 4; k12 = 1. 32;
%%%%%%%%%%%%%%被控系统结构参数及初始化%%%%%%%%%%%%%%%%%%%%%%%%
T = [2 184; 101 224]; K = [0. 618 1. 151; 0. 0605 0. 0622];
a = [exp( - DT/T(1, 1)) exp( - DT/T(1, 2)); exp( - DT/T(2, 1)) exp( - DT/T(2, 2))];
b = ones(2) - a;
x11(1: 2) = 0; x21(1: 2) = 0; x12(1: 2) = 0; x22(1: 2) = 0; Q = 0;
%%%%%%%%%%%%%协调控制系统仿真程序%%%%%%%%%%%%%%%%%%%%%%%%%
for i = 1: LP
    %%%%%%%%%%%%协调控制器%%%%%%%%%%%%%%%%%%%%%%%%%%
    R0 = kr1 * i * DT;
    if R0>R1; R0 = R1; end
    e1 = R0 - y1; e2 = R2 - y2;
    e21 = k21 * e1;
    if e21>c1; e21 = c1; end
    if e21< - c1; e21 = - c1; end
    e12 = 0;
    if e2>c2; e12 = k12 * (e2 - c2); end
    if e2< - c2; e12 = k12 * (e2 + c2); end
    E1 = e1 - e12; E2 = e2 + e21;
    xp1 = E1/DTA1; xi1 = xi1 + DT/DTA1/Ti1 * E1; UT = xp1 + xi1;
    xp2 = E2/DTA2; xi2 = xi2 + DT/DTA2/Ti2 * E2; UB = xp2 + xi2;
    %%%%%%%%%%%%%%被控对象%%%%%%%%%%%%%%%%%%%%%%%%
    x11(1) = a(1, 1) * x11(1) + K(1, 1) * b(1, 1) * UT;
    x11(2) = a(1, 1) * x11(2) + b(1, 1) * x11(1);
    x21(1) = a(2, 1) * x21(1) + K(2, 1) * b(2, 1) * UT;
    x21(2) = a(2, 1) * x21(2) + b(2, 1) * x21(1);
    x12(1) = a(1, 2) * x12(1) + K(1, 2) * b(1, 2) * UB;
    x12(2) = a(1, 2) * x12(2) + b(1, 2) * x12(1);
    x22(1) = a(2, 2) * x22(1) + K(2, 2) * b(2, 2) * UB;
    x22(2) = a(2, 2) * x22(2) + b(2, 2) * x22(1);
    y1 = x11(2) + x12(2); y2 = x22(2) - x21(2);
    U1(i) = UT; U2(i) = UB; Y1(i) = y1; Y2(i) = y2;
    t(i) = i * DT; NO(i) = R0;
    Q = Q + t(i) * (abs(e2)) * DT;
end
% subplot(2, 2, 1), plot(t, U1, 'b'); hold on;
% subplot(2, 2, 2), plot(t, U2, 'b'); hold on;
% subplot(2, 2, 3), plot(t, Y1, 'b', t, NO, ': g'); hold on;
% subplot(2, 2, 4), plot(t, Y2, 'b'); hold on;
```

优化结果为

$$\delta_1 = 0.58, \ T_{i_1} = 9.6; \ \delta_2 = 0.42, \ T_{i_2} = 250; \ k_{21} = 137.4, \ k_{12} = 1.32$$

在最优参数下，负荷保持不变，压力定值升高 1MPa 时的响应曲线如图 7-57 所示。从

图 7-57 中可以看到，当压力定值升高时，首先增加给煤量，由于负荷保持不变，因此要下调汽门，最后压力稳定在给定值上，而调节门保持在一个新的位置上。

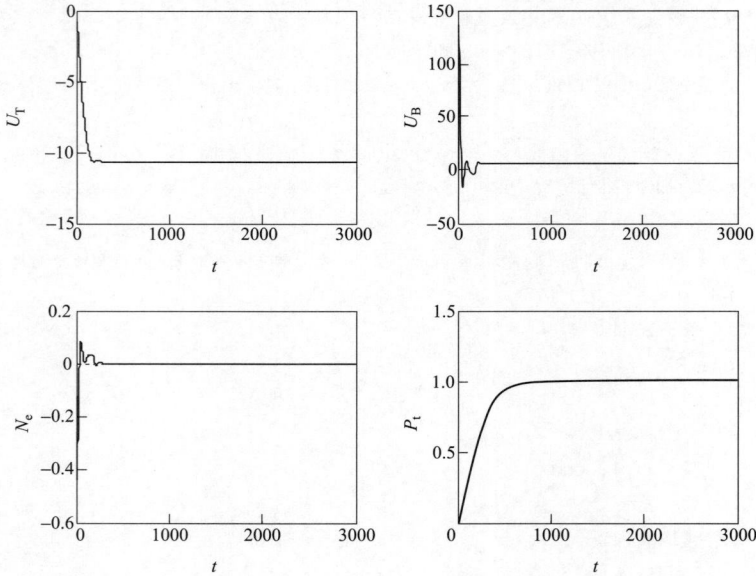

图 7-57　压力定值升高 1MPa 时的响应曲线

当压力定值保持不变，负荷给定值以 $dN_0/dt = 12MW/min$ 上升到 100MW 时，在最优参数下的仿真响应曲线如图 7-58 所示。从该图中可以看到，当负荷的希望值以速率 12MW/min 上升时，汽轮机侧能快速地跟随负荷的响应（汽轮机侧逐渐开大调节门，最后稳定在一个新的位置上）。而锅炉侧先是以较大的幅度加大燃料量，然后回落到一个新的幅度上（但要高于负荷变动前的值）。在调节过程中，主蒸汽压力先是升高，然后回落，最后稳

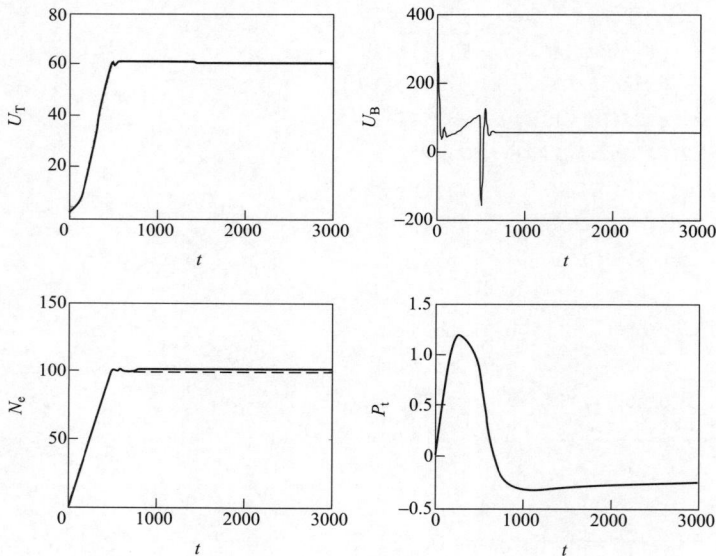

图 7-58　负荷给定值以速率 12MW/min 上升到 100MW 时的响应曲线

定在希望值的附近（$P_0 \pm 0.5$）。

上述的仿真结果完全符合工程实际情况，因此这些优化出的参数都可以用在工程实际中。

7.5 最优控制

7.5.1 最优控制问题的一般描述

所谓控制系统优化设计问题就是，选择控制系统结构、控制规律及其参数使控制系统的性能在某种意义上是最优的。"最优"就要有一定的评价标准或评价方法，对于过程控制系统来说，通常选择是否达到对稳定性（衰减率）、准确性（超调量）和快速性（上升时间和过渡过程时间）的要求，作为衡量控制系统是否"最优"的标准。由于这三个品质指标相互矛盾，因此人们又采用了"误差型目标函数"（即采用期望的系统响应和实际系统响应之差的绝对值乘以时间权后的积分，实质上是对三个品质指标的综合）作为评价控制系统好坏的标准。

在第7.2节里，讨论了状态反馈控制系统的优化设计方法。该方法的实质是：依指定闭环系统特征方程（特征值）的形式对系统的控制品质提出要求，据此求出状态反馈矩阵参数（控制器参数）。然而，对于许多系统，特别是高阶系统，设计者可能不知道闭环系统的特征值处于什么位置最好，也就设计不出最好的控制系统。

最优控制是在20世纪60年代初发展起来的，这得益于航空、航天技术的发展需要。最优控制研究的主要问题是：根据已经建立的被控对象的数学模型，选择一个允许的控制律（即控制函数）使得被控对象按预定要求运行，并使给定的某一性能指标达到极小值（或极大值）[27]。从数学观点来看，最优控制研究的问题是求解一类带有约束条件的泛函极值问题，即函数优化问题。从控制理论的角度来看，最优控制不强调系统一定要闭环控制，只要控制律能够实现即可，控制律不一定与系统输出的动态响应有函数关系，这时系统就成了开环控制（单纯的前馈控制）。然而，在20世纪60年代，电子器件还处在电子管和晶体管的技术水平上，因此那时并不希望最优控制律过于复杂，使其越简单越好，以便可以工程实现，又不使控制器的体积庞大，需要较少的电能，电子器件的散热量也较小。通过在第7.2节里的讨论可以看出，状态反馈控制器是一种最简单的控制律——比例控制，因此就选择状态反馈控制器，把状态向量和控制向量的二次型函数最小［见式（7-50）］作为控制品质指标，选择状态反馈矩阵参数，使控制品质达到这个指标。这样就解决了上述选择控制指标难的问题，同时也解决了最优控制律问题。

线性二次型最优控制问题的一般描述如下：

如果一个控制系统可以写成状态空间描述的形式，即

$$\dot{X}(t) = AX(t) + BU(t) \tag{7-49}$$

所谓二次型最优控制问题就是，如果给定一个初始状态 $X(t_0)$，希望找到一个控制向量 $U(t)$ 来驱动状态 $X(t_0)$，最终达到希望的状态 $X(t_f)$，在这个过程中又使得选择的如下形式的性能指标最小，即

$$Q_{\min} = X^{\mathrm{T}}(t_f)PX(t_f) + \int_{t_0}^{t_f}[X^{\mathrm{T}}(t)WX(t) + U^{\mathrm{T}}(t)RU(t)]\mathrm{d}t \tag{7-50}$$

其中，P、W 和 R 均为加权矩阵，表明对各状态向量的各个分量的终值条件及其状态量本身，

以及各控制向量的各个分量的重视程度。为了便于设计，加权矩阵 P、W 和 R 通常取为对角阵。最简单的情况是选择它们为单位阵，把这些分量同等对待。

二次型性能指标式（7-50）具有明确的物理意义。其中，第一项 $X^\mathrm{T}(t_\mathrm{f})PX(t_\mathrm{f})$ 表示各状态变量的终端偏离给定状态终端条件的总度量；第二项 $X^\mathrm{T}WX$ 表明各状态偏离理想状态的总度量；而第三项 $U^\mathrm{T}RU$ 为一惩罚项，代表物理上的约束，如控制能量的总消耗等。如果不对各状态变量的终端（自由）进行限制，式（7-50）所示的目标函数就简化成

$$Q_\mathrm{min} = \int_{t_0}^{t_\mathrm{f}} (X^\mathrm{T}WX + U^\mathrm{T}RU)\,\mathrm{d}t \tag{7-51}$$

根据式（7-50）或式（7-51）可以解出单输入系统的最优控制律为[57]、[66]

$$u(t) = -K^\mathrm{T}X(t) \tag{7-52}$$

式中　　K ——状态反馈增益列向量。

最优控制在航空、航天等领域得到了广泛的应用。随着要解决的问题不同，性能指标的形式也大不相同。例如式（7-50）所示的是状态调节器的性能指标函数。称它为状态调节器是因为它控制的是状态轨迹及其终值。

如果是输出跟踪系统，即要求系统输出跟踪希望值，那么应该强调控制偏差 $e(t)$ 最小，此时性能指标可写为

$$Q_\mathrm{min} = e^\mathrm{T}(t_\mathrm{f})Pe(t_\mathrm{f}) + \int_{t_0}^{t_\mathrm{f}} \left[e^\mathrm{T}(t)We(t) + U^\mathrm{T}(t)RU(t)\right]\mathrm{d}t \tag{7-53}$$

如果要求的是最小时间控制，那么，可以把性能指标写成

$$Q_\mathrm{min} = \int_{t_0}^{t_\mathrm{f}} \mathrm{d}t = t_\mathrm{f} - t_0 \tag{7-54}$$

这种指标要求系统在最短的时间内把系统的初态 $X(t_0)$ 转移到要求的末态 $X(t_\mathrm{f})$。导弹拦截器的轨道转移即属于此类问题。

如果要求的是最少燃料控制，那么可以把性能指标写成

$$Q_\mathrm{min} = \int_{t_0}^{t_\mathrm{f}} \sum_{j=1}^{m} |u_j(t)|\,\mathrm{d}t \tag{7-55}$$

其中，$\sum\limits_{j=1}^{m} |u_j,(t)|$ 表示燃料消耗。这是航天工程中常遇到的重要问题之一。由于航天器所能携带的燃料有限，就必须要求航天器在轨道转移时所消耗的燃料尽可能地少。

如果要求的是最少能量控制，那么可以把性能指标写成

$$Q_\mathrm{min} = \int_{t_0}^{t_\mathrm{f}} U^\mathrm{T}(t)U(t)\,\mathrm{d}t \tag{7-56}$$

$U(t)$ 表示控制器的输出，$U^\mathrm{T}(t)U(t)$ 表示与消耗功率成正比的控制能量。对于一个能量有限的物理系统，如通信卫星上的太阳能电池，为了使系统在有限的能源条件下保证正常工作，就需要对控制过程中消耗的能量进行约束。

在实际应用时，通常把上述的某些性能指标进行综合。例如式（7-53）所示的性能指标函数，不仅考虑了系统的跟踪性能，还考虑了控制能量。

总之，最优控制的思想就是根据不同的问题，直接按对系统提出的物理性能指标来设计性能指标函数。这一思想是经典控制理论单纯考虑系统输出曲线的品质指标（稳、准、快）的扩充。

7.5.2 最优状态空间控制系统的设计

当设计者给出了性能指标函数以后，就可以用任何一种参数优化的方法优化出状态反馈增益参数。

当控制系统稳定后，各状态变量和控制量都不再变化，所以可以取性能指标函数式（7-50）～式（7-56）中的终端时刻为 $t_f = t_s$（过渡过程时间）。

考虑 STOL 运输机的最优控制问题[57]：

STOL 运输机的状态方程为

$$\begin{bmatrix} \Delta\dot{\alpha} \\ \Delta\dot{q} \\ \Delta\dot{\theta} \\ \Delta\dot{h} \end{bmatrix} = \begin{bmatrix} -1.397 & 1 & 0 & 0 \\ -5.47 & -3.27 & 0 & 0 \\ 0 & 1 & 0 & 0 \\ -400 & 0 & 400 & 0 \end{bmatrix} \begin{bmatrix} \Delta\alpha \\ \Delta q \\ \Delta\theta \\ \Delta h \end{bmatrix} + \begin{bmatrix} -0.124 \\ -13.2 \\ 0 \\ 0 \end{bmatrix} [\Delta\delta_e]$$

式中　$\Delta\alpha, \Delta q, \Delta\theta, \Delta h$ ——描述飞机飞行状态的变量（偏差量），分别是机身基准线迎角、俯仰方向速度及其俯仰角，以及垂直高度；

　　　　$\Delta\delta_e$ ——升降舵偏角（由升降舵伺服电动机驱动）。

设计最优控制规律，且要求同时对迎角、高度的偏差、升降舵偏角都加以约束。

根据问题的要求，选择如下的加权矩阵：

$$W = \begin{bmatrix} \left(\dfrac{1}{\Delta\alpha_{\max}}\right)^2 & 0 & 0 & 0 \\ 0 & 0 & 0 & 0 \\ 0 & 0 & 0 & 0 \\ 0 & 0 & 0 & \left(\dfrac{1}{\Delta h_{\max}}\right)^2 \end{bmatrix}$$

$$R = \left[\left(\dfrac{1}{\Delta\delta_{e_{\max}}}\right)^2 \right]$$

其中，$\Delta\alpha_{\max} = 0.087(\text{rad})$，$\Delta h_{\max} = 100(\text{ft})$，$\Delta\delta_{e_{\max}} = 0.175(\text{rad})$

根据上述的被控系统状态方程和对控制系统的要求，可以选择目标函数为

$$Q_{\min} = \int_0^{t_s} (X^{\mathrm{T}}WX + U^{\mathrm{T}}RU)\mathrm{d}t$$

$$= \int_0^{t_s} \left[\left(\dfrac{1}{\Delta\alpha_{\max}}\right)^2 \Delta\alpha^2 + \left(\dfrac{1}{\Delta h_{\max}}\right)^2 \Delta h^2 + \left(\dfrac{1}{\Delta\delta_{e_{\max}}}\right)^2 \Delta\delta_e^2 \right] \mathrm{d}t$$

最优控制律为

$$\Delta\delta_e = -K^{\mathrm{T}}X = -(k_1\Delta\alpha + k_2\Delta q + k_3\Delta\theta + k_4\Delta h)$$

状态反馈后，控制系统的方框图如图 7-59 所示。

闭环系统的状态方程为

$$\dot{X} = (A - BK^{\mathrm{T}})X$$

通过多次仿真试验，最终选取各状态反馈增益的论域为

$$k_1 \in (0,2)$$

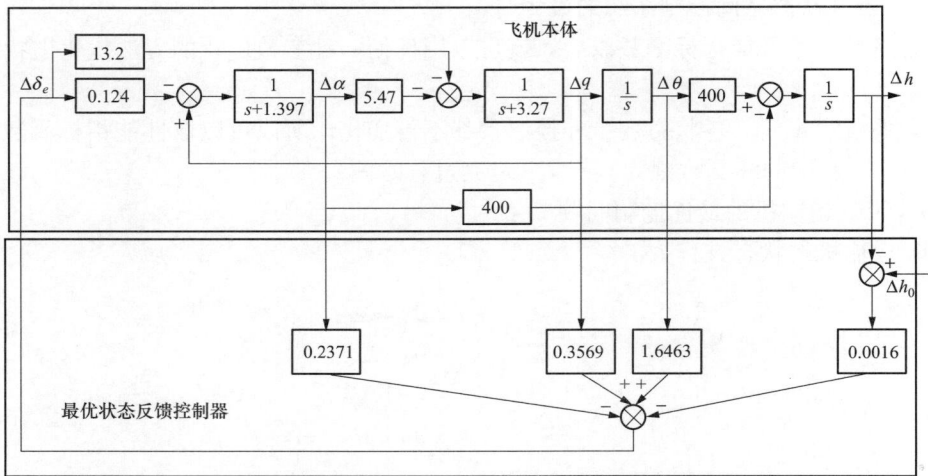

图 7-59　最优状态反馈控制系统方框图

$$k_2 \in (-2,0)$$
$$k_3 \in (-2,0)$$
$$k_4 \in (-2,0)$$

选取仿真计算步长及仿真时间（过渡过程时间）分别为

$$DT = 0.01$$
$$ST = t_s = 20$$

利用粒子群算法进行寻优，其优化主程序为 O _ PSO _ main _ 751. m，目标函数计算子程序为 Obj _ simu751. m。

```
%粒子群优化算法程序 O _ PSO _ main _ 751. m
clear all;
%##################粒子群算法的控制参数##################
N = 4;%优化变量个数
M = 80;%粒子个数
Tmax = 80;%最大前进步数
wx = [0.8 1.2];%惯性权重区间
c = [2 2];%认知及社会因子
X _ LLimits = [0, -2, -2, -2];%寻优参数下限
X _ HLimits = [2, 0, 0, 0];%寻优参数上限
Vmax = [0.2, 0.2, 0.2, 0.2];%优化变量速度限制
%&&&&&&&&&&&&&&&&&&&&&其他部分同 O _ PSO _ main. c&&&&&&&&&&&&&&&
```

```
%STOL 运输机最优控制系统仿真程序 Obj _ simu751. m
function [Q] = Obj _ simu751(V)
%clear all;
DT = 0.02; ST = 20; LP = ST/DT;
```

```
%%%%%%%%%%%%%%%%%%状态反馈增益向量参数 %%%%%%%%%%%%%%%%%%%%%
K = V';
%K = [0.098 − 0.0304 − 1.715 − 0.0017];
%K = [0.2371 − 0.3569 − 1.6463 − 0.0016];
%%%%%%%%%%%%被控系统结构参数及初始化 %%%%%%%%%%%%%%%%%%%%%%
A = [−1.397 1 0 0; − 5.47 − 3.27 0 0; 0 1 0 0; − 400 0 400 0];
B = [−0.124 − 13.2 0 0]';
X = [0 0 0 100]'; R = 0;
Q = 0; a1 = 1/0.087/0.087; a2 = 1/100/100; a3 = 1/0.175/0.175;
for i = 1: LP
    if DT ∗ i>20; R = 100; end
    %%%%%%%%%%%%%%%计算最优控制器输出 u = − K'X %%%%%%%%%%%%%%%%%%
    e = R − X(4);
    u = − (K(1) ∗ X(1) + K(2) ∗ X(2) + K(3) ∗ X(3) − K(4) ∗ e);
    %%%%%%%%%%%%%%%%被控对象仿真 %%%%%%%%%%%%%%%%%%%%%%%%
    X = X + DT ∗ (A ∗ X + B ∗ u);
    Y(i) = X(4); Ya(i) = X(1); U(i) = u; t(i) = i ∗ DT;
    Q = Q + (a1 ∗ X(1) ∗ X(1) + a2 ∗ X(4) ∗ X(4) + a3 ∗ u ∗ u) ∗ DT;
end
subplot('position', [0.2, 0.55, 0.6, 0.40]), plot(t, Y, 'b'); hold on;
subplot(2, 2, 3), plot(t, Ya, 'b'); hold on;
subplot(2, 2, 4), plot(t, U, 'b'); hold on;
```

多次运行优化主程序，从中选出一组较好的最优参数如下：

$$K = [0.2371 \quad − 0.3569 \quad − 1.6463 \quad − 0.0016]^{\mathrm{T}}$$

在该参数下，这架飞机对偏离高度 100ft 的响应如图 7-60 所示。从该图中可以看到，控

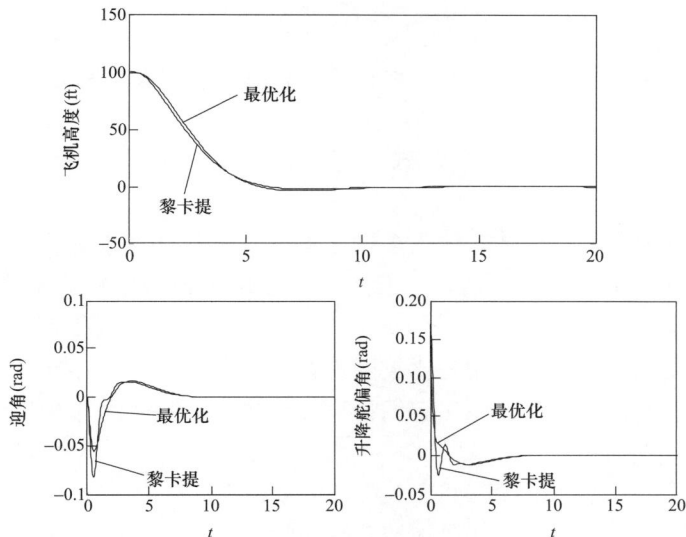

图 7-60　STOL 运输机在最优控制下对偏离希望高度 100ft 的响应

制系统大约在 6s 内就使飞机回到希望的高度，与此同时又保持迎角 $\Delta\alpha$ 小于限制值 0.087rad、升降舵偏角 $\Delta\delta_e$ 小于限制值 0.175rad。

在图 7-60 中也给出了文献［57］用解析法（求解黎卡提方程）得到的最优状态反馈增益向量

$$K = \begin{bmatrix} 0.098 & -0.0304 & -1.715 & -0.0017 \end{bmatrix}^T$$

下的对偏离希望高度 100ft 的响应。从该图中可以看到，虽然两种优化方法下的迎角和偏角的响应曲线有所差别（但都在限制值之内），而飞行高度的响应曲线已经非常接近。

图 7-61 示出了当飞机从偏离希望高度 100ft 回到原来的巡航高度后，又给出再升高 100ft 的指令后飞机的响应曲线。从该图中可以看到，对升高指令的响应与偏航自动控制具有同样的控制品质。

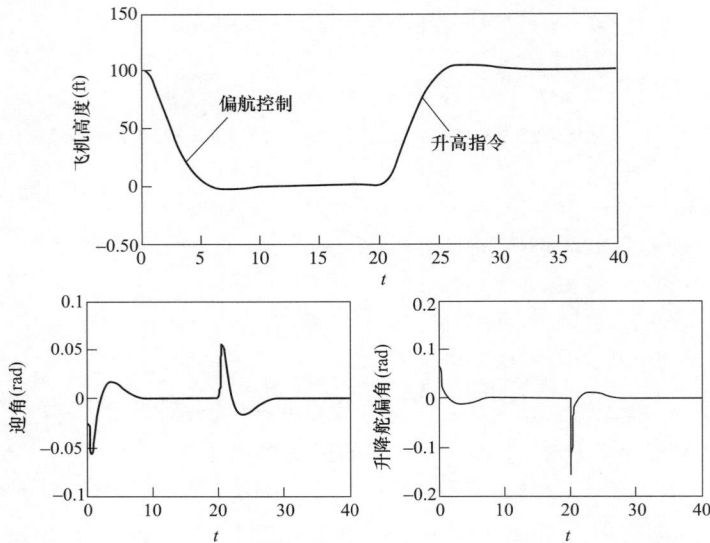

图 7-61 飞机偏航自动控制与对升高指令的响应

此例也说明，参数优化方法完全可以取代现代控制理论时期那种复杂的解析法。

7.6 本 章 小 结

状态方程可以在时间域里描述多输入多输出系统。但是，对于现代工程中的复杂系统，使用状态方程来描述也是比较困难的，一般还是习惯用传递函数矩阵来描述高阶的多变量系统。

对多输入多输出的系统进行控制是比较困难的。现在较为成熟的控制策略有三种：状态反馈控制、解耦控制和协调控制。虽然它们各自都有缺陷，但是目前也仅能用这些方法对多变量系统进行控制。

1. 状态反馈控制

所谓状态反馈控制系统就是，如果被控系统的状态有 n 个，系统输入有 r 个，则可以把所有的状态变量乘以反馈矩阵 $K_{r \times n}$（常数阵）后负反馈到系统的 r 个输入，与系统的原输入

叠加形成 r 个控制量 $U_{r\times1}(t)$。

优化设计状态反馈控制系统的方法是：先是把对被控系统每个输出的品质指标要求转换成特征方程描述的形式；然后再把希望的特征方程与状态反馈系统的特征方程进行比对，即可求出状态反馈矩阵系数。

即使是单输入单输出的被控系统，只要被控系统高于 3 阶，我们就很难给出状态反馈控制时所希望的特征方程。因此，现代控制理论中的状态反馈法也仅仅是在低阶的单输入单输出系统中得到了实际应用，而对于多输入多输出系统，在实际工程中应用还是非常困难的。

状态反馈控制总是有差控制。如果要求系统的 m 个输出无静差，就必须在被控系统的每个输出与其希望值的误差比较器后面加 m 个积分器（I），这又增加了系统的复杂性，而且也使得控制器参数整定变得非常困难。

2. 解耦控制

解耦控制也是解决多变量系统控制的一种有效方法。对于 $n\times n$ 的多变量系统，通过解耦后，从系统的外部看就等同于 n 个完全独立的子系统，即一个输入量的变化只引起与它对应的输出量的变化，任一输出量只受与它对应的输入量的影响，于是就可以按单输入单输出系统的方法分别设计和调试 n 个独立的控制子系统。

然而，从工程应用的角度来讲，解耦的方法也仅能用在 2×2 系统上。特别是对于高阶的生产过程系统，动态解耦器的设计是相当困难的，有时是不可能的。在此情况下，可以选择静态解耦控制方式。这种控制方式虽然比不上动态解耦的控制效果，但还是优于不解耦时的直接控制。

无论是动态解耦还是静态解耦都是有条件的。在一般情况下，静态干扰度 $D_s < 5$（干扰通道的绝对增益小于补偿通道的 5 倍）时干扰通道是能被补偿的，即两通道是能静态解耦的；当动态干扰度 $D_d < 10$ 时，即可认为干扰通道是能被补偿的，即两通道是能动态解耦的。

然而，在实际工程中，采用求解动态解耦器的初值和终值的方法来判断系统能否解耦是最可靠的。

3. 协调控制

为了提高多变量系统的调节品质，以及在实际工程中容易实现解耦控制，通常把控制器和解耦器放在同一组控制器中，把这种控制方案称为协调控制。一般选择协调控制器为 PID 控制律。

可以按着解耦方法来设计协调控制器的参数。然而，协调控制器中的积分器参数整定是比较困难的，而且积分器的作用也不够大，因此通常根据被控系统的特性选择非线性环节作为协调控制器，可以有效地发挥非线性环节的作用（参见第 8 章）。

4. 最优控制

最优控制的核心思想是直接按对系统提出的物理性能要求来设计性能指标函数，这一思想是经典控制理论单纯考虑系统输出曲线的品质指标（稳、准、快）的扩充。

最优控制不强调系统一定要闭环控制，只要控制律能够实现即可，控制律不一定与系统输出的动态响应有函数关系，这时系统就成了开环控制（单纯的前馈控制）。由于最优控制发展时期，电子技术还比较落后，需要较简单的状态反馈控制律，因此，常系数状态反馈控制就成为当时最主要的控制算法。

第 8 章

非线性控制系统分析与优化设计

实际工程中的自动控制系统总是由控制设备和被控对象组成。本章讨论的非线性控制系统包括控制系统中的控制设备或被控对象至少有一部分是非线性的。

8.1 非线性系统综述

在工业工程中，自动控制系统的控制设备和被控对象都是绝对非线性的。我们所说的线性系统是相对的，是在系统中的非线性元件的非线性度不强的情况下近似为线性的；再者就是在小信号下，用线性模型来逼近非线性模型，使得系统呈现线性。例如，如果 $y = A\sin(u)$，那么，当 u 很小时，可以认为 $y \approx Au$。然而，如果反过来，研究的是大信号的情况，那么，任何物理系统都是非线性系统。例如，即使 $y = Ku$ 是线性系统，那么只要 u 足够大，系统的实际输出就会到达它的上（下）限值，此时它就变成了非线性系统：

$$y = \begin{cases} Y_{max} & u > U_{max} \\ K \cdot u & u \leqslant |U_{max}| \\ -Y_{max} & u < -U_{max} \end{cases} \tag{8-1}$$

事实上，物理系统中的每个元器件都存在如式（8-1）所示的饱和非线性。如果控制系统工作在饱和区 $[-U_{max}, U_{max}]$ 以内，控制系统就是线性的，前几章所讨论的线性控制系统分析和设计的各种方法都适合这样的非线性系统。

然而，控制系统中的许多硬非线性都是不能被忽略或被近似成线性的。例如，在本书第2章表2-4所列出的继电器、带有不灵敏区的继电器、限幅器、不灵敏区及齿轮间隙等非线性环节，在对控制系统进行分析与设计时，都必须对它们进行考虑。例如，在第6章和第7章所述的各种控制系统优化设计中，都考虑了控制器输出限幅问题，否则所设计出的最优控制策略和参数在工程中是不能被使用的。但是，并不是控制系统中的所有非线性都是有害的，有时可以利用一些非线性特性改善控制系统的性能。例如，在第7章图7-56所示的机炉协调控制系统中，就是利用了饱和非线性和不灵敏区非线性，维持主蒸汽压力稳定，并能充分利用锅炉的蓄热量来调节发电机功率，从而达到机组安全、节能优化运行的目的。

对于非线性系统，没有一种通用的数学方程来描述其非线性特性（见本书第2章第2.9节），因此，对这样的系统进行分析是非常困难的。虽然在经典控制理论时期发展了相平面法、描述函数法以及逆系统等方法[15],[27~29],[83]，但是这些方法都有其自身的缺陷，在工程上，它们都不够实用。事实上，到目前为止也没有一种普适的方法对非线性系统进行分析和优化设计。

计算机被广泛应用的今天，无论是线性系统，还是非线性系统，都可以用计算机求出精确解，而且，在精度、计算速度和容量方面实际上已经没有什么限制，这样就可以通过计算机来完成没有计算机年代所做的理论分析工作。今天，计算机已经成为系统分析与优化设计的有效工具。因此，发展普适的非线性系统分析方法已经没什么意义。

8.2 非线性模型的线性化

我们必须接受的一个事实是，几乎所有的被选作控制过程的动态微分方程都是非线性的。然而我们又知道，系统分析与优化设计方法对线性模型来说比非线性模型要简单得多。所以，人们自然想到，在系统工作的某个区域内，用线性模型来逼近非线性模型，从而就可以利用线性系统的分析方法来分析这个近似的线性模型。用线性模型来逼近非线性模型的过程就称为非线性模型的线性化。事实上，仅软非线性才能被线性化。

非线性系统线性化的方法是在经典控制理论时期发展起来的理论分析方法，现在完全可以使用计算机进行数值分析，这些线性化方法已经失去了应有的价值。但是，如果你真的需要用经典控制理论对非线性系统进行分析，那么非线性系统线性化还是需要的。

8.2.1 小信号分析线性化

对于一个有连续导数的平稳的非线性系统，如果输入信号工作在某个平衡点邻域（可能很小）内，那么在这个邻域内，一定能找出一个小信号的线性模型来近似非线性模型。连续可微的非线

对于连续可微的非线性方程

$$y = f(x) \tag{8-2}$$

如果在工作点 x_0 的某个邻域 $(x_0 - \varepsilon, x_0 + \varepsilon)$ 内连续可微（见图 8-1），那么可以用线性方程

$$y(x) \approx f(x_0) + (x - x_0) \dot{f}(x_0) \quad x \in (x_0 - \varepsilon, x_0 + \varepsilon) \tag{8-3}$$

来逼近式（8-2）所示的非线性方程。

例如，对于式（2-20）所示的水箱水位动态特性方程

$$\dot{H}(t) + \frac{K_2}{F}\sqrt{H(t)} = \frac{K_1}{F}\mu_1(t) \tag{8-4}$$

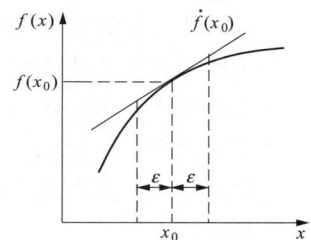

图 8-1 连续可微的非线性函数

在工作点 H_0 的某个小邻域内，根据式（8-3）可以得到

$$\sqrt{H} \approx H_0 + \frac{1}{2\sqrt{H_0}}(H - H_0)$$

由此可以得到式（8-4）所示非线性系统的近似线性微分方程：

$$\dot{H}(t) + a_0 H(t) = b_0 \mu_1(t) + B$$

其中：$a_0 = \dfrac{K_2}{2F\sqrt{H_0}}$，$b_0 = \dfrac{K_1}{F}$，$B = -\dfrac{K_2 H_0}{F}\left(1 + \dfrac{1}{2\sqrt{H_0}}\right)$，且均为常数。

再考虑简单钟摆的运动非线性方程[53]

$$\ddot{\theta} + \omega_0 \sin\theta = u \tag{8-5}$$

式中　θ——摆角；

　　　　u——输入力矩；

ω_0 —— 常数。

令：$x_1 = \theta, x_2 = \dot{\theta}$，则有

$$\begin{cases} \dot{x_1} = x_2 \\ \dot{x_2} = -\omega_0 \sin\theta + u \end{cases}$$

在输入力矩平衡点 $u_0 = 0$ 的某个小邻域内，根据式（8-3）可以得到

$$\sin\theta \approx \theta_0 + (\theta - \theta_0)\cos\theta_0$$

又由于在力矩平衡点处，钟摆向下处于静止状态，所以 $\theta_0 = 0, \cos\theta_0 = 1$。据此，可以得到式（8-5）所示非线性系统的近似线性状态方程的矩阵描述：

$$\begin{bmatrix} \dot{x_1} \\ \dot{x_2} \end{bmatrix} = \begin{bmatrix} 0 & 1 \\ -\omega_0 & 0 \end{bmatrix} \begin{bmatrix} x_1 \\ x_2 \end{bmatrix} + \begin{bmatrix} 0 \\ 1 \end{bmatrix} u$$

从图 8-1 中可以看到，曲线弯曲的程度越大，函数被线性化后所产生的误差就越大。即，工作点的曲率越大，线性化的误差越大。因此，我们可以用工作点的曲率大小来衡量非线性程度。

定义 8.1　非线性度

曲率就是曲线上某个工作点的切线方向角 $\Delta\alpha$ 对弧长 Δs 的转动率[26]，即曲率 k 定义为

$$k = \lim_{\Delta s \to 0} \left| \frac{\Delta\alpha}{\Delta s} \right| \tag{8-6}$$

定义曲率 k 即为非线性函数曲线的非线性度。

非线性度表明了曲线偏离直线的程度。显然，非线性度 k 值越大，非线性越强。对于弱非线性系统来讲，可以用小信号线性化方法来对系统进行分析，而对于强非线性来讲，再用小信号线性化方法来分析将会产生较大的误差。而对于硬非线性来讲，根本不能使用小信号线性化的方法，这是因为在硬非线性曲线的拐点处不存在一阶导数。所以，非线性度是对软非线性而言的。

8.2.2　非线性反馈线性化

所谓非线性反馈法就是通过减去非线性运动方程中的非线性项，并把它们加到控制（系统输入）上来，构成线性系统。

例如，对于式（8-5）所示的系统，令

$$u = x + \omega_0 \sin\theta \tag{8-7}$$

则可得到式（8-5）所示非线性系统的近似线性模型为

$$\ddot{\theta}(t) = x$$

其中，x 成为了系统的输入。可以把该式作为控制系统设计的模型。

这种方法看似简单，但是它根本不能在复杂系统中应用。

8.2.3　逆非线性补偿线性化

如果系统中的非线性的逆存在，那么可以通过在控制器中加入逆非线性来达到线性化的目的。

例如，在图 8-2 所示的控制系统中[83]，存在平方非线性。而平方非线性的逆就是平方根。因此在控制器中加入平方根非线性后，从开环通道来看，系统的输出 y 与偏差 e 总是呈现线性关系（在逆非线性前加入一个单边输入的限幅器的目的是保证进入开方环节的信号总是为正）。

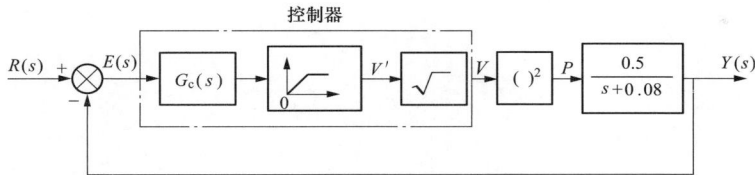

图 8-2　逆非线性补偿的线性化系统

遗憾的是，只有较简单的非线性才存在逆，大多数非线性环节根本不存在逆，或者存在逆但人工求不出来，这时可以使用逆神经网络的方法[84]，求出非线性逆模型。因此，这种线性化的方法在工程中很难使用。

8.3　典型硬非线性特性及其仿真程序

硬非线性不能被线性化，对系统进行分析时，必须面对它。那么就有必要对某些非线性特性有更深入的了解，并能充分利用它们。下面讨论几种典型非线性环节的特性及其仿真子程序。

8.3.1　继电器

继电器是最常用的电气控制元件。在经典控制理论初期的电子管年代，不能实现复杂的控制算法，通常用继电器作为控制器。即使到了今天计算机被普遍使用的年代，由于继电器特性比较简单、实现容易，在某些控制系统中，仍然使用它作为控制器。

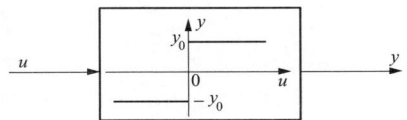

图 8-3　继电器非线性特性

继电器的非线性特性如图 8-3 所示。图中 y_0 为继电器常数，它的特性可用如下的数学表达式来描述

$$y = \begin{cases} y_0 & u \geqslant 0 \\ -y_0 & u < 0 \end{cases} \qquad (8-8)$$

其仿真子程序为：

```
if (u<0); y = - y0; end
if (u> = 0); y = y0; end
```

8.3.2　有不灵敏区的继电器

如果用继电器作为控制器，那么当控制系统达到稳态时，会很容易产生等幅震荡，如果在继电器中加入不灵敏区（死区）特性，那么可以在很大的程度上解决等幅震荡问题（参见图 8-26 所示的系统响应）。

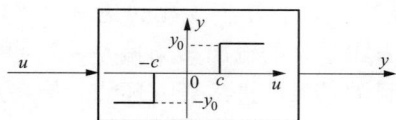

图 8-4　具有不灵敏区的继电器特性

具有不灵敏区的继电器特性见图 8-4 所示，图中 y_0、c 为常数。其数学表达式为

$$y = \begin{cases} y_0 & u > c \\ 0 & |u| \leqslant c \\ -y_0 & u < -c \end{cases} \qquad (8\text{-}9)$$

其仿真子程序为：

```
if(u>0); y = y0; end
if (abs(u)< = c); y = 0; end
if (u<-c); y = -y0; end
```

8.3.3　限幅器（饱和特性）

物理系统中的每个元器件都存在饱和特性，也即限幅特性。在自动控制系统中，为了保护系统的安全运行，大都使用限幅器这个非线性元件。例如，在高温、高压的液体容器中，都使用限幅器来控制安全阀门的动作。当容器内液体的温度或压力高于预先设定的安全值时，限幅器输出一个"开"信号，打开安全阀；当容器内液体的温度或压力回落到安全值以内时，限幅器再输出一个"关"信号，关闭安全阀。从而保证了液体容器的安全运行。

限幅器非线性特性如图 8-5 所示，图中 c 为常数。其数学表达式为

$$y = \begin{cases} c & u > c \\ u & |u| \leqslant c \\ -c & u < -c \end{cases} \qquad (8\text{-}10)$$

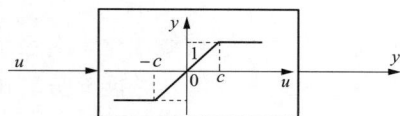

图 8-5　限幅器非线性特性

其仿真子程序为：

```
if (u>c); y = c; end
if (abs(u)< = c) ; y = u; end
if (u<-c) y = -c; end
```

8.3.4　不灵敏区（死区）

不灵敏区特性，也即死区特性，在防止执行机构频繁动作方面，发挥着巨大的作用。不灵敏区特性如图 8-6 所示，图中 c 为常数。其数学表达式为

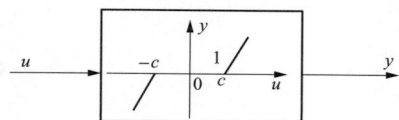

图 8-6　不灵敏区非线性特性

$$y = \begin{cases} u-c & u > c \\ u & |u| \leqslant c \\ u+c & u < -c \end{cases} \qquad (8\text{-}11)$$

仿真子程序为：

```
if (u>c); y = u-c; end
if (abs(u)< = c); y = 0; end
if (u<-c); y = u+c; end
```

8.3.5　齿轮间隙

在齿轮传动中，由于制造与装配时的误差，在一对啮合齿轮之间往往存在间隙。若主动

轮原来是逆时针转动（在线段 4 上），当改为顺时针转动时，在走过间隙 c（在线段 1 上）这一段时间内，从动轮不转动（相当于死区），直至一对齿轮相接触（在线段 2 上）；当主动轮再反向改为逆时针转动时，在走过间隙 c（在线段 3 上）这一段时间内，从动轮也不转动，直到一对齿轮在另一边接触（回到线段 4 上）。

在铁磁元件中也存在类似的特性，并称为磁滞回环[82]。实际物理系统中，还有许多设备存在这种特性，如阀门或挡板的开和关，都或多或少地存在齿轮间隙特性。

齿轮间隙特性也可用于控制器，如本章 8.5.2 所介绍的水塔双位控制器（见图 8-27）。通过这种滞环特性，达到维持水塔水位在一定的范围内，又不致使给水泵做频繁启停的操作。

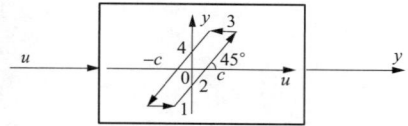

齿轮间隙非线性如图 8-7 所示。数学表达式为

图 8-7　齿轮间隙非线性特性

$$y = \begin{cases} u-c & u-u^0 > 0 \text{ 且 } y^0 \leqslant u-c \text{（线段 2）} \\ y^0 & \text{其他（线段 1 和 3）} \\ u+c & u-u^0 < 0 \text{ 且 } y^0 \geqslant u+c \text{（线段 4）} \end{cases} \tag{8-12}$$

式中　　u^0 ——前一时刻的输入；

y^0 ——前一时刻的输出；

c ——常数。

仿真子程序为：

```
y = y0;
if (u−u0)>0&y0< = (u−c); y = u−c; end
if (u−u0)<0&y0> = (u+c); y = u+c; end
u0 = u; y0 = y;
```

8.3.6　具有死区和滞环的继电器

由于继电器的吸合电压和释放电压不同，会使继电器的输出呈现死区和间隙等非线性特性。工业生产过程控制系统中的执行机构大都具有这种特性。图 8-8 描述了这种带有死区和滞环的继电非线性环节的特性。图中 u^0 为前一时刻的输入，c_1、c_2、y_0 为常数。

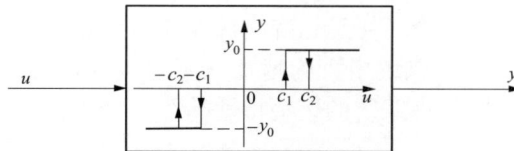

图 8-8　具有死区和滞环的继电非线性特性

数学表达式为

$$y = \begin{cases} y_0 & u \geqslant c_1 \\ 0 & u-u^0 > 0 \text{ 且 } -c_2 < u < c_1 \\ -y_0 & u \leqslant -c_2 \end{cases} \tag{8-13}$$

当 $u-u_0 < 0$ 时：

$$y = \begin{cases} y_0 & u \geqslant c_2 \\ 0 & u-u^0 < 0 \text{ 且 } -c_1 < u < c_2 \\ -y_0 & u \leqslant -c_1 \end{cases} \tag{8-14}$$

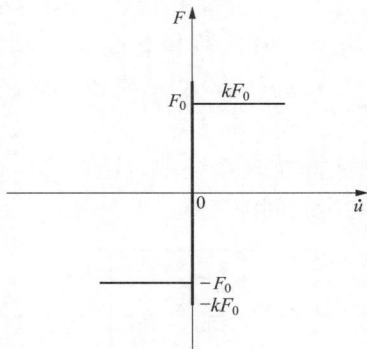

图 8-9　摩擦非线性特性

8.3.7　摩擦

在机械传动系统中，往往会存在摩擦非线性。它的表现形式是，当系统的输入轴做低速平稳运转时，输出轴的旋转呈现跳跃式的变化。这种低速运转现象是由静摩擦到动摩擦的跳变所引起的。如果一对啮合的齿轮要从静止状态开始旋转，那么输入转矩需要克服静态转矩才能使输出轴由静止开始转动。而一旦输出轴开始转动，静摩擦转矩立即变为动摩擦转矩。运动时，由于惯性的存在，因此动摩擦转矩 F_0 一定小于静摩擦转矩 kF_0，如图 8-9 所示。

摩擦非线性特性为

$$F = \begin{cases} F_0 & \dot{u} > 0 \\ -F_0 & \dot{u} < 0 \\ u & \dot{u} = 0 \text{ 且 } |F| < kF_0 \end{cases} \tag{8-15}$$

```
if u1-u0>0; F=F0; end
if u1-u0<0; F=-F0; end
if u1-u0==0
  F=u;
  if F>k*F0; F=k*F0; end
  if F<-k*F0; F=-k*F0; end
end
```

8.4　非线性系统特性分析

产生非线性系统的原因有两个：一是系统内部设备固有的非线性，对系统进行分析时不得不考虑非线性的存在；二是在系统中人为地加入了非线性，其目的是改善系统的控制品质。本节将讨论怎样来分析非线性系统的运动特性问题。

8.4.1　经典分析方法回顾

在经典控制理论时期，发展了两种较为普适的非线性系统分析方法——描述函数法和相平面法。但是，这两种方法都有其局限性，并不适合现代工程中的复杂系统分析。

1. 描述函数法

经典控制理论时期的大多数方法都是建立在系统的频率特性基础上的，其原因是，那个时代没有计算工具能在时间域里求解微分方程。当遇到了非线性系统问题，在时间域里更是无能为力。因此，在 1940 年，丹尼尔（P. J. Daniel）首先提出了非线性系统分析的描述函数法[27]。其基本思想是：

对于图 8-10 所示的非线性环节，如果给环节施加一个幅值为 a、频率为 ω 的正弦信号

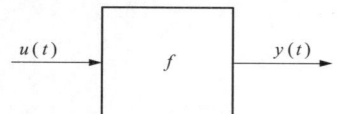

图 8-10　非线性环节

$$u(t) = a\sin(\omega t) \tag{8-16}$$

此时，环节输出必将是与输入基本周期相同的信号。用傅里叶级数描述为

$$y(t) = a_0 + \sum_{i=1}^{\infty} a_i\cos(i\omega t) + b_i\sin(i\omega t)$$

$$= a_0 + \sum_{i=1}^{\infty} Y_i\sin(i\omega t + \theta_i) \tag{8-17}$$

其中：

$$a_i = \frac{2}{\pi}\int_0^{\pi} y(t)\cos(i\omega t)\mathrm{d}(\omega t)$$

$$b_i = \frac{2}{\pi}\int_0^{\pi} y(t)\sin s(i\omega t)\mathrm{d}(\omega t)$$

$$Y_i = \sqrt{a_i^2 + b_i^2}$$

$$\theta_i = \tan^{-1}\left(\frac{a_i}{b_i}\right)$$

描述函数就定义为[83]：在正弦信号作用下，非线性环节稳态输出中的一次谐波分量与输入信号的复数比，即

$$DF = \frac{b_1 + a_1 j}{a} = \frac{Y_1}{a}\angle\theta_1 \tag{8-18}$$

非线性环节没有传递函数，而描述函数法正是用非线性环节的"等效频率响应特性"来表达它的传递函数，也即频率特性函数。这样就可以按线性系统的频域分析法来分析非线性系统。

通过描述函数的定义可以看到它的两个缺陷：

（1）描述函数用环节输出的一次谐波分量来逼近真正的输出，其余部分被忽略。这是一种近似的方法，而且一个系统中只能存在一个非线性。

（2）非线性环节的描述函数计算看似简单，实属繁琐。它能解决的问题有限。

2. 相平面法

无论是线性系统还是非线性系统，只要它是二阶的，那么用两个状态变量就可以完全描述这个系统。如果在一个二维坐标上能绘制出两个状态变量的运动轨迹，那么就可以从这个平面图上一览无遗地看到系统的全部运动状态。对于二阶系统来说，最可能的两个状态是 x 及其他的导数 $\dot{x}$，因此以 x 及 $\dot{x}$ 为坐标轴的平面就能描述它们的运动轨迹。把在 $x-\dot{x}$ 平面上的轨迹就称为相平面，或相轨迹。

考虑图 8-11 所示的带有齿轮间隙的非线性控制系统，取 $\delta = 1.2, T_i = 50$ 时，用相平面分析非线性环节的常数 c 对控制品质的影响。

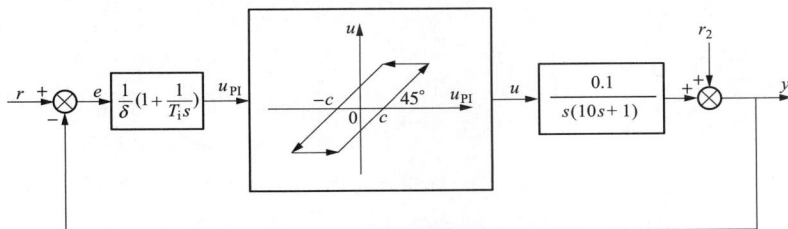

图 8-11　有齿轮间隙的非线性控制系统方框图

该系统的仿真程序如 NLS＿simu841.m 所示。

```
%非线性系统的相平面分析程序 NLS＿simu841.m
clear all;
DT = 0.1; ST = 600; LP = ST/DT;
a = exp(－DT/10); b = 1－a; c = 0; r = 0; r2 = 1;
x1 = 0; x20 = 0; y0 = 0; xi = 0; DTA = 1.2; Ti = 50; M = 1; xpi0 = 0; u0 = 0;
for i = 1: LP
    %%%%%%%%%%%%%%%%%%%%%PI 控制器仿真%%%%%%%%%%%%%%%%%%%%%%%%%%%
    e = r－y0;
    xp = e/DTA; xi = xi + DT * e/DTA/Ti;
    xpi = xp + xi;
    %%%%%%%%%%%%%%%%%%%%%齿轮间隙非线性仿真%%%%%%%%%%%%%%%%%%%%%%%
    u = u0;
    if (xpi－xpi0)＞0&u0＜ = (xpi－c); u = xpi－c; end
    if (xpi－xpi0)＜0&u0＞ = (xpi + c); u = xpi + c; end
    u0 = u; xpi0 = xpi;
    %%%%%%%%%%%%%%%%%%%%%被控对象仿真%%%%%%%%%%%%%%%%%%%%%%%%%%%%%
    x1 = x1 + DT * u;
    x2 = a * x20 + 0.1 * b * x1;
    x2d = (x2－x20)/DT; x20 = x2; %计算系统输出的导数
    y0 = x2 + r2;
    x(i) = y0; y(i) = x2d; t(i) = i * DT;
end
subplot(1, 2, 1), plot(x, y, 'b'); hold on;%绘制相平面
subplot(1, 2, 2), plot(t, x, 'b'); hold on;%绘制时域响应
```

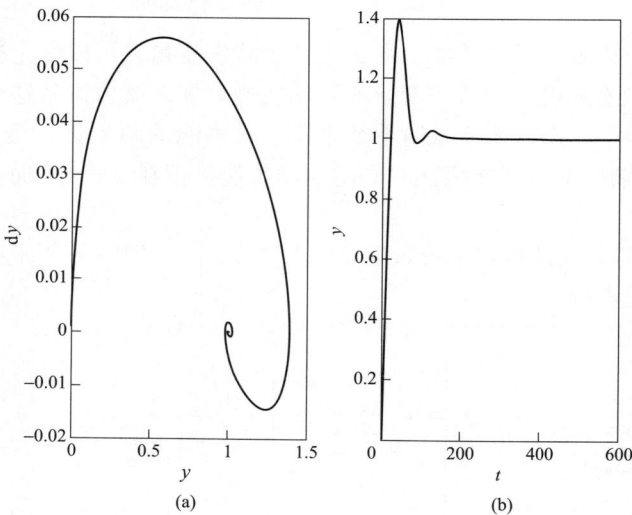

图 8-12　$c = 0.001$ 时系统的相平面和时域响应

（a）相平面；（b）时域相应

当取 $c = 0.001$ 时，系统的相平面和时域响应如图 8-12 所示。从相平面上可以看到，系统的输出起始于 0 点，最终落到了 1 的位置上。图中的时域响应曲线也说明了这一点。

如果取 $c = 0.1$，系统的相平面和时域响应如图 8-13 所示。从相平面上可以看到，系统输出起始于 0 点，最终收敛于一个直径大约为 0.4 的环，把它称作"极限环"，这说明系统稳态时产生了等幅震荡。图中的时域响应曲线证明了这一点。

如果取 $c = 2$，系统的相平面和

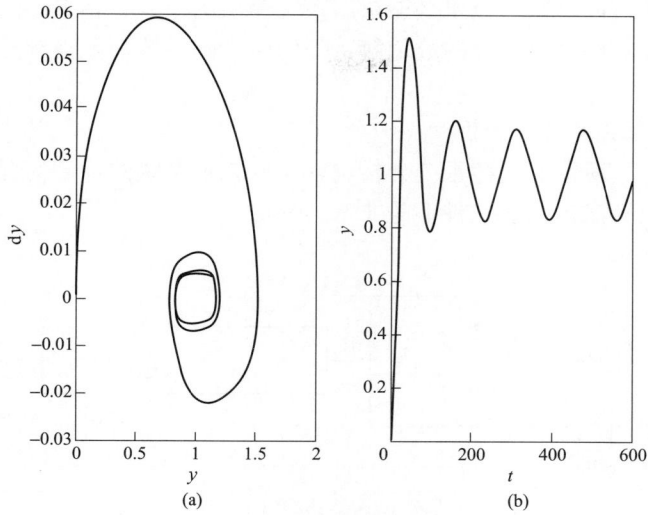

图 8-13　$c = 0.1$ 时系统的相平面和时域响应

（a）相平面；（b）时域响应

时域响应如图 8-14 所示。从该图上可以看到，系统输出起始于 0 点，以后以"卷轴"的形状向外扩散，说明系统是发散的。图中的时域响应曲线也说明了这一点。

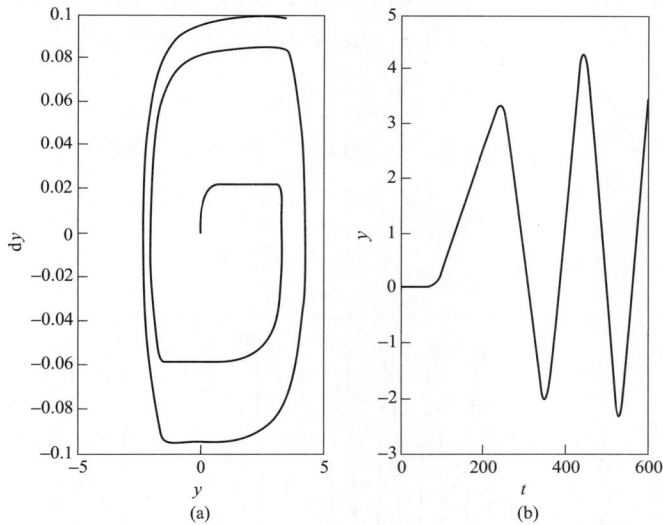

图 8-14　$c = 2$ 时系统的相平面和时域响应

（a）相平面；（b）时域响应

　　通过上述非线性系统的相平面分析可以看到，该方法确实能看到系统动态过程的全貌，但相轨迹与时域响应曲线已经没有什么区别，仅仅是坐标系不同而已。

　　相平面法是非线性系统的精确分析法，但在一般情况下，需要用计算机才能绘制出精确的相轨迹。在没有计算机的年代，绘制相轨迹是非常困难的，有时是不可能的，那时仅能通过做草图的方法（例如等倾线法、δ 法等[66]）来完成相轨迹的绘制。

从上述的实例还可以看到，只要是能求出系统输出的导数，相平面法并不局限于 2 阶系统。现在已经使用计算机来求系统的数值解，任何阶次的系统都能得到相轨迹。但这时相平面已经失去了它存在的意义。

8.4.2　非线性系统的数值分析

与线性系统一样，所谓非线性系统分析也就是要知道系统的稳定情况以及一些其他的控制品质指标。用数值解法来完成这种事是非常容易的。

考虑图 8-15 所示的非线性系统。

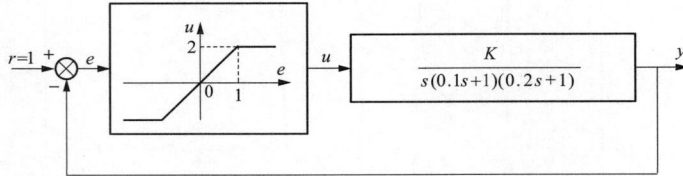

图 8-15　某非线性系统

当 K 为何值时，系统临界稳定；当 $K = 15$ 时，求自激振荡的振幅和周期。

求临界稳定时的 K 值，就是求衰减率为 0 时的 K 值。因此，选择目标函数为

$$Q = (0 - \varphi)^2$$

由于只有一个参数要优化，因此使用穷举法，优化主程序如 O _ enumeration _ 842. m 所示，目标函数计算子程序为 Obj _ NLS _ simu842. m。优化结果为

$$K = 8.095$$

当 $K = 15$ 时，使用程序 Obj _ NLS _ simu842. m 可以计算出：

振荡周期：$T = 0.86$；

振荡幅值：$A = 2.32$。

响应曲线如图 8-16 所示。

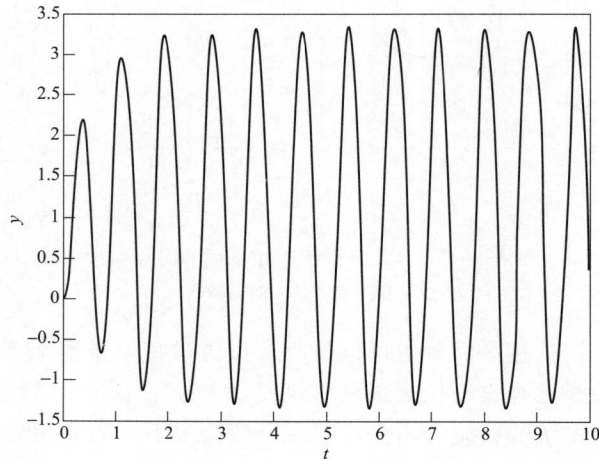

图 8-16　$K = 15$ 时非线性系统仿真响应曲线

```
%穷举法优化程序 O_enumeration_842.m
clear all;
Qmin = 10^40;
for K = 1: 0.001: 10
    [Q] = Obj_Nls_simu842(K); %调用仿真子程序
    if Q<Qmin; Qmin = Q; Km = K; end
end
Km
```

```
%非线性系统仿真子程序 Obj_NLS_simu842.m
function [Q] = Obj_Nls_simu842(K)
%clear all;
DT = 0.01; ST = 10; LP = ST/DT;
a1 = exp( - DT/0.1); b1 = 1 - a1;
a2 = exp( - DT/0.2); b2 = 1 - a2;
x = 0; x1 = 0; x2 = 0; Q = 0;
%K = 15;
for i = 1: LP
    e = 1 - x2;
    %%%%%%%%%%%%%%%%%%%%%%%%%%%%非线性仿真%%%%%%%%%%%%%%%%%%%%%%%%%%%
    u = 2 * e;
    if u>2; u = 2; end
    if u< - 2; u = - 2; end
    %%%%%%%%%%%%%%%%%%%%%%%%被控对象仿真%%%%%%%%%%%%%%%%%%%%%%%%%%%%
    x = x + K * DT * u;
    x1 = a1 * x1 + b1 * x;
    x2 = a2 * x2 + b2 * x1;
    y(i) = x2; t(i) = i * DT;
end
%%%%%%%%%%%%%%%%%%%%%%%%%%计算目标函数%%%%%%%%%%%%%%%%%%%%%%%%%%%%%%
i1 = 2; ym1 = y(1);
while (i1< = LP)&(y(i1)> = ym1); ym1 = y(i1); i1 = i1 + 1; end
i1 = i1 - 1; ym2 = ym1; i2 = i1;
while (i2< = LP)&(y(i2)< = ym2); ym2 = y(i2); i2 = i2 + 1; end
i2 = i2 - 1; ym3 = ym2; i3 = i2;
while (i3< = LP)&(y(i3)> = ym3); ym3 = y(i3); i3 = i3 + 1; end
i3 = i3 - 1; ym5 = y(500); i5 = 500;
while (i5< = LP)&(y(i5)> = ym5); ym5 = y(i5); i5 = i5 + 1; end
i5 = i5 - 1; ym6 = ym5; i6 = i5;
while (i6< = LP)&(y(i6)< = ym6); ym6 = y(i6); i6 = i6 + 1; end
i6 = i6 - 1; ym7 = ym6; i7 = i6;
```

```
while (i7< = LP)&(y(i7)> = ym7); ym7 = y(i7); i7 = i7 + 1; end
i7 = i7 - 1;
FAI = (ym1 - ym3)/(ym1 - 1);
% T = DT * (i7 - i5)          % 计算振荡周期
% A = (ym5 - ym6)/2           % 计算振荡幅值
Q = FAI * FAI;
% plot(t, y, 'b'); hold on;
```

下面来分析文献 [1] 给出的非线性微分方程为

$$\frac{\mathrm{d}^2 y}{\mathrm{d}t^2} + 2\xi \frac{\mathrm{d}y}{\mathrm{d}t} + y = \mathrm{sign}\left(ay + b\frac{\mathrm{d}y}{\mathrm{d}t}\right), \quad 0 < \xi < 1 \tag{8-19}$$

$$y(0) = 2, \dot{y}(0) = -2$$

的运动轨迹情况。

令：

$$x_1 = y$$
$$x_2 = \dot{y}$$

根据式（8-19）则有该系统的状态方程为

$$\begin{cases} \dot{x_1} = x_2 \\ \dot{x_2} = -2\xi x_2 - x_1 + \mathrm{sign}(ax_1 + bx_2) \end{cases} \tag{8-20}$$

$$x_1(0) = 2, x_2(0) = -2$$

仿真程序如 NLS_simu843.m 所示。

```
% 非线性系统仿真程序 NLS_simu843.m
% y" + 2ky' + y = sign(ay + by'), y(0) = 2, y'(0) = -2
clear all;
DT = 0.01; ST = 20; LP = ST/DT;
a = 1; b = 0.5; k = 0.3;
x1 = 2; x2 = -2;
for i = 1; LP
    x1 = x1 + DT * x2;
    x2 = x2 + DT * (-2 * k * x2 - x1 + sign(a * x1 + b * x2));
    y1(i) = x1; y2(i) = x2; t(i) = DT * i;
end
subplot(1, 2, 1), plot(y1, y2, 'b'); hold on;
subplot(1, 2, 2), plot(t, y1, 'b'); hold on;
```

当取 $a = 1, b = 0.5, \xi = 0.3$ 时，非线性系统的相轨迹及时域响应曲线如图 8-17 所示。这是系统衰减振荡的情况。

542

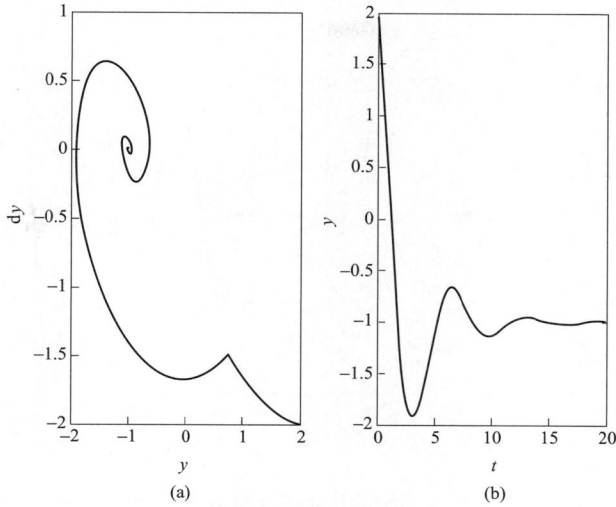

图 8-17　非线性系统的相轨迹及时域响应曲线（$\xi=0.3$）

（a）相轨迹；（b）时域响应

当取 $a=1, b=0.5, \xi=0.076$ 时，非线性系统的相轨迹及时域响应曲线如图 8-18 所示。这是系统等幅振荡的情况。

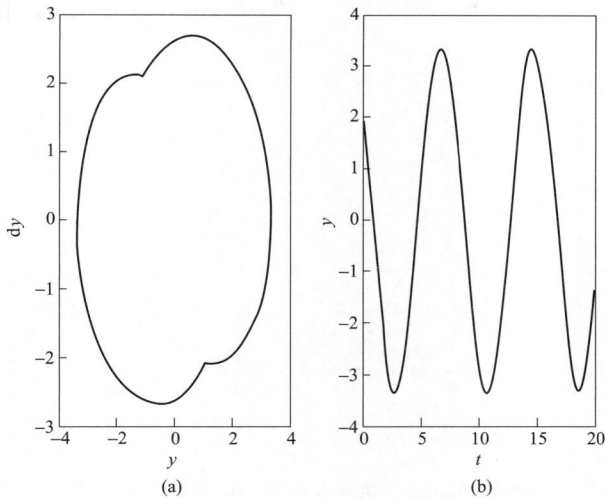

图 8-18　非线性系统的相轨迹及时域响应曲线（$\xi=0.076$）

（a）相轨迹；（b）时域响应

当取 $a=1, b=0.5, \xi=0$ 时，非线性系统的相轨迹及时域响应曲线如图 8-19 所示。这是系统发散的情况。

当取 $a=1, b=-0.5, \xi=0.3$ 时，非线性系统的相轨迹及时域响应曲线如图 8-20 所示。

当取 $a=-1, b=0.5, \xi=0.3$ 时，非线性系统的相轨迹及时域响应曲线如图 8-21 所示。

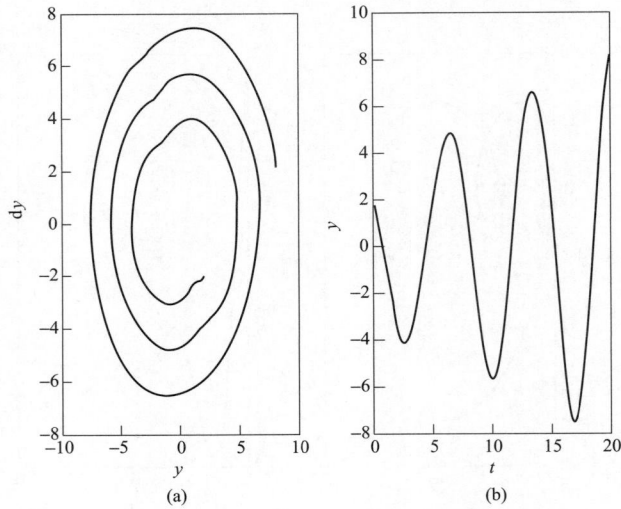

图 8-19　非线性系统的相轨迹及时域响应曲线（ξ＝0）

（a）相轨迹；（b）时域响应

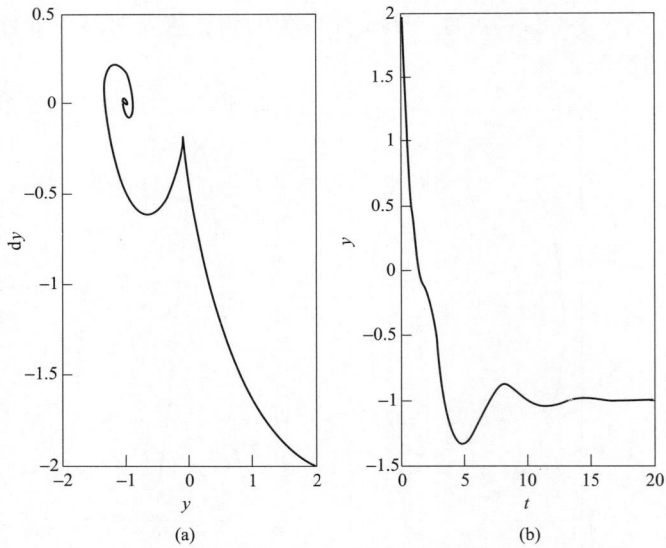

图 8-20　非线性系统的相轨迹及时域响应曲线（a＝1，b＝-0.5）

（a）相轨迹；（b）时域响应

当取 $a=-1, b=0.5, \xi=0.3$ 时，非线性系统的相轨迹及时域响应曲线如图 8-22 所示。

通过上述非线性系统的数值分析可以看到，非线性系统的数值分析法是非常有效的，程序设计简单，可以适合于任何非线性系统。描述函数法和相平面法等非线性系统分析方法已经失去它们应有的价值。

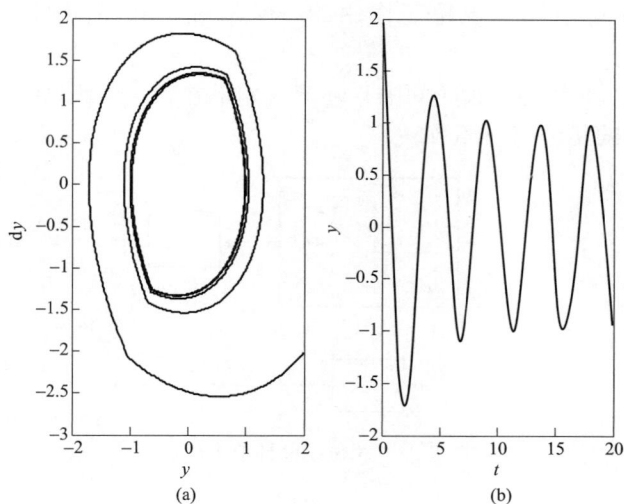

图 8-21　非线性系统的相轨迹及时域响应曲线（$a=-1$，$b=0.5$）

（a）相轨迹；（b）时域响应

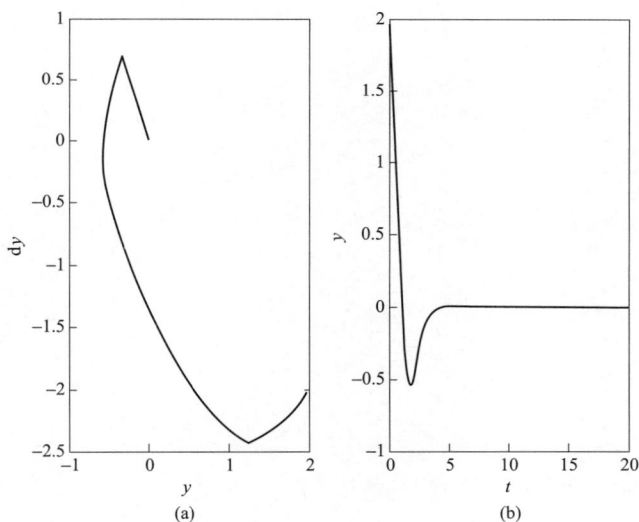

图 8-22　非线性系统的相轨迹及时域响应曲线（$a=-1$，$b=-0.5$）

（a）相轨迹；（b）时域响应

8.5　非线性特性的有益应用

　　通常非线性元件对系统会产生不利影响，例如最常见的现象是会对信号的相位产生滞后效应，从而会使系统稳定性变坏，甚至会使系统失稳。但是，如果能很好地利用某些非线性特性，可以使它们的不利因素变成有利因素。下面列举几个非线性应用的例子。

8.5.1 相位超前环节的实现

一般的物理元件是不能实现超前作用的，但是可以利用间隙特性元件来实现超前环节[1]。

对于图 8-7 所示的非线性（齿轮间隙）环节，如果并联一个比例线性环节（见图 8-23），则可以构成一个简单的相位超前环节。

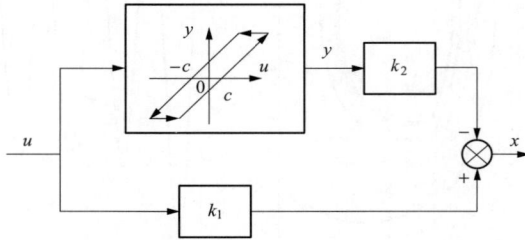

图 8-23 相位超前环节方框图

图 8-23 所示环节的数学表达式为

$$x = k_1 u - k_2 \begin{cases} u - c & u - u^0 > 0 \text{ 且 } y^0 \leqslant u - c \\ y^0 & \text{其他} \\ u + c & u - u^0 < 0 \text{ 且 } y^0 \geqslant u + c \end{cases} \tag{8-21}$$

仿真程序为 NLS_simu851.m。

```
%非线性系统仿真程序 NLS_simu851.m
clear all;
DT = 0.01; ST = 20; LP = ST/DT;
k1 = 1; k2 = 0.9; A = 1.001; c = 0.1; w = 1;
y0 = 0; u0 = A;
for i = 1: LP
    t(i) = i * DT;
    u = A * cos(w * t(i));
    y = y0;
    if (u - u0) > 0&y0 < = (u - c); y = u - c; end
    if (u - u0) < 0&y0 > = (u + c); y = u + c; end
    u0 = u; y0 = y;
    x(i) = k1 * u - k2 * y; U(i) = u;
end
plot(t, U, ':', t, x, 'b'); hold on;
```

当取输入为余弦函数时，即

$$u = A\cos(\omega t)$$

取

$$k_1 = 1, k_2 = 0.9, A = 1, c = 0.1, \omega = 1$$

时，该环节的动态响应如图 8-24 所示。从该图中可以看到，环节的输出相位确实比其输入超前。这里要特别指出的是，这种超前环节物理上是可以实现的。

546

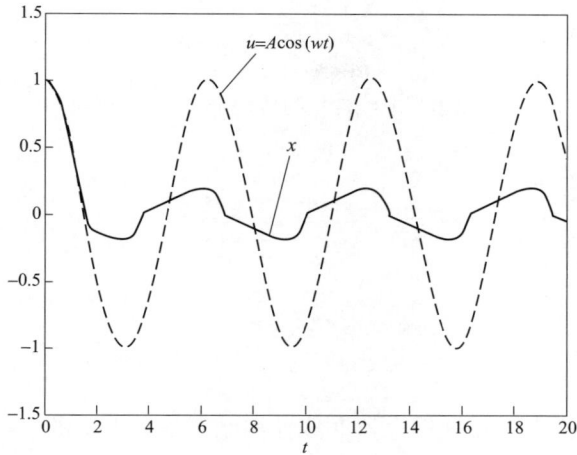

图 8-24　相位超前环节的动态响应

8.5.2　非线性控制器

对于有些较简单的被控系统，没有必要使用 PID 控制，甚至更为复杂的控制算法。使用较简单的非线性控制器，同样能达到 PID 的控制效果。非线性控制器不仅能使控制器简单化、节省控制器的成本造价，还能使执行器的动作频率降低，从而延长控制设备的使用寿命。

考虑图 8-25 所示的电炉炉温的三位式继电器非线性控制系统[81]。

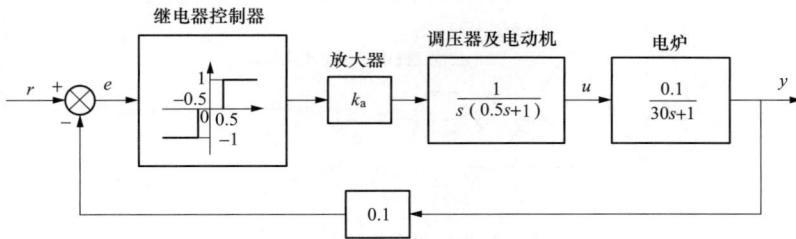

图 8-25　电炉炉温的三位式继电器非线性控制系统

图 8-7 所示系统的仿真程序如 Obj _ simu852. m 所示。

```
% 电炉炉温的三位式继电器非线性控制系统仿真程序 Obj _ simu852. m
% function [Q] = Obj _ simu852(ka)
clear all;
DT = 0. 01; ST = 300; LP = ST/DT;
% ka = 5. 9; % 单纯比例线性控制器时
ka = 25; % 三位式继电器非线性控制器时
a1 = exp( - DT/0. 5); b1 = 1 - a1; a2 = exp( - DT/30); b2 = 1 - a2;
x1 = 0; x2 = 0; x3 = 0; r = 5; Q = 0;
for i = 1: LP
    e = r - 0. 1 * x3;
    e1 = 0;
```

```
    if e>0.5; e1 = 1; end
    if e<-0.5; e1 = -1; end
    x1 = x1 + DT * ka * e1; %三位式继电器非线性控制器时使用 e1, 否则使用 e
    x2 = a1 * x2 + b1 * x1;
    x3 = a2 * x3 + 0.1 * b2 * x2;
    y(i) = x3; u(i) = x2; t(i) = i * DT;
    Q = Q + DT * t(i) * abs(e);
end
subplot(2, 1, 1), plot(t, y, 'b'); hold on;
subplot(2, 1, 2), plot(t, u, 'b'); hold on;
```

文献 [81] 已经给出在三位式继电器非线性控制器下放大器的参数, 即

$$k_a = 25$$

在该参数下, 取给定值 $r = 5$, 控制系统的阶跃响应曲线如图 8-26 所示。

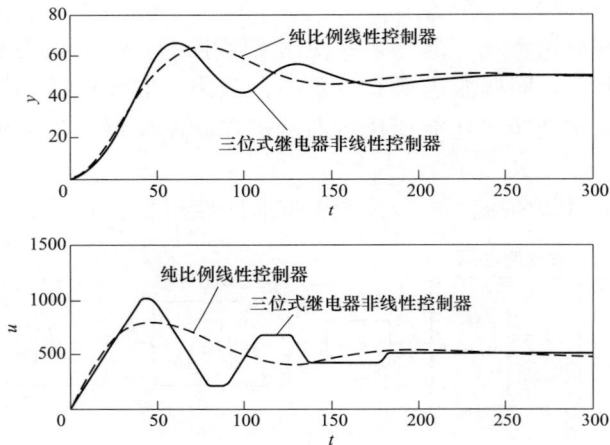

图 8-26 时继电器非线性控制系统的仿真响应曲线

如果单独使用比例线性控制器 (k_a), 优化主程序为 O_enumeration_852.m, 则可以优化出线性放大器的参数

$$k_a = 5.9$$

在该参数下, 单独使用比例线性控制器时的阶跃响应曲线如图 8-26 中的虚线所示。

```
%纯比例线性控制器时的单变量优化出程序 O_enumeration_852.m
clear all;
kal = 4; kah = 8; Dka = 0.1;
Qmin = 10^40;
for i = kal: Dka: kah
    Q = Obj_simu851(i);
    if Q<Qmin
        Qmin = Q; kam = i;
```

548

```
        end
    end
kam
```

比较图 8-26 中的两种控制器下的仿真响应曲线，可以看出，两种控制系统的控制品质比较接近。但是，通过观察两种控制器下的电动机输出可以看到，当使用非线性控制器时，电动机在很长的时间段（电动机的输出为水平直线段）内是停止运转的，而线性比例控制时，电动机一直在正、反方向旋转，直至系统达到稳定。因此，对于该系统来讲，非线性控制要比线性控制好。

使用非线性控制策略的例子还有很多，大多数家用电器设备都使用继电器型控制器。例如，电冰箱的温度控制器，当温度高于设定的温度值时，开启压缩机，当温度达到设定值时，停止压缩机；当压缩机停止后，温度会再次持续上升，当达到设定值时，再次开启压缩机。为了不使压缩机在设定温度值附近频繁启停，要设定一个温度死区，在死区内压缩机不动作。实际上如第 1 章 1.6.1 所述的水塔水位控制系统一样，这也是一个双位控制系统。对于双位控制系统，必须使用双位控制器，不然会使执行器频繁动作，减少执行器的使用寿命。

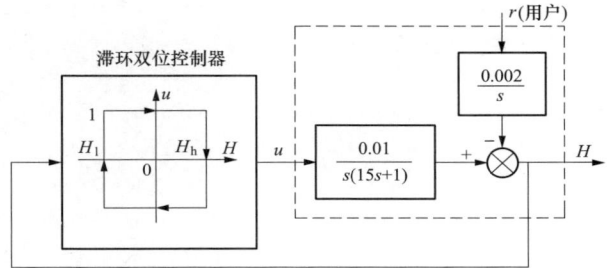

图 8-27　某水塔双位控制系统

下面来分析一下图 8-27 所示的某水塔水位控制系统，要求保持水位在 1～2m 之间。

根据图 8-27 可以得出该系统的仿真程序如 NLS _ simu853. m 所示。当用户 $r = 1$ 时，控制系统的响应曲线如图 8-28 所示。从该图中可以看到，给水泵的开启时间远小于停止时间，就能达到维持水塔水位在 1～2m 范围内的目的，从而节省了给水泵的工作时间，延长了使用寿命。

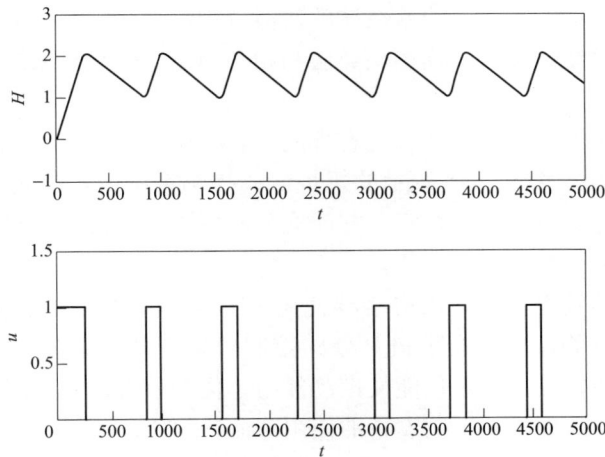

图 8-28　水塔双水位控制系统的仿真响应曲线

```
% 水塔双水位控制系统 NLS_simu853.m
clear all;
DT = 0.1; ST = 5000; LP = ST/DT;
Hl = 1; Hh = 2;
a = exp(-DT/15); b = 1-a;
x1 = 0; x2 = 0; x3 = 0; h = 0; u = 0; r = 1;
for i = 1: LP
    if h<Hl; u = 1.001; end
    if h>Hh; u = 0; end
    x1 = x1 + 0.01 * DT * u;
    x2 = a * x2 + b * x1;
    x3 = x3 + 0.002 * DT * r;
    H = x2 - x3;
    y(i) = H; t(i) = i * DT; U(i) = u;
end
subplot(2, 1, 1), plot(t, y, 'b'); hold on;
subplot(2, 1, 2), plot(t, U, 'b'); hold on;
```

8.6 本 章 小 结

在工业工程中，自动控制系统的控制设备和被控对象都是绝对非线性的。我们所说的线性系统是相对的，是在系统中的非线性元件的非线性度不强的情况下近似为线性的；再者就是在小信号下，用线性模型来逼近非线性模型，使得系统呈现线性的。

到目前为止，也没有一种有效的、实用的、普适的非线性系统分析方法。虽然在经典控制理论时期，发展了两种较为普适的非线性系统分析方法——描述函数法和相平面法。但是，这两种方法都有其局限性，并不适合现代工程中的复杂系统分析需要。

在计算机普遍应用的今天，非线性系统的数值分析法是非常有效的，程序设计简单，可以适合于任何非线性系统。此时，描述函数法和相平面法等非线性系统分析方法已经失去它们应有的价值。

并不是控制系统中的所有非线性都是有害的，有时可以利用一些非线性特性改善控制系统的性能。例如，在第 7 章图 7-56 所示的机炉协调控制系统中，就是利用了饱和非线性和不灵敏区非线性，维持主蒸汽压力稳定，并能充分利用锅炉的蓄热量来调节发电机功率，从而达到机组安全、节能优化运行的目的。

对于有些较简单的被控系统，没有必要使用 PID 控制，甚至更为复杂的控制算法。使用较简单的非线性控制器，同样能达到 PID 的控制效果。现在大多数家用电器设备都使用继电器型控制器。非线性控制器不仅能使控制器简单化、节省控制器的制造成本，还能使执行器的动作频率降低，从而延长控制设备的使用寿命。

第 9 章

自适应与预测控制系统分析与优化设计

9.1 自适应现象与自适应控制

人们普遍认为，智慧的人类发展到今天，是进化的结果。进化论的核心思想是"适者生存，劣者淘汰"。世间生物为了生存，都必须改变自己的习性以适应环境的变化。

自适应现象每天都会在我们身上发生：当我们刚从阳光照射的室外走进昏暗的电影院时，看不清电影院内的一切，此时，人的视觉系统开始工作，渐渐调整眼球以适应这种环境，几分钟后我们看清了周围的一切；当我们在炎热的夏天走在马路上时，身体会接收阳光照射的热能而使体内的热量增加，为了使人体的各种生理机能保持正常工作，人体的新陈代谢机能开始工作，从汗腺分泌出汗液，以维持体温恒定。

在前几章里，我们所讨论的自动控制系统优化设计问题完全建立在被控系统的数学模型都是确定的情况，而且还需要已知这些模型。然而，在实际的控制工程中，被控系统往往存在不确定性（包括模型结构不确定及其参数不确定）；有时人们对被控系统数学模型的这些不确定性的了解并不完全。例如，由于环境、工况的影响，使得被控系统模型的参数可能在很大范围内发生变化，而且在很多时候这些变化又不能被测量。对于这样的被控系统就很难设计出一种最优控制策略，来满足对各种控制品质指标的要求。

所以，人们自然想到，对于这些具有不确定性的被控系统，按着上述自适应现象的工作原理，设计一种自适应控制器，能自动地、适时地调节系统本身的控制规律和参数，以适应外界或内部引起的各种干扰及系统本身参数的变化，使系统运行在最佳状态。

由此可见，自适应控制（adaptive control）的研究对象是具有一定程度不确定性的系统，这里所谓"不确定性"是指描述被控对象及其环境的数学模型不是完全确定的，其中包含一些未知因素和随机因素。

事实上，任何一个实际工程系统都具有不同程度的不确定性，这些不确定性有时表现在系统内部，有时表现在系统的外部。从系统内部来讲，描述被控对象的数学模型的结构和参数，设计者事先并不一定能确切知道；从系统外部来讲，就是外部环境的变化对系统产生的影响事先也不能被知道。无论是内部的还是外部的不确定因素，通常都是不可预测的，它们可能是确定性的，如常值负载扰动，但其出现的时间是不可预知的；也可能是随机性的，如海浪和阵风的扰动。此外，还有一些量测噪声从不同的测量反馈回路进入系统。这些随机扰动和噪声的统计特性常常是未知的。面对这些客观存在的各式各样的不确定性，如何设计适当的控制作用，使控制器能自动地修正自己，使得某一指定的性能指标达到并保持最优或近似最优，这就是自适应控制所要研究解决的问题。

通过上面的论述可以看出，就自适应控制系统的构成来讲，与常规控制系统没什么两样，所不同的仅仅是常规控制器的结构和参数都是在设计时决定下来的，而自适应控制器的结构或/和参数都是随运行工况和环境条件而变化的。因此，自适应控制系统的结构有如图 9-1 所示的形式。

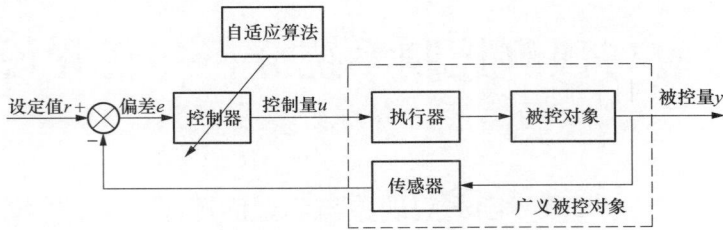

图 9-1　自适应控制系统组成原理框图

自适应控制问世以来至今，在工程应用方面取得了一定的应用，出现了一批成功应用的案例。在非工程领域，如社会、经济、管理、生物、医学等方面也进行了一些有意义的探索。

飞行器的控制是需要采用自适应控制技术的重要领域，这是由于飞行器的动态特性取决于许多环境参数和结构参数，如动态气压、高度、质量、机翼角、阻尼板位置等。在不同的环境条件下，这些参数可能在相当大的范围内变化，因此要想在不同的飞行条件下都能获得高的性能指标往往是很困难的。采用自适应控制之后，不仅常规控制系统中使用的复杂传感器可以大大节省，而且在不同飞行条件下的控制性能也可得到改善。

大型海洋考察船和油轮的自动驾驶是成功应用自适应控制的另一例子。实践证明采用自适应驾驶仪后，在变化的复杂的随机环境下，例如在海浪、阵风、潮流等的扰动下，在不同的气候、不同的负荷、不同的航速下，船舶都能适应，并且能够经济地、准确地和稳定可靠地工作。

在工业过程控制方面，由于原材料成分的不稳定（其成分随机波动），或者由于改换产品品种，或者由于设备磨损等，这些因素都要使工艺参数发生变化，从而使产品质量不稳定。常规 PID 控制器不能很好地适应工艺参数的变化，往往需要经常进行整定。当采用自适应控制后，由于控制器参数可以随着环境和特性的变化而自动整定，因此对各种不同的运行条件，控制器都能很好地工作。这样既保证了产品质量又节省了原材料和能源的消耗。在工业过程控制领域，还有许多成功应用的案例，例如造纸机的纸张基重（单位面积的质量）控制、湿度控制，水泥的配料控制，蒸煮器和热交换器的温度控制，pH 值的控制，电厂、化工厂中的连续物理量（如温度、压力、流量、液位）控制等。在运动控制和机械手控制方面，自适应控制技术较早地获得了成功的应用，比较著名的例子如 24in 卫星跟踪望远镜的高精度伺服系统，由于采用了自适应控制技术，自动补偿了系统在低速和超低速运行时，系统惯量的变化、增益的变化以及摩擦负载的非线性特性的变化，从而大幅度地提高了系统的稳态和动态跟踪的精度。

虽然自适应控制在许多领域都有过成功的应用案例，但是其算法的非线性特性及其工程应用上的实现问题，至今还停留在试验性应用的层面上，它并没有像 PID 那样被广泛、持久地使用。

9.2　自适应控制系统组成结构

自从 20 世纪 50 年代末期由美国麻省理工学院提出第一个自适应控制系统以来，先后出现过许多不同形式的自适应控制系统。发展到现阶段，无论从理论研究还是从实际应用的角度来看，比较成熟的自适应控制系统有模型参考自适应控制系统（model reference adaptive system，MRAS）和自校正调节器（self-tuning regulator，STR）两大类。

9.2.1 模型参考自适应控制系统结构

模型参考自适应控制系统由以下几部分组成，即参考模型、被控对象、反馈控制器和调整控制器参数的自适应机构等部分，如图 9-2 所示。

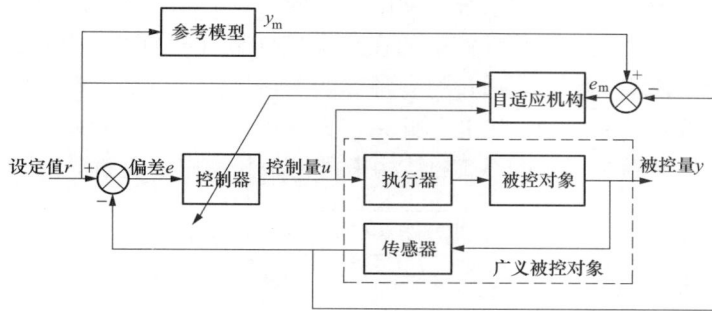

图 9-2　模型参考自适应控制系统结构方框图

在图 9-2 中，除了广义被控对象以外的环节都属于自适应控制器，其工作原理如下：

自适应控制系统由内环和外环两个环路组成。在系统投入自动控制以前，先根据对被控对象的大致了解，粗略地估计一组控制器的初始参数。当系统投入自动运行后，设定值 r 同时加到系统和参考模型的入口。内环是由广义被控对象和控制器组成的普通反馈回路，它根据设定值 r 与系统输出之间的动态偏差 e，按当下的控制器参数产生控制作用，以使系统的输出等于设定值。与此同时，由于控制器初始参数的原因，起初系统的输出响应 y 与参考模型的输出响应 y_m 是不可能完全一致的，结果产生了偏差信号 e_m，由 e_m 驱动自适应机构，产生适当的调节作用，直接改变控制器的参数，再由内回路的控制作用使系统的输出 y 逐步地与模型输出 y_m 接近，直到 $y = y_m, e_m = 0$ 后，自适应参数调整过程也就自动终止，此时内回路的动态偏差 e 也等于零。由此看出内、外回路各自的功能：内回路根据控制量 u 对被控系统施加作用，维持系统的输出等于给定值；外回路根据输出与参考模型之间的偏差，产生控制作用，去实时修改控制器的参数。

参考模型的输出 y_m 直接表示了被控对象的输出应当怎样理想地响应参考输入信号 r，换句话说，就是用参考模型来表达对控制系统性能指标的要求，因此不同的被控系统就应该给出不同的参考模型。此外，从模型参考自适应控制系统结构图 9-2 中可以看到，只有参考输入发生变化时参考模型才起作用，因此这种用模型输出来直接表达对系统动态性能要求的作法，对于一些运动控制系统来说往往是直观和方便的。但是，对于生产过程控制系统来说，往往要维持系统的输出与参考输入相等，而参考输入通常是保持不变的，因此对过程控制系统来说，使用模型参考自适应控制并不方便。

当对象特性在运行中发生了变化或系统受到了扰动时，控制器参数的自适应调整过程与上述过程完全一样。设计这类自适应控制系统的核心问题是如何综合自适应调整律（简称自适应律），即自适应机构所应遵循的算法。

此外，从图 9-2 中不难看出，对于参考模型环节来讲，它是一个开环系统，因此参考模型一定是有自平衡的。所以，模型参考自适应控制不适合无自衡能力的被控对象。

9.2.2 自校正自适应控制系统结构

在许多自动控制系统中，给出一个"优秀"的参考模型是非常困难的，有时是不可能的。这里所说的"优秀"是指：参考模型不仅仅代表满足对系统控制品质的要求，还应该是所有能满足要求中的最优解，而且还应该满足对控制系统的各种约束条件，例如，对控制器输出的幅值和速率限制等（这一点参考模型是无能为力的）。

为了克服模型参考自适应控制系统的缺陷，考虑不在自适应控制系统中使用参考模型，而是在系统中加入一个被控对象数学模型的在线辨识环节（即对象参数的递推估计器），根据估计出的被控对象模型参数，再通过另一种算法来估计控制器的参数。由于控制器的参数是根据在线辨识参数自动修正的，因此称此系统为自校正自适应控制系统。

自校正自适应控制系统可用图 9-3 的结构来描述。其工作原理如下：

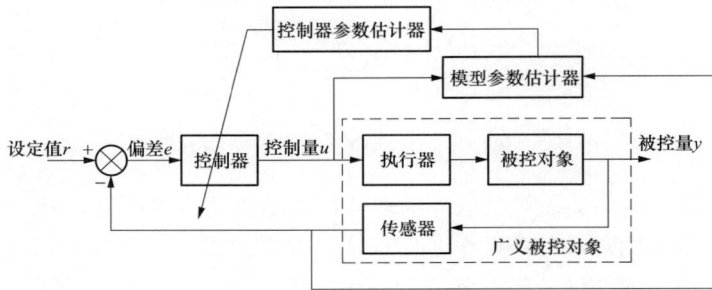

图 9-3 自校正自适应控制系统结构

也可把这种自适应调节器设想成由内环和外环构成的两个回路系统，其内环与模型参考自适应控制系统一样，是由广义被控对象和控制器组成的普通反馈回路，它根据设定值 r 与系统输出之间的动态偏差 e，按当下的控制器参数产生控制作用，以使系统的输出等于设定值。这个控制器的参数同样由外环调节，外环由一个递推模型参数估计器和一个控制器参数估计器所组成。在系统投入自动控制以前，也是先根据对被控对象的大致了解，粗略地估计一组控制器的初始参数。当系统投入自动运行后，模型参数估计器每个采样周期都要更新一次模型参数，与此同时，控制器参数估计器估计出现时刻控制器的参数。由于这种系统的过程建模和控制器参数的估计都是自动进行的，因此把这种结构的自适应控制器也称为自校正调节器，采用这个名称为的是强调控制器能自动校正自己的参数，以得到希望的闭环性能。

与模型参考自适应控制系统相比，这种控制系统缺少了参考模型环节，这样设计控制器参数时就缺少了依据。因此，要依据通用被控对象模型来设计控制器参数估计器，而不是像模型参考自适应控制系统那样，依据不同的被控对象，给出不同的参考模型。

实现自校正自适应控制的关键是在线估计被控对象的数学模型。然而，到目前为止，虽然已从理论上解决了多变量系统在线闭环辨识问题[13]，但对于现代工程系统来说，这些辨识算法在实际中还不能得到很好的应用。因此，自校正自适应控制的普遍应用受到了很大的制约。

9.2.3 预测控制系统结构

预测控制，也称模型预测控制（model predictive control），是 20 世纪 70 年代后期直接从工业中发展来的一类新型计算机控制算法。预测控制系统的一般结构如图 9-4 所示。

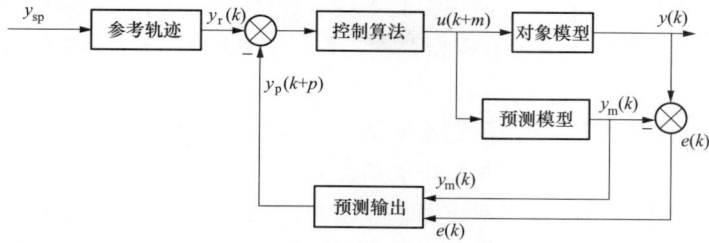

图 9-4　预测控制系统的一般结构简图

预测控制的核心思想是：依据被控对象的输出 $y(k)$ 与基础的预测模型输出 $y_m(k)$ 之间的偏差 $e(k) = y(k) - y_m(k)$，来预报被控对象的未来输出 $y_p(k + p)$，依此产生最优的控制量 $u(k + m)$。这也是称作预测控制的原因。

预测控制发展至今，虽然有不同的表示形式，但归纳起来，它的任何算法形式不外乎包括预测模型、滚动优化、反馈校正三个方面，并且具有如下特点：

1. 预测模型

预测模型是模型预测的基础，它的功能是根据对象的历史信息和未来输入预测其未来输出，进而根据这些预测输出与希望输出之间的偏差，根据某种性能指标优化出所需的预测输入。虽然预测模型可以有多种多样的形式，例如传递函数、状态方程、非线性模型、模糊辨识模型、神经网络模型等，但是由于根据性能指标求解预测输入时，通常使用解析解法，因此最方便的预测模型的形式是有限脉冲响应或有限阶跃响应等非参数模型。当然，如果不是用解析解法求解预测输入，可以选择其他类型的模型。究竟选择什么样的模型形式，视求解预测输入方便而定。

正是由于预测模型具有展示系统未来动态行为的功能，使得我们可以像在系统仿真时那样，任意地给出未来的控制策略，观察对象在不同控制策略下的输出变化，从而为比较这些控制策略的优劣提供了基础。

2. 反馈校正

预测控制是一种闭环控制算法。在实际应用中，预测模型的预测输出与对象实际输出之间存在着一定的偏差，称之为预测误差，为克服这个误差一般用反馈校正的方法。反馈校正的形式主要有两种，一种是在维持预测模型不变的基础上，对未来的误差做出预测并补偿；另一种是利用在线辨识的原理直接对预测模型加以在线校正，但由于在线辨识的困难，这种算法并不实用。预测控制的优化不仅基于模型，而且利用了反馈信息，因而构成了闭环优化。

3. 滚动优化

模型预测控制是一种优化算法，它是通过某一种性能指标的最优来确定未来的控制作用的。但预测控制的优化与传统意义的离散最优控制算法不同，离散最优控制是采用一个不变的全局优化目标，预测控制采用滚动优化模式，其优化性能指标只涉及从该时刻起到未来有限的时间，而到下一采样时刻，这一优化时段同时向前移动。

上述三个特征，体现了预测控制更能符合复杂系统控制的不确定性与时变性的实际情况，这也是预测控制在复杂控制领域中得到重视和实用的根本原因。所以它一经问世，就引起了工业控制界的广泛兴趣，在电力、石油、化工和航空等领域中已经有成功应用的案例，许多大公司也不断推出和更新各种预测控制工程软件产品，为预测控制的应用起到了促进和桥梁的作用。MATLAB 软件包中有模型预测控制工具箱，在控制系统设计、调试、计算机仿真方面得到了广泛应用。

预测控制与自适应控制原本是按着不同的思想发展而来的。但是，仔细分析这两种控制系统结构，它们如出一辙。预测控制器中的参考轨迹类同于模型参考自适应控制器中的参考模型。预测控制是根据希望的输出轨迹与被控对象的预测未来值的偏差产生控制作用，而自适应控制是根据参考模型的输出与被控对象现时刻输出的偏差来产生控制作用的。因此，预测控制也属于自适应控制范畴。

预测控制是线性控制，又采用反馈校正控制方式，对预测模型要求也比较低，所以它在工程上的应用范围要比自适应控制更广泛。但是，由于预测控制算法的复杂性及其具体实现问题，它也没能像 PID 那样广泛被使用。

9.3 模型参考自适应 PID 控制系统的优化设计

9.3.1 参考模型设计

模型参考自适应控制系统设计时的首要任务是根据对控制品质的要求给出一个恰当的参考模型。然而，自适应控制系统针对的是一类模型结构及其参数都不确定的被控对象。这样，很难在设计控制系统时就能得到被控对象的数学模型，因而也就不能很好地给出参考模型。即使事先能得到被控对象的数学模型，只要阶次高于 2 阶，选择参考模型也是很困难的。

在第 2 章中已经讨论过："一个实际的物理表象，可以用无穷多的数学模型来描述，物理表象与数学模型不存在一一对应的关系，我们所能做的就是从各种数学模型中选择出一种来近似描述实际的物理表象"，而在第 4 章中，又给出了传递函数互相转换的经验公式（4-33）及式（4-34），因此没有必要把被控对象的模型估计得太复杂，不管实际的被控对象有没有纯迟延，也不管模型的阶次是多少，总可以粗略地认为被控对象是有自衡、二阶并无纯迟延的，这样就可根据对典型二阶系统的品质要求粗略地提出参考模型。

例如，考虑某 300MW 循环流化床锅炉床温系统

$$W(s) = \frac{5.77}{(224.18s+1)^2} e^{-86s}$$

使用模型参考自适应控制策略，对控制系统的控制品质要求是

$$10\% < M_p < 20\%$$

$$t_s < 3000$$

由第 2 章 2.4.2 中的"5. 典阶二阶环节"可知，典型二阶系统

$$\frac{Y(s)}{R(s)} = \frac{\omega_n^2}{s^2 + 2\xi\omega_n s + \omega_n^2}$$

在不同阻尼系数 ξ 下的单位阶跃响应曲线如图 9-5 所示，即

从该图中可以看到，综合考虑二阶系统的各项品质指标（稳、准、快），一般都可选取阻尼系数为

$$0.5 \leqslant \xi \leqslant 0.8$$

例如，对于本例，可以选取

$$\xi = 0.5$$

根据二阶系统的参数与品质指标的关系式（2-65）可知，此时的超调量为

$$M_{\mathrm{p}} = \mathrm{e}^{-\frac{\xi\pi}{\sqrt{1-\xi^2}}} = 16.3\% < 20\%$$

符合给定的品质要求。

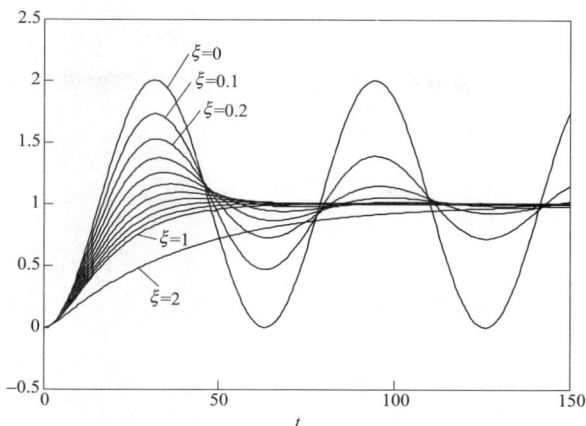

图 9-5　在不同阻尼系数 ξ 下的单位阶跃响应曲线

无阻尼自然频率 ω_{n} 的选择并不像选择阻尼系数 ξ 那样容易。阻尼系数 ξ 决定了超调量，与被控系统的参数无关，因此根据实际问题对超调量的要求就可决定阻尼系数。而从无阻尼自然频率与过渡过程时间的关系式（2-66）或式（2-67）中，即

$$t_{\mathrm{s}} = \frac{4}{\xi\omega_{\mathrm{n}}} \quad （2\% \text{ 误差标准}）$$

$$t_{\mathrm{s}} = \frac{3}{\xi\omega_{\mathrm{n}}} \quad （5\% \text{ 误差标准}）$$

可以看到，过渡过程时间由无阻尼自然频率和阻尼系数共同来决定，当阻尼系数一定时，就由无阻尼自然频率单独来决定。对于一个实际系统，在设计控制器时就给出合理的过渡过程时间是一件非常不容易的事。当要求的过渡过程时间不合理时，会出现两种不良情况：当要求的过渡过程时间过小时，为了达到对该品质的要求，计算出的控制器输出一定会很大，工程上实现不了，也可能由于调节量过大，使得系统不稳定；当要求的过渡过程时间过大时，不能充分发挥自动控制系统的优越性，而且过大的过渡过程时间要求本来就是较差的调节品质，这是优化设计控制系统时不应该发生的事。

为了便于工程设计，可以利用第 2 章的经验公式（2-36），即

$$ST = (5 \sim 20)(nT + \tau) \tag{9-1}$$

来估算过渡过程时间。例如，对于有自衡系统，可以选取

$$t_{\mathrm{s}} = 5(nT + \tau) \tag{9-2}$$

式中　n——传递函数惯性部分的阶次；

　　　T——传递函数惯性部分的时间常数；

　　　τ——纯迟延时间常数。

对于本例可以选取

$$t_{\mathrm{s}} = 5 \times (224.18 \times 2 + 86) \approx 2672 = 2400 < 3000$$

根据式（2-67），则可得到闭环系统的无阻尼自然频率

$$\omega_n = \frac{3}{\xi t_s} = 0.0025$$

因此，可以得到自适应控制系统中的参考模型为

$$W_m(s) = \frac{0.00000625}{s^2 + 0.0025s + 0.00000625}$$

或

$$W_m(s) = \frac{1}{160000s^2 + 400s + 1}$$

为简便起见，也可以使用一阶惯性环节作为参考模型，即

$$W_m(s) = \frac{1}{T_m s + 1} \tag{9-3}$$

根据第 2 章图 2-36 可知，对于一阶惯性环节，其阶跃响应的过渡过程时间大约是惯性时间常数的 5 倍，根据式（9-2）可得

$$5T_m = 5nT$$

所以，可以选取

$$T_m = nT$$

对于本例可以选取参考模型为

$$W_m(s) = \frac{1}{448s + 1}$$

不难看出，选择一阶惯性环节作为参考模型，实质上是提高了对控制系统性能指标的要求。

9.3.2 自适应机构设计

所谓自适应机构就是根据参考模型的输出与被控系统输出之间的动态偏差，实时地调整控制器的参数，使得 $e_m(t \to \infty) \to 0$。因此，自适应机构每步调整时，性能指标都选为

$$Q_{min} = \frac{1}{2}\int_{t_0}^{t_0+\Delta t} e_m^2(t)dt = \frac{1}{2}\int_{t_0}^{t_0+\Delta t}\left[y_m(t) - y(t)\right]^2 dt \tag{9-4}$$

式中　Δt——采样步长。

当 Δt 足够小时，式（9-4）可以近似为

$$Q_{min} = \frac{1}{2}e_m^2(t)\Delta t = \frac{1}{2}\left[y_m(t) - y(t)\right]^2\Delta t \qquad t_0 \leqslant t < t_0 + \Delta t \tag{9-5}$$

有了参考模型和性能指标后，就可以设计自适应机构了。

模型参考自适应控制系统的设计方法自 1958 年由美国麻省理工学院的 Whitaker 教授提出以来发展到今天，大致形成了三种设计方法：

1. 基于局部参数最优化的设计方法

该方法最早由美国麻省理工学院的 Whitaker 教授提出，因此通常称为 MIT 律。这种方法设计的自适应控制系统结构比较简单、实现容易，它首先在飞行器控制中得到了应用。但是，MIT 方法的缺点是没有考虑自适应控制系统的稳定性问题，然而按此方法设计的自适应控制系统很容易丧失稳定性。因此，MIT 律后来在自适应控制系统的设计中很少采用。

尽管如此，这种方法的设计思想在后来的自适应控制系统设计中起到了一定的借鉴作用[69]。

2. 基于 Lyapunov 稳定性理论的设计方法

为了克服 MIT 律的缺点，在 20 世纪 60 年代中期由德国科学家 Parks 提出了以 Lyapunov 稳定性理论为基础的设计方法。该方法采用 Lyapunov 第二法推导出自适应算法，以保证自适应系统的全局渐近稳定。但是该方法的主要缺点是[68]：针对具体系统难于选到最合适的 Lyapunov 函数，因为不同的 Lyapunov 函数，可以得到不同的自适应规律，不能选择到最合适的 Lyapunov 函数，也就不能获得最好的自适应规律。

3. 基于超稳定性理论的设计方法

超稳定性概念是俄国科学家 Popov 于 20 世纪 60 年代初研究非线性系统绝对稳定性时发展起来的。所谓绝对稳定性是指在一定的区域内，不管图 9-6 中的非线性元件 $f(y)$ 如何变化，图 9-6 所示的系统都是全局稳定的。因此，根据该理论设计出的自适应系统也是全局稳定的。

图 9-6 要求非线性特性满足：

$$y_f \cdot y \leqslant k y^2 \quad 且 \ f(0) = 0 \qquad (9\text{-}6)$$

基于超稳定性理论的自适应系统设计方法较好地解决了前两种自适应系统设计方法所存在的失稳、非最优自适应律等问题。

虽然上述三种设计方法都可以得到自适应律，但是，从所设计出的自适应控制器[68]、[69] 可以看到，这些控制器都是非线性控制器，而非线性控制系统的控制品质不仅与控制器的参数有关，还与扰动量的大小有关，扰动量又与系统的运行状态有关，因此模型参考自适应控制系统的这种特性，使得它的优化设计以及实际工程应用都变得非常困难。这就是自适应控制不能普遍应用的原因。

图 9-6　标准非线性系统方框图

为了说明自适应控制器的设计思想，也为了利用 PID 控制律的优势，下面来具体分析基于局部参数最优化的模型参考自适应 PID 控制律的设计方法。

根据本章 9.3.1 所述，只要是有自衡的系统，都可以选择典型的二阶系统作为参考模型，即

$$\frac{Y_{\mathrm{m}}(s)}{R(s)} = \frac{1}{T_{\mathrm{m}}^2 s^2 + 2\xi T_{\mathrm{m}} s + 1} \qquad (9\text{-}7)$$

而被控对象模型为

$$\frac{Y(s)}{U(s)} = \frac{K e^{-\tau s}}{(1 + Ts)^n} \qquad (9\text{-}8)$$

自适应控制器选为可调增益 PI 控制律（变比例 PI 控制律），即

$$\frac{U(s)}{R(s)} = \tilde{k}_{\mathrm{p}} \left(1 + \frac{1}{T_{\mathrm{i}} s} \right) \qquad (9\text{-}9)$$

由此可以得到模型参考自适应 PI 控制系统原理方框图如图 9-7 所示。

根据第 4 章梯度法中的最速下降公式（4-11）可以得到

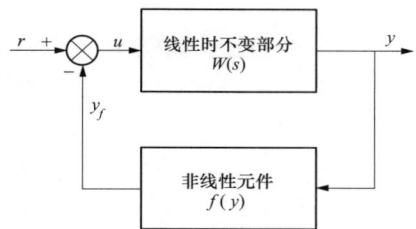

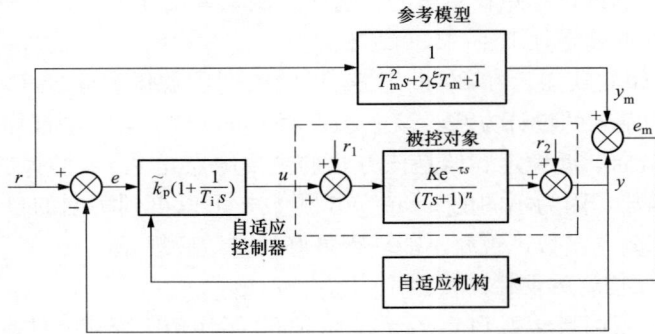

图 9-7 模型参考自适应 PI 控制系统原理方框图

$$\widetilde{k}_\mathrm{p}(k+1) = \widetilde{k}_\mathrm{p}(k) + \eta\left(-\frac{\partial Q}{\partial \widetilde{k}_\mathrm{p}}\bigg|_{\widetilde{k}_\mathrm{p}=\widetilde{k}_\mathrm{p}(k)}\right) \tag{9-10}$$

式中　　η——自适应调整步长，可以通过最优化的方法来确定。

根据目标函数式（9-5）可以得到

$$-\frac{\partial Q}{\partial \widetilde{k}_\mathrm{p}} = -\frac{\partial\left(\frac{1}{2}e_\mathrm{m}^2\Delta t\right)}{\partial \widetilde{k}_\mathrm{p}} = \Delta t e_\mathrm{m}\frac{\mathrm{d}y}{\mathrm{d}\widetilde{k}_\mathrm{p}} \tag{9-11}$$

把式（9-11）代入式（9-10）可以得到

$$\widetilde{k}_\mathrm{p}(k+1) = \widetilde{k}_\mathrm{p}(k) + \eta\Delta t e_\mathrm{m}\frac{\mathrm{d}y}{\mathrm{d}\widetilde{k}_\mathrm{p}}\bigg|_{\widetilde{k}_\mathrm{p}=\widetilde{k}_\mathrm{p}(k)} \tag{9-12}$$

整理式（9-12）可以得到

$$\Delta\widetilde{k}_\mathrm{p}^2 = \eta\Delta t e_\mathrm{m}\Delta y \tag{9-13}$$

在等式（9-13）两边同除以 Δt^2，可得

$$\frac{\Delta\widetilde{k}_\mathrm{p}^2}{\Delta t^2} = \eta e_\mathrm{m}\frac{\Delta y}{\Delta t} \tag{9-14}$$

当 $\Delta t \to 0$ 时，式（9-14）变为

$$\frac{\mathrm{d}\widetilde{k}_\mathrm{p}^2}{\mathrm{d}^2 t} = \eta e_\mathrm{m}\frac{\mathrm{d}y}{\mathrm{d}t} \tag{9-15}$$

在区间 $[t_0, t_0+\Delta t]$ 内，$e_\mathrm{m}(t)$ 变化很小，可以认为 $e_\mathrm{m}(t)$ 为常数，所以对式（9-15）两边积分一次可以得到自适应调整律：

$$\frac{\mathrm{d}\widetilde{k}_\mathrm{p}}{\mathrm{d}t} = \eta e_\mathrm{m}y \tag{9-16}$$

据此，即可得到模型参考自适应 PI 控制系统结构方框图如图 9-8 所示。

从图 9-8 中不难看出，无论是实际被控对象的特性发生变化，还是内部或/和外部扰动发生变化，该自适应系统的控制目标是，通过不断地调整控制器参数 $\widetilde{k}_\mathrm{p}$，尽快地使被控对象

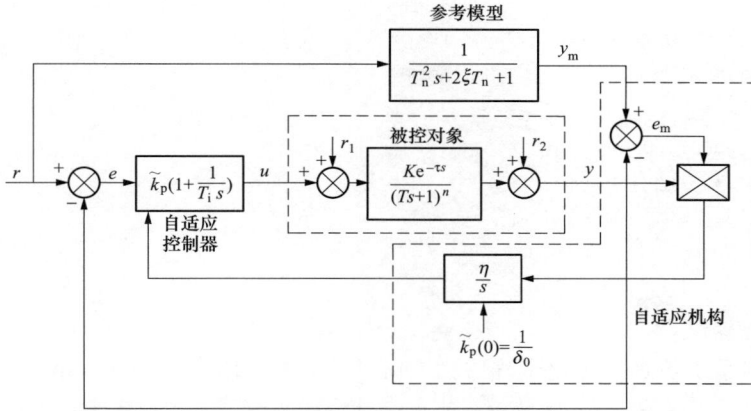

图 9-8　模型参考自适应 PI 控制系统结构方框图

的输出跟踪上参考模型的输出。对于自适应控制器参数 $\widetilde{k}_p$ 的初始值可以选择为按某种确定模型下优化出的 PI 控制器参数值，即

$$\widetilde{k}_p(0) = \frac{1}{\delta_b} \tag{9-17}$$

根据自适应调整律式（9-16），可以得到自适应控制算法的差分方程为

$$\widetilde{k}_p[(k+1)\Delta t] = \widetilde{k}_p(k\Delta t) + \Delta t[\eta e_m(k\Delta t)y(k\Delta t)] \tag{9-18}$$

在上述自适应控制系统中，自适应调整步长 η 是一个至关重要的参数，它的大小能影响系统的稳定性及其调节品质，因此应该使用最优化的方法来确定它。

优化时，可以选取目标函数为

$$Q_{\min} = \int_0^{t_s} t \mid e \mid dt \tag{9-19}$$

例如，在第 6 章第 6.5 节中，已经优化出被控对象，即

$$G(s) = \frac{5.77}{(224.18s+1)^2} e^{-86s}$$

使用 PID 控制律时的最优控制器参数为

$$\delta_b = 4.8, T_{ib} = 429$$

现在使用模型参考自适应 PI 控制策略（MRAC_PI）进行控制。选取参考模型中的参数为

$$\xi = 0.5, \omega_n = 0.0025$$

并选取给定值为阶跃函数，且让

$$r = 1$$

通过多次仿真实验，确定 η 的论域为

$$\eta \in (0.001, 0.005)$$

由于只有一个要优化的参数，因此使用穷举法进行优化，其主程序为 O_enumeration_931.m。

```
%穷举法优化程序 O_enumeration_931.m
clear all;
Qmin = 10^30;
for kv = 0.001：0.0001：0.005
    Q = Obj_MRAC_simu931(kv);
    if Q＜Qmin; Qmin = Q; kvb = kv; end
end
kvb
```

自适应控制系统仿真及优化子程序为 Obj_MRAC_PI_simu931.m。

```
%模型参考自适应控制系统仿真程序 Obj_MRAC_PI_simu931.m
function [Q] = Obj_MRAC__PI_simu931(kv)
%clear all;
DT = 1; ST = 3000; LP = ST/DT;
%%%%%%%%%%%%%%%%%%%%%被控对象参数%%%%%%%%%%%%%%%%%%%
K = 5.77; T = 224.18; Tao = 86; n = 2;
a = exp(-DT/T); b = 1-a; LD = fix(Tao/DT);
%%%%%%%%%%%%%%%%%%%%%参考模型参数%%%%%%%%%%%%%%%%%%%
g = 0.5; wn = 0.0025;
g = 0.5; wn = 0.01;
%g = 0.707; wn = 0.0018;
A = [0, 1; -wn*wn -2*g*wn]; B = [0 wn*wn]';
DTA = 4.8; Ti = 429;
%%%%%%%%%%%%%%%%%%%%初始化%%%%%%%%%%%%%%%%%%%%%%%%%
R = 1; R1 = 0; R2 = 0; Q = 0;
Xm = [0 0]'; kp = 1/DTA;
x(1: n) = 0; xd(1: LD) = 0; xi = 0; y = 0;
%kv = 0.0042;
%%%%%%%%%%%%%%%%%%%%%%仿真计算%%%%%%%%%%%%%%%%%%%%%
for i = 1: LP
    %%%%参考模型仿真计算(梯形公式)%%%%%%
    Em1 = A*Xm + B*R;
    Zm = Xm + DT*Em1;
    Em2 = A*Zm + B*R;
    Xm = Xm + DT/2*(Em1 + Em2);
    ym = Xm(1);
    %%%%自适应机构仿真计算%%%%%%%%%%%%%%
    em = ym - y; e = R - y;
    yc = em*y;
    kp = kp + DT*kv*yc;
    %%%%被控对象仿真计算%%%%%%%%%%%%%%%%
```

```
    xp = kp * e;
    xi = xi + e * kp/Ti * DT;
    u = xp + xi;
    x(1) = a * x(1) + K * b * (u + R1);
    x(2: n) = a * x(2: n) + b * x(1: n-1);
    y = xd(LD) + R2;
    for j = LD: -1: 2; xd(j) = xd(j-1); end
    xd(1) = x(n);
    Ym(i) = ym; Y(i) = y; t(i) = DT * i; U(i) = u;
    Q = Q + t(i) * abs(e) * DT;
end
% 单独 PID 控制系统仿真
xi = 0; x(1: n) = 0; y = 0; xd(1: LD) = 0;
for i = 1: LP
  e = R - y;
  xp = e/DTA;
  xi = xi + DT/DTA/Ti * e;
  u = xp + xi;
  x(1) = a * x(1) + K * b * (u + R1);
  x(2: n) = a * x(2: n) + b * x(1: n-1);
  y = xd(LD) + R2;
  for j = LD: -1: 2; xd(j) = xd(j-1); end
  xd(1) = x(n);
  Ypid(i) = y; Upid(i) = u;
end
% subplot(2, 1, 1), plot(t, Ypid, 'b', t, Ym, 'g', t, Y, 'r'); hold on;
% subplot(2, 1, 2), plot(t, Upid, 'b', t, U, 'r'); hold on;
```

优化结果为

$$\eta = 0.0042$$

在该参数下，MRAC_PI 控制系统的给定值单位阶跃响应曲线以及控制器的输出曲线如图 9-9 所示。其中，参考模型的输出为 y_m，自适应控制时系统的输出为 y_{MRAC}，自适应控制器的输出为 u_{MRAC}，单纯 PI 控制时系统的输出为 y_{PID}，PI 控制器的输出为 u_{PID}。

从该图中可以看到，与单纯 PI 控制律时相比，MRAC_PI 控制具有较好的控制品质，而且，控制器输出的变化量也比 PI 控制器的小。

9.3.3　参考模型对自适应控制系统调节品质的影响

前面已经讨论过，设计自适应机构时，选择一个较为合适的参考模型是一件不容易的事。从图 9-9 中也可以看到，自适应控制系统的调节品质远优于参考模型的输出。那么，现在来分析一下，参考模型对控制品质的影响。

如果选择

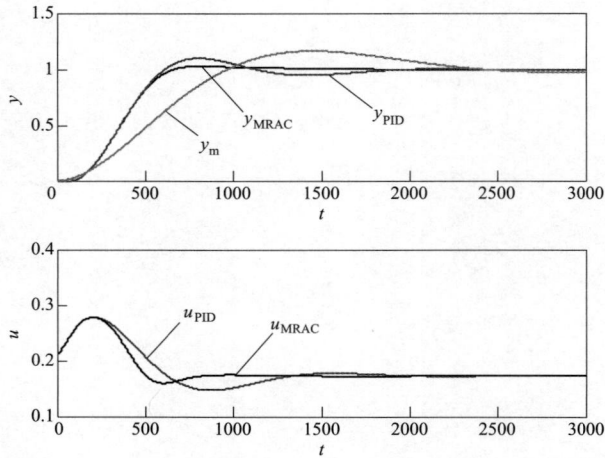

图 9-9　给定值阶跃扰动下 MRAC_PI 控制与单纯 PI 控制品质的比较

$$\xi = 0.5, t_s = 600$$

根据式（2-67），则可得到闭环系统的无阻尼自然频率

$$\omega_n = \frac{3}{\xi t_s} = 0.01$$

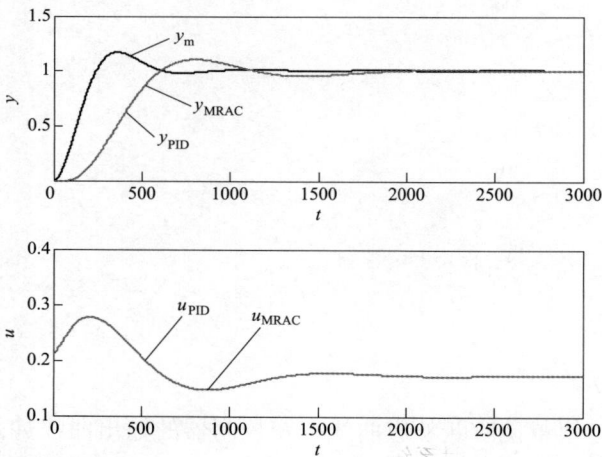

图 9-10　$\xi = 0.5, \omega_n = 0.01$ 时的自适应控制系统响应曲线

在该参考模型下，选择 η 的论域为

$$\eta \in (-1, 1)$$

取搜索步长 $\Delta\eta = 0.01$，优化结果为

$$\eta = 0$$

由此说明，在该参考模型下，原始 PI 参数下的控制品质最好（见图 9-10），不需要调整参数 $\tilde{k}_p$。

如果选择

$$\xi = 0.707, t_s = 2400$$

根据式（2-67），则可得到闭环系统的无阻尼自然频率

$$\omega_n = \frac{3}{\xi t_s} = 0.0018$$

在该参考模型下，选择 η 的论域为

$$\eta \in (0.0005, 0.0007)$$

取搜索步长 $\Delta\eta = 0.000001$，优化结果为

$$\eta = 0.000681$$

自适应控制品质及控制器的输出曲线如图 9-11 所示。

分析图 9-9、图 9-10 和图 9-11 可知，自适应控制系统的输出与其参考模型的输出相差很大。但是，如果选择的参考模型比较合理，会得到优于纯 PI 控制时的控制品质（见图 9-9 和图 9-11 的情况）。如果选择的参考模型不合理（见图 9-10 所示，这是较差的情况，它要求系统有较快的过渡过程时间，但其要求的调节速度已经超过了系统的响应能力），它的调节品质与纯 PI 控制时相同。单从这一点上看，似乎 MRAC _ PI 控制律优于纯 PI 控制律，其实不然，MRAC _ PI 是非线性控制器，它的控制品质还会受

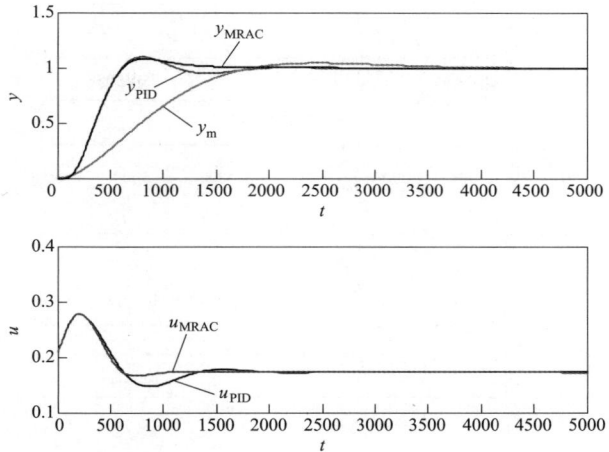

图 9-11　$\xi = 0.707, \omega_n = 0.0018$ 时的自适应控制系统响应曲线

到扰动量的大小、系统的运行状态等因素的影响，而 PI 控制则不然。

9.3.4　扰动量对控制品质的影响

由于自适应控制律是非线性控制，因此必须分析各种扰动变化对自适应控制系统调节品质的影响。

下面讨论选取参考模型参数为

$$\xi = 0.5, \omega_n = 0.0025$$

自适应调整步长为

$$\eta = 0.0042$$

时，在各种扰动情况下，自适应控制系统的调节品质。

1. 给定值 R 变化

当给定值增大时，三种情况下的仿真结果如图 9-12 所示。从该图中可以看到，随着给定值的增大，控制系统的稳定性变差，当大到一定值时（本例 $R \approx 1.45$），系统变为发散。

其原因很简单：给定值增大时，参考模型的输出随之增大，自适应偏差 e_m 也随之增大，$\tilde{k}_p$ 的值就会相应增大，控制作用增强，控制系统的稳定性变差，当 $R \geqslant 1.44$ 时，系统将渐渐地失去稳定性。

当给定值减小时，三种情况下的仿真响应曲线如图 9-13 所示（图中未标明的曲线是在相应扰动值下单纯 PI 的控制响应）。从该图中可以看到，随着给定值的减小，控制系统的稳定性增强。当给定值越来越小时，自适应控制系统的控制品质越来越趋向于单

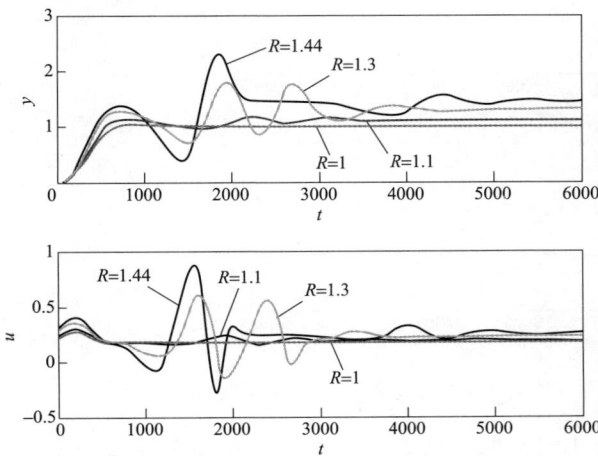

图 9-12　给定值增大时自适应控制系统的仿真响应曲线

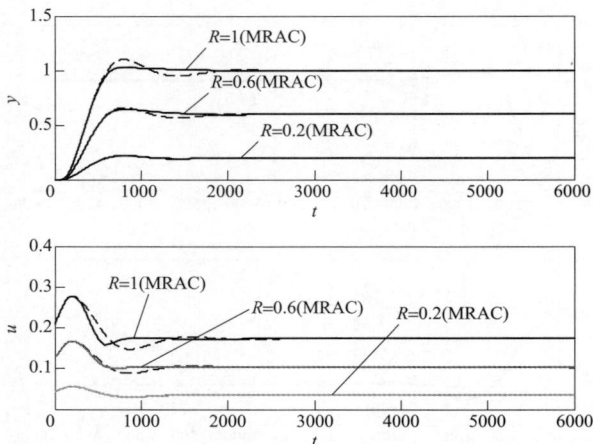

图 9-13　给定值减小时自适应控制系统的仿真结果

纯 PI 控制。其原因是，当给定值减小时，参考模型的输出随之减小，自适应偏差 e_m 也随之减小，$\tilde{k}_p$ 的变化值就会相应减小，控制作用减弱，最后趋向于纯 PI 控制。

通过上面的分析可知，如果按较大的给定值变化（R_m）来设计自适应调整步长 η，就会在 $R \leqslant |R_m|$ 的变化范围内得到较好的控制品质，最差的情况是与纯 PI 的控制品质相同。

例如，仍选取参考模型中的参数为

$$\xi = 0.5, \ \omega_n = 0.0025$$

选取给定值为

$$R = 5$$

选取 η 的论域为

$$\eta \in (0.00001, 0.0001)$$

搜索步长选为

$$\Delta \eta = 0.000001$$

由此可以得到优化结果为

$$\eta = 0.000064$$

自适应控制品质及控制器的输出曲线如图 9-14 所示。从该图种可以看到，无论从控制品质上，还是从控制器输出上看，MRAC_PI 控制律优于 PI 控制律。

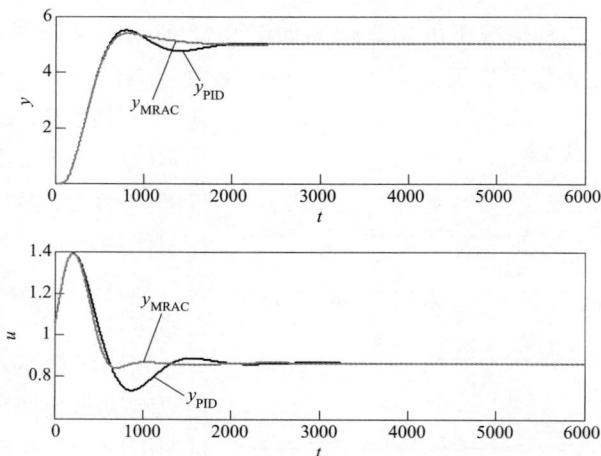

图 9-14　按给定值 $R=5$ 时设计的自适应控制系统的仿真响应曲线

按此设计结果，当给定值从 5 逐渐减小时，四种情况下的仿真结果如图 9-15 所示（图中未标明的曲线是在相应扰动值下单纯 PI 的控制响应）。

从该图中可以看出，随着给定值的减小，MRAC_PI 控制越来越接近于 PI 控制。

通过上述分析，可以得到如下结论：

就给定值扰动而言，可以按给定值的最大变化值（R_m）来设计自适应调整步长 η，那么，在 $R \in (-R_m, R_m)$ 论域内可以得到较好的控制品质，最差的情况是与单纯 PI 的控制品质相同。

2. 内部扰动 R_1 变化

仍选取参考模型参数为

$$\xi = 0.5, \omega_n = 0.0025$$

选取按 $R = 5$ 时设计出的自适应调整步长

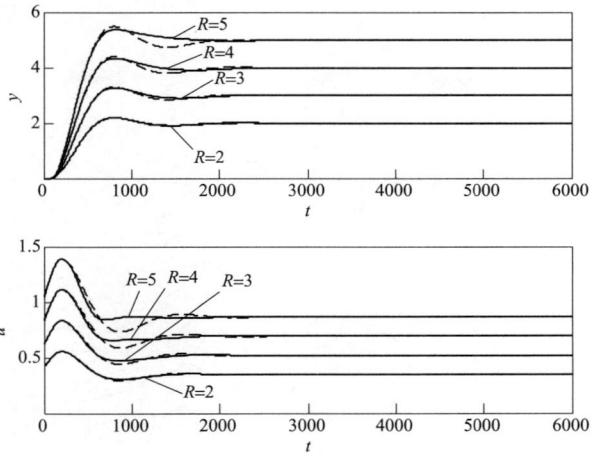

图 9-15　给定值发生变化时 MRAC_PI 与单纯 PI 控制时的比较

$$\eta = 0.000064$$

当加入内部扰动 $R_1 = 0.5$，给定值扰动 $R = 0$，外部扰动 $R_2 = 0$ 时，MRAC_PI 与单纯 PI 控制品质的对比如图 9-16 所示。

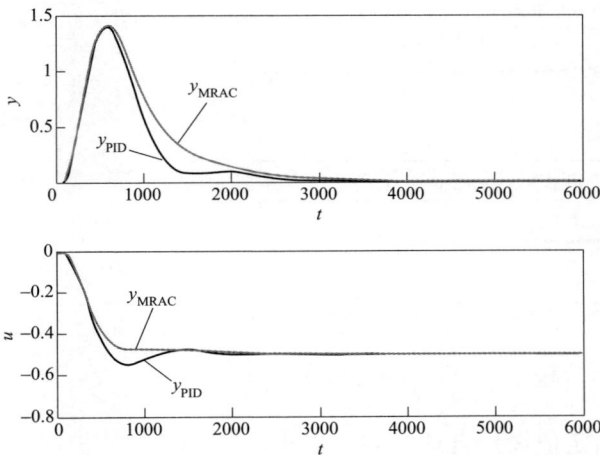

图 9-16　内部扰动 $R_1 = 0.5$ 时 MRAC_PI 与单纯 PI 控制品质的比较

从图 9-16 中可以看到，从调节速度上讲，MRAC_PI 的控制品质劣于单纯 PI 控制。究其原因是：当内部扰动发生以后，在开始阶段，被控系统的输出 y 逐渐增大，参考模型的输出一直为 0，偏差 e_m 为负，且随着 y 的增大，偏差 e_m 负向增大，因此 $\tilde{k}_p$ 随之减小，控制作用减弱。而当控制作用产生效果后，y 的值开始减小，$\tilde{k}_p$ 的减小速度放缓。从整个控制过程来看，MRAC_PI 的比例增益 $\tilde{k}_p$ 一直小于纯 PI 的比例增益 k_p。因此，MRAC_PI 的调节速度要慢于纯 PI 控制。

但是，当内部扰动逐渐增大时，控制系统的稳定性会变差，最后系统将失去稳定性（如图 9-17 中 $R_1 = 0.67$ 时所示的情况）。

产生这种情况的原因是，随着内部扰动的增大，$\tilde{k}_p$ 的减小速度也随之增大，系统还没达到稳态时，$\tilde{k}_p$ 的值已由正减到负，控制器的极性发生了变化，致使控制系统变为正反馈，导致系统发散。

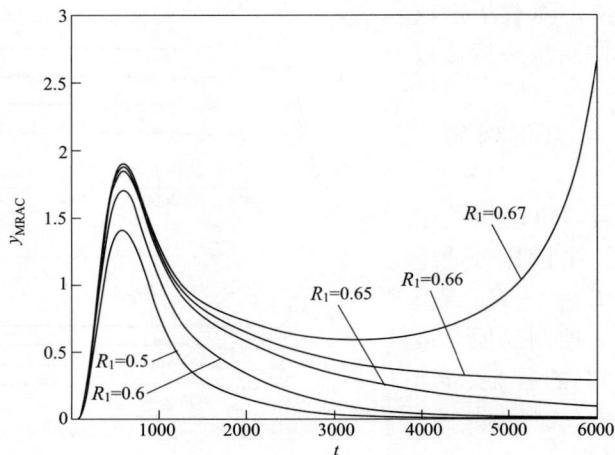

图 9-17　内部扰动增大时 MRAC_PI 控制系统的响应曲线

图 9-18 示出了内部扰动逐渐减小的几种情况。从该图中可以看出，随着内部扰动值的逐渐减小，y 的值随之逐渐减小，偏差 e_m 的负向值也逐渐减小，致使 $\tilde{k}_p$ 的减小速度变慢，最终基本保持不变，这时 MRAC_PI 与 PI 的控制品质趋于相同。

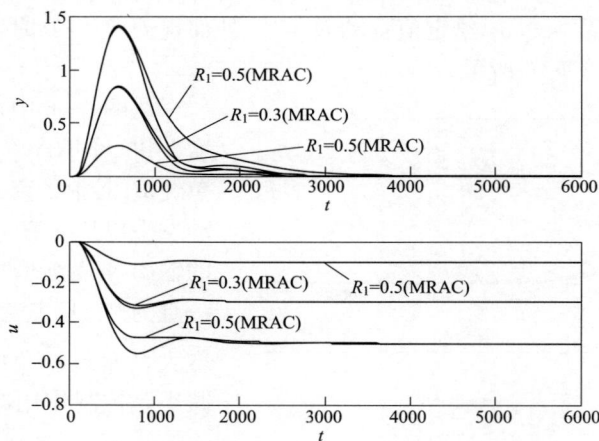

图 9-18　内部扰动减小时 MRAC_PI 控制系统的响应曲线

综上分析可以看出，即使按较大的给定值设计自适应调整步长，MRAC_PI 控制律克服内部扰动的能力还是很差，而且对内部扰动的幅值非常敏感，容易使系统发散。

3. 外部扰动 R_2 变化

仍选取参考模型参数为

$$\xi = 0.5, \ \omega_n = 0.0025$$

选取按 $R = 5$ 时设计出的自适应调整步长

$$\eta = 0.000064$$

当加入外部扰动 $R_2 = 2$，给定值扰动 $R = 0$，内部扰动 $R_1 = 0$ 时，MRAC_PI 与单纯 PI 控制品质的对比如图 9-19 所示。

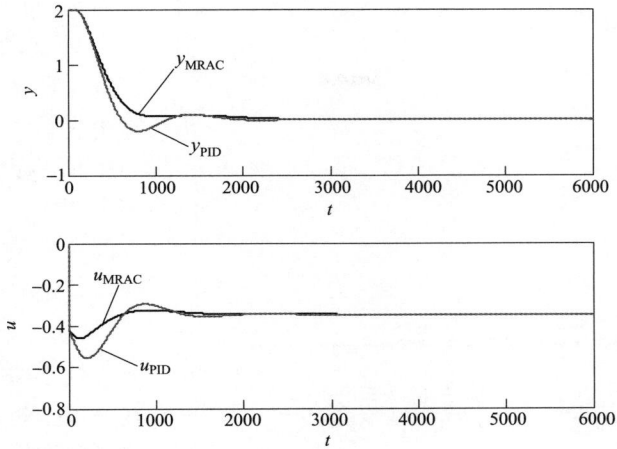

图 9-19 内部扰动 $R_2 = 2$ 时 MRAC＿PI 与单纯 PI 控制品质的比较

从图 9-19 中可以看到，MRAC＿PI 的控制品质略优于单纯 PI 控制。其原因与内扰时相同：当发生外部扰动以后，被控系统的输出 y 先是产生一个较大的值（与外部扰动幅值相等），然后逐渐减小，直至为 0。由于参考模型的输出一直为 0，偏差 e_m 也就一直为负，但是，它的幅值会随着 y 的减小而减小。因此，$\tilde{k}_p$ 在整个调节过程中一直从初始值逐渐减小，当 y 趋向于 0 时，$\tilde{k}_p$ 基本保持不变。从整个控制过程来看，MRAC＿PI 的比例增益 $\tilde{k}_p$ 一直小于单纯 PI 的比例增益 k_p。因此，MRAC＿PI 控制的稳定性要好于单纯 PI 控制。

从上述分析可以看出，与内部发生扰动时相同，随着外部扰动的增大，$\tilde{k}_p$ 的减小速度也随之增大，当 $\tilde{k}_p$ 的减小速度增大到一定程度时（$R_2 = 2.72$），系统还没达到稳态，$\tilde{k}_p$ 的值很可能已由正减到负，控制器的极性发生了变化，导致控制系统变为正反馈，致使系统发散（见图 9-20）；反之，随着外部扰动值的逐渐减小，y 的值随之逐渐减小，偏差 e_m 的幅值

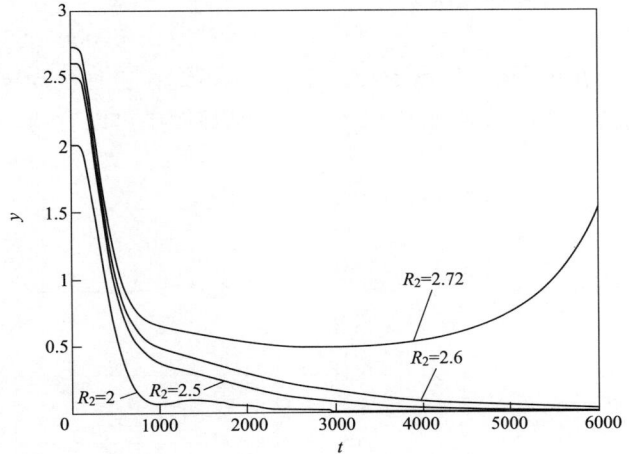

图 9-20 外部扰动增大时 MRAC＿PI 控制系统的响应曲线

也逐渐减小，致使 $\tilde{k}_p$ 的减小速度变慢，最终基本保持不变，这时 MRAC＿PI 控制品质趋向于单纯的 PI 控制（见图 9-21）。

综上分析可以看出，MRAC＿PI 控制律克服外部扰动的能力也很差，对外部扰动幅值的变化非常敏感，容易使系统发散。

4. 给定值扰动、内部扰动和外部扰动同时作用

从以上内容的讨论中已经知道，MRAC＿PI 控制律对各种扰动的幅值非常敏感，克服

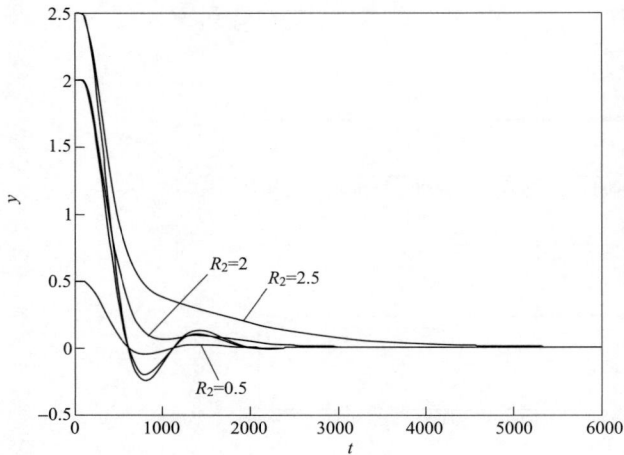

图 9-21　外部扰动减小时 MRAC＿PI 控制系统的响应曲线

内、外扰动的能力也很差。因此，即使这三种扰动在不同时刻共同作用于系统，原来设计的自适应调整步长 η 也会偏大，如果不减小 η，即使扰动幅值与设计值相同，也可能使系统发散。所以，必须重新设计自适应调整步长 η。

现在，选取参考模型参数为

$$\xi = 0.5, \ \omega_n = 0.0025$$

并选取各种扰动值为

$$R = 5, \ R_1 = 0.5, \ R_2 = 2$$

通过多次仿真实验，确定 η 的论域为

$$\eta \in (0.000001, \ 0.000008)$$

选取搜索步长为

$$\Delta\eta = 0.0000001$$

优化 η 时的目标函数选为

$$Q = \int_0^{t_s} t^2 \mid e \mid \mathrm{d}t$$

则可以得到优化结果

$$\eta = 0.0000025$$

在该参数下，MRAC＿PI 控制系统在三种扰动同时作用下的系统输出响应曲线以及控制器的输出曲线如图 9-22 所示。从该图中可以看到，MRAC＿PI 的控制品质略优于单纯 PI 控制。

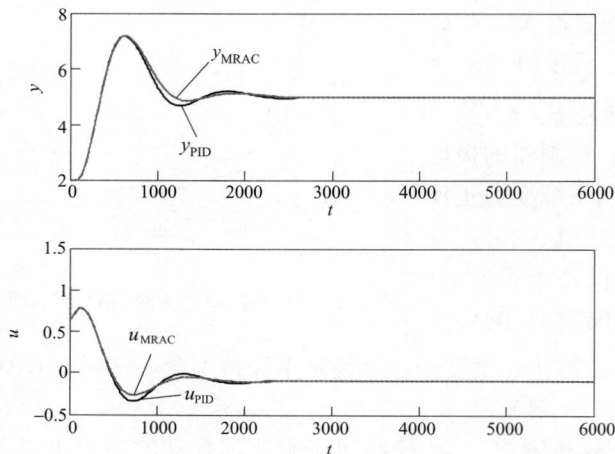

图 9-22　三种扰动同时作用时 MRAC＿PI 控制系统的响应曲线

对于生产过程控制系统而言，图 9-22 所展现出的 MRAC＿PI 控制品质并不具备多少优势，现场的干扰噪声早已把这一点优势淹没掉。此外，如果三种扰动在不同时刻作用于系

统，更显现不出 MRAC _ PI 的优越性（见图 9-23）。

产生上述情况的原因是，按三种扰动同时作用于系统时优化出来的自适应调整步长（$\eta = 0.0000025$）要比单独按给定值扰动（$R = 5$）优化出来的自适应调整步长（$\eta = 0.000064$）小一个数量级。这样就减小了 $\tilde{k}_\mathrm{p}$ 的变化率，保证了系统的稳定性。

9.3.5 结论

通过前面的各项实验可以得到如下的结论：

（1）如果各种扰动量与设计值比较接近，MRAC 的控制品质优于单纯 PID 控制律。

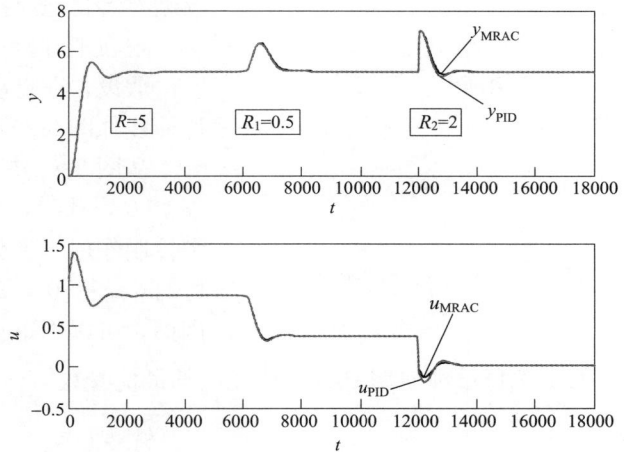

图 9-23 三种扰动在不同时刻作用时 MRAC _ PI 控制系统的响应曲线

（2）如果各种扰动量比设计值小，MRAC 的控制品质接近于单纯 PID 控制律，丧失了 MRAC 的优越性，但是保留了 PID 控制律鲁棒性强的特点。

（3）如果各种扰动量比设计值大，MRAC 会使系统稳定性变差，在此情况下，MRAC 控制律对扰动量的幅值变化极其敏感，再稍微加大一点幅值就会使系统发散。

从总体上来说，MRAC 控制律可以在实际工程中使用。只是它是非线性控制律，不满足全局稳定的条件，使用时带有一定的风险性，而换来的控制品质的提高并不明显。因此，模型参考自适应控制系统的这一特性更进一步增加了它在实际工程中应用的困难。

9.4 自调整自适应 PID 控制系统的优化设计

从上一节已经看到，模型参考自适应控制有许多自身固有的缺陷，与设计方法无关。虽然模型参考自适应控制已经有近 60 年的发展历史，但至今也没有得到很好的应用。那么，自校正自适应控制系统是否能得到很好的应用呢？为了说明这一问题，在本节里，介绍一种变比例的自调整自适应 PID 控制系统的优化设计方法。

变比例的自调整自适应 PID 控制系统原理方框图如图 9-24 所示。从该图中可以看到，这就是一个自校正自适应控制系统。

对比图 9-7 与图 9-24 可以看到，前者是前馈控制，后者是反馈控制。因此，不能按着

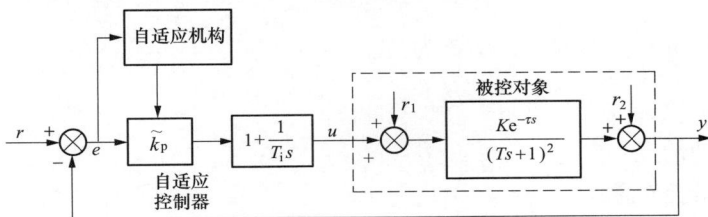

图 9-24 变比例的自调整自适应 PID 控制系统原理方框图

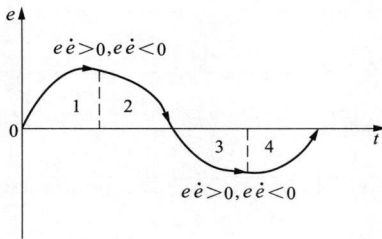

图 9-25 偏差 $e(t)$ 的响应曲线

模型参考自适应控制那样来设计自适应机构。

现在来分析一下人类专家怎样进行自适应控制：

假设，在自动控制系统调节过程中，偏差 $e(t)$ 的响应曲线如图 9-25 所示。

从图 9-25 中不难看出，当偏差曲线在第 1、3 区时，$e\dot{e} > 0$，此时，偏差朝着增大的方向前进，这时应该加大控制作用，使偏差尽快减小；当偏差曲线在第 2、4 区时，$e\dot{e} < 0$，此时，偏差已经朝着减小的方向前进。因此，可以确定自适应方案如下：

（1）选择单纯使用 PID 时优化出的最优参数 (δ_b, T_{i_b}) 作为 $\widetilde{k}_p$ 的初始值及 T_i 的值，即

$$\widetilde{k}_p(0) = \frac{1}{\delta_b} \tag{9-20}$$

$$T_i = T_{i_b} \tag{9-21}$$

（2）$\widetilde{k}_p$ 搜索前进。原则是，当 $e\dot{e} > 0$ 时，逐渐加大比例作用；当 $e\dot{e} < 0$ 时，逐渐减小比例作用，即

$$\widetilde{k}_p[(k+1)\Delta t] = \widetilde{k}_p(k\Delta t) + \eta \cdot e(k\Delta t) \cdot \Delta e(k\Delta t) \tag{9-22}$$

（3）为了消除 $\widetilde{k}_p$ 的历史积累，以及当 $e(t)$ 在零附近的某个区域内，不对 $\widetilde{k}_p$ 调整，并使比例增益恢复到初始值。即，当 $|e(k\Delta t)| < \varepsilon$ 时

$$\widetilde{k}_p(k\Delta t) = \frac{1}{\delta_b} \tag{9-23}$$

式中　η——搜索步长，可以通过最优化的方法来确定；

　　　ε——一个正小数。

根据上述方案，可以得到自校正自适应 PID 控制系统的结构方框图如图 9-26 所示。

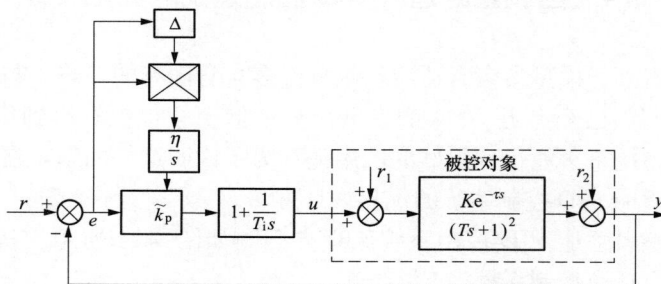

图 9-26　自校正自适应 PID 控制系统结构方框图

优化搜索步长 η 时，选取目标函数为

$$Q_{min} = \int_0^{t_s} t \, |e| \, \mathrm{d}t \tag{9-24}$$

且要考虑各种扰动情况。

例如，对于被控对象

$$G(s) = \frac{5.77}{(224.18s + 1)^2} \mathrm{e}^{-86s}$$

在第 6 章第 6.5 节中，已经优化出使用 PID 控制律时的最优控制器参数为

$$\delta_b = 4.8, \ T_{i_b} = 429$$

因此，可以选择 $\tilde{k}_p$ 的初始值及 T_i 的值为

$$\tilde{k}_p = \frac{1}{\delta_b} = \frac{1}{4.8}$$

$$T_i = T_{i_b} = 429$$

对于该系统，优化时，选取各种扰动值及其作用时间为

$$R = 1, \quad t > 0 \text{ 时}$$
$$R_1 = 1, \quad t > 4000 \text{ 时}$$
$$R_2 = 1, \quad t > 8000 \text{ 时}$$

通过多次仿真实验，确定 η 的论域为

$$\eta \in (0.000001, 0.0005)$$

使用穷举法进行优化，其主程序为 O _ enumeration _ 941. m，自适应控制系统仿真程序为 Obj _ STR _ simu941. m

```
%穷举法优化程序 O _ enumeration _ 941. m
clear all;
Qmin = 10^10;
for kv = 0. 00001: 0. 00001: 0. 0005
    Q = Obj _ STR _ simu941(kv);
    if Q<Qmin; Qmin = Q; kvb = kv; end
end
kvb
```

```
% 自适应 PID 控制系统仿真程序 Obj _ STR _ simu941. m
% function [Q] = Obj _ STR _ simu941(kv)
clear all;
DT = 2; ST = 12000; LP = ST/DT;
%%%%%%%%%%%%%%%%%%%%被控对象参数%%%%%%%%%%%%%%%%%%%
K = 5. 77; T = 224. 18; Tao = 86; n = 2;
a = exp( - DT/T); b = 1 - a; LD = fix(Tao/DT);
%%%%%%%%%%%%%%%%%%%%初始化%%%%%%%%%%%%%%%%%%%%%%%%
R = 1; R1 = 0; R2 = 0; Q = 0;
kp0 = 1/4.8; DTA = 4.8; Ti = 429;
x(1: n) = 0; xd(1: LD) = 0; y = 0; xi = 0; kp = kp0; e0 = 0;
E = 0.1;
kv = 0.00011;
%%%%%%%%%%%%%%%%%%%%仿真计算%%%%%%%%%%%%%%%%%%%%%%
for i = 1: LP
    if i * DT>4000; R1 = 1; end
    if i * DT>8000; R2 = 1; end
```

```
    %%%%自适应机构及控制器仿真计算%%%%%%%%%%%%%%%
    e = R - y; de = (e - e0)/DT;
    if abs(e)<E
        kp = kp0;
    else
        kp = kp + DT * kv * e * de;
    end
    xp = kp * e;
    xi = xi + DT * kp/Ti * e;
    u = xp + xi;
    %%%%被控对象仿真计算%%%%%%%%%%%%%%%%
    x(1) = a * x(1) + K * b * (u + R1);
    x(2: n) = a * x(2: n) + b * x(1: n-1);
    y = xd(LD) + R2;
    for j = LD: -1: 2; xd(j) = xd(j-1); end
    xd(1) = x(n);
    Y(i) = y; U(i) = u; t(i) = i * DT;
    Q = Q + t(i) * abs(e) * DT;
end
%单独使用 PID 的控制系统仿真
xi = 0; x(1: n) = 0; y = 0; xd(1: LD) = 0;
R = 1; R1 = 0; R2 = 0;
DTA = 4.8; Ti = 429;
for i = 1: LP
    if i * DT>4000; R1 = 1; end
    if i * DT>8000; R2 = 1; end
    e = R - y;
    xp = e/DTA;
    xi = xi + DT/DTA/Ti * e;
    u = xp + xi;
    x(1) = a * x(1) + K * b * (u + R1);
    x(2: n) = a * x(2: n) + b * x(1: n-1);
    y = xd(LD) + R2;
    for j = LD: -1: 2; xd(j) = xd(j-1); end
    xd(1) = x(n);
    Ypid(i) = y; Upid(i) = u;
end
subplot(2, 1, 1), plot(t, Ypid, 'r', t, Y, 'b'); hold on;
subplot(2, 1, 2), plot(t, Upid, 'r', t, U, 'b'); hold on;
```

优化结果为

$$\eta = 0.00011$$

在该参数下，自适应 PID 控制系统与纯 PID 控制系统的比较如图 9-27 所示。从该图中可以看到，当系统发生内部扰动时，与纯 PID 控制系统相比，自适应 PID 控制系统的调节速度得到了明显提高，但稳定性略差。但是，当系统发生定值扰和外扰时（从控制系统方框图上看，实际上它们发生在同一个地方），PID 控制器立即感受到了这种扰动，及时进行了调节，而自适应 PID 控制系统中 $\tilde{k}_{\mathrm{p}}$ 的调整系数 η 较小，所以控制品质与 PID 控制器相比没有差别。

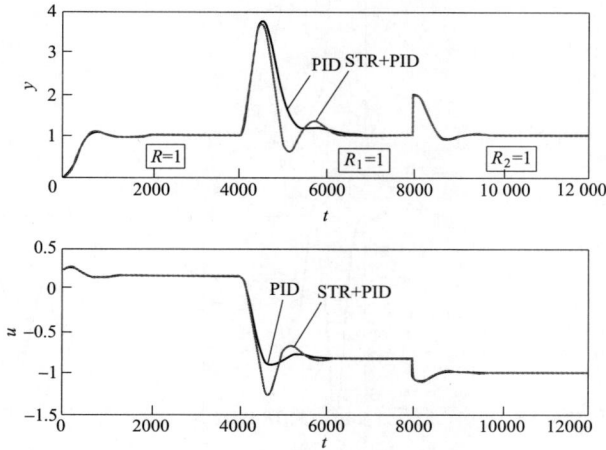

图 9-27　自适应 PID 控制系统与纯 PID 控制系统的比较（一）

当内、外扰动同时发生，且外部扰动变化很大（$R=0, R_1=1, R_2=3$）时，自适应 PID 控制与纯 PID 控制品质的比较如图 9-28 所示。从该图中可以看到，内部扰动没有变化，外部扰动发生较大的变化（也相当于定值扰发生了变化）时，且作用时间同时发生后，自适应 PID 的控制品质没有发生变化，调节速度仍优于单纯 PID 控制。

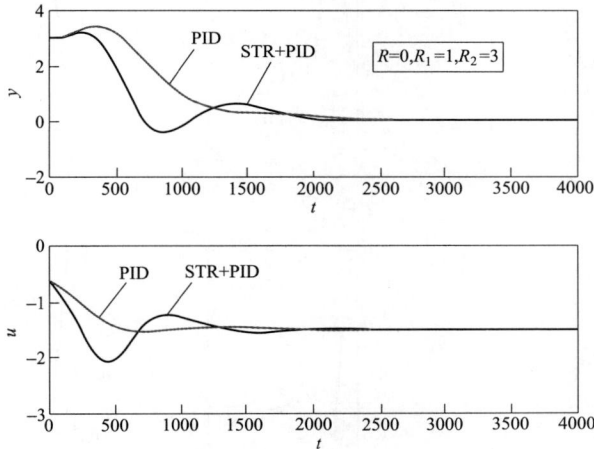

图 9-28　自适应 PID 控制系统与纯 PID 控制系统的比较（二）

当内部扰动量的幅值发生变化后，自适应 PID 控制与纯 PID 控制（图中未注明的曲线）品质的比较如图 9-29 和图 9-30 所示。从图 9-29 中可以看到，当扰动值（$R_1=1.5$）大于设计值（$R_1=1$）时，调节过程震荡激烈。如果扰动值进一步增大（$R_1=1.7$），系统会渐渐失去稳定性；从图 9-30 中可以看到，当扰动值（$R_1 = 0.5$）小于设计值（$R_1 = 1$）时，调节速度仍快于单纯 PID 控制。如果扰动值进一步减小（$R_1 = 0.05$），控制品质与单纯 PID 控制相同。

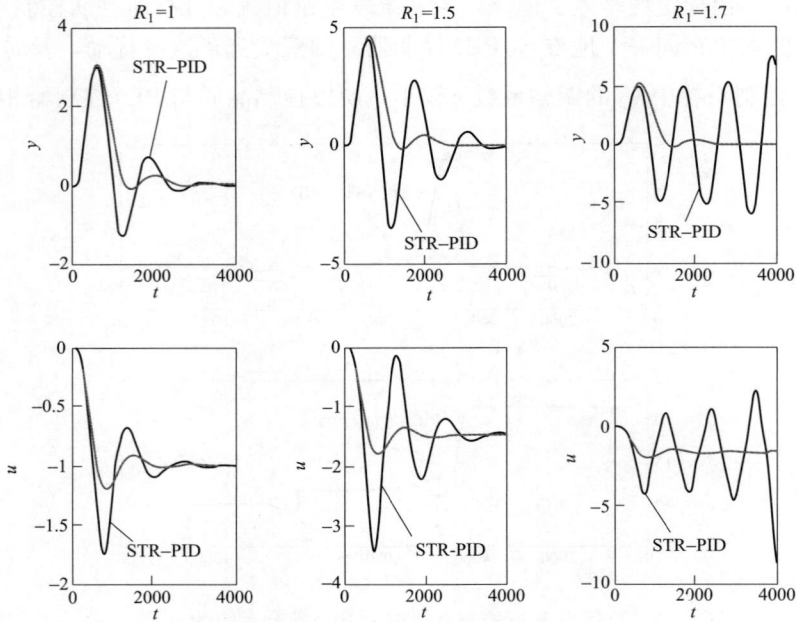

图 9-29　内部扰动大于设计值时 STR＋PID 与 PID 的比较

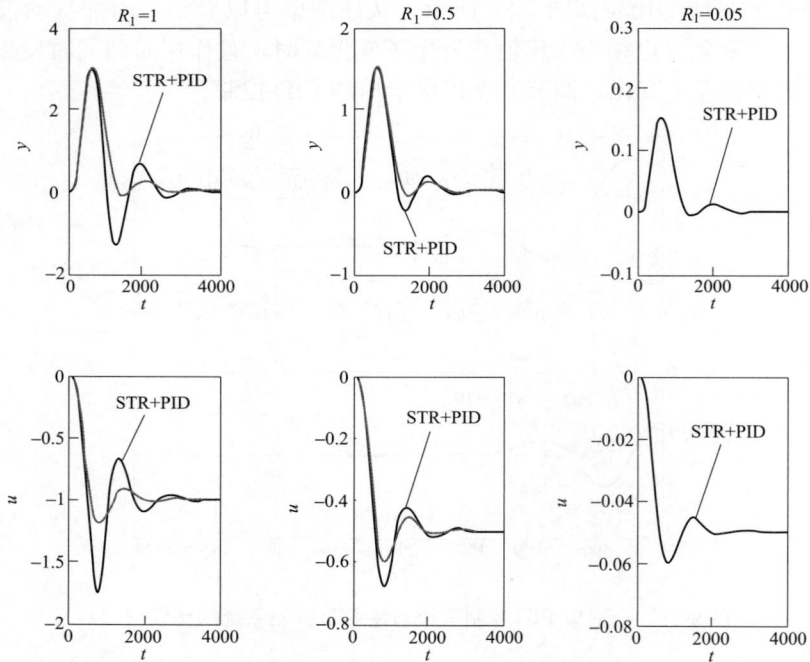

图 9-30　内部扰动小于设计值时 STR＋PID 与 PID 的比较

被控对象模型偏离设计值时，STR＋PID 控制与纯 PID 控制品质的比较如图 9-31～图 9-33 所示。

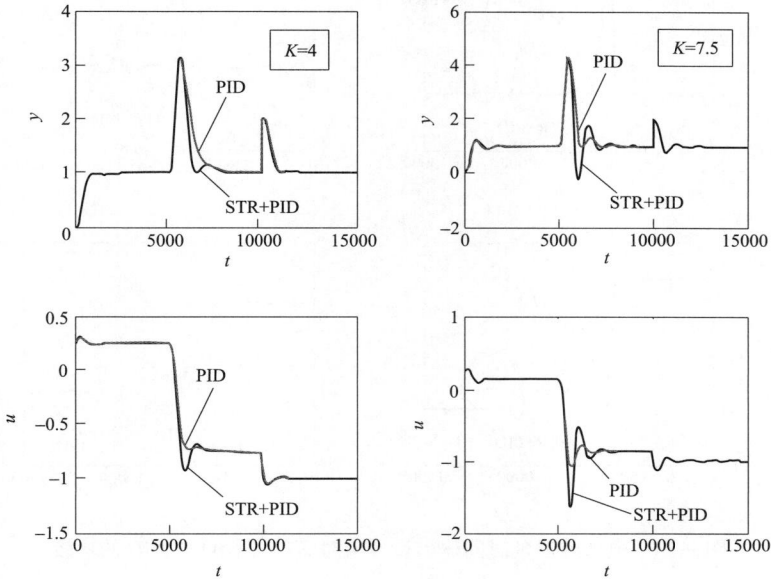

图 9-31　模型增益偏离设计值时 STR＋PID 与 PID 的比较

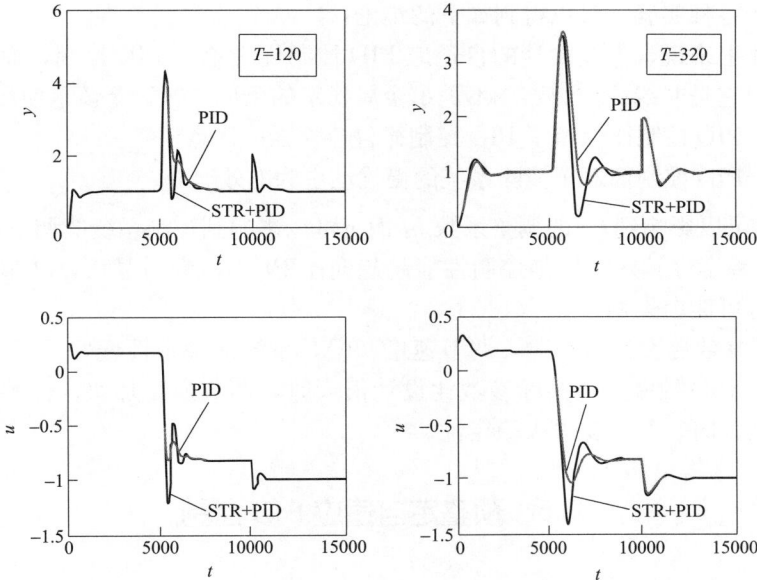

图 9-32　模型惯性时间偏离设计值时 STR＋PID 与 PID 的比较

从图 9-31～图 9-33 中可以看到，当模型增益偏离设计值（$K=4$，7.5，其他参数不变）、惯性时间偏离设计值（$T=120$，320，其他参数不变）及模型纯迟延时间偏离设计值（$\tau=40,130$，其他参数不变）时，各种情况下的 STR＋PID 与 PID 的控制品质对应情况是相同的：当模型参数值大于设计值时，调节过程震荡激烈，当参数值进一步增大时，系统会

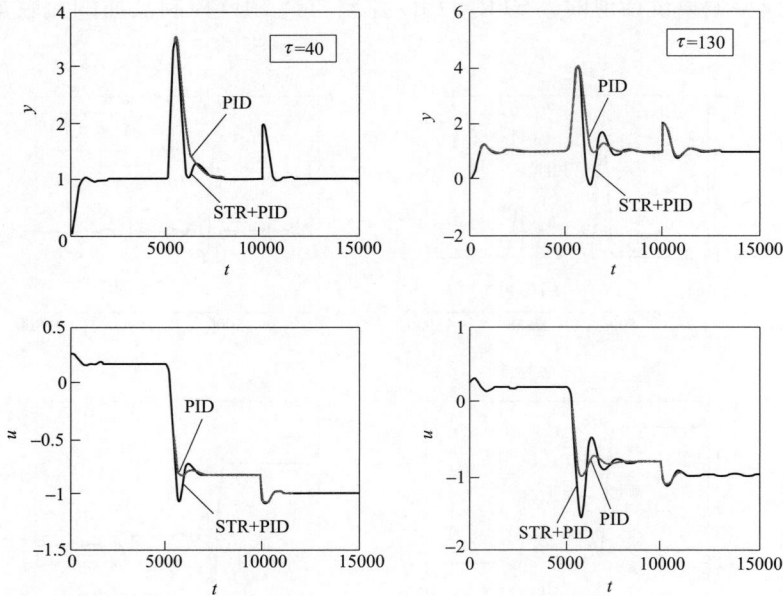

图 9-33　模型纯迟延时间偏离设计值时 STR＋PID 与 PID 的比较

渐渐失去稳定性；当模型参数值小于设计值时，控制品质没有发生变化，优于单纯 PID 控制，当进一步减小时，控制品质与单纯 PID 控制相同。

通过上述的各种实验，可以得到如下的结论：

（1）从总体上来说，上述设计的自适应 PID 控制优于单纯 PID 控制，而且可以在实际工程中使用。但它是非线性控制器，不满足全局稳定的条件，所以要慎重使用。

（2）STR＋PID 控制律保留了 PID 控制律鲁棒性强的优点。

（3）STR＋PID 控制律对于消除系统的慢扰动更为有效。

（4）参数 ε 可以影响到 $\tilde{k}_p$ 的调整系数 η，而 η 可以影响到控制系统的调节速度和稳定性。η 越小，系统的稳定性越好，但是控制性能越趋向于 PID 控制；η 越大，调节速度越快，但稳定性变差，有可能会失稳。

（5）当实际参数比设计值小时，调节速度减慢，系统的稳定性变好，当进一步减小时，控制品质趋向于 PID 控制；当实际参数比设计值大时，调节速度加快，但系统的稳定性变差，当进一步增大时，系统会失去稳定性。

9.5　预整定自适应 PID 控制

在第 9.3 节和第 9.4 节所述的自适应 PID 控制器的设计中，影响调节品质的关键参数是 η。而在确定参数 η 时，又需要设计者预先给出各种扰动值的大小及其作用时间、被控对象数学模型的参考值及其控制器参数初值。这些工作都是非常困难的，如果这些参数的设计值选择得不当，就达不到希望的控制品质。因此说，前两节设计的自适应 PID 控制器可以在实际中应用，但是需要谨慎使用，因为实际运行过程中的各种扰动值的大小是无法预先知道的，这样就不能保证系统是全局稳定的。

下面再介绍一种预整定自适应 PID 控制策略（PT-PID），现在来分析这种控制策略的优化设计方法。

在现代的大型生产过程系统中，例如，电力、化工、炼油等生产过程[3]，存在着大迟延、大惯性、非线性等特性。然而，建立非线性模型是一件非常困难的事。因此，许多学者[48]、[53]、[54]、[71]都用分段线性化模型来代替非线性模型。对于大型生产过程系统来说，被控对象的非线性特性一般是由生产过程在不同负荷状态下运行而造成的。因此，可以在许多负荷点下，建立起各点的线性模型，然后再对模型参数进行平滑处理，形成平滑的非线性模型。同理，可以在许多负荷点模型下，优化出相应的 PID 控制器参数，然后再对最优控制器参数进行平滑处理。由最优控制器参数平滑后形成的随负荷而变化的函数就是生产过程系统运行时的自适应 PID 控制律。

下面考虑某 600MW 火电机组再热蒸汽温度系统的自适应控制问题。

通过现场试验，已经测得在三种负荷状态下燃烧器摆角开度与再热蒸汽温度的关系模型，见表 9-1。

首先来优化各负荷点下的最优控制器参数。

对于再热蒸汽温度控制系统，可以选取目标函数为

$$Q = \int_0^{t_s} t \mid e(t) \mid \mathrm{d}t$$

约束条件为

$$\begin{cases} 0.90 < \varphi < 0.99 \\ 5\% < M_p < 20\% \end{cases}$$

根据第 4 章给出的经验整定公式（4-39）和式（4-40）可以得到在 500MW 负荷点下，最优参数为

$$\delta = 2.94, T_i = 74.4$$

因此，可以选择参数的优化区间为

$$\delta \in (1.5, 3.5), T_i \in (50, 150)$$

使用穷举法进行优化，优化主程序为 O_enumeration_951.m，再热蒸汽温度控制系统仿真及目标函数计算子程序为 Obj_simu951.m。

表 9-1　　不同工况下燃烧器摆角开度与再热蒸汽温度的关系模型[67]

工况点	传递函数模型 $\dfrac{K}{(1+Ts)^2}e^{-\tau s}$
600MW	$\dfrac{2.52}{(1+59s)^2}e^{-22s}$
500MW	$\dfrac{2.42}{(1+53s)^2}e^{-18s}$
380MW	$\dfrac{2.3}{(1+71s)^2}e^{-22s}$

```
% 穷举法优化主程序 O_enumeration_951.m
clear all;
% % % % % % % % % % % % % % % % % % 初始参数 % % % % % % % % % % % % % % % % % % % %
x = [2.94 74.4];% 优化变量的初始值
X_LLimits = [1.5, 50];% 优化变量的下限
X_HLimits = [3.5, 150];% 优化变量的上限
DTA_X = [0.01 1];
[Qmin] = Obj_simu951(x);% 调用仿真子程序
% % % % % % % % % % % % % % % % % % % % % % 搜索开始 % % % % % % % % % % % % % % % %
```

```
for i1 = X_LLimits(1): DTA_X(1): X_HLimits(1)
    for i2 = X_LLimits(2): DTA_X(2): X_HLimits(2)
        x = [i1, i2];
        [Q] = Obj_simu951(x); %调用仿真子程序
        if Q<Qmin
            x_o = x; Qmin = Q;
        end
    end
end
x_o
```

```
%再热蒸汽温度控制系统仿真及目标函数计算子程序 Obj_simu951.m
% function [Q] = Obj_simu951(V)
clear all;
% DTA = V(1); Ti = V(2);
DT = 2; ST = 1000; LP = ST/DT;
%%%%%%%%%%%%%%%%%%%优化时被控对象参数%%%%%%%%%%%%%%%%%%
% K = 2.52; T = 59; Tao = 22; %600MW 负荷时
% K = 2.42; T = 53; Tao = 18; %500MW 负荷时
% K = 2.3; T = 71; Tao = 22; %380MW 负荷时
% a = exp(-DT/T); b = 1-a; LD = fix(Tao/DT); xd(1: LD) = 0
%%%%%%%%%%%%%%%%%%%%%%初始化%%%%%%%%%%%%%%%%%%%%%%%%
% n = 2; %优化时
n = 4; %运行时
R = 0; R1 = 0; R2 = 1;
x(1: n) = 0; y = 0; xi = 0; Q = 0;
%%%%%%%%%%%%%%%%%%%%%%仿真计算%%%%%%%%%%%%%%%%%%%%%
for i = 1: LP
    Ne = 380 + 0.2 * DT * i;            %负荷从 300MW 开始, 以 12MW/min 升至满负荷
    if Ne>600; Ne = 600; end
    %%%%%%%%%%%%%%%%%%%%%被控对象参数随负荷变化仿真计算%%%%%%%%%%%%%
    Ne2 = Ne * Ne;
    K = 0.001 * Ne + 1.92;
    T = 0.00056061 * Ne2 - 0.5767 * Ne + 179.182;
    a = exp(-DT/T); b = 1-a;
    %%%%%%%%%%%%%%%%%%%预整定自适应 PID 控制器仿真计算%%%%%%%%%%%%%%%%
    DTA = 0.000040076 * Ne2 - 0.0422 * Ne + 13.2127;
    Ti = 0.00171212 * Ne2 - 1.7733 * Ne + 554.6;
    % DTA = 2.14; Ti = 96; %单纯 PID 控制
    e = R - y;
    xp = e/DTA;
    xi = xi + DT/DTA/Ti * e;
```

```
u = xp + xi;
%%%%%%%%%%%%%%%%%%%%被控对象仿真计算%%%%%%%%%%%%%%%%%%%%%%%%%%
x(1) = a * x(1) + K * b * (u + R1);
x(2: n) = a * x(2: n) + b * x(1: n−1);
y = x(n) + R2;
% y = xd(LD) + R2;
% for j = LD: −1: 2; xd(j) = xd(j−1); end
% xd(1) = x(n);
Y(i) = y; U(i) = u; t(i) = i * DT;
Q = Q + t(i) * abs(e) * DT;
end
[Mp, tr, ts, FAI, Tp, E1, E2, E3] = O_quality(DT, LP, Y, t);
if Mp<5 | Mp>20 | FAI<0.9 | FAI>0.99; Q = Q + 10^30; end
subplot(2, 3, 3), plot(t, Y, 'r'); hold on;
subplot(2, 3, 6), plot(t, U, 'r'); hold on;
```

优化结果为:

600MW 负荷点下: $\delta = 2.33$, $T_i = 107$

500MW 负荷点下: $\delta = 2.14$, $T_i = 96$

380MW 负荷点下: $\delta = 1.97$, $T_i = 128$

现在用二次函数曲线来平滑 δ 和 T_i 与负荷之间对应的函数关系, 即

$$f_x(N_e) = a_2 N_e^2 + a_1 N_e + a_0 \tag{9-25}$$

式中 a_2, a_1, a_0 ——分别为待求系数;

N_e ——负荷;

f_x ——在相应负荷下的参数 (δ, T_i)。

对于控制器参数 δ, 把三种负荷状态下优化出的参数值分别代入式 (9-25), 可得

$$\begin{cases} 600^2 a_2 + 600 a_1 + a_0 = 2.33 \\ 500^2 a_2 + 500 a_1 + a_0 = 2.14 \\ 380^2 a_2 + 380 a_1 + a_0 = 1.97 \end{cases}$$

根据第 5 章介绍的最小二乘拟合公式, 即

如果

$$Y = X\theta + E \tag{9-26}$$

式中 X —— $n \times k$ 的矩阵;

Y —— $n \times 1$ 的列向量;

θ —— $n \times 1$ 的待求方程系数列向量;

E —— $n \times 1$ 的残差列向量。

而 n 为实际测量点数, k 为待求方程系数的个数。

令目标函数为

$$Q = E^{\mathrm{T}}E \tag{9-27}$$

则可以得到求解 θ 的最小二乘估计：

$$\hat{\theta} = (X^{\mathrm{T}}X)^{-1}X^{\mathrm{T}}Y \tag{9-28}$$

该式的计算程序为 RLS _ Curvefitting. m。

```
% 最小二乘法曲线拟合程序 RLS _ Curvefitting. m
clear all;
X = [600 * 600 600 1; 500 * 500 500 1; 380 * 380 380 1];
YK = [2. 52 2. 42 2. 3]';
YT = [35 31 41]';
YDTA = [2. 33 2. 142. 97]';
YTi = [107 96 128]'
K = (X' * X) \ X' * YK
T = (X' * X) \ X' * YT
DTA = (X' * X) \ X' * YDTA
Ti = (X' * X) \ X' * YTi
```

通过运行最小二乘拟合算法程序，即可得到

$$a_2 = 0.000040076,\ a_1 = -0.0422,\ a_0 = 13.2127$$

则可以把控制器参数 δ 与负荷之间的非线性函数关系表示为

$$\delta = 0.000040076N_{\mathrm{e}}^2 - 0.0422N_{\mathrm{e}} + 13.2127$$

对于控制器参数 T_{i}，把三种负荷状态下优化出的控制器参数值分别代入式（9-25），得到

$$\begin{cases} 600^2 a_2 + 600a_1 + a_0 = 107 \\ 500^2 a_2 + 500a_1 + a_0 = 96 \\ 380^2 a_2 + 380a_1 + a_0 = 128 \end{cases}$$

通过运行最小二乘拟合算法程序，即可得到

$$a_2 = 0.00171212,\ a_1 = -1.7733,\ a_0 = 554.6$$

则可以把控制器参数 T_{i} 与负荷之间的非线性函数关系表示为

$$T_{\mathrm{i}} = 0.00171212N_{\mathrm{e}}^2 - 1.7733N_{\mathrm{e}} + 554.6$$

由于在进行数字仿真研究时，不容易对时变的纯迟延时间 τ 进行仿真计算，因此可以用第 4 章介绍的方法把纯迟延消去，用高价传递函数代替它。根据传递函数变换经验公式式（4-33）和式（4-34），即

$$nT + \tau = n_1 T_1 + \tau_1$$

$$n_1 = \langle 2\frac{\tau}{T} + 1 \rangle + n$$

可以得到消去纯迟延后的三种工况下燃烧器摆角开度与再热汽温的关系模型，见表9-2。

现在仍用二次函数曲线来平滑模型各参数（K，T）与负荷之间对应的函数关系。

把三种负荷状态下模型中的参数 K 值分别代入式（9-25），可得

$$\begin{cases} 600^2 a_2 + 600 a_1 + a_0 = 2.52 \\ 500^2 a_2 + 500 a_1 + a_0 = 2.42 \\ 380^2 a_2 + 380 a_1 + a_0 = 2.3 \end{cases}$$

通过运行最小二乘拟合算法程序，即可得到

$$a_2 = 0, \ a_1 = 0.001, \ a_0 = 1.92$$

即，模型增益 K 与负荷之间的非线性函数关系为

$$K = 0.001 N_e + 1.92$$

同理，对于模型惯性时间 T，有

$$\begin{cases} 600^2 a_2 + 600 a_1 + a_0 = 35 \\ 500^2 a_2 + 500 a_1 + a_0 = 31 \\ 380^2 a_2 + 380 a_1 + a_0 = 41 \end{cases}$$

通过运行最小二乘拟合算法程序，即可得到

$$a_2 = 0.00056061, \ a_1 = 0.5767, \ a_0 = 179.182$$

（注意：由于矩阵 X 中的各元素数据呈现很大的"刚性"，因此尽量保持多位 a_2 小数点后的数）

模型惯性时间 T 与负荷之间的非线性函数关系为

$$T = 0.00056061 N_e^2 - 0.5767 N_e + 179.182$$

选择 500MW 负荷时 PID 的最优参数（$\delta = 2.14$，$T_i = 96$）作为单纯 PID 控制时的全局参数，对平滑处理后的模型，以 12MW/min 的速率进行升负荷实验，其升负荷曲线如图 9-34 所示。在各种扰动下，预整定自适应 PID 与单纯

PID 控制品质对比如图 9-35 所示（图中，未标明的曲线为单纯 PID 控制时的系统响应）。从该图上可以看到，PT-PID 的控制品质远优于 PID，（仿真程序见 Obj_simu951.m）。

结论：预整定自适应 PID 控制策略（PT-PID）可以克服第 9.3 节和第 9.4 节所设计的自适应控制律的各种缺点，具有比 PID 更优越的调节性能。这种控制策略可以在实际工程

表 9-2	消去纯迟延后再热蒸汽温度传递函数模型
工况点	传递函数模型 $\dfrac{K}{(1+Ts)^2}$
600MW	$\dfrac{2.52}{(1+35s)^4}$
500MW	$\dfrac{2.42}{(1+31s)^4}$
380MW	$\dfrac{2.3}{(1+41s)^4}$

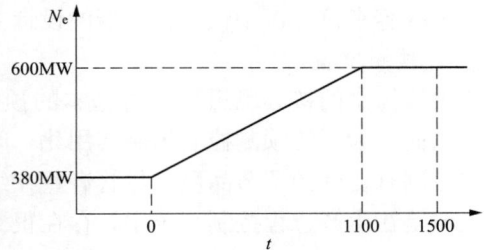

图 9-34　升负荷曲线

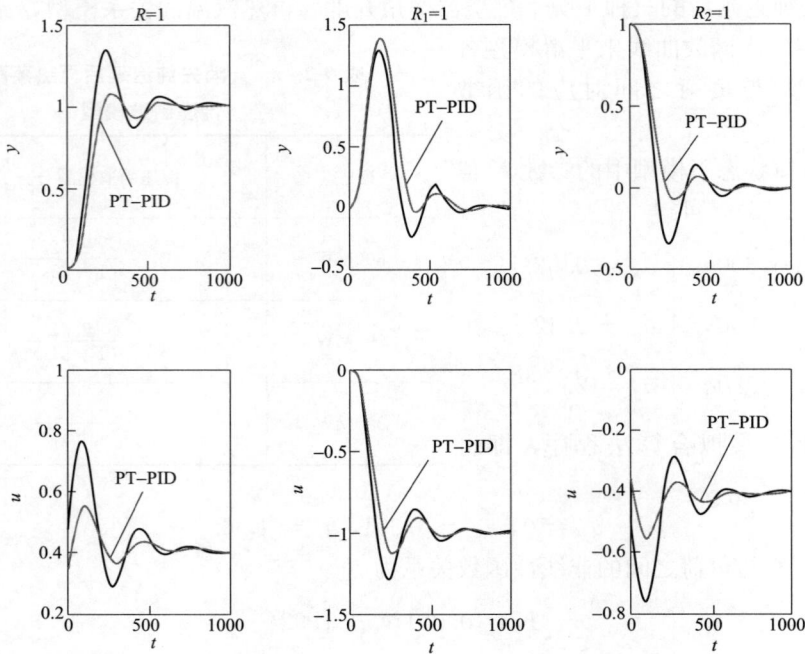

图 9-35 预整定自适应 PID 控制与单纯 PID 控制品质的对比

中应用[70]，但是设计该控制器时，需要已知被控对象分段线性模型，这给设计者带来一定的困难。

9.6 动态矩阵控制系统的优化设计

动态矩阵控制（dynamic matrix control，DMC）是模型预测控制算法的一种，它是一种有约束的多变量优化预测控制算法。这种控制算法已经有许多成功应用的案例。

9.6.1 动态矩阵控制器的设计

按照 9.2.3 所述，预测控制包含预测模型、滚动优化和反馈校正三部分内容。下面就按这三个内容来讨论模型预测控制器的设计方法。

1. 预测模型

预测控制的核心思想是通过基本的预测模型来估算系统的未来输出，进而产生控制作用。因此，为了使预测控制策略实用化，间接地要求预测模型应该尽量准确，这样才能保证预测控制有良好的调节品质。尽管有些在线辨识算法可以时时刻刻地得到被控系统的数学模型，但是在生产过程控制系统中，存在很大的测量噪声，加之这些系统往往存在强耦合、非线性等特性，致使这些辨识算法很少能在实际工程中得到应用。因此，不得不选择一种较为精确、实用的数学模型作为基本的预测模型。

此外，如果使用解析解法求解预测输入，可以选择有限脉冲响应或有限阶跃响应等非参数模型作为预测模型。

动态矩阵控制算法选择了被控系统的单位阶跃响应数据序列作为基本的预测模型。如果被控系统的单位阶跃响应数据序列如图 9-36 所示，那么，它的单位阶跃响应数据序列为

$$\{a_1, a_2, \cdots, a_\infty\} \qquad (9\text{-}29)$$

现在，假设被控系统是有自衡的（见图 9-36），那么当系统稳定以后，被控系统的输出保持不变，如果经过 N 个采样周期（T_s）以后，系统已经进入稳态，那么可以把式（9-29）改写为

$$\{a_1, a_2, \cdots, a_N\} \qquad (9\text{-}30)$$

如果把被控系统的输入表示成增量的形式，则有

$$u(kT_s) = u[(k-1)T_s] + \Delta u(kT_s) \qquad 0^+ \leqslant k \leqslant N-1 \qquad (9\text{-}31)$$

为了书写方便，省略式中时间变量的采样周期符号 T_s，则有

$$u(k) = u(k-1) + \Delta u(k) \qquad 0^+ \leqslant k \leqslant N-1 \qquad (9\text{-}32)$$

其中，0^+ 表示系统的输入刚开始作用时的那一瞬间；对于阶跃函数，$\Delta u(0^+) = u(0^+)$，其余的 $\Delta u(k)$ 均为 0。

对于这样的系统，它在 k 时刻的输出是 k 时刻以前所有的输入增量作用所造成的，所以，根据线性系统的叠加原理可知，被控对象的阶跃响应模型为

$$y(1) = a_1 \Delta u(0^+) + a_2 \Delta u(-1) + \cdots + a_N \Delta u(1-N)$$
$$y(2) = a_1 \Delta u(1) + a_2 \Delta u(0^+) + a_3 \Delta u(-1) + \cdots + a_N \Delta u(2-N)$$
$$y(3) = a_1 \Delta u(2) + a_2 \Delta u(1) + a_3 \Delta u(0^+) + \cdots + a_N \Delta u(3-N) \qquad (9\text{-}33)$$
$$\vdots$$
$$y(k) = a_1 \Delta u(k-1) + a_2 \Delta u(k-2) + a_3 \Delta u(k-3) + \cdots + a_N \Delta u(k-N)$$

写成一般表达式的形式，则有

$$y(k) = \sum_{j=1}^{N} a_j \Delta u(k-j) \qquad k = 1, 2, \cdots, N \qquad (9\text{-}34)$$

如果当前及未来 $M-1$ 个时刻的控制增量为

$$\Delta u(k), \Delta u(k+1), \cdots, \Delta u(k+M-1)$$

根据式（9-34），得到未来 P 个时刻（显然，应该要求 $N \geqslant P \geqslant M$）的预测模型输出值为

$$\begin{aligned}
y_M(k+1) = {}& a_1 \Delta u(k) + a_2 \Delta u(k-1) + a_3 \Delta u(k-2) + \cdots \\
& + a_{M-1} \Delta u(k-M+2) + a_M \Delta u(k-M+1) + a_{M+1} \Delta u(k-M) \cdots \\
& + a_{N-1} \Delta u(k-N+2) + a_N \Delta u(k-N+1) + a_{N+1} \Delta u(k-N)
\end{aligned}$$

$$\begin{aligned}
y_M(k+2) = {}& a_1 \Delta u(k+1) + a_2 \Delta u(k) + a_3 \Delta u(k-1) + \cdots \\
& + a_{M-1} \Delta u(k-M+3) + a_M \Delta u(k-M+2) + a_{M+1} \Delta u(k-M+1) \cdots \\
& + a_{N-1} \Delta u(k-N+3) + a_N \Delta u(k-N+2) + a_{N+1} \Delta u(k-N+1) \\
& + a_{N+2} \Delta u(k-N)
\end{aligned}$$

$$\vdots$$

$$\begin{aligned}
y_M(k+M) = {}& a_1 \Delta u(k+M-1) + a_2 \Delta u(k+M-2) + \cdots \\
& + a_{M-1} \Delta u(k+1) + a_M \Delta u(k) + a_{M+1} \Delta u(k-1) + a_{M+2} \Delta u(k-2) + \cdots
\end{aligned}$$

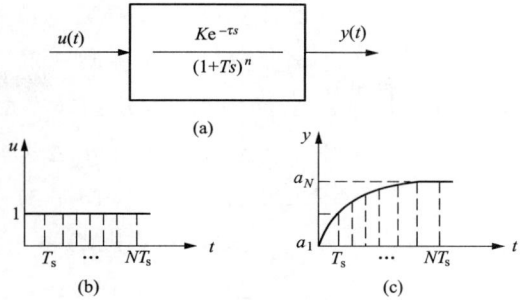

图 9-36 被控系统的单位阶跃响应数据序列
（a）系统方框图；（b）系统输入曲线；
（c）系统输出曲线

$$+a_{N-1}\Delta u(k-N+M+1)+a_N\Delta u(k-N+M)+a_{N+1}\Delta u(k-N+M-1)$$

$$+a_{N+2}\Delta u(k-N+M-2)+\cdots+a_{N+M-1}\Delta u(k-N+1)+a_{N+M}\Delta u(k-N)$$

$$y_M(k+M+1)=a_1\Delta u(k+M)+a_2\Delta u(k+M-1)+a_3\Delta u(k+M-2)+\cdots$$

$$+a_{M-1}\Delta u(k+2)+a_M\Delta u(k+1)+a_{M+1}\Delta u(k)+a_{M+2}\Delta u(k-1)+\cdots$$

$$+a_{N-1}\Delta u(k-N+M+2)+a_N\Delta u(k-N+M+1)$$

$$+a_{N+1}\Delta u(k-N+M)\cdots+a_{N+M-1}\Delta u(k-N+2)$$

$$+a_{N+M}\Delta u(k-N+1)+a_{N+M+1}\Delta u(k-N)$$

$$\vdots$$

$$y_M(k+P-1)=a_1\Delta u(k+P-2)+a_2\Delta u(k+P-3)+\cdots$$

$$+a_{P-M}\Delta u(k+M-1)+a_{P-M+1}\Delta u(k+M-2)+\cdots$$

$$+a_{P-1}\Delta u(k)+a_P\Delta u(k-1)+a_{P+1}\Delta u(k-2)\cdots$$

$$+a_{P+N-2}\Delta u(k-N+1)+a_{P+N-1}\Delta u(k-N)$$

$$y_M(k+P)=a_1\Delta u(k+P-1)+a_2\Delta u(k+P-2)+\cdots$$

$$+a_{P-M+1}\Delta u(k+M-1)+a_{P-M+2}\Delta u(k+M-2)+\cdots$$

$$+a_{P-1}\Delta u(k+1)+a_P\Delta u(k)+a_{P+1}\Delta u(k-1)+$$

$$+a_{P+N-1}\Delta u(k-N+1)+a_{P+N}\Delta u(k-N)$$

写成一般表达式的形式，则有

$$y_M(k+i)=\sum_{j=1}^{N+i}a_j\Delta u(k+i-j),i=1,2,\cdots,P \tag{9-35}$$

由于在未来只加入 M 个脉冲输入，因为

$$\Delta u(k+M)=\Delta u(k+M+1)=\cdots=\Delta u(k+P-1)=0$$

又因为，使用的是阶跃响应模型，所以

$$a_N=a_{N+1}=\cdots=a_{N+P-M}$$

令：

$$Y_M=[y_M(k+1)\quad y_M(k+2)\quad\cdots\quad y_M(k+P)]^T \tag{9-36}$$

$$U_M=[\Delta u(k+M-1)\quad \Delta u(k+M-2)\quad\cdots\quad \Delta u(k+1)\quad \Delta u(k)]^T \tag{9-37}$$

$$U_0=[\Delta u(k-1)\quad \Delta u(k-2)\quad\cdots\quad \Delta u(k-N+1)\quad \Delta u(k-N)]^T \tag{9-38}$$

$$W_M=\begin{bmatrix} & & & & a_1 \\ & 0 & & a_1 & a_2 \\ & & \ddots & & \vdots \\ & a_1 & \cdots & a_{M-2} & a_{M-1} \\ a_1 & a_2 & \cdots & a_{M-1} & a_M \\ \vdots & & & & \vdots \\ a_{P-M} & a_{P-M+1} & \cdots & a_{P-2} & a_{P-1} \\ a_{P-M+1} & a_{P-M+2} & \cdots & a_{P-1} & a_P \end{bmatrix}_{P\times M} \tag{9-39}$$

$$W_0 = \begin{bmatrix} a_2 & a_3 & \cdots & & & & a_{N-1} & a_N & a_N \\ a_3 & a_4 & \cdots & & & a_{N-1} & a_N & a_N & a_N \\ \vdots & & \cdots & & \ddots & & & & \vdots \\ a_P & a_{P+1} & \cdots & & a_{N-1} & a_N & \cdots & & a_N & a_N \\ a_{P+1} & a_{P+2} & \cdots & a_{N-1} & a_N & a_N & \cdots & & a_N & a_N \end{bmatrix}_{P \times N} \tag{9-40}$$

则可以把式（9-35）改写成矩阵的形式，即

$$Y_M = W_M U_M + W_0 U_0 \tag{9-41}$$

式中　　U_M——预测输入；

U_0——基本输入；

W_M——预测输入时的模型，并称为动态矩阵；

W_0——不加预测输入时的模型，并称为初始状态矩阵；

$W_M U_M$——加入预测输入后所产生的输出；

$W_0 U_0$——加入预测输入前系统的输出。

在实时控制时，$W_0 U_0$ 为已知量，并可以测得，令 $Y_0 = W_0 U_0$，则可以把式（9-41）改写成式（9-42）的形式：

$$Y_M = W_M U_M + Y_0 \tag{9-42}$$

把式（9-42）称为 DMC 的开环预测输出。把 Y_0 称为基本输出，即没有预测输入情况下的系统实测输出。

由于动态矩阵使用的是有限的单位阶跃响应数据，因此，动态矩阵控制算法仅适合于有自平衡对象。此外，为了能充分利用模型的主要信息，就必须使预测输出长度 P 足够的大，但要满足 $M \leqslant P \leqslant N$。

2. 滚动优化

开环预测模型输出式（9-42）表达的是如果给被控系统施加 M 个有限幅值的脉冲控制作用，那么就可以按该式预测出被控系统的未来 P 个输出。因此，只要给出被控系统的未来 P 个希望输出

$$Y_r = \begin{bmatrix} y_r(k+1) & y_r(k+2) & \cdots & y_r(k+P) \end{bmatrix}^T \tag{9-43}$$

按着希望输出与预测输出方差最小的原则，就能优化出所需的未来 M 个控制量 U_M。

定义目标函数：

$$Q = \sum_{i=1}^{P} h_i \left[y_r(k+i) - y_M(k+i) \right]^2 + \sum_{j=1}^{M} r_j \Delta u_M^2(k+j-1) \tag{9-44}$$

式中　　h_i, r_j——加权系数。

由于预测偏差值与控制器的输出值往往不在同一个数量级上，因此必须通过实验来确定 h_i 和 r_j 的大小。式中的第二项表达的是对控制器输出幅值的惩罚。

令：

$$H = \text{diag}[h_1, h_2, \cdots, h_P]$$
$$R = \text{diag}[r_1, r_2, \cdots, r_M]$$

则可以把式（9-44）改写成

$$Q = (Y_r - Y_M)^T H (Y_r - Y_M) + U_M^T R U_M \tag{9-45}$$

把式（9-42）代入式（9-45）可以得到

$$Q = [Y_r - W_M U_M - Y_0]^T H [Y_r - W_M U_M - Y_0] + U_M^T R U_M \qquad (9\text{-}46)$$

根据极值必要条件，即

$$\frac{\partial Q}{\partial U_M} = -2W_M^T H(Y_r - Y_0) + 2W_M^T H W_M U_M + 2R U_M = 0$$

可得最优控制解为

$$U_M = (W_M^T H W_M + R)^{-1} W_M^T H (Y_r - Y_0) \qquad (9\text{-}47)$$

令：

$$K_M = (W_M^T H W_M + R)^{-1} W_M^T H \qquad (9\text{-}48)$$

把它代入式（9-47）可得

$$U_M = K_M (Y_r - Y_0) \qquad (9\text{-}49)$$

该式表明，根据现在及以前希望值与系统实际输出值的偏差，乘以 K_M 即可得到所需的未来 M 个时刻的控制量

$$\Delta u(k+M-1), \Delta u(k+M-2), \cdots, \Delta u(k+1), \Delta u(k)$$

因此，把 K_M 称为控制矩阵。从该式不难看出，这是一种根据偏差进行的比例控制算法，只是这里的偏差是多个，而且计算出的是控制增量，因此具有积分的性质。这也是它能进行无稳态误差控制的原因。如果忽略采样周期的影响，DMC 是一种线性控制算法，因此，它能容易地在实际工程中得到应用。

当得到这些控制增量以后，就可以使它们在不同时刻作用于被控系统。然后，每隔 M 个采样周期再利用式（9-49）重新计算一次 M 个控制增量，继续施加于被控系统。这就是滚动优化过程。

由于预测控制算法一定是通过计算机控制系统来实现的，而数字控制算法一般采用增量式，因此实际预测控制器的输出为

$$u(k+i) = u(k+i-1) + \Delta u_M(k+i-1) \qquad i = 1、2、\cdots、M \qquad (9\text{-}50)$$

该式被使用 M 次后，再重新计算后面的 M 个控制量，周而复始。

3. 反馈校正

我们给出的动态矩阵并不一定是非常精准的，加之内部扰动和测量噪声的存在，以及实际生产过程中模型的变化，都可能使预测的 P 个未来输出值存在较大的误差，因此，必须加以修正。修正方法是：

当在 kT_s 时刻采集到实际输出 $y(k)$ 以后，把它与估计的预测输出 $y_M(k+1)$ 进行比较，得到预测误差为

$$e(k) = y(k) - y_M(k+1) \qquad (9\text{-}51)$$

再根据这个误差去修正各个预测输出值，即

$$y_P(k+i) = y_M(k+i) + c_i e(k) \qquad (9\text{-}52)$$

式中　c_i 为加权修正系数，$i = 1、2、\cdots、P$。

令：

$$Y_P = [y_P(k+1) \quad y_P(k+2) \quad \cdots \quad y_P(k+P)]^T \qquad (9\text{-}53)$$

$$C = [c_1, c_2, \cdots, c_P]^T \qquad (9\text{-}54)$$

则可以把式（9-52）写成矩阵的形式，即

$$Y_P = Y_M + e(k)C \tag{9-55}$$

上述过程就是所谓的反馈校正。把式（9-55）称为 DMC 的闭环预测输出。用 Y_P 代替式（9-45）中的 Y_M，则有

$$Q = [Y_r - Y_M - e(k)C]^T H [Y_r - Y_M - e(k)C] + U_M^T R U_M \tag{9-56}$$

按照前面同样的推导方法，即可得到反馈校正后的最优控制计算公式

$$U_M = K_M [Y_r - Y_0 - e(k)C] \tag{9-57}$$

9.6.2 DMC 算法的程序设计

1. DMC 程序算法程序设计步骤

根据第 9.6.1 节的设计，可以得到动态矩阵预测控制系统的结构方框图，如图 9-37 所示。

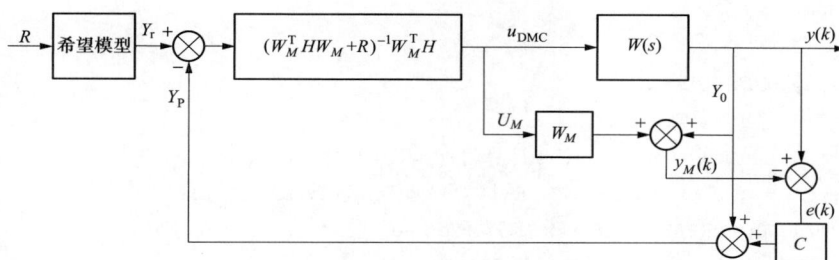

图 9-37 动态矩阵预测控制系统的结构方框图

根据图 9-37，即可得到 DMC 算法程序设计步骤：

（1）根据被控系统的传递函数模型，确定动态矩阵。

（2）选择控制时域 M 和预测时域 P 长度。

（3）选取误差权阵 H 和控制量权阵 R。

（4）离线计算控制矩阵 K_M。

（5）根据对控制系统的要求，选择希望模型（即参考模型，其输出就是轨迹）。

（6）设计 DMC 算法在线计算程序。

下面以某 1000MW 火电机组主蒸汽压力系统为例，说明 DMC 算法的程序设计方法。

燃料量对应主蒸汽压力的数学模型为

$$W(s) = \frac{0.0622}{(224s + 1)^2}$$

如果单纯使用 PID 控制策略对其进行控制，且选取优化控制器参数时的目标函数为

$$Q = \int_0^{t_s} t \mid e(t) \mid \mathrm{d}t$$

约束条件为

$$\varphi \in (0.9, 0.98), \; M_p \in (5\%, 20\%)$$

根据式（4-39）和式（4-40），可估计出控制器的初始参数为

$$\delta = \alpha K (\beta + n_1) = 0.081 \times 0.0622 \times (8 + 2) = 0.05$$

$$T_i = \gamma (nT + \tau) = 0.6 \times 224 \times 2 = 268.8$$

在该参数下，控制系统的品质指标为

$$\varphi = 0.98, \; M_p = 13.4\%, \; t_r = 505, \; t_s = 1140$$

根据初始参数可以选择 δ 的论域及优化步长为

$$\delta \in (0.01, 0.1), \Delta\delta = 0.001$$

T_i 的论域及优化步长为

$$T_i \in (200, 500), \Delta T_i = 2$$

使用穷举法进行优化，其优化主程序为 O_enumeration_961.m，子程序为 Obj_simu961.m。

```
%穷举法寻优主程序 O_enumeration_961.m
clear all;
global DT LP Y t
DTA_l = 0.01; DTA_h = 0.1; DDTA = 0.001;
Ti_l = 200; Ti_h = 600; DTi = 2;
Qmin = 10^40;
for DTA = DTA_l: DDTA: DTA_h
    for Ti = Ti_l: DTi: Ti_h
        [Q] = Obj_simu961(DTA, Ti); %计算目标函数
        [Mp, tr, ts, FAI, Tp, E1, E2, E3] = O_quality(DT, LP, Y, t);
        if (FAI>0.9)&(FAI<0.98)&(Mp>5)&(Mp<20)
            if Q<Qmin; Qmin = Q; DTAm = DTA; Tim = Ti; end
        end
    end
end
DTAm
Tim
```

```
% 目标函数计算子程序 Obj_simu961.m
% 被控系统传递函数 W(s) = K/(1 + Ts)^n * exp(-Taos)
% function [Q] = Obj_simu961(DTA, Ti)
clear all;
global DT LP Y t
DT = 1; ST = 2000; LP = ST/DT;
K = 0.0622; T = 224; n = 2; Tao = 0;
if Tao>0
    LD = fix(Tao/DT); xd(1: LD) = 0;
end
a = exp(-DT/T); b = 1 - a;
x(1: n) = 0; y = 0;
xi = 0; Q = 0;
DTA = 0.017; Ti = 464;
R = 1; R1 = 0; R2 = 0;
for i = 1: LP
    e = R - y;
    xp = e/DTA;
```

```
xi = xi + DT * e/DTA/Ti;
upi = xp + xi;
x(1) = a * x(1) + K * b * (upi + R1);
if n>1; x(2: n) = a * x(2: n) + b * x(1: n-1); end
y0 = x(n);
if Tao>0
y0 = xd(LD);
for l = LD: -1: 2: xd(l) = xd(l-1); end
xd(1) = x(n);
end
y = y0 + R2;
t(i) = i * DT; Y(i) = y; U(i) = upi;
Q = Q + t(i) * abs(e) * DT;
end
[Mp, tr, ts, FAI, Tp, E1, E2, E3] = O_quality(DT, LP, Y, t)
subplot(2, 1, 1), plot(t, Y, 'r'); hold on;
subplot(2, 1, 2), plot(t, U, 'r'); hold on;
```

优化结果为

$$\delta = 0.017, T_i = 464$$
$$\varphi = 0.96, M_p = 20\%, t_r = 259, t_s = 982$$

优化结果与经验公式参数对比的仿真响应曲线如图 9-38 所示。从该图可以看到，优化参数下的控制品质优于经验公式，但是控制器的输出幅值要大大高于经验公式。

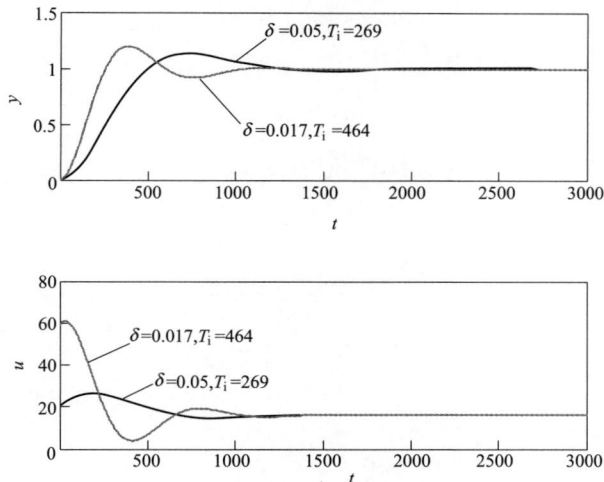

图 9-38　优化结果与经验公式参数对比的仿真响应曲线

2. 动态矩阵 W_M 的离线生成

动态矩阵 W_M 表达了被控系统的单位阶跃响应特性。但是，有许多生产过程系统并不适合做飞升曲线试验，即使能做飞升曲线试验，也很难产生较理想的阶跃信号，也就得不到较为精确的阶跃响应模型。因此，一般是先用其他的辨识方法（例如，第 5 章介绍的智能辨识方法）得到较为精确的数学模型，然后再用数字仿真的方法离线计算出 W_M。

由于 T_s 是为了形成动态矩阵而用的，它不代表仿真时的计算步距，因此，如果要得到较高精度的单位阶跃响应数据，必须按经验公式（3-3）来选取仿真计算步距 DT，即

$$DT = \frac{nT}{100} \sim \frac{nT}{40}$$

对于本例选取仿真计算步距 $DT = 2$。

由于要求的是被控系统单位阶跃响应曲线，由第 2 章图 2-36 可知，惯性环节的稳态时间大约是惯性时间常数的 5 倍，因此可以选取仿真时间为

$$ST = 5 \times 2 \times 224 \approx 2000$$

但是，从式（9-39）中可以看到，无论 N 取多大，W_M 只与数据序列 $\{a_1, a_2, \cdots, a_P\}$ 有关。因此，让 $N = P$，即 $ST = NT_s$ 即可。

如果选取

$$T_s = 10, N = 20, P = 20, M = 4$$

可以得到生成 W_M 的仿真计算程序如 simu _ DMC _ WM. m 所示。

```
%动态矩阵仿真计算程序 simu _ DMC _ WM. m
%被控系统传递函数 W(s) = K/(1 + Ts)^n * exp( - Taos)
clear all;
Ts = 10；N = 20；P = 20；M = 4；
WM = zeros(P，M)；W0 = zeros(P，N)；
DT = 2；LP1 = Ts/DT；
K = 0. 0622；T = 224；n = 2；Tao = 0；
xa(1：n) = 0；
if Tao>0
    LD = fix(Tao/DT)；xda(1：LD) = 0；
end
a = exp( - DT/T)；b = 1 - a；
%%%%%%%%%%%%%%传递函数的单位阶跃响应仿真计算%%%%%%%%%%%
for i = 1：N
    for j = 1：LP1
        xa(1) = a * xa(1) + K * b；
        if n>1；xa(2：n) = a * xa(2：n) + b * xa(1：n - 1)；end
        y0 = xa(n)；
        if Tao>0
            y0 = xda(LD)；
            for l = LD：- 1：2；xda(l) = xda(l - 1)；end
            xda(1) = xa(n)；
        end
    end
    ya(i) = y0；t(i) = i * Ts；
end
```

```
%%%%%%%%%%%%%%%%%%%%形成 WM 矩阵%%%%%%%%%%%%%%%%%%%%%%%%%%%%
for i = 1: M
    for j = 1: i
        WM(i, M - i + j) = ya(j);
    end
end
for i = M + 1: P
    for j = 1: M
        WM(i, j) = ya(i + j - M);
    end
end
%%%%%%%%%%%%%%%%%%%%%%%%%%%%%%%%%%%%%%%%%%%%%%%%%%%
WM
save DMC _ DATA WM Ts N P M %存储动态矩阵及其相关参数
%plot(t, ya); hold on;
```

运行结果为

$$
W_M =
\begin{bmatrix}
0 & 0 & 0 & 0.0001 \\
0 & 0 & 0.0001 & 0.0003 \\
0 & 0.0001 & 0.0003 & 0.0005 \\
0.0001 & 0.0003 & 0.0005 & 0.0009 \\
0.0003 & 0.0005 & 0.0009 & 0.0014 \\
0.0005 & 0.0009 & 0.0014 & 0.0019 \\
0.0009 & 0.0014 & 0.0019 & 0.0025 \\
0.0014 & 0.0019 & 0.0025 & 0.0032 \\
0.0019 & 0.0025 & 0.0032 & 0.0039 \\
0.0025 & 0.0032 & 0.0039 & 0.0047 \\
0.0032 & 0.0039 & 0.0047 & 0.0055 \\
0.0039 & 0.0047 & 0.0055 & 0.0064 \\
0.0047 & 0.0055 & 0.0064 & 0.0073 \\
0.0055 & 0.0064 & 0.0073 & 0.0082 \\
0.0064 & 0.0073 & 0.0082 & 0.0091 \\
0.0073 & 0.0082 & 0.0091 & 0.0101 \\
0.0082 & 0.0091 & 0.0101 & 0.0111 \\
0.0091 & 0.0101 & 0.0111 & 0.0121 \\
0.0101 & 0.0111 & 0.0121 & 0.0131 \\
0.0111 & 0.0121 & 0.0131 & 0.0141
\end{bmatrix}
$$

3. 控制矩阵 K_M 的离线计算

由于控制矩阵

$$K_M = (W_M^T H W_M + R)^{-1} W_M^T H$$

只与预测模型和加权系数有关，因此可以离线计算它。

选取

$$H = c_1 diag[1,1,\cdots,1]_{P \times P}$$
$$R = c_2 diag[1,1,\cdots,1]_{M \times M}$$
$$c_1 = 1, c_2 = 0.002$$

则可以得到 K_M 的离线计算程序：DMC_KM.m。

```
%控制矩阵 KM 计算程序 DMC_KM.m
clear all;
load DMC_DATA WM Ts N P M %读取动态矩阵
%%%%%%%%%%%%%%%%%%%%%%设置加权系数矩阵%%%%%%%%%%%%%%%%%%%%%
c1 = 1; c2 = 0.002;
H = c1 * eye(P); R = c2 * eye(M);
%%%%%%%%%%%%%%%%%%%%%%计算控制矩阵 KM%%%%%%%%%%%%%%%%%%%%%
A = WM' * H * WM + R; A1 = WM' * H;
KM = A \ A1
save DMC_KM KM WM Ts N P M %存储控制矩阵及参数
%%%%%%%%%%%%%%%%%%%%%%%%%%%%%%%%%%%%%%%%%%%%%%%%%%%%%%%%%%%
```

运行结果为

$$K_M = \begin{bmatrix} -0.0053 & -0.0237 & -0.0614 & \cdots & 1.8319 & 2.0617 & 2.2969 \\ -0.0060 & -0.0267 & -0.0333 & \cdots & 1.9724 & 2.1793 & 2.3898 \\ -0.0067 & 0.0061 & 0.0506 & \cdots & 2.1093 & 2.2907 & 2.4736 \\ 0.0285 & 0.0949 & 0.1854 & \cdots & 2.2427 & 2.3961 & 2.5492 \end{bmatrix}$$

4. DMC 算法在线计算程序

在线计算程序装在生产现场中的控制计算机里，完成实时控制。它的计算步骤如下：

（1）检测实际输出，并计算预测误差。

$$e(k) = y(k) - y_M(k+1)$$

（2）再把这个误差加在式（9-55）中的基本输出值上，得到预测修正值。

$$Y_P = Y_0 + e(k)C$$

（3）向后移位基本输出值，把新监测到的实际输出加入到基本输出值的当前单元里。

$$y_0(k) \to y_0(k-1), y_0(k) = y$$

（4）根据参考模型，计算未来 P 个希望输出 Y_r。

（5）根据式（9-57）计算控制器所有输出增量。

$$U_M = K_M[Y_r - Y_0 - e(k)C]$$

（6）计算控制器的实际输出。

$$u_{\mathrm{DMC}} = u_{\mathrm{DMC}} + \Delta u$$

（7）计算输出预测值，供下个控制周期使用。

$$Y_M = W_M U_M + Y_0$$

DMC 控制算法主程序如 DMC _ main _ simu. m 所示。

```
% 动态矩阵控制系统仿真程序 DMC _ main _ simu. m
% 被控对象传递函数 W(s) = K/(Ts + 1)^n * exp( - Taos)
clear all;
load DMC _ KM KM WM Ts N P M % 读取控制矩阵及参数
DT = 1; ST = 2000; LP = ST/Ts; LP1 = Ts/DT; k = 0;
%%%%%%%%%%%%%%%%%%%%%设置被控对象参数及其状态变量初始值%%%%%%%%%%
K = 0.0622; T = 224; n = 2; Tao = 0;
x(1: n) = 0; y = 0;
if Tao > 0
    LD = fix(Tao/DT); xd(1: LD) = 0;
end
a = exp( - DT/T); b = 1 - a;
%%%%%%%%%%%%%%%%%%%%%设置参考轨迹模型及其初值%%%%%%%%%%%%%%%%%%
Tr = 200; wn1 = 0.01; csai = 0.5;
xr = 0; yr = 0;
af = exp( - Ts/Tr); bf = 1 - af;
%%%%%%%%%%%%%%%%%%%%%设置 DMC 参数 %%%%%%%%%%%%%%%%%%%%%%%%%%%%%
BM = 1; B(M) = 1; B(1: M - 1) = 0; BTA = 1/M;
% for j = M: - 1: 2; B(j - 1) = B(j) - BTA; BM = BM + B(j); end
C(1) = 1; RFA = 2;              % 计算误差权系数
for j = 2: P; C(j) = C(j - 1) + RFA; end
Y1(1: P) = 0; Y0 = Y1';        % 初始实际输出
YM0(1: P) = 0; YM = YM0';      % 初始预测输出
uDMC = 0;                      % 控制器输出初始值
%%%%%%%%%%%%%%%%%%%%%仿真计算 %%%%%%%%%%%%%%%%%%%%%%%%%%%%%%%%%%
r = 00; r1 = 10; r2 = 0; % 设置扰动量
for i = 1: LP
    % if i > 200; r1 = 10; end
    % if i > 400; r2 = 1; end
    %###################DMC 控制器 ###################
    %@@@@@@@@@@@@@@@@@@@@一阶参考轨迹计算@@@@@@@@@@@@@@@@@@@@@
    % yr = af * yr + bf * r; % 参考轨迹计算
    % yrp1 = yr; Yr(1) = yr;
```

```matlab
% for ip = 2: P
%     yrp1 = af * yrp1 + bf * r;
%     Yr(ip) = yrp1;
% end
%@@@@@@@@@@@@@@@@@@@二阶参考轨迹计算@@@@@@@@@@@@@@@@@@@@@@@@@@@
xr = xr + Ts * ( - 2 * csai * wn1 * xr - wn1 * wn1 * yr + wn1 * wn1 * r);
yr = yr + Ts * xr;
xr1 = xr; yr1 = yr; Yr(1) = yr;
for ip = 2: P
   xr1 = xr1 + Ts * ( - 2 * csai * wn1 * xr1 - wn1 * wn1 * yr1 + wn1 * wn1 * r);
   yr1 = yr1 + Ts * xr1;
   Yr(ip) = yr1;
end
%@@@@@@@@@@@@@@@@@@@@@@@@@@@@@@@@@@@@@@@@@@@@@@@@@@@@@@@@@@@@@@@@@
e1 = y - YM(1);          % 预测误差
YP = Y0 + e1 * C';        % 预测校正
for j = P: -1: 2; Y0(j) = Y0(j - 1); end
Y0(1) = y;
Dum = KM * (Yr' - YP);    % 计算控制增量
um = 0;
for j = 1: M; um = um + B(j) * Dum(j); end
um = um/BM;              % 计算平均控制增量
uDMC = uDMC + um;        % 得到实际的控制器输出
YM = Y0 + WM * Dum;       % 计算输出预测值


%#####################被控对象仿真#################
for j = 1: LP1
    x(1) = a * x(1) + K * b * (uDMC + r1);
    if n>1; x(2: n) = a * x(2: n) + b * x(1: n - 1); end
    y0 = x(n);
    if Tao>0
       y0 = xd(LD);
       for l = LD: -1: 2; xd(l) = xd(l - 1); end
       xd(1) = x(n);
    end
    y = y0 + r2;
    k = k + 1;
    t(k) = k * DT; YR(k) = yr; Y(k) = y; U(k) = uDMC;
end
end
%%%%%%%%%%%%%%%%%计算品质指标%%%%%%%%%%%%%%%%%%%%%%%%%%
Ymax = Y(1);
```

```
for i = 1; k
    if Y(i)>Ymax; Ymax = Y(i); end
end
Mp = (Ymax/r - 1) * 100        % 超调量
tr = 1;
while Y(tr)<0.98 * r&tr<k; tr = tr + 1; end
tr = (tr - 1) * DT                    % 上升时间
ts = k;
while Y(ts)>0.98 * r&Y(ts)<1.02 * r&ts>1; ts = ts - 1; end
ts = (ts + 1) * DT                    % 过渡过程时间
%###########################################################
subplot(2, 1, 1), plot(t, YR, 'r', t, Y, 'b'); hold on; %
subplot(2, 1, 2), plot(t, U, 'b'); hold on
```

选择参考模型为

$$\frac{1}{200s + 1}$$

DMC 算法中的参数选为

$$T_s = 10, N = 20, M = 4, P = 20, c_1 = 1, c_2 = 0.002$$

一阶参考模型时 DMC 与 PID 控制系统仿真响应曲线比较如图 9-39 所示。从该图中可以看出，DMC 算法的控制品质与 PID（用单位阶跃函数作为给定值）的相比，除了上升时间比 PID 的慢以外，其他的控制品质均优于 PID。

如果选择二阶参考模型为

$$\frac{0.01^2}{s^2 + 0.01s + 0.01^2}$$

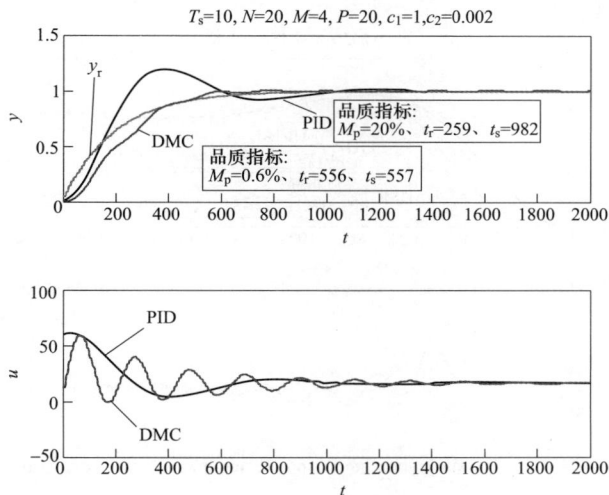

图 9-39　一阶参考模型时 DMC 与 PID 控制系统
仿真响应曲线比较

其他参数不变，其控制效果与 PID（用单位阶跃函数作为给定值）控制系统仿真响应曲线比较如图 9-40 所示。从该图可以看到，其上升时间大大提高，其他控制品质仍优于 PID。

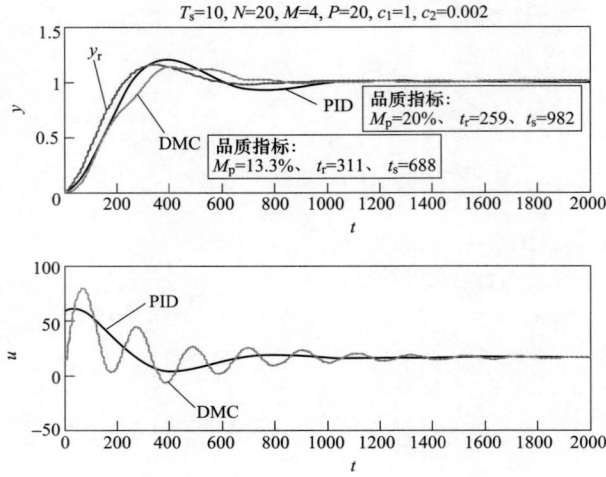

图 9-40　二阶参考模型时 DMC 与 PID（用单位阶跃函数作为给定值）控制系统仿真响应曲线比较

如果选择二阶参考模型为

$$\frac{0.05^2}{s^2 + 0.05s + 0.05^2}$$

其他参数保持不变，其控制效果与 PID（用参考模型的输出轨迹作为给定值）的比较如图 9-41所示。从该图可以看到，DMC 算法具有非常强的跟踪轨迹的能力，而 PID 算法的跟踪能力比较差。

如果选择参考模型为

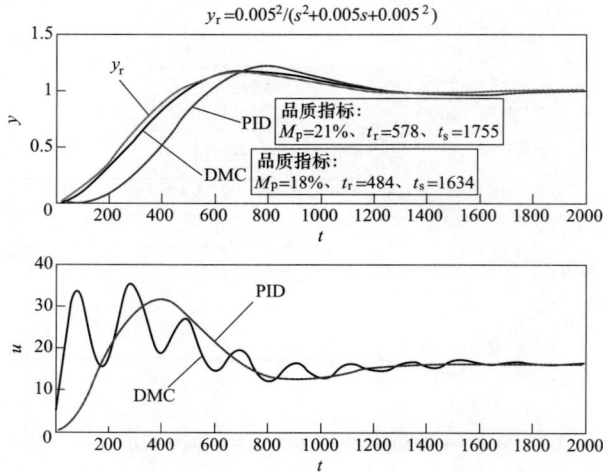

图 9-41　二阶参考模型时 DMC 与 PID（用参考模型的输出轨迹作为给定值）仿真响应曲线比较

$$\frac{0.005^2}{s^2 + 0.005^2}$$

其他参数保持不变，其控制效果与 PID（用参考模型的输出轨迹作为给定值）的比较如图 9-42 所示。从该图可以看到，DMC 算法能很好地跟踪正弦轨迹，而 PID 算法跟踪正弦轨迹的能力是相当差的。所以，DMC 算法用于随动系统的控制更能显示出它的优势。

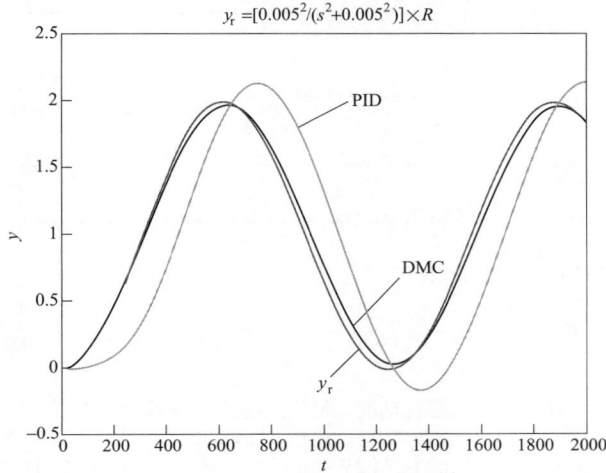

图 9-42　参考轨迹为正弦时 DMC 与 PID（用参考模型的输出轨迹作为给定值）控制系统的仿真响应曲线

从上述实验可以看出，DMC 算法在被控对象的能力范围内，跟踪参考轨迹的能力是非常强的，整体来说，它的控制品质优于 PID。

下面再看一下 DMC 消除内外扰动的能力。

图 9-43 示出了发生内部扰动时，DMC 算法消除扰动的能力。与 PID 算法相比，DMC 能较快地消除内扰，但是控制器的输出幅值要比 PID 的大，而且振荡激烈。

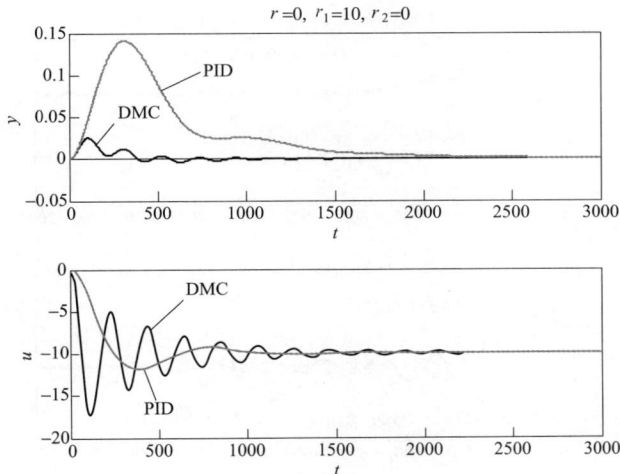

图 9-43　内部扰动时 DMC 控制系统仿真响应曲线

图 9-44 示出了发生外部扰动时，DMC 算法消除扰动的能力。与 PID 算法相比，DMC 消除外扰的能力较差。虽然它能消除外扰，但是控制器的输出幅值要比 PID 的大得多，而且振荡激烈。

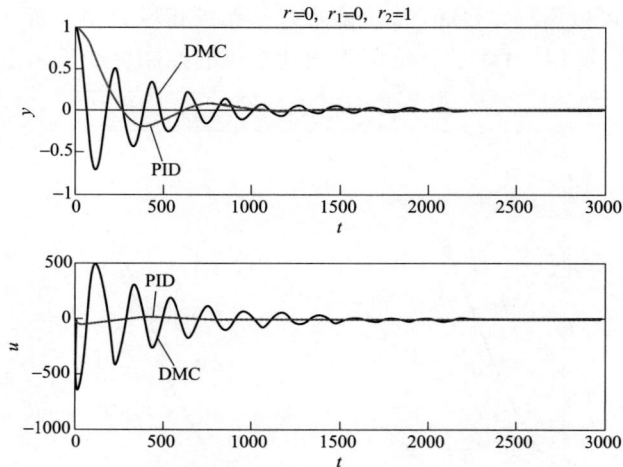

图 9-44　外部扰动时 DMC 控制系统仿真响应曲线

通过上述实验可以看到，从消除内外扰动的能力来看，DMC 算法不如 PID 好。

9.6.3　DMC 算法的鲁棒性分析

仍选择上述的 DMC 算法参数，参考模型选为

$$\frac{0.01^2}{s^2 + 0.01s + 0.01^2}$$

1. 被控对象增益变化

当被控对象增益增大 50% （$K=0.0933$）时，DMC 与 PID 控制算法的比较如图 9-45 所示。当被控对象增益减小 50% （$K=0.0311$）时，DMC 与 PID 控制算法的比较如图 9-46 所

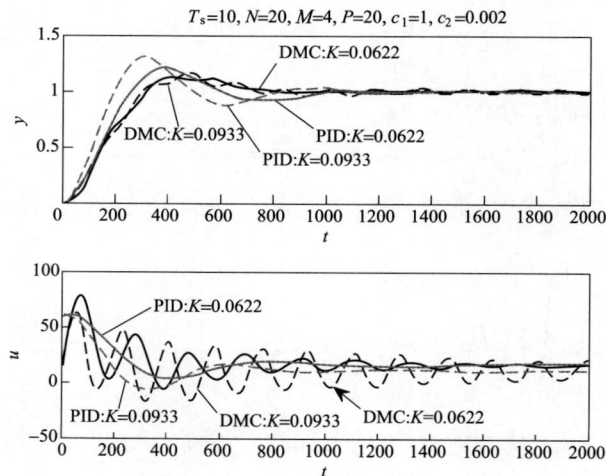

图 9-45　$K=0.0933$ 时 DMC 与 PID 控制品质的比较

示。从这两幅图中可以看到，无论被控对象增益增大还是减小，DMC 算法的控制品质几乎没变，而 PID 算法的控制品质变化很大。由此说明，对于被控对象增益来讲，DMC 比 PID 具有更强的鲁棒性。

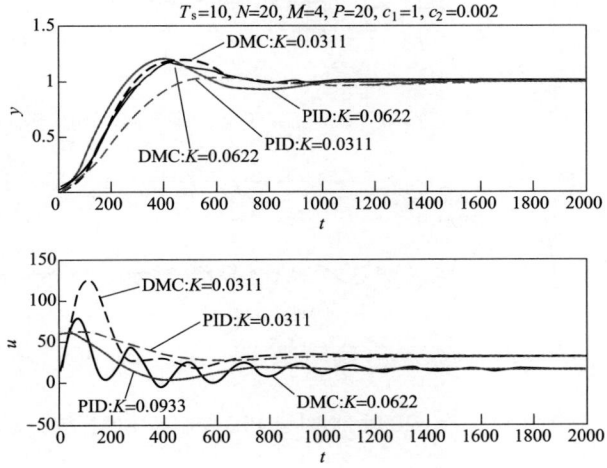

图 9-46　$K=0.0311$ 时 DMC 与 PID 控制品质的比较

2. 被控对象时间常数变化

当被控对象时间常数增大 50％（$T=336$）时，DMC 与 PID 控制算法的比较如图 9-47 所示。当被控对象时间常数减小 50％（$T=112$）时，DMC 与 PID 控制算法的比较如图9-48 所示。从这两幅图中可以看到，无论被控对象时间常数增大还是减小，DMC 算法的控制品质几乎没变，而 PID 算法的控制品质发生了很大的变化。由此说明，对于被控对象时间常数来讲，DMC 比 PID 具有更强的鲁棒性。

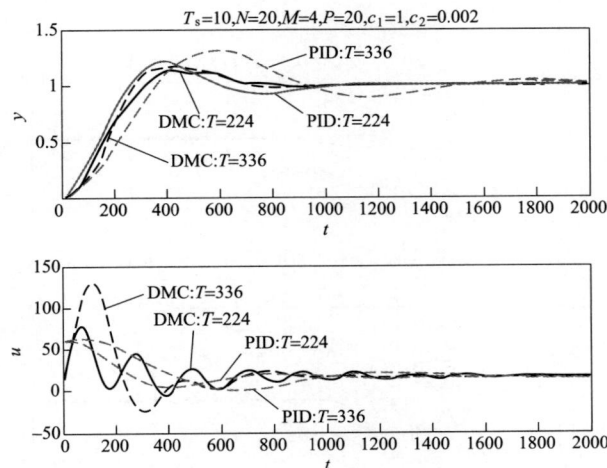

图 9-47　$T=336$ 时 DMC 与 PID 控制品质的比较

3. 被控对象阶次变化

当被控对象阶次减为 $n=1$、时间常数升为 $T=448$（nT 没有发生变化）时，DMC 与 PID 控制算法的比较如图 9-49 所示。从该图中可以看到，保持 nT 不变，阶次降低时，PID

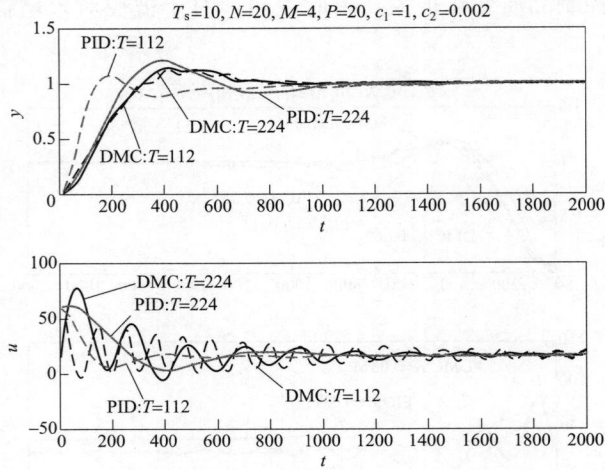

图 9-48 $T=112$ 时 DMC 与 PID 控制品质的比较

算法的控制品质发生的变化较大，而 DMC 算法的控制品质几乎没变。但是，如果仍保持 nT 不变，而让阶次升高（ $n=3,T=149$ ）时，PID 算法下的控制系统已经接近发散（见图 9-50），DMC 算法下的控制系统已经发散（见图 9-51）。产生这种情况的原因是：当被控对象的阶次升高时，在被控对象阶跃响应的起始阶段变化速率很慢，相当于把被控对象从无迟延变成有迟延。PID 算法对这一阶段很敏感，由于 DMC 使用的是阶跃响应的非参数模型，因此它对这一段更敏感，导致起始时控制作用很强，使得被控系统趋向于发散。因此，要求建立具有较大惯性的被控对象数学模型时，应使用高阶模型，如果使用低阶模型，就应该加入纯迟延。

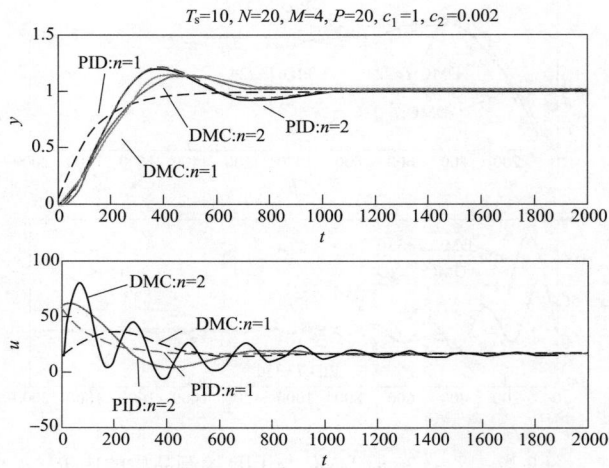

图 9-49 $n=1,T=448$ 时 DMC 与 PID 控制品质的比较

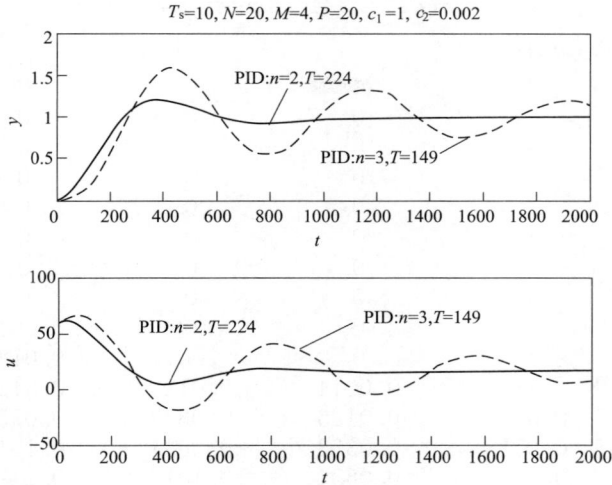

$T_s=10$, $N=20$, $M=4$, $P=20$, $c_1=1$, $c_2=0.002$

PID:$n=2$,$T=224$

PID:$n=3$,$T=149$

PID:$n=2$,$T=224$

PID:$n=3$,$T=149$

图 9-50 $n=3$, $T=149$ 时 PID 算法的控制品质

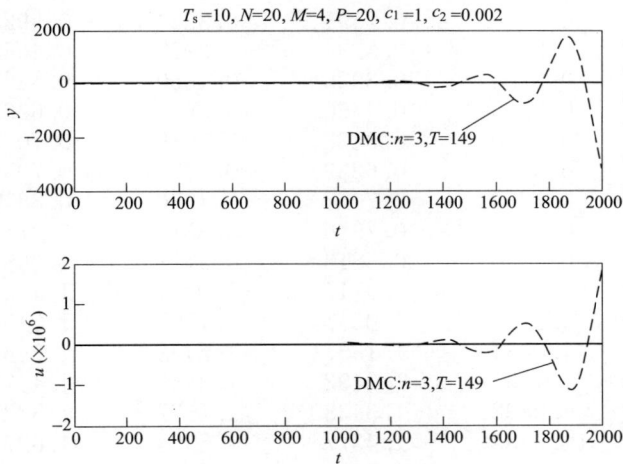

$T_s=10$, $N=20$, $M=4$, $P=20$, $c_1=1$, $c_2=0.002$

DMC:$n=3$,$T=149$

DMC:$n=3$,$T=149$

图 9-51 $n=3$, $T=149$ 时 DMC 算法的控制品质

4. 被控对象纯迟延时间变化

现在考虑某 300MW 循环流化床锅炉床温系统

$$W(s) = \frac{5.77}{(224.18s+1)^2} e^{-86s}$$

使用 DMC 策略。在第 6 章第 6.5 节中已经优化出使用 PID 控制律时的最优控制器参数为

$$\delta_b = 4.8, T_{i_b} = 429$$

(1) 离线生成动态矩阵 W_M。选取 DMC 算法中的各参数如下:

$$\Delta t = 2, T_s = 10, N = 40, M = 4, P = 40, c_1 = 0.015, c_2 = 50$$

把程序 simu_DMC_WM.m 中的被控对象参数赋值语句改为

$$K = 5.77; T = 224.18; n = 2; \tau = 86;$$

运行该程序即可得到动态矩阵

$$W_M = \begin{bmatrix}
0 & 0 & 0 & 0 \\
0 & 0 & 0 & 0 \\
0 & 0 & 0 & 0 \\
0 & 0 & 0 & 0 \\
0 & 0 & 0 & 0 \\
0 & 0 & 0 & 0 \\
0 & 0 & 0 & 0 \\
0 & 0 & 0 & 0 \\
0 & 0 & 0 & 0.0014 \\
0 & 0 & 0.0014 & 0.0123 \\
0 & 0.0014 & 0.0123 & 0.0123 \\
0.0014 & 0.0123 & 0.0333 & 0.0634 \\
0.0123 & 0.0333 & 0.0634 & 0.1018 \\
0.0333 & 0.0634 & 0.1018 & 0.1477 \\
0.0634 & 0.1018 & 0.1477 & 0.2003 \\
0.1018 & 0.1477 & 0.2003 & 0.2591 \\
0.1477 & 0.2003 & 0.2591 & 0.3234 \\
0.2003 & 0.2591 & 0.3234 & 0.3925 \\
0.2591 & 0.3234 & 0.3925 & 0.4660 \\
0.3234 & 0.3925 & 0.4660 & 0.5433 \\
0.3925 & 0.4660 & 0.5433 & 0.6239 \\
0.4660 & 0.5433 & 0.6239 & 0.7075 \\
0.5433 & 0.6239 & 0.7075 & 0.7936 \\
0.6239 & 0.7075 & 0.7936 & 0.8818 \\
0.7075 & 0.7936 & 0.8818 & 0.9717 \\
0.7936 & 0.8818 & 0.9717 & 1.0631 \\
0.8818 & 0.9717 & 1.0631 & 1.1557 \\
0.9717 & 1.0631 & 1.1557 & 1.2492 \\
1.0631 & 1.1557 & 1.2492 & 1.3433 \\
1.1557 & 1.2492 & 1.3433 & 1.4377 \\
1.2492 & 1.3433 & 1.4377 & 1.5324 \\
1.3433 & 1.4377 & 1.5324 & 1.6271 \\
1.4377 & 1.5324 & 1.6271 & 1.7215 \\
1.5324 & 1.6271 & 1.7215 & 1.8156 \\
1.6271 & 1.7215 & 1.8156 & 1.9092 \\
1.7215 & 1.8156 & 1.9092 & 2.0022 \\
1.8156 & 1.9092 & 2.0022 & 2.0943 \\
1.9092 & 2.0022 & 2.0943 & 2.1857 \\
2.0022 & 2.0943 & 2.1857 & 2.2760 \\
2.0943 & 2.1857 & 2.2760 & 2.3653
\end{bmatrix}$$

（2）离线计算控制矩阵 K_M。调用 K_M 的离线计算程序 DMC_KM.m，即可得到

$$K_M = 10^{-3} \times \begin{bmatrix}
0 & 0 & \cdots & 0 & -0.0000 & -0.0000 & \cdots & 0.5455 & 0.5721 & 0.5986 \\
0 & 0 & \cdots & 0 & -0.0000 & -0.0001 & \cdots & 0.5715 & 0.5979 & 0.6240 \\
0 & 0 & \cdots & 0 & -0.0000 & 0.0004 & \cdots & 0.5974 & 0.6234 & 0.6491 \\
0 & 0 & \cdots & 0 & 0.0004 & 0.0036 & \cdots & 0.6229 & 0.6486 & 0.6739
\end{bmatrix}$$

（3）选择参考模型为

$$\frac{0.005^2}{s^2 + 0.005s + 0.005^2}$$

床温系统 DMC 与 PID 控制策略下的控制品质对比如图 9-52 所示。从该图中可以看到，DMC 策略下的响应速度要大大慢于 PID 的。究其原因是，当系统受到希望值的作用后，会立即产生偏差，PID 算法根据偏差立即产生控制量；而 DMC 算法是根据被控对象模型的变化产生控制量的，由于纯迟延的存在，DMC 开始并没有感受到已经产生了控制偏差，所以，它的控制动作要慢于 PID。

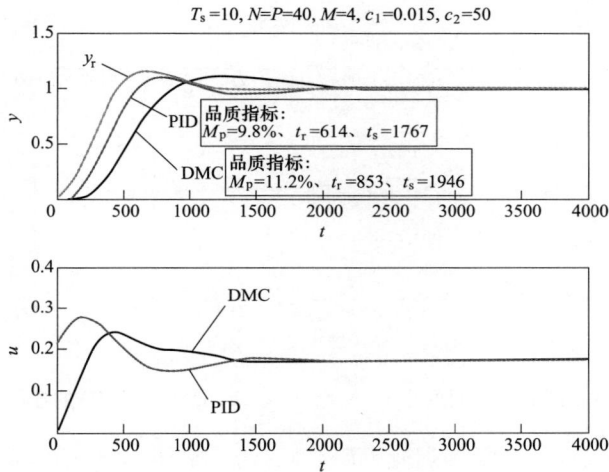

图 9-52　床温系统 DMC 与 PID 控制策略下的控制品质对比

图 9-53 示出了当给系统分别加入内、外扰动时，DMC 和 PID 控制系统的响应曲线。从该图中可以看出，对于该系统，DMC 消除内部扰动的能力要强于 PID。这是因为对于 PID 算法，只有出现偏差，才会产生控制作用，它不关心模型中是否存在纯迟延；而 DMC 算

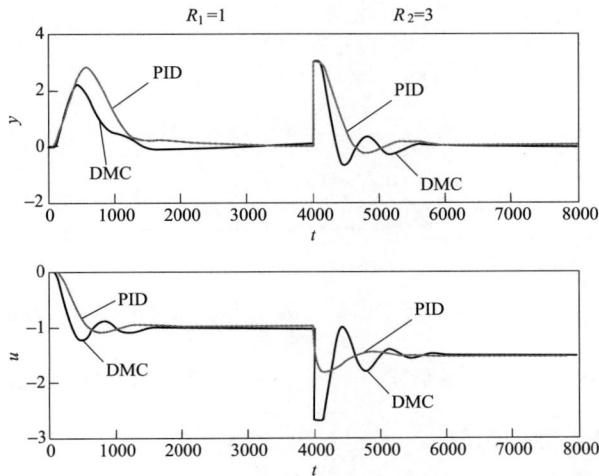

图 9-53　加入内、外扰动时 DMC 和 PID 控制系统的响应曲线

法，早已知道纯迟延的存在，所以无论是否发生内部扰动，它都会提前进行控制。因此，当发生内扰时，DMC 先于 PID 产生控制作用；而当外扰发生时，会立即产生控制偏差，PID 算法根据偏差立即产生控制量，这时，DMC 与 PID 同时产生控制作用。

图 9-54 示出了当被控系统模型纯迟延时间变化（$\tau = 86 \pm 43$）时，DMC 和 PID 算法的鲁棒性。从该图中可以看到，对于模型纯迟延时间，DMC 具有比 PID 更强的鲁棒性。其原因与上述相同。

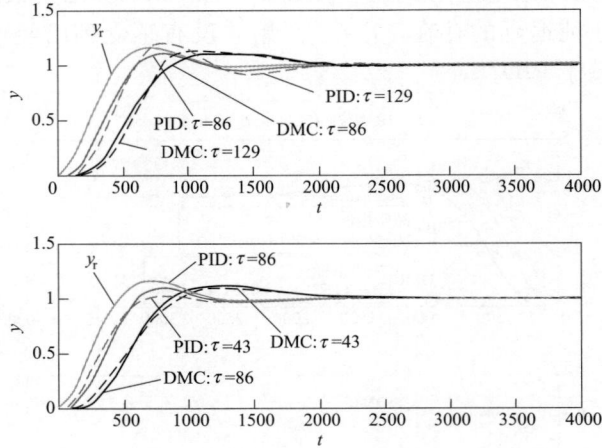

图 9-54　纯迟延时间变化（$\tau = 86 \pm 43$）时 DMC 和 PID 的控制效果

图 9-55 示出了消去被控对象纯迟延（$T = 179, n = 3$）后，DMC 与 PID 算法的控制效果与原始参数时的对比。从图中可以看到，DMC 和 PID 算法对模型表达形式的变化都具有较强的鲁棒性。从这个实例更进一步说明了模型的表达形式是可以互换的。

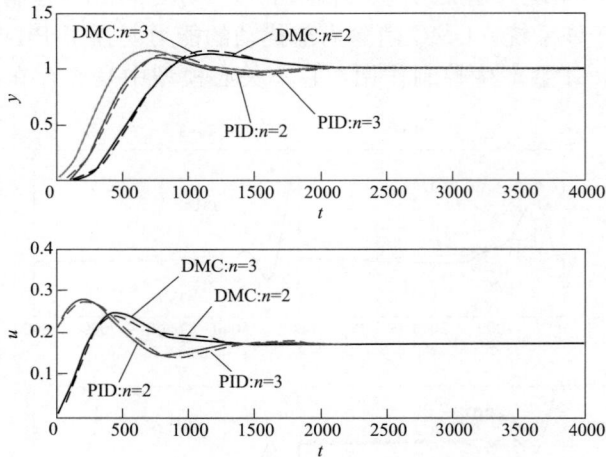

图 9-55　消去纯迟延后（$T = 178, n = 3$）DMC 和 PID 的控制效果

9.6.4　DMC 算法参数的选取

1. 采样周期 T_s、序列长度 N 与预测长度 P

（1）采样周期 T_s。与其他计算机控制系统一样，首要的问题是选择采样周期 T_s。在本书

第 2 章中已经讨论过用经验公式的方法来估计采样周期，现在仍可以按式（2-138）来估算它，即

如果被控系统的数学模型为

$$W(s) = \frac{Ke^{-\tau s}}{(1+Ts)^n} \tag{9-58}$$

则取采样周期

$$T_s = \frac{nT}{100} \sim \frac{nT}{40} \tag{9-59}$$

（2）序列长度 N 与预测长度 P。对于预测控制算法来说，动态矩阵的建立来源于被控系统的单位阶跃响应曲线，而动态矩阵决定了控制品质。由式（9-48）可知，控制矩阵 K_M 除了与加权系数阵 H 和 R 有关以外，只与动态矩阵 W_M 有关。又由式（9-39）可知，W_M 只与阶跃响应序列 $\{a_1, a_2, \cdots, a_P\}$ 有关。也就是说，无论 N 取多大，W_M 只与前 P 个响应数据有关。因此，如果决定了 P 的取值，让 $N = P$ 即可。

从理论上说，NT_s 要能反映被控对象的主要特性。但是，并不是 N 越大越好。下面看一下对于被控对象

$$W(s) = \frac{0.0622}{(224s+1)^2}$$

选择采样周期

$$T_s = \frac{2 \times 224}{40} \approx 10$$

采样序列长度（预测时域长度）分别取为 $N(P) = 10、20、50$ 时三种情况下的控制效果。

仍取 $M = 4, c_1 = 1, c_2 = 0.002$，参考模型为

$$\frac{0.01^2}{s^2 + 0.01s + 0.01^2}$$

三种情况下的 DMC 控制系统的仿真响应曲线如图 9-56 所示。

从图 9-56 中可以看到，$N(P) = 20$ 控制品质最好。因此，在其他参数不变的情况下，有

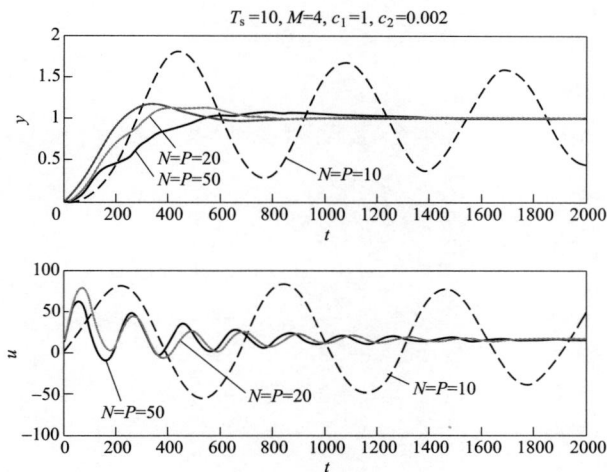

图 9-56　$N(P) = 10、20、50$ 时 DMC 控制系统的仿真响应曲线

一个最优预测时域长度的问题。由于只有一个参数要优化，现在使用穷举法来优化 $N(P)$。

优化时，选择 $N(P)$ 的论域为 $N(P) \in (10, 50)$，目标函数选为

$$Q = \int_0^{t_s} t \mid y_r(t) - y(t) \mid \mathrm{d}t$$

优化主程序为 O _ enumeration _ 962. m。

```
%穷举法寻优主程序 O _ enumeration _ 962. m
clear all;
x_l = 10; x_h = 50; Dx = 1;
Qmin = 10^40;
for i = x_l: Dx: x_h
    [Q] = Obj_DMC_simu961(i); %计算目标函数
    if Q<Qmin; Qmin = Q; x = i; end
end
x
```

把程序 simu _ DMC _ WM. m、DMC _ KM. m 及 DMC _ main _ simu. m 合并，形成优化子程序 Obj _ DMC _ simu961. m。

```
%优化子程序 Obj_DMC_simu961. m
%被控对象传递函数 W(s) = K/(Ts + 1)^n * exp( - Taos)
function [Q] = Obj_DMC_simu961(N)
%clear all;
%%%%%%%%%%%%%%%%%%设置 DMC 控制器参数%%%%%%%%%%%%%%%%%
Ts = 10;
%N = 20;
P = N;
c1 = 1; c2 = 0.002;
M = 4;
BTA = 1/M;
RFA = 2;
WM = zeros(P, M); W0 = zeros(P, N);
%%%%%%%%%%%%%%%%%%%%%设置参考轨迹模型%%%%%%%%%%%%%%%%%
Tr = 200;
wn1 = 0.01; csai = 0.5;
xr = 0; yr = 0;
af = exp( - Ts/Tr); bf = 1 - af;
%%%%%%%%%%%%%%%%%%%仿真用参数%%%%%%%%%%%%%%%%%%%%%%%
DT = 1; ST = 2000; LP = ST/Ts; LP1 = Ts/DT;
%%%%%%%%%%%%%设置被控对象参数及其状态变量初始值%%%%%%%
K = 0.0622; T = 224; n = 2; Tao = 0;
x(1: n) = 0; y = 0;
if Tao>0
```

```matlab
        LD = fix(Tao/DT); xd(1: LD) = 0;
end
a = exp( - DT/T); b = 1 - a;
%%%%%%%%%%%%%%%传递函数的单位阶跃响应仿真计算%%%%%%%%%%%
xa(1: n) = 0;
if Tao>0; xda(1: LD) = 0; end
for i = 1: N
    for j = 1: LP1
        xa(1) = a * xa(1) + K * b;
        if n>1; xa(2: n) = a * xa(2: n) + b * xa(1: n - 1); end
        y0 = xa(n);
        if Tao>0
            y0 = xda(LD);
            for l = LD: - 1: 2; xda(l) = xda(l - 1); end
            xda(1) = xa(n);
        end
    end
    ya(i) = y0; t(i) = i * Ts;
end
%%%%%%%%%%%%%%%%%%%形成 WM 矩阵%%%%%%%%%%%%%%%%%%%%%%%%%%
for i = 1: M
    for j = 1: i
        WM(i, M - i + j) = ya(j);
    end
end
for i = M + 1: P
    for j = 1: M
        WM(i, j) = ya(i + j - M);
    end
end
%%%%%%%%%%%%%%%%%%%%%%%形成加权系数矩阵%%%%%%%%%%%%%%%%%%%
H = c1 * eye(P); R = c2 * eye(M);
%%%%%%%%%%%%%%%%%%%%%%%计算控制矩阵 KM%%%%%%%%%%%%%%%%%%%%
A = WM' * H * WM + R; A1 = WM' * H;
KM = A \ A1;
%%%%%%%%%%%%%%%%%%%%%%%%%设置 DMC 参数%%%%%%%%%%%%%%%%%%%%%
BM = 1; B(M) = 1; B(2: M - 1) = 0;
% for j = M: - 1: 2; B(j - 1) = B(j) - BTA; BM = BM + B(j); end
C(1) = 1;          % 计算误差权系数
for j = 2: P; C(j) = C(j - 1) + RFA; end
Y1(1: P) = 0; Y0 = Y1';       % 初始实际输出
YM0(1: P) = 0; YM = YM0 '; % 初始预测输出
```

```
uDMC = 0;                    %控制器输出初始值
%%%%%%%%%%%%%%%%%%%%%%%仿真计算%%%%%%%%%%%%%%%%%%%%%%%%%%%%%%%%%
k = 0; Q = 0;
r = 0; r1 = 0; r2 = 1; %设置扰动量
for i = 1: LP
    %@@@@@@@@@@@@@@@@@@一阶参考轨迹计算@@@@@@@@@@@@@@@@@@@@@@@@
    % yr = af * yr + bf * r; %参考轨迹计算
    % yrp1 = yr; Yr(1) = yr;
    % for ip = 2: P
    %     yrp1 = af * yrp1 + bf * r;
    %     Yr(ip) = yrp1;
    % end
    %@@@@@@@@@@@@@@@@@@二阶参考轨迹计算@@@@@@@@@@@@@@@@@@@@@@@
    xr = xr + Ts * ( - 2 * csai * wn1 * xr - wn1 * wn1 * yr + wn1 * wn1 * r);
    yr = yr + Ts * xr;
    xr1 = xr; yr1 = yr; Yr(1) = yr;
    for ip = 2: P
        xr1 = xr1 + Ts * ( - 2 * csai * wn1 * xr1 - wn1 * wn1 * yr1 + wn1 * wn1 * r);
        yr1 = yr1 + Ts * xr1;
        Yr(ip) = yr1;
    end
    %@@@@@@@@@@@@@@@@@@@@@@@@@@@@@@@@@@@@@@@@@@@@@@@@@@@@@@@@@@
    e1 = y - YM(1);              %预测误差
    YP = Y0 + e1 * C';           %预测校正
    for j = P: -1: 2; Y0(j) = Y0(j-1); end
    Y0(1) = y;
    Dum = KM * (Yr' - YP);       %计算控制增量
    um = 0;
    for j = 1: M; um = um + B(j) * Dum(j); end
    um = um/BM;                  %计算平均控制增量
    uDMC = uDMC + um;            %得到实际的控制器输出
    YM = Y0 + WM * Dum;          %计算输出预测值
    %################被控对象仿真################
    for j = 1: LP1
        x(1) = a * x(1) + K * b * (uDMC + r1);
        if n>1; x(2: n) = a * x(2: n) + b * x(1: n-1); end
        y0 = x(n);
        if Tao>0
            y0 = xd(LD);
            for l = LD: -1: 2; xd(l) = xd(l-1); end
            xd(1) = x(n);
        end
```

```
        y = y0 + r2;
        k = k + 1;
        t(k) = k * DT; YR(k) = yr; Y(k) = y; U(k) = uDMC;
        Q = Q + t(k) * abs(yr - y) * DT;%计算目标函数
    end
end
%%%%%%%%%%%%%%%%%%%%计算品质指标%%%%%%%%%%%%%%%%%%%%%%%%%%%%
Ymax = Y(1);
for i = 1: k
    if Y(i)>Ymax; Ymax = Y(i); end
end
Mp = (Ymax/r - 1) * 100;           %超调量
tr = 1;
while Y(tr)<0.98 * r&tr<k; tr = tr + 1; end
tr = (tr - 1) * DT;                %上升时间
ts = k;
while Y(ts)>0.98 * r&Y(ts)<1.02 * r&ts>1; ts = ts - 1; end
ts = (ts + 1) * DT;                %过渡过程时间
%############################################################
% subplot(2, 1, 1), plot(t, YR, 'g', t, Y, 'b'); hold on; %
% subplot(2, 1, 2), plot(t, U, 'b'); hold on;
```

优化结果为

$$N = 15$$

如果选取目标函数为

$$Q = \int_0^{t_s} |y_r(t) - y(t)| \, \mathrm{d}t$$

则优化结果为

$$N = 18$$

在这两个参数下的 DMC 控制系统仿真响应曲线如图 9-57 所示。

现在来分析产生最优预测时域长度的原因：

仔细分析控制矩阵式（9-48）可知，当 H 和 R 确定以后，控制矩阵中的系数只取决于模型阶跃响应序列 $\{a_1, a_2, \cdots, a_P\}$，由于模型是线性的，因此实质上是取决于模型的变化率。对于本例的模型，在单位阶跃函数作用下，模型的输出及其变化率如图

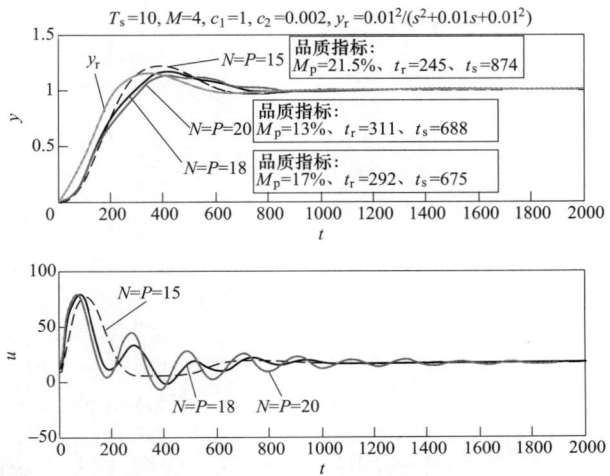

图 9-57 $N = P = 15、18$ 时 DMC 控制系统仿真响应曲线

9-58所示，模型变化率的变化率，即模型输出的二阶导数如图 9-59 所示（其仿真程序如 DDY2_simu962.m所示）。模型变化率的变化速度越快，产生的控制作用就越强。由于是根据模型的多个变化率来产生多个控制作用，因此如果选择的 PT_s 等于模型输出二阶导数的极值点，那么在 $[0, PT_s]$ 时间段内，会出现一个最优预测时域长度。同理，如果选择的 PT_s 大于模型输出的二阶导数的极值点，在 $[0, PT_s]$ 时间段内，会出现另一个最优预测时域长度。事实上，如果选择优化参数的论域为 $N \in (50, 100)$，优化结果为

$$N = 70$$

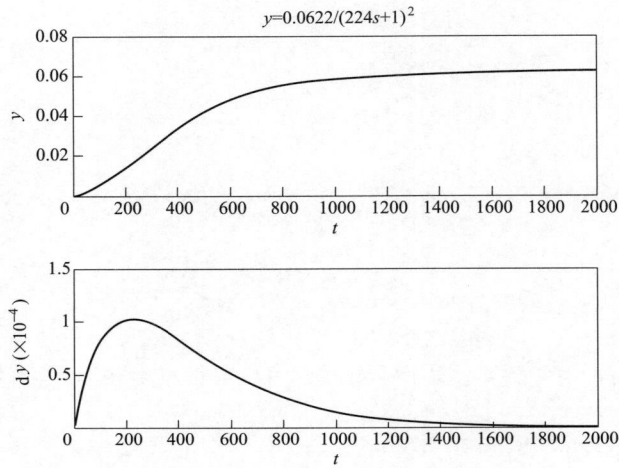

图 9-58　模型的输出及其变化率曲线

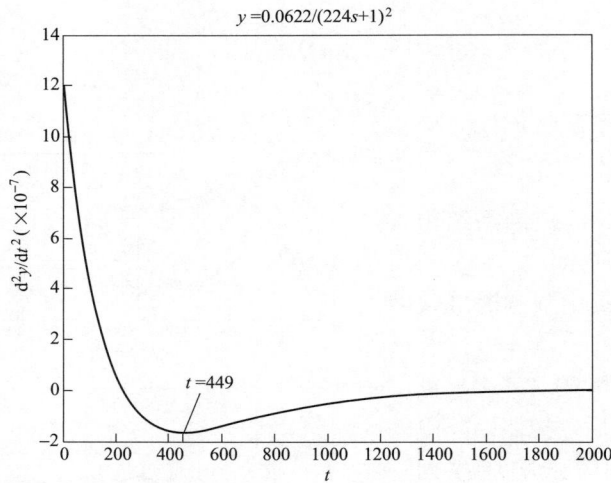

图 9-59　阶跃函数作用下模型输出的二阶导数曲线

在 $N = 15$、70 两个预测序列长度下，DMC 控制系统的仿真响应曲线如图 9-60 所示。从该图中可以看到，第二个极值点不如第一个极值点好。也就是说，并不是 PT_s 越大越好。

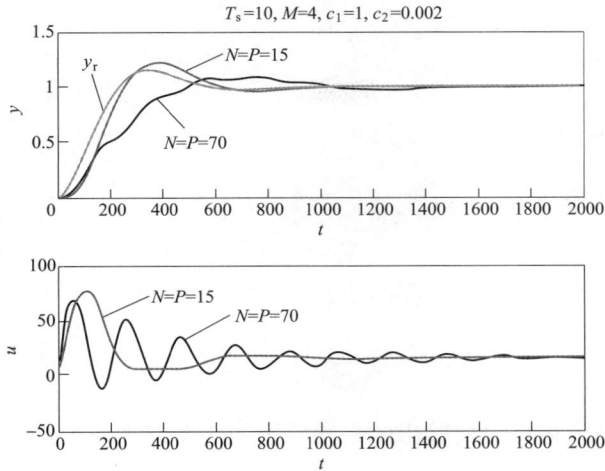

图 9-60　$N = 15$、70 时 DMC 控制系统的仿真响应曲线

```
% 被控系统单位阶跃响应输出二阶导数计算子程序 DDY2 _ simu962. m
% 被控系统数学模型 W(s) = K/(1 + Ts)^n * exp( - Taos)
clear all;
DT = 1; ST = 2000; LP = ST/DT;
%%%%%%%%%%%%%%%%%%%%%%%%被控系统传递函数模型%%%%%%%%%%%%%%%%%
K = 5. 77; T = 224. 18; n = 2; Tao = 86;
%%%%%%%%%%%%%%%%%%%%%%状态初始化%%%%%%%%%%%%%%%%%%%%%%%%%%%
if Tao>0
    LD = fix(Tao/DT); xd(1: LD) = 0;
end
a = exp( - DT/T); b = 1 - a;
x(1: n) = 0; y0 = 0; DY0 = 0;
R = 1;
%%%%%%%%%%%%%%%%%%%%%%%%%仿真计算%%%%%%%%%%%%%%%%%%%%%%%%%%
for i = 1: LP
    x(1) = a * x(1) + K * b * R;
    if n>1; x(2: n) = a * x(2: n) + b * x(1: n - 1); end
    y = x(n);
    if Tao>0
        y = xd(LD);
        for l = LD: - 1: 2; xd(l) = xd(l - 1); end
        xd(1) = x(n);
    end
    DY(i) = (y - y0)/DT;        % 一阶导数
    DDY(i) = (DY(i) - DY0)/DT;  % 二阶导数
    y0 = y; DY0 = DY(i);
    t(i) = i * DT; Y(i) = y;
```

```
end
k = 1; Qmin = DDY(1);
for i = 2:LP
    if DDY(i)<Qmin; Qmin = DDY(i); k = i; end
end
k * DT      % 二阶导数最小值点
plot(t, DDY, 'b'); hold on;
```

对于具有纯迟延的被控对象，选择的 PT_s 一定要大于纯迟延。例如，对于被控对象

$$W(s) = \frac{5.77}{(224.18s+1)^2} e^{-86s}$$

在单位阶跃函数作用下，被控对象输出的二阶导数如图 9-61 所示。

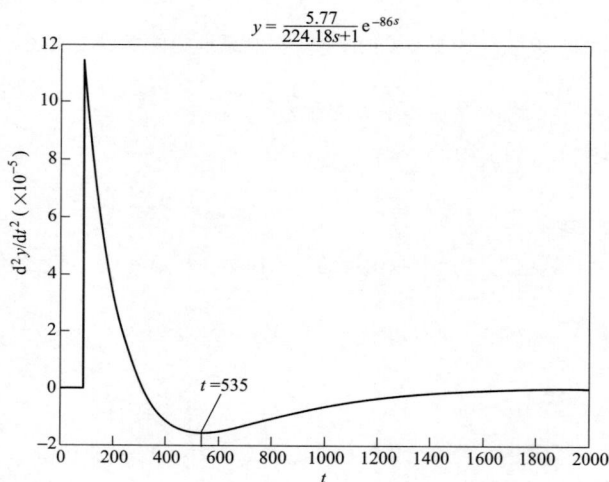

图 9-61 具有纯迟延的模型输出的二阶导数曲线

从图 9-61 中可以看出，最优预测时域长度大约在区间 $[90,530]$ 内。所以，如果选择

$$T_s = 10, M = 4, c_1 = 0.015, c_2 = 50$$

参考模型：
$$\frac{0.005^2}{s^2 + 0.005s + 0.005^2}$$

优化参数的论域：$N \in (9, 53)$

把上述参数代入到优化主程序 O _ enumeration _ 962.m 和子程序 Obj _ DMC _ simu961.m，运行主程序则可以得到最优预测时域长度

$$N = 43$$

在该参数下，DMC 的控制效果如图 9-62 所示。

通过上述分析可以看到，对于典型的有自平衡系统 $(n=2)$

$$W(s) = \frac{Ke^{-\tau s}}{(Ts+1)^n} \tag{9-60}$$

单位阶跃响应输出的二阶导数极值点为

$$t_m = 2T + \tau \tag{9-61}$$

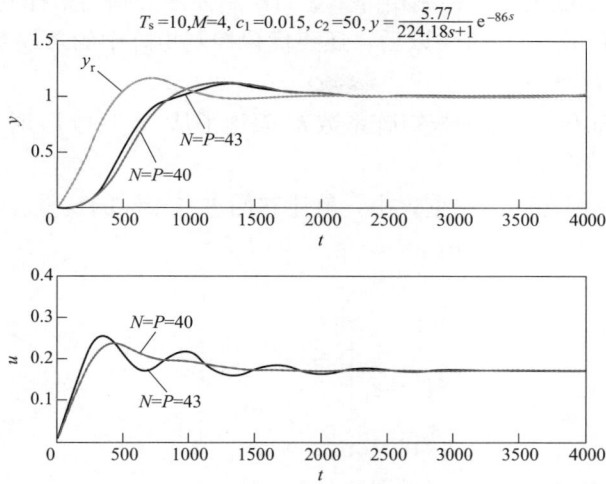

$$T_s=10, M=4, c_1=0.015, c_2=50, y=\frac{5.77}{224.18s+1}e^{-86s}$$

图 9-62 $N = 40, 43$ 时 DMC 控制系统的仿真响应曲线

因此，最优预测时域长度发生在区间 $[\tau, 2T+\tau]$ 内。据此，可以给出优化预测时域长度的经验公式：

经验公式 9.1   DMC 算法模型序列长度 $N(P)$ 的选取

$$N(P) = \left\langle \frac{(0.5T+\tau) \sim (2T+\tau)}{T_s} \right\rangle \tag{9-62}$$

如果是高于二阶的系统，可以选取

$$N(P) = \left\langle \frac{(T+\tau) \sim [(n+1)T+\tau]}{T_s} \right\rangle \tag{9-63}$$

也可以按式（9-61）选择 N 的论域，用前述的方法优化出最优预测时域长度。

这里需要特别指出的是，当优化出 N 以后，并不是只要满足 NT_s 恒定即可。例如，对于前面所述的带有纯迟延的有自衡系统，在 $T_s = 10$ 的情况下，已经优化出 $N = 43$。如果现在把采样时间改为 $T_s = 5$，为了保持 NT_s 恒定，必须选择 $N = 86$。在其他参数不变的情况下，DMC 控制系统已经发散（见图 9-63）。其原因是，控制矩阵 K_M 由预测时域长度来决定，当 T_s 减小后，虽然加大了序列长度 N，使得 NT_s 保持不变，但是，由于 N 增大了一倍，那么在控制矩阵里就增加了一倍的控制量，使得控制作用太强，致使控制系统发散。

上述分析表明，预测时域长度

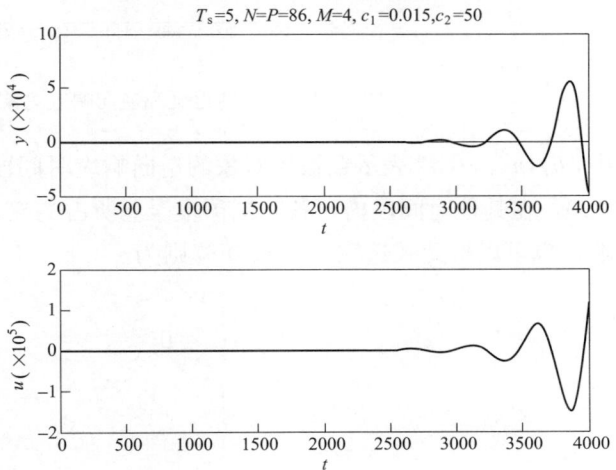

$$T_s=5, N=P=86, M=4, c_1=0.015, c_2=50$$

图 9-63 $T_s = 5, N = 86$ 时的 DMC 控制系统
仿真响应曲线

NT_s 与序列长度 N 并不能等价。控制矩阵 K_M 的控制强度分别与采样周期 T_s 和序列长度 N 有关。因此，当决定了 T_s 和 $N(P)$ 以后，还要优化控制矩阵中的加权系数 H 和 R。

2. 加权系数矩阵 H 和 R

(1) 误差加权矩阵 H。误差加权矩阵系数 h_i 表达了从 $(k+1)T_s$ 时刻起到 $(k+P)T_s$ 时刻止，各时刻预测误差所占的比重。

如果不容易确定它们之间的比重大小，就让它们占有相同的比重。一般选取

$$h_1 = h_2 = \cdots = h_P = c_1 \tag{9-64}$$

即

$$H = c_1 \begin{bmatrix} 1 & & & \\ & 1 & & \\ & & \cdots & \\ & & & 1 \end{bmatrix}$$

如果被控对象是逆向响应对象（见图 9-64），则选取

$$\begin{aligned} h_1 = h_2 = \cdots = h_J = 0 \\ h_{J+1} = h_{J+2} = \cdots = h_P = c_1 \end{aligned} \tag{9-65}$$

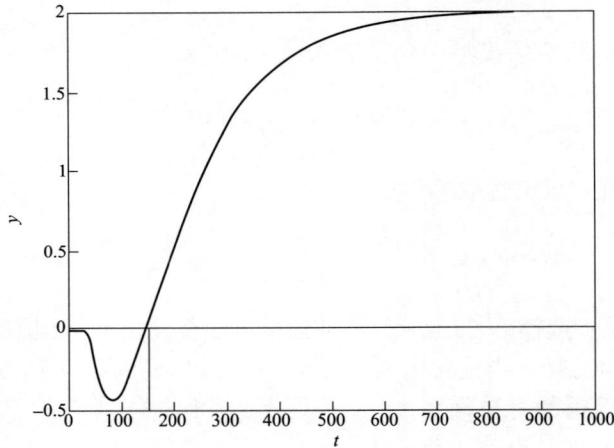

图 9-64 具有纯迟延和逆向响应对象的单位阶跃响应曲线

其中，$h_1, h_2, \cdots, h_J$ 表示在被控对象的逆向响应时间段（JT_s）内，各时刻预报误差所占的比重为 0，在其他时间段内，各时刻预报误差所占的权重均为 c_1。如果只考虑后面几项误差的影响，也可以按此式选取 h_J。H 矩阵则为

$$H = c_1 \begin{bmatrix} 0 & & & & & & \\ & 0 & & & & & \\ & & \cdots & & & & \\ & & & 0_J & & & \\ & & & & 1_{J+1} & & \\ & & & & & \cdots & \\ & & & & & & 1_P \end{bmatrix}$$

如果被控对象具有纯迟延（时间 τ），那么动态矩阵的前 $n_\tau = \langle \frac{\tau}{T_s} \rangle$ 行全为 0，在这几行中 $c_{1\sim n_\tau}$ 的取值对控制矩阵不起作用。

具有纯迟延和逆向响应对象的单位阶跃响应曲线如图 9-64 所示。

（2）控制加权矩阵 R。控制加权矩阵系数 r_i 表达了未来 M 个控制量各自所占的比重。如果不能确定控制量之间各自所占的比重大小，就选择同样的比重。一般选取

$$r_1 = r_2 = \cdots = r_M = c_2 \tag{9-66}$$

即

$$R = c_2 \begin{bmatrix} 1 & & & \\ & 1 & & \\ & & \ddots & \\ & & & 1 \end{bmatrix}$$

现在的问题是，怎样来选择 c_1 和 c_2？

c_1 和 c_2 表达的是预测偏差和预测控制量分别所占的比重，并决定 DMC 控制器输出幅值的大小。它们往往不在同一个数量级上。显然，c_1 和 c_2 都与被控对象的增益 K 有关。K 越大，需要使系统输出达到希望值的控制量就越小，否则太强的控制作用会使控制系统发散。因此，对于 c_1 来说，K 越大，c_1 就应该越小；此外，c_1 还与序列长度 N 有关，N 越大，在控制矩阵里增加的控制量就越大，因此 c_1 也应该随之减小。对于 c_2 来说，K 增大，也应该使 c_2 减小，但是当 K 增大时，预测偏差也会增大，为了使预测控制量和预测偏差在控制矩阵中占有同数量级的比重，就需要使 c_2 增大。因此，总体来说，随着 K 的增大，c_2 应该有所增大。

分析前面所述的两个例子，符合上述的选取原则：

被控对象

$$W(s) = \frac{0.0622}{(224s+1)^2} \tag{9-67}$$

选择了 $T_s = 10, N = 15$，由于被控对象的增益 $K = 0.0622$ 较小，就需要 c_2 较小。因此，当选择 $c_1 = 1$ 时，选择了 $c_2 = 0.002$。

被控对象

$$W(s) = \frac{5.77\mathrm{e}^{-86s}}{(224.18s+1)^2} \tag{9-68}$$

选择了 $T_s = 10, N = 43$，由于 N 较大，就需要有较小的 c_1，因此选择了 $c_1 = 0.015$；由于被控对象的增益 $K = 5.77$ 较大，就需要 c_2 较大，因此选择了 $c_2 = 50$。

前面所说的序列长度 N 的大小，指的是当被控对象为 2 阶，且不存在纯迟延时，所估计出的长度 N 就认为是"合适"。根据经验公式［式（9-62）和式（9-63）］可知，合适的 N 一般为 $10 \sim 20$，大于这个区间的 N 就认为是"较大"。

前面所说的增益大小，指的是与 1 相比时的大小。因为，无论增益大于 1 还是小于 1，

当控制系统的定值扰动为 1 时，它的任务就是把被控对象的输出控制到 1。

通过上述分析可以看到，c_2 不仅与被控对象增益 K 有关，还与 c_1 有关。因此，这里又出现了 c_1、c_2 最优值的问题。

优化时，仍可以选择目标函数为

$$Q = \int_0^{t_s} t \mid y_r(t) - y(t) \mid \mathrm{d}t$$

c_1 和 c_2 的论域只能按着上述原则，通过多次仿真实验的方法来确定。

双变量的优化主程序为 O_enumeration_963.m。

```
%穷举法寻优主程序 O_enumeration_963.m
clear all;
x1_l = 0.001; x1_h = 0.02; Dx1 = 0.001;
x2_l = 10; x2_h = 50; Dx2 = 1;
Qmin = 10^40;
for i1 = x1_l: Dx1: x1_h
    for i2 = x2_l: Dx2: x2_h
        [Q] = Obj_DMC_simu961(i1, i2); %计算目标函数
        if Q<Qmin; Qmin = Q; x1 = i1; x2 = i2; end
    end
end
x1
x2
```

例如，对于式（9-67）所示的系统，通过多次仿真实验，可以得到 c_1 和 c_2 的论域为

$$c_1 \in (0.5, 1.5), \ c_2 \in (0.0001, 0.002)$$

选取

$$T_s = 10, N = P = 15, M = 4$$

希望轨迹选为

$$Y_{R1} = \frac{0.01^2}{s^2 + 0.01s + 0.01^2}R$$

利用参数优化主程序 O_enumeration_963.m 和子程序 Obj_DMC_simu961.m，即可得到

$$c_1 = 1.32, \ c_2 = 0.0005$$

如果选取希望轨迹为

$$Y_{R2} = \frac{0.005^2}{s^2 + 0.005s + 0.005^2}R$$

则可以得到

$$c_1 = 1.29, \ c_2 = 0.0008$$

618

在这两组参数下，DMC 控制系统的仿真响应曲线如图 9-65 所示。从该图种可以看到，当希望轨迹为 Y_{R1} 时，控制系统的输出与希望轨迹已经非常接近，但是为了跟踪快速变化的希望轨迹，控制器的输出大约增加了 3 倍；而当希望轨迹为 Y_{R2} 时，控制系统的输出与希望轨迹完全重合在一起。这也说明，如果对被控系统提出的希望轨迹要求不过高，DMC 控制系统能很好地跟踪希望轨迹。

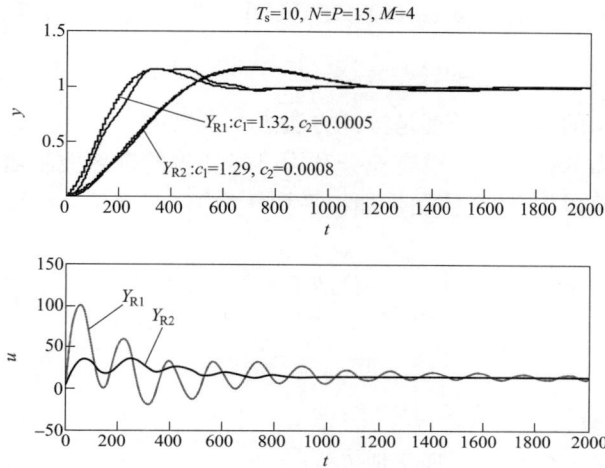

图 9-65 两种参考模型下 DMC 控制系统的仿真响应曲线

同理，对于式（9-68）所示的系统，通过多次仿真实验，可以得到 c_1 和 c_2 的论域为
$$c_1 \in (0.001, 0.02), \quad c_2 \in (10, 50)$$

选取
$$T_s = 10, \quad N = P = 43, \quad M = 4$$

希望轨迹为
$$Y_R = \frac{0.005^2}{s^2 + 0.005s + 0.005^2} R$$

利用参数优化主程序 O_enumeration_963.m 和子程序 Obj_DMC_simu961.m，即可得到
$$c_1 = 0.013, \quad c_2 = 42$$

在该参数下，DMC 控制系统的仿真响应曲线如图 9-66 所示。从该图可以看到，本系统不能快速地跟踪希望轨迹的变化。这也说明对本系统的跟踪能力要求提得过高。

3. 控制时域长度 M

M 表示所要确定的未来施加的控制增量（方波）个数，所以 $M \leqslant P$。M 值越小，说明对被控系统施加控制作

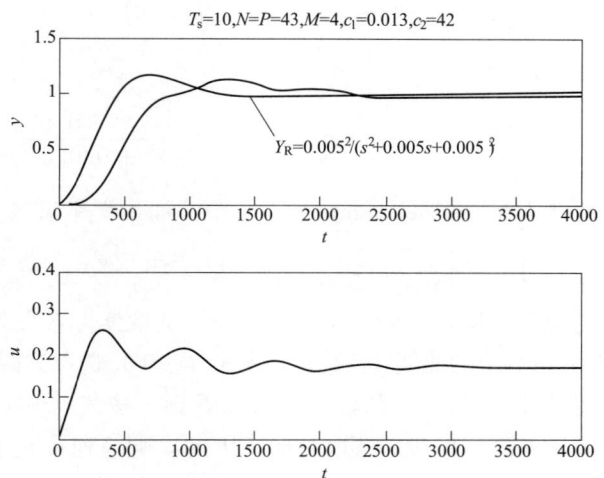

图 9-66 $c_1 = 0.013, c_2 = 42$ 时 DMC 控制系统的仿真响应曲线

用的时间就越短，因此很难保证系统的未来输出能紧密跟踪希望值。M 值越大，说明对被控系统施加控制作用的时间就越长，这样就可以保证系统的未来输出值能跟随希望值，但是在较长的预估控制作用时间段内，没有考虑被控系统模型的变化，以及预测输出的误差，这会使系统的稳定性和鲁棒性都变差。

因此，在实际工程中，并不是把得到的 M 个控制增量都作用于被控系统，只是在第一个控制周期内使用第一个控制增量 $\Delta u(k)$，在第二个控制周期内再重新计算，即

$$\Delta u(k) = \begin{bmatrix} 1 & 0 & \cdots & 0 \end{bmatrix} U_M \tag{9-69}$$

事实上，前面所示的所有例子都是按此方法进行控制的。

显而易见，这样做的缺点是，没有充分利用已经获得的全部控制增量信息。为了能利用所得到的全部信息，可以把 M 个控制量加权平均作为第一个控制增量，即

$$\Delta u(k) = \frac{\sum_{j=1}^{M} b_j \Delta u(k-j+1)}{\sum_{j=1}^{M} b_j} \tag{9-70}$$

式中　b_j——加权系数。

为了充分利用最近期的信息，通常取 $b_1 = 1 > b_2 > b_3 > \cdots > b_M$。

为了容易计算，可以选择 b_j 为等差序列，即

$$\begin{aligned} b_1 &= 1 \\ b_j &= b_{j-1} - \beta, j = 2、3、\cdots、M \end{aligned} \tag{9-71}$$

式中要求：$0 < M\beta \leqslant 1$。最简单的选法是让 $\beta = \dfrac{1}{M}$。

例如，对于式（9-68）所示的系统，选取

$$T_s = 10, N = P = 43, c_1 = 0.013, c_2 = 42, M = 4$$

希望轨迹为

$$Y_R = \frac{0.005^2}{s^2 + 0.005s + 0.005^2} R$$

在程序 Obj_DMC_simu961.m 中，加入程序语句

```
for j = M: -1: 2; B(j-1) = B(j) - BTA; BM = BM + B(j); end
```

运行该程序即可得到，按式（9-69）选取实际控制增量时，DMC 控制系统的仿真响应曲线如图 9-67 中的曲线 y_1 所示；按式（9-70）选取实际控制增量时，其仿真响应曲线如图 9-67 中的曲线 y_2 所示。从该图中可以看到，按式（9-70）选取实际控制增量时，产生的控制作用要比按式（9-69）选取时弱。因此，响应速度也要慢一些，但控制器的输出也平缓很多。综合考虑，这样的控制品质更容易被工程所接受。

产生上述情况的原因是，DMC 算法每次计算出的预测控制增量序列一定是第一个增量最大，然后控制增量逐渐减小，否则持续增大的控制作用会使系统发散。当选择控制增量序

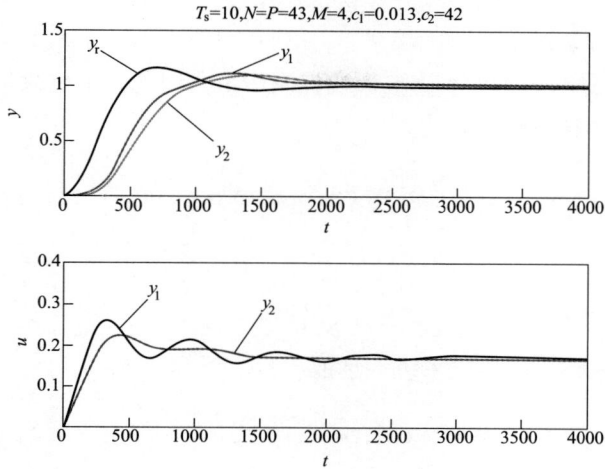

图 9-67 两种方法选取 $\Delta u(k)$ 时 DMC 控制系统的仿真响应曲线

列加权平均值作为实际的控制增量时，实质上是削弱了第一个控制增量的作用。由此推论，如果选择得 M 越小，产生的控制作用越强，控制器输出的波动越大；反之，产生的控制作用就越弱，控制器的输出越平缓。

图 9-68 示出了当 $M=1,4,20$ 三种情况下的仿真响应曲线。从该图中可以看出，三条响应曲线的变化完全符合上述的推论。

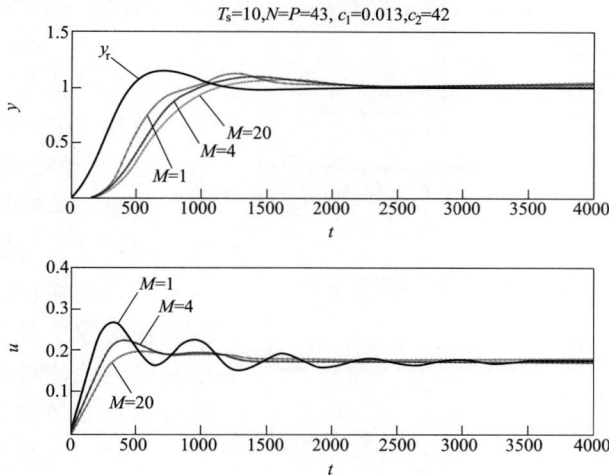

图 9-68 $M=1,4,20$ 三种情况下的仿真响应曲线

4. 预测误差加权修正系数 C

预测误差加权修正系数 c_i 是根据当下的预测误差 $e(k)$ 来修正未来的预测输出值

$$y_P(k+i) = y_M(k+i) + c_i e(k) \qquad i = 1,2,\cdots,P$$

由于 c_i 描述的是各预测输出修正量的大小，显然，现时刻的修正系数应该为 1，接下去的预测误差会越来越大，因此，修正系数也应该越来越大。通常选取

$$c_1 = 1,$$

$$c_i = c_{i-1} + \alpha \qquad i = 2,3,\cdots,P \qquad\qquad (9\text{-}72)$$

在前面所示的所有实例中，都选择了 $\alpha = 2$。

根据式（9-56）可知，α 的大小直接影响控制增量。因此，也应该优化该参数。

优化时，仍可以选择目标函数为

$$Q = \int_0^{t_s} t \mid y_r(t) - y(t) \mid \mathrm{d}t$$

α 的论域可以选为

$$\alpha \in (0,5)$$

例如，对于式（9-68）所示的系统，选取

$$T_s = 10, N = P = 43, c_1 = 0.013, c_2 = 42, M = 4, \beta = \frac{1}{M}$$

希望轨迹为

$$Y_R = \frac{0.005^2}{s^2 + 0.005s + 0.005^2} R$$

利用参数优化主程序 O_enumeration_962.m 和子程序 Obj_DMC_simu961.m，即可得到

$$\alpha = 2.3$$

图 9-69 示出了 $\alpha = 2, 2.3$ 时 DMC 控制系统的仿真响应曲线。从该图可以看到，当 α 增大时，控制作用更加平缓。

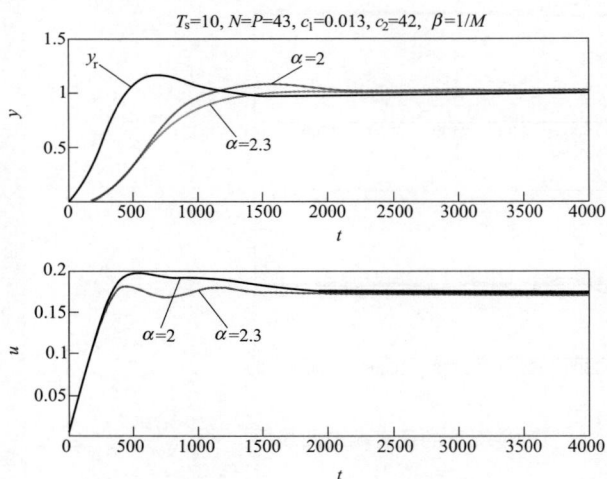

图 9-69 $\alpha = 2, 2.3$ 时 DMC 控制系统的仿真响应曲线

5. 参考模型

与模型参考自适应控制一样，DMC 算法也需要一个恰当的参考模型。然而，预测控制也是针对一类模型结构及其参数都不确定的被控系统。这样，很难在设计控制系统时就能得到被控对象的数学模型，因而也就不能很好地给出参考模型。即使事先能得到被控对象的数学模型，只要阶次高于 2 阶，选择参考模型也是很困难的。值得庆幸的是，DMC 算法并不是像最小拍等控制算法那样，无论对控制品质提多高的要求，即使得到的控制器输出幅值为无穷大，从理论上控制算法都要去实现这个要求。这种算法是不切实际的算法（参看第 6 章第 6.11 节），工程上没法实现。对于 DMC 算法来说，在优化控制器参数时，目标函数里已经加入了对控制器输出幅值的惩罚项。所以，DMC 总是以最大的可能性去实现控制品质的要求，而不至于使控制器输出的幅值过大。

例如，对于被控系统

$$W(s) = \frac{0.0622}{(224s + 1)^2}$$

希望轨迹选为

$$Y_{R_1} = \frac{0.01^2}{s^2 + 0.01s + 0.01^2} R$$

及希望轨迹选为

$$Y_{R_2} = \frac{0.005^2}{s^2 + 0.005s + 0.005^2} R$$

时，DMC 控制系统的仿真响应曲线如图 9-70 所示。即

从该图种可以看到，当要求控制系统具有快速响应时，由于被控系统本身固有的响应能力问题，虽然控制器的输出已经很大，但是它还是不能很好地跟踪希望轨迹。而当把响应频率要求降低时，控制系统能非常好地跟踪希望轨迹。

通过上述分析，没有必要去纠结怎样选择参考模型的问题。先对控制系统提出快速响应要求，如果发现控制器的输出过大，工程中不能实现，再把要求降低即可。

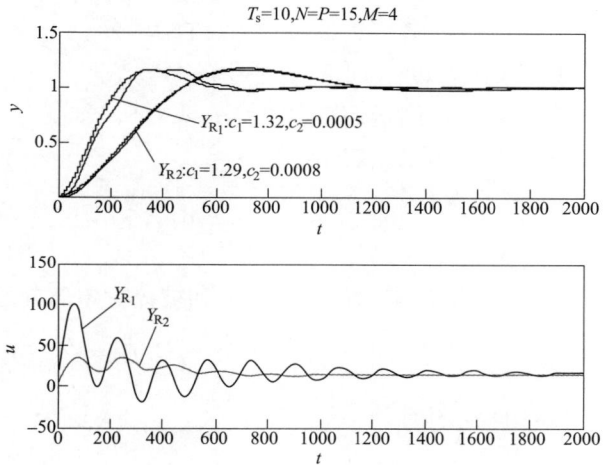

图 9-70　不同参考模型时 DMC 控制系统的仿真响应曲线

为了计算简单，可以选择参考轨迹模型为一阶惯性环节或二阶衰减振荡环节，即

$$\frac{y_r}{R} = \frac{1}{1 + T_f s} \tag{9-73}$$

式中　　T_f ——惯性时间常数。

可以选择 T_f 与被控对象的时间常数 T 相等。

典型二阶环节

$$\frac{y_r}{R} = \frac{\omega_n^2}{s^2 + 2\xi\omega_n s + \omega_n^2} \tag{9-74}$$

由于对这两个低阶模型的特性都是非常熟悉的，因此很容易用他们表达对控制品质的要求。

9.6.5　DMC 算法综合设计

在上一节里，分步设计了 DMC 算法中的参数，由于各参数之间都有关联，因此必须综合设计这些参数。

考虑第 6 章图 6-114 所示的主蒸汽温度串级控制系统，副回路使用 PID 控制器，主回路使用 DMC 控制器，如图 9-71 所示。

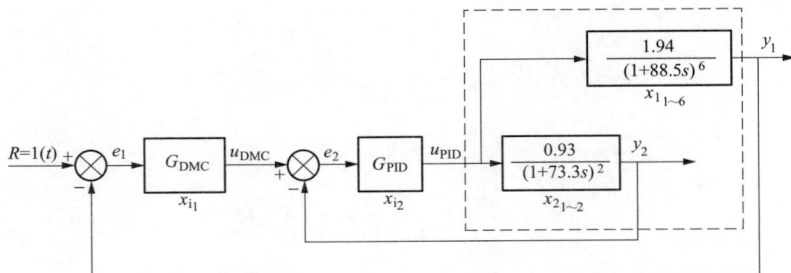

图 9-71　DMC 与 PID 控制器串级控制系统方框图

在第 6 章 6.10.3 中已经优化出主、副控制器的 PID 参数

$$\delta_1 = 2.87, T_{i_1} = 264 \; ; \delta_2 = 0.22, T_{i_2} = 64$$

现在来综合设计 DMC 算法中的参数。

首先来确定不需要优化的参数。

（1）使用导前区传递函数

$$W(s) = \frac{0.93}{(1 + 73.3s)^2}$$

按式（9-59）来估计采样周期和被控对象部分的仿真步距

$$T_s = DT = \frac{73.3 \times 2}{100 \sim 40} \approx 2$$

仿真时间取为

$$ST = 3000$$

（2）选择控制时域长度

$$M = 4$$

（3）控制量加权系数 B 中的 β 选为

$$\beta = \frac{1}{4}$$

（4）希望轨迹为

$$Y_R = \frac{0.005^2}{s^2 + 0.005s + 0.005^2} R$$

需要优化的参数包括：

序列长度（预测时域长度）$N(P)$、预测偏差和预测控制量加权系数 c_1 和 c_2、预测误差加权修正系数 C 中的 α。

由于优化参数较多，因此使用粒子群算法来优化这些参数，其优化主程序为 O _ PSO _ main962.m。

优化时，选择目标函数为

$$Q = \int_0^{t_s} t \, | \, y_r(t) - y(t) \, | \, \mathrm{d}t$$

优化子程序为 Obj _ DMC _ simu962.m。

对于 DMC 控制器，其被控对象为副回路及整体对象，如图 9-72 所示。

624

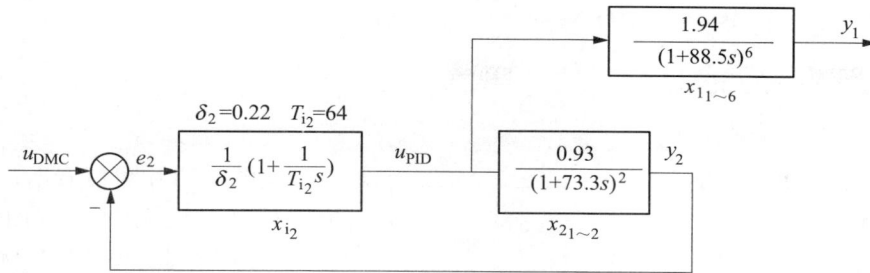

图 9-72　DMC 的被控对象方框图

在单位阶跃函数作用下 $\left[u_{DMC} = 1(t) \right]$，被控对象输出的二阶导数仿真计算程序为 DDY _ simu963，其仿真结果如图 9-73 所示。

```
% DMC 的被控对象部分输出的二阶导数计算程序 DDY _ simu963. m
clear all;
% % % % % % % % % % % % % % % 仿真用参数 % % % % % % % % % % % % % % % % % % % %
DT = 2; ST = 2000; LP = ST/DT;
% % % % % % % % % % % % % 设置被控对象副控制器参数 % % % % % % % % % % % % % %
k1 = 1. 94; n1 = 6; T1 = 88. 5; k2 = 0. 93; n2 = 2; T2 = 73. 3;
a1 = exp( - DT/T1); b1 = 1 - a1;
a2 = exp( - DT/T2); b2 = 1 - a2;
x1(1: n1) = 0; x2(1: n2) = 0;
DTA2 = 0. 22; Ti2 = 64;
xi1 = 0; xi2 = 0; y = 0;
y0 = 0; DY0 = 0;
for i = 1: LP
        % % % % % % % % % % % % % % % % % 内回路数字控制器部分仿真 % % % % % % % % %
        e2 = 1 - x2(n2);
        xp2 = e2/DTA2;
        xi2 = xi2 + DT * e2/DTA2/Ti2;
        upi2 = xp2 + xi2;
        % % % % % % % % % % % % % % % % 连续被控对象部分仿真 % % % % % % % % % % % % %
        x1(1) = a1 * x1(1) + k1 * b1 * upi2;
        x1(2: n1) = a1 * x1(2: n1) + b1 * x1(1: n1 - 1);
        x2(1) = a2 * x2(1) + k2 * b2 * upi2;
        x2(2: n2) = a2 * x2(2: n2) + b2 * x2(1: n2 - 1);
        y = x1(n1);
        t(i) = i * DT; Y(i) = y;
        DY(i) = (y - y0)/DT;                % 一阶导数
        DDY(i) = (DY(i) - DY0)/DT;          % 二阶导数
        y0 = y; DY0 = DY(i);
end
k = 1; Qmin = DDY(1);
for i = 2: LP
```

```
        if DDY(i)<Qmin; Qmin = DDY(i); k = i; end
end
k * DT        %二阶导数最小值点
plot(t, DDY, 'b'); hold on;
```

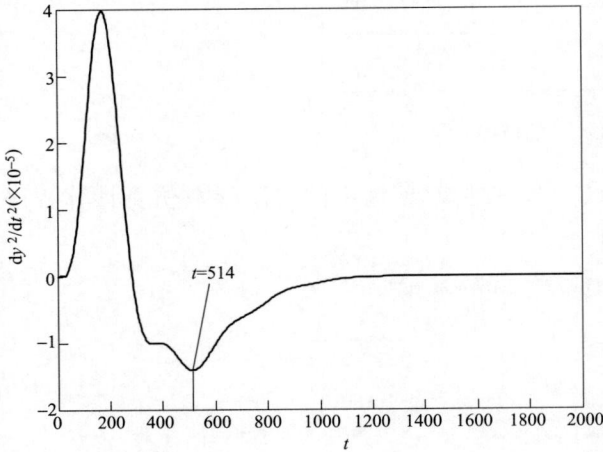

图 9-73　单位阶跃函数作用下被控对象的二阶导数响应曲线

从图 9-73 中可以看出，最优预测时域长度在区间 $[0,514]$ 内。所以，当取 $T_s = 2$ 时，可选取最优预测序列长度的初始论域为

$$N(P) \in (20,250)$$

其他各参数的初始论域选取为

$$c_1 \in (0.01,1), c_2 \in (20,300), \alpha \in (1,5)$$

优化结果为

$$N = P = 104, c_1 = 0.24,$$
$$c_2 = 155, \alpha = 2.5$$

最优参数下的 DMC-PID$_2$ 与最优参数下的 PID$_1$-PID$_2$ 串级控制系统仿真响应曲线如图 9-74 所示。从该图中可以看到，单从控制品质指标来看，本次设计出的 DMC-PID$_2$ 控制器并不比 PID$_1$-PID$_2$ 优越。

如果把参考轨迹改为

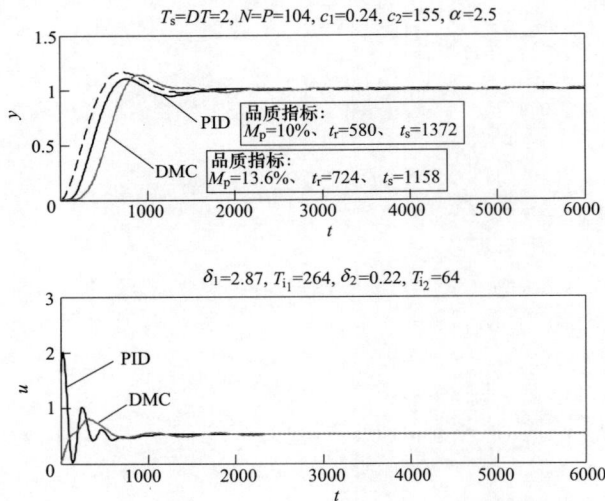

图 9-74　DMC-PID$_2$ 与 PID$_1$-PID$_2$ 串级控制系统仿真响应曲线

$$Y_R = \frac{0.002^2}{s^2 + 0.002s + 0.002^2} R$$

优化结果为

$$N = P = 101, c_1 = 0.296, c_2 = 80, \alpha = 1.73$$

如果把参考轨迹改为

$$Y_R = \frac{0.01^2}{s^2 + 0.01s + 0.01^2}R$$

优化结果为

$$N = P = 115, c_1 = 0.127, c_2 = 200, \alpha = 2.33$$

三种参考模型下，DMC-PID$_2$ 控制效果的对比如图 9-75 所示。由此可见，当 $\omega_n = 0.01$ 时，DMC-PID$_2$ 跟踪参考轨迹的能力最好。这三种参考模型下的控制品质都不如 PID$_1$-PID$_2$ 的好，但是后者的控制器输出幅值要高于前者的两倍。

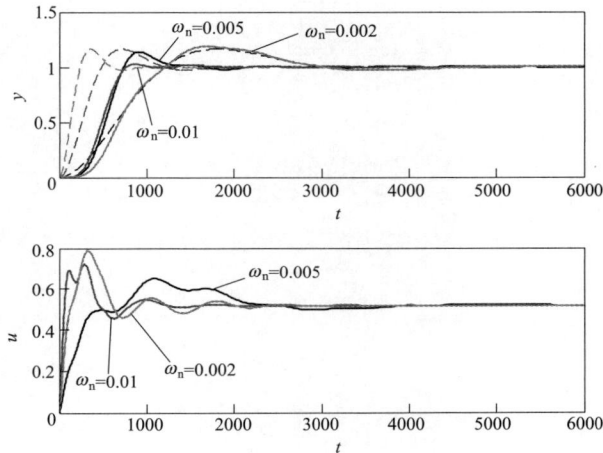

图 9-75 不同参考轨迹下的 DMC-PID$_2$ 串级控制系统仿真响应曲线

```
% 粒子群优化算法主程序 O_PSO_main962.m
clear all;
% ＃＃＃＃＃＃＃＃＃＃＃＃＃＃＃＃＃＃＃＃＃＃＃粒子群算法的控制参数＃＃＃＃＃＃＃＃＃＃＃＃＃＃
＃＃＃＃＃
N = 4;% 优化变量个数
M = 100;% 粒子个数
Tmax = 100;% 最大前进步数
wx = [0.8 1.2];% 惯性权重区间
c = [2 2];% 认知及社会因子
X_LLimits = [20, 0.01, 20, 1];% 寻优参数下限
X_HLimits = [250, 1, 300, 5];% 寻优参数上限
Vmax = [10, 0.01, 10, 2];% 优化变量速度限制
% &&&&&&&&&&&&&&&&&&&&&&& 其他程序同前 &&&&&&&&&&&&&&&&&&&&

% DMC-PID 串级控制系统优化子程序 Obj_DMC_simu962.m
% clear all;
```

```
function [Q] = Obj_DMC_simu962(x)
N = round(x(1)); c1 = x(2); c2 = x(3); RFA = x(4);
%%%%%%%%%%%%%%%%%%%%%%%设置DMC控制器参数%%%%%%%%%%%%%%%%%%%%%%
Ts = 2;
%N = 104;
P = N;
%c1 = 0.24; c2 = 155;
M = 4;
BTA = 1/M;
%RFA = 2.5;
WM = zeros(P, M); W0 = zeros(P, N);
%%%%%%%%%%%%%%%%%%%%%%设置参考轨迹模型%%%%%%%%%%%%%%%%%%%%
wn1 = 0.005; csai = 0.5;
xr = 0; yr = 0;
%%%%%%%%%%%%%%%%%%%%%%仿真用参数%%%%%%%%%%%%%%%%%%%%%%%%%
DT = 2; ST = 6000; LP = ST/Ts; LP1 = Ts/DT;
%%%%%%%%%%%%%%%%%%%%设置被控对象副控制器参数%%%%%%%%%%%%%%%%%%
k1 = 1.94; n1 = 6; T1 = 88.5; k2 = 0.93; n2 = 2; T2 = 73.3;
a1 = exp(-DT/T1); b1 = 1 - a1;
a2 = exp(-DT/T2); b2 = 1 - a2;
x1(1: n1) = 0; x2(1: n2) = 0;
DTA1 = 2.87; Ti1 = 264; DTA2 = 0.22; Ti2 = 64;
xi1 = 0; xi2 = 0; m = 0; y = 0; Q = 0;
%%%%%%%%%%%%%%%传递函数的单位阶跃响应仿真计算%%%%%%%%%%%%%
x1a(1: n1) = 0; x2a(1: n2) = 0; xi2a = 0;
for i = 1: N
    for j = 1: LP1
        e2 = 1 - x2a(n2);
        xp2 = e2/DTA2;
        xi2a = xi2a + DT * e2/DTA2/Ti2;
        upi2 = xp2 + xi2a;
        x1a(1) = a1 * x1a(1) + k1 * b1 * upi2;
        x1a(2: n1) = a1 * x1a(2: n1) + b1 * x1a(1: n1-1);
        x2a(1) = a2 * x2a(1) + k2 * b2 * upi2;
        x2a(2: n2) = a2 * x2a(2: n2) + b2 * x2a(1: n2-1);
    end
    ya(i) = x1a(n1); t(i) = i * Ts;
end
%%%%%%%%%%%%%%%%%%%%%形成WM矩阵%%%%%%%%%%%%%%%%%%%%%%%%%%%%%
for i = 1: M
    for j = 1: i
        WM(i, M-i+j) = ya(j);
```

```
        end
    end
    for i = M + 1: P
        for j = 1: M
            WM(i, j) = ya(i + j - M);
        end
    end
    %%%%%%%%%%%%%%%%%%%%%%%形成加权系数矩阵%%%%%%%%%%%%%%%%%%%%
    H = c1 * eye(P); R = c2 * eye(M);
    %%%%%%%%%%%%%%%%%%%%%%%计算控制矩阵 KM %%%%%%%%%%%%%%%%%%%%%
    A = WM' * H * WM + R; A1 = WM' * H;
    KM = A \ A1;
    %%%%%%%%%%%%%%%%%%%%%%%设置 DMC 参数%%%%%%%%%%%%%%%%%%%%%%%
    BM = 1; B(M) = 1; B(2: M - 1) = 0;
    for j = M: -1: 2; B(j - 1) = B(j) - BTA; BM = BM + B(j); end
    C(1) = 1;              %计算误差权系数
    for j = 2: P; C(j) = C(j - 1) + RFA; end
    Y1(1: P) = 0; Y0 = Y1';     %初始实际输出
    YM0(1: P) = 0; YM = YM0';  %初始预测输出
    uDMC = 0;                  %控制器输出初始值
    %%%%%%%%%%%%%%%%%%%%%%%仿真计算%%%%%%%%%%%%%%%%%%%%%%%%%%%%%
    r = 1;%设置扰动量
    for i = 1: LP
        %@@@@@@@@@@@@@@@@@@@@@二阶参考轨迹计算@@@@@@@@@@@@@@@@@@@@@@
        xr = xr + Ts * ( - 2 * csai * wn1 * xr - wn1 * wn1 * yr + wn1 * wn1 * r);
        yr = yr + Ts * xr;
        xr1 = xr; yr1 = yr; Yr(1) = yr;
        for ip = 2: P
            xr1 = xr1 + Ts * ( - 2 * csai * wn1 * xr1 - wn1 * wn1 * yr1 + wn1 * wn1 * r);
            yr1 = yr1 + Ts * xr1;
            Yr(ip) = yr1;
        end
        %@@@@@@@@@@@@预测控制器@@@@@@@@@@@@@@@@@@@@@@@@@@@@@@@@@@
        e1 = y - YM(1);          %预测误差
        YP = Y0 + e1 * C';        %预测校正
        for j = P: -1: 2; Y0(j) = Y0(j - 1); end
        Y0(1) = y;
        Dum = KM * (Yr' - YP);     %计算控制增量
        um = 0;
        for j = 1: M; um = um + B(j) * Dum(j); end
        um = um/BM;              %计算平均控制增量
        uDMC = uDMC + um;         %得到实际的控制器输出
```

```
    YM = Y0 + WM * Dum;        %计算输出预测值
    %♯♯♯♯♯♯♯♯♯♯♯♯♯♯♯外回路数字控制器部分仿真♯♯♯♯♯♯♯♯♯♯♯♯♯♯♯♯
    e11 = R - x1(n1);
    xp1 = e11/DTA1;
    xi1 = xi1 + Ts * e11/DTA1/Ti1;
    upi1 = xp1 + xi1;
    for j = 1: LP1
        %%%%%%%%%%%%%%%%%%内回路数字控制器部分仿真%%%%%%%%%
        e2 = uDMC - x2(n2);            %主控制器为 DMC
        % e2 = upi1 - x2(n2);           %主控制器为 PID
        xp2 = e2/DTA2;
        xi2 = xi2 + Ts * e2/DTA2/Ti2;
        upi2 = xp2 + xi2;
        %%%%%%%%%%%%%%%%连续被控对象部分仿真%%%%%%%%%%%%%%
        x1(1) = a1 * x1(1) + k1 * b1 * upi2;
        x1(2: n1) = a1 * x1(2: n1) + b1 * x1(1: n1 - 1);
        x2(1) = a2 * x2(1) + k2 * b2 * upi2;
        x2(2: n2) = a2 * x2(2: n2) + b2 * x2(1: n2 - 1);
        m = m + 1; y = x1(n1);
        t(m) = m * DT; YR(m) = yr; Y(m) = y; U(m) = upi2;
        Q = Q + t(m) * abs(yr - y) * DT; %计算目标函数
    end
end
%%%%%%%%%%%%%%%%%%计算品质指标 %%%%%%%%%%%%%%%%%%%%%%%%%%
% Ymax = Y(1);
% for i = 1: m
%    if Y(i)>Ymax; Ymax = Y(i); end
% end
% Mp = (Ymax/r - 1) * 100          %超调量
% tr = 1;
% while Y(tr)<0.98 * r&tr<m; tr = tr + 1; end
% tr = (tr - 1) * DT                %上升时间
% ts = m;
% while Y(ts)>0.95 * r&Y(ts)<1.05 * r&ts>1; ts = ts - 1; end
% ts = (ts + 1) * DT               %过渡过程时间
%♯♯♯♯♯♯♯♯♯♯♯♯♯♯♯♯♯♯♯♯♯♯♯♯♯♯♯♯♯♯♯♯♯♯♯♯♯♯♯♯♯♯♯♯♯♯♯♯
♯♯♯♯♯♯♯♯♯♯
% subplot(2, 1, 1), plot(t, YR, ': r', t, Y, 'b'); hold on; %
% subplot(2, 1, 2), plot(t, U, 'b'); hold on;
```

下面再来考虑由表 9-1 所描述的再热蒸汽温度被控对象使用 DMC 算法时的最优设计问题。在本章第 9.5 节已经设计出预整定自适应 PID 控制器的参数

$$\delta = 0.000040076N_e^2 - 0.0422N_e + 13.2127$$
$$T_i = 0.00171212N_e^2 - 1.7733N_e + 554.6$$

现在选取 500MW 负荷下的再热蒸汽温度模型

$$\frac{2.42}{(1+53s)^2}e^{-18s}$$

来设计 DMC 算法最优参数。

选取不需要优化的参数：

（1）采样周期和被控对象部分的仿真步距

$$T_s = DT = \frac{53 \times 2}{100 \sim 40} \approx 1$$

仿真时间取 $\qquad ST = 1000$

（2）控制时域长度

$$M = 4$$

（3）控制量加权系数

$$\beta = \frac{1}{4}$$

（4）希望轨迹为

$$Y_R = \frac{0.04^2}{s^2 + 0.04s + 0.04^2}R$$

使用被控系统单位阶跃响应输出二阶导数计算子程序 DDY2 _ simu962.m，可以得到该被控对象的二阶导数响应曲线，如图 9-76 所示。

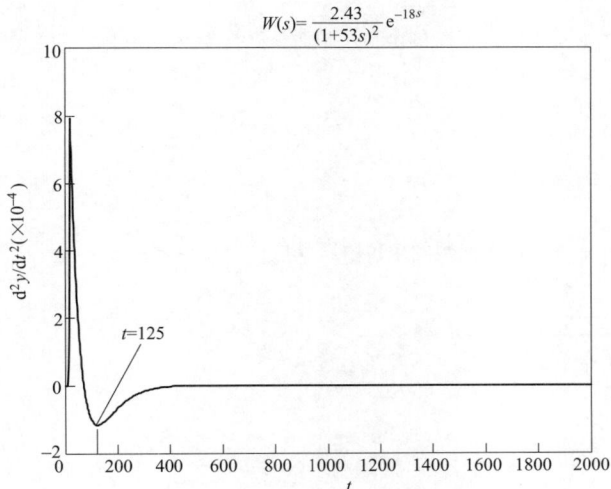

$$W(s) = \frac{2.43}{(1+53s)^2}e^{-18s}$$

图 9-76　被控对象的二阶导数响应曲线

由该图可以看到，最优预测时域长度在区间 [0，125] 内，因此选取预测序列长度的论域为

$$N(P) \in (20,150)$$

其他各参数的论域选为

$$c_1 \in (1,10), \ c_2 \in (0.01,1), \alpha \in (1,5)$$

目标函数为

$$Q = \int_0^{t_s} t \,|\, y_r(t) - y(t) \,|\, \mathrm{d}t$$

优化主程序仍为 O_PSO_main962.m，优化子程序为 Obj_DMC_simu963.m。

```matlab
% 再热蒸汽温度控制系统优化子程序 Obj_DMC_simu963.m
clear all;
% function [Q] = Obj_DMC_simu963(x)
% N = round(x(1)); c1 = x(2); c2 = x(3); RFA = x(4);
%%%%%%%%%%%%%%%%%%%%设置 DMC 控制器参数 %%%%%%%%%%%%%%%%%%
Ts = 1;
N = 46;
P = N;
c1 = 6.53; c2 = 0.104;
M = 4;
BTA = 1/M;
RFA = 2.095;
WM = zeros(P, M); W0 = zeros(P, N);
%%%%%%%%%%%%%%%%%%%%%%设置参考轨迹模型%%%%%%%%%%%%%%%%%%%%Yr
wn1 = 0.04; csai = 0.5;
xr = 0; yr = 0;
%%%%%%%%%%%%%%%%%%%%%%仿真用参数%%%%%%%%%%%%%%%%%%%%%%%%%%%
DT = 1; ST = 1000; LP = ST/Ts; LP1 = Ts/DT;
%%%%%%%%%%%%%%%%设置被控对象副控制器参数%%%%%%%%%%%%%%%%%
K = 2.42; n = 2; T = 53; Tao = 18;
a = exp(-DT/T); b = 1 - a;
x(1: n) = 0; xi = 0;
if Tao>DT; LD = fix(Tao/DT); xd(1: LD) = 0; end
m = 0; y = 0; Q = 0;
%%%%%%%%%%%%%%%传递函数的单位阶跃响应仿真计算%%%%%%%%%%%%
xa(1: n) = 0;
aa = exp(-Ts/T); bb = 1 - aa;
if Tao>Ts; LDa = fix(Tao/Ts); xda(1: LDa) = 0; end
for i = 1: N
    for j = 1: LP1
        xa(1) = aa * xa(1) + K * bb;
        if n>1; xa(2: n) = aa * xa(2: n) + bb * xa(1: n-1); end
        y0 = xa(n);
        if LDa>0
            y0 = xda(LDa);
            for l = LDa: -1: 2; xda(l) = xda(l-1); end
            xda(1) = xa(n);
```

```
            end
        end
    ya(i) = xa(n); t(i) = i * Ts;
end
%%%%%%%%%%%%%%%%%%%形成 WM 矩阵%%%%%%%%%%%%%%%%%%%%%%%%%%%
for i = 1: M
    for j = 1: i
        WM(i, M - i + j) = ya(j);
    end
end
for i = M + 1: P
    for j = 1: M
        WM(i, j) = ya(i + j - M);
    end
end
%%%%%%%%%%%%%%%%%%%%%%%形成加权系数矩阵%%%%%%%%%%%%%%%%%%%%
H = c1 * eye(P); R = c2 * eye(M);
%%%%%%%%%%%%%%%%%%%%%%计算控制矩阵 KM%%%%%%%%%%%%%%%%%%%%%
AA = WM' * H * WM + R; A1 = WM' * H;
KM = AA \ A1;
%%%%%%%%%%%%%%%%%%%%%%%设置 DMC 参数%%%%%%%%%%%%%%%%%%%%%%%%
BM = 1; B(M) = 1; B(2: M - 1) = 0;
for j = M: -1: 2; B(j - 1) = B(j) - BTA; BM = BM + B(j); end
C(1) = 1;                %计算误差权系数
for j = 2: P; C(j) = C(j - 1) + RFA; end
Y1(1: P) = 0; Y0 = Y1';    %初始实际输出
YM0(1: P) = 0; YM = YM0';%初始预测输出
uDMC = 0;              %控制器输出初始值
%%%%%%%%%%%%%%%%%%%%%%%%仿真计算%%%%%%%%%%%%%%%%%%%%%%%%%%%%
r = 1;%设置扰动量
for i = 1: LP
    Ne = 380 + 0.2 * Ts * i;        %负荷从 300MW 开始,以 12MW/min 升至满负荷
    if Ne>600; Ne = 600; end
    %%%%%%%%%%%%%被控对象参数随负荷变化仿真计算%%%%%%%%%%%%%
    Ne2 = Ne * Ne;
    K = 0.001 * Ne + 1.92;
    T = 0.00056061 * Ne2 - 0.5767 * Ne + 179.182;
    a = exp(-DT/T); b = 1 - a;
    %@@@@@@@@@@@@@@@@@@@@二阶参考轨迹计算@@@@@@@@@@@@@@@@@@@@
    xr = xr + Ts * (-2 * csai * wn1 * xr - wn1 * wn1 * yr + wn1 * wn1 * r);
    yr = yr + Ts * xr;
    xr1 = xr; yr1 = yr; Yr(1) = yr;
```

```
    for ip = 2: P
        xr1 = xr1 + Ts * ( - 2 * csai * wn1 * xr1 - wn1 * wn1 * yr1 + wn1 * wn1 * r);
        yr1 = yr1 + Ts * xr1;
        Yr(ip) = yr1;
    end
    %@@@@@@@@@@@预测控制器@@@@@@@@@@@@@@@@@@@@@@@@@@@@@@
    e1 = y - YM(1);              %预测误差
    YP = Y0 + e1 * C';           %预测校正
    for j = P: - 1: 2; Y0(j) = Y0(j - 1); end
    Y0(1) = y;
    Dum = KM * (Yr' - YP);       %计算控制增量
    um = 0;
    for j = 1: M; um = um + B(j) * Dum(j); end
    um = um/BM;                  %计算平均控制增量
    uDMC = uDMC + um;            %得到实际的控制器输出
    YM = Y0 + WM * Dum;          %计算输出预测值
    %############连续被控对象部分仿真###############
    for j = 1: LP1
        x(1) = a * x(1) + K * b * uDMC;
        if n>1; x(2: n) = a * x(2: n) + b * x(1: n - 1); end
        y0 = x(n);
        if LD>0
            y0 = xd(LD);
            for l = LD: - 1: 2; xd(l) = xd(l - 1); end
            xd(1) = x(n);
        end
        m = m + 1; y = x(n);
        t(m) = m * DT; YR(m) = yr; Y(m) = y; U(m) = uDMC;
        Q = Q + t(m) * abs(yr - y) * DT; %计算目标函数
    end
end
subplot(2, 1, 1), plot(t, YR, ': r', t, Y, 'k'); hold on;
subplot(2, 1, 2), plot(t, U, 'k'); hold on;
```

优化结果为

$$N = 46, c_1 = 6.53, c_2 = 0.104, \alpha = 2.095$$

在该参数下的仿真响应曲线如图 9-77 所示。

以表 9-2 所描述的分段线性模型作为非线性被控对象，平滑处理后，模型参数变为

$$n = 4$$
$$K = 0.001N_e + 1.92$$
$$T = 0.00056061N_e^2 - 0.5767$$
$$N_e + 179.182$$

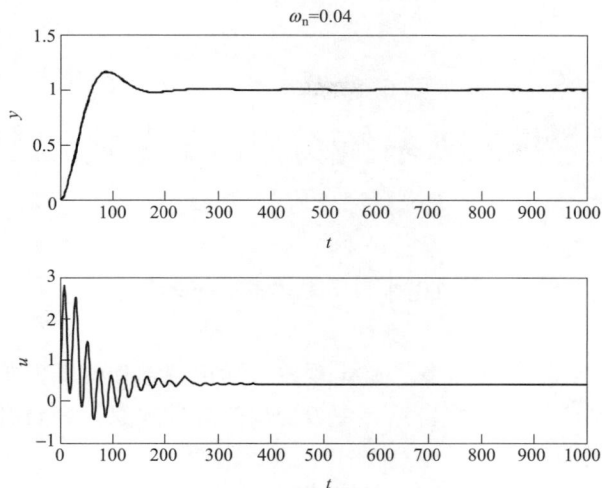

图 9-77　最优参数下的 DMC 控制系统响应曲线

使用程序 Obj ＿ DMC ＿ simu963. m 仿真 DMC 控制策略下的控制系统响应；使用程序 Obj ＿ simu951. m 仿真单纯 PID 和预整定 PID 控制策略下的控制系统响应。在各自最优参数下的仿真响应曲线如图 9-78 所示。从该图中可以看到，PID 控制策略下的控制品质最差，DMC 控制策略下的控制品质最好，但是控制器输出的幅值和振荡频率也最大，工程上这种控制品质不被接受。

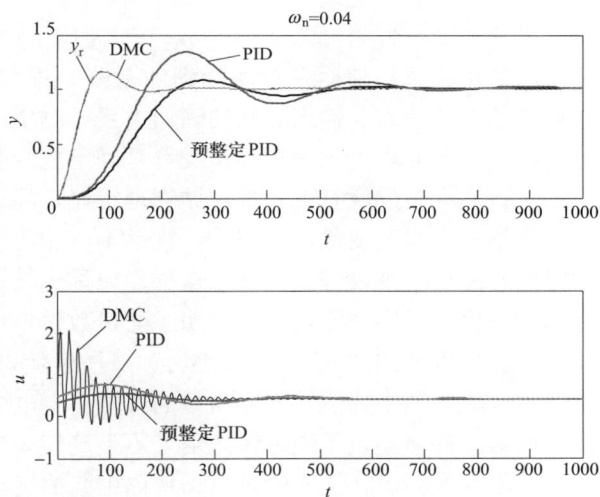

图 9-78　DMC、PID 以及预整定算法控制系统响应曲线

9.6.6　DMC 控制算法小结

通过上述各项实验，可以得到如下结论：

（1）DMC 是线性控制器。

（2）由于 DMC 根据多个偏差产生控制作用，且求出的是控制器的增量，因此 DMC 算法具有积分性质，可以实施无静差调节。

（3）比 PID 算法具有更强的鲁棒性。适合于对非线性被控对象进行控制。

（4）在被控对象的能力范围之内，有很强的跟踪希望轨迹的能力。因此，更适合随动系统的控制。

（5）对于无纯迟延且阶次较低的被控对象，DMC 的调节速度要快于 PID 的；而对于有纯迟延或阶次较高的被控对象，DMC 的调节速度要慢于 PID 的调节速度。

（6）DMC 算法可以用于实际工程系统的控制。

第 10 章

模糊控制系统分析与优化设计

10.1 "模糊"概念

在自然界中普遍存在着三种现象：确定现象、随机现象和模糊现象。通过长期的实践活动，人类发明了用"数学"来描述自然界中表现出的各种现象，进而对自然界进行分析和改造，使其更好地为人类服务。

对于确定现象，可以用确切的数据和方程来描述。例如：光波在真空中的传播速度是 (299792.458 ± 0.001) km/s、珠穆朗玛峰的海拔高度约是 8844.43m 等都是使用"确切量"来描述自然界中的确定现象的；"物体运动的加速度与所受外作用力成正比、与物体本身的质量成反比（即牛顿第二定律 $F=ma$）"使用了"确切方程"来描述物体的运动与所受外力之间的确切关系；前面各章所提到的差分方程、微分方程、传递函数等都是用"确切方程"来描述系统输入与输出之间的确切关系。对用"确切方程"所描述的系统进行控制称为确定性控制。前面所提到的控制系统都是确定性控制系统。

如果自然界中的所有事物都遵循物理定律，那么在任何一秒中，就可以预知下一秒将会发生的事情和产生的变化。事实上，这是不可能的。对于许多事物并不能确切地知道它所发生的时间、地点、规模等信息。把这种现象称作随机现象。对于随机现象，也就不能用确切的数据和方程来描述。好在人类发明了随机数学，它是研究随机现象统计规律性的一个数学分支，所以可以使用"概率（统计量）"来描述随机现象。例如：天气、水文与地震预报等可以通过"概率"来描述；产品质量的合格率、电视节目的收看率等也都可以用"概率"来描述。而对于许多随机系统，输入信号不是确切知道的，只能用某些统计特性加以描述。例如，由于空气的湍流在飞机的机翼结构内引起的运动和应力就属于这一类问题。在这个例子中，可以把随时间变化的气流状态看作是系统的输入，它是一个随机函数，只能知道它的统计特性。机翼的应力是系统的输出，它也是一个随机函数，也只能知道它的统计特性。这种随机系统在实际工程中还有很多。对于随机系统的数学模型，需要用随机微分方程或随机状态方程来描述；对于随机系统的分析，则需要在随机系统数学模型的基础上，分析出给定的随机系统在规定的工作条件下所具有的统计性能；对于随机系统的控制，与确定性系统的控制方法一样，需要按照一定准则或性能指标（如系统输出或状态的方差、均值及概率密度函数等）来求取控制律[3]。尽管许多学者对随机控制理论和方法已经进行了较为深入的研究，对很多领域也产生了一定的影响，但是由于随机系统的复杂性和不确定性，在现代工程系统中，即使存在随机特性，也还是按确定性系统来设计控制系统。例如，飞机的飞行控制，这是一个典型的随机系统，还是采用常规的 PID 控制策略[56]；在火力发电厂中，每个控制系统都存在随机干扰，但仍按确定性系统来设计控制系统。

自然界中的确定现象表现在"非此即彼"。但是在客观事物中很多都具有"亦此亦彼"

性。例如，"年轻"与"不年轻""高个子"与"矮个子"等，都没有绝对分明的界限。诸如此类的现象都没有明确的外延。把没有明确外延的现象称为模糊现象。那么上述这些现象便是模糊现象。模糊现象本来就是在现实生活中大量存在、司空见惯、见而不怪的东西。模糊现象仅能使用模糊数学来描述。模糊数学是研究和处理模糊现象的数学，是用精确的数学语言对模糊现象的一种描述。

模糊数学又称 Fuzzy 数学。"模糊"二字译自英文"Fuzzy"一词，该词除有模糊意思外，还有"不分明"等含意。在康托尔的普通集合论中，一个对象对于一个集合来说，要么属于，要么不属于，二者必居其一，绝对不允许模棱两可。而在模糊集合论中则不然，一个对象可以属于一个集合，也可以属于另一个集合，只是隶属的程度不同而已。

1965 年，Zadeh 教授发表了《模糊集合论》论文，提出用"隶属函数"这个概念来描述现象差异的中间过渡，从而突破了普通集合论中属于或不属于的绝对关系。Zadeh 教授将模糊性和集合论统一起来，在不放弃集合的数学严格性的同时，吸取人脑思维中对于模糊现象认识和推理的优点，提出了模糊集合的概念，这标志着模糊数学的正式诞生。模糊数学大大扩展了科学技术领域，并在很多领域得到了广泛的应用。Zadeh 教授这一开创性的工作，标志着数学的一个新的分支——模糊数学的诞生。

模糊数学产生后，客观事物的确定性和不确定性在量的方面的表现，可做如下划分：

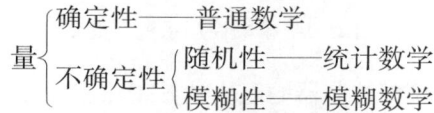

$$
量\begin{cases} 确定性——普通数学 \\ 不确定性\begin{cases} 随机性——统计数学 \\ 模糊性——模糊数学 \end{cases} \end{cases}
$$

这里必须指出，随机性和模糊性尽管都是对事物不确定性的描述，但二者是有区别的。概率论研究和处理随机现象，所研究的事件本身有着明确的含意，只是由于条件不充分，使得在条件与事件之间不能出现决定性的因果关系，这种在事件的出现与否上表现出的不确定性成为随机性。在 [0，1] 上取值的概率分布函数就描述了这种随机性。

模糊数学是研究和处理模糊现象的，所研究的事物的概念本身是模糊的，即一个对象是否符合这个概念难以确定，这种由于概念的外延的模糊而造成的不确定性称为模糊性 (fuzziness)。在 [0，1] 上取值的隶属函数就描述了这种模糊性。

控制论的创始人维纳在谈到人胜过任何最完美的机器时说："人具有运用模糊概念的能力"。人脑的重要特点之一，就是能对模糊事物进行识别和判决。例如，洗澡时，第一件事情总是来调节水温，调节过程大致如下：打开给水阀门后，用一只手测量水温，测到的并不是确切的温度，而是通过手感觉到的水温是"低"或"合适"或"高"；如果"低"或"高"，则根据大脑对水温的感觉，会向另一只手发出向热水侧或冷水侧"开大"或"关小"阀门指令，如果水温"合适"则保持阀门"不动"。这些指令都是模糊量，所以也只能凭这只手的感觉调整阀门到某一位置上；一般情况下，不可能一次就能把温度调节好，往往需要两到三次才能把洗澡水调节到所需的温度。这里要强调的是，所需温度不是确切量，它是一个模糊量——"合适"。这一过程就是人脑所完成的"模糊控制"。

如果使用计算机模拟上述人脑的控制过程，则称为模糊控制。

各种传统的控制方法均是建立在被控对象精确的数学模型之上的。随着系统复杂程度的提高，非线性、耦合性严重，则难以建立系统精确的数学模型，也就达不到最佳控制效果。所以，人们期望探索出一种简便灵活的系统描述手段和处理方法，模糊控制或许能满足这一要求。

模糊控制的核心问题是，把人类的控制经验转换为可以用计算机实现的控制算法。这其实就是模糊语言和模糊控制。

模糊控制就是利用模糊集合理论，把人类专家用自然语言描述的控制策略转化为计算机能够接受的算法语言，从而模拟人类的智能，实现生产过程的有效控制。因此可以说，模糊控制就是智能控制。

1974 年，玛丹尼教授将模糊集合和模糊语言逻辑成功地用于蒸汽机控制，宣告了模糊控制的诞生。模糊控制非常适合于控制复杂、非线性、大滞后和不确定性的被控对象。

由于模糊控制系统是一种计算机控制系统，故其组成类似于一般的数字控制系统（见图 10-1），所不同的是数字控制器中的控制算法是模糊运算。

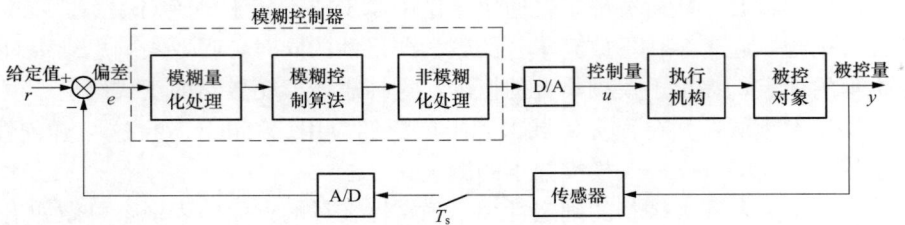

图 10-1　模糊控制系统方框图

从图 10-1 中可以看出，模糊控制器的组成及其工作步骤如下：

（1）模糊量化处理（模糊化接口）：模糊控制器接收的是给定值与由 A/D 转换器传送过来的被控对象输出之间的偏差信号（确切数字量）。因此，模糊控制器必须先将确切的数字偏差量转化成模糊量。如果模糊控制器是双输入的，则还应该根据偏差量计算出偏差变化率，然后再把它也转换成模糊量。这一过程使输入的确切量转换成了由模糊集合隶属函数（见第 10.2 节）表示的模糊量。

（2）模糊控制算法：当该模块接收到用模糊量表示的偏差和偏差变化率后，根据模糊控制规则库（也称知识库：一般是根据专家的控制经验，预先存储起来的模拟人的模糊推理能力所需的专家知识）中的知识，推理出模糊控制器的输出。该输出也是模糊量。

（3）非模糊化处理（确切化接口）：第二步得到的输出是一个模糊量，进行控制时必须为确切值，因此非模糊化处理的任务就是把模糊运算得到的模糊输出量转化成实际系统能够接受的确切数字量，然后通过 D/A 转换器再把它转换成模拟量送给执行器。

10.2　模糊数学基础

10.2.1　模糊语言值和模糊语言变量

人类的自然语言具有模糊性，自然语言的模糊性主要来自于包含的模糊化词，如较大、很快等。所谓模糊语言，是指具有模糊性的语言。

模糊语言可以对自然语言的模糊性进行分析和处理。众所周知，人们在日常生活中，交流信息用的大多是自然语言，而这种语言常用充满了不确定性的描述来表达具有模糊性的现象和事物。

模糊语言可以对连续性变化的现象和事物做出概括和抽象，也可以进行模糊分类。例如，表述中国东北部从每年的 10 月到 12 月的天气气温时，会用"天气越来越冷"这个模糊语言。

模糊语言的灵活性表现在，在不同的场合，某一模糊概念可以代表不同的含义。例如"高个子"，在中国，可以把身高在 $1.75\sim1.80\mathrm{m}$ 之间的人归结高"高个子"的模糊概念例里；而在欧洲，可能把身高在 $1.75\sim1.80\mathrm{m}$ 之间的人归结到"中等个子"的模糊概念里。

在自然语言中，与数值有直接联系的词，如长、短、多、少、高、低、重、轻、大、小等，或者由它们再加上语言算子，如很、非常、较、偏等，而派生出来的词组，如很长、非常多、较高、偏重等。把这些词、词组统称为模糊语言值。

模糊语言变量，顾名思义，就是一个变量，与普通变量所不同的是模糊语言变量的取值为模糊语言值。例如，如果用普通变量 T 描述中国东北部的天气气温，而某一天的气温是 $-25\mathbb{C}$，那么就会让 $T=-25\mathbb{C}$；然而，如果用模糊变量 $\underset{\sim}{T}$ 来描述中国东北部的天气气温，而某一天的气温仍是 $-25\mathbb{C}$，那么就会让 $\underset{\sim}{T}=$ "很冷"。

10.2.2　模糊集合

在讨论模糊集合前，先看一下普通集合。

集合一般指具有某种属性的、确定的、彼此间可以区别的事物的全体。例如，教室里的全体同学可作为一个集合；一个停车场中的全部汽车也可以作为一个集合。由此可以看出，集合内的全部事物，就是研究的对象，或者说论域。但论域是指研究对象的范围，它不像集合对其内部事物的属性要求那样苛刻。在一般情况下，论域内的事物要比集合内的多些。如果选择论域内的所有事物构成一个集合，称该集合为全集，此时可以把集合与论域看作同义词。

集合中的事物称为元素。通常用大写字母 $A,B,C,\cdots,X,Y,Z$ 等表示集合，而用小写字母 $a,b,c,\cdots,x,y,z$ 表示集合内的元素。元素与集合之间的关系是属于或不属于的关系，若元素 x 属于集合 A 时，则用 $x\in A$ 表示，若不属于则用 $x\overline{\in}A$ 表示，或用 $x\notin A$ 表示。由于要求集合内的所有事物彼此间是可以区别的，因此在一个集合内不能有相同的元素，而论域则不然。

如果要表达集合内所有的元素与集合之间的关系，则必须把所有的元素列写在关系表达式里。例如，某公司出售的轿车共有 5 种型号，分别用 a,b,c,d,e 表示，如果把 5 种型号的轿车组成的集合称作 C，则可以表示为

$$C=\{a,b,c,d,e\}$$

如果表达某型号与集合之间的关系，例如，d 与 C 的关系，则可以写成

$$d\in C$$

并称作 d 属于 C。

上述表达元素与集合之间的关系时，列举了集合中的所有元素，所以也称为列举表示法。显而易见，当元素较多时，就很难写出元素与集合之间的关系表达式。例如，如果 $1\leqslant a\leqslant2000$ 之间的偶数组成集合 A，那么 A 中就有 1000 个元素（ $2,4,6,\cdots,1998,2000$ ），这显然不能写成一个完整的表达式。因此，如果集合中的某些元素具有同一性质，就要用性质的特征把这些元素表达出来，即

$$A=\{a\mid p(a)\}$$

其中，$p(a)$ 表示 a 具有的共同性质。对于本例
$$p(a) = a \text{ 为偶数}, 1 \leqslant a \leqslant 2000$$

如果集合中的元素有许多不同的性质，那么可以把集合中具有相同性质的元素组成一个新的集合，并称为子集。一个集合可以包含多个子集。例如，子集 A 是由集合 X 中的一部分元素组成的，子集 B 是由集合 X 中的另一部分元素组成的（子集 A 和子集 B 中的部分元素有可能相同），则称 A、B 都是集合 X 的子集，称作 A、B 都包含于 X，记作 $A \subseteq X$，$B \subseteq X$。如果 $A \neq X$，则称 A 是 X 的真子集，记为 $A \subset X$。

像普通数一样，集合与集合之间也可以进行运算，运算结果仍然是一个集合。

1. 集合交

设 X, Y 为两个集合，由其中属于 X 又属于 Y 的元素组成的集合 Z 称为 X 和 Y 的交集 [见图 10-2（a）]，记作
$$Z = X \bigcap Y$$

例如，已有集合
$$X = \{1, 3, 7, 8, 9\}$$
$$Y = \{2, 3, 4, 7, 8\}$$

则
$$Z = X \bigcap Y = \{3, 7, 8\}$$

如果已有集合
$$X = \{1, 3, 5, 7, 9\}$$
$$Y = \{2, 4, 6, 8\}$$

则
$$Z = X \bigcap Y = \{\} = \varnothing$$

在集合 X, Y 中，没有即属于 X 又属于 Y 的元素，因此，X, Y 的交集 Z 中不包含任何元素，称其为空集，用 $\varnothing$ 表示。

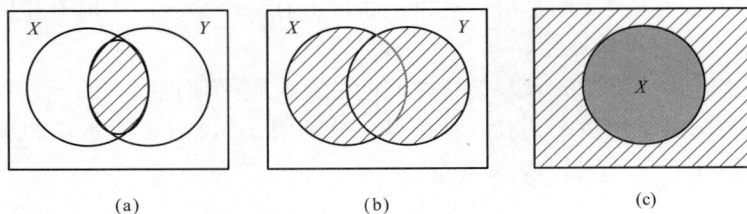

图 10-2 普通集合的运算
(a) $X \bigcap Y$；(b) $X \bigcup Y$；(c) $\overline{X}$

2. 集合并

设 X, Y 为两个集合，由属于 X 和属于 Y 的所有元素组成的集合 Z 称为 X 和 Y 的并集 [见图 10-2（b）]，记作
$$Z = X \bigcup Y$$

例如，已有集合
$$X = \{1, 3, 7, 8, 9\}$$

$$Y = \{2,3,4,7,8\}$$

则

$$Z = X \bigcup Y = \{1,2,3,4,7,8,9\}$$

3. 集合补

在论域（集合）Z 上有集合（子集）X，则 X 的补集 $\overline{X}$ 为

$$\overline{X} = \{x \mid x \notin X\}$$

把补集 $\overline{X}$ 也称为子集 X 与集合 Z 的差集［见图 10-1（c）］，记为

$$\overline{X} = Z - X$$

例如，已知集合

$$Z = \{1,2,3,4,5,6,7,8,9\}$$

子集

$$X = \{2,3,4,7,8\}$$

则，X 的补集为

$$\overline{X} = Z - X = \{1,5,6,9\}$$

4. 集合的直积

设有两个集合：

$$A = \{a_1, a_2, \cdots, a_{n-1}, a_n\}$$
$$B = \{b_1, b_2, \cdots, b_{m-1}, b_m\}$$

其中，n 和 m 分别为 A 和 B 中元素的个数。定义 A 和 B 的直积为

$$A \times B = \{(a_i, b_j) \mid a_i \in A, b_j \in B, i = 1, 2, \cdots, n, j = 1, 2, \cdots, m\}$$

具体算法是，在集合 A 中取一元素 a_i，再在集合 B 中取一元素 b_j，把它们搭配起来就构成了一个序偶 (a_i, b_j)，该序偶表达了元素 a_i 和 b_j 的关系，如果 a_i 和 b_j 有关，则 $(a_i, b_j) = 1$，否则 $(a_i, b_j) = 0$。所有的序偶 $(a_{i=1,\cdots,n}, b_{j=1,\cdots,m})$ 又构成一个集合，该集合即为 A 和 B 的直积 $A \times B$。把直积也称为笛卡尔积、叉积。

例如，有甲、乙、丙 3 名学生参加 4 门课程（高等数学、大学物理、英语、计算机基础）的期末考试，考试成绩（100 分制）见表 10-1。

表 10-1　　　　　　　　　　　　　学生期末考试成绩单

成绩　课程 学生	高等数学	大学物理	英语	计算机基础
甲	92	95	82	97
乙	64	67	90	80
丙	85	81	76	88

如果规定 90 分以上为优，那么，学生与课程之间的关系可以用集合 A 和 B 的直积 $A \times B$ 来表示，即

$$A = \{甲, 乙, 丙\} = \{a_1, a_2, a_3\}$$
$$B = \{高等数学, 大学物理, 英语, 计算机基础\} = \{b_1, b_2, b_3, b_4\}$$
$$A \times B = \{(a_1, b_1), (a_1, b_2), (a_1, b_3), (a_1, b_4),$$

$(a_2,b_1),(a_2,b_2),(a_2,b_3),(a_2,b_4),(a_3,b_1),(a_3,b_2),(a_3,b_3),(a_3,b_4)\}=\{1,1,0,1,0,0,1,0,0,0,0,0\}$

由于序偶的顺序是不能改变的,因此一般来说,$(a,b)\neq(b,a)$,故一般 $A\times B\neq B\times A$。

设两个集合分别为 $A=\{2,3,4\}$,$B=\{4,5,6\}$,则有

$$A\times B=\{(2,4),(2,5),(2,6),(3,4),(3,5),(3,6),(4,4),(4,5),(4,6)\}$$

而

$$B\times A=\{(4,2),(4,3),(4,4),(5,2),(5,3),(5,4),(6,2),(6,3),(6,4)\}$$

由此可见 $A\times B\neq B\times A$。

两个集合的直积可以推广到多个集合上去,设 $A_1,A_2,\cdots,A_n$ 是 n 个集合,$a_1,a_2,\cdots,a_n$ 分别是每个集合中的所有元素,则

$$A_1\times A_2\times\cdots\times A_n=\{(a_1,a_2,\cdots,a_n)\mid a_1\in A_1,a_2\in A_2,\cdots,a_n\in A_n\}$$

现在,再来讨论模糊集合。

模糊集合与普通集合一样,都是由一些元素组成,这些元素同样具有某种属性且彼此间可以区别。所不同的是模糊集合中的元素是用模糊语言值来描述的。同样用大写字母 $\underset{\sim}{A},\underset{\sim}{B},\underset{\sim}{C},\cdots,\underset{\sim}{X},\underset{\sim}{Y},\underset{\sim}{Z}$ 等表示模糊集合。

例如,如果用 3 个模糊语言值来描述洗澡水的温度:低、合适、高,并分别用字母表示为 NS、ZO、PS,那么由此组成的描述温度值的模糊集合为

$$\underset{\sim}{T}=\{NS,ZO,PS\}$$

其中,"NS"大约是多少度,"ZO"大约是多少度,"PS"大约是多少度。同样,如果定义把给水调节阀拨向冷水侧为"关",拨向热水侧为"开",否则为"不动",并分别用字母表示为 NS、PS、ZO,由此组成描述调节阀动作的模糊集合为

$$\underset{\sim}{F}=\{NS,ZO,PS\}$$

那么,如果模糊变量 $\underset{\sim}{T}$ 取模糊集合中的某一模糊值时,为了把水温调节到希望的温度,大脑会判断出把给水调节阀应该拨向冷、热水的哪一边,且能给出具体所拨的角度,即大脑会判断出模糊变量 $\underset{\sim}{F}$ 的取值。但是,如果让计算机来完成人的这项模糊控制工作,必须告诉它模糊语言值 NS、ZO、PS 的具体取值,或者具体取值范围。例如,"在哪个范围内温度是 NS(如低于 39℃)""在哪个范围内温度是 PS(如高于 41℃)""在 39～41℃ 之间是 ZO""阀门从当前的位置拨向冷水侧多少角度为 NS(如至少 5°,并写成 $-5°$)""拨向热水侧多少角度为 PS(如至少 5°)","阀门在 $-5°～5°$ 之间的动作为 ZO"。可以用图 10-3 来描述这种模糊关系。

上述这种描述存在着某些缺陷。例如,当温度等于 39℃ 和 41℃ 时,不能确定模糊语言值等于什么。此外,当温度不等于 39℃ 或 41℃ 时,虽然能确定模糊语言值是什么,但是没能表达出离 39℃ 和 41℃ 两个温度点的远和近。例如,水温等于 38℃ 和 20℃ 时,可以确定它们的模糊语言值都是"NS",但是"NS"的程度有很大的不同,人脑可以根据不同的"NS"做出不同的调节阀门指令,而计算机分辨不出来这两个"NS"是不同的,所以下达的调节指令是相同的。同理,如果确定了阀门操作指令是"PS",人脑会根据水温低的程度进行适当的阀门"PS"操作。但是,当计算机接收到"PS"指令后,它不会根据水

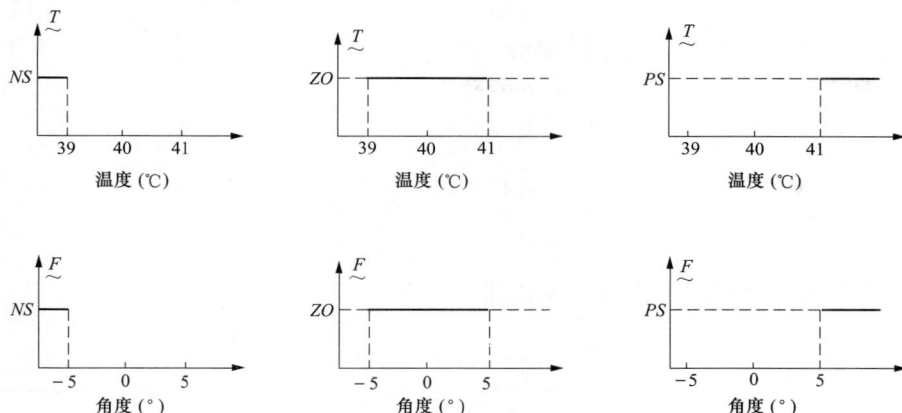

图 10-3 确切量与模糊语言值之间的函数关系曲线

温低的程度进行适当的阀门"PS"操作,它只会按固定的开度进行操作。这样,计算机就不会达到模拟人脑思维的控制效果。

为了区分确切量等于"NS""ZO"或"PS"的程度,可以用隶属程度(简称隶属度)来衡量某确切量隶属某一模糊语言值的程度。显然,隶属度的最大值为1。一般用 $\mu_a(x)$ 来表示隶属度,其中 a 表示模糊集合中的某一元素(某一模糊语言值,本例中是 NS、ZO 或 PS),x 表示确切量。并把 $\mu_a(x)$ 称为隶属函数,即确切量 x 与模糊语言值 a 之间的函数关系。

例如,当定义水温等于 39℃时为"NS",那么,$\mu_{NS}(x \leqslant 39)=1$。当水温从 39℃逐渐升高时,离模糊语言值"$NS$"越来越远,离"$PS$"越来越近,属于模糊语言值"$NS$"的可能性越来越小,当水温升至 41℃时,可以认为属于模糊语言值"NS"的可能性为零。因此,属于"NS"的隶属函数为

$$\mu_{NS}(x \leqslant 39)=1$$

$$\mu_{NS}(39 < x \leqslant 41)=1-\frac{1}{41-39}(x-39)$$

$$\mu_{NS}(x > 41)=0$$

同理,如果定义水温等于 40℃时为"ZO",那么,当水温从 40℃逐渐升高时,离模糊语言值"ZO"越来越远,属于模糊语言值"ZO"的可能性越来越小,当水温升至 41℃时,可以认为属于模糊语言值"ZO"的可能性为零。而当水温从 40℃逐渐降低时,离模糊语言值"ZO"也越来越远,属于模糊语言值"ZO"的可能性越来越小,当水温降至 39℃时,可以认为属于模糊语言值"ZO"的可能性为零。因此,属于"ZO"的隶属函数为

$$\mu_{ZO}(39 < x \leqslant 40)=1+\frac{1}{40-39}(x-40)$$

$$\mu_{ZO}(40 < x \leqslant 41)=1-\frac{1}{41-40}(x-40)$$

$$\mu_{ZO}(x < 39, x > 41)=0$$

同理,如果定义水温等于 41℃时为"PS",那么,$\mu_{PS}(x \geqslant 41)=1$。当水温从 41℃逐

渐降低时，离模糊语言值"PS"越来越远，属于模糊语言值"PS"的可能性越来越小，当水温降至40℃时，可以认为属于模糊语言值"PS"的可能性为零。因此，属于"PS"的隶属函数为

$$\mu_{PS}(x \geqslant 41) = 1$$

$$\mu_{PS}(40 < x \leqslant 41) = 1 + \frac{1}{41-40}(x-41)$$

$$\mu_{PS}(x \leqslant 40) = 0$$

上述三个隶属函数可以用图 10-4 来描述。

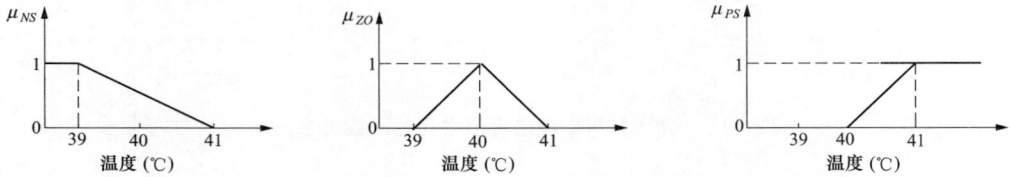

图 10-4　确切量与模糊语言值隶属度之间的函数关系曲线

为了简便起见，可以把与模糊集合中所有模糊语言值对应的隶属函数曲线画在同一个坐标系里，组成隶属函数曲线族。用一个坐标系表达的上述三条隶属函数曲线如图 10-5 所示。

当用隶属函数集合描述一个确切量时，就不再是一个确切量对应一个模糊语言值，而是一个确切量对应着模糊集合中每个语言值的隶属度，由此形成的模糊集合为

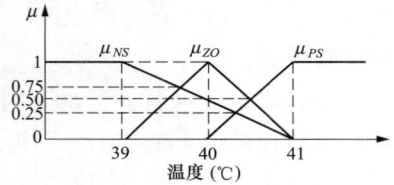

图 10-5　隶属函数曲线族

$$\underset{\sim}{A}(x) = \left\{ \frac{\mu_{\underset{\sim}{a_1}}}{\underset{\sim}{a_1}}, \frac{\mu_{\underset{\sim}{a_2}}}{\underset{\sim}{a_2}}, \cdots, \frac{\mu_{\underset{\sim}{a_n}}}{\underset{\sim}{a_n}} \right\} \qquad (10\text{-}1)$$

式中　　$\underset{\sim}{A}(x)$ ——确切量 x 对应的模糊集合；

$\underset{\sim}{a_1}, \underset{\sim}{a_2}, \cdots, \underset{\sim}{a_n}$ ——模糊集合 A 中的 n 个元素（模糊语言值）；

$\mu_{\underset{\sim}{a_1}}, \mu_{\underset{\sim}{a_2}}, \cdots, \mu_{\underset{\sim}{a_n}}$ ——各元素对应的隶属度。

$\dfrac{\mu_{\underset{\sim}{a_1}}}{\underset{\sim}{a_1}}, \dfrac{\mu_{\underset{\sim}{a_2}}}{\underset{\sim}{a_2}}, \cdots, \dfrac{\mu_{\underset{\sim}{a_n}}}{\underset{\sim}{a_n}}$ 不代表"分数"，而是表示模糊集合中的各元素与隶属度之间的对应关系。

为了书写方便，通常把式（10-1）书写成式（10-2）所示的形式

$$\underset{\sim}{A}(x) = (\mu_{\underset{\sim}{a_1}}, \mu_{\underset{\sim}{a_2}}, \cdots, \mu_{\underset{\sim}{a_n}}) \qquad (10\text{-}2)$$

为了与由模糊语言值组成的模糊集合

$$\underset{\sim}{A} = \{a_1, a_2, \cdots, a_n\} \qquad (10\text{-}3)$$

有所区别，在式（10-2）中，用圆括号（）把集合中的隶属度括起来，而在式（10-3）中，用尖括号 {} 把集合中的模糊语言值括起来。

有了隶属度表达模糊集合后，一个模糊变量总是用式（10-2）来描述。

例如，如果用模糊集合 $\underset{\sim}{T} = \{NS, ZO, PS\}$ 来描述水温，并按图 10-5 来设计隶属函数，则当水温 $t = 40.5℃$ 时，从图 10-5 中容易看出，模糊变量取值为

$$\underset{\sim}{T}(40.5) = \{0.25, 0.5, 0.5\}$$

该式表明，当水温为 $40.5℃$ 时，属于 NS 的可能性为 25%，属于 ZO 的可能性为 50%，属于 PS 的可能性也为 50%。同理，当水温 $t=39.5℃$ 时，从图 10-5 中可以看出，模糊变量取值为

$$\underset{\sim}{T}(39.5) = \{0.75, 0.5, 0\}$$

该式表明，当水温为 $39.5℃$ 时，属于 NS 的可能性为 75%，属于 ZO 的可能性为 50%，属于 PS 的可能性为 0。

通过上述分析可以看出，模糊集合完全由它的隶属函数刻画。隶属函数是模糊数学的最基本概念，借助于它才能对模糊集合进行量化。正确地建立隶属函数，是使模糊集合能够恰当地表达模糊概念的关键，是利用精确的数学方法去分析处理模糊信息的基础。

隶属函数的确立过程，本质上说应该是客观的。但是，每个人对于同一个模糊概念的认识理解又有差异，因此隶属函数的确定又带有主观性。

对于同一个模糊概念，不同的人会建立不完全相同的隶属函数，尽管形式不完全相同，只要能反映同一模糊概念，在解决和处理含有模糊信息的实际问题中仍然殊途同归。

事实上，也不可能存在对任何问题和任何人都适用的确定隶属函数的统一方法，因为模糊集合实质上是依赖于主观来描述客观事物概念外延的模糊性。可以设想，如果有对每个人都适用的确定隶属函数的方法，那么所谓的"模糊性"也就根本不存在了。

总体来说，建立隶属函数受人为因素的影响较大，尽管现在已有多种确定隶属函数的方法，例如，模糊统计法、二元对比排序法、例证法、专家经验法[6]、[72]~[75]等，但是最主要的也是普遍认可的是专家经验法，一般是根据专家的实际经验，加上必要的数学处理而得到隶属函数。在许多情况下，经常是初步确定粗略的隶属函数，然后再通过"学习"和实践检验逐步修改和完善，而实际效果才是检验和调整隶属函数的依据。

无论怎样，隶属函数的正确选择将有助于问题的解决，现给出三条必须遵守的原则：

(1) 表示隶属函数的模糊集合必须是凸模糊集合。一般来说，在一定范围内或一定条件下，所用语言的语义分析中的模糊概念的隶属度具有相当的稳定性，所以根据专家经验确定的隶属函数就有一定的可信度，尤其是最大隶属度中心点或区域的确定。然而从最大向两边模糊延伸点的隶属度就可能差别较大，它们的确定可以根据实际情况的不同以及人们经验的不同而不同。以温度为例，要确定"舒适"温度的隶属函数，某人可以根据他自身经验表示为

$$\underset{\sim}{T}(\text{"舒适"}) = \{\frac{0.25}{0}, \frac{0.5}{10}, \frac{1.0}{20}, \frac{0.5}{30}, \frac{0.25}{40}\}$$

其中 $30℃$ 的隶属度可能确定为 0.5，当然你也可以将其隶属度确定为 0.4，甚至可能是 0.6。从连接各点后经过平滑处理的特征曲线来看（见图 10-6），隶属度变化越大，该曲线就变得陡峭；变化越小，曲线就平坦。从控制角度看，曲线越平坦，其响应灵敏度和分辨率就越低，但控制平滑性

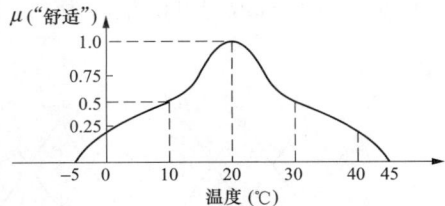

图 10-6 模糊语言值为"舒适"
的隶属函数曲线

越好；反之亦然。所以，这是一种"大处确定，小处含糊"的处理策略。尽管小处可以含糊，但是还必须遵守一条原则，那就是由最大隶属度区域向两边延伸，其隶属度只能单调递减，而不允许呈波浪形。这实际上是很好理解的，比如把 30℃ 的隶属度定为 0.5，而把 40℃ 的隶属度定为 0.6，那就是说，认为 20℃ 左右是"舒适"温度的情况下，又认为 40℃ 比 30℃ 更接近于"舒适"温度，这显然是不合逻辑的。形象地说，这就要求所确定的隶属函数必须呈单峰（凸）形，用数学语言说，就是要求是凸模糊集合。在实际应用中为了简化计算，常把隶属函数设定成三角形或梯形（见图 10-4），这既简单又能满足凸模糊集合的要求。

（2）模糊语言值应该左右对称。除了隶属函数能影响模糊概念表达得是否确切外，模糊语言值的数量也能对模糊概念表达得精细程度产生影响。一般情况下，设计的模糊语言值越多，论域中的隶属函数的密度就越大，模糊控制系统的分辨率就越高，其相应的控制结果就越平缓。反之则出现相反的效果，甚至有时候会使控制系统在希望值附近震荡。实践表明，模糊语言值应该取奇数个，而且在"零"或"正常"两边模糊语言值的数量和相应的隶属函数都应该对称。这就是说，如果设计了模糊变量"温度"的模糊区域"低"，那么一般就有相应的模糊区域"高"与之对应，而且在相应区域中的隶属度也应相等（对称）。这才符合人的正常思维。

例如，可以用 7 个模糊语言值组成的模糊集合
$$T = \{太低，中度低，较低，合适，较高，中度高，太高\}$$
来描述洗澡水的温度，并用字母表示为
$$T = \{NB, NM, NS, ZO, PS, PM, PB\}$$
这显然要比用 3 个模糊语言值描述得更精细。显而易见，当模糊语言值个数为无穷时，又回到了确切量描述。

确切量论域及最大隶属度中心点（"ZO"）的选择更是一个工程问题，它取决于个人的思想及实际工程的需要。例如，对于洗澡水温的调解问题，不同的人会选择不同的水温论域和中心点：甲某可能选择 40℃ 为"合适"的温度，可调解的温度在 34～46℃ 之间，则"ZO"的最大隶属度点发生在 40℃ 上，且水温的论域为 $T \in [34, 46]$；但是，乙某可能选择 42℃ 为"合适"的温度，且可调解的温度在 39～45℃ 之间，则"ZO"的最大隶属度点发生在 42℃ 上，且水温的论域为 $t \in [39, 45]$。

为了满足对称及凸集的要求，通常选择三角形或正态分布函数作为隶属函数。正态分布函数为
$$F(x) = e^{-(\frac{x-a}{\sigma})^2}$$
例如，如果选取温度的论域为 $t \in [34, 46]$，最大隶属度点在 40℃ 上，模糊语言值集合为
$$T = \{NB, NM, NS, ZO, PS, PM, PB\}$$
则有，按三角形构成的隶属函数曲线族如图 10-7 所示，按正态分布函数（取 $\sigma = 2$）构成的隶属函数曲线族如图 10-8 所示。

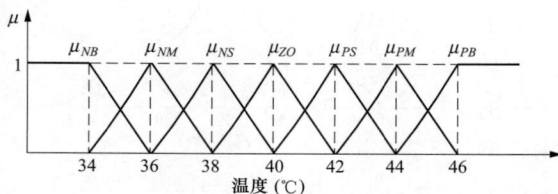

图 10-7　由三角形构成的隶属函数曲线族

（3）隶属函数要遵循语义顺序和避免不恰当的重叠。在相同论域上，使用具有语义顺序关系的若干语言值的模糊集合，其排列一定要遵循语意顺序，不能违背常识。例如，把温度"中度高"和"太高"的位置对调一下就不合适了。同时由中心点向两边延伸的范围也有限制，间隔着的两个隶属函数曲线不能相交重叠得太多（见图10-9），这会与人的感觉产生矛盾。例如，如果温度为41℃时，属于"ZO"的隶属度 n 为 0.8，而属于"PM"的隶属度也等于 0.8，那么属于"PS"的隶属度就无法确定了。

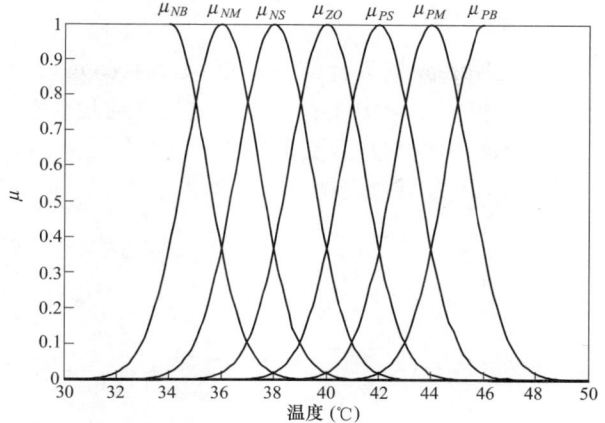

图 10-8　由正态分布函数构成的隶属函数曲线族

通过上面的论述可以看到，一个模糊控制系统设计得好坏，完全取决于专家对实际控制工程系统了解的程度，在实验室里建立不起来适合工程实际的模糊控制系统。因此可以说，模糊控制在实际工程中只是有成功应用的案例，并不能像 PID 控制律那样普遍使用。

10.2.3　模糊集合运算

对于模糊集合，元素是隶属度，它与集合之间不存在属于或不属于的明确关系，但是模糊集合之间与经典集合论一样有交、并、补、直积的运算。下面分别给予介绍。

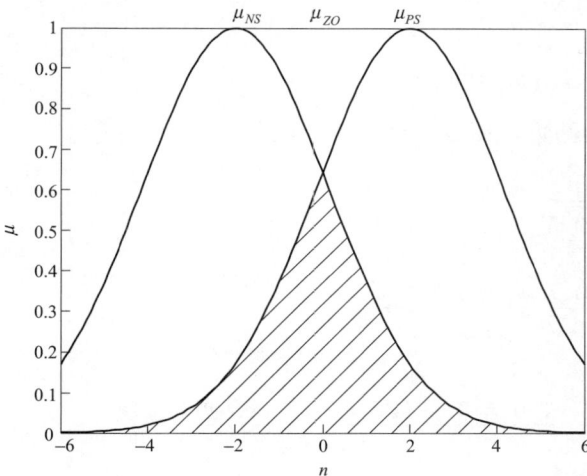

图 10-9　间隔着的两个隶属函数曲线相交重叠得较多的情况

1. 模糊集合交

在普通集合中，集合交的定义是，在两个集合中有相同元素的那部分称为交集。而在模糊集合中，元素是用 $\left\{\dfrac{隶属度}{模糊语言值}\right\}$ 来描述的，因此，如果两个模糊集合中的模糊语言值的语义不同或不完全相同，那么按普通集合的定义也就不存在模糊交集。而在现实生活中，往往需要模糊集合的交运算。例如，有 A、B 两个气象台预报某地明天是否下雨，A 台预报明天下雨的概率是 0.8，而 B 台预报明天下雨的概率是 0.7，分别用两个模糊集合表示为

$$A = \left\{\frac{0.8}{下雨}\right\} \quad B = \left\{\frac{0.7}{下雨}\right\}$$

那么，这两个气象台达成共识的部分（交集）仅能是概率最小者才符合常理，即明天下雨的概率是 0.7，因此，A,B 的交运算应该为

$$C = \left\{ \frac{\min(0.8, 0.7)}{\text{下雨}} \right\} = \left\{ \frac{0.7}{\text{下雨}} \right\}$$

由此说明，模糊集合的运算必须发生在元素个数相等、模糊语言值语义相同（论域相同）的两个模糊集合中才有意义。这与普通集合有着极大的区别。

下面先给出模糊集合交的定义：

设 $\underset{\sim}{A}$ 和 $\underset{\sim}{B}$ 为两个模糊集合，即

$$\underset{\sim}{A}(x) = \left\{ \frac{\mu_{a_1}}{\underset{\sim}{a_1}}, \frac{\mu_{a_2}}{\underset{\sim}{a_2}}, \cdots, \frac{\mu_{a_n}}{\underset{\sim}{a_n}} \right\}$$

$$\underset{\sim}{B}(x) = \left\{ \frac{\mu_{b_1}}{\underset{\sim}{b_1}}, \frac{\mu_{b_2}}{\underset{\sim}{b_2}}, \cdots, \frac{\mu_{b_n}}{\underset{\sim}{b_n}} \right\}$$

式中　　　　　$\underset{\sim}{a_1}, \underset{\sim}{a_2}, \cdots, \underset{\sim}{a_n}$ ——模糊集合 $\underset{\sim}{A}$ 中的 n 个模糊语言值；

$\underset{\sim}{b_1}, \underset{\sim}{b_2}, \cdots, \underset{\sim}{b_n}$ ——模糊集合 $\underset{\sim}{B}$ 中的 n 个模糊语言值，且 $\underset{\sim}{a_i}$ 与 $\underset{\sim}{b_i}$ 语义相同；

$\mu_{a_1}, \mu_{a_2}, \cdots, \mu_{a_n}; \mu_{b_1}, \mu_{b_2}, \cdots, \mu_{b_n}$ ——各模糊语言值对应的隶属度。

则其交集 $\underset{\sim}{C}$ 定义为

$$\underset{\sim}{C}(x) = \left\{ \frac{\min[\mu_{a_1}, \mu_{b_2}]}{\underset{\sim}{a_1}}, \frac{\min[\mu_{a_2}, \mu_{b_2}]}{\underset{\sim}{a_2}}, \cdots, \frac{\min[\mu_{a_n}, \mu_{b_n}]}{\underset{\sim}{a_n}} \right\} \tag{10-4}$$

即两个模糊集合交集的隶属度取两个模糊集合中相同模糊语言值对应的两个隶属度的较小的数，可表示为

$$\mu_{\underset{\sim}{C}}(x) = \left\{ \mu_{a_1} \wedge \mu_{b_1}, \mu_{a_2} \wedge \mu_{b_2}, \cdots, \mu_{a_n} \wedge \mu_{b_n} \right\} \tag{10-5}$$

或用集合表示为

$$\underset{\sim}{C} = \underset{\sim}{A} \bigcap \underset{\sim}{B}$$

从定义中不难看出，如果 $\underset{\sim}{A}$ 和 $\underset{\sim}{B}$ 都为凸集，那么交集 $\underset{\sim}{C}$ 也为凸集。

例如，有两个模糊集合 $\underset{\sim}{A}$ 和 $\underset{\sim}{B}$ 分别为

$$\underset{\sim}{A} = \left\{ \frac{0.3}{x_1}, \frac{0.5}{x_2}, \frac{1.0}{x_3}, \frac{0.5}{x_4}, \frac{0.3}{x_5} \right\}$$

$$\underset{\sim}{B} = \left\{ \frac{0.4}{x_1}, \frac{0.7}{x_2}, \frac{0.9}{x_3}, \frac{0.7}{x_4}, \frac{0.4}{x_5} \right\}$$

则 $\underset{\sim}{A}$ 和 $\underset{\sim}{B}$ 的交运算为

$$\underset{\sim}{C} = \underset{\sim}{A} \bigcap \underset{\sim}{B} = \left\{ \frac{0.3 \wedge 0.4}{x_1}, \frac{0.5 \wedge 0.7}{x_2}, \frac{1.0 \wedge 0.9}{x_3}, \frac{0.5 \wedge 0.7}{x_4}, \frac{0.3 \wedge 0.4}{x_5} \right\}$$

$$= \left\{ \frac{0.3}{x_1}, \frac{0.5}{x_2}, \frac{0.9}{x_3}, \frac{0.5}{x_4}, \frac{0.3}{x_5} \right\}$$

2. 模糊集合并

同理，模仿模糊集合交的运算，可以给出模糊集合并的定义：

设 $\underset{\sim}{A}$ 和 $\underset{\sim}{B}$ 为两个模糊集合，其并集 $\underset{\sim}{C}$ 定义为

$$\underset{\sim}{C}(x) = \left\{ \frac{\max[\mu_{a_1}, \mu_{b_2}]}{\underset{\sim}{a_1}}, \frac{\max[\mu_{a_2}, \mu_{b_2}]}{\underset{\sim}{a_2}}, \cdots, \frac{\max[\mu_{a_n}, \mu_{b_n}]}{\underset{\sim}{a_n}} \right\} \tag{10-6}$$

即两个模糊集合并集的隶属度取两个模糊集合中相同模糊语言值对应的两个隶属度的较大的数，可表示为

$$\mu_{\underset{\sim}{C}}(x) = \{ \mu_{\underset{\sim}{a_1}} \lor \mu_{\underset{\sim}{b_1}}, \mu_{\underset{\sim}{a_2}} \lor \mu_{\underset{\sim}{b_2}}, \cdots, \mu_{\underset{\sim}{a_n}} \lor \mu_{\underset{\sim}{b_n}} \} \qquad (10\text{-}7)$$

或用集合表示为

$$\underset{\sim}{C} = \underset{\sim}{A} \bigcup \underset{\sim}{B}$$

例如，对于

$$\underset{\sim}{A} = \{ \frac{0.3}{x_1}, \frac{0.5}{x_2}, \frac{1.0}{x_3}, \frac{0.5}{x_4}, \frac{0.3}{x_5} \}$$

$$\underset{\sim}{B} = \{ \frac{0.4}{x_1}, \frac{0.7}{x_2}, \frac{0.9}{x_3}, \frac{0.7}{x_4}, \frac{0.4}{x_5} \}$$

并运算为

$$\underset{\sim}{C} = \underset{\sim}{A} \bigcup \underset{\sim}{B} = \left\{ \frac{0.3 \lor 0.4}{x_1}, \frac{0.5 \lor 0.7}{x_2}, \frac{1.0 \lor 0.9}{x_3}, \frac{0.5 \lor 0.7}{x_4}, \frac{0.3 \lor 0.4}{x_5} \right\}$$

$$= \left\{ \frac{0.4}{x_1}, \frac{0.7}{x_2}, \frac{1.0}{x_3}, \frac{0.7}{x_4}, \frac{0.4}{x_5} \right\}$$

3. 模糊集合补

普通集合 A 的补集是全集（论域 U）中除了 A 以外的元素组成的集合。那么，模糊集合 $\underset{\sim}{A}$ 的补集各隶属度 $\mu_{\underset{\sim}{\overline{a_i}}}$ 应该等于不属于相应模糊语言值的程度，由于某一确切量"属于"和"不属于"某一模糊语言值的隶属度之和总为 1，所以，定义模糊集合 $\underset{\sim}{A}$ 的补集 $\underset{\sim}{\overline{A}}$ 为

$$\underset{\sim}{\overline{A}}(x) = \left\{ \frac{1 - \mu_{\underset{\sim}{a_1}}}{\underset{\sim}{a_1}}, \frac{1 - \mu_{\underset{\sim}{a_2}}}{\underset{\sim}{a_2}}, \cdots, \frac{1 - \mu_{\underset{\sim}{a_n}}}{\underset{\sim}{a_n}} \right\} \qquad (10\text{-}8)$$

例如，如果

$$\underset{\sim}{A} = \{ \frac{0.3}{x_1}, \frac{0.5}{x_2}, \frac{1.0}{x_3}, \frac{0.5}{x_4}, \frac{0.3}{x_5} \}$$

则其补集为

$$\underset{\sim}{\overline{A}} = \left\{ \frac{1 - 0.3}{x_1}, \frac{1 - 0.5}{x_2}, \frac{1 - 1.0}{x_3}, \frac{1 - 0.5}{x_4}, \frac{1 - 0.3}{x_5} \right\}$$

$$= \left\{ \frac{0.7}{x_1}, \frac{0.5}{x_2}, \frac{0.0}{x_3}, \frac{0.5}{x_4}, \frac{0.7}{x_5} \right\}$$

从这个运算结果可以看出，$\underset{\sim}{A}$ 是凸集，它的补集 $\underset{\sim}{\overline{A}}$ 为凹集，这符合"补"的含义。

4. 模糊集合的直积

设有两个用模糊语言值组成的模糊集合 $\underset{\sim}{A}$ 和 $\underset{\sim}{B}$，定义 $\underset{\sim}{A}$ 和 $\underset{\sim}{B}$ 的直积为

$$\underset{\sim}{A} \times \underset{\sim}{B} = \left[\mu(a_i, b_j) \mid a_i \in \underset{\sim}{A}, b_j \in \underset{\sim}{B}, i = 1, 2, \cdots, n, j = 1, 2, \cdots, m \right] \qquad (10\text{-}9)$$

式中　n，m——$\underset{\sim}{A}$ 和 $\underset{\sim}{B}$ 中的元素个数；

$\mu(a_i, b_j)$——元素 a_i 隶属于 b_j 的程度，可记为 $\mu_{\underset{\sim}{b_j}}(a_i)$。

具体算法与普通集合相同。

例如，仍考虑表 10-1 所示的学生期末考试成绩单，把表 10-1 中的每项成绩都除以 100

分后作为隶属函数值，即可得到模糊成绩表 10-2。

表 10-2　　　　　　　　　　　学生期末考试模糊成绩单

成绩　课程 学生	高等数学	大学物理	英语	计算机基础
甲	0.92	0.95	0.82	0.97
乙	0.64	0.67	0.90	0.89
丙	0.85	0.81	0.76	0.88

如果用模糊集合 $\underset{\sim}{A}$ 和 $\underset{\sim}{B}$ 的直积来表达学生与课程之间的关系，则可以得到

$$\underset{\sim}{A} \times \underset{\sim}{B} = \big[(a_1,b_1),(a_1,b_2),(a_1,b_3),(a_1,b_4),$$
$$(a_2,b_1),(a_2,b_2),(a_2,b_3),(a_2,b_4),$$
$$(a_3,b_1),(a_3,b_2),(a_3,b_3),(a_3,b_4)\big]$$
$$= [0.92,0.95,0.82,0.97,0.64,0.67,0.90,0.89,0.85,0.81,0.76,0.88]$$

10.2.4　模糊集合运算的基本性质

在论域 U 上，有模糊集合 $\underset{\sim}{A}$、$\underset{\sim}{B}$ 和 $\underset{\sim}{C}$，根据上述模糊集合运算的定义，能很容易证明出以下的模糊集合运算的性质：

（1）幂等律：$\underset{\sim}{A} \cup \underset{\sim}{A} = \underset{\sim}{A}$　　　　　$\underset{\sim}{A} \cap \underset{\sim}{A} = \underset{\sim}{A}$

（2）交换律：$\underset{\sim}{A} \cup \underset{\sim}{B} = \underset{\sim}{B} \cup \underset{\sim}{A}$　　　　　$\underset{\sim}{A} \cap \underset{\sim}{B} = \underset{\sim}{B} \cap \underset{\sim}{A}$

（3）结合律：$(\underset{\sim}{A} \cup \underset{\sim}{B}) \cup \underset{\sim}{C} = \underset{\sim}{A} \cup (\underset{\sim}{B} \cup \underset{\sim}{C})$　　　$(\underset{\sim}{A} \cap \underset{\sim}{B}) \cap \underset{\sim}{C} = \underset{\sim}{A} \cap (\underset{\sim}{B} \cap \underset{\sim}{C})$

（4）分配律：$\underset{\sim}{A} \cap (\underset{\sim}{B} \cup \underset{\sim}{C}) = (\underset{\sim}{A} \cap \underset{\sim}{B}) \cup (\underset{\sim}{A} \cap \underset{\sim}{C})$　　$\underset{\sim}{A} \cup (\underset{\sim}{B} \cap \underset{\sim}{C}) = (\underset{\sim}{A} \cup \underset{\sim}{B}) \cap (\underset{\sim}{A} \cup \underset{\sim}{C})$

（5）吸收律：$\underset{\sim}{A} \cap (\underset{\sim}{A} \cup \underset{\sim}{B}) = \underset{\sim}{A}$　　　　　$\underset{\sim}{A} \cup (\underset{\sim}{A} \cap \underset{\sim}{B}) = \underset{\sim}{A}$

（6）同一律：$\underset{\sim}{A} \cup U = U$　　$\underset{\sim}{A} \cap U = \underset{\sim}{A}$

（两极律）　$\underset{\sim}{A} \cup \underset{\sim}{\varnothing} = \underset{\sim}{A}$　　　$\underset{\sim}{A} \cap \underset{\sim}{\varnothing} = \underset{\sim}{\varnothing}$

（7）复原律：$\overline{\overline{\underset{\sim}{A}}} = \underset{\sim}{A}$

（8）传递率：若 $\underset{\sim}{A} \subseteq \underset{\sim}{B}$，$\underset{\sim}{B} \subseteq \underset{\sim}{C}$，则 $\underset{\sim}{A} \subseteq \underset{\sim}{C}$

（9）摩根律：$\overline{\underset{\sim}{A} \cup \underset{\sim}{B}} = \overline{\underset{\sim}{A}} \cap \overline{\underset{\sim}{B}}$　　　$\overline{\underset{\sim}{A} \cap \underset{\sim}{B}} = \overline{\underset{\sim}{A}} \cup \overline{\underset{\sim}{B}}$

10.2.5　模糊关系及其运算

关系是客观世界存在的普遍现象，它描述了事物之间存在的某种联系。

比如，人与人之间存在父子、师生、同事等关系；两个数字之间存在大于、等于或小于关系；元素与集合之间存在属于或不属于关系。

普通的关系只表示元素之间是否关联。但是，客观世界存在的很多关系是很难用"有"或"没有"这样简单的术语来划分的。

比如，父与子之间的相像关系就很难用像或不像来完整的描述，而只能说他们相像的

程度。

上述关系可以用模糊关系来描述。模糊关系是普通关系的拓广和发展，比普通关系的含义更丰富、更符合客观实际，因而其应用也更为广泛。

模糊关系在模糊集合论中占有重要的地位，而当论域为有限时，可以用模糊矩阵来表示模糊关系。模糊矩阵可以看作普通关系矩阵的推广。

1. 普通关系的数学描述

普通关系是用数学方法来描述普通集合中的元素之间有无关联。

例如，有普通集合 A 和 B：

$$A = \{a_1, a_2, a_3\}$$
$$B = \{b_1, b_2, b_3\}$$

代表 A 和 B 两队各有 3 名队员参加象棋比赛。若 A 队中的队员 a_1 与 B 队中的队员 b_2, b_3 对弈，a_2 与 b_1, b_3 对弈，a_3 与 b_2 对弈。如果用字母 R_1 表示两个队的队员之间的对弈关系，则有用序偶表示对弈关系的集合

$$R_1 = \left[(a_1, b_2), (a_1, b_3), (a_2, b_1), (a_2, b_3), (a_3, b_2)\right]$$

由此式可以看出，R_1 是直积 $A \times B$ 的子集。

如果用直积 $A \times B$ 的全集表达两个队的队员之间的对弈关系，且用 1 表示两个队员之间有对弈，用 0 表示两个队员之间无对弈，则有

$$R_2 = \begin{bmatrix} (a_1, b_1) & (a_1, b_2) & (a_1, b_3) \\ (a_2, b_1) & (a_2, b_2) & (a_2, b_3) \\ (a_3, b_1) & (a_3, b_2) & (a_3, b_3) \end{bmatrix} = \begin{bmatrix} 0 & 1 & 1 \\ 1 & 0 & 1 \\ 0 & 1 & 0 \end{bmatrix}$$

把此时的 R_2 称为关系矩阵，并写成 $R_2 = [r_{ij}]$，其中，i 是集合 A 中元素的个数，j 是集合 B 中元素的个数。

2. 模糊关系的数学描述

在普通关系中，集合 A 和 B 中的元素，要么有关联，要么就无关联，因此可以简单地用序偶表示各元素之间的关系。但在模糊集合 $\underset{\sim}{A}$ 和 $\underset{\sim}{B}$ 中的元素是用 $\left\{\dfrac{\text{隶属度}}{\text{模糊语言值}}\right\}$ 来表达的，因此从理论上说，各元素之间都有关联，只是有的关联度为 0，那么就必须用直积 $\underset{\sim}{A} \times \underset{\sim}{B}$ 的全集来描述模糊集合之间的关系。

设有由模糊语言值组成的两个模糊集合

$$\underset{\sim}{A} = \{\underset{\sim}{a_1}, \underset{\sim}{a_2}, \cdots, \underset{\sim}{a_{n-1}}, \underset{\sim}{a_n}\}$$
$$\underset{\sim}{B} = \{\underset{\sim}{b_1}, \underset{\sim}{b_2}, \cdots, \underset{\sim}{b_{m-1}}, \underset{\sim}{b_m}\}$$

式中　　　　　　　　　　　n，m——$\underset{\sim}{A}$ 和 $\underset{\sim}{B}$ 的元素个数；

$\underset{\sim}{a_1}, \underset{\sim}{a_2}, \cdots, \underset{\sim}{a_{n-1}}, \underset{\sim}{a_n}$；$\underset{\sim}{b_1}, \underset{\sim}{b_2}, \cdots, \underset{\sim}{b_{m-1}}, \underset{\sim}{b_m}$——模糊集合中的各模糊语言值。

定义 $\underset{\sim}{A}$ 和 $\underset{\sim}{B}$ 的直积 $\underset{\sim}{R}$ 为两个模糊集合的模糊关系矩阵，简称模糊矩阵。即

$$\underset{\sim}{R} = \underset{\sim}{A} \times \underset{\sim}{B} = \left[\mu(a_i, b_j) \mid a_i \in \underset{\sim}{A}, b_j \in \underset{\sim}{B}, i = 1, 2, \cdots, n, j = 1, 2, \cdots, m\right] \quad (10\text{-}10)$$

式中　　$\mu(a_i, b_j)$ 表示元素 a_i 隶属于 b_j 的程度，可记为 $\mu_{b_j}(a_i)$，并称为从 $\underset{\sim}{A}$ 到 $\underset{\sim}{B}$ 的模糊关系。

由于这里涉及 $\underset{\sim}{A}$ 和 $\underset{\sim}{B}$ 的两个论域，因此称该模糊关系为二元模糊关系，其隶属函数是 2

个变量的函数。同理，若有 n 个集合的直积，即

$$R = A_1 \times A_2 \times \cdots \times A_n$$

则称为 n 元模糊关系，其隶属函数是 n 个变量的函数。

由模糊关系的定义可以看出，当序偶的隶属度只取 0 和 1 时，模糊关系就退化为普通关系。可见，模糊关系是普通关系的推广；普通关系是模糊关系的特例。

例如，设某地区人的身高用模糊集合 $X = \{140, 150, 160, 170, 180\}$（单位：cm）来表示，体重用模糊集合 $Y = \{40, 50, 60, 70, 80\}$（单位：kg）来表示。表 10-3 表达了身高与体重的关系，它是从 X 到 Y 的一个模糊关系 R，可以表示为

$$R = \left\{ \frac{1}{(140,40)}, \frac{0.8}{(140,50)}, \cdots, \frac{0.8}{(180,70)}, \frac{1}{(180,80)} \right\}$$

表 10-3   某地区人的身高与体重的模糊关系

R $\quad$ Y (kg) X (cm)	40	50	60	70	80
140	1	0.8	0.2	0.1	0
150	0.8	1	0.8	0.2	0.1
160	0.2	0.8	1	0.8	0.2
170	0.1	0.2	0.8	1	0.8
180	1	0.1	0.2	0.8	1

上面确定身高与体重模糊关系 R 的隶属函度确实带有相当大的主观性，但与普通关系相比却客观得多了。

从上可以看出，模糊关系指的是两个模糊集合中模糊语言值之间的模糊关系，而不是确切量与模糊语言值之间的模糊关系。

3. 模糊关系矩阵运算

模糊关系矩阵表达的是 A 中的模糊语言值与 B 中的模糊语言值之间的模糊关系。如果 B 中的模糊语言值又与 C 中的模糊语言值之间也有一种模糊关系，那么 A 与 C 中的模糊语言值之间肯定也有一种模糊关系。这就是所谓的"关系传递"。

例如，如果 A 和 B 是父子关系，B 和 C 是夫妻关系，则 A 和 C 就会形成一种新的关系，即公媳关系。

那么，模糊矩阵之间怎样运算才能形成各种所需的新型关系呢？

先看一个实际问题：

假如有 A、B 两个气象台预报某地明天是否下小雨、中雨、大雨，A 台上午 9 点给出的预报是：明天下小雨的概率是 0.6、中雨是 0.7、大雨是 0.9；下午 6 点给出的预报是：明天下小雨的概率是 0.5、中雨是 0.8、大雨是 0.6。而 B 台上午 9 点给出的预报是：明天下小雨的概率是 0.7、中雨是 0.9、大雨是 0.7；下午 6 点给出的预报是：明天下小雨的概率是 0.6、中雨是 0.9、大雨是 0.8。分别用表 10-4 和表 10-5 来表达 A、B 两个气象台两次预报结果与下雨概率之间的关系。

**表 10-4 A 气象台两次预报结果与下
雨概率之间的关系**

概率 雨量 预报时间	小雨	中雨	大雨
09：00	0.6	0.7	0.9
18：00	0.5	0.8	0.6

**表 10-5 B 气象台两次预报结果与下
雨概率之间的关系**

概率 雨量 预报时间	小雨	中雨	大雨
09：00	0.7	0.9	0.7
18：00	0.6	0.9	0.8

如果用模糊集合 $\underset{\sim}{T}$ 和 $\underset{\sim}{F}$ 分别表示预报时间及雨量，即

$$\underset{\sim}{T} = \{\text{“09：00”}, \text{“18：00”}\} \qquad \underset{\sim}{F} = \{\text{“小雨”}, \text{“中雨”}, \text{“大雨”}\}$$

用 $\underset{\sim}{A}$ 表示气象台 A 的模糊关系矩阵，用 $\underset{\sim}{B}$ 表示气象台 B 的模糊关系矩阵，则有

$$\underset{\sim}{A} = \begin{bmatrix} 0.6 & 0.7 & 0.9 \\ 0.5 & 0.8 & 0.6 \end{bmatrix} \qquad \underset{\sim}{B} = \begin{bmatrix} 0.7 & 0.9 & 0.7 \\ 0.6 & 0.9 & 0.8 \end{bmatrix}$$

如果想从这两个气象台给出的信息得出明天下雨情况的最终结论，会相信这两个气象台的预报达成共识的部分（交集），即取两个模糊矩阵中相应元素概率最小者作为结论，即结论是两个模糊矩阵的交集

$$\underset{\sim}{C} = \begin{bmatrix} 0.6 \wedge 0.7 & 0.7 \wedge 0.9 & 0.9 \wedge 0.7 \\ 0.5 \wedge 0.6 & 0.8 \wedge 0.9 & 0.6 \wedge 0.8 \end{bmatrix} = \begin{bmatrix} 0.6 & 0.7 & 0.7 \\ 0.5 & 0.8 & 0.6 \end{bmatrix}$$

从两个气象台的两次预报情况来看，明天下中雨的可能性更大些。

由此可见，两个模糊矩阵的交运算是有实际意义的。

模糊矩阵的交运算定义：

设有模糊矩阵 $\underset{\sim}{A} = [a_{n \times m}]$ 和 $\underset{\sim}{B} = [b_{n \times m}]$，则 $\underset{\sim}{A}$ 和 $\underset{\sim}{B}$ 的交为 $\underset{\sim}{C} = [c_{n \times m}]$，且

$$c_{ij} = a_{ij} \wedge b_{ij} \qquad i = 1, 2, \cdots, n \qquad j = 1, 2, \cdots, m \tag{10-11}$$

记作

$$\underset{\sim}{C} = \underset{\sim}{A} \bigcap \underset{\sim}{B}$$

下面再看一个实际问题：

假如仍是前面 A、B 两个气象台两次预报的结果，即

$$\underset{\sim}{A} = \begin{bmatrix} 0.6 & 0.7 & 0.9 \\ 0.5 & 0.8 & 0.6 \end{bmatrix} \qquad \underset{\sim}{B} = \begin{bmatrix} 0.7 & 0.9 & 0.7 \\ 0.6 & 0.9 & 0.8 \end{bmatrix}$$

但是，凭平时的经验，认为气象台在预报下雨这件事情上偏向保守，因此更相信下雨的概率较大者，即取两个模糊矩阵中相应元素概率最大者（并集）作为下雨情况结论：

$$\underset{\sim}{C} = \begin{bmatrix} 0.6 \vee 0.7 & 0.7 \vee 0.9 & 0.9 \vee 0.7 \\ 0.5 \vee 0.6 & 0.8 \vee 0.9 & 0.6 \vee 0.8 \end{bmatrix} = \begin{bmatrix} 0.7 & 0.9 & 0.9 \\ 0.6 & 0.9 & 0.8 \end{bmatrix}$$

从运算结果来看，明天下中到大雨的可能性更大些。

同样，两个模糊矩阵的并运算也是有实际意义的。下面给出模糊矩阵的并运算定义：

设有模糊矩阵 $\underset{\sim}{A} = [a_{n \times m}]$ 和 $\underset{\sim}{B} = [b_{n \times m}]$，则 $\underset{\sim}{A}$ 和 $\underset{\sim}{B}$ 的并为 $\underset{\sim}{C} = [c_{n \times m}]$，且

$$c_{ij} = a_{ij} \vee b_{ij} \qquad i = 1, 2, \cdots, n \qquad j = 1, 2, \cdots, m \tag{10-12}$$

记作

$$\underset{\sim}{C} = \underset{\sim}{A} \bigcup \underset{\sim}{B}$$

从上述的模糊矩阵"交""并"运算定义可以看出，两个矩阵的行与列数必须相等。

除了上述两种模糊矩阵运算以外，还有一种运算也具有实际意义，即模糊矩阵的积运算，也称为模糊矩阵的合成运算。

先看一个实际例子：

某家中父母遗传给子女的基因可以用表 10-6 来描述，祖父母遗传给父母的基因可以用表 10-7 来描述。

表 10-6　　　　父母与子女的遗传关系

概率　父母 子女	父	母
子	0.7	0.2
女	0.2	0.6

表 10-7　　　　祖父母与父母的遗传关系

概率　祖父母 父母	祖父	祖母
父	0.6	0.3
母	0	0

想从表 10-6 和表 10-7 中得到祖父母遗传给子女的基因概率，即表 10-8 中的未知参数。

表 10-8　　　　祖父母与子女的遗传关系

概率　祖父母 子女	祖父	祖母
子	?	?
女	?	?

表 10-9　　　　祖父母与子女的遗传送系

概率　祖父母 子女	祖父	祖母
子	0.6	0.3
女	0.2	0.2

假设用模糊集合 A、B 和 C 分别表示子女、父母和祖父母，即

$$A = \{\text{"子""女"}\} \qquad B = \{\text{"父""母"}\} \qquad C = \{\text{"祖父""祖母"}\}$$

用 $X_B(A)$ 表示子女 A 与父母 B 的模糊关系矩阵，用 $Y_C(B)$ 表示父母 B 与祖父母 C 的模糊关系矩阵，则有

$$X_B(A) = \begin{bmatrix} 0.7 & 0.2 \\ 0.2 & 0.6 \end{bmatrix} \qquad Y_C(B) = \begin{bmatrix} 0.6 & 0.3 \\ 0 & 0 \end{bmatrix}$$

现在想要知道的是子女 A 与祖父母 C 的模糊关系，假设为 $Z_C(A)$，暂且表示为

$$Z_C(A) = X_B(A) \circ Y_C(B)$$

符号"∘"表示两个模糊矩阵运算算子。现在来考虑该算子的操作方法。

先来看"子"是怎样得到"祖父"遗传的："祖父"以 0.6 的概率先把基因遗传给"父"，"父"得到了"祖父" 0.6 的基因后再以 0.7 的概率传向"子"。"子"通过"父"得到的"祖父"的遗传最多也只能是 0.6。也就是说，"祖父"的基因遗传给"子"的概率是从两者之间取最小者。同理，"祖父"当然以 0 的概率传给"母"，"母"得到了"祖父" 0 的基因遗传后再以 0.2 的概率传向"子"。"子"通过"母"得到的"祖父"的遗传最多也只能是

0。那么通过"父"和"母"从"祖父"那里遗传来的基因是两者的最大者。可以用下式来描述：

$$z_{11} = (0.7 \wedge 0.6) \vee (0.2 \wedge 0) = 0.6$$

从该式容易看出，这相当于普通的两个矩阵相乘运算：用第一行的各元素分别乘以第一列的各元素，然后相加乘积结果而得到两个矩阵乘积的第一行第一列的元素。模糊矩阵相乘运算只是把普通的"乘"变成了模糊的"交"，把普通的"加"变成了模糊的"并"。

据此分析，可以得到子女与祖父母的模糊关系（见表10-9）。即

$$Z_C(A) = X_B(A) \circ Y_C(B) = \begin{bmatrix} 0.7 & 0.2 \\ 0.2 & 0.6 \end{bmatrix} \circ \begin{bmatrix} 0.6 & 0.3 \\ 0 & 0 \end{bmatrix}$$

$$= \begin{bmatrix} (0.7 \wedge 0.6) \vee (0.2 \wedge 0) & (0.7 \wedge 0.3) \vee (0.2 \wedge 0) \\ (0.2 \wedge 0.6) \vee (0.6 \wedge 0) & (0.2 \wedge 0.3) \vee (0.6 \wedge 0) \end{bmatrix}$$

$$= \begin{bmatrix} 0.6 & 0.3 \\ 0.2 & 0.2 \end{bmatrix}$$

下面给出模糊矩阵积的定义：

设有模糊关系矩阵 $A = [a_{m \times n}]$ 和 $B = [b_{n \times l}]$，则 A 和 B 的积 $C = [c_{m \times l}]$，且

$$c_{ij} = \vee (a_{ik} \wedge b_{kj}) \qquad i = 1,2,\cdots,m \quad j = 1,2,\cdots,l \quad k = 1,2,\cdots,n \qquad (10\text{-}13)$$

记作 $\quad C = A \circ B$

可以把式（10-13）叙述为：对于 $A = [a_{m \times n}]$ 和 $B = [b_{n \times l}]$ 两个模糊矩阵，它们的合成 $A \circ B$ 是一个 m 行 l 列的模糊矩阵，其第 i 行第 j 列的元素等于 $A = [a_{m \times n}]$ 的第 i 行元素与 $B = [b_{n \times l}]$ 的第 k 列对应元素两两先取较小者，然后再在所得结果中取较大者。因此说，并非任何两个模糊矩阵都可以合成，合成的前提是第一个矩阵的列数与第二个矩阵的行数相等，这与通常的两个矩阵相乘类似。

从上述的定义可以看出，模糊矩阵积的操作实质上是按着一定的规则把两个模糊矩阵合并成一个模糊矩阵，因此也称模糊矩阵积的运算为模糊矩阵的合成。

此外，从上述的实例可以看到，如果有模糊集合 A、B 和 C，$X_B(A)$ 表示从 A 到 B 的模糊关系矩阵，$Y_C(B)$ 表示 B 到 C 的模糊关系矩阵，则 A 和 B 的合成 $A \circ B$ 即为 A 到 C 的模糊关系矩阵 $C = A \circ B$。因此说，模糊矩阵合成运算实质上是"模糊关系"的传递。

根据上述的定义能很容易证得下面的模糊矩阵合成运算性质：

设有模糊矩阵 X、Y 和 Z，则有

结合律：$(X \circ Y) \circ Z = X \circ (Y \circ Z)$

分配律：$(X \cup Y) \circ Z = (X \circ Z) \cup (Y \circ Z)$

$$X \circ (Y \cup Z) = (X \circ Y) \cup (X \circ Z)$$

根据定义也可以证明模糊矩阵合成运算不满足交换律以及交运算的分配律。

4. 模糊变换

模糊变换与普通变换一样，也可以在论域内相互变换。

先看普通变换：

设有两个普通变量及其论域为

$$x \in [x_l, x_h] \qquad y \in [y_l, y_h]$$

在论域内，假设 x 的增量与 y 的增量为线性关系，即

$$\Delta y = R \Delta x$$

则称 x 到 y 的线性变换。其中，R 为线性变换增益。

显然

$$R = \frac{y_h - y_l}{x_h - x_l}$$

且

$$y - y_l = R \cdot (x - x_l)$$

现在来考虑模糊集合变换：

设有两个由模糊语言值组成的模糊集合

$$\underset{\sim}{X} = \{x_1, x_2, \cdots, x_n\} \qquad \underset{\sim}{Y} = \{y_1, y_2, \cdots, y_m\}$$

$\underset{\sim}{R}$ 是 $\underset{\sim}{X}$ 到 $\underset{\sim}{Y}$ 的模糊关系，即

$$\underset{\sim}{R} = \begin{bmatrix} r_{11} & r_{12} & \cdots & r_{1m} \\ r_{21} & r_{22} & \cdots & r_{2m} \\ \vdots & \vdots & \vdots & \vdots \\ r_{n1} & r_{n2} & \cdots & r_{nm} \end{bmatrix}$$

由于 $\underset{\sim}{R}$ 中的每一个元素表示 $\underset{\sim}{X}$ 中的某一模糊语言值隶属于 $\underset{\sim}{Y}$ 中的某一模糊语言值的程度，因此 $\underset{\sim}{R}$ 中的每一个元素都等同于普通线性变换中的系数 R。所以，当在 $\underset{\sim}{X}$ 的论域内取某一模糊变量（集合）时，比如取

$$\underset{\sim}{A} = (a_1, a_2, \cdots, a_n)$$

那么，在 $\underset{\sim}{Y}$ 论域内一定会存在一个模糊变量（集合）

$$\underset{\sim}{B} = (b_1, b_2, \cdots, b_m)$$

与之对应。由此可以得到由 $\underset{\sim}{A}$ 到 $\underset{\sim}{B}$ 的模糊变换表达式为

$$\underset{\sim}{B} = \underset{\sim}{A} \circ \underset{\sim}{R} \tag{10-14}$$

例如，模糊集合 $\underset{\sim}{X} = \{x_1, x_2, x_3\}$ 到 $\underset{\sim}{Y} = \{y_1, y_2\}$ 的模糊关系矩阵为

$$\underset{\sim}{R} = \begin{bmatrix} 0.5 & 0.2 \\ 0.3 & 0.1 \\ 0.4 & 0.6 \end{bmatrix}$$

如果在 $\underset{\sim}{X}$ 论域内取一模糊变量值为

$$\underset{\sim}{A} = (0.1, 0.3, 0.5)$$

那么，在 $\underset{\sim}{Y}$ 论域内与之对应的模糊变量为

$$\underset{\sim}{B} = \underset{\sim}{A} \circ \underset{\sim}{R} = (0.1, 0.3, 0.5) \circ \begin{bmatrix} 0.5 & 0.2 \\ 0.3 & 0.1 \\ 0.4 & 0.6 \end{bmatrix}$$

$$= [(0.1 \wedge 0.5) \vee (0.3 \wedge 0.3) \vee (0.5 \wedge 0.4), (0.1 \wedge 0.2) \vee (0.3 \wedge 0.1) \vee (0.5 \wedge 0.6)]$$

$$= [0.4, 0.5]$$

10.2.6 模糊命题与模糊推理

1. 模糊命题

所谓命题就是可以明确判断其真假的陈述句。在数字电路中普遍使用二值逻辑，即"高电平"和"低电平"，用数字表示为"1"和"0"。所以，对于二值逻辑命题，不是"真"就是"假"，两者必居其一。

例如：①中国属于亚洲；②3 乘以 7 等于 21；③人都有两只手；④三角形有四个角；⑤今天汽温很高。

在上述例句中①、②和③是真的，故是命题；语句④是假的，也是命题；句子⑤中的"气温很高"难以说明温度高的程度，具有一定的模糊性，不能判定绝对的"真"或"假"，所以不是命题。

但是，在很多实际问题中，要做出这种"非真即假"的判断是很困难的。例如"小明跑得快"，这句话的含义显然是明确的，是一个命题，但是很难判断该命题是真是假，如果说小明跑得快的程度为多少，就更加合适了。也就是说，如果一个命题的真值不是简单地取 1 或 0，而是可以在 [0，1] 内取值，这样对此类命题的描述就更加切合实际了，那么这类命题就是模糊命题。

例如"今天天气比较暖和""他很年轻"等，其中"比较暖和"和"很年轻"都是模糊概念，无法直接用"真"与"假"来判断，但是当人们听到这些话后，能立即领会到这些话的含义。事实上，人们所遇到的陈述句中，大量的是含有模糊概念的，而二值逻辑只能描述那些具有清晰概念的对象。因此，对于含有模糊概念的对象，只能采用基于模糊集合论的模糊逻辑系统来描述。

所谓模糊命题，是指含有模糊概念或者是带有模糊性的陈述句，通常用"很""略""比较""非常""大约"等模糊语气词来修饰。例如，"电动机的转速很高""加热炉的温度上升比较快""阀门的开度略大"等。这都是模糊真命题。

模糊命题的一般形式为

$$\underset{\sim}{P}:\underset{\sim}{e} \quad is \quad \underset{\sim}{F} \tag{10-15}$$

其中，$\underset{\sim}{P}$ 是命题，$\underset{\sim}{e}$ 是模糊变量；$\underset{\sim}{F}$ 是由模糊语言值所组成的模糊集合。模糊命题的真值由该变量对模糊集合的隶属程度来表示，即

$$\underset{\sim}{P} = \mu_{\underset{\sim}{F}}(e) \tag{10-16}$$

模糊命题比清晰命题更具有广泛性，也符合人类的思维方法。模糊命题的真值，不是绝对的"真"或"假"，而是反映其以多大程度隶属于"真"。因此，它不只是一个值，而是多个值，甚至是连续量。

例如，小明行走的速度为 4km/h 时属于"正常"，速度为 5km/h 时属于"较快"，速度为 6km/h 时属于"很快"，速度为 3km/h 时属于"较慢"，速度为 2km/h 属于"很慢"。由此组成的模糊集合为

$$F = \{\text{"很慢""较慢""正常""较快""很快"}\}$$

并按图 10-10 所示设计隶属函数。则当小明行走速度为 5.4km/h 时，行走速度的模糊变量值为

$$\underset{\sim}{e} = (0,0,0,0.6,0.4)$$

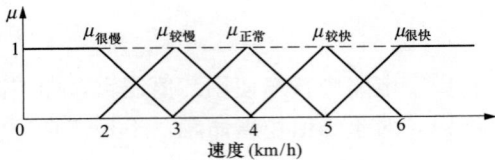

图 10-10　小明行走速度隶属函数曲线族

如果模糊命题是："小明走得快"，则其真值为

$$P = (0,0,0,0.6,0.4)$$

若模糊命题的真值设为 a，则 $a \in [0,1]$。当一个模糊命题的真值等于 1 或者 0 时，该命题也就是一个清晰命题了。因此可以认为，清晰命题只是模糊命题的一个特例。

模糊命题之间也有"交""并""非"运算，其定义如下：

交运算：$\underset{\sim}{P_1} \bigcap \underset{\sim}{P_2}$，其真值为 $\underset{\sim}{P_1} \wedge \underset{\sim}{P_2}$。

并运算：$\underset{\sim}{P_1} \bigcup \underset{\sim}{P_2}$，其真值为 $\underset{\sim}{P_1} \vee \underset{\sim}{P_2}$。

非运算：$\overline{\underset{\sim}{P}}$，其真值为 $\overline{\underset{\sim}{P}} = 1 - \underset{\sim}{P}$。

2. 模糊推理

在形式逻辑中，经常使用三段论式的演绎推理，即由大提前、小提前和结论构成的推理。这种推理可以写成如下模型：

大前提：如果 X 是 A，则 Y 是 B；

小前提：X 是 A；

结论：则 Y 是 B。

在这种推理过程中，如果大前提中的"A"与小前提的"A"是完全一样的，则结论必然是"B"，这即是二值逻辑的本质。在这种推理过程中，不管"A"与"B"代表什么，推理是普遍适用的。目前的计算机就是基于这种形式逻辑推理进行设计和工作的。如果大前提中的"A"与小前提的"A"不一致，形式逻辑就无法进行推理，因此计算机也无法进行推理。

但是在这种情况下，人是可以进行思维和推理的。比如：健康的人长寿，小张非常健康，则小张相当长寿。在这一推理中，大前提中的"A"是"健康"，小前提中的"A"是"非常健康"，大前提与小前提不一致，无法使用形式逻辑进行推理。但人可以得到"相当长寿"的结论，这是根据大前提中的"健康"与小前提中的"非常健康"的"含义"的相似程度得到的。通常用模糊集方法模拟人脑，这样一个思维过程的推理称为模糊推理。

与形式逻辑中的演绎推理一样，模糊推理也可以用模糊条件语句来实现。而模糊条件语句可用模糊关系来表示。

设 $\underset{\sim}{A}$ 是论域 X 上的模糊变量，$\underset{\sim}{B}$ 和 $\underset{\sim}{C}$ 是论域 Y 上的模糊变量，且有模糊条件语句

$$\text{if} \quad \underset{\sim}{A} \quad \text{then} \quad \underset{\sim}{B} \quad \text{else} \quad \underset{\sim}{C} \tag{10-17}$$

按着普通条件语句的理解是：如果 A 是"真"，则 B 也是"真"，C 是"假"；否则，C 是"真"、B 是"假"。但是，在模糊条件语句中，$\underset{\sim}{A}$、$\underset{\sim}{B}$ 和 $\underset{\sim}{C}$ 的值并不是用"真"或"假"来表达的，所以，只能用 $\underset{\sim}{A}$ 隶属于 $\underset{\sim}{B}$ 和 $\underset{\sim}{C}$ 的程度来描述模糊条件语句的意义。$\underset{\sim}{A}$ 隶属于 $\underset{\sim}{B}$ 的程度用直积 $\underset{\sim}{A} \times \underset{\sim}{B}$ 来表示，属于 $\underset{\sim}{C}$ 的程度用直积 $\underset{\sim}{A} \times \underset{\sim}{C}$ 来表示。因此，式（10-17）所表达的 $\underset{\sim}{A}$ 隶属于 $\underset{\sim}{B}$ 和 $\underset{\sim}{C}$ 的程度用模糊关系表示为

$$R = (A \times B) \cup (\overline{A} \times C) \tag{10-18}$$

$$R = \left[\mu_{b_j}(a_i) \vee \mu_{c_j}(\overline{a_i}) \mid a_i \in A, b_j \in B, i = 1,2,\cdots,n, j = 1,2,\cdots,m \right] \tag{10-19}$$

例如，已知三个模糊变量 A、B 和 C 的值为

$$A = (0,0,0,0.5,1)$$
$$B = (1,0.5,0,0,0)$$
$$C = (0,0.5,1,0.5,0)$$

则有

$$A \times B = (0,0,0,0.5,1) \times (1,0.5,0,0,0)$$

$$= \begin{bmatrix} 0 & 0 & 0 & 0 & 0 \\ 0 & 0 & 0 & 0 & 0 \\ 0 & 0 & 0 & 0 & 0 \\ 0.5 & 0.5 & 0 & 0 & 0 \\ 1 & 0.5 & 0 & 0 & 0 \end{bmatrix}$$

$$\overline{A} \times C = (1,1,1,0.5,0) \times (0,0.5,1,0.5,0)$$

$$= \begin{bmatrix} 0 & 0.5 & 1 & 0.5 & 0 \\ 0 & 0.5 & 1 & 0.5 & 0 \\ 0 & 0.5 & 1 & 0.5 & 0 \\ 0 & 0.5 & 0.5 & 0.5 & 0 \\ 0 & 0 & 0 & 0 & 0 \end{bmatrix}$$

$$R = (A \times B) \cup (\overline{A} \times C) = \begin{bmatrix} 0 & 0.5 & 1 & 0.5 & 0 \\ 0 & 0.5 & 1 & 0.5 & 0 \\ 0 & 0.5 & 1 & 0.5 & 0 \\ 0.5 & 0.5 & 0.5 & 0.5 & 0 \\ 1 & 0.5 & 0 & 0 & 0 \end{bmatrix}$$

如果有一组模糊条件语句

$$\text{if} \quad A_1 \quad \text{and} \quad B_1 \quad \text{then} \quad C_1$$

$$\text{if} \quad A_2 \quad \text{and} \quad B_2 \quad \text{then} \quad C_2$$

$$\vdots$$

$$\text{if} \quad A_n \quad \text{and} \quad B_n \quad \text{then} \quad C_n$$

那么，模糊推理关系矩阵为

$$R = \left[\bigcup_{i=1}^{n}(A_i \times C_i) \right] \circ \left[\bigcup_{i=1}^{n}(B_i \times C_i) \right] = \bigcup_{i=1}^{n}(A_i \times B_i \times C_i) \qquad i = 1,2,\cdots,n \tag{10-20}$$

10.3 基本模糊控制器设计

10.3.1 模糊控制器的设计任务

模糊逻辑控制器（fuzzy logical controller）简称模糊控制器（fuzzy controller，FC），因为模糊控制器的控制规则是基于模糊条件语句描述的语言控制规则，所以模糊控制器又称为模糊语言控制器。

模糊控制器在模糊自动控制系统中具有举足轻重的作用，因此在模糊控制系统中，设计模糊控制器的工作很重要。

模糊控制系统的组成如图 10-1 所示，即

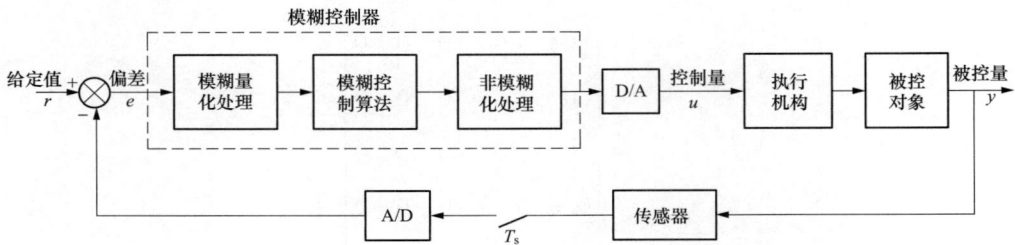

从该图可以看到，模糊控制器由三大部分组成：模糊化处理、模糊控制算法、非模糊化处理。因此，模糊控制器的设计任务主要包括以下几项内容：

（1）确定模糊控制器的输入变量和输出变量（即控制量）。

（2）对所有的输入变量和输出变量进行模糊化处理。

（3）设计模糊控制器的控制规则，形成模糊关系矩阵。

（4）根据模糊控制器的输入，计算模糊控制器的输出。

（5）对模糊控制器的输出进行非模糊化处理。

10.3.2 模糊控制器的结构设计

模糊控制器的结构设计是指确定模糊控制器的输入和输出变量。究竟选择哪些变量作为模糊控制器的信息量，还必须深入研究在手动控制过程中，人如何获取、输出信息，因为模糊控制器的控制规则归根到底还是模拟人脑的思维决策方式。

在确定性自动控制系统中，通常将具有一个输入变量和一个输出变量（即一个控制量和一个被控制量）的系统称为单变量系统，而将多于一个输入/输出变量的系统称多变量控制系统。不管是单变量系统还是多变量系统，绝大多数都选择 PID 控制器。而 PID 控制器的结构总是单输入单输出的，它的结构图如图 10-11 所示。即使有多个输入也都是先用加法器把这些输入信号加起来再输入给 PID，如图 10-12 所示。

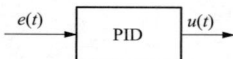

图 10-11 单输入 PID 控制器结构图　　图 10-12 多输入 PID 控制器结构图

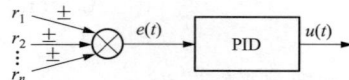

在 PID 控制器中，虽然接收的仅仅是偏差信号 $e(t)$，但是控制器中的比例（P）、积分（I）和微分（D）作用对偏差信号进行了比例、积分和微分运算，因此 PID 控制器实际上接收了 3 个输入信号。那么，仿照 PID 控制器，模糊控制器也需要有 $1 \sim 3$ 个输入，它选择系统的偏差 $e(\underset{\sim}{E})$、偏差的变化率 $\dfrac{\mathrm{d}e}{\mathrm{d}t}$（$\underset{\sim}{EC}$）以及偏差变化率的变化率 $\dfrac{\mathrm{d}^2 e}{\mathrm{d}t^2}$（$E\underset{\sim}{CC}$）作为模糊控制器的输入，如图 10-13 所示。虽然从形式上看，这时输入量应该是 3 个，但是由于各输入量都与偏差有直接关系，人们也习惯称它为单变量模糊控制系统，而根据输入量的个数相应地称作 n 维模糊控制器。

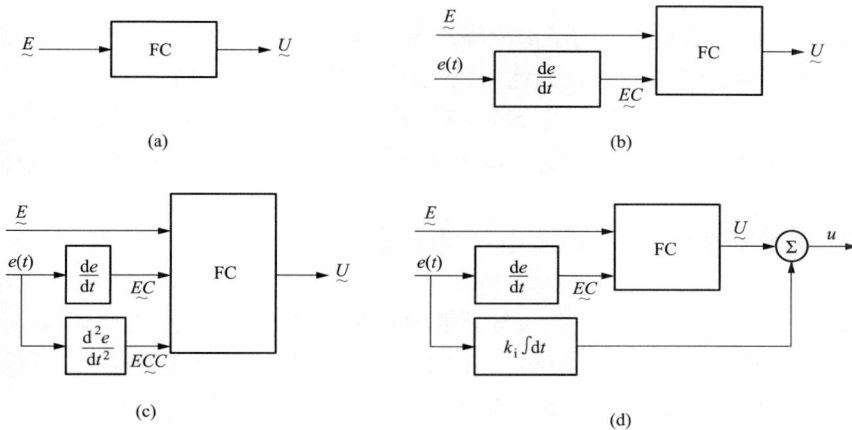

图 10-13　不同输入的模糊控制器结构图
(a) 一维 $\underset{\sim}{P}$；(b) 二维 $\underset{\sim}{PD}$；(c) 三维 $PD\underset{\sim}{D^2}$；(d) PD+I

在图 10-13 中，一维模糊控制器（以后简称"模糊 $\underset{\sim}{P}$"），如图 10-13（a）所示，一般用于一阶被控对象，由于这种控制器输入变量只选一个误差，它的动态性能不佳，因此目前被广泛采用的是二维模糊控制器 [见图 10-13（b）]，它以误差和误差的变化率作为二维输入量，相当于 PID 控制器中的 PD 控制律（以后简称"模糊 $\underset{\sim}{PD}$"）；图 10-13（c）则是将误差、误差的变化率和误差变化率的变化率作为模糊控制器的三维输入量，但由于设计控制规则的困难，这种控制器并不实用。

从理论上讲，模糊控制器的维数越高，控制精度越细，但是维数越高，模糊控制规则变得越复杂，控制算法的实现相当困难，这或许是目前人们广泛设计和应用二维模糊控制器的原因所在。

设计模糊控制器时，并不以误差的积分作为输入量。加入积分器的目的是消除静差，如果把误差的积分量也模糊化了，那么还不等误差变为零，模糊积分器（$\underset{\sim}{I}$）的输入就变成了"模糊 0"，其输出也变成了"模糊 0"，达不到消除静差的目的。因此，如果想消除静差，一般使用模糊 $\underset{\sim}{PD}$ 与确切积分器（I）并联的形式，如图 10-13（d）所示。

10.3.3　模糊化处理

当确定出模糊控制器的输入和输出量以后，接下来的任务就是把它们转换成模糊量。这一过程就是模糊化处理。

模糊控制器首先接收的是由 A/D 转换来的确切的数字偏差量，用 $e(kT_s)$（T_s 为采样周期）来描述。控制系统结构、被控对象及其控制系统的工作状态不同，偏差量的变化范围会有很大的不同。因此，为了设计通用的模糊控制器，必须先把确切的偏差量的论域转换成确切的等级量论域，然后再把等级量论域转换成模糊量论域。同理，对于控制器的输出也必须进行该项处理。

1. 确切量论域的选取

无论是确切控制还是模糊控制，传感器送来的信号都是确切量，执行机构接收的也都是确切量，否则无法工作。所以，确定确切量的论域也是设计模糊控制器必不可少的一项工作。

在实际的工业过程系统中，为了消除噪声的干扰，通常采用电流传输信号。现在国际上通行的测量仪表标准是 4~20mA，因此可以选择确切量的最大论域为 [4，20]。

由于现在许多工业生产过程采用分散控制系统（DCS）或现场总线控制系统（FCS）进行控制[76]，通常是把送给控制器的信号转换成 0%~100%，此时可以选择确切量的最大论域为 [0%，100%]。

由于控制器接收的是偏差信号，因此可以选择输入量的最大论域是 [-8，8] 或 [-50，50]。

执行器通常是用来调节阀门、挡板等开度的，在这种情况下，可以选择输出量的最大论域为 [0，100]，否则按实际情况来确定。由于控制器的输入是按偏差信号进行运算的，所以控制器的输出也应使用偏差量，即，阀门（或挡板）的开度在 [-50%，50%] 范围内，因此，可以选择输出量的论域为 [-50%，50%]。

事实上，按上述的方法选择确切量的论域，并得不到较好的控制品质。因为在实际工程中，控制系统的偏差不可能达到最大论域，控制器的输出也达不到最大论域，因此，当在实际产生过程中，存在的偏差量较小时，或者通过控制把偏差量调节到较小以后，控制器的模糊输出就不再发生变化，只有偏差量超出这个区域时，控制器的模糊输出才再变化。这样，当系统趋向稳定以后，系统输出会产生等幅震荡，这是生产中最不需要的状态。而如果把论域选择得很大，小偏差时也能达到较好的控制品质，但是当偏差较大时，模糊控制器的输出达到了饱和状态，很可能使控制系统失稳。因此，确切量论域的选择也是较困难的一件事。

2. 等级量论域的选取

所谓等级量就是把确切量转变成用等级来描述的量。由于模糊集合要求是凸集，因此把各种确切量都转换成统一的等级量（$-n, \cdots, -2, -1, 0, 1, 2, \cdots, n$）。而等级量论域的选择一般要大于或等于模糊变量的论域。

设：x 为确切量论域 $[X_{\min}, X_{\max}]$ 内的某一确切量，等级量论域为 $[-n, n]$，则 x 所对应的等级量 $\bar{x}$ 可以用式（10-21）求出

$$\bar{x} = \langle K(x - X_{\min}) - n \rangle \tag{10-21}$$

其中，$K = \dfrac{2n}{X_{\max} - X_{\min}}$ 并称其为量化因子。如果让 $X_{\min} = -X_{\max}$，则 $K = \langle \dfrac{n}{X_{\max}} \rangle$，而

$$\bar{x} = \langle Kx \rangle$$

3. 模糊量论域的选取

先看一下人在日常生活中和在人机系统中对各种事物的模糊语言描述。一般来说，人们总是习惯于把事物分为三个等级，如事物的大小可分为大、中、小；运动的速度可分为快、中、慢。所以，一般都选用"大、中、小"三个词汇来描述模糊控制器的输入-输出变量的状态。由于人的行为在正、负两个方向的判断基本上是对称的，因此将大、中、小再加上正、负两个方向，再考虑变量的零状态，共有七个模糊语言值，即

$$\{负大，负中，负小，零，正小，正中，正大\}$$

一般用英文字母缩写为

$$\{NB,NM,NS,ZO,PS,PM,PB\}$$

其中，$N = negtive, B = big, M = middle, S = small, ZO = zero, P = positive$。
模糊语言值的个数与制定控制规则有直接的关系，选择较多的模糊语言值描述输入—输出变量，可以把事物描述得更详细，使得控制规则也比较细微，但相应地也使控制规则变得复杂，制定起来较为困难。当选择无穷多个模糊语言值时，模糊量就退化成确切量了，模糊控制就变成了确切控制。选择模糊语言值过少，使变量描述变得粗糙，导致控制器的性能变差。一般情况下，都选择上述七个模糊语言值，或更多。但也可以根据实际情况选择三个或五个模糊语言值。因此，在选取模糊语言值时，既要考虑到控制规则的灵活与细致性，又要兼顾到其简单易行的要求。

至于到底需要多少个模糊语言值并不能给出一个确切的数量，这要视具体的控制问题来决定。但是，从许多参考文献[6]、[72]~[75]及工程实践中可以看到，一般取 $5 \sim 17$ 个模糊语言值比较合适，再多就快接近确切控制了。

为了提高模糊控制的精度，对于误差这个输入变量，选择描述其状态模糊语言值时，常将"零"分为"正零""负零"，这样就变为

$$\{负大，负中，负小，负零，正零，正小，正中，正大\}$$

$$\{NB,NM,NS,NO,PO,PS,PM,PB\}$$

模糊集合中的所有模糊语言值称为模糊论域。

4. 隶属函数的选取

在本章 10.2.2 里已经论述过，隶属函数的选取是一件非常困难的事，受人为因素影响比较大。为了设计隶属函数容易，又能满足凸模糊集的要求，常把隶属函数设定成三角形、梯形或正态分布曲线形。这时，最好让等级量的论域大于模糊量的论域。

例如，设等级量的论域为

$$X = \{-6,-5,-4,-3,-2,-1,0,1,2,3,4,5,6\}$$

对应的模糊量论域为

$$X_{\sim} = \{NB,NM,NS,ZO,PS,PM,PB\}$$

即，等级量论域中的 $n = 6$，模糊语言值为 7 个，采用三角形的隶属函数曲线族如图 10-14 所示，采用梯形的隶属函数曲线族如图 10-15 所示。

也可以用隶属函数表来描述上述两种隶属函数族，见表 10-10、表 10-11。

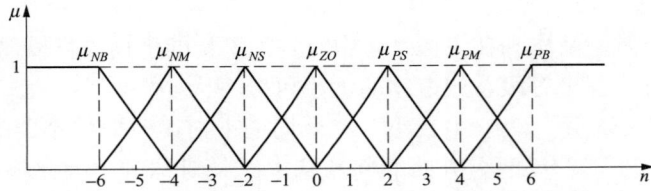

图 10-14　三角形隶属函数曲线族

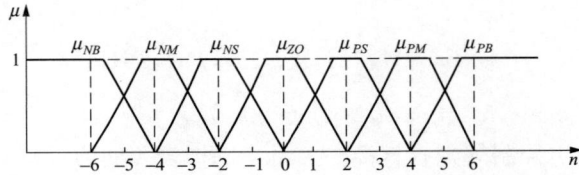

图 10-15　梯形隶属函数曲线族

表 10-10　　　　　　　　　　　　　三角形隶属函数表

μ / n \\ $\underset{\sim}{X}$	-6	-5	-4	-3	-2	-1	0	1	2	3	4	5	6
PB	0	0	0	0	0	0	0	0	0	0	0	0.5	1
PM	0	0	0	0	0	0	0	0	0	0.5	1	0.5	0
PS	0	0	0	0	0	0	0	0.5	1	0.5	0	0	0
ZO	0	0	0	0	0.5	1	0.5	0	0	0	0	0	0
NS	0	0	0	0.5	1	0.5	0	0	0	0	0	0	0
NM	0	0.5	1	0.5	0	0	0	0	0	0	0	0	0
NB	1	0.5	0	0	0	0	0	0	0	0	0	0	0

表 10-11　　　　　　　　　　　　　梯形隶属函数表

μ / n \\ $\underset{\sim}{X}$	-6	-5	-4	-3	-2	-1	0	1	2	3	4	5	6
PB	0	0	0	0	0	0	0	0	0	0	0	0.7	1
PM	0	0	0	0	0	0	0	0	0	0.7	1	0.7	0
PS	0	0	0	0	0	0	0	0.7	1	0.7	0	0	0
ZO	0	0	0	0	0	0.7	1	0.7	0	0	0	0	0
NS	0	0	0	0.7	1	0.7	0	0	0	0	0	0	0
NM	0	0.7	1	0.7	0	0	0	0	0	0	0	0	0
NB	1	0.7	0	0	0	0	0	0	0	0	0	0	0

假如某确切量 x 的论域为 $x \in (4,20)$，那么，当 $x = 16$ 时，对应的等级量为

$$\overline{x} = <\frac{2n}{X_{\max} - X_{\min}}(x - X_{\min}) - n>$$

$$= <\frac{2 \times 6}{20 - 4} \times (16 - 4) - 6> = 3$$

在三角形隶属函数族下（见表 10-10），$\overline{x}$ 对应的模糊量为

$$\underset{\sim}{X} = (0,0,0,0,0.5,0.5,0)$$

在梯形隶属函数族下（见表 10-11），$\overline{x}$ 对应的模糊量为

$$\underset{\sim}{X} = (0,0,0,0,0.7,0.7,0)$$

实验研究结果表明，用正态分布隶属函数曲线族来描述人进行控制活动时的模糊概念是适宜的，因此最常用的隶属函数是正态分布函数，只有希望较简单的隶属函数时，才使用三角形隶属函数，而梯形隶属函数并不常用。根据式（10-4）所描述的正态分布函数，可得到与等级量对应的隶属函数式

$$\mu_{\underset{\sim}{a}}(\overline{x}) = \mathrm{e}^{-(\frac{\overline{x} - \overline{a}}{\sigma})^2} \tag{10-22}$$

式中　$\overline{x}$ ——等级量；

　　　$\underset{\sim}{a}$ ——某一模糊语言值；

　　　$\overline{a}$ ——隶属于 $\underset{\sim}{a}$ 的隶属度等于 1 时的等级量；

　　　σ ——调整隶属函数曲线形状的参数。

计算程序如 Normdist_simu1031.m 所示。

```
% 正态分布函数曲线隶属函数计算程序 Normdist_simu1031.m
clear all;
n = 6; a = 1;
for i = 1: 7
    k = 0;
    for j = -6: 1: 6
        k = k + 1;
        A(i, k) = exp( -(j-n)^2/a/a);
    end
    n = n - 2;
end
A
```

例如，仍取 7 个模糊语言值，让 $n = 6$，$\sigma = 1$，则有

$$\mu_{NB}(-6) = \mu_{NM}(-4) = \mu_{NS}(-2) = \mu_{ZO}(0) = \mu_{PS}(2) = \mu_{PM}(4) = \mu_{PB}(6) = 1$$

采用正态分布曲线形的隶属函数曲线族如图 10-16 所示，隶属函数表见表 10-12。

当 $\overline{x} = -3$ 时，在正态分布函数曲线形隶属函数族下（见表 10-12），$\overline{x}$ 对应的模糊量为

$$\underset{\sim}{X} = (0,0,0,0,0.4,0.4,0)$$

由于 σ 可以改变隶属函数曲线的形状，而隶属函数曲线的形状又会导致不同的控制特

性，因此通常用 σ 来调整模糊控制系统的性能。

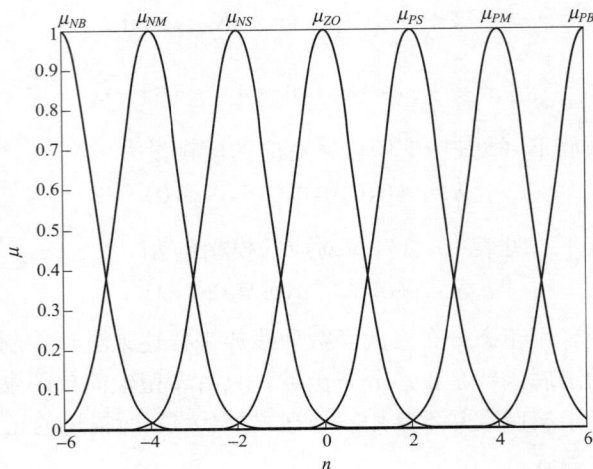

图 10-16   正态分布曲线形隶属函数族

表 10-12   正态分布曲线形隶属函数表

μ \ n $\underset{\sim}{X}$	−6	−5	−4	−3	−2	−1	0	1	2	3	4	5	6
PB	0	0	0	0	0	0	0	0	0	0	0.02	0.4	1
PM	0	0	0	0	0	0	0	0	0.02	0.4	1	0.4	0.02
PS	0	0	0	0	0	0.02	0.4	1	0.4	0.02	0	0	0
ZO	0	0	0	0	0.02	0.4	1	0.4	0.02	0	0	0	0
NS	0	0	0.02	0.4	1	0.4	0.02	0	0	0	0	0	0
NM	0.02	0.4	1	0.4	0.02	0	0	0	0	0	0	0	0
NB	1	0.4	0.02	0	0	0	0	0	0	0	0	0	0

图 10-17 示出了当 $\sigma = 1,2,3$ 时隶属模糊语言值 ZO 的隶属函数曲线。从该图中可以看到，三条隶属函数曲线的形状有很大的不同：当 $\sigma = 1$ 时，隶属函数曲线形状比较"尖"一点，它的分辨率最高；当 $\sigma = 2$ 时，隶属函数曲线趋向"扁平"，分辨率降低；当 $\sigma = 3$ 时，隶属函数曲线进一步趋向"扁平"，分辨率也进一步降低。由此看出，σ 越大，曲线越"平"，分辨率越低。也就是说，在同样输入误差的情况下，由它们所引起的输出变化是不同的。容易看出，σ 越小，所引起的输出变化越激烈，控制灵敏度也就越高。

此外，σ 还能影响间隔着的两个隶属函数曲线相交重叠得多少。在本章 10.2.2 中已经讨论过，这种重叠不能太多，否则可能会引起人的感觉混乱。因此，σ 也不能选择得太大。

上述分析表明，在误差较小的区域，采用较高分辨率的隶属函数曲线，可以达到精准控制的目的。

10.3.4   模糊控制规则设计

模糊控制器的控制规则是基于手动控制策略，而手动控制策略又是人们通过学习、试验以及长期经验积累而逐渐形成的、储存在操作者头脑中的一种技术知识集合。手动控制过程一般是通过对被控对象（过程）的一些观测，操作者再根据已有的经验和技术知识，进行综合分析并做出控制决策，调整加到被控对象上的控制作用，从而使系统达到预期的目标。手动控制的作用同自动控制系统中的控制器的作用基本相同，所不同的是手动控制决策是基于操作经验和技术知识，而控制器的控制决策是基于某种控制算法的数值运算。利用模糊集合理论和语言变量的概念，可以把用语言归纳的手动控制策略上升为数值运算，于是可以采用计算机完成这个任务，从而代替人的手动控制，实现模糊自动控制。

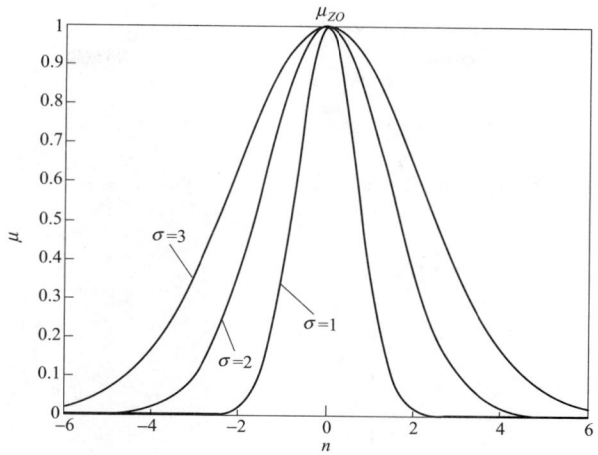

图 10-17　$\sigma = 1,2,3$ 时隶属模糊语言值 ZO 的隶属函数曲线

　　利用模糊语言归纳手动控制策略的过程，实际上是建立模糊控制器的控制规则的过程。手动控制策略一般都可以用条件语句加以描述，因此模糊控制规则可以用模糊条件语句来实现。

　　1. 一维模糊（$\underset{\sim}{P}$）控制器的控制规则设计

　　下面以手动控制蒸汽温度系统为例，总结一下手动控制策略，从而给出一类模糊控制规则。

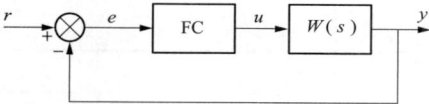

图 10-18　某蒸汽温度模糊控制系统方框图

　　假设，某蒸汽温度系统如图 10-18 所示，通过喷入冷水来调节蒸汽温度，即喷水量 $u(t)$ 增大，蒸汽温度 $y(t)$ 下降。

　　假设：温度偏差 e 的等级量论域为

$$e = \{-6,-5,-4,-3,-2,-1,0,1,2,3,4,5,6\}$$

选择 7 个模糊语言值，则有，e 和 u 的模糊量论域为

$$\underset{\sim}{E} = \underset{\sim}{U} = \{NB,NM,NS,ZO,PS,PM,PB\}$$

对于 $\underset{\sim}{E}$ 和 $\underset{\sim}{U}$，都选择图 10-14 所示的隶属函数曲线族，相应的隶属函数表见表 10-11。

　　现在，依据人手动控制的一般经验，可以总结出一些模糊 P 的控制规则，例如：

　　若误差 $\underset{\sim}{E}$ 为零，说明温度接近希望值，喷水阀保持不动；

　　若误差 $\underset{\sim}{E}$ 为正，说明温度低于希望值，应该减少喷水；

　　若误差 $\underset{\sim}{E}$ 为负，说明温度高于希望值，应该增加喷等。

　　若采用数学符号描述，可总结如下模糊控制规则：

　　若 $\underset{\sim}{E}$ 负大，则 $\underset{\sim}{U}$ 正大；

　　若 $\underset{\sim}{E}$ 负中，则 $\underset{\sim}{U}$ 正中；

　　若 $\underset{\sim}{E}$ 负小，则 $\underset{\sim}{U}$ 正小；

若 $\underset{\sim}{E}$ 为零，则 $\underset{\sim}{U}$ 为零；

若 $\underset{\sim}{E}$ 正小，则 $\underset{\sim}{U}$ 负小；

若 $\underset{\sim}{E}$ 正中，则 $\underset{\sim}{U}$ 负中；

若 $\underset{\sim}{E}$ 正大，则 $\underset{\sim}{U}$ 负大。

写成模糊条件推理句：

if $\underset{\sim}{E} = NB$ then $\underset{\sim}{U} = PB$

if $\underset{\sim}{E} = NM$ then $\underset{\sim}{U} = PM$

if $\underset{\sim}{E} = NS$ then $\underset{\sim}{U} = PS$

if $\underset{\sim}{E} = ZO$ then $\underset{\sim}{U} = ZO$

if $\underset{\sim}{E} = PS$ then $\underset{\sim}{U} = NS$

if $\underset{\sim}{E} = PM$ then $\underset{\sim}{U} = NM$

if $\underset{\sim}{E} = PB$ then $\underset{\sim}{U} = NB$

按着上述模糊控制规则，可以得到该温度偏差 $\underset{\sim}{E}$ 与喷水阀门开度 $\underset{\sim}{U}$ 之间的模糊关系 $\underset{\sim}{R}$：

$$\begin{aligned} \underset{\sim}{R} = \underset{\sim}{E} \times \underset{\sim}{U} \\ = (NB_{\underset{\sim}{E}} \times PB_{\underset{\sim}{U}}) \bigcup (NM_{\underset{\sim}{E}} \times PM_{\underset{\sim}{U}}) \bigcup (NS_{\underset{\sim}{E}} \times PS_{\underset{\sim}{U}}) \bigcup (ZO_{\underset{\sim}{E}} \times ZO_{\underset{\sim}{U}}) \qquad (10\text{-}23) \\ \bigcup (PS_{\underset{\sim}{E}} \times NS_{\underset{\sim}{U}}) \bigcup (PM_{\underset{\sim}{E}} \times NM_{\underset{\sim}{U}}) \bigcup (PB_{\underset{\sim}{E}} \times NB_{\underset{\sim}{U}}) \end{aligned}$$

也可以用模糊控制规则表 10-13 来描述模糊偏差量与模糊控制量之间的模糊关系 $\underset{\sim}{R}$。

表 10-13 模糊控制规则表

$\underset{\sim}{E}$	NB	NM	NS	ZO	PS	PM	PB
$\underset{\sim}{U}$	PB	PM	PS	ZO	NS	NM	NB

下面给出一维模糊控制器的模糊偏差量与模糊控制量之间的模糊关系 $\underset{\sim}{R}$ 的通用计算方法及程序。

设：偏差量 e 的等级量论域（等级个数）为 n_e，控制量 u 的等级量论域（等级个数）为 n_u，偏差模糊量 E 论域（模糊语言值个数，也是模糊条件语句数）为 n_{FE}；控制模糊量 U 论域（模糊语言值个数）为 n_{FU}。隶属函数表的排列方式如表 10-14 所示。

表 10-14 隶属函数排列表

668

模糊控制规则表的排列方式如下：

$\underset{\sim}{E}$	$\underset{\sim}{e_1}$	$\underset{\sim}{e_2}$	$\cdots$	$\underset{\sim}{e_{n_{FE}}}$
$\underset{\sim}{U}$	$\underset{\sim}{u_1}$	$\underset{\sim}{u_2}$	$\cdots$	$\underset{\sim}{u_{n_{FE}}}$

则有模糊关系矩阵的计算公式为

$$R = E \times U$$

$$\underset{\sim}{R} = (\underset{\sim}{e_1} \times \underset{\sim}{u_1}) \bigcup (\underset{\sim}{e_2} \times \underset{\sim}{u_2}) \bigcup \cdots \bigcup (\underset{\sim}{e_{n_{FE}}} \times \underset{\sim}{u_{n_{FU}}})$$

$$= [\underset{\sim}{\mu(e_{1_i}, u_{1_j})}] \bigcup [\underset{\sim}{\mu(e_{2_i}, u_{2_j})}] \bigcup \cdots \bigcup [\underset{\sim}{\mu(e_{n_{FE_i}}, u_{n_{FU_j}})}]$$

$$= \begin{bmatrix} r_{11} & r_{12} & \cdots & r_{1n_u} \\ r_{21} & r_{22} & \cdots & r_{2n_u} \\ \vdots & \vdots & & \vdots \\ r_{n_e 1} & r_{n_e 2} & \cdots & r_{n_e n_u} \end{bmatrix}$$

$$i = 1, 2, \cdots, n_e; j = 1, 2, \cdots, n_u \tag{10-24}$$

计算模糊关系矩阵 R 的通用子程序如 F_Relation_P1. m 所示。（使用时需要使用者自行填入模糊变量赋值表的各数据）。

```
%一维模糊关系矩阵计算通用子程序 F_Relation_P1.m
%function [R, Fe, Fu, NE, NU, FNE, FNU] = F_Relation_P1
clear all;
%####################设置模糊变量赋值表########################
###
NE = [-6 -5 -4 -3 -2 -1 0 1 2 3 4 5 6]; %e的等级量论域
NU = NE; %u的等级量论域
FNE = [1 2 3 4 5 6 7]; %e的模糊量论域 1(PB), 2(PM), ..., 7(NB)
FNU = FNE; %u的模糊量论域
%隶属函数表（表 10-11）
Fe = [0 0 0 0 0 0 0 0 0 0 0 0.5 1; 0 0 0 0 0 0 0 0 0 0.5 1 0.5 0;
0 0 0 0 0 0 0 0.5 1 0.5 0 0 0; 0 0 0 0 0 0.5 1 0.5 0 0 0 0 0;
0 0 0 0.5 1 0.5 0 0 0 0 0 0 0; 0 0.5 1 0.5 0 0 0 0 0 0 0 0 0;
1 0.5 0 0 0 0 0 0 0 0 0 0 0];
Fu = Fe;
%定义模糊控制规则表（表 10-14）
FE = [7 6 5 4 3 2 1]; %规则表中 e 的取值
FU = [1 2 3 4 5 6 7]; %规则表中 u 的取值
%####################计算 R=E×U#############################
######
ne = numel(NE); nu = numel(NU); nFE = numel(FNE); nFU = numel(FNU);
R = zeros(ne, nu);
for i = 1: nFE
    iE = FE(i); iU = FU(i);
```

```
for k = 1: ne
  for l = 1: nu
    if Fe(iE, k)<Fu(iU, l)
      Reu(k, l) = Fe(iE, k);
    else
      Reu(k, l) = Fu(iU, l);
    end
  end
end
for k = 1: ne
  for l = 1: nu
    if Reu(k, l)>R(k, l)
      R(k, l) = Reu(k, l);
    end
  end
end
R
```

运行结果如下：

$$
R = \begin{bmatrix}
0 & 0 & 0 & 0 & 0 & 0 & 0 & 0 & 0 & 0 & 0 & 0.5 & 1 \\
0 & 0 & 0 & 0 & 0 & 0 & 0 & 0 & 0 & 0.5 & 0.5 & 0.5 & 0.5 \\
0 & 0 & 0 & 0 & 0 & 0 & 0 & 0 & 0 & 0.5 & 1 & 0.5 & 0 \\
0 & 0 & 0 & 0 & 0 & 0 & 0 & 0.5 & 0.5 & 0.5 & 0.5 & 0.5 & 0 \\
0 & 0 & 0 & 0 & 0 & 0 & 0 & 0.5 & 1 & 0.5 & 0 & 0 & 0 \\
0 & 0 & 0 & 0 & 0 & 0.5 & 0.5 & 0.5 & 0.5 & 0.5 & 0 & 0 & 0 \\
0 & 0 & 0 & 0 & 0 & 0.5 & 1 & 0.5 & 0 & 0 & 0 & 0 & 0 \\
0 & 0 & 0 & 0.5 & 0.5 & 0.5 & 0.5 & 0.5 & 0 & 0 & 0 & 0 & 0 \\
0 & 0 & 0 & 0.5 & 1 & 0.5 & 0 & 0 & 0 & 0 & 0 & 0 & 0 \\
0 & 0.5 & 0.5 & 0.5 & 0.5 & 0.5 & 0 & 0 & 0 & 0 & 0 & 0 & 0 \\
0 & 0.5 & 1 & 0.5 & 0 & 0 & 0 & 0 & 0 & 0 & 0 & 0 & 0 \\
0.5 & 0.5 & 0.5 & 0.5 & 0 & 0 & 0 & 0 & 0 & 0 & 0 & 0 & 0 \\
1 & 0.5 & 0 & 0 & 0 & 0 & 0 & 0 & 0 & 0 & 0 & 0 & 0
\end{bmatrix}
$$

再假设：偏差 e 的等级量论域为

$$\bar{e} = \{-3, -2, -1, 0, 1, 2, 3\}$$

模糊量的论域为

$$E = U = \{NB, NS, ZO, PS, PB\}$$

选择图 10-19 所示曲线作为隶属函数曲线族，则可以得到隶属函数表见表（10-15）。

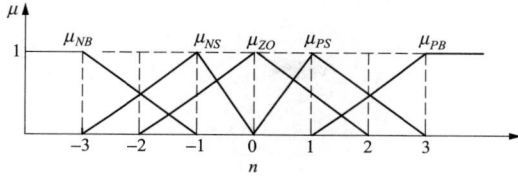

图 10-19　隶属函数曲线族

表 10-15　　　　　　　　　　　　　　　　　　　隶属函数表

μ ＼ n $\underset{\sim}{E},\underset{\sim}{U}$	-3	-2	-1	0	1	2	3
PB	0	0	0	0	0	0.5	1
PS	0	0	0	0	1	0.5	0
ZO	0	0	0.5	1	0.5	0	0
NS	0	0.5	1	0	0	0	0
NB	1	0.5	0	0	0	0	0

模糊 $\underset{\sim}{P}$ 的控制规则表见表 10-16。

表 10-16　　　　　　　　　　　　　　　　模糊 $\underset{\sim}{P}$ 的控制规则表

$\underset{\sim}{E}$	NB	NS	0	PS	PB
$\underset{\sim}{U}$	PB	PS	0	NS	NB

模糊变量赋值程序如 F _ Relation _ P2. m 所示，其他部分同前。

```
%一维模糊关系计算通用子程序 F _ Relation _ P2. m
% function [R, Fe, Fu, NE, NU, FNE, FNU] = F _ Relation _ P2
clear all;
%###########################设置模糊变量赋值表######################
##
NE = [-3 -2 -1 0 1 2 3];%e的等级量论域
NU = NE;%u的等级量论域
FNE = [1 2 3 4 5];%e的模糊量论域 1(PB),2(PS),...,5(NB)
FNU = FNE;%u的模糊量论域
%隶属函数表(表 10 - 15)
Fe = [0 0 0 0 0 0.5 1;0 0 0 0 1 0.5 0;
0 0 0.5 1 0.5 0 0;0 0.5 1 0 0 0 0;
1 0.5 0 0 0 0 0];
Fu = Fe;
%定义模糊控制规则表(表 10-16)
FE = [5 4 3 2 1];%模糊变量 E 的语言值
FU = [1 2 3 4 5];%模糊变量 U 的语言值
%#####################其他部分同前######################
```

671

运行结果为

$$\mathop{R}\limits_{\sim}=\begin{bmatrix} 0 & 0 & 0 & 0 & 0 & 0.5 & 1 \\ 0 & 0 & 0 & 0 & 0.5 & 0.5 & 0.5 \\ 0 & 0 & 0.5 & 0.5 & 1 & 0.5 & 0 \\ 0 & 0 & 0.5 & 1 & 0.5 & 0 & 0 \\ 0 & 0.5 & 1 & 0.5 & 0.5 & 0 & 0 \\ 0.5 & 0.5 & 0.5 & 0 & 0 & 0 & 0 \\ 1 & 0.5 & 0 & 0 & 0 & 0 & 0 \end{bmatrix}$$

2. 二维模糊(PD)控制器的控制规则设计

二维模糊 ($\mathop{PD}\limits_{\sim}$) 控制系统结构方框图如图 10-20 所示。

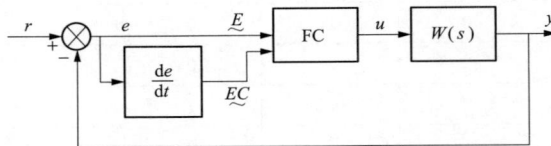

图 10-20 二维模糊 (PD) 控制系统结构方框图
$\sim$

选取 $\bar{e}$ 、$\bar{ec}$ 和 $\bar{u}$ 的等级量论域为

$$\bar{e} = \{-6,-5,-4,-3,-2,-1,-0,+0,1,2,3,4,5,6\}$$
$$\bar{ec} = \bar{u} = \{-7,-6,-5,-4,-3,-2,-1,0,1,2,3,4,5,6,7\}$$

e 的模糊量论域为

$$\{NB,NM,NS,NO,PO,PS,PM,PB\}$$

选取模糊量 $\mathop{E}\limits_{\sim}$ 的隶属函数表见表 10-17。

表 10-17 模糊量 $\mathop{E}\limits_{\sim}$ 的隶属函数表

$\mathop{E}\limits_{\sim}$ \ μ / n	−6	−5	−4	−3	−2	−1	−0	0	1	2	3	4	5	6
PB	0	0	0	0	0	0	0	0	0	0.1	0.4	0.8	1	
PM	0	0	0	0	0	0	0	0	0	0.2	0.7	1	0.7	0.2
PS	0	0	0	0	0	0	0.3	0.8	1	0.5	0.1	0	0	0
PO	0	0	0	0	0	0	0	1	0.6	0.1	0	0	0	0
NO	0	0	0	0	0.1	0.6	1	0	0	0	0	0	0	0
NS	0	0	0.1	0.5	1	0.8	0.3	0	0	0	0	0	0	0
NM	0.2	0.7	1	0.7	0.2	0	0	0	0	0	0	0	0	0
NB	1	0.8	0.4	0.1	0	0	0	0	0	0	0	0	0	0

选取 ec 和 u 的模糊量论域为

$$\{NB,NM,NS,ZO,PS,PM,PB\}$$

选取模糊量 $\underset{\sim}{EC}$ 和 $\underset{\sim}{U}$ 的隶属函数表见表 10-18。

表 10-18   模糊量 EC 和 $\underset{\sim}{U}$ 的隶属函数表

μ $\diagdown$ n $\underset{\sim}{EC}, \underset{\sim}{U}$	−7	−6	−5	−4	−3	−2	−1	0	1	2	3	4	5	6	7
PB	0	0	0	0	0	0	0	0	0	0	0	0.1	0.4	0.8	1
PM	0	0	0	0	0	0	0	0	0	0.2	0.7	1	0.7	0.2	0
PS	0	0	0	0	0	0	0.4	1	0.8	0.4	0.1	0	0	0	0
ZO	0	0	0	0	0	0	0.5	1	0.5	0	0	0	0	0	0
NS	0	0	0	0.1	0.4	0.8	1	0.4	0	0	0	0	0	0	0
NM	0	0.2	0.7	1	0.7	0.2	0	0	0	0	0	0	0	0	0
NB	1	0.8	0.4	0.1	0	0	0	0	0	0	0	0	0	0	0

与设计模糊 P 控制器的控制规则一样，可以依据人手动控制的一般经验，总结出一些模糊 PD 的控制规则，其基本思想如下：

首先考虑误差为负的情况，当误差（希望值减去温度值）为负大时（说明温度高于希望值），若误差变化率也为负，这时误差有增大的趋势，为尽快消除已有的负大误差并抑制误差变大，所以控制量的变化取正大（控制量增大，意味着喷水阀门开度增大，喷水量增加，使得温度下降，下同）。

当误差为负而误差变化率为正时，系统本身已有减少误差的趋势，所以为尽快消除误差而又不超调，应取较小的控制量。

当误差为负中时，控制量的变化应使误差尽快消除，基于这种原则，控制量的变化选取与误差为负大时相同。

当误差为负小时，系统接近稳态，若误差变化微小时，选取控制量变化为正中，以抑制误差往负方向变化；若误差变化为正时，系统本身有消除负小误差的趋势，选取控制量变化为正小。

上述选取控制量变化的原则是，当误差大或较大时，选择控制量以尽快消除误差为主；当误差较小时，选择控制量要注意防止超调，以系统稳定性为主要出发点。

例如：

若误差 E 负大，误差变化率 $\underset{\sim}{EC}$ 也为负大，则 $\underset{\sim}{U}$ 正大；

若误差 $\underset{\sim}{E}$ 负大，误差变化率 $\underset{\sim}{EC}$ 为负中，则 $\underset{\sim}{U}$ 仍为正大；

$$\vdots$$

若误差 E 正大，误差变化率 EC 也为正大，则 U 负大等。

这样的条件语句应该有 56 条。写成模糊条件推理句：

if $\underset{\sim}{E} = NB$ and $\underset{\sim}{EC} = NB$ then $\underset{\sim}{U} = PB$

if $\underset{\sim}{E} = NB$ and $\underset{\sim}{EC} = NM$ then $\underset{\sim}{U} = PB$

$$\vdots$$

if $\underset{\sim}{E} = PB$ and $\underset{\sim}{EC} = PB$ then $\underset{\sim}{U} = NB$

现将操作者在操作过程中遇到的各种出现的情况和相应的控制策略汇总为表 10-19。

表 10-19 模糊 PD 的控制规则表

$\underset{\sim}{EC}$ \ $\underset{\sim}{U}$ $\underset{\sim}{E}$	NB	NM	NS	NO	PO	PS	PM	PB
NB	PB	PB	PM	PM	PM	PS	ZO	ZO
NM	PB	PB	PM	PM	PM	PS	ZO	ZO
NS	PB	PB	PM	PS	PS	ZO	NS	NM
ZO	PB	PM	PS	ZO	ZO	NS	NM	NB
PS	PM	PM	PS	ZO	NS	NS	NM	NB
PM	PM	PS	ZO	NS	NM	NM	NB	NB
PB	PS	ZO	NS	NM	NM	NB	NB	NB

按着上述控制规则，可以得到温度偏差 $\underset{\sim}{E}$ 及偏差变化率 $\underset{\sim}{EC}$ 与喷水阀门开度之间的模糊关系：

$$R = (\underset{\sim}{E} \times \underset{\sim}{U}) \circ (\underset{\sim}{EC} \times \underset{\sim}{U}) = \underset{\sim}{E} \times \underset{\sim}{EC} \times \underset{\sim}{U}$$

$$= (NB_E \times NB_{EC} \times PB_U) \bigcup (NB_E \times NM_{EC} \times PB_U) \bigcup \cdots \bigcup (PB_E \times PB_{EC} \times NB_U)$$

$$(10\text{-}25)$$

下面给出二维模糊（PD）控制器的模糊偏差量及偏差变化率量与模糊控制量之间的模糊关系 $\underset{\sim}{R}$ 的通用计算方法及程序。

设：偏差量 e 的等级量论域为 n_e ，偏差变化率量 ec 的等级量论域为 n_{ec} ，控制量 u 的等级量论域为 n_u ；偏差模糊量 $\underset{\sim}{E}$ 论域为 n_{FE} ，偏差模糊量 $\underset{\sim}{E}$ 论域为 n_{FEC} ，控制模糊量 $\underset{\sim}{U}$ 论域为 n_{FU} 。

隶属函数表的排列方式如下：

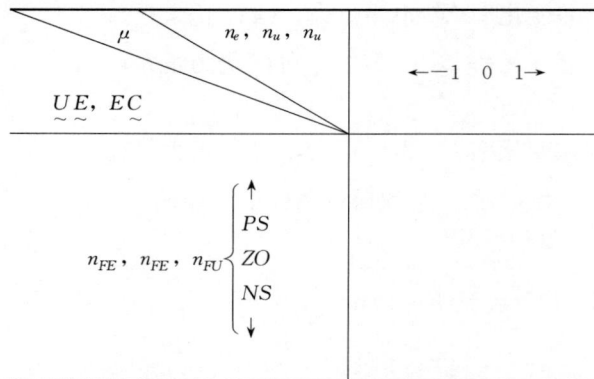

模糊控制规则表的排列方式如下：

$\underset{\sim}{EC}$ ╲ $\underset{\sim}{U}$ ╲ $\underset{\sim}{E}$	$\underset{\sim}{e}_1$	$\underset{\sim}{e}_2$	$\cdots$	$\underset{\sim}{e}_{n_{FE}}$
$\underset{\sim}{ec}_1$ $\underset{\sim}{ec}_2$ $\vdots$ $\underset{\sim}{ec}_{n\,FEC}$	$\underset{\sim}{u}_{1,1}$ $\vdots$ $\underset{\sim}{u}_{n_{FEC},1}$	$\cdots$	$\underset{\sim}{u}_{1,n_{FE}}$ $\vdots$ $\underset{\sim}{u}_{n,FEC,n_{FE}}$	

模糊关系矩阵的计算公式为

$$\underset{\sim}{R} = (\underset{\sim}{E} \times \underset{\sim}{EC} \times \underset{\sim}{U})$$

$$= \left[(\underset{\sim}{e}_1 \times \underset{\sim}{ec}_1 \times \underset{\sim}{u}_{11}) \bigcup (\underset{\sim}{e}_2 \times \underset{\sim}{ec}_1 \times \underset{\sim}{u}_{12}) \bigcup \cdots \bigcup (\underset{\sim}{e}_{n_{FE}} \times \underset{\sim}{ec}_{n_{FEC}} \times \underset{\sim}{u}_{n_{FEC},n_{FE}}) \right]$$

$$= \begin{bmatrix} r_{11} & r_{12} & \cdots & r_{1n_u} \\ r_{21} & r_{22} & \cdots & r_{2n_u} \\ \vdots & \vdots & & \vdots \\ r_{n_e \times n_{ec},1} & r_{n_e \times n_{ec},2} & \cdots & r_{n_e \times n_{ec},n_u} \end{bmatrix} \tag{10-26}$$

计算模糊关系矩阵 $\underset{\sim}{R}$ 的通用计算子程序如 F_Relation_PD. m 所示。

```
% 模糊关系计算子程序：F_Relation_PD. m
function [R, Fe, Fec, Fu, NE, NEC, NU, FNE, FNEC, FNU] = F_Relation_PD
% clear all;
%#################################设置模糊变量赋值表####################
###
% NE = [-6, -5, -4, -3, -2, -1, -0, 0, 1, 2, 3, 4, 5, 6]; % e 的等级量论域
NEC = [-7, -6, -5, -4, -3, -2, -1, 0, 1, 2, 3, 4, 5, 6, 7]; % ec 的等级量论域
NE = NEC;
NU = NEC; % u 的等级量论域
% FNE = [1 2 3 4 5 6 7 8]; % e 的模糊量论域 1(PB), 2(PM), ..., 8(NB)
FNEC = [1 2 3 4 5 6 7]; % ec 的模糊量论域 1(PB), 2(PS), ..., 7(NB)
FNE = FNEC;
FNU = FNEC; % u 的模糊量论域
% 定义 e 的隶属函数表 10 - 17
% Fe = [0 0 0 0 0 0 0 0 0 0.1 0.4 0.8 1.0;
%       0 0 0 0 0 0 0 0 0.2 0.7 1.0 0.7 0.2;
%       0 0 0 0 0 0 0.3 0.8 1.0 0.5 0.1 0 0;
%       0 0 0 0 0 0 1.0 0.6 0.1 0 0 0 0;
%       0 0 0 0 0.1 0.6 1.0 0 0 0 0 0 0;
%       0 0 0.1 0.5 1.0 0.8 0.3 0 0 0 0 0 0;
```

```matlab
%     0.2 0.7 1.0 0.7 0.2 0 0 0 0 0 0 0 0;
%     1.0 0.8 0.4 0.1 0 0 0 0 0 0 0 0 0];
%定义 ec、u 的隶属函数表 10-18
Fec = [0 0 0 0 0 0 0 0 0 0 0.1 0.4 0.8 1;
       0 0 0 0 0 0 0 0 0.2 0.7 1 0.7 0.2 0;
       0 0 0 0 0 0 0.4 1 0.8 0.4 0.1 0 0 0;
       0 0 0 0 0 0.5 1 0.5 0 0 0 0 0 0;
       0 0 0 0.1 0.4 0.8 1 0.4 0 0 0 0 0 0;
       0 0.2 0.7 1 0.7 0.2 0 0 0 0 0 0 0 0;
       1 0.8 0.4 0.1 0 0 0 0 0 0 0 0 0 0];
Fe = Fec;
Fu = Fec;
%定义模糊控制规则表(见表 10-19)
%FE = [8 7 6 5 4 3 2 1];%控制规则表的行元素
FEC = [7 6 5 4 3 2 1];%控制规则表的列元素
FE = FEC;
%FU = [1 1 2 2 2 3 4 4; 1 1 2 2 2 3 4 4; 1 1 2 3 3 4 5 6; 1 2 3 4 4 5 6 7;
%      2 2 3 4 5 5 6 7; 2 3 4 5 6 6 7 7; 3 4 5 6 6 7 7 7];%控制规则表 10-19
FU = [1 2 2 3 3 4 4; 2 2 3 3 4 4 4; 2 3 3 4 4 4 5; 3 3 4 4 4 5 5;
      3 4 4 4 5 5 6; 4 4 4 5 5 6 6; 4 4 5 5 6 6 7];%控制规则表 10-23
%####################计算 R = (E×EC×U) #############################
####
ne = numel(NE); nec = numel(NEC); nu = numel(NU);
nFE = numel(FNE); nFEC = numel(FNEC); nFU = numel(FNU);
R = zeros(ne * nec, nu);
for i = 1: nFEC
    for j = 1: nFE
        %计算 E×EC
        ie = FE(j);
        iec = FEC(i);
        for k = 1: ne
            for l = 1: nec
                if Fe(ie, k) < Fec(iec, l)
                Reec(k, l) = Fe(ie, k);
            else
                Reec(k, l) = Fec(iec, l);
            end
        end
        end
        %E×EC×U
        iu = FU(i, j);
        n = 0;
```

```
      for k = 1: ne
        for l = 1: nec
            n = n + 1;
            for t = 1: nu
                if Reec(k, l)<Fu(iu, t)
                  Reecu(n, t) = Reec(k, l);
                else
                  Reecu(n, t) = Fu(iu, t);
                end
            end
        end
      end
      for k = 1: n
        for l = 1: nu
            if Reecu(k, l)>R(k, l)
              R(k, l) = Reecu(k, l);
        end
      end
    end
  end
end
% R
```

该程序的运行结果 R 是一个 $n_e \times n_{ec} = 14 \times 15 = 210$ 行、$n_u = 15$ 列的矩阵，由于篇幅太长，这里不再列出运行结果。

3. 其他模糊控制器

三维模糊控制器很少使用，计算模糊关系的方法与两个输入时的相同，这里不再赘述。下面概括给出常见的模糊控制语句及其对应的模糊关系 R：

(1) if A then B

$$R = A \times B$$

(2) if A then B else C

$$R = (A \times B) \bigcup (\bar{A} \times C)$$

(3) if A and B then C

$$R = (A \times C) \circ (B \times C)$$

或 if A then if B then C

$$R = A \times (B \times C) = A \times B \times C$$

(4) if $\underset{\sim}{A}$ or $\underset{\sim}{B}$ and $\underset{\sim}{C}$ or $\underset{\sim}{D}$ then $\underset{\sim}{E}$

$$\underset{\sim}{R} = [(\underset{\sim}{A} \cup \underset{\sim}{B}) \times \underset{\sim}{E}] \circ [(\underset{\sim}{C} \cup \underset{\sim}{D}) \times \underset{\sim}{E}]$$

(5) if $\underset{\sim}{A}$ then $\underset{\sim}{B}$ and if $\underset{\sim}{A}$ then $\underset{\sim}{C}$

$$\underset{\sim}{R} = (\underset{\sim}{A} \times \underset{\sim}{B}) \circ (\underset{\sim}{A} \times \underset{\sim}{C})$$

(6) if $\underset{\sim}{A_1}$ then $\underset{\sim}{B_1}$ and if $\underset{\sim}{A_2}$ then $\underset{\sim}{B_2}$

$$\underset{\sim}{R} = (\underset{\sim}{A_1} \times \underset{\sim}{B_1}) \cup (\underset{\sim}{A_2} \times \underset{\sim}{B_2})$$

10.3.5 模糊决策

模糊决策也称为模糊推理，其任务是根据前面讲述的模糊推理及模糊变换的方法，通过 $\underset{\sim}{E}$、$\underset{\sim}{EC}$、$\underset{\sim}{EI}$ 及设计出的 $\underset{\sim}{R}$ 求出控制量 $\underset{\sim}{u}$。

1. 模糊（P）控制器的模糊决策

如果（$\underset{\sim}{R}$）是 E 到 U 的模糊关系，$\underset{\sim}{e}$ 是 E 论域内的某一模糊变量，$\underset{\sim}{u}$ 是 U 论域内与之对应的模糊变量。根据模糊变换表达式（10-14），则有

$$\underset{\sim}{u} = \underset{\sim}{e} \circ \underset{\sim}{R} \tag{10-27}$$

根据模糊关系矩阵积的运算公式（10-13）即可得到上式的具体计算公式

$$\underset{\sim}{u}_j = \bigvee (\underset{\sim}{e}_i \wedge \underset{\sim}{r}_{ij}) \qquad i = 1,2,\cdots,n_e ; j = 1,2,\cdots,n_u \tag{10-28}$$

该式的具体操作方法是：对于 $\underset{\sim}{e} = [e_{1 \times n_e}]$ 和 $\underset{\sim}{R} = [r_{n_e \times n_u}]$ 两个模糊矩阵，它们的合成 $\underset{\sim}{e} \circ \underset{\sim}{R}$ 是一个 1 行 n_u 列的模糊矩阵，其第 j 列的元素等于 $\underset{\sim}{e}$ 中的各元素与 $\underset{\sim}{R} = [\underset{\sim}{r}_{ij}]$ 中的第 j 列对应元素两两先取较小者，然后再在所得结果中取较大者。

例如，前面已经根据隶属函数表 10-15 和模糊控制规则表 10-16 计算出

$$\underset{\sim}{R} = \begin{bmatrix} 0 & 0 & 0 & 0 & 0 & 0.5 & 1 \\ 0 & 0 & 0 & 0 & 0.5 & 0.5 & 0.5 \\ 0 & 0 & 0.5 & 0.5 & 1 & 0.5 & 0 \\ 0 & 0 & 0.5 & 1 & 0.5 & 0 & 0 \\ 0 & 0.5 & 1 & 0.5 & 0.5 & 0 & 0 \\ 0.5 & 0.5 & 0.5 & 0 & 0 & 0 & 0 \\ 1 & 0.5 & 0 & 0 & 0 & 0 & 0 \end{bmatrix}$$

而且，已经选取偏差 e 的确切量和等级量的论域分别为

$$e \in [-2,2] , \bar{e} = \{-3,-2,-1,0,1,2,3\}$$

量化因子为

$$K_e = \frac{2 \times 3}{2-(-2)} = 1.5$$

那么，当 $e = 0.8$ 时，其等级量 $\bar{e} = 1$，由表 10-15 可以查出与等级量 1 对应着的那一列

中最大的隶属度是 1，它所在的行对应着模糊量 PS ，见表 10-20。

表 10-20 　　　　　　　　　　　等级量与模糊语言值的对应关系

$\underset{\sim}{E}$ ＼ μ ＼ n	-3	-2	-1	0	1	2	3
PB	0	0	0	0	0	0.5	1
PS	0	0	0	0	①	0.5	0
0	0	0	0.5	1	0.5	0	0
NS	0	0.5	1	0	0	0	0
NB	1	0.5	0	0	0	0	0

因此，模糊变量 $\underset{\sim}{e}$ 的取值为

$$\overline{e} = PS = \begin{bmatrix} 0 & 0 & 0 & 0 & 1 & 0.5 & 0 \end{bmatrix}$$

由此可以得到

$$\underset{\sim}{u} = \begin{bmatrix} 0 & 0 & 0 & 0 & 1 & 0.5 & 0 \end{bmatrix} \circ \begin{bmatrix} 0 & 0 & 0 & 0 & 0 & 0.5 & 1.0 \\ 0 & 0 & 0 & 0 & 0.5 & 0.5 & 0.5 \\ 0 & 0 & 0.5 & 0.5 & 1.0 & 0.5 & 0 \\ 0 & 0 & 0.5 & 1.0 & 0.5 & 0 & 0 \\ 0 & 0.5 & 1.0 & 0.5 & 0.5 & 0 & 0 \\ 0.5 & 0.5 & 0.5 & 0 & 0 & 0 & 0 \\ 1.0 & 0.5 & 0 & 0 & 0 & 0 & 0 \end{bmatrix}$$

$$= \begin{bmatrix} 0.5 & 0.5 & 1.0 & 0.5 & 0.5 & 0 & 0 \end{bmatrix}$$

模糊（$\underset{\sim}{P}$）控制决策计算子程序如 F _ Deduce _ P. m 所示。

```
%一维模糊决策子程序 F _ Deduce _ P. m
function FEU = F _ Deduce _ P(fe, R, ne, nu)
%fe=[0 0 0 0 1 0.5 0];
for i = 1: nu
  for j = 1: ne
      if fe(j)<R(j, i)
        Feu(j) = fe(j);
      else
        Feu(j) = R(j, i);
      end
  end
  FEU(i) = max(Feu);
end
% FEU
```

2. 模糊(PD)控制器的模糊决策

如果 R 是 E 和 EC 到 U 的模糊关系，e 是 E 论域内的某一模糊变量，ec 是 EC 论域内的某一模糊变量，u 是 U 论域内与之对应的模糊变量。根据模糊集合的直积公式（10-9）和模糊变换表达式（10-14），则有

$$u = (e \times ec) \circ R = c \circ R \tag{10-29}$$

它们的具体计算公式为：

对于 $c = e \times ec$，根据直积公式（10-9）可以得到

$$c = e \times ec = \left[\mu(e_i, ec_j) \mid i = 1, 2, \cdots, n, j = 1, 2, \cdots, m \right] \tag{10-30}$$

对于 $c \circ R$，根据模糊变换运算规则，则有

$$u_k = \bigvee \left[c_l \wedge r_{lk} \right] \quad k = 1, 2, \cdots, n_u; \ l = 1, 2, \cdots, n_e \times n_{ec} \tag{10-31}$$

具体的操作方法是：对于 $c = \left[c_{1, n_e \times n_{ec}} \right]$ 和 $R = \left[r_{n_e \times n_{ec}, n_u} \right]$ 两个模糊矩阵，它们的合成 $c \circ R$ 是一个 1 行 n_u 列的模糊矩阵，其第 k 列的元素等于 c 的各元素与 $R = \left[r_{lk} \right]$ 的第 k 列对应元素两两先取较小者，然后再在所得结果中取较大者。

例如，在 10.3.4 "2. 二维模糊（PD）控制器的控制规则设计"中，已经给出了某模糊控制器的输入变量及输出变量的论域、模糊变量论域、隶属函数、控制规则表等，并计算出了从 E 和 EC 到 U 的模糊关系矩阵 R。那么，当 $e = 0.7$ 时，其等级量为 $\bar{e} = 2$，从表 10-17 中可以看到，与等级量 2 对应着的那一列中，最大的隶属度是 1，它所在的行对应着模糊量 PS，见表 10-21：

表 10-21　　　　　　　　　　等级量与模糊语言值的对应关系

μ ＼ n 　 E	−6	−5	−4	−3	−2	−1	−0	0	1	2	3	4	5	6
PB	0	0	0	0	0	0	0	0	0	0	0.1	0.4	0.8	1
PM	0	0	0	0	0	0	0	0	0	0.2	0.7	1	0.7	0.2
PS	0	0	0	0	0	0	0	0.3	0.8	①	0.5	0.1	0	0
PO	0	0	0	0	0	1	0.6	0.1	0	0	0	0	0	0
NO	0	0	0	0	0.1	0.6	1	0	0	0	0	0	0	0
NS	0	0	0.1	0.5	1	0.8	0.3	0	0	0	0	0	0	0
NM	0.2	0.7	1	0.7	0.2	0	0	0	0	0	0	0	0	0
NB	1	0.8	0.4	0.1	0	0	0	0	0	0	0	0	0	0

因此，模糊变量 e 的取值为

$$e = PS = (0 \quad 0 \quad 0 \quad 0 \quad 0 \quad 0 \quad 0 \quad 0.3 \quad 0.8 \quad 1 \quad 0.5 \quad 0.1 \quad 0 \quad 0)$$

同理，如果此时 $ec = 0.002$，其等级量为 $\bar{ec} = 3$，从表 10-18 中可以看到，与等级量 3

对应着的那一列中，最大的隶属度是 0.7，它所在的行对应着模糊量 PM ，见表 10-22：

表 10-22   **等级量与模糊语言值的对应关系**

$\underset{EC}{\mu \diagdown n}$	-7	-6	-5	-4	-3	-2	-1	0	1	2	3	4	5	6	7
PB	0	0	0	0	0	0	0	0	0	0	0	0.1	0.4	0.8	1
PM	0	0	0	0	0	0	0	0	0	0.2	⟨0.7⟩	1	0.7	0.2	0
PS	0	0	0	0	0	0	0	0.4	1	0.8	0.4	0.1	0	0	0
ZO	0	0	0	0	0	0	0.5	1	0.5	0	0	0	0	0	0
NS	0	0	0	0.1	0.4	0.8	1	0.4	0	0	0	0	0	0	0
NM	0	0.2	0.7	1	0.7	0.2	0	0	0	0	0	0	0	0	0
NB	1	0.8	0.4	0.1	0	0	0	0	0	0	0	0	0	0	0

因此，模糊变量 $\underset{\sim}{ec}$ 的取值为

$$\underset{\sim}{ec} = PM = (0 \ \ 0 \ \ 0 \ \ 0 \ \ 0 \ \ 0 \ \ 0 \ \ 0 \ \ 0 \ \ 0.2 \ \ 0.7 \ \ 1 \ \ 0.7 \ \ 0.2 \ \ 0)$$

模糊PD决策程序如 F_Deduce_PD. m 所示。把上述参数带入该程序即可得到模糊控制量

$$\underset{\sim}{u} = (0.5 \ \ 0.5 \ \ 0.7 \ \ 1 \ \ 0.7 \ \ 0.4 \ \ 0.4 \ \ 0.4 \ \ 0 \ \ 0 \ \ 0 \ \ 0 \ \ 0 \ \ 0 \ \ 0)$$

```
%二维模糊决策程序 F_Deduce_PD. m
function FU = F_Deduce_PD(fe, fec, R, ne, nec, nu)
%##########################计算 E×EC#############################
##
% fe = [0 0 0 0 0 0 0.3 0.8 1 0.5 0.1 0 0];
% fec = [0 0 0 0 0 0 0 0.2 0.7 1 0.7 0.2 0];
n = 0;
for i = 1: ne
    for j = 1: nec
        n = n + 1;
        if fe(i)<fec(j)
            feec(n) = fe(i);
        else
            feec(n) = fec(j);
        end
    end
end
%######################计算(E×EC)·R#######################
for l = 1: nu
    for i = 1: n
        if feec(i)<R(i, l)
            Feecu(i) = feec(i);
```

```
        else
          Feecu(i) = R(i, l);
        end
        FEECU(l) = max(Feecu);
      end
    end
  % FEECU
```

10.3.6 非模糊化处理

模糊控制器的输出是一个模糊子集，它包含控制量的各种信息，而执行器仅能接收一个确切的控制量，因此必须把模糊控制器输出的模糊量转化为确切量。因为模糊量与等级量对应，所以在转化成确切量之前，先把它转换为等级量，然后再把这个确切的等级量转化成执行器实际能接受的确切量。这一过程正好与确切量的模糊化相反，因此称为非模糊化处理或模糊判决。

1. 模糊输出量转换成等级量

转换成等级量最简单也是最实用的方法有两种：

(1) 最大隶属度法。假设模糊控制器的输出模糊集为

$$\underset{\sim}{u} = (\underset{\sim}{u_1}, \underset{\sim}{u_2}, \cdots, \underset{\sim}{u_{n_u}})$$

其相对应的等级量论域为

$$\overline{u} = \{\overline{u_1}, \overline{u_2}, \cdots, \overline{u_{n_u}}\}$$

模糊判决的最大隶属度原则就是，选择模糊集 $\underset{\sim}{u}$ 中隶属度最大的那个元素 $\max(\underset{\sim}{u})$ 所对应的等级量，作为确切控制量。

例如，在本章 10.3.5 "模糊PD控制器的模糊决策" 中已经推理出模糊输出量为

$$\underset{\sim}{u} = (0.5 \quad 0.5 \quad 0.7 \quad 1 \quad 0.7 \quad 0.4 \quad 0.4 \quad 0.4 \quad 0 \quad 0 \quad 0 \quad 0 \quad 0 \quad 0 \quad 0)$$

它所对应的等级量论域为

$$\overline{u} = \{-7, -6, -5, -4, -3, -2, -1, 0, 1, 2, 3, 4, 5, 6, 7\}$$

与隶属度最大值 1 相对应的等级量是 -4，因此，确切的等级量输出为

$$\overline{U} = -4$$

如果在输出的模糊集 $\underset{\sim}{u}$ 中，具有最大隶属度的那些元素是连续的（即隶属函数出现一个平顶，有多个连续的最大值），则取其平顶的重心所对应的论域元素作为控制量输出，即对这些元素取平均值。

例如，有一个输出模糊集为

$$\underset{\sim}{u} = \{\frac{0.1}{-3}, \frac{0.1}{-2}, \frac{0.7}{-1}, \frac{0.7}{0}, \frac{0.8}{1}, \frac{0.8}{2}, \frac{0.3}{3}\}$$

则取判决结果为 $\overline{U} = \frac{1+2}{2} = 1.5$。

这种判决方法的优点是简单易行，缺点是它概括的信息量较少，因为这样做完全排除了其他一切隶属度较小的元素的影响和作用，并且为了判决得以实施，必须避免控制器输出过程中出现隶属函数曲线为双峰和所有元素的隶属度值都非常小的那种模糊集。

682

（2）加权平均判决法。加权平均判决法的关键在于权系数的选择。一般来讲，权系数的决定与系统响应特性有关，因此可根据系统设计要求或经验来选取适当的加权系数，当权系数 $k_i (i = 1,2,\cdots,n_u)$ 已确定时，模糊量的判决输出为

$$\bar{U} = \frac{\sum\limits_{i=1}^{n_u} k_i\, \bar{u}_i}{\sum\limits_{i=1}^{n_u} k_i} \tag{10-32}$$

为简单起见，通常选用隶属度作为加权系数，则决策输出表述为

$$\bar{U} = \frac{\sum\limits_{i=1}^{n_u} \underset{\sim}{u}_i\, \bar{u}_i}{\sum\limits_{i=1}^{n_u} \underset{\sim}{u}_i} \tag{10-33}$$

例如，前面所举的输出模糊集
$$\underset{\sim}{u} = (0.5 \quad 0.5 \quad 0.7 \quad 1 \quad 0.7 \quad 0.4 \quad 0.4 \quad 0.4 \quad 0 \quad 0 \quad 0 \quad 0 \quad 0 \quad 0 \quad 0)$$
及它所对应的等级量论域
$$\bar{u} = \{-7,-6,-5,-4,-3,-2,-1,0,1,2,3,4,5,6,7\}$$
利用加权平均法可以得到确切等级量输出

$$\bar{U} = \frac{0.5\times(-7)+0.5\times(-6)+0.7\times(-5)+1\times(-4)+0.7\times(-3)+0.4\times(-2)+0.4\times(-1)+0.4\times0}{0.5+0.5+0.7+1+0.7+0.4+0.4+0.4}$$
$$= -3.8$$

由此可见，加权平均法与最大隶属度法得到的结果相当接近，但比最大隶属度法所含的信息要多。

2. 确切等级量转换成确切量

把等级量转换成执行器实际能接受的确切量是比较容易的。先给出执行机构一次能接受的最大行程，假设为 $\pm u_m \%$，即控制器输出确切量的基本论域为 $u = [-u_m, u_m]$，再假设等级量的论域为 $\bar{u} \in [-n, n]$，则控制器的确切量输出为

$$u = \frac{u_m}{n}\bar{U} = K_u\bar{U} \tag{10-34}$$

式中　K_u——比例因子。

例如：执行器可接受的最大行程为 $\pm 30\%$，如果等级量的论域选为 $\bar{u} = [-7, 7]$，则比例因子为

$$K_u = \frac{u_m}{n} = \frac{3}{7}$$

当 $\bar{U} = -3.8$ 时，控制器的确切量输出为

$$u = K_u\widetilde{U} = \frac{30}{7}\times(-3.8) = 16.3\%$$

10.3.7　通用模糊控制器的设计方法

总结前几小节讲述的模糊控制器的设计任务和方法，可以看出，模糊控制器的设计步骤如下：

(1) 设计模糊控制器结构。

(2) 选取确切量论域。

(3) 选取等级量论域。

(4) 设计隶属函数曲线族（或隶属函数表）。

(5) 设计模糊控制规则表。

(6) 计算模糊关系推理矩阵。

(7) 根据模糊控制器的输入计算模糊输出量。

(8) 转换模糊输出量为确切等级量。

(9) 转换确切等级量为确切输出量。

当选择了模糊控制器的结构以后，接下来的一步也是关键的一步就是选择模糊控制器输入和输出的确切量论域。确切输入量的论域不但取决于实际系统的结构，还与系统的运行状态有关。该论域的选取，不仅影响控制系统的调节品质，在严重情况下，直接威胁到系统的稳定性。因此，设计模糊控制器时，先不确定确切量的论域（等实际运行时再进行调整），而是从选取等级量的论域开始，到计算出控制器输出的确切等级量为止。

1. 模糊（P̃）控制器的设计

考虑某 300MW 循环流化床锅炉床温系统采用一维模糊控制器进行控制，60％负荷下燃料量与床温的关系模型为

$$W(s) = \frac{5.77}{(224.18s+1)^2} e^{-86s}$$

模糊控制系统原理方框图如图 10-21 所示。

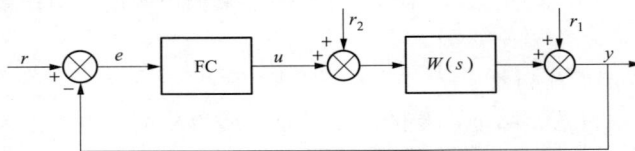

图 10-21　流化床锅炉床温单输入模糊控制系统原理方框图

在第 6 章第 6.5 节中已经优化出最优 PID 控制器参数为

$$\delta_b = 4.8, T_{ib} = 429$$

图 10-22 示出了在该参数下，当系统的希望值 $r = 1(t)$，确切 PID 控制时的响应曲线。

下面是一维模糊控制器的设计步骤：

（1）选取偏差 e 和 u 的确切量论域：

根据图 10-22 可以选取

$$e \in [-2,2], u \in [-0.5,0.5]$$

（2）选取偏差 e、控制量 u 的等级量论域：

$$\bar{e} = \bar{u} = \{-6,-5,-4,-3,-2,-1,0,1,2,3,4,5,6\}$$

（3）计算量化因子：

$$k_e = \frac{2 \times 6}{2-(-2)} = 3$$

（4）计算比例因子：

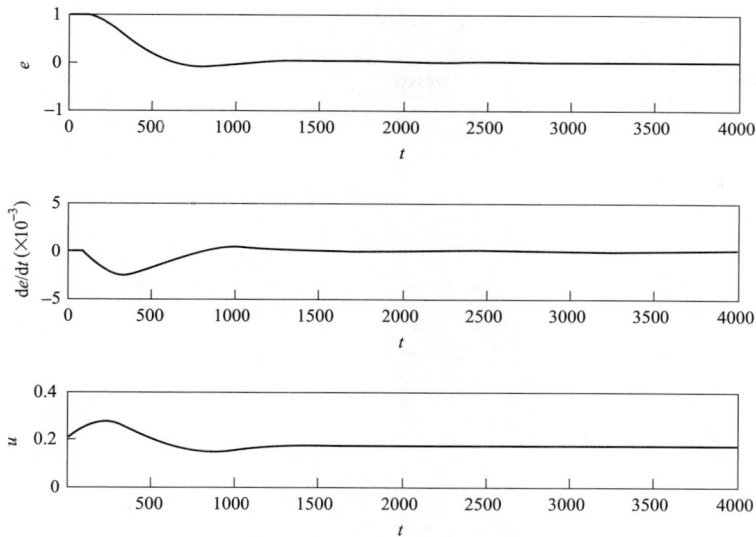

图 10-22   确切 PID 控制时的响应过程曲线

$$k_u = \frac{0.5 - (-0.5)}{2 \times 6} = \frac{1}{12}$$

（5）选取 e 和 u 的模糊量论域：

$$\underset{\sim}{E} = \underset{\sim}{U} = \{NB, NM, NS, ZO, PS, PM, PB\}$$

（6）设计隶属函数表（见表 10-11）。

（7）设计模糊控制规则表（见表 10-14）。

（8）由于燃料量增加床温会升高，即正对象，而模糊控制规则表中的控制为负作用（即输入增大，输出减小），因此应该选择模糊控制器为负作用。

（9）根据前面给出的参数求出模糊关系矩阵（调用模糊关系矩阵计算子程序 F_Relation_P1. m）。

对于该系统，模糊 P 控制器的仿真程序如 FC_main_P. m 所示，仿真结果如图 10-23 所示。

```
%模糊 P 控制系统仿真程序 FC_main_P. m
%被控对象 W(s) = 5. 77/(224. 18s + 1)^2) * e^( - 86s)
clear all
DT = 1; ST = 4000; Ts = 1; LP = ST/Ts; LP1 = Ts/DT;
K = 5. 77; A = exp( - DT/224. 18); B = 1 - A; DTA = 4. 8; Ti = 429;
Tao = 86; Md = fix(Tao/DT);
x1 = 0; x2 = 0; y0 = 0; x_del(1: Md) = 0;
x11 = 0; x21 = 0; y1 = 0; x_del1(1: Md) = 0; xi = 0; n = 0; r = 1; r1 = 0; r2 = 0;
%###############设置 e, u 的确切量论域 #############################
em = 2; um = 0. 5;
%#############################################################
```

```
%调用计算模糊关系矩阵 R 的子程序 F_Relation_P1.m
[R, Fe, Fu, NE, NU, FNE, FNU] = F_Relation_P1;
ne = numel(NE); nu = numel(NU); nFE = numel(FNE); nFU = numel(FNU);
%计算量化因子及比例因子
FEm = NE(ne); FUm = NU(nu);
Ke = FEm/em; Ku = um/FUm;
for k = 1: LP
    %############计算 FC 输出 ##############################
    e = r - y0; %计算输入 e 的确切量
    E = round(Ke * e); %把 e 转换成等级量
    if E>FEm; E = FEm; end
    if E< - FEm; E = - FEm; end
    EE(k) = E;
    j = E + FEm + 1;
    Fem = Fe(1, j); Fi = 1;
    for i = 2: nFE
        if E<0
            if Fe(i, j)> = Fem; Fem = Fe(i, j); Fi = i; end; %得到模糊语言值
        else
            if Fe(i, j)>Fem; Fem = Fe(i, j); Fi = i; end; %得到模糊语言值
        end
    end
    FEU = F_Deduce_P(Fe(Fi,:), R, ne, nu); %调用模糊决策子程序
    %加权平均法判决控制器的输出
    Su = 0; S = 0;
    for i = 1: nu
        Su = Su + NU(i) * FEU(i); S = S + FEU(i);
    end
    u = - Ku * Su/S;
    % * * * * * * * * * * * * * *仿真计算被控对象* * * * * * * * * * * * * * * * * * * *
    for l = 1: LP1
        n = n + 1;
        x1 = A * x1 + K * B * (u + r2);
        x2 = A * x2 + B * x1;
        y0 = x_del(Md) + r1;
        for j = Md: - 1: 2; x_del(j) = x_del(j - 1); end
        x_del(1) = x2;
        Y(n) = y0; U(n) = u; t(n) = k * DT;
        % * * * * * * * * * * * * *PID 控制仿真* * * * * * * * * * * * * * * * * * *
        e1 = r - y1;
        xp = e1/DTA; xi = xi + DT/DTA/Ti * e1; upi = xp + xi;
        x11 = A * x11 + K * B * upi;
```

```
        x21 = A * x21 + B * x11;
        y1 = x_del1(Md);
        for j = Md: -1: 2; x_del1(j) = x_del1(j-1); end
        x_del1(1) = x21;
        Y1(n) = y1; U1(n) = upi;
    end
end
subplot(2, 1, 1), plot(t, Y, 'r'); hold on;
subplot(2, 1, 2), plot(t, U, 'r'); hold on;
subplot(2, 1, 1), plot(t, Y1, 'b'); hold on;
subplot(2, 1, 2), plot(t, U1, 'b'); hold on;
```

从图 10-23 中可以看到，在确切量论域 $e \in [-2,2]$, $u \in [-0.5, 0.5]$ 下，与 PID 控制策略相比，模糊控制系统的响应速度略有提高，但是稳定性很差，调节过程结束以后，系统产生了等幅振荡。当保持 e 和 u 的等级量不变，u 的确切量也保持不变，而把 e 的确切量论域调整为 $e \in [-3,3]$ 时，量化因子变小，在同样的偏差下，模糊控制器的输出变小，因此，模糊控制的稳定性变好，调节速度减慢。但是，调节过程结束以后，系统仍然处在等幅振荡状态。而当减小确切量的论域时，例如，取 $e \in [-1,1]$ 时，量化因子变大，在同样的偏差下，模糊控制器的输出会增大，使得控制器变得敏感，因此，调节速度加快，超调量会增大，稳定性变差，而当调节过程结束以后，系统仍然会处在等幅振荡状态。

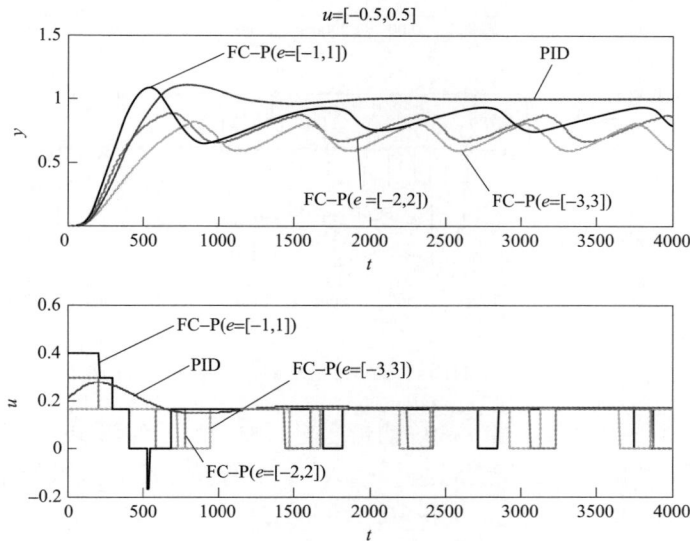

图 10-23　单输入模糊控制系统的仿真响应曲线

下面来分析一下在控制过程的后期产生等幅振荡的原因：

当选择的偏差量论域较大，量化因子就会较小，而实际偏差量的变化范围也很小时，在该范围内模糊控制器的输出几乎不变，只有当偏差进一步增大时，控制器的输出才发生变化。对于具有大纯迟延、大惯性的被控对象来说，当希望值阶跃变化后，产生的偏差最大，由此得到的控制器输出也最大，控制器开始作用后，偏差逐渐减小，控制器的输出也相应地减小，当偏差减小到模糊 0 时，控制器的输出也是模糊 0。这一控制过程相当于给被控对象施加一个脉冲作用，所以在此期间，由于纯迟延和惯性的存在，系统的输出开始时会逐渐增大，当达到一定程度以后，开始回落。当系统的偏差回落到低于模糊 0 以后，控制器开始反向调节，使系统的偏差再次回到模糊 0，控制器的输出也又回到模糊 0。这一控制过程相当于又给被控对象施加一个脉冲作用，因此系统的输出开始时是回升的，当达到一定值以后，又开始下降。这样循环往复，控制器的输出开始在模糊 0 和另一个模糊值上来回切换，导致控制系统的输出在某一个邻域内等幅振荡（见图 10-23）。如果把确切量的论域减小，量化因子就会随之变大，当希望值发生阶跃变化后，即使产生的偏差是相同的，由此得到的控制器输出要比前面的大，即控制器变得灵敏，使得控制系统的超调量增大。接下来的控制过程与前面的相同，还会产生等幅振荡。由此可以推断，e 的确切量论域越小，模糊控制器越灵敏，调节速度越快，产生的超调量就会越大，而当 e 的确切量论域小到一定程度以后，例如，取 $e \in [-0.3, 0.3]$ 时，控制系统的输出没有衰减的过程，当达到第一个峰值以后就进入等幅振荡状态，如图 10-24 所示。

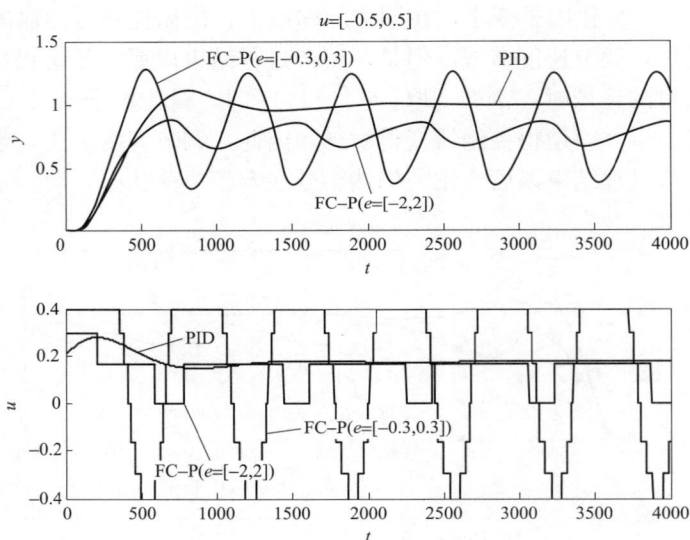

图 10-24　e 的确切量论域较小时的仿真响应曲线

下面再来分析一下控制器输出 u 的确切量变化对控制品质的影响。

当选取偏差量 e 的确切量论域为 $e \in [-2, 2]$，并保持不变，选取控制器输出 u 的确切量论域分别为 $u \in [-0.3, 0.3]$、$u \in [-0.5, 0.5]$、$u \in [-1, 1]$ 时，单输入模糊控制器的控制品质如图 10.3.15 所示。

从图 10-25 中可以看到，u 的确切量论域越小，控制系统越稳定，调节速度也就越慢。这是因为，u 的确切量论域越小，量化因子也就越小，在同样的等级量输出下，控制作用也就越弱。这个结论与前几章得到的结论是相同的：为了提高调节速度，必须加大控制作用，由此带来的后果是稳定性变差；为了使系统稳定性变好，就必须降低调节速度。

从上述的各种实验结果还可以看出，模糊控制器的输出只在第一个振荡（调节）周期发

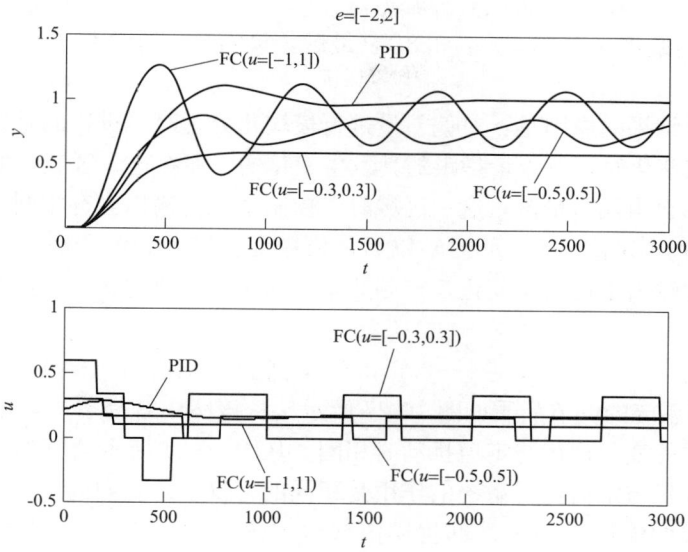

图 10-25　u 的确切量论域变化时的仿真响应曲线

生变化，在以后的各调节周期里，控制器的输出要么以某一幅值等幅振荡，要么稳定在某一幅值上。换句话说，模糊控制系统的调节品质在第一个调节周期里就已经决定下来了。

从上述的分析过程中也可以看出，模糊控制系统的控制品质与模糊控制器的输入和输出的确切量大小有关，因此按某种状态设计出的模糊控制系统即使有较好的控制品质，当系统的希望值和内、外扰动偏离设计值时，控制品质也会变差，甚至不能正常工作。

例如，取 $e \in [-2, 2]$，$u \in [-0.5, 0.5]$，希望值分别取为 $r = 1, 1.2, 1.4, \cdots, 3.6, 3.8$，$4, 4.2, \cdots$ 时，模糊控制系统的仿真结果如图 10-26 所示。

从图 10-26 中可以看到，随着希望值 r 的变化，控制系统的响应从有等幅振荡（$r = 1$），

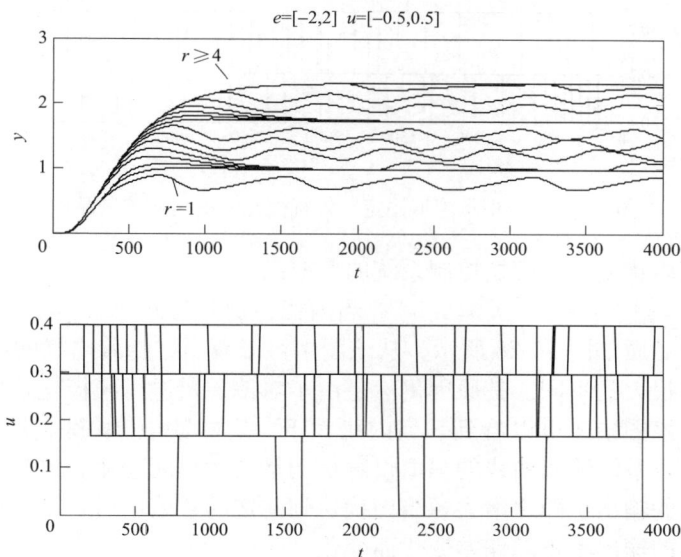

图 10-26　确切量论域固定、希望值变化时的模糊控制品质

到无振荡（1.2≤r≤1.6）、再到有等幅振荡（1.8≤r≤2.4）、再到无振荡（2.6≤r≤3.2）、再到有等幅振荡（3.4≤r≤3.8），最后，再随着 r 的增大（r≥4），控制系统的输出不再发生变化。

产生这种控制结果的原因是：对偏差量进行模糊化处理时，进行的是非线性变换，因此当 r 值在某一区域变化时，偏差量是跟随其发生变化的，而在这一区域，偏差量的模糊变换可能是线性的，那么当偏差量落入这一区域时，控制系统的输出会有相同的品质。而当最大（初始）偏差量达到一定值（$r=4$ 时）以后，模糊变换进入到饱和区，在第一个调节周期里，模糊控制器的输出不再发生变化，控制效果是无论给定值为多少，控制系统的响应都是相同的。

同理，仍取 $e\in[-2,2]$、$u\in[-0.5,0.5]$，外扰为别取为 $r_1=1,1.2,1.4,\cdots,4.8,5$，6,7 时，模糊控制系统的调节品质如图 10-27 所示。从该图中容易看出，随着外扰幅值的变化，模糊控制品质的变化规律与定值扰动时相同。从图 10-21 所示的模糊控制系统结构方框图中可以看出，外扰与定值扰对系统的作用是相同的，仅仅是它们的调节方向相反而已，但是外扰时要在系统的输出叠加上外部扰动值（对比图 10-27 与图 10-26 即可以得到这一结论）。

$$e=[-2,2] \quad u=[-0.5,0.5]$$

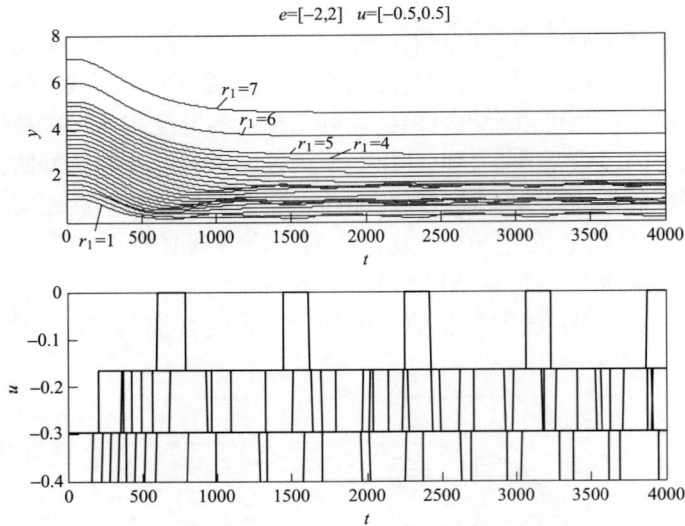

图 10-27　确切量论域固定、外扰变化时的模糊控制品质

现在，来观察内扰变化时模糊控制系统的调节品质：

仍取 $e\in[-2,2]$、$u\in[-0.5,0.5]$，当内扰为别取为 $r_2=1,0.9,0.8,\cdots,0.1$ 时，模糊控制系统的调节品质如图 10-28 所示。从该图中可以看出，随着内扰的幅值变化，模糊控制系统的输出会有很大的不同。其原因仍然是由于对偏差量进行模糊化处理时，进行的是非线性变换所致。从该图中还可以看到，当内扰大于一定的数值（本例是 $r_2>0.8$ 时），控制品质不再发生变化，系统输出曲线的幅值仅随扰动量的大小而变化。这是因为，随着内扰幅值的增大，控制器的输出也随之增大，当内扰达到一定的数值以后，模糊控制器的输出进入饱和状态，控制器的输出不再随偏差变化而变化。

从上述的分析过程中还可以看到，一维模糊控制器不能完全消除内、外扰动，也不能维

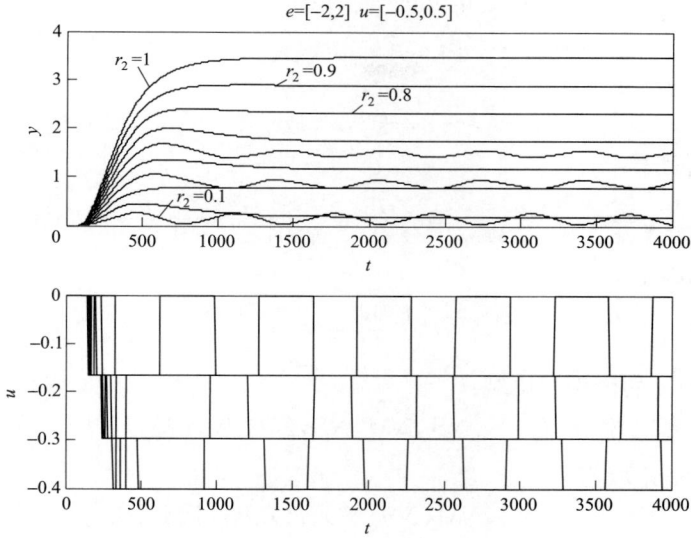

图 10-28　确切量论域固定、内扰变化时的模糊控制品质

持输出在某一希望值上。其实原因很简单，单输入的模糊控制器实质上是一个变比例的非线性比例（P）控制器，因此它不能消除静差。除此以外，模糊控制器是非线性的，它具有非线性控制的所有缺陷：控制系统的调节品质不仅与控制器的设计参数有关，还与控制系统的运行状态有关，而且容易产生等幅振荡（极限环）。

从整体上看，该系统的 FC 控制效果远不如 PID 的好，单纯的模糊（P）控制器并不能在生产过程控制系统中得到实际的应用。

2. 模糊（PD）控制器的设计

仍考虑某 300MW 循环流化床锅炉床温系统采用二维模糊控制器（PD）进行控制，60％负荷下燃料量与床温的关系模型如下：

$$W(s) = \frac{5.77}{(224.18s+1)^2} e^{-86s}$$

模糊控制系统原理方框图如图 10-29 所示。

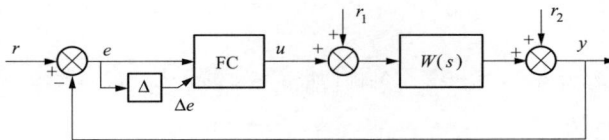

图 10-29　流化床锅炉床温双输入模糊控制系统原理方框图

下面是二维模糊控制器的设计步骤：

（1）选取偏差 e、偏差变化率 Δe 以及 u 的确切量论域：

根据图 10-22，可选取

$$e \in [-2,2] \qquad \Delta e \in [-0.01, 0.01] \qquad u \in [-1,1]$$

691

（2）选取偏差变化率 Δe、控制量 u 的等级量论域：

$$\overline{ec} = \overline{u} = \{-7,-6,-5,-4,-3,-2,-1,0,1,2,3,4,5,6,7\}$$

偏差量 e 的等级量论域：

$$\overline{e} = \{-6,-5,-4,-3,-2,-1,-0,+0,1,2,3,4,5,6\}$$

（3）计算量化因子：

$$K_e = \frac{2 \times 6}{2 - (-2)} = 3 , K_{ec} = \frac{2 \times 7}{0.01 - (-0.01)} = 700$$

（4）计算比例因子：

$$k_u = \frac{1 - (-1)}{2 \times 7} = \frac{1}{7}$$

（5）选取 ec 和 u 的模糊量论域：

$$EC = \underset{\sim}{U} = \{NB,NM,NS,ZO,PS,PM,PB\}$$

选取 e 的模糊量论域为

$$\underset{\sim}{E} = \{NB,NM,NS,NO,PO,PS,PM,PB\}$$

（6）设计隶属函数表（见表 10-17 和表 10-18）。

（7）设计模糊控制规则表（见表 10-19）。

（8）仍选择模糊控制器为负作用。

（9）根据前面给出的参数求出模糊关系矩阵（调用模糊关系矩阵计算子程序 F_Relation_PD. m）。

按着前面的设计过程，可以得到二维模糊（$\underset{\sim}{PD}$）控制系统的仿真主程序，如 FC_main_PD_I. m 所示。

```
%二维模糊 + 积分控制器仿真程序 FC_main_PD_I. m
%被控对象 W(s) = 5.77/(224.18s + 1)^2 * e^(-86s)
clear all
DT = 5; ST = 4000; Ts = 5; LP = ST/Ts; LP1 = Ts/DT;
K = 5.77; A = exp(-DT/224.18); B = 1 - A; Tao = 86; Md = fix(Tao/DT);
DTA = 4.8; Ti = 429;
x1 = 0; x2 = 0; y0 = 0; e0 = 0; x_del(1: Md) = 0;
x11 = 0; x21 = 0; y1 = 0; x_del1(1: Md) = 0; xi = 0; n = 0; r = 1; r1 = 0; r2 = 0;
xfi = 0; ki = 1/DTA/Ti;
%################设置 e, ec, u 的确切量论域###################
em = 0.8; ecm = 0.01; um = 0.7;
%%%%%%%%%%%调用计算模糊关系矩阵 R 的子程序 F_Relation_PD. m#######
[R, Fe, Fec, Fu, NE, NEC, NU, FNE, FNEC, FNU] = F_Relation_PD;
ne = numel(NE); nec = numel(NEC); nu = numel(NU);
nFE = numel(FNE); nFEC = numel(FNEC); nFU = numel(FNU);
%计算量化因子及比例因子
FEm = NE(ne); FECm = NEC(nec); FUm = NU(nu);
```

```matlab
Ke = FEm/em; Kec = FECm/ecm; Ku = um/FUm;
for k = 1: LP
    %##########计算 FC 输出 ###############################################
    %##########变量 e 模糊化处理 ###############
    e = r - y0; %计算输入 e 的确切量
    E = round(Ke * e); %把 e 转换成等级量
if E>FEm; E = FEm; end
if E< - FEm; E = - FEm; end
j = E + FEm + 1;
%%%%%%%%%e 的模糊量论域为{NB, NM, Ns, NO, PO, PS, PM, PB}时 %%%%%%%%%
% if (E> = 0)&(e>0); j = E + FEm + 2; end
%#################################################################
Fem = Fe(1, j); Fei = 1;
for i = 2: nFE
  if E<0
    if Fe(i, j)> = Fem; Fem = Fe(i, j); Fei = i; end; %得到模糊语言值
else
    if Fe(i, j)>Fem; Fem = Fe(i, j); Fei = i; end; %得到模糊语言值
    end
end
%##########变量 ec 模糊化处理 #################
ec = (e - e0)/DT;
  e0 = e; %计算 ec 的确切量
EC = round(Kec * ec); %把 ec 转换成等级量
if EC>FECm; EC = FECm; end
if EC< - FECm; EC = - FECm; end
  j = EC + FECm + 1;
  Fecm = Fec(1, j); Feci = 1;
for i = 2: nFEC
    if EC<0
      if Fec(i, j)> = Fecm; Fecm = Fec(i, j); Feci = i; end; %得到模糊语言值
    else
      if Fec(i, j)>Fecm; Fecm = Fec(i, j); Feci = i; end; %得到模糊语言值
    end
end
%############调用模糊决策子程序 ##################
FEECU = F _ Deduce _ PD(Fe(Fei,:), Fec(Feci,:), R, ne, nec, nu);
%############加权平均法判决控制器的输出 ############
Su = 0; S = 0;
for i = 1: nu
    Su = Su + NU(i) * FEECU(i); S = S + FEECU(i);
end
```

```
u = - Ku * Su/S;
%%%%%%%%%%%%%%%%%%确切积分控制器%%%%%%%%%%%%%%%%%%%%%%
xfi = xfi + Ts * ki * e;
u = u + xfi;
%*************** 仿真计算被控对象 *********************
for l = 1: LP1
    n = n + 1;
    x1 = A * x1 + K * B * (u + r2);
    x2 = A * x2 + B * x1;
    y0 = x _ del(Md) + r1;
    for j = Md: - 1: 2; x _ del(j) = x _ del(j - 1); end
    x _ del(1) = x2;
    Y(n) = y0; U(n) = u; t(n) = k * DT;
%***************PID控制仿真*********************
e1 = r - y1;
xp = e1/DTA; xi = xi + DT/DTA/Ti * e1; upi = xp + xi;
    x11 = A * x11 + K * B * upi;
    x21 = A * x21 + B * x11;
    y1 = x _ del1(Md);
    for j = Md: - 1: 2; x _ del1(j) = x _ del1(j - 1); end
    x _ del1(1) = x21;
    Y1(n) = y1; U1(n) = upi;
    end
end
[Mp, tr, ts, FAI, Tp, E1, E2, E3] = O _ quality(DT, n, Y, t)
[Mp, tr, ts, FAI, Tp, E1, E2, E3] = O _ quality(DT, n, Y1, t)
subplot(2, 1, 1), plot(t, Y, 'b'); hold on;
subplot(2, 1, 2), plot(t, U, 'b'); hold on;
subplot(2, 1, 1), plot(t, Y1, ': b'); hold on;
subplot(2, 1, 2), plot(t, U1, ': b'); hold on;
```

　　与一维模糊控制器相比，二维模糊控制器的调节速度快于一维模糊控制器（对比峰值时间即可得到这一结论），稳定性也比一维的好。但是，它的其他缺点与一维模糊控制器相同，仍然存在很大的静差，不能完全消除内、外扰动（见图 10-31、图 10-32），控制品质不仅与模糊控制器输入、输出的确切量论域有关，还与扰动量的幅值有关。单纯的二维模糊控制器也不能在生产过程控制系统中得到真正的应用。

　　如果选取模糊量 E 的隶属函数见表 10-17，选取模糊PD的控制规则见表 10-23，仍使用程序 FC _ main _ PD _ I. m 对此进行仿真（修改程序 F _ Relation _ PD 中的相应表格），即可得到如图 10-33 所示的仿真结果。从该图可以看到，其控制品质远不如控制规则表 10-19 下的好。

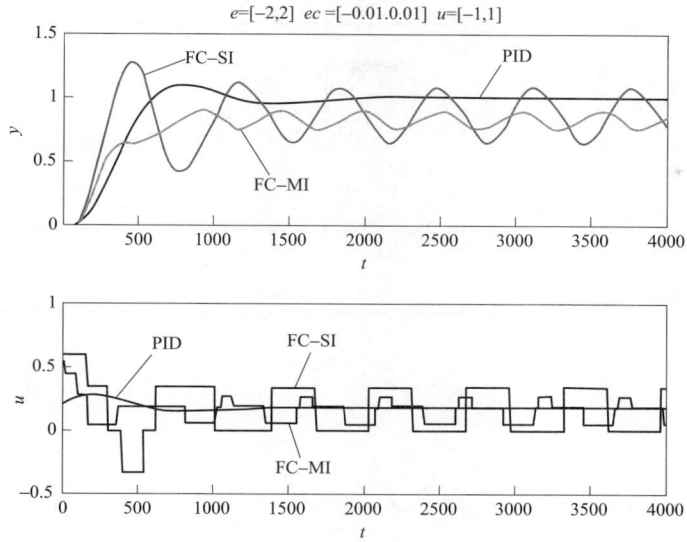

图 10-30　二维模糊控制器的控制效果

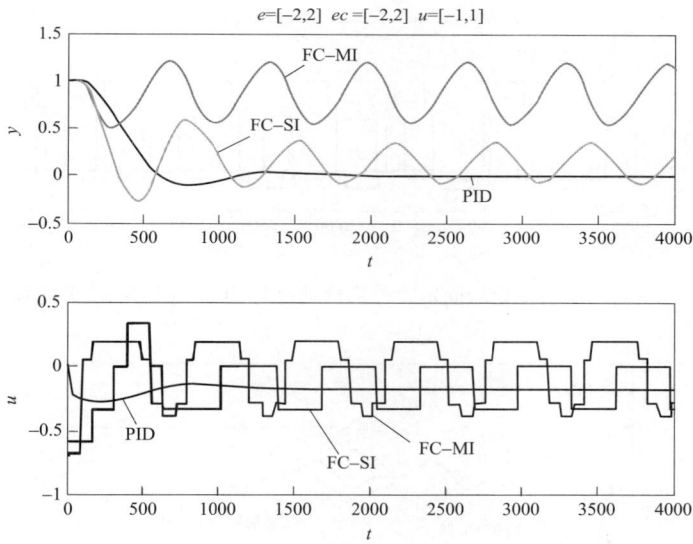

图 10-31　确切量论域固定、内部扰动时与 FC-SI 控制品质的比较

表 10-23　　　　　　　　　　　**模糊 PD 时的控制规则表**

$\underset{\sim}{EC}$ \ $\underset{\sim}{U}$ \ $\underset{\sim}{E}$	NB	NM	NS	ZO	PS	PM	PB
NB	PB	PM	PM	PS	PS	ZO	ZO
NM	PM	PM	PS	PS	ZO	ZO	ZO
NS	PM	PS	PS	ZO	ZO	ZO	NS

$\overset{U}{\underset{\sim}{}}\;\overset{E}{\underset{\sim}{}}$ $\underset{\sim}{EC}$	NB	NM	NS	ZO	PS	PM	PB
ZO	PS	PS	ZO	ZO	ZO	NS	NS
PS	PS	ZO	ZO	ZO	NS	NS	NM
PM	ZO	ZO	ZO	NS	NS	NM	NM
PB	ZO	ZO	NS	NS	NM	NM	NB

$$e=[-2,2],\,ec=[-2,2],\,u=[-1,1]$$

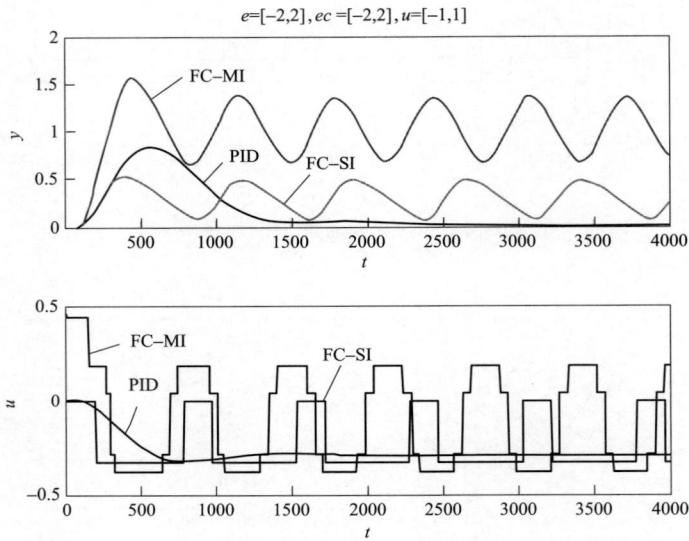

图 10-32　确切量论域固定、外部扰动时与 FC-SI 控制品质的比较

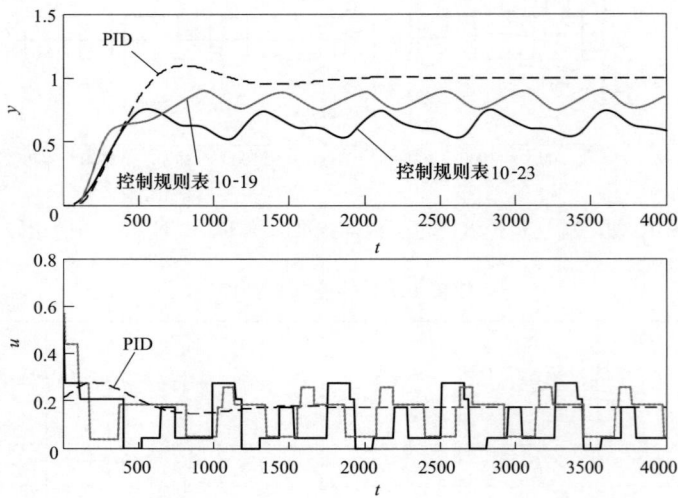

图 10-33　控制规则表 10-23 下的模糊控制系统仿真响应曲线

3. 模糊PD＋确切I控制器的设计

为了消除控制系统的稳态误差，选用图 10-13（d）所示的控制器结构，即

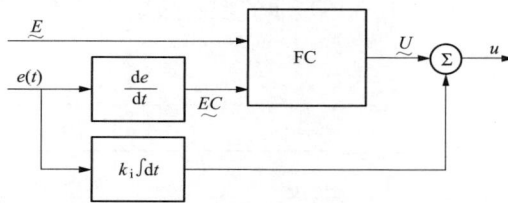

模糊PD与确切I控制器的结合主要考虑的是两种控制器输出权重的问题。如果以PD为主，积分作用太弱，达不到消除静差的目的；如果PD作用太弱，达不到快速调节的目的。因此，这里又出现了权重优化的问题。

积分器的参数可以选择确切 PI 控制时优化出的参数，对于本例，可以选择

$$k_i = \frac{1}{\delta T_i} = \frac{1}{4.8 \times 429}$$

模糊PD控制作用的强弱可以通过改变偏差 e、偏差变化率 Δe 以及 u 的确切量论域来实现。通过多次的仿真实验，得到了各参数的论域为

$$e \in [-0.8, 0.8] \qquad \Delta e \in [-0.01, 0.01] \qquad u \in [-0.7, 0.7]$$

在该组参数下，选取模糊PD的控制规则表为表 10-23，模糊PD＋I 控制系统仿真响应曲线如图 10-34 所示。从该图中可以看到，PD＋I 的控制品质略优于 PID。但这并不代表PD＋I 控制策略比 PID 好。PD＋I 是非线性算法，只有在此条件下，它才优于 PID。

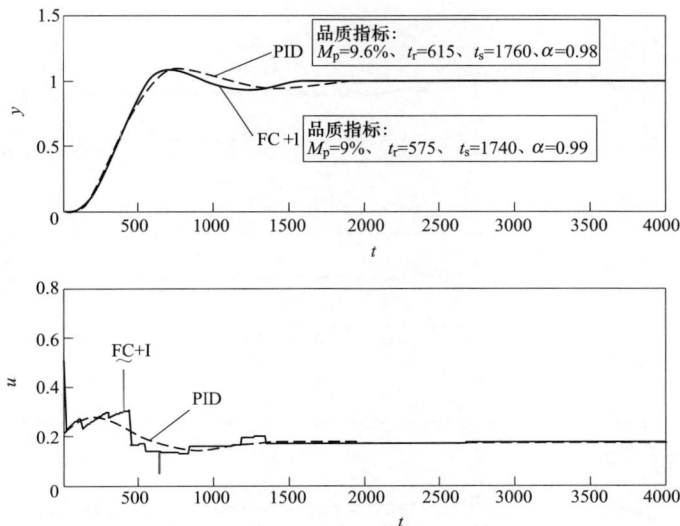

图 10-34　模糊PD＋I控制系统仿真响应曲线

现在来观察，在保持PD＋I所有的参数不变的情况下，改变扰动量的幅值对控制品质的

影响。

当给定值分别取为 $r = 1, 2, 0.5$ 时，PD+I 控制系统响应曲线如图 10-35 所示。从该图中可以看到，只有给定值为设计值时，PD+I 的控制品质才优于 PID，在其他情况下，都不如 PID 的控制品质好。

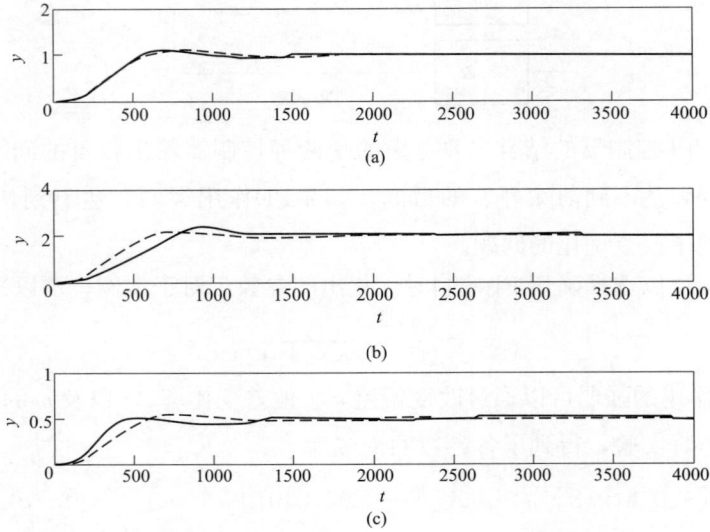

图 10-35　不同给定值时 PD+I 控制系统响应曲线

(a) $r=1$；(b) $r=2$；(c) $r=0.5$

当内部扰动分别取为 $r_1 = 1, 0.5, 0.2$ 时，PD+I 控制系统响应曲线如图 10-36 所示。从

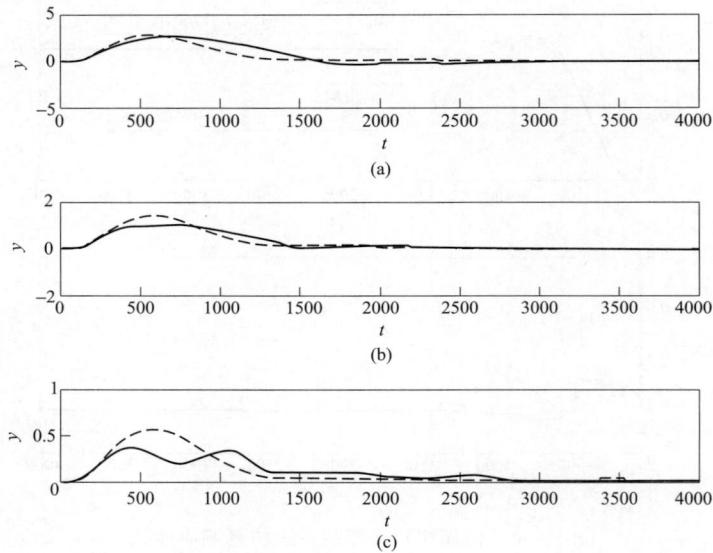

图 10-36　不同内部扰动值时 PD+I 控制系统响应曲线

(a) $r_1=1$；(b) $r_1=0.5$；(c) $r_1=0.2$

该图中可以看到，只有当 $r_1 = 0.5$ 时，PD+I 的控制品质才优于 PID，在其他情况下，都不如 PID 的控制品质好。

当外部扰动分别取为 $r_2 = 1, 2, 0.5$ 时，PD+I 控制系统响应曲线如图 10-37 所示。从该图中可以看到，只有当 $r_2 = 1$ 时，PD+I 的控制品质才优于 PID，在其他情况下，都不如 PID 的控制品质好。

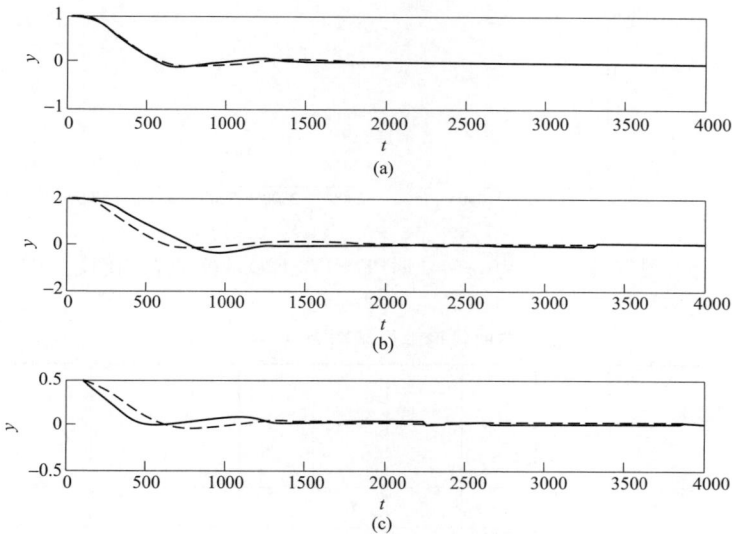

图 10-37　不同外部扰动值时 PD+I 控制系统响应曲线

(a) $r_2=1$；(b) $r_2=2$；(c) $r_2=0.5$

综合上述各项实验，可以得到如下结论：

被控系统只有工作在设计状态，PD+I 算法才优于 PID。或者说，要想得到优于 PID 的控制品质，只有按希望的系统工作状态来设计 PD+I 参数。

4. 隶属度函数对模糊 PD+I 控制品质的影响

根据式（10-22）所描述的正态分布隶属函数，即

$$\mu_{\underset{\sim}{a}}(\overline{x}) = \mathrm{e}^{-(\frac{\overline{x-a}}{\sigma})^2}$$

取 7 个模糊语言值，让 $n = 6$，$\sigma = 1$，则有

$$\mu_{NB}(-6) = \mu_{NM}(-4) = \mu_{NS}(-2) = \mu_{ZO}(0) = \mu_{PS}(2) = \mu_{PM}(4) = \mu_{PB}(6) = 1$$

使用程序 Normdist_simu1031.m，即可得到如表 10-13 所示的隶属函数表。

使用该隶属函数表，保持 PD+I 的其他参数不变，运行 PD+I 主程序 FC_main_PD_I.m，可以得到图 10-38 所示的仿真响应曲线。从该图中可以看到，PD+I 的控制品质远优越于 PID。

如果仍取 7 个模糊语言值，让 $n = 6$，$\sigma = 2$，仍使用程序 Normdist_simu1031.m，则可以得到如表 10-24 所示的隶属函数表。

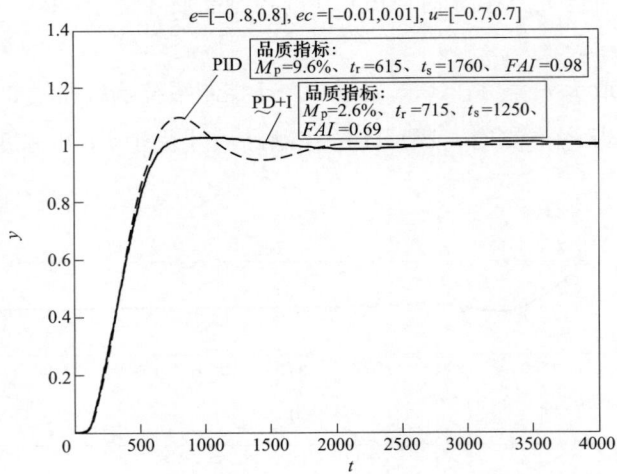

$e = [-0.8, 0.8]$, $ec = [-0.01, 0.01]$, $u = [-0.7, 0.7]$

PID

品质指标：
$M_p = 9.6\%$、$t_r = 615$、$t_s = 1760$、$FAI = 0.98$

PD+I

品质指标：
$M_p = 2.6\%$、$t_r = 715$、$t_s = 1250$、
$FAI = 0.69$

图 10-38　$n = 6, \underset{\sim}{\sigma} = 1$ 时 PD+I 与 PID 的控制品质比较

表 10-24　　　　　　　正态分布曲线形隶属函数表（$n = 6$，$\sigma = 2$）

$\underset{\sim}{X}$ ＼ μ ＼ n	−6	−5	−4	−3	−2	−1	0	1	2	3	4	5	6
PB	0	0	0	0	0	0	0	0	0.02	0.1	0.4	0.8	1
PM	0	0	0	0	0	0	0.02	0.1	0.4	0.8	1	0.8	0.4
PS	0	0	0	0	0.02	0.1	0.4	0.8	1	0.8	0.4	0.1	0.02
ZO	0	0	0.02	0.1	0.4	0.8	1	0.8	0.4	0.1	0.02	0	0
NS	0.02	0.1	0.4	0.8	1	0.8	0.4	0.1	0.02	0	0	0	0
NM	0.4	0.8	1	0.8	0.4	0.1	0.02	0	0	0	0	0	0
NB	1	0.8	0.4	0.1	0.02	0	0	0	0	0	0	0	0

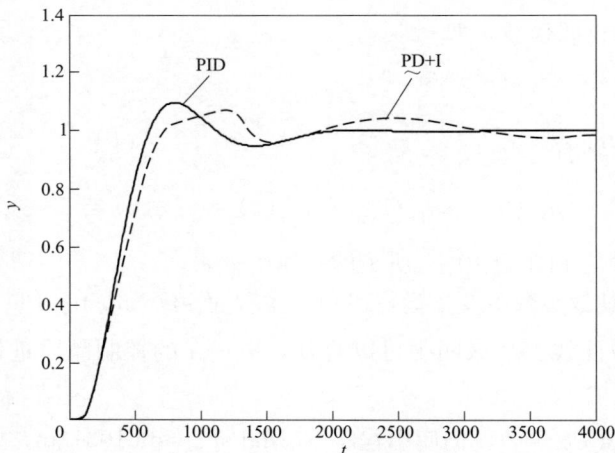

PID　　PD+I

图 10-39　$n = 6, \underset{\sim}{\sigma} = 2$ 时 PD+I 与 PID 的控制品质比较

使用该隶属函数表，保持 PD+I 的其他参数不变，运行 PD+I 主程序 FC_main_PD_I.m，可以得到图 10-39 所示的仿真响应曲线。从该图中可以看到，PD+I 的控制品质远不如 PID 的好。

上述实验表明，隶属函数曲线直接影响控制品质。正态分布函数中的 σ 会对控制品质产生较大的影响。为了得到较好的控制品质，当选定隶属函数曲线后，再来优化量化因子和比例因子。

5. 模糊控制规则表

从上述的模糊控制器的设计过程中可以看出，当选择了偏差 e、偏差变化率 Δe 以及 u 的确切量论域、等级量（$\bar{e},\bar{ec},\bar{u}$）论域、模糊量（$\underset{\sim}{E},\underset{\sim}{EC},\underset{\sim}{U}$）论域及控制规则后，模糊关系 R 就已经确定，因此，可以在进行实际控制前，根据 $\bar{e}$、$\bar{ec}$ 把控制量 $\bar{u}$ 全部算出，形成一个控制表。实际控制时，根据当下的 $\bar{e}$ 和 $\bar{ec}$，从控制表中即可查找到相应的控制量 $\bar{u}$，这样可以大大提高实时控制时的计算速度。

例如，选取偏差量 e、偏差变化率 Δe 以及控制量 u 的等级量论域和模糊量论域为

$$\bar{e}=\bar{ec}=\bar{u}=\{-6,-5,-4,-3,-2,-1,0,1,2,3,4,5,6\}$$
$$\underset{\sim}{E}=\underset{\sim}{EC}=\underset{\sim}{U}=\{NB,NM,NS,ZO,PS,PM,PB\}$$

选取表 10-10 所示的隶属函数表，表 10-23 所示的控制规则表，则可以得到模糊控制表的计算程序如 FC_PD_CTable.m 所示，得到的模糊控制表见表 10-25。带有模糊控制表的 PD+I 控制系统仿真程序如 FC_TB_main_PD_I.m 所示，仿真结果与图 10-28 完全相同。

表 10-25 模糊控制表

$\bar{u}$ \ $\bar{e}$ / $\bar{ec}$	−6	−5	−4	−3	−2	−1	0	1	2	3	4	5	6
−6	4.8053	4.8053	3.5098	3.5098	3.1567	3.1567	2.0000	1.2206	1.2206	0.7090	0.7090	−0.0000	−0.0000
−5	4.8053	4.8053	3.5098	3.5098	3.1567	3.1567	2.0000	1.2206	1.2206	0.7090	0.7090	−0.0000	−0.0000
−4	3.5098	3.5098	3.5098	3.5098	2.0000	2.0000	1.9368	0.7794	0.7794	−0.0000	−0.0000	−0.7090	−0.7090
−3	3.5098	3.5098	3.5098	3.5098	2.0000	2.0000	1.9368	0.7794	0.7794	−0.0000	−0.0000	−0.7090	−0.7090
−2	3.1567	3.1567	2.0000	2.0000	1.9368	1.9368	0.7794	−0.0000	−0.0000	−0.7794	−0.7794	−1.2206	−1.2206
−1	3.1567	3.1567	2.0000	2.0000	1.9368	1.9368	0.7794	−0.0000	−0.0000	−0.7794	−0.7794	−1.2206	−1.2206
0	2.0000	2.0000	1.9368	1.9368	0.7794	0.7794	−0.0000	−0.7794	−0.7794	−1.9368	−1.9368	−2.0000	−2.0000
1	1.2206	1.2206	0.7794	0.7794	−0.0000	−0.0000	−0.7794	−1.9368	−1.9368	−2.0000	−2.0000	−3.1567	−3.1567
2	1.2206	1.2206	0.7794	0.7794	−0.0000	−0.0000	−0.7794	−1.9368	−1.9368	−2.0000	−2.0000	−3.1567	−3.1567
3	0.7090	0.7090	0.0000	−0.7794	−0.7794	−1.9368	−2.0000	−2.0000	−3.5098	−3.5098	−3.5098	−3.5098	−3.5098
4	0.7090	0.7090	0.0000	0.0000	−0.7794	−0.7794	−1.9368	−2.0000	−2.0000	−3.5098	−3.5098	−3.5098	−3.5098
5	−0.0000	−0.0000	−0.7090	−0.7090	−1.2206	−1.2206	−2.0000	−3.1567	−3.1567	−3.5098	−3.5098	−4.8053	−4.8053
6	−0.0000	−0.0000	−0.7090	−0.7090	−1.2206	−1.2206	−2.0000	−3.1567	−3.1567	−3.5098	−3.5098	−4.8053	−4.8053

```
% 二维模糊控制器控制表计算程序 FC_PD_CTable.m
clear all;
% ##########调用计算模糊关系矩阵 R 的子程序 F_Relation_PD.m##########
[R, Fe, Fec, Fu, NE, NEC, NU, FNE, FNEC, FNU] = F_Relation_PD;
ne = numel(NE); nec = numel(NEC); nu = numel(NU);
nFE = numel(FNE); nFEC = numel(FNEC); nFU = numel(FNU);
FEm = NE(ne); FECm = NEC(nec); FUm = NU(nu);
for i = 1: ne
    %%%%%%%%%%%%%%%%%%求 e 的最大隶属度 %%%%%%%%%%%%%%%%%%%
    Fem = Fe(1, i); Fei = 1;
    for k = 2: nFE
        if i <= FEm
```

```
            if Fe(k, i)>=Fem; Fem=Fe(k, i); Fei=k; end; %得到模糊语言值
        else
            if Fe(k, i)>Fem; Fem=Fe(k, i); Fei=k; end; %得到模糊语言值
        end
end
    %%%%%%%%%%%%%%%%%%%%%%%%求ec的最大隶属度%%%%%%%%%%%%%%%%%%%%%%
for j=1: nec
  Fecm=Fec(1, j); Feci=1;
  for k=2: nFEC
    if j<=FECm
        if Fec(k, j)>=Fecm; Fecm=Fec(k, j); Feci=k; end; %得到模糊语言值
    else
        if Fec(k, j)>Fecm; Fecm=Fec(k, j); Feci=k; end; %得到模糊语言值
    end
end
%###########调用模糊决策子程序################
FEECU=F_Deduce_PD(Fe(Fei,:), Fec(Feci,:), R, ne, nec, nu);
  %############加权平均法判决控制器的输出#############
Su=0; S=0;
for k=1: nu
    Su=Su+NU(k)*FEECU(k); S=S+FEECU(k);
end
FCU_T(j, i)=Su/S;
  end
end
FCU_T
save tabel_kp FCU_T;
%二维模糊控制表+积分控制系统仿真程序FC_TB_main_PD_I.m
% 被控对象W(s)=5.77/(224.18s+1)^2*e^(-86s)
clear all
load tabel_kp FCU_T;
DT=5; ST=4000; Ts=5; LP=ST/Ts; LP1=Ts/DT;
K=5.77; A=exp(-DT/224.18); B=1-A; Tao=86; Md=fix(Tao/DT);
DTA=4.8; Ti=429;
x1=0; x2=0; y0=0; e0=0; x_del(1: Md)=0;
n=0; r=1; r1=0; r2=0;
xfi=0; ki=1/DTA/Ti;
%################设置e, ec, u的确切量论域#####################
em=0.8; ecm=0.01; um=0.7;
%%%%%%%%%%%%%%%%%##############################################
FEm=6; FECm=6; FUm=6;
Ke=FEm/em; Kec=FECm/ecm; Ku=um/FUm;
```

```
for k = 1: LP
%＃＃＃＃＃＃＃＃＃变量 e 模糊化处理＃＃＃＃＃＃＃＃＃＃＃＃＃＃＃
e = r - y0;%计算输入 e 的确切量
E = round(Ke * e);%把 e 转换成等级量
if E>FEm; E = FEm; end
if E< - FEm; E = - FEm; end
i = E + FEm + 1;
%＃＃＃＃＃＃＃＃＃变量 ec 模糊化处理＃＃＃＃＃＃＃＃＃＃＃＃＃＃＃
ec = (e - e0)/DT;
e0 = e;%计算 ec 的确切量
EC = round(Kec * ec);%把 ec 转换成等级量
if EC>FECm; EC = FECm; end
if EC< - FECm; EC = - FECm; end
j = EC + FECm + 1;
%＃＃＃＃＃＃＃＃＃＃＃调用模糊控制表＃＃＃＃＃＃＃＃＃＃＃＃＃＃＃＃
u = - Ku * FCU _ T(j, i);
%＊＊＊＊＊＊＊＊＊＊＊＊＊＊＊确切积分控制器＊＊＊＊＊＊＊＊＊＊＊＊＊＊＊
xfi = xfi + Ts * ki * e;
u = u + xfi;
%＊＊＊＊＊＊＊＊＊＊＊＊＊＊＊仿真计算被控对象＊＊＊＊＊＊＊＊＊＊＊＊＊＊＊
for l = 1: LP1
    n = n + 1;
    x1 = A * x1 + K * B * (u + r1);
    x2 = A * x2 + B * x1;
    y0 = x _ del(Md) + r2;
    for jd = Md: - 1: 2; x _ del(jd) = x _ del(jd - 1); end
    x _ del(1) = x2;
    Y(n) = y0; t(n) = k * DT; U(n) = u;
  end
end
[Mp, tr, ts, FAI, Tp, E1, E2, E3] = O _ quality(DT, n, Y, t)
subplot(2, 1, 1), plot(t, Y, 'r'); hold on;
subplot(2, 1, 2), plot(t, U, 'r'); hold on;
```

10.4　带可调整因子的模糊控制器的设计

10.4.1　控制规则的解析描述

模糊控制理论发展初期，大都采用吊钟形的隶属函数（正态函数），但近几年几乎都已改用三角形的隶属度函数，这是由于三角形曲线形状简单，当输入量变化时，比正态分布的隶属函数具有更大的灵敏性（从图 10-29 中可以看到，当正态分布隶属函数中的 $\sigma = 2$ 时，控制品质已经变得很差），且在性能上与吊钟形几乎没有差别的缘故。

通常，由于事先对被控对象缺乏先验知识，往往难以选择有效的隶属函数。此时，一般选择隶属函数为对称三角形，而使偏差 e、偏差变化率 Δe 以及输出 u 的等级量（$\overline{e},\overline{ec},\overline{u}$）论域、模糊量（$\underset{\sim}{E},\underset{\sim}{EC},\underset{\sim}{U}$）论域相等，且等级量个数与模糊量个数也相等，例如：选取

$$\overline{e} = \overline{ec} = \overline{u} = \{-3,-2,-1,0,1,2,3\}$$
$$\underset{\sim}{E} = \underset{\sim}{EC} = \underset{\sim}{U} = \{NB,NM,NS,ZO,PS,PM,PB\}$$

选取模糊控制表如表 10-26 所示。

表 10-26 　　　　　　　　　　　　　论域相等时的模糊控制规则表

$\underset{\sim}{U}$ ＼ $\underset{\sim}{E}$ ＼ $\underset{\sim}{EC}$	NB	NM	NS	ZO	PS	PM	PB
NB	PB	PB	PM	PM	PS	PS	ZO
NM	PB	PM	PM	PS	PS	ZO	NS
NS	PM	PM	PS	PS	ZO	NS	NS
ZO	PM	PS	PS	ZO	NS	NS	NM
PS	PS	PS	ZO	NS	NS	NM	NM
PM	PS	ZO	NS	NS	NM	NM	NB
PB	ZO	NS	NS	NM	NM	NB	NB

选用三角形隶属函数，可以得到如表 10-27 所示的各变量隶属函数表。

表 10-27 　　　　　　　　　　　　　三角形隶属函数表

μ ＼ n ＼ $\underset{\sim}{X}$	-3	-2	-1	0	1	2	3
PB	0	0	0	0	0	0	1
PM	0	0	0	0	0	1	0
PS	0	0	0	0	1	0	0
ZO	0	0	0	1	0	0	0
NS	0	0	1	0	0	0	0
NM	0	1	0	0	0	0	0
NB	1	0	0	0	0	0	0

使用二维模糊控制器控制表计算程序 FC_PD_CTable.m，即可得到表 10-28 所示的模糊控制表。

从表 10-28 中不难看出，此表给出的控制规则可以用一个解析表达式概括为

$$\overline{u} = -\frac{\overline{e}+\overline{ec}}{2} \tag{10-35}$$

即模糊控制器的输出等于误差和误差变率等级量的平均值。

为了适应不同被控对象的要求，在上式的基础上引进一个调整因子 α，则得到一种带有调整因子的控制规则：

$$\overline{u} = -\left[\alpha \overline{e} + (1-\alpha)\,\overline{ec}\right], \ \alpha \in (0,1) \tag{10-36}$$

表 10-28　　　　　　　　　　　　　　论域相等时的模糊控制表

$n_{\overline{ec}}$ ＼ $n_{\overline{u}}$＼$n_{\overline{e}}$	−3	−2	−1	0	1	2	3
−3	3	3	2	2	1	1	0
−2	3	2	2	1	1	0	−1
−1	2	2	1	1	0	−1	−1
0	2	1	1	0	−1	−1	−2
1	1	1	0	−1	−1	−2	−2
2	1	0	−1	−1	−2	−2	−3
3	0	−1	−1	−2	−2	−3	−3

其中，α 为调整因子，又称加权因子。当 $\alpha = 0.5$ 时，该公式退化成式（10-35），即此时偏差量和偏差的变化率具有相同的权重。采用这种控制规则比较简单易行，可以利用最优化的方法来找出最佳加权因子，从而可以获得最佳的控制规则。

没有对式（10-35）和式（10-36）计算出的模糊控制器等级量输出 $\overline{u}$ 取整的原因是为了降低模糊控制器的非线性度。

式（10-36）只简化了模糊 PD 控制器的设计步骤，并没有解决无静差的问题。如果想使控制系统无静差，还应该按图 10-29 所示来设计模糊 PD＋I 控制器。

仍考虑图 10-29 所示的循环流化床锅炉床温系统，使用带可调整因子的模糊 $\widetilde{PD}$＋I 控制器进行控制。

首先选取偏差量 e、偏差变化率 Δe、控制量 u 的等级量论域为
$$\overline{ec} = \overline{u} = \{-6,-5,-4,-3,-2,-1,0,1,2,3,4,5,6\}$$

由于 e、Δe 和 u 的确切量论域以及确切积分器的积分速度 k_i 都会对模糊 $\widetilde{PD}$＋I 的控制品质产生重要的影响，因此也应该与自调整因子 α 一起进行优化。优化时的初始论域选为

$$e \in [1,8] \quad \Delta e \in [0.01,1] \quad u \in [0.01,4] \quad k_i \in [0.0002,0.001] \quad \alpha \in [0.001,1]$$

使用粒子群算法来优化各参数。优化时，目标函数选为
$$Q = \int_0^{t_s}\left[0.02t\,|\,e(t)\,|+0.98u^2(t)\right]\mathrm{d}t$$

粒子群算法优化主程序为 O＿PSO＿main1041．m，带可调整因子的模糊控制器仿真及优化目标函数计算子程序为 Obj＿FC＿RC＿simu1041．m。

```
%粒子群优化算法程序 O_PSO_main1041.m
clear all;
%##################蚁群算法的控制参数#####################
N=5;%优化变量个数
M=100;%粒子个数
```

```
Tmax = 100; %最大前进代数
wx = [0.8 1.2]; %惯性权重区间
c = [2 2]; %认知及社会因子
X_LLimits = [1, 0.01, 0.01, 0.001, 0.001]; %设置寻优参数下限
X_HLimits = [8, 1, 4, 1, 0.001]; %设置寻优参数上限
Vmax = [1, 0.1, 0.5, 0.5, 0.05]; %优化变量速度限制
%&&&&&&&&&&&&&&&&&&&&&&&& %其他部分同前 &&&&&&&&&&&&&&&&&&&&&&&&&
%带可调整因子的模糊控制器仿真及优化程序 Obj_FC_RC_simu1041.m
%被控对象 W(s) = 5.77/(224.18s + 1)^2 * e^(-86s)
%clear all;
function Q = O_FC_RC_simu1041(V)
em = V(1); ecm = V(2); um = V(3); a = V(4); ki = V(5);
DT = 5; ST = 4000; Ts = 5; LP = ST/Ts; LP1 = Ts/DT;
K = 5.77; A = exp(-DT/224.18); B = 1 - A; Tao = 86; Md = fix(Tao/DT);
DTA = 4.8; Ti = 429;
x1 = 0; x2 = 0; y0 = 0; e0 = 0; x_del(1:Md) = 0;
x11 = 0; x21 = 0; y1 = 0; x_del1(1:Md) = 0; xi = 0;
n = 0; Q = 0; xfi = 0;
r = 1; r1 = 0; r2 = 0;
%###################优化参数 ###########################
%em = 7.67; ecm = 0.5; um = 2.1; ki = 0.0005; ; a = 0.67
%%%%%%%%%%%%%%%%%%%计算量化因子及比例因子 ##############
Nm = 6; Ke = Nm/em; Kec = Nm/ecm; Ku = um/Nm;
%%%%%%%%%%%%%%%%%%%%%%%%%%%%%%%%%%%%%%%%%%%%%%%%%%%%%%%%
for k = 1: LP
    %#########变量 e 等级化处理 ################
    e = r - y0; %计算输入 e 的确切量
    E = round(Ke * e); %把 e 转换成等级量
    if E>Nm; E = Nm; end
    if E<-Nm; E = -Nm; end
    %########################变量 ec 等级化处理 #######
    ec = (e - e0)/DT;
    e0 = e; %计算 ec 的确切量
    EC = round(Kec * ec); %把 ec 转换成等级量
    if EC>Nm; EC = Nm; end
    if EC<-Nm; EC = -Nm; end
    %%%%%%%%%%%%%%%%%%%确切积分控制器 %%%%%%%%%%%%%%%%%%%%%
    u = Ku * (a * E + (1 - a) * EC);
    xfi = xfi + Ts * ki * e;
    u = u + xfi;
    %***************仿真计算被控对象 *******************
    for l = 1: LP1
        n = n + 1;
```

```
    x1 = A * x1 + K * B * (u + r1);
    x2 = A * x2 + B * x1;
    y0 = x_del(Md) + r2;
    for j = Md: -1: 2; x_del(j) = x_del(j - 1); end
    x_del(1) = x2;
    Y(n) = y0; t(n) = k * DT; U(n) = u;
%*************PID控制仿真*********************
    %e1 = r - y1;
    %xp = e1/DTA; xi = xi + DT/DTA/Ti * e1; upi = xp + xi;
    %x11 = A * x11 + K * B * (upi + r1);
    %x21 = A * x21 + B * x11;
    %y1 = x_del1(Md) + r2;
    %for j = Md: -1: 2; x_del1(j) = x_del1(j - 1); end
    %x_del1(1) = x21;
    %Y1(n) = y1; U1(n) = upi;
    %Q = Q + DT * (0.02 * t(n) * abs(e) + 0.98 * u * u);
    end
end
%[Mp, tr, ts, FAI, Tp, E1, E2, E3] = O_quality(DT, n, Y, t)
%[Mp, tr, ts, FAI, Tp, E1, E2, E3] = O_quality(DT, n, Y1, t)
% subplot(2, 1, 1), plot(t, Y, 'b'); hold on;
% subplot(2, 1, 2), plot(t, U, 'b'); hold on;
% subplot(2, 1, 1), plot(t, Y1, ': r'); hold on;
% subplot(2, 1, 2), plot(t, U1, ': r'); hold on;
```

优化结果为

$$e \in [-7.4, 7.4] \quad \Delta e \in [-0.47, 0.47] \quad u \in [-1.6, 1.6] \quad k_i = 0.0005 \quad \alpha = 0.83$$

在定值扰、内扰和外扰下的控制系统仿真响应曲线如图 10-40、图 10-41 和图 10-42 所示。从这些响应曲线中可以看到，带可调整因子的模糊加积分控制器下的调节品质要比 PID 的好得多。

但是，当给定值偏离设计值（$r = 2, 5$）时，随着扰动量的加大，带可调整因子的模糊加积分控制器的调节品质逐渐变差，它已经不如 PID 的好（如图 10-43 所示，虚线为 PID 的控制结果）。

图 10-44、图 10-45 以及图 10-46

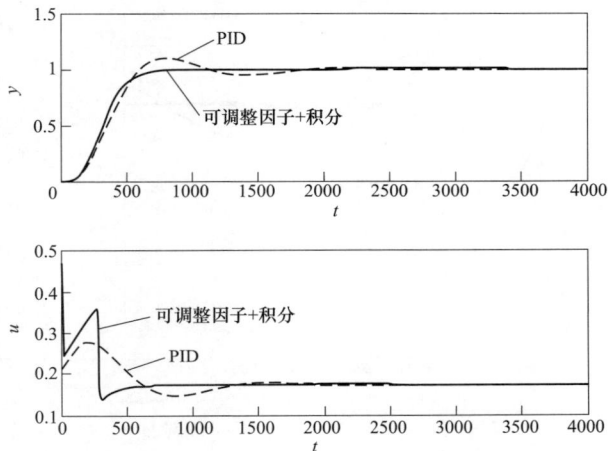

图 10-40　带可调整因子的模糊加积分控制系统的仿真响应曲线

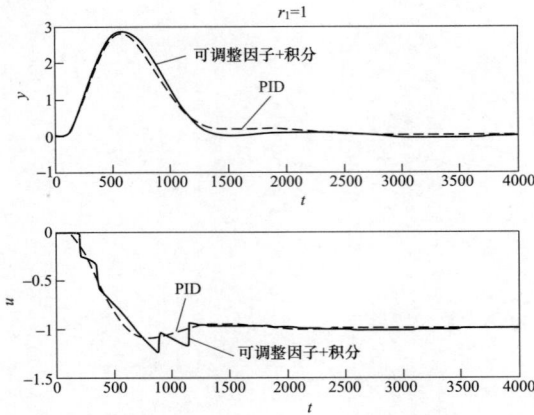

图 10-41　内扰时带可调整因子的模糊加积分控制
系统的仿真响应曲线

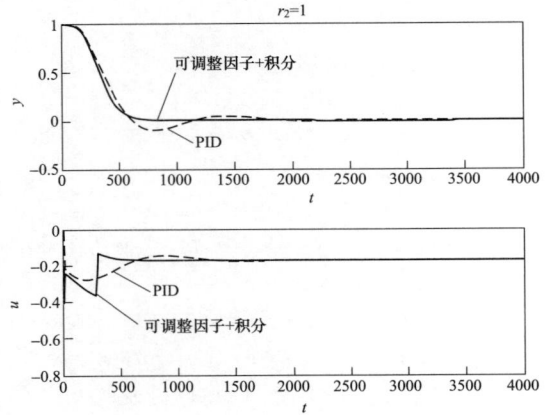

图 10-42　外扰时带可调整因子的模糊加
积分控制系统的仿真响应曲线

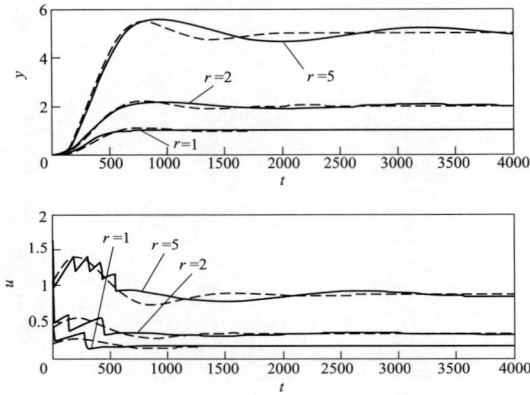

图 10-43　$r = 2, 5$ 时模糊加积分
控制系统的仿真响应曲线

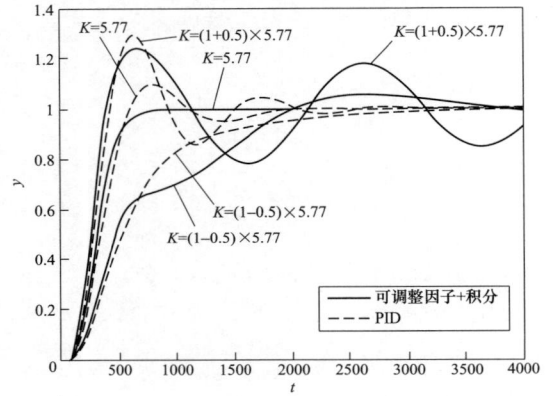

图 10-44　$K = (1 \pm 50\%) \times 5.77$ 时模糊加积分
控制系统的仿真响应曲线

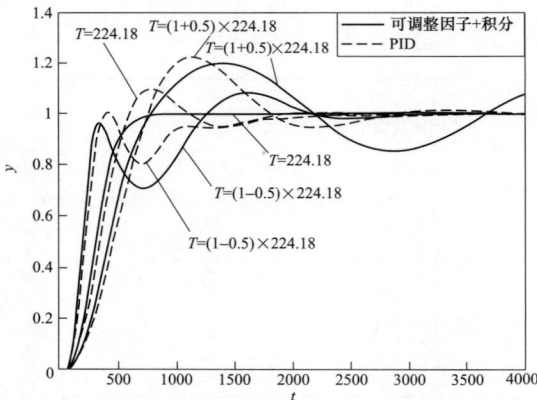

图 10-45　$T = (1 \pm 50\%) \times 224.18$ 时模糊加
积分控制系统的仿真响应曲线

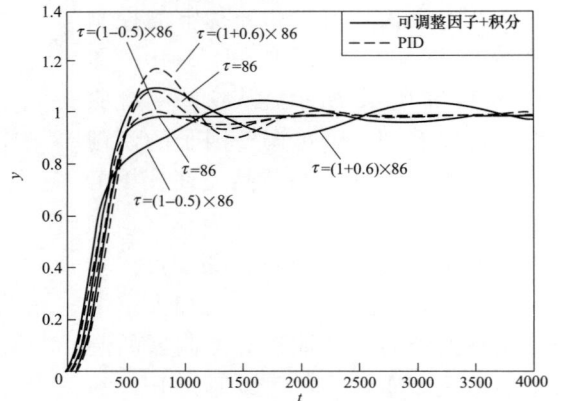

图 10-46　$\tau = (1 \pm 50\%) \times 86$ 时模糊加积分
控制系统的仿真响应曲线

示出了被控对象参数摄动±50％时，带可调因子的模糊加积分控制系统的仿真响应曲线。从这些图中可以看到，被控对象模型参数产生较大的摄动时，带可调因子的模糊加积分控制器的控制品质远不如 PID 的好。

下面再来考虑由表 9-2 所示的再热蒸汽温度非线性传递函数模型，即

$$W(s) = \frac{K}{(1+Ts)^4}$$

其中：

$$K = 0.001N_e + 1.92$$
$$T = 0.00056061N_e^2 - 0.5767N_e + 179.182$$

设计带可调因子的 PD＋I 的最优参数。

选取偏差量 $\tilde{e}$、偏差变化率 Δe、控制量 u 的等级量论域为

$$\overline{e} = \overline{ec} = \overline{u} = \{-6, -5, -4, -3, -2, -1, 0, 1, 2, 3, 4, 5, 6\}$$

选取各优化参数的初始论域选为

$$e \in [1, 8] \quad \Delta e \in [0.01, 1] \quad u \in [0.01, 4] \quad k_i \in [0.001, 0.01] \quad \alpha \in [0.001, 1]$$

仍使用粒子群算法优化主程序 O_PSO_main1041.m 来优化各参数。选优化目标函数为

$$Q = \int_0^{t_s} [0.02t \mid e(t) \mid + 0.98u^2(t)] dt$$

带可调整因子的 PD＋I 和预整定自适应 PID 控制系统仿真及目标函数计算子程序为 Obj_FC_RC_simu1042.m。

```
%带可调整因子～PD＋I 仿真及目标函数计算子程序 Obj_FC_RC_simu1042.m
%被控对象 W(s) = 5.77/(224.18s + 1)^2 * e^(-86s)
clear all;
% function Q = O_FC_RC_simu1041(V)
% em = V(1); ecm = V(2); um = V(3); ki = V(4);
% a = V(5); a1 = V(6); a2 = V(7); a3 = V(8);
DT = 1; ST = 2000; Ts = 1; LP = ST/Ts; LP1 = Ts/DT;
x(1: 4) = 0; y = 0; e0 = 0;
x1(1: 4) = 0; y1 = 0; xi = 0;
n = 0; Q = 0; xfi = 0;
r = 1; r1 = 0; r2 = 0;
%#################################优化参数##############################
em = 3.74; ecm = 0.37; um = 2.49; ki = 0.003; a = 0.44;          %单调整因子
% em = 7.14; ecm = 0.67; um = 2.64; ki = 0.0039; a = 0.77;       %单调整因子
% em = 2.19; ecm = 0.19; um = 2.18; ki = 0.0045; a = 0.04; a1 = 0.9;  %双调整因子
% em = 8; ecm = 0.9; um = 3.38; ki = 0.0035;                     %多调整因子
% a = 0.13; a1 = 0.79; a2 = 0.01; a3 = 0.01;
%%%%%%%%%%%%%%%%%%%计算量化因子及比例因子###################
Nm = 6; Ke = Nm/em; Kec = Nm/ecm; Ku = um/Nm;
```

```
%%%%%%%%%%%%%%%%%%%%%%%%%%%%%%%%%%%%%%%%%%%%%%%%%%%%%%%%%%%%%%%%#####%%%%%%%%%%%%
for k = 1: LP
    %%%%%%%%%%%%%%%负荷从 300MW 开始，以 12MW/min 升至 600MW%%%
    Ne = 380 + 0.2 * Ts * k;
    if Ne>600; Ne = 600; end
    %%%%%%%%被控对象参数随负荷变化仿真计算 %%%%%%%%%%%%%%%
    %K = 2.42; A = exp( - Ts/31); B = 1 - A;
    Ne2 = Ne * Ne;
    K = 0.001 * Ne + 1.92;
    T = 0.00056061 * Ne2 - 0.5767 * Ne + 179.182;
    A = exp( - Ts/T); B = 1 - A;
    %%%%%%%%%预整定自适应 PID 控制器仿真计算 %%%%%%%%%%%%%%
    DTA = 0.000040076 * Ne2 - 0.0422 * Ne + 13.2127;
    Ti = 0.00171212 * Ne2 - 1.7733 * Ne + 554.6;
    %##########变量 e 等级化处理 ################%%%%%%%%%%%
    e = r - y; %计算输入 e 的确切量
    E = round(Ke * e); %把 e 转换成等级量
    if E>Nm; E = Nm; end
    if E< - Nm; E = - Nm; end
    %##########################变量 ec 等级化处理 ########
    ec = (e - e0)/DT;
    e0 = e; %计算 ec 的确切量
    EC = round(Kec * ec); %把 ec 转换成等级量
    if EC>Nm; EC = Nm; end
    if EC< - Nm; EC = - Nm; end
    %%%%%%%%%%%%%%%%%确切积分控制器 %%%%%%%%%%%%%%%%%%%%%%
    u = Ku * (a * E + (1 - a) * EC);
    % if abs(E) = = 0; u = Ku * (a * E + (1 - a) * EC); end
    % if abs(E) = = 1 | abs(E) = = 2; u = Ku * (a1 * E + (1 - a1) * EC); end
    % if abs(E) = = 3 | abs(E) = = 4; u = Ku * (a2 * E + (1 - a2) * EC); end
    % if abs(E) = = 5 | abs(E) = = 6; u = Ku * (a3 * E + (1 - a3) * EC); end
    xfi = xfi + Ts * ki * e;
    u = u + xfi;
%***************仿真计算被控对象 *****************
for l = 1: LP1
    x(1) = A * x(1) + K * B * (u + r1);
    x(2: 4) = A * x(2: 4) + B * x(1: 3);
    y = x(4) + r2;
    %***************PID 控制系统仿真 *****************
    e1 = r - y1;
    xp = e1/DTA; xi = xi + DT/DTA/Ti * e1;
    upi = xp + xi;
```

```
    x1(1) = A * x1(1) + K * B * (upi + r1);
    x1(2:4) = A * x1(2:4) + B * x1(1:3);
    y1 = x1(4) + r2;
    n = n + 1;
    Y(n) = y; U(n) = u; t(n) = n * DT;
    Y1(n) = y1; U1(n) = upi;
    Q = Q + DT * (0.02 * t(n) * abs(e) + 0.98 * u * u);
    end
end
[Mp, tr, ts, FAI, Tp, E1, E2, E3] = O_quality(DT, n, Y, t)
[Mp, tr, ts, FAI, Tp, E1, E2, E3] = O_quality(DT, n, Y1, t)
subplot(2, 1, 1), plot(t, Y, '--b'); hold on;
subplot(2, 1, 2), plot(t, U, '--b'); hold on;
subplot(2, 1, 1), plot(t, Y1, ':r'); hold on;
subplot(2, 1, 2), plot(t, U1, ':r'); hold on;
legend('多调整因子 + 积分', '双调整因子 + 积分', '单调整因子 + 积分');
```

优化结果为

$$e \in [-3.74, 3.74] \quad \Delta e \in [-0.37, 0.37] \quad u \in [-2.49, 2.49] \quad k_i = 0.003 \quad \alpha = 0.44$$

在该参数下的仿真响应曲线如图 10-47 所示。从该图中可以看到，可调整因子PD+I控制系统的调节品质略优于 PID。

给定值扰动、内部扰动和外部扰动分别作用于系统时，可调整因子PD+I控制系统以及预整定自适应PID控制系统的仿真响应曲线，如图 10-48 所示。在此情况下，两种控制策略下的调节品质非常接近。

给定值 $r = 5$ 时，可调整因子PD+I系统以及预整定自适应 PID 控制系统的仿真响应曲线如图 10-49 所示。在此情况下，由于非线性控制策略的原因，可调整因子PD+I控制策略下的调节品质已经变差，但还是可以被接受的。由此说明，当模糊控制器与积分控制器并联使用时，优化出的控制器参数已经考虑了积分器的作用，从而使得PD+I控制器非线性程度降低，使它接近线性控制器。

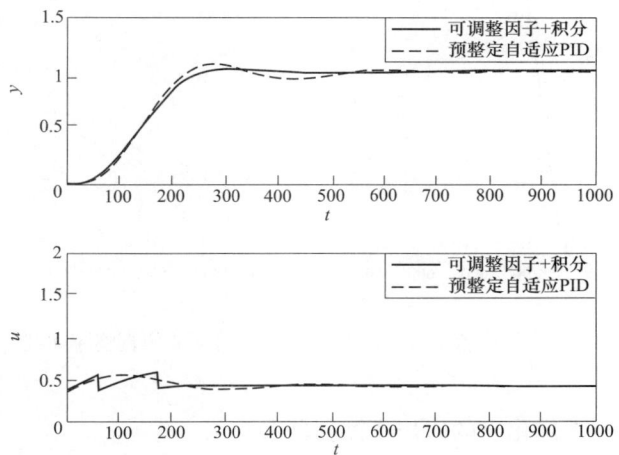

图 10-47　非线性被控系统在可调整因子模糊加积分控制下的仿真结果

上述各项实验并不能证明可调整因子PD+I就比预整定自适应 PID 的控制品质好。由

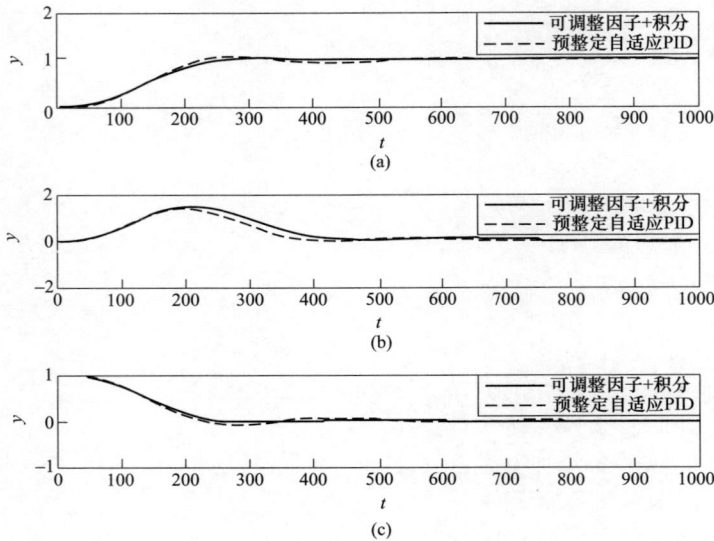

图 10-48 给定值、内部和外部扰动时的控制系统仿真结果
(a) $r=1$；(b) $r_1=1$；(c) $r_2=1$

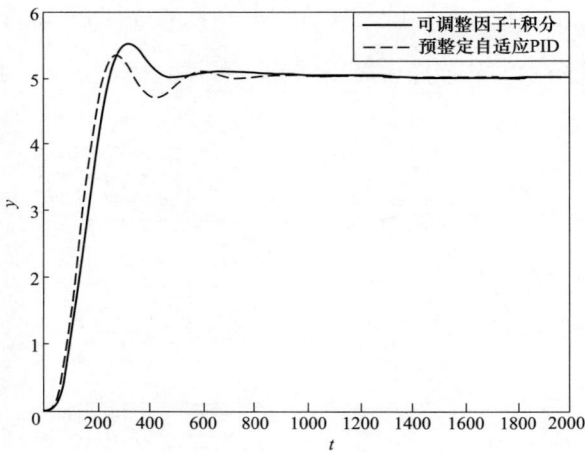

图 10-49 给定值 $r=5$ 时两种控制策略下的仿真响应曲线

于在前面优化 PD＋I 参数时，使用的是全局非线性模型，实际上这种模型并不容易得到，能得到的也仅仅是系统工作在某种状态下的一个线性模型。例如，对于本例，假想只得到了机组在 500MW 负荷点下的数学模型为

$$W(s) = \frac{2.42}{(1+31s)^4}$$

那么只能按此模型来优化 PD＋I 控制器的参数。

选择与上述相同的参数论域，仍使用粒子群算法优化主程序 O ＿ PSO ＿ main1041. m，目标函数计算子程序 Obj ＿ FC ＿ RC ＿ simu1042. m，得到在线性模型下优化出的 PD＋I 控制器参数为

$$e \in [-7.14, 7.14] \quad \Delta e \in [-0.67, 0.67] \quad u \in [-2.64, 2.64] \quad k_i = 0.0039 \quad \alpha = 0.77$$

在该参数下 PD＋I 控制系统的仿真结果如图 10-50 中的曲线"可调整因子＋积分 1"所示。在以全局非线性模型优化出的 PD＋I 参数下的控制系统仿真响应曲线也显示在图 10-50 中（如曲线"可调整因子＋积分 2"所示）。对比两条曲线可知，可调整因子 PD＋I 的自适应能力并不强。

10.4.2 模糊控制规则的自调整与自寻优

带有一个加权因子 α 调整模糊控制规则的模糊控制器，虽然可以通过改变 α 的大小来调整控制规则，但 α 值一旦选定，在整个控制过程中就不再改变，即在控制规则中，对误差与误差变化的加权固定不变。应该指出，模糊控制系统在不同的状态下，对控制规则中偏差 $\overline{e}$ 与偏差变化率 $\overline{ec}$ 的加权程度一般说来应该有不同的要求。

对二维模糊控制器的控制系统而言，当误差较大时，控制系统的主要任务是消除误差，这时对误差在控制规则中的加权应该大些；相反，当误差较小时，此时系统已接近稳态，控制系统的主要任务是使系统尽快稳定，为此必须减小超调，这样就要求

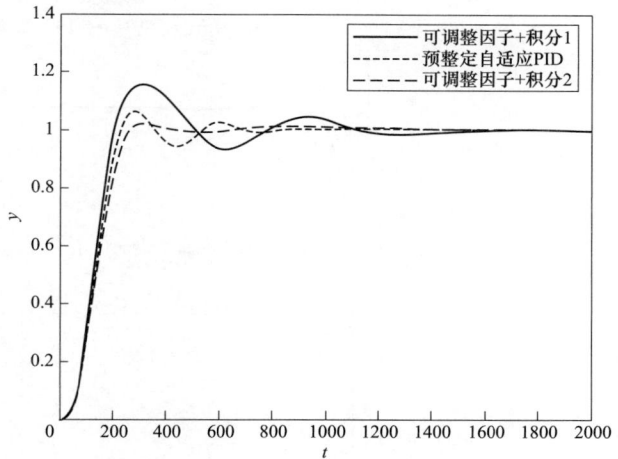

图 10-50　按线性模型优化参数下的控制系统仿真响应曲线

在控制规则中误差变化起的作用大些，即对误差变化加权大些。这些要求只靠一个固定的加权因子 α 难以满足，于是考虑在不同的误差等级引入不同的加权因子，以实现对模糊控制规则的自调整。

1. 带有两个调整因子的控制规则

根据上述思想，考虑两个调整因子 α_1 及 α_2，当误差较小时，控制规则由 α_1 来调整；当误差较大时，控制规则由 α_2 来调整。如果选取等级量论域为

$$\overline{e} = \overline{ec} = \overline{u} = \{-6, -5, -4, -3, -2, -1, 0, 1, 2, 3, 4, 5, 6\} \tag{10-37}$$

则控制规则可表示为

$$\overline{u} = \begin{cases} -[\alpha_1 \overline{e} + (1-\alpha_1)\,\overline{ec}], \overline{e} = \pm 2, \pm 1, 0 \\ -[\alpha_2 \overline{e} + (1-\alpha_2)\,\overline{ec}], \overline{e} = \pm 6, \pm 5, \pm 4, \pm 3 \end{cases} \tag{10-38}$$

式中 $\alpha_1, \alpha_2 \in (0,1)$。

仍以上一小节的再热蒸汽温度非线性传递函数模型为例，选择控制器参数的初始论域为

$$e \in [1,8] \quad \Delta e \in [0.01,1] \quad u \in [0.01,4]$$

$$k_i \in [0.001, 0.01] \quad \alpha_1 \in [0.001,1] \quad \alpha_2 \in [0.001,1]$$

仍使用粒子群算法优化主程序 O_PSO_main1041.m，目标函数计算子程序 Obj_FC_RC_simu1042.m，可得到在非线性模型下优化出的 PD+I 控制器参数为

$$e \in [-2.19, 2.19] \quad \Delta e \in [-0.19, 0.19] \quad u \in [-2.18, 2.18]$$

$$k_i = 0.0045 \quad \alpha_1 = 0.04 \quad \alpha_2 = 0.9$$

在该参数下，带有两个调整因子的 PD+I 控制系统仿真响应曲线如图 10-51 所示。从该图中

可以看出，双调整因子PD+I控制下的调节品质大大优于单调整因子，也优于预整定自适应PID。

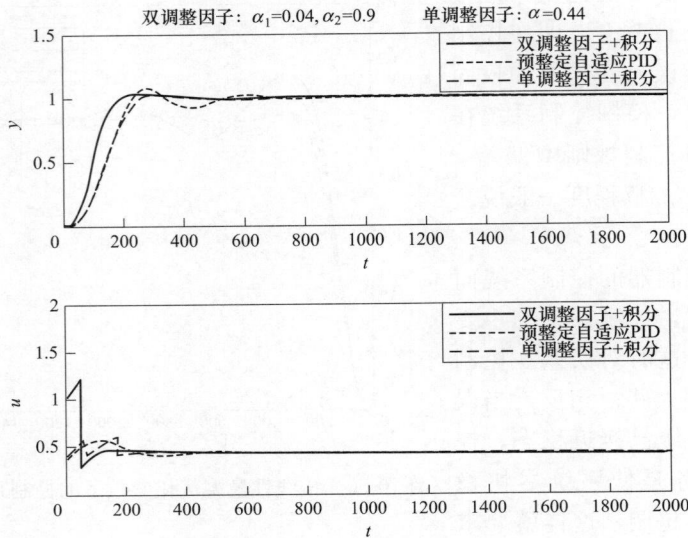

图 10-51　带有两个调整因子的PD+I控制系统仿真响应曲线

2. 带有多个调整因子的控制规则

如果对于每一个误差等级都各自引入一个调整因子，就构成了带有多个调整因子的控制规则。从理论上讲，这样有利于满足控制系统在不同被控状态下对调整因子的不同要求。例如，仍选取等级量论域为

$$\overline{e} = \overline{ec} = \overline{u} = \{-6, -5, -4, -3, -2, -1, 0, 1, 2, 3, 4, 5, 6\} \tag{10-39}$$

则控制规则可表示为

$$\overline{u} = \begin{cases} -\left[\alpha_0 \overline{e} + (1-\alpha_0)\,\overline{ec}\right] & \overline{e} = 0 \\ -\left[\alpha_1 \overline{e} + (1-\alpha_1)\,\overline{ec}\right] & \overline{e} = \pm 2, \pm 1 \\ -\left[\alpha_2 \overline{e} + (1-\alpha_2)\,\overline{ec}\right] & \overline{e} = \pm 4, \pm 3 \\ -\left[\alpha_3 \overline{e} + (1-\alpha_3)\,\overline{ec}\right] & \overline{e} = \pm 6, \pm 5 \end{cases} \tag{10-40}$$

式中加权系数 α_0、α_1、α_2、$\alpha_3 \in (0,1)$。

仍以上面的再热蒸汽温度非线性传递函数模型为例，选择控制器参数的初始论域为

$$e \in [1, 8] \quad \Delta e \in [0.01, 1] \quad u \in [0.01, 4] \quad k_i \in [0.001, 0.01]$$

$$\alpha_0 \in [0.001, 1] \quad \alpha_1 \in [0.001, 1] \quad \alpha_2 \in [0.001, 1] \quad \alpha_4 \in [0.001, 1]$$

仍使用粒子群算法优化主程序 O_PSO_main1041.m，目标函数计算子程序 Obj_FC_RC_simu1042.m，可得到在非线性模型下优化出的PD+I控制器参数为

$$e \in [-8,8] \quad \Delta e \in [-0.9,0.9] \quad u \in [-3.38,3.38]$$

$$k_i = 0.0035 \quad \alpha_0 = 0.13 \quad \alpha_1 = 0.79 \quad \alpha_2 = 0.01 \quad \alpha_3 = 0.0.01$$

在该参数下，控制系统的仿真响应曲线如图 10-52 所示。从该图中可以看出，带有多个加权因子的 PD+I 控制器的控制品质并不比带有两个加权因子的好。究其原因是，模糊控制器的控制品质主要取决于模糊控制器的输入、输出变量的基本论域、等级量论域以及扰动值的大小，调整因子的细分起不到主导控制品质的作用。

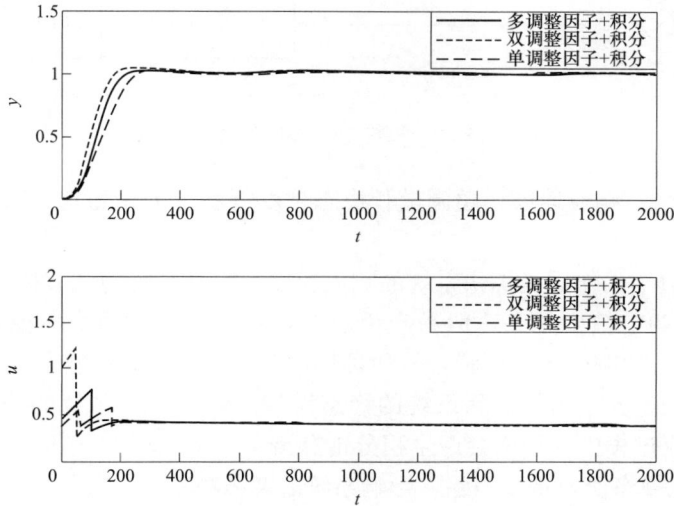

图 10-52 多加权因子 PD+I 控制器下的控制品质比较

10.5 模糊自整定 PID 控制

10.5.1 模糊自整定 PID 控制的基本原理

模糊 PD 是变比例非线性控制策略，控制品质与系统所受到的扰动量幅值以及运行状态有关，而且不能消除静差以及稳态时容易产生等幅震荡（极限环）。事实上，单纯的模糊控制策略是不能在实际工程中使用的。因此，不得不选择本章 10.3.7 所述的模糊 PD 与确切 I 控制器并联的设计方案（如图 10-34 所示）。由于积分器的加入，虽然这种方案的非线性特性已经被弱化，但是还是没从根本上解决非线性控制器的固有缺陷。

尽管在许多情况下，模糊 PD 都不如 PID 控制策略下的控制品质好，但是模糊控制在解决工业过程中的非线性、参数时变性和模型不确定性等问题时，具有一定的优势。因而可以利用两种控制策略各自的优点形成模糊自适应 PID 控制，也称模糊 PID 参数自整定控制。

模糊自整定 PID 参数控制是以误差 e 和误差变化率 Δe 作为模糊控制器部分的输入，以 PID 的三个参数 K_p、K_i、K_d 作为模糊输出，使用 PID 控制律进行控制的控制策略，其控制系统结构图如图 10-53 所示。

PID 参数模糊自整定是找出 PID 的三个参数与 e 和 Δe 之间的模糊关系，在运行中通过不断检测 e 和 Δe，根据模糊控制原理来对三个参数进行在线修改，以满足不同 e 和 Δe 时对控制参数的不同要求，而使被控对象具有良好的动态、静态性能。

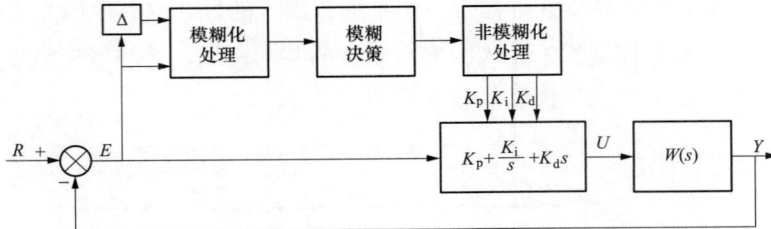

图 10-53　模糊 PID 控制系统结构

从系统的稳定性、响应速度、超调量和稳态精度等各方面来考虑，K_p、K_i、K_d 的作用如下：

（1）比例增益 K_p 的作用是加快系统的响应速度，提高系统的调节精度。K_p 越大，系统的响应速度越快、调节精度越高，但易产生超调，甚至会导致系统不稳定。K_p 取值过小，则会降低调节精度，使响应速度变暖，从而延长调节时间，使系统静态、动态特性变坏。

（2）积分速度 K_i 的作用是消除系统的稳态误差。K_i 越大，系统的静态误差消除越快，但 K_i 过大，在响应过程中的初期会产生积分饱和现象，从而引起响应过程的较大超调。若 K_i 过小，将使系统静态误差难以消除，影响系统的调节精度。

（3）微分增益 K_d 的作用是改善系统的动态特性，主要是在响应过程中抑制偏差向任何方向的变化，对偏差的变化进行提前预报。但 K_d 过大，会使响应过程提前制动，从而延长调节时间，而且会降低系统的抗干扰性能。（在实际生产过程中，为了克服测量噪声的影响，一般切除微分作用）。

10.5.2　模糊整定规则表的确定

为了保证模糊自整定 PID 控制律下的控制系统是全局稳定的，那么应该使用模糊调整 K_p、K_i、K_d 的偏差策略。即，在进行控制前，先根据某一工况下的数学模型，用优化的方法优化出一组初始的 PID 参数 K_{p_0}、K_{i_0}、K_{d_0}，控制时，根据偏差 e 及偏差变化率 Δe 不断地计算 PID 控制器三个参数的修正量 ΔK_p、ΔK_i、ΔK_d，然后按式（10-41）计算出 PID 的实际参数为

$$\left.\begin{aligned} K_p &= K_{p_0} + \Delta K_p \\ K_i &= K_{i_0} + \Delta K_i \\ K_d &= K_{d_0} + \Delta K_d \end{aligned}\right\} \tag{10-41}$$

模糊自整定 PID 控制器设计的核心是总结工程设计人员的技术知识和实际操作经验，建立合适的模糊自整定规则表，进而得到针对 K_p、K_i、K_d 三个参数的模糊调整表。

下面分析一下模糊 PID 控制器的模糊修正规则。

假设：被控对象为正对象，即当被控对象的输入增大时，被控对象的输出也增大；偏差量 e 等于希望值减去系统输出值，所以当偏差为正时，输出值低于希望值，反之亦然。

在上述的假设下，模糊修正规则是

（1）如果偏差为正大，偏差变化率也为正大，说明系统的输出值低于希望值，而且会越来越低，此时，应该加大比例作用，促使系统的输出快速回到希望值；为了不使系统过调，此时应该减小积分作用，控制品质的快速性通过比例作用来保证。

（2）如果偏差为负大，偏差变化率也为负大，说明系统的输出值高于希望值，而且会越来越高，说明此时已经过调，在此情况下，应该减小比例作用；当比例作用减小后，就可加大积分作用，以保证系统无静差。

（3）如果偏差为正大，偏差变化率为负大，此时系统的输出值虽然低于希望值，但是它正准备以最大的速度趋于希望值。在此情况下，保持比例增益和积分速度不变。

（4）如果偏差为负大，偏差变化率为正大，此时虽然系统已经过调，但是它正准备以最大的速度回落。在此情况下，也应该保持比例增益和积分速度不变。

（5）微分控制作用根据偏差变化率相应变化。

根据上述修正规则，可以得到如表 10-29～表 10-31 所示的 K_p、K_i、K_d 三个参数的模糊整定规则表。

表 10-29 K_p 的模糊整定规则

ΔK_p ＼ E ＼ EC	NB	NM	NS	ZO	PS	PM	PB
NB	PB	PB	PM	PM	PS	PS	ZO
NM	PB	PB	PM	PM	PS	ZO	ZO
NS	PM	PM	PM	PS	ZO	NS	NS
ZO	PM	PS	PS	ZO	NS	NM	NM
PS	PS	PS	ZO	NS	NS	NM	NM
PM	ZO	ZO	NS	NM	NM	NM	NB
PB	ZO	NS	NS	NM	NM	NB	NB

表 10-30 K_i 的模糊整定规则

ΔK_i ＼ E ＼ EC	NB	NM	NS	ZO	PS	PM	PB
NB	NB	NB	NB	NM	NM	ZO	ZO
NM	NB	NB	NM	NM	NS	ZO	ZO
NS	NM	NM	NS	NS	ZO	PS	PS
ZO	NM	NS	NS	ZO	PS	PS	PM
PS	NS	NS	ZO	PS	PS	PM	PM
PM	ZO	ZO	PS	PM	PM	PB	PB
PB	ZO	ZO	PS	PM	PB	PB	PB

表 10-31   **K_d 的模糊整定规则**

ΔK_d $\underset{\sim}{E}$ $\underset{\sim}{EC}$	NB	NM	NS	ZO	PS	PM	PB
NB	PS	PS	ZO	ZO	ZO	PB	PB
NM	NS	NS	NS	NS	ZO	PS	PM
NS	NB	NB	NM	NS	ZO	PS	PM
ZO	NB	NM	NM	NS	ZO	PS	PM
PS	NB	NM	NS	NS	ZO	PS	PS
PM	NM	NS	NS	NS	ZO	PS	PS
PB	NS	ZO	ZO	ZO	ZO	PB	PB

10.5.3   计算 PID 参数的调整表

当 K_p、K_i、K_d 的模糊整定规则表建立好以后，可根据如下的方法进行参数 K_p、K_i、K_d 的模糊自校正。

选取偏差 e、偏差变化率 Δe 以及 ΔK_p、ΔK_i 和 ΔK_d 的等级量论域为

$$\overline{e} = \overline{ec} = \Delta \overline{K}_p = \Delta \overline{K}_i = \Delta \overline{K}_d = [-6,-5,-4,-3,-2,-1,0,1,2,3,4,5,6]$$

其模糊子集为

$$E = EC = \Delta K_p = \Delta K_i = \Delta K_d = [NB,NM,NS,ZO,PS,PM,PB]$$

设 e、Δe 和 ΔK_p、ΔK_i、ΔK_d 均服从正态分布，隶属函数表见表 10-24。模糊关系计算子程序如 FC_PID_Relation.m 所示。

```
% 模糊关系计算子程序：FC_PID_Relation.m
% function [R, Fe, Fec, Fu, NE, NEC, NU, FNE, FNEC, FNU] = FC_PID_Relation
%###########################设置模糊变量赋值表########################
###
NE = [-6, -5, -4, -3, -2, -1, 0, 1, 2, 3, 4, 5, 6];        % e 的等级量论域
NEC = NE;                                       % ec 的等级量论域
NU = NEC;                         % e, ec, DKp, DKi, DKd 的等级量论域
FNE = [1 2 3 4 5 6 7];% e 的模糊量论域 1(PB)，2(PM)，…，7(NB)
FNEC = FNE;                  % ec 的模糊量论域 1(PB)，2(PS)，…，7(NB)
FNU = FNE;                        % e, ec, DKp, DKi, DKd 的模糊量论域
% 定义 e, ec, Kp, Ki, Kd 的隶属函数表 10-33
Fe = [0 0 0 0 0 0 0 0 0.02 0.1 0.4 0.8 1;
    0 0 0 0 0 0 0.02 0.1 0.4 0.8 1 0.8 0.4;
    0 0 0 0 0.02 0.1 0.4 0.8 1 0.8 0.4 0.1 0.02;
    0 0 0.02 0.1 0.4 0.8 1 0.8 0.4 0.1 0.02 0 0;
    0.02 0.1 0.4 0.8 1 0.8 0.4 0.1 0.02 0 0 0 0;
    0.4 0.8 1 0.8 0.4 0.1 0.02 0 0 0 0 0 0;
    1 0.8 0.4 0.1 0.02 0 0 0 0 0 0 0 0];
Fec = Fe; Fu = Fe;
```

```matlab
%定义模糊控制规则表(表 10-30)
FE = [7 6 5 4 3 2 1];  %控制规则表的行元素
FEC = FE;                    %控制规则表的列元素
FU = [1 1 2 2 3 3 4; 1 1 2 2 3 4 4; 2 2 2 3 4 5 5; 2 3 3 4 5 6 6;
    3 3 4 5 5 6 6; 4 4 5 6 6 6 7; 4 5 5 6 6 7 7];          %控制规则表 10 - 29
%FU = [7 7 7 6 6 4 4; 7 7 6 6 5 4 4; 6 6 5 5 4 3 3; 6 5 5 4 3 3 2;
%      5 5 4 3 3 2 2; 4 4 3 2 2 1 1; 4 4 3 2 1 1 1];       %控制规则表 10 - 30
%FU = [3 3 4 4 4 1 1; 5 5 5 5 4 3 2; 7 7 6 5 4 3 2; 7 6 6 5 4 3 2;
%      7 6 5 5 4 3 3; 6 5 5 5 4 3 3; 5 4 4 4 4 1 1];       %控制规则表 10 - 31
%%%%%%%%%%%%%%%%%%%%%%%%%%%%其他部分同 F _ Relation _ PD %%%%%%%%%%%%%%%%%%%%%%%
%模糊自整定 PID 参数调整表计算程序 FC _ PID _ CTable. m
clear all;
%#########调用计算模糊关系矩阵 R 的子程序 F _ Relation _ PD. m###########
[R, Fe, Fec, Fu, NE, NEC, NU, FNE, FNEC, FNU] = FC _ PID _ Relation;
ne = numel(NE); nec = numel(NEC); nu = numel(NU);
nFE = numel(FNE); nFEC = numel(FNEC); nFU = numel(FNU);
FEm = NE(ne); FECm = NEC(nec); FUm = NU(nu);
for i = 1: ne
    %%%%%%%%%%%%%%%%%%%%%%%%%%%求 e 的最大隶属度 %%%%%%%%%%%%%%%%%%%%%%%
    Fem = Fe(1, i); Fei = 1;
    for k = 2: nFE
      if i <= FEm
        if Fe(k, i) >= Fem; Fem = Fe(k, i); Fei = k; end; %得到模糊语言值
      else
        if Fe(k, i) > Fem; Fem = Fe(k, i); Fei = k; end; %得到模糊语言值
      end
    end
    %%%%%%%%%%%%%%%%%%%%%%%%%%%求 ec 的最大隶属度 %%%%%%%%%%%%%%%%%%%%%%%
    for j = 1: nec
        Fecm = Fec(1, j); Feci = 1;
        for k = 2: nFEC
          if j <= FECm
            if Fec(k, j) >= Fecm; Fecm = Fec(k, j); Feci = k; end; %得到模糊语言值
          else
            if Fec(k, j) > Fecm; Fecm = Fec(k, j); Feci = k; end; %得到模糊语言值
          end
        end
    %#############调用模糊决策子程序 ##################
    FEECU = F _ Deduce _ PD(Fe(Fei,:), Fec(Feci,:), R, ne, nec, nu);
    %############加权平均法判决控制器的输出 #############
    Su = 0; S = 0;
    for k = 1: nu
```

```
      Su = Su + NU(k) * FEECU(k);  S = S + FEECU(k);
    end
    FCU _ T(j, i) = Su/S;
  end
end
DKp = FCU _ T
save Tabel _ DKp DKp;
% DKi = FCU _ T
% save Tabel _ DKi DKi;
% DKd = FCU _ T
% save Tabel _ DKd DKd;
```

  根据模糊自整定 PID 参数调整表计算程序 FC _ PID _ CTable. m 可得到 K_p 、K_i 、K_d 的调整表，见表 10-32～表 10-34。

表 10-32　　　　　　　　　　　　修正量 ΔK_p 的调整表

$\Delta \overline{K}_p$ $\overline{e}$ / $\overline{ec}$	−6	−5	−4	−3	−2	−1	0	1	2	3	4	5	6
−6	3.5955	3.5955	2.9648	2.9648	2.3103	2.3103	1.4853	1.2237	1.2237	0.8382	0.8382	0.3226	0.3226
−5	3.5955	3.5955	2.9648	2.9648	2.3103	2.3103	1.4853	1.2237	1.2237	0.8382	0.8382	0.3226	0.3226
−4	2.9648	2.9648	2.4965	2.4965	1.7361	1.7361	0.7805	0.4444	0.4444	0	0	−0.4342	−0.4342
−3	2.9648	2.9648	2.4965	2.4965	1.7361	1.7361	0.7805	0.4444	0.4444	0	0	−0.4342	−0.4342
−2	2.2121	2.2121	1.7361	1.7361	1.5125	1.5125	0.4444	−0.0000	−0.0000	−0.4444	0.4444	−1.2237	−1.2237
−1	2.2121	2.2121	1.7361	1.7361	1.5125	1.5125	0.4444	−0.0000	−0.0000	−0.4444	−0.4444	−1.2237	−1.2237
0	1.4853	1.4853	0.7317	0.7317	0.4444	0.4444	0.4000	−0.4444	−0.4444	−0.7805	−0.7805	−1.4853	−1.4853
1	1.2237	1.2237	0.4444	0.4444	−0.4000	−0.4000	−0.4444	−0.7317	−0.7317	−1.7361	−1.7361	−2.3103	−2.3103
2	1.2237	1.2237	0.4444	0.4444	−0.4000	−0.4000	−0.4444	−0.7317	−0.7317	−1.7361	−1.7361	−2.3103	−2.3103
3	0.4342	0.4342	0	0	−0.4444	−0.4444	−1.2763	−1.7361	−1.7361	−2.2121	−2.2121	−2.9648	−2.9648
4	0.4342	0.4342	0	0	−0.4444	−0.4444	−1.2763	−1.7361	−1.7361	−2.2121	−2.2121	−2.9648	−2.9648
5	−0.3226	−0.3226	−0.8382	−0.8382	−1.2237	−1.2237	−1.4853	−2.426	−2.4266	−2.9648	−2.9648	−3.2056	−3.2056
6	−0.3226	−0.3226	−0.8382	−0.8382	−1.2237	−1.2237	−1.4853	−2.4266	−2.4266	−2.9648	−2.9648	−3.2056	−3.2056

表 10-33　　　　　　　　　　　　修正量 ΔK_i 的调整表

$\Delta \overline{K}_i$ $\overline{e}$ / $\overline{ec}$	−6	−5	−4	−3	−2	−1	0	1	2	3	4	5	6
−6	−3.1490	−3.1490	−2.9648	−2.9648	−2.4965	−2.4965	−1.7361	−1.2763	−1.2763	−1.1711	−1.1711	−0.5500	−0.5500
−5	−3.1490	−3.1490	−2.9648	−2.9648	−2.4965	−2.4965	−1.7361	−1.2763	−1.2763	−1.1711	−1.1711	−0.5500	−0.5500
−4	−2.9648	−2.9648	−2.3742	−2.3742	−1.7361	−1.7361	−1.5125	−0.4444	−0.4444	−0.4000	−0.4000	0.2703	0.2703
−3	−2.9648	−2.9648	−2.3742	−2.3742	−1.7361	−1.7361	−1.5125	−0.4444	−0.4444	−0.4000	−0.4000	0.2703	0.2703
−2	−2.2121	−2.2121	−1.7361	1.7361	−1.4625	−1.4625	−0.4444	−0.4000	−0.4000	0.4444	0.4444	0.7317	0.7317
−1	−2.2121	−2.2121	−1.7361	−1.7361	−1.4625	−1.4625	−0.4444	−0.4000	−0.4000	0.4444	0.4444	0.7317	0.7317

$\Delta \bar{K}_i$ \\ $\bar{ec}$ / $\bar{e}$	-6	-5	-4	-3	-2	-1	0	1	2	3	4	5	6
0	-1.4853	-1.4853	-0.7317	-0.7317	-0.4444	-0.4444	0	0.4444	0.4444	0.7317	0.7317	1.4853	1.4853
1	-1.2237	-1.2237	-0.4444	-0.4444	0.4000	0.4000	0.4444	1.4625	1.4625	1.7361	1.7361	2.2121	2.2121
2	-1.2237	-1.2237	-0.4444	-0.4444	0.4000	0.4000	0.4444	1.4625	1.4625	1.7361	1.7361	2.2121	2.2121
3	-0.7794	-0.7794	0	0	0.4444	0.4444	1.5125	1.7361	1.7361	2.3742	2.3742	2.9648	2.9648
4	-0.7794	-0.7794	0	0	0.4444	0.4444	1.5125	1.7361	1.7361	2.3742	2.3742	2.9648	2.9648
5	0	0	0.07794	0.7794	1.2237	1.2237	1.7361	2.4965	2.4965	2.9648	2.9648	3.1490	3.1490
6	0	0	0.7794	0.7794	1.2237	1.2237	1.7361	2.4965	2.4965	2.9648	2.9648	3.1490	3.1490

表 10-34　　　　　　　　　　　　　修正量 ΔK_d 的调整表

$\Delta \bar{K}_d$ \\ $\bar{ec}$ / $\bar{e}$	-6	-5	-4	-3	-2	-1	0	1	2	3	4	5	6
-6	-0.4747	-0.4747	-0.4495	-0.4495	-0.4342	-0.4342	-0.2703	0.4889	0.4889	1.5625	1.5625	2.3742	2.3742
-5	-0.4747	-0.4747	-0.4495	-0.4495	-0.4342	-0.4342	-0.2703	0.4889	0.4889	1.5625	1.5625	2.3742	2.3742
-4	-1.0833	-1.0833	-1.1674	-1.1674	-1.1023	-1.1023	-0.7317	0.4889	0.4889	1.4625	1.4625	2.3129	2.3129
-3	-1.0833	-1.0833	-1.1674	-1.1674	-1.1023	-1.1023	-0.7317	0.4889	0.4889	1.4625	1.4625	2.3129	2.3129
-2	-1.8792	-1.8792	-1.8792	-1.8792	-1.7361	-1.7361	-0.7317	0	0	1.2237	1.2237	2.0719	2.0719
-1	-1.8792	-1.8792	-1.8792	-1.8792	-1.7361	-1.7361	-0.7317	0	0	1.2237	1.2237	2.0719	2.0719
0	-2.9648	-2.9648	-2.6993	-2.6993	-2.2121	-2.2121	-1.2237	0	0	1.2237	1.2237	2.0719	2.0719
1	-2.5472	-2.5472	-2.4843	-2.4843	-1.9032	-1.9032	-0.7317	0	0	1.2237	1.2237	2.0065	2.0065
2	-2.5472	-2.5472	-2.4843	-2.4843	-1.9032	-1.9032	-0.7317	0	0	1.2237	1.2237	2.0065	2.0065
3	-2.1938	-2.1938	-2.0950	-2.0950	-1.6286	-1.6286	-0.3243	0.4889	0.4889	1.3289	1.3289	2.1373	2.1373
4	-2.1938	-2.1938	-2.0950	-2.0950	-1.6286	-1.6286	-0.3243	0.4889	0.4889	1.3289	1.3289	2.1373	2.1373
5	-1.9077	-1.9077	-1.8047	-1.8047	-1.1935	-1.1935	-0.2703	0.9167	0.9167	1.4342	1.4342	2.2680	2.2680
6	-1.9077	-1.9077	-1.8047	-1.8047	-1.1935	-1.1935	-0.2703	0.9167	0.9167	1.4342	1.4342	2.2680	2.2680

10.5.4　模糊自整定 PID 控制系统的优化设计

下面仍以某 300MW 循环流化床锅炉在 60% 负荷点时的数学模型，即

$$W(s) = \frac{5.77}{(224.18s + 1)^2} e^{-86s}$$

为例，说明模糊自整定 PID 控制系统的设计方法。

假如已经优化出最优 PID 控制器参数为

$$K_{p_0} = 0.125, \quad K_{i_0} = 0.0004, \quad K_{d_0} = 5$$

根据几种负荷下的传递函数，估算出控制器参数的变化范围，即估算出 ΔK_p、ΔK_i 和 ΔK_d 的确切量论域为

$$\Delta K_p \in [-0.05, 0.05] \quad \Delta K_i \in [-0.0001, 0.001] \quad \Delta K_d \in [-2, 2]$$

估算偏差 e 和偏差变化率 Δe 的确切量论域估计为

$$e \in [-1, 1] \quad \Delta e \in [-0.0004, 0.0004]$$

则可以得到模糊自整定 PID 控制系统仿真程序如 FC_SR_PID_main101.m 所示。

```
% 模糊自整定 PID 控制系统仿真程序 FC_SR_PID_main101.m
clear all;
%%%%%%%%%%%%%%%%%%%%%%%%%%%%%%%%%%%%%%%%%%%%%%%%
load Tabel_DKp DKp;
load Tabel_DKi DKi;
load Tabel_DKd DKd;
%%%%%%%%%%%%%%%%%%%%%%%%% 仿真用参数 %%%%%%%%%%%%%%%%%%%%%
DT = 1; ST = 4000; LP = ST/DT;
%%%%%%%%%%%%%%%%%%%%%%%%% 控制器初始参数 %%%%%%%%%%%%%%%%%%%
Kp0 = 0.125; Ki0 = 0.0004; Kd0 = 5;
%%%%%%%%%%%%%%%%%%%%%%% 计算量化因子及比例因子 ################
em = 1; ecm = 0.0004;
Nm = 6; Ke = Nm/em; Kec = Nm/ecm;
Kpm = 0.05; Kim = 0.0001; Kdm = 2;
KKp = Kpm/Nm; KKi = Kim/Nm; KKd = Kdm/Nm;
%%%%%%%%%%%%% 被控对象参数及状态变量初始化 %%%%%%%%%%%%%%%%%%
K = 5.77; T = 224.18; Tao = 86;
A = exp(-DT/T); B = 1 - A;
LD = fix(Tao/DT);
x1 = 0; x2 = 0; z1 = 0; z2 = 0; y = 0; y1 = 0;
xd0(1; LD) = 0; xd2(1; LD) = 0;
xi = 0; xi1 = 0; e10 = 0; e0 = 0;
r = 1; r1 = 0; r2 = 0;
for k = 1; LP
    %%%%%%%%%% 模糊自整定 PID 控制器仿真 %%%%%%%%%%%%%%%%
    % 变量 e 等级化处理
    e = r - y; % 计算输入 e 的确切量
    E = round(Ke * e); % 把 e 转换成等级量
    if E>Nm; E = Nm; end
    if E<-Nm; E = -Nm; end
    j = Nm + E + 1;
    % 变量 ec 等级化处理
    ec = (e - e0)/DT; e0 = e; % 计算 ec 的确切量
    EC = round(Kec * ec); % 把 ec 转换成等级量
    if EC>Nm; EC = Nm; end
    if EC<-Nm; EC = -Nm; end
    i = Nm + EC + 1;
    % 控制器仿真
    DTAp = KKp * (DKp(i, j) + 6);
    DTAi = KKi * (DKi(i, j) + 6);
    DTAd = KKd * (DKd(i, j) + 6);
```

```
       Kp = Kp0 + DTAp;
        Ki = Ki0 + DTAi;
       Kd = Kd0 + DTAd;
       xp = Kp * e;
       xi = xi + DT * Ki * e;
       xd = Kd * ec;
       u = xp + xi + xd;
   %%%%%%%%%%%%%%%%单纯 PID 控制器仿真 %%%%%%%%%%%%%%%%%%
       e1 = r - y1;
       ec1 = (e1 - e10)/DT; e10 = e1;
       xp1 = Kp0 * e1;
       xi1 = xi1 + DT * Ki0 * e1;
       xd1 = Kd0 * ec1;
       upid = xp1 + xi1 + xd1;
   %%%%%%%%%%%模糊自整定 PID 时被控对象 %%%%%%%
       x1 = A * x1 + K * B * (u + r1);
       x2 = A * x2 + B * x1;
       y = xd0(LD) + r2;
       for l = LD: -1: 2; xd0(l) = xd0(l-1); end
       xd0(1) = x2;
       %%%%%%*********** 单纯 PID 时被控对象 *********
           z1 = A * z1 + K * B * (upid + r1);
           z2 = A * z2 + B * z1;
           y1 = xd2(LD) + r2;
           for l = LD: -1: 2; xd2(l) = xd2(l-1); end
           xd2(1) = z2;
   %%%%%%%%%%%%%%%%%%存储系统输出 %%%%%%%%%%%%%%
       Y(k) = y; U(k) = u; t(k) = k * DT;
       Y1(k) = y1; U1(k) = upid;
end
subplot(2, 3, 1), plot(t, Y, 'b'); hold on;
subplot(2, 3, 4), plot(t, U, 'b'); hold on;
subplot(2, 3, 1), plot(t, Y1, ': r'); hold on;
subplot(2, 3, 4), plot(t, U1, ': r'); hold on;
legend('模糊自整定 PID', '单纯 PID');
```

　　运行结果如图 10-54 所示，可以看到，在各种扰动下模糊自整定 PID 优于单纯 PID 的控制品质。

　　图 10-55 表示了被控对象各参数分别增大 50%时，模糊自整定 PID 与单纯 PID 算法控制品质的比较。从该图中可以看到，模糊自整定 PID 控制算法具有很强的鲁棒性，它仍优于单纯 PID 算法。

　　从 10.5.2、10.5.3 的分析中可以看到，在实际应用时，隶属函数以及模糊调整规则表的

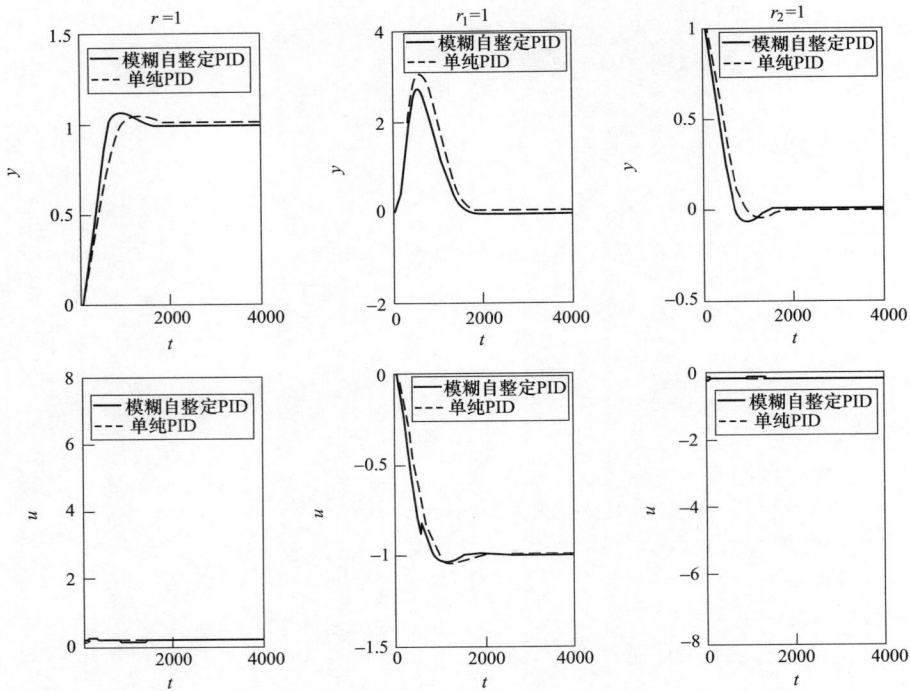

图 10-54　模糊自整定 PID 与单纯 PID 算法控制品质的比较

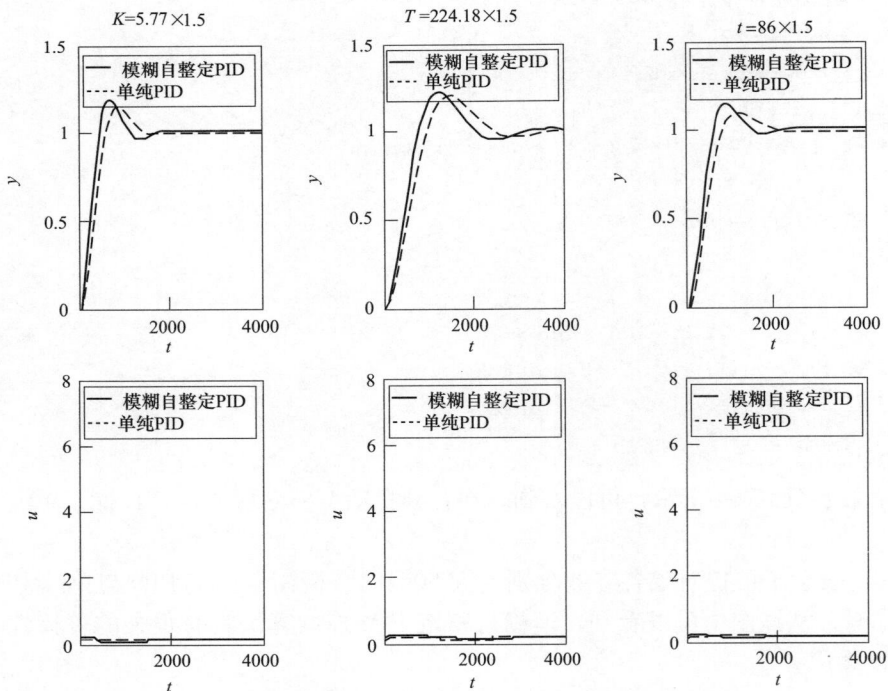

图 10-55　被控对象参数增大 50％时控制系统仿真响应曲线

选择都是非常困难的事。因此，按可调整因子模糊控制器的设计方法来设计模糊自整定 PID 控制器。可调整因子的模糊自整定 PID 控制算法调整公式为

$$\Delta \bar{K}_p = \alpha \bar{e} + (1-\alpha) \bar{\dot{e}} , \alpha \in (0,1) \tag{10-42}$$

$$\Delta \bar{K}_i = -[\beta \bar{e} + (1-\beta) \bar{\dot{e}}] , \beta \in (0,1) \tag{10-43}$$

下面仍以表 9-1 所示的再热蒸汽温度非线性传递函数模型，即

$$W(s) = \frac{K}{(1+Ts)^4}$$

其中：

$$K = 0.001N_e + 1.92$$

$$T = 0.00056061N_e^2 - 0.576\,7N_e + 179.182$$

为例，来说明模糊自整定 PID 控制系统的设计方法。

假设只得到了机组在 500MW 负荷点时的数学模型为

$$\frac{2.42}{(1+53s)^2} e^{-18s}$$

而且，在第 9 章第 9.5 节中已经优化出 PI 控制器的参数为

$$\delta = 2.14 , T_i = 96$$

那么就可以设置模糊自整定 PI 的初始参数为

$$K_{p_0} = \frac{1}{2.14} \approx 0.47 \quad K_{i_0} = \frac{1}{2.14 \times 96} \approx 0.0049$$

所需要优化的参数为：偏差 e 和偏差变化率 Δe 的确切量论域、ΔK_p 和 ΔK_i 的确切量论域、α 和 β 值。

优化时，优化参数的论域选为

$$e \in [0,2] \quad \Delta e \in [0,1] \quad \Delta K_p \in [0,1] \quad \Delta K_i \in [0,0.005] \quad \alpha \in [0,1] \quad \beta \in [0,1]$$

选优化目标函数为

$$Q = \int_0^{t_s} [0.02t \mid e(t) \mid + 0.98u^2(t)] dt$$

粒子群算法优化主程序为 O_PSO_main105.m，目标函数计算子程序如 Obj_FC_SR_PID_simu.m 所示。

```
%粒子群优化算法程序 O_PSO_main105.m
clear all;
%###################蚁群算法的控制参数 ###################
N = 6;%优化变量个数
M = 100;%粒子个数
Tmax = 100;%最大前进代数
wx = [0.8 1.2];%惯性权重区间
c = [2 2];%认知及社会因子
X_LLimits = [0, 0, 0, 0, 0, 0];%设置寻优参数下限
X_HLimits = [2, 1, 1, 0.005, 1, 1];%设置寻优参数上限
Vmax = [1, 0.1, 0.1, 0.002, 0.2, 0.2];%优化变量速度限制
```

```
%&&&&&&&&&&&&&&&&&&&&&&&&& %其他部分同前&&&&&&&&&&&&&&&&&&&&&
&&&&&&&&

%模糊自整定 PID 目标函数计算子程序 Obj_FC_SR_PID_simu.m
%基准传递函数 W(s) = 2.42exp( - 18s)/(53s + 1)^2
function [Q] = Obj_FC_SR_PID_simu(V)
em = V(1); ecm = V(2); Kpm = V(3); Kim = V(4);
a = V(5); b = V(6);
%%%%%%%%%%%%%%%%%%%%%%%%仿真用参数 %%%%%%%%%%%%%%%%%%%%%
DT = 1; Ts = 1; ST = 1000; LP = ST/Ts; LP1 = Ts/DT; r = 1; n = 0; Q = 0;
%%%%%%%%%%%%%%%%%%%%%%%初始被控对象参数 %%%%%%%%%%%%%%%%%%%
K = 2.42; T = 53; Tao = 18;
A0 = exp( - DT/T); B0 = 1 - A0;
LD = Tao/DT; xd(1: LD) = 0;
x1 = 0; x2 = 0; xi = 0; e0 = 0; y = 0;
%%%%%%%%%%%%%%%%%%%%%%%%控制器初始参数 %%%%%%%%%%%%%%%%%%%
Kp0 = 0.47; Ki0 = 0.0049;
%%%%%%%%%%%%%%%%%%%计算量化因子及比例因子##############
Nm = 6; Ke = Nm/em; Kec = Nm/ecm; KKp = Kpm/Nm; KKi = Kim/Nm;
%%%%%%%%%%%%%%%%%%%%%%%%%%%%%%%%%%##%%%%%%%%%
for i = 1: LP
    %#########变量 e 等级化处理###################%%%%%%%%%%
    e = r - y; %计算输入 e 的确切量
    E = round(Ke * e); %把 e 转换成等级量
    if E>Nm; E = Nm; end
    if E< - Nm; E = - Nm; end
    %########################变量 ec 等级化处理#########
  ec = (e - e0)/DT;
    e0 = e; %计算 ec 的确切量
    EC = round(Kec * ec); %把 ec 转换成等级量
    if EC>Nm; EC = Nm; end
    if EC< - Nm; EC = - Nm; end
    %%%%%%%%%%%%%%%%%%控制器参数及仿真 %%%%%%%%%%%%%%%%%
    DKp = KKp * (a * E + (1 - a) * EC);
    DKi = - KKi * (b * E + (1 - b) * EC);
    Kp = Kp0 + DKp;
    Ki = Ki0 + DKi;
    xp = Kp * e;
    xi = xi + Ts * Ki * e;
    u = xp + xi;
    %*************计算被控对象仿真*****************
for j = 1: LP1
    x1 = A0 * x1 + K * B0 * u;
```

```
x2 = A0 * x2 + B0 * x1;
y = xd(LD);
for l = LD: -1: 2; xd(l) = xd(l-1); end
xd(1) = x2;
n = n + 1;
Y(n) = y; t(n) = n * DT;
Q = Q + DT * (0.02 * t(n) * abs(e) + 0.98 * u * u);
end
end
```

优化结果为

$$e \in [-1.68, 1.68] \qquad \Delta e \in [-0.0004, 0.0004]$$

$$\Delta K_p \in [-0.98, 0.98] \qquad \Delta K_i \in [-0.0009, 0.0009]$$

$$\alpha = 0.65 \qquad \beta = 0.42$$

在此参数下，使用仿真程序 FC_SR_PID_main.m，即可得到模糊自整定 PID 控制系统的仿真响应曲线（见图 10-56）。

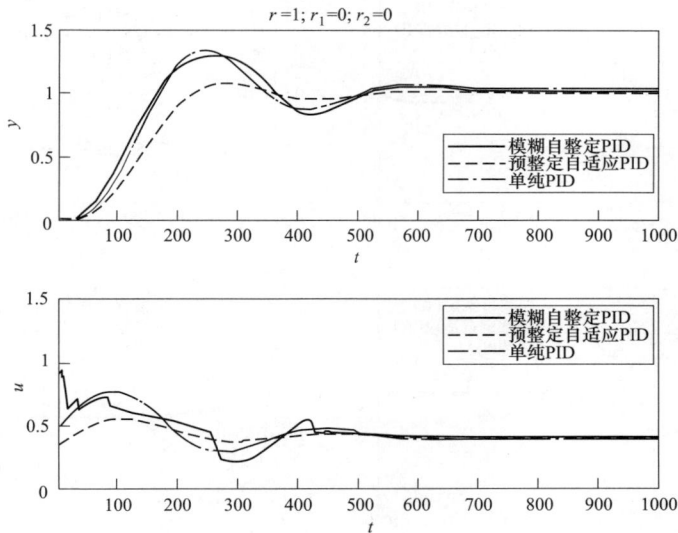

图 10-56 模糊自整定 PID、预整定自适应 PID 与单纯 PID 下的仿真响应曲线

在图 10-56 中，也示出了预整定自适应 PID 下的响应曲线以及单纯 PID 下的响应曲线。不难看出，模糊自整定 PID 具有更快的调节速度，但超调量较大，稳定性较差，略好于单纯 PID 的调节品质。但是，当希望值扰动变为 $r = 5$ 时，由于模糊自整定 PID 是非线性算法的缘故，其控制品质已经不如单纯 PID 的好（见图 10-57）。而且，当发生内、外扰动时，其控制品质也不如单纯 PID 的好（见图 10-58）。

分析上述两个实例可以看出，要想得到优于单纯 PID 的控制品质，必须用人工的方法，

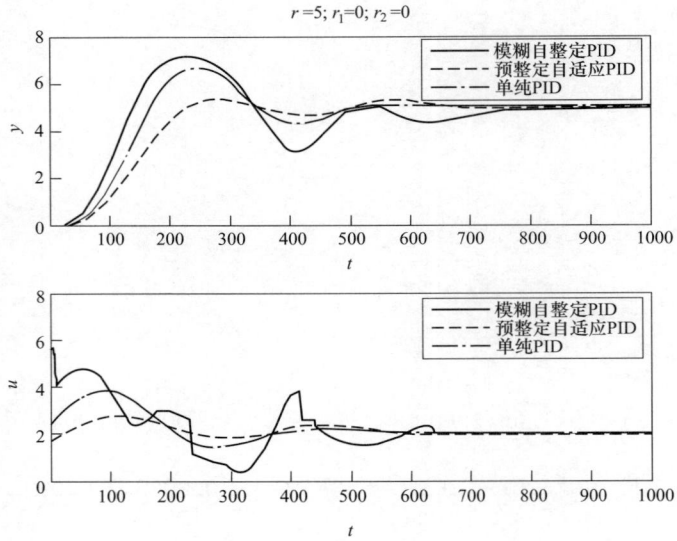

图 10-57 $r = 5$ 时三种控制策略下的仿真响应曲线

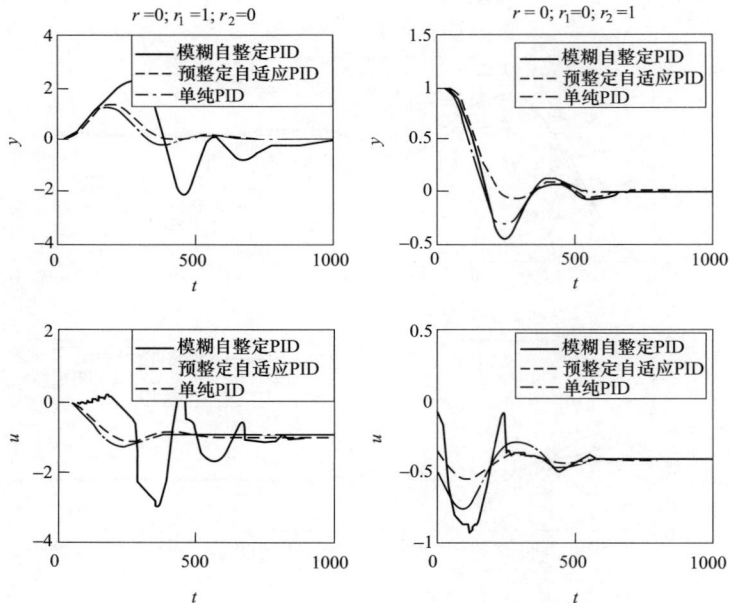

图 10-58 内、外扰动时三种控制策略下的仿真响应曲线

依据实际工程经验来设计模糊调整规则，简单的可调整因子确定的调整规则很难达到所希望的控制品质。

```
%模糊自整定 PID 控制系统仿真程序 FC _ SR _ PID _ main. m
clear all;
%%%%%%%%%%%%%%%%%%%%%%%%%%%%%%仿真用参数%%%%%%%%%%%%%%%%%%%%%%%%%
DT = 1; Ts = 1; ST = 1000; LP = ST/Ts; LP1 = Ts/DT; n = 0; Q = 0;
```

```
%%%%%%%%%%%%%%%%%%%%%%%%%%控制器初始参数%%%%%%%%%%%%%%%%%%%%%%%
Kp0 = 0.47；Ki0 = 0.0049；
%%%%%%%%%%%%%%%%%%%计算量化因子及比例因子################
em = 1.68；ecm = 0.0004；Kpm = 0.98；Kim = 0.0009；a = 0.65；b = 0.42；
Nm = 6；Ke = Nm/em；Kec = Nm/ecm；KKp = Kpm/Nm；KKi = Kim/Nm；
%%%%%%%%%%%%%%%%%%%%状态变量初始化%%%%%%%%%%%%%#####%%%%%%%%%%
x(1：4) = 0；x1(1：4) = 0；x2(1：4) = 0；y = 0；y1 = 0；y2 = 0；
e0 = 0；xi = 0；xi1 = 0；xi2 = 0；
r = 1；r1 = 0；r2 = 0；
for i = 1：LP
    %%%%%%%%%%%%%负荷从300MW开始，以12MW/min升至600MW%%%
    Ne = 380 + 0.2 * Ts * i；
    if Ne>600；Ne = 600；end
    %%%%%%%%%被控对象参数随负荷变化仿真计算%%%%%%%%%%%%%%
    Ne2 = Ne * Ne；
    K = 0.001 * Ne + 1.92；
    T = 0.00056061 * Ne2 - 0.5767 * Ne + 179.182；
    A = exp( - Ts/T)；B = 1 - A；
    %%%%%%%%%%%%%%模糊自整定PID控制器仿真%%%%%%%%%%%%%%%%
    %变量e等级化处理
    e = r - y；%计算输入e的确切量
    E = round(Ke * e)；%把e转换成等级量
    if E>Nm；E = Nm；end
    if E< - Nm；E = - Nm；end
    %变量ec等级化处理
    ec = (e - e0)/DT；
    e0 = e；%计算ec的确切量
    EC = round(Kec * ec)；%把ec转换成等级量
    if EC>Nm；EC = Nm；end
    if EC< - Nm；EC = - Nm；end
    %控制器仿真
    DKp = KKp * (a * E + (1 - a) * EC)；
    DKi = - KKi * (b * E + (1 - b) * EC)；
    Kp = Kp0 + DKp；
    Ki = Ki0 + DKi；
    xp = Kp * e；
    xi = xi + Ts * Ki * e；
    u = xp + xi；
    %%%%%%%%%%%%%%%预整定自适应PID控制器仿真%%%%%%%%%%%%%%%
    DTA = 0.000040076 * Ne2 - 0.0422 * Ne + 13.2127；
    Ti = 0.00171212 * Ne2 - 1.7733 * Ne + 554.6；
    e1 = r - y1；
```

```
    xp1 = e1/DTA;
    xi1 = xi1 + Ts/DTA/Ti * e1;
    upi = xp1 + xi1;
    %%%%%%%%%%%%%单纯 PID 控制器仿真 %%%%%%%%%%%%%%%
    e2 = r - y2;
    xp2 = Kp0 * e2;
    xi2 = xi2 + Ts * Ki0 * e2;
    upi2 = xp2 + xi2;
    % * * * * * * * * * * * * *仿真计算被控对象 * * * * * * * * * * * * * * * * * * * *
for l = 1: LP1
    %%%%%%%%%%模糊自整定 PID 时被控对象 %%%%%%
    x(1) = A * x(1) + K * B * (u + r1);
    x(2: 4) = A * x(2: 4) + B * x(1: 3);
    y = x(4) + r2;
    % * * * * * * * * *预整定自适应 PID 时被控对象 * * * * *
    x1(1) = A * x1(1) + K * B * (upi + r1);
    x1(2: 4) = A * x1(2: 4) + B * x1(1: 3);
    y1 = x1(4) + r2;
    % * * * * * * * * * *单纯 PID 时被控对象 * * * * * * * * * * *
    x2(1) = A * x2(1) + K * B * (upi2 + r1);
    x2(2: 4) = A * x2(2: 4) + B * x2(1: 3);
    y2 = x2(4) + r2;
    %%%%%%%%%%%%%%%%存储系统输出 %%%%%%%%%%%%%%
    n = n + 1;
    Y(n) = y; U(n) = u; t(n) = n * DT;
    Y1(n) = y1; U1(n) = upi;
    Y2(n) = y2; U2(n) = upi2;
  end
end
[Mp, tr, ts, FAI, Tp, E1, E2, E3] = O_quality(DT, n, Y, t)
[Mp, tr, ts, FAI, Tp, E1, E2, E3] = O_quality(DT, n, Y1, t)
subplot(2, 1, 1), plot(t, Y, 'b'); hold on;
subplot(2, 1, 2), plot(t, U, 'b'); hold on;
subplot(2, 1, 1), plot(t, Y1, ': r'); hold on;
subplot(2, 1, 2), plot(t, U1, ': r'); hold on;
subplot(2, 1, 1), plot(t, Y2, '- -r'); hold on;
subplot(2, 1, 2), plot(t, U2, '- -r'); hold on;
legend('模糊自整定 PID', '预整定自适应 PID', '单纯 PID');
```

10.6　本　章　小　结

有三种模糊控制器（见图 10-13），分别是一维、二维和三维模糊控制器。一维模糊控制器不能单独使用，三维模糊控制器设计控制规则困难，因此也不被使用。只有二维模糊控制器（PD）与确切积分器（I）相结合而构成的PD+I才能用于实际工程系统的控制。

虽然隶属函数、控制规则都可以影响控制品质，但是人工选取它们是一件非常困难的事，因此一般选择隶属函数为对称三角形，而使偏差 e、偏差变化率 Δe 以及输出 u 的等级量（$\bar{e}, \widetilde{ec}, \bar{u}$）论域、模糊量（$E, \widetilde{EC}, U$）论域相等，且等级量个数与模糊量个数也相等，由此形成了带可调整因子的模糊控制器。

被控系统只有工作在设计状态，PD+I算法才优于PID。或者说，要想得到优于PID的控制品质，只有按希望的系统工作状态点来设计PD+I参数。

用人工的方法，依据实际工程经验来设计模糊调整规则而得到的模糊自整定 PID 控制算法，可以得到优于 PID 算法的控制品质。

参 考 文 献

[1] 钱学森，宋健. 工程控制论. 北京：科学出版社，1980.

[2] Katsuhiko Ogata. 现代控制工程. 卢伯英，于海勋，等译。北京：电子工业出版社，2007.

[3] 韩璞. 自动化专业(学科)概论. 北京：人民邮电出版社，2012.

[4] 韩璞，刘长良，李长青. 火电站仿真机原理及应用。天津：天津科学技术出版社，1998.

[5] 韩璞，罗毅，周黎辉，等. 控制系统数字仿真技术. 北京：中国电力出版社，2008.

[6] 韩璞，等. 智能控制理论及应用. 北京：中国电力出版社，2013.

[7] Man Ding, Songming Jiao, Kunfang Wang, Pu Han. Application Effects Influenced by Credibility of Simulator Models. Mechanical Engineering and Green Manufacturing II, MEGM 2012. 155－156(2012)：3-6.

[8] 韩璞，丁满，王坤芳. 数字仿真理论与应用中的若干问题探讨. 计算机仿真(增刊)，2011(z1).

[9] 韩璞，董泽，张倩. 自动化技术的发展及其在火电厂中的应用. 华北电力大学学报，2008，35(6)：95-98.

[10] 高镗年. 热工控制对象动力学. 北京：水利电力出版社，1986.

[11] 韩璞，等. 火电厂计算机监控与监测. 北京：中国水利电力出版社，2005.

[12] 金以慧. 过程控制. 北京：清华大学出版社，1993.

[13] 方崇智，萧德云. 过程辨识. 北京：清华大学出版社，2004.

[14] 张元林. 工程数学　积分变换. 北京：高等教育出版社，2003.

[15] 窦曰轩. 自动控制原理. 北京：机械工业出版社，2007.

[16] 孙增圻，袁曾任. 控制系统的计算机辅助设计. 北京：清华大学出版社，1988.

[17] 韩璞，周黎辉，董泽. 控制系统计算机辅助工程——CAE2000 系统及其应用. 北京：中国电力出版社，1999.

[18] 韩璞，吕玲，张倩，董泽. 基于经验整定公式的热工系统控制器参数智能优化. 华北电力大学学报，2010(5).

[19] ZHANG Qian, DONG Ze, HAIV Pu, et al. The Optimization of Controller Parameters in Thermal System Using Initial Pheromone Distribution in Ant Colony Optimization. The 2008 IEEE International Conference on Information Reuse and Integration, Las Vegas, USA.

[20] 韩璞，朱希彦. 自动控制系统数字仿真. 北京：中国电力出版社，1996.

[21] 康华光. 电子技术基础——模拟部分. 第五版. 北京：高等教育出版社，2006.

[22] WANG Dong Feng ZHANG Xiao Yan, HAN Pu. Identification of Thermal Process Using Fractional－Order Transfer Function Based on Intelligent Optimization. MESA2010 IEEE/ASME international conference on mechatronic and embedded systems and applications2010-7-14.

[23] 朱希彦，韩璞，金慰刚. 线性微分方程输入有跃变时的初值分析. 华北电力学院学报，1983(3).

[24] 李大中，周黎辉，焦嵩鸣. 计算机控制技术与系统. 北京：中国电力出版社，2009.

[25] 西安交通大学高等数学教研室. 工程数学——复变函数. 北京：高等教育出版社，2010(重印).

[26] 同济大学数学系. 高等数学：上、下册. 6 版. 北京：高等教育出版社，2007.

[27] 胡寿松. 自动控制原理(第六版). 北京：科学出版社，2013.

[28] 田玉平. 自动控制原理(第二版). 北京：科学出版社，2006.

[29] 王万良. 自动控制原理. 北京：高等教育出版社，2008.

[30] 苏杰. 热工检测技术. 北京：中国电力出版社，2013.

[31] 胡艳，韩璞. 间接型目标函数对控制品质的影响. 计算机仿真，2015(5).

[32] 徐科军，黄云志，林逸榕，陈强. 信号分析与处理(第 2 版). 北京：清华大学出版社，2016.

[33] REN Yan Yan, WANG Dong Feng, LIU Chang Liang, HAN Pu. Identification of Thermal Process Using Wiener Model Based on PSO and DNN. Intelligent Information Management Systems and Technologies(2012)，vol. 8，no. 1，pp. 11-20.

[34] 刘满凤. 运筹学教程. 北京：清华大学出版社，2010.

[35] 韩璞，张丽静. 热工过程控制系统参数优化方法的探讨. 华北电力学院学报，1993(1).

[36] 王辉，钱锋. 群体智能优化算法. 化工自动化仪表，2007，34(5)：7～13.

[37] 王艳玲，李龙澍，胡哲. 群体智能优化算法. 计算机技术与发展，2008.

[38] 张统华，鹿晓阳. 群体智能优化算法的研究进展与展望. 山西建筑，2007.

[39] 余丽莹，焦嵩鸣. 基于鱼群算法的 PID 优化. 计算机仿真，2014.

[40] 刘娜，韩璞，甄成刚. 基于遗传算法的 PID 参数寻优. 计算机仿真，2002.

[41] 张彤，张华，王子才. 浮点数编码的遗传算法及其应用. 哈尔滨工业大学学报，2000.

[42] 袁世通，韩璞，孙明. 基于大数据的多变量系统建模方法研究. 系统仿真学报，2014(7).

[43] 董泽，孙剑，王子杰，韩璞. 循环流化床锅炉燃烧系统中床温的模糊辨识. 动力工程，2009，29(4)：358～362.

[44] 董泽，孙剑，张媛媛，韩璞. 基于 α 阶逆神经网络解耦的循环流化床锅炉燃烧-汽水系统 PSO-PID 控制. 动力工程，2009，29(6)：549～553.

[45] 董泽，孙剑，张媛媛，韩璞. CFB 锅炉床温的改进模糊控制. The 21st Chinese Control and Decision Conference，2009. 3345-3349.

[46] DONG Ze，SUN Jian，WANG Zijie，et al. PID-NN decoupling control of CFB boiler combustion system based on PSO method. 1st International Conference on Sustainable Power Generation and Supply，2009.

[47] 董泽，孙剑，焦嵩鸣，韩璞. 大型循环流化床机组燃烧系统的传递函数建模. 全国博士生工业过程建模与优化学术会议论文，2009.

[48] 孙剑. 大型循环流化床锅炉燃烧系统特性与建模研究. 北京：华北电力大学(北

京），2010.

[49] 翁思义. 自动控制系统计算机仿真与辅助设计. 西安：西安交通大学出版社，1986.

[50] 徐湘元. 自适应控制控制理论及应用. 北京：电子工业出版社，2007.

[51] 何衍庆，黎兵，黄海燕. 工业生产过程控制. 2版. 北京：化学工业出版社，2010.

[52] 杨为民，邬齐斌. 过程控制系统及工程. 西安：西安电子科技大学出版社，2008.

[53] 韩璞，袁世通. 基于大数据和D-QPSO算法的多变量系统辨识. 中国电机工程学报，2014，33(33)：114-120.

[54] 黄宇，韩璞，刘长良，等. 改进量子粒子群算法及其在系统辨识中的应用. 中国电机工程学报，2011，31(20)：114-120.

[55] 刘金琨. 先进PID控制MATLAB仿真. 3版. 北京：电子工业出版社，2011.

[56] 陈荣保. 工业自动化仪表. 北京：中国电力出版社，2011.

[57] NELSON R C. 飞行稳定性和自动控制. 顾均晓，译. 北京：国防工业出版社，2007.

[58] 戴连奎，于玲，田学民，等. 过程控制工程. 北京：化学工业出版社，2012.

[59] Katsuhiko Ogata. 离散时间控制系统. 2版. 陈杰，蔡涛，张娟，等译。北京：机械工业出版社，2006.

[60] 刘建昌，关守平，周玮，等. 计算机控制系统. 北京：科学出版社，2009.

[61] 王慧. 计算机控制系统. 2版. 北京：化学工业出版社，2005.

[62] 俞金寿，蒋蔚孙. 过程控制工程. 北京：电子工业出版社，2007.

[63] 张根保. 自动化制造系统. 北京：机械工业出版社，2011.

[64] 辛宗生，魏国丰. 自动化制造系统. 北京：北京大学出版社，2012,

[65] 郎宗梾，曾小清，姜季生. 轨道交通信号控制基础. 上海：同济大学出版社，2007.

[66] 王万良. 现代控制工程. 北京：高等教育出版社，2011.

[67] 王富强. 热工参数软测量及预测控制技术在燃煤电厂中的应用. 神华国华(北京)电力研究院有限公司博士后出站论文.

[68] 冯纯伯，史维. 自适应控制. 北京：电子工业出版社，1986.

[69] 刘小河，管萍，刘丽华. 自适应控制理论及应用. 北京：科学出版社，2011.

[70] 韩璞，于浩，曹喜果，孙明. 基于经验整定公式的自适应PID控制算法的研究. 计算机仿真，2015(2).

[71] 闫姝，曾德良，刘吉臻，等. 直流炉机组简化非线性模型及仿真应用. 中国电机工程学报，2012(11).

[72] 王耀南. 智能控制系统——模糊逻辑·专家系统·神经网络控制. 长沙：湖南大学出版社，1996.

[73] 靳蕃. 神经计算智能基础——原理·方法. 成都：西南交通大学出版社，2000.

[74] 李士勇. 模糊控制·神经控制和智能控制论. 哈尔滨：哈尔滨工业大学出版社，1996.

[75] 诸静，等. 模糊控制原理与应用. 北京：机械工业出版社，1995.

[76] 孙优先，等. 控制工程手册. 北京：化学工业出版社，2016.

[77] 张金营. 二次再热超超临界机组汽温系统建模及先进控制策略研究. 北京：神华国华

（北京）电力研究院有限公司博士后出站论文.

[78]　胡晓东，董辰辉. MATLAB 从入门到精通. 北京：人民邮电出版社，2010.

[79]　赵光宙. 信号分析与处理. 2 版. 北京：电子工业出版社，2010.

[80]　胡跃明. 非线性控制系统理论与应用. 北京：国防工业出版社，2002.

[81]　万百五，韩崇昭，蔡远利. 控制轮——概念、方法与应用. 北京：清华大学出版社，2009.

[82]　赵凯华. 电磁学. 3 版. 北京：高等教育出版社，2011.

[83]　FRANKLIN G F，POWELL J D，EMAMI-NAEINI A. 自动控制原理与设计（第 5 版）. 李中华，张雨浓，译. 北京：人民邮电出版社，2007.

[84]　韩璞，张海琳，张丽静. 神经网络自适应逆控制的仿真研究. 华北电力大学学报（自然科学版），2001，28（3）：26-30.